# 小動物の眼科学マニュアル

《第三版》

監修

## 古川 敏紀
倉敷芸術科学大学

## 辻田 裕規
どうぶつ眼科専門クリニック

学窓社

# BSAVA Manual of Canine and Feline Ophthalmology

## Third edition

Editors:

### David Gould
BSc(Hons) BVM&S PhD DVOphthal DipECVO MRCVS
*RCVS and European Specialist in Veterinary Ophthalmology*
Davies Veterinary Specialists, Manor Farm Business Park,
Higham Gobion, Herts SG5 3HR

and

### Gillian J. McLellan
BVMS PhD DVOphthal DipECVO DipACVO MRCVS
*European Specialist in Veterinary Ophthalmology*
School of Veterinary Medicine, University of Wisconsin-Madison,
2015 Linden Drive, Madison, WI 53706, USA

Published by:

**British Small Animal Veterinary Association**
Woodrow House, 1 Telford Way,
Waterwells Business Park, Quedgeley,
Gloucester GL2 2AB

A Company Limited by Guarantee in England
Registered Company No. 2837793
Registered as a Charity

First published 1993
Second edition 2002

Third edition copyright © 2014 BSAVA

All rights reserved. No part of this publication may be reproduced, stored in a retrieval system, or transmitted, in form or by any means, electronic, mechanical, photocopying, recording or otherwise without prior written permission of the copyright holder.

Illustrations 3.2, 6.19, 6.32, 6.33, 6.34, 6.35, 6.36, 9.1, 9.2, 9.30, 9.31, 9.37, 9.43, 9.51, 9.72, 12.18, 12.19, 12.24, 12.51, 14.1, 14.3, 15.1, 15.2, 16.1, 18.1, 18.5, 18.13, 18.22, 19.1, 19.2, 19.4, 19.5, 19.6, 19.8, 19.9, 19.11, 19.12, 19.18, 19.20, 19.21 and 19.22 were drawn by S.J. Elmhurst BA Hons (www.livingart.org.uk) and are printed with her permission.

A catalogue record for this book is available from the British Library.

ISBN 978 1 905319 42 8

The publishers, editors and contributors cannot take responsibility for information provided on dosages and methods of application of drugs mentioned or referred to in this publication. Details of this kind must be verified in each case by individual users from up to date literature published by the manufacturers or suppliers of those drugs. Veterinary surgeons are reminded that in each case they must follow all appropriate national legislation and regulations (for example, in the United Kingdom, the prescribing cascade) from time to time in force.

Printed by Cambrian Printers, Aberystwyth SY23 3TN. Tel: 01970 613000
Printed on FSC certified paper

# 目　次

| | | |
|---|---|---|
| 翻訳者一覧 | | 9 |
| 序　　文 | | 10 |
| 緒　　言 | | 11 |
| 監修にあたって | | 12 |

| | | | | |
|---|---|---|---|---|
| 第1章 | 眼科検査<br>Christine Heinrich | 能美君人 | 15 |
| 第2章 | 眼球と眼窩の画像診断<br>Ruth Dennis, Philippa J. Johnson and Gillian J. McLellan | 伊藤良樹 | 39 |
| 第3章 | 眼疾患の検査<br>Emma Dewhurst, Jim Carter and Emma Scurrell | 金井一享 | 67 |
| 第4章 | 遺伝性眼疾患の診断と管理<br>Simon Petersen-Jones and David Gould | 西村正義 | 77 |
| 第5章 | 眼科における鎮痛と麻酔<br>Louise Clark | 神田鉄平 | 87 |
| 第6章 | 眼科手術の原則<br>Sally Turner | 金井一享 | 101 |
| 第7章 | 眼科用薬物<br>James Oliver and Kerry Smith | 能美君人 | 119 |
| 第8章 | 眼窩と眼球<br>David Donaldson | 萩　清美 | 135 |
| 第9章 | 眼　　瞼<br>Sue Manning | 藤井裕介 | 159 |
| 第10章 | 涙　　器<br>Claudia Hartley | 藤井裕介 | 193 |
| 第11章 | 結膜と第三眼瞼<br>Claudia Hartley | 前原誠也 | 209 |
| 第12章 | 角　　膜<br>Rick F. Sanchez | 藤野靖子 | 227 |
| 第13章 | 強膜，上強膜および輪部<br>Natasha Mitchell | 萩　清美 | 261 |
| 第14章 | ぶどう膜<br>Christine Watté and Simon Pot | 藤野靖子 | 271 |
| 第15章 | 緑内障<br>Peter Renwick | 福本真也 | 303 |

| 第16章 | 水晶体<br>Robert Lowe | 久保　明 | 329 |
| 第17章 | 硝子体<br>Christine Heinrich | 奥井寛彰 | 347 |
| 第18章 | 眼　底<br>Gillian J. McLellan and Kristina Narfström | 奥井寛彰 | 355 |
| 第19章 | 神経眼科<br>Laurent Garosi and Mark Lowrie | 伊藤良樹 | 389 |
| 第20章 | 全身性疾患に伴う眼症状<br>David Gould and Jim Carter | 前原誠也 | 417 |
| 第21章 | 一般的な眼症状に対する問題指向型アプローチ法<br>Natasha Mitchell | 久保　明 | 429 |

索　引 ……… 438

# Contributors

**Jim Carter** BVetMed DVOphthal DipECVO MRCVS
*RCVS and European Specialist in Veterinary Ophthalmology*
South Devon Referrals, c/o Abbotskerswell Veterinary Centre, The Old Cider Works,
Abbotskerswell, Newton Abbot, Devon TQ12 5GH

**Louise Clark** BVMS CertVA DipECVAA MRCVS
*RCVS and European Specialist in Veterinary Anaesthesia*
Davies Veterinary Specialists, Manor Farm Business Park, Higham Gobion, Herts SG5 3HR

**Ruth Dennis** MA VetMB DVR DipECVDI MRCVS
*RCVS and European Specialist in Veterinary Diagnostic Imaging*
Animal Health Trust, Lanwades Park, Kentford, Newmarket, Suffolk CB8 7UU

**Emma Dewhurst** MA VetMB FRCPath MRCVS
Axiom Veterinary Laboratories Ltd, The Manor House, Brunel Road,
Newton Abbot, Devon TQ12 4PB

**David Donaldson** BVSc(Hons) DipECVO MRCVS
*European Specialist in Veterinary Ophthalmology*
Animal Health Trust, Lanwades Park, Kentford, Newmarket, Suffolk CB8 7UU

**Laurent Garosi** DVM DipECVN MRCVS
*RCVS and European Specialist in Veterinary Neurology*
Davies Veterinary Specialists, Manor Farm Business Park, Higham Gobion, Herts SG5 3HR

**David Gould** BSc(Hons) BVM&S PhD DVOphthal DipECVO MRCVS
*RCVS and European Specialist in Veterinary Ophthalmology*
Davies Veterinary Specialists, Manor Farm Business Park, Higham Gobion, Herts SG5 3HR

**Claudia Hartley** BVSc CertVOphthal DipECVO MRCVS
*RCVS and European Specialist in Veterinary Ophthalmology*
Animal Health Trust, Lanwades Park, Kentford, Newmarket, Suffolk CB8 7UU

**Christine Heinrich** DVOphthal DipECVO MRCVS
*RCVS and European Specialist in Veterinary Ophthalmology*
Willows Veterinary Centre and Referral Service, Highlands Road, Shirley,
Solihull, West Midlands B90 4NH

**Philippa J. Johnson** BVSc CertVDI DipECVDI MRCVS
*European Specialist in Veterinary Diagnostic Imaging*
Animal Health Trust, Lanwades Park, Kentford, Newmarket, Suffolk CB8 7UU

**Robert Lowe** BVSc DVOphthal MRCVS
Optivet Referrals, 3 Downley Road, Havant PO9 2NJ

**Mark Lowrie** MA VetMB MVM DipECVN MRCVS
*RCVS and European Veterinary Specialist in Neurology*
Davies Veterinary Specialists, Manor Farm Business Park, Higham Gobion, Herts SG5 3HR

**Sue Manning** BVSc(Hons) DVOphthal MRCVS
Pride Veterinary Centre, Riverside Road, Derby, Derbyshire DE24 8HX

**Gillian J. McLellan** BVMS PhD DVOphthal DipECVO DipACVO MRCVS
*European Specialist in Veterinary Ophthalmology*
School of Veterinary Medicine, University of Wisconsin-Madison, 2015 Linden Drive,
Madison, WI 53706, USA

**Natasha Mitchell** MVB DVOphthal MRCVS
Crescent Veterinary Clinic, Dooradoyle Road, Limerick, Ireland

**Kristina Narfström** DVM PhD DipECVO
*European Specialist in Veterinary Ophthalmology*
Djurakuten Animal Hospital, Kungstensgatan 58, 113 29 Stockholm, Sweden

**James Oliver** BVSc CertVOphthal DipECVO MRCVS
*European Specialist in Veterinary Ophthalmology*
Animal Health Trust, Lanwades Park, Kentford, Newmarket, Suffolk CB8 7UU

**Simon Petersen-Jones** DVetMed PhD DVOphthal DipECVO MRCVS
*European Specialist in Veterinary Ophthalmology*
Department of Small Animal Clinical Science, Michigan State University,
D-208 Veterinary Medical Center, MI 48824-1314, USA

**Simon Pot** DVM DipACVO DipECVO
*European Specialist in Veterinary Ophthalmology*
Veterinary Ophthalmology Service, Equine Department, Vetsuisse Faculty,
University of Zürich, Winterthurerstrasse 260, CH-8057 Zürich, Switzerland

**Peter Renwick** MA VetMB DVOphthal MRCVS
Willows Veterinary Centre and Referral Service, Highlands Road, Shirley,
Solihull, West Midlands B90 4NH

**Rick F. Sanchez** DVM DipECVO MRCVS
*European Specialist in Veterinary Ophthalmology*
The Royal Veterinary College, Hawkhead Lane, North Mymms, Hatfield, Herts AL9 7TA

**Emma Scurrell** BVSc DipACVP MRCVS
Cytopath Ltd, PO Box 24, Ledbury, Herefordshire HR8 2YD

**Kerry Smith** BVetMed CertVOphthal DipECVO MRCVS
*RCVS and European Specialist in Veterinary Ophthalmology*
Davies Veterinary Specialists, Manor Farm Business Park, Higham Gobion, Herts SG5 3HR

**Sally Turner** MA VetMB DVOphthal MRCVS
*RCVS Specialist in Veterinary Ophthalmology*
Mandeville Veterinary Hospital, Northolt, Middlesex UB5 5HD
Stone Lion Veterinary Hospital, Wimbledon, London SW19 5AU

**Christine Watté** DVM DipECVO
*European Specialist in Veterinary Ophthalmology*
Department of Clinical Veterinary Medicine, Small Animal Clinic,
Länggassstrasse 128, CH-3012 Bern, Switzerland

# 翻訳者一覧

**監　修**

古川　敏紀（倉敷芸術科学大学）

辻田　裕規（どうぶつ眼科専門クリニック）

**翻訳者**（五十音順）

伊藤　良樹（山口大学共同獣医学部獣医学科獣医放射線学研究室）

奥井　寛彰（くるめ犬猫クリニック）

金井　一享（北里大学獣医学部獣医学科小動物第1内科学研究室）

神田　鉄平（倉敷芸術科学大学生命科学部動物生命科学科動物薬物治療看護学研究室）

久保　　明（どうぶつ眼科VECS）

西村　正義（清和台動物病院）

能美　君人（どうぶつ眼科専門クリニック）

萩　　清美（松原動物病院）

福本　真也（グラン動物病院）

藤井　裕介（アセンズ動物病院）

藤野　靖子（どうぶつ眼科専門クリニック）

前原　誠也（酪農学園大学獣医学群獣医学類伴侶動物医療学分野）

# 序　文

　1993年に出版された『小動物の眼科学マニュアル』の第一版は，BSAVAから出版された最も成功したマニュアルの1冊で，2002年に第二版が続きました．第三版は最新版であり新しい編集チームと適切で優秀な著者により構成され，強く望まれた続編で広範囲を書きかえ更新しました．編集者であるDavid Gould博士とGillian McLellan博士は，国際的にも評価の高い獣医眼科医です．Gould博士はDavies Veterinary Specialistsのディレクターです．そして，McLellan博士はウィスコンシン大学の比較眼科学の准教授です．

　第二版が出版されて以来の新しい情報量を考え，この新版では犬と猫の眼科学にフォーカスするという決定をしましたが，これは賢明であったと思います．明らかに，犬と猫に集中させることで，主題をより詳細にカバーすることになり，重要な新しい知見（例えば，全身性疾患における眼の徴候）を含ませることができました．

　獣医眼科学の分野はユニークな特徴をもっており，一般的で早く広がっていく分野です．脳の先端を見ることができて，血管が正常かどうか調べることができ，さらに生きた状態の病理変化を直接見ることができる部位は他にはないでしょう．すべての一般臨床チームのメンバーに使ってもらえるようなすっきりした文章とともに優れた図表によりレイアウトされており挑戦的なものです．この魅力的な主題を理解する深い洞察と知識を高めたがっている人々や既に専門的な興味と経験をもった人々を含む，あらゆる読者に使える優れた具体例を示しています．編集者と著者およびBSAVA出版物チームがこのような望ましい本を作ることができたことにより，彼らが祝福されることは明らかです．

Professor **Sheila Crispin**
MA VetMB BSc PhD DVA DVOphthal DipECVO FRCVS

# 緒　　言

　このマニュアル本の最終版から12年が過ぎ，その間，獣医眼科学の多数の分野で著しい進展がありました．この最新版では，この期間になされた全ての主要な進歩した面を網羅するために十二分に改訂され，書き改められました．

　私達の専門分野の複雑化は増したにも関らず，眼科診察の基本原則は何ら変わらない状況です．第1章では眼科診察の手引きを通して，一般臨床医のための論理的かつ段階的なアプローチが述べられています．2002年以降にその活用が増加した先端的画像診断の撮画手段により，今やMRIやCT検査へのアクセスが大学や専門機関に頼ることなく行なえるようになってきております．画像診断の章では，一般臨床現場にて一般的に利用できる，より伝統的な眼科画像手段の実践的アドバイスを残した一方で，これらの進化した手技の概説を含めた十分な拡大がなされています．

　注目すべき点として近年，犬の遺伝性眼疾患に対する遺伝子検査の利用が増加していることが挙げられます．2002年には犬の遺伝性眼疾患で商業的に検査可能なDNAテストは1つのみでした．本書の執筆時点で今や50以上のテストが可能となり，その数は今後の数年も著しく増加すると考えられています．DNAテストの有用性は臨床的診断を確認するだけでなく，その飼い主やブリーダー達，そして獣医外科医達に対して，その病気の将来的なリスクを予見する重大な意義をもつことにもあります．しかしながら，その可能性は未だ十分に解明されていない状況であり，本書に含まれている遺伝性眼疾患の新しい章ではこの問題に取り組む試みがなされています．

　手術手技や手術機器の改善・発展は，角膜疾患，水晶体脱臼，そして白内障手術を含めた多数の眼科手術の外科的成功率を高めることにも繋がりました．これに呼応して，眼科外科手術の原理の改訂をなした章は，その他の章内での外科の項においても広範囲にわたって補足され，一方でそれらの外科症例を，いつ眼科専門医に紹介すべきかの十分なガイダンスを明確にすることにも努力しました．

　前版同様，本書では参考文献として推薦図書を提供していますが，これらの参考文献のリストは包括的，または読者に重労働を要することを意図するものではありません．本書ではそれらの前書と比較しても，より多くのカラー写真により豪華にイラストされ，線画されたものとなっています．我々は問題志向型アプローチと全身疾患に伴う眼症状の章を本書で新しく追加し，そして近年にわたって発展した分野を反映するために，その他すべての章を広範囲に拡大し，または改訂いたしました．残念ながら，この拡編はウサギとエキゾチック動物の眼科学の章を割愛することで成り立っており，これらの種の特殊な動物の情報を探求される先生方におかれましては，それに関連したBSAVAマニュアルの章を案内する形となっております．

　本書を通して，診察室において臨機応変に頼られる参考本として，また各題目をより深いレベルで楽しみながら読みたくなる本として，我々は明確で，理解しやすいテキスト形式と図式を提供することに注意を払って参りました．私達は本書が一般臨床現場での獣医外科医と獣医眼科学領域に特別な興味をもたれている獣医師の方々にとって有用かつ実践的な資料となることを真摯に望みます．

　この本書への寄稿にあたりその技術と専心を示していただいた各分野の全てのスペシャリストの著者の先生方に深く感謝いたします．最後に，その存在なしにこの成書が発刊されることがなかったBSAVAチームに心から感謝申し上げます．

Davis Gould<br>
Gill McLellan

# 監修にあたって

　今や我が国の小動物分野において獣医眼科学分野の成長は確固たるものであると言えるであろう．第二版の翻訳をお届けできたのが平成18年であることから，今年平成27年までの足掛けちょうど10年間で我々にも実感できるものとなった．各地で開催される数多くの獣医分野の学会発表や講演の中に必ずと言ってよいほどに眼科学に関連するものが見られる．さらに優秀な獣医眼科医が続々輩出されてきており，それぞれの地域の獣医臨床分野で活躍されていることも実感できる．今回第三版の翻訳の話をいただいて，真っ先に二つのことを考えました．それは私がフィリピン国立大学獣医学部の臨床教授としてかの地で世界各国から来ている留学生から次のように言われたことに起因します．「なぜ日本は海外の専門書を翻訳するのか，原著のまま読めば出版されてから間もなくに読めるではないか」というものでした．確かに私ども日本人には外国語がなかなか身につかないこともあるでしょうが，獣医学分野も幅広くなるとともに専門用語の数も多くなり，さらには基礎的な事柄を大学で学んでいなければ，なかなかその分野の原著を読んでも理解できないことが数多くあります．この本は獣医眼科を専門とする人のために書かれたものではなく，一般臨床獣医向けのものです．そうであれば難解な眼科用語に普段なじみのない臨床家にとっては翻訳されたものが手に入ることは大変有意義ではないかと考えました．ただし問題は残ります．翻訳に時間をかけていては折角の新しい知識がどんどん陳腐化してしまうからです．そのため，目標の一つはできるだけ早く出版するというものです．そのため，3月末にお話をいただいて，翻訳を5月末に終了するというものでした．しかし実際に本が届いたのは4月末であり，担当の先生方の手元にお届けできたのは5月の連休明けになってしまいました．そのため訳者のスケジュールに合わない部分も出てきてしまい，この目標はあっけなく崩れてしまいました．しかしそれにもかかわらず多くの若い先生方が頑張ってくれたお陰で約半年で作業を終えることができようとしています．もう一つの目標はできるだけ地方で頑張っている若い先生方に翻訳をお願いするというものです．これには私と共同で監修にあたってくださった我が国の獣医眼科分野の若きエース，辻田裕規先生がどしどし若い人材を紹介くださったお陰で思いの外スピーディーに人選を進めることができました．訳者の方々の大変なご努力に敬意を払うとともに忙しい毎日の診療業務にもかかわらず熱心に監修の仕事を進めてくださった辻田先生に感謝の意を捧げたいと思います．また今回の翻訳に際して，尽力いただいた(株)学窓社の山口勝士氏，ならびに編集を担当してくださった酒部寛之氏に対して心からの謝意を表したい．なお，もし今回の翻訳について誤訳などがあったとすれば，それは監修者である私の責任であることも申し添えたいと思います．この本が我が国の獣医眼科臨床に興味をもってくださる多くの獣医のために役立つことを祈っております．

平成二十七年十月吉日

古川　敏紀

# 監修にあたって

　本邦の小動物臨床における専門分野の分科は著しく，また伴侶動物を家族として迎え入れる飼い主側の意識も非常に高くなり，より専門的な医療を求めて獣医師側に適切な診断と治療を望む時代になってきています．そのような中で我々獣医師側も日々，自身の技術と知識を向上発展させ，それを診療に活かして飼い主と動物からのニーズに柔軟に対応することが求められております．

　今回このような流れを汲み，獣医眼科分野での進歩・発展した主要な面を包括的に網羅するためにBSAVA小動物眼科マニュアル最新版の改訂がなされました．そしてこのたび，古川敏紀先生が中心となり，素晴らしい獣医師諸氏とこの翻訳書を作り上げる機会をいただきました．

　私事で恐縮ですが，私は日本で7年間を一般臨床現場にて過ごし，その後渡米してから海外の獣医眼科成書や雑誌を（半ば強制的に）読みあさる日々となりました．渡米前はそのような海外成書が手もとにあるものの，日々の日常業務に追われ，仕事後に英字が目に入ると一瞬で催眠術にかかったように眠気に襲われて同じ箇所を何度も読み返してから眠りに落ちる，という始末でございました．そのような英字拒絶反応を起こしていた人間が渡米してその催眠術から脱し得たのは，米国での専門医教育（レジデントプログラム）過程に所属したことがきっかけでした．そこでは，眼科診察と手術の臨床漬けとなる「オンクリニック」と呼ばれる週の合間に，研究と学術的知識のアップデートのために与えられる「オフクリニック」という週が教育システムの一貫として定期的に与えられ（施設によりその頻度に差はございます），一日中，自発的な学習や研究に時間を割くことが可能であったからです．

　獣医領域のみならずどの分野でも，学問は国内を超えた海外からの知識の集約が必要であり，我々日本人がそれに対応するには，科学的根拠に基づく最新の知識を英語でも読解できる教育と，その機会の場を確立していくことが今後より求められると感じております．しかしながら一方で，夕方以降の診察が一般的でない海外の獣医師から見れば，日本の獣医師は働き過ぎるくらい働き，そしてその業務後と数少ない休みに知識を補足することを強いられております．このような中で，海外から発信された新しい獣医眼科知識を，すべての分野の学術的知識の網羅が求められる一般臨床医に辞書を横に置かなくとも学べる機会を提供する，このことが今回の本翻訳書の発刊にあたり携わった我々の大きな目標でございました．そして，これは今回の本書の翻訳を先頭に立って率いていただいた，古川先生の「可能な限り迅速に出版する」という熱い思いから発信され成し得たことでございます．

　最後に，本書の刊行の完遂は，日々の激務の中で翻訳のご協力にあたってくださった各章の獣医師諸氏の惜しみないお力添えの賜であることを付言し，そしてこのような監修の機会をお与えくださった古川敏紀先生に記して深甚の謝意を表します．また出版に際して，惜しみないご協力とご尽力をいただきました学窓社山口勝士と酒部寛之両氏，ならびに編集部の皆々様に，この場を借りて深く御礼申し上げます．

　　　　　　　　　　　　　　　　　　　　　　　　　　　　平成二十七年十月吉日
　　　　　　　　　　　　　　　　　　　　　　　　　　　　辻田　裕規

# 1

# 眼科検査

## Christine Heinrich

　眼科検査は検査者にとって非常に有益な手技である．その理由は，他の器官と違い，眼はそれ自身が外貌検査に適しており，また診察時にその場で臨床診断が可能なことが多いからである．また眼科検査は他の器官系についての重要な情報も得ることができる．神経系に関しては，眼科検査は神経眼科学的反射の評価だけでなく，また検査者が視覚的に視神経を検査可能である．視神経は脳と直接連絡しており，髄膜と脳脊髄液（CSF：Cerebrospinal fluid）に囲まれている．眼底検査は静脈と動脈の外貌検査が可能であり，心血管系についての重要な情報が得られる．眼底検査は素早く実施可能，かつ費用のかからない方法であり，眼底検査により検査者が全身性高血圧症の可能性に気づくことも可能である（特に高齢猫において）．結膜または網膜出血があれば，検査者は全身性凝固障害に注意を払うだろうし，また多くの代謝性疾患がその疾患の早期に眼症状を伴う可能性がある（例えば，糖尿病における白内障の形成，肝疾患における黄疸）．角膜表面の健康性は多くの免疫介在性および感染性疾患の指標となり，注意深い検査者にとっては眼窩内の眼球の位置や第三眼瞼の位置でさえも罹患動物の全身の健康状態についての情報となり得る．

　しかしながら，徹底的な眼科検査を完了し，所見を正確に解釈できる能力は新卒の獣医師がもてるような「一日で身に付く技術」ではない．特に眼底の評価については，生理学的ならびに解剖学的に正常と考えられる膨大なバリエーションが存在し，いわゆる豊富な心の中の「参考図書館」を築き上げるために，経験の浅い臨床医は可能な限り多くの罹患動物で検査する努力が必要である．このことにより経験を積んだ検査者は眼構造の正常像と異常病変を鑑別できるようになる．教科書の眼科検査の章での勉強は経験からのみ得ることができる実践的技術の基礎を身に付けるための助けになる（Martin, 2005；Ollivier et al., 2007；Maggs, 2008）．犬や猫の眼科学の写真アトラスもまた非常に推奨される（Barnett et al., 2002；Crispin, 2004；Ketring and Glaze, 2012）．

　以上の理由から，獣医師は可能な限り多くの眼科検査（特に眼底検査）を実施するよう志すとよい．これらを日常の一般検査に取り入れるべきである．もちろん時間的制約と予約予定があるため，一般的にはすべての罹患動物において完全な眼科検査を実施することはできない．それゆえ，獣医師にとってより現実的な選択肢は毎週一つの新しい課題（例えば，第1週目はすべての罹患動物で視神経乳頭を検査し，第2週目はノンタペタム領域を評価する）に取り組むよう志すことである．こうすれば，検査者は効率的かつ迅速な方法で眼科検査を実施するために必要な技術が徐々に身に付き，自信をもって所見を解釈できるようになるだろう．

## 技　術

### 罹患動物の保定

　一般的に，犬や猫において眼科検査を実施するためには最低限の保定が必要となる．罹患動物の協力のもとでの穏やかで落ち着いたアプローチは用手または薬物による保定よりもずっと好ましく，大部分の罹患動物において飼い主の助けのみで完全な眼科検査が実施可能である．眼科検査に用いる各検査器具の照明の強さを選択するとき，検査者は照明の強さを必要最小限にするよう努めるとよい．というのも，過度に明るい光は罹患動物にとって不快であり，罹患動物のコンプライアンスの低下に繋がるためである．理想的には，罹患動物は検査台の端近くで座位で配置させるとよい．飼い主は優しくサポートし，一方の手は罹患動物の背部から胸部に向かって伸ばし，もう一方の手は指を伸ばし，罹患動物の顎を支え，頭を水平位まで上げるとよい（図 1.1）．

　怒りっぽく気難しい犬や猫の場合，適切にトレーニングを受けた者（動物介護職員や看護師など）が補助すべきである．必要であれば口輪を使う．検査者，飼い主，スタッフが怪我をしないために，口輪で完全に囲み，検査者の顔を罹患動物の口に近づけすぎることは配慮すべきである．このことから布地の口輪は除外されるが，それはしばしば前部が開くためである．猫の

第1章 眼科検査

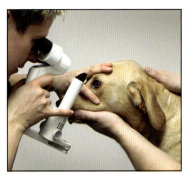

図1.1 罹患動物は高さが調節可能な検査台に座らせ，助手が優しくサポートする．助手の手のひらによる鼻口部（マズル）の持ち上げ方と支え方に注目（©Willows Referrals）

爪による傷は罹患動物をタオルで優しく包むか，市販の「猫用バッグ」を使えば避けることができる．非常に怒りやすく危険な罹患動物の場合は，薬物による保定を用いる必要性があるかもしれない（第5章を参照）．

- 犬の場合，メデトミジン／デクスメデトミジンとブトルファノールの組み合わせにより不動化と十分な眼の可視化が得られる．
- 猫では，ケタミンとミダゾラムの組み合わせまたはメデトミジン／ケタミン／オピオイドの組み合わせが一般的によく効く．

投与量は罹患動物の気性，基礎疾患，投与方法により選択する．注目すべきは，前述の薬剤の組み合わせはいずれも著しい眼球沈下，眼球下垂，第三眼瞼の突出を起こさないことである．このためアセプロマジンによる鎮静や全身麻酔は気性の荒い罹患動物で眼科検査を容易にするための選択肢としては適切ではない．鎮静作用のある大部分の薬が眼科検査に悪影響を及ぼす可能性があることを検査者は覚えておくべきであり，特に瞳孔径や視覚だけでなく眼球反射と眼球反応の評価も制限されるだろう．シルマー涙試験（STT：Schirmer tear test）や眼圧（intraocular pressure）の値はともに鎮静下または麻酔下の動物において変化する（Herring et al., 2000；Sanchez et al., 2006；Hofmeister et al., 2008, 2009；Ghaffari et al., 2010）．鎮静や麻酔下では眼瞼の形態は劇的に変化するため，眼瞼内反のような眼瞼異常のある罹患動物は意識のある状態で評価すべきである．

## 機　器

眼科検査の十分なパフォーマンスを発揮するための最初の必需品は静かで暗くできる部屋である．理想的には，検査者の眼の高さに罹患動物を置けるように高さが調節可能なテーブルがあるとよい．検査者が座るか立つかは個人的な好みである．ペンライトやFinoff徹照器（より好ましい）（図1.2）のような局所的な光源，直像鏡（図1.3），20または30ジオプトリー（D）の集光レンズ（図1.4）は日々の診療で手元に置くべき最低限の機器である．いくつかの消耗品，すなわち眼周囲の汚れを清掃したり過剰なフルオレセインを洗浄するための滅菌水や人工涙液だけでなく，STT試験紙，フルオレセイン含浸紙（Fluorets®），綿棒，不織布なども用意すべきである．

図1.2 検眼鏡ハンドルに取り付けたFinoff徹照器（©Willows Referrals）

図1.3 手持ち型の電池式直像鏡（©Willows Referrals）

図1.4 眼科検査のための集光レンズ：（左から）パンレチノ2.2, 20 D, 30 D（©Willows Referrals）

眼科検査に日常的に用いる薬として，眼表面の局所麻酔のための0.5%プロキシメタカイン点眼薬，短時間の散瞳を誘導するための0.5〜1%トロピカミド，使用頻度は落ちるが薬理試験のための2.5または10%フェニレフリン点眼薬が挙げられる（第19章を参照）．理想的には，すべての診療で正確な眼圧測定ができる器具（シェッツ眼圧計，トノペン，トノベットなど）があるとよい．眼科学の知識と技術をさらに磨きたいと考えている臨床医には，スリットランプ生体顕微鏡，ヘッドマウント式倒像鏡，検影器とその置き棚，隅角レンズなどのような，より高度な診断器具が推奨される．眼科専門医はこれらの器具を日常的に使用している．日々の獣医診療では十分なくらいの基本的な眼科検査は最低限の器具（局所的な光源，直像鏡，集光レンズ）で実施できることは疑いの余地がない．しかしながら，よりわずかな眼病変については見逃す可能性がある（特にスリットランプ生体顕微鏡がない場合）．

## シグナルメントと病歴

診断の重要な手がかりとなるため，罹患動物の年齢，品種，性別は注意を払うべきである．このことは特に獣医眼科学において当てはまる．というのも，多くの疾患が遺伝性または少なくとも「品種性」と考えられているためである．犬と猫の両方で，罹患動物の被毛と虹彩の色から眼底の色調を予想したり，正常眼底変化と病変の鑑別についての手がかりが得られる．例えば，シャム猫の色素が薄い眼底での赤い外観は網膜出血と間違えられる可能性がある．短期間だが関連性のある病歴もとるべきであり，それには罹患動物の飼育期間，一般状態，過去の疾患や事故などが含まれる．猫の場合，多頭飼いしていると特定の感染症に罹患する危険性が増加するため，他に同居猫が何頭いるかも確認した方がよい．最近または現在のすべての投薬歴も注意すべきである．というのも，臨床医が治療計画に含めた薬剤のみでなく，罹患動物の抱えている疾患が眼の問題の病因に潜在的に関与している可能性があるからである．以下に例を示す．

- 長期的にエンロフロキサシンの投与を受けている高齢猫での突然の失明の場合，薬剤の血清中濃度の軽度の上昇でさえ網膜毒性の原因となり得るし，腎機能が低下している罹患動物では薬物が適切に代謝・排出されない可能性もある．
- 慢性大腸炎に罹患している罹患動物でのドライアイの場合，乾性角結膜炎（KCS: keratoconjunctivitis sicca）を誘発する薬剤として，よく知られているスルファサラジンで管理されている可能性がある．

罹患動物が現在抱えている眼の問題についての質問は，十分な病歴を記録した後にした方がよい．罹患動物の視覚に悪化はあるか，発症してどれくらい経つか，症状は進行しているか，明所か暗所のどちらでより顕著か，ということを質問すべきである．また片眼または両眼の外観に変化はあるか，眼脂や痛みはないかということも訊ねた方がよい．両側性の眼疾患の場合は全身性疾患が疑われるため，左右差の有無も考慮すべきである．

## 器具を使用しない周囲照明光での検査

### 遠隔検査

まず始めに，「手を触れない」アプローチをとり，罹患動物の頭部を距離をおいて観察する．眼瞼内反，睫毛乱生，顔面下垂が疑われる罹患動物であれば，検査者が様々な頭部の位置から，かつ手での保定なしで眼の形態をよく観察することが重要である．特に保定は痛みを伴う場合に痙攣性の病態を悪化させ，外科的治療の必要性について過大評価を招く可能性があるからである．理想的には，罹患動物が検査室に入って来たときから検査者は罹患動物の観察を始め，病歴を聞いている間中ずっと観察を続けておくとよい．このとき，検査者が罹患動物の顔と眼に注意を払っていることを罹患動物に気づかれないとなおよい．まばたき回数と眼脂の有無に注意し，また顔の対称性と眼窩の形態も評価する．もし眼球突出が疑われれば，罹患動物の頭部を上から観察し，左右の眼球の位置を比較すると判断の一助になるだろう．

### 近接検査

遠隔検査に続いて，今度は罹患動物の頭部を操作していくが，もし眼球の完全性が損なわれる危険性（すなわち深層性角膜潰瘍がある場合）があれば，この操

**図1.5** 球後の占拠性病変の可能性を評価するために，両眼球を優しく後方に押し込み，閉じた上眼瞼からの圧力を感じとる（©Willows Referrals）．

作は最低限に留めなければならない．頭部と眼周囲においては対称性を評価し，斜視の徴候だけでなく眼窩内の眼球の位置にも注意を払う．眼球の運動性も以下のポイントで検査する．罹患動物の頭部を左右または上下に動かしたときに，正常な眼の動きとなるか（いわゆる「人形の頭部反射」または前庭動眼反射）．外眼筋の麻痺や拘縮は様々な方向の眼球の動きを損なう可

図1.7　視認性を改善するために，下眼瞼を引き下げながら上眼瞼から眼球を圧迫することにより一時的に第三眼瞼を突出させる（©Willows Referrals）．

能性があるが，それは罹患している神経／筋群に依存する（第19章を参照）．眼周囲を優しく触診し，両眼球を軽く後方に押し込むと同時に，抵抗性の増加があるかを閉じた上眼瞼を通して第二指にかかる圧力で確認する．もし抵抗性の増加があれば，それは球後の占拠性病変を示唆する（図1.5）．眼球の位置と眼瞼の関連性も調べる．

顔面下垂の罹患動物の場合，頭部を上げているとき（図1.6ab）だけでなく鼻を床に向けているとき（図1.6cd）にも眼瞼裂を評価することが重要である．なぜなら罹患動物が起きているときはほとんど後者の頭部の位置だからである．この理由から，検査者は検査台の上で座位または立位の状態の罹患動物の前で膝を突く必要があるだろう（図1.6c）．検査者は眼瞼縁を視診し，涙点を確認し，結膜嚢や眼瞼結膜，第三眼瞼を検査するために上眼瞼と下眼瞼をめくるとよい．結膜出血や結膜の正常なピンク色の外観からの変化（黄疸，蒼白，チアノーゼなど）は容易に確認でき，検査者は全身性疾患に気づけるだろう．検査時の第三眼瞼の露出を改善するためには，下眼瞼はめくったままで閉じた上眼瞼から眼球を優しく圧迫すると一時的に第三眼瞼を突出させることができる（図1.7）．

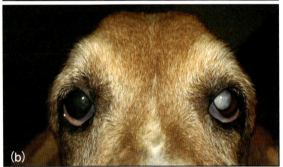

図1.6　顔面下垂や顔面皮膚が余っている罹患動物を検査するときは，眼瞼の形態を評価する際に，頭部を上げた状態（a, b）だけでなく下げた姿勢（c, d）でも調べるよう注意を払う必要がある．さもなければ顔面下垂に関連した睫毛乱生を診断できないことがある（©Willows Referrals）．

### シルマー涙試験

STTは涙液の産生量を定量化し，犬のKCSの管理には不可欠な客観的診断ツールである（第10章を参照）．STTには二つのタイプがある．

- STT-1：局所麻酔の前に実施し，涙液の基礎分泌量と反射性分泌量の両方を測定する．STT-1は獣医眼科学において確立された方法であり，「STT」とはたいていSTT-1のことを指す．
- STT-2：眼表面麻酔を実施後に測定する方法で，涙液の基礎分泌量のみ測定する．

## 方法

　STTを実施するために，専用に作成された細長い濾紙の先端から約5mmのあらかじめ決められた部位で90度に折り曲げておく．折り曲げる部位はたいてい小さい切り目が印として付いている．検査者の手からの油脂や汗による試験紙へのコンタミネーション（濾紙の涙液吸収量が減少する恐れがある）を避けるために，試験紙は包装袋の中で折り曲げるとよい．STT試験紙の短く折り曲げた側を下眼瞼と眼球の間（おおよそ下眼瞼の中央から外側1/3にかけての部位）に挿入する．STT試験紙は角膜表面に接触しなければならない．これは反射性の涙液分泌を促すことを意図している（図1.8）．理想的には，STT測定中は眼瞼裂を少なくとも部分的に開けておき，最小限の指圧で試験紙の位置を維持するとよい．試験紙は1分間静置後，すみやかに結膜円蓋から取り除き，試験紙の切れ目から濡れている部位の終端までの距離を測定して，ミリメートル／分（mm/min）の単位で記録する．たいていのSTT試験紙には指示色素が含浸されており，かつミリメートルで目盛りがプリントされているため，どこまで濡れているかその場で容易に読むことができる．

## 結　果

　犬において，STT値とKCSには負の相関性があることがよく知られている．正常犬ではSTT値は少なくとも15mm／分以上を示す（Maggs, 2008）．犬においてSTT値が10～15mm／分であればKCSが疑われ，10mm／分以下であればKCSで確定診断となる．眼科検査や眼およびその付属器の操作の際に起こり得るSTT結果への影響を避けるために，STTは一連の検査の早い段階で実施することが推奨され，なるべくなら最初の「手を触れない」距離をおいた評価の直後がよい．点眼薬の投与，細菌学的または細胞学的サンプルの採取，明るい光での眼科検査は反射性涙液分泌によりSTT値を誤って増加させる可能性がある．大部分の鎮静薬や麻酔薬はSTT値に不利に影響するため，十分に意識のある罹患動物で検査を実施すべきである（Herring et al., 2000；Sanchez et al., 2006；Ghaffari et al., 2010）．

　眼疼痛を伴う罹患動物におけるSTT結果を解釈するときには，本来は低い基礎涙液分泌量の罹患動物でも疼痛による反射性涙液分泌量がSTT値を誤って増加させ，KCSの程度を隠している可能性があることを検査者は考慮すべきである．このことは罹患動物が抱える問題の原因探索の助けになる可能性がある．この場合，対側眼のSTTに検査者が注意を払うことが重要である．すなわち，わずかなKCSの臨床症状しかなくてもSTTは低値を示す可能性がある．

　猫においてもSTTは同様の方法で実施可能であるが，涙液産生量とKCSとの相関性は通常犬ほど明確ではない．正常猫において報告されているSTT範囲は3～32mm／分（平均値は17mm／分）と変化に富む．しかしながら，猫の中には眼表面疾患の徴候がないにもかかわらず，極端に低いSTT値を示すことがある（0mm／分のことさえある）．このような罹患動物ではストレスにより一時的に涙液産生量が影響を受けており，それには涙液産生に対する自律神経性制御の変化が関連しているようである（Ollivier et al., 2007）．

## サンプルの採材

　検査という点では，サンプルはいくつかの異なった検査目的（微生物学的検査，細胞学的検査，ポリメラーゼ連鎖反応（PCR：polymerase chain reaction）検査など）のために採材される可能性がある（第3章を参照）．点眼薬は培養時の微生物の成長や他の検査結果に悪影響を与えかねないため，理想的にはサンプルは点眼薬投与前に採取するとよい．例えば，サンプリングの前にフルオレセイン検査を行うと免疫蛍光法に干渉する可能性がある．臨床現場における例外として，特に眼疼痛を伴う場合は点眼麻酔を使用する．0.5％プロキシメタカインの単回投与ならば細菌培養結果に悪影響を与えないことが知られている（Champagne and Pickett, 1995）．

　微生物学的検査のためのサンプルは通常先端がコットンの滅菌綿棒にて採材する．滅菌綿棒は腹側の結膜円蓋や角膜表面を優しく転がすようにする．小さい先端の綿棒は特にこの目的のために有用である．すべての微生物学的検査サンプルで，検査者は輸送容器と培地だけでなく適切な綿棒を使用しなければならない．もし必要事項について少しでも不明確なことがあれば，サンプル採取の前に検査機関に相談すべきである．細胞学的検査のためのサンプルは直接圧迫スメア法でとるか，またはサイトブラシにより採取可能であ

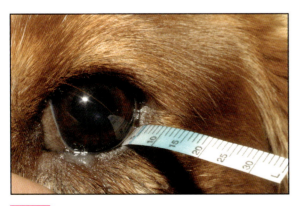

図1.8　STT試験紙の適切な位置（ⓒWillows Referrals）

第1章 眼科検査

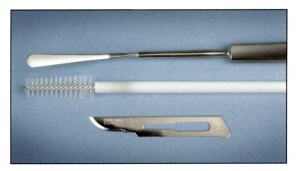

図1.9 キムラ式スパーテル，サイトブラシ，外科用メス刃．これらは細胞学的検査のためのサンプル採材に使用する（©Willows Referrals）．

る．サイトブラシの場合，病変全体を優しく転がしてサンプルを採取し，それをスライドグラスにまき，適切な方法で染色する．サイトブラシがない場合，細胞学的サンプルはキムラ式スパーテルまたは外科用メス刃の鈍端にて採取可能である（図1.9）．これらの器具は両方とも角膜表面からサンプルを集めるときに特に有用である．PCR検査のための細胞は先端がコットンの滅菌綿棒かサイトブラシにて採取でき，これらのサンプルは平坦なチューブに入れて輸送するとよい．

## 視覚検査および神経眼科学的反射

罹患動物の視覚検査は複雑であり，日常的にいくつかの神経眼科学的検査と行動学的検査が含まれ，結果はこれらの組み合わせで解釈しなければならない．一般的には，追跡試験や様々な光量での迷路試験，視覚性踏み直り反応を行う前に，瞳孔対光反射（PLRs: pupillary light reflexes），眩惑反射，威嚇瞬き反応を検査する．神経眼科学的検査について以下に述べるが，さらなる詳細は第19章を参照のこと．

### 瞳孔対光反射

PLR（暗い部屋で評価するとよい）は二つの要素で構成される．すなわち直接および間接PLRである．片方の眼に明るい光を照射すると，両瞳孔が収縮する（陽性の直接反応と間接反応）．視神経（第Ⅱ脳神経〈CN: cranial nerve〉）は反射の求心枝を構成し，一方で動眼神経（第ⅢCN）と並走する副交感神経線維は遠心枝を構成する．正常な動物において，副交感神経刺激は虹彩括約筋の収縮と散大筋の弛緩により両眼の瞳孔収縮を誘導する．間接反応は視交叉と視蓋前野での神経線維の交差の結果として生じる．瞳孔運動線維が視線維の前で視索から分岐するため，PLR反射弓には皮質の視覚中枢は含まれない．多くの要因がPLRに影響するが，それには罹患動物の興奮状態（全身性アドレナリン作動状態は対光運動反応を減弱させる），虹彩疾患（虹彩萎縮，ぶどう膜炎/癒着，虹彩腫瘍など），眼圧の上昇，網膜・視神経・高次中枢の機能減弱が含まれる．虹彩筋群を支配する交感神経系と副交感神経系の統合性もまた完全なPLRに必要である．陽性のPLRは視覚があることを必ずしも示唆するわけではない．なぜなら皮質盲の症例ではPLRが変化しない可能性があるからである．そして陰性のPLRが必ずしも盲目を示唆するわけではない．その理由として，虹彩萎縮や薬理学的に誘導した瞳孔散大の結果としてPLRがなくなる可能性が挙げられる．

### 揺動電灯試験

揺動電灯試験（Swinging flashlight test）は検査眼の網膜や視神経における視交叉前での障害を検出するために用いられる．片方の眼をペンライトで照らし，それから対側眼に向けてペンライトを素早く振る．光を照射しているのに2回目に照射した眼が散大していれば，その眼（2回目の眼）に失明病変があることが示唆され，それには網膜や視神経が含まれる（ただし視交叉まで）．しかしながら，直接刺激による最初の縮瞳からのわずかな散瞳は正常であり，瞳孔逃避として知られている．

### 眩惑反射

非常に明るい光でそれぞれの眼を順番に照らすと反射的な瞬きが起こるはずである．眩惑反射は皮質下（すなわち視覚野が関与しない）の反射であるが，PLRのみの場合よりも視覚路について多くの情報が得られる．なぜなら顔面神経（第ⅦCN）核の神経線維が関与するからである（すなわち眩惑反射は中脳レベルまでの視覚路を検査している）．罹患動物が完全白内障であっても，十分に明るい光源で刺激すれば眩惑反射は陽性であることが予想される．

### 威嚇瞬き反応

威嚇瞬き反応は真の反射ではなく，学習により得られる反応であり，罹患動物が任意に抑えることができる．威嚇瞬き反応は全視覚路（皮質レベルまで）の完全性を検査しており，また小脳疾患の罹患動物で消失することがあるため小脳機能も反映する．しかしながら，威嚇瞬き反応は視覚のおおまかな評価しかできない（ヒトでは威嚇瞬き反応が陽性の場合，光を認知する能力が一段階上なだけにすぎないと考えられている）．威嚇瞬き反応は片方の眼を隠しながらもう一方の眼に向かって手の平または指を活発に動かすことで誘発される．罹患動物が角膜や感覚毛，睫毛で知覚できるくらいの過度の空気の動きは避けるべきである．威嚇瞬き反応を罹患動物の内側から実施するときは視覚野の外側，外側から実施するときは視覚野の内側を

検査していることに注意すべきである．

威嚇瞬き反応の求心枝は視神経（第ⅡCN）であり，一方で遠心枝は顔面神経（第ⅦCN）と外転神経（第ⅥCN）からなる．視覚がある罹患動物では，眼輪筋により眼瞼閉鎖が起こる．同時に眼球後引筋によりわずかな眼球の後退が起こることはあまり注目されない．しかしながら，顔面神経麻痺の罹患動物では眼瞼閉鎖は欠如または制限されており，威嚇瞬き反応はわずかな眼球後引と一時的な第三眼瞼の突出で評価される可能性がある．威嚇瞬き反応は8～12週齢以下の犬や猫では生じず，またおびえたり興奮した罹患動物でも消失する可能性がある．後者を除外するために，眼瞼反射と威嚇瞬き反応を素早く連続して繰り返し実施するとよいだろう．なぜなら脅かすこれは仕草に対する罹患動物の反応を増加させる可能性があるためである．

### 視覚の行動性試験

視覚追跡試験，視覚性踏み直り試験，迷路試験はすべて罹患動物の視覚を評価するために用いられる技術である．

**視覚追跡試験**：この検査は罹患動物をある物体に集中させ，目の前で動かすか落とすかして，それを眼で追うかを調べる（図1.10）．罹患動物が全く臭いを追えない十分な距離でビスケットをもつか，または罹患動物の目の前で20～30cmの高さから脱脂綿（落ちているときに音を立てない）を落とすことで，この検査は通常容易に実施できる．猫では，レーザーポインタで床や壁を指すか，糸を付けた羽やおもちゃのマウスなどで興味を引くとよいだろう．しかしながら，この試験は主観的な性質のため，反応がなくても必ずしも視覚がないというわけではない．

**視覚性踏み直り試験**：この検査は小型で神経質な罹患

**図1.10** 視覚追跡試験（©Willows Referrals）

動物や動じない罹患動物において視覚を評価するために用いられる（動物の四肢の運動制御を利用する）．罹患動物を検査台から持ち上げ，台の端に向かってゆっくり動かす．視覚のある罹患動物の正常な反応は片方もしくは両方の前肢を台に向かって伸ばすことであり，これは物が見えていることを示唆する．左右の眼の視覚をそれぞれ評価するために，検査中は罹患動物の片方の眼を順番に隠すとよい．

**迷路試験**：この検査は多様な障害物を用いて実施し，様々な光量で視覚を評価する．視覚評価に非常に効果的な方法は犬に階段を登るよう誘導することである．著しい視覚障害を伴う大部分の罹患動物は不慣れな環境ではうまく階段を通り抜けることができず，特に階段の下りをひどく嫌がるだろう．迷路試験中はもちろん罹患動物の安全を常に注意すべきであり，可能な限り人道的な方法で実施しなければならない．

### 追加の神経眼科学的検査

**眼瞼反射**：眼瞼反射は眼瞼の感覚神経支配を検査するものであり，それは三叉神経（第ⅤCN）の第一枝（眼神経）と第二枝（上顎神経）により支配される．眼周囲の皮膚に優しくタップすると眼瞼が閉鎖（顔面神経を介する）して，眼球が後引（外転神経を介する）される．眼周囲皮膚の神経支配に関与する三叉神経の分岐をすべて評価するよう注意しなければならず，皮膚を触ることで反射を誘発する．以下に触診する部位を示す．

- 上眼瞼の中央（眼窩上神経：第ⅤCNの第一枝）
- 外眼角（涙腺神経：第ⅤCNの第一枝）
- 下眼瞼の中央（頬骨神経：第ⅤCNの第二枝）
- 内眼角（滑車神経：第ⅤCNの第一枝）

**角膜反射**：角膜反射は角膜の感覚神経支配を検査するものであり，それは三叉神経の第一枝により支配される．角膜の感覚を検査するために，眼瞼を指で開けた状態を保ちながら，先端を細長くした脱脂綿を角膜に優しく接触させる．このことにより瞬き反応（眼輪筋への顔面神経を介する）と眼球後引（眼球後引筋への外転神経を介する）が誘発される．慢性顔面神経麻痺の罹患動物（第ⅦCN機能の欠如）では，角膜反射はわずかな眼球後引と結果として生じる第三眼瞼の突出で評価できる．

### 斜照法±拡大

眼科検査の次のステップとして，前眼部と同様に付属器と眼表面を明るい局所光源（理想的にはFinoff徹照器〈図1.2参照〉）を用いて検査する．検査者の中に

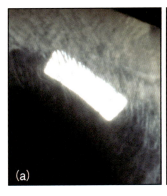

図1.11 プルキンエ像からは眼表面の健康性について重要な情報が得られる．(a)健康な眼の場合，像は鮮明で明瞭である．(b)軽度KCSの場合，像の辺縁にわずかな変化が認められる．(c)重度KCSや角膜潰瘍の場合，像は崩壊しており明瞭でない（ⓒWillows Referrals）．

はまた低い倍率(2〜3倍くらい)での検査を好む人もおり，この場合ヘッドルーペを使用する．眼瞼縁では睫毛重生のような睫毛異常の有無を細かく調べ，また眼瞼をめくって眼瞼結膜を検査しているときには，小さい点状の色素沈着のような外反性の睫毛が見つかる可能性がある．

角膜表面の健康性は角膜上の光源のプルキンエ像で評価する．この像は光源自身の反射を表し，正常な角膜表面であれば鮮明かつ明瞭な輪郭を描くはずである(図1.11a)．KCS，角膜潰瘍，角膜分離症のような角膜表面疾患を伴う眼では，角膜表面のプルキンエ像は不明瞭になる(図1.11bc)．これは不健康な角膜表面のはっきりした指標であり，追加検査の正当な理由となる．しかしながら，光源のプルキンエ像は角膜表面だけでなく，透明な前眼部であれば水晶体前嚢や後嚢にも生じる．視差技術を用いれば，これら三つのプルキンエ像は前眼部の病変深度を決めるときの一助となる．角膜と水晶体前嚢のプルキンエ像は検査者と光源から遠ざかるが，一方で水晶体後嚢の像は検査者の動きに合わせて動く．

視差現象に馴染むためには，検査者は3本の瓶を検査台の上に互いの後方に短い距離で置くとよい(図1.12)．検査者は今度は顔の近くに局所光源をもち，瓶の前で左右に動く．検査者が右に動くと手前の二つの瓶は左に動くように見える(すなわち検査者から遠ざかる)．一方で最も奥にある三つ目の瓶は検査者と同じ方向に動くように見える(すなわち検査者に向かってくる)．検査者が静止したままで動物の視線が動けば，反対のことが成り立つことに注意する．より後部の病変は罹患動物の眼の動きと逆方向に動くだろう．ある種の白内障は正確な位置がわかれば考え得る病因や進行速度について有益な情報を与えてくれるため，視差の利用は白内障の深度を確定するときに特に重要である．視差技術を用いれば，前嚢および前皮質白内障は検査者から遠ざかり，一方で後皮質および後嚢白内障は検査者と一緒に動くように見えるだろう．

角膜混濁，色素沈着，活動性血管新生は斜照法で容

図1.12 視差現象は検査者の前台の上に置いた3本の牛乳瓶で再現可能である．それぞれ三つのプルキンエ像(角膜，水晶体前嚢，水晶体後嚢)を表している．(a)検査者が瓶の前に直接立つと，瓶は互いに重なり隠れ，3本を区別できない．(b)検査者が右に動けば1本目と2本目の瓶は検査者から遠ざかるように見え，3本目の瓶は検査者と共に動く．(c)反対方向に動けば，同じ現象が起こる．このことは角膜と水晶体前嚢の混濁は検査者から遠ざかっていき，水晶体後嚢は検査者とともに動くことを意味している（ⓒWillows Referrals）．

易にわかる．角膜欠損は可視化でき，フルオレセイン染色後にさらに詳細に評価すべきである．前眼房はその透明性と深度を観察する．浅眼房は眼房水の異常な流れによる猫の緑内障や膨張性白内障でみられる．腫瘤，出血，線維素，細胞集積には注意し，記録をとり，後半のステージでより詳細に評価する．虹彩はその色，表面の均一性，瞳孔の対称性と大きさを調べる．安静時には，罹患動物はヒトと比較して相対的に大き

い瞳孔であることが予想される．そして斜照法による検査中も，正常な動物でさえ，予想よりも瞳孔が収縮しないだろう．それは交感神経性の反応によるものの可能性がある．小さい瞳孔はぶどう膜炎の程度を示唆し，一方で異常に大きい瞳孔は虹彩低形成や虹彩萎縮の罹患動物でみられる．PLRは上述の方法で評価する．虹彩と瞳孔縁は不規則性，囊胞性，色調変化，そして水晶体（後癒着）や角膜（前癒着）への虹彩癒着などを視診で確認する．硝子体窩での水晶体の位置を評価し，水晶体振盪や虹彩振盪を除外する．水晶体振盪（lentodonesis または phacodonesis）は眼球が動いているときの水晶体のわずかな震えを意味する．一方，虹彩振盪は虹彩における同様の現象を意味する．

水晶体の不安定性の評価は理想的には眼科検査の後半に，短時間作用型の散瞳薬を点眼した後で実施すべきである．特に水晶体不安定性のわずかな徴候を除外するために有用であり，それには水晶体コーヌスや硝子体脱出も含まれる（第16章を参照）．水晶体の混濁があれば，視差技術と臨床所見を参考にそのおおよその位置を特定する．例えば，縫合線領域の水晶体前皮質にある混濁は典型的には正立のY字のように見える．一方で後部の縫合線の領域の混濁は逆Y字のように見える．

## 検眼鏡検査

直像鏡および倒像鏡検査技術は犬や猫の眼底検査に適しており，互いに補い合うため両方とも同じ罹患動物に日常的に用いられる（**表1.1**）．倒像鏡検査は素早く罹患動物の眼底の全体像が観察でき，問題のある領域を見つけることができる．その後，目的の領域をより高倍率で観察できる直像鏡を用いてさらに詳細に検査する（第18章を参照）．加えて，遠隔直像鏡検査は前眼部の透明な構造の病変を強調できる有用な技術であり，また水晶体核硬化症と真の白内障を鑑別できる．検眼鏡は眼底検査のために必要であるが，それは検査者の視軸と眼底を照らすための光源を一致させるために必要な直線性（アライメント）が得られるからである．そうでなくても眼底に光が届くには小さい瞳孔の間を通る必要があるため眼底は暗く見える．理想的には，検眼鏡検査は中央と周辺の両方を観察するために瞳孔を散大させてから実施した方がよい．しかしながら低い光量で検査すれば，散瞳させていなくとも眼底の限られた範囲なら観察可能である．一般的に，検査者は可能な限り低い光量で維持するように常に心がけなければならない．なぜなら明るい光源は罹患動物に不快感を与え，結果として眼底検査のコンプライアンスが低下するからである．

トロピカミド（0.5％）はその迅速な作用発現（通常20分以内）と短い作用持続時間のため，犬や猫において散瞳誘導薬として用いられている．トロピカミドは処置眼の眼圧を有意に増加させるため，緑内障素因のある罹患動物での使用は慎重に検討しなければならない（Grozdanic et al., 2010 ; McLellan and Miller, 2011）．作用持続時間が長いため，散瞳を目的としたアトロピンの使用は推奨されない（単回投与でも5日間作用が持続し得る）．加えて，アトロピンは猫の罹患動物において過剰な流涎を起こす可能性がある．重度の虹彩色素沈着を伴う犬や，ぶどう膜炎や小眼球症を伴う罹患動物の中には，散瞳を得るためにトロピカミドの複数回投与が必要なことがあり，最大限の効果が得られないこともある．

## 直像鏡検査

直像鏡検査はほぼすべての動物病院で利用可能である．なぜなら通常は耳鏡とセットで売られているからである．直像鏡は可変抵抗器がついたバッテリーハンドルとヘッドピースから構成される（**図1.13**）．直像鏡は光源があり，光束を一直線に出せるが，それは観察者の視軸と一致させるために開口部を通して鏡に反射させているからである．一連の正のレンズと負のレンズを検査者と罹患動物の間に入れることができ，互いの屈折異常を補正する．しかしながら，検査者と罹患動物がともに正視眼であれば，眼底を検査するときにはレンズは必要ない．レンズは網膜の前部または後部の構造に焦点を合わせるために用いられる．例え

**表1.1** 直像鏡および倒像鏡の比較

| 特徴 | 直像鏡 | 倒像鏡 |
| --- | --- | --- |
| 像 | 実像 | 虚像 |
| 向き | 正立 | 倒立 |
| 拡大率 | 高倍率（最大15倍） | 低倍率（1.3〜3倍） |
| 視野 | 狭い | 広い |
| 中間透光体混濁時の透過性 | 比較的悪い | 比較的良好 |

第1章　眼科検査

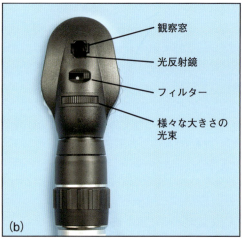

図1.13 直像鏡のハンドピース．(a)検査者側．(b)罹患動物側．観察窓と反射鏡があり，さらに光束の大きさと形を変えるためのフィルターとスイッチがある（ⓒWillows Referrals）．

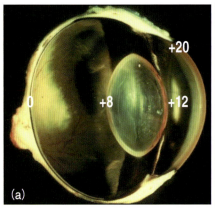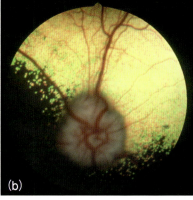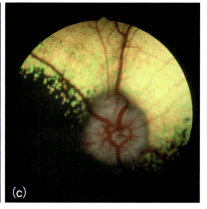

図1.14 (a)直像鏡で網膜前部の構造を検査するために必要なジオプトリー強度．(b, c)視神経炎の罹患動物では，腫脹した視神経乳頭はぼやけており，0Dで網膜に焦点が合っている．腫脹した視神経乳頭に焦点を合わせるために，検査者は焦点を手前にずらすために正（黒）のレンズを挿入しなければならない．この罹患動物では，視神経乳頭は＋6Dで焦点が合い，それは視神経乳頭が1.5 mm 腫脹しているという意味となる(a：J Mould 氏のご厚意による．b，c：ⓒWillows Referrals)．

ば，正常な犬の眼で水晶体に焦点を合わせるには正（黒）の＋8から＋12Dのレンズが用いられ，眼表面の検査には＋20Dのレンズが用いられる．視神経欠損部（コロボーマ）に焦点を合わせるためには負（赤）のレンズを挿入しなければならず，網膜まで焦点を落としている．犬や猫の場合，特定の「ジオプトリー値」は約0.3〜0.4 mm と立証されているが，ジオプトリー値の実距離（mm）への変換は網膜よりも前部か後部かによってなされる（Murphy and Howland, 1987）（図1.14）．

検査者は検眼鏡ヘッドの前部と後部を熟知すべきである．通常，検眼鏡ヘッドには挿入されているレンズを切り変える文字盤だけでなく，光束の大きさ，色，形を変えるための一連の文字盤またはスイッチもある．散瞳した罹患動物の日常の眼底検査では最も大きい白色光を選択し，一方小さい光束は光の散乱を最小限にするため小さい瞳孔径の罹患動物で用いられる．光束の形をスリット光に変えることができるモデルがあり，この直像検眼鏡は簡易のスリットランプとして使用できる．緑色の光束は「赤色がない」光を意味し，

その光は網膜の血管構造の視覚化を改善させ，また網膜出血（黒く見える）と色素沈着（茶色に見える）の鑑別にも役立つ．直像鏡の青色光フィルターは角膜を評価するときのフルオレセイン染色を強調するために用いられる．

**遠隔直像鏡検査**：最初に，正視の検査者はレンズを挿入せずに最大光束かつ中等度の照度で直像鏡を準備するとよい．矯正眼鏡をかけている検査者は通常は直像鏡検査時には外し，説明書に沿ってレンズ（検眼鏡ヘッドの文字盤を使う）を変える．近視の検査者は負（赤）のレンズの挿入が必要であり，一方で遠視の検査者は正（黒）のレンズが必要である．もし検査者が説明書を覚えていなければ，正視にするために必要なジオプトリー変換は試行錯誤（検眼鏡を離れた目的物に向け，検査者が最も鮮明な像が得られたところで止める）により得ることができる．そのとき検査者は観察穴を覗きながら側頭部で器具をしっかりもち，自身の視軸と反射光を一直線に合わせる．検査者の頭部と眼に対する検眼鏡の位置を変えないことが最重要であ

り，その理由はこれが検査者の頭部を動かしながら視軸と眼底検査に必要な光を一直線に合わせることができる唯一の方法だからである．理想的には，検査者の鼻が妨げとならないように，罹患動物の右眼を検査するときには検査者も右眼を使い，罹患動物の左眼を検査するときは検査者の左眼を使用するとよい．

　罹患動物は飼い主または助手に優しくもってもらい，検査者は空いている手で腕を伸ばしながら罹患動物の頭部をもち，眼瞼を開けた状態を保つ．罹患動物の頭部における手の位置が正しくかつ適切に低い光量であれば，眼瞼は通常は検査者のみで開くことができる（図1.15）．助手による補助的な開瞼は求めるべきでない．検査者はたいていの犬や猫の罹患動物で明るい緑色や黄色の眼底反射を探して見つけることができる．色素が薄い罹患動物（マールやアルビノ）では眼底反射は赤色である．前眼部から網膜までの透明な中間透光体に混濁があれば，眼底反射の明るい背景に対して黒く抜けて見えるだろう．

　視差技術は眼病変のおおよその深度を決定するのに用いることができる．遠隔直像鏡検査において，水晶体の核硬化症（視覚にはほとんど影響を与えない水晶体の正常な加齢性変化）と真の白内障を鑑別することもまた可能である．真の白内障は眼底反射の前部の混濁として目立つか（部分白内障），または眼底反射が完全に消失する（全白内障または成熟白内障）．一方で，核硬化症では明るい眼底反射に対してリング状のわずかな屈折変化が見えるだけである（図1.16）．伸ばした腕の距離で，検査者は眼底反射を両眼同時に見ることが可能だろう．このことは瞳孔径の比較を容易にし，わずかな瞳孔不同でも診断できる．

**近接直像鏡検査**：遠隔直像鏡検査での腕の長さで得られた眼底反射のまま，検査者は次に可変抵抗器で光量を落とし，罹患動物に近づく．このとき，眼底反射をガイドとし，検眼鏡ヘッドが罹患動物の眉とほぼ接触するくらいまで近づく（図1.17）．直像鏡検査は「鍵穴原理」に当てはまり，検査者が罹患動物の眼に近づく

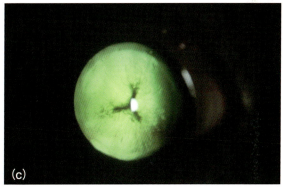

**図1.16**　（a，b）核硬化症は遠隔直像鏡検査で得られる眼底反射の可視性にほとんど影響を与えず，わずかな同心円状のリングが見えるだけである．（c）白内障は眼底反射に対して暗い混濁として目立つ（ⒸWillows Referrals）．

**図1.15**　遠隔直像鏡検査．検査者は腕を伸ばした状態で眼底反射を見つける（ⒸWillows Referrals）．

ほど，より良好で広い眼底所見が得ることができるだろう．熟練した検査者の場合，これは一連の動きとして実行可能であるが，一方で眼科検査に慣れない検査者の場合は良好な眼底像が得られるまでいくつかの試みが必要となるだろう．成功の鍵は，眼底反射を見失った時点で罹患動物の眼へ近づくのを止め，再び眼底反射が得られる腕の長さからやり直すことである．

　直像鏡検査は正立かつ高倍率（おおよそ15倍）の眼底像が得られるが，眼底の狭い領域しか評価できない．それゆえ，検査者は視神経乳頭とその隣接部位を評価するだけでなく，より完全な眼底所見を得るために検眼鏡を動かすことに極力努める必要がある．眼底評価の順序は重要でないが，タペタムとノンタペタム，そして視神経乳頭と網膜の血管構造を再現性のあ

**図1.17** 近接直像鏡検査．検査者の眼は罹患動物の眼に可能な限り近づける（©Willows Referrals）．

る系統的な方法で評価することが重要である．その内容は検査者が日常的に実施できればよい．多くの検査者は最初に視神経乳頭を精査し，その後眼底をいくつかの領域に分けて時計回りまたは反時計回りに評価していく．

眼底検査中に見つけた異常は図解で記録をとるべきである（評価中または完了してすぐ）（図1.18）．このことはまた直像鏡検査中に得られた多くの小さい像を頭の中で組み立てるための助けにもなる．従来型の直像鏡よりも広い視野かつ高倍率が得られ比較的使用しやすいため，臨床獣医師の中にはパンオプティック（独特な光学系の直像鏡）を好む者もいる．

眼底の評価後スリットランプがなければ，検査者は前眼部の構造をより詳細に検査するために直像鏡を使いたいと思うだろう．この目的のために，水晶体の検査ならば＋8～＋12Dの正（黒）のレンズを挿入する．＋20Dであれば，角膜表面，眼瞼縁，涙点の検査が可能である．前眼部の構造をより詳細に検査するためには光量を上げる必要があるかもしれず，そして直像鏡の拡大率は正（黒）のレンズの挿入することで即座に減少することを覚えておくべきである（角膜表面では2倍の拡大率しかない）．

### 倒像鏡検査

倒像鏡検査には二つの形式がある．両眼式または単眼式である．倒像鏡検査のすべての形式で明るい局所光源と手持型の集光レンズが必要である．倒像鏡検査では，集光レンズと検査者の眼の間に虚像が形成される（焦点は検査者に合う）．像が逆さになっており，眼底病変の場所を特定するときには心の中で上下左右を反転させる必要があることに検査者が慣れるのには少し時間がかかるかもしれない．直像鏡と対象的に，倒像鏡は眼底の大きい視野角が得られるが，拡大率は小さい（2～5倍）．視野と拡大率の正確性は集光レンズの選択に依存している．目安として，より高いジオプトリーのレンズであるほどより広い視野が得られるが，拡大率は低くなる（以下参照）．

**両眼式倒像鏡検査**：両眼式倒像鏡検査を行うにあたり，検査者の両眼の視軸を近づけ，その視軸とハロゲンまたは発光ダイオード（LED: light-emitting diode）からの光（罹患動物眼底に直接入射する）を一直線にするためにヘッドマウント式の倒像鏡セットが必要となる．眼底からの反射光は検査者の両眼に向かって一連のプリズムに分裂し，立体視が得られる．現代の倒像鏡はヘッドマウント式かつ無線となっている（すなわちヘッドバンド内に電池が入っている）（図1.19）．そのヘッドセットは光量を調節するスイッチが付いており，検査者の瞳孔間の幅が調節でき，また光束の大きさと質を変えることができる．散光装置が付いたモデルもあり，網膜辺縁の視認性を高めるために光束を広げることができる．立体視を得るために像を分割する目的で両眼の視軸は光学的に狭くなる必要があるが，大部分のヘッドマウント式モデルは可能な限り視軸が離れた状態を保つような基本設定でバランスをとっており，このことにより最大の立体視を得ている．しかしながら，モデルの中には，散瞳を誘導できずに小さい瞳孔でも眼底検査が可能なようにこの設定を最小限に調整しつつ，立体視を保つことが可能なものもある．加えて，ヘッドマウント式検眼鏡には教えるためのアダプター（鏡やデジタルビデオ）を取り付けることができる．デジタルビデオモデルの中には無線接続が可能なものもある．

両眼式倒像鏡検査を実施するために，検査者は倒像鏡ヘッドセットの位置を調節し，壁に投影した光を観察することで光束を検査者の視軸と一致させる．光源を持ってはならず，検査者は両手を用いる必要があり，通常は片手で罹患動物の頭部を持って動かし，もう一方の手で集光レンズを持つ（図1.20）．検査者は腕を伸ばしつつ両眼で罹患動物の眼底反射を見つけ，検査眼のおおよそ3～5cm前に集光レンズを素早く挿入する．すると眼底像が見えるはずなので，像の焦点が合う位置までレンズを前後に動かす．不必要な反射はレンズを少し傾けることで除去できる．

直像鏡と同様に，検査者は眼底像を見失ったら手技を止め，一時的に集光レンズを取り除き，眼底反射にもう一度焦点を合わせて，集光レンズを検査眼の前に入れ直す必要がある．直像鏡のように，系統的な方法で眼底を評価し，どんな異常でも記録に残すべきである．倒像で見える網膜病変の正確な文書化を容易にするために，検査表を上下逆さにして所見を記入するとよいだろう．検査が終わって検査表を元に戻せば，病変は適切な眼底部位に記入されているだろう．

第 1 章 眼科検査

日時：.................... 飼い主：.................... 動物種：.................... 系統：....................

住所：....................................................................................................................

[ ]散瞳　[ ]隅角　[ ]その他....................................................................

臨床症状：

|  | 右 | 左 |
|---|---|---|
| 直接瞳孔対光反射 |  |  |
| 関接瞳孔対光反射 | 右から左 | 左から右 |
| 威嚇瞬き反応 |  |  |
| 眩感反射 |  |  |
| 視覚追跡 |  |  |
| 迷路試験 |  |  |

眼圧(mmHg)　[ ]トノペン　[ ]トノベット　右 □ 左 □　　STT (mm/min)　右 □ 左 □

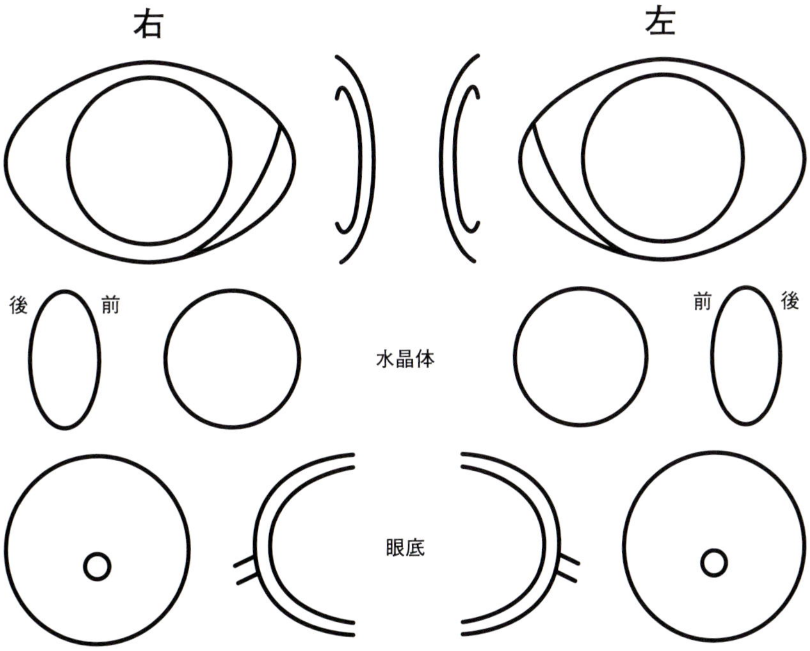

右　　　　　　　　　　　　　左

後 前　　　　　　　　　　　　　　前 後
水晶体

眼底

眼科検査記録

| 写真情報 | |
|---|---|
| 飼い主 | |
| 動物種 | |
| 状態 | |
| 日時 | |
| 獣医師名 | |

**図1.18**　眼科検査表の例（©Willows Referrals）

第1章 眼科検査

図1.19 電池内蔵型のヘッドマウント式倒像鏡（©Willows Referrals）

図1.20 両眼式倒像鏡（©Willows Referrals）

図1.21 単眼式倒像鏡（©Willows Referrals）

**単眼式倒像鏡検査**：この技術は眼科機器への最小限の投資で眼底検査を可能とする．なぜなら簡素で安価なプラスチック製の集光レンズとペンライトで検査が実施できるからである（図1.21）．得られる像は両眼式倒像鏡と同様であるが，立体視ではないため奥行き感覚に乏しい．

単眼式倒像鏡検査を実施するために，まず始めに検査者は検査に用いる自身の眼の視軸を光源と一直線にしなければならない．検査に用いる眼の横の側頭部に片手で持った光源を押し付ける方法が最も実施しやすい．もう一方の空いた手で集光レンズを持てるが，検査のために罹患動物の頭部を安定させるには飼い主または助手の補助が必要となる．両眼式検眼鏡と同様に，検査眼の眼底反射を見つけ，罹患動物の眼の前おおよそ3～5cmのところに集光レンズを挿入する．

**集光レンズ**：多種多様な倒像鏡検査用の集光レンズが市販されている．値段は一般的にその原料（すなわちプラスチック製は安価で，ガラス製は高価）により左右され，ガラス製レンズに関してはその仕上げの規格も影響する．高級なレンズでは眼底検査の妨げになり得る反射を最小限にするためのコーティングがなされている．レンズには様々なジオプトリー強度があり，20または30Dのレンズが獣医眼科では最も一般的に使われている（図1.4参照）．レンズの屈折力は視野と拡大率を決定する．ジオプトリー強度に合わせて視野も大きくなるが，拡大率は落ちる．十分に散瞳が誘導された犬や猫の罹患動物では20Dレンズが適切であり，一方で子犬や子猫のような瞳孔が小さい罹患動物では30Dレンズが推奨される．パンレチノ2.2レンズは最大限に広い視野が得られるにもかかわらず低いジオプトリー強度と同様の拡大率を維持している（Snead et al., 1992）．

### スリットランプ検査

スリットランプは眼科専門医にとって最も汎用性がある機器であり，一連の様々な形の照明を用いて12～40倍の拡大率で前眼部の詳細な検査が可能である（Martin, 1969abc；Martonyi et al., 2007）．隅角レンズを用いれば，スリットランプで虹彩角膜角の大きな拡大像を得ることができ，また集光レンズを用いれば眼底検査を行うこともできる．スリットランプは可変性光源をもつ生体顕微鏡の複合体である．同軸（同じ軸の弧を描いて揺れ動く）であり，共焦点（同じ箇所に焦点が合う）であり，同中心（同じ箇所が中央になる）である．スリットランプの光束は広範囲の丸い形から細長いスリット光に変更でき，それにより前部中間透光体（角膜，前眼房，水晶体，前部硝子体）を光学的に区分することができ，極めて詳細な検査が可能である．

手持ち型スリットランプ（図1.22）は獣医診療では据え置き型よりも好ましく，通常は10倍と16倍の拡大が可能である．据え置き型スリットランプは一般的にビームスプリッタ（分割器）と，写真・ビデオ撮影のための取り付けポートが付いているが，最新の手持ち型モデルではデジタル撮影装置の選択も可能である．残念ながら，費用がかかるためスリットランプはたいてい一般診療施設には置いていない．

### 徹照法

**全光**：徹照法でスリットランプの全光を使えば，検査者は眼付属器と前眼部の構造の全体像を観察できる．入射光の傾斜角は三次元（3D：three-dimensional）構造の検出を向上させるために変化させる（風景を見るときの特徴と同様の効果－風景の見やすさは空の太陽の位置によって変わる）．涙点異常や角膜異物だけでなく，睫毛重生や異所性睫毛を検査するときには中倍率から高倍率で全光を用いる．強い光量を使う場合，

第1章 眼科検査

図1.22 手持型スリットランプは患畜の検査では非常に汎用性がある（©Willows Referrals）.

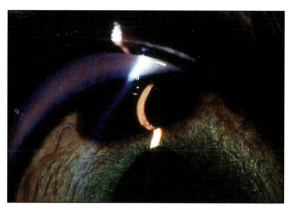

図1.23 虹彩黒色腫の症例では検査者側に向かってスリット光がゆがむ（the Animal Health Trustのご厚意による）.

図1.24 実質性角膜潰瘍の症例では検査者と反対側にスリット光がゆがむ．スリット光のゆがみの程度により角膜潰瘍の深度の正確な評価ができる（N Wallin Hakansson氏のご厚意による）.

スリットランプはまた眩惑反射を調べる有用な器具となる（前述参照）．

**スリット光**：スリット光はより局所的な照明が欲しいときに使用され，スリット光により前眼部の透明な中間透光体の光学的切片が得られる．このことにより小さい範囲を集中して精査することができ，また角膜や水晶体のような透明な構造内にある病変の深度の指標にもなる．例えば，角膜混濁が実質または内皮のどちらにあるのか判断したり，角膜潰瘍の正確な深さを評価したり（内科的または外科的治療のどちらが必要かの判断の助けになる），水晶体混濁の位置を特定したりできる（遺伝性かの判断時に重要になることがある）．

　一般的に，検査者側へ向かうスリット光のゆがみは隆起した病変を示唆する（虹彩腫瘍など．図1.23）．一方で，検査者と反対方向のゆがみは欠損を示唆している（角膜潰瘍など．図1.24）．スリット光はまた距離の推定が可能であり，熟練した検査者であれば健康眼の距離についての知識を蓄積でき，罹患眼における距離異常を検出できる．スリット光（理想的には短い光）は前房フレアの検出にも有用であり，その理由は眼房水に細胞やタンパク質が存在すれば，スリット光内に青みを帯びた色合いとして見えるからである（チンダル現象）（図1.25）．高倍率にすれば，検査者は眼房水内に細胞が見えるかもしれない．これらの所見はともに血液-房水関門の完全性を評価するときに非常に有用である（例えば，ぶどう膜炎の診断と経過観察）．

**反帰光線法**

　スリット光をわずかに左右いずれかにずらしてスリット光検査を実施する反帰照明法（Retro-illumination）は非常に有用である．これらのスリット光周囲の構造は虹彩や眼底などの眼内構造物からの反射により後ろから照らされる．非常にわずかな異常（例えば，角膜内のゴースト血管や水晶体の空胞）でも，この技術を用いれば，しばしばより容易に検出できる（図

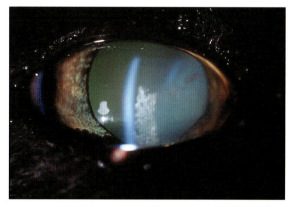

図1.25 前眼房内のタンパク質はスリット光により強調される（チンダル現象）（the Animal Health Trustのご厚意による）.

1.26）．加えて，虹彩や嚢胞性と思われる病変の壁（例えば，虹彩嚢胞は直接近くを照らすと透照されるため，黒色腫のような実質性腫瘍性病変と鑑別できる．図1.27）のような構造の厚さを評価するときにも有用である．この技術を実施するためには，細いスリット

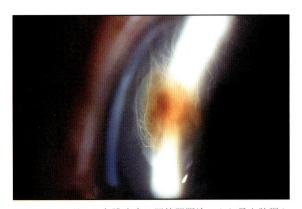

図1.26 わずかな角膜病変は間接照明法により最も強調される．光を直接照射した角膜に隣接した領域で，角膜ゴースト血管がどのように見えるか注目(the Animal Health Trust のご厚意による)

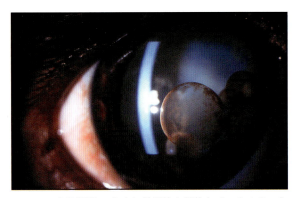

図1.27 虹彩嚢胞のために透照法を実施しているスリットランプ検査(the Animal Health Trust のご厚意による)

光で瞳孔の中を照らし，光束から離れた虹彩や病変を観察する．薄い領域は透照されて見ることができる．

## 眼表面の染色技術

### フルオレセイン

フルオレセインは弱アルカリ性溶液(すなわち角膜上の涙膜に接触した場合)で緑色に変化するオレンジ色の可溶性色素であり，ブルーライトで励起されると蛍光を発する．フルオレセインは水溶性組織(露出した角膜実質など)に付着し染色するが，疎水性組織(無傷の角膜上皮やデスメ膜)には付着せず洗い流される．フルオレセインは角膜表面の健康性を評価するために広く使用されており，角膜潰瘍の検出だけでなく，涙液層破壊時間(TFBUT: tear film break up time)やサイデル試験(下記参照)にも使用される．加えて，フルオレセインはジョーンズ試験(下記参照)として鼻涙管系の開通性の検査にも用いられる．

フルオレセインは細長い含浸紙または使い捨ての液体バイアルとして入手でき，時に局所麻酔と組み合わせて使用される．細長い含浸紙の方が好まれるが，そ の理由はフルオレセインが眼から溢れ出るような「過剰投与」になりにくいためである．バイアルのフルオレセインは使い捨てとして作られており，それはフルオレセイン溶液が Pseudomonas spp. のような重篤な眼病原菌を増殖させる恐れがあるためである(Cello and Lasmanis, 1958)．フルオレセイン含浸紙は1滴の生理食塩水にて濡らし(図1.28)(人工涙液製剤も使用可能だが，TFBUT が変わる可能性がある)，結膜の背側円蓋(眼瞼を持ち上げる)に慎重に投与する(図1.29)．色素の取り込みにより偽陽性領域が生じる可能性があるため，含浸紙は角膜に触れてはいけない．結膜にフルオレセインを投与後，フルオレセインが角膜全体に行きわたるように，眼瞼を2～3回ほど「強制的に」瞬きさせて閉じる．フルオレセイン染色は角膜実質のみに残留し(図1.30)，上皮やデスメ膜には残らないだろう．コバルトブルーの光で励起して観察するのが最もよい(例えば，ウッド灯，ペンライト，検眼鏡，スリットランプなどのブルーフィルター)．

角膜表面の検査ができるようになったら，どんなフルオレセイン染色でも評価し記録をとるべきである．一般的には，表層性病変は実質性病変よりもわずかに薄く染色される(図1.31)．重度の実質変性(融解性潰

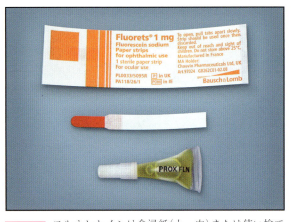

図1.28 フルオレセインは含浸紙(上，中)または使い捨てバイアルの既製溶液(下)として利用可能である．含浸紙は生理食塩水で濡らし，使う準備が必要なことに注目(ⓒWillows Referrals)

図1.29 フルオレセインは背側強膜を覆う結膜に投与する．偽陽性の色素取り込みを招くため，含浸紙と角膜の接触は避けるべきである(ⓒWillows Referrals)．

第 1 章　眼科検査

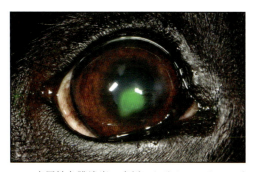

図1.30　表層性角膜潰瘍の症例におけるフルオレセイン色素を取り込んだ露出角膜実質．不鮮明な上皮辺縁に注目．これは特発性慢性角膜上皮欠損（SCCED: spontaneous chronic corneal epithelial defect）を示唆する（©Willows Referrals）．

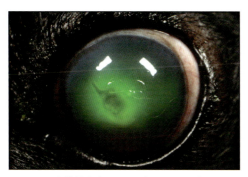

図1.31　この実質性潰瘍では，露出した実質からまだ上皮を失っていない角膜へのフルオレセイン染色液の浸潤がみられる（©Willows Referrals）．

図1.32　融解性潰瘍では，フルオレセインの大部分が変性実質組織に残留し，潰瘍が強く染色される（©Willows Referrals）．

瘍など）の症例では，実質の広範囲への染色液の拡散が認められるかもしれない（図1.32）．表層性病変に隣接した上皮下への浸潤はこの上皮の非接着性を示唆しており，すなわちそれは特発性慢性角膜上皮欠損（SCCED: spontaneous chronic corneal epithelial defect）の特徴である（第12章を参照）．もし明らかに深層性の病変（クレーター様または角膜の明瞭な欠損）が存在すれば，フルオレセインの貯留が潰瘍底部での染色に対して誤った評価をもたらしていないか注意を払う必要がある．貯留した液体を除去するために，角膜表面をおおよそ5 mLの滅菌生理食塩水で慎重に洗

浄すべきである（図1.33）．深い欠損部の底部が染色されていなければ，デスメ膜瘤の存在が示唆される（図1.34）．病変壁に沿ったリング状のフルオレセイン染色の浸潤はしばしば残る．しかしながら，デスメ膜瘤では染色は残らず，上皮化されていたとしても非常にわずかである．

**サイデル試験**：サイデル試験は角膜穿孔において眼房水が漏出しているかまたは自己閉鎖しているかを評価するために用いられる．この目的のために，罹患眼へ大量のフルオレセインを投与し，「強制的な」瞬きにより拡散させる．すると角膜表面全体が緑色の染色液の薄い膜で覆われる．角膜の傷にはフルオレセインは残るが，角膜の傷から少しでも眼房水の漏出があれば，眼表面の緑色の染色の膜が希釈され，徐々に広がる暗い細流のように見える（図1.35）．上眼瞼から眼球に

図1.33　角膜潰瘍を評価する場合，特に潰瘍底部で染色液が貯留し陽性と解釈されるような深い潰瘍では，生理食塩水で染色液を洗い流す（©Willows Referrals）．

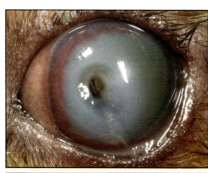

図1.34　デスメ膜はフルオレセイン染色液が残留しない．このことからこの潰瘍の深部の一部はデスメ膜瘤であることが確認できる（©Willows Referrals）．

31

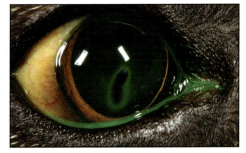

図1.35 眼表面のフルオレセインが角膜穿孔から漏出した眼房水により希釈されている(暗い細流のように見える)(©Willows Referrals).

図1.36 ジョーンズ試験陰性は鼻孔にフルオレセインが流れないことであり,同側の鼻涙管閉塞を意味する(©Willows Referrals).

優しく圧力をかけると,最初は陰性であっても,傷が安定しているかまたは眼圧の上昇で傷が開き漏出するかを判断することができる.

**涙液層破壊時間**:TFBUT の評価は角膜前涙液層の質について重要な情報をもたらす.特にマイボーム腺機能の低下やムチン産生の減少といった状態が TFBUT へ悪影響を与え,涙膜の不安定性へと繋がり,このことは角膜潰瘍発症の素因となる.TFBUT を測定するためには,フルオレセインを眼球に投与し,2〜3回の「強制的な」瞬きにて眼表面全体に拡散させる.その後,眼瞼は開いたままにし,角膜表面の均一な染色液の層が壊れ始めるまで何秒かかるか計測する.涙膜の破壊は観察している角膜表面で暗い点のように見える(たいてい背外側 1/4 の領域から始まる).犬でのTFBUT は平均 20 秒と報告されており,猫では約 17 秒とされている(Ollivier et al., 2007).

**ジョーンズ試験**:ジョーンズ試験または鼻涙管通過試験は鼻涙管排出系の開通性を検査するために用いられる.大量のフルオレセインを眼表面に投与し,鼻孔での様子に注目する(図1.36).大部分の動物では,フルオレセインは 5〜14 分以内に鼻孔から見えるようになる(Binder and Herring, 2010).ジョーンズ試験が陰性でも鼻涙管系の閉塞を必ずしも意味するわけではない.なぜなら短頭種[訳註]の犬や猫の中には,鼻涙管が中咽頭へ副次的に開通していることがあるからである.そのような罹患動物では,口や咽喉にフルオレセインが存在するか調べるとよいが,常に容易に実施できる訳ではないため,ブルーライトを用いると助けになる.

**ローズベンガル**

ローズベンガルは死細胞や失活細胞を染色し,また角膜上皮が部分的に障害されるのみでフルオレセインには染色されないような角膜表層性疾患にてわずかに残留する.ローズベンガルの使用はヘルペスウイルス性角膜炎のような病態では特に有用である.すなわち,樹枝状病変の初期において,失活した可能性がある細胞がまだ上皮に残っており,実質が露出していない場合に有用である.ローズベンガルはまた初期の KCS や涙膜の質的な不足,特に涙膜のムチン層の減少における診断に有用である.

**蛍光眼底血管造影法**

この技術は検眼鏡検査では見えないような眼底病変を強調するために用いられる.静脈注射用製剤として投与されたフルオレセイン色素は通過した眼底や眼付属組織を映し出す.最初の最も診断的に重要な相はおよそ数秒で生じる.この時間,フルオレセインを励起する特定の波長の光で眼底を照らし,それを眼底カメラで撮影する(フレームレート 1 枚/秒).効率的にフルオレセインだけを検出できるようカメラには濾過フィルターを付ける.

蛍光眼底血管造影法には以下の五つの相がある.

- 脈絡膜相
- 細動脈相
- 動静脈相
- 静脈相
- 遅延相

正常眼では,フルオレセインは網膜や脈絡膜の血管

---

訳註:本来,犬は一つの種(*canis familias*)であることから,大型犬,中型犬,小型犬,長頭種,短頭種などは,正しくは大型品種,中型品種,小型品種,長頭品種,短頭品種とすべきであろうが,前者での使用例が一般的に用いられていることから,本書においては前者に習った表記を用いることとする.

内皮を透過しないが，脈絡膜毛細管は透過する．高血圧性網膜症やぶどう膜炎などの疾患の眼では，フルオレセイン色素の過剰な漏出が生じる可能性がある．一方で，ある遺伝性網膜疾患では低蛍光のような陰影欠損が報告されている．人医において，蛍光眼底血管造影法は黄斑変性症や糖尿病性網膜症の診断や経過観察に広く使用される技術である．

　フルオレセインに対するアナフィラキシー反応の稀な発生率とは別に，この手技は安全で確立された方法である．しかしながら，タペタムと色素沈着の存在により所見の記録が難しいため，この手技には眼科専門医にとって幾分の技術的困難が存在する．加えて，極めて重要な最初の数秒間は罹患動物は動いてはならず，この間はカメラの焦点を眼底にしっかりと合わせなければならない．一般的に考えると，この事実は検査のために罹患動物を鎮静または全身麻酔下におかなければならないことを意味する．また網膜疾患の犬や猫の大部分は疾患が進んでから症状を示すことを考慮すると，蛍光眼底血管造影の所見が罹患動物の臨床管理に重要な影響を与えるかどうかも疑問がある．この点を考えると，蛍光眼底血管造影が必要となるほど病変がわずかなことは滅多にない．これらの事実と必要な機器の費用を考慮すると，獣医眼科学への応用について蛍光眼底血管造影法は大きく制限された状態が続くと思われる．

## 眼圧検査

　眼圧の測定は犬と猫の緑内障の検出と管理において必須であると同時に，ぶどう膜炎の管理においても有用な手段である．眼圧の正確な評価は眼圧検査でのみ可能である．手を用いての評価は罹患動物では信頼できない．緑内障でない犬や猫の大部分の眼圧は10〜25 mmHgである（平均値は犬で15〜18 mmHg，猫で17〜19 mmHgとそれぞれ報告されている）(Gum et al., 2007；McLellan and Miller, 2011)．様々な眼圧計が眼圧測定に使用できる．

### シェッツ眼圧測定法

　シェッツ眼圧計はどのような病院でも眼圧が評価できる最低限のものである．この器具は比較的安価であるが，組み立てが必要でまた使用が難しい．そして残念なことに，しばしば戸棚の中で錆びる．加えて，正常眼での練習を行わないで使用すれば，急性緑内障を発症している動物のようなストレスの多い状態で有意義な測定結果を得ることが難しいだろう．シェッツ眼圧計はフットプレートから突き出た小さいプランジャーで角膜表面を押し込むことにより測定する．優しく静止させ，角膜表面で数回繰り返す．測定は局所

図1.37　シェッツ眼圧測定法．頸部への過度な圧力をかけずに水平面に角膜を維持するために，助手がどのように罹患動物の頭部を持っているか注目（© Willows Referrals）

麻酔下で実施されるが，測定結果を得るには角膜は水平位にしなければならない（図1.37）．これには通常罹患動物の頭部を上げる必要があり，最も重要なのは頸静脈に圧力をかけないことであるが，その理由は擬似的な高値となることがあるからである．角膜に押し込んだプランジャーは圧力指示器と接続されており，その目盛りを指す．この指示器の目盛りの数字は実際の眼圧ではないので，図表を用いて実際の眼圧（mmHg）に変換する必要がある．シェッツ眼圧計は重度の角膜潰瘍や広範な表層性病変（肉芽組織形成など）を伴う角膜をもつ動物などに対して限定的に使用されている．

### 圧平眼圧測定法

　トノペンXL™やトノペンVetはデジタル式の圧平眼圧計であり，角膜の小さい領域を圧平（すなわち平らにする）するために必要な力をデジタルの眼圧値に変換できる．その器具は使い方が簡単であり，フットプレートが小さいため，小動物および大動物の両方に適している（Ollivier et al., 2007）．トノペンで測定した生理学的な眼圧の範囲が多くの種で報告されている．トノペンはまた長期的に使用でき信頼できる．現実的な欠点はその値段と，特に頻回に使い過ぎたり乱暴に扱った場合に角膜の健康性に悪影響が出る可能性があることである．トノペンはどんな位置からも動物の眼圧を測定することができる（角膜を水平位まで上げるために動物の頭部を持ち上げる必要がない）．しかし，誤った高値をとなり得るため，やはり罹患動物の頸部，眼瞼，眼球に圧迫をかけないよう努力が必要である．小さい使い捨てのゴム製の先端カバー（罹患動物毎に交換しなければならない）は，腐食や汚染からトノペンの繊細な電子式フットプレートを守り，また罹患動物間における感染因子の伝達を防ぐ．先端カバーはぴんと張り過ぎても緩過ぎても眼圧計が正しく機能することができない（図1.38）．

図1.38 トノペンへゴム製先端カバーを誤って装着すると再現性のある結果を得ることが難しくなる．カバーはぴったり合わせる(上段左)とよく，緩過ぎても(上段右)きつ過ぎても(下段左)よくない(ⒸWillows Referrals)．

図1.39 眼圧を測定するために，局所麻酔投与後に小さく素早い動きで角膜表面にトノペンを接触させる．開瞼を維持しているときに眼球に圧力を与えないように注意しないと，眼圧の誤った上昇を招き得る(ⒸWillows Referrals)．

トノペンは少なくとも1日1回はキャリブレーションが必要であり，通常は最初に使う前に実施することが推奨される．方法は先端を下向きにして器具を垂直にもちながら起動させ(黒いボタンを素早く3回押す)，ディスプレイに指示が出たら上向きにもち替え，ディスプレイに「good」と表示されるまで待つ．器具を使用中に「bad」と表示されれば，それは異常な眼圧を示唆しているのではなく，再キャリブレーションの必要性を示唆している．トノペンの使用前に，局所麻酔薬(プロキシメタカイン)を眼に投与する．黒いボタンを短く1回押して器具を起動させ，そして角膜表面に軽く接触させるよう小さく素早い動きで先端を優しく触れる(図1.39)．角膜表面に凹みを作ってはならない．短い「ピッという音」は結果がうまく得られたことを意味する．数回の測定(短い「ピッという音」が鳴る)は記録され，最終的には長い「ビーッという音」とともに平均値が表示される．眼圧の平均値とともに，トノペンは測定の統計学的信頼度を表示する．変動係数が10%未満の場合のみ結果を採用する．

### 反跳式眼圧測定法(Rebound tonometry)

トノベット™はもう一つのデジタル式眼圧計であり，磁化させた小さいプローブの速度を測定する．角膜表面へ向けてスリーブから「発射」されたプローブは角膜との衝突により減速しスリーブに戻ってくる(反跳式眼圧測定法)(図1.40)．眼圧が高ければ減速は少なく，眼圧が低いときよりも速い速度でプローブがスリーブへ戻ってくる．測定値はデジタル表示(mmHg)へと変換される．

トノベットを使うために，「測定ボタン」を押して器具を起動させ，動物種による校正を選択(「d」は犬猫用)し，使い捨てプローブを先端の開口部に挿入する．ボタンを再び押し，先端を磁化させるための数回の短い振動を確認する(プローブの落下を防ぐ)．その後，角膜中央から約4〜8 mm離して器具をもち，測定ボタンを短く押すことで一連の6回の測定が実施される．ボタンを押すたびにプローブが角膜中央に向けて「発射」される．うまく測定できるたびにピッという短い音が鳴るが，うまく測定できないと短い音が2回鳴る．6回目の測定後，検査が完了したことが音でわかるよう長い音を発する．

この器具は非常に容易に使用でき，角膜傷害の危険性が最小限であり，小動物から大動物まで使用可能であるが，現在のところ校正可能な種は犬/猫と馬のみである．欠点として，本体を直立させながらプローブを水平に前進させなければならないため，横臥位の動物での使用が難しいということが挙げられる．トノベットは猫の眼圧測定において他の方法よりも正確な

図1.40 トノベットは角膜に障害を与える危険性が最も低いが，それは短頭種や角膜疾患を伴う動物において重要である．トノペンと同様に，眼瞼を開けているときには眼球を圧迫しないように注意する必要がある．

可能性があり，また使用前に局所麻酔が必要ないことも利点として挙げられる(Rusanen et al., 2010；McLellan and Miller, 2011)．

### 隅角検査

隅角検査は虹彩角膜角の外観を評価する手法である．犬では，強膜により隠れているため，肉眼で虹彩角膜角を見ることはできない．これを克服するために，局所麻酔下で角膜表面に隅角鏡を用いることで，角膜と空気境界面を角膜とレンズ境界面へと変更し，そのことで屈折率をわずかに変化させ，虹彩角膜角から検査者の眼へ光が届くようにすることができる．虹彩角膜角が見えることに加えて，直接隅角鏡(一般的に使用されるケッペやバーカンのレンズを含む)は2～3倍ほどの拡大が得られる．検査者は通常，検査領域を照射し拡大するためにスリットランプや直像鏡を併用する．

隅角検査は虹彩角膜角のいわゆる隅角が開放，狭窄，閉塞しているかを明確にし，検査者は虹彩角膜角にかかる櫛状靱帯と虹彩角膜角の開放性を評価できる．隅角検査は犬の緑内障の診断と管理において必須のツールである．しかしながら角膜病変の影響で，この手法は罹患眼では実施できないことがしばしばある．これらの症例では，体側眼の虹彩角膜角の状態についての情報から罹患眼の緑内障の病因について推測可能である．櫛状靱帯の形成異常は緑内障の遺伝性を評価する一般的なマーカーであり，隅角発生異常の識別は英国獣医師会／ケネルクラブ／国際牧羊犬協会(BVA/KC/ISDS: the British Veterinary Association/Kennel Club/International Sheep Dog Sciety)計画の重要な一部である．これは遺伝性の閉塞隅角緑内障の発生率を減少させることを目的としている(第4および15章を参照)．

猫では，隅角鏡を用いなくても明るい光で角度を付けて観察することで虹彩角膜角を視覚化できる．しかしながら，隅角発生異常による緑内障は猫では滅多に発症しない．隅角検査は努力を必要とする手法であり，所見の正確な解釈ができるようになるには多くの経験が必要である．この理由から，隅角検査は主として眼科専門医のみが実施している(第15章を参照)．

### 検影法(レチノスコピー／スキアスコピー)

検影法は眼の屈折状態を客観的に決定するために用いる技術である．この手法は動物が以下のどの状態であるかを評価できる．

- 正視(正常な状態)
- 近視(遠くのものがはっきり見えない)

**図1.41** 罹患犬で実施している検影法(ⒸWillows Referrals)

- 遠視(近くのものがはっきり見えない)
- 乱視(角膜の部位により屈折に違いがある)

検影法は検影器(レチノスコープ／スキアスコープ)(見た目は手持ち式の直像鏡に似ている)とジオプトリー強度の異なる正および負のレンズセット(別名スキアスコープ ラック)を用いて意識のある罹患動物で実施する(図1.41)．大部分の正常犬は1D以下の正視であることがわかっているが(Kubai et al., 2008)，一方で大型の使役犬(ロットワイラー，ラブラドール・レトリーバー，ジャーマン・シェパード・ドッグ)の中には近視の家族的な発生が報告されている(Murphy et al., 1992；Black et al., 2008)．

超音波水晶体乳化吸引術後の折りたたみレンズへの置換は犬猫ともに日常的に実施されているが，有水晶体および人工水晶体置換動物の屈折状態の評価は，一連の眼科検査の一つとして獣医眼科専門施設で現在やっと確立された状態である(Gift et al., 2009)．検影法はまた検眼鏡検査にて正常であるのにもかかわらず視覚障害を示す罹患動物の精査や，使役犬の機能的な問題の評価に用いることができる(Murphy et al., 1997)．検影法は一般診療で使用できるようなツールではないだろうが，臨床獣医師はその有用性を把握しておくべきである．

### 網膜電図検査

網膜電図検査は網膜からのわずかな電位を調べるために用いられ，網膜機能の測定できる(Komaromy et al., 1998ab；Narfstrom et al., 2002)．網膜電図検査は水晶体混濁のために眼底の評価ができない罹患動物において網膜機能の存在を確認できるため，一般的に専門病院で白内障手術前に実施されている．網膜電図検査はまた，検眼鏡検査にて眼底は正常であるのに盲目(しばしば突然の発症)を示す症例にも精査のために用いられる(突発性後天性網膜変性症候群や視神経炎など)．遺伝性の網膜変性疾患(汎進行性網膜萎縮など)

の早期発見における網膜電図検査の意義は，特定の状態を診断するためのDNA検査の利用の急速な増加に伴って減少している．

網膜電図をとるためには，電極を眼の指定された位置に置き，動物をあらかじめ決められた照明条件に順応させ，網膜に強度，頻度，持続時間の異なる様々な光刺激を当てる．得られた電位を増幅し，波形として記録する．記録した波形は電子的に記録可能であり，その振幅と潜伏時間を読みとる．明順応下での網膜機能の評価は大部分の罹患動物で弱い鎮静のみで得ることができるが，より詳細な網膜電図検査（例えば，初期の網膜変性の検出）は深い鎮静または全身麻酔を必要とする．

網膜電図検査は種々の方法により，眼底の特定の構造を検査可能である．

- フラッシュ網膜電図検査は光受容体の機能を定量化するために用いられる．
- パターン網膜電図検査は緑内障における網膜内層の神経節細胞の機能を精査するために使用可能である．
- 視覚野に相当する領域の皮膚に追加の電極を設置し，特別に作成された刺激プロトコールを用いれば，視覚誘発電位（VEPs：visual evoked potentials）を記録することで視覚神経経路が評価可能である．

しかしながら，後半の二つの技術はまだ主として研究目的でしか使われていない状態である（網膜電図のさらなる詳細は第18章を参照）．

## 鼻涙管系の開通性

ジョーンズ試験に加えて，鼻涙管系の開通性は上涙点および下涙点にカニューレを挿入しフラッシュすることで評価可能である．この手技については第10章で詳細に述べる．

## 眼への穿刺

眼房水や硝子体サンプルの分析は他の臨床検査にて検査者の診断が確定できない場合に，眼の状態について重要な手がかりが得られる．眼房水と硝子体サンプルはタンパク質レベルの評価や細胞診，培養検査，抗体検査，DNA分析に用いることが可能である（第3章でより詳細に述べる）．これらの検査は腫瘍性疾患（眼型リンパ腫など），感染症（細菌性眼内炎，トキソプラズマ症など），無菌性炎症性疾患（ぶどう膜皮膚症候群）の鑑別に役立つ．加えて，線維素溶解剤やステロイド剤などの治療薬を前眼房や硝子体へ投与できる．

しかしながら，眼房水または硝子体のサンプルを少量抜くことは，不適切に実施されれば重度の合併症を招く危険性のある非常に侵襲的な手技である．経験豊富な眼科専門医が実施したときでさえ，これらの手技はしばしば血液-房水関門の破綻を引き起こし，少なくとも一時的にぶどう膜の炎症を起こし，すでにぶどう膜炎が存在すれば悪化させ得る（Allbaugh et al., 2011）．炎症を起こした眼は穿刺に反応し自発性の眼内出血を起こす可能性がある．また水晶体の偶発的な傷害は白内障形成や水晶体破砕性ぶどう膜炎を起こし得る．房水穿刺（aqueocentesis）や硝子体穿刺（vitreocentesis）を実施するためには，明るい照明と拡大が必要である．眼に針を刺したときに罹患動物が不用意に動けば極めて有害な結果をもたらす可能性があるため，罹患動物には深い鎮静または全身麻酔をかけなければならない．

## 房水穿刺

罹患動物は通常は横臥位とし，サンプルは上の眼から採取する．動物の頭部は眼表面がおおよそ水平となるように配置する．眼は50倍希釈のポビドンヨード溶液にて無菌状態にして，ドレープをかけ，2～3滴の局所麻酔を1～2分間作用させる．施術者は手を洗い，滅菌手袋を付ける．眼瞼を開いた状態を保つために開瞼器を置き，細い鉗子にて結膜を掴む．通常はこの手技を実施する場所は背外側1/4が選択されるが，その理由は眼球へのアプローチ時にこの部位が眼瞼と眼窩骨による制限を最も受けにくいためである．

1 mLシリンジに27または30 G針を付けて，あらかじめプランジャーを動かして準備した上で，角膜輪部から1～2 mm後方の結膜と強膜を通して横向きにわずかにトンネルを掘るように眼球に穿刺する．針の先端は角膜輪部から1～2 mmほど前眼房に挿入する．針の先端は虹彩の前に位置させ，虹彩と平行になるよう進め，虹彩や水晶体に接触し傷害を与えないようにする（図1.42）．いったん前眼房内の針の位置を確認したら，非常にゆっくりプランジャーを引き0.1～0.2 mLほど眼房水をシリンジ内に吸引する．

この方法の場合，シリンジ内のプランジャーの位置を確認し，吸引した眼房水量を教えてくれる助手がいると助けになるだろう．というのも，施術者は前眼房内の針の先端から眼を離せないからである．十分な量の眼房水が採取でき治療薬を投与したら，眼から針をゆっくり引き抜き，穿刺部位の強膜を覆う結膜を鉗子でつまみ，穿刺部位が安定するまで一時的に圧迫し，自己閉鎖させる．

## 硝子体穿刺

房水穿刺で述べたことと同じように，罹患動物と施術者の準備し，位置に着く．硝子体サンプルを採取す

図1.42 房水穿刺時の正しい針の位置（© Willows Referrals）

るために眼球に針を穿刺するとき，後眼部の損傷を最小限にするため穿刺部位は正確に毛様体扁平部でなければならない．もし針が前方（角膜輪部側）過ぎれば水晶体に傷をつける可能性があり，結果として白内障を形成したり，水晶体破砕性ぶどう膜炎を引き起こす可能性があり，また毛様体突起が傷つけば，重度の眼内出血を起こす可能性がある．逆にもし針が後方過ぎれば，網膜が傷害を受ける可能性がある．毛様体扁平部の位置の目印は犬では報告されており，それは背外側1/4の角膜輪部から7mm後方に位置する（Smith et al., 1997）．25〜27G針を1mLシリンジにしっかりと取り付けて，わずかに「ドリルで穴をあける」ような動きで硝子体腔に穿刺する．犬の大きい水晶体を避けるために針の先端は後極方向へ向けなければならない．いったん針を硝子体腔内に挿入したら0.1〜0.3mLの液化硝子体を吸引し，治療薬を投与後，針をゆっくり引き抜く．この技術の適応は通常は治療抵抗性で視覚の見込みがほぼない眼球のみに限定される．硝子体穿刺は眼科専門医が実施することで理想的な状況になると判断するときのみ実施すべきである．

### サンプルの処理

眼房水と硝子体サンプルは遠心分離のためのピペットか，直接塗抹，血清学的検査，培養検査，PCR分析のための平坦な滅菌容器に入れる．眼房水と硝子体液は低い細胞密度の液体であり，タンパク質含有量が増加する環境でさえ凝固しないと考えられている．眼房水サンプルをエチレンジアミン四酢酸（EDTA：ethylene diamine tetra-acetic acid）を含む容器に入れることは推奨されない（小児用EDTAチューブは除く）が，その理由は通常はサンプル量がチューブ内のEDTAに対して必要な量よりもかなり少量であり，細胞が障害を受ける可能性があるためである．またEDTAチューブは微生物培養を目的としたサンプルには適していない．

## 参考文献

Allbaugh RA, Roush JK, Rankin AJ and Davidson HJ (2011) Fluorophotometric and tonometric evaluation of ocular effects following aqueocentesis performed with needles of various sizes in dogs. *American Journal of Veterinary Research* **72**, 556–561

Barnett KC, Sansom J and Heinrich C (2002) Examination of the eye and adnexa. In: *Canine Ophthalmology: An Atlas and Text*, ed. KC Barnett *et al.*, pp. 1–8. Saunders Ltd, London

Binder DR and Herring IP (2010) Evaluation of nasolacrimal fluorescein transit time in ophthalmically normal dogs and non-brachycephalic cats. *American Journal of Veterinary Research* **71**(5), 570–574

Black J, Browning SR, Collins AV and Phillips JR (2008) A canine model of inherited myopia: familial aggregation of refractive error in Labrador Retrievers. *Investigative Ophthalmology and Visual Science* **49**, 4784–4789

Cello RM and Lasmanis J (1958) *Pseudomonas* infection of the eye of the dog resulting from the use of contaminated fluorescein solution. *Journal of the American Veterinary Medical Association* **132**, 297–299

Champagne ES and Pickett JP (1995) The effect of topical 0.5% proparacaine HCl on corneal and conjunctival culture results. *Transactions of the American College of Veterinary Ophthalmology* **26**, 144–145

Crispin SM (2004) Examination of the eye and adnexa. In: *Equine Ophthalmology: An Atlas and Text*, 2nd edn, ed. KC Barnett *et al.*, pp. 1–13. Saunders Ltd, London

Ghaffari MS, Malmasi A and Bokaie S (2010) Effect of acepromazine or xylazine on tear production as measured by Schirmer tear test in normal cats. *Veterinary Ophthalmology* **13**, 1–3

Gift BW, English RV, Nadelstein B, Weigt AK and Gilger BC (2009) Comparison of capsular opacification and refractive status after placement of three different intraocular lens implants following phacoemulsification and aspiration of cataracts in dogs. *Veterinary Ophthalmology* **12**, 13–21

Grozdanic SD, Kecova H, Harper MM, Nilaweera W, Kuehn MH and Kardon RH (2010) Functional and structural changes in a canine model of hereditary primary angle-closure glaucoma. *Investigative Ophthalmology and Visual Science* **51**, 255–263

Gum GG, Gelatt KN and Esson D (2007) Physiology of the eye. In: *Veterinary Ophthalmology*, ed. KN Gelatt, pp. 14–182. Blackwell Publishing, Iowa

Herring IP, Pickett JP, Champagne ES and Marini M (2000) Evaluation of aqueous tear production in dogs following general anesthesia. *Journal of the American Animal Hospital Association* **36**, 427–430

Hofmeister EH, Weinstein WL, Burger D *et al.* (2009) Effects of graded doses of propofol for anesthesia induction on cardiovascular parameters and intraocular pressures in normal dogs. *Veterinary Anaesthesia and Analgesia* **36**, 442–448

Hofmeister EH, Williams CO, Braun C and Moore PA (2008) Propofol *versus* thiopental: effects on peri-induction intraocular pressures in normal dogs. *Veterinary Anaesthesia and Analgesia* **35**, 275–281

Ketring KL and Glaze MB (2012) *Atlas of Feline Ophthalmology*, 2nd edn. Wiley & Sons, West Sussex

Komaromy AM, Smith PJ and Brooks DE (1998a) Electroretinography in dogs and cats. Part I. Retinal morphology and physiology. *Compendium on Continuing Education for the Practicing Veterinarian* **20**, 343–345 and 348–350

Komaromy AM, Smith PJ and Brooks DE (1998b) Electroretinography in dogs and cats. Part II. Technique, interpretation, and indications. *Compendium on Continuing Education for the Practicing Veterinarian* **20**, 355–359 and 362–366

Kubai MA, Bentley E, Miller PE, Mutti DO and Murphy CJ (2008) Refractive states of eyes and association between ametropia and breed in dogs. *American Journal of Veterinary Research* **69**, 946–951

Maggs DJ (2008) Basic diagnostic techniques. In: *Slatter's Fundamentals of Veterinary Ophthalmology*, 4th edn, ed. DJ Maggs *et al.*, pp. 81–106. Saunders Elsevier, St Louis

Martin CL (1969a) Slit lamp examination of the normal canine anterior ocular segment. I. Introduction and technique. *Journal of Small Animal Practice* **10**, 143–149

Martin CL (1969b) Slit lamp examination of the normal canine anterior ocular segment. II. Description. *Journal of Small Animal Practice* **10**, 151–162

Martin CL (1969c) Slit lamp examination of the normal canine anterior ocular segment. III. Discussion and summary. *Journal of Small Animal Practice* **10**, 163–169

Martin CL (2005) Anamnesis and the ophthalmic examination. In: *Ophthalmic Disease in Veterinary Medicine*, ed. CL Martin CL, pp.11–10. Manson Publishing Ltd, London

Martonyi CL, Bahn CF and Meyer RF (2007) *Clinical Slit Lamp Biomicroscopy and Photo Slit Lamp Biomicrography*. Time One Ink, Michigan

McLellan GJ and Miller PE (2011) Feline glaucoma – a comprehensive review. *Veterinary Ophthalmology* **14**(Suppl 1), 15–29

Murphy CJ and Howland HC (1987) The optics of comparative ophthalmoscopy. *Vision Research* 27, 599–607

Murphy CJ, Mutti DO, Zadnik K and ver Hoeve J (1997) Effect of optical defocus on visual acuity in dogs. *American Journal of Veterinary Research* **58**, 414–418

Murphy CJ, Zadnik K and Mannis MJ (1992) Myopia and refractive error in dogs. *Investigative Ophthalmology and Visual Science* **33**, 2459–2463

Narfstrom K, Ekesten B, Rosolen SG *et al.* (2002) Guidelines for clinical electroretinography in the dog. *Documenta Ophthalmologica* **105**, 83–92

Ollivier FJ, Plummer CE and Barrie KP (2007) Ophthalmic examination and diagnostics. Part 1: The eye examination and diagnostic procedures. In: *Veterinary Ophthalmology*, ed. KN Gelatt, pp. 438–483. Blackwell Publishing, Iowa

Rusanen E, Florin M, Hassig M and Spiess BM (2010) Evaluation of a rebound tonometer (Tonovet) in clinically normal cat eyes. *Veterinary Ophthalmology* **13**, 31–36

Sanchez RF, Mellor D and Mould J (2006) Effects of medetomidine and medetomidine-butorphanol combination on Schirmer tear test 1 readings in dogs. *Veterinary Ophthalmology* **9**, 33–37

Smith PJ, Pennea L, Mackay EO and Mames RN (1997) Identification of sclerotomy sites for posterior segment surgery in the dog. *Veterinary and Comparative Ophthalmology* **7**, 180–189

Snead MP, Rubinstein MP and Jacobs PM (1992) The optics of fundus examination. *Survey of Ophthalmology* **36**, 439–445

# 2 眼球と眼窩の画像診断

### Ruth Dennis, Philippa J. Johnson and Gillian J. McLellan

　眼に対する臨床検査で最初に行われるものは，直接的な眼の観察(眼科検査)である(第1章を参照)．しかし，重度の外眼部疾患や中間透光体の混濁によって，眼内構造を直接観察することが困難なことがある．眼窩疾患では眼球自体に臨床症状がみられることもあるが，眼窩は直接観察することができない部位である．このような部位に対しては，画像検査を用いることで疾患の範囲や特徴について有益な情報が得られる．眼球および眼窩の画像検査でみられる所見について(表2.1)に示す．

　臨床獣医師が実施可能な画像検査法には，X線検査(単純X線および造影X線)，超音波検査，磁気共鳴画像(MRI)検査，コンピューター断層撮影(CT)検査がある．それぞれの検査法には利点と欠点がある(表2.2)．また，二つ以上の検査法から得られた情報を組み合わせた方が一つの検査法のみから得られた情報よりも有益であることも多い．超音波検査は眼疾患に対して通常選択される論理的な検査法であるが，眼窩疾患の評価にどの検査法を選択するかは考慮する必要があるだろう．一般的に実施可能とされている精密検査において，従わなければならない検査の順序は定められていない．考慮すべき事項には，簡便性，利便性，検査費用，最も疑われる疾患，治療法の選択，動物の

**表2.1** 眼球および眼窩に対する画像検査の適応

| 眼球に対する画像検査の適応 |
|---|
| ● 眼球の観察を困難にする程の眼瞼および外眼部の腫脹 |
| ● 中間透光体(角膜，眼房水，水晶体，硝子体)の混濁 |
| ● 正常な眼球構造の評価(眼球破裂の疑い) |
| ● 先天性疾患(多発眼奇形など) |
| ● 眼球の生体計測(バイオメトリー) |
| ● 眼内異物の存在 |

| 眼窩に対する画像検査の適応 |
|---|
| ● 眼球突出 |
| ● 斜視 |
| ● 眼球陥凹 |
| ● 第三眼瞼突出 |
| ● 眼窩外傷 |
| ● 開口時の疼痛 |
| ● 眼窩異物の疑い |
| ● 慢性または再発性の流涙症 |
| ● 鼻腔，上顎洞，前頭洞の疾患や歯牙疾患の関与やその疑い |
| ● 顔面変形(眼窩周囲に波及した顔面腫脹など) |

**表2.2** 様々な画像検査法の利点と欠点(つづく)

| X線検査 | |
|---|---|
| 利点 | 欠点 |
| ● 容易に実施可能 | ● 多くの場合，全身麻酔や深い鎮静を必要とする．(麻酔下では他の手技[バイオプシーや鼻涙管洗浄など]を実施可能) |
| ● 比較的費用が安い | ● 検査時間が長くなることがある |
| ● 広く使用されている | ● 構造物の重なりや立体構造の変化といったX線像の解釈が困難 |
| ● 眼窩の骨病変を描出できる | ● 軟部組織や骨病変の正確な範囲についての情報が乏しい，または欠如している．固形の軟部組織と液体の鑑別はできない(前頭洞病変など) |
| ● 眼窩以外の頭部領域を描出できる | ● 眼球自体の評価はできない |
| ● 胸部および腹部の転移病巣を評価可能 | ● 造影検査には技術を要する |

## 表2.2 （つづき）様々な画像検査法の利点と欠点

### 超音波検査

| 利点 | 欠点 |
| --- | --- |
| ・広く使用されている | ・検者の技術に強く依存：練習と技術を要する |
| ・比較的費用が安い | ・高精度の探触子（プローブ）が必要 |
| ・迅速に実施可能 | ・（限局性の病巣と比較して）びまん性病巣は特定し難いことがある |
| ・多くの場合に無麻酔の症例に対しても実施可能 | ・非特異的病変が描出されることがある（例えば，眼内腫瘍と血塊は似た様相を呈す） |
| ・多用途：多くの眼球および眼窩疾患が適応 | ・眼球と眼窩に限局した像が得られ，その他の頭部の領域は描出されない |
| ・超音波ガイド下での特殊手技を実施できる（バイオプシーなど） | ・その他の画像検査法に比較して，静止画の有用性が低いことがある（動画保存ができれば，利点になる） |
| ・腹部臓器の転移病巣を確認できる | |

### 磁気共鳴画像（MRI）検査

| 利点 | 欠点 |
| --- | --- |
| ・解像度とコントラストの優れた軟部組織像が描出され，骨組織についても多くの情報が得られる：容易に液体と固形組織を区別できる | ・一般開業動物診療施設では容易に実施できない（かもしれない） |
| ・どのような平面に対しても断面像を描出でき，構造物の重なりを無視して三次元情報が描出できる | ・高磁場環境で全身麻酔を行う必要があり，MRI適合性の麻酔機器を要する |
| ・組織の性質についての情報が得られる（液体，脂肪など） | ・費用が高い |
| ・症例の正確なポジショニングを必要としない | ・検査時間が長い（特に低磁場環境では） |
| ・眼と眼窩以外の頭部全体や脳を非常に詳しく描出できる | ・病巣に対する検査プロトコールの設定が困難 |
| ・造影検査が容易に実施でき，詳細な組織への血管分布を描出できる | ・画像の解釈が難しい |
| ・外科手術や放射線治療の際に三次元的な治療計画が可能 | ・診断への有用性にかかわらず，鉄製金属製異物（ある種の眼球または眼窩プロテーゼ）が存在する場合には禁忌である |
| ・通常は，眼窩疾患に対する画像検査法として選択される | ・転移像の確認はできない |
| | ・ガイドバイオプシーを実施するには専門的な器具が必要である |

### コンピューター断層撮影（CT）検査

| 利点 | 欠点 |
| --- | --- |
| ・骨組織を非常に詳細に描出でき，軟部組織も良好に描出可能（X線撮影よりも優れる） | ・容易に実施できない（かもしれない） |
| ・MRIやX線撮影よりも検査時間が短く，外傷のある患者に対しては安全に実施可能 | ・多くの場合，強い鎮静や全身麻酔が必要 |
| ・鎮静や全身麻酔を行わなくても実施可能なことがある | ・費用が高い |
| ・断面像を描出可能（主に横断像） | ・X線撮影よりも電離放射線の被曝量が高いため，通常はCT検査中に部屋にいてはならない |
| ・造影検査を容易に実施可能 | ・ガントリーを横切るだけであるが，症例の正確なポジショニングが必要 |
| ・外科手術や放射線治療の際に三次元的な治療計画が可能：再構築された三次元画像は骨の評価に特に有用 | ・撮像面以外の再構築画像は不鮮明 |
| ・眼窩以外のその他の頭部の部位を描出可能 | ・脳を含めた軟部組織においては，情報量がMRIに劣る |
| ・ガイド生検が可能（であることが多い） | ・びまん性の炎症像は確定困難なことがある |
| ・X線撮影よりも優れた転移像の確認が可能 | ・金属性異物によって線状のアーチファクトがみられる |
| | ・画像の解釈が難しい |

性格，オーナーの希望が含まれる．例えば，ゆっくりと進行している眼痛を伴わない眼球突出がみられている老齢犬において，眼球突出の原因が腫瘍であると推測される場合には，オーナーの許可を得た上で頭部X線検査，さらには胸部の転移病変の確認を行うというのが，一般診療施設において可能な初期検査であろう．対照的に，急性の眼痛を伴った眼球突出と眼球周囲の浮腫がみられる若齢犬の場合には，超音波検査によって球後膿瘍の診断に有益な情報が得られるだろう．また，このような場合にはX線検査では通常，異常はみられないと思われる．CT検査やMRI検査といった高次断層画像検査法の利用は増えてきている．診療施設でこれらの画像検査が実施できなくとも，検査が可能な施設へ転院させることで実施できる．これらの検査ではX線検査や超音波検査に比べ，より多くの情報が得られる．画像検査を実施しても診断が確定し

ないこともあるが，鑑別診断の順序立てをサポートし，症例の症状，病歴，合併症などを考慮することで，さらなる病態評価や治療プランの構築に役立つ．

## X線検査

X線検査は放射線不透過性の異物が疑われる場合を除いて眼科（眼球）疾患の評価には役に立たないが，眼窩疾患に対しては有用なことがある（表2.1を参照）．その他の画像検査が容易に実施できない場合には，X線検査が最初に実施されることが多い．眼窩の臨床症状は原発性眼窩疾患によって生じる以外に，鼻腔，前頭洞，頭頂骨，上顎骨，歯，顎関節の病変の拡大によってみられ，これらのすべての部位がX線検査の対象となる．しかしながら，これらの部位での単純X線検査には多くの重大な欠点がある．少なくとも眼窩の軟部組織に限局した病変では，軟部組織の腫脹以外の異常はみられないだろう．

全身麻酔や深い鎮静が正確な体位決定や用手での保定を不要にするために必要である．頭部や眼窩の明らかな変形がみられる症例では，意識下で病変に対する斜位像を撮影することが可能なこともある．眼窩や眼球の新生物が疑われる症例や外傷がみられる症例に対しては，胸部のX線検査も実施すべきである．詳細な転移のチェックには腹部X線撮影も必要である．

### X線画像

複数のX線像が眼窩とその周囲の評価に有用である．背腹像（DV像），腹背像（VD像），ラテラル像，右および左側斜位像，吻尾側像（RCd像），開口VD像，鼻腔評価のための口腔内像，顎関節や歯をみるための特別な像がこれらに含まれる．体位や解釈についてのより詳細な記述は，『BSAVA Manual of Canine and Feline Radiography and Radiology: A Foundation Manual』を参照していただきたい．

### 正常なX線画像

X線画像アトラスには，（前頭骨，頬骨，上顎骨，口蓋骨で主に接している）眼窩領域の正常なラテラル像およびDV像が記載されているので参照していただきたい．

### X線画像の解釈

眼窩部位のX線画像は，頭部構造の重なりや（特に犬では）頭蓋の立体構造に幅広いバリエーションがあるために解釈が複雑である．そのため，X線画像の解剖学および異常所見に関する知識が不可欠である．骨標本，X線画像アトラス，過去のX線画像のライブラリはそれらの知識を得るために役立つ．正常な解剖構造と比較して異常を検出するには，二方向からの撮像結果を比較することが有用である．X線画像に異常がみられないということは有益な情報であり，いくつかの疾患の除外や高次画像診断法による追加検査が必要になることがある．

眼窩疾患におけるX線検査所見を以下に示す．

- （非特異的な）軟部組織の腫脹
- （前頭骨，上顎骨，頬骨，篩板，頭頂骨，蝶形骨，および顎関節の）骨融解．本所見は悪性腫瘍や骨髄炎の進行といった侵襲性の強い疾患が起こっていることを示唆する．
- 通常は空気で充たされている空間のX線不透過性亢進（例えば，鼻腔や前頭洞．前頭洞のX線不透過性は副鼻腔疾患に特異的な所見ではなく，トラップされた液体によってみられることの方が多い）
- 骨折
- 骨新生と骨増生
- 軟部組織の石灰化
- X線不透過性の異物
- 軟部組織の気腫

### X線造影検査

#### 涙嚢造影

涙嚢造影は鼻涙系疾患に対し有用な検査である．鼻涙管の疎通性の評価や管内の陰影欠損の有無，鼻疾患や上顎疾患による鼻涙管の障害程度の評価に役立つ．これらの部位の病変は眼症状を示すことがある（後述，および第10章を参照）．涙嚢造影検査では涙洗針（ブジー，カテーテル）と適切な造影剤以外に特別な器具は不要であるが，検査の実施や画像の解釈が困難である．

適応：
- 涙嚢炎が原因であると疑われる慢性，再発性，または難治性の流涙症や結膜炎
- 内眼角領域の波動性を伴う腫脹
- 先天性の涙管閉鎖が疑われる場合
- 鼻疾患や上顎疾患における鼻涙管浸潤の確認
- 鼻涙管の矯正手術を計画する際の病変部を確定（鼻涙管狭窄症，異物，囊胞など）

手技：手技の詳細はGelattらの報告（1972）に従って示す．
1. 症例に麻酔をかけ，造影検査の比較対象のために単純X線画像を撮影する．ラテラル像とともに開口

VD像や鼻腔描出のための口腔内DV像の撮像といった多面像が必要である.
2. 症例の評価側の鼻涙管が上向きになるように横臥位で保定する. 吻側の鼻涙管開口部から鼻腔内の造影剤が逆流するのを避けるため, 鼻をわずかに下げる.
3. 涙洗針を涙点(通常は上涙点)に挿入する(例えば, 犬では21G, 猫では26G).
4. 生理食塩水でフラッシュする.
5. 0.5～2 mLのヨード系造影剤をゆっくりと注入する. カテーテルを挿入していない涙点を鼻孔から数滴の造影剤が排出されるまで綿棒や指で圧迫, または有鉤の鉗子で挟んでおく. 造影剤にはヨード含有量300 mg/mL以上の非イオン性造影剤を用いる. 非イオン性造影剤は浸透圧が低く, (造影剤を体温まで温めると)イオン性造影剤に比べて組織刺激性が低いために好まれる.
6. できるだけ早くラテラル像のX線撮影を行う. 必要であれば, DV像と斜位像も同様に撮影する.
7. 症例によっては, 比較のために両側での検査を実施するとよい.

### 正常なX線画像:
- 涙小管や涙嚢が確認できる.
- 正常な鼻涙管は平滑で良好に確認される. 上顎骨の内眼角面を鼻側および腹側方向に走行し, 鼻腔の側壁と鼻腔底の結合部である鼻孔で終始する.
- 鼻涙管の近位1/3は上顎骨に囲まれているため, 残りの領域に比べて狭くなっている.

### 鼻涙管の異常なX線像:
- 部分または完全閉塞
- 欠損または形成不全
- 組織片や異物による陰影欠損(図2.1)
- 不規則な管壁
- 拡張
- 偏位
- 鼻腔や嚢胞病変への造影剤漏出

### 問題点:
- X線画像の解釈が困難
- 涙点へのカテーテル設置が必要
- 涙小管や涙嚢の医原性外傷
- 涙管破裂や感染の拡大
- 眼周囲の造影剤漏出や鼻腔内への逆流

### 頬骨腺造影
適応:
眼窩疾患における頬骨腺の障害の評価, 特に眼窩腹側の空間を占有する病変が疑われる場合に適応となる.

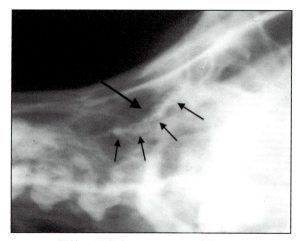

**図2.1** 慢性の涙嚢炎がみられた7歳齢のイングリッシュ・スプリンガー・スパニエルにおける異常な涙嚢造影像. 炎症性壊死組織や異物の存在が疑われる陰影欠損によって, 鼻涙管の拡張と不均一な造影がみられる(矢印).

手技:
1. 症例に麻酔をかけ, 造影検査の比較対象のためにラテラル像およびDV像の単純X線画像を撮影する.
2. 症例の評価側が上向きの横臥位に保定し, 頬骨腺の導管開口部に25～26Gのカテーテルを設置する. 開口部は頬粘膜の隆起部にあり, 多くの場合で上顎第二臼歯付近, かつ耳下腺の導管開口部の尾側1 cm付近に存在する.
3. 暖めた非イオン性ヨード造影剤を0.5～2 mL注入する
4. できるだけ早くラテラル像とDV像のX線撮影を行う.
5. 症例によっては, 比較のために両側での検査を実施するとよい.

### 正常なX線画像:
- 頬骨腺の主となる導管は短く, 尾背側方向に走行する.
- 腺そのものは大きく, 一枚の木の葉のような構造であり, 頬骨弓の腹側および内側から吻側末端にかけて存在する.

### 頬骨腺および導管の異常なX線画像:
- 偏位や圧迫
- 腺の拡大や不整
- 唾液腺導管の拡張
- 陰影欠損
- 造影剤の漏出や瘻管形成

### 問題点:
- 医原性の軟部組織障害

## 超音波検査

超音波検査は眼球や眼窩に対して非常に有用な検査で、通常は薬物による不動化を必要とせず、点眼麻酔のみで実施可能である。スリットランプや検眼鏡で眼球の構造が評価できない場合や透光体が混濁しているために検査ができないような症例に対して、眼球の構造を評価するために用いられる。また、眼窩疾患に対する検査にも用いられる。獣医眼科領域においては、形式の異なるいくつかの超音波検査法が用いられている。

### Bモード超音波検査

本検査法は眼球の二次元画像をリアルタイムに確認することができ、眼球に対する超音波検査法としては最も一般的に用いられているものである。眼球と眼窩の両方を評価することが可能である。Bモード超音波検査において良好な解像度が得られる探触子(プローブ)には、10 MHz 程度の比較的高い周波数のものが推奨されており(7.5～13 MHz が標準的)、眼球や眼窩といった深い後眼部構造の評価が可能である。

### 手技

症例の準備：
- 深い鎮静や全身麻酔を行うことで眼球陥凹や眼球の下転がみられることがあるため、最小限の鎮静で実施することが好まれる。陥凹や下転がみられている眼球では超音波を眼軸に沿って正確に当てることが困難になるため、画質が悪くなる。
- 点眼麻酔は超音波検査の最低2分前、さらに実施直前に両眼へ行うべきである。
- 眼球への使用が認められている無菌性のエコーゼリーを用い、プローブと組織の表面を接触させる。

方法：眼球と眼窩は、経角膜アプローチ、経眼瞼アプローチ、側方アプローチによってスキャン可能である。

- 経角膜アプローチでは眼瞼を手で開け、プローブを直接角膜に接触させる必要がある。エコーゼリーや水を満たしたグローブ、あるいは市販の製品を使うことでプローブと角膜の距離をとることが可能である(図2.2a 参照)。本アプローチは眼球に対して最適な解像度を描出できるが、脆弱な眼球や角膜の潰瘍病変がある症例には勧められない。
- 経眼瞼アプローチは眼瞼越しに眼球をスキャンする方法である。本アプローチ法では皮膚や被毛によって生じるアーチファクトが著しく画像の質を低下させてしまう。しかし、眼球に対する圧迫は少なく、角膜表面に病変があるような場合には、ダメージが加わる可能性は少ないと想定される。本アプローチは気難しい症例においても実施しやすい。
- 側方アプローチでは、尾外側方向からプローブを眼球に接触させ、頬骨弓の背側または腹側よりスキャンする。頬骨弓の背側から描出される像は外眼筋円錐(orbital cone)や眼窩腔を評価するのに有用であり、腹側からアプローチして描出される像は頬骨腺の描出に優れている(図2.2b.c 参照)。

眼球と眼窩の超音波検査では、冠状断面、矢状断面、(可能であれば)横断面方向に超音波のビームをゆっくりと動かしながらスキャンする。斜断面は病変によっては有用である。プローブを中心部に合わせ眼軸に沿うように横断した像(軸性像)では、眼球や水晶体の直径を計測することが可能である。

一般的に眼球は(ヒトでの用語と同様に)、「吻側」と「尾側」に対して「前部」と「後部」、「背側」と「腹側」に対して「上方」と「下方」と表現される。また、眼球の中心を軸として時計の文字盤を利用した例えをすることで、眼病変部を説明しやすくなる。

 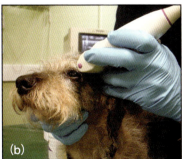 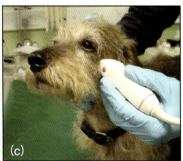

**図2.2** 眼における超音波検査の手技
(a)経角膜アプローチ：点眼麻酔薬を用いた後に探触子(プローブ)を直接角膜の上に接触させる。
(b)側方アプローチ：眼球の尾背側にプローブを接触させる。
(c)頬骨アプローチ：頬骨弓の腹側にプローブを接触させる。

## 正常な超音波画像

眼と眼窩の正常な超音波像を(図2.3)に示した.

**眼球**：眼球の中心軸(眼軸長)は,犬で約20～22 mm(猫では18～20 mm)である.眼球壁は平滑で均一な表面構造をしている.正常な眼房水と硝子体は無エコーである.正常犬では眼瞼が開く前に硝子体動脈は完全に萎縮するが,新生仔動物で硝子体動脈遺残がみられることがある.

**角膜と強膜**：二本の平行なエコー源性の曲線として角膜の前後面が描出される.超音波検査では,超音波のビームの軸に対して垂直に位置する角膜領域のみが描出される.プローブに反射波が届かないため,角膜周辺部の像は描出されない.二本の境界面の間でみられる低エコー領域は角膜実質である.標準的なBモード超音波検査では,厚さは過大評価される傾向にある.正常な犬における解剖学的な角膜厚は600 μmであるが,Bモード超音波検査では正常犬で平均1 mmといわれている(Boroffka et al., 2006).強膜はびまん性のエコーで描出され,強角膜結合部(角膜輪部)から後部へ眼球を囲むように伸長して描出される.

**ぶどう膜**：虹彩は明瞭な線状の高エコーとして描出されるが,虹彩の収縮と弛緩による(眼球の断面像でみられる)瞳孔サイズの変化のためにわずかに変化して観察される.虹彩の後面は毛様体と接している.毛様体には水晶体の付着部である毛様小帯が存在しており,虹彩後面の膨らんだ高エコー構造として毛様体が水晶体の辺縁に観察される.正常な眼における超音波検査像では,脈絡膜に隣接している網膜や外側に高エコーで描出される強膜とは区別できない.

**水晶体**：正常な水晶体は,前囊と後囊が線状のエコーで描出される以外は無エコーである.水晶体の断面像は円形で,背側断面や矢状断面は楕円形をしている.犬の水晶体の矢状断面厚は約7 mm(5.7～7.7 mm)で,加齢によってわずかに厚くなる(Williams, 2004).超音波検査における水晶体厚の計測はルーチン検査の一つとして考えるべきである.水晶体は眼球の動きに対して安定した位置を保っている.

**網膜と視神経**：超音波検査において正常な網膜は,眼球後壁で接する脈絡膜や強膜と区別ができない.視神経乳頭は眼球後軸の腹側に存在し,眼球後壁にわずかに凹んで描出されることがある.視神経は視神経乳頭から眼窩円錐に向かって伸びるように描出されることがある.また,視神経は周囲の眼窩脂肪と比べて低エコーで,波を打つように走行している.

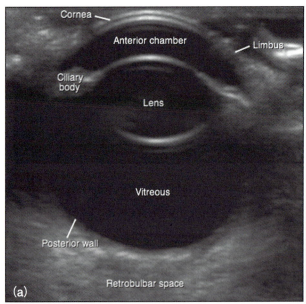
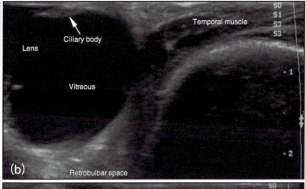

**図2.3** 図2.2の手技によって描出される超音波画像
(a)経角膜アプローチ,(b)側方アプローチ,(c)頬骨アプローチ
正常犬で確認できる解剖学構造を図に示す.
(a)Cornea: 角膜 Anterior chamber: 前(眼)房 Limbus: 角膜輪部 Ciliary body: 毛様体 Lens: 水晶体 Vitreous: 硝子体 Posterior wall: 後面壁 Retrobulbar space: 球後隙
(b)Lens: 水晶体 Ciliary body: 毛様体 Vitreous: 硝子体 Temporal muscle: 側頭筋 Retrobulbar space: 球後隙
(c)Zygomatic arch: 頬骨弓 Masseter muscle: 咬筋 Ramus of mandible: 下顎枝 Zygomatic salivary gland: 頬骨腺

**眼窩と球後軟部組織**：超音波検査での眼窩骨の境界面は平滑で凸状，そして遠位に音響陰影がみられる高エコー像として描出される．眼窩底は頬骨腺に隣接しており，頬骨腺は頬骨腹側にある咬筋を通して分葉状に描出される（図2.3c を参照）．眼窩の軟部組織は，眼球後方へ対称性に細長い円錐を形成している．外眼筋は平滑で紡錘形をしており，付属する眼窩脂肪に対して低エコーである．眼動脈と眼静脈はカラードップラーや造影超音波検査によって描出される（下記参照）．

### 超音波画像の解釈

超音波像の描出と解釈には経験と技術が必要である．しかしながら，ほとんどの症例で対側の眼球や眼窩を比較対象として用いることが可能である．眼球内の多くの病変で，正常では無エコー構造である角膜，水晶体，眼房水，硝子体のエコー輝度が亢進する．超音波画像所見は，エコー輝度の亢進や減衰といった特性やそれらが生じている部位に関連する．すなわち，これらの変化がびまん性か限局性か，均一か不均一か，マスエフェクト（隣接した組織の偏位や眼球の歪み）が生じているかが重要である．病態や透光体の状態によって病変が固着していたり，眼球の動きに伴って眼房内や硝子体中で病変が動いたり舞ったりしている様子が断続的にみられることがある．球後隙は正常では三角形になっており，眼窩軟部組織の欠損や歪みがみられた場合に病変を疑う．限局性の眼窩病変は容易に特定できるが，びまん性の変化は検出困難である．広域の前頭骨の骨融解は，通常，平滑なエコー像が途絶えるために特定しやすい．眼球および眼窩疾患に一般的にみられる超音波所見を（表2.3）に示した．より詳細な情報については本章の後半に記述する．特殊な疾患でのより詳細な情報については，本書の適切な章を参照していただきたい．

### A モード超音波検査

A モード超音波検査は，眼の正確な長さや深度の計測（バイオメトリー）のために実施する．眼病変サイズの長期的なモニタリングにも用いられる．本手法では眼球や眼窩の画像は描出できず，眼科用超音波検査装置のような特殊な機材が必要となる．

**表2.3** 眼疾患および眼窩疾患における超音波検査所見（つづく）

| 状態 | 超音波検査における特徴 | 例 |
|---|---|---|
| 眼球経の変化(眼球拡張[牛眼]，眼球縮小[小眼球]または眼球癆) | 眼球径の変化はAモードによる超音波検査でほぼ正確に測定されるが，眼軸長や眼球径の推定はBモードによる測定からも可能であろう | |
| 眼球破裂 | 眼球径の短縮；エコー源性の眼球外壁(強膜)の連続性欠損 | 図2.8a |
| ぶどう膜炎/全眼球炎 | 虹彩や毛様体の肥厚が描出されることがある．前(眼)房や硝子体腔は低エコーであるが，びまん性の高エコー領域や多巣性の小さな高エコー部位がみられる | 図2.14c |
| 白内障 | 高エコー：水晶体径の増加や減少がみられることがある | 図2.5，2.11〜2.13 |
| 水晶体破裂 | 水晶体の直径や輪郭が変化する．遊離した水晶体皮質が水晶体に付着した高エコー領域として描出されることがある | 図2.13 |
| 水晶体(亜)脱臼 | 前(眼)房深度や水晶体の位置が変化する；眼の動きにともなう水晶体の可動性や不安定性が増加する | |
| 眼内および眼窩異物 | 関連する疾患(ぶどう膜炎，眼球破裂，球後膿瘍など)や異物の性質(例えば，金属性異物は強い音響陰影を示し，植物などの異物は確認できないこともある)によって様々な像が描出される | 図2.9ab，2.18 |
| 眼内出血 | びまん性の高エコー領域が前(眼)房や硝子体腔にみられる．眼内腫瘍と見間違えるような大小の高エコー領域が混在してみられることもある．"眼球随伴運動"がみられることもある． | |
| 硝子体変性 | 硝子体腔に小さなエコー源性病巣が描出される．硝子体の中央部に固まって描出されることもある(星状硝子体症)が，硝子体が液化(硝子体シネレシス[離水]，閃輝性融解)していれば多くの場合，「眼球随伴運動」がみられる．大きなエコー源性構造物が描出されることもある(硝子体浮遊物) | 図2.11 |
| 網膜剥離 | 視神経乳頭に繋がる曲線のエコー源性構造がみられる．完全剥離が生じている場合には，「カモメの翼(gull-wing)」のように描出される | 図2.14abc |

## 第2章 眼球と眼窩の画像診断

**表2.3** (つづき)眼疾患および眼窩疾患における超音波検査所見

| 状態 | 超音波検査における特徴 | 例 |
|---|---|---|
| 硝子体剥離 | 薄い線状のエコー源性構造：眼球の後極でみられるのが典型的である | |
| 視神経乳頭変化 | 視神経乳頭の腫脹や新生物がみられる症例では，視神経乳頭部の限局性隆起やエコー源性の増加がみられることがある | 図2.15 |
| 眼内新生物 | マスエフェクトによって隣接する眼内構造物(水晶体など)を偏位させることがある．比較的固着しており，血餅に比べて「眼球随伴運動」はみられない．様々なエコー源性や質感(エコーテクスチャ)で描出される | 図2.10 |
| 眼窩蜂巣炎/球後膿瘍 | エコー輝度のびまん性の亢進，膿瘍の場合には病変の中心部に低エコー領域(空洞病巣)がみられることがある．後期にはマスエフェクトがみられることがある | 図2.20a |
| 眼窩新生物 | マスエフェクトがみられることがある．一般的に高エコーだが，低エコーのこともある．内側にエコー源性のある不規則な骨性眼窩壁がみられることがある | 図2.23a, 8.6 |
| 外眼筋炎 | 外眼筋(特に内側直筋)の腫脹が描出されることがあり，典型的には両眼性である | 図8.14 |

### 高周波超音波検査と超音波生体顕微鏡検査

高周波超音波検査と超音波生体顕微鏡検査は眼科検査に特有な手技である．高周波超音波検査では約20 MHz，超音波生体顕微鏡検査では60 MHzの周波数を放出するプローブを使用する．高周波プローブは表層構造を非常に優れた解像度で描出し，前眼部の評価に適している．(図2.4)のように角膜病変の深度や虹彩の厚さの評価といった様々な前眼部構造の正確な計測を可能とする(Aubin et al., 2003; Bentley et al., 2003).

しかしながら，これらの専門性に特化した高周波数のプローブは比較的値段が高く，その検査法は獣医臨床眼科において広く適用されていない．高周波超音波検査は緑内障症例における隅角や毛様体裂の臨床的評価に有用である(Gibson et al., 1998; Tsai et al., 2012)．隅角鏡検査と異なり，高周波超音波検査は光を用いずに検査可能であり，前眼部の解剖学的構造の関係性を変化させてしまうことはない．毛様体突起や毛様体裂の情報が得られ，角膜や他の透光体の混濁がみられていても検査可能である．しかしながら，その手技は検者の技術に依存しており，検査結果も他覚的評価や再現性に乏しいとされている(Bentley et al., 2005)．プローブを前眼部に押しつけないように操作

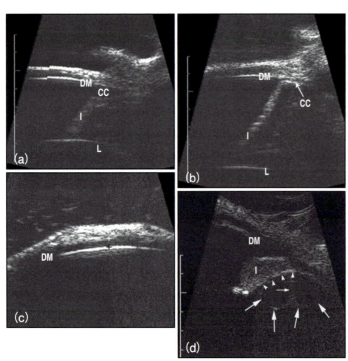

**図2.4** 20 MHzの探触子(プローブ)によって描出された前眼部の高解像度超音波画像
(a)正常猫の房水流出路
(b)先天性緑内障の猫における圧潰して極端に狭くなった毛様体裂
(c)角膜黒色壊死症の猫．壊死片後面の反響像(白十字)とデスメ膜に相当する角膜後面の反響像(黒十字)が明らかに区別され，壊死組織の深度の推定が可能である．
(d)2歳齢のゴールデン・レトリーバーの後(眼)房にみられた壁の薄い虹彩毛様体囊胞(矢印)．虹彩後上皮の角膜側への反転(矢頭)がみられた．
CC=毛様体裂；DM=デスメ膜；I=虹彩；L=水晶体
(c-dはE. Bentley先生よりご提供)

し，スキャン部位を一致させることが正確な計測結果を得るために不可欠である．犬では背側でのスキャンが，猫では背外側でのスキャンが最も一般的な方法として推奨されている(Bentley et al., 2005; Gomes et al., 2011)．

### カラーフローおよびスペクトラルドップラー超音波検査

これらの超音波検査法は眼球内，眼球周囲，および眼窩の血流評価に用いられる．ドップラー超音波検査は開存性の硝子体脈管構造における血流の検出に有用である(図2.5)．抵抗係数や拍動係数として知られる特殊な数値を用いることで，その血管構造から血管抵抗の情報が得られる．眼球および眼窩血管におけるこれらの係数の正常値は，無鎮静の正常犬，鎮静下の犬，および緑内障の犬において知られている(Gelatt-Nicholson et al., 199ab; Gelatt et al., 2003; Novellas et al., 2007ab)．しかし，これらの正常値は臨床的に評価されていない．

### 造影超音波検査

造影超音波検査には安定化マイクロバブル造影剤を用い，組織内の血管分布を描出する．眼内の様々な構造物，硝子体膜や後部硝子体剥離と網膜剥離の鑑別，眼内腫瘍の血管分布の評価，硝子体動脈遺残内の血流の評価(Labryuere et al., 2011)といった病変に対して本手技は用いられる．網膜のように血管を含む構造物では，マイクロバブル造影剤が網膜血管内に入り込んでいく様子が描出される．しかし，血流の遅さや血管の蛇行のためにドップラー信号は様々である．

## 磁気共鳴画像(MRI)検査

MRI検査は医学領域において眼球および眼窩疾患の評価法として確立されている検査である．獣医学領域では，MRI検査が導入されてすぐに小動物の眼科においてもその有用性が認められた(Morgan et al.,1994, 1996)．疾患によって罹患した眼球の有益な情報が得られるが，眼科学におけるMRI検査の主な適応は眼窩疾患の評価である．加えて，MRI検査は神経症状や中枢性視覚喪失(中枢盲)が生じた症例の視神経，視交叉，および脳に対する最も優れた画像検査法である．X線検査や超音波検査に比べ，MRI検査は眼窩疾患の評価において優れている．25症例の検討においては，MRI検査単独で炎症性または腫瘍性疾患を22症例で正確に診断可能であり，他の画像検査に比べて優れた病変の特性や範囲についての情報を含んだ詳細な画像が得られたと報告されている(Dennis, 2000)．X線検査や超音波検査では診断の確定に至らない症例や外科手術が提案される症例に対し，MRI検査は強く勧められる．使用の簡便性と検査費用の問題が乗り越えられるのであれば，MRI検査は初期の画像検査法として強く勧められる．様々な状態の小動物眼科症例におけるMRI検査の使用について報告されている(Armour et al., 2011)．

MRIの利点と欠点については(表2.2)にまとめた．MRI検査は眼窩の描出においてもその他の検査法に比べて優れている．X線検査，超音波検査，CT検査に比べて高解像度でコントラストのある軟部組織像が描出されるため，様々な疾患の特徴についてより多くの情報が得られる．あらゆる断面像で撮像できるので眼窩や眼窩内容物の斜断面像が得られ，多くの利点がある．さらに異なる断面像を組み合わせることで有用な三次元情報を得ることが可能である．三次元像は，外科手術が提案される場合には特に有用となる．静脈内常磁性造影剤は病巣の血管分布を描出するために用いられる．特に眼窩における膿瘍や異物の描出や血管に富んでいる新生物に起因した血塊の鑑別に有用である．MRI検査は神経症状(中枢性視野欠損や眼筋麻痺など)がみられる症例の脳の評価も可能であり，CT検査よりもはるかに優れている．眼窩疾患に罹患している症例の眼窩以外の頭部領域も容易に評価できる．骨の詳細な描出についてはCT検査に劣るが，MRI検査は軟部組織変化の感受性に優れている．事実として，眼窩の骨融解の多くが，眼窩を越えて軟部組織病変が拡大するために特定が容易になる．MRI検査に

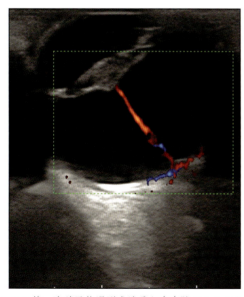

**図2.5** 第一次硝子体過形成遺残と白内障がみられた7カ月齢のミニチュア・シュナウザーの超音波カラードップラー画像．眼球の後極と硝子体腔内にみられる特徴的なドップラー信号は，罹患眼の開存性の硝子体血管の血流と一致している(D. GouldとG. Gent先生よりご提供)．

は全身麻酔が必要であるが(多くの場合,十分な検査には約45分),その検査自体は非侵襲的で症例に対して安全なものである.

## 手技

　MRIの基礎である詳細な物理原則については,他の文献に記述されており(Gavin, 2009),本章の目的を越えてしまう.MRI検査には外部磁場と描出領域周囲の高周波(RF)コイルから発生される電波エネルギー(電磁波の一種)のコンビネーションが用いられている.磁場は磁石とも呼ばれるスキャナーによって形成される.磁石の強さは様々で,低磁場システムでは0.2テスラ,高磁場システムでは1.5テスラ以上である.両方のMRIシステムが獣医学では一般的に用いられている.症例の組織の水素イオンは磁場で整列し,高周波によって整列した水素イオンが乱される.磁場の中で水素イオンが再整列すること(「緩和」として知られている過程)で高周波信号が再放出され,コンピューターによってその信号が断面像に変換される.断面像でみられるグレースケールのピクセルは,組織の小さな塊(ボクセル)によって構成される.

### 高周波シーケンス

　眼科において一般的に用いられるシーケンス(撮像プログラム)には以下のものがある.

- **T1強調画像**:液体や水を含む領域が暗く(低信号),脂肪が明るく(高信号)描出される.その他の軟部組織は中間の灰色で描出される.T1強調画像は高い解剖学的解像度をもつ.

- **造影T1強調画像**:ほとんどのMRI造影剤はガドリニウム元素を含んでいる.静脈内投与後にガドリニウムは組織に流入し,血管分布に従って拡散していく.ガドリニウムが拡散した領域は,その後の撮像で高信号に描出される.この現象を「造影効果」という.中枢神経系(CNS)においても,血液-脳関門の障害を反映して造影効果がみられる.腫瘍性または炎症性疾患のような視野欠損を引き起こす脳病変のMRI検査において,本シーケンスは必要不可欠である.

- **サブトラクション画像**:本画像はそれぞれのシーケンスにおいて,造影後のデジタル情報から造影前のT1強調画像の情報を差し引くことで得られる.サブトラクション画像は造影効果がみられる領域を非常に優れた感度で示す.特に(眼窩のような)脂肪と造影効果の鑑別が必要な領域で有用である.本シーケンスは特に脂肪抑制画像(下記参照)が適応できない全身すべての領域で有用である.

- **T2強調画像**:液体や水を含む領域と脂肪が高信号,その他の軟部組織は低信号に描出される.T2強調画像はコントラストが高い.多くの疾患では罹患部の含水率が上昇するため,病変に対する感受性が高くなる.しかし,低磁場のシステムにおいては,T1強調画像に比べて解剖学的解像度が乏しい.

- **非特異的脂肪抑制法(STIR法)**:STIR(short T1 inversion recovery)法はT2強調のシーケンスであるが,脂肪による正常な高信号は抑制されている.したがって,脂肪に近い病変が高信号領域として容易に特定される.

- **脂肪抑制法**:脂肪による正常な高信号を抑制するパルスシーケンスであり,高磁場システムにおいて用いられる.本シーケンスは,造影剤投与後に血管分布があるすべての領域で造影効果によって強い高信号領域が描出される現象を改善する.病変とその周囲の浮腫や炎症を反映した高信号に対して,STIR法に比べて疾患の範囲をより正確に描出することができる.

- **グラディエントエコー(GRE)法またはフィールドエコーシーケンス法**:多数のシーケンスを用いる手法でグラディンエントエコー法として知られており,T1またはT2強調画像も撮像される.これらのシーケンスを用いることで非常に薄いスライスの描出や3D像が作成可能になる.GRE T2*(T2 star)として知られるシーケンスは血液,石灰化,骨,ある種の金属製異物に対して優れた感受性をもち,これらは明らかな低信号またはシグナル・ボイド(信号欠損)として描出される.

- **FLAIR画像**:FLAIR(fluid-attenuated inversion recovery)画像はT2強調シーケンスであるが,脳脊髄液(CSF)のような遊離水による高信号を抑制したものである.病変部は高信号のまま描出される.本シーケンスは脳の炎症性疾患に感受性が高く,広く用いられている.中枢性視野欠損がみられる症例においては,撮像プロトコルに加えるべきである.FLAIR画像は造影効果の影響を受けやすい.

- **磁気共鳴血管造影(MRA)**:非常に複雑なシーケンスであり,血流を利用して血管を描出する.造影剤を用いることも,用いないこともある.眼窩においては静脈瘤のような血管異常の評価に有用である.

## スライス厚

小動物の一般的な眼窩に対する MRI 検査では，高い信号強度で詳細な像を得るための最適なスライス厚として2～3mm が用いられている．大型犬の広範な病巣に対しては4～5mm のスライス厚が適応となるだろう．

## 画像断面

頭部に対する標準的な断面は，横断，背側断，矢状断である．対称的に位置する横断像と背側断像は両側の比較が可能で，画像の解釈に非常に有用である．また，眼窩は曲線であるため，特に視神経のような軟部組織に対しては平行像(矢状断像)や横断像の描出が有用である．

## プロトコール

多数のシーケンスや断面が利用できるため，それぞれの断面に対してすべてのシーケンスを実行することは現実的ではない．撮影者によっては規定の一貫性のある撮像プロトコールを好むが，病変が多様である眼窩の MRI 検査では柔軟なアプローチが推奨される．臨床的なアプローチとしては，一つの断面(背側断など)に対していくつかのシーケンスを実行し，その結果を受けて他の断面で最も病巣に対して感受性が高いと推測されるシーケンスによるスキャンが行われる．

## 正常な MRI 画像

眼と眼窩の正常な MRI 画像を(図2.6)に示した．眼球は非常に特徴的な様相を示す．眼房水と硝子体は液体で構成されるため，T1強調画像では低信号，T2強調画像では高信号で描出される．すべてのパルスシーケンスにおいて，水晶体は強膜と同様に低信号からシグナル・ボイドを示す．T1強調画像において，虹彩，毛様体，水晶体嚢，脈絡膜，網膜はやや高信号で描出され，それぞれの部位の判定が可能である．脈絡膜と網膜はそれぞれを区別して認識することはできない．すべての血管を含む構造で造影効果がみられる．T2強調画像では，虹彩と毛様体は低信号，房水と硝子体は高信号で描出される．水晶体嚢，脈絡膜，および網膜は硝子体と等信号であり，それぞれの構造を認識することはできない．眼位のずれによる眼球不整が麻酔の影響によってみられることがあるが，運動によるアーチファクトは通常問題にはならない．

球後隙では外眼筋が頭部の他の筋肉と同様に，中等度の信号強度の細長い紡錘形構造として描出され，その周囲には高信号で眼窩尖に向かって集束する脂肪がみられる．視神経は筋肉に近い信号強度であるため，特定が困難である．特に蛇行して走行しているために一枚の画像ですべての領域を描出できることは稀である．視神経はT2強調画像において最も確認しやすい．髄膜で囲まれる脳の管腔構造として，視神経の周囲に

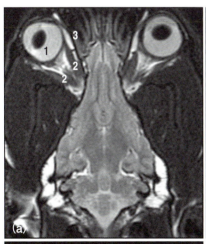
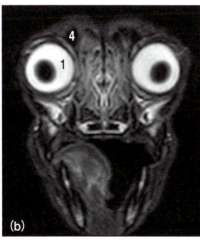
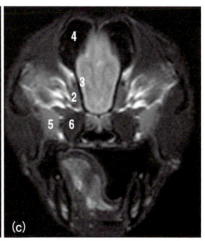
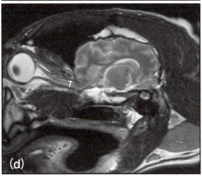

**図2.6** 眼球および眼窩の正常 MRI 画像
(a) T2強調冠状断像
(b) 眼球レベルにおける T2強調横断像
(c) 眼球よりやや尾側の T2強調横断像
(d) 視神経に沿った T2強調矢状断像
1＝眼球，2＝外眼筋，3＝内側眼窩壁，4＝前頭洞，5＝頬骨腺，6＝内側翼突筋，7＝視神経

存在するCSFが高信号で描出される．視神経管と眼窩裂も描出され，視交叉も比較的確認しやすい．MRI検査と視神経の描出画像については他の報告で詳細に記述されている（Boroffka et al., 2008.）．

眼窩円錐周囲や球後隙の境界に形成される構造は容易に確認できる．眼窩の境界を構成する部位には，腹側に存在する頬骨唾液腺，内側腹側の内側翼突筋，内側や背内側の（主に前頭骨で構成される）眼窩壁，側頭筋，鉤状突起や頬骨弓外側が含まれる．皮質骨はプロトン（水素原子）を含むが，強く結合しているために共鳴はみられない．その結果，シグナル・ボイドとして描出される．眼窩を詳細に評価することで眼窩靭帯の帯状のシグナル・ボイドが確認できる．

金属は局所的に磁場へ影響し，信号の消失や像の歪みが生じる．この現象を「磁化率アーチファクト」という．したがって，眼内または眼窩の金属製異物がみられる症例に対しては，MRI検査による画像診断は不適当である．異物が鉄製金属である場合には，磁場の作用でその異物が移動してしまう危険性がある．また，同様の現象が金属製ステープラーを使用した眼球摘出後のMRI検査で起こることがある．加えて，茶色に着色した眼球プロテーゼは強い磁化率アーチファクトを引き起こすことが知られており，脳の撮像に際してプロテーゼを除去する必要がある．一方，黒色のプロテーゼではアーチファクトが生じないことがわかっている（Dees et al., 2012）．

### MRI画像の解釈

MRI画像では，病変部の正常部位からの偏位，大きさ，形状，信号強度，造影効果の程度および造影パターンが解釈のポイントになる．断面像の詳しい解剖学知識が必要であるが，片眼性疾患においては両側の比較で解釈が容易になることがある．背側像や断面像では，わずかな眼の偏位を臨床的な観察（視診）に比べて容易に特定できる．眼球の圧迫や歪曲がみられた場合には，その原因を必ず特定しなければならない．腫瘍や膿瘍といった限局性病変はわかりやすいが，脳炎や筋炎のようなびまん性病変は構造的変化がみられにくいために，確定が困難である．これらの症例では，STIR画像や造影検査における信号強度の変化を見極めることが重要となる．

眼窩周囲の解剖構造の注意深い評価が必要である．侵襲性の強い疾患では眼窩から外部に病変が広がっていることがあり，逆に周囲から二次的に眼窩へ病変が浸潤していることもある．このような所見が描出される領域には，鼻腔後部，前頭洞，上顎骨，蝶形骨，篩板，頭蓋窩，および顎関節が含まれる．骨融解は通常みられる皮質骨の（軟部組織や隣接する液体による）シグナル・ボイドラインの消失，骨髄の信号強度の変化，髄様骨の造影効果によって特定される．

## コンピューター断層撮影（CT）検査

CT検査もまた眼窩疾患の評価に優れた画像検査法である．獣医学領域にCT検査が導入されてすぐに眼科領域での有用性は示された（LeCouterur et al., 1982; Fike et al., 1984）．相対的に多くの症例数での検討が報告されている（Calia et al., 1994; Boroffka et al., 2007）．頭蓋のような複雑な領域の病変を理解するには，CT検査による断層像の評価は理想的な手法である．特に外傷や骨に浸潤した新生物がみられる症例では，非常に詳細な骨病変の評価が可能で，球後脂肪とのコントラストの違いから軟部組織の詳細な情報も得ることができる．異物もその特性によっては確認可能である．眼球や眼窩の画像検査法としてはMRI検査の方が全体的に優れているが，MRI検査が実施できなくともCT検査は適切な代替法となる．CT検査の利点と欠点を（表2.2）にまとめた．

### 手技

CT画像は薄いX線断面像である．組織におけるX線ビームの吸収の程度はコンピューターで処理され，通常のX線画像に比べてコントラスト分解能にはるかに優れた画像を描出する．例えば，液体と軟部組織の鑑別やX線検査では小さすぎて特定できない組織密度の違いも判定できる．通常のCT画像は横断像であるが，その他の断面像は画像を再構築することで描出できる．再構成された画像は，基本となる断面像に比べて解像度がわずかに低下している．画像の三次元再構築も可能であり，眼窩骨折の描出や眼窩腫瘍の治療計画の設定に役立つ．

（MRI画像と同様に）CT画像は非常に小さな組織におけるX線ビームの吸収度を反映したピクセルより構成される．それぞれのピクセルには数値やハンスフィールドユニット（HU）が割り当てられ，水に相対したグレースケールとして表示される．水は0HU，空気は-1,000HU，皮質骨は+1,000HUが割り当てられており，造影剤や金属は皮質骨を越えるHUが割り当てられる．指定した組織によってHUのウィンドウレベル（WL）とウインドウ幅（WW）は調節され，構造毎に最適なグレースケールが表示される．ウインドウ幅内ではモノクロ階調のコントラスト分解能が上昇しており，ウインドウ幅以上または以下の組織は白または黒でそれぞれ表示さる．眼窩に対しては，骨と軟部組織の両方のウインドウレベルを用いて画像を確認すべきである（後者の狭いウインドウ幅は種類の異なる

眼窩の軟部組織を区別するために用いられる)．

CT検査では通常，症例の化学的拘束(全身麻酔または症例によっては深い鎮静)が必要である．眼窩断面の撮像では，症例は仰臥位または腹臥位に保定される．特別な体位による症例の保定やガントリーの角度を調節することで，視神経に沿った骨側斜位像や矢状断面像を描出できる(Boroffka and Voorhout, 1999)．

### CTガイド生検

眼窩病巣に対する経皮的CTガイド細針生検(FNA: fine needle aspiration)やコア生検は眼窩新生物の診断に有用であり，多くの場合「フリーハンドテクニック」を用いて実施される(Tidwell and Johnson, 1994)．診断のための初回CTスキャンによって病巣部位を特定し，テーブルポジションと ガントリーのレーザーラインに注目して穿刺部位に理想的な刺入角度を決定する．その後，生検前に追加スキャンを行い，針先が標的組織のどこに位置しているかを確認する．

### 正常なCT画像

正常な眼球と眼窩におけるCT画像は報告されており(Fike et al., 1984; Boroffla and Voorhout, 1999)，(図2.7)に示した．水晶体，視神経，外眼筋，眼窩脂肪，頬骨腺，眼窩靱帯(眼窩隔膜)，および咀嚼筋の周囲，そして鼻腔，前頭洞，上方口蓋弓が確認できる．

### CT画像の解釈

CT画像の解釈の原則はMRI画像と似ている．対象となる領域のHUが計測され，スキャンされた組織の特徴が示される．X線の減衰が大きい，または小さい領域は「高吸収(hyperdense)」および「低吸収(hypodense)」領域として描出される．わずかな骨融解と石灰化はMRI画像よりもCT画像の方が検出しやすいが，軟部組織の解像度とコントラストはMRI画像に劣る．

### 造影CT

X線造影剤が静脈内に投与されると，MRI画像と同様に，病巣の血管分布や血液-脳関門の破綻が生じている領域で造影効果がみられる．しかしながら，CT画像はMRI画像に比べて造影効果の感受性に劣る．(造影剤が吻側に移動するように頭部の位置を慎重にセットしてから脊髄造影用の造影剤を大槽に投与する)大槽造影法を視神経鞘の造影に用いた報告があるが(Boroffka and Voorhout, 1999)，症例に対するリスクを考慮しなければならない．

### CT涙嚢造影

CT涙嚢造影の手技は犬(Nykamp et al., 2004; Rached et al., 2011)と猫(Schlueter et al., 2009)で報告されている．X線検査における涙嚢造影法と同様に，イオン性X線造影剤を用いる．涙小管や涙嚢のようなわずかな構造を管腔周囲の骨と同様に確実に描出できるため，X線涙嚢鼻腔造影より優れている．三次元再構築画像は，外科処置を計画する際の管腔とその他の構造との関係性の理解に有用である．

### CT唾液腺造影

CT唾液線造影は頬骨腺疾患が疑われる症例に対して非常に有用である．頬骨腺乳頭へのカニューレ挿入とイオン性造影剤の投与についてはX線造影検査の部において既に記述している．

## 眼疾患における画像所見

超音波検査は眼内疾患の評価に用いられる主要な画像検査である．眼球後部の穿孔や腫瘍の浸潤がみられる症例では，MRI検査(またはCT検査)においても眼内の評価は可能である．超音波検査に特有な眼球病変を(表2.3)にまとめた．しかしながら，画像検査では構造的な情報が描出され，潜在する病変の組織学的特徴は判断できないことに注意しなければならない．

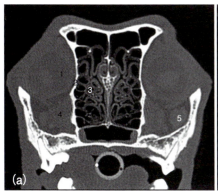
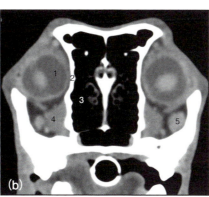

**図2.7** 犬の正常な眼窩のCT画像
(a)骨組織条件
(b)軟部組織条件
1=眼球，2=内側眼窩壁，3=鼻腔，4=内側翼突筋，5=頬骨腺

## 眼球

### サイズ評価

Bモードの超音波検査では眼球サイズのおおよその計測が可能であり，緑内障と眼球突出の鑑別や先天性眼奇形に含まれる小眼球症の評価に用いられる（Boroffka et al., 2006.）．複数回の計測を行うべきであるが，眼軸に沿ったスキャンが最も眼球径の再現性に優れている．既に記述したAモードの超音波検査は，より正確に眼球径を測定できると考えられるが，この手法は一般的でない．

### 眼球破裂

眼球破裂を特定することは予後の指標として重要であるが，眼球もしくは眼球周囲の外傷による腫脹や出血といった症状がみられことが多く，直接的な観察は困難である．超音波検査では，前眼部での眼球破裂で欠損部周囲の角膜や強膜の肥厚がみられる．また，欠損部に向かう虹彩の前方偏位がみられることもある．眼球後方の強膜破裂では，正常な眼球の輪郭が欠損し，眼球後壁のエコーが消失する（図2.8）．硝子体出血や炎症（後述）による変化がみられる眼では，明らかな後眼部の歪みが描出されることもある．超音波検査で病変が疑われる場合には，MRI検査が優れた検査法となる（MRI検査が実施できない場合にはCT検査が代替法として用いられるが，軟部組織の情報は劣る）．T2強調画像が多くの場合に有用であり，高信号で描出される硝子体によって眼球の歪みや不連続性が特定される．造影T1強調画像では血管の分布する軟部組織で造影効果がみられ，低信号の硝子体が描出される．また，周辺組織の障害についても評価が可能である．

### 眼内異物

放射線不透過性の異物はX線検査において明らかになるが，多数の画像を用いても異物の存在部位が眼内か眼外かを特定できないことがある．放射線透過性異物はX線検査では特定できない．超音波検査では大きな異物であれば部位を特定できるが，小さな異物や線状の異物では，貫通によって生じた組織異常との鑑別ができないこともある．また，このような組織異常は異物が残っていなくともみられることがある．異物は眼球周辺の組織と比べて高エコーで描出され（図2.9）．密度が高い物質では遠位に音響陰影がみられるため診断に有用である．眼内異物の診断におけるMRI検査やCT検査の使用について獣医臨床では報

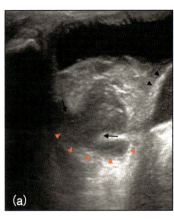
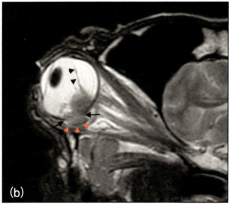

**図2.8** 12歳齢のラブラドール・レトリーバーにみられた眼球破裂
(a)超音波画像：後部眼球壁の連続性が途絶えており，硝子体が球後隙に広がっている．完全網膜剥離が曲線状エコー源性組織としてみられている．
(b)同部位のMRI画像．(a, bの両画像において)黒い矢印は後部眼球壁の欠損部を，赤い矢頭は欠損部からの硝子体の球後隙への漏出を，黒い矢頭は網膜剥離を指している．

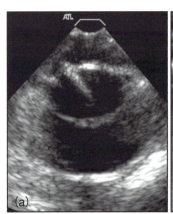
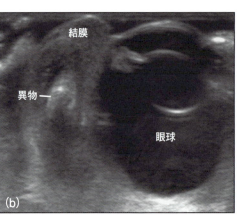

**図2.9** 眼の異物の超音波画像
(a)4歳齢のドメスティック・ショートヘアーの猫における経角膜アプローチ超音波画像．線状のエコー源性異物が水晶体まで伸びている．異物は植物の棘であった．
(b)12週齢のイングリッシュ・コッカー・スパニエル．肥厚した結膜内に眼球に接してエコー源性物質がみられている．異物は植物の種であった．

告されていないが，理論的には利用可能である．しかし，超音波検査と同様に組織反応と異物の鑑別は困難であると考えられる．MRI 検査は金属製異物が疑われる症例に対しては，異物の移動や画像の歪みが生じてしまうために使用するべきではない．

### 新生物

　超音波検査は，一般的な合併症による透光体混濁がみられる眼球腫瘍の特定に有用である．併発する超音波所見として，眼内出血，ぶどう膜炎，緑内障，網膜剥離がみられることがある．眼球の新生物には原発性眼内腫瘍や転移性および浸潤性の眼外腫瘍がある．超音波検査は腫瘍の発生部位，サイズ，浸潤性の評価に有用であるが，組織学的な特徴は評価できない．眼内腫瘍は様々なエコー源性やエコーテクスチャを示し，正常組織へ広範囲に接して描出される．眼内および眼窩新生物に特異的な所見については，ぶどう膜疾患と眼窩疾患の超音波検査所見の部を参考にしていただきたい．

　超音波検査所見における腫瘍と血腫，血塊，漿液の鑑別のポイントはよく議論されるが，腫瘍の血管分布はカラードップラーや造影検査によって描出，腫瘍の範囲の特定は治療計画の設定において重要である．腫瘍の眼外浸潤が疑われる場合や明らかな眼窩浸潤がみられる場合には，MRI 検査が推奨される．MRI 画像も組織型には非特異性だが，色素性メラノーマは例外である（下記参照）．

### 角膜

#### 角膜炎

　角膜疾患は細隙灯顕微鏡検査によって最も適切に評価されるが，明らかな角膜混濁がみられる角膜疾患の評価には画像検査が有用である．高解像度超音波検査に比べ，通常の B モードによる超音波検査の角膜疾患に対する感受性は低い．角膜炎の超音波像では，角膜の肥厚，エコー輝度の亢進，不均一な角膜厚，規則的な層状構造の破綻が描出される．角膜内皮疾患では，液体の貯溜した嚢を伴う重度の浮腫の発生がみられることもあり，角膜実質内に低エコーの空洞として描出される水疱性角膜症や角膜水腫に到る．超音波検査は角膜異物部位の特定に用いられ，特に高解像度超音波検査では異物や壊死片の深度を確定できる．

### 虹彩と毛様体

#### 前部ぶどう膜炎

　前部ぶどう膜炎が生じている動物では，超音波像の変化が描出されないこともあるが，重症例では虹彩や毛様体の肥厚や拡張がみられる．多数の細かいエコー源性病変が前房内でみられることがある．これらは炎症性壊死組織片や炎症細胞凝集塊の集積物である．また，滲出液がびまん性高エコーで描出される．前部ぶどう膜炎は白内障，前房出血，緑内障，網膜剥離に合併してみられることがある（それぞれの超音波検査所見は以下の項で記述）．超音波検査では，重度の虹彩後癒着によって生じた虹彩膨隆と虹彩の形状変化を容易に確認できる．

#### 虹彩毛様体嚢胞

　単一または複数の虹彩毛様体嚢胞が超音波検査で偶発的にみつかることがある．このような嚢胞は，ぶどう膜炎や緑内障の際にみられることもある．超音波検査では，円形の薄いエコー源性の輪郭と無エコーの内容物として描出される（図2.4参照）．虹彩毛様体嚢胞は虹彩や毛様体の上皮から発生するので，虹彩や毛様体に接していたり，後房でみられたりする．前房内で遊離や浮遊していたり，角膜や水晶体に付着していたりするが，硝子体腔にみられることは滅多にない．

#### 新生物

　正常な超音波検査所見と眼内腫瘍の合併症については上記を参照していただきたい．虹彩や毛様体の新生物は超音波検査において限局性やびまん性の組織肥厚として描出される．これらの肥厚組織から明らかに腫瘍が拡張しているようにみえることもある（図2.10）．犬と猫の両方において，最も一般的な原発性の眼球新生物はぶどう膜メラノーマである．犬においては限局性の高エコー腫瘍病巣として描出されることが多い．一方，猫の眼球におけるメラニン細胞性腫瘍はより悪性の挙動をとり，典型的にはびまん性かつ進行性の虹彩肥厚および瞳孔変形がみられる．高解像度超音波検査は，特に初期の前部ぶどう膜メラノーマの評価に有用であると考えられるが，獣医臨床においては未だ一般的ではない．MRI 画像において色素性メラノーマは通常，メラニンが存在するために特徴的な信号強度を示す（T1強調画像では高信号，T2強調画像では低信号や無信号）．この病変は低磁場システムよりも高磁場でのスキャンによってより明確に描出される．最も一般的な続発性（転移性）眼球新生物はリンパ腫である．リンパ腫はびまん性に浸潤し，虹彩や毛様体の肥厚がみられる．

#### 緑内障

　一般的に緑内障は新生物やぶどう膜炎といった重篤な眼疾患に続発して発症する（第15章参照）．そのため，角膜浮腫や透光体の混濁によって眼内構造の詳細な評価ができないすべての緑内障症例が超音波検査の

第2章 眼球と眼窩の画像診断

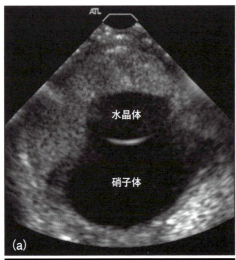
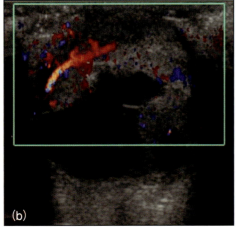

図2.10 9歳齢のゴールデン・レトリーバーにみられた眼内腫瘍の超音波画像
(a)巨大なエコー源性のぶどう膜の新生物が水晶体を偏位させて前房内に広がっている.
(b)新生物内の太い血管がカラードップラー像で確認できる.

適応となる.超音波検査による断層情報は,緑内障の病因特定や適切な治療計画の設定に有用である(潜在している眼内腫瘍や水晶体脱臼,眼内出血,ぶどう膜炎,および網膜剥離の特定など).

**隅角(虹彩角膜角)**:高解像度超音波検査は緑内障症例の隅角や毛様体裂の評価に用いられる(図2.4b参照).隅角鏡検査よりも優れている点として,毛様体裂の評価ができる点が挙げられる(第1章と第15章を参照).高解像度超音波検査は隅角鏡検査と比較される.隅角鏡が自覚的評価法であるのに対し,高解像度超音波検査は定量的評価法であるが,検査者による再現性が乏しいという問題がある(Aubin et al., 2003; Bentley et al., 2005).臨床現場では広く利用されていないが,犬の原発緑内障の対側眼(未発症眼)における毛様体裂の縦径がこれまでに評価されている.白内障手術後の急性閉塞隅角緑内障や犬の原発緑内障の未発症眼における発症予測の手段として高解像度超音波検査は用い

られる(Rose et al., 2008; E. Bentley, P. Millerによる情報).例として,急性緑内障発症の予防に際し,超音波検査所見から薬物療法よりも外科手術が適応であると判断できると考えられる.

## 水晶体

### 白内障

白内障症例の評価が可能な点が,獣医眼科においてBモード超音波検査が最もよく用いられる理由のひとつである.水晶体混濁は検眼鏡による後眼部の評価を困難にするが,超音波検査では水晶体とより後部の眼内構造の評価が可能である.(後述する)硝子体変性は白内障に関連して一般的にみられる症状であり,網膜剥離の素因となる.水晶体の再吸収が長期間みられている白内障の犬において,網膜剥離が発生することはめずらしいことではない.網膜剥離は超音波検査で明らかになる(van der Woerdter et al., 1993).

白内障形成によって正常な無エコー領域を包んでいる水晶体境界面のエコー源性が亢進する.細隙灯顕微鏡検査と同様に,超音波検査によって白内障の発生部位や範囲を前嚢,嚢下,皮質,核というように分類可能である(第1章と第16章を参照).先天性白内障がみられる眼では,眼軸長や眼球直径,さらには水晶体厚が減少していることがある.また,これらの眼では硝子体動脈遺残や第一次硝子体過形成遺残のような先天性眼奇形がみられることがある.

過熟白内障の水晶体では,水晶体嚢の皺壁や水晶体皮質の再吸収による水晶体厚の減少がみられることがある.過熟白内障の眼では,超音波検査でぶどう膜炎,硝子体変性,網膜剥離の併発が確認され,水晶体の脱臼や亜脱臼が発生する傾向もみられる(下記参照).糖尿病性白内障症例では,水分の吸収によって水晶体が眼軸方向に膨隆し,相対的に前房深度が浅くなることがある(図2.11).また,急激な水晶体厚の増加や膨隆によって突発的に水晶体嚢破裂(破嚢)がみられることもある.

後部円錐水晶体や球状円錐水晶体(図2.12)のような水晶体形成異常は白内障形成と関連している(第16,17章参照).さらに,小眼球症,硝子体動脈遺残,第一次硝子体過形成遺残(後述)といった眼奇形が超音波検査で明らかになることもある(図2.5,2.12).手術による合併症のリスクが上昇するため,白内障症例の術前評価の際にこれらの奇形をみつけることが重要である.

### 水晶体嚢破裂

水晶体嚢破裂は突発的な発生や外傷の合併症として生じる.水晶体嚢破裂により水晶体皮質が漏出すると,超音波検査ではエコー源性物質が水晶体嚢から隆起

第2章　眼球と眼窩の画像診断

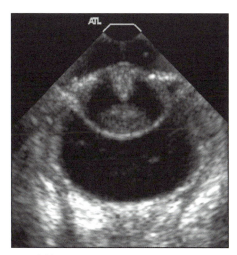

図2.11　6歳齢のウエスト・ハイランド・ホワイト・テリアにみられた糖尿病性白内障の超音波画像．水晶体核，水晶体皮質，水晶体囊のエコー輝度の亢進がみられている．円形に拡張した膨隆水晶体が描出されている．硝子体では，硝子体変性に一致する多数のエコー源性病変がみられている．

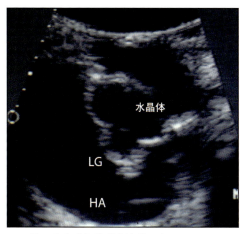

図2.12　第一次硝子体過形成遺残があるゴールデン・レトリーバーでみられた後部球状円錐水晶体（LG）の超音波画像．水晶体後囊のエコー像が描出されている．この症例では水晶体皮質が十分に透明で，スリットランプ検査において水晶体後囊の歪曲，硝子体動脈（HA）遺残，水晶体後囊の斑点が観察可能であった．対側眼では明らかな白内障と水晶体内出血がみられた．

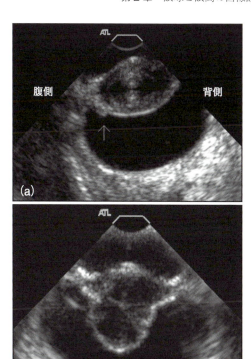

図2.13　水晶体破裂の超音波画像
（a）8歳齢のジャック・ラッセル・テリアでみられた赤道部での水晶体破裂．高エコーの結節が腹側の水晶体赤道部にみられている．水晶体自体にもエコー源性があり，白内障形成と一致している．
（b）白内障がみられた2歳齢のボーダー・テリアの水晶体後囊破裂．エコー源性物が水晶体後部から硝子体へ広域に広がっている．

ているように描出される（図2.13）．水晶体タンパクの放出によってぶどう膜炎，網膜剥離，線維増殖，続発緑内障が引き起こされることがあり，これらは超音波検査所見として確認される．

外傷性水晶体囊破裂は通常，水晶体前囊で生じる．障害の程度や発症後の時間経過によって，限局性やびまん性に水晶体のエコー源性が亢進する．前房や後房の異物，角膜障害，出血，炎症細胞といった外傷による症状が併発していることもある（図2.9参照）．

突発性水晶体囊破裂は，急激な発生と進行がみられるすべての白内障や過熟白内障でみられる．また，糖尿病性白内障では急激な水晶体の拡張と膨隆に関連して高頻度に発生する．突発性水晶体囊破裂は厚い前囊と薄い後囊の結合部である水晶体赤道部でよくみられる．その結果，前房が非対称性に浅くなっている領域がみられ，深度が不均一になる．超音波検査では，水晶体囊の完全性が失われるために，輪郭が変形し，水晶体に接する炎症細胞や水晶体囊と鑑別することが困難になる．超音波検査による白内障の評価の際に水晶体破裂を特定することは重要であり，推奨すべき治療や予後に影響する（Wilkie et al., 2006）．

水晶体脱臼

水晶体脱臼は原発性や外傷，緑内障，ぶどう膜炎，白内障，新生物に続発して発生し，超音波検査で診断可能である．水晶体脱臼による直接的影響や他の症状に続発して角膜混濁がみられるため，超音波検査が確定診断に不可欠である．水晶体亜脱臼では，水晶体は前部硝子体領域に残っているが，完全脱臼では後方または前方に水晶体が偏位する．特に前方脱臼は緊急治療の対象となる眼疾患であるため，見逃してはならない．水晶体亜脱臼の初期症状は水晶体振盪である．水晶体振盪は眼球の動きに合わせて水晶体が動揺するこ

とで，超音波検査で評価できる．

## 硝子体

### 硝子体変性および硝子体剥離

硝子体変性にはいくつかのバリエーションがある（第17章を参照）．
- シネレシス（硝子体液化）
- 硝子体浮遊物（液化硝子体内でのコラーゲン線維の凝集）
- 星状硝子体症（リン酸カルシウムの浮遊）
- 閃輝性融解（液化した硝子体中のコレステロール粒子）

軽度の硝子体変性は正常犬においてよくみられる（Labruyere et al., 2008）．超音波検査において，シネレシスと硝子体浮遊物は硝子体中に可動性のある多数の小さな点状物や線として描出される（図2.11）．特に閃輝性融解でみられる粒子は激しく動揺し，硝子体周囲で渦巻いているように描出される．

星状硝子体症では，硝子体中央部に多数の反射の強い三角形のエコー像が観察される．これらの粒子は固定されたコラーゲン構造に接しているため，眼球の動きに伴う粒子自体の動きは少ない．その他の硝子体変性と異なり，超音波ゲインを低くしても，強い反射性粒子が描出される．

硝子体の変性過程において，後部硝子体剥離が生じることがある．後部硝子体剥離はエコー源性の眼球後壁に平行な曲線として描出される．後部硝子体剥離は網膜剥離と間違えられやすいため，硝子体中にみられる線状のエコーの解釈には注意しなければならない．通常は薄いエコー源性のある線として描出されるが，視神経乳頭に接していないという点で網膜剥離と鑑別可能である．必要であれば，既に記述した造影法を用いて鑑別する．

### 硝子体出血

硝子体出血は外傷，新生物，凝固障害，高血圧，ぶどう膜炎，慢性緑内障，血管新生，硝子体動脈遺残といった様々な疾患に続発して発生する他，眼科手術後に生じることもある．超音波検査で出血が明らかになるには数日を要する．確認できる硝子体出血は，可動性の強い高エコー病巣として描出され，出血が凝集することで限局性の高エコー腫瘤のように描出される．造影超音波検査は，通常では鑑別困難な新生物病巣と血塊を鑑別する際に用いられる．硝子体出血が長時間経過すると線状になり，網膜剥離によく似たエコー源性の硝子体膜が形成される（Gallhoefer et al., 2013）．

### 硝子体膜

硝子体内の膜形成は，硝子体の変性によって原発発生し，外傷，緑内障，ぶどう膜炎，および硝子体出血に続発して発生する．硝子体膜や硝子体凝集は牽引性網膜剥離の原因となることがある．そのため，超音波検査では潜在病変や併発している疾患に関連した所見がみられる．超音波検査では，硝子体膜は不規則に伸びたエコー源性のある紐のように描出される．硝子体膜は網膜剥離の像に似ているが，通常は視神経乳頭に接している領域は描出されない（上記参照）．後部硝子体剥離と同様に硝子体膜には血管が分布しないため，造影超音波検査によって網膜剥離と鑑別可能である（Labruyere et al., 2011）．しかし，網膜剥離が併発することもある．

### 硝子体炎

硝子体炎は穿孔性異物や感染性眼内炎といった他の後眼部組織の炎症の拡大によって発生する．超音波検査では硝子体内に高エコー病巣がみられるが，これは非特異的な所見であり，硝子体炎に限ってみられる所見ではない．また，その原因によって潜在病変（眼球穿孔など）がみられることがある．

### 第一次硝子体過形成遺残

超音波検査において第一次硝子体過形成遺残（PHPV: persistent hyperplastic primary viteous）は，水晶体の後極から視神経乳頭に向かって伸びるエコー源性で太さの様々な線状または錐体構造として描出される（図2.5参照）．PHPVでは白内障形成による水晶体のエコー源性亢進，線維性プラークによる水晶体後嚢のエコー陰影の歪みがみられ，後部円錐水晶体（図2.12参照），小眼球症といった他の眼病変にも関連する．PHPVは片眼または両眼で発生し，網膜剥離や硝子体出血がみられることもある．硝子体動脈の血流の有無は手術結果に影響するため，術前の評価が重要である．カラードップラーや造影超音波検査は遺残した硝子体動脈における血流の有無の評価に有用である（Boroffka et al., 1998）．

## 網膜

### 網膜剥離

網膜は周辺部で毛様体上皮から連続する鋸状縁と視神経乳頭で強く接着する．そのため，網膜剥離が発生すると眼球壁から網膜は離れるが，前部（鋸状縁）と視神経乳頭での接着は維持される．超音波検査では，完全網膜剥離はエコー源性の曲線が鋸状縁と眼球後軸の間で硝子体腔内にみられ，V字型に描出されることもある（漫画にある「カモメの翼」に例えられる）（図

2.14).線状のエコーは眼球の動きに対して不動なことも，平滑で連続性のある線状構造として描出されることもある．限局性の網膜剥離は完全網膜剥離に先行して起こり，眼球後壁から離れた部位で隆起した限局性の線状エコーが描出される．

硝子体膜形成と硝子体剥離は限局性網膜剥離に似た像で描出される．造影超音波検査はこれら鑑別に用いられる．網膜は血管構造のある組織であるため，エコー源性の線状構造内に浮遊したマイクロバブルが描出される（Labruyere et al., 2011）．網膜下のスペースにみられるエコー源性は網膜剥離の重要な所見である．網膜下にみられた出血や濃い細胞性滲出液，および浸潤物は高エコーで描出され，予後の視覚は不良である．一方，重度の網膜剥離がみられるものの，網膜下が比較的無エコーに描出される場合は，網膜の再接着がみられることがあり，視覚の改善も見込まれる．眼内または眼外の腫瘤，出血，および脈絡膜の肥厚は網膜剥離と同時に描出されることがある画像所見である．網膜剥離はMRIでも確認でき，T2強調画像において，高信号の硝子体中にV字状の低信号病変が描出される．

### 脈絡膜

#### 後部ぶどう膜炎

重度の後部ぶどう膜炎の超音波検査では，眼球後壁の著しい肥厚と異常な層状病変が描出され，網膜剥離がみられることもある．脈絡膜の中間層は広範に肥厚し，隣接している網膜や強膜に比べて低エコーになる．汎発性である眼内炎の一部として脈絡膜炎症が発生している場合には，硝子体や前房の微細なエコー源性病変，および虹彩や毛様体の肥厚もみられる．MRI画像においてもぶどう膜の炎症は描出され，T1強調画像で信号強度の亢進がみられる．信号強度の変化は自覚的な所見であるが，片眼性病変であれば両眼を比較することで評価が容易になる．

#### 新生物

一般的な評価法と同様である（上記参照）．脈絡膜のメラノーマは犬や猫ではめずらしいが，MRIで特徴的な信号の変化がみられる．

### 視神経

視神経でみられる疾患の原因や臨床症状の詳細は第18章を参照していただきたい．

#### 視神経炎

X線検査では正常に描出されるが，重症例では視神経乳頭の腫大や視神経の腫脹が超音波検査で明らかになる（図2.15a）．視神経炎が疑われる場合，MRI検査が最適な画像検査である．T2強調画像では，視神経の腫脹と高信号がみられる（時には視交叉にまで病変がみられる）．T1強調画像では，矢状断面像と腹側（冠状）断面像で信号強度の亢進がみられる（図2.15b）．これらの病変は脂肪抑制法かサブトラクション法で最も特定可能となる．多病巣性炎症性疾患が疑われる場合には，脳および脊髄で病巣がみられることが多い．これらの病巣はT2強調画像とFLAIR画像で境界不明瞭な高信号領域として描出され，軽度の信号強度の亢進やマスエフェクトがみられることもある．非常に重症の症例では，CT検査においても病変を特定できることがある．

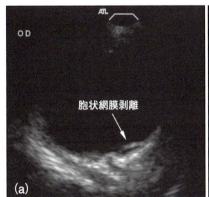 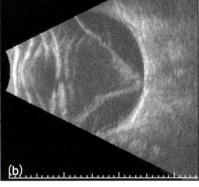 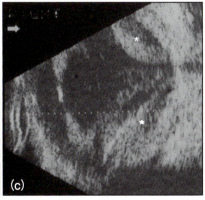

**図2.14** 網膜剥離の超音波検査像
(a) 6歳齢の雑種犬にみられた限局性胞状網膜剥離．厚い曲線状のエコーが眼球後壁から硝子体腔に広がっている．
(b) 15歳齢の雑種犬にみられた完全網膜剥離．エコー源性の厚い曲線状の構造物が視神経乳頭部から網膜鋸状縁まで広がっている．全身性高血圧症があるこの犬では，網膜下腔が低エコーである．
(c) ブラストミセス症によって眼内炎を生じた4歳齢のラブラドール・レトリーバーでみられた完全網膜剥離．本症例の完全網膜剥離によって生じた網膜下腔には，高エコーで血様滲出液が貯留している（*）．これらの所見は，罹患眼の視覚改善が非常に厳しいことを意味している．

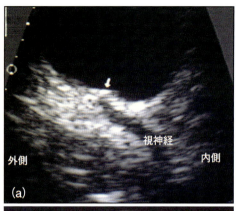

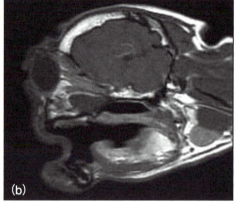

**図 2.15** 視神経炎でみられる画像所見
(a)キャバリア・キング・チャールズ・スパニエルの経角膜アプローチ超音波画像．蛇行した帯状の低エコー領域として腫大した視神経（ON）が描出されている．無エコーの硝子体に対して，肥大した視神経乳頭が高エコーでみられる（矢印）．
(b)ラサ・アプソの眼窩の矢状斜断面MRI画像（造影 T1 強調画像）．視神経は肥厚し，造影効果がみられている．両症例から採取された脳脊髄液（CSF）より肉芽腫性髄膜脳炎と暫定診断された．

### 新生物

　視神経の新生物で最も一般的なものは髄膜腫である．MRI検査を用いることで視神経の新生物は容易に診断でき，筋円錐内の腫瘍も特定可能になる．視神経の髄膜腫は主に境界明瞭な紡錘形で，T1強調画像で低信号かつ非常に均一な造影効果が描出される（図2.16）．頭蓋内浸潤は視神経を通じて生じる．超音波検査とCT検査の両方で筋円錐内腫瘍は描出できるが，腫瘍の視神経への影響は評価が困難である（外眼筋円錐の中央に腫瘍が存在するのが認められ，外眼筋の周辺部への偏位が認められる）．その他の視神経腫瘍は非常にめずらしく，髄膜腫との鑑別はできないと考えられる．

## 眼窩疾患における画像診断的特徴

　眼窩に特異的にみられる疾患の原因や臨床症状の詳細については，第8章を参照していただきたい．

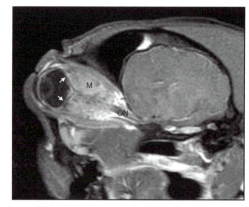

**図 2.16** 髄膜腫がみられた8歳齢の雑種犬の脂肪抑制矢状斜断面MRI画像（造影 T1 強調画像）．視神経（ON）周囲に境界部が細い大きな腫瘤（M）が存在している．外眼筋は末梢側で置換され，眼球後方は圧迫されて変形している（矢印）．腫瘍は高信号で視神経周囲に比べて造影効果がみられている．

### 炎症性疾患

#### 眼窩蜂巣炎

　眼窩蜂巣炎は通常片眼性に発症し，罹患していない対側の眼窩と比較することができる．歯，鼻，前頭洞の原因となり得る潜在疾患に注意して画像を評価する必要がある．病変が眼窩の軟部組織に限局している場合は，X線検査において非特異的な限局性の軟部組織の腫脹以外は目立たない．炎症が眼窩周辺の領域から眼窩に波及している際には，骨や歯の変化や鼻腔や前頭洞の不透過性亢進がX線検査で明らかになる（第8章を参照）．

　眼窩炎症は広汎性蜂巣炎や（肉芽腫のような）限局性病変によって発症する．広汎性蜂巣炎は超音波検査では確定が難しいこともあり，見過ごされてしまうことがある．しかしながら，症例によっては正常な眼窩構造が描出されず，構造の欠損や不均一性が明らかになるため全体的にエコー源性が亢進する．重症例では，眼球の後面の変形がみられる．限局性炎症はより容易に見つけることができ，分離がみられる低エコーの複雑な腫瘤として描出される．限局性炎症像は眼窩新生物に似ており，診断には超音波ガイド細針吸引や組織生検サンプル（CTガイド下生検など），眼窩切開が必要になることがある．

　CT検査やMRI検査では眼窩の軟部組織腫脹や眼球偏位，眼球の歪曲が特定できるが，広汎性眼窩蜂巣炎はCT画像よりもMRI画像の方が確定しやすい．広汎性浸潤性新生物である可能性を明確に除外することはできないが，分離した腫瘤がないことが限局性新生物の除外に有用である．T2強調画像やSTIR画像では，炎症は罹患組織の広範な高信号として描出され，CT検査とMRI検査の両方で異常な信号強度の亢進

がみられる．MRIでは脂肪抑制画像や造影後T1強調画像，サブトラクション画像が特に有用である．超音波検査では腫瘍に似た限局性炎症病巣が描出されるが，（側頭筋，咬筋，内側翼突筋のような）周辺組織の障害を炎症反応として評価してしまう可能性が高い．

眼窩の炎症性疾患では，特に鼻腔や前頭洞のような眼窩周辺領域で軽度の骨融解や新骨形成がみられることがある．骨の変化はCT検査で良好に描出されるが，（侵襲性の強い副鼻腔炎や鼻炎のような）潜在性疾患はMRI検査の方が特定しやすい．潜在的な歯牙疾患の特定には，尾側の上顎歯の注意深い検査を行うべきである．眼窩の炎症性疾患は頭蓋内まで波及することがあり，重度の骨融解がみられると新生物に似た病変が生じることがある．また，眼窩孔を通じて炎症が浸潤することがある．

### 眼窩膿瘍

眼窩膿瘍は比較的よく発生する（第8章を参照）．異物，穿孔性外傷，眼窩周辺の構造（上顎の歯牙疾患，洞疾患など）における感染の拡大による画像変化が描出される．しかし，放射線不透過性の異物が存在しない限り，X線検査では軟部組織の腫脹以外に異常はみられない．

多くの場合，超音波検査で眼窩膿瘍は特定される．眼窩膿瘍の症例にとっては超音波検査が侵襲的になってしまうため，鎮静や全身麻酔が必要になることがある．膿瘍は超音波検査で特定可能で，厚い高エコーの壁で囲まれた低エコー領域として描出される（図2.17a）．また，膿瘍の内容が厚く，硬い腫瘤のような高エコー像や眼球を圧迫するマスエフェクトがみられることもある．しかしながら，プローブで眼球を丁寧に圧迫すると膿瘍内の小さなエコー源性物質がわずかに動揺するため，内容物が液体様の性質をもつと判定できる（Dennis. 2000）．病巣のサンプリングやドレナージのための超音波ガイド吸引は有用であるが，手技の欠失によって膿瘍の著しい拡大がみられることがある．

CT検査では，膿瘍は低吸収領域として描出され，膿瘍辺縁の軟部組織領域に造影効果がみられる．また，眼球の偏位や変形が明らかになることもある．MRI検査は眼窩膿瘍に対する優れた画像検査法であり，膿瘍全域と周辺の炎症を明らかにする．複数の膿瘍がみられるが，それぞれが独立している（不疎通である）場合もある．治療計画を設定する上で，この知識は重要である．膿瘍の内容物はT2強調画像やSTIR画像で高信号に描出され，造影前のT1強調画像では低信号で描出される．炎症性膿瘍では境界部の造影効果が非常に強く，サブトラクション画像では病巣の中心に血管分布はみられない（図2.17b）．眼窩膿瘍は広範な軟

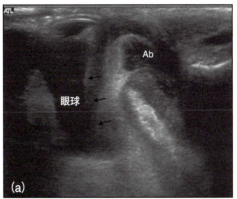
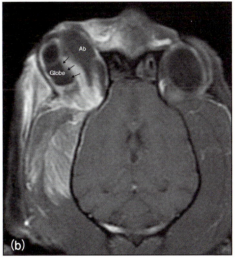

**図2.17** 10歳齢の雌のボーダー・テリアでみられた球後膿瘍
(a)超音波画像では，眼球内側に複雑な空洞形成がみられる腫瘤(Ab)が描出され，眼球の圧迫と偏位がみられている（矢印）．
(b)脂肪抑制冠状断面MRI画像（造影T1強調画像）では，周囲に造影効果がみられる低信号の空洞(Ab)が眼球内側に広域でみられ，重度の眼球変形が描出されている（矢印）．

部組織炎症によって取り囲まれるため，T2強調画像では膿瘍は高信号，軟部組織は腫脹している領域で信号強度の亢進がみられる．眼窩蜂巣炎では，眼窩膿瘍に関連した炎症が頭蓋孔を通じて頭蓋内に波及することがある．その結果，髄膜炎や骨髄炎が画像所見として描出されることもある（Kneissl et al., 2007）．

### 眼窩異物

眼窩異物の画像検査所見は，異物の性質，炎症の有無，軟部組織の反応程度によって異なる．X線検査と超音波検査の併用は最初に行われるべき臨床的評価である（Sansom and Labruyere, 2012）．X線検査ではX線不透過性異物が描出されるが，異物が眼内または球後にあるかは複数の角度からの画像を組み合わせても特定できないことがある．X線透過性異物はX線検査で描出することはできない．猫では，イメージ増幅透視法を用いて裁縫針を眼窩から除去した報告がある（Kim et al., 2011）．超音波検査は大きな異物の特定に

## 第2章 眼球と眼窩の画像診断

用いられているが，植物の小さな破片や複数の物質のすべてを描出できないことがある．また，異物の存在が確認できても，その大きさは非常におおまかである(Hartley et al., 2007)．異物は通常，末梢(後方)への音響陰影を伴う強い線状や曲線状として描出される．金属製異物がみられる症例では，「コメットテール(彗星の尾)アーチファクト」として知られる末梢(後方)への反射もみられる(図2.18a)．異物周辺で低エコーに描出される眼窩脂肪，膿瘍，眼球の歪曲や陥入が異物に反応した所見である．異物が眼球を穿孔した場合には，眼内に病変がみられることもある(上記参照)．犬では，超音波ガイドを用いた強膜上アプローチにより眼に入った芝を除去した報告がある(Stades et al., 2003)．

眼窩異物が疑われる場合，CT検査とMRI検査は最初の画像検査として行われたり，超音波検査による仮診断後の精密検査として行われたりする．CT画像は金属製異物の確定に有用である．鉄製物質の移動の危険性や金属によるアーチファクトによって画像に歪みが生じるため，MRI検査は不適応である．CT検査ではビームハードニングアーチファクトがみられるが，特別なソフトウェアプログラムを用いることで最小限に補正できる．木製異物は周囲に造影効果がみられる高吸収物として示される．

MRIは非金属製異物の同定に優れた画像検査法である．性質上脱水している(乾燥した木や芝など)異物は幾何学的の低信号や無信号物として描出される．しかし，小さく水を多く含む芝は見過ごされてしまうことがある(Woolfson and Wesley, 1990; Hoyt et al., 2009)．明確に異物の特定ができなくとも，MRI検査では異物周囲の軟部組織の反応を描出できる．最も明らかな所見は，本来なら特定できない破片に対する造影効果である(図2.18b)．膿瘍を引き起こしている異物に対しても病変の全域が明らかになり，治療の成功に繋がる．

### 眼窩筋炎

外眼筋炎に対する超音波検査では特に内側直筋の肥厚が描出されるが，外眼筋のそれぞれの筋肉の判別ができないこともある(第8章を参照)．MRI検査では障害された筋肉の広範な腫脹や信号強度の亢進が描出されるが，限局性病変は検出できない．また，CT検査においても外眼筋の肥厚は描出される．

眼球突出は，側頭筋，咬筋，翼突筋の炎症を引き起こす重度の咀嚼筋炎によっても生じる．急性症例では，MRIのT2強調画像において罹患した筋が多病巣性の不明瞭な高信号領域として描出される他，炎症による明らかな造影効果もみられる．慢性症例では，脂質浸潤を伴う筋の消失(萎縮)が特定される．

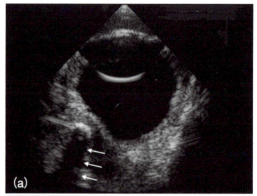

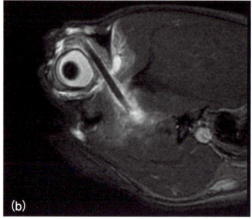

**図2.18** 7歳齢のゴールデン・レトリーバーでみられた眼窩の(棒状)異物
(a)経角膜アプローチ超音波画像では，棒の先端が曲線状のエコー源性物として描出され，その後方には音響陰影がみられている(矢印)．棒の先端付近の眼球壁は歪曲している．球後異物の存在は確定できるが，異物の正確な大きさや方向性は不明である．
(b)矢状断面MRI画像(STIR法)では，異物が5cm以上であったことが示されている．異物周囲の軟部組織の炎症像も脂肪抑制法では明らかとなっている．超音波検査での異物の長さは著しく過小評価されたものであった．

慢性筋炎では，筋線維症による罹患筋の萎縮によって反応性斜視がみられる．MRI検査でこの病態は明らかになる(Morgan et al., 1996)．また，CT検査も眼窩脂肪による筋肉の消失が明らかな症例には有用である．

### 頬骨唾液腺炎

超音波検査，MRI検査，CT検査を実施した犬の頬骨唾液腺炎の11症例の画像検査所見について報告されている(Caannon et al., 2011)．超音波検査では眼窩腹側に腫瘤病変がみられ，症例によっては，腫瘤が唾液腺であると特定できた．MRI検査では，炎症に対する非特異的な所見であるT2強調画像における腺の拡張，および不均一な高信号が描出され，T1強調画像では低信号だが強い造影効果がみられていた．唾液腺周辺の軟部組織炎症も描出されたことから唾液腺腫瘍の可能性は低いと評価された．また，CT検査では腺の拡張と低吸収がみられた．

犬における超音波検査，MRI検査，CT検査で，唾液腺粘液嚢腫(下記参照)を疑う液体貯溜が描出されることがある．唾液腺粘液嚢腫の症例のX線およびCT検査による頬骨腺造影では，腺の拡張と不整，造影剤の管外漏出，および組織内の造影剤集積がみられる．

### 蝶形骨骨髄炎

蝶形骨の骨髄炎によって視覚障害を引き起こした犬と猫について報告されている(Busse et al., 2009)．MRI検査では蝶形骨の肥厚と歪み，正常な骨髄でみられる信号の消失，蝶形骨と隣接する髄膜のびまん性造影効果が描出されていた．造影効果は新生物が要因ではなく，炎症によって引き起こされたと考えられるが，鑑別はされていない．このような骨性変化はCT検査でも特定可能と推測される．また，重症例ではX線検査でも確認できると考えられる．本疾患では，CSFの解析によって異常がみられることがある．

### 新生物

眼窩には組織学的に多種の腫瘍が発生し，ほとんどのものが悪性である(第8章参照)．腫瘍は眼窩での原発発生や隣接する前頭洞や鼻腔内からの浸潤によって生じる．また，眼窩病変は限局的にみられるだけでなく，周辺組織に向かって浸潤することもある．眼窩への転移が生じることもある．特にリンパ腫のような多中心性腫瘍による眼窩浸潤がみられることはめずらしくない．眼窩腫瘍の画像所見の多くは，組織型に関連しない非特的なものであるが，腫瘍の浸潤性を初期検査で評価することができる．眼窩腫瘍のサイズ，境界性，構造，範囲によって画像所見は異なる．眼窩腫瘍または腫瘍に関連した眼窩疾患の症例研究では，特徴的な画像所見が示されている(Gilger et al., 1992; Dennis, 2000; Mason et al., 2001; Boroffka et al., 2007)．

### X線検査

臨床的に腫瘍が疑われた場合には，頭部X線検査の前に転移のチェックを目的とした両側からの胸部X線検査をするべきである．眼窩に限局した腫瘍や腫瘍が眼窩を越えて軽度に浸潤している場合には，(軟部組織腫脹や眼球突出以外は)正常な頭部X線像が描出される．しかしながら，眼窩を越えて明らかに浸潤がみられる場合や眼窩周辺組織に腫瘍が発生した場合には，特に前頭洞や鼻腔内といった空気が充たされている領域で異常がみられる．腫瘍の浸潤は頭蓋腔が障害されない限り，X線検査で確定することは難しい(Dennis, 2000)．

浸潤性の強い眼窩腫瘍のX線検査では，内側の眼窩壁の菲薄化や不整，鼻腔や前頭洞といった眼窩に隣接する領域の軟部組織混濁が異常所見として描出される(図2.19a)．前頭洞の異常は重要な所見であり，液体貯留がみられることが多い．また，腫瘍組織が前頭洞の異常を引き起こすこともある．重症例では，眼窩，蝶形骨，篩板などの明らかな骨融解がみられることがある．また，眼窩領域に骨形成腫瘍(骨腫，多小葉性骨腫瘍，骨軟骨肉腫など)が発生することもある．これらの病変は骨構造がない高密度な腫瘍のようにみえ，しばしばブロッコリーのように描出される．骨融解の程度は様々であるが，多くの症例で骨が消失している．骨肉腫のような浸潤性の強い骨形性腫瘍では，薄い新骨形成がみられる．

### 超音波検査

眼窩腫瘍は様々な超音波像で描出される．多くの場合，腫瘍は眼窩脂肪に比べて低エコーであるが，高エコーの場合もある．同様に，エコーテクスチャ(質感)も均一から不均一なものまで様々である．小さな腫瘍は特定しやすく，眼窩筋円錐の変形を起こしている明らかな限局性腫瘍として描出される．しかし，広範な腫瘍の特定は困難で，単に眼窩の軟部組織構造が消失しているように描出される(第8章を参照)．腫瘍に特異的な所見ではないが，眼球の歪曲や陥入がみられることがある．その他，重度の骨融解による眼窩内壁の崩壊(Mason et al., 2001)や石灰化領域おける音響陰影が描出されることもある(Dennis, 2000)．壊死塊を伴う腫瘍は膿瘍に間違われることがある．超音波ガイド細針生検は非常に有用であり，腫瘍の部位によっては全身麻酔下で実施可能である．

### MRI検査およびCT検査

MRI検査(図2.19b)とCT検査(図2.19c)は両検査とも眼窩腫瘍の診断には適しており，腫瘍の浸潤程度も判定可能である．腫瘍が眼窩を越えて浸潤していることは，重度の悪性所見である(第8章を参照)．また，これらの画像検査法では，腫瘍の起源が筋円錐内であるか，筋円錐外であるかの判定も可能である．MRI検査では臨床的な検査に比べて，わずかな眼球突出も容易に特定でき，眼球の歪曲も明らかに描出される．しかし，これらの所見は眼窩腫瘍に特異的にみられる所見ではない．一方，CT検査では微細な骨融解領域や新骨形成(骨増生)を特定しやすい．また，MRI検査ではより詳細な軟部組織の情報が得られる．広範な骨病変はどちらの手法でも容易に認識できる．加えて，CT検査は胸部の転移病変の判定に有用で，X線検査よりも微細な病変に対して感受性が高い．

通常，腫瘍はマス病変として描出され，周囲の眼窩構造の偏位や歪曲を起こす．嚢胞や壊死病変のように

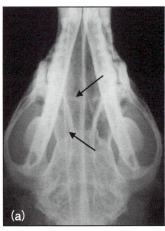 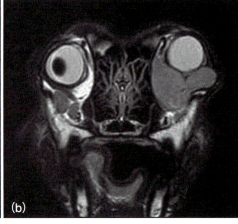 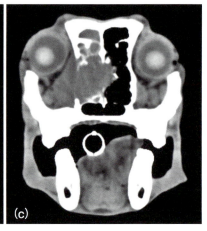

**図2.19** 眼窩新生物
(a)眼球突出がみられた13歳齢の雑種犬のX線DV像．鼻腔と前頭洞に隣接する部位でびまん性に不透明化（透過性低下）がみられる（矢印）．この所見は，内側眼窩壁を越えて新生物が浸潤していることを示唆する．
(b)眼球突出がみられた9歳齢のスタッフォードシャー・ブル・テリアの頭部横断MRI画像（T2強調画像）．眼球は眼窩に満ちた均質な軟部組織による腫瘤によって偏位している．眼窩骨には接しているが，浸潤はみられない．腫瘤は眼窩，鼻腔に限局して存在しており，前頭洞にはみられない．
(c)左側からの鼻出血，逆くしゃみ，軽度の眼球突出がみられた9歳齢のベルジアン・シェパード・ドッグの頭部CT画像（軟部組織条件）．鼻腔内の軟部組織腫瘤が眼窩内壁より浸潤し，正常な眼窩の軟部組織を偏位させている．最終的に鼻腔癌と診断された（c：S Broffka先生よりご提供）．

描出されることもあるが，多くの病変は充実性である．周囲の軟部組織炎症がみられないこともよくあり，腫瘍と炎症性眼窩疾患の鑑別に有用な所見となる．MRI画像では腫瘍は眼窩脂肪に比べて低信号であるのが一般的だが，特異性はなく，様々な信号強度で描出される．造影画像は病変の血管分布の描出と頭蓋内浸潤の特定に有用である．その他の画像検査法と同様に，組織学的な腫瘍分類と腫瘍の画像所見には特異性がない．

### 腫瘍の種類

以下のものを含むいくつかの眼窩腫瘍では，特徴的な画像所見が描出される．

- 眼窩脂肪種
- 眼窩粘液肉腫
- 蝶形骨腫瘍
- 猫拘束性眼窩筋線維芽細胞性肉腫（眼窩偽腫瘍）

**眼窩脂肪種**：脂肪はCT画像（低吸収）とMRI画像（脂肪抑制画像で高信号）で特徴的に描出されるため，容易に確認できる．そのため，MRI検査とCT検査は眼窩脂肪の脱出の評価に有用である．

**眼窩粘液肉腫**：5頭の犬の眼窩粘液肉腫の画像所見について報告されている（Dennis, 2008）．眼窩粘液肉腫は大量の粘液性基質を特徴とし，眼窩は主に粘液で充たされた複雑な洞構造として描出されていた．すべての症例で筋膜面に沿って顎関節に浸潤し，数頭では様々な骨で骨融解がみられていた．MRI検査だけが病変全体を描出したが，CT検査も評価に有用であったとされている．超音波検査では，眼窩に入り込んだ液体によって低エコーの空隙が明瞭に描出されていた．X線検査では，広範囲の骨融解が描出されていた（図2.20）．また，頭蓋内浸潤がみられた眼球および眼窩の充実性粘液肉腫についても報告されている（Richter et al., 2003）．

**蝶形骨腫瘍**：蝶形骨は脳の腹側の視神経に近い位置に存在し，様々な腫瘍の発生や浸潤がみられる．MRI検査では，腫瘍が発生した蝶形骨の正常な骨構造や骨髄信号が消失し，骨の拡張や歪曲がみられる．不均一に信号強度が亢進した組織がみられ，髄膜炎の併発も一般的にみられる．これらのMRI画像所見は非特異的で，蝶形骨の骨髄炎と間違われることがある．しかしながら，腫瘍の発生によって強いマスエフェクトが描出される（図2.21）．CT検査では骨の変化が描出され，重症例では頭部X線ラテラル像でも確認される．

**猫拘束性眼窩筋線維芽細胞性肉腫**：過去に眼窩偽腫瘍がみられた猫の画像検査所見について報告されている（Bell et al., 2011）．組織学的に浸潤性ではあるものの悪性度は低いことから，猫拘束性眼窩筋線維芽細胞性肉腫と新たに命名された．断面画像では，強膜，上強膜，および眼瞼が肥厚し，球後組織の腫脹と眼窩の脂肪や筋肉が不明瞭に描出されていた．造影検査では造影効果が確認され，骨融解もみられていた．超音波検査の報告はなかったが，非特異的変化がみられると推測された．

第2章　眼球と眼窩の画像診断

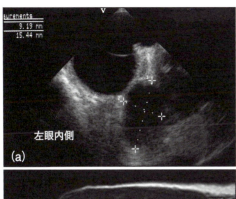
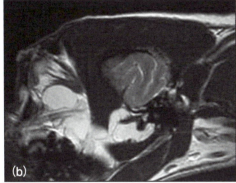

図2.20　14歳齢の雑種犬でみられた粘液肉腫．眼痛のない重度の眼球突出がみられた．
(a)超音波画像では，低エコーの空洞領域が眼窩の側面でみられている．本エコー像では，この領域は9×15 cm以上であった．
(b)冠状断面MRI画像（T2強調画像）では，後方の顎関節にまで広がる複雑な囊胞構造が描出された．

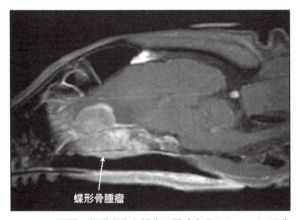

図2.21　両眼の視覚喪失と軽度の眼球突出がみられた12歳齢の雑種犬の脂肪抑制法による傍矢状断面MRI画像（造影MRI画像）．蝶形骨の新生物が描出されている．前蝶形骨の明らかな拡張と歪曲によって，脳は圧迫され，視交叉が確認できなくなっている．腫瘤の前方にある眼窩尖部に浸潤し，両眼の視神経管を破壊していた．

### 眼窩外傷

眼窩におよぶ外傷がみられる症例において，画像検査は外科的介入が必要であるかの判断に不可欠である．眼窩外傷に特異的な画像所見は上記に示した．CT検査は骨折や偏位した骨片の確認もできるため，理想的な画像検査法である（図2.22）．X線検査は診

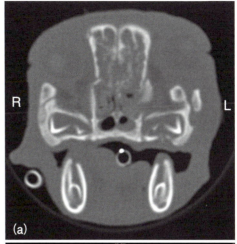

図2.22　眼窩の外傷がみられた症例のCT検査所見
(a)咬傷を受けたラブラドール・レトリーバーの子犬のCT画像（骨組織条件）．右側の前頭骨と両側の口蓋骨に複数箇所の骨折がみられている．前頭洞と篩骨甲介領域には液体（血液）がみられ，片眼の背外側への編位もみられる．
(b)顔面に銃創がみられた6歳齢のビーグルの3D再構築CT画像（骨組織条件）．右上顎骨には弾丸の射入口がみられているが，この像では顔面の左側にみられた射出口であるより激しい障害部位を示している．眼窩領域でみられる複数の骨片の位置同定に対する3D再構築CT像の有用性が示されている．
(a: S Broffka先生よりご提供；b: C Snyder先生およびウィスコンシン大学マディソン校画像診断科よりご提供)

断に十分な検査ではあるが，複数の画像を用いても骨折を確認できないことがある．CT検査では頭蓋内外の血腫が高吸収領域として描出される．MRI検査は頭部外傷がみられた症例に対して理想的な検査で，頭蓋内病変に関連した軟部組織の詳細な変化と骨病変を描出できる．穿孔性外傷による眼窩内の空気の存在や前頭洞や鼻腔の骨折による眼窩への空気の流入が画像検査で明らかになることがある．超音波検査は，眼窩外傷がみられる症例に対しては役に立たず，通常，眼球破裂以外は確定できない．なお，頭部に限らずいかなる部位でも外傷がみられた症例に対しては，胸部および腹部の画像検査を実施すべきである．

## その他の眼窩および眼球周囲でみられる空洞病変

### 頬骨腺粘液嚢腫

単純X線像では軟部組織の腫脹以外は確認できないが，唾液腺造影は有用である．超音波検査では無エコー構造が描出され，深部にまで到る音響増強を伴う．しかし，眼窩腹側の部位でみられる唾液腺粘液嚢腫があることが示唆されても，その起源となる唾液腺は見過ごされてしまうため，通常は嚢胞性眼窩病変と診断される．CT検査やMRI検査は診断に有用で，眼窩腹側の唾液腺の領域にある嚢胞構造が描出されるが，その起源となる唾液腺はわからないままであろう．両画像検査法とも病変部全体を描出できる．特にCT検査では唾液腺造影をあわせて行うことが容易であると考えられる．また，MRI検査では病変の特徴や病変周囲の炎症などの症状が評価できる．

### 嚢胞病変

眼窩周囲の嚢胞は，鼻涙管の基部，および鼻腔や前頭洞に接している眼窩から発生する．超音波検査，CT検査，MRI検査といった画像検査法で嚢胞を特定できる．また，鼻涙管造影や嚢胞内への造影剤の直接投与によって嚢胞の周囲との関連性や鼻涙管の閉塞を判定できることがある（Ota et al., 2009）．これらの一般的でない嚢胞病変には，涙腺嚢腫，涙小管嚢腫，類皮嚢胞や類皮腫，小眼球症に伴う嚢胞形成，その他の神経原性の先天性嚢胞が含まれる．

### 前頭骨の良性病変

眼窩の前頭骨領域の肥厚がみられ，眼球突出や斜視が発生することがある．頭蓋下顎骨症（CMO），特発性頭蓋骨過骨症（ICH），猫骨軟骨腫および細菌性骨髄炎といった前頭骨に良性病変を生じた症例が報告されている．CMOとICHは臨床的にも組織学的にもよく似ていて，同一の病態で異なる症状が生じていたと推察される．両疾患とも片眼性の臨床症状と両眼性の異常画像所見がみられていた．画像検査所見がよく似ていたことから，これらの疾患は同一であると考えられている．

X線検査では，前頭骨で形成される眼窩表面の肥厚が主にみられ，前頭洞内の空気の減少や消失もみられる（図2.23a）．骨増生部位は平滑または不均一で，骨融解はみられない．超音波検査では，骨の肥厚が眼窩の背内側に深部までの音響陰影を伴う強い曲線状エコーがみられ，眼球の歪曲も描出されることがある（Dennis et al.,1993）．CT検査やMRI検査では容易に骨の病変が特定される．眼窩の前頭骨部は明らかに肥厚して不規則になり，血管分布の多い軟部組織が描

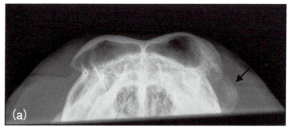

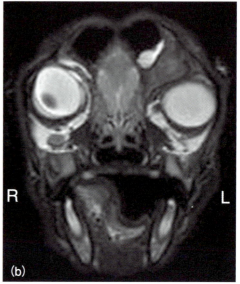

**図2.23** 6カ月齢のジャック・ラッセル・テリアでみられた頭頂骨の骨髄炎によって引き起こされた前頭骨の肥厚．前頭部の腫脹と眼球の腹側への偏位がみられる．
(a)吻側尾側方向における前頭部領域のX線画像（断面像）．前頭骨側方の障害部は肥厚し，石灰化した平滑な腫瘤組織が眼窩に入り込んでいる（矢印）．
(b)横断面MRI画像（T2強調画像）では，前頭骨外側面の肥厚によって腹側斜視がみられている．肥厚組織は石灰化によって低信号に描出されている．同側の前頭洞には，高信号の液体がみられる（副鼻腔炎）．

出される（図2.23c）．その結果，眼窩軟部組織の圧迫と偏位が生じる．周囲の軟部組織炎症を描出するにはMRI検査が最も適している．

### 血管奇形

眼窩血管奇形は飼育動物（家畜）ではめずらしい．臨床症状や画像所見は，病変が動静脈瘻であるか，動脈が関連しない血管瘤（静脈瘤）であるかによって異なる．X線動脈造影法は動静脈の開通の評価に用いられ，静脈造影法（可能であれば，静脈血管への直接の造影剤投与）は静脈奇形の範囲の描出に用いられる．超音波検査では血管構造の拡張がチューブ状や複雑な形状の無エコー像として描出され，カラードップラー法では血流の方向性と性質が評価される．三次元再構築を用いた血管造影はCT検査とMRI検査で実施される．

## 高次画像検査

### 光干渉断層計

1990年代に開発された光干渉断層計(OCT)は，医学領域で網膜および視神経疾患の評価やモニタリングに広く用いられている．OCTの動作原理である「低コヒーレンス干渉法」は超音波検査と同様に広く用いられているが，OCTは音ではなく光を利用するので，混濁のない透光体に対して用いられる．横方向に連続した多数(数万)のAモード画像を数秒で結合することで，(生体内組織学検査のような)非常に詳細な横断像および三次元画像が描出できる(図2.24)．OCTで生体より得られた網膜の横断面では，組織内の異なる断面が明るさの異なる信号で示される．OCTで示された網膜層は光学顕微鏡による組織学的な網膜層と相関している．

その後，OCTの技術を改良して角膜や前房，隅角といった前眼部構造の高解像度画像を描出することが可能になっている．プローブや接触媒体を角膜に直接接触させる必要がある超音波検査とは異なり，OCTは眼球表面の接触が不要である．角膜への直接接触は組織の歪曲を生じ，外傷がある場合には実施が困難である．

これらの検査法は獣医学の文献においても記載されているが，検査費用が非常に高いことや深い鎮静または全身麻酔が必要なため，研究の枠を出てきていなかった．しかし，技術の発達により，臨床獣医師により広く利用されるようになるだろう(Rosolen et al., 2012; Almazan et al., 2013; Famose, 2013)．本検査法のさらなる記述は本章の目的を越えてしまうため，動物におけるOCTの使用については別の文献を参照してきたい(McLellan and Rasmussen, 2012)．

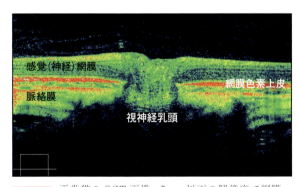

**図2.24** 正常猫のOCT画像．5μm以下の解像度で網膜，脈絡膜，視神経乳頭を明瞭かつ詳細に描出されている．生体における病理組織学的検査(in vivo histopathology)として実施された．

## 参考文献と推薦図書

Almazan A, Tsai S, Miller PE et al. (2013) Iridocorneal angle measurements in mammalian species: normative data by optical coherence tomography. Veterinary Ophthalmology 16, 163–166

Armour MD, Broome M, Dell'Anna G, Blades NJ and Esson DW (2011) A review of orbital and intracranial magnetic resonance imaging in 79 canine and 13 feline patients (2004–2010). Veterinary Ophthalmology 14, 215–226

Aubin ML, Powell CC, Gionfriddo JR and Fails AD (2003) Ultrasound biomicroscopy of the feline anterior segment. Veterinary Ophthalmology 6, 15–17

Bell CM, Schwarz T and Dubielzig RR (2011) Diagnostic features of feline restrictive orbital myofibroblastic sarcoma. Veterinary Pathology 48, 742–750

Bentley E, Miller PE and Diehl KA (2003) Use of high-resolution ultrasound as a diagnostic tool in veterinary ophthalmology. Journal of the American Veterinary Medical Association 223, 1617–1622

Bentley E, Miller PE and Diehl KA (2005) Evaluation of intra- and interobserver reliability and image reproducibility to assess usefulness of high-resolution ultrasonography for measurement of anterior segment structures of canine eyes. American Journal of Veterinary Research 66, 1775–1779

Boroffka SAEB, Görig C, Auriemma E et al. (2008) Magnetic resonance imaging of the canine optic nerve. Veterinary Radiology and Ultrasound 49, 540–544

Boroffka SAEB, Verbruggen AM, Boevé MH and Stades FC (1998) Ultrasonographic diagnosis of persistent hyperplastic tunica vasculosa lentis/persistent hyperplastic primary vitreous in two dogs. Veterinary Radiology and Ultrasound 39, 440–444

Boroffka SAEB, Verbruggen AM, Grinwis GCM, Voorhout G and Barthez PY (2007) Assessment of ultrasonography and computed tomography for the evaluation of unilateral orbital disease in dogs. Journal of the American Veterinary Medical Association 230, 671–680

Boroffka SAEB and Voorhout G (1999) Direct and reconstructed multiplanar computed tomography of the orbits of healthy dogs. American Journal of Veterinary Research 60, 1500–1507

Boroffka SAEB, Voorhout G, Verbruggen AM and Teske E (2006) Intraobserver and interobserver repeatability of ocular biometric measurements obtained by means of B-mode ultrasonography in dogs. American Journal of Veterinary Research 67, 1743–1749

Busse C, Dennis R and Platt SR (2009) Suspected sphenoid bone osteomyelitis causing visual impairment in two dogs and one cat. Veterinary Ophthalmology 12, 71–77

Calia CM, Kirschner SE, Baer KE and Stefanacci JD (1994) The use of computed tomography scan for the evaluation of orbital disease in cats and dogs. Veterinary and Comparative Ophthalmology 4, 24–30

Cannon MS, Paglia D, Zwingenberger AL et al. (2011) Clinical and diagnostic imaging findings in dogs with zygomatic sialadenitis: 11 cases (1990–2009). Journal of the American Veterinary Medical Association 239, 1211–1218

Dees DD, Knollinger AM, Simmons JP, Seshadri R and MacLaren NE (2012) Magnetic resonance imaging susceptibility artifact due to pigmented intraorbital silicone prosthesis. Veterinary Ophthalmology 15, 386–390

Dennis R (2000) Use of magnetic resonance imaging for the investigation of orbital disease in small animals. Journal of Small Animal Practice 41, 145–155

Dennis R (2003) Advanced imaging: indications for CT and MRI in veterinary patients. In Practice 25, 243–263

Dennis R (2008) Imaging features of orbital myxosarcoma in dogs. Veterinary Radiology and Ultrasound 49, 256–263

Dennis R, Barnett KC and Sansom J (1993) Unilateral exophthalmos and strabismus due to craniomandibular osteopathy. Journal of Small Animal Practice 34, 457–461

Famose F (2013) Assessment of the use of spectral domain optical coherence tomography (SD-OCT) for evaluation of the healthy and pathological cornea in dogs and cats. Veterinary Ophthalmology doi: 10.1111/vop.12028

Fike JR, LeCouteur RA and Cann CE (1984) Anatomy of the canine orbit: multiplanar imaging by CT. Veterinary Radiology 25, 32–36

Gallhoefer NS, Bentley E, Ruetten M et al. (2013) Comparison of ultrasonography and histologic examination for identification of ocular diseases of animals: 113 cases (2000–2010). Journal of the American Veterinary Medical Association 243, 376–388

Gavin PR (2009) Physics. In: Practical Small Animal MRI, ed. PR Gavin and RS Bagley, pp. 1–22. Wiley Blackwell, Oxford

Gelatt KN, Cure TH, Guffy MM and Jessen C (1972) Dacryocystorhinography in the dog and cat. Journal of Small Animal Practice 13, 381–397

Gelatt KN, Miyabayashi T, Gelatt-Nicholson KJ and MacKay EO (2003) Progressive changes in ophthalmic blood velocities in Beagles with primary open angle glaucoma. Veterinary Ophthalmology 6, 77–84

Gelatt-Nicholson KJ, Gelatt KN, MacKay E, Brooks DE and Newell SM (1999a) Doppler imaging of the ophthalmic vasculature of the normal dog: blood velocity measurements and reproducibility. *Veterinary Ophthalmology* **2**, 87–96

Gelatt-Nicholson KJ, Gelatt KN, MacKay E, Brooks DE and Newell SM (1999b) Comparative Doppler imaging of the ophthalmic vasculature in normal Beagles and Beagles with inherited primary open-angle glaucoma. *Veterinary Ophthalmology* **2**, 97–105

Gibson TE, Roberts SM, Severin GA, Steyn PF and Wrigley RH (1998) Comparison of gonioscopy and ultrasound biomicroscopy for evaluating the iridocorneal angle in dogs. *Journal of the American Veterinary Medical Association* **213**, 635–638

Gilger BC, McLaughlin SA, Whitley D and Wright JC (1992) Orbital neoplasms in cats: 21 cases (1974–1990). *Journal of the American Veterinary Medical Association* **201**, 1083–1086

Goh PS, Gi MT, Charlton A et al. (2008) Review of orbital imaging. *European Journal of Radiology* **66**, 387–395

Gomes FE, Bentley E, Lin TL and McLellan GJ (2011) Effects of unilateral topical administration of 0.5% tropicamide on anterior segment morphology and intraocular pressure in normal cats and cats with primary congenital glaucoma. *Veterinary Ophthalmology* **14**(Suppl.), 75–83

Hartley C, McConnell JF and Doust R (2007) Wooden orbital foreign body in a Weimaraner. *Veterinary Ophthalmology* **10**, 390–393

Holloway A and McConnell F (2013) *BSAVA Manual of Canine and Feline Radiography and Radiology: A Foundation Manual*. BSAVA Publications, Gloucester

Hoyt L, Greenberg M, MacPhail C, Eichelberger B, Marolf A and Kraft S (2009) Imaging diagnosis – magnetic resonance imaging of an organizing abscess secondary to a retrobulbar grass awn. *Veterinary Radiology and Ultrasound* **50**, 646–648

Kim SE, Park YW, Ahn JS et al. (2011) C-arm fluoroscopy for the removal of an intraorbital foreign body in a cat. *Journal of Feline Medicine and Surgery* **13**, 112–115

Kneissl S, Konar M, Fuchs-Baumgartinger A and Nell B (2007) Magnetic resonance imaging features of orbital inflammation with intracranial extension in four dogs. *Veterinary Radiology and Ultrasound* **48**, 403–408

Labruyère JJ, Hartley C and Holloway A (2011) Contrast-enhanced ultrasonography in the differentiation of retinal detachment and vitreous membrane in dogs and cats. *Journal of Small Animal Practice* **52**, 522–530

Labruyère JJ, Hartley C, Rogers K et al. (2008) Ultrasonographic evaluation of vitreous degeneration in normal dogs. *Veterinary Radiology and Ultrasound* **49**, 165–171

LeCouteur RA, Fike JR, Scagliotti RH and Cann CE (1982) Computed tomography of orbital tumors in the dog. *Journal of the American Veterinary Medical Association* **180**, 910–913

Mason DR, Lamb CR and McLellan GJ (2001) Ultrasonographic features in 50 dogs with retrobulbar disease. *Journal of the American Animal Hospital Association* **37**, 557–562

McLellan GJ and Rasmussen CA (2012) Optical coherence tomography for the evaluation of retinal and optic nerve morphology in animal subjects: practical considerations. *Veterinary Ophthalmology* **15**(Suppl. 2), 13–28

Moore D and Lamb C (2007) Ocular ultrasonography in companion animals: a pictorial review. *In Practice* **29**, 604–610

Morgan RV, Daniel GB and Donnell RL (1994) Magnetic resonance imaging of the normal eye and orbit of the dog and cat. *Veterinary Radiology and Ultrasound* **35**, 102–108

Morgan RV, Ring RD, Ward DA and Adams WH (1996) Magnetic resonance imaging of ocular and orbital disease in 5 dogs and a cat. *Veterinary Radiology and Ultrasound* **37**, 185–192

Noller C, Henninger W, Grönemeyer DHW, Hirschberg RM and Budras KD (2006) Computed tomography anatomy of the normal feline nasolacrimal drainage system. *Veterinary Radiology and Ultrasound* **47**, 53–60

Novellas R, Espada Y and Ruiz de Gopegui R (2007a) Doppler ultrasonographic estimation of renal and ocular resistive and pulsatility indices in normal dogs and cats. *Veterinary Radiology and Ultrasound* **48**, 69–73

Novellas R, Ruiz de Gopegui and R Espada Y (2007b) Effects of sedation with midazolam and butorphanol on resistive and pulsatility indices in normal dogs and cats. *Veterinary Radiology and Ultrasound* **48**, 276–280

Nykamp SG, Scrivani PV and Pease AP (2004) Computed tomography dacryocystography evaluation of the nasolacrimal apparatus. *Veterinary Radiology and Ultrasound* **45**, 23–28

Ota J, Pearce JW, Finn MJ, Johnson GC and Giuliano EA (2009) Dacryops (lacrimal cyst) in three young Labrador Retrievers. *Journal of the American Animal Hospital Association* **45**, 191–196

Penninck D, Daniel GB, Brawer R and Tidwell AS (2001) Cross-sectional imaging techniques in veterinary ophthalmology. *Clinical Techniques in Small Animal Practice* **16**, 22–39

Rached PA, Canola JC, Schlüter C et al. (2011) Computed tomographic-dacryocystography (CT-DCG) of the normal canine nasolacrimal drainage system with three-dimensional reconstruction. *Veterinary Ophthalmology* **14**, 174–179

Richter M, Stankeova S, Hauser B, Scharf G and Spiess BM (2003) Myxosarcoma in the eye and brain in a dog. *Veterinary Ophthalmology* **6**, 183–189

Rose MD, Mattoon JS, Gemensky-Metzler AJ, Wilkie DA and Rajala-Schultz PJ (2008) Ultrasound biomicroscopy of the iridocorneal angle of the eye before and after phacoemulsification and intraocular lens implantation in dogs. *American Journal of Veterinary Research* **69**, 279–288

Rosolen SG, Rivière ML, Lavillegrand S et al. (2012) Use of a combined slit-lamp SD-OCT to obtain anterior and posterior segment images in selected animal species. *Veterinary Ophthalmology* **15**(Suppl. 2), 105–115

Sansom J and Labruyère J (2012) Penetrating ocular gunshot injury in a Labrador Retriever. *Veterinary Ophthalmology* **15** 115–122

Schlueter C, Budras KD, Ludewig E et al. (2009) CT and anatomical study of the relationship between head conformation and the nasolacrimal system. *Journal of Feline Medicine and Surgery* **11**, 891–900

Stades FC, Djajadiningrat-Laanen SC, Boroffka SAEB and Boevé MH (2003) Suprascleral removal of a foreign body from the retrobulbar muscle cone in two dogs. *Journal of Small Animal Practice* **44**, 17–20

Tidwell AS and Johnson KL (1994) Computed tomography-guided percutaneous biopsy in the dog and cat: description of technique and preliminary evaluation in 14 patients. *Veterinary Radiology and Ultrasound* **35**, 445–456

Tsai S, Bentley E, Miller PE et al. (2012) Gender differences in iridocorneal angle morphology: a potential explanation for the female predisposition to primary angle closure glaucoma in dogs. *Veterinary Ophthalmology* **15** (Suppl. 1), 60–63

van der Woerdt A, Wilkie DA and Myer CW (1993) Ultrasonographic abnormalities in the eyes of dogs with cataracts: 147 cases (1986–1992). *Journal of the American Veterinary Medical Association* **203**, 838–841

Whatmough C and Lamb CR (2006) Computed tomography: principles and applications. *Compendium on Continuing Education for the Practicing Veterinarian* **28**, 789–800

Wilkie DA, Gemensky-Metzler AJ, Colitz CM et al. (2006) Canine cataracts, diabetes mellitus and spontaneous lens capsule rupture: a retrospective study of 18 dogs. *Veterinary Ophthalmology* **9**, 328–334

Williams DL (2004) Lens morphometry determined by B-mode ultrasonography of the normal and cataractous canine lens. *Veterinary Ophthalmology* **7**, 91–95

Woolfson JM and Wesley RE (1990) Magnetic resonance imaging and computed tomographic scanning of fresh (green) wood foreign bodies in dog orbits. *Ophthalmic Plastic and Reconstructive Surgery* **6**, 237–240

# 3

# 眼疾患の検査

## Emma Dewhurst, Jim Carter and Emma Scurrell

　検査は獣医眼科学において重要な診断ツールであり，それには微生物培養，血液学，血液生化学，血清学，ポリメラーゼ連鎖反応（PCR: Polymerase Chain Reaction）検査，細胞学と病理学が含まれる．多くの原発性疾患だけでなく，眼は，感染性，腫瘍性と免疫介在性疾患を含む全身性疾患の一過程として症状がみられることがある．検査はこのような疾患の正確な診断の手段であり，次に動物のケアと管理の基本的な役割を担うものとなる．

　臨床家は検査で利用される技術に精通するだけでなく，検体を処理する検査室との良好な関係をもつことも有益となる．結果とその解釈に少しでもずれがあれば，臨床詳細の追加が診断を確定する手助けとなるので，検査室と常に連絡をとる必要がある．

　この章では，サンプル採取と提出手技について述べ，検査が診療環境下で行えるものと委託検査所に送るべきものとについて論ずる．その後に適切な検査についての検討と選択可能な検査の説明をする．読者は個々の疾患過程について関連して取り扱っている章も参照してほしい．

## サンプル採取と取り扱い

　検査から確かな結果を得るためには正確なサンプル採取が必要である．提出できるサンプルにはいろいろな形がある．

- 微生物学的培養のためのスワブ（細菌，ウイルスあるいは真菌）
- 血液学，血液生化学，血清学のための血液サンプル
- PCR 試験のためのサンプル
- 細胞学のためのサンプル（圧片スメア，擦過，抜毛，針吸引，前房穿刺，硝子体穿刺のサンプル）
- バイオプシーサンプルと病理組織学的検査のためのサンプル

　感染経過の検査をする場合，特にズーノーシスの懸念があれば，診察室と検査室でのヒトの健康に対するリスクを考慮しなければならない．感染性の懸念があるものについてはいかなる提出形態あるいは標本やボックスにも危険性がある旨のラベルを付けること（*Mycobacterium* など）が妥当である．

## 微生物学的検査

### 細菌培養

　結膜スワブは点眼麻酔のみで症状のある動物から採取できる．動物には正常な結膜フローラがあることは覚えておく必要があり，結膜円蓋は無菌ではない（Prado *et al.*, 2005；Wang *et al.*, 2008）．結膜あるいは角膜の感染検査のサンプルはコンタミネーションを起こすため，眼瞼縁あるいは顔面の皮膚と接触しないように採材しなければならない．先端の尖った小さいスワブが最も採材に適し，市販品として尿道スワブあるいは先端が小型のスワブを購入することができる．

　スワブを輸送培地に入れ（通常アミーズ輸送培地），検査室への輸送中に微生物の減少や過剰発育を避け，感染程度と臨床像のずれがないようにする．偏好性細菌の生存率は，アミーズ培地にチャコールを添加した培地により延長できる．検査室では，チャコール添加あるいはアミーズ培地検体の提出どちらかを希望するかもしれないので，サンプルの最良な提出基準と検査手技について連絡をとりあうことが役に立つかもしれない．もしクラミジアの培養が必要であれば，サンプルは専用の輸送培地で提出しなければならず，診断試験をする検査室からそれらを受けとることができる．

　感染性結膜炎の場合は，たいてい眼球，眼瞼縁と結膜に粘液膿性眼脂がみられる．可能であれば，眼科検査できれいにする前に採材すべきである．それらは感受性試験のための抗生物質に影響を及ぼすかもしれないので，検体がどこから採取されたかを臨床医は記録することが不可欠である．感受性試験は診察室で利用できる抗生物質点眼液を確定するため，結膜と角膜の細菌学に特異的なパネルを作成するように検査所に依頼することが必要である．

最近の抗菌療法は，いかなる微生物の検出にも影響する．そして不十分な採材も同様である．培養のための検体量が多ければ微生物の検出の可能性が高くなる．材料は通常，輸送スワブにより提出されるが，もし十分な採材が採取できれば，試験管に入れて検査室へ送ることができる．そしてそれは組織乾燥が起こるような輸送遅延がないようにする．できる限り，材料は偽陰性の培養結果のリスクが増すため，冷蔵保存はすべきでない．

## ウイルス分離

ウイルス分離の実施はPCR検査の開発により今日では稀である．ウイルス分離は細胞培養に十分な細胞変性効果を引き起こす微生物量が必要である．微生物量により，偽陰性結果となることがあり，これがこの検査の欠点となる．ウイルス分離のためのスワブはウイルス輸送培地に入れ輸送しなければならない．そしてそれは診断検査室から提供してもらえる．

## 真菌培養

サンプルの採材量は眼の真菌培養結果に影響する．材料は病変周囲から採材すると，検出されやすい．材料は一般的な細菌学的スワブを診断検査機関に送ればよい（アミーズ培地を含む）．代替法として，全体の組織サンプルを試験管などに入れ，輸送中に乾燥しないようにする．

## 血清学

感染性疾患で最も一般的に行われる血清学的診断試験は免疫蛍光測定（IFA：immunofluorescent assay）とELISA法（enzyme-linked immunosorbobant assay）である．これらの測定は病原特異的抗体や抗原を検出する．

IFAの抗体検出に関して，検査血清は固層抗原を含むプレートあるいは標本に滴下させる．もし，抗原に対する抗体が試験血清中に存在すれば，それらは結合し，抗原結合抗体を認識する二次抗体により検出できる．この二次抗体には蛍光マーカーが標識されており，可視化できる．その結果は抗体価として，また蛍光を示すサンプルの最小希釈により示すことができる．

しかし，抗体の存在は感染が起こったことを示唆し，そして抗体陽点（セロコンバージョン）を示しているということだけであり，活動性疾患の直接的指標とはならない．例えば，健康な犬と猫の約30％は，陽性の*Toxoplasma gondii*抗体価をもち（Dubey and Lappin, 2006），したがってぶどう膜炎のある犬あるいは猫の陽性の*Toxoplasma*の免疫グロブリン（Ig：immunoglobulin）Gの存在は因果関係の必然的な証明とはならない．そのため，多くの検査室では，IgMの抗体価も測定する．それは存在期間が短く，最近の感染指標となる．

## ポリメラーゼ連鎖反応

PCR検査（色々な方法を表3.1に要約した）は，非常

**表3.1** ポリメラーゼ連鎖反応（PCR）の手技

| 方法論 | 長所と短所 |
|---|---|
| コンベンショナルPCR | |
| ヒーティングとクーリングのサイクルを連続して行い，コード特異性のプライマーと温度依存性DNAポリメラーゼがDNAの検出と増幅に利用される | 検出されるDNAは完全である必要はなく，微生物が生存していなくてよい<br>プライマーが予想した標的DNAと異なる部分で結合すると，非特異的なDNA断片が増幅されることがある |
| ネステッドPCR | |
| 2セットのプライマーを用いる以外コンベンショナルPCRと同じである．第1に前述のPCRを行い，その後，第2プライマーは，最初のPCR産物に対してコードしたものでPCRを行う | 2セットのプライマーを利用することで，非特異的なDNA部分の増幅を減らすことができ，感受性と特異性が増加する．しかし，この手技は煩雑で非定量的である |
| 定量的リアルタイムPCR（qRT-PCR） | |
| PCRサイクル毎に，生成量を蛍光単位で測定し定量する．提出サンプルの標的DNA量が多ければ，より早く産生物（蛍光量）が測定される．特定の蛍光閾値に達すると，そのサンプルは陽性検体であると考え，閾値に達するために必要であるサイクル数により，検体のDNAを定量できる | 提出されたサンプルに存在する特定の病原体に関連するDNA量の定量測定を可能にし，したがって臨床的意義を解釈できる |
| 逆転写PCR（RT-PCR） | |
| 逆転写酵素はRNA配列から相補的DNA（cDNA）を生成するために加えられる．このcDNAはqRT-PCRにより増幅される | qRT-PCRで，RNAウイルスの検出に利用される（猫免疫不全ウイルスなど） |

に少ないDNA量を指数対数的に増幅することで検出する．理論的には，特異的なDNA部位を典型的なPCRの増幅サイクルである30サイクル間に$5 \times 10^8$倍以上に増幅し，非常に高感度で特異性があり，感染性と遺伝性疾患の革命的診断方法である．しかし，感染性疾患の症例では，この強力なツールは弱い部分をも露呈させる．PCRは臨床学的な症状がなく，DNA量も少ないケースでも増幅が行われることから，偽陽性結果を示す危険がある．このことは，最もよく知られているのは猫ヘルペスウイルス1型(FHV-1: feline herpesvirus type 1)などの多くの疾患における検査結果の解釈で問題を引き起こすかもしれない．

## 細胞学的評価

### サンプル採取

細胞診断学のための結膜や角膜の採材前に，ゲル剤や潤滑剤を除去しておくことが重要である．なぜなら，このような物質の存在は細胞を不明瞭にし，染色と評価の邪魔となるからである．結膜と角膜の細胞診の採材は，眼表面に非対称性のミリポア・フィルターの小片を用いる(Bolzan *et al*., 2005)直接圧迫あるいはサイトブラシやスワブ(Tsubota *et al*., 1990)により行う．スワブを輸送培地あるいは生理食塩水で湿らすと，得られる細胞診用サンプルの結果が向上する．結膜表面で回転させ，回収した細胞塗抹あるいは過度な損傷を阻止するためにスライド上で反対方向に回転させることが重要である．サイトブラシ(逆毛の小さいナイロン)によるサンプル採取は，結膜円蓋をブラシで擦り，そして細胞学用の標本上で優しく回転させ風乾させる．サンプルの細胞量は少ないかもしれないが，標本の細胞状態はこの方法で非常に良好となる．

より多くの検体が必要であれば，表面のサンプル採取に擦過標本法を使うことができる．点眼局所麻酔を使い，No.11あるいは15のバード・パーカー外科用メスの柄部分を利用する．正確に行えば，この方法は安全であり細胞学的評価のための十分な量の組織をとることができる．この方法をうまく行うために，外科用メスの基部をもち，組織表面の角度を鋭角にし，ゆっくりと後方に引くことで，その鋭角部分に検体が集まる．検体は，スライドに丁寧に載せ，必要に応じて別のスライドを用いるcrush法でスメアする．スライド同士を重ね，ほんのわずかな力をかけ，スライドをそれぞれ平行に引く(図3.1)．

眼病変からの細胞診用検体は圧片塗抹標本，掻爬標本，吸引標本を利用する(図3.2)．掻爬とスメア法は吸引法より表層組織に利用される．もし炎症領域を採材する場合，掻爬あるいは圧迫塗抹標本の細胞診断で

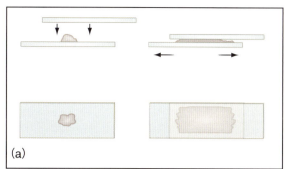

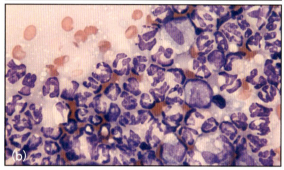

**図3.1** (a)細胞診用塗抹標本の作成術．スライドは，スメアをする前に平行にすることよりも，垂直にすることに留意する．(b)ジャーマン・シェパード・ドッグの慢性表在性角膜炎(パンヌス)の掻爬サンプルから正確に作成された塗抹標本．非変性性の好中球とわずかなリンパ球が観察される(ライトギムザ染色，1,000倍)．

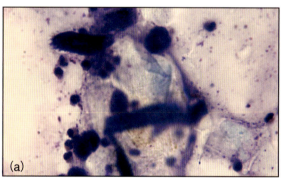

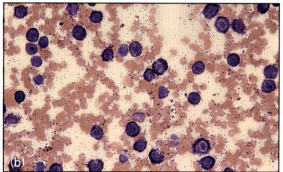

**図3.2** (a)無核の角化扁平上皮細胞と，丸まったケラチンと少数の顆粒球がみられる第三眼瞼病変の塗抹標本(ライトギムザ染色，100倍)．(b)同病変の微細針吸引(FNA)標本．赤血球を背景にして散在性の様々な顆粒球をもつ肥満細胞が観察される(ライトギムザ染色，400倍)．

は，わかりきったものしか反映しない．このような場合，もし利用できるのであれば，吸引標本はより有効

なツールとなる．手技に関連なく，最も重要なことは，確実に採材から塗抹標本を作成する過程である．吸引後の標本上でのふきつけ材料はたいていわずかな高密度の小滴材料が得られ，非常に少ない個別な細胞として検鏡できる．サンプル採材（特に吸引材料）を丁寧に作成した塗抹標本は価値がある．材料は急速に風乾しなければならない．その検体に血液が多い場合，乾燥時間を減らすために室内で標本を振り，細胞劣化を減らすようにする．

## 細針吸引

　眼付属器，眼球，眼窩腫瘍の評価に正確な診断価値があり，細針吸引（FNA）は非常に有用な手技である．適当なサンプリング技術で，大多数の腫瘍と炎症病変（腺腫，腺癌，扁平上皮癌，黒色腫，肉腫，肥満細胞腫瘍，リンパ腫，膿瘍と化膿性肉芽腫など）は，少なくとも炎症と腫瘍性病変を鑑別できるための細胞を得ることができる．例外として，多くの場合，膠原性成分が優位な低細胞性の病変（膠原性過誤腫など）がある．嚢胞性腫瘍は難しいが，吸引された液の検査はやはり価値がある．しかし，たいていの場合，嚢胞液の吸引は，非特異的炎症がみられ，したがって固形物の吸引が理想的である．

　結膜と眼瞼病変は他の皮膚病変で利用されるのと同じ方法で吸引することができる．眼窩内の対象物の吸引は超音波診断装置で位置を確認しながら実施する．眼窩内の病変の吸引前に，眼窩の解剖学的理解をしておくことは他の眼窩構造の損傷を最小限にするために重要である．一般的に，23Gは，外傷を避けるため眼球から離れた結膜あるいは上部あるいは下部の眼瞼の経皮膚から挿入する．スパイナル針あるいは球後用針（第5章を参照）は，より深部組織に到達させることができる．内側の眼窩腫瘍では，針は，病変が位置する部位まで，超音波ガイド下で内側骨性眼窩壁に沿ってゆっくりと「歩く」ように挿入する．

　あるいは口腔（上顎大臼歯の後方），あるいは眼窩縁の尾側の眼窩上孔を経て針を挿入する．これら両方の位置は，眼球あるいは眼窩構造への不注意な外傷なしに正確な位置に針を挿入するため超音波あるいはCTのような画像診断を用いる．検体は2mLあるいは稀に5mLシリンジで吸引し，塗抹標本を作成する．

## 房水穿刺

　房水穿刺は房水を前眼房より吸引する方法である．集めた房水は細胞学的と血清学的検査あるいは微生物培養に供することができる．この方法は前眼部あるいは虹彩表面の腫瘍細胞を吸引するためにも利用される．この方法はたいてい全身麻酔下あるいは点眼の局所麻酔と深い鎮静下で行う，なぜなら針挿入の失敗あるいは針挿入時に動物が動くことは破滅的な眼内損傷を引き起こす可能性があるからである．したがって，眼科専門医への紹介を強く勧める．時々，非常に協力的な動物と経験豊かな臨床医の例では，点眼麻酔のみで行うことができる．

**動物の位置決めと準備**：動物の位置決めは，早く正確に採材するために最も重要なことである．動物は眼球の向きが上になるように外側横臥位にし，眼球表面を水平にする．眼瞼は，眼圧上昇の原因となる眼球への過剰な圧を避けるために適正な大きさの開瞼器を挿入する．長すぎる開瞼器は外側と内側の眼瞼縁を引っ張り，眼裂の大きさが小さくなり，眼球露出が減り，手技が難しくなる．

**手技**：滅菌されたグローブ，ドレープと器具を使って実施する．拡大鏡と照明の利用は，光源一体型の手術用ルーペあるいは手術用顕微鏡により正確にそして針挿入の失敗あるいは虹彩や水晶体のような眼内構造への障害を少なくできる．水晶体穿孔あるいは損傷は水晶体破砕性ぶどう膜炎や外傷性白内障形成を起こす．

　挿入位置は通常，上側頭部から行う．なぜなら，眼の露出程度がその領域がよいためである．1mLシリンジに27あるいは30G針を付けたものが最も一般的に利用される．28G針付きのインスリン用シリンジは使いやすく，0.5mL用が利用される．結膜と結膜円蓋を眼内へのコンタミネーションのリスクを減少させるために1：50ポピドン・ヨードで洗浄する．眼球は角膜への十分な鎮静と麻酔をするために1〜2分間，滅菌されたプロキシメタカイン点眼を2〜3滴処置する．

　片手で，針を挿入する位置の近くの結膜と上強膜を有鉤のセント・マーチン鑷子で把持する．眼球が針の挿入時に動かないようにしっかりと組織を把持する．針を挿入する前に，シリンジのプランジャーは注射筒内で一度動かし，その抵抗をなくしておく．反対の手で，針を輪部の吻側に挿入する（透明な角膜内へ約0.5mL）．挿入角度は，結膜表面に対して45度に，そして虹彩表面と平行にすることで，針の抜去後に房水の漏出がない長いトンネルを作ることができる．針挿入時，虹彩を穿刺しないように，特に大動脈輪を傷つけないようにしなければならない．

　針を挿入後，約0.1〜0.2mLの房水を血清学的あるいは細胞学的診断のために採取する．どのように採材サンプルを提出した方がよいか採材前に検査室と連絡をとっておいた方がよい．いかなる疑いがある場合でも，以下の情報は助けとなる．

- 房水は用量が非常に少ないため小児用チューブで提出するとよい．少量のサンプルはチューブ壁に付着

して損失が多くなりやすい．

- 液体での提出はスワブより望ましい．なぜなら，セルロースあるいはレーヨンスワブが利用される場合よりも採材した検体の培養検査ができることが多いからである．
- もし，房水が培養目的の場合，検体はエチレンジアミン四酢酸（EDTA）入りチューブより普通のチューブに入れて提出する方がよい．
- 細胞学的診断には，EDTA入りチューブを利用すべきである．しかし，EDTAは細胞形態を保存できるが，房水量は0.1〜0.2 mLであるため，1 mL採血管のEDTA含有濃度は高くなってしまう．このリスクを軽減するためには以下のことを考慮する．
  - 小児用EDTA入りチューブが利用できなければ，普通のチューブを利用する．
  - サイトスピンの機器があれば，風乾，染色していない沈渣塗抹標本を用意することができる．さもなければ，採材と同時に直接溶液の塗抹標本を作り，小児用EDTAチューブに残りの溶液と一緒に依頼する．
  - 液状成分が多い検体では，乾燥時にアーチファクトが問題となり，細胞収縮の原因となり細胞学的診断評価の妨げとなる．これらを避けるために，どんな塗抹標本でも可能な限り風乾を素早く行い（冷風のヘアドライヤーの利用は有効である），検査所に染色せずに送る．

**合併症**：房水穿刺にはその手技にリスクがある．急激な低眼圧と出血が，考えられる合併症である．経験豊富であっても稀に合併症を起こすことに留意する．腫瘍の吸引時に出血が起こるかもしれない，あるいは虹彩実質に偶発的に針を穿刺してしまった場合である．

**所見**：房水解析の正常所見には，

- 細胞学的検査で細胞がない
- 総タンパク濃度が21〜37 mg/dL
- 細菌培養が陰性

所見あるいは陽性の血清学的数値の変化は臨床疾患を示す（図3.3）．

### 硝子体穿刺

この手技は，25〜27G針を視神経乳頭に向け，輪部より後方約7 mm（毛様体扁平部）に刺入することを除いて，房水穿刺と同様に行う．散瞳して，瞳孔を通して顕微鏡で観察すれば，針の前方に水晶体後嚢を視覚化することで，外傷を予防する手助けとなる．約0.1〜0.25 mLが吸引できる．この方法は，全身麻酔下で経

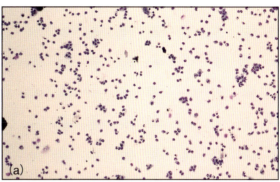
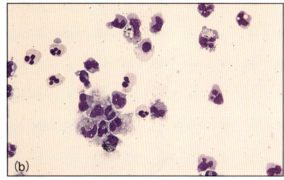

**図3.3** 超音波乳化吸引術後10日の眼内炎の犬で房水を採取した．（a）細胞は増加し，そのポピュレーションは非変性好中球と単核細胞である（ライトギムザ染色，100倍）．（b）拡大像．非変性好中球，マクロファージとわずかなリンパ球が観察される．マクロファージには暗緑黒色の色素を含むおそらくメラニンがみられる．背景に顆粒性物質が染色されているが，細菌ではない（ライトギムザ染色，400倍）．

験豊富な眼科専門医によってのみ行うべきである．感染性疾患が疑われる（クリプトコッカス症あるいはブラストミセス症など）視覚がない眼においても診断のためにこの方法を利用することが好ましい．

### 検体のラベリング，検査依頼および染色

検体が採取されたら，動物の認識ナンバー（カルテナンバー）あるいは名前，採取部位をはっきりと標本に明記することが重要である．もし複数の標本を検査する場合，細胞検査者に要点がわかるように文面を一緒に提出し，各標本とその位置が何かわかるようにする．ラベルを付けることが簡単であるため，スリガラス付きの標本の使用が好ましい．細胞診用の染色や固定により消えないので鉛筆を利用すべきである．標本への正確なラベリングは標本に検体が付いている向きも確認することが容易となる．検体が載せてある側を染色する検査技師へのガイドとなるので，肉眼では確認できない検体の周りにワックスのマーカーで円状に囲むことも有効である．

標本は冷蔵庫内に入れてはいけない（特に箱の中），凝結が標本に起こり，細胞形態に影響する．標本はホルマリン・ポットと同じ提出用包みで保存あるいは

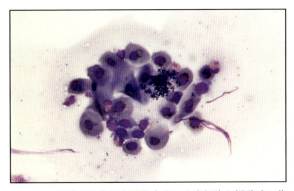

図3.4 好酸球性角膜炎動物由来の上皮細胞と好酸球の集簇．青紫色の顆粒上物質の大きな塊が沈着物として染色され，細菌と混同してはならない（ライトギムザ染色，400倍）．

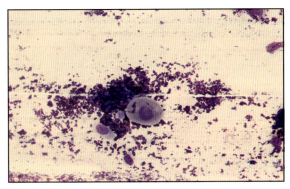

図3.5 潤滑用ゲル剤により囲まれている上皮細胞の小集団．潤滑用ゲル剤は黒紫色の無定形顆粒状材料としてみられるライトギムザ染色，400倍）．

送ってはいけない．ホルムアルデヒドの存在はロマノフスキー染色を利用する場合，その染色に悪影響がでる．

　細胞診断学のサンプルは，ほとんどがロマノフスキー染色あるいは，ライトギムザとディフ・クイック染色を含むその変法が利用される．これらの染色は酸と塩基の様々な染料が含まれ，核と細胞質物質を染色する．ディフ・クイックは，ライトギムザ染色を改良した迅速な染色法である．ディフ・クイックは，診察室でその他の目的でも利用される場合（搔爬した皮膚の染色など），細胞残屑や細菌と染色液のコンタミネーションを引き起こし，そしてそれは眼科用の細胞診断標本にも容易に起こり得る（図3.4）．角膜搔爬，特にエコーのガイドにより吸引細胞診を行った場合，塗抹標本の別のアーチファクト要因は潤滑用ゲルである（図3.5）．

### 標本検査

　標本は，複数の対物レンズ（10倍，40倍と100倍油浸用）が使える，よく保守管理された光学顕微鏡で観察する．微生物が眼科検体の細胞診断標本で観察されるかもしれない．しかしこのことは感染因子の存在を検出するための方法としてはかなり落ちる．感染因子が生体内に存在していても，採取した検体で同定に十分量でないと，偽陰性結果が起こる．真菌は，抜毛，眼瞼あるいは眼表面の搔爬，液体あるいは生体サンプル標本の直接検査により同定できるかもしれない．染色をしていない標本を診断検査所に送るべきである．そしてそれらはリーシュマン，ライトギムザあるいはディフ・クイック染色のようなロマノフスキー・タイプの染色と他の染色法でも検査できる．

　標本検査は，細菌感染の検査にも有効である．特異的な病原菌の正確な診断は培養なしでは不可能であるが，標本検査は特定の状況を把握するために役立つ（例えば，コラーゲン溶解性の急性実質性浸潤あるいは「融解性」角膜潰瘍に対処する場合）．スワブ，搔爬あるいはサイトブラシで角膜潰瘍端から採取された検体（点眼麻酔後に行う）は，スライド上を回転させ，その後，乾燥し，ディフ・クイックで染色する．高倍率での標本検査では，角膜実質細胞内に桿菌あるいは球菌と炎症細胞が確認できるかもしれない．そしてそれは，細菌性角膜炎と仮診断ができ，適切な抗菌治療の選択の助けとなる．

## 病理組織学的検査

### バイオプシー

　バイオプシーは，切除あるいは摘出したもので行う．前者は，散在性の眼瞼と結膜疾患の場合，あるいは診断が治療的アプローチの処方にとって重要となる大きな腫瘍で最も有益である．全層の眼瞼生検は全身麻酔下で行い，創面を正確に閉じるため，ある程度のグレードの拡大鏡は役に立つ．生検部位の縫合は，疾患部位と性質により難しくなるかもしれない．生検後，十分な治癒が起こるまで抗炎症点眼薬（デキサメタゾンとプレドニゾロンなど）を約5日間延長することを推奨する．結膜生検は簡単で点眼麻酔下で曲のウェストコット剪刀と結膜あるいは有鉤のセント・マーチン鑷子を用いて，単純な切除法で実施できる．

　より深部のサンプルには，深部切除生検よりTru-cut生検を行う必要がある．眼窩内には多くの繊細な構造があり，不注意な眼球穿孔，大出血あるいは神経性障害を避け，最新の注意を払いながら行う必要がある．この手技は，大きな眼窩腫瘍をTru-cut針を画像診断法（CTあるいは超音波）でガイドしながら行うことが報告されている（Hendrix and Gelatt, 2000）．Tru-cut生検の検体は，大きく，明らかに進行性腫瘍症例での内容除去術あるいは眼窩切開術のための前診断となる（Boston, 2010）．

物の検体として病理組織学的検査に依頼する．特に眼内腫瘍を除外することは重要であり，腫瘍再発は強膜内義眼の破綻を起こす．

### 眼球組織標本

　固定液の強膜内の浸透を補助するために，固定前に病変がない眼球外組織を取り除く（眼瞼，眼球周囲の脂肪と筋肉が含まれる）（図3.7）．経結膜術が眼球摘出に利用された場合でも，眼球外組織を除去する必要がある．強膜は高密度の線維膜であり，内部の血管膜と網膜は急速な変質を起こしやすいので，外部組織の除去は重要である．付属器あるいは眼窩組織に併発があるときを除き（図3.8），このような場合，眼球外の組織は完全に残し，切除縁の方向が病理学者にわかるように眼球を提出する．眼球をひどく湾曲させ，配置関係と病理検査の妨げとなるため，眼球は固定率が増すように横断あるいは切り込みを入れてはいけない．

**固定液の選択**：固定液の選択は，主にどのような疾患経過が疑われるか，眼科検査のために利用する手技は何か（一般的な組織学的検査，免疫組織学と電子顕微鏡学的検査など），そして病理学者の好みによる．一般的な診断には，10％NBFが病理組織学的と免疫組織学的検

図3.6　(a)非常に小さい検体のために生検用カプセルが役に立つ．(b)ホルマリンを入れている容器にそのカプセルを浸漬する．

　検体は10％中性緩衝ホルマリン（NBF）で固定し，様相，病歴と臨床診断の記録を添えて提出すべきである．可能なら，気になる組織の境界は糸あるいはインクでタグを付け，そして検体の向きがわかるように簡単な図を付けるべきである．角膜切除術による検体は，折り曲がりやすいので，非吸収性の平坦な表面を台紙として貼りつける．あるいは，角膜切除術による検体あるいは非常に小さい生検検体は生検用カプセルに入れ（図3.6a），そしてホルマリン液の容器に入れる（図3.6b）．眼科組織は非常に繊細であり，提出前（採材時など）のしっかりとした取り扱いが，非常に小さい組織診断のための浸漬された検体となることを記憶していなければならない．

### 眼球

　眼球摘出あるいは内容除去術を行った眼球の病理組織学的評価は，臨床診断を確認し，時には，動物の反対眼と全身健康状態と密接な関連性についての重要な追加情報を報告するために価値がある．さらに，疾患をもつ眼球組織の検査依頼は，重要な診断的傾向と新興感染症の認識に貢献する．

### 切除の適応例

　眼球摘出の適応は，難治性緑内障（複数の原因の可能性をもつ），腫瘍，眼球の手術不能な構造破壊と治療に反応しない眼感染症がある．強膜内義眼挿入術は，眼球摘出に代わるものであり，不可逆的な視覚喪失がある緑内障とぶどう膜炎のような慢性疼痛疾患で利用される．そのような場合，眼内内容物（房水，眼球血管膜，水晶体，硝子体と網膜）は除去し，通常，眼球内容

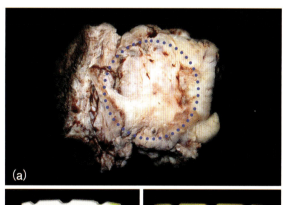

図3.7　(a)病変がない眼球外組織は固定液を浸漬する前に眼球から取り除く．点線は，眼のおおよその位置をマークしてある．(b)眼球外組織が除去されていない．組織とホルマリン比率に一般的な誤りがある（ホルマリン量が少ない）．(c)この眼球は適切に扱われ固定されている．眼瞼，外眼筋と脂肪は除去され，視神経は完全な状態で残されている．

第3章　眼疾患の検査

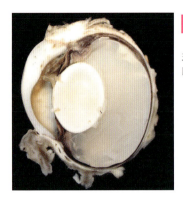

図3.8　(a) 犬の眼窩髄膜腫の眼球摘出検体．切除縁の部位と評価に役立つため，この腫瘍は眼球に付着させたままにする方がよい．切除縁に特別な懸念がある場合，糸あるいはインクでタグを付けそして図で示す．全症例で，視神経は眼球に付けておかなければならない．(b) 犬の第三眼瞼の腺癌．この組織は眼球から切り離してはいけない．(c) 猫の結膜黒色腫．この場合，組織は眼球から切り離してはいけない．

図3.9　デーヴィッドソン液で固定した前部強膜炎の犬眼球．組織全体が混濁し，肉眼的検査と写真撮影を難しくする．

査に適当なものである．この固定液は電子顕微鏡学的検査には向いていない．しかし微細構造の評価には利用できるかもしれない．緩衝液は組織断片内の色素沈着（ヘモグロビン由来の酸性ヘマチンなど）を予防するために最良である．

　組織と固定液の体積比率は少なくとも1：10から1：20が推奨される．大量の組織を固定する必要がある場合，診療所で適切な量のホルマリンで48時間組織を固定するとよい．そして，依頼前にホルマリン固定された検体を少量新しいホルマリン液に移し替える．ホルマリンは安価であり，広く利用でき輸送もたやすく，肉眼的詳細と色を保存でき，そして過固定となることがほとんどない．しかし，ホルマリン固定は堅い眼球では弱く，そして強膜の浸透はかなりゆっくりである．したがって網膜剥離と自家融解が，一般的なアーチファクトであり，たとえ，眼球を摘出してただちに固定液に浸漬しても起こり得る．25G針を使って視神経近くの強膜から0.25〜0.5 mLホルマリンの硝子体注入は網膜の保存性を増強するためいくらかの人に支持されている．しかしながら，筆者の意見では通常診断検査には必要ない．

　網膜の保存を目的として診断をするためには，デーヴィッドソン，ブアンとツェンケルのような固定液が使われる．これらの固定液は，一般的に急速に眼球に浸透し，堅い眼球に良好で網膜の保存性に優れる．しかし，固定時間は厳密性が求められ，これらの固定液による組織の変色（図3.9）は肉眼的検査と写真撮影に干渉する．デーヴィッドソン（ホルムアルデヒド，エタノールと酢酸）あるいはブアン（ピクリン酸，ホルムアルデヒドと酢酸）液による固定は病理組織学と免疫組織化学に優れているが，電子顕微鏡検査には不向きである．さらに，ブアン液は眼組織を黄色くし，ピクリン酸は高価である．ツェンケルの液は，水銀が含まれるために好ましくない．グルタルアルデヒドは電子顕微鏡検査に選択される固定液であるが，免疫組織学的検査には不向きである．

### 眼球の送付（提出）

　眼球は，一般的に非ガラスの堅い容器に入れた固定液内に浸漬し，二つ目の堅い容器にそれを入れ，損傷時にすべての液を吸収できるもので十分に包む．そして最後に密封できるビニール袋に入れる．病理組織学検査に眼球の検査を依頼するとき，完全な臨床所見，病歴，臨床診断あるいは鑑別診断を病理学者に提供することが重要である．このことは，多くの場合正確な診断には，動物の年齢と品種（同様に疾患の臨床的特徴）と病理学的所見とが相関するためである．病理学者は形態学的診断（そしてそれは病因学的に基本的な病的過程の非特異的な集約である）を提供するが，より有効な臨床疾病診断への置き換えが，臨床現場での知識として必要である．

　提出用紙に記入するとき，興味あるすべての局所病変は，眼球は組織の混濁（特に角膜）を起こし固定されるので，それらを確認できるように示しておかなければならない（通常，図を付ける）．眼球を提出する際は，病理学検体の定められた提出規則に精通していなければならない．それは，使用する固定液と提出規則が，国により様々であるためである（郵便と宅配便など）．

### 検査室での通常処理

　眼球の肉眼的検査（図3.10a）（それは病歴の情報も一緒に）は，病変が病理組織学的切開面に入るように眼球の配置を確実にすることが重要である．眼球を切り出したら，病変があるほう（たいてい眼球の半分）を

カセットの中に入れる（図3.10bc）．通常の処理はアルコールを使い組織を脱水し，透徹液（溶剤）に浸透させ，そしてワックスで溶剤を置換する．このパラフィンワックスは硬化し，包埋された組織（図3.10d）は，その後切片となる．パラフィンブロックは4μmに薄切し，スライドガラスに拾い，通常ヘマトキシリン・エオジン（H&E）染色を行い（図3.10e），最終的に顕微鏡で検査する（図3.10f）．

## 補足的診断術

ほとんどの症例では，通常のH&E染色による顕微鏡学的検査で十分な診断が得られる．最も一般的な補足的診断術には特殊染色，免疫組織学とPCRがある．特殊染色は疑っている病原体の同定あるいは特異的な細胞成分あるいは生成物を証明するために利用する．例えば，もし，真菌感染が疑われ，通常のH&E染色標本で観察できなければ，別の切片をゴモリのメテナミン銀染色（GMS）あるいは過ヨウ素酸シッフ染色（PAS）を行い，多糖類が豊富な真菌壁が染色される（図3.11a）．病原体のための特殊染色として使われる他には，細菌染色としてグラム染色とチール・ニールゼン（ZN）抗酸染色がある（図3.11b）．

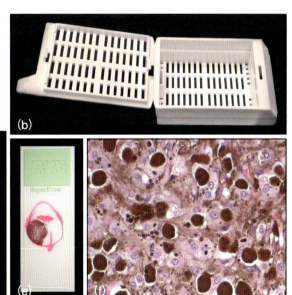

**図3.10** (a)提出された眼球は肉眼的検査を行い，そして脈絡膜黒色腫であると診断された広範の色素性腫瘤をはっきりとさせるために視神経の近傍で切り出しを行った．(b)眼球の半分をカセットに入れた．(c)カセットは通常処理過程を受ける．それは組織の脱水，透徹液（溶剤）の浸透とパラフィンワックスと溶媒の置換を行うことである．(d)パラフィンで包埋された眼球は4μmに薄切する．(e)4μmの薄切検体はスライドグラスの上にマウントし，H&E染色を行った．(f)病理組織学的検査では腫瘍性のメラノサイトがみられる．（H&E染色，400倍）．

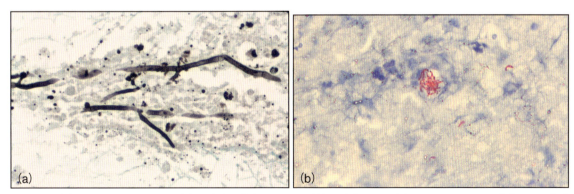

**図3.11** (a)ゴモリのメテナミン銀染色は真菌の菌糸を強調し，黒色に染色する．(b)チール・ニールゼン染色では，抗酸菌の存在を確認できる．そしてそれは明赤色で染色される（*Mycobacterium* spp., 1,000倍）．

基本的に，免疫組織化学は特異抗体を利用して組織切片内の抗原を証明するものである．抗原-抗体結合複合体は標識された組織化学反応により視覚化できる．免疫組織化学の一般的な利用法は腫瘍の免疫学的マーカーと予後診断（図3.12），さらに浸潤細胞の特徴と病原因子の同定がある（図3.13）．PCRはDNA配列を増幅する技術であり，その応用には，腫瘍の特性と遺伝子変異と病原体の検出がある．

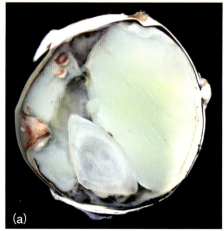

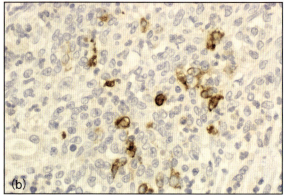

図3.13　(a) 猫伝染性腹膜炎（FIP）が疑われる，前房内と硝子体への広範なタンパク様滲出物がみられる猫の眼球．水晶体の変位はアーチファクトである．(b) 免疫組織化学ではマクロファージ内に猫コロナウイルス（FCoV）抗原の存在が確認され，それは茶色に標識される（ジアミノベンチジン色素体，200倍）．

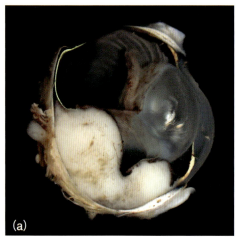

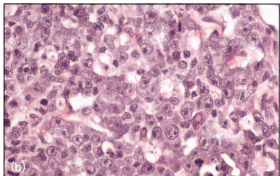

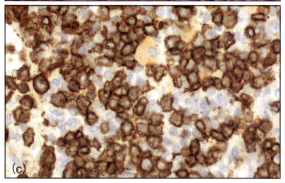

図3.12　(a) 硬度の高い白色眼内腫瘤がみられる猫の眼球の肉眼的検査，特に血管膜にみられる．(b) 病理組織学的検査では大型の腫瘍性リンパ球（リンパ腫を暗示）がシート状に確認される（H&E染色，400倍）．(c) 免疫組織学的検索ではT細胞性リンパ腫であることが示唆される．腫瘍性リンパ球はT細胞性マーカーであるCD3が免疫陽性である．免疫陽性は茶色で染色される（ジアミノベンチジン色素体，200倍）．

## 参考文献と推薦図書

Bolzan AA, Brunelli AT, Castro MB *et al.* (2005) Conjunctival impression cytology in dogs. *Veterinary Ophthalmology* **8**, 401–405

Boston SE (2010) Craniectomy and orbitectomy in dogs and cats. *The Canadian Veterinary Journal (La Revue Veterinaire Canadienne)* **51**, 537–540

Dubey JP and Lappin MR (2006) Toxoplasmosis and neosporosis. In: *Infectious Diseases of the Dog and Cat, 3rd edn*, ed. CE Greene, pp. 754–775. Saunders Elsevier, St Louis

Dubielzig RR, Ketring KL, McLellan GJ and Albert DM (2010) The principles and practice of ocular pathology. In: *Veterinary Ocular Pathology: a comparative review*, pp. 2–5. Saunders Elsevier, St Louis

Grahn BH and Pfeiffer RL (2007) Fundamentals of veterinary ophthalmic pathology. In: *Veterinary Ophthalmology, 4th edn*, ed. KN Gelatt, pp. 355–359. Blackwell Publishing, Iowa

Hendrix DV and Gelatt KN (2000) Diagnosis, treatment and outcome of orbital neoplasia in dogs: a retrospective study of 44 cases. *The Journal of Small Animal Practice* **41**, 105–108

Prado MR, Rocha MF, Brito EH *et al.* (2005) Survey of bacterial microorganisms in the conjunctival sac of clinically normal dogs and dogs with ulcerative keratitis in Fortaleza, Ceara, Brazil. *Veterinary Ophthalmology* **8**, 33–37

Tsubota K, Kajiwara K, Ugajin S *et al.* (1990) Conjunctival brush cytology. *Acta Cytologica* **34**, 233–235

Wang L, Pan Q, Zhang L *et al.* (2008) Investigation of bacterial microorganisms in the conjunctival sac of clinically normal dogs and dogs with ulcerative keratitis in Beijing, China. *Veterinary Ophthalmology* **11**, 145–149

Wilcock BP (2007) Eye and ear. In: *Jubb, Kennedy, and Palmer's Pathology of Domestic Animals, vol. 1, 5th edn*, ed. G Maxie, pp. 460–461. Saunders Elsevier, St Louis

# 4

# 遺伝性眼疾患の診断と管理

## Simon Petersen-Jones and David Gould

本章では英国，欧州および北米の眼疾患コントロール計画を再検討し，犬猫の遺伝性眼疾患に対する遺伝子検査の大要を示す．各遺伝子疾患の臨床的な情報は，それぞれ本書の適切な章を参照のこと．

## 遺伝性眼疾患管理計画

英国獣医連合(BVA：The British Veterinary Association)/ケンネルクラブ(KC：Kennel Club)/国際シープドッグ学会(ISDS：International Sheep Dog Society)は，純血種の犬における遺伝性眼疾患の発生率を下げる目的で1966年に設立された．その9年後には米国で犬の眼登録協会(CERF：Cnaine eye Rgistration Foundation)がつくられ，同じ時期にスウェーデンにおいて遺伝性眼疾患を根絶するための委員会が発足した．1990年代中頃に欧州獣医眼科専門学会(ECVO：European College of Veterinary Ophthalmologist)が創立されると，ECVOは欧州内の犬の検査を標準化するために遺伝性眼疾患根絶計画(ECVO HED〈Hereditary Eye Disease〉計画)を樹てた．これらの計画については次の項で要約される．これらの絶えず発展する計画の最新情報は，それぞれのウェブサイトで照会できる．

## 英国獣医連合/ケンネルクラブ/国際シープドッグ学会における計画

BVA/KC/ISDSにおける計画(www.bva.co.uk)の目的は，繁殖に供する犬に遺伝性眼疾患の証拠がないことを確実にすることである．本項を執筆している現在，50以上の犬種において10種類の遺伝性眼疾患(表4.1)がこの計画で確認されている．この計画は主に純血種と使役犬に使用されるが，マイクロチップやタトゥーなどの永久的個体識別をしていれば，どの犬も遺伝子検査を受けることができる．KCもしくはISDSに犬を登録している飼い主は，遺伝子検査を受ける際に登録書の原本も提出しなければならない．12週齢までの子犬は表4.1に挙げられるような先天性遺伝性眼

**表4.1** 英国獣医連合/ケンネルクラブ/国際シープドッグ学会によって現在認証されている遺伝性眼疾患

**先天性疾患**
- コリー眼異常
- 先天性遺伝性白内障
- 隅角発生不全
- 多発性網膜異形成
- 第一次硝子体過形成遺残
- 全網膜異形成

**非先天性疾患**
- 網膜色素上皮ジストロフィー(形成異常)
- 広汎性進行性網膜萎縮
- 遺伝性白内障
- 原発性水晶体脱白
- 原発性開放隅角緑内障

疾患の診断目的で，同腹子のうちの一頭を検査に提供することができる(リタースクリーニング)．その際，成犬の場合とは対照的に，リタースクリーニングを受ける際の永久的個体識別は必要としない．

該当する遺伝性眼疾患と犬種の最新リストはBVAのウェブサイトで確認できる．表Aの犬種と疾患は現在この計画によって認証されているリストで，表Bの疾患および，または犬種はまだ認証されていないが現在検討中のリストである．表Bのリスト内で，ある犬種において特定の遺伝性眼疾患の記録が増加した場合，おそらくその疾患は表Aに移動することになる．

BVAウェブサイトにはBVAに登録している委員の名前と連絡先を載せている．委員は眼科専門医であり，実地検査や顕微鏡検査などの臨床診断技術を評価されたのち，眼科検査を実施するためBVAから委員に任命される．BVAにて自身の犬を検査したい飼い主は委員に直接連絡を取らなければならず，委員はその後検査の計画をたてる．いくつかの遺伝性眼疾患は生涯の後半で発現するため，通常ブリーダーは毎年眼科検査を受けることを推奨される．

眼科検査の際，眼科検査委員が登録証の内容を

チェックし，検査を受ける犬とKCあるいはISDSに登録されている犬種が同一であると確認すると，検査が実施され眼科検査証明書が完成する．証明書は3区画からなる．

- 上段には，飼い主および眼科検査委員の詳細情報に加えて，KC/ISDSに登録している名前と登録番号，犬種，毛色，性別，生年月日および永久個体識別番号を記載する．
- 中段は，眼科検査委員により確定された眼球あるいは眼球周囲の異常があれば，遺伝性の有無に関係なく記載するために使用される．
- 下段には「臨床上陰性」および「臨床上陽性」と書かれたボックスの横に10個の遺伝性眼疾患が記載されている．眼科検査委員は，検査を行った犬種で特定されている疾患についてのみ（すなわち，表A内の疾患についてのみ），適切なボックス（陰性もしくは陽性）に印を付ける．

眼科検査証明書は4枚綴りになっている．眼科検査が修了した後，以下のように分配される．

- 一番上の白色の写しは飼い主もしくは会社に渡される
- 青色の写しはBVAに送付される
- 黄色の写しは検査委員が保管する
- ピンク色の写しは飼い主の主治医に送られる

KCに登録された犬のために，KCは年4回行われる個々の眼科検査の結果をKC品種記録の小冊子として発行している（ただし便宜上，多発性網膜異形成は除く）．ISDSは年に1回ISDS血統記録を発行し，登録されているボーダー・コリーの陰性および陽性の結果を記載している．

## ECVO HEDにおける計画

ECVO HED（www.ecvo.org）の検査は，ECVOの専門医もしくは眼科検査員によって実施されている．後者は国内の眼科専門医で，かつECVOによって試験され検査員として認められた獣医師である．HED計画が機能している国では，通常その国の眼科検査を監督する委員をそれぞれの国内に設置している．委員の設置がない場合，ECVOのHED委員会が同様の役割を担う．

計画の主な目的は，繁殖犬および猫の予測される遺伝性疾患を確認することである（猫の眼科検査が含まれているのはECVO独自のものである）．BVA/KC/ISDSと同様に，HEDが行う検査の際に成犬への永久的個体識別（マイクロチップまたはタトゥー）が必須となる．しかしBVA/KC/ISDSとは異なり，HEDではリッタースクリーニングの際にも永久的個体識別を要求される．

眼科検査後に証明書が発行され，それは検査日から1年間有効で，1年ごとの再検査が推奨される．証明書の複写は犬が所属するケンネルクラブもしくは審査委員，および所属する適切な血統書発行団体に送付される．加えて，その結果は発行される．

## CERFにおける計画

CERFはシアトルにおいてコリーのブリーダーグループによって設立された．CERFは米国獣医眼科専門学会（ACVO: American College of Veterinary Ophthalmologists）の専門医と連携して検査を行っている．疾患リストおよび繁殖制限や繁殖ガイドラインは，ACVOの遺伝子委員会によって定められ，更新される．ACVOの専門医による検査後にCERFの申請ができる．飼い主は申請書の複写を受け取り，1枚は眼科専門医からCERFに送られ，もう1枚は眼科専門医が保管する．申請書はCERFにおいて機械的に読み取られ，品種データベースに入った結果は獣医データベース（VMDB: Veterinary Medical Database）で保管される．検査で遺伝性眼疾患をもっていないことが証明されると，飼い主は追加料金を支払えばその犬をCERFに登録することができる．CERFは提出された眼疾患の記録を管理している．CERFの検査において特定の犬種に検出された疾患が1％に達すると，ACVOの遺伝子委員会に報告される．委員会は情報を再検討し，疾患をその犬種の遺伝性眼疾患のリストに加えるかどうかを決定する．これまで疾患リストは冊子として発行されていたが，近年では情報は電子化されて利用できるようになっている．推測もしくは立証される種々の眼疾患に関してブリーダーに与えられる助言は以下のようになる．

- 「繁殖禁止」遺伝的特徴を示す明らかな証拠があり，かつ，または視覚やその他の眼機能を危うくする可能性のある重度な障害がある．
- 「ブリーダーの判断に任せる」疾患は遺伝性が疑われるが，必ずしも視覚やその他の眼機能を危うくするわけではない．

2012年には，ACVOが遺伝性眼疾患の管理計画を動物の整形外科協会（www.offa.org/）に移行する決定をしたが，現存の検査プロトコールもしくは結果の解釈/分類方法などは変えない方針である．

## 遺伝性眼疾患の遺伝子検査

近年，遺伝性眼疾患の診断には革命が起こり，原因となる突然変異遺伝子の証明が特殊な遺伝子検査を発展させた(Clements et al., 1993, Suber et al., 1993, Aguirre et al., 1998, Petersen-Jones et al., 1999, Mellersh et al., 2006, Zangerl et al., 2006, Menotti-Raymond et al., 2007, Parker et al., 2007, Farias et al., 2010, Menotti-Raymond et al., 2010, Downs et al., 2011). 遺伝性眼疾患に利用できるDNA検査の数は，潜在する遺伝性眼疾患の遺伝子変異を確立するために申請されている新しい検査を含め急速に増加している．利用可能な検査の利点としては，検査可能な疾患をブリーダーが排除することができるということである．遺伝子検査には，ブリーダーや犬の飼い主が知っておくべき重要な特質が多くある．

### 遺伝子検査と眼科検査

遺伝子検査は，既知の特定の遺伝子変異に対してのみ行われる検査であるため，眼スクリーニングの代わりにはならない．いくつかの疾患では遺伝的不均一性がみられることがあり，遺伝子検査はそれらの中でも潜在する遺伝子の原因が確認されているものに限り行える．さらに，いずれのDNA検査もそれぞれ1種類の遺伝性疾患しかチェックできないのに対して，眼科検査は広範囲の眼疾患を検査することができる．これらは，遺伝子変異が確認されていて検査可能な遺伝性疾患，変異が確認されていない遺伝性疾患(新しく出現した遺伝子疾患を含む)および後天性眼疾患(すなわち非遺伝性疾患である)を含む．遺伝子検査と眼科検査の比較を表4.2に示す．

しかしながら，遺伝子検査にも眼科検査を超えるいくつかの重要な利点がある．

- 遺伝子型を識別する遺伝子検査と表現型を識別する眼科検査：遺伝子型とは動物がもって生まれた遺伝子構造である．遺伝子型を識別するDNA検査は，動物からDNAサンプルが採取できれば何歳でも可能である．表現型とは遺伝子型の身体的発現であり，それは動物がある程度の年齢になるまではっきりと目に見えない(疾患の発症する年齢による)．もしも遅く発症する疾患を表現型に頼って診断すると，動物は診断がでる前に繁殖に供されているかもしれない．

- いくつかの遺伝性疾患には診断的疑念がある：例としてコリー眼異常が挙げられる(第18章を参照)．脈絡膜形成不全(コリー眼異常の診断的病変である)は6〜7週齢の子犬では眼科検査で検出されるが，眼底色素の成長によって50〜60％以上の動物で隠されてしまう可能性がある(Bjerkas, 1991, Beuing, Erharft, 2002)．この色素の成長は，動物が成長してから検査された場合に脈絡膜形成不全の病変を見つけることができなくなっているということを意味している．これは「正常化」現象と呼ばれるが，動物は正常ではない(依然としてコリー眼異常に遺伝的には罹患している)ので間違った名称である．しかし脈絡膜形成不全の遺伝子検査は何歳であっても原因となる遺伝子変異を見つけることができる．

- 表現型模写の識別：表現型模写とは，検出される異常が遺伝性疾患によく似てはいるが環境誘発性ということである．例として，最終的に網膜全域の非薄化に発展する犬の突発性後天性網膜変性症候群が挙げられるであろう．眼科検査では，この網膜変性を進行性網膜萎縮(PRA：Progressive Retinal Atrophy)などのような遺伝性疾患によって起こる網膜変性と区別することはできない(病歴を聴取することで区別できる場合はある)．眼科検査は表現型の症状を確認し，その後遺伝子型を推測する．それゆえ，眼科検査で網膜変性が検出された場合，眼科専門医はPRAの典型所見であると述べるかもしれないが，眼科検査ではDNA検査を行わないので完全

**表4.2** 遺伝子検査と眼科検査の比較

| 遺伝子検査 | 眼科検査 |
| --- | --- |
| 100％正確(採材時，検査機関のミスを除く) | 臨床的判断は多少主観的(コリー眼異常の脈絡膜形成不全，多発性網膜異形成など) |
| 一種類の遺伝子変異のみを検出 | 眼科検査で確認できる遺伝性疾患を広い範囲で検査可能で，さらに非遺伝性眼疾患も検出できる |
| 劣性遺伝病のキャリアーを識別 | キャリアーは識別できない |
| 遺伝的に正常な個体を識別し安全に繁殖プログラムに使用可能 | キャリアーか正常かを区別することはできず，遅発性の疾患に罹患した個体では繁殖前に検出することはできない |
| 眼科検査で検出される徴候がでる前に罹患個体を識別可能 | 眼科検査上の徴候が現れるまで罹患個体を識別できない |

に立証することはできない（可能性は高いであろうが）．DNA検査は動物の表現型模写を遺伝性疾患と区別することができる．
- **劣性形質の疾患のキャリアーを識別する**：劣性形質の疾患では，そのキャリアーとなる動物（その疾患に対してヘテロ接合である）は疾患を識別できる表現型をもたない．これは臨床上の検査ではキャリアーであるかどうかを識別することはできないことを意味する．キャリアーの存在は，血統から劣性形質を排除することを非常に困難にしている．なぜなら遺伝子検査無しでは家系を辿るか（たとえば親が罹患しているなど）試験的に繁殖することでしかキャリアーを識別することができないからである．これと比較して，遺伝子検査はキャリアー動物を識別することができる．

要約すると，遺伝性疾患を撲滅するためには遺伝子検査と眼科検査の両方が必要とされるということである．

## 遺伝子検査の特異性

DNAに基づく遺伝子検査は検査対象となっている遺伝子に変異が存在するかしないかのみを識別する．このように遺伝子検査は高い特異性を示すため，遺伝子異質性をもつ疾患は混乱を招く恐れがある．この例としてゴールデン・レトリーバーのPRAが挙げられる．本書を執筆している現時点ではこの犬種のPRAには四つの独立した遺伝的要因があることが明らかになっている．この犬種におけるPRAの形態は*PRCD*遺伝子の変異によって引き起こされる進行性の杆体錐体変性が知られていたが（Zangerl et al., 2006），Downsら（2011）は*SLC4A3*遺伝子の変異による第二の形態を報告した．しかしその後の研究で*PRCD*および*SLC4A3*遺伝子が正常なゴールデン・レトリーバーにおいてPRAの臨床徴候が確認され，このことはこの品種においてその時点ではまだ確認されていない遺伝子変異をもつPRAの形態が，少なくとも一つ以上存在したという事を示している．ゴールデン・レトリーバーにおける三番目の遺伝的要因（*TTC8*）は現在では明らかになっており，遺伝子検査も利用できるようになっているが（表4.3参照），この品種においてはまだ確認されていない四番目の形態があるとするはっきりとした証拠がある（Downs et al., 2014）．この遺伝子異質性は，ブリーダーはDNA検査によってPRAの形態のうち*PRCD*，*SLC4A3*および*TTC8*遺伝子には異常を認めないが，その後の眼科検査で実はPRAであることが明らかになる犬を所有する可能性があるということを意味している．

## 検体採取

DNAは多種の組織検体から分離可能である．DNAベースの遺伝子検査には血液検体および頬粘膜から搔爬した細胞（頬粘膜スワブ）のどちらも一般的に利用されている．検体を採取する前に，検査機関が必要とする検体種や採材方法，取り扱いおよび輸送方法を把握しておくことが重要である．

## 血液検体

DNAは血液の有核細胞（すなわち白血球）から分離される．検体は一般的にエチレンジアミン四酢酸（EDTA）もしくは酸性クエン酸デキストロース（ACD）入りの採血管に採取される（検査機関の要望を確認後）．DNA検査はごく少量の検体で検査は可能であるが，検査機関は通常最小量の検体を要求する．検体は各動物で必ず新品の滅菌シリンジを使用して採取しなければならず，凝固していないことを確認しなければならない．もし検体が凝固した場合，廃棄して新しい検体を採取することが望ましい．検体は低温で保存し（たとえば冷蔵），梱包方法および規則に従って検査機関に送付すべきである．検体は冷凍もしくは遠心沈殿させてはならない．

## 頬粘膜スワブ

表層の上皮細胞を採取する目的で，細胞診用ブラシもしくは滅菌綿棒が口腔粘膜（頬の内側）の搔爬に使用される．検体を採取する前に，検査を実施する検査機関の要求を慎重に確認しておくべきである．ヒトもしくはその他の動物からDNAを採取する場合，血液検体よりも頬粘膜スワブの方がより汚染される機会が多い．このため，ブラシあるいは綿棒は滅菌状態でなければならず，先端に触れて汚染させてはならない．通常，汚染を避けるため検体採取前の1時間は動物に飲食物を与えないよう推奨されており，いくつかの検査機関は同様の時間，犬を他の動物と隔離することを推奨している．

検体を採取するため，綿棒あるいはブラシは頬と歯肉の間に置き，粘膜表面から細胞を採取するように頬の内側で回転あるいは擦り合わせる．おそらく検査機関は検査に供する動物1頭につき一つ以上の検体を要求するであろう．検体採取後，検体の付着した綿棒は自然乾燥（汚染を避けるため何も触れないようにして）させ，後ろ向きにして容器に入れる．容器には必ずはっきりと正確にラベルを貼らなければならない．湿気が汚染微生物を増殖させ，DNAを破壊するかもしれないので，頬粘膜スワブはプラスチック容器に入れてはならない．紙の封筒が理想である．頬粘膜スワブから採取されたDNAサンプルの量と質は血液検体か

ら採取されたものほど良質ではない．このため，いくつかの検査では頬粘膜スワブで検査することはできない場合がある．

### 検体の識別

証明書発行機関によっては，検体の出所が獣医師によって証明されており，その検体を採取した動物に永久個体識別（マイクロチップなど）がされていることを必要とする場合がある．その条件は検体採取の前に確認しておいた方がよい．

## 遺伝子検査による選択的繁殖の方法

純血種における多くの遺伝性疾患は劣性遺伝を示す．繁殖集団の中に表現型が正常なキャリアー動物（ヘテロ接合の遺伝子変異をもつ）が存在することで，選択繁殖によるその疾患の淘汰を困難にしている．例として英国におけるアイリッシュ・セターのPRAが挙げられる．ブリーダーは試験的繁殖をしてキャリアー個体を識別し，彼らの繁殖プログラムから排除している．通常，検査対象の個体と既知の罹患個体を繁殖させ，その結果生まれた子をPRAでないかどうか確認するために若いうちに網膜電位図を用いて検査し，あるいは眼科検査でモニターする．もしもPRAに罹患した個体が発生したら，それは検査対象の個体がPRAのキャリアーであったことを意味している．被検動物がキャリアーでないことを確信するために数頭の正常な子犬がつくられた．より多くの正常犬をつくれば，残った被検個体のキャリアー率は下がる（同腹子の規模によっては，1頭より多くの被検個体を必要とする場合がある）．英国におけるアイリッシュ・セターのブリーダーは長年にわたって同犬種におけるPRA症例の報告を受けておらず，全般的にこの疾患は根絶されたものと想定されていた．あるときアイリッシュ・セターにおけるPRAの潜在する遺伝子変異が見つかり，そこから遺伝子検査が発達した（Clements et al., 1993, Suber et al., 1993）．この検査はアイリッシュ・セターの一部で行われたもので，これは集団の中にはまだキャリアー個体が存在するということを示していた（Petersen-Jones et al., 1995）．この研究は，多くの世代でキャリアー個体がその集団内で低頻度ではあるが検出されないままになっている可能性があることを示していた．遺伝子検査はキャリアー個体を識別し，遺伝子プールから排除させることを可能にした．

しかしながら，遺伝子検査は繁殖プログラムに使用される動物に対して劣性遺伝のキャリアーであるかどうかを検査するためのみに使用され，今もなお発症個体の発生を防いでいる．発症個体の発生を防ぐため，キャリアー個体は必ず遺伝的に正常な個体と交配される．その結果生まれた子犬はキャリアーと遺伝的に正常な個体が入り交じっていることになる（予想される割合は50：50である）．キャリアー個体を繁殖プログラムに使用し続けることは，キャリアー個体が次世代の助けになり得る特徴をもつ場合，あるいはその品種において遺伝性疾患の発生率が高い場合に特に重要である．劣性遺伝病の発生率が高い品種には，遺伝的に正常な個体が比較的少ないと思われる．例えば，集団がハーディー・ワインベルク平衡にあり劣性遺伝病の発生率が1％であると仮定すると，その場合およそ集団の18％がキャリアーであると予測される．遺伝的に正常な個体のみを繁殖させることは遺伝子プールを狭くし，遺伝子の多様性を減弱させ，その品種から望ましい特徴を失ってしまう危険を冒すことになる．そしてさらに別の劣性遺伝病の出現を許し（今は品種のなかでは低水準で，おそらく検査することができないが），それは疾患が淘汰されていることよりももっと深刻である．

この例がミニチュア・ブル・テリアの原発性水晶体脱臼（PLL: Primary Lens Luxation）である．これは数の少ない品種であるが，PLLの遺伝子変異率の概算では，罹患率は15％にまで達しており，およそ47％の個体がキャリアーであることを示している（Gould et al., 2011）．単純に繁殖集団からすべての発症個体およびキャリアー個体を淘汰することは，長期にわたる種の存続に破滅を招くことになるであろう．何世代かにわたって徐々に遺伝性疾患を排除していくことが最も分別のある方法であり，遺伝子検査は，繁殖の際に「良い」遺伝子と「悪い」遺伝子を分けるための選択肢として使用すべきであると考えられる．

## 現在可能な遺伝子検査

表4.3に本著の執筆時点で検査可能な遺伝性眼疾患を示す．しかしながら，伴侶動物の遺伝学分野は絶えず変化しているため，DNA検査の最新情報については検査機関のウェブサイトを参照するのが望ましい．

### 第4章 遺伝性眼疾患の診断と管理

**表4.3** 現在利用可能な遺伝子検査（つづく）

| 品種 | 疾患名 | 遺伝子 | 検査機関 |
|---|---|---|---|
| アビシニアン，ソマリ，オシキャット，シャムおよびその系統の品種 | 常染色体劣性の進行性網膜萎縮，アビシニアンの網膜変性 | CEP290 | Laboklin<br>CatDNAtest.org<br>UC Davis VGL |
| アビシニアン，ソマリ | 常染色体優性の進行性網膜萎縮，網膜ジストロフィー | CRX | UC Davis VGL |
| アラスカン・マラミュート | 錐体変性（色盲） | CNGB3 | Optigen |
| アメリカン・コッカー・スパニエル | 常染色体劣性の進行性網膜萎縮，進行性杆体-錐体変性 | PRCD | Optigen |
| アメリカン・エスキモー・ドッグ | 常染色体劣性の進行性網膜萎縮，進行性杆体-錐体変性 | PRCD | Optigen |
| アメリカン・ピット・ブル | 錐体-杆体ジストロフィー2 | 未公表 | Optigen |
| オーストラリアン・キャトル・ドッグ | 常染色体劣性の進行性網膜萎縮，進行性杆体-錐体変性 | PRCD | Optigen |
|  | 原発性水晶体脱臼 | ADAMTS17 | Animal Health Trust |
| オーストラリアン・シェパード | コリー眼異常-脈絡膜形成不全 | NEHJ1 におけるイントロンの変異 | Optigen |
|  | 錐体変性（色盲） | CNGB3 | Optigen |
|  | 犬多発性網膜症タイプ1 | BEST1 | Optigen |
|  | 常染色体劣性の進行性網膜萎縮，進行性杆体－錐体変性 | PRCD | Optigen |
|  | 遺伝性白内障 | 熱ショック因子4（HSF4） | Animal Health Trust |
| オーストラリアン・スタンピーテイル・キャトル・ドッグ | 常染色体劣性の進行性網膜萎縮，進行性杆体-錐体変性 | PRCD | Optigen |
| バセンジー | 常染色体劣性の進行性網膜萎縮（バセンジー進行性網膜萎縮1） | S-antigen | Optigen |
| ビーグル | 原発性解放隅角緑内障 | ADAMTS10 | Not commercially avaiable |
| ボーダー・コリー | コリー眼異常-脈絡膜形成不全 | NEHJ1 におけるイントロンの変異 | Optigen |
| ボストン・テリア | 遺伝性白内障（若齢性のみ） | HSF4 | Animal Health Trust |
| ボイキン・スパニエル | コリー眼異常-脈絡膜形成不全 | NEHJ1 におけるイントロンの変異 | Optigen |
| ブリアード | 先天性停在性夜盲 | RPE65 | Animal Health Trust<br>Optigen |
| ブル・マスティフ | 常染色体劣性の進行性網膜萎縮 | rhodopsin | Optigen |
|  | 犬多発性網膜症タイプ1 | bestrophin1（BEST1） | Optigen |
| カネ・コルソ | 犬多発性網膜症タイプ1 | BEST1 | Optigen |
| ウェルシュ・コーギー・カーディガン | 常染色体劣性の進行性網膜萎縮，杆体-錐体異形成タイプ3 | PDE6A | Optigen |
| キャバリア・キング・チャールズ・スパニエル | 巻き毛のドライアイ/先天性乾性角結膜炎および魚鱗性皮膚症 | FAM83H | Animal Health Trust |
| チェサピーク・ベイ・レトリーバー | 常染色体劣性の進行性網膜萎縮，進行性杆体-錐体変性 | PRCD | Optigen |
| チャイニーズ・クレステッド | 常染色体劣性の進行性網膜萎縮，進行性杆体-錐体変性 | PRCD | Optigen |
|  | 原発性水晶体脱臼 | ADAMTS17 | Animal Health Trust |
| コトン・ド・テュレアール | 犬多発性網膜症タイプ2 | BEST1 | Optigen |
| ドーグ・ド・ボルドー | 犬多発性網膜症タイプ1 | BEST1 | Optigen |
| イングリッシュ・コッカー・スパニエル | 常染色体劣性の進行性網膜萎縮，進行性杆体-錐体変性 | PRCD | Optigen |
| イングリッシュ・アンド・ブルマスティフ | 犬多発性網膜症タイプ1 | BEST1 | Optigen |

**表4.3** （つづき）現在利用可能な遺伝子検査

| 品種 | 疾患名 | 遺伝子 | 検査機関 |
|---|---|---|---|
| イングリッシュ・スプリンガー・スパニエル | 進行性網膜萎縮，錐体-杆体ジストロフィー1 | *RPGRIP1* | Animal Health Trust |
| エントレブッハー・キャトル・ドッグ | 常染色体劣性の進行性網膜萎縮，進行性杆体-錐体変性 | *PRCD* | Optigen |
| フィニッシュ・ラップフンド | 常染色体劣性の進行性網膜萎縮，進行性杆体-錐体変性 | *PRCD* | Optigen |
| フレンチ・ブルドッグ | 遺伝性白内障 | *HSF4* | Animal Health Trust |
| ジャーマン・ショートヘアード・ポインター | 錐体変性(色盲) | *CNGB3* | Optigen |
| グレン・オブ・イマール・テリア | 錐体-杆体ジストロフィー3 | *ADAM9* | Optigen |
| ゴールデン・レトリーバー | 常染色体劣性の進行性網膜萎縮，進行性杆体-錐体変性 | *PRCD* | Optigen |
|  | 常染色体劣性の進行性網膜萎縮（ゴールデン・レトリーバーのPRAタイプ1） | *SLC4A3* | Animal Health Trust |
|  | 常染色体劣性の進行性網膜萎縮（ゴールデン・レトリーバーのPRAタイプ2） | *TTC8* | Animal Health Trust Optigen |
| ゴードン・セター | 遅発性PRA，杆体-錐体変性タイプ4 | *C2orf71* | Animal Health Trust |
| グレート・ピレニーズ(ピレニアン・マウンテン・ドッグ) | 犬多発性網膜症タイプ1 | *BEST1* | Optigen |
| アイリッシュ・レッド・アンド・ホワイト・セター | 常染色体劣性の進行性網膜萎縮，杆体-錐体異形成タイプ1 | *PDE6B* | Animal Health Trust Optigen |
| アイリッシュ・セター | 常染色体劣性の進行性網膜萎縮，杆体-錐体異形成タイプ1 | *PDE6B* | Animal Health Trust Optigen |
|  | 遅発性PRA，杆体-錐体変性タイプ4 | *C2orf71* | Animal Health Trust |
| ジャック・ラッセル・テリア | 原発性水晶体脱臼 | *ADAMTS17* | Animal Health Trust |
| ジャーマン・ハンティング・テリア | 原発性水晶体脱臼 | *ADAMTS17* | Animal Health Trust |
| カレリアン・ベア・ドッグ | 常染色体劣性の進行性網膜萎縮，進行性杆体-錐体変性 | *PRCD* | Optigen |
| クーバース | 常染色体劣性の進行性網膜萎縮，進行性杆体-錐体変性 | *PRCD* | Optigen |
| ラブラドール・レトリーバー | 常染色体劣性の進行性網膜萎縮，進行性杆体-錐体変性 | *PRCD* | Optigen |
|  | 眼骨格異形成，網膜異形成タイプ1を伴う矮小発育症 | *COL9A2* | Optigen |
| ランカシャー・ヒーラー | コリー眼異常-脈絡膜形成不全 | *NEHJ1*におけるイントロンの変異 | Optigen |
|  | 原発性水晶体脱臼 | *ADAMTS17* | Animal Health Trust |
| ラポニアン・ハーダー | 犬多発性網膜症タイプ3 | *BEST1* | Optigen |
|  | 常染色体劣性の進行性網膜萎縮，進行性杆体-錐体変性 | *PRCD* | Optigen |
| シルケン・ウインド・スプライト | コリー眼異常-脈絡膜形成不全 | *NEHJ1*におけるイントロンの変異 | Optigen |
| マルキースィエ | 常染色体劣性の進行性網膜萎縮，進行性杆体-錐体変性 | *PRCD* | Optigen |
| ミニチュア・ブル・テリア | 原発性水晶体脱臼 | *ADAMTS17* | Animal Health Trust |
| ミニチュア・ロングヘアード・ダックスフンド，スムースヘアード・ダックスフンド，ワイアーヘアード・ダックスフンド | 進行性網膜萎縮，錐体-杆体ジストロフィー1 | *RPGRIP1* | Animal Health Trust |
| ミニチュア・ワイアーヘアード・ダックスフンド | 錐体-杆体ジストロフィー | *NPHP4* | Animal Health Trust |

### 表4.3 （つづき）現在利用可能な遺伝子検査

| 品種 | 疾患名 | 遺伝子 | 検査機関 |
|---|---|---|---|
| ミニチュア・プードル，トイ・プードル | 常染色体劣性の進行性網膜萎縮，進行性杆体-錐体変性 | PRCD | Optigen |
| ミニチュア・シュナウザー | 常染色体劣性の進行性網膜萎縮タイプA | Phosducin | Optigen |
| ノルウェジアン・エルクハウンド | 常染色体劣性の進行性網膜萎縮，進行性杆体-錐体変性 | PRCD | Optigen |
|  | 常染色体劣性の進行性網膜萎縮-早期網膜変性 | STK38L | なし |
| ノヴァ・スコシア・ダック・トーリング・レトリーバー | コリー眼異常-脈絡膜形成不全 | NEHJ1におけるイントロンの変異 | Optigen |
|  | 常染色体劣性の進行性網膜萎縮，進行性杆体-錐体変性 | PRCD | Optigen |
| オールド・イングリッシュ・マスティフ | 常染色体劣性の進行性網膜萎縮 | rhodopsin | Optigen |
|  | 犬多発性網膜症タイプ1 | BEST1 | Optigen |
| パピヨン | 常染色体劣性の進行性網膜萎縮（パピヨンPRA1） | CNGB1 | Optigen |
| パーソン・ラッセル・テリア | 原発性水晶体脱臼 | ADAMTS17 | Animal Health Trust |
| パタデール・テリア | 原発性水晶体脱臼 | ADAMTS17 | Animal Health Trust |
| ペロ・デ・プレサ・カナリオ | 犬多発性網膜症タイプ1 | BEST1 | Optigen |
| ポーチュギーズ・ウォーター・ドッグ | 常染色体劣性の進行性網膜萎縮，進行性杆体-錐体変性 | PRCD | Optigen |
| ラット・テリア | 原発性水晶体脱臼 | ADAMTS17 | Animal Health Trust |
| ラフ・コリー，スムース・コリー | 杆体-錐体異形成タイプ2 | c1orf36 | Optigen |
|  | コリー眼異常-脈絡膜形成不全 | NEHJ1におけるイントロンの変異 | Optigen |
| サモエド | X連鎖性進行性網膜萎縮 | RPGR | Optigen |
|  | 眼骨格異形成，網膜異形成タイプ2を伴う矮小発育症 | COL9A3 | Optigen |
| スハペンドゥス | 常染色体劣性の進行性網膜萎縮 | CCDC66 | なし |
| シーリハム・テリア | 原発性水晶体脱臼 | ADAMTS17 | Animal Health Trust |
| シェットランド・シープドッグ | コリー眼異常-脈絡膜形成不全 | NEHJ1におけるイントロンの変異 | Optigen |
| シベリアン・ハスキー | X連鎖性進行性網膜萎縮 | RPGR | Optigen |
| シルケン・ウインドハウンド | コリー眼異常-脈絡膜形成不全 | NEHJ1におけるイントロンの変異 | Optigen |
| シルキー・テリア | 常染色体劣性の進行性網膜萎縮，進行性杆体-錐体変性 | PRCD | Optigen |
| スルーギ | 常染色体劣性の進行性網膜萎縮，杆体-錐体異形成タイプ1a | PDE6B | Optigen |
| スパニッシュ・ウォーター・ドッグ | 常染色体劣性の進行性網膜萎縮，進行性杆体-錐体変性 | PRCD | Optigen |
| スタッフォードシャー・ブル・テリア | 遺伝性白内障 | HSF4 | Animal Hralth Trust |
| スタンダード・ワイヤーヘアード・ダックスフンド | 錐体-杆体ジストロフィー | NPHP4 | Animal Health Trust |
| スウェーディッシュ・ラップフンド | 常染色体劣性の進行性網膜萎縮，進行性杆体-錐体変性 | PRCD | Optigen |
| テンターフィールド・テリア | 原発性水晶体脱臼 | ADAMTS17 | Animal Health Trust |
| チベタン・スパニエル | 常染色体劣性の進行性網膜萎縮，進行性網膜萎縮タイプ3 | FAM161A | Animal Health Trust |

### 表4.3 （つづき）現在利用可能な遺伝子検査

| 品種 | 疾患名 | 遺伝子 | 検査機関 |
|---|---|---|---|
| チベタン・テリア | 原発性水晶体脱臼 | *ADAMTS17* | Animal Health Trust |
| | 常染色体劣性の進行性網膜萎縮，進行性網膜萎縮タイプ3 | *FAM161A* | Animal Health Trust |
| | 遅発性PRA，杆体-錐体変性タイプ4 | *C2orf71* | Animal Health Trust |
| トイ・フォックス・テリア | 原発性水晶体脱臼 | *ADAMTS17* | Animal Health Trust |
| ヴォルピーノ・イタリアーノ | 原発性水晶体脱臼 | *ADAMTS17* | Animal Health Trust |
| ウェルシュ・テリア | 原発性水晶体脱臼 | *ADAMTS17* | Animal Health Trust |
| ワイアー・フォックス・テリア | 原発性水晶体脱臼 | *ADAMTS17* | Animal Health Trust |
| ヨークシャー・テリア | 原発性水晶体脱臼 | *ADAMTS17* | Animal Health Trust |
| | 常染色体劣性の進行性網膜萎縮，進行性杆体-錐体変性 | *PRCD* | Optigen |

## 参考文献と推薦図書

Aguirre GD, Baldwin V, Pearce-Kelling S *et al.* (1998) Congenital stationary night blindness in the dog: common mutation in the *RPE65* gene indicates founder effect. *Molecular Vision* **4**, 23

Beuing G and Erharft G (2002) Influences on the frequency of estimated Collie Eye Anomaly (CEA) in Collies and Shelties in preventive examination – results of a breeding club organization. *Kleintierpraxis* **47**, 407–413

Bjerkås E (1991) Collie eye anomaly in the rough collie in Norway. *Journal of Small Animal Practice* **32**, 89–92

Clements PJM, Gregory CY, Petersen-Jones SM, Sargan DR and Bhattacharya SS (1993) Confirmation of the rod cGMP phophodiesterase α-subunit (PDEα) nonsense mutation in affected *rcd-1* Irish Setters in the UK and development of a diagnostic test. *Current Eye Research* **12**, 861–866

Downs LM, Hitti R, Pregnolato S and Mellersh CS (2014) Genetic screening for PRA-associated mutations in multiple dog breeds shows that PRA is heterogeneous within and between breeds. *Veterinary Ophthalmology* **17**, 126–130

Downs LM, Wallin-Hakansson B, Boursnell M *et al.* (2011) A frameshift mutation in Golden Retriever dogs with progressive retinal atrophy endorses *SLC4A3* as a candidate gene for human retinal degenerations. *PLoS One* **6**, e21452

Farias FH, Johnson GS, Taylor JF *et al.* (2010) An ADAMTS17 splice donor site mutation in dogs with primary lens luxation. *Investigative Ophthalmology and Visual Sciences* **51**, 4716–4721

Gould D, Pettitt L, McLaughlin B *et al.* (2011) ADAMTS17 mutation associated with primary lens luxation is widespread among breeds. *Veterinary Ophthalmology* **14**, 378–384

Mellersh CS (2012) DNA testing and domestic dogs. *Mammalian Genome* **23**, 109–23

Mellersh CS, Pettitt L, Forman OP, Vaudin M and Barnett KC (2006) Identification of mutations in *HSF4* in dogs of three different breeds with hereditary cataracts. *Veterinary Ophthalmology* **9**, 369–378

Mellersh CS and Sargan D (2011) DNA testing in companion animals – what is it and why do it? *In Practice* **33**, 442–453

Menotti-Raymond M, David VA, Schäffer AA *et al.* (2007) Mutation in *CEP290* discovered for cat model of human retinal degeneration. *Journal of Heredity* **98**, 211–220

Menotti-Raymond M, Deckman KH, David V *et al.* (2010) Mutation discovered in a feline model of human congenital retinal blinding disease. *Investigative Ophthalmology and Visual Sciences* **51**, 2852–2859

Parker HG, Kukekova AV, Akey DT *et al.* (2007) Breed relationships facilitate fine-mapping studies: a 7.8-kb deletion cosegregates with Collie eye anomaly across multiple dog breeds. *Genome Research* **17**, 1562–1571

Petersen-Jones SM, Clements PJM, Barnett KC and Sargan DR (1995) Incidence of the gene mutation causal for rod-cone dysplasia type 1 in Irish Setters in the UK. *Journal of Small Animal Practice* **36**, 310–314

Petersen-Jones SM, Entz DD and Sargan DR (1999) cGMP phosphodiesterase-alpha mutation causes progressive retinal atrophy in the Cardigan Welsh Corgi Dog. *Investigative Ophthalmology and Visual Sciences* **40**, 1637–1644

Suber ML, Pittler SJ, Quin N, *et al.* (1993) Irish Setter dogs affected with rod-cone dysplasia contain a nonsense mutation in the rod cGMP phosphodiesterase beta-subunit gene. *Proceedings of the National Academy of Sciences of the United States of America* **90**, 3968–3972

Zangerl B, Goldstein O, Philp AR *et al.* (2006) Identical mutation in a novel retinal gene causes progressive rod-cone degeneration in dogs and retinitis pigmentosa in humans. *Genomics* **88**, 551–563

# 5

# 眼科における鎮痛と麻酔

## Louise Clark

痛みは多くの眼疾患に伴うものであり，十分な鎮痛を施すことは，すべての獣医師に求められる倫理的責任である．麻酔は様々な症例の管理に必要であり，その範囲は，非侵襲的な画像検査や電気生理学的検査の対象となる動物を単純に不動化するような場合から，健康な動物に対する軽度の外科的処置を施す場合，さらには健康上の問題が複数ある動物に複雑な眼内手術を実施する場合までと多岐にわたる．本章では，眼科罹患動物に対する麻酔について，下記の範囲を解説する．

- 鎮痛
- 麻酔に関連する眼の生理学
- 麻酔前の評価
- 麻酔計画の立案
- 術中のモニタリング
- 術後の管理
- 特殊な技術（神経筋遮断の実施を含む）

## 鎮痛

もしも痛みが不適切に，あるいは不十分にしか管理されていなければ，その動物にとって深刻な情況を招いてしまう．

- ストレス反応の活性による創傷治癒の遅延
- 麻酔からの覚醒不良
- 術後合併症が生じる危険性の増大
- 自傷を招く危険性の増大

## 眼の痛み

眼における感覚は，眼領域へ分岐する三叉神経の支配によってもたらされる．角膜は中央部の神経分布が豊富であり，角膜上皮および固有層表層には，固有層深層よりも密に侵害受容器が存在する．つまり，角膜中央部の表層に生じた潰瘍は臨床的な重症度の別にかかわらず，深部や辺縁部に生じたものよりも強い疼痛をもたらす可能性がある．短頭種の猫や犬は，（角膜の）侵害受容器に乏しく，同じ疾患でありながら長頭種に比べ，角膜の痛みをそれほど強く示さない．

角膜固有層の深層には圧力に対する機械受容器が存在し，高い圧力は侵害刺激のひとつであると考えられる．眼圧が上昇するとこれらの受容器が作動し，高眼圧に伴う極度の疼痛を招く原因となる．

眼表面の疼痛は局所麻酔薬の点眼によって一時的には解消されるが，緑内障や眼内の炎症を伴う動物がそうであるように，眼内に起因する痛みは，局所麻酔薬を点眼では取り除くことができず，しばしば沈うつや活動性の低下といった全身的な徴候を示す．

### 疼痛管理—実際に考えるべき事柄

痛みの原因は特定されるべきであり，可能であれば，取り除かれるべきである．痛みの原因を除去するためには，予後不良の緑内障に対する眼球摘出術のように外科的な介入が必要となったり，あるいはぶどう膜炎における抗炎症薬や毛様体筋麻痺薬の使用といった，痛みを引き起こす病態に対する，より直接的な治療が必要となったりするであろう．鎮痛薬の使用は，臨床症状の重症度と，症例それぞれの治療方法に基づいて計画されることになる．外科手術が行われる場合には，先取り鎮痛およびマルチモーダル鎮痛の実施が適切である．

### 先取り鎮痛およびマルチモーダル鎮痛

先取り鎮痛の基本的な考え方は，侵害刺激（外科手術など）が加わるよりも先に鎮痛を施すことにより，鎮痛薬の投与がより効果的になるというものである．覚醒状態にない動物は痛みを知覚こそしないが，それでも中枢神経系における生理学的な変化は生じており，末梢と中枢における感作を引き起こす．先取り鎮痛の目的は，これらの変化を最小限にし，術後に必要となる鎮痛薬を減らすことにある．マルチモーダル鎮痛とは，複数の鎮痛薬を同時に使用することにより，痛みの経路における複数の異なる反応部位に作用させ

## 第5章 眼科における鎮痛と麻酔

る方法である．したがって，鎮痛はより効果的となり，それぞれの薬物の投与量（およびその副反応）を減らすことが可能となる．

### 外科手術における配慮

外科手術に伴う損傷を最小限にすべく組織を丁寧に取り扱うことは，鎮痛薬の要求量を減少させ，術後の疼痛を軽減させることに繋がる．

### 看護における配慮

動物は，眼科での主訴とは関係のない複数の疾患に罹患している可能性があり，それは入院や運動の制限によって悪化してしまうような疾患かもしれない．一例として，骨関節炎のある老齢の罹患動物では，頻繁な運動によって痛みの臨床症状が軽減されることが挙げられる．

### 鎮痛薬

#### オピオイド

オピオイド受容体は中枢神経系（CNS）および末梢神経系に広く存在する．オピオイド（表5.1）はこれらの受容体を対象として，様々な方法により投与することができる．モルヒネやメサドンといったミュー（μ）（OP3）受容体完全作動薬は強力な鎮痛薬である．ブプレノルフィンのようなミュー受容体部分作動薬はそれほど強力な鎮痛効果を有さず，犬における重度の疼痛を管理するのにはあまり向かない．一方，猫において，ブプレノルフィンはモルヒネよりも効果的な鎮痛薬となり得る．これは，猫が肝臓における特定の酵素を持たず，モルヒネを鎮痛作用のある代謝物へと変換することができないためである．メサドンもまた猫ではその効果が証明されている薬物である．猫の場合には，筋肉内あるいは静脈内に投与されるのと同じ用量のブプレノルフィンを経口腔粘膜投与することでも効果が得られる．

完全作動薬を投与した後に部分作動薬を投与すると，完全作動薬を拮抗してしまうことがある．オピオイドを全身に投与すると，眼科にかかわるようないくつかの副反応が引き起こされる．これらの薬物は顕著な散瞳を猫に，縮瞳を犬に引き起こす．また，モルヒネやパパベレタムは嘔吐を引き起こすため，眼圧の上昇している動物や，眼球に損傷のある動物には投与すべきでない．ペチジンやメサドン，ブプレノルフィンは嘔吐を起こさない．トラマドールは「自宅で」投与することができることから，一般的な経口鎮痛薬となってきており，全身的なオピオイドの投与が必要な動物であっても入院させずに済むようになった．しかしながら，その薬物動態は未だ完全には解明されていない．角膜の疼痛に対する経口的なトラマドール投与の効果については，限られた情報しかない（Clark et al., 2011）．トラマドールは効果的な鎮痛薬となるかもしれないが，猫への経口投与はそれほど容易ではない（Pypendop et al., 2009）．

角膜に分布する神経線維にはミューとデルタ（δ）両方のオピオイド受容体が存在し，オピオイドを点眼投与すれば受容体へ到達させることが可能である．モルヒネの点眼投与は当初，眼における鎮痛に有効であると報告されたが，最近の研究では有効性を示すことができていない（Stiles et al., 2003；Thomson et al., 2010）．他にも，点眼可能なオピオイドとしてナルブフィンがあるが，これもまたそれほど効果的ではないことが示されている（Clark et al., 2011）．

**表5.1** 犬および猫におけるオピオイドの投与用量

| 薬物 | 動物種 | 用量 | 効果時間 |
| --- | --- | --- | --- |
| メサドン* | 犬 | 0.1〜0.5 mg/kg i.m., i.v., s.c. | 3〜4時間 |
| | 猫 | 0.1〜0.3 mg/kg i.m., i.v., s.c. | 3〜4時間 |
| ブプレノルフィン* | 犬 | 0.01〜0.02 mg/kg i.v., i.m., s.c. | 6〜8時間 |
| | 猫 | 0.01〜0.02 mg/kg i.v., i.m., s.c., OTM | 6〜8時間 |
| ブトルファノール*† | 犬 | 0.2〜0.4 mg/kg i.v., i.m., s.c. | 1〜2時間 |
| | 猫 | 0.2〜0.4 mg/kg i.v., i.m., s.c. | 1〜2時間 |
| フェンタニル CRI | 犬 | 3〜5 μg/kg ボーラス + 3〜6 μg/kg/h i.v. | |
| フェンタニル CRI | 猫 | 2〜3 μg/kg ボーラス + 2〜3 μg/kg/h i.v. | |
| モルヒネ CRI | 犬 | 0.3 mg/kg + 0.12 mg/kg/h i.v. | |

*は英国における(訳註1)動物用医薬品承認製品（『BSAVA Manual of Canine and Feline Anaesthesia and Analgesia』より転載）

訳註1：†は日本における動物用医薬品承認製品であることを示す．

## 非ステロイド性抗炎症薬

非ステロイド性抗炎症薬（NSAIDs）（表5.2）はプロスタグランジンの合成にかかわるシクロオキシゲナーゼのアイソザイムであるCOX 1とCOX2を阻害する．プロスタグランジンは末梢における炎症性メディエーターであり，中枢神経系では神経伝達物質として作用する．NSAIDsは鎮痛薬であるのと同時に，抗炎症薬であり解熱薬である．これらの薬物はその種類によって，血小板の機能にも影響することがある．

NSAIDsは高い比率でタンパク質に結合し，肝臓で代謝される．猫での薬物排泄は犬に比べて遅い．最も一般的な副反応は消化管毒性であり，長期投与の場合にはなおさらである．腎毒性，特に低血圧（ショック，麻酔時）についても考慮する必要がある．現在，英国において犬への全身投与が承認されているNSAIDsには，カルプロフェン，メロキシカム，テポキサリン，フィロコキシブ，マバコキシブ，ロベナコキシブがある．一方，猫ではメロキシカム，ロベナコキシブ，カルプロフェンが承認されている(訳註3)．猫におけるNSAIDsの長期使用については，ISFM（The International Society of Feline Medicine）and AAFP（American Association of Feline Practitioners）Consensus Guidelines（2010）に実践的な情報が詳細に記載されているので，参照することを勧める．

## 局所麻酔薬

局所麻酔薬はナトリウムイオンの輸送を阻害することにより，活動電位の発生を抑制し，神経インパルスの伝導を遮断する．これらの薬物は上行性の侵害刺激をすべて遮断することにより，完全な鎮痛をもたらす．また，抗不整脈薬としても用いられているが，過量投与の場合には中枢神経系毒性や心臓毒性の生じる可能性がある．局所麻酔薬は肝臓で代謝されるため，肝不全のある動物や，心拍出量の低下した動物に毒性の生じる可能性が高い．リドカインは猫に対する治療指数が小さく(訳註4)，定速持続投与法（CRI）による投与は推奨されていない．ブピバカインは治療困難な心停止を引き起こす可能性があり，**決して静脈内に投与してはならない**．しかし，球後ブロックなどの局所あるいは領域麻酔法に用いる場合には，ブピバカインは非常に有用な薬物である．リドカインは犬および猫に対する使用が承認されており(訳註5)，ブピバカインは承認こそされていないが広く用いられている．

Smithら（2004）の予備研究によれば，術中のリドカイン投与（1.0 mg/kg i.v.に続き，0.025 mg/kg/分の持続投与）は，犬の眼内手術においてモルヒネと同等の鎮痛効果を示したと報告されている．この研究は大きな標本数を用いて行われたわけではないが，定速持続投与されたリドカインが，揮発性麻酔薬の要求量を著しく減少（最小肺胞内濃度の低下に基づく）させることは多くの研究によって示されている．

**領域および点眼麻酔**：プロキシメタカインやアメソカインといった点眼局所麻酔の詳細は第7章にて述べる通りである．局所麻酔薬を球後投与することにより，除核手術(訳註6)の術中および術後において有用な眼球

**表5.2** 英国において(訳註2)犬および猫への周術期における適用が承認されている非ステロイド性抗炎症薬（Gurney, 2012）

| 薬物 | 動物種 | 用量 | 備考 |
| --- | --- | --- | --- |
| メロキシカム† | 犬 | 0.2 mg/kg i.v., s.c. | |
| | 猫 | 0.3 mg/kg s.c. | 続けて経口投与を実施する場合には0.2 mg/kg |
| カルプロフェン | 犬 | 4 mg/kg i.v., s.c. | |
| | 猫 | 4 mg/kg i.v., s.c. | 投与は一回のみ |
| ロベナコキシブ† | 犬 | 2 mg/kg s.c. | |
| | 猫 | 2 mg/kg s.c. | |
| フィロコキシブ | 犬 | 5 mg/kg P.O | |
| シミコキシブ | 犬 | 2 mg/kg P.O | |
| トルフェナミン酸 | 犬 | 4 mg/kg i.m., s.c. | |

訳註2：†は日本において承認されている非ステロイド性抗炎症薬
訳註3：日本では，カルプロフェン，テポキサリン，フィロコキシブ，ロベナコキシブ，メロキシカムが犬での承認を受けており，猫ではロベナコキシブと急性痛についてのみメロキシカムが承認を受けている．
訳註4：致死量と効果用量の差が小さいことを意味する．
訳註5：英国では承認されているが，日本ではリドカイン，ブピバカインのいずれも動物用医薬品としての承認を受けていない．
訳註6：白内障に対する治療としての水晶体摘出術と同意．

図5.1　球後針

の不動と鎮痛を得ることができる(Myrna et al., 2010).

効果発現の早いリドカイン(1 mg/kg以下)に作用時間の長いブピバカイン(1 mg/kg)を組み合わせることにより,術後の鎮痛をより効果的にすることができる.0.5%(5 mg/mL)ブピバカインと2%(20 mg/mL)リドカインを前述の用量で投与しようとすると,合計の投与量は1.5 mL/10 kgとなり,薬液は眼球後部のスペースに十分,分布するはずである.

合併症には,眼球損傷や出血,眼球の穿孔,麻酔による筋毒性,脳幹への麻酔作用が挙げられる.脳幹への麻酔作用は近年,猫で報告され,適切な用量の局所麻酔薬により球後麻酔を施されたにもかかわらず生じたとされている.なお,この症例は適切な支持療法を受け,完全に回復している(Oliver and Bradbrook, 2012).球後ブロックを行う際には,ヒト用に設計された湾曲式の球後針を用いることが望ましい(図5.1).その他には,22 Gの脊髄針(スパイナル針)がこの手技に使用されている(Accola et al., 2006).ただし,脊髄針(スパイナル針)はベベルが長く非常に鋭利なため,筆者はこれを使用していない.

### $α_2$-アドレナリン受容体作動薬

$α_2$-アドレナリン受容体作動薬は強力な鎮静薬であり,鎮痛薬でもある.これらの薬物は攻撃的であったり,興奮したりしている動物には適した麻酔前投与薬となり得るが,一方で心血管系への顕著な副作用があり,適切な配慮が必要となる.非常に低用量のメデトミジンは他の薬物と組み合わせて使用するのに適しており,麻酔からの覚醒を円滑なものにすることができる.個人的な経験に基づくものではあるが,犬ではメデトミジン(0.9%生理食塩水を用いて希釈したメデトミジン1 μg/kgを緩徐に静脈内投与)によって短時間の良好な鎮静を得ることが可能である.デクスメデトミジンも同様の方法で使用できるはずである.理論上では,デクスメデトミジンはメデトミジンの半分の用量を投与すべきであるが,臨床経験から言えば,デクスメデトミジンが2倍強力であるということはなく,0.5 μg/kgよりも多い用量が必要となる.非常に興奮した,あるいはストレスのかかった犬の場合には,より高用量(2～3 μg/kgのメデトミジン)が必要となるであろうが,その際には薬液を希釈した上で,効果が確認できるまでの用量だけを緩徐に投与すべきである.猫も同様の方法により鎮静が可能であるが,犬に用いる2～3倍の用量が必要となる.なお,これらの手法は,$α_2$-アドレナリン受容体作動薬の適用として承認を受けたものではない(訳註7).

### ケタミン

ケタミンは,脊髄のN-メチル-D-アスパラギン酸(NMDA)受容体に作用し,侵害刺激の伝達を調節する強力な鎮痛薬である.しかしながら,犬および猫の眼科手術にかかわる鎮痛効果についての情報は,未だ乏しい状況にある.ケタミンは眼球を正位に保ち,散瞳を引き起こすため,網膜の画像診断や電気生理学的な評価を行う際にも有用である.

## 麻酔に関連する眼の生理学

眼の生理学的側面は,様々な症例を治療する上で重要であるが,麻酔による影響を強く受け,時に乱されることがある.麻酔による影響を受けるものとして,眼圧や涙液産生,眼球の操作にかかわる心臓反射が挙げられる.

### 眼圧

術前あるいは術中における眼圧の管理が適切でないと,脆弱になった眼球を破裂させてしまう可能性がある.罹患動物を取り扱ったり,麻酔を施したりする際には,できる限り眼圧を上昇させないようにすべきである.直接的あるいは間接的に眼圧に影響する臨床上の手技および生理学的な要因には以下のものがある.

- 静脈血圧
- 動脈血圧
- 眼球に直接かかる圧力
- 動脈血ガス分圧($PaCO_2$および$PaO_2$)
- 薬物
- 外科手術

### 静脈血圧

静脈血圧の上昇は,静脈排出と眼球からの眼房水排出を減少させることにより,眼圧を上昇させてしまう

---

訳註7:日本でもメデトミジンが動物用医薬品として承認を受けているが,承認されている投与方法は筋肉内投与のみである.

可能性がある．首輪や首にかける引き綱はいずれも頸静脈を締めつけ，静脈血圧を上昇させてしまう．また，採血のために頸静脈を圧迫する操作，そして頸部への包帯や，麻酔中に不適切な体位をとらせることも同様の影響をもたらす．頸静脈の圧迫を避け，静水圧効果による静脈血圧の上昇を防ぐため，頭部をやや挙上させておくべきである．

気道の閉塞は静脈血圧に大きな影響を与える．この影響は，角膜や眼内の手術のために，頸部が腹側にきつく湾曲するような格好で動物が保定された場合に最も生じやすい．そのため，体位を慎重に決定し，注意深くモニタリングを行う必要がある．気道閉塞を早期に発見するには，カプノグラムや人工呼吸器は，気道の閉塞を早期に発見するための優れた指標となる．頸部を腹側に屈曲させる必要のある眼科処置を実施する際には，らせん状の鋼線で補強された気管内チューブを使用することが推奨される(訳註8)．

### 動脈血圧

動脈血圧の変動が広い範囲に及ぶのに対して，眼圧はあまり変動せず安定している．しかしその一方で，動脈血圧の急激な変化は，眼圧に一過性の変化を生じさせてしまう．不適切な鎮痛，あるいは不十分な麻酔深度が原因となり，動脈血圧が急速な上昇を示す場合には，フェンタニルのような強力なオピオイドの投与が望ましいであろう．

### 眼球に直接かかる圧力

麻酔を導入する際にマスクを不用意に押し当ててしまったり，麻酔を施された動物の体位を固定する際に配慮のない取り扱いをしてしまったりすることは，眼球に圧力をかけてしまうため，避けなければならない．片側のみに治療が必要な症例では問題のないことが多い反対側の眼球であっても，眼球にかかる圧力によって損傷の生じる可能性があることから，治療対象とは反対側の眼球についても個別の配慮が必要となる．自傷もまた避けなければならない．エリザベスカラーを常用することについての意見はそれぞれの眼科専門医によって異なるが，やたらと堅くきついエリザベスカラーよりは，肢に包帯を巻く方法の方が好ましいのかもしれない．適切な鎮痛を，そして必要であれば鎮静を施すことによって，自傷を軽減することができるであろう．

### 薬物

嘔吐やえづき，それに咳のすべてが眼圧を上昇させる．モルヒネやメデトミジンのような催吐作用のある薬物は，低用量のメデトミジンであれば滅多に嘔吐を引き起こさないとはいえ，使用を避けることが望ましい．麻酔深度が十分に深くない状態での気管内挿管は，発咳を引き起こし，眼圧を上昇させる．喉頭を操作することも避けるべきである．麻酔導入の際にフェンタニル（〜2 μg/kg以下）を併用することで，喉頭の反射を抑制できる場合がある．リドカインを用いた喉頭の局所麻酔は猫において有用である．また，過去の報告（Jolliffe et al., 2007）とは矛盾するものの，犬ではリドカイン（1 mg/kg）の静脈内投与が効果的な可能性もある．

### 涙液産生

犬では麻酔による涙液産生の低下が最大で24時間に及ぶ（Herring et al., 2000; Shepard et al., 2011）．麻酔に際して多くの薬物が投与され，薬理学的に種類の異なるそれぞれの薬物が，涙液の産生にそれぞれ異なる影響を及ぼす．

- ブトルファノールやフェンタニル，ペチジン，ブプレノルフィンを含むオピオイドは涙液産生を減少させる．
- $a_2$-アドレナリン受容体作動薬の作用は薬物によって様々（例えば，メデトミジンは重大な影響を及ぼすが，キシラジンはほとんど影響しない．）であるが，$a_2$-アドレナリン受容体作動薬にオピオイドを組み合わせると，著しい涙液産生の低下を引き起こす(訳註9)．

---

訳註8：一般的な柔らかいチューブは強く屈曲すると折れてしまい，内径が小さくなるが，これらは屈曲しても内径を維持することができる．

訳註9：原著では，メデトミジンが涙液量を減少させるのと異なり，キシラジンは涙液量にほとんど影響しないとの記述があるが，これは既に正しい認識ではなくなってしまっている．確かにDodamらは，犬に0.5 mg/kgのキシラジンを筋肉内に投与したところ，涙液量の有意な変化が観察されなかったことを報告したが（Dodam et al., Vet Ophthalmol, 1998）これは投与用量と投与後の観察時間についてかなり限定的なものであった．そこで訳者らのグループでは，異なる用量のメデトミジン（5〜40 μg/kg）とキシラジン（0.5〜4 mg/kg）をそれぞれ犬に筋肉内投与し，Dodamらよりも長時間となる観察を実施した．その結果，キシラジンもメデトミジンと同じく，用量依存的に犬の涙液量を減少させることが明らかとなった（Kanda et al., Am J Vet Res, in Press）．一方，猫においても，キシラジン2 mg/kgの筋肉内投与によって涙液量が有意に減少したことをGhaffariらが報告している（Ghaffari et al., Vet Ophthalmol, 2010）．したがって，キシラジンあるいはメデトミジンのいずれであっても，犬および猫に対して使用する場合には，涙液の減少について配慮を欠かすべきではないだろう．

- アトロピンは涙液の産生を著しく低下させる．
- 近年の研究では涙液の産生に影響しないと示唆されているが，過去にはアセプロマジンの関与も示されていた（Mouney et al., 2011）．

ケタミンを中心にした麻酔では，眼球が正中に位置した状態で「開眼」する傾向にあるため，角膜が乾燥してしまう恐れがある．これと同様の心配が神経筋遮断薬（NMBA：neuromuscular blocking agent）にも当てはまる．鎮静あるいは麻酔を施されたすべての症例およびオピオイド性鎮痛薬が投与されている症例には，人工涙液（第7章を参照）を定期的に点眼すべきである．短頭種の動物および，NMBAあるいはケタミンを中心とした麻酔を施された動物に対しては，角膜の乾燥についてより一層の注意が必要となる．

### 眼球の操作に伴う心臓反射

眼心臓反射（OCR：oculocardiac reflex）は従来より，眼球の牽引やその他の操作に伴って生じると考えられている．受容器からの刺激は毛様体神経および三叉神経の眼神経線維へ伝えられ，三叉神経感覚核および内臓運動性核を経て，迷走神経へと伝達される．この迷走神経刺激により徐脈が生じるが，極端な例では心停止が起こることもある．しかしながら，犬や猫におけるOCRについての記載は稀であり，獣医臨床においてはそれほどの重要性を有さない．眼球を操作する処置に先行して副交感神経遮断薬（抗コリン薬）を非経口的に投与することも，今では推奨されなくなっている．これらの薬物は不整脈を含む有害な反応を引き起こす恐れがある上に，作用時間が十分でない場合がある．球後ブロックがOCRの予防法として提唱されてはいるが，局所麻酔薬の球後投与そのものがOCRを誘発してしまう可能性もある．

眼球の操作に伴う徐脈に対しては，適切なモニタリングと迅速な対応をすることこそが推奨される．OCRが認められた際には，眼球の牽引を解除するなどして，刺激の原因そのものを取り除くべきであり，副交感神経遮断薬が必要な場合には静脈内へ投与すべきである．

### 麻酔前の評価

周麻酔期の進行や管理に影響する可能性のある項目について検討することこそが，麻酔前評価の目的である．したがって，麻酔前評価は本来，実施される処置

**表5.3** 全身投与によって麻酔薬および鎮痛薬に影響を与える可能性のある薬物

| 薬物の種類 | 例 | 臨床的な影響 |
|---|---|---|
| 抗菌薬 | アミノグリコシド系 | 腎臓毒性，神経筋遮断薬（NMBA）との相互作用 |
| 循環器薬 | β-遮断薬 | 心収縮力の低下，徐脈 |
| | アンジオテンシン変換酵素（ACE）阻害薬 | 血管拡張，低血圧の可能性 |
| | 強心配糖体（ジゴキシン） | 電解質異常に対する感受性の増大，副交感神経遮断薬の投与を避ける |
| | 利尿薬（様々な種類のもの） | 循環血液量の低下および低血圧の可能性，電解質異常 |
| 鎮痛薬 | オピオイド | 麻酔前投与薬との相乗効果 |
| | 非ステロイド系抗炎症薬（NSAIDs） | コルチコステロイドとの併用を避ける，低循環血液量，低アルブミン血症，低血圧，腎臓および肝臓の疾患 |
| コルチコステロイドの全身投与 | | 長期投与によって医原性の副腎皮質機能亢進症を引き起こす可能性がある．NSAIDsとの併用を避ける，すでに長期投与されている場合には周術期においてもコルチコステロイドの投与が必要となるだろう，糖尿病患畜への投与を避ける，創傷治癒に深刻な影響を与える恐れがある |
| 行動改善薬 | セレギリン/クロミプラミン | それぞれ異なる作用によるセロトニン濃度の上昇，理論上は，ペチジンおよびトラマドールの投与を避けるべきである（セロトニン症候群の危険性があるため） |
| 尿失禁治療薬 | フェニールプロパノールアミン | 臨床的な高血圧（ノルアドレナリン）[訳註10]，トラマドールはノルアドレナリンの再取り込みを抑制するため，投与を避ける |
| 抗けいれん薬 | フェノバルビタール | 麻酔薬の要求量を減少させる可能性 |
| 高血圧治療薬 | アムロジピン | 低血圧の可能性 |
| 化学療法薬 | | 臓器毒性，創傷治癒遅延，骨髄抑制，取り扱い従事者の安全に対する配慮 |

訳註10：ノルアドレナリン様作用による高血圧を指す．

に先立って行われるべきである．あらゆる症例の麻酔前評価について網羅しようとすることは本章の範囲を超えてしまうため，ここでは一部の具体的な疾患に関する要点や，症例を診断および治療していくための戦略について記述する．

## 既往歴

過去の薬物投与や麻酔を含め，あらゆる点についての既往歴を知り得ておくべきである．その動物が麻酔に影響しそうな疾患を併発しているかどうかの判断は重要なことである．

## 継続中の薬物治療

獣医療では，薬物の相互作用についてあまり注意が払われてはいないが，一般的に処方される多くの眼科薬およびその他の薬物が麻酔薬に影響したり，麻酔に影響を与えるような生理学的変化を生じさせたりすることはあり得る（表5.3および5.4）．

## その他に必要となる診断検査

麻酔前に行われる血液検査については未だ議論の余地があるものの，麻酔処置を受けるすべての動物に対して「無作為に」血液検査を行ったところ，血液検査の有無は病的状況の発生率に影響しなかったことが多くの研究によって示されている．しかしながら，既往歴や診断検査の結果から疾病の存在が疑われる場合には，適切な追加検査を実施し，麻酔処置を施すよりも前に，その結果を評価すべきである．

## 麻酔計画の立案

徹底的な麻酔前評価に加え，罹患動物固有の要因や既往症，そして眼症状は麻酔計画を考える際に不可欠な項目である．

## 罹患動物側の要因

麻酔管理に影響する罹患動物側の要因のうち重要なものを表5.5にまとめる．

**表5.4** 局所あるいは全身への投与によって麻酔薬および鎮痛薬に影響を及ぼす可能性のある眼科治療薬

| 薬物 | 目的 | 分類 | 投与経路 | 全身への影響および麻酔との関連 |
|---|---|---|---|---|
| アドレナリン（エピネフリン） | 散瞳 | α-およびβ-アドレナリン作動薬 | 前眼房内投与 | 頻脈および高血圧．1：10,000に希釈してから投与すること．低濃度のアドレナリンを含む灌流液は臨床上の効果をほとんど示さない（気管支拡張） |
| フェニレフリン | 散瞳，止血 | $\alpha_1$-アドレナリン作動薬 | 点眼投与 | 著しい高血圧および徐脈，不整脈を示すことが報告されている．10%溶液の使用は避ける．メデトミジンの投与などによって血管が収縮している場合には，より強く悪影響を与える可能性がある．アセプロマジンなどの投与による血管拡張を改善する可能性がある |
| アトロピン | 散瞳，毛様体筋麻痺 | 副交感神経遮断薬（抗コリン性） | 点眼投与 | 頻脈および不整脈，涙液産生の減少，苦味による流涎（気管支拡張） |
| アセタゾラミド | 眼圧低下 | 炭酸脱水素酵素阻害薬 | 全身投与 | 代謝性アシドーシス，低カリウム血漿および高クロール血漿．麻酔中に呼吸性アシドーシスが生じた場合には，影響は複合的なものになる．嘔吐，下痢，食欲不振，虚弱，多尿 |
| チモロールベタキソロール | 眼圧低下 | $\beta_1$-選択性β-遮断薬 | 点眼投与 | 徐脈および気管支収縮 |
| マンニトール | 眼圧低下 | 浸透圧利尿薬 | 全身投与 | 循環容量の急速な増加および，それに続く循環血液量の低下/脱水，血漿高浸透圧および電解質異常．循環器疾患や腎臓疾患のある場合には注意が必要となる |
| グリセロール | 眼圧低下 | 浸透圧利尿薬 | 全身投与 | 高血糖および糖尿．糖尿病の患畜への投与を避ける．投与中の嘔意や嘔吐 |
| ピロカルピン | 眼圧の管理，乾性角結膜炎 | 副交感神経興奮薬（コリン作動性） | 点眼投与，経口投与 | 徐脈および気管支収縮（嘔吐や下痢といったその他のコリン作動性作用） |
| アセチルコリン | 眼圧の管理 | 副交感神経興奮薬（コリン作動性） | 前眼房内投与 | 徐脈および気管支収縮（嘔吐や下痢といったその他のコリン作動性作用） |
| カルバコール | 眼圧の管理 | 副交感神経興奮薬（コリン作動性） | 前眼房内投与 | 徐脈および気管支収縮（嘔吐や下痢といったその他のコリン作動性作用） |

臨床的に関連の疑わしい症状については括弧を付した．

表5.5 麻酔薬や鎮静薬の選択にかかわる罹患動物側の要因

| 要因 | 臨床との関連 |
|---|---|
| 年齢 | 新生子は心血管系や呼吸器系，肝臓，腎臓それぞれの機能が未熟であるために，薬物の代謝が成体とは異なる．老齢動物では，心臓予備力の低下，心拍出量の減少，機能的残気量の減少が起こり，肝臓および腎臓の全般的な機能低下や神経の変性が生じている可能性もあるが，おそらくこれらは明らかな臨床症状を示さない |
| 気質 | 怖がっていたり緊張したりしているような動物には鎮静が必要となる場合が多いが，これは過度な保定よりも望ましいことがほとんどである．薬物の理論上の利点や欠点というのは，罹患動物の扱いが困難な場合について言えば，それほど重要な問題ではない．眼球に損傷のある動物を保定するのに，決して頸部を利用してはならない．麻酔箱を用いた急速な麻酔導入については，心血管系への悪影響を理由に禁忌であるとされている．どうしても麻酔箱を用いた導入が必要な場合には，恐怖や緊張を軽減するために何らかの鎮静処置が必要である |
| 各品種の感受性 | サイトハウンドはバルビツレートを実質的には代謝できず，覚醒までに長時間を要することがよくあるため，これら薬物の使用を避けた方がよい．大型品種はアセプロマジンに対して強い感受性を示すことがあり，1 mgを最大として投与するのが賢明であろう |
| 各品種の形態 | 短頭種は，麻酔覚醒時には特に，適切な気道管理が必要とされる |
| BCS | 肥満はよくあることだが，薬物の分布に影響し，しばしば低換気を引き起こす原因となる |

## 併発疾患

外傷のある動物の場合，眼以外の部位への損傷は命の危険に直結する恐れがあるため(気胸など)，そちらが優先されるべきである．眼科を受診する多くの動物は高齢であり，様々な併発疾患を伴っている．適切かつ十分な検査と治療が，これらの併発疾患に対して施されるべきである．

糖尿病は，水晶体乳化吸引手術を受ける動物によくみられる併発疾患である．入院や投薬，外科手術により，安定状態にあった糖尿病の動物の多くが不安定な状態にされてしまう．こういった動物に対する治療をいかに進めるべきかといった情報は決して多くないが，外科手術よりも先に，ある程度安定した状態にすることを目指すことが賢明であり，状態の改善については臨床経過や血清フルクトサミン濃度，血中グルコース濃度に基づいて評価することが可能である．ケトアシドーシスの動物に麻酔をかけるのは避けたほうが賢明である．そこで，静脈血ガス分析と同様，術前の尿検査が有用である．飢餓状態が長くなることを避け，回復期のモニタリングをしっかりと行うために，治療は朝から開始すべきである．術前のインスリン投与用量はどの程度が適切なのかは意見がまとまっていない．臨床経験上，インスリン投与前の時点で低血糖でなければ，通常の半量のインスリンを投与し，血糖値測定(30〜45分毎)を併せて行うのがよさそうである．術中の血糖値が16 mmol/Lを超える場合には，水溶性インスリンの投与を推奨する者もいるが，病的状況の発生率に対する影響を示した論文はあまりない(Oliver et al., 2010)．血糖値が約5 mmol/Lよりも低い場合には，グルコース添加生理的食塩水を投与する方法により，グルコースを補う必要がある．一般的には，4〜5％のグルコース添加生理的食塩水を2 mL/kg/時の速度で投与するのと併せて，低血糖を確実に解消できているかの評価を頻繁に行う方法がとられている．実際に，術中の低血糖はそれほど珍しいことではない．

血糖値に対して厳重な注意を払っておかなければ，術後早期にケトアシドーシスとなってしまう恐れがある．できるだけ早く給餌を再開し，必要に応じて血糖値のモニタリングを続ける．1日に2回のインスリン投与を受けている動物の多くは，手術が終わった日の夕方にはいつも通りのインスリン治療へと戻される．近年の研究では，糖尿病の動物は，術中に全身性の低血圧を生じやすい傾向にあると示唆されている(Oliver et al., 2010)．このことからも，適切なモニタリングと十分な輸液療法が必要である．

あらゆる症例において，以下の項目を麻酔までに適正化できるよう試みるべきである．

- 循環血液量の重度低下
- 重度の脱水
- 低タンパク質血症(アルブミン15 g/L以上)および，支持療法の検討
- 貧血(赤血球容積〈PCV〉20％以上，慢性度や心血管系の状態による)
- 気胸
- 乏尿，無尿
- うっ血性心不全
- 不整脈
- 酸塩基平衡の異常(pH7.2以上)

- 電解質の異常(カリウム 2.5～3.0 以上あるいは 6 mmol/L 以下，低血糖，高カルシウム血症，重度の低あるいは高ナトリウム血症)

### 眼症状と関連する管理項目

麻酔管理にかかわる眼症状の例を表 5.6 に示す．

### 麻酔薬ならびにそれぞれの薬物が眼に及ぼす影響

- オピオイドは瞳孔に影響を及ぼす．程度や作用は薬物や動物種によって様々であるが，散瞳薬を点眼されている場合にはほとんど影響しない．
- モルヒネのように催吐効果をもつ薬物は，嘔吐の際に眼圧を上昇させる．
- 一般に，揮発性麻酔薬は眼圧を低下させるか，ほとんど影響しない．セボフルランは，デスフルランおよび笑気の組み合わせと同様に，犬の眼圧にほとんど影響しないことが示されている(Almeida et al., 2004)．
- ケタミン単剤では，その外眼筋への影響により眼圧を上昇させてしまうが，ケタミンをミダゾラムと組み合わせた場合には，眼圧に影響しない(Ghaffari et al., 2010)．
- ヒトを対象とした多くの研究では，プロポフォールは眼圧を低下させることが示されてきたが，犬では眼圧を上昇させる恐れがある(Hofmeister et al., 2008)．
- ベクロニウムやアトラクリウムは眼圧にほとんど影響しない．
- 慣れ親しんだ方法をとることによって安全の幅が得られる．ほとんどの場合，問題のある動物に対して，これまでに使用経験のない薬物を使うよりも，「常用している」麻酔前投与薬や導入薬，揮発性麻酔薬を使用する方が好ましい．
- 総じて，麻酔をどのように施すか，そして症例をいかに管理するかということが，薬物そのものよりもはるかに重要である．

## 術中のモニタリング

### 良好な管理に必要な項目

#### 静脈血管の確保

手術中に静脈を利用しやすく，また保定による眼圧の上昇を防ぐこともできるため，伏在静脈に静脈内カテーテルを留置しておくべきであろう．

#### 気道

- 麻酔導入時および気管挿管時の眼圧上昇を防ぐための適切な配慮がなされるべきである．
- 猫に赤いゴム製の気管内チューブを**決して**使用して

**表5.6** 麻酔の計画に影響する眼症状

| 臨床例 | 管理上の戦略 |
|---|---|
| **盲目の動物** | |
| 両眼の白内障 | 罹患動物は見知らぬ環境に怯え，神経質になっている可能性があることから，優しく配慮のある取り扱いを必要とするだろう．胴輪は動物の取り扱いを容易にし，眼圧の上昇した症例や，眼球が脆弱になっている症例には必須のものである．動物を取り扱っている間は，医原性の外傷や自傷を起こさないように注意しなければならない．麻酔からの覚醒時には，動物がパニックになってしまう恐れがあり，適切な鎮痛や鎮静，看護を計画しておく必要がある |
| **脆弱になっている眼** | |
| 重度の角膜潰瘍，角膜異物，角膜あるいは眼内の外科手術 | 眼圧を上昇させないようにする．外頸静脈からの採血時には注意する．十分な麻酔前投与を行う．十分に鎮静のかかった動物であれば，拘束はあまり必要ない．保定時には注意する．静脈内カテーテルを設置する際に頸背部を掴んだり(「首根っこをつかんだり」)，頭部を拘束したりしないようにする．嘔吐をしたり，吠えたり，鳴いたりしないようにする．十分な鎮痛を施す．挿管時には注意する．えづいたり，咳き込んだりしないようにする．マスク導入は避ける．興奮すると眼圧が上昇し，眼球を障害する危険がある．麻酔下にある動物を動かすときには注意する．腹部を圧迫しない．適切な薬物を使用する．頭部を少し挙上した姿勢になるように維持する．呼気終末二酸化炭素分圧が生理学的な範囲を超えないように維持する．必要に応じて，間欠的陽圧換気(IPPV: intermittent positive pressure ventilation)を適用する．平均動脈血圧を 65～100 mmHg に維持する．麻酔からの円滑な覚醒を目指す．これらの症例の多くは短頭種であることが多い，そもそも気道に問題があることを踏まえ，覚醒時には細心の注意を払う |
| **疼痛のある眼** | |
| | マルチモーダル鎮痛．可能であれば，最も重要となる問題にまず取り組む |
| **神経筋遮断が必要な場合** | |
| 水晶体乳化吸引手術 | IPPV のための設備，カプノグラフ，神経筋機能のモニタリングおよび拮抗薬が必要となる |

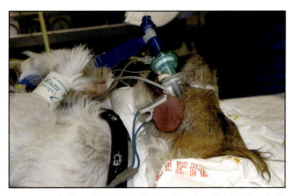

図5.2 角膜の手術を行う際の姿勢．頸部腹側の曲がり方と，取り付けられているモニタリング装置に注目されたい．

## 涙液産生

処置が行われる間，両眼を保護する必要がある．麻酔薬および鎮痛薬は涙液の産生を低下させ，循環式の温風ブランケットや保温器，照明などによって助長されてしまう．障害を受けやすい状態にある眼に対しては，眼表面の潤滑を保つための点眼を術後にも継続すべきである（第7章を参照）．

## 鎮痛

症例によって種類の異なる痛みに対して，それぞれ対応すべきである．それ以外にも，眼圧の調節と管理，角膜の治癒，併発疾患，投薬中の薬物，痛みの程度，角膜における痛みの感じやすさについて配慮が必要である．

## モニタリングの手技

麻酔は恒常性を劇的に変化させ，有害な影響を及ぼす可能性もある．麻酔が良好に管理されているということはつまり，問題を迅速に発見できるような適切なモニタリングが行われており，見つかった問題を直ちに解決するための方策が用意されていることに他ならない．循環には，組織まで酸素を運搬し，二酸化炭素やその他の老廃物を組織から取り除く役割がある．組織への酸素供給は決して損なわれるべきではない．後頭葉は低酸素に対する感受性が特に高く，麻酔後の皮質盲がしばしば報告されている．これには術中の低血圧や心停止，開口器の使用がかかわっている．麻酔後に盲目を呈した猫の20症例について検討した最近の研究では，3例に心停止が生じており，7例では低血圧が記録され，別の7例では血圧がモニタリングされていなかった．つまり，これら20症例中の17症例では，大脳における低循環が認められたか，あるいは予測されたことになる．また，20症例の内，16症例では開口器が使用されており，これは顎動脈の血流に影響していた可能性がある（Stiles et al., 2012）．麻酔に関連した病的状態の発生率が，小動物においてどの程度なのか知られてはいないが，麻酔の管理不良によって腎臓が損傷を受けることは決して珍しいものではない．このような問題によって，効果的で適切な麻酔のモニタリングがいかに重要なものであるかが浮き彫りとなる．

人医療では，より多くの項目を対象としたモニタリングを行うことにより，麻酔に関連した死亡率は大幅に低下すると示されている．血圧測定やカプノグラフ，パルスオキシメーターを合わせて使用すれば，麻酔に関連した問題の九割以上を発見することが可能であろう．眼科罹患動物では頭部を自由に操作すること

はならない．このタイプのチューブは，圧が高く容量の小さいカフを備えており，気管に損傷を与えやすい．たとえ発咳を呈するだけであっても，眼に問題のある症例には望ましくない．
- 頸部を湾曲させなければならない場合，チューブが折れ曲がることにより気管チューブが閉塞を起こしてしまう危険性がある．
- 90度の角度が付いた(訳註11)コネクターは便利であるが，死腔を増やしてしまう（図5.2）．
- 一般に，短頭種は気道に問題をかかえていることが多い．麻酔を成功させるためには，気道を良好に管理することが欠かせない．臨床家は通常よりも危険性が大きいことに配慮すべきであり，可能であれば，手術の時刻を早めに設定することが望ましい．質のよい喉頭鏡や挿管補助具にかける費用を惜しまず準備しておくことが賢明である．
- 適切な鎮痛と不安の除去を行うことにより，動物を穏やかな状態に保つことができ，大きなストレスを伴わせることなく静脈内カテーテルの設置や導入前の酸素化，麻酔の導入といった処置を実施できるようになる．麻酔薬に鎮静薬を組み合わせ，麻酔の基礎としての鎮静を施しておくと，円滑な覚醒を得やすくなる．
- 罹患動物は酸素供給下で麻酔から回復することが望ましく，気管内チューブを挿管した状態で罹患動物が意識を取り戻せるようにするためにも，静穏な状態が維持されるべきである．動物の多くは，立ち上がろうと動き出してようやく嚥下を始める．罹患動物が歩行可能となるまで，継続的に観察を続けなければならない．

---

訳註11：L字型になっており，用いることでチューブの取りまわしが容易になる．

ができず，麻酔深度の評価は困難となり，使用機器の接続不良を早期に検出することが難しくなる．そのような理由からも，カプノグラフの使用が強く推奨されている．カプノグラフを用いることにより，頸部を湾曲させている間の気管内チューブの狭窄を検出でき，自発あるいは機械による換気が十分であるかを評価できる．さらに心血管系の異常をいち早く知ることが可能となる．パルスオキシメーターはその制限事項を理解さえできていれば，極めて有用である．酸素の供給が停止され，動物が室内気で呼吸しなければならない状況で迎える回復期においては，パルスオキシメーターの利用が最も有用であろう．組織に対する「駆動圧（血液が移動するために必要な圧力）」が十分であるかを確認するために，動脈血圧をモニタリングすべきである．比較的大きい動物であれば，オシロメトリック式の装置で十分だが，小型の犬や猫の場合には，ドップラー式のプローブを用いた方がよい．重症度の高い動物の場合には，観血的な血圧測定が望ましい．心電図のモニタリングもやはり推奨されるが，術前に不整脈が認められた動物の場合には特に必要である．体温も測定し，保温をすべきであり，保温には加温できるタイプの装置を使用することが望ましい．低体温は様々な有害反応をもたらすため，避けるべきである．

## 術後の管理

　回復期，特に眼内手術の後は，重要性ならびに危険性の最も高い時間帯となる可能性がある．自傷は取り返しのつかない損傷を招く恐れがある．手術前には見えていたのに，手術が終わった途端に見えなくなった動物はパニックを起こす恐れがあり，これは見えていなかった動物の視覚が回復した場合も同様である．短頭種の症例の場合は特に，回復期に対する計画を十分に練っておく必要がある（前述した通り）．麻酔や鎮静，あるいはその両方の追加が必要となる場合があり，特に術後早期にその可能性がある．健常な犬であって，その麻酔からの覚醒が良好でない場合には，低用量のメデトミジンやデクスメデトミジンを静脈内に投与（鎮痛の項目を参照のこと）することによって鎮静および鎮痛を追加できる．また，これらが繰り返し必要となることは稀である．四肢に包帯を施したり，エリザベスカラーを装着したりする場合もあるが，これらが適切な看護ケアや鎮痛にとって代わるわけではない．併発疾患が認められる際には，それらも適切に管理・治療されなければならない．

## 眼科罹患動物に必要となる特殊な技術

### 神経筋遮断

　眼科手術における神経筋遮断の実施について概説する．眼科罹患動物に対して選択される薬物は，非脱分極型のNMBAであり，本章ではこの種類の薬物についてのみ記述する．神経筋遮断全般に関する内容については，『BSAVA Manual of Canine and Feline Anaesthesia and Analgesia』を参照されたい．神経筋遮断による筋弛緩が有用であるのは，下記のような理由による．

- 眼球を固定するための糸をかけたり，深麻酔を施したりすることなく，眼球を正中に位置させることができる．
- 外眼筋を弛緩させ，眼圧を低下させることにより，よりよい手術条件を整えられる．
- 小さくとも手術を妨害するような体動や眼球の動き（人工呼吸とのファイティングや眼球振盪など）を防ぐことができる．

### 作用機序

　非脱分極型のNMBAはシナプス後部に存在するアセチルコリン（ACh）受容体に結合し，AChと効果的に競合することにより，筋弛緩を生じさせる．NMBAは鎮痛薬でも麻酔薬でもない．したがって，十分な麻酔と鎮痛を施し，麻酔深度を綿密にモニタリングしなければならない．NMBAを不適切に投与すると，罹患動物の意識があるにもかかわらず，体は筋弛緩によって麻痺している状態を作り出してしまう恐れがある．

　横隔膜は最後に麻痺し，その機能は最初に回復する傾向があるといったように，それぞれの筋肉がNMBAに対して示す感受性は様々である．とはいえ，NMBAはあらゆる骨格筋を麻痺させるため，調節換気を行うための機器が使用可能でなければならない．低用量のNMBAを用いて横隔膜を「動かさないように」しようとすることは推奨されない．これは，高二酸化炭素血症を引き起こすために，眼圧が上昇しやすくなり，危険な状態となる場合があるからである．

### 神経筋遮断のモニタリング

　処置が終了する際に十分な神経筋機能を確保するためには，神経筋接合部の機能を評価しておくことが重要である．末梢神経刺激装置が最も一般的に用いられており，これは大きな筋肉群を支配する神経線維にまたがって設置される二つの電極を通じて低電流が流されるものである．眼科手術では腓骨神経がしばしば用いられ，前脛骨筋の反応に基づいて評価がなされる

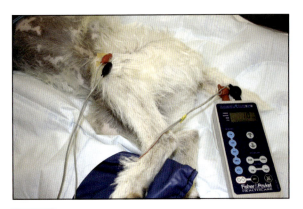

図5.3 腓骨神経を対象に取り付けられた神経刺激装置

(図5.3)．評価は視覚と触覚によってなされるのが一般的である．一方，加速度筋運動記録法を用いた場合には，筋運動に対する客観的な測定が可能である．刺激可能なすべての神経線維に対して十分な電流が流れなければならない．

神経筋遮断の評価には，いくつかの刺激パターンが用いられる．これらの詳細については，『BSAVA Manual of Canine and Feline Anaes—thesia and Analgesia』を参照されたい．神経筋遮断のモニタリングに最もよく用いられる二つのパターンは，4連刺激（TOF：train of four）とダブルバースト刺激（DBS：double burst stimulation）であろう．

**4連刺激（TOF）**：2秒間に4回のパルス電流を生じさせる．正常な新経筋接合部では，長さの等しい筋収縮が4回生じ，これらをそれぞれT1からT4と表現する．非脱分極型のNMBAを投与した後では筋収縮が進行性に減弱し，NMBAの用量が十分であれば，減弱はT4から始まりT1へと進む．進行性に現れる神経筋機能の消失は「徐々に消えていくもの」であると知られている．

回復期では，筋収縮は徐々に元に戻り，このときT1から回復しT4へと進む．T4が明らかにT1と同程度（加速度筋運動記録法を使用している場合であれば，T1の90％程度）の反応を示していれば，神経筋機能は十分であると判断される．触覚による評価は「徐々に消えていくもの」（残存する神経筋遮断効果）に対しての感度が非常に低い．検査者は，T4がT1の40％程度になったかどうかを判断できるのがせいぜいである．

**ダブルバースト刺激（DBS）**：2ないし3回の短いパルス電流からなるバースト電流を0.75秒間隔で2回発生させる．結果として，筋肉の収縮が2回生じる．DBSが用いられる理由は，TOFと比較して「徐々に消えていくもの」（残存する神経筋遮断効果）を検出しやすいことにあるが，加速度筋運動記録法を用いた客観的なモニタリングに比べればやはり信頼性に劣る．

残存する神経筋遮断効果の徴候を見つけ出すためには，動物を臨床的に評価することも重要である．正常な1回換気量（および正常な終末呼気二酸化炭素分圧）が認められれば，それは横隔膜と肋間筋の機能が限りなく正常に近いことを意味する．しかしながら，もしも上部気道を構成する筋肉に十分正常な強度がなければ，これらの筋肉は神経筋遮断の影響を受けやすく，回復期に気道閉塞を生じさせてしまう恐れがある．

**麻酔深度のモニタリング**：神経筋遮断を実施するのに先立って，そしてその最中にも，動物には十分な麻酔を施さなければならない．脳神経の機能をこれ以上観察することができなくなってしまうため，麻酔深度の評価は一層難しいものになる．眼瞼反射は消失し，眼球は正中に位置するようになっていく．麻酔深度が十分でないことを示唆する初見として，頻脈や高血圧が挙げられる．カプノグラフの表示に変化が生じることもある．場合によっては，流涎や散瞳，咽頭筋の痙攣が認められる．

### 神経筋遮断薬

多くの薬物が犬および猫における神経筋遮断に用いられてきた．これらの薬物には，パンクロニウムやニバクリウム，ベクロニウム，ロクロニウム，アトラクリウム，シスアトラクリウムがある．英国ではアトラクリウムおよびベクロニウムがよく用いられている[訳註12]．いずれのNMBAも飼育動物への使用は承認されていない．

**アトラクリウム**：これは非特異的なエステラーゼおよび自然分解（ホフマン脱離）によって代謝されるベンジルイソキノリンである．また，重度の肝臓疾患や腎臓疾患がある場合によく用いられる薬物である．静脈内へ急速に投与すると，ヒスタミンの放出を生じさせることがある．

犬および猫では0.25 mg/kgを静脈内投与することにより，およそ30分間の神経筋遮断が得られる．必要であれば，追加投与を行うことにより神経筋遮断を維持することができる．効果の持続時間は個体によって異なってくる．

---

訳註12：日本ではロクロニウムやベクロニウムがよく用いられる傾向にある．

ベクロニウム：これはアミノステロイドのひとつであり，心血管系に対しては無視できる程度にしか影響しない．肝臓での代謝を受け，胆汁排泄される．重度の肝疾患がある場合には，使用すべきでない．

犬および猫では0.1 mg/kgの投与により，20～25分間の神経筋遮断を得られるが，動物によって差がある．必要であれば，追加投与を行うことにより神経筋遮断を維持することができる．

### 神経筋遮断の拮抗

AChが神経筋機能を取り戻すのに十分な濃度になると，神経筋遮断は終了する．TOF比が0.9の時点では，ACh受容体の70%が未だ遮断されているであろうことに注意しなければならない．自然に回復するものではあるが，Achの分解を抑制する抗コリンエステラーゼを用いて，回復を促進することが可能である．抗コリンエステラーゼにはムスカリン様作用があり，徐脈や流涎，気管支収縮を引き起こす可能性がある．そのため，副交感神経遮断薬が同時に投与される．ネオスチグミンとグリコピロレート，エドロホニウムとアトロピンといった組み合わせがよく用いられる．NMBAの安全な使用についての詳細は，『BSAVA Manual of Canine and Feline Anaesthesia and Analgesia』を参照されたい．

## 参考文献

Accola PJ, Bentley E, Smith LJ, et al. (2006) Development of a retrobulbar injection technique for ocular surgery and analgesia in dogs. Journal of the American Veterinary Medical Association 229(2), 220–225

Almeida DE, Rezende ML, Nunes N, et al. (2004) Evaluation of intraocular pressure in association with cardiovascular parameters in normocapnic dogs anesthetized with sevoflurane and desflurane. Veterinary Ophthalmology 7(4), 265–269

Clark JS, Bentley E and Smith LJ (2011). Evaluation of topical nalbuphine or oral tramadol as analgesics for corneal pain in dogs: a pilot study. Veterinary Ophthalmology 14, 358–364

Flaherty D and Auckburally A (2007) Muscle relaxants. In: BSAVA Manual of Anaesthesia and Analgesia, ed. C Seymour and T Duke-Novakovski, pp. 156–166. BSAVA Publications, Cheltenham

Ghaffari MS, Rezaei MA, Mirani AH, et al. (2010) The effects of ketamine-midazolam anesthesia on intraocular pressure in clinically normal dogs. Veterinary Ophthalmology 13(2), 91–93

Gurney M (2012) Analgesia in small animal practice: an update. Journal of Small Animal Practice 53(7), 377–386

Herring IP, Pickett JP, Champagne ES and Marini M (2000) Evaluation of aqueous tear production in dogs following general anesthesia. Journal of the American Animal Hospital Association 36, 427–430

Hofmeister EH, Williams CO, Braun C, et al. (2008) Propofol versus thiopental: effects on peri-induction intraocular pressures in normal dogs. Veterinary Anaesthesia and Analgesia 35(4), 275–281

ISFM and AAFP (2010) Consensus Guidelines on the long term use of NSAIDS in cats. Journal of Feline Medicine and Surgery 12, 519, www.catvets.com/public/PDFs/PracticeGuidelines/NSAIDSGLS.pdf

Jolliffe CT, Leece EA, Adams V, et al. (2007) Effect of intravenous lidocaine on heart rate, systolic arterial blood pressure and cough responses to endotracheal intubation in propofol-anaesthetized dogs. Veterinary Anaesthesia and Analgesia 34(5), 322–330

McMurphy RM, Davidson HJ and Hodgson D (2004) Effects of atracurium on intraocular pressure, eye position, and blood pressure in eucapnic and hypocapnic isoflurane-anesthetized dogs. American Journal of Veterinary Research 65(2), 179–182

Mouney MC, Accola PJ, Cremer J, et al. (2011) Effects of acepromazine maleate or morphine on tear production before, during, and after sevoflurane anesthesia in dogs. American Journal of Veterinary Research 72, 1427–1430

Myrna KE, Bentley E and Smith LJ (2010). Effectiveness of injection of local anesthetic into the retrobulbar space for postoperative analgesia following eye enucleation in dogs. Journal of the American Veterinary Medical Association 237(2), 174–177

Oliver JA and Bradbrook C (2013) Suspected brainstem anesthesia following retrobulbar block in a cat. Veterinary Ophthalmology 16(3), 225–226

Oliver JA, Clark L, Corletto F and Gould DJ (2010) A comparison of anesthetic complications between diabetic and nondiabetic dogs undergoing phacoemulsification cataract surgery: a retrospective study. Veterinary Ophthalmology 13(4), 244–250

Pypendop BH, Siao KT and Ilkiw JE (2009) Effects of tramadol hydrochloride on the thermal threshold in cats. American Journal of Veterinary Research 70(12), 1465–1470

Sanchez RF, Mellor D and Mould J (2006) Effects of medetomidine and medetomidine-butorphanol combination on Schirmer tear test 1 readings in dogs. Veterinary Ophthalmology 9(1) 33–37

Shepard MK, Accola PJ, Lopez LA, et al. (2011). Effect of duration and type of anesthetic on tear production in dogs. American Journal of Veterinary Research 72, 608–612

Smith LJ, Bentley E, Shih A, et al. (2004) Systemic lidocaine infusion as an analgesic for intra-ocular surgery in dogs. Veterinary Anaesthesia and Analgesia 31(1), 53–63

Stiles J, Honda CN, Krohne SG and Kazacos EA (2003) Effect of topical administration of morphine sulphate solution on signs of pain and corneal wound healing in dogs. American Journal of Veterinary Research 64, 813–818

Stiles J, Weil AB, Packer RA and Lantz GC (2012) Post-anesthetic cortical blindness in cats: Twenty cases. The Veterinary Journal 193(2), 367–373

Thomson S, Oliver JA, Gould DJ, et al. (2010) Preliminary investigations into the analgesic efficacy of topical ocular morphine in dogs and cats. Proceedings of the British Small Animal Veterinary Association Congress

# 6

# 眼科手術の原則

## Sally Turner

スケールは異なるが，最初に一般外科手術と眼科手術には大きな相違はないと考えるかもしれない．しかし，それらは全く異なるものであり，特別な対処が要求されるいくつかの要因がある．最高の手術結果を得るために，眼解剖学と生理学の完璧な理解（品種と種間の違いも含めて），罹患動物と術者の位置どりに関する注意，拡大鏡の正しい使い方，器具の選択とその利用方法は極めて重要なことである．眼科手術の一般原則をこの章で詳細に述べ，そして読者は，独特の眼組織に対する特別な外科手技の解説はその後の章で読むことができる．

## 解剖と生理学

一般外科手技と同様に，当該領域の解剖学の完全理解は，手術結果を最良にし，構造あるいは機能へのいかなる医原的な障害をも回避することが不可欠である．眼解剖学の詳細な解説はこの章では省くが，最も核心とされる点について以下に概説する．

眼と眼窩周囲領域（眼窩，付属器と眼球）を作り上げている構造は様々な組織からなる．これらの組織は，血管供給とその分布程度が大きく異なるため，外科手術による多様な炎症反応が起こり，その治癒率も異なる．これらは完全に外科医が知っておかなければならない問題である．しかし，共通な特徴として，すべて眼組織は知覚神経支配が発達しているため，眼組織には相対感度がある事である．したがって，手術のための十分な深麻酔と術後の十分な鎮痛は不可欠である（第5章を参照）．疼痛と刺激からの罹患動物の開放は，術後の自損を減らし，創傷部の障害と感染リスクを減少させ，エリザベスカラーの使用も限定的となる．

### 眼窩

眼窩を含めた開業医の最も一般的な外科手術には，眼球突出の整復に加えて眼球摘出と内容除去術であるだろう．眼窩の骨構成の知識とその頭蓋骨との関連は重要であり，第8章に詳細に述べられている．犬と猫で，眼窩の構成に寄与するものには，咬筋，側頭筋と翼状筋があり，骨性眼窩は不完全性である．特に，口腔と球後間で唯一軟部組織により分離している．眼窩骨には複数の孔があり，そこを神経と血管が通っている．最大のものは，視神経孔と眼窩裂であり，視神経が通り眼窩組織と中枢神経（CNS）が直接繋がっている．涙管は眼窩，口腔咽頭部と鼻腔ならびに副鼻腔間を通過する．眼窩の血管供給は感染性，炎症性あるいは腫瘍性疾患と緑内障眼で増加するため，慎重な止血が必要となる．

眼科手術を行う場合，特に眼窩の手術では，眼球への過剰な圧迫あるいは牽引を避けることが重要である．眼球摘出時の視神経への負荷は，例えば，特に猫で，視交叉を経て反対側の視神経へ障害を生じ，完全な視覚喪失が起こる．手術時の丁寧な組織操作が非常に重要である．術者は眼-心反射の誘発の可能性も認識していなければならない（第5および8章を参照）．

### 眼瞼

眼瞼は，眼球（特に角膜表面）を保護し，涙液層の拡散を補助する．したがって，眼瞼縁と涙液層の正常な解剖学的関連性は，手術によって保存あるいは供給されなければならない．内反症あるいは外反症，裂傷の整復，腫瘍の除去と異常な睫毛の治療のための手術は，たいてい一般医で行われる．眼瞼組織は豊富な血管をもち，丁寧な操作が必要であり，手術による損傷に対する急速な炎症反応による浮腫や充血を最小限にしなければならない．術前あるいは術後の全身性抗炎症薬の適切な利用はこれらの急性反応を制限できる．血管供給が豊富である長所は，眼瞼組織の治癒の速さである．

眼瞼の重要な解剖学的特徴は，眼瞼縁にあるマイボーム腺の開口であり，そしてそれは，縫合時の有用なランドマークとなる（後述）．例えば，眼瞼内反症の手術時，最初の切開部位として利用される眼瞼縁に隣接する被毛がある部位と無毛の接合部である．慎重な縫合は眼瞼や角膜への縫合糸の接触がないよう確実

にしなければならないので，眼瞼縁の8の字縫合の利用が好まれる(眼窩手術を参照).

## 結膜

結膜は多層の粘膜であり，解剖学的に四つに分類される(眼球，眼瞼，瞬膜そして結膜円蓋). 結膜は輪部と眼瞼縁の移行部を除き下部組織とゆるく付着している. したがって，結膜組織を外科用メスで切開する場合，固定が必要である. 切開にはたいてい鈍の先端の剪刀がより利用しやすい. 結膜の可動性と発達した血管供給はバンテージ組織としての有用性が高い(例えば，結膜グラフトは角膜潰瘍の治療に利用される). 結膜の小切開(植物の種のような異物を除去後)は治癒力が高いため縫合は必要ない.

## 第三眼瞼

第三眼瞼(瞬膜)の手術は，第三眼瞼の軟骨の湾曲と第三眼瞼腺の突出があり，一般ならびに専門眼科診療で一般的に実施される. その腺は涙液膜の水層形成に明らかに寄与し，涙液の拡散と残屑の除去を手助けする. 第三眼瞼はワイパーのような働きをする. したがって，正常な前縁を維持することが第三眼瞼手術時に重要である.

## 鼻涙管システム

鼻涙管システム(涙腺と第三眼瞼腺，マイボーム腺と結膜杯細胞の分泌部と涙点，涙小管と涙管からなる排泄部)については第10章で詳細に述べられている. 内眼角近くの手術前に，手術時の不注意な損傷(特に腹側の涙点が障害されると慢性の流涙症を引き起こす)を避けるため色付きのナイロン糸(図6.1)を涙点にカニュレーションすることは賢明なことである.

## 角膜

拡大鏡が角膜手術には不可欠である. 犬と猫の角膜は0.5〜0.6 mmの厚さであり，慎重な切開と細心の注意がないと，容易に医原性の穿孔が起こる. さらに，正常な角膜は，血管供給がなく，細胞小器官の数が少ない，そして免疫細胞が不足しているために，いくぶんストレス的な代謝状態である. よって，角膜(実質)は治癒速度が比較的遅く，そして細菌感染にかかりやすい. これらの要因は感染性角膜潰瘍の外科処置に深く関与する. 損傷あるいは感染組織の角膜切除と障害領域の保護ならびに血管の急速な供給のために結膜移植片と組み合わせた手術が行われる. 治癒を達成し，

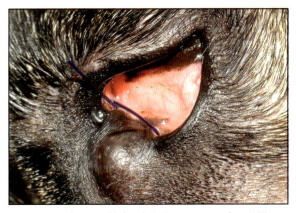

**図6.1** 涙点と涙小管内に色付きのナイロン糸の設置は，内眼角近傍の手術前に不注意なこれらの損傷を避けるために推奨される. この症例では，犬は内眼角の嚢胞を切除する手術を受けている.

角膜の光学的透明性を視軸に残すことを常に考える必要がある. なぜなら眼科手術の目標は眼球を助けるのではなく，可能な限り視覚を維持することにあるからである. 残念なことに，経験不足と適当な器具を使用しないで角膜手術を行う術者はこれらの目的を無視するので，真に成功した結果を得ているとはいえない.

## 眼内構造物

眼内手術は専門手技と考えるべきであり，適切な顕微鏡手術用器具と技術の熟達が必要であり，一般獣医診療領域外であり，この章では解説しない.

# 罹患動物と術者のポジショニング

術者と罹患動物のポジショニングは眼科手術において非常に重要である. 術者は快適なポジションで手術を行わなければならない. 手術時はたいてい手と手首の動きに制限があり，驚くほど疲弊する. 多くの術者は，理想的には，前腕を特別設計の手術用の椅子に置いたり，あるいは代わりに手術部位の縁に巻いたタオルを肘掛代わりにして座るのを好む(図6.2).

術者は手洗い前に快適な位置となるようにしておかねばならない. 以下のような手順が提唱されている.

- 術者が座って手術を実施する場合，イスの高さを調節する. 腕が束縛されるほど低くしてはいけない. そして足は床あるいは手術用顕微鏡ペダルの上に不自由なく置けるようにする.
- 手術台は動物といすの高さに合わせて調節する.
- もしサージカルルーペを使用する場合，サージカルルーペが単焦点であり，その操作に不安がないことが必須であり，動物との位置を常に一定に保たなければならない.

図6.2 術者は，肘掛つきの椅子がないために，巻いたタオルの上に腕を載せている．術者は手洗い前に適切な位置となるようにしておかねばならない．

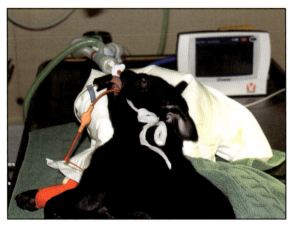

図6.3 角膜手術の罹患動物位置．角膜が平行となるようにバキュームピローを用いていることに留意

- いすと手術台が適切な高さとなれば，罹患動物の位置決めを微調整する．多くの手技では，罹患動物を外側横臥位にし，頭部は，必要に応じてバキュームピローで支持し安定させる．両眼の対称性を比較する必要がある両側の手技には，胸骨位あるいは背側横臥位が利用される．背側横臥位は両側性の眼内手術の体位として好まれる．
- 通常，罹患動物の顔は眼付属器の手術では手術台に平行にし，角膜の手術は角膜と平行になるようにする（図6.3）．品種によっては，鼻を上に向けなければならない．そして術者の好みの位置とするように頸を曲げるが，その場合の注意としては，気管チューブで罹患動物の気道が詰まらないようにしなければならない（第5章で述べられている）．

## 眼と付属器の滅菌準備

眼科手術の麻酔と周術期の鎮痛は第5章で詳細に記載されている．

## 毛刈り

これらは手術室以外の準備室で行わなければならない．手技が片眼であれば，反対眼は潤滑ゲル剤あるいは軟膏で保護しなければならない（例えば，カルボマー・ゲル剤あるいはパラフィン軟膏）．これは毛刈りによる損傷から眼を保護するためにそして結膜嚢への被毛の侵入を減少するために行われる．しかし，もし角膜破裂あるいは穿孔性角膜異物が疑われる場合，ゲル剤あるいは軟膏は眼内へ浸透する危険があるために使用すべきでない．

睫毛は小型の剪刀で慎重に切りとる．使用前の刃に水性潤滑剤を塗っておくと睫毛が剪刀に付着するので推奨される（図6.4）．毛刈りによる発疹は動物が眼を擦る原因となるため，一部の術者は角膜手術時に余計な剪定をしない．もしこれらの領域が毛刈りされていない場合，手術手技としては接着性のドレープを使用し，無菌の術野を確保するために眼瞼の下側にそれらを押し込むことが重要である．明らかに，毛刈りは眼瞼手術には不可欠である．水性の潤滑剤で毛刈り剪刀から落ちないようにし，毛刈りを行う．きれいに毛刈りすると，ほつれ毛は顕著に少なくなる．鋭く微細な剪刀の刃（No. 40以下）が必要であり，眼科専用の刀の使用が推奨される．毛刈りの範囲は予想手術部位から2 cm広げる．外眼角は眼角切開が必要である場合，その部位の毛刈りが必要である．眼周囲の皮膚はたいてい伸展性があり，毛刈りの間にしっかりと引っ張らないと，剪刀だけでは毛刈りするのは難しい．毛刈り後の刺激を減少させるために毛の発育する方に向かって毛刈りを行うように注意すべきであり，小奇麗に毛刈りすることは術後の動物の外貌の美観に気遣うものであり，飼い主に感謝されるであろう．毛刈り後，落ちた毛を取り除く，携帯用の掃除機で弱い力で吸引し，

図6.4 小型で先端が鈍な剪刀で，トリミングの間に，睫毛と眼周囲の被毛が付くように水性の潤滑剤をコートしておくことで結膜嚢にコンタミネーションが起こらない．

眼を傷つけないように注意する必要がある．リントローラーはゆっくりと動かして使用できる，あるいは代わりに滅菌生食に糸くずが出ないスワブで被毛の取り残しがないようにすることができる．

### 皮膚の準備

　清潔な検査用グローブは術野のコンタミネーションを防ぐためにも外科準備で着用しなければならない．術野の洗浄に使うものにも考慮が必要である．一般的な綿花のガーゼは繊細な眼周囲にはあまりにも粗いため，脱脂綿と同じように，刺激となる素材の糸や糸くずを残すことになる．したがって，どちらも勧めることはできない．代わりとして，柔らかくて編みこまれた（すなわちガーゼではない）糸くずがでないスワブが推奨される．結膜嚢は正常な細菌叢をその表面にもち一般的に細菌（主にグラム陽性）の集合体からなるが，ウイルスや真菌も含まれている．腫脹，挫傷，角膜障害あるいは化学障害を起こさないような，丁寧な罹患動物の取り扱いと最適な眼表面の消毒薬の選択を考えなければならない．ポビドン・ヨードは手術部位の消毒として利用される．その希釈は滅菌生理食塩水で行う（図6.5）．アルコールあるいは界面活性剤を含むスクラブ溶液は眼周囲あるいは眼表面の消毒に**絶対使用してはいけない**．なぜならこれらの調剤は結膜あるいは結膜の眼表面上皮を障害するかもしれないからである．アルコールを含む溶液は特に障害が強く，眼の近くには絶対使用してはいけない．クロルヘキシジン溶液もその利用を避けるべきで，それらは角膜と結膜を刺激し障害を与える．

### 手技

　以下のようなステップが手術準備として提唱されている．

1. よく切れる剪刀を使って毛刈りをする．水性の潤滑剤を剪刀の刃に付けて，被毛の除去の手助けをする．
2. 糸くずがでないスワブを使って1：10で希釈したポビドン・ヨードで眼周囲の皮膚を洗浄する．注意点は溶液が角膜あるいは結膜に触れないように確実に行う事である．スワブは術野から外側に優しく拭き取る（すべての通常の手術準備と同様である）．
3. 必要に応じて5～10 mLのシリンジを用いて1：50に希釈したポビドン・ヨードで結膜嚢を洗浄する（図6.6）．角膜破裂が疑われる場合，ポビドン・ヨードは眼内構造物に有害となるため使用してはならない．低濃度（1：50希釈）は，高濃度のそれと比較して眼表面に対して最少の障害性であり，殺ウイルス，殺菌性と殺真菌活性を促進する．
4. 滅菌綿棒あるいはセルロース棒に1：50希釈のポビドン・ヨードを利用して結膜嚢から粘液あるいは細胞残渣を取り除く．残留している眼軟膏も取り除く．慎重に，残渣を除去した後に結膜円蓋を洗浄する．
5. 消毒剤を除去するために滅菌生理食塩水あるいはラクトリンゲル液（少なくとも10 mL）で洗浄する．

　もし両眼の手術を行う場合，消毒した眼は清潔で乾燥した編まれた糸くずのでないスワブで保護し，向きを変えて，他眼を準備する．術者は二眼目を手術するための準備ができていれば，手術室内で1：10希釈のポビドン・ヨード溶液で最終的な皮膚の消毒を行えるように準備をする．通常，コンタミネーションが起こらなければ全体の手術準備を繰り返して行う必要はない．用事調整したポビドン・ヨード溶液は各手技で滅菌の薬壺に移すことが推奨されている（図6.5）．

### 拡大鏡の利用

　非常に簡単な眼瞼手術を除いて，すべての眼科手術

**図6.5** ポビドン・ヨードの希釈は原液から用事調整をすべきである．1：10の消毒液は皮膚の消毒用に柔らかく編み込まれた糸くずがでないスワブを利用する．1：50の希釈は，結膜嚢を洗浄し（角膜破裂がない場合），その後に滅菌生理食塩水でさらに洗う．

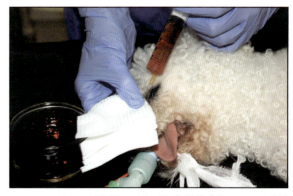

**図6.6** シリンジを用いて1：50希釈ポビドン・ヨード溶液で結膜嚢を洗浄している．

は適当な拡大倍率で実施しなければならない．低倍率（2.0〜4.0倍）は，眼瞼と第三眼瞼の手術に十分である．4.0〜5.0倍の最低倍率（最高25倍）が角膜，結膜と眼内手術には必要である．拡大には，拡大鏡（一般的に2.0〜7.0倍の固定倍率）と手術用顕微鏡（フルレンジの拡大）がある．

## 拡大鏡

双眼ルーペは，倍率（一般的に，より高倍率で視野と被写界深度は小さくなる），焦点距離と画質の点でも利用できる．最も基本的で安価で簡素な品質の光学器としてはヘッドバンドの拡大鏡がある（図6.7）．これらは利用価値があるが，真剣に眼科手術に興味がある者はより品質の高い拡大鏡の利用が推奨される（図6.8）．

拡大鏡を利用する場合，視野方向は容易に変えることができ，一般開業医は手術用顕微鏡より熟達しやすい．拡大鏡は手術用顕微鏡より安価でもあり，他の手術訓練にも利用できる．眼科手術への利用は，術者が異なる角度（方向）から術野を見ることができる眼周囲と眼窩領域（すなわち，眼瞼手術，耳下腺転移術と眼摘出）を含めた手術手技に最も利用される．角膜手術時の視野角の変動はたいして重要ではない．なぜなら眼球操作は，わずかな視野角の変化で十分であるからである．

拡大鏡の大きな欠点は焦点距離が固定され，視野深度が比較的短いため，高倍率では「揺れ」を起こす画像となりやすく，術者の少しの頭の動きでも焦点がずれてしまうことである．これは，乗り物酔いの感覚に似ていて，克服するためには訓練が必要である．加えて，手術用顕微鏡の方が適切な拡大倍率で利用できる．拡大鏡の利用による最大倍率は，より高倍率で利用できなくはないが，4.0〜5.0倍が適当である．

外科用拡大鏡を購入する場合，焦点距離が固定されることを記憶しておくことが重要であり，術者の好まれる手術位置と合っていなければならない．したがって，術者が快適となる，背中や腕を丸めることなく，確実となる複数の作業距離のもの（34および42 cmが一般的である）を試すことが賢明である．様々な企業から眼鏡枠とヘッドマウント式の異なるものが販売されており，個人の好みだけでなく価格とその適応により購入するモデルを決定する．

双眼拡大鏡用の照明は手術室の照明あるいはヘッドマウントシステムから利用できる．同軸照明はヘッドライトとして，ヘッドバンドに止められている光ファイバー光源がよい．

## 手術用顕微鏡

手術用顕微鏡は眼科専門医にとって基本的な装置である（図6.9）．角膜と眼内手術は拡大鏡より正確にそして精巧に実施することができる．手術用顕微鏡の利用は，いくつかの眼瞼手術でもより容易にする（例えば，異所性睫毛の除去と内眼角形成術）．獣医診療で利用される手術用顕微鏡は，壁や天井固定型の顕微鏡も利用できるが，たいていスタンディング・フロアモデ

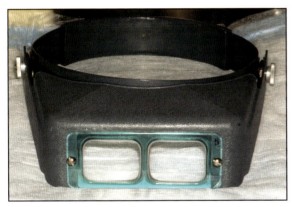

図6.7 眼科手術に用いるヘッドバンド拡大鏡（the University of Wisconsin-Madison, Comparative Ophthalmology Service のご厚意による）

図6.8 外科用拡大鏡はより高い倍率で利用でき，ヘッドバンドの拡大鏡と比較してよりよい光学特性をもつ．

図6.9 手術用顕微鏡は，角膜と眼内手術の正確なマイクロサージェリーのために不可欠なものである．手術用顕微鏡は熟練するために多大な訓練と実践が必要であるために一般の開業医にとって利用されることは少ない．

ルである．視野の焦点，拡大と移動のためのフットペダルによる制御が好ましい．

手術用顕微鏡の明確な長所は拡大率と画像の固定性であり，拡大鏡での強倍率で起こる揺れや焦点のずれがない．術者は手術中に倍率を変えることもできる（例えば，縫合の正確な深さを確認するための拡大）そして内蔵型の同軸照明システムをもち，視野に影ができない．手術用顕微鏡の欠点はその価格と大きさである．さらに，視野位置は，もし必要であれば，眼球の位置を操作することで成し遂げられるが，手術中ほぼ固定される（上記参照）．手術用顕微鏡の視野は狭く，したがって，器具が「ブラインド」となる．手術用顕微鏡利用のための習熟練度は非常に困難なものであり，マスターするためには多くの訓練と実践が必要である．

## 眼科器具

### 概論

特別な眼科器具が眼科手術には必要であり，よく使われるものについて記載する．眼科手術への一般外科用器具の使用は，眼摘などの肉眼的な手術を除いてよくない．最低二種類の標準外科キットが眼科手術には必要である．外眼部と付属器の手術用（例えば，眼瞼と第三眼瞼手術への利用）と角膜と眼内手術用の器具が含まれるものである．もし一般外科キットが通常利用できない場合，眼摘用の一般外科器具を含めたキットがさらに必要である．個々に包装された器具も必要とされることがある．あらかじめ準備するパックに含まれる器具を表6.1～6.3にリストした．眼科手術用の器具は術者が最少の動きによって操作できるように設計されている，なぜなら手首と手部の微細な動きにより器具の位置調節を行い，上腕と前腕は動かさないからである．

**表6.1** 眼摘セットに含めるべき器具

- アドソン母指鉗子，1×2 teeth
- メッツェンバウム剪刀，曲
- ランドルト摘出剪刀
- スティーヴンズ腱剪刀
- バード・パーカー No.3 メス柄
- 布鉗子，×4
- アリス組織鉗子，×2
- ホールステッドモスキート動脈鉗子，曲，×3
- クライル動脈鉗子，曲，×3
- 開瞼器（バラッケあるいはカストロビエホ）
- 持針器

**表6.2** 眼瞼手術セットに含めるべき器具

- バード・パーカー No.3 メス柄
- アドソン母指鉗子，1×2 teeth
- 固定鉗子（例えばビショップ・ハーモン），1×2 teeth（heavy）
- 剥離鉗子（虹彩タイプ）
- 睫毛鑷子（例えばベネット）
- スティーヴンズ腱剪刀，曲
- リボン剪刀，直鈍/鈍
- ホールステッドモスキート動脈鉗子，曲，×4
- ウェルズ動脈鉗子，曲，×2
- カストロビエホ持針器（ロックなし，曲）
- フォースター・ギリース持針器
- 布鉗子×4
- 薬壺
- 開瞼器（バラッケあるいはカストロビエホ）
- 霰粒腫鉗子（Desmarres スタイル）
- 角板（例えばイエガー）
- キャリパー

**表6.3** 角膜と結膜セットに含めるべき器具

- 布鉗子×4
- ビーバー・ハンドル
- コリブリ摂子（角膜）
- ハームズ結紮用摂子
- ウェルズ動脈鉗子，曲，×2
- カストロビエホ持針器，曲
- スティーヴンズ腱剪刀
- ウェストコット剪刀
- カストロビエホ・スプリング剪刀，曲
- バラッケ開瞼器
- カストロビエホ開瞼器（より大きい罹患動物用）

一般外科器具と眼科器具を区別する特別ないくつかの特性がある．

- それらは素材（チタンなど）と手の中に収まるようにするために軽量である．眼科用器具（概して長さは100 mm）は一般外科用器具（長さ120～140 mm）より短く，それは術中に器具が顕微鏡に触れないためである．眼科用器具の先端は非常に小さいが，しっかりと手になじむ必要がある．
- 多くの器具はペンタイプのグリップでもつ，そして取り扱いを容易にするためにペンあるいは鉛筆の直径と同程度で設計されている．術者はたいてい外科用顕微鏡下で手術するので，感覚のフィードバック

の必要がある．術者は先端だけで器具柄を見ることはできない．したがって器具の柄が，うねりやこぶあるいは平らであることは役立つ．これらは，滑り止めともなり，操作時の正確な指の配置もできる．
- 眼科器具は顕微鏡下での反射光による散乱を減少させるためにわずかに曇らすあるいは暗色になっている．
- 眼科器具は，術者の手あるいは手首位置で器具を開く必要がないように，たいていスプリング付きのものである．ピン-ストップは器具を閉じたときの過剰な圧により繊細な先端が壊われることを予防するためのものである．
- 一方向のみで操作させる器具（角膜剪刀など）はたいてい平らな柄をしているが，回転が要求される器具（針持器など）は丸い柄である．
- さらに，持針器は指圧なしに繊細な把持をするためにロックが付いているものもある．

## 器具の手入れ

眼科器具は相当な投資でありそして容易に壊れる．したがって，それらの耐用年数を最大限に，そして十分な機能を確実にするための配慮がいる．器具は少しでも利用した後は拡大鏡で慎重にチェックを行うべきである．鑷子と持針器の先端が正確にかみ合い，固定鉗子の先端の屈曲がなく，（もしあれば）キャッチ-ロックが引っ掛かりなしで開閉するかどうかを確認すべきである．壊れている器具はたいてい製造業者あるいは認定されている修理士により一部の交換で修理できる．

前述したように，眼科用器具は二つの基本的カテゴリーに分類される．眼瞼と付属器用そして角膜と眼内手術用である．一般的にこれらの器具は相互に利用してはいけない．そうしないと，組織あるいは器具が壊れるもとになる．カラーテープを器具柄に貼り，器具キットが混ざらないようにする．各器具キットのリストあるいは画像を用意しておくとよい．

後者はコピー機の硝子スクリーンに器具を置きコピーするあるいはデジタル写真により容易に作成できる．

眼科用器具の滅菌は化学的あるいは熱により行える．121℃のオートクレーブが通常使われる．エチレンオキサイドは効果的で，オートクレーブを繰り返すことで起こる，繊細な外科刃（角膜剪刀など）の鈍化を阻止する．しかし，エチレンオキサイド滅菌は健康と安全性に懸念があるため一般開業医での利用は一般的ではない．

以下のガイドラインにより眼科用器具の耐用年数を延ばすことができる．

- 器具の手入れ方法を学び，確実な洗浄と包装を確実に行える看護職員責任者を置く．
- 器具は先端から残渣を除くために術中セルローススポンジで拭き取る．残渣を取り除くために指は使わない．
- ガーゼはキットに入れてはいけない．なぜなら器具先端を引っ掛けて曲げてしまうかもしれないからである．
- 注意点は器具が乾燥する前に血液とすべての他の夾雑物を確実に洗浄しておくことである．
- スプリング-ハンドルがある器具は開いて洗浄する．
- 超音波洗浄機あるいは柔らかなスポンジは器具を拭くのに利用すべきである．洗浄用ブラシは決して利用してはいけない．
- 器具は時々適切な潤滑剤ですすぐ必要がある．

もう一つ重要なことは，確実に適切な器具保管を行うことである．眼科用器具は特に繊細であり，それらがそれぞれ接触することを阻止するように特別に設計された梱包に入れなければならない．金属とプラスチック箱が利用でき，器具を分けるためのシリコンゴムの「突起」があるものが理想的である（図6.10）．各器具は先端に適切な大きさのラバーチップあるいはスリーブを付けるべきである．外装と同時に箱の中にケミカルインジケーターの紙片を入れ，十分な滅菌を確実に行う．インジケーターテープは滅菌を確認するために信頼できる方法ではない（正確な時間，圧，温度に達したことを示すわけではないが，暴露されたことは示している）．器具箱は紙あるいは生地ドレープで包

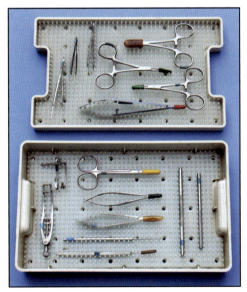

図6.10 眼科用器具は，器具の移動と損傷を防ぐためにシリコンの「突起」がある特別な箱で保管する．繊細な尖った先端は損傷を予防するためにプラスチックのカバーにも入れている．

み，滅菌前にセルフシールした滅菌バッグに，ラベルと日付を入れる．

## 開瞼器

開瞼器は様々な手技において獣医眼科手術で不可欠である．眼瞼を引っ掛けて結膜，角膜と眼球を露出させるために使われる．しかし容易に眼瞼を引き込むために十分な力であっても眼球に圧がかからないように軽量でなければならない．また縫合糸が引っ掛かるような出っ張りがあってもならない．バラッケのワイヤー開瞼器が一般的で，小児用と成人用を利用できる．前者は猫と小型犬で役立つ．大型品種はカストロビエホの開瞼器が必要であり，それは羽根の幅はねじにより調節でき，より強力である．眼瞼裂により，異なる羽根の長さのものが利用できる．大きい羽根をもつものはたいてい眼角切開術が行われる犬と猫でのみ使われる．開瞼器の羽根部は閉じた状態で眼瞼の下に入れる（あるいはバラッケを閉じた状態），そして必要な位置までゆっくりと開眼させる．図6.11は2種類の一般的な開瞼器の写真である．

## 組織鑷子

鑷子は眼瞼皮膚，結膜を把持するために，そして角膜の損傷縁と睫毛の抜去に利用される．異なるデザインの器具が各用途に利用できる．眼科用手術に利用される様々な鑷子を図6.12に示した．顕微鏡手術用の鑷子は，コリブリ鑷子のように通常先端が曲がっていて，角膜を把持するために使われる．鑷子はたいていペン・グリップであり，指と親指でハンドルを確実にもつ（ハンドルの下から約1/3で先端から近すぎない所）．鑷子は，組織で曲げたり壊れないようにし，把持した組織が損傷しない程度に軽くもつ．糸を結ぶためのプラットフォームは先端の近くにあり，縫合糸の把持力が弱くなることなしに結紮できる．器具先端は，

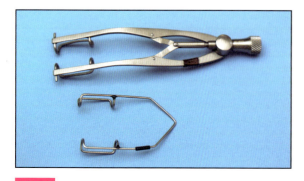

**図6.11** 開瞼器，カストロビエホ（上）とバラッケ

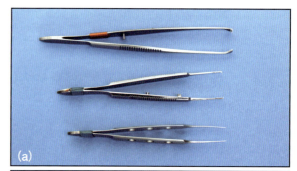

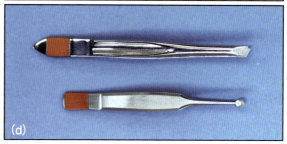

**図6.12** (a)眼科用鑷子：上からフォングレーフェ，結紮用プラットホームとマイクロ・ラット鉤のセント・マーチン (b)結膜の組織を無傷で把持するための微細な鉤の嵌合を示したフォングレーフェ固定鉗子の拡大．(c)角膜を把持するために利用されるコリブリ鑷子．(d)睫毛鑷子：ホイットフィールド（上）とベネット

弱い指圧によりお互いに完全に嵌合し，そして正確に配列していることが必須である．結膜用の鑷子は通常1×2の鉤がある．しかし，これらの鉤は繊細な結膜にボタン穴の裂傷を作る原因となり，その代替法として，フォングレーフェ固定鑷子（10〜14の細かい鉤をもつ）が利用できる．これらの鑷子は繊細な結膜組織を裂傷から守る把持特性がある．しかし，フォングレーフェ鑷子は顕微鏡手術には大きすぎる．麦粒鑷子の鋸歯状の先端は，顕微鏡手術にとって十分小さい，そして器具先端を拡大することなく把持する表面領域を増やせる．睫毛鑷子は異常な睫毛を把持して抜去するために平滑な鈍の先端をしている．効果的な抜毛のため，先端は，非常に柔らかい睫毛を抜くために完全に嵌合している．したがって他の目的で使用してはいけない．

角膜，強膜と輪部を把持する鑷子には線維組織を把持する鉤が必要である．それらは，垂直（犬歯）あるいは斜角をなしている．後者は平滑表面で良好な把持力がある．モスキート鉗子（ホールステッド止血鑷子）は止血のため，そして輪部や第三眼瞼のような眼球部位の固定に利用される．一般的使用のためのより大きい止血鉗子に加えて，直と曲のモスキート鉗子が利用できる．角度の強い鉗子は眼摘に利用できる．

## ナイフ

眼科手術で頻繁に利用されるナイフは標準的なバード・パーカーハンドルと刃（No. 11 および 15）とビーバーハンドルと刃（No. 64, 65, 67 および眼科用刃）である（図6.13）．後者が結膜と角膜切開に使われる．角膜切開刀は，ビーバーハンドルに適合し，ディスポーザブルなものは，全層角膜切開（白内障手術など）に主に利用されるひし形の刃がある．角膜切開刀は，正確な幅（例えば，多くの超音波乳化吸引装置を挿入するために必要な 3.2 mm）の切開をするために用いる．ダイヤモンドナイフは角膜，輪部，強膜切開に再利用可能な外科用メスとハンドルがある．非常に高価であるが，正しい使い方でダイヤモンドナイフは長年使うことができる．切開創の深さを制限できるナイフは，角膜分離症を切除するための表層角膜切開術のような角膜手術に利用できる．これらのナイフは隆起したボタンをもつ鋭利な刃，あるいは刃が角膜の規定された切開創にしかならないものがある（例えば，角膜厚の約半分である 300 μm）．切開創の深さが制限されるので未熟な術者でも非常に安全であるが，価格は高い．

## 剪刀

様々な眼科用剪刀が利用できる．これらの先端が鋭か鈍，直か曲，そして柄（リングあるいはスプリング）が異なる（図6.14）．眼瞼と結膜切開には，スティーヴンズ腱剪刀は用途が広く，直と弱湾の先端のものが利用できる．小さいメッツェンバウム剪刀は眼瞼皮膚の切開に利用できる．特別な眼摘剪刀刃は急角度で曲がって，鈍性の先端の形状のものが利用できる．角膜と角強膜剪刀は平べったいスプリングハンドルであることが多く，切開がより正確に制御でき，そしてペンシル・グリップで把持する．一般の角膜剪刀は両方向に切開でき，左右の角膜剪刀が両方向に正確に角膜切開を広げられる（右利きと左利きの術者が使える）．顕微鏡下用の剪刀の柄と刃は一般眼科用剪刀より短い．虹彩剪刀は小さくそして非常に鋭利でわずかに先端が湾曲している．

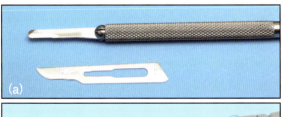

**図6.13** 眼科用ナイフ．(a) No. 64 の刃とビーバーハンドルそして，No. 15 のバード・パーカー外科用メス．(b, c) 二つの異なるタイプで切開の深さを制限できるナイフの先端の拡大像

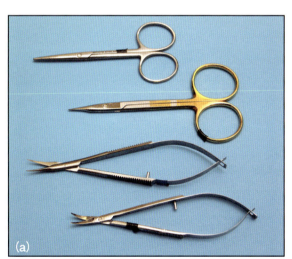

**図6.14** (a) 眼科用剪刀．鈍性切開時に適している鈍性の先端をもつ直の眼瞼剪刀，スティーヴンズ腱剪刀（直），ウェストコットの腱切り剪刀とカストロビエホ・タイプの角膜剪刀．(b) 先端が急角度の眼摘用剪刀（同じように設計された止血鉗子も利用できる）

## 持針器

持針器は針のサイズにより選択する．眼科用持針器は，通常角膜剪刀と同じデザインであり，そしてペンシル・グリップでもつ．しかし，柄はその器具を回転できるように平坦というより円形であり，先端が開いた状態で，スプリングの作用により閉じる．先端は，直と曲があり，有鉤と無鉤がある．持針時，ロック機構をもつが，それは太い縫合糸でのみ都合がよい．なぜならロックの開放は先端がわずかに振動するためであり，顕微鏡手術では正確な針位置が要求されるため，それらに影響がでる．ロック機構のないマイクロサージェリー用の持針器は，過剰な把持力による先端の損傷の保護のためにピン・ストップが付いている．そしてそれらは，通常 8-0(0.4 metric)以上の縫合糸に利用する．4-0(1.5 metric)から 6-0(0.7 metric)のようなより大きな針をもつ縫合糸はギリースとメーヨー・ヘーゲル持針器が利用できる．これらの持針器は小さい針に使用してはいけない．なぜなら，繊細な針先が曲がったり，折れたりするからである．眼科用手術に利用される持針器を図 6.15 に示す．

## 針

当然であるが，針の直径は，縫合糸より大きくなければならない(例えば 8-0 縫合糸は(通常，縫合糸の直径が 40 μm，針の直径が 200 μm でできており，すなわち 5：1 の比率とする)．このことは組織損傷が強くなるが，必要であれば，縫合の結び目を針路内へ埋没されることができることは利点となる．

針には，半径，彎曲，長さと先端構造に違いがある．針は円周比率で彎曲度を表記する(例えば，1/4，1/3，3/8 と 1/2 円)．通常，大彎の針(1/2 円)は，小さいが深い傷に利用される．一方，弱彎(1/4 円)は，広く浅い傷に利用される．

マイクロサージェリー用の縫合糸は 4 種類の先端構造がある(表 6.4)．

- 角針(Cutting)
- 逆三角針(Reverse cutting)
- 丸針(Taper point)
- 平型針(Spatula tipped)

丸針は，組織侵襲は最少であるが，これらの非鋭利である事から，結膜への利用には制限がある．平型針は，角膜手術で一般的に利用され，角膜組織の特異な層状構造に適合するように設計されている．針の鋭利性は組織侵入に効果的であり，平型形状は非侵襲で層間への侵入を容易にする．不注意による穿孔と縫合による危険性は，どの針を利用しても，角膜縫合には危険が伴う．

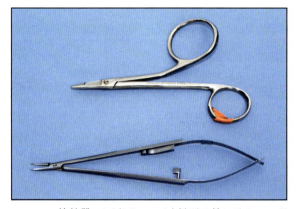

**図6.15** 持針器：4-0(1.5 metric)以下の針にはミニ・ギリース持針器(上)とロック機構付きのカストロビエホ持針器

**表6.4** 様々な眼科用針の構造と用途(イラスト：出版社の同意を得て Eisner〈1990〉より描き直し)

| 針先端の構造 | 特徴 | 用途 |
|---|---|---|
| 角針(Cutting) | 先端と側面は鋭利<br>三角形断面<br>組織侵襲がある<br>正確な縫合深度を制御するのが難しい | 皮膚 |
| 逆三角針(Reverse cutting) | 先端と側面は鋭利<br>逆三角形断面<br>組織侵襲がある<br>正確な縫合深度を制御するのが難しい | 皮膚 |
| 丸針(Taper point) | 先端は鋭利であるが側面は平滑<br>組織侵襲はわずか<br>皮膚の縫合には不十分 | 結膜 |
| 平型針(spatula tipped) | 層状組織の縫合のために設計され，正確な縫合糸の設置が行える | 角膜 |

## 縫合糸の素材

縫合糸の選択は，その部位，手技と術者の好みによる．以下のことを心に留めておく必要がある．

- 組織の解剖学的特徴
- 組織の引張力
- 縫合した糸の残存性
- 縫合糸の種類
- 抜糸の必要性の有無

眼科専門医は，ヒトの眼科医と比して，「太め」の吸収糸を好む傾向がある．理論的に，細いモノフィラメントの非吸収糸(6-0〈0.7 metric〉)を利用すべきである．なぜなら細い縫合糸の方が組織反応は少なく，操作性が容易であり，創面の安定性もよく，乱視も少なくなる．しかし，獣医診療においては，糸がとれてしまうことを回避することは，軽度の炎症と乱視を生じることよりも重要であることがある．

獣医眼科手術で最も利用されている縫合糸はポリグラクチン910である(表6.5)．この縫合糸は，定型のものが利用でき，張力と吸収速度の異なるものがある．モノフィラメント・ポリエステル・ポリジオキサノン(PDS)は，張力の持続が長く，最少の生体反応であるが，比較的堅いために操作が難しい．ナイロン，モノフィラメント・ポリエステルとシルクも利用することができる．

## いろいろな器具

### 涙小管拡張器

カニューレ挿入前の鼻涙点の確認と開口に利用するペンタイプの器具である．診断目的のための鼻涙管洗浄と小鼻涙点あるいは閉鎖性鼻涙点の手術時に非常に役立つ器具である．いくつかのタイプを利用できるが(ネトゥルシップ拡張器など〈図6.16〉)，同じようなデザインである．

### 霰粒腫用鉗子

霰粒腫用鉗子は，2枚の板をもち，その一つがリング状であり，そして眼瞼を器具で強く固定するためのねじが付いている(図6.17)．霰粒腫用クランプは，眼瞼腫瘍の切除，異所性睫毛の除去，そして睫毛重生の凍結手術を含めた多くの用途に利用される．眼瞼の安定性，止血，眼球への不注意な傷害から保護する．そして様々なサイズが利用できる．

### 霰粒腫用鋭匙

いくつかのサイズが利用できる．これらは霰粒腫内

表6.5 ポリグラクチンとナイロン糸の長所と短所

| | 長所 | 短所 |
|---|---|---|
| **ポリグラクチン910** | | |
| | 操作が容易．「復元力がない」 | ナイロン糸より生体反応が大きい |
| | ナイロン糸に比べて「しめつけ過ぎ」と「チーズワイヤリング」が少ない | 結び目がナイロン糸より大きくなりやすく，しまりが弱い．結び目を糸の軌道内に回転して入れられない |
| | 吸収性．抜糸の必要がない | |
| | ナイロン糸より柔らかく刺激が少ない | |
| **ナイロン** | | |
| | 最小限の生体反応．特に視軸の角膜での利用に重要 | 操作が難しい-特に10-0(0.2metric)や11-0(0.1metric)は，「復元力」がある |
| | 長期間その張力を維持する | |
| | 多少の弾力特性．ポリグラクチン910より障害性がない | 滑りやすく水分とくっつきやすい |
| | 確実な結び目はその糸目を短くできる．そして特に10-0(0.2metric)や11-0(0.1 metric)の規格の縫合糸は，結び目を組織内へ埋没しやすい | 「しめつけ過ぎ」と「チーズ-ワイヤー」は乱視の原因となる |
| | | 結び目を埋没できないと刺激となる |
| | 細いサイズが利用できる | 全身麻酔下で抜糸が必要となるかもしれない |

図6.16 ネトゥルシップの涙管拡張器

の稠厚性物を除去するために利用される(霰粒腫用クランプと一緒に利用される)．

### 角板

眼瞼手術の眼瞼組織の安定性と張力を得るために利用される平滑な板であり，切開はその板上で行うことができる．その板は下にある眼球を保護する．様々なタイプが利用できるが，イエガーの角板(図6.18)がおそらく獣医師にとって，最も広く使われている．

### 異物用スパッド

片側あるいは両端の先が鋭利になっている器具であり，角膜あるいは眼内の異物を除去するために時々用いられる．しかし，多くの術者は，この代わりに二本の皮下注射針(25あるいは27 G)を使う．

図6.17　(a)デマル氏狭瞼器は眼瞼の安定化と止血に使用できる．(b)霰粒腫用クランプは睫毛重生の凍結抜毛時に利用される．

図6.18　イエガーの角板

図6.19　眼科用キャリパー（カストロビエホ）

### キャリパー

キャリパー(図6.19)は多くの眼瞼と角膜手術において，その眼科手術を適切に終わらせるため，正確な距離を測ることに利用される．すべての手術に利用するわけではなく，メインの眼科キットとは別にして滅菌する．

### 止血小鉗子

小さいクロスアクションの止血鉗子は制御糸による眼球の安定化を助けるために利用される．

表6.6　眼科手術に必要なディスポーザブル製品

| 品目 | 用途 |
|---|---|
| ドレープ(粘着性のプラスチックの窓付きは角膜と眼内手術に役立つ) | 術野の無菌 |
| マイクロサージェリー用スワブ(柔らかく，糸くずが出ないもの)，セルロースが先端に付いたスワブ | 分泌物(眼脂)の除去 |
| 鼻涙管カニューレ(いくつか)，2 mLシリンジ | 涙点へカニューレの挿入 |
| 平衡塩類溶液，ハルトマン溶液，乳酸リンゲル溶液 | 角膜，鼻涙管洗浄，眼内灌流 |
| 小焼灼器 | 止血 |

### ディスポーザブル製品

上記の器具や縫合糸に加えて，いくつかのディスポーザブル製品が通常の眼科手術には必要である(表6.6)．

### ドレープ

通常のドレープ素材の物が眼科手術に利用できる．それには，布製とディスポーザブルの物がある．有窓の布ドレープは利用できるが，耐水性がないのでたいてい眼外手術に使われる．包装済みの滅菌ディスポーザブルドレープは耐水性であり，灌流液を利用する角膜と眼内手術時に利用される．術者の中には粘着性のあるプラスチックの窓が付いているドレープを好み，そしてそれは眼の周囲の皮膚と接着させる．術者は慎重に角膜を露出するためにそのプラスチック部を切る．ドレープは眼瞼の下に織り込み，術野へ被毛の侵入がないように開瞼器によりホールドする(図6.20)．この方法は布あるいは紙ドレープのみで術野を無菌的に保つよりはより確実である．眼内手術に使用する特別なドレープ(白内障摘出のための超音波乳化吸引術)は，ドレープに袋がついている，あるいは余分な灌流液を回収できる別添えの袋が付いている．

### スワブ

眼科手術に利用するスワブは，柔らかく糸くずが出ないことが必要不可欠である(図6.21)．通常のガーゼのスワブは，眼球摘出あるいは付属器以外に眼科手術での利用は推奨されない．なぜなら残った繊維が刺激となることがあるためである．顕微鏡手術(角膜切除，結膜移植，そしていかなる眼内手術)において，セルロースのスワブがお勧めである．5, 10, 20本入りの包装があり，角膜に利用しても安全であり，必要に応じて眼内液を吸い取ることができる．

第6章　眼科手術の原則

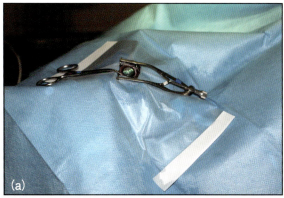

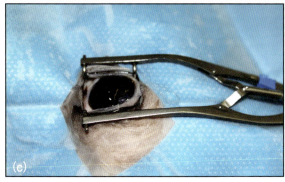

図6.20　(a)眼科用の透明な接着性ドレープの利用．紙ドレープの下に粘着性がある．眼球の安定性を得るために輪部にモスキート鉗子を設置していることに留意する．(b)洗浄液を集めるために利用する袋がある．(c)無菌的な術野を確保するために粘着性ドレープの切断々端で包みこんで開瞼器を設置した拡大像

## カニューレ

　ディスポーザブルのプラスチック製の鼻涙管カニューレを常に利用できるようにすべきである．汎用されるのは，直径が 0.91 mm と 0.76 mm のものである．あるいは，先端を斜めに切り短くして，静脈用カテーテルが利用できる．しかし，もし自作の静脈内カテーテルを使用する場合，非常にゆっくりと涙点に挿入しなければならない．なぜなら，切断断面は鋭利であり繊細な涙管の開口部を傷害あるいは鼻小管に小さな裂傷を作る原因となるためである．ディスポーザブルのプラスチックカニューレだけでなく，金属性の涙管カニューレが利用できるが，麻酔下の動物で行う．

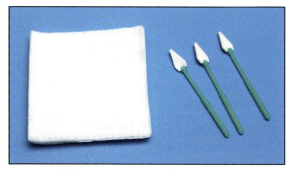

図6.21　眼科用スワブ．眼瞼の手術では織り込み（ガーゼではない）の糸くずがでないスワブが理想である．角膜と結膜の手術には，セルロース性のスワブが好まれる．

## 灌流液

　滅菌生理食塩水，ハルトマン液（または乳酸リンゲル液）と平衡塩類溶液（BSS：balanced salt solution）は眼科手術の洗浄液として利用できる．通常，生理食塩水は手術前の洗浄に利用されるが，角膜と結膜囊の洗浄，あるいは鼻涙管開通性の評価に利用する．眼内穿孔のリスク（角膜異物除去後など）があれば，還流液として生理食塩水の利用は勧められない．このような場合，眼房水に似ている溶液（ハルトマン，乳酸リンゲルあるいは BSS）を利用することが適切である．ナトリウムと塩化物で平衡化することに加えて，これらの液には重炭酸塩のような緩衝剤を含み，そしてそれは，生食よりも眼房水に生理的に近いものである．これらは非刺激性であり，繊細な眼内組織（角膜内皮など）へ最小限の障害ですむ．

## いろいろな器具

　眼科手術に利用される他の製品には，コンタクトレンズ，コラーゲンシールド，組織用接着剤などがある．これらの製品は角膜疾患にも利用されている（第12章を参照）．

　コンタクトレンズ（角膜保護用として）は犬と猫で汎用される．これらの最大の適応は，角膜潰瘍の治癒時の眼の不快感を失くすためであり，さらに，瞬目によって起こる虚弱な新上皮を保護することができる．いくつかのサイズが利用でき，角膜とその曲率は慎重に測定しなければならない．多くの製品には，この目的のため，使いやすい測定用カードが用意されている．角膜潰瘍の治療に加えて，コンタクトレンズは眼瞼痙攣を軽減するために痙性眼瞼内反の症例に利用することで，眼瞼が正常位置に復する．

　コラーゲンシールドは角膜潰瘍の癒合用バンテージとして利用できる．個別に滅菌されていて，眼に載せる前に再水和する必要があり，効果は短期間で，数日以内に溶解する．

　組織用接着剤は，角膜潰瘍の治療，同様に内反症の

113

子犬の仮の外反縫合の設置後の縫合糸の防護のために利用される．特別な眼科用シアノアクリレート接着剤を利用できるが，無菌の一般外科用のものでも十分である．組織接着剤は，重合により熱を発生し，処置時に表面と接触している部位に起こる．したがって，この反応が組織を障害しないように注意する必要がある（過剰な接着剤の利用はデスメ膜の「熱傷」を起こす）．接着剤は最少量で利用する．もし必要であれば，1回量を多くするよりも薄い被膜を重層させる．接着剤の中に25あるいは27G針を入れて，乾かした角膜の上に「塗るように」する．

## 眼科手術の原則

眼科手術を実施するときに必要な四つの重要な要因がある．

- 十分な抑制（結膜生検あるいは鼻涙管洗浄は点眼麻酔あるいは鎮静との組み合わせにより行える手技もあるが，通常，全身麻酔が必要である）
- 実施する手技に必要な適切な外科器具を用いる
- 適切な拡大倍率
- 特殊で，繊細な外科手技（術者の眼球運動の最小化）．組織損傷は，器具および組織に対して適切な三次元（3D）制御を確実にすることによって最小化される．これらのことは以下のように分けることができる．
    - 切開技術（組織分離）
    - 組織の安定性（把持）
    - 組織の再構築（縫合）

### 切開技術

一般外科と同様に，眼科手術には二つの切開法があり，それは鋭利切開と鈍的剥離である．

- 鋭利切開は，鋭利な刃あるいは剪刀を利用して組織線維を切断する．鋭利切開は鈍的剥離より炎症が少なく，特に眼瞼皮膚のような豊富な血管構造をもつ場合，眼科手術には明らかな利点となる．
- 鈍的剥離は組織線維を過伸展し引き裂くことで行い，そのため剪刀は分離する組織面の中に入れるので先端が尖っていてはならない．

手術全体の成功を確実にするためにそれぞれの組織の特徴と性質を認識しておくことが重要である．

- 一般的に，組織内の線維は，メスを移動することで分断されるというより，切断運動により分離されることが切開である．実例は角膜であり，正確な切開深度は最小限の切り込みにより行える．
- 他の組織（弛緩性の眼球結膜など）は，実際に，メスによる切り込みよりずれてしまう．このずれは，計画した切開ラインの近くを鑷子で把持し，それを伸ばすことで，あるいは組織を切る剪刀を用いることで減らすことができる．重要な組織の性質の違いを認識していないと，刃の下で組織は逃げるため，予定していた切開ラインから確実に数ミリずれてしまい，明らかに不適当なものとなる．

眼瞼切開には，眼瞼の皮膚を安定させ（下記参照），刃（例えば，No.15 のバード・パーカー）を用いて流体運動により切開する．複数の短い切開創にならないようにしなければならない．なぜなら創断端がでこぼこになり，結果として炎症や瘢痕を生じ，また正確な縫合を難しくするからである．メス柄を握る手は，罹患動物に載せるあるいは隣接しているサポート用のクッションの上に置き，ペンシル・グリップで握る．角板あるは術者の指で組織へテンションをかけ安定させ，同時に下部にある眼球に不注意な傷害を与えないように深く切開する（図 6.22）．鋭利な剪刀は組織を破砕する．したがって，これらの使用は，従来，眼瞼手術に勧められているが，著者は推奨しない．このような破砕は，浮腫と挫傷を引き起こし，手術のできに影響する．皮膚切開創後，鋭利な剪刀で残りの切除組織を切断する（眼瞼腫瘍の除去など）．眼瞼は豊富な血管を有するが，迅速でしっかりとした指圧と正確な縫合により止血が行える．しかし止血に焼灼器の利用を考慮する場合がある．使用する場合，焼灼器は瘢痕を起こさないように十分に考慮しながら利用すべきである．

結膜切開は，結膜移植片の作成と経結膜眼球摘出時，他の手術時に行なわれ，その切開は，スティーヴンズまたはウェストコットの腱剪刀を利用して鈍的剥離をするまえに計画領域のアウトラインと正しい深さを鋭利なメスで作製する（組織は，「ずれ」が起こらないようにしっかりと安定化させる）．

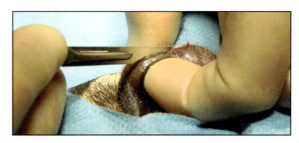

**図 6.22** 眼瞼の皮膚を保持するために術者の指を使っている．一直線のスムースな切開が推奨され，指の使用は眼球を保護するだけでなく，術者は容易に切開深度を判断することができる．

角膜切開は角膜切除術（例えば角膜壊死症の治療）と実質性角膜潰瘍で必要である．全層の角膜切開は，ここでは議論しない．なぜならこれらの技術は特別な研鑽がいる．マイクロブレード（No.64 ビーバーあるいはガードナイフ）は角膜手術に利用される．

## 組織の固定（安定化）

組織はそれを固定（第三眼瞼での切開創の作成）あるいは移動させて把持する必要がある（結膜移植片作成時）．すべての把持するための器具（たいてい鑷子）は，組織固有の力に抵抗するための十分な摩擦力（把持圧）があり，そしてそれは，鑷子を握る術者によって規定される．摩擦力が小さすぎると，組織は鑷子から滑りぬけ，炎症と傷害の原因となり，そして組織裂傷も起こす．組織を繰り返し把持することは，どんなに繊細で精巧に見えても，繊細な結膜あるいは眼瞼皮膚は，鑷子の鉤により「ぼろぼろ」となり，その構造に障害を起こすかもしれないので避けるべきである．

- 眼瞼の固定のために眼瞼縁は直接把持してはいけない．結膜円蓋（図 6.22 参照）に指を入れるあるいは角板を用いて，外眼角側に眼瞼を引っ張り伸ばすとよい．
- 結膜の固定は，眼球を固定するために切開部位の近くにデリケートな鉤をもつ鑷子を用いる．細いモスキート鉗子は角膜輪部の近くに使う（結膜がテノン嚢と最も密接している所）．あるいは，制御糸を慎重に上強膜に設置する．
- コリブリ鑷子は特に角膜を把持するためのデザインになっている．創面，潰瘍縁あるいは裂傷により生じた断端のみを把持すべきである．無傷の角膜の把持は，裂傷や剥離を起こすかもしれないので避けるべきである．コリブリ鑷子が利用できなければ，先端に角度がある，細い 1×2 鉤の鑷子（例えば 0.15 mm）を代わりに利用する．

## 組織再構築

縫合の目的は，創面をしっかり合わせることで十分な創傷治癒が起こるようにし，良好な外貌と正常機能に回復するためである．眼の顕微鏡手術において，創面の合わせは完ぺきでなければならない．しかし，寄せ合わせる力加減はその組織による．結膜手術においては，合わせの力加減は，ゆるくから堅くまで様々である．一方，角膜の縫合は，眼圧の影響を弱めそして創面からの漏れがないように，縫合糸の張力は正確でなければならない．正確な創面は以下により促進される．

表6.7 眼組織に利用される縫合糸

| 組織 | 縫合糸素材 | 太さ | 針 |
|---|---|---|---|
| 眼瞼皮膚 | ポリグラクチン 910, ナイロン, ポリジオキサノン | 4-0 から 6-0（1.5 から 0.7 metric） | 角針あるいは逆角針 |
| 結膜 | ポリグラクチン 910 | 6-0 から 8-0（0.7 から 0.4 metric） | 丸針 |
| 角膜 | ポリグラクチン 910, ナイロン | 8-0 から 10-0（0.2 から 0.4 metric） | 平型針 |

- 創縁に対して垂直な縫合糸の設置．不適当な縫合糸の設置（例えば，斜め）は，治癒遅延と不快感の原因となり，同様に瘢痕形成を増すことになる．下手な角膜縫合は，房水漏出と感染率の増加に関連する
- 全組織層への縫合（表層だけではいけない）
- 複数，細かい，比較的密な間隔の縫合
- 「二等分の法則」を利用した創縫合（下記参照）

創縫合の強さは，近接して縫合糸を設置することで成し遂げられる．組織への「くいこみ」を強くし，きつく結紮することは，合わせる力は増加するが，これらの方法は，組織のゆがみや血管供給に障害を与えるため眼科手術では推奨されない．

縫合糸と針の選択は縫合する組織と術者の好みによる（表 6.7）．

精巧な眼科用の針は，針を破損せず正確にそれらを縫合する持針器を利用することが不可欠である．一般外科用針（持針器で針を直接拾いそして保持する）と比較して，眼科用針はより精巧で精密な取り扱いが要求される．縫合糸素材を針から 1〜2 cm 離れた所で結紮用鑷子のプラットフォームで糸を最初に掴み，針はぶら下げてそして手術位置の近くのドレープ上で停止させる．ここから，再調整が必要とならないように持針器で正確に針を拾うことが容易となる（図 6.23）．針を把持することで破損しないようにする．

さらに組織での不適当な針の通過も屈曲の原因となり，不確実な縫合となることを悟るべきである．前方へ針を押すというよりも，手首をゆっくりと回転させることで，針自身の湾曲を利用する（図 6.24 および 6.25）．

結紮時，眼科用縫合糸は，絶対に鉤付き鑷子で掴んではいけない．それは縫合糸が損傷するためである．プラットフォームの部位あるいは鉤なしの結紮用鑷子が代用として利用できるが，後者は，次の縫合を行う前に組織を固定するための鉤付き鑷子と交換する必要がある．組織を固定するために鉤付きでプラットフォームをもつセント・マーチンのような鑷子（図 6.12a）は

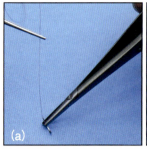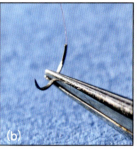

図6.23 (a)繊細な眼科縫合針を掴むために利用される「ダングル(ぶら下げ)」法．結紮用鑷子で針から1〜2 cmの縫合糸を掴み，ぶら下げてドレープの上で静止させる．(b)その後に，持針器は正確な位置で針を把持する(針先と糸が付いた1/2から1/3の部位).

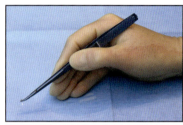
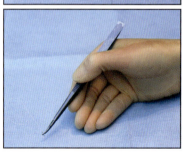

図6.24 正確な縫合は，組織を押し出すというよりも，手首をゆっくりと回転させ，針の湾曲に合わせて動かすことで行える．針は，常に持針器で把持しなければならない．

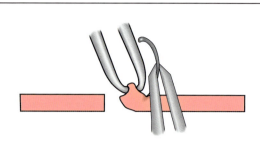

1. 組織表面に直角に針を刺入する．

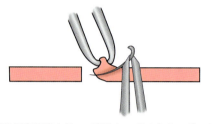

2. 針は回転運動を使って刺入し，そのとき，針は創面に対して90度にでるようにする．必要に応じて，針はいったん断面を貫通させ，そして反対側を通す時に再度把持し直すことができる．

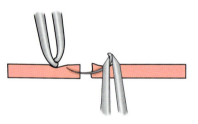

3. 反対側の創面に同じ高さとなるように針を入れ，そしてそれは断面に対して90度となるようにする．針は最初に入れた位置の反対側に出るように組織内を回転運動する．鑷子は創面末端を把持，あるいは針の組織経路の弧より短くなるように，想定している針をだす位置のわずかに遠くに，先端を閉じたまま穏やかに圧を加える．

図6.25 最少の組織損傷と創面を最大限合わせるには，針の湾曲方向に沿って縫合を行う．

多くの眼外科医に支持されている．一般的に，追加の撚り(結び)が眼瞼手術の最初の縫合に使われることがあるが，標準的なこま結び(男結び)が利用される．角膜切開では三重の単結節が汎用される．他にも眼瞼手術の最初の縫合糸の設置方法があるが，一般的に標準的なこま結びが利用されている．縫合糸断端は眼表面の擦過傷あるいは潰瘍を予防するために短くしなければならない．一方，眼瞼縫合は長く残す(下記参照).

眼瞼損傷の閉復に利用される二つの重要な縫合法がある．

- 単結節縫合：半月形に切開する内反症手術(Hotz-Celsus法)で二等分の法則による縫合を行う．もし縫合を単純に一端から始め，創傷を反対側まで逐次行うと，最後の末端はたいてい余分な組織の口唇ができる．創傷の中央で最初に縫合し，二つの半分を二分する第二と第三の縫合を行い，切開の残りの間隙を必ず二等分にするように縫合することで，均一なものとなる(図6.26).

- 8の字縫合：眼瞼縁の正確な縫合はその適当な機能を得るために必要である．もし，先端に段差があれば，そこに眼脂と残屑が蓄積し，涙液フィルムの均一な拡散が損なわれる．しかし，縫合糸が角膜を糸の断端と結び目で刺激するような眼瞼縁のすぐ近くに設置しないことが同時に重要である．眼瞼縁切開の縫合では，上記の問題解決に8の字縫合は理想的な方法である(図6.27).

眼瞼の切開(特に眼瞼縁に対して平行である)で，創傷縁に通常過剰な張力はかからないが，正確な縫合

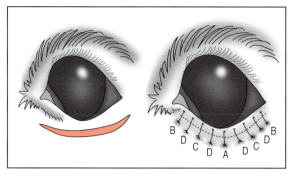

**図6.26** 単結節縫合．二等分の法則が，半月形（二本の長さが異なる）に切開した内反症の縫合に利用される．この例では，縫合は A-B-C-D の順で行う．

は，正確な解剖学的配列と満足できる美観を確実にするのに必要不可欠である．二層縫合はたいてい全層切開に推奨される．薄い眼瞼皮膚をもつ罹患動物であれば，一層縫合で十分である．必要に応じて，皮下織は単結節あるいは連続で縫合し，外側の皮膚はたいてい単結節縫合で縫合する．一層あるいは二層縫合を行うことに関係なく，注意としては，眼瞼結膜を穿孔しないように（角膜剥離あるいは潰瘍の原因となる），確実に実施する．通常，角針あるいは逆角針の 4-0（1.5 metric）から 6-0（0.7 metric）の縫合糸で皮膚縫合を行う．吸収素材の利用は多くの縫合糸で抜糸の必要がなく，縫合糸の断端は短くすることができる．代わりとして，眼瞼縁に対して垂直に切開する場合，縫合糸の断端は，容易に抜糸ができるように次の縫合糸に「拿捕」されるよう長くする（図6.28）．いくらかの罹患動物で，顕著な炎症反応が縫合糸の吸収により起こり，抜糸を行わなければならないかもしれない．

結膜は治癒が非常に速いため，小さい切開創は無縫合でよい．実際，縫合することで当初の創傷を刺激することがある．一方，より大きな欠損は 8-0（0.4 metric）あるいは 6-0（0.7 metric）吸収糸での縫合が必要であり，理想的に単純連続縫合と結び目を埋没させる方法が利用される．

角膜縫合は適切な拡大鏡が必要である．最も一般的に利用される縫合糸は，平型針の針付きの 8-0（0.4 metric）ポリグラクチン 910 である．眼科専門医はより小さい規格を利用する．縫合は，等間隔に，切開長のすべてで張力が均一でウォーター・タイトが確実となる正確な深度が必要である（図6.29，第12章も参照）．

## 術後管理

通常，眼科手術時，ごくわずかな出血あるいはコンタミネーションが起こり，したがって糸くずが出ないスワブを使い創面に沿って軽く押しあて，滅菌生理食塩水で穏やかに洗浄することが必要である．術後の疼

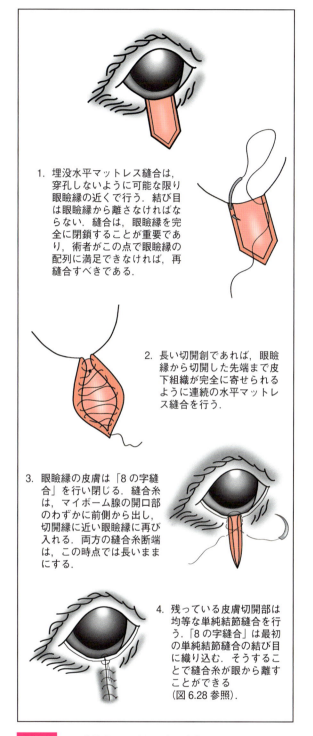

1. 埋没水平マットレス縫合は，穿孔しないように可能な限り眼瞼縁の近くで行う．結び目は眼瞼縁から離さなければならない．縫合は，眼瞼縁を完全に閉鎖することが重要であり，術者がこの点で眼瞼縁の配列に満足できなければ，再縫合すべきである．

2. 長い切開創であれば，眼瞼縁から切開した先端まで皮下組織が完全に寄せられるように連続の水平マットレス縫合を行う．

3. 眼瞼縁の皮膚は「8の字縫合」を行い閉じる．縫合糸は，マイボーム腺の開口部のわずかに前側から出し，切開縁に近い眼瞼縁に再び入れる．両方の縫合糸断端は，この時点では長いままにする．

4. 残っている皮膚切開部は均等な単純結節縫合を行う．「8の字縫合」は最初の単純結節縫合の結び目に織り込む．そうすることで縫合糸が眼から離すことができる（図6.28 参照）．

**図6.27** 8の字縫合．眼瞼縁を含む創傷に利用できる．

痛軽減は絶対必要であり詳細は第5章に述べている．

エリザベスカラーの利用は，眼科専門医にとって多少論争があり，カラーをすることで動物の注意が頭部にいき，罹患動物が物にぶつかる原因となり，そしてたいてい罹患動物と飼い主を悩ませる．しかし，心の平穏のためにも，多くの人はエリザベスカラーが「セーフティネット」となる．カラーの代わりとして，12～24時間の間，前足にソフトな包帯をする（時には

## 第6章 眼科手術の原則

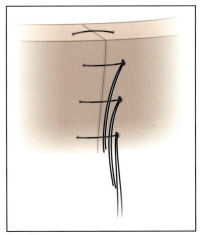

図6.28 眼瞼縁に対して垂直な創傷の縫合．長くした縫合糸の断端は，抜糸を楽にするために次の縫合あるいは結び目により「拿捕」できる．

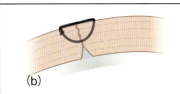
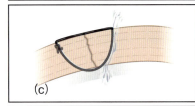

図6.29 角膜縫合．(a) 正確な縫合は角膜実質の1/2から2/3の深さが必要である．(b) 縫合が浅すぎて内皮が大きく開いていると持続的な角膜浮腫を起こす．(c) 縫合が深すぎる，前房へ穿孔し，結果として房水が漏出する．(d, e) 不均一の縫合は角膜の段差と不揃いが起こる．

後足にも），それでも罹患動物が擦るとしても，障害を起こすことは少なくなる．概して，眼科罹患動物は，厳密にモニタリングしておかないと，回復期と術後ただちに眼を擦ろうとする．さらに，点眼治療に関連した一過性の刺激の増加が起こり，飼い主に擦るのを阻止するように指示をすべきである．

罹患動物は投薬の種類と回数をわかりやすい説明書を付けて退院させ，再診の必要な時期，飼い主が気をつけるべき術後合併症の症状，そして犬の散歩制限あるいは猫を室内に入れておくべき日数などの他の指示をする．

## 参考文献

Eisner G (1990) *Eye Surgery: An introduction to operative technique.* Springer-Verlag, Berlin

Gilger B, Bentley E and Ollivier F (2007). Diseases and surgery of the canine cornea and sclera. In *Veterinary Ophthalmology*, 4th edn, ed. KN Gelatt, pp. 690–752. Blackwell Publishing, Iowa

Macsai S (2007) *Ophthalmic Microsurgical Suturing Techniques.* Springer, Berlin

Miño de Kaspar H, Koss MJ, He L, Blumenkranz MS and Ta CN (2005) Prospective randomized comparison of 2 different methods of 5% povidone–iodine applications for anterior segment intraocular surgery. *Archives of Ophthalmology* **123**(2), 161–165

Troutman RC (1974) *Microsurgery of the Anterior Segment of the Eye. Volume 1 Introduction and Basic Techniques.* CV Mosby, London

Turner SM (2005) *Veterinary Ophthalmology – A Manual for Nurses and Technicians.* Elsevier, London

# 7

# 眼科用薬物

## James Oliver and Kerry Smith

薬物は様々な経路で眼に到達する可能性がある．臨床医による経路の選択にはいくつかの要因がかかわっており，以下のものが挙げられる．

- 薬物の目的とする作用部位
- 目的とする部位で治療薬物濃度に達するための投与頻度
- 血液-眼関門を通過できる薬物の能力
- 副作用の可能性
- 飼い主のコンプライアンス
- 罹患動物の協力
- 費用

局所経路は一般的に全身投与に比べて全身吸収と副作用の危険性を減少させる．局所投与薬は眼表面疾患に特に適している．しかしながら，それらは後眼部にはほとんどの量が届かず，この部位の疾患には全身投与薬の方が好まれる．前眼部疾患（前部ぶどう膜炎など）の場合，局所投与薬と全身投与薬の組み合わせが通常は必要となる．無傷の角膜を透過させるために，局所投与薬には水溶性および脂溶性の両性質が必要である．この理由は角膜上皮および内皮はともに脂質に富んでおり，角膜実質は水分含有量が高いためである．大部分の局所抗生物質は水溶性であり，角膜を十分に透過しない．透過性は薬物と有機塩の結合（酢酸プレドニゾロンなど）や，角膜上皮に浸透する防腐剤（塩化ベンザルコニウムなど）の使用により増強できる．薬物透過性はまた角膜潰瘍で増加するが，それは角膜上皮の疎水性障壁が失われているためである．

あまり一般的に使用されない投与経路として，結膜下投与，前房内投与，硝子体内投与が挙げられる．結膜下注射は局所治療薬が投与できない非協力的な罹患動物や前眼部への透過性を増強させたいときに有用である．典型的な方法として，0.2～0.5 mm の溶液または懸濁液を 25～27 G 針で背側眼球結膜の下に注射する（図 7.1）．吸収は強膜から直接起こり，角膜上皮の疎水性障壁を迂回する．また薬物の一部は注射部位より漏れ出して結膜や角膜表面から吸収されたり，鼻涙

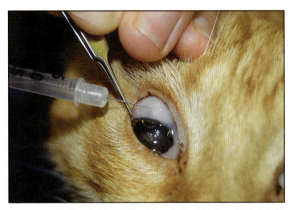

図 7.1　結膜下注射．前眼房内の気泡は過去の前房内注射によるものである

図 7.2　前房内注射

管系を通って排出される可能性がある．

前房内経路の場合，薬物は前眼房に直接投与される．この経路は眼内手術時に最もよく用いられるが，また前眼部に線維素が析出した前部ぶどう膜炎の動物にも使用される．鎮静および局所麻酔下で，25 μg の組織プラスミノゲンアクチベータを角強膜輪部から前眼房内に注射する（図 7.2）．

硝子体内注射は眼科診療では減多に用いられない．主な適用は細菌性眼内炎や末期緑内障である．盲目で疼痛を伴う緑内障眼では，他の治療に反応しない場合，その薬理作用で毛様体上皮を破壊するために硝子

119

体内ゲンタマイシン注入術が用いられることがある．しかしながら，治療への反応が非常に様々なため，眼球摘出術または眼球内容除去後の義眼挿入術の方が好ましい．さらに，硝子体内ゲンタマイシン注入術は猫において眼内肉腫に関連するとされている．

## 局所投与薬の調剤

点眼薬には水溶液と懸濁液がある．眼表面は約30 μLの液体しか収容することができず，そして1滴の点眼薬の平均量が約50 μLであるため，1滴の投与で十分である．過剰分は眼瞼縁から溢れ出るか，鼻涙管系を通って排出される．後者では全身循環に入り，望ましくない副作用が生じる可能性がある．さらに，1滴以上の同時投与は眼表面からの薬物の排出を促進し，目的量よりも少量しか作用しない可能性がある．1種類よりも多くの薬物の投与が必要なときは，投与間隔を5～10分間空けることが望ましい．ある状況では，眼軟膏が水溶液や懸濁液よりも有用な場合がある．軟膏は接触時間を延長させ，鼻涙管系からの排出も最小限である．このため眼表面での薬物滞在が増加し，点眼頻度を減らせるだろう．しかしながら，軟膏は角膜または強膜の穿孔した症例では禁忌であり，それは基剤が前眼部に対し毒性を有しているためである．水溶液，懸濁液，軟膏の利点と欠点の関連性を表7.1に示す．

**表7.1** 局所眼科用水溶液，懸濁液，軟膏の利点と欠点

| 利点 | 欠点 |
|---|---|
| **水溶液および懸濁液** | |
| ・投与しやすく，量も正確に投与できる<br>・前眼部への毒性が低い<br>・視覚障害を起こし難い | ・接触時間が短いため頻回投与が必要<br>・鼻涙管系からの排出が全身吸収の可能性を有する<br>・刺激があり涙液量が多い場合にすぐに希釈される<br>・潤滑剤としての効果は期待できない |
| **軟膏** | |
| ・接触時間の増加により投与頻度を減らせる可能性がある<br>・眼表面の潤滑剤になる<br>・過剰な涙液にも希釈され難い<br>・鼻涙管系からの排出が最小限 | ・前眼部への毒性（角膜および強膜穿孔では禁忌）<br>・視界がかすむ<br>・投与が難しく，投与量も正確になり難い |

## 抗ウイルス薬

小動物眼科で抗ウイルス薬を使う主な目的は猫ヘルペスウイルス1型（FHV-1: feline herpesvirus type 1）の治療である．FHV-1の治療は近年再検討された（Gould, 2011）．ガンシクロビル（0.15%）とアシクロビル（3%）は英国で市販されている唯一の局所眼科用抗ウイルス薬である．加えて，1%トリフルオロチミジン点眼液がいくつかの病院薬局で調剤できる．in vitroでの研究で，トリフルオロチミジンがFHV-1に対して最も効果的であり，ガンシクロビルは良好，アシクロビルは効果が最小限であると示されている（表7.2）．しかしながら，ある臨床試験では1日5回投与した場合の3%アシクロビル軟膏の有効性を実証している（Williams et al., 2005）．抗ウイルス点眼薬は通常は頻回投与（典型的には5～6回/日）が必要であるが，それは抗ウイルス点眼薬が殺ウイルス性というよりむしろ静ウイルス性だからである．しかしながら，シドフォビルはin vitroでFHV-1に対して良好な効果をもつことに加えて，半減期が長く，1日2回の投与でウイルス排出を有意に減少させることができる（Fontenelle et al., 2008）．ファムシクロビルは経口錠剤薬として利用でき，局所治療ができない場合や全身性ヘルペス症状がでた場合に使用できるだろう．ファムシクロビルの活性代謝物であるペンシクロビルはFHV-1に対してin vitroで良好な活性をもつ．経口ファムシクロビルは90 mg/kgで8時間毎に投与すると，FHV-1に実験的に感染させた猫で臨床症状の重症度を減少させることが示されている（Thomasy et al., 2011）．

L-リジンの食事での補給がFHV-1の治療として提唱されており，臨床医の中には再発率を減少させると主張する者もいる．しかしながら，この治療の利点についてのエビデンスはほぼなく，事実，L-リジンを与えた猫において利点もなければ，臨床症状の悪化やウイルス排出の増加も認めなかったということが大規模な研究で示された（Maggs et al., 2007；Rees and Lubinski, 2008；Drazenovich et al., 2009）．

インターフェロン（IFNs: interferons）の使用がまたFHV-1感染に対して提唱されている．猫IFN-ωとヒトIFN-αはin vitroでFHV-1に対して良好な活性を示している（Siebeck et al., 2006）．しかしながら，猫

**表7.2** 抗ウイルス薬のin vitroでの有効性（降順）（Nasisse et al., 1989）

| トリフルオロチミジン＞イドクスウリジン＝ガンシクロビル＞シドフォビル＞ペンシクロビル＞ビダラビン＞アシクロビル＞ホスカルネット |
|---|

IFN-ω点眼の前処置は猫での実験的FHV-1感染において有益な効果がなく、管理された臨床試験も実施されていない(Haid *et al.*, 2007).

## 抗生物質

局所性抗生物質は眼表面や前眼部の感染症ならびに潰瘍性角膜炎の症例や角膜および眼内手術後の予防として必要である(表7.3). 全身性抗生物質は眼瞼, 眼窩, 前眼部および後眼部での感染症に必要である.

### ペニシリン系

ペニシリン系は殺菌性であり、βラクタム環(細菌の細胞壁の合成を阻害する)の存在がその活性を担っている. ペニシリン系は種類によりその活性スペクトルが大きく異なる. ペニシリンGはグラム陽性菌に対して効果的であるが, 細菌のβラクタマーゼに感受性がある. アンピシリンとアモキシシリンはより広域な活性スペクトルをもっているが, またβラクタマーゼ感受性である. クラブラン酸やスルバクタムのようなラクタマーゼ阻害剤との組み合わせは細菌による不活化から保護する. アモキシシリン/クラブラン酸は眼科の感染症においておそらく最も一般的に使用される全身性製剤である. 血液-眼関門を通過しにくいという欠点はあるが, 炎症を起こした眼では治療レベルの眼内濃度に達するだろう. 実験的に誘発させたクラミジア性結膜炎の猫では, アモキシシリン/クラブラン酸による治療はドキシサイクリンと同じくらい効果的であった(Sturgess *et al.*, 2001). クロキサシリンは眼科用懸濁液として利用でき, βラクタマーゼを産生する眼表面感染症に必要である. カルベニシリン, ピペラシリンおよびチカルシリンはグラム陰性菌に対する活性を増強し, *Pseudomonas aeruginosa*や他のグラム陰性桿菌が原因の角膜潰瘍の局所治療のために有用な可能性がある.

### セファロスポリン系

セファロスポリン系はまた殺菌性であり, ペニシリ

**表7.3** 一般的に用いられている局所眼科用抗生物質

| 薬物 | 活性スペクトル | 主要効能 | 眼内透過性 | 注釈 |
|---|---|---|---|---|
| フシジン酸 | グラム陽性菌(特にブドウ球菌)といくつかのグラム陰性菌に対して静菌性 | 予防および細菌性結膜炎 | 良好 | 犬と猫で認可済み |
| クロラムフェニコール | 広域スペクトルかつ静菌性 | 予防および細菌性結膜炎 | 良好 | 眼表面細菌感染症または角膜潰瘍の予防治療としての選択薬 |
| オフロキサシン | 広域スペクトルかつ殺菌性 | グラム陰性菌が関与した結膜炎や角膜潰瘍. アミノグリコシド耐性*Pseudomonas* | 良好 | 一般的予防薬としては不適切. 細菌性角膜炎のために確保しておく |
| シプロフロキサシン | 広域スペクトルかつ殺菌性 | グラム陰性菌が関与した結膜炎や角膜潰瘍. アミノグリコシド耐性*Pseudomonas* | 中等度 | 一般的予防薬としては不適切. 細菌性角膜炎のために確保しておく |
| ゲンタマイシン | 広域スペクトルかつ殺菌性 | グラム陰性眼表面感染症 | 不良 | 犬と猫で認可済み |
| トブラマイシン | 広域スペクトルかつ殺菌性 | グラム陰性眼表面感染症 | 不良 | ゲンタマイシン耐性グラム陰性菌に対しておそらく有効 |
| ネオマイシン | 広域スペクトルかつ殺菌性 | ゲンタマイシン耐性*Pseudomonas*を含むグラム陰性眼表面感染症 | 不良 | 局所過敏症の原因となり得る |
| ポリミキシンB | グラム陰性菌に対して殺菌性(*Pseudomonas*や大腸菌を含む) | グラム陰性眼表面感染症 | 不良 | バシトラシン±ネオマイシンと組み合わせる |
| バシトラシン | グラム陽性菌に対して殺菌性(レンサ球菌を含む) | グラム陽性眼表面感染症 | 不良 | ポリミキシンB±ネオマイシンと組み合わせる |
| テトラサイクリン | 広域スペクトルかつ*Chlamydoplila*と*Mycoplasma*には静菌性 | 猫クラミジア性結膜炎. 難治性角膜潰瘍の犬 | 不良 | 局所製剤は英国では使えない. *Staphylococcus*と*Pseudomonas*はたいてい耐性をもつ |

ン系と非常に類似した作用機序をもつ．第一世代セファロスポリン系はセファゾリンやセファレキシンを含み，主にグラム陽性菌に対して有効である．セファゾリンは犬において静脈内投与時の眼内浸透性が良好であり，白内障手術の際に犬では予防的に使用されている(Whelan et al., 2000；Park et al., 2010)．第三世代セファロスポリン系(セフトリアキソン，セフタジジム，セファトキサミンなど)はヒトでは眼内炎の治療で使用されているが，その費用が獣医療での使用を制限している．セファゾリン，セフトリアキソン，セフロキシム(第二世代セファロスポリン系)はヒトでは白内障手術後の細菌性眼内炎の予防として前眼房内に投与されているが(Lam et al., 2010)，著者の知る限りでは，犬や猫において同様の使用報告は発表されていない．

## アミノグリコシド系

アミノグリコシド系は細菌のタンパク質合成を阻害する殺菌性抗生物質である．アミノグリコシド系はグラム陽性菌とグラム陰性菌に対して有効である．ゲンタマイシンやトブラマイシンの局所投与は感受性グラム陰性菌(特に *Pseudomonas aeruginosa*)が関与した細菌性潰瘍の治療としてよい選択肢であるが，耐性菌が増えてきている．アミノグリコシド系の作用はペニシリン系と相乗効果があるが，別々に投与した方がよい．なぜならアミノグリコシド系はペニシリンにより不活性化される可能性があるからである．ネオマイシンの局所投与は他の抗生物質やコルチコステロイドと併用でき，グラム陰性菌やスタフィロコッカスに対して活性をもつ．しかしながら，慢性的な使用はアレルギー反応を誘発する．アミカシンはトブラマイシンやゲンタマイシンに耐性をもつ *Pseudomonas* spp. に対して有効である．静脈内投与された場合，アミカシンは細菌性眼内炎の治療に有用な可能性がある．なぜなら他のアミノグリコシド系よりも網膜毒性が低いからである．

## フルオロキノロン系

フルオロキノロン系は細菌の DNA ジャイレースとトポイソメラーゼⅣに干渉することにより殺菌作用を示す．グラム陰性菌といくつかのグラム陽性菌に対して活性をもつ．エンロフロキサシンとマルボフロキサシンは注射液または錠剤として利用でき，ほとんどの国で小動物への使用が認可されている．エンロフロキサシンは製造業者の現在の推奨量より多く投与した場合に，猫での急性網膜変性に関連する．オフロキサシンとシプロフロキサシンは点眼液として利用でき，犬や猫でもよく用いられる．しかし猫ではシプロフロキサシンはオフロキサシンよりも耐性が低い可能性がある．これらの薬剤はアミノグリコシド系に耐性をもつ微生物が存在する場合の感染性角膜潰瘍の治療として特に有用である．オフロキサシンはシプロフロキサシンよりも角膜透過性が良く，この理由から，オフロキサシンは白内障手術後の予防薬としてより適切かもしれない(Yu-Speight et al., 2005)．ヒトでは，オフロキサシンの局所投与は角膜穿孔の危険性が増加する可能性が指摘されているが，それは角膜のマトリックスメタロプロテアーゼの発現を増加させるからである(Mallari et al., 2001；Reviglio et al., 2003)．この合併症は犬や猫ではまだ報告されていない．

## テトラサイクリン系

テトラサイクリン系は細菌のタンパク質合成を阻害する静菌剤である．テトラサイクリン系はグラム陽性菌やグラム陰性菌，マイコプラズマ，リケッチア，*chlamydophila* spp. に対して有効である．シュードモナスやブドウ球菌は通常は抵抗性である．ドキシサイクリンの経口投与は猫クラミジア性結膜炎の治療の選択肢として推奨されている．起こり得る副作用は成長期の子猫や子犬でのエナメル質の変色や，猫での食道炎である．テトラサイクリンの局所投与はいくつかの国で利用可能であり，猫クラミジア性結膜炎の治療に有効である．加えて，オキシテトラサイリンの局所投与は免疫調節性の機序により犬の特発性慢性角膜上皮欠損(SCCEDs: spontaneous chronic corneal epithelial defects)の治癒を促進することが示されている(Chandler et al., 2010)．

## マクロライド系およびリンコサミド系

マクロライド系およびリンコサミド系は細菌のタンパク質翻訳を阻害し，静菌性である．マクロライド系にはエリスロマイシン，アジスロマイシン，クラリスロマイシンが含まれる．マクロライド系はグラム陽性菌，マイコプラズマ，リケッチア，*chlamydophila* spp. に対して効果がある．アジスロマイシン(エリスロマイシン誘導体)はグラム陰性菌(*Bartonella henselae* や *Borrelia burgdorferi* など)に対して活性が増強する．アジスロマイシンはまた猫のクラミジア性疾患の治療薬としても推奨されている．クリンダマイシン(リンコサミド系の一つ)はその *Toxoplasma gondii* に対する活性のため獣医療で特に注目されている．猫トキソプラズマ症では 25 mg/kg/日を分けて経口投与する．

## スルホンアミド系

スルホンアミド系は細菌の葉酸合成を阻害する，広域スペクトルの静菌剤である．スルホンアミド系は獣医眼科ではほとんど使用されない．しかしながら，トリメトプリム／スルホンアミドの経口投与は犬の硝子体と前眼房内で治療レベルに達し，そのことは細菌性内皮炎の治療薬として有用な可能性がある．犬におけるトリメトプリム／スルホンアミドの起こり得る副作用は乾性角結膜炎（KCS）であり，それは約4％の症例で生じる．

## クロラムフェニコール

クロラムフェニコールは静菌性であり，細菌のタンパク質合成を阻害する．クロラムフェニコールはグラム陽性菌とグラム陰性菌に対して有効である．クロラムフェニコールは0.5％点眼液または1.0％眼軟膏として利用でき，細菌性結膜炎の局所治療薬や犬や猫の角膜潰瘍の予防薬として素晴らしい選択肢である．その脂溶性の性質のため，クロラムフェニコールの角膜透過性は良好であり，前眼房内で治療濃度に達することができる．このため眼内手術後に予防的に使用される．

## ポリペプチド系抗生物質

これらにはバシトラシンやポリミキシンBが含まれ，ともに殺菌性である．バシトラシンは細胞壁の合成を阻害し，ポリミキシンBは細菌の細胞膜の形成を妨げる．バシトラシンは主にグラム陽性菌に対して効果的であり，一方でポリミキシンBは主にグラム陰性菌（*Pseudomonas aeruginosa* を含む）に有効である．バシトラシンとポリミキシンBは複合眼表面感染症に対して広域スペクトル活性をもつために混合した局所製剤として使用される．

## フシジン酸

フシジン酸は主に静菌性であるが，高濃度では殺菌性にもなる．それは主にグラム陽性菌（特にブドウ球菌）に対して活性をもつ．それは1％ゲルとして利用でき，眼表面感染症の治療薬として有効である．良好な角膜透過性をもち，1日1回の投与でも効果的であり，小動物での使用が認可されている数少ない眼科用製剤のひとつである．

## 抗真菌薬

眼真菌感染症は英国の小動物では珍しいが，角膜真菌症には時々遭遇する．英国では点眼用抗真菌薬は市販されていないが，クロトリマゾール，エコナゾール，ミコナゾール，ボリコナゾール，アムホテリシンはいくつかの病院薬局で調剤できる．ポビドンヨードやグルコン酸クロルヘキシジンのような防腐剤もまた抗真菌特性をもち，他の抗真菌薬が使用できない場合は点眼液として局所的に用いることができるが，それほど効果的ではない．眼内真菌症には全身性抗真菌薬が必要である．イトラコナゾールが眼ブラストミセス症の犬で治療に成功しており，犬と猫での使用が認可されている．ケトコナゾールは *Aspergillus spp.* に対して有効な可能性があるが，全身投与時の硝子体への移行性は乏しい．加えて，長期間のケトコナゾール治療は犬において白内障形成に関与するとされている．フルコナゾールは眼内透過性が高く，犬と猫の眼内クリプトコッカス症の治療に有効な可能性がある．ボリコナゾールは全身性真菌症にはよい選択肢だろう．アムホテリシンBは注射用製剤として使用でき，眼内真菌感染症の治療に他の抗真菌薬と組み合わせて時々使用される．抗真菌薬は一般的に殺真菌性ではなく静真菌性であることに注意しなければならず，このため長期的な治療が必要であり，感染の排除は宿主の免疫機能に依存している．

## 駆虫薬

*Sarcoptes* と *Demodex* はより一般的な皮膚感染症の一部として眼瞼皮膚を冒す可能性がある．アミトラズは毛包虫症とヒゼンダニ症の両方の治療薬として認可されており，セラメクチンは英国では犬のヒゼンダニ症の治療薬として認可されている．現代の皮膚科学の教科書にはこれらの疾患のより詳細な治療プロトコールが記載されているはずである．スチボグルコン酸ナトリウムのような五価アンチモン剤やアロプリノールは眼および全身性リーシュマニア症の治療のために全身的に使用される．アルベンダゾールやフェンベンダゾールの経口投与はウサギの *Encephalitozoon cuniculi* に関連した水晶体破砕性ぶどう膜炎の治療のために超音波白内障乳化吸引術とともに組み合わせて用いられる．近年，*E. cuniculi* はまた猫における局所的な前皮質白内障とぶどう膜炎の原因として報告されている（Benz et al., 2011）．効果的な治療は他の内服薬や超音波白内障乳化吸引術と組み合わせてフェンベンダゾールを経口投与することである．モキシデクチンとミルベマイシンは犬糸状虫（*Dirofilaria immitis*）の予防薬として犬で認可されており，またモキシデクチンは肺線虫（*Angiostrongylus vasorum*）の治療薬としても認可されている．これらの疾患はともに眼症状を示す可能性がある．

# 抗炎症薬，抗アレルギー薬，免疫抑制薬

## 抗炎症薬

コルチコステロイドと非ステロイド性抗炎症薬（NSAIDs）はアラキドン酸経路の炎症促進性物質の形成を阻害する（図7.3）．

### コルチコステロイド

コルチコステロイドは細胞膜リン脂質からのアラキドン酸の形成を阻害し，こうして炎症促進性経路のシクロオキシゲナーゼ（COX: cyclooxygenase）とリポキシゲナーゼ（LOX: lipoxygenase）の誘導を妨げる．眼においては，コルチコステロイドは細胞浸潤とタンパク質漏出を減らし，化学走化性と血管新生を阻害し，リソソーム膜と血液-房水関門を安定化させるよう作用する．それらは厳重な注意の元で使用すべきであり，局所的に用いるときは感染や角膜潰瘍がある場合は禁忌となる．

いくつかの局所眼科用コルチコステロイドが使用でき，それらは作用強度と角膜透過性が異なる（図7.4）．1％酢酸プレドニゾロンは角膜透過性が非常によく，前部ぶどう膜炎の治療や白内障手術を実施した罹患動物の周術期治療に広く使用されている．0.1％デキサメタゾンは角膜透過性があまりよくなく，眼表面の免疫介在性疾患の治療により適しており，それには犬では慢性表層性角膜炎が，猫では好酸球性角結膜炎が含まれる．あまり強力でないコルチコステロイド点眼薬に

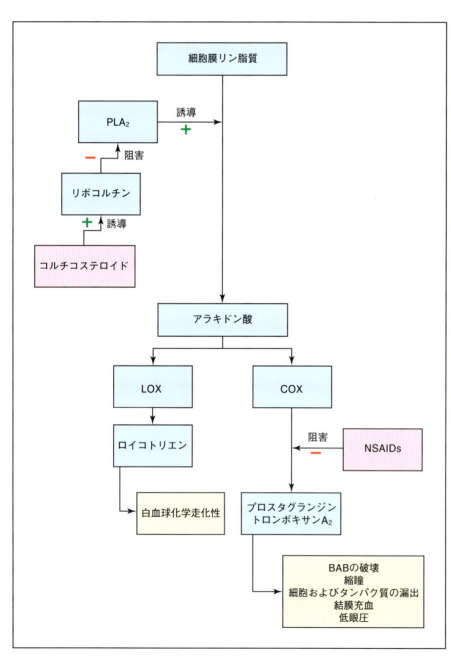

**図7.3**

炎症と眼
BAB: blood-aqueous barrier＝血液-房水関門，
COX: cyclooxygenase＝シクロオキシゲナーゼ，
LOX: lipoxygenase＝リポキシゲナーゼ，
NSAIDs: non-steroidal anti-inflammatory drugs＝非ステロイド系抗炎症薬，
$PLA_2$: phospholipase $A_2$＝ホスホリパーゼ $A_2$

**表7.4** 局所眼科用コルチコステロイド(作用強度で降順に並べた)とその適応症

| 薬物 | 主な適応症 |
| --- | --- |
| 酢酸プレドニゾロン(1%) | 前部ぶどう膜炎 |
| デキサメタゾン(0.1%) | 眼表面の炎症および前部ぶどう膜炎 |
| リン酸ベタメタゾンナトリウム(0.1%) | 眼表面の炎症 |
| リン酸プレドニゾロンナトリウム(0.5%) | 眼表面の炎症 |
| フルオロメトロン(0.1%) | 眼表面の炎症 |
| ヒドロコルチゾン | 眼表面の炎症 |

はリン酸ベタメタゾンナトリウム,リン酸プレドニゾロンナトリウム,フルオロメトロン,ヒドロコルチゾンなどが含まれる(表 7.4).

コルチコステロイド点眼薬の頻回投与は全身症状を示すことがあり,それには多飲多尿が含まれる.また糖尿病の動物ではコルチコステロイドの使用中は血糖値を安定させることは難しい可能性がある.コルチコステロイド点眼薬の慢性使用は角膜脂質代謝異常を引き起こす可能性があり,また猫では囊下白内障に関連するとされている(Zhan et al., 1992).

### 非ステロイド系抗炎症薬

NSAIDsはCOX経路を阻害する.COX-1は正常組織に恒常的に存在しており,一方でCOX-2は炎症により誘導される.それゆえCOX-2選択的阻害薬の方が一般的に好まれ,望ましくない副作用を最小限にすることができる.犬での全身投与が認可されているNSAIDsにはカルプロフェン,メロキシカム,テポキサリン,フィロコキシブ,ロベナコキシブ,マバコキシブが含まれる.カルプロフェン,メロキシカム,レベナコキシブはまた猫においても認可されている.ある研究で,テポキサリンは犬での実験的誘発ぶどう膜炎の管理においてカルプロフェンやメロキシカムよりも効果的であることがわかった.このことから著者は犬の前部ぶどう膜炎の治療薬としてはテポキサリンの方が好ましい可能性があると結論づけた(Gilmour and Lehenbauer, 2009).しかしながら,テポキサリンはCOX-2選択的ではなく,英国では術前薬として認可されていない.小動物用のNSAIDsの局所投与薬は認可されていないが,ケトロラック,フルルビプロフェン,ジクロフェナクは,特にコルチコステロイドが禁忌の場合に,眼内炎の治療および予防薬として広く使用されている.猫では,実験的に誘導した眼内炎のコントロールにおいて,0.1%ジクロフェナクは1%プレドニゾロンと同等の効果をもち,また0.03%フルルビプロフェンと0.1%デキサメタゾンよりも効果的であることがわかった(Rankin et al., 2011).しかしながら,ジクロフェナクとフルルビプロフェンは眼圧を有意に上昇させることがわかっており,高眼圧症の猫では注意して使用しなければならない.加えて,NSAIDsは血小板機能を阻害するため,眼内出血を伴う症例では注意して使用する必要がある.

### 抗アレルギー薬

犬における眼アレルギーの治療についての知識は限定されている.クロルフェニラミンのような経口抗ヒスタミン薬は犬のアトピー性皮膚炎に一般的に使用されており,犬のアトピー性結膜炎にも有用である.ヒトにおいて,眼アレルギーに使用される局所的抗ヒスタミン薬にはレボカバスチンやエメダスチンが含まれるが,小動物でのこれらの使用報告はない.肥満細胞安定薬であるクロモグリク酸ナトリウムは犬や猫のアレルギー性結膜炎の局所治療薬として提案されている.その薬物は2%点眼液として使用でき,6時間毎に投与するとよい.

### 免疫調整剤

コルチコステロイドに加えて,いくつかの他の免疫調節剤が小動物における眼疾患の治療薬として重要である.シクロスポリン,タクロリムス,ピメクロリムスはカルシニューリン阻害剤である.それらはヘルパーTリンパ球の細胞基質内のイムノフィリンに結合し,Tリンパ球活性化に必要なリンフォカインの産生を阻害する.

シクリスポリンは犬の免疫介在性KCSと慢性表層性角膜炎の治療を目的とした0.2%眼軟膏として認可されている.シクロスポリンの局所投与はまた犬の表在性点状角膜炎と猫の好酸球性角結膜炎にも有用である(Spiess et al., 2009).

アザチオプリンの大部分の一般的な眼科学的適応症はコルチコステロイドの反応性に乏しい犬のぶどう膜皮膚症候群である.コルチコステロイドと併用されることもあれば,単剤で使用されることもある.この薬物の副作用は骨髄抑制,胃腸障害,膵障害および肝毒性が含まれる.この理由から,血液学的および血清生化学的パラメータの定期的なモニタリングが必要である.

酢酸メゲストロールの経口投与は第一選択の局所治療薬に対し難治性である猫好酸球性角結膜炎の治療薬として使用されている.

# 抗緑内障薬

犬と猫において一般的に使用されている抗緑内障製剤の要約を表 7.5 に示した.

## 高浸透圧剤

抗浸透圧剤は急性緑内障の管理に用いられ，経口または静脈内に投与される．投与後，抗浸透圧剤は細胞外液コンパートメントに分布する．これは結果として細胞外液(血漿)と細胞内液(眼房水と硝子体液)間の浸透圧勾配を増加させる．眼房水と硝子体液から血漿への水分の拡散が結果として眼圧を低下させる．高浸透圧剤の効果は投与後 4 時間まで水を与えないことにより増強できる．これらの薬剤の使用は浸透圧性利尿を招き，結果として脱水を起こすため，水和と電解質の状態についての綿密なモニタリングが必要である．また投与前に心機能および腎機能を慎重に評価する．高浸透圧剤はぶどう膜炎が存在するときは血液-房水関門が破綻しているため，効果が減弱する.

マンニトールは獣医眼科で最も一般的に使用されている高浸透圧剤である．1〜2 g/kg を 30 分以上かけて静脈内投与する．眼圧は通常は投与後 1 時間以内に低下し，効果は 24 時間続く．投与は 48 時間以内に 2〜4 回ほど繰り返すことができる.

グリセオールは 1〜2 g/kg の用量で経口的に投与される．眼圧低下は 1 時間以内に起こり，約 10 時間続く．グリセオールの投薬は悪心や嘔吐に関連している可能性があり，またグリセオールは速やかにグルコースに代謝されるため，高血糖や糖尿の原因となり得る．よって糖尿病の動物では禁忌となる.

## プロスタグランジン類縁体

プロスタグランジン類縁体はぶどう膜領域と線維柱帯網のプロスタグランジン F(FP: prostaglandin F)受容体との相互作用により眼圧低下をもたらす．プロスタグランジン類縁体は主に眼房水のぶどう膜強膜流出を増加させることで作用すると考えられており，霊長類と犬で効果がある．正常な猫ではあまり効果がなく，それは眼圧低下が FP 受容体ではなく EP 受容体によりもたらされるためである．ラタノプロスト，トラボプロスト，ビマトプロスト，タフルプロストが点眼液として使用できる．ラタノプロスト，トラボプロスト，ビマトプロストは犬において評価されており，効果的に眼圧を低下させる．ラタノプロストはまたチモロール(β遮断薬)と組み合わせて使用できる．プロスタグランジン類縁体は急性原発性緑内障の救急治療薬として，また術後高眼圧や慢性緑内障の治療薬として使用されている．犬では，眼圧スパイクの発生を最小限にするために通常は 1 日 2 回投与される．ラタノプロスト類似体は血液-房水関門の破綻の原因となり得るため，ぶどう膜炎の罹患動物には注意して使うべきである．プロスタグランジン類縁体の局所投与は著しい縮瞳を引き起こすため，水晶体後方脱臼の管理において，水晶体が前方に移動する機会を減らす目的で使用できると提唱する臨床医がいる．しかしながら，収縮した瞳孔に硝子体が捕捉されると眼圧上昇を引き起

表7.5 犬と猫で一般的に使用されている抗緑内障薬

| 薬剤 | 用量 | 主な適応症 | 副作用 | 禁忌 |
|---|---|---|---|---|
| 高浸透圧剤：マンニトール(10%と20%) | 犬：1〜2 g/kg i.v. 30 分以上かけて(10%溶液なら 10〜20 mL/kg) | 犬の急性緑内障 | 体液および電解質の障害，急性腎不全 | うっ血性心不全，肺水腫，無尿性腎不全 |
| プロスタグランジン類縁体：ラタノプロスト(0.005%)トラボプロスト(0.004%) | 犬：12〜24 時間毎に 1 滴 | 犬の急性原発性緑内障と慢性緑内障 | 結膜充血；縮瞳；血液-房水関門の破綻 | ぶどう膜炎，水晶体前方脱臼，大部分の猫で無効 |
| 炭酸脱水酵素阻害剤(CAIs: carbonic anhydrase inhibitors)：ドルゾラミド(2%)ブリンゾラミド(1%) | 犬：8〜12 時間毎に 1 滴 猫：8〜12 時間毎に 1 滴 | 犬と猫のすべてのタイプの緑内障．ブリンゾラミドは正常猫では効果がないが，緑内障猫では効果がある | 局所刺激性はブリンゾラミド(pH 7.5)よりもドルゾラミド(pH 5.6)の方が高い | 重度の肝不全と腎不全 |
| β阻害剤：チモロール(0.25%と0.5%) | 犬：8〜12 時間毎に 1 滴 猫：12 時間毎に 1 滴 | 犬と猫の緑内障 | 縮瞳；結膜充血；局所刺激性；徐脈；低血圧 | ぶどう膜炎，水晶体前方脱臼，心不全 |

こすため，注意しなければならない．縮瞳作用があるため，水晶体前方脱臼の症例には使用しない方がよい．

### 炭酸脱水素酵素阻害剤

炭酸脱水素酵素阻害剤（CAIs: carbonic anhydrase inhibitors）は毛様体上皮において重炭酸イオンの形成を妨げることで眼房水産生を抑制する．CAIs は全身投与または局所投与で使用される．しかしながら，CAIs の全身投与は減多に使用されず，その理由は副作用がよく起こり，しばしば重篤なためである（代謝性アシドーシス，低カリウム血症，食欲不振，嘔吐，下痢）．ドルゾラミドとブリンゾラミドはともに点眼液として使用可能であり，通常は 8～12 時間毎に投与される．ドルゾラミド/チモロールの組み合わせは単剤で使用するよりも緑内障犬での眼圧低下作用が効果的である（Plummer et al., 2006）．正常な猫と先天性原発性緑内障の猫において，ドルゾラミドは眼圧を有意に低下させた（Sigle et al., 2011）．ブリンゾラミドは正常猫の眼圧には影響しなかった．CAIs はプロスタグランジン類縁体ほど効果的に眼圧を低下させないが，慢性緑内障や術後高眼圧症の管理に有用である．

### 自律神経作用薬

#### コリン作動性受容体作用薬

ピロカルピンは直接作用型の副交感神経作用薬であり，犬の原発性開放隅角緑内障の治療に有用である．塩酸ピロカルピンは 1%，2%，4% 点眼液として使用できる．1% 点眼液はより高濃度のものと同等の効果があり，通常は 1 日 2～3 回の投与でよい．ピロカルピンは犬では他のタイプの緑内障の治療には減多に使用されず，血液-房水関門の破壊と縮瞳という副作用があるため，前部ぶどう膜炎や水晶体前方脱臼の罹患動物には使用すべきではない．涙腺刺激薬としてのピロカルピンの使用はこの章の後半で議論する．

カルバコールは直接作用型かつ間接作用型の副交感神経作用薬である．獣医眼科での主な使用法は水晶体摘出術における術後高眼圧症の予防である．0.3～0.5 mL の 0.01% カルバコールを手術の最後に前眼房内に投与する．

#### アドレナリン受容体作用薬

アドレナリンとその前駆薬であるジピベフリンは交感神経作用薬である．それらは散瞳（眼房水流出をさらに損なう可能性がある）を引き起こすため，緑内障の治療には減多に使用されない．しかしながら，アドレナリンの局所投与は原発性開放隅角緑内障の犬で眼圧を低下させることがわかっている．

ブリモニジンとアプラクロニジンは $\alpha_2$ 作用薬である．ヒトでは，ブリモニジンの局所投与は開放隅角緑内障と β 遮断薬が不適な動物における高眼圧症の治療薬として認可されている．アプラクロニジンの局所投与は前眼部レーザー手術の前後に眼圧管理のために使用される．アプラクロニジンは猫と犬でも評価されている．しかしながら，猫における副作用の重篤度と犬における効果の低さは使用が推奨されないことを意味する．ブリモニジンの局所投与は緑内障の犬では有意な眼圧低下を起こさない．

β 遮断薬の局所投与はヒトにおいて緑内障の管理に一般的に使用されている．β 遮断薬はいくつかの機序で眼圧を低下させる可能性があるが，その主な効果は毛様体無色素上皮における β アドレナリン受容体の阻害である．市販されている β 遮断薬の局所投与薬にはチモロール，ベタキソロール，カルテオロール，レボプノロール，メトリプラノロールが含まれる．チモロールは犬と猫において最も広く使用されている β 遮断薬である．0.25% または 0.5% 点眼液が使用可能であり，通常は 8～12 時間毎に投与する．チモロールはまたラタノプロスト，トラボプロスト，ドルゾラミド，ブリンゾラミドと組み合わせて使用できる．チモロールは正常な眼の犬ではわずかな眼圧低下作用しか示さないが，緑内障眼にはより効果的である（Plummer et al., 2006）．チモロールは緑内障の猫では評価されていないが，正常眼圧の猫では約 20% ほど眼圧を低下させた．眼への副作用は局所刺激性，結膜充血，縮瞳である．その縮瞳作用のため，水晶体前方脱臼の症例には使用すべきでない．有害な全身的副作用には徐脈や低血圧が含まれる．このため，体重 10 kg 未満の犬猫においては 0.25% 点眼液の方がより適切である可能性が示唆されている．

### 散瞳薬および毛様体筋麻痺薬（調節麻痺薬）

瞳孔散大は診断および治療の両目的で必要であり，後眼部の視覚化が可能になり，眼内手術を容易にする．毛様体筋麻痺薬（調節麻痺薬）は毛様体を弛緩させ，痛みを伴う痙攣を軽減し，ぶどう膜炎での後癒着の形成を防止する．

散瞳薬は瞳孔散大筋に対する交感神経様作用（アドレナリン作動薬）または瞳孔括約筋に対する副交感神経遮断作用（抗コリン薬）を有する．副交感神経遮断薬はまた毛様体筋麻痺の程度の変化を引き起こし，そのことはぶどう膜炎の治療で有用である．作用発現の速さ，持続時間，効果の強さは動物種により異なり（表 7.6），ぶどう膜炎の存在にも影響される．散瞳剤は水晶体が不安定な動物では注意して使用すべきである．

表7.6 犬と猫で使用されている散瞳薬および散瞳/毛様体筋麻痺薬

| 点眼薬 | 最大散瞳時間（時間） | | 散瞳持続時間（時間） | | 散瞳の程度 | |
|---|---|---|---|---|---|---|
| | 犬 | 猫 | 犬 | 猫 | 犬 | 猫 |
| 交感神経作動薬 | | | | | | |
| フェニレフリン（10%） | 2.0 | 効果なし | 12～18 | 効果なし | 最大 | なし |
| アドレナリン（0.1%） | 効果なし | 資料なし | 効果なし | 資料なし | なし | 資料なし |
| 副交感神経遮断薬 | | | | | | |
| アトロピン（1%） | 1.0 | 0.5 | 96-120 | 60 | 最大 | 最大 |
| トロピアミド（1.0%） | 0.5 | 0.75 | 12 | 8-9 | 最大 | 最大 |

## アドレナリン作動薬

アドレナリン作動薬は最大の瞳孔散大を得るために，他の散瞳剤と組み合わせて使用されるのが一般的である．考えられる副作用には全身性動脈性高血圧症や徐脈が含まれる．これらの副作用は通常は臨床的な合併症の原因とはならないが（Herring et al., 2004），すでに心血管系疾患がある動物や体重が軽い動物では注意して使用した方がよい（Franci et al., 2011）．

フェニレフリン（直接作用型$\alpha_1$作動薬）は2.5%または10%点眼液として使用できる．眼科での主な使用法はホルネル症候群（第19章を参照）の診断であるが，また最大の瞳孔散大を補助するための散瞳薬としても使用されることがある．その血管収縮作用は結膜充血と上強膜充血の鑑別にも使用できる．フェニレフリンの局所投与は数秒以内に結膜血管を白くするが，より深部にある上強膜血管は血管収縮までに時間がかかる（1～2分）．犬では，10%フェニレフリンは全身動脈圧の有意な上昇と徐脈を引き起こすが，不整脈は起こさない（Herring et al., 2004；Martin-Flores et al., 2010）．猫では，10%フェニレフリンは単剤では効果がない（Stadtbaumer et al., 2006）．

アドレナリン（直接作用型$\alpha\beta$作動薬）は局所的に使用した場合にわずかな散瞳作用をもつ．アドレナリンは散瞳と止血の両目的で眼内手術中に前眼房内に投与され，その希釈率は直接注入する場合は10,000倍，灌流液に加える場合は1,000,000倍である．角膜内皮毒性を避けるために，防腐剤の入っていない製剤を使わなければならない．

## 抗コリン薬

抗コリン薬は瞳孔括約筋のコリン作動性受容体を可逆的に阻害することで散瞳を誘導し，毛様体の同受容体を阻害することで毛様体筋麻痺を引き起こす．毛様体筋麻痺は眼圧増加の原因となり得るが，それは線維柱帯網の弛緩の結果としてであり，そのためこれらの薬物は緑内障を発症した，または緑内障の恐れのある動物では使うべきではない．

トロピカミド（0.5%または1%点眼液が使用できる）はその迅速な作用発現と比較的短い持続時間のため，診断目的で最も一般的に使用されている．トロピカミドはまた超音波白内障乳化吸引術の前に使用されているが，複数回の投与が必要である．その短い作用持続時間は術後眼圧スパイクを起こしにくいため，トロピカミドはアトロピンよりも好まれている．トロピカミドはアトロピンと比較すると毛様体筋麻痺と血液-房水関門の安定化作用が弱いため，ぶどう膜炎の治療薬としての有用性も低くなる．1%トロピカミドは犬では眼圧のわずかな増加を引き起こし（Taylor et al., 2007），猫では処置眼および無処置眼の両方で有意に眼圧を増加させる（Stadtbaumer et al., 2002, 2006；Gomes, 2011）．1%トロピカミドの単回投与は犬ではシルマー涙試験（STT）を減少させないが，猫では一時的に減少させる（Margadant et al., 2003）．

アトロピンは強力な散瞳薬かつ毛様体筋麻痺薬であり，ぶどう膜炎の治療には理想的である．最初は効果が出るまで使用（1日4回まで）し，最大散瞳に達した時点で休薬し，その後は必要に応じ使用する．その比較的緩徐な作用発現と長い作用持続時間のため，診断目的での使用には適していない．1%点眼液が使用可能であり，考えられる副作用には流涎（苦味のため），涙液産生量の減少，眼圧上昇が含まれる．特に猫は点眼液の苦味を嫌うだろう．そのため，（可能であれば）アトロピン眼軟膏の方が猫には好ましい．アトロピンの局所投与は重篤な全身性副作用を招く可能性があり（特に頻回に使用されたとき），そのため小さい動物と若い動物では注意して使わなければならない．

## 涙液の代替薬および分泌刺激薬

質的ならびに量的なKCSにおいて眼の健康を改善する戦略として，涙液の代替および涙液の分泌刺激が挙げられる．涙液の代替薬または類似薬は三層構造の

涙膜に可能な限り近づけなければならない．理想的な涙液類似薬は眼の快適性を回復し，光学的透明度を改善し，表面のゴミを除去し，角膜上皮がバリア機能を発揮できるものがよい．以下に望ましい特徴を挙げる．

- 涙液のpHに近い
- 十分な表面張力
- 適切な重量オスモル濃度および容量オスモル濃度
- 十分な角膜接着性
- 持続的な接触時間
- マルチドーズ容器を使用するなら防腐剤

防腐剤は微生物の繁殖を阻害するために必須であるが，上皮毒性があり，涙膜の安定性を破壊し，過敏反応を引き起こす可能性がある．防腐剤が入っていない薬剤も使用できるが高価である．現在英国で使用できる涙液代替薬は三層構造のうちどの層を模しているかにより広く分類されるが，中には複数の層を模しているものもある．

### 涙液代替薬

#### 水分層代替薬

これらにはセルロースポリマーやビニル誘導体が含まれる．それらはヒトのドライアイで一般的に用いられているが，犬で認められるようなより重度のKCSの治療には単独では滅多に奏功しない．セルロースポリマーは角膜の屈折率を変えずに，また眼毒性を引き起こさずに粘性を増加させている．セルロースポリマーにはメチルセルロース（生理的なpHで良好な粘性を示す）とヒドロキシプロピルメチルセルロース（粘性は低いが接着性を維持し，メチルセルロースよりも柔らかい特性をもつ）が含まれる．それらはすべて不活性な化学物質であり，涙膜を安定化させ，他の薬物とよく混ざり合うようにする．

ビニル誘導体は水性のポリマーである．ポリビニルアルコールは最も広く使用されており，セルロースポリマーよりも粘性は低いが，より良好な保持時間を有し，セルロースポリマーと同様の原理で涙膜を安定化させる．他の薬物と組み合わせたときには注意を払う必要があるが，その理由は緩衝液の種類によっては凝固する傾向があるためである．ポリビニルピロリドンは涙液代替薬の粘性を増加させ，またムチンが本来もつものと同等の吸着特性を有するため，ムチン様の機能ももっている．

自己血清はヒトにおいてKCSの治療に使用されており，ムチン発現の増加だけでなく，涙液層破壊時間，角膜生体染色，疼痛スコア，細胞診所見の改善が実証されている．今日まで動物における臨床試験は実施されておらず，自己血清の入手，貯蔵，取り扱いの困難さから長期間な使用には不適となっている．

#### ムチン様薬

これら線状ポリマーは涙膜のムチン層を模しており，水分層代替薬よりも長い角膜接触時間を有し，そのことは犬のKCSの治療により適している．ムチン様薬はより包括的な効果を目的としてセルロースポリマーと組み合わせることができる．ポリアクリル酸（カルボマー980）は犬における最も効果的な人工涙液のひとつである．涙膜の水分層とムチン層の両方を代替でき，犬では4～6回/日の使用が可能である．

#### 粘弾性物質

ヒアルロン酸ナトリウムや硫酸コンドロイチンは自然に存在するムコ多糖であり，しばしば眼内手術に使用される．ヒアルロン酸ナトリウムは創傷治癒に関与し，角膜上皮の遊走を促進する．ヒアルロン酸ナトリウムはその高い粘性のため眼での保持時間を延長でき，その擬似塑性が瞬きを容易にさせる．粘弾性物質は他のポリマーほど涙膜の安定化作用はなく，その価格は非常に高い．ヒアルロン酸ナトリウムはヒトにおいて涙液層破壊時間の増加や角膜生体染色の改善を示す(Herring, 2007)．犬では，先天性のドライアイにおいて50%の動物で臨床的改善が認められた(Herrera et al., 2007)．硫酸コンドロイチンはSCCEDsの犬で角膜治癒を促進することがわかっている(Ledbetter et al., 2006)．

ヒドロキシプロピルグアー(HP-Guar: hydroxypropyl guar)はマンノースとガラクトースの分岐ポリマーであり，それは涙膜のpHでゲルとなる．粘度増強剤の接着を促進し，接触時間を延ばし，眼表面で物理的保護となるよう基質を構成している．犬での使用はまだ評価されていない．

#### 脂質層代替薬

ラノリン，ワセリン，鉱物油を含んだ軟膏は涙膜の脂質層を模し，涙の蒸発を防ぐ．優れた角膜保持力のため1日3～4回の投与しか必要としない．しかしながら，高い粘性のため投与が難しく，視界がかすむ原因となる．

### 涙液分泌刺激薬

シクロスポリン（真菌由来の免疫抑制剤）は様々な機序により免疫介在性KCSの犬で臨床症状と涙液産生を改善する．その機序には直接的な涙腺刺激作用だけでなく，涙腺組織の免疫介在性破壊の原因となるT細胞の抑制，リンパ球のアポトーシスの誘導，腺および

結膜上皮細胞のアポトーシスの減少が含まれる．認可された治療薬は0.2%眼軟膏であり，それは1日2回の投与で長期間使用できる．この製剤が効果的でなければ，コーン油による1〜2%配合液が使用可能である．改善が認められるまで3カ月間に及ぶ投薬が必要なことがあり，最初のSTTが2 mm/分またはそれ以上の犬ではより反応しやすいだろう．シクロスポリンは涙液産生の増加がみられない場合でも，KCS罹患動物の角膜血管新生や色素沈着を減少させる．

タクロリムスとピメクロリムス（マクロライド系抗生物質）は同様の免疫抑制作用をもった薬物である．タクロリムスとピメクロリムスの局所投与は免疫介在性KCSの犬で涙液産生量と臨床症状を改善し，その中にはシクロスポリンに反応しない動物も含まれる（Berdoulay et al., 2005；Nell et al., 2005；Pfri et al., 2009）．英国では現在これらの薬物は認可された眼科用製剤として使用できず，特別治療証明（STC：Special Treatment Certificate）を受けて輸入しなければならない．英国では0.03%皮膚用クリームが入手でき，明らかな重篤な副作用もなく治療に成功したとして逸話的に使用されている．これらの免疫抑制薬の局所投与はヒトでは発癌と関連しているとされており，非常に稀であるが犬でも起こり得る（Dreyfus et al., 2011）．

ピロカルピンは涙液分泌細胞の効果器でアセチルコリンを模することにより涙液分泌を直接刺激する（コリン作動薬）．それゆえ，涙腺組織の機能は残存するが副交感神経の神経刺激伝達が欠如しているような神経原性KCSで有用である．ピロカルピンの局所投与は正常犬では有意なもしくは長期的な涙液産生量の増加を認めず，また眼不快症状の原因となる（その低いpHのため）（Smith et al., 1994）．神経原性KCSの治療としてピロカルピンの経口投与を推奨する逸話的な支持が多く存在するが，これらの主張は臨床試験で実証されていない．開始用量として2%ピロカルピンを体重10 kg毎に1滴，1日2回食事に混ぜることが提唱されている．投与量はSTT結果が増えるかまたは全身毒性の徴候（「SLUDGE」＝Salivation〈流涎〉，Lacrimation〈流涙〉，Urinary incontinence〈尿失禁〉，Diarrhoea〈下痢〉，Gastrointestinal disturbances〈胃腸障害〉，Emesis〈嘔吐〉の頭文字）が認められるまで，2〜3日に1滴ずつ増やしていく．SLUDGEのいずれのステージでも投与量は減らすべきである．

IFN-αと局所神経成長因子の経口投与はKCSを伴う犬で治療薬としての可能性が推論されているが，さらなる研究が必要である．

## 局所麻酔薬

すべての局所麻酔薬は神経活動電位の伝達を可逆的に遮断するが，それは軸索へ流入するナトリウムイオンを阻害し，脱分極を防ぐことによる．眼科では局所麻酔薬は局所的，前眼房内，局所浸潤または球後注射による領域性，静脈内に使用される．

### 点眼麻酔

点眼麻酔は多くの診断的手法および治療的手法を容易にするが，それには眼圧検査，角膜または結膜でのサンプリング，表面の異物除去，鼻涙管の洗浄，前房内注射が含まれる．手術中に使うときは，点眼麻酔は角膜の麻酔を増強する．角膜上皮に有害な作用をもつことおよび創傷治癒を遅延させることを考慮すると，点眼麻酔薬は決して治療目的で使用してはならない．

禁忌には過敏症と眼創傷への浸潤（防腐剤が角膜内皮に障害を与え得るため）が知られている．角膜や結膜の培養検査のためのスワブは点眼麻酔薬の投与前に実施すべきであり，その理由は防腐剤と麻酔薬自身が共に抗菌活性と抗真菌活性を示すためである．点眼麻酔薬はSTT-1を実施する前に投与してはならず，それはSTT-1が涙液産生の基礎分泌量だけでなく反射性分泌量も測定しているためである．

プロキシメタカイン（プロパラカイン）（0.5%溶液として入手可能）は最も一般的に使用されている点眼麻酔薬である．犬では，単回投与では投与1分後に効果が出始め，15分後に最大の知覚麻痺が得られ，45分間効果が持続するが，最初の点眼から1分後に2回目の点眼をすることで55分間に延長することができる（Herring et al., 2005）．猫では，作用発現は1分後に始まり，25分間続く（Binder and Herring, 2006）．プロキシメタカインは室温で2週間まで効果を失わない（Stiles et al., 2001）が，それまでに使用できなければ冷蔵すべきである．もし変色が生じれば点眼瓶は処分すべきである．

アメソカイン（テトラカイン）（0.5%または1%溶液が入手可能）はヒトにおいてプロキシメタカインと同等の作用発現，作用強度，作用持続時間を有するが，アレルギー反応の発生率と投与時の不快感はより大きい．眼の感度についての徴候は犬で報告されている（Koch and Rubin, 1969）．家庭動物での作用持続時間は報告されていない．

### 注射麻酔

前房内麻酔（1%リドカイン，0.5%ブピバカイン）は追加の鎮痛法として，ヒトでは白内障手術時に広く使

用されている．犬では，防腐剤フリーのリドカイン 0.1 mL の前房内投与は角膜内皮，角膜厚，眼圧に対して副作用を起こさなかった（Gerding et al., 2004）．犬で超音波白内障乳化吸引術を行った際の前房内へのリドカイン投与は術中のイソフルラン濃度と術後鎮痛の必要性を有意に減少させ（Park et al., 2010），また散瞳作用も認められた（Park et al., 2009）．領域麻酔と静脈内麻酔については第 5 章で述べた．

## 眼灌流液

表面の灌流はゴミや眼脂を洗い流したり，手術時の眼表面の準備のために使用される．前者の場合，通常は滅菌生理食塩水（0.9％）または緩衝塩類溶液（BSS）が一般的に使用される．滅菌蒸留水は低張性であり使用には適さない．手術前に細菌負荷を減らすために，消毒薬が必要である．希釈したポビドン・ヨード水溶液（アルコール溶液や手術用スクラブは角膜上皮に損傷を与えるため不可）は眼科手術の準備に広く使用されている．10％水溶液を生理食塩水で 20〜50 倍に希釈し，最終濃度が 0.2〜0.5％となるようにする．眼を穿孔した症例では，重度の内皮毒性が実証されているため，ポビドン・ヨードは避けるべきである．しかしながら，0.1％以下の溶液ならば安全とみなされている（Naor et al., 2001）．グルコン酸クロルヘキシジンはまた 0.05％の濃度で安全であり，0.2％ポビドン・ヨードと同等の消毒効果があるが（Fowler and Schuh, 1992），より高濃度では刺激性である．グルコン酸クロルヘキシジンは生理食塩水中では不安定なため，滅菌水で希釈した方がよい．二酢酸クロルヘキシジンは角膜上皮毒性がある．

眼内灌流液は手術中に使用される．その役割には前眼房の維持，超音波ハンドピースの冷却，白内障破片や粘弾性物質の除去が含まれる．灌流液は pH，重量オスモル濃度，イオン組成を眼房水にできる限り近づけた方がよいが，それは角膜内皮への障害を避けるためである．使用される灌流液には乳酸リンゲル液，BSS，BSS プラス（抗酸化剤としてグルタチオンを含み，グルタチオンは角膜内皮細胞の機能を保護するとされている．（Herring, 2007））が含まれる．0.9％塩化ナトリウム，BSS，BSS プラスでの灌流による犬と猫の角膜への影響は最小限でどれも同程度である（Glasser et al., 1985；Nasisse et al., 1986）．

考えられる灌流液への添加剤を以下に示す．

- 眼内の線維素を減らすためのヘパリン
- 散瞳と止血のためのアドレナリン
- 鎮痛と散瞳増大のための局所麻酔薬
- 術後眼内炎の危険性を最小限にするための抗生物質
- フリーラジカルによる障害から保護するためのアスコルビン酸

どの添加剤も防腐剤フリーでなければならず，添加する前に角膜内皮への影響を熟考すべきである．冷却した灌流液は血液-房水関門の安定化作用を有する可能性があるが，その効果は一時的なようである（Herring, 2007）．

## 抗コラゲナーゼ薬

好中球，細菌（特に Pseudomonas spp. と β 溶血性連鎖球菌種），角膜実質細胞から遊離されるコラゲナーゼ（マトリックスメタロプロテアーゼ〈MMPs：matrix metalloproteinases〉やセリンプロテアーゼなど）は「融解性」潰瘍として角膜実質の溶解を引き起こす．コルチコステロイドの局所投与は好中球からのコラゲナーゼ遊離を刺激するため，潰瘍が存在するときは禁忌である．いくつかの異なる化合物が抗コラゲナーゼ薬として利用されており，それらの作用様式が異なるため（例えば，金属キレート剤は MMPs のみ阻害し，セリンプロテアーゼは阻害しない），相乗効果を期待して組み合わせて使用できる．

アセチルシステインは in vitro で MMP 活性を減少させることが知られているが，in vivo 研究では不確かである．1％から 20％の濃度が提唱されている．低濃度の場合は犬で再上皮化を促進すると示されているが，一方で高濃度だと上皮壊死の原因となり得る．エチレンジアミン四酢酸（EDTA）ナトリウムや EDTA カリウムは in vitro で MMP 活性を強く阻害し，亜鉛とカルシウムをキレートすることで作用すると考えられている．

テトラサイクリン系抗生物質は局所的または全身的に投与すると角膜と涙腺に集中し，抗菌活性とは別に抗コラゲナーゼ作用を示す．作用機序は陽イオンのキレート，遺伝子発現の阻害，$a_1$-抗トリプシンの分解の阻害，白血球走化性の阻害によると考えられている（Herring, 2007）．

自己血清は $a_2$ マクログロブリンと $a_1$ アンチトリプシン（セリンプロテアーゼと MMP の阻害物質）を含み，融解性潰瘍に対する広域スペクトルの抗コラゲナーゼ薬として一般的に好まれる．上皮親和性の特性は非治癒性無痛性角膜潰瘍の治療薬として適応できる可能性があることを意味する．血清はより高濃度の上皮成長因子，血小板由来成長因子，ビタミン A（これらの因子は上皮の成長，遊走，分化を促進するよう誘導する（Herring, 2007））を含んでいるため，血漿よりも血清の方が望ましい．血清はその取り扱いと貯蔵に厳密な注意を払い，無菌的な方法で作成しなければな

らない．新鮮な血液サンプルを罹患動物から採取し，30分間静置させ，遠心分離後，上清を集める．血清は冷蔵庫で保存しなければならず，また血清には防腐剤が入っておらず細菌にとって良好な増殖培地となるため，48時間後には処分することが望ましい．血清は融解性角膜潰瘍の急性期においては最初のうちは1時間毎に投与する．

## 線維素溶解薬および抗線維化薬

### 線維素溶解薬

線維素（出血を制御するために凝固カスケードの活性化により形成される）は眼に壊滅的な影響をもたらし得るが，それには癒着の形成，瞳孔遮断からの膨隆虹彩，硝子体牽引バンドの形成，緑内障濾過装置の閉塞が含まれる．組織プラスミノーゲン活性化因子（セリンプロテアーゼのひとつ）は獣医眼科で最も一般的に使用されている線維素溶解薬である．1回量25 μgで投与されるが，犬猫ともに50 μg以上投与すると眼内毒性を引き起こすことがある（Gerding et al., 1992ab；Hrach et al., 2000）．－70度で凍らせれば，1年以上その線維素溶解活性を維持できる．前房内注射により15〜30分以内に迅速な線維素溶解が起こる．線維素溶解の程度は凝血塊の存在時間により変わる．前房出血の症例では再出血の可能性があるため，治療は直近の出血から少なくとも48時間以上遅らせた方がよい．

### 抗線維化薬

マイトマイシンC（MMC：mitomycin C）と5フルオロウラシル（5-FU：5-Fluorouracil）は線維素形成を阻害する薬物である．MMCの主な使用法は緑内障手術時のインプラント周囲の線維素形成を抑制するためであるが，また悪性腫瘍の治療で使用されたり，角膜瘢痕の防止としても有益である可能性がある（Gupta et al., 2011）．緑内障インプラント手術での5-FUの使用報告はいくつかあるが，繰り返しの結膜下注射が必要なためMMCよりも好ましくない．犬の緑内障手術への将来に向けた研究は両化合物ともまだ実施されていない．

## 参考文献

Benz P, Maaß G, Csokai J, et al. (2011) Detection of Encephalitozoon cuniculi in the feline cataractous lens. Veterinary Ophthalmology 14(Suppl. 1), 37–47

Berdoulay A, English RV and Nadelstein B (2005) Effect of topical 0.02% tacrolimus aqueous suspension on tear production in dogs with keratoconjunctivitis sicca. Veterinary Ophthalmology 8, 225–232

Binder DR and Herring IP (2006) Duration of corneal anaesthesia following topical administration of 0.5% proparacaine hydrochloride solution in clinically normal cats. American Journal of Veterinary Research 67, 1780–1782

Chandler HL, Gemensky-Metzler AJ, Bras ID, et al. (2010) In vivo effects of adjunctive tetracycline treatment on refractory corneal ulcers in dogs. Journal of the American Veterinary Medical Association 237, 378–386

Drazenovich TL, Facetti AJ, Westermeyer HD, et al. (2009) Effects of dietary lysine supplementation on upper respiratory and ocular disease and detection of infectious organisms in cats within an animal shelter. American Journal of Veterinary Research 70, 1391–1400

Dreyfus J, Schobert CS and Dubielzig RR (2011) Superficial corneal squamous cell carcinoma occurring in dogs with chronic keratitis. Veterinary Ophthalmology 14(3), 161–168

Fontenelle JP, Powell CC, Veir JK, et al. (2008) Effect of topical ophthalmic application of cidofovir on experimentally induced primary ocular feline herpesvirus-1 infection in cats. American Journal of Veterinary Research 69, 289–293

Fowler JD and Schuh JCL (1992) Preoperative chemical preparation of the eye: a comparison of chlorhexidine diacetate, chlorhexidine gluconate, and povidone iodine. Journal of the American Animal Hospital Association 28, 451–457

Franci P, Leece EA and McConnell JF (2011) Arrhythmias and transient changes in cardiac function after topical administration of one drop of phenylephrine 10% in an adult cat undergoing conjunctival graft. Veterinary Anaesthesia and Analgesia 38(3), 208–212

Gerding PA, Essex-Sorlie D, Vasaune S and Yack R (1992a) Use of tissue plasminogen activator for intraocular fibrinolysis in dogs. American Journal of Veterinary Research 53, 894–896

Gerding PA, Essex-Sorlie D, Yack R and Vasaune S (1992b) Effects of intracameral injection of tissue plasminogen activator on corneal endothelium and intraocular pressure in dogs. American Journal of Veterinary Research 53, 890–893

Gerding PA, Turner TL, Hamor RE and Schaeffer DJ (2004) Effects of intracameral injection of preservative-free lidocaine on the anterior segment of the eyes in dogs. American Journal of Veterinary Research 65, 1325–1330

Gilmour MA and Lehenbauer TW (2009) Comparison of tepoxalin, carprofen and meloxicam for reducing intraocular inflammation in dogs. American Journal of Veterinary Research 70, 902–907

Glasser DB, Matsuda M, Ellis JG and Edelhauser HF (1985) Effects of intraocular irrigating solutions on the corneal endothelium after in vivo anterior chamber irrigation. American Journal of Ophthalmology 99, 321–328

Gomes FE, Bentley E, Lin TL and McLellan GJ (2011) Effects of unilateral topical administration of 0.5% tropicamide on anterior segment morphology and intraocular pressure in normal cats and cats with primary congenital glaucoma. Veterinary Ophthalmology 14(Suppl. 1), 75–83

Gould DJ (2011) Feline herpesvirus 1. Ocular manifestations, diagnosis and treatment options. Journal of Feline Medicine and Surgery 13, 333–346

Gupta R, Yarnall BW, Giuliano EA, Kanwar JR, Buss DG and Mohan RR (2011) Mitomycin C: a promising agent for the treatment of canine corneal scarring. Veterinary Ophthalmology 14(5), 304–312

Haid C, Kaps S, Gönczi E, et al. (2007) Pretreatment with feline interferon omega and the course of subsequent infection with feline herpesvirus in cats. Veterinary Ophthalmology 10, 278–284

Herrera HD, Weichsler N, Gomez JR and de Jalon JA (2007) Severe unilateral, unresponsive keratoconjunctivitis sicca in 16 juvenile Yorkshire Terriers. Veterinary Ophthalmology 10(5), 285–288

Herring IP (2007) Clinical pharmacology and therapeutics In: Veterinary Ophthalmology, 4th edn, ed. KN Gelatt, pp. 332–354. Blackwell Publishing Professional, Iowa

Herring IP, Bobofchak MA, Landry MP and Ward DL (2005) Duration of effect and effect of multiple doses of topical ophthalmic 0.5% proparacaine hydrochloride in clinically normal dogs. American Journal of Veterinary Research 66, 77–80

Herring IP, Jacobson JD and Pickett JP (2004) Cardiovascular effects of topical ophthalmic 10% phenylephrine in dogs. Veterinary Ophthalmology 7, 41–46

Hrach CJ, Johnson MW, Hassan AS, et al. (2000) Retinal toxicity of commercial intravitreal tissue plasminogen activator solution in cat eyes. Archives of Ophthalmology 118, 659–663

Koch SA and Rubin LF (1969) Ocular sensitivity of dogs to topical tetracaine HCl. Journal of the American Veterinary Medical Association 154, 15–16

Lam PTH, Young AT, Cheng LL, Tam PMK and Lee VYW (2010) Randomised controlled clinical trial on the safety of intracameral cephalosporins in cataract surgery. Clinical Ophthalmology 4, 1499–1504

Ledbetter EC, Munger RJ, Ring RD and Scarlett JM (2006) Efficacy of two chondroitin sulfate ophthalmic solutions in the therapy of spontaneous chronic corneal epithelial defects and ulcerative keratitis associated with bullous keratopathy in dogs. Veterinary Ophthalmology 9, 77–87

Maggs DJ, Sykes JE, Clarke HE, et al. (2007) Effects of dietary lysine supplementation in cats with enzootic upper respiratory disease. Journal of Feline Medicine and Surgery 9, 97–108

Mallari P, McCarty D, Daniell M and Taylor H (2001) Increased incidence of corneal perforation after topical fluoroquinolone treatment for microbial keratitis. *American Journal of Ophthalmology* **131**, 131–133

Margadant DL, Kirkby K, Andrew SE and Gelatt KN (2003) Effect of topical tropicamide on tear production as measured by Schirmer's tear test in normal dogs and cats. *Veterinary Ophthalmology* **6**, 315–320

Martin-Flores M, Mercure-McKenzie TM, Campoy L, et al. (2010) Controlled retrospective study of the effects of eyedrops containing phenylephrine hydrochloride and scopolamine hydrobromide on mean arterial blood pressure in anaesthetized dogs. *American Journal of Veterinary Research* **71**(12), 1407–1412

Naor J, Savion N, Blumenthal M and Assia EI (2001) Corneal endothelial cytotoxicity of diluted povidone iodine. *Journal of Cataract and Refractive Surgery* **27**, 941–947

Nasisse MP, Cook CS and Harling DE (1986) Response of the canine corneal endothelium to intraocular irrigation with saline solution, balanced salt solution, and balanced salt solution with glutathione. *American Journal of Veterinary Research* **47**, 2261–2265

Nasisse MP, Guy JS, Davidson MG, Sussman W and De Clercq E (1989) In vitro susceptibility of feline herpesvirus-1 to vidarabine, idoxuridine, trifluridine, acyclovir, or bromovinyldeoxyuridine. *American Journal of Veterinary Research* **50**, 158–160

Nell B, Walde I, Billich A, Vit P and Meingassner JG (2005) The effect of topical pimecrolimus on keratoconjunctivitis sicca and chronic superficial keratitis in dogs: results from an exploratory study. *Veterinary Ophthalmology* **8**, 39–46

Ofri R, Lambrou GN, Allgoewer I, et al. (2009) Clinical evaluation of pimecrolimus eye drops for treatment of canine keratoconjunctivitis sicca: a comparison with cyclosporine A. *The Veterinary Journal* **179**(1), 70–77

Park SA, Kim NR, Park YW, et al. (2009) Evaluation of the mydriatic effect of intracameral lidocaine hydrochloride injection in eyes of clinically normal dogs. *American Journal of Veterinary Research* **70**, 1521–1525

Park SA, Park YW, Son WG, et al. (2010) Evaluation of the analgesic effect of intracameral lidocaine hydrochloride injection on intraoperative and postoperative pain in healthy dogs undergoing phacoemulsification. *American Journal of Veterinary Research* **71**, 216–222

Plummer CE, MacKay EO and Gelatt KN (2006) Comparison of the effects of topical administration of a fixed combination of dorzolamide-timolol to monotherapy with timolol or dorzolamide on IOP, pupil size, and heart rate in glaucomatous dogs. *Veterinary Ophthalmology* **9**, 245–249

Rankin AJ, Khrone SG and Stiles J (2011) Evaluation of four drugs for inhibition of paracentesis-induced blood–aqueous humor barrier breakdown in cats. *American Journal of Veterinary Research* **72**, 826–832

Rees TM and Lubinski JL (2008) Oral supplementation with L-lysine did not prevent upper respiratory infection in a shelter population of cats. *Journal of Feline Medicine and Surgery* **10**, 510–513

Reviglio VE, Hakim MA, Song JK and O'Brien TP (2003) Effect of topical fluoroquinolones on the expression of matrix metalloproteinases in the cornea. *BMC Ophthalmology* **3**, 10

Siebeck N, Hurley DJ, Garcia M, et al. (2006) Effects of human recombinant alpha-2b interferon and feline recombinant omega interferon on in vitro replication of feline herpesvirus-1. *American Journal of Veterinary Research* **67**, 1406–1411

Sigle KJ, Camaño-Garcia G, Carriquiry AL, et al. (2011) The effect of dorzolamide 2% on circadian intraocular pressure in cats with primary congenital glaucoma. *Veterinary Ophthalmology* **14**(Suppl. 1), 48–53

Smith EM, Buyukmihci NC and Farver TB (1994) Effect of topical pilocarpine on tear production in dogs. *Journal of the American Veterinary Medical Association* **205**, 1286–1289

Spiess AK, Sapienza JS and Mayordomo A (2009) Treatment of proliferative feline eosinophilic keratitis with 1.5% cyclosporine: 35 cases. *Veterinary Ophthalmology* **12**, 132–137

Stadtbaumer K, Frommlet F and Nell B (2006) Effect of mydriatics on intraocular pressure and pupil size in the normal feline eye. *Veterinary Ophthalmology* **9**, 233–237

Stadtbaumer K, Kostlin RG and Zahn KJ (2002) Effects of topical 0.5% tropicamide on intraocular pressure in normal cats. *Veterinary Ophthalmology* **5**, 107–112

Stiles J, Krohne SG, Rankin A and Chang M (2001) The efficacy of 0.5% proparacaine stored at room temperature. *Veterinary Ophthalmology* **4**, 205–207

Sturgess CP, Gruffydd-Jones TJ, Harbour DA, et al. (2001) Controlled study of the efficacy of clavulanic acid-potentiated amoxicillin in the treatment of *Chlamydia psittaci* in cats. *Veterinary Record* **149**, 73–76

Taylor NR, Zele AJ, Vingrys AJ and Stanley RG (2007) Variation in intraocular pressure following application of tropicamide in three different dog breeds. *Veterinary Ophthalmology* **10**, 8–11

Thomasy SM, Lim CC, Reilly CM, et al. (2011) Evaluation of orally administered famciclovir in cats experimentally infected with feline herpesvirus type-1. *American Journal of Veterinary Research* **72**, 85–95

Whelan NC, Richardson RJ, Kinyon JM, et al. (2000) Ocular and serum pharmacokinetics of intravenous cefazolin in dogs. 31st Annual Meeting of the American College of Veterinary Ophthalmology, Montreal, Canada

Williams DL, Robinson JC, Lay E and Field H (2005) Efficacy of topical aciclovir for the treatment of feline herpetic keratitis: results of a prospective clinical trial and data from in vitro investigations. *Veterinary Record* **157**, 254–257

Yu-Speight AW, Kern TJ and Erb HN (2005) Ciprofloxacin and ofloxacin aqueous humor concentrations after topical administration in dogs undergoing cataract surgery. *Veterinary Ophthalmology* **8**, 181–187

Zhan G-L, Miranda OC and Bito LZ (1992) Steroid glaucoma: corticosteroid-induced ocular hypertension in cats. *Experimental Eye Research* **54**, 211–218

# 8

# 眼窩と眼球

## David Donaldson

眼窩疾患の検査は難解であるが興味深いものであり，多数の緊急的状況では眼窩疾患の徴候の迅速な認識と，適切な手順で計画的に物事を進めることが動物にとっての最終的な結果に重要となる．本領域の解剖学と生理学を熟知することは眼窩疾患の病因の基本的な原理を理解することを容易にする．さらに，異なる眼窩疾患に関連した鍵となる徴候を認識することはこれらの動物の検査と管理への論理的なアプローチとなる．

## 解剖学と生理学

### 眼窩の骨格

犬や猫のような捕食種の眼窩骨格は開口型に分類され，それは背外側の領域で不完全であり，それゆえ，眼窩は側頭窩と連続している（図8.1）．眼窩靱帯は眼窩骨縁の不完全な領域にかかっており，前頭骨の頬骨突起から頬骨の前頭突起へ伸びている．その靱帯は線維組織の緊張した帯で，それは覚醒している動物でも容易に触知できる．頬骨と上顎骨は眼窩の側面の境界を明瞭にする．前頭骨突起は前頭洞を含み，眼窩上壁の一部分の上に広がる．内側の眼窩骨壁の多くは前頭骨の薄い中隔によって形成されており，鼻腔から眼窩を分離している．視神経管と眼窩裂は蝶形骨を通過し，また尾側の眼窩尖も明瞭である．

### 眼窩の軟部組織

犬の眼窩骨は不完全な特徴をもつため，背側，側面および腹側の眼窩は筋肉によって縁取られている．側頭筋は背側の眼窩といくつかの側面の眼窩に限局する．咬筋は頬骨弓の内側と腹側に位置し，眼窩側面の境界部分を形成する．翼状筋は腹側の眼窩床に存在する．眼窩内の軟部組織は筋円錐内（intraconal）と筋円錐外（extraconal）と呼ばれる解剖学的な区画内で区別される．これらの区画は四つの直筋とそれらを覆う眼窩骨筋膜鞘によってその輪郭を明瞭にされる．これは解剖学上で円錐を形成し，前面で最も広く，眼球と涙液腺を囲み，眼窩尖に向かって先が細くなり（尾側，内側，腹側），また視神経管と眼窩溝を囲む眼窩尖のところで挿入する．筋円錐内と筋円錐外間の解剖学上の関係を図8.2に示す．

筋円錐内（intraconal）構造には，以下のものを含む．

- 外眼筋：四つの直筋，二つの斜筋と眼球後引筋

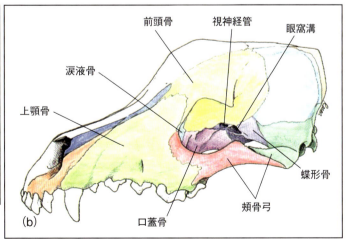

図8.1　(a)犬の頭蓋の背側面像
(b)犬の眼窩骨（Roser Tetas Pont のご厚意による）

第8章 眼窩と眼球

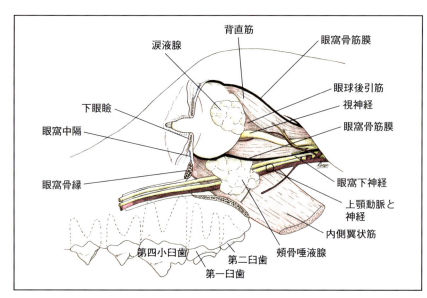

図8.2 犬の眼窩における軟部組織の解剖
眼窩周辺筋膜内のすべての構造は筋円錐内と呼ばれ、一方でその外側は筋円錐外と呼ばれる。眼窩中隔を横断面で示す。中隔は眼窩骨から眼瞼に伸び眼球を囲む。この構造は眼窩から眼瞼のような、より表面にある付属構造と分離する重要な防壁である（Roser Tetas Pont のご厚意による）。

- 脳神経：視神経（CN Ⅱ）、動眼神経（CN Ⅲ）、滑車神経（CN Ⅳ）、三叉神経の眼枝（CN Ⅴ）、外転神経（CN Ⅵ）
- 眼窩涙液腺（眼窩靱帯の下方に位置する）
- 円錐内の眼窩脂肪と分離した外眼筋
- 自律神経、動静脈
- 眼窩周囲を覆う平滑筋

筋円錐外構造には、以下のものを含む。

- 頬骨唾液腺（犬）：翼状筋の背側に位置し眼窩床の多くを占める。
- 瞬膜の根幹
- 眼窩床を横切る神経血管構造には上顎動脈（外頸動脈の最大枝）、口蓋神経、眼窩下神経、三叉神経の上顎枝、副交感神経の翼状口蓋神経および神経節を含む。
- 眼窩錐下方の眼窩脂肪クッション

眼窩中隔は重要な解剖学上の防壁であり、眼窩の前方の境界を形成する。眼窩中隔は眼窩骨から眼窩の根本にまたがって眼瞼内に伸び（図8.2参照）、眼窩骨膜の筋膜鞘に連続する。機能的に、眼窩中隔はより表面構造から眼窩内容物を分離する。眼窩中隔はより表面の付属器構造（眼瞼のような）の炎症が眼窩内に波及することを防ぐ重要な防壁となるので「眼窩の防火壁」と呼ばれ、より高い罹患率と潜在的な死亡率に多く関連していると思われる。

## 周辺構造

- 鼻腔と鼻傍洞は眼窩から前頭骨へはたった一つの薄い中隔によって分離されており、これらの領域から眼窩への疾病の波及は稀である。
- 上顎の第四小臼歯と第一、二臼歯の尾側蓋は眼窩床近くで密接している。薄いたった一層の歯槽骨が眼窩床の軟部組織からそれらを分離している。ゆえに眼窩蜂窩織炎または膿瘍が歯根膿瘍から続発するかもしれない。また、歯科治療中の医原性損傷と関連する可能性もある。
- 眼窩尖に近い脳の近辺は腫瘍性と炎症性疾患をその領域内で頭蓋冠骨または孔を経て波及する可能性がある。
- 眼窩の広い範囲に面する側頭筋および、または咬筋の疾患は直接眼窩組織に影響する。眼窩疾患は免疫介在性の咀嚼筋炎のような状況の共通した特徴である。
- 頬骨唾液腺は犬の眼窩床上に位置する筋円錐外の構造物である。この腺の急性炎症（唾液腺炎）は眼窩蜂窩織炎や膿瘍の徴候を引き起こすかもしれない。反対に、頬骨唾液腺腫瘍はより潜行性で臨床的に進行する傾向がある。

## 臨床徴候

眼窩構造は表面から深部に至り、それゆえ、臨床徴候の多くは付属構造上で続発性の影響を反映した眼窩疾患でみられる。眼窩疾患に関連する典型的な徴候は以下の通りである。

- 眼球突出：眼窩軸に沿った眼球の前方移動が眼窩疾患の顕著な特徴である。
- 眼球陥凹：眼球の後方移動
- 斜視：正常な眼窩軸から離れた眼球の偏位（外斜視または内斜視など）

眼球突出や眼球陥凹に対する重要な異なる見解を（表 8.1 および 8.2）それぞれに示す．

眼窩疾患に関する他の臨床徴候は以下のものを含む．

- 瞬膜突出
- 眼周囲腫脹
- 結膜充血またはうっ血，浮腫
- 流涙症または粘液膿性の眼分泌物
- 兎眼（不完全な眼瞼閉眼）±露出性角膜炎
- 乾性角結膜炎（KCS）
- 開口痛や開口困難，または採食や咀嚼時の抵抗
- 翼状口蓋窩の腫脹/硬結/瘻管形成（すなわち上臼歯への口腔粘膜尾側）
- 眼球運動の低下
- 眼窩内での CNVI および，または自律神経に CNⅡ が作用する疾患が原因の求心性もしくは遠心性神経欠損
- 眼圧の軽度上昇

### 表8.1　眼球突出における様々な診断

**先天性**
- 短頭種の形態
- 眼窩動静脈瘻
- 眼窩静脈瘤
- 眼窩類皮腫
- 頭蓋骨下顎骨骨症（犬）

**後天性**
- 炎症性疾患：
  - 眼窩蜂窩織炎/膿瘍*
  - 咀嚼筋炎（犬）*
  - 外眼筋炎（犬）*
  - 限局的な斜視を伴う線維化した外眼筋炎（犬）
  - 限局的な眼窩筋線維芽細胞肉腫（以前は眼窩偽腫瘍として知られていた）（猫）
- 眼窩腫瘍*：
  - 原発性
  - 続発性
- 外傷：
  - 外傷性突出*
  - 眼窩骨または眼周囲骨の骨折*
  - 眼窩静脈瘤
  - 眼窩動静脈瘤
- 眼窩囊胞性疾患：
  - 頬骨粘液囊腫
  - 涙腺囊腫
- 眼窩の出血
  - 外傷
  - 凝固異常

*多くの一般的な状態

### 表8.2　眼球陥凹における様々な診断

**先天性**
- 長頭腫
- 小眼球症

**後天性**
- ホルネル症候群
- 脱水
- 積極的な眼球萎縮に伴う前眼部疼痛
- 眼窩脂肪体の欠損（老齢性）
- 慢性の咀嚼筋炎（犬）
- 限局性斜視に伴う線維性外眼筋炎（犬）
- 眼窩周囲の骨折
- 眼球癆

- 網膜ひだまたは強膜の陥凹
- 網膜血管の蛇行した充血（主静脈）
- 乳頭水腫

## 疾患の検査

眼窩疾患の検査は全身性疾患の徴候に対する動物の一般検査と同様に眼と眼窩の広い評価を必要とする．最初の検査には以下のものを含むべきである．

- 病歴
- 身体検査：
  - 偽眼球突出と眼球突出の違い
  - 眼窩の触診
  - 眼窩検査
  - 一般身体学的検査
- 眼窩検査
- 神経学的および眼科神経学的検査
- 筋円錐内と筋円錐外の眼窩疾患の違い
- 通常の血液検査および生化学検査
- 眼窩画像検査

### 病歴

罹患動物の病歴から得られる重要な情報は疾患の明白な進行具合と疼痛徴候の有無を含む．しばしば，開口時の疼痛と同様に眼瞼や結膜の腫脹を含む．臨床徴候の突然の出現は眼窩炎症または急性の咀嚼筋炎と一般的に関連している．多くの潜伏性疾患の進行と比較的小さな疼痛は，腫瘍や他の領域を占める病変を示唆している．これは臨床的な指針に役立つが，これらの見解を過大解釈すべきではない．これは特に積極的な眼窩の腫瘍性疾患の症例で，それは偽りの急性眼窩炎

症性疾患の臨床的表現かもしれない(Hendrix and Gelatt, 2000).

## 一般身体学的検査

### 眼球突出と偽眼球突出の違い

眼球突出は眼窩疾患の顕著な特徴であり,ある程度の眼窩と眼球の非対称性による眼球突出(偽眼球突出)の誤った印象とは異なるに違いない.偽眼球突出の多くの共通原因は緑内障に続発する眼球拡大である(水眼症や牛眼).注意深い眼科学的検査はこれらの症例では,罹患した眼における角膜直径の増長を含む,慢性緑内障の他の顕著な徴候が明白であるときは,偽眼球突出を躊躇することなく除外すべきである(第15章を参照).

角膜軸のレベルを比較するために上方から眼の位置を調べることは特に役立つ.上眼瞼は鮮明に角膜を診るために緩やかに引っ込めることが必要だろう.二つの角膜の間に架空の線を思い浮かべ,左右の軸が同様のレベルにあることを確認すべきである.これらの前部の位置における違いが眼球突出でも眼球陥凹でもないことを指し示す.緑内障眼の拡大は動物を前方から診たときに眼球が前側に移動しているという誤った印象を導くかもしれない(図8.3).しかし上方からの検査は罹患していない眼と比較して角膜軸のレベルは最小の変化に留まる.注意深い眼球の後方圧迫も眼窩の領域を占める病変の検出にとって特に重要である.眼窩の浅い短頭種を除いて,正常な犬や猫では,可能な限り眼球の後方圧迫の程度は驚く程に大きい.拡張した緑内障眼の症例では,対側眼と比較して眼球の後方圧迫に一般的に抵抗はない.

いくつかの状況において,眼球は固定散瞳,対側眼の眼球陥凹,眼瞼裂の非対称性のために大きく違ったように見えるかもしれない(図8.4).また,これも眼球突出の誤った印象を与えてしまう.上方からの検査と注意深い眼科学的および神経眼科学的検査によってそのような症例において誤った眼球突出の印象を除外すべきである.眼球突出に加えて,眼球は異常な逸脱をするかもしれない(斜視).これはいくつかの方向で起き得る.外斜視は眼球が外側に逸脱する斜視を惹起する,反対に内斜視は眼球の内側に逸脱する.斜視は眼窩領域を占める病変か神経-眼科学的疾患が原因だろう(第19章を参照).斜視が眼窩領域の病変に続発するとき,眼球は一般的に腫瘍から離れる方向に移動する(図8.5).

### 眼窩の触診

眼窩周辺の触診は,眼窩骨縁から始まり眼から離れるように進めていき,疼痛や腫脹の領域を見つけるこ

**図8.3** (a, b)急性の両眼の視覚消失と右側の眼球突出を示した10歳齢のラブラドール・レトリーバー
(a)右眼の広い眼瞼裂と明らかな瞳孔散大は眼球が拡大している印象を与える.
(b)上方から観察したとき,右眼球の前方への移動が明らかに認められる.
(c, d)右眼の緑内障と牛眼を示す1歳齢のイングリッシュ・スプリンガー・スパニエル
(c)広い眼瞼裂,瞳孔散大とわずかな強膜露出が眼球突出と誤ってしまうかもしれない.
(d)上方から観察したとき,右眼球の前方移動がほんの辺縁のみで,眼球突出というよりむしろ牛眼の程度と一致する.

とが極めて有益である.側頭窩の領域(眼球の側背)や眼球の赤道部前方の腫瘍病変はもしかすると触知可能かもしれない.側頭筋の触診は急性の咀嚼筋炎が原因で疼痛反応を引き起こす.眼窩腫瘍の症例において,特に眼窩骨が影響を受けている場合,動物は罹患している,もしくは隣接する眼窩骨の触診を時折ひどく嫌がる.触診によって皮下の兎眼や骨折による捻髪音が明らかになるかもしれない.眼窩の直接の聴診(眼瞼を閉じるか,または前頭洞か側頭裂を越えた位置に聴診器のベルを使って)は眼窩の血管異常の雑音の示唆が(稀に)明らかになるかもしれない.

図8.4 右眼球の拡大および，または眼球突出の誤った印象は瞳孔の大きさの違い，対側眼の眼球陥凹，眼瞼裂の非対称性によるものである．
(a) 遠心性の瞳孔障害により右眼の固定散瞳をもつ6歳齢の去勢雄のドメスティック・ショートヘアー
(b) 左眼のホルネル症候群と眼球陥没をもつ9歳齢の避妊雌のドメスティック・ショートヘアー
(c) 顔面神経麻痺のために左側下垂がある8歳齢の避妊雌のブルドッグ

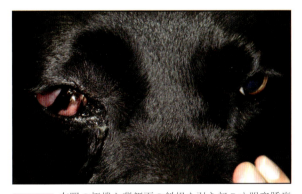

図8.5 右眼の極端な背側面の斜視を引き起こす眼窩腫瘍をもつ9歳齢の雌のラブラドール・レトリーバー．腹側輪部は上眼瞼縁の真下にある．MRI検査は腹内側眼窩内に腫瘍を認めた．

## 口腔検査

眼窩疾患をもつ動物の口腔検査は，開口時に眼窩の軟部組織上の下顎枝の垂直枝によって及ぼされている圧力のために制限的ではあるが疼痛が存在する．眼窩痛は口，側頭下顎関節，鼻咽頭，耳を含む他の領域から生じた疼痛とは異なっていなければならない．もし動物が協力的であれば，翼状頭蓋窩の頬粘膜の腫脹，硬結，瘻管形成を調べるべきである．鼻腔または眼窩に浸潤する腫瘍は口腔内にも拡大するだろう．尾側の上顎臼歯は疾患のために検査すべきである．髄腔への暴露で歯が砕けることは最終的に歯内疾患を引き起こし，それは歯の頂点領域にまで達する．歯肉消息子は歯内溝を検査するために穏やかに使用すべきであり，歯内溝は正常犬で2～3 mm，正常猫で1～2 mmの深さである．歯肉消息子は眼窩周辺疾患を示唆するポケットおよび，または流出の存在のために眼科周辺組織を見つけて評価するのに正確な方法である．頬骨唾液腺管の小孔は，第一上顎臼歯の逆にある乳頭上の口腔内で開口しており，頬骨腺炎を示す紅斑，腫脹，流出に問題がないかどうかを明らかにするために検査される．

## 眼科学的検査

シルマー涙試験，フルオレセイン染色，眼圧測定(可能なら)を含む徹底的な眼科学的検査は，すべての症例で実施されるべきである．眼窩腫瘍の存在は眼窩と眼窩周辺組織から静脈の流路障害を引き起こし，結果として結膜充血，結膜浮腫，眼瞼浮腫が起こり，それは劇的であろう．軽度の上強膜のうっ血は起こるだろう，また上強膜の静脈圧迫が上昇する結果として眼圧は正常参照値(または罹患していない眼と比較して)以上に上昇するであろう．もし鼻涙管を通しての涙の排出が眼窩もしくは眼窩周辺疾患によって塞がれたら流涙が起きるだろう．後眼部の検査は眼窩静脈の流路が塞がったときに，網膜脈管系(主に細静脈)のうっ滞を示す．視神経の急性圧迫は結果として乳頭浮腫を引き起こし，また慢性症例では視神経萎縮を引き起こす．もし眼窩腫瘍が眼球に直接悪影響を及ぼすなら，強膜の陥凹領域が明白な網膜部分剥離または眼底検査で隆起としてみられるだろう．そのような腫瘍はBモードの超音波検査で通常容易に確認できる(図8.6)．

## 神経眼科学的検査

多くの神経眼科学的異常によりその領域にある脳神経や自律神経の障害による眼窩疾患が証明されている．視覚，角膜感覚，眼球運動(前庭眼球反射)，瞳孔の大きさと対称性，瞳孔運動機能は評価されるべきである．眼瞼の位置，運動，感覚の異常も明らかになるかもしれない(第19章を参照)．

第8章　眼窩と眼球

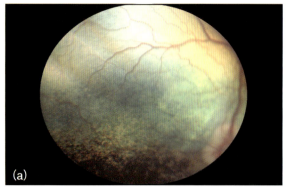

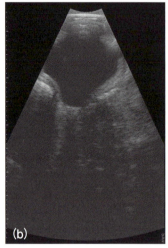

図8.6　眼窩の多葉性骨軟骨肉腫の犬において筋円錐外腫瘤からの圧迫が眼球の後方面の陥凹を引き起こしている．
(a)眼底の陥凹，表面の網膜血管の偏位，タペタム反射の減少を示す検眼鏡写真
(b)Bモード超音波検査は眼球の後方面の大きい陥凹を確認する（Wisconsin-Madison Comparative Ophthalmology Serviceのご厚意による）．

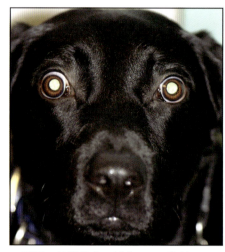

図8.7　両側の外眼筋炎に罹患した1歳齢のラブラドール・レトリーバー．本症例では典型的な症状がみられ，それは第三眼瞼突出を見せない両側の眼球突出，360度の強膜露出，下眼瞼の後退，を含む筋円錐内疾患の徴候である．

## 筋円錐内と筋円錐外の眼窩疾患の違い

　筋円錐内（眼窩筋が形作る円錐の内側）と筋円錐外（眼窩筋が形作る円錐の外側，ただし眼窩の軟部組織と骨範囲に限る）の疾患の違いを知ることは役に立つ．なぜならこれは異なった診断結果を考えることに影響するかもしれないからである．犬や猫で最も頻繁に報告されている筋円錐内眼窩疾患は視神経の腫瘍や外眼筋の炎症性筋障害を含む．筋円錐内眼窩疾患の臨床的特徴は以下のものを含む．

- 軸性の眼球突出（正常の眼窩と同様の軸内における眼球の前方移動）（図8.7）
- 瞬膜の軽度突出もしくは突出はない（拡大した筋円錐内腫瘤を生じるかもしれない）．
- 斜視は軽度か生じない．
- いくつかの症例では眼球の運動性に制限がみられる．

　腫瘍性の眼窩の炎症性疾患（歯根尖周囲の膿瘍と頬骨腺炎を含む）と咀嚼筋炎は犬における筋円錐外の眼窩疾患の最も一般的な原因である．筋円錐外眼窩疾患の臨床的特徴は以下のものを含む．

- 非軸性の眼球突出（斜視を伴う眼球突出，それゆえ，眼球は前方に移動するが，正常眼窩軸からも逸脱する，図8.8）．斜視の方向は占拠病変の位置を推測させる情報をもたらす．
- 瞬膜の突出
- 眼球運動の維持

## 眼窩の画像

　眼球と眼窩の画像の詳細は第2章で述べられている．役立つ技術は以下のものである．

- 単純X線検査：
  - X線検査の最適化
  - 歯科X線検査
- 超音波検査
- 横断断面像：
  - コンピューター断層撮影（CT）検査
  - 磁気共鳴画像（MRI）検査

### 単純X線検査

**X線検査の最適化**：眼窩の単純X線検査の弱点は複雑な頭部が重なった画像となるために眼窩の軟部組織を識別することが難しいからである．単純X線検査の主な適用は以下のものを含む．

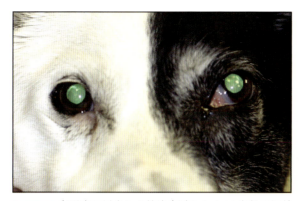

図8.8 左眼窩に罹患した粘液肉腫をもつ14歳齢の雑種犬．眼球の背外側への移動と第三眼瞼突出を伴う非軸性の眼球突出を含む筋円錐外眼窩疾患の徴候

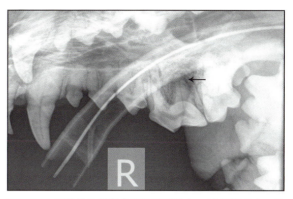

図8.9 再発性の眼窩炎症を病歴にもつ10歳齢のウエスト・ハイランド・ホワイト・テリアの側斜面の歯科X線画像．歯周歯根床膿瘍を構成する第四小臼歯根(裂開性の)周辺に歯根尖の透明な領域(矢印)がある．

- 骨融解，骨の再構築，骨折が存在するときに眼窩骨を評価する．
- 病理学のための鼻腔，前頭洞，上顎の歯列弓を評価する．
- 放射線不透過性の異物の証明の手助けをする．

頭部X線検査は一般的な麻酔下で行うべきである．動物の姿勢は重要で，なぜならいくつかの方向から回転や傾斜させた像がX線検査を正確に理解するために臨床家への診断能力に大きな助けとなるからである．一般的なX線眼窩検査は側面，背腹面(DV)，(時には)口内のDV X線を含むべきであり，それによって鼻腔，上顎の陥凹，内側の眼窩壁の詳細が得られる．多くの局所解剖学的特徴であるX線像は眼窩，鼻腔および洞，上顎臼歯，鼓膜胞を評価するために使用されるであろう．工夫された接線像は頭部表面において確立された病理学のいくつかの領域を画像化するために使用され，また一般的な直交像で認識できない情報を与えてくれるだろう．眼窩の悪性疾患の疑いの割合が高い症例では，左右の胸部X線検査の概要を調べておくことは頭部X線検査を撮影する前に得るべきである．これは動物を長く横臥位にすることで続発する肺の無気肺を減少し，無気肺は胸部X線検査の解釈を複雑化するからである．

**歯科X線検査**：上顎歯弓を評価するX線検査は単純X線またはヒトの非スクリーン歯科フィルムを用いることで得られる．ヒトの非スクリーン歯科フィルムの使用は歯根，歯周靱帯，歯槽骨周辺の精巧な詳細を与える．これらのX線検査は据えつけのX線機械か専門的な歯科X線機械のどちらでも得られる．

歯科X線検査を行えば歯内治療学的疾患では特有の歯根頂点での虫歯や真っ白な領域がみられる．他の所見としては歯髄空洞の硬化症があり，それは歯髄炎，老齢犬での歯周靱帯のカルシウム沈着に続発して生じ，またそれは咬むことによる歯破損の機会を増加する(歯周靱帯は衝撃的な吸引装置として働き，関連する神経は咬む力を調整する)．

単純X線検査では，側面の斜めの像は撮るべきである(図8.9)．以下の技術を推奨する．

- 調べたい側面をフィルムに近い方に位置させる．
- 顎は開口器で開けたままにする．
- 頭は反対側の上顎歯列弓が背側に位置するように回転する(つまり興味深い範囲に重ねない)．

### 超音波検査

二次元(2D)のリアルタイム超音波検査(Bモード)は眼窩の軟部組織を検査するのに素晴らしい画像診断法である．7.5または10 MHzのトランスデューサー(線形配列または機械式扇状走査装置のどちらでも)の使用は犬や猫での眼窩疾患の評価で推奨されている．眼窩の超音波検査は意識下の動物で，直接角膜に接触した眼を通しても(局所麻酔の適応下で)，または眼窩靱帯の後方に直接皮膚上にプローブを置いてもどちらでも実施できる．角膜上にトランスデューサーを直接置く方法が最も一般的に使用されている技術である．眼窩軸とトランスデューサーを一直線に揃えることが重要であり，それは尾側，内側，背側方向に向ける．眼窩円錐が一直線で詳細に見えなければならない．眼窩円錐がきちんと理解されるように手技に熟練することは筋円錐内や筋円錐外のような病変の分類を容易にする．対側の眼窩と眼は患眼を比較するために典型的な「正常の」参照となる．一般的な検査は頂点(矢状面)と水平(背側面)のスキャン面の両方を含む．水平面は眼球後領域と内側の眼窩骨壁の最善の画像を与える．

正常な動物では，外眼筋，眼窩脂肪，視神経は区別することができる．より腹側に局在する頬骨腺は比較的低エコー源性構造としてしばしば見える．眼窩の超

音波検査は眼窩疾患の存在，局在，性質を見なす価値のある情報を与える．軟部組織腫瘤，嚢胞性病変，膿瘍の区別は異なる超音波の特徴によって通常は可能である．いくつかの症例では，病変の特徴はカラーフロードップラー，パワードップラー，コントラスト強調超音波を含む熟練した技術によって高められるだろう．（第2章を参照）．超音波検査は眼窩疾患のより広い特徴において診断を助けてくれるだろうが，超音波検査の所見が病変の原因となる組織や悪性の可能性のある疾患にとっての特有徴候ではないということを知っておくことが重要である．さらに，眼窩超音波検査は眼窩尖の評価に価値のあるものではない．

### 横断面画像

CTとMRIは眼窩と神経眼科学疾患の多彩な範囲の診断と管理に大きく寄与している．これらの技術の長所と短所は，眼窩疾患の検査における有益と同様に第2章で述べられている．

## 犬と猫の疾患

### 先天性疾患：眼球

#### 無眼球症

無眼球症（眼の完全な欠損）は全体から見て稀である．ほとんどはいつも初期の眼球組織（極度の小眼球）が眼窩構成の組織学検査上でみられる．

#### 小眼球症

小眼球症は異常に小さな眼である．コリー，シェットランド・シープドッグのようないくつかの犬種は通常小さな眼球をもつ．小眼球症はいくつかの犬種で散発的に生じ，小さいが機能的な眼球（小眼症）であるか，または，多発性先天異常が存在するうちのひとつであるのかもしれない．併発する先天異常は以下のものを含む．

- 前眼部発育不全：最も一般的な徴候である瞳孔膜遺残（PPM：persistent pupillary membrane）
- 白内障
- 第一次硝子体過形成遺残/硝子体動脈遺残（開存もしくは非開存）
- 網膜形成異常

小眼球症が遺伝的欠損として確立している犬種では，疾患が併発する眼球欠損の特殊な範囲に関連する傾向がある（さらなる情報は第17章を参照）．

- ドーベルマン：前眼部形成異常と網膜形成異常
- ミニチュア・シュナウザー：白内障，小水晶体，後部円錐水晶体，眼球振盪，網膜形成異常
- キャバリア・キング・チャールズ・スパニエル：白内障，眼球振盪，後部円錐水晶体，硝子体動脈遺残
- オーストラリアン・シェパード：赤道部ぶどう膜腫，瞳孔膜遺残，虹彩欠損，網膜形成異常はマール眼球発育不全の特徴である（下記参照）．

小眼球はマール眼球発育不全（MOD：merle ocular dysgenesis）で顕著な特徴である．正常の眼球胚形成は眼における色素層の最初の発育に依存するように，眼球発育における欠損は眼球の色素の希薄化と直接関連しているかもしれない．犬のマール斑は対立遺伝子であるm（正常）とM（マール）から構成されている．ホモ接合のマール犬（MM）は聴力欠陥と生殖不能と共に同様に重篤なMODをもつ．マール毛色の犬種にはコリー，シェットランド・シープドッグ，オーストラリアン・シェパード，ダックスフンド，オールド・イングリッシュ・シープドッグ，グレート・デーンが存在する（図8.10）．

小眼球に加えて，マール遺伝子は以下のものに関連する．

- 虹彩発育不全
- 瞳孔変位（偏奇性）
- 虹彩欠損
- PPM
- 強膜赤道コロボーマもしくはぶどう膜腫（眼の眼球血管皮膜は強膜を越えて膨隆する）に続く強膜拡張（薄化）
- 視神経欠損
- 網膜形成異常

小眼球のいくつかの症例では，機能的に視覚を損なう過度な第三眼瞼の突出がある（図8.10参照）．そのような症例では，第三眼瞼軟骨の短縮が存在するかもしれないが，しかし第三眼瞼は大きさから否定的な印象を与えるかもしれないが，涙液層を角膜の広い範囲に広がらせるためにも除去されるべきではない．

#### 眼球拡張

先天性緑内障は片側性または両側性で，前房流出経路における異常のために生じる．これは眼球の拡張（水眼または牛眼）を引き起こし，それは若齢動物，特に猫で顕著である（図8.11）．

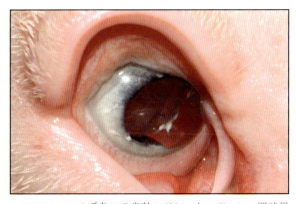

図8.10　マール毛色の3歳齢のグレート・デーン．眼球異常は小眼球，第三眼瞼突出（第三眼瞼が眼球のほとんどを覆い，眼科検査では引っ込む），虹彩欠損（3〜6時方向から虹彩の限局した欠損に注目），瞳孔異常，小水晶体，白内障を含む．両眼とも同様に罹患していた．

図8.11　子猫時代から右眼に牛眼の病歴をもつ6カ月齢のドメスティック・ショートヘアー．眼球拡張は若齢動物，特に眼の線維皮膜がより弾性をもつ猫では劇的である．強膜の暗色化に注目．これは進行した強膜の非薄化のために，その下にある暗色に色素沈着している脈絡膜の色が表現されているためである．

## 先天性疾患：眼窩

### 眼球陥凹

　眼球陥凹は眼球が眼窩内で異常に後方へ位置する疾患である．先天的にこれは比較的深い眼窩と小さな眼球の併発によって生じる．これは一般的にイングリッシュ・ブル・テリア，ラフ・スムース・コリー，ドーベルマン，フラットコーテット・レトリーバーのような長頭種の犬種では「正常な」特徴としてみられる．消極的な第三眼瞼の突出は時折明白で，内眼角ポケット症候群が粘液物と残屑が蓄積する腹内側眼角で裂け目やポケットとしてみられるかもしれない．これは一般的にただの美的な問題で，その領域からの粘液物や残屑の蓄積を除去する定期的な洗浄は別として，特別な治療を処方することはない．局所的な抗生物質治療は必要ではなく，また大きな効果は示さない，なぜならその問題は立体配置的なもので感染ではないからである．

### 眼球突出

　短頭種で浅い眼窩に関連した臨床的に有意な眼球突出の程度はかなり多様である．いくつかの犬ではとても早い年齢で突出した眼球（兎眼）を覆う瞬目が不可能で，潰瘍性角膜炎に関連した再発性の問題が存在する．完璧な瞬目は眼瞼反射検査時に時折みられるけれども，これらの罹患犬は反射刺激をせずに観察すれば，ほとんどの場合（時々は全部）閉眼が不完全である．角膜の中心部を覆う涙液層が不十分に拡散していないことから，角膜中心部の潰瘍にこれらの犬をかかりやすくし，そのためにこれらの犬はしばしば来院する．飼い主には犬が眠っているときに眼瞼を閉じているのかどうか尋ねるべきである．すなわち重度の短頭種にとって眼を開けて眠ることは一般的なことであるからである．人口涙液点眼の使用はこれらの犬にとって（たとえ涙液産生が正常でも）夜に，より粘液性のパラフィン主体の軟膏を使用することで，角膜中心部を保護するのに役立つ．眼瞼裂を外科的に小さくすること（内側や側面の眼角形成術によって）も閉眼の効率性の手助けをし，角膜保護を促進する（第9章を参照）．

### 眼窩動静脈瘻

　眼窩動静脈（AV：arteriovenous）瘻は稀な先天性もしくは後天性（自然発生，外傷後，高い血管性腫瘍に関連する）欠損で，それは眼窩動脈と静脈の間で異常な連絡が形成される．このAVシャントは静脈と眼窩への圧迫の増加を導き，拍動性であり（例えば心拍と同時に）または側頭領域を聴診すれば雑音を伴う眼球突出を見せる場合もある．診断はカラーフロードップラー超音波検査でいくつかの症例が確認されるときもある．一方で眼球を守る効果的な治療法は獣医学文献では報告されていない．ヒトでの治療は対症的な継続観察を行うか場合によってはAV瘻の塞栓形成が試みられることがあるかもしれない．

### 眼窩静脈瘤

　眼窩静脈の静脈瘤は稀な欠損であり，それはほとんどの症例でおそらく原発性だが外傷後に発症するかもしれない．はじめは間欠的な眼球突出に関連し，運動によってさらに悪化し，ついには持続性となる．AV瘤での，ヒトの眼窩静脈瘤の治療は対症療法，もしくは罹患静脈の塞栓形成術を試みることがあるかもしれない．犬における先天性眼窩静脈瘤の効果的なコイル塞栓形成術が報告されている（Adkins et al., 2005）．眼窩静脈瘤の罹患犬では臨床的に有意な眼球突出を導き，それはそのような先進のインターベンションは不可能で，注意深い内容除去術が必要となるかもしれない．手術前の計画は有意な術中出血のリスクを考慮すべきである．

## 眼窩類皮腫

類皮腫は先天性の分離腫である（異常な位置に正常な組織がある）．眼窩類皮腫は皮膚，毛，骨，軟骨などの多くの組織の種類を含む．Bモードやドップラー超音波検査，MRI，CT上の類皮腫の画像的特徴は診断の決定にすべて役立つだろう（第2章を参照）．確定診断のためには切除組織の組織学的検査が基本である．類皮腫の成長比率は発症時の動物の年齢で決まるけれども，緩やかに進行する類皮腫は成熟期までの疾患の臨床的な徴候を伴わない．脂肪の漏出と角膜炎は類皮腫壁の著しい炎症や続発性線維症を含む類皮腫から生じる傾向がある．外科的切除で完璧に，また正常の隣接した構造を損傷することなしに取り除ける．眼窩類皮腫の外科的切除のときには，医源性穿孔を起こさないように切除すれば続発する炎症と再発のリスクを減少させる．

## 頭蓋骨下顎骨骨症

頭蓋骨下顎骨骨症（CMO：Craniomandibular osteopathy）は非腫瘍性で，若いスコティッシュ，カーリンおよびウエスト・ハイランド・ホワイト・テリアで最も一般的にみられる増殖性の骨疾患である．主に下顎，鼓膜水疱，時には，後頭の側頭蝶形骨および，または頭頂骨を含む頭部の他の骨が罹患する．これは眼窩骨の非対称性によって引き起こされる．しかし臨床的問題は下顎骨の腫脹や疼痛，開口不全や開口時の疼痛と一般的に関係する．X線検査はCMO病変を描出するのに最善の方法である．現在，疾患の原因は不明で治癒的な治療はない．

## 後天性疾患：眼球

### 眼球拡張

牛眼または水眼は慢性緑内障や眼圧上昇に続発して眼球拡張を示す．眼の線維性被膜は伸びて，薄くなる．緑内障の他の徴候も明らかである（第15章を参照）．

### 眼球癆

眼球癆は後天性に縮小した失明眼のことである．これは重篤な眼球傷害や疾患の最終段階の反応であり，これらの症例において，重篤な眼内病理は正常な眼球の大きさと生理を維持するのに必要である房水産生の欠如や眼圧の減少を引き起こす．臨床的に，眼球癆は軟らかく，縮み，角膜はしばしば灰色がかった混濁を示す（図8.12）．これらの眼は時にはなんでもないように見えるが，続発性の内反や内眼角ポケット症候群（以下参照）に関連した合併症が次第に明らかになる．もし慢性の臨床的な問題が進行したら，眼球摘出を勧める．これは特に猫の眼球に対する症例で，眼球への

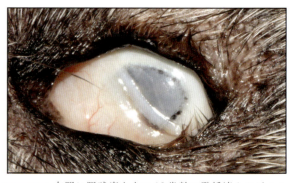

**図8.12** 左眼に眼球癆をもつ12歳齢の避妊済みのジャック・ラッセル・テリア．眼は小さくて灰色の角膜をもち，ひどくしぼんでいる．眼瞼は眼球のが見える程まで後退している．下側面の内反が存在するが，眼球は第三眼瞼によって通常は完全に覆われ，犬は無症状である．

最初の損傷から数年後に眼内肉腫に進行するかもしれないからである．

## 外傷

眼球外傷に罹患した動物の症状はより多彩で，損傷（貫通もしくは非貫通）の力と性質によって，脳顔面頭蓋と中枢神経系（CNS）の傷害や全身の他の部位への外傷を伴うか否かによる．眼球への外傷は線維層（角膜，強膜）から，水晶体，網膜，視神経と同様に，ぶどう膜（虹彩，毛様体，脈絡膜）まですべての解剖的構成要素に及ぶ．これらの罹患動物の評価は注意深く実施することが必要で，鎮静薬か，動物の全身状態によって禁忌ではないと考えられる全身麻酔の追加によって容易になる．もし残屑や粘着性の滲出液が眼球表面に存在していたら，暖かい平衡生理食塩水またはハルトマン溶液で眼球表面を洗浄することで優しく取り除くことができる．局所麻酔は眼球が穿孔しているか否かを確認するまでは一滴も点眼すべきではない．もし角膜や前部強膜が無傷であれば，局所麻酔薬は適応で，それは異物や残屑のための結膜円蓋の精査を容易にしてくれる．眼内検査はもし中間透光体が透明であればこの段階で可能である．もし中間透光体が透明でなければ，Bモード超音波検査が眼内構造の無傷，特に水晶体の無傷，網膜剥離の存在，後部強膜の無傷を決定するのに役立つ．頭蓋X線検査もしくはCTも，もし眼窩や他の頭蓋骨折が疑わしい，またはショットガンの散弾の存在を除外するのであれば役立つ．

**鈍性の眼球外傷**：これはぶどう膜への衝撃と眼内出血に時折関連している．ぶどう膜の挫傷は結果として，ぶどう膜炎や，低眼圧，縮瞳，虹彩のうっ血，線維や残屑の存在，前房内の明らかな出血を含む典型的な徴候を引き起こす．鈍性の外傷により眼球に生じる圧迫は結果として「パンクする」強膜穿孔を引き起こすかも

しれない．強膜穿孔の局在は多様性で，後極，視神経，輪部を含む．眼の線維被膜が前側に破裂したケースでは，これは眼科検査で通常見ることができ，典型的な場合傷は欠損部に脱出しているぶどう膜組織によって蓋をされている．反対に後部強膜の穿孔は一般的に直接検査ではわからない．この場合，超音波検査で後部強膜の穿孔を検出することも困難であろう．後部強膜の穿孔が疑われる超音波検査の所見では，病変が明瞭であるか，または連続した後部眼壁の欠如からの不規則な超音波の領域がみられ，それは凛冽部に硝子体出血および，または網膜剥離の範囲にエコー源性または高エコー源性性質が見えるであろう．鈍性の眼球損傷に対する治療は病理学の程度や機能的な眼球の維持にとっての予後に依存する．もし重篤な眼内衝撃がみられたら（水晶体穿孔または水晶体変位，硝子体出血，網膜剥離，後部強膜穿孔），眼球摘出が慢性の眼内炎症や最終的な眼球癆へ移行する可能性があるので考慮すべきである．輪部もしくは前部強膜を巻き込む眼球被膜の，より前部の穿孔は，ぶどう膜組織の整復を行えばうまく修復されるかもしれない．眼球の挫傷が穿孔に関連せず，また，主な所見が眼内出血や炎症からなる症例は，ぶどう膜炎として集中的に治療する（第14章を参照）．

**貫通した眼球外傷**：角膜や前強膜を貫通した傷害は眼科検査によって早期に診断できる．貫通した傷害から結果として生じる障害領域は容易に観察され，いくつかの症例では異物が存在するかもしれない．小さな傷は自然治癒するだろう．しかしながら大きな傷では欠損部にぶどう膜の逸脱が通常現れる．ぶどう膜炎の他の徴候は虹彩の肥厚やうっ血，前房内の線維の塊や出血，穿孔側に向かって引っ張られる虹彩のために縮瞳や瞳孔異常もみられる．前房は時折浅くなる．

これらの症例での最初の評価における重要なことは水晶体膜が無傷か否かを確かめることである．水晶体膜の穿孔は水晶体破裂による水晶体原性ぶどう膜炎を引き起こすかもしれない（第14と第16章を参照）．水晶体膜のいくつかの小さな裂け目は穿孔した水晶体膜を塞ぐ線維組織で覆われて問題を生じないが，前房内に水晶体内容物の有意な逸脱をもつ大きな裂け目はときによって水晶体超音波乳化吸引術を使った水晶体除去を必要とする（第16章を参照）．

いくつかの貫通傷害は後部要素にも影響し，網膜外傷や剥離へと続発するかもしれない．もし中間透光帯が透明でなければ，超音波検査の使用で眼内構造へ併発する影響の大きさを決定するのにとても重要である．もし重篤な眼内衝撃が持続しているようなら（例えば，水晶体穿孔や変位，傷口での硝子体脱出，後部強膜の崩壊をもつ網膜剥離），予後不良も考慮して，眼球摘出も推奨される．角膜，輪部，前強膜を巻き込む傷は眼科専門医によって，通常眼内のぶどう膜組織の復位と共に傷を直接縫合することで修復される．眼内浸潤のよい局所的な抗生物質治療（クロラムフェニコール，オフロキサシンなど）は，アモキシシリン／クラブラン酸やセファロスポリンのような全身性の広域スペクトラム抗生物質に加えて処方されるべきである．ぶどう膜炎の治療には全身性コルチコステロイド，非ステロイド性抗炎症薬（NSAIDs），局所的アトロピン点眼を行う．局所へのコルチコステロイドの使用は角膜上皮が治癒するまで遅らせるべきである．

局所にNSAIDsが使用されるかもしれないが，これらの薬剤が眼内出血を増強し眼圧を上昇させる可能性があるのでいくらかの注意が必要である．

すべてではないが貫通した傷からは，特にもし傷が眼球の後部面を通して生じているのであれば気づくべきである．これらの症例はしばしば片側のみで，重篤な洞眼球炎を持っている．そのような症例ではその病歴は疑わしいかもしれない（例えば，後眼部に医源性の問題，最近の上顎臼歯の摘出術，衝撃的な傷，猫や犬との喧嘩の疑い）．眼球膜はこれらの場合，不透明になる傾向があり，最初の検査では眼球内容物と眼球の後面の超音波検査が通常用いられる．

**弾丸球（銃創）**：弾道による傷は重篤な片側性の全ぶどう膜炎で時折存在する．弾丸そのものも時折眼球や眼窩内で発見される．正確な位置は眼窩の二つの直交するX線画像かもしくはCT画像によって明らかにできる．小球（散弾の玉）が生体内で比較的不活性であれば，多くの症例では外科的な異物除去を試みるより保全的に処置することが最善である．眼球内に弾丸が止まっている症例に対する予後は最初の損傷時に形作られた傷に最終的には依存する．これらの罹患動物のいくつかは機能的な眼球を維持し，また外傷性ぶどう膜炎へのそれなりの経験的な治療によってよい結果を生み出すかもしれない．

## 後天性疾患：眼窩

### 眼窩膿瘍と蜂窩織炎

眼窩膿瘍は眼窩の軟部組織内に化膿部が局在する．反対に，眼窩蜂窩織炎は，眼窩の軟部組織内に拡散した炎症が存在する．両症状はほとんど好酸性か好塩基性の微生物感染由来である．眼窩膿瘍は反応性の線維組織によって囲まれている傾向があり，一方で蜂窩織炎では炎症が間質性組織の層と組織領域を通して広がっている．炎症は時折最初は筋円錐外領域にも広がり，その後，筋円錐内領域に広がるかもしれない．疾病原因には以下のものを含む．

- 隣接する眼窩周囲構造や領域（歯周または歯内疾患，副鼻腔炎，涙腺炎，唾液腺炎または汎眼球炎）の感染性もしくは非感染性炎症性疾患
- 感染の直接的な播種（経結膜，経眼瞼，経口腔）
- 眼窩異物もしくは続発性の敗血症

臨床徴候：急性の眼窩蜂窩織炎や膿瘍の罹患動物は急速な進行によって徴候が比較的急な始まりの病歴を示すことが多く，それは開口時の疼痛や困難，眼窩周辺組織の腫脹や感受性の増加をみせる．これらの症例の臨床的表現は多様であり，時には筋円錐外の疾患の徴候が最も顕著である（図8.13参照）．臨床的所見は以下のものを含む．

- 眼球の後方圧迫中，もしくは開口時の疼痛と不快感
- 眼球突出
- 眼瞼の紅斑や浮腫
- 結膜浮腫や結膜充血（一般的に粘液膿性の排出液を伴う）
- 瞬膜腺の突出
- 視覚や求心性瞳孔の低下
- 眼球運動の減少
- 眼瞼や眼窩周囲感受性の低下
- 露出性角膜炎
- わずかな眼圧上昇
- 翼状口蓋窩内の口腔粘膜の硬結瘻（第二上顎臼歯の尾側と内側）
- 発熱と左方移動を伴う好中球増加症

このような症例は緊急として扱われるべきで，もし眼球の機能が維持されていたら適切な管理と処置を行うために緊急の検査とアドバイスを必要とする．

さらに，眼窩とCNSの間の直接的な連結は感染過程が髄膜脳炎へ潜在的に導くかもしれず，また生命をも脅かし得る．

診断：検査は眼窩超音波検査や，翼状口蓋窩や上顎臼歯への細心の注意で口腔検査を含むべきである．正常または罹患眼窩の両方の超音波検査は実施されるべきである．なぜなら比較をすることで病理的な判断から眼窩内での所見を容易にするからである．球後膿瘍は一様に高エコー源性領域を囲む高エコー源性の壁として定義される．眼窩蜂窩織炎では，微細な変化が正常な球後領域内で認められるかもしれない，例えば正常な球後構造のゆがみや閉塞，異常が混在したエコー源性をもつ球後構造の減少した描写（中間/高い振幅）を見せる．（Mason et al., 2001）利用できる場所では，進歩した横断面画像（CTとMRI）は疾患過程をより特徴づける（第2章を参照）．口腔検査は全身麻酔下でのみ可能であるかもしれない．全身が不快な動物では（例えば発熱や脱水をもつ），これが安心に実施する前に不快な症状を除く目的での安定期間が必要である．翼状口蓋窩の硬結や瘻形成は腹側眼窩に罹患した眼窩膿瘍が強く疑われる．歯科X線検査は歯周や歯内疾患の確認のために行われるべきである．

治療：治療は臨床徴候の重症度に依存する．明らかな膿瘍が眼窩画像で確認されておらず，拡散した蜂窩織炎の症例では，翼状口蓋窩を経た筋円錐外眼窩領域の排膿は明らかではない．これらの症例では，広域スペクトラムの抗生物質とNSAIDsを用いた強い薬物治療が，もし潰瘍性および，または兎眼が明らかなら，露出性角膜炎を管理または保護するために適切な局所的治療とともに開始されるべきである．視神経（CNⅡ）の求心性機能の常時モニタリングは必須である．もし求心性のCNⅡ機能に悪化する傾向が検出されたら（つまり瞳孔対光反射〈PLR〉や威嚇反応における低下），たとえ異なる液体ポケットが明らかではなくても，翼状口蓋窩を通して筋円錐外眼窩領域への排膿および，または減圧が眼窩内圧力を減少させるために必要だろう．

もし上顎の歯列弓のX線検査によって歯根周囲膿瘍の存在が明らかであれば，罹患歯の摘出が必要とされる．これらの症例では，膿の排出は歯摘出のときに通常明らかになる．歯槽骨を緩やかに探針することで眼窩との直接連絡が明らかになり，また眼窩膿瘍の排液を許すかもしれない．もしこの経路によっての排出が不十分なら，翼状口蓋窩を経た外科的排出は実施すべきである．歯科疾患がない場合，膿の排出は翼状口蓋窩を通して行うべきである（図8.13）．翼状口蓋窩を経た眼窩領域から排膿するための手順を以下に要約する．

- 罹患動物は麻酔をかけ，気管チューブを挿管し，咽頭に湿らせたスワブを詰める．
- 領域内の粘膜に対しては無菌的な外科処置を準備する．1cmの切開を尾側と内側の腫脹した翼状口蓋窩の粘膜を通して尾側方向に上顎の第二臼歯に作成する．この最初の切開が粘膜組織よりも深く突き刺さらないことが重要である．より深く鋭い切開が上顎動脈を含む眼窩床の神経血管構造にリスクを与える．この動脈の切断は（外頸動脈の主要枝）重篤な出血となり得る．
- 粘膜を通した最初の切開の次に，閉じたままの止血鉗子を傷口内に挿入し，ゆっくりと開け，そしてその後眼窩領域から引き抜く（鉗子は除去する前に眼窩領域内で再び閉じてはならない）．その過程を鉗子が筋円錐外の眼窩領域内でゆっくりと進めるよう

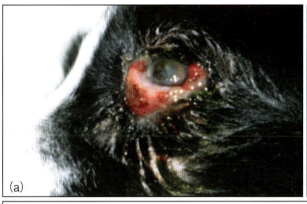
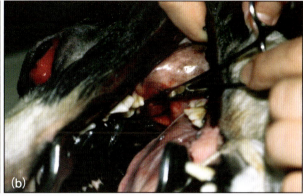
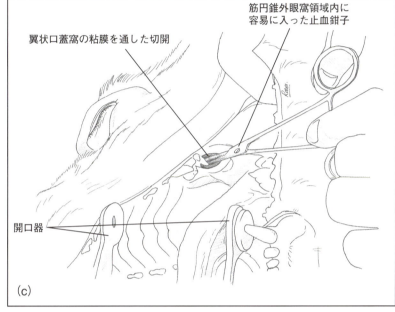

**図8.13** 眼窩膿瘍に罹患した8歳齢のボーダー・コリー
(a)側背斜視．第三眼瞼の腫脹，突出，露出，乾燥と潰瘍，兎眼と角膜の乾燥と潰瘍をもった非軸性眼球突出を含む眼科所見
(b)腹側の筋円錐外領域内に限局した膿瘍の外科的排液
(c)止血鉗子は翼状口蓋窩内の外科的傷口を通して挿入されている．鈍性切開は，膿瘍の排出に到達するまで眼窩に向かって注意深く進めていく．外科的傷口は連続した排液を行うために左に開口されている（Roser Tetas Pontのご厚意による）．

に繰り返す．この鈍性切開は眼窩と口腔間に開通部を形成し，それは眼窩床上に翼状突起筋を通して走り，また頬骨唾液腺を通して開通するかもしれない．きちんとした管理の実施は眼窩組織と眼球の後面に医源性の障害を避けるために眼窩領域の外科的排膿を達成するときに必要とされる．

- 眼窩膿瘍の場合，化膿物は止血鉗子が眼窩領域内に進められた後すぐに外科的に設けた傷口から排膿が始まる．その距離は動物の大きさや翼状口蓋窩の腫脹の程度によって様々である．理想的にはより効果のある排膿は直接角膜に接触したBモード超音波を使用することで実施できる．これは止血鉗子が膿瘍腔に入ったときに証明される．
- 膿液が存在するとすぐにスワブを細胞診のためのサンプルと同時に微生物培養と感受性のために採取すべきである．
- いくつかの例では，明らかな膿液が病変から排液され，より粘液血液状の液体が出現したときには膿液の存在は明瞭ではない．しかし同様にサンプリングは実施されるべきである．
- いくつかの症例では，一時的な瞼板縫合糸が角膜露出を減少するためになされるかもしれない．この利点は眼瞼の閉塞に必要な緊張の程度に対して行われなければならず，これは，結果として，眼瞼組織の圧迫壊死と同様に網膜や視神経のような繊細な構造に障害を与える眼内や眼窩内の圧力を有意に上昇するからである．
- 抗生物質や潤滑剤での強い局所的治療はいくつかの角膜潰瘍や兎眼が解決するまで継続する必要がある．
- 眼窩の混在した好気性および嫌気性菌の感染は一般的に犬や猫で生じ，培養および感受性分析の結果を待つ一方で，ペニシリン（アモキシシリン/クラブラン酸）やセファロスポリンでの初期治療が適切である．治療の長さは幾分経験上であるが，最低4週間は行うべきである．

## 咀嚼筋炎

咀嚼筋炎（MMM：Masticatory muscle myositis）は第一気管支弓から由来する筋肉が罹患する免疫介在性疾患であり，それは三叉神経の下顎枝によって神経支

配される．タイプ2M筋線維を含む．その疾患はどの年齢，性別，種類の犬でも罹患し得るが，大型犬がより一般的である．MMMは通常は両側性で対称的であり，側頭筋，咬筋，翼状突起筋の炎症を引き起こす．免疫反応は細胞と液性の構成物を含み，タイプ2M筋線維に選択的に直接作用する．この疾患は時には好酸性筋炎として報告されており，多くの筋生検における優勢な細胞はリンパ球とプラズマ細胞であり，多様化し同一でない好酸性性球がみられる．

臨床的徴候：疾患の急性段階では，側頭筋の腫脹は眼球突出と第三眼瞼の突出を含む筋円錐外疾患の徴候を見せる．露出性角膜炎の併発と，発熱や食欲不振のような，より一般的な徴候も存在するかもしれない．開口障害はしばしば明らかで，開口時や側頭筋や咬筋の触診のときに疼痛徴候もある．疾患の慢性段階では，咀嚼筋の線維化や萎縮が続発的に内反の可能性をもつ眼球陥凹を引き起こすかもしれない．興味深いことに，これは先行する急性のMMMを臨床的に見つけることなしにいくつかの罹患動物で起きるようである．開口障害は疾患の慢性段階でも生じ，おそらく咀嚼筋の線維化のためである．

診断：仮定診断は典型的な臨床徴候に基づく．血清クレアチンキナーゼレベルは上昇し，好中球増加が存在するだろう（通常の好酸球増加よりは低い）．最終的な診断は血清のタイプ2M筋線維に対する自己抗体を証明することであるが，それは症例の大半でみられる．原生動物の寄生虫で *Toxoplasma gondii* と *Neospora caninum* に対する血清検査が検討されているが，しかし筋炎が限局していれば，これは通常実施されない．側頭筋のバイオプシーは侵襲的で筋線維変性や炎症細胞の浸潤を示す．

治療：治療はプレドニゾロンの免疫抑制濃度（2 mg/kgを経口で24時間毎，分割した量を与える）の維持を指示し，臨床徴候が治るまで維持し，次いで再発の臨床症状のモニターを行いながら濃度を緩やかに漸減させる．もし治療への反応が乏しく，コルチコステロイドに強く耐性がなければ，アザチオプリンのような選択的免疫抑制剤も治療に含ませる．アザチオプリンは2週間2 mg/kg経口で24時間毎に最初処方し，罹患動物の臨床的な反応によって徐々に漸減する．

もし開口障害によって通常の食事をとれないようなら，液状化した食事を与えるべきである．もし角膜の露出があるなら，角膜は眼球潤滑剤を頻回に適用し保護する．MMMの慢性段階の動物は重篤な開口障害や咀嚼筋の線維化や欠損に関連した眼球陥凹を伴うかもしれない．理学療法を併用すれば顎開口は改善するだろう．いくつかの症例では，免疫抑制療法は状況を改善するが，重篤な萎縮/線維化にもかかわらず，進行する炎症要因がこれらの症例を複雑化することが示唆されている．

### 外眼筋炎

外眼筋炎は外眼筋に限局した犬の稀な免疫介在性の炎症性筋傷害である（Carpenter *et al.*, 1989）．外眼筋炎は四肢や咀嚼筋のそれらとは有意に異なる独特な筋線維である．その症候群は通常若齢（約1歳齢）の雌犬が罹患し，ゴールデン・レトリーバーが大きな比率を占める（Ramsey *et al.*, 1995）．卵巣子宮摘出術，発情期，犬舎での囲いのような前兆の「ストレス因子」は外眼筋炎の臨床的な徴候の開始より前であると多くの症例で報告されている．

臨床徴候：外眼筋の炎症は筋円錐内疾患を構成する徴候を引き出す．第三眼瞼の突出を顕著に示さない両側の眼球突出は時折360度の強膜露出と上眼瞼の引っ込み，結果としてこれらの罹患動物における特徴的な所見となる（図8.7参照）．後方圧迫時または口腔検査時の疼痛という臨床徴候は常に存在せず，犬は臨床的にはよく見える．

診断：診断は通常臨床所見と外眼筋の肥厚化の超音波所見に基づく（図8.14参照），それはCTとMRIでも早急に明らかとなる（第2章を参照）．外眼筋炎は咀嚼筋炎でみられる2M筋線維抗体や血清クレアチンキナーゼレベルに関係しない．

治療：治療はMMMに対する概要のような，免疫抑制を指示する（上記参照）．再発が一般的になるなら，特に前兆ストレス因子において，長期間の免疫抑制療法がいくつかの症例で必要になる．これらの状態で，ア

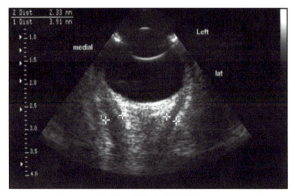

図8.14 両側性の外眼多発性筋炎に罹患した9カ月齢のラブラドール・レトリーバーの避妊雌のBモード超音波検査像．拡大した低エコー源性の側面と内側の直筋がキャリパーによって示される．

図8.15　線維性外眼筋炎により進行性の両側内側斜視のある1歳齢のブルマスティフ．内斜視が右側でより重症化していることに注目

ザチオプリンのような選択的免疫抑制剤の使用は長期間のコルチコステロイドの使用での副作用を避けるためにより好ましい．

### 限局した斜視を伴う線維性外眼筋炎

線維化した外眼筋炎は，最も多く報告されている犬種であるシャー・ペイ，アイリッシュ・ウルフハウンド，秋田で，若齢犬の稀な疾病である（Allgoewer et al., 2001）．臨床症状は眼球陥凹や重篤な片側，両側，腹側，腹外側の斜視を引き起こす（内斜視）(図8.15)．眼球の逸脱は有意な視覚障害を引き起こすとしてかなり注意されている．組織学的に，主に病理学的変化はリンパ球/形質細胞性単核細胞浸潤を伴う外眼筋の線維化を示す．これらの症例は免疫抑制剤治療に反応しない．斜視を引き起こす線維化した外眼筋を切断するという外科的補正はより正常の位置に眼球をもってくるかもしれない．このような症例は眼科専門医に紹介すべきである．

### 限局した眼窩筋線維肉腫

眼窩の慢性，非特異的線維化は猫で報告されている．病態は起源的に突発性硬化眼窩偽腫瘍と呼ばれていた．疾患は潜行的に進行し，治療への反応は乏しく，しばしば結果として安楽死となる．病態は眼窩と隣接した組織によく広がり，真の腫瘍過程を示し，猫の限局性眼窩筋線維化肉腫とは区別されるべきである．(Bell et al., 2011)

**臨床徴候**：疾患は中齢から高齢の猫で明白な性別や種類の傾向なしに罹患する．臨床的に多くの猫は潜行性の片側性眼球迷入を示し，眼球の進行性の眼球突出と眼瞼の可動性，眼瞼の引っ込み，兎眼，眼瞼の肥厚化を含む．腫瘍の続発性の進行は対側眼および，または口腔組織を巻き込んで生じる．眼瞼機能の欠落は角膜穿孔をもつ重篤の露出性角膜炎を引き起こし，時折眼球摘出術を必要とする．

**診断**：肥厚した眼瞼または肥厚した皮下組織が毛のある皮膚とともに組織検体とすることで，バイオプシーは確定診断に必要である（Bell et al., 2011）．もし眼球摘出術が実施され，猫の限局性眼窩筋線維肉腫の臨床的疑いがあったら，眼球摘出標本の切開と固定のための一般的に勧めとは反対に，眼球は眼瞼とその場所の眼窩組織での組織学的検査に供されるべきである．

**治療**：この疾患に対する治癒的な治療法はない．症状のいくつかの寛解は抗炎症や免疫抑制療法でみられるかもしれない，しかし結局は多くの症例では人道的な問題から安楽死が必要となる．

### 眼窩腫瘍

原発性の眼窩腫瘍は眼窩構造物から生じる．一方で続発性腫瘍は隣接した構造物からの局所的な拡大や遠隔領域からの転移を示す．犬や猫では，眼窩腫瘍の約90％は悪性である．遅い受診と重なると，これらの罹患動物に対する予後が不良となり死亡することを意味する．犬や猫で多く一般的に報告されている原発性や続発性腫瘍を図8.18に要約する．

原発性眼窩腫瘍は上皮，腺，骨，神経，血リンパ，結合組織構造から生じる．続発性腫瘍は鼻腔，口腔（上皮や腺腫瘍など），脳や眼球（黒色腫など）からの拡大を含む．多中心性や転移性腫瘍はリンパ肉腫や腺癌を含む．犬では，多くの眼窩腫瘍は最も一般的に報告されている骨肉腫，線維性肉腫，未分化の肉腫，腺癌，髄膜腫の原発性腫瘍である．反対に，猫の眼窩腫瘍はほとんど続発性腫瘍で隣接組織（鼻腔や口腔など）から浸潤した扁平上皮癌や未分化の癌や多中心性疾患に関連したリンパ肉腫である．

**臨床徴候**：眼窩腫瘍は一般的に老齢動物（8歳齢以上）にみられ，時折進行性の経路をたどり，かなり進行した腫瘍が受診時の手遅れに繋がる．ほとんどの症例では開口時や眼窩周囲組織の触診で疼痛がなくゆっくりした進行性の片側性の眼球突出の病歴を示す．この典型的な臨床症状にもかかわらず，いくつかの眼窩腫瘍は（攻撃的なリンパ腫，肥満細胞腫，肉腫）眼窩炎症として誤診される，なぜならそれらは急性の炎症性眼窩疾患の臨床徴候と似ているからである．(Hendrix and Gelatt, 2000；Attali-Soussay et al., 2001) さらに，いくつかの腫瘍の種類は（リンパ腫，横紋筋肉腫，肥満細胞腫など）より若齢動物でも罹患する．一般的な眼科所見は非軸性の眼球突出，斜視，第三眼瞼の突出を含む筋円錐外疾患の所見である（図8.8参照）．筋円錐内疾患の徴候は斜視や第三眼瞼の突出のない軸性の眼球突出を認め，犬の眼窩髄膜腫でみられるかもしれない．

表8.3 犬と猫にみられる原発性と続発性眼窩腫瘍

**原発性腫瘍**
- 骨肉腫
- 線維肉腫
- 軟骨肉腫
- 粘液肉腫
- 眼窩髄膜腫
- 神経線維肉腫
- 腺腫
- 腺癌
- 脂肪腫
- 組織球腫
- 肥満細胞腫
- 横紋筋肉腫

**続発性腫瘍**
- リンパ腫
- 扁平上皮癌
- 黒色腫
- 大脳髄膜腫
- 転移性疾患

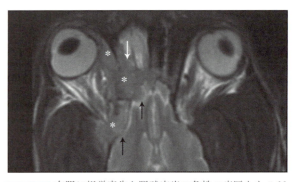

図8.16 右眼に視覚喪失と眼球突出の急性の病歴をもつ11歳齢のラブラドール・レトリーバー．T2強調背側MR像が脳内の頭蓋冠（黒い矢印）と鼻腔（白い矢印）を通して浸潤している拡大した眼窩腫瘍（＊）を示している．

診断：疑わしい眼窩腫瘍の検査には以下のものを含むべきである．

- 腫瘍性疾患の決定的な診断
- 腫瘍分類を決定すること
- 腫瘍のグレードを決定すること
- 腫瘍のステージを決定すること

身体検査は重要である．なぜならリンパ節腫脹や臓器拡大がみられれば拡大したもしくは局所的な侵襲性疾患の疑いを増強するかもしれないからである．

最初の検査は，腫瘍のステージングをするための概観的な胸部と腹部のX線検査や腹部超音波検査と同時に眼窩のX線検査，超音波検査，MRIを理想的には含むべきである．

もし腫瘍が疑わしいのであれば，概観的な胸部と腹部X線検査は頭部画像の前に撮るべきである．眼窩疾患に対するX線検査の主な狙いは，骨折，骨溶解，骨増殖病変を含む骨病理を確立することである．骨溶解がみられれば犬と猫では悪性であることを強く示すが，眼窩のX線検査は眼窩骨の病理変化を検出するほどには役立つものではない（Dennis, 2000）．

腫瘍の分類とグレードを決定することは組織検体が得られるかどうかに依存し，第一次検査で細胞診吸引かTru-cut生検を試みるべきである．これはしばしば超音波かCTガイド下によって容易である．いくつか

の症例ではより近隣や非眼窩組織のサンプリングが眼窩病理学の性質を決定するのに適切でもある．切開による切除生検を実施する診断のための外科処置は，悪性疾患の可能性が高いため，腫瘍のグレードやステージに関する情報が得られる前には勧められない．より高い危険率をもつ手術を動物に受けさせることは，眼窩外科の治療を行うか，もしくははっきりした緩和的な治療効果が確立したときのためにすぐには行わない．

もし経済的に余裕があれば，単純X線検査や超音波検査を使用することで得られるよりも眼窩腫瘍の局所的な拡大に関する情報を得る目的でMRIやCTを実施すべきである（図8.16）．これはよい結果がほとんど望めないない状態において侵襲的な手術を行わない動物に無理矢理に手術を受けさせることを避けるためにも効果的である．

治療：眼窩腫瘍の外科的切除が治癒または緩和の目的として必要であると考えられる状況では，眼科専門医の助言を求めるべきである．そのような症例は時折画像診断，腫瘍科，眼科，一般軟部外科，整形外科においての専門医の集学的なアプローチをしばしば必要とする．明瞭な単純良性腫瘍に対しての部分的眼窩切開術の外科治療はいくつかの症例で示されている．このような症例の外科的治療は病理学的に影響を及ぼさない組織層を通って直接行うべきである．内容除去術は侵襲性または浸潤性の眼窩に限り，越えて広がっていない眼窩腫瘍の場合に行われる．腫瘍が眼窩を越えて拡大しているときは，緩和もしくは治療目的のために補助的な放射線もしくは化学療法（病理組織学的所見を基に）と併用する部分的もしくは一部分の眼窩切開術が適用される．時には，たとえ結果が治癒しないと予想されなくても，眼球突出性眼筋麻痺，露出した眼球の眼球摘出術や内容除去術は緩和的とみなされる．

### 外傷性突出

外傷性突出は急性病態であり，眼球が眼窩骨と眼瞼の縁を越えて前方に突出しており，しばしば危険な状態である（眼球赤道部での眼筋輪の痙攣によって悪化させる）．外傷性突出は常に外傷に続発する．短頭種（例えばペキニーズ，ボストン・テリア，パグ，シー・ズー，ラサ・アプソ）はそれらの顕著な眼球，浅い眼窩，大きな眼瞼裂のためにかかりやすい．反対に，典型的な中頭の形態をもつ猫は外傷性突出への傾向はない．このことへの推論は非短頭種の犬や猫における外傷性突出が通常より重篤な外傷と併発外傷に関連し，また，視覚の回復にとってより不良な予後を示している（Gilger et al., 1995）．

**臨床徴候**：罹患動物は，眼球赤道部の後方に固定された眼瞼によって複雑な突出した眼球を見せる．破損した外眼筋がもたらす斜視は一般的にみられる．内側直筋は眼球のより前方へ移動した場合，最も頻回にみられ，その結果，側面の斜視となる（図8.17）．化学療法と角膜潰瘍はしばしば存在し，他の所見はぶどう膜炎，緑内障，低眼圧，充血を含む．神経眼科学検査はしばしば視覚欠損と瞳孔対光反射異常を示す．脳顔面頭蓋とCNS外傷の併発は特に非短頭種では一般的である．

**治療と予後**：急性の外傷性突出の存在は動物に苦しみを与え，飼い主を常に巻き添えにする．最初に，最も重要な病変である突出に集中しないことが重要である．非短頭種では，外傷性突出を引き起こした原因が重篤であり，他の外傷性損傷を明らかにすることとその評価が明らかな眼球外傷以上に優先すると思わせてしまう．同時に発症した頭蓋顔面とCNS損傷の評価が特に重要である．気道（airway），呼吸（breathing），循環（circulation）への主な評価が第一優先である．

眼球傷害の重症さを決定する検査（視覚，PLR，外眼筋損傷の評価）が実行される一方で，生命を脅かす傷害の存在を確認することが必要である．このようなケースにおいては動物が入ったら，まず生命にかかわる障害を除去し，安全な状態が管理できるところまでにもっていった後に，飼い主と眼球の予後と眼球摘出術がもたらす可能性に関して話し合い，より少ないストレス環境下で処置を行う．飼い主は最初，通常眼球の整復と保存を望む（たとえ視覚を保存できるもしくは失う場合でも），それはしばしば美観的なものでもある．いったん，長期間にわたる合併症（以下参照）の存在の可能性を話せば，飼い主は眼球を保存するための試みが正しいのか，それとも眼球摘出術がよりよい選択かどうかを決めさせるためによりよい情報を与えることができる．

**図8.17** 外傷性突出に続いて左眼の側面への斜視をみせる2歳齢の去勢雄のシー・ズー．その他視覚喪失，直接と間接瞳孔対光反射の欠損，角膜感覚の低下，兎眼，角膜潰瘍を含む左眼の眼科所見

視覚の予後は外傷性突出時に牽引による視神経損傷のために，犬では失われることが多く，猫ではさらに失明する．ある評価雑誌では，犬の64％と猫の100％は外傷性突出に続いて視覚を喪失したとしている（Gilger et al., 1995）．短頭犬種で，突出や直接および間接瞳孔対光反射が陽性の結果に限り，視覚に対する良性の予後の可能性がある（Gilger et al., 1995）．

もし眼球，外眼筋および，または視神経への損傷が重篤で視覚を失っており元に戻らないようなら眼球摘出術が実施されるべきである．視覚の温存および，または眼球の治癒のために眼球の整復を試みることが適切とみなされた症例では，全身麻酔が必要となる．突出した眼球の整復は付属器や眼窩組織の腫脹や出血のためにしばしば困難であり，また短頭種では眼窩が浅いことからより複雑でもある．

- 眼球表面をポビドン・ヨード（生理食塩水で1：50希釈）で洗浄し，側面の外眼角切開を実施する．
- 緩やかに前方へ引っ張ることはより正常な位置にそれらを戻すために眼瞼上から実施される．組織が腫脹していることから，角膜表面を適切に眼瞼によって保護される正常な位置に眼球を戻すことは通常不可能である．一時的な眼瞼縫合のような処置が常に必要とされる（図8.18）
- 経験上，局所的な抗生物質治療は一時的な眼瞼縫合が除去され，角膜の無傷がみられるまで行うべきである．広域スペクトルな全身性の抗生物質も，特に外眼筋の断裂と露出が明らかで眼窩の微生物混入の直接経路が存在するときは処方すべきである．最初の一週間の1日2回の局所的アトロピンの適用は続発性のぶどう膜炎と関連する疼痛性の毛様体痙攣を減少させる．
- 1カ月間以上をかけて漸減するプレドニゾロン（抗炎症量）の最初の使用は眼内と眼窩の炎症を減少す

第8章　眼窩と眼球

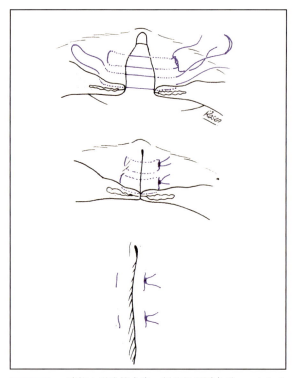

**図8.18**　一時的な眼瞼縫合術．部分的肥厚水平マットレス縫合は4-0～5-0(1.5～1.0 metric)の逆角針か，またはマイクロポイント針で非吸収糸(ポリアミドなど)を使用し縫合する．もし眼瞼腫脹が重度であれば，ステント(第12章を参照)を通しての糸の位置が圧壊死を保護するのに役立つ．糸は角膜に接触に接触することを減少させるために前部眼瞼縁(マイボーム腺開口前部)を通すべきである．眼瞼溝の内側面(第三眼瞼の上)には局所的薬物が挿入を容易にするために左を少し開けておく(Roser Tetas Pontのご好意による)．

るのには必要である．コハク酸メチルプレドニゾロン(MPSS: methyl prednisolone sodium succirate)の高容量は以前に視神経損傷を減少すると主張されていたが，多くの研究がこの治療の利益に今は異議を唱えている．

**合併症**：この疾患に関連する長期の合併症は多くの動物を不健全な状態に導く．これは突出した眼球を守る試みが行われるか否かを決定するために飼い主を巻き込んだ最初の意思確認の過程の間に強調して伝えるべきである．長期間の合併症には以下のものを含む．

- 永久的な視覚喪失
- 牛眼：持続性の眼球突出と眼輪筋機能の減少のための全体的な角膜表面を覆う閉眼が困難になる．この対処は長期(3～6カ月)の一時的眼瞼縫合か，またはいくつかの事例では，眼瞼溝の大きさを小さくするために永久的な部分的眼瞼縫合を必要とする．
- 神経的角膜炎(角膜の三叉神経障害に続発する角膜炎)．角膜感受性の欠損は感覚神経によって供給される栄養因子の欠損によるもので，また潰瘍性角膜炎に関連する問題を進行するように導くかもしれない(第12章を参照)．
- 涙液産生を刺激する角膜感覚を担う求心性反射弓を介在する角膜の脱神経によるKCS．KCSは涙腺の副交感神経の神経支配を直接損傷するためにも起こるかもしれない(第10章を参照)．
- もし罹患眼が視覚を有しているとしても，永久に斜視がみられ視覚異常に陥るかもしれない(両側の視覚)．
- 眼球が重篤な眼内損傷のために縮む眼球癆．これはもし慢性的に不快感が続いたら眼球摘出を要するかもしれない．

### 眼窩骨もしくは眼窩周辺骨の骨折

眼窩骨の骨折は軽度の外傷に続発するケースは一般的ではない．前頭骨や上顎骨や頬骨弓を形成する骨を含む，露出するほどの眼窩骨の骨折の方がより一般的に遭遇する．

**診断**：身体検査によって眼窩破損に関連する眼窩表面の非対称性を示すかもしれない．眼窩骨縁と隣接する骨構造の触診は罹患した骨の不安定性や粘髪音を示すだろう．頬骨弓の全体の長さは触診されるべきである．下顎も側頭窩における結合，体，角，冠蓋骨全体を含んで触診されるべきである．前頭骨を巻き込む骨折は結果として前頭洞に連結し，眼窩および，または眼窩周囲の気腫を引き起こす，それは臨床的に皮下腫脹と眼瞼上のパチパチと音をたてる捻髪音として現れるかもしれない．

一般的な画像は多くの外傷性骨損傷を証明するが，しかしそれは眼窩頂点の領域においての破損を検出することはできないレベルのものである．人医では骨病理学のより高い検出とよりよい診断のためCTは眼窩外傷の確認のために単純撮影写真に取ってかわっている．利用できるところでは，CTが獣医療にとっても選ばれるべきであろう．

**治療**：多くの眼窩骨折は最低限の治療に止まる．眼窩骨折に関連する主な不健病態は眼球損傷である．もし眼球機能が眼窩骨折によって傷つけられていたら，そのときは外科的な治療が必要である．時折，明確な骨破片が解剖学的に正しい位置で触診されるかもしれない(縮図に近い)．一方でより大きな不安定な骨折が体内固定を必要とし，整復を必要とするかもしれない．

### 眼窩嚢胞疾患

嚢胞形成は眼窩内もしくは隣接した上皮や腺組織から生じる．嚢胞は眼窩涙腺，瞬膜腺，頬骨唾液腺，または結膜粘膜や他の上皮から生じるかもしれない．副

鼻腔を巻き込む嚢胞は隣接する眼窩骨構造の圧迫壊死を引き起こし，眼窩内に拡大するかもしれない．嚢胞は眼球摘出術中の上皮および，または腺組織の不完全な移動の結果生じるかもしれない．眼窩腫瘍によっては有意な嚢胞形成をもたらす可能性もある（例えば腺癌）．

X線検査，横断面像診断，嚢胞液の針吸引の細胞学的検査は（超音波かCTガイド下で正しく），嚢胞の特徴を明瞭にし，その後の管理計画のために情報をもたらすかもしれない．外科的切開は複雑で，眼窩切開アプローチは嚢胞構造の位置と大きさの確認を必要とする．それゆえ，眼科専門医への紹介が勧められる．一般的に，限局した眼窩切開術による無傷の嚢胞腫瘤を取り除くために注意深く鈍性の切開が推奨される．病理組織学は嚢胞構成と腫瘍を除外するために常に必要である．

**頬骨粘液嚢腫**：頬骨唾液腺は犬における眼窩腹側床にある（図8.2参照）．腺や瘻からの唾液の漏出は腹側眼窩における眼窩粘膜形成を引き起こすかもしれない．これは頬骨唾液腺炎に関連して生じるかもしれない（Cannon *et al*., 2011）．これは筋円錐外疾患からなる臨床的徴候を引き起こすが，しかし開口時の疼痛や後方突出の徴候は多くのケースでは最小である．

**診断**：口腔検査は翼状突起窩の領域において触診でぶよぶよした腫脹である（図8.19参照）．眼窩の超音波検査を含むさらなる診断的検査では，腹側眼窩にはっきりした高エコー源性，無エコー源性の空洞病変としてみられる．頬骨唾液腺造影法は頬骨唾液腺との連結を確証するために考えなければならないかもしれない．これは唾液腺瘻内に非イオン性のヨウ素化したコントラスト媒体が逆流することを証明するために点眼を必要とする．頬骨乳頭は最後上顎臼歯の側面と尾側に位置する．頬骨乳頭は腫脹と充血を検査されるべきである．コントラスト媒体を点眼する前に，唾液のサンプルを細胞学，培養，感受性試験のために集める．側面，背腹面X線検査も正しい露出を確実にするためにコントラスト媒体点眼の前に撮るべきで，もしくはCTがもし可能なら使用した方がよい．

乳頭は22～25Gのカニューレを使用挿入し，コントラスト媒体は10kg体重につき0.5～1mLの割合で点滴する．点滴はそれぞれの撮影前に繰り返しておく．唾液腺造影は大きく，単発の浅裂である頬骨唾液腺を表し，また頬骨弓の頭側の端で腹側に位置する．X線検査上では，コントラスト媒体は頬骨腺に関連した液体で満たされた腔を証明し，それゆえ，他の眼窩構造に関連した嚢胞病変とそれを識別することができる．可能なら，MRIによって唾液腺粘膜嚢胞の位置と拡大

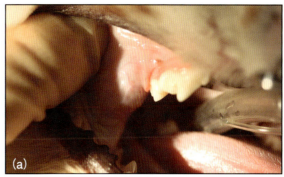
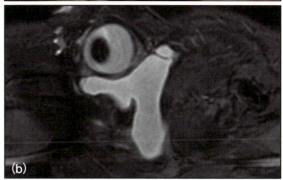
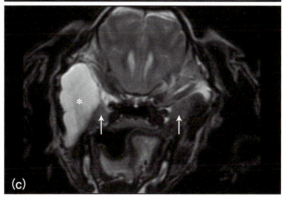

**図8.19** 唾液粘液嚢胞に罹患した3歳齢のキャバリア・キング・チャールズ・スパニエル
(a) 口腔検査は翼状突起窩内の疼痛のない変動性の腫脹を示す．
(b) 右眼窩内に混合的な液体で満たされた腔を示すT2強調矢状MR像．口腔に向かって，翼状突起窩における腫脹として存在している粘液嚢胞の腹側への拡大に注目せよ．
(c) 左右の頬骨唾液腺を示すT2強調横断MR像（矢印）．連続的横断MR像は右の頬骨唾液腺と粘液嚢胞間の直接的な連結を証明した（*）．

を表す詳細な情報が得られる（図8.19bc）．粘膜嚢胞の針吸引は本来，唾液からなる粘液性の液体である．しかし細胞診は嚢胞構成と感染性疾患を伴う腫瘍を除外するのに役立つため実施されるべきである．

**治療**：粘膜嚢胞の排液は翼状突起窩を通しての液体吸引によって試みられる（図8.20）．大きなGの針はより高い粘調性の唾液分泌の除去を容易にする．もし大部分の唾液の排液が可能なら，眼球突出は即座に解決するだろう．もし針吸引による排液が成功しなかったら，そのとき，粘膜嚢胞は翼状突起窩を通した瘻を作

第8章　眼窩と眼球

図8.20　唾液腺粘液嚢腫のドレナージ（図8.19と同じ犬）．大きいGの針は翼状突起窩を通して粘液嚢腫内に挿入される．血液色の唾液約20 mLが粘液嚢腫から除去された．

ることで排液される（口腔と粘膜嚢をつなぐ．眼窩膿瘍排液に対する上記の描写を参照）．

　併発した頬骨唾液腺炎への抗炎症療法の併用による排液はしばしば疾患を解決へと導くが，再発症例において側面眼窩切開術経由の頬骨腺の除去が必要となるかもしれない．

　**涙腺嚢腫**：この病態は涙腺組織の嚢胞に関係する．これらは一般的ではなく，後天性または外傷由来である．犬の涙腺嚢腫は眼窩，第三眼瞼，異所性涙腺管組織に関連して見つけられる．犬の涙腺嚢腫の治療は外科的切除で完璧な除去が治癒的である．

### 眼窩脂肪パッドと側頭筋萎縮

　眼球陥凹を引き起こす眼窩脂肪の欠損や側頭筋腫瘍は老衰の過程または悪液質による全身性な状態に関連する．慢性咀嚼筋炎での咀嚼筋容量の欠損は有意な眼球陥凹を同様に引き起こすかもしれない．重篤な眼球陥凹に関連した合併症は内反（通常下眼瞼），第三眼瞼突出による視覚不良を引き起こす．稀な事例ではあるが，生体に対して不活性な物質を移植し，眼窩内容物量を増加させることによってこれらの問題を処理するために外科手術を行う．Hotz-Celsus術は通常内反症の修正のために十分で（第9章を参照），一方で第三眼瞼短縮が，突出が有意な視覚障害を引き起こす症例では考えられてもよい（第11章を参照）．

### 眼球摘出術

　飼い主は自分に置き換えて，麻酔の理由や眼に疼痛がない，もしくは，まだ視覚機能がいくらかでも残っていると，眼球摘出術に時折嫌がりながらも同意するケースがある．いったん飼い主が慢性緑内障のような疾患に関して進行する不快感と不可逆性の視覚欠損を伝えられれば，眼球の除去は通常最も適切な意見とみなされる．慢性的な疼痛のある眼の除去によって罹患動物の全身状態には有意な改善がしばしばみられ，これは飼い主に正しい決断をしたと思わせることができる．球後麻酔は術中や術後の無痛性を増加させるためにも考慮すべきである．

### 経結膜眼球摘出術

　経結膜眼球摘出術（図8.21）は技術的に最も簡単な手順である．しかし眼球表面への感染や腫瘍性物がみられる状況では実施すべきではない．

### 経眼瞼眼球摘出術

　経眼瞼眼球摘出術は（図8.22）結膜下の感染（感染性実質性潰瘍など）もしくは眼の外側の腫瘍細胞の可能性が知られている状況で実施されるべきである．NSAIDsと広域スペクトル抗生物質のコースは外科手術に続いて1週間通常処方される．

### 眼窩義眼

　眼球摘出後の美観的概観を改善するために，眼窩領域内に人工シリコン球体の移植が実施されるときもある．インプラントの大きさは眼窩領域の大きさと一致するように選択し，犬では直径12〜28 mmの間である．それらは眼球と瞬膜が除去された後に眼窩内に挿入する．外科用メスを用いて球体の前部1/4を平たくして美観的概観を改善し，回転を減少させることがよいと思われる．いったん義眼を挿入したら，その傷口は一般的な方法で閉鎖する．これは眼窩領域の皮膚の陥没を予防し，しばしば眼球摘出に続いて実施される．可能性のある合併症は傷口の閉鎖が不完全で，これに続く球体の押し出し，感染，（稀に）異物反応がみられる．

### 強膜内義眼

　シリコン球の移植が角強膜外皮を剥離した後で輪部周辺切開により眼球内容物の内容摘出後の挿入は，近年人気を得ている．これは特に視覚喪失の緑内障眼，重篤な傷害を被った眼に役立つが，もし眼内感染や腫瘍の可能性があるなら考慮されるべきではない．手術後，動物は正常な眼球運動や付属器を保持する．多く

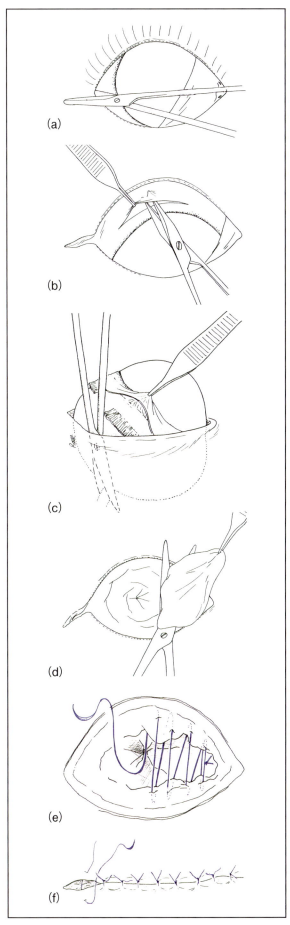

### 図8.21 経結膜眼球摘出術式

(a)側面眼角切開は眼球の露出を増やすために実施し、眼瞼開孔器はその後挿入する。

(b)テノトミーシザーズを使用して、切開を強膜層に球結膜とテノン嚢を通して輪部より前約5 mmに作成する(これにより止血鉗子またはアリス鉗子が外科操作を助け、術者が希望した位置内で操作する輪部や眼球結膜を保持するためである)。鈍性の切開は上位の直筋の切開を行うために強膜層上尾側に続いて行う。強膜近くで横切開し、出血を最小化する。強膜上切開により他の直筋と斜筋が観察されるようになり、横に切開することで、眼球周辺の強膜層360度を切開する。

(c)いったんすべての直筋と上位と下位斜筋の切開を行った後、眼球は、眼球後引筋が見えるように内側に回転する。これにより視神経を含む眼球後引筋が見える(視神経の直接観察は周辺物の存在のために通常不可能である)。眼球を内側回転させるには眼球を前方に牽引することが望ましい。視神経と眼球後引筋はよく湾曲したメッツェンバウム剪刀で横切開する(前にクランプするかしないか)。視神経の露出と結紮は勧められない、なぜなら対側視神経線維の損傷を引き起こす視神経と視交叉上での過度な牽引を起こすかもしれないからである。これは特に猫で重要で、猫では眼球がほとんど眼窩スペースを占め、それゆえ、眼球の前方牽引は牽引損傷に視覚喪失のより強いリスクを視交叉に与えるからである。

(d)いったん眼球を除去したら、外眼筋と眼窩血管からの出血をコントロールするために、眼窩にはガーゼスポンジをパックする。5分間の一時的な眼窩パックは出血をコントロールする。第三眼瞼、第三眼瞼腺、関連する結膜は切除する。眼瞼は大きなメーヨー剪刀で除去する。切開はマイボーム腺の除去を行うために、側方の眼瞼縁より約7 mmまで拡大する。切開縁は内眼角に向かって行うべきで、皮膚のわずかに約3〜4 mmを除去する。内側尾側の皮膚と内側丘組織の切開はテノトミー剪刀を用いて実施する。内側丘の近くを切開することで、有意な出血を引き起こす眼静脈を切断する機会が少ない。いくらか残った結膜組織は切除する。眼窩靱帯の深くに存在する涙腺は、眼窩側から切除する(しかしこれは時には実施しない)。眼窩のガーゼパックの除去後、出血のほとんどはコントロールされているが、それでも出血をする血管には結紮か焼烙が必要だろう。いくつかの眼瞼血管からの出血には結紮か焼烙が必要である。

(e)深い外科的な傷口の閉鎖は二つの縫合層で行うべきである。連続4-0(1.5 metric)吸収糸を用いて皮下層の閉鎖に続いて眼窩開口部を越える深い筋膜の閉鎖。眼球除去による死腔は漿液性物質によって満たされ、より深い層は拡大した皮下出血を予防し、腫脹は眼球摘出後にしばしばみられる。

(f)眼瞼皮膚は4-0(1.5 metric)の非吸収モノフィラメント縫合糸で単純縫合にて閉鎖する(Roser Tetas Pontのご厚意による)。

第8章 眼窩と眼球

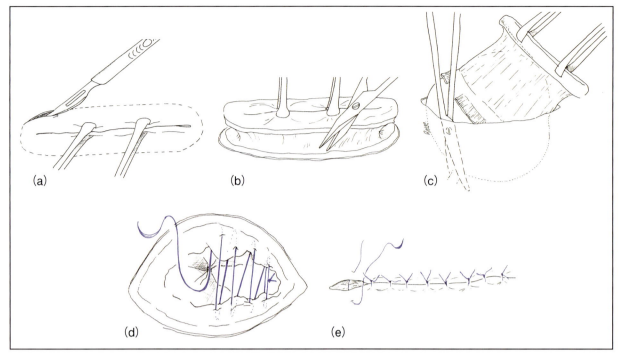

**図8.22** 経眼瞼眼球摘出術
(a) 上下の眼瞼は2-0(3 metric)ナイロンのような大きなGの非吸収モノフィラメント糸を用いて一緒に縫合するか、もしくは外科的切開領域を観察できるようにアリス組織鉗子を用いて上下眼瞼は一緒に保持する。皮膚切開は上下眼瞼の眼球周辺の皮膚において約7mm眼瞼縁から離れたところに行い、内眼角近くで合わさる。内眼角では切開は内眼角縁から約3～4mmで行うべきである。
(b) 鈍性切開は強膜が見えるところまで、結膜下を破らないように注意して眼球に向かって実施する。側面眼角靭帯の切開により露出する。鈍性切開は指の助けにより、適切な切開層の発見が容易になる。
(c) いったん、強膜が露出されたら、切開は眼球の上位、側面、下位面周辺に行う。外眼筋が切開できるように進める(経結膜眼球摘出術法で述べたように)。内側の切開は第三眼瞼の外側表面へと続ける。短い内眼角靭帯を切開することで第三眼瞼の外側表面が露出し切断しやすくなる。経結膜眼球摘出術法のように、眼球後引筋と視神経の露出と切開を行うために内側への眼球回転を行うことが、眼球を直接前方から切開するよりも勧められる。
(d, e) 傷口の閉鎖と術後管理は経結膜眼球摘出術法で述べている(Roser Tetas Pontのご厚意による)。

の強膜内義眼は黒いが、結局角膜は瘢痕化しほとんどの眼は灰色である。強膜内義眼は合併症がないということはなく、見逃した眼内腫瘍の再増殖、強膜傷の縫合不足、術後の感染、角膜の石灰化、潰瘍、KCSが発症する。この手術は眼科専門医が行うものであり、重要なこととして適切な症例の選択、不都合な結果を最小限にする外科的技術の経験、術後不快感の適切な管理が必要となる。眼科専門医への相談は、もしこの手術が考慮されるなら勧める。

## 病理学的検査

病理検査のための眼球摘出術眼の提出はすべての症例で、特に摘出された眼球を導いた疾患過程の基になる病因がはっきりと定義されていないときには強く勧められる。これはしばしば慢性眼内炎症、腫瘍の疑い、緑内障、眼内出血の動物における症例である。眼の病理検査は非常に重要な情報を与え、それは対側眼の今後にも影響し、もしくは罹患動物の全身的な健康状態にも関連する。眼球の病理が特別な疾患により明らかにされている状況でさえ(外傷、実質性角膜潰瘍による角膜穿孔など)、対側眼に予期せぬ進行がある症例では、もし飼い主が費用の理由で病理組織学的評価を明らかにすることを最初に好まなければ、予想される将来のためにそれらの眼を保存する方が賢明である。

病理学的検査のための眼球保存のプロトコールは第3章で述べた。視神経から分断したすべての付属器の組織をもったままの眼球保存が一般的に勧められる。例外は猫の限局性の眼科筋膜線維芽細胞肉腫を疑う症例で、腫瘍病変は眼球を越えて拡大しているかもしれない。眼球は一般的にホルマリン(眼球容積に対する10：1の割合の固定)で固定される。臨床家は動物に関するシグナルメント、病歴、以前の治療法、眼内の病理の疑われる部位、対側眼の適切な所見を含む可能な限りの多くの情報を提出すべきである。

## 参考文献

Adkins EA, Ward DA, Daniel GB *et al.* (2005) Coil embolization of a congenital orbital varix in a dog. *Journal of the American Veterinary Medical Association* **227**(12), 1952–1954

Allgoewer I, Blair M, Basher T *et al.* (2000) Extraocular muscle myositis and restrictive strabismus in 10 dogs. *Veterinary Ophthalmology* **3**(1), 21–26

Attali-Soussay K, Jegou JP and Clerc B (2001) Retrobulbar tumors in dogs and cats: 25 cases. *Veterinary Ophthalmology* **4**(1), 19–27

Bell CM, Schwarz T and Dubielzig RR (2011) Diagnostic features of feline restrictive orbital myofibroblastic sarcoma. *Veterinary Pathology* **48**(3), 742–750

Cannon MS, Paglia D, Zwingenberger AL *et al.* (2011) Clinical and diagnostic imaging findings in dogs with zygomatic sialadenitis: 11 cases (1990–2009). *Journal of the American Veterinary Medical Association* **239**(9), 1211–1218

Carpenter JL, Schmidt GM, Moore FM *et al.* (1989) Canine bilateral extraocular polymyositis. *Veterinary Pathology* **26**(6), 510–512

Dennis R (2000) Use of magnetic resonance imaging for the investigation of orbital disease in small animals. *Journal of Small Animal Practice* **41**(4), 145–155

Donaldson D, Matas Riera M, Holloway A, Beltran E and Barnett KC (2013) Contralateral optic neuropathy and retinopathy associated with visual and afferent pupillomotor dysfunction following enucleation in cats. *Veterinary Ophthalmology* doi: 10.1111/vop.12104

Gilger B, Hamilton H, Wilkie D *et al.* (1995) Traumatic proptosis in dogs and cats: 84 cases (1980–1993). *Journal of the American Veterinary Medical Association* **206**(8), 1186–1190

Hendrix DVH and Gelatt KN (2000) Diagnosis, treatment and outcome of orbital neoplasia in dogs: a retrospective study of 44 cases. *Journal of Small Animal Practice* **41**(3), 105–108

Mason DR, Lamb CR and McLellan GJ (2001) Ultrasonographic findings in 50 dogs with retrobulbar disease. *Journal of the American Animal Hospital Association* **37**(6), 557–562

Miller PE (2008) Orbit. In: *Slatter's Fundamentals of Veterinary Ophthamology*, 4th edn, ed. DJ Maggs *et al.*, pp. 352–373. Saunders Elsevier, Missouri

Ramsey DT and Fox DB (1997) Surgery of the orbit. *Veterinary Clinics of North America: Small Animal Practice* **27**(5), 1215–1264

Ramsey DT, Hamor RE, Gerding PA *et al.* (1995) Clinical and immunohistochemical characteristics of bilateral extraocular polymyositis of dogs. In: *26th Annual Meeting of the American College of Veterinary Ophthalmologists*, pp. 130–132. Newport, USA

Ramsey DT, Marretta SM, Hamor RE *et al.* (1996) Ophthalmic manifestations and complications of dental disease in dogs and cats. *Journal of the American Animal Hospital Association* **32**(3), 215–224

Smith MM, Smith EM, La Croix N *et al.* (2003) Orbital penetration associated with tooth extraction. *Journal of Veterinary Dentistry* **20**(1), 8–17

Stiles J and Townsend WM (2007) Feline Ophthalmology. In: *Veterinary Ophthalmology*, 4th edn, ed. KN Gelatt, pp. 1095–1164. Blackwell Publishing Ltd, Iowa

# 9

# 眼　瞼

### Sue Manning

## 発生学，解剖学および生理学

### 発生学

　眼瞼は妊娠約25日に眼球の上下に皺として発達してくる．上下それぞれが成長し眼を覆うようにして妊娠40日まで伸びる．犬と猫の開瞼は生後10～14日である．眼瞼表皮，睫毛，涙腺，瞬膜腺，マイボーム（瞼板）腺そして汗腺と脂腺（それぞれモル腺とツァイス腺）などの眼瞼組織は表皮外胚葉より派生する．瞼板と眼瞼皮膚は神経堤より分離した間葉より派生し，眼瞼の筋肉は中胚葉より派生する．

### 解剖学

　眼瞼は三層よりなる（図9.1）．

- 表面は被毛に覆われた皮膚
- 筋肉はマイボーム腺を含む瞼板に繋がる線維に伸びており，瞼板は犬では発達が悪く，猫の方がよい．
- 内側には眼瞼結膜があり結膜円蓋部を経由し強膜を覆う眼球結膜へと伸びる

　上眼瞼は犬では二列以上の睫毛で覆われているが，猫では睫毛はなく眼瞼の被毛が睫毛として機能している．犬と猫いずれも下眼瞼には睫毛はない．

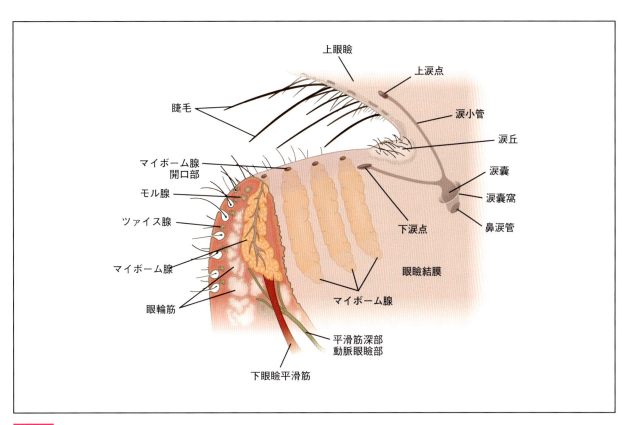

**図9.1**　内眼角眼瞼結膜側から見た眼瞼の断面図

眼瞼裂長は二つの筋肉により決まり，眼輪筋は閉瞼と瞬目を可能にする．上眼瞼は下眼瞼より可動域をもつため瞬きではより角膜をカバーしている．眼輪筋は顔面神経（第Ⅶ脳神経〈CN〉）のひとつである耳介眼瞼神経の分枝により神経支配を受けている．上眼瞼挙筋（動眼神経〈第ⅢCN〉支配），平滑筋深部動脈眼瞼部（顔面神経〈第ⅦCN〉背側頬枝による神経支配），ミューラー筋（上瞼板筋としても知られる交感神経支配の平滑筋）はすべて開瞼に関与している（図9.2）．上眼瞼挙筋と背側直筋は共通の神経支配を受けているため，眼球と上眼瞼は共に動くことがある．

上眼瞼と下眼瞼は内眼角および外眼角で繋がる（図9.1 および 9.2 参照）．内眼角および外眼角はそれぞれの側方に伸びる靱帯と牽引筋により安定している．内眼角靱帯は前頭骨と線維靱帯により連結し，筋線維の外眼角靱帯は結膜直下から伸び眼周囲の筋肉と連結している．外眼角靱帯は広頭種では外眼角の一部となる（眼瞼内反症の項を参照）．

感覚神経は三叉神経（第ⅤCN）の眼枝と上顎枝である．眼枝は内眼角側に優位で，上顎枝は外眼角側に優位であるが，神経支配が共通している領域も多い．感覚の欠損は眼瞼反射の消失に繋がる．眼瞼反射は内眼角と外眼角の眼周囲の皮膚に触れることで誘発される．眼瞼反射欠損症例の瞬目運動を観察することで顔面神経麻痺を検出しやすくなる．

眼瞼と結膜の皮膚粘膜移行部にはmargo-intermarginalisやgrey lineと呼ばれる境界部があり，マイボーム腺開口部がみられる（図9.3）．マイボーム腺は皮脂腺に相当する．一つの眼瞼には20〜40の腺があり，眼瞼を反転させたときに眼瞼結膜を通して透けて観察できる（図9.4）．マイボーム腺は眼瞼縁に対して垂直に走行する白色から黄色の円柱状構造であり，産生されたマイバムが分泌され涙液膜の脂質層を形成する．マイバムは体温により液化し瞬目中にマイボーム腺開口部より分泌され涙液膜の最表面を形成する．マイバムは涙液膜の表面張力を下げ，水層を牽引し，涙液膜厚を保つ．また涙液膜の蒸発を防ぎ，眼瞼縁をコーティングし眼瞼縁から涙液が溢れ出ないようにして，涙液膜を安定させる．眼瞼のその他の腺にはツァイス腺とモル腺がある．ツァイス腺は睫毛と繋がる皮脂腺である．モル腺は汗腺に相当する．これらの付属腺の動物における重要性は知られていないが，外麦粒腫などの感染性疾患になることもある．

内眼角には涙丘があり，睫毛が生え伸びることがある．涙液は涙点を経由し鼻涙管へ流れる．犬猫では涙点は上下眼瞼結膜表面にあり，眼瞼縁からおよそ2〜5 mmに位置する（図9.1）．

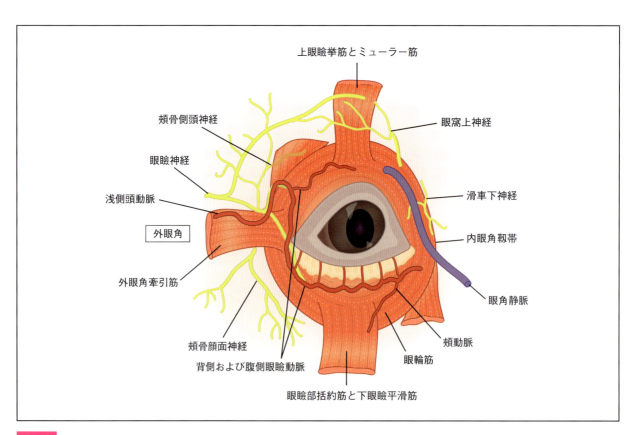

図9.2　犬の眼瞼解剖図

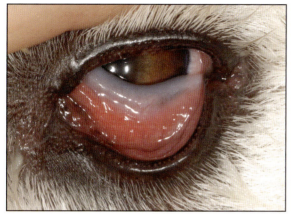

図9.3 2歳齢，サモエド．眼瞼縁の細い凹みにマイボーム腺開口部の配列が観察される．

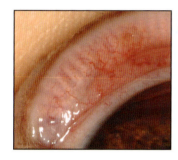

図9.4 5歳齢，シー・ズー．眼瞼縁に対して垂直に伸びるマイボーム腺が眼瞼結膜から透けて観察される．

## 機能

眼瞼は眼表面の健康を維持している．

- 威嚇瞬き反応は眼に対して攻撃を加えようとした結果得られる閉瞼運動である．
- 睫毛と感覚毛は眼球保護効果をもつ．
- 眼瞼は涙液膜へのムチンと脂質の提供に寄与する．ムチンは眼瞼結膜のゴブレット細胞より産生され，脂質はマイボーム腺より分泌される．
- 瞬きには以下の効果がある．
  - 涙液を分散させることで眼表面に栄養と水分を供給する．
  - 涙液から異物を除去する．また涙嚢に圧変化を与え，涙小管へ涙液を引き寄せる効果をもつ．開瞼時には涙液は鼻涙管へ流れるように圧が涙嚢にかかる．
  - 眼表面から生理的に残渣を除去する．

上記のような効果を効率よく獲得するため，眼瞼縁は眼表面をスムースに動く必要がある．多くの犬種や一部の猫種では眼瞼縁の構造は決して最適ではない．眼瞼と眼球の連携が上手くいっていないと眼表面疾患が進行しやすい．

## 疾患の検査

### 眼科検査

眼科検査については第1章を参照していただきたい．ただ眼瞼疾患をもつ箇所においては特に注意が必要である．

- 最初の検査として少し距離をおいて眼瞼を観察し，眼瞼構造の不対称性，不快感の徴候，眼周辺の皮膚病変を評価する．
- 眼脂・流涙の有無，程度を評価する．眼脂・流涙の分布を評価することで眼表面や涙液と接触する睫毛の範囲がわかる（図9.5）．
- 自然で効果的な瞬きをしているかと瞬きの回数を評価する．
- 光源と準備できれば拡大鏡を用いた実践的な眼観察を行う．眼瞼の構造や眼球と眼瞼の位置関係での異常の検出に役立つ（眼瞼内反症の項も参考していただきたい）．
- 眼瞼の対称性，特に眼周辺の皮膚，上下眼瞼縁，（眼瞼を外反させて観察する）眼瞼結膜，マイボーム腺と眼脂の状態を評価する（図9.3）．マイボーム腺は眼瞼結膜を通して観察される（図9.4）．四つすべての涙点が開口し，サイズが評価される．また涙点からの眼脂は涙嚢炎の徴候かもしれない．この場合涙嚢を経皮的に圧迫すると涙点から膿粘性眼脂が排出されることがある．
- 眼瞼内反症の有無を確認する．もしあれば点眼麻酔により痙攣性眼瞼内反症を否定し，皮膚余剰による眼瞼内反症か瘢痕性眼瞼内反症かを評価する．
- 角膜潰瘍などを続発するような眼瞼疾患（異所性睫毛など）が眼瞼周辺に存在していないかを観察する．

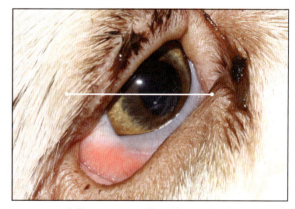

図9.5 2歳齢，スパニエル種．頭部を下方へ傾けた際に角膜や腹側結膜円蓋部に接する上眼瞼の睫毛の範囲が付着した分泌物により特定できたケース．図中の白線は内眼角と外眼角を結ぶ水平線であり，外眼角がずれていることを示す．

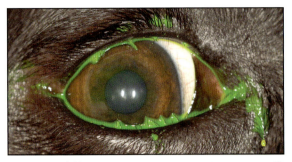

図9.6　1歳齢のスタッフォードシャー・ブル・テリアの睫毛重生．フルオレセイン染色にてより明瞭に観察できる．

- フルオレセイン染色を実施する．この検査は角膜潰瘍，角膜穿孔，鼻涙管開通試験のために行われ，通常検査の最後に実施される．また涙液層破壊時間（TFBUT）の測定により涙液膜質の評価も可能である．これは間接的にマイボーム腺と結膜ゴブレット細胞の分泌機能の評価に繋がる（第10章を参照）．フルオレセイン染色で染められた涙液膜は，染色により容易に特定される角膜表面に触れる被毛や睫毛（図9.6）により，分散されてしまう．染色液は眼瞼結膜から突出する異所性睫毛の周辺に貯留し，異所性睫毛が識別されやすくなる．
- 眼瞼疾患が全身性疾患や皮膚疾患の一部として出現していることもあり全身検査が必須である．

## 臨床検査

臨床検査については第3章に記載されている．眼瞼疾患を診断する特殊な検査を以下に示す．

- 眼周辺皮膚の細菌や真菌コロニーの検出のためのテープを用いた院内での細胞診
- 眼周辺皮膚の潰瘍性病変や異常マイボーム腺からの分泌物での細菌培養と感受性試験のためのスワブ
- 寄生虫感染症の診断のためには眼周辺の皮膚・被毛検査がある．眼瞼の皮膚が擦過傷を避け，体表の他の皮膚と同様に行う．
- マイボーム腺からの分泌物の顕微鏡検査により原因が細菌や寄生虫（特に*Demodex* spp.）として特定されることもある．
- 抜去した被毛は顕微鏡検査や真菌培養に用いることができる．
- 眼瞼腫瘍の細針吸引（FNA）
- 組織生検
  — 眼瞼皮膚のパンチ生検
  — もし眼瞼縁が内方へ巻き込まれていれば，全層楔状切除が必要となる．
  — 眼瞼腫瘍に対するバイオプシー
- バイオプシーを実施したサンプルは病理組織学的検査や免疫組織学的検査に用いられるが，必要に応じてポリメラーゼ連鎖反応（PCR）（猫ヘルペスウイルス1型やリーシュマニア診断のため）や組織培養（マイコバクテリウム疾患診断のため）にも利用可能である．

## 犬の疾患

### 先天性疾患

#### 開瞼の異常

犬と猫では生後10～14日で開瞼する．涙腺組織が未発達の未熟期に開瞼してしまうと，角膜や結膜がより一層乾燥し，角膜炎や角膜潰瘍が悪化しやすい．さらに治療されないでいると角膜穿孔や全眼球炎を招く．頻繁な眼軟膏の点眼や一時的眼瞼縫合による治療が必要となることもある．

対照的に開瞼が遅れること（眼瞼癒着状態）の方が一般的で，上下眼瞼間橋の萎縮不全が原因である．涙液等の液体が眼瞼内に貯留しやすいため，もし感染が起きれば，膿や炎症細胞が貯留する（新生子眼炎）．温罨法や用手により優しく牽引することで開瞼させるのがよい．もしこの方法で24時間以内の開瞼が上手くいかなければ鋏による注意深い上下眼瞼の解離を行う．上下眼瞼で自然に解離している部分か将来的に瞼裂となりそうな内眼角側の場所に鋏を挿入し，角膜を傷つけないように慎重に鋏を進める．眼瞼縁の不可逆的な障害とならないように上下眼瞼融合部には決して鋏を入れない．こうして眼瞼裂を開いた場合は，適した抗生物質眼軟膏治療を開始すべきである．

#### コロボーマ

眼瞼欠損は先天的疾患であり，部分的欠損や眼瞼全体の欠損（眼瞼欠損）がある．犬では，片側あるいは両側の下眼瞼外側にみられやすい．これにより角膜の露出や涙液の蒸発が増加し，涙液の分散が乏しく，眼瞼の毛が角膜に接する睫毛乱生を生じる．欠損の範囲は小さなノッチから完全欠損まで様々である．大きな欠損の場合はより複雑な術式である眼瞼形成術が必要となる．術式は欠損の位置と範囲により決まる（以降の項目を参照）．眼瞼欠損は猫に比べると犬では発生しにくいが，もしみられた場合は，類皮腫のような他の先天性疾患を併せ持つことが多い．

#### 類皮腫

類皮腫とは皮膚を含む異常組織をいう．胎子時期に異所性に増殖した細胞分離や本来は起こらない表皮外胚葉の胎子裂への侵入の結果発生する．類皮腫は角膜

第9章 眼　瞼

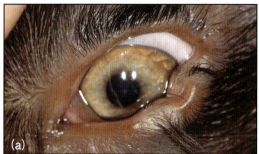
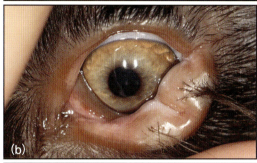
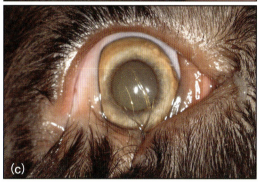

図9.7　5カ月齢，雄，ラブラドール・レトリーバーにみられた両側性の眼瞼類皮腫．(a)左眼(b)類皮腫部の眼瞼外反(c)右眼（S Monclin のご厚意による）

図9.8　クランバー・スパニエルの大眼瞼裂（図9.5と同症例）

図9.9　下眼瞼外反，下眼瞼外側の内反と上眼瞼下垂を伴う1歳齢ナポリタン・マスティフの大眼瞼裂．上眼瞼の睫毛が下側結膜円蓋部に触れている．

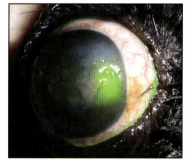

図9.10　9歳齢シー・ズーにみられた大眼瞼裂．角膜炎を続発している．内眼角側の眼瞼内反症と内眼角側には潰瘍性角膜炎を伴う涙丘の睫毛重生がみられる．

輪部，角膜，結膜そして眼瞼（第11章，第12章および第13章を参照）にみられる．類皮腫は分離腫とも言われ，組織学的には本来の場所とは異なる場所にみられる正常組織である．瞬目運動が異常となり，睫毛乱生の結果角膜への刺激や傷を引き起こす（図9.7）．治療は異常組織の除去と眼瞼縁の修復・再形成である．瞼裂長には問題がない事が多く，複雑な術式ではなく単純な切除手術では，閉瞼は十分可能である．

## 大眼瞼裂

大眼瞼裂（幅広い眼瞼裂）は通常両側に発症し，眼瞼が大きく拡大している．セント・バーナード，ナポリタン・マスティフ，クランバー・スパニエル，ブラッドハウンドによくみられ，長い眼瞼と弛緩した外眼角が合わさり眼瞼外反症となり，さらに頻繁に下眼瞼外側の内反症が誘発される（図9.5，9.8および9.9参照）．眼瞼形状から口語的には「ダイヤモンドアイ」と言われる．短頭種では眼窩が浅く眼瞼が緊張しており，その結果角膜炎や眼球突出の傾向が強くなる（図9.10）．外科的な眼瞼短縮術が必要となることがある．適切な外科的手技については眼瞼内反症の章で述べる（以下参照）．

## 小眼瞼裂

異常な小眼瞼裂はシェットランド・シープドッグ，ラフ・コリー，スキッパーキなどにみられる．眼瞼裂に対する外科的治療法はなく，眼瞼と眼球の位置関係をタイトにすることで過剰な涙湖やその結果導かれる流涙症の改善に繋がる．

## 兎眼

兎眼は眼瞼閉鎖不全である．眼球突出，大眼瞼裂を

第9章 眼瞼

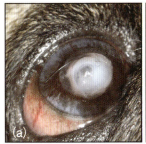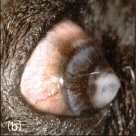

図9.11 5歳齢，パグ，去勢雄．右眼角膜中央に実質に達する角膜潰瘍，兎眼と露出性角膜．(a)正面像(b)側面像

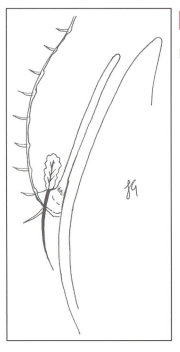

図9.12 異常な睫毛がマイボーム腺内に位置している眼瞼横断図（J Greenのご厚意による）

もつ短頭種（ペキニーズやパグなど）に好発し，閉瞼障害に繋がる顔面神経機能不全の結果生じる．不完全閉瞼は瞬きによる涙液膜の眼表面への拡散を妨げ，角膜の乾燥や角膜血管新生や角膜潰瘍と関連のある角膜の乾燥や露出性角膜炎に繋がる（図9.11）．飼い主は犬の就寝時不完全閉瞼を訴えることが多い．眼軟膏やジェル基剤の人工涙液の投与は角膜疾患の進行を抑えるが，もし角膜の病態が悪化すれば，眼瞼短縮化が必要となる．

## 睫毛疾患

### 睫毛重生

睫毛重生はマイボーム腺から，あるいはマイボーム腺開口部付近から睫毛が生じている状態をいう（図9.6，図9.12〜9.16）．また一つの開口部から複数の睫毛が生えているときにも睫毛重生という．ミニチュア・ロングヘアード・ダックスフンド，アメリカンおよびイングリッシュ・コッカー・スパニエル，フラットコーテッド・レトリーバー，ミニチュア・プードル，シェットランド・シープドッグ，ラフ・コリー，キャバリア・キング・チャールズ・スパニエル，ペキニーズ，ウェルシュ・スプリンガー・スパニエル，ブルドッグ，ボクサー，ワイマラナー，スタッフォードシャー・ブル・テリアが好発犬種として挙げられる．これらの犬種の多くでは明らかな睫毛重生であっても治療が必要ないことが多い．

もし睫毛重生をもつ犬が眼表面の不快感を訴えたら，その原因が睫毛重生と決めつけずしっかりとした眼科検査を実施し，他の要因を除外する必要がある．睫毛重生は若齢犬から発症するため，もし眼疾患を発症した年齢が老齢であった場合や，両眼瞼に同じように睫毛重生がみられる犬で，不快感が片眼であった場合には，睫毛重生はそれほど重要な病態ではなく，他に原因があることが多い．もし眼の不快感の原因として睫毛重生が疑わしい場合は，外科を含む永久脱毛治療に踏み切る前に，単純に重生している睫毛を抜去し

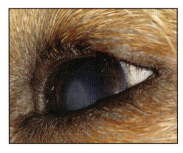

図9.13 11歳齢のジャック・ラッセル・テリアにみられた角膜潰瘍に関与した睫毛重生

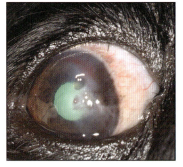

図9.14 5歳齢，パグ，雄．角膜潰瘍を生じた睫毛重生（一つのマイボーム腺から萌出した複数の睫毛）．この犬の角膜疾患の治療方針として，睫毛重生だけではなく大眼瞼裂と下眼瞼内側の内反症に対する治療も組み込む必要がある．

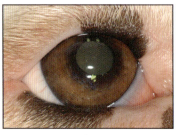

図9.15 10カ月齢，ボクサー，雌．数本に及ぶ睫毛重生．これらは臨床的に重大な疾患を引き起こしそうにはない．

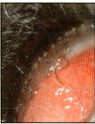
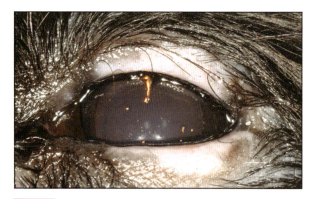

図9.16 8歳齢，トイ・プードル，メス．長くカールした異所性睫毛と睫毛重生に対して実施する冷凍凝固術前に挟瞼器により外反させた眼瞼

図9.17 冷凍凝固術後10日の眼瞼脱色素（図9.16と同じ犬）

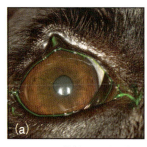
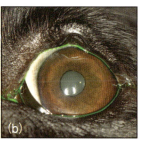

図9.18 4歳齢，ラブラドール・レトリーバー，雌．結膜切除および毛包摘出を実施したものの眼瞼の歪みや睫毛重生の残存がみられる．(a)右眼(b)左眼

てから症状の改善があるかどうかを評価すべきである．永久脱毛治療には以下の手技が挙げられる．

- 眼瞼楔状切除：異常な睫毛が単独の場合に適する．
- 冷凍凝固術：瘢痕が最小限であり，かつ毛包は差動的な温度感受性をもっており，マイボーム腺組織が回復可能な治療法である．冷凍凝固術はターゲットとする異常な睫毛以外の未検出な睫毛に対しても使える利点をもつため，治療時にはまだマイボーム腺から萌出していない異常な睫毛があれば冷凍凝固術は効果をもつ．霰粒腫クランプ（挟瞼器）を用いれば，組織が張ることで術野が安定し，マイボーム腺に対して経眼瞼結膜で直接的に冷凍凝固を実施するための眼瞼外反が可能となる．また眼瞼は血流が豊富であるが挟瞼器により血流をある程度遮断することで，急速フリーズと時間をかけた解凍が可能となり，凍結壊死効果を高める．手術用顕微鏡を用いればより正確な治療が可能となる．冷凍と解凍は通常2サイクル実施される．術後は眼瞼が腫脹するが，鎮痛剤や消炎剤の投与により腫脹は数日以内に軽減する．術後に眼瞼が脱色素する（図9.17）が，一般的に2～6カ月以内には色素が戻ってくる．再発率は20％ほどである．
- 電気分解療法：数多くの睫毛重生に対してあらゆる方法を実施した後にまだ追加必要なときに選択される．治療した部位のマイボーム腺にみられる不可逆的なダメージと同様に，眼瞼には瘢痕とよじれがみられる．この治療法は除去しても繰り返し成長し続ける異常な睫毛に対しても選択される．マイボーム腺を優しく圧迫するとまだ萌出していない睫毛を確認できることがあり，そうすることで負担のかかる追加治療をしなくてすむこともある．
- ナイフによる切開：眼瞼結膜と瞼板を縦切開し，毛包ごと摘出する方法である（Bedford, 1973；Long, 1991）．眼瞼の薄い犬種では，不完全摘出や眼瞼の歪みを招くことがある（図9.18）．初めの状態より悪化することがあり，そうなった際に修正が難しい（Pena and Garcia, 1999）．最終手段としてHotz-Celsus法による眼瞼形成術があり，これにより眼瞼の被毛が角膜に触れないようにする．つまりこの術式では眼瞼と眼表面と重要な関連性が悪化するリスクをもつ．

### 異所性睫毛

異所性睫毛は，マイボーム腺の内側やマイボーム腺導管近くの毛包から睫毛が萌出した睫毛重生の非典型的例といえる．睫毛重生とは異なり，異所性睫毛は眼瞼縁数mmの位置で眼瞼結膜表面から角膜に向かって伸びている（図9.19）．これらは単独発生か小さな群生でみられ，若い犬で多く，通常（必ずしもそうではないが）上眼瞼中央部にみられることが多い（図9.16, 図9.20～9.22）．ケアーン・テリア，ダックスフンド，フラットコーテッド・レトリーバー，イングリッシュ・ブルドッグ，スタッフォードシャー・ブル・テ

第9章 眼瞼

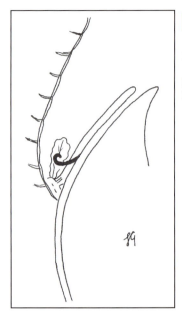

図9.19 マイボーム腺内に発生し,眼瞼結膜を通して角膜表面に触れるように発生している異所性睫毛を含む眼瞼の断面図(J Green のご厚意による)

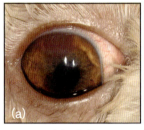 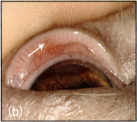

図9.20 (a)5歳齢,シー・ズー,雌.異所性睫毛に関連した表層性角膜血管新生と角膜潰瘍.鼻の皺の睫毛乱生にも着目.(b)上眼瞼結膜中央の,膨隆しわずかに色素沈着した領域に色素のない異所性睫毛が検出された(矢印).

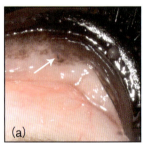 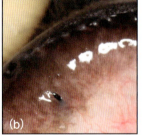

図9.21 (a)2歳齢,パグ.上眼瞼結膜にみられた異所性睫毛(矢印).マイボーム腺開口部は確認できることにも着目.(b)4歳齢,フラットコーテッド・レトリーバー.上眼瞼結膜にみられた異所性睫毛の塊

リア,ラサ・アプソ,マルチーズ,ミニチュア・プードル,ペキニーズ,シェットランド・シープドッグ,シー・ズーなど様々な犬種でみられる.異所性睫毛は睫毛重生とともにみられることが多い.異所性睫毛は挟瞼器を設置し,No.11のメス,トレパン,2 mmのパンチ生検などにより毛包ごと切除する(図9.23).手術をした部位には術後の再発を予防するために冷凍凝固術を併用してもよい.

図9.22 2歳齢,シベリアン・ハスキー.睫毛重生は両側にみられたが,眼不快感と角膜疾患(角膜にみられる反射光の歪みに着目)は右眼のみで,異所性睫毛の可能性が指摘された.(a)右眼(b)左眼.(c)太く短い異所性睫毛(実線)と長く鋭い異所性睫毛(点線)が下眼瞼結膜に確認された.

 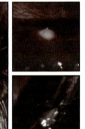

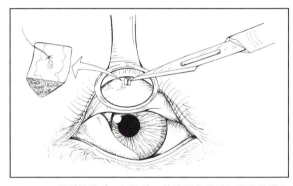

図9.23 異所性睫毛の切除法.挟瞼器を設置し眼瞼結膜を反転させる.パンチ生検やNo.11のメスにより睫毛と毛包を切除する.

### 睫毛乱生

睫毛乱生は睫毛の位置は正常であるが,毛の伸びる方向が異常であり,眼表面への接触や刺激に繋がる.いくつかの要因により発生する.

- 上眼瞼睫毛(図9.24)
- 涙丘の毛(図9.10)
- 鼻の皺と顔面の被毛(図9.25〜9.27)
- チャウ・チャウの上眼瞼内側(図9.28)のように膨らんだ皮膚より飛び出した被毛
- 眼瞼欠損付近の被毛
- 外傷後外科的修正が行われていない歪んだ眼瞼縁
- 下手な外科処置による不整列な眼瞼縁
- 顔面皮膚移植後に眼瞼縁を形成しない術式の眼瞼形成術(bucket handle法,スライディング外眼角形成術,H型眼瞼形成術,スライディング皮弁術)

第 9 章 眼　瞼

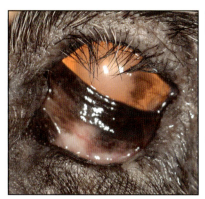

図9.24　13歳齢，イングリッシュ・コッカー・スパニエル，雌，角膜炎に関連した上眼瞼の睫毛乱生（S Monclin のご厚意による）

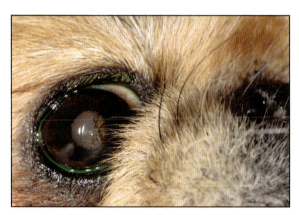

図9.25　9歳齢，ペキニーズ，雄，角膜の瘢痕と色素沈着を引き起こしている内眼角側の鼻皺の睫毛乱生

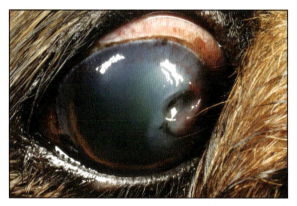

図9.26　8歳齢，ペキニーズにみられた実質深層に達する潰瘍性角膜炎を引き起こしている鼻皺の睫毛乱生（Willow Referral Service のご厚意による）

図9.27　縺れた被毛の角膜への接触に関連したデスメ膜に達するシー・ズーの角膜潰瘍

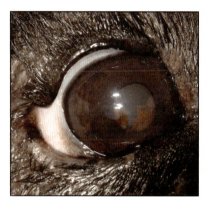

図9.28　過長の下眼瞼，下眼瞼外側の内反症（この症例では用手にて外反させているが，下眼瞼の皮膚に脱色素がみられる箇所が内反している場所），上眼瞼内側の皮膚突出部の睫毛乱生がみられる6歳齢，雄，チャウ・チャウ，睫毛乱生により角膜への刺激による病変がみられているため，外科的な修正が必要となる．

● 眼瞼内反症

治療は不快適さの程度と睫毛乱生による角膜病変の程度による．例えば，シー・ズーは涙丘の毛とともに生涯を過ごすが，決して臨床症状を引き起こす原因とはならないため治療を必要としないことが多い．涙丘の毛と鼻皺の睫毛乱生に対する外科的治療は後の項目にて記述する．

## 眼瞼の異常

### 眼瞼内反症

眼瞼内反症は眼瞼縁のすべてあるいは部分的な内反により起こる．この場合眼瞼の被毛は角膜を直接接触し，角膜への刺激や角膜疾患を引き起こす．眼瞼内反症は次のように分類される．

- 犬種関連性/解剖学的眼瞼内反症
- 痙攣性眼瞼内反症
- 弛緩性/老齢性眼瞼内反症
- 瘢痕性眼瞼内反症

**犬種関連性/解剖学的眼瞼内反症**：解剖学的眼瞼内反症は犬において通常両側性にみられるのが一般的であるが，片眼性でもみられることがある．眼窩の解剖，頭蓋骨の構造，眼瞼長，顔面の皮膚構造における異常の結果として起こる．特にシャー・ペイ，チャウ・チャウなど眼周辺に重々しい皮膚の皺をもつ犬種では開瞼

## 第9章 眼瞼

直後から始まるが，通常は生後4〜12カ月の顔の構造が変化し始める頃に始まる．顔の成長とともに眼瞼内反症が改善することもある．犬種関連性眼瞼内反症は中齢の特に雄で始まる．これは皮下脂肪の増加に関連するようである．ほとんどは上眼瞼に発症する．眼瞼内反症の程度や眼瞼修復術法は犬種や解剖学的構造により様々である（後の項目を参照）．内反症は遺伝的素因が関与しているかもしれないので顔の構造の外科的修正が必要な犬は繁殖には用いない．

**痙攣性眼瞼内反症**：痙攣性眼瞼内反症は，眼瞼痙攣や眼球の痛みにより，結果として眼瞼が内方へ向くことにより生じる続発性眼瞼内反症である．結果的に生じる睫毛乱生がさらに痛みと眼球後引を悪化させる．多くが痙攣の要因をもつ眼瞼内反症である．

**弛緩性/老齢性眼瞼内反症**：弛緩性眼瞼内反症は，イングリッシュ・コッカー・スパニエルのように顔面の皮膚が過剰の犬種で，加齢性に皮膚の弾性と筋量が失われた結果として生じる．前頭部の皮膚が下垂している犬種や上眼瞼の睫毛が長い犬種では，上眼瞼の睫毛が腹側の結膜円蓋部や角膜に直接触れてしまい，結膜炎や角膜炎の原因となる（図9.24）．下眼瞼眼瞼内反症も発症することで病態はさらに悪化する．

**瘢痕性眼瞼内反症**：瘢痕性眼瞼内反症は稀で，外傷や慢性皮膚炎，不適な外科治療の結果生じる眼瞼の歪みが原因となる．

**診断**：眼瞼内反症治療の成功には症例毎の正確な術前評価が欠かせない．眼瞼の構造が原因の内反症は鎮静薬を使わず意識下の状態で診断される．点眼麻酔は痙攣性眼瞼内反症を否定するためと手術等による過矯正を避けるために用いられる．顔面の皮膚が滑ることで眼瞼内反症や眼瞼外反症を悪化させるので，その犬がよく過ごす姿勢や，特に頭を下向きの姿勢にさせるなど，頭の位置をいろいろと変えてみて眼瞼と眼球の接触具合を評価することもまた重要である．

大きな犬であっても診療台に犬を載せることができればほとんどのケースで眼瞼と眼球の評価は可能となる．犬の鼻を掴んで下向きに頭を固定し，検査者はテーブルの下までかがみ犬の顔を見上げるようにする．このとき重要なのは，上記検査時でも頭の位置が地上と水平の状態であっても，皮膚と眼瞼の普段の位置関係がよじれてしまい，間違った評価をしないために，飼い主や動物看護師，アシスタントには動物の頭を掴まないように指示しておかなければならない．

涙や眼表面の眼脂の程度を評価することが病変部位の特定の糸口となる．例えば，外眼角からの流涙は外眼角側での内反症を示し，上眼瞼の睫毛に眼脂が付着している場合は，これら睫毛が断続的に腹側結膜円蓋部に接触していることを示す（図9.5）．断続的な眼瞼内反症の犬では，用手で優しく眼瞼を内転させることで病態を誘発し確認することも可能である．

**治療**：

若齢動物：眼瞼の構造は若齢期間に変化するため，眼瞼内反症では時間とともに改善することもある．つまり5〜12カ月齢までは永久的外科手術による修正は待った方がよい（勿論，進行具合，犬種，内反症の程度による）．一時的な眼瞼内反症の整復が実施されるときは，角膜を擦る眼周辺の毛が痛みの原因となり，眼瞼痙攣，眼球後引，眼瞼内反症の悪化，さらには角膜潰瘍や穿孔を次々と引き起こす場合である．

一時的な眼瞼矯正とは眼瞼内反症となっている眼瞼の領域にランベルトパターンで非吸収糸を用いた眼瞼縫合である．縫合は眼瞼縁に対して垂直に行う．最初の刺入は眼瞼縁から2〜3 mm以内で行うと効果的である（図9.29）．ただシャー・ペイの子犬では多列での縫合が必要となる．縫合前にはあらかじめ皮膚用接着剤を縫合が予測される部位に塗布してから結紮することでより長い期間の矯正を支えることができる．結紮は角膜から離して行う．この方法は，子犬が成熟し永久的外科矯正を実施する前に眼瞼内反症が再発したり，縫合が失敗しても繰り返し実施することができる．

もう一つ子犬に選択される方法が，下眼瞼外側の眼瞼内反症でのみ適応となるが，一時的部分眼瞼縫合である（Lewin, 2000）．これは下眼瞼から上眼瞼に向けて単純マットレス縫合を実施する者である（図9.30）．縫合は下眼瞼の眼瞼縁から刺入し上眼瞼を通過してまた下眼瞼に戻り，下眼瞼が反転しないように優しく結紮する．糸と角膜が接触しないように注意を払う．

成熟動物：成熟動物での眼瞼内反症は外科的整復術が選択される．基本的な治療法は，病変部に相当する範囲の皮膚あるいは皮膚・筋の切除（Hotz-Celsus法）である．指と結膜円蓋部に向けて挿入した角板により切開する眼瞼の皮膚に張りをもたせる．最初の切開は眼瞼縁付近（2 mm離して）を眼瞼縁と平行に行う（図9.31）．切開創は6-0（0.7metric）ポリグラクチンで単純縫合にて閉鎖する．吸収糸での縫合は今は一般的ではないが，糸による眼の不快感が長引く場合や鎮静なしで抜糸を予定する場合には選択される．さらに素材が編み糸での縫合は，非吸収糸に比べると，もし角膜と接触した場合，より柔らかいため障害を起こしにくい．縫合は中央から始める．続く縫合は，傷口が不均等に牽引されないよう残存している創口の中央を二等分するように縫合していく．

第9章 眼　瞼

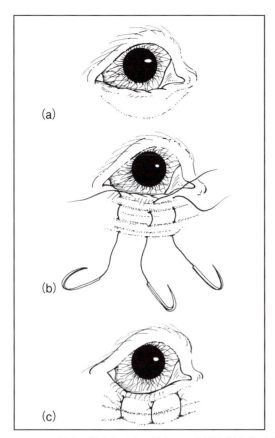

**図9.29** 下眼瞼の眼瞼内反症に対する一時的眼瞼矯正．（a）下眼瞼の眼瞼内反症を示す．（b, c）異常な眼瞼を矯正するためにランベルトパターンによる3-4糸の一時的な矯正縫合のための通糸が眼瞼皮膚に設置されたところ．この方法であれば，必要に応じて上眼瞼での設置や多列の縫合を実施することもできる（例，シャー・ペイの子犬など）．

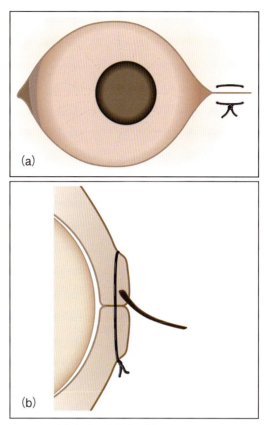

**図9.30** 一時的部分眼瞼縫合．（a）閉鎖する必要がある眼瞼をマットレスあるいは単純縫合にて縫合する．（b）縫合は眼瞼皮膚から刺入し，マイボーム腺開口部を通して針を出し，反対の眼瞼縁から針を刺入し，眼瞼皮膚から針を出して，結紮する．結紮すると上下眼瞼縁同士は密着する．この方法では縫合糸が角膜を刺激することや傷つけることはない．これは眼球突出や角膜露出の管理にも使える方法である．

　眼瞼内反症の解剖学的原因は多岐にわたり，症例に応じた外科的方法が必要となる（表9.1）．外科的矯正は，科学的ではなく，しばしば美容的な結果も求められる．一度の外科治療で眼瞼内反症によるすべての症状が改善しないこともあり，時に一部の眼瞼構造に対して実施した手術が，意図とは裏腹に，同じ眼瞼の別の部位に対して不利に作用してしまうことがある．術式の選択と手術する眼瞼の範囲はある程度経験も必要となる．したがってより複雑な眼瞼構造の異常が認められる症例では眼科専門医に助言を求めたり紹介した方がよい．

8の字縫合：眼瞼の傷口を閉鎖する際には，眼瞼縁を正確に一致させることと縫合の結紮端が角膜に触れないことが重要である．8の字縫合は最適な処置法である．眼瞼縁から少し距離を置いて皮膚に針を刺入し，皮膚内を斜めに進み，傷口の一端から針を出し，傷口のもう一端から針を刺入し，マイボーム腺開口部から針を出す．次に傷口を中央にして同じ距離となるようにマイボーム腺開口部から針を刺入し，同様の経路を経て初めに針を刺入した皮膚の反対側へ針を出す．結

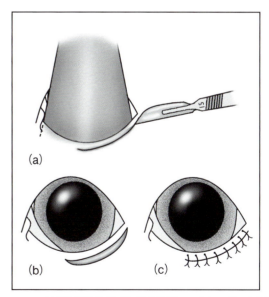

**図9.31** 下眼瞼眼瞼内反症に対するHotz-Celsus法．（a）眼瞼内反症の範囲は意識下・非鎮静下で評価する．結膜円蓋部に角板を挿入し眼瞼を張り，No.15のメスにて皮膚を切開する．最初は眼瞼縁から2 mmはなれた位置で，眼瞼縁と平行に切開する．（b）予定していた範囲の皮膚を切除する．（c）6-0ポリグラクチンで二等分ルールにより単純縫合する．結紮端は眼瞼縁から離れた位置におく．

## 第9章 眼瞼

**表9.1** 犬の眼瞼内反症の原因と治療オプション

| 眼瞼内反症の原因 | 治療 | 好発犬種 |
|---|---|---|
| 眼瞼過長（図9.28, 9.32および9.33参照） | 楔状切除による眼瞼短縮（図9.34）．必要に応じてHotz-Celsus法を実施する（Read and Broun, 2007）（図9.31）．眼瞼短縮と外眼角の矯正が必要ならKühnt-Szymanowski法（Munger and Carter, 1984）（図9.35）を実施する | チャウ・チャウ，ラブラドール・レトリーバー，シャー・ペイ，セター |
| 眼の周辺の皮膚皺（内眼角側や外眼角側に隆起した皮膚襞がみられる場合は眼瞼の解剖学的異常をもつことが多い．図9.28を参照） | 皮膚襞の切除 | チャウ・チャウ，シャー・ペイ |
| 外眼角靱帯の不整な角度の付いた牽引による外眼角の内反（外側下眼瞼±上眼瞼が影響を受ける）（図9.36） | 外眼角靱帯の切除（Robertson and Roberts, 1995ab）．結膜表面を露出するため外眼角を把持・反転させる．外眼角の10〜12 mm外側に位置する外眼角靱帯を触診により確認し，垂直の切開を加える．外眼角靱帯にかかるテンションが開放されるまで，鋏の刃を左右に振るようにして進め，靱帯を切開する．一般的に外眼角靱帯切除と下眼瞼外側の楔状切除を併用するのは，外眼角靱帯の緊張の開放により眼瞼内反症が生じるからである．術前の状況に応じて，下眼瞼外側にはHotz-Celsus法を実施することもある | チャウ・チャウ，ラブラドール・レトリーバー，マスティフ，ロットワイラーなど顔面に過剰の皮膚をもつ広頭種 |
| 短頭種の頭蓋構造に関連<br>・鼻皺とその睫毛乱生（図9.20a, 9.25および9.26）<br>・内眼角側の下眼瞼±上眼瞼の内反症の原因となる過剰の鼻皺の皮膚（図9.14, 9.38〜40）<br>・内眼角涙丘の睫毛乱生（図9.10および9.41）<br>・兎眼と眼球露出（図9.10, 9.11, 9.39および9.40） | ・鼻皺の切除（図9.37）<br>・下±上眼瞼のHotz-Celsus変法（図9.41）<br>・内眼角形成術のひとつとして涙丘切除<br>・永久的眼角形成術（大眼瞼裂の治療）．短頭種では内眼角形成術を実施すべきである（図9.42）．これは，眼瞼裂の短縮と涙丘の毛を切除するだけではなく（図9.43），鼻皺の睫毛乱生の内眼角側の角膜への刺激から保護するためでもある．Hotz-Celsus変法（図9.44）と鼻皺切除術を組み合わせて実施する | ブルドッグ，ペキニーズ，パグ，シー・ズー（猫だとペルシャ） |
| 顔の皮膚が垂れており（図9.45）上眼瞼下垂/睫毛乱生（図9.24）があり，前頭部の皮膚に余剰があり，弛緩性/老齢性の眼瞼内反症をもつ | Stades法（Stades, 1987；StadesとBoevék, 1987）（図9.46および9.47）により上眼瞼から大きく皮膚を切除するか正確な眼瞼手術を併用した冠状皺切除術により顔の皮膚をリフトアップさせる（McCallunm and Welser, 2004）（図9.48）．他に額吊り上げ術（Willis et al., 1999），星状や矢状皺切除術（それぞれStuhr et al., 1997, Bedford, 1998）がある | バセットハウンド，ブラッドハウンド，チャイニーズ・シャー・ペイ，チャウ・チャウ，クランバー・スパニエル，イングリッシュ/アメリカン・コッカー・スパニエル，マスティフ |
| 「ダイヤモンドアイ」の犬種：上下の眼瞼が過長で外眼角靱帯の脆弱を伴う（図9.5, 9.8および9.9）．（内眼角と外眼角は水平方向で同レベル．ダイヤモンドアイでは，外眼角の内反症に繋がる外眼角靱帯の脆弱がある） | 外眼角は温存して，単純楔状切除による上下眼瞼の短縮を外眼角の永久的な牽引術と併用して実施する（Wymanの眼角形成術変法）（図9.50）．より複雑な術式もあるが，外眼角の構造が破綻してしまう（Bigelbach, 1996；Bedford, 1998） | バセットハウンド，ブラッドハウンド，クランバー・スパニエル，グレート・デーン，ナポリタン・マスティフ，ニューファンドランド，セント・バーナード（これらの犬種では皺切除術による顔のリフトアップが必要となることが多い） |

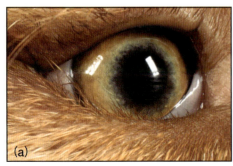 

**図9.32** （a）イタリアン・スピノーネの下眼瞼外側．（b）用手にて外反させると眼瞼過長が明らかとなった．眼瞼への付着物と脱色素が眼瞼縁にみられ，その部位は慢性的に濡れている（Willows Referral Serviceのご厚意による）．

第9章 眼瞼

図9.33　6歳齢，チャウ・チャウ．下眼瞼外側の眼瞼内反症．上眼瞼内側には睫毛乱生が併発している（図9.28と同じ犬）．用手にて眼瞼を外反させることで眼瞼過長が判明した．

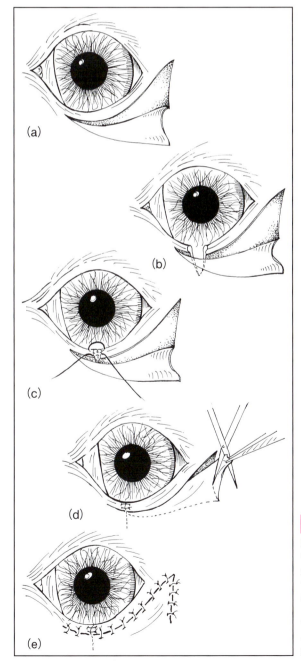

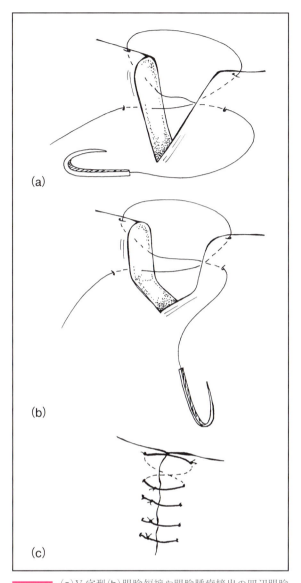

図9.34　(a)V字型(b)眼瞼短縮や眼瞼腫瘤摘出の四辺眼瞼切除．(c)縫合は二層で行い眼瞼縁では8の字縫合を実施する．

図9.35　眼瞼短縮と下眼瞼眼瞼内反症に対するKühnt-Szymanowski法のMungerとCarter's変法(1984)．(a)下眼瞼の外側半分から3/4を眼瞼縁に沿って眼瞼縁と平行に3mm離して，外眼角から1cm先まで切開する．切開の最外側から10～20mm腹側に切開を広げる．皮下組織を鈍性に剥離しフラップを作成する．(b)三角形の楔状切除を眼瞼結膜に加える．三角形底辺の幅は短縮したい長さとする．(c)切開創の上半分の眼瞼結膜を6-0ポリグラチンにて縫合し，結紮端は埋没させる．(d)作成したフラップの外側端を，取り除いた三角形の楔状切除と同じ幅だけ，切除する．(e)皮膚弁を縫合する．その結果眼瞼は短縮され，外眼角は背外側へと牽引される．

第9章　眼瞼

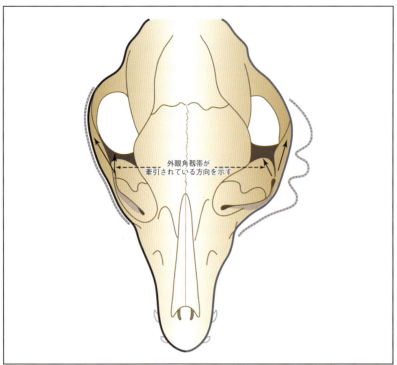

図9.36　外眼角靱帯は，眼瞼交連で眼輪筋繊維が眼瞼帯に結合した脆弱な筋繊維帯である．すぐ側で眼瞼結膜と連続しており外眼角を安定させている．長頭種（図中の左側）では，外眼角靱帯からの牽引を示す線は皮膚に対して平行であるため，正常の閉鎖が可能となる眼瞼と眼球の位置関係を作り出している．広い頭部の骨格と顔面の皮膚に余りがある中頭種（図中の右側）では，外眼角靱帯の牽引方向に角度が付き，外眼角が内反を起こす．それに関連する眼の不快感は眼球後引を引き起こし，さらに眼瞼内反などの問題を悪化させる．

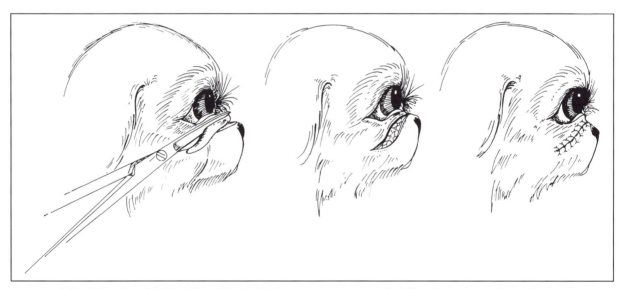

図9.37　鼻皺の切除．顔の毛を剃り切除する場所を確認する．No.15 メスにより切皮後，強固な鋏により皺を切除し，創口を通常通りに閉鎖する．

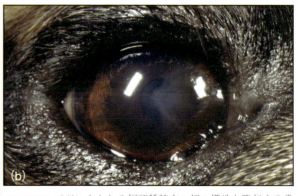

図9.38　パグにみられる短頭種特有の顔の構造と隆起する鼻皺に関連する内眼角側の下眼瞼内反症と角膜病変（Willows Referral Service のご厚意による）

第9章 眼　瞼

図9.39　11カ月齢，パグ，雄．短頭種特有の顔の構造と隆起する鼻鶵に関連する内眼角側上下の眼瞼内反症．角膜には明らかな血管新生と色素沈着が観察される．原因不明の角膜外側での外傷治療の一つとして散瞳している（フルオレセイン染色も実施されている）．

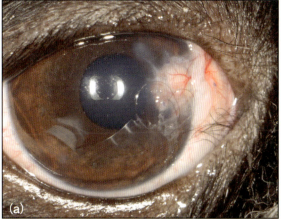

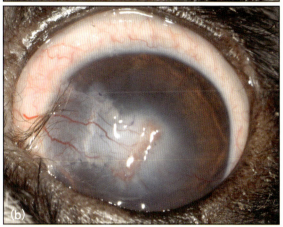

図9.40　鼻鶵による睫毛乱生が明らかなシー・ズー（図9.27）にみられた両眼の涙丘から伸びる毛と下眼瞼内眼角側の眼瞼内反症．本症例は睫毛乱生のため両眼角膜穿孔を発症したため，(a)右眼にはBiosis™と結膜フラップを実施し，(b)左眼には角結膜移動術を実施した．この症例では，角膜潰瘍の原因が眼瞼にあり眼瞼の手術を実施することで角膜疾患の再発と悪化を防ぐことに繋がるという重要性を示している．

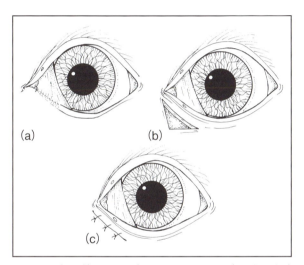

図9.41　短頭種の下眼瞼内側にみられた眼瞼内反症と睫毛乱生に対するHotz-Celsus変法．(a, b)皮膚を三角形（三日月ではなく）に切除して除去する．鼻鶵に過剰の皮膚が存在する以上は眼瞼内反症を再発しやすいが，この切除によりその再発の可能性を減らす．(c)創口は6-0ポリグラチンによる単純縫合にて閉鎖する．

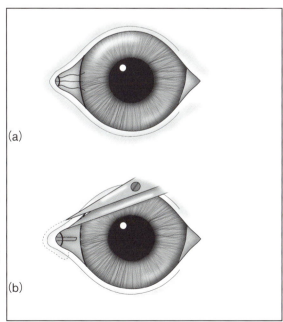

図9.42　短頭種の内眼角眼瞼短縮術．(a)眼瞼短縮が必要な範囲を術前に評価する．除去する内眼角の長さには，温存が理想的である涙点と涙小管の位置によっては制限が出てくる．しかしながら，このような症例は実際にはドライアイや涙液膜質の低下を併発している．内眼角はより堅い瞼板をもつ眼瞼縁のため，術後に修復反応としての眼瞼伸長が起こりにくい．この治療の付加的な利点は内眼角を外側にずらすことで，角膜鼻側に接触する鼻側の毛がなくなり，鼻鶵切除の必要性がなくなる．(b)No.15のメスやBeaver bladeのメスにより皮膚切開をした後，内眼角眼瞼縁を切開し，続く内眼角周辺の切開では涙丘の毛がすべて切除片に含まれることを確認する（つづく）．

第 9 章　眼　瞼

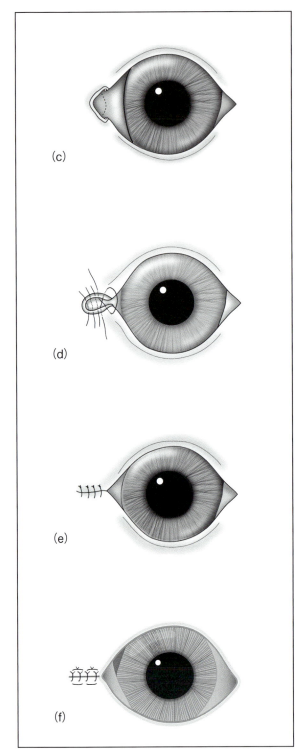

図 9.43　内眼角形成術（と結膜フラップ）を実施した図 9.10（9 歳齢，シー・ズー）症例の術後にみられた所見．眼裂は縮小し，閉瞼裂が改善され（確実な角膜反射と光沢のある角膜により評価される），涙丘の睫毛乱生が除去されている．

図 9.44　内眼角形成術および下眼瞼 Hotz-Celsus 変法を併用した図 9.38 症例の術後．眼瞼裂は縮小し，下眼瞼内側の眼瞼内反症が改善している（Willows Referral Service のご厚意による）．

図 9.42　（つづき）短頭種の内眼角眼瞼短縮術．(c) 組織が切除された状態を示している．(d) 縫合は眼瞼縁を 8 の字縫合とする二層縫合により実施する．結膜での縫合は，縫合糸や結節端が角膜に触れないように結膜内におさまるように連続縫合を実施する．(e) 皮膚は単純縫合により閉鎖される．8 の字縫合に最も近い縫合では，角膜表面と接触させない目的で，8 の字縫合の縫合結紮端を同時に縫合する．(f) 治癒過程において加わる縫合部へのテンションの開放のため，傷口をまたぐように水平マットレス縫合を実施する．すべての縫合は 6-0 ポリグラチンでよい．

図 9.45　5 歳齢，イングリッシュ・コッカー・スパニエル，雌．顔の皮膚が下垂している（Willows Referral Service のご厚意による）．

第9章 眼瞼

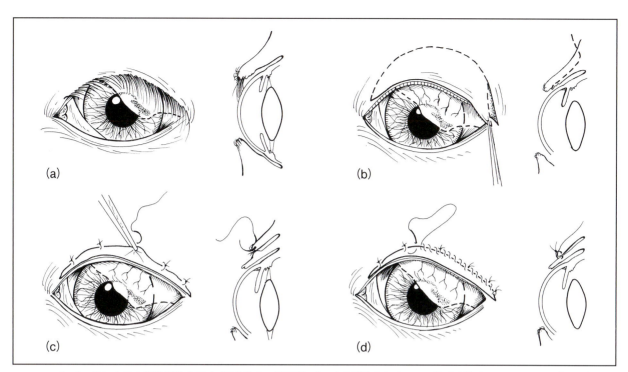

**図9.46** Stades法による上眼瞼眼瞼内反症/睫毛乱生の矯正術．(a, b)上眼瞼からすべての睫毛を除去し，マイボーム腺開口部から1mm背側に最初の皮膚切開を加える．切開幅であるが，内眼角側は3〜4mm手前まで，外眼角は5〜10mm越えるくらいまで広げる．次に最初の切開との最大幅が15〜20mmで，眼窩骨ラインをたどるように弓形の切開を加え，皮膚を切除する．皮膚下に残っている毛包は切除する．(c, d)皮膚切除後は傷中央の瞼板部分で，マイボーム腺の背側終末付近に背側皮膚を単純縫合にて固定する．単純縫合の上からさらに6-0ポリグラチンにて連続縫合を実施する．皮膚切除後の治癒反応により上眼瞼縁は外反し，堅く無毛の傷跡となり眼瞼内反症/睫毛乱生の再発が起こりにくくなる．不完全な毛包切除では術後に発毛がみられるが，皮膚切除により眼瞼の位置が修正されていれば通常問題にはならない．

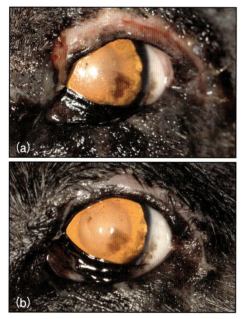

**図9.47** 13歳齢，イングリッシュ・コッカー・スパニエル，雌（図9.24と同じ症例）．(a)Stades法術後の状態．上眼瞼縁は傷の中央に縫合され，傷の半分は治癒過程をたどらせるため縫合されずに傷が露出されたままとなっている．術後の過剰肉芽に気をつけるよう飼い主には提言しておく．(b)術後13日には傷は上皮化し，眼瞼には無毛部分がみられる（S Monclinのご厚意による）．

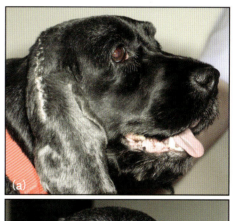

**図9.48** 図9.46の症例に実施した冠状皺切除術後の(a)横顔(b)正面像．眼瞼の手術は必要なかった（Willows Referral Serviceのご厚意による）．

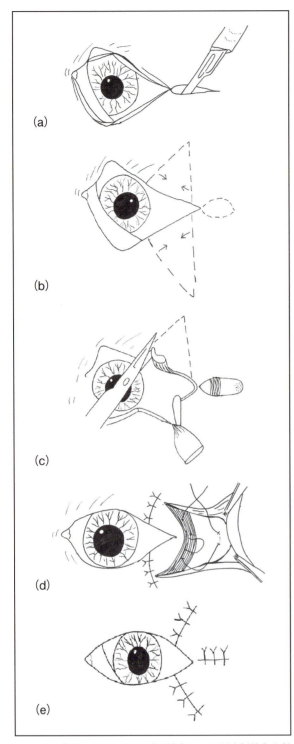

**図9.49** 「ダイヤモンドアイ」の治療として眼瞼短縮術を併用したWyman眼角形成術変法．(a)外眼角から頬骨弓にかけて皮膚を水平に切開する．(b, c)上下に全層楔状切除を実施し，二層縫合にて閉鎖する．なお眼瞼縁は8の字縫合にて閉鎖する．(d, e)頬骨弓の切開から鈍性剥離にて拡大し，外眼角靱帯と頬骨弓を2-0ナイロンにて一糸あるいは二糸永久縫合を実施する．この際十分な大きさの眼瞼裂と本来の形状に近い眼瞼裂が作成されるよう，縫合部位を確認し結紮する．最後に皮膚を常法にて縫合する（J Greenのご厚意による）．

紮した際に眼瞼縁にずれがなく正確に一致し，縫合の結紮端が角膜に触れないことを確認する（図9.34参照）．残りの傷口は，二層縫合にて閉鎖する．まずは眼瞼結膜を閉鎖する縫合糸が結膜を貫通しないことを確認しながら，連続縫合にて閉鎖し，皮膚は単純縫合にて閉鎖する．8の字縫合の隣に皮膚縫合の結紮端と8の字縫合の結紮端を同時に結紮することで，8の字縫合の結紮端が角膜に触れるリスクをより回避することに繋がる．

### 眼瞼外反症

眼瞼外反症は眼瞼が外側へ向かって反りかえる状態をいう．一般的には犬でみられ，通常は眼瞼が過長し，外眼角が弛緩している犬種に起こる．その結果結膜の露出が増し，角膜表面を覆う涙液膜の分散が乏しくなり，下眼瞼結膜円蓋部に汚れが溜まりやすくなる．この病態は結膜炎や粘液産生増加に繋がる．コッカー・スパニエルにみられることが多いが，露出が増えた結膜表面に上眼瞼の睫毛が直接接触することによる弊害も生じてくる．下眼瞼中央の眼瞼外反症は下眼瞼外側の眼瞼内反症や上眼瞼からの睫毛乱生を伴うことが，特に「ダイヤモンドアイ」で多く，さらに角膜への刺激からくる臨床症状も生じる．稀に重度の外傷，傷の後遺症，瘢痕形成に伴って生じることもある．つまり重度の皮膚疾患や火傷あるいは睫毛重生や眼瞼内反症の過矯正などの不適切な手術後に起こる医原性なども原因として挙げられる．

眼瞼外反症の整復は角膜や結膜に病理学的な奇形がみられる際にも適応となる．単純な眼瞼外反症は眼瞼の長さを短縮するための楔状切除により矯正される．この際に上眼瞼の短縮と下眼瞼眼角形成術を併用することもある（図9.49参照）．もう一つの眼瞼短縮術は，眼瞼短縮および外眼角のサポートを目的とするKühun-Szymanowski変法であるが，眼瞼を正確に縦切開するための十分な外科的技量が必要となる．瘢痕性眼瞼外反症はV-Y形成術にて治療する（図9.50）．

### 眼瞼の炎症性疾患

眼瞼の炎症（眼瞼炎）は局所的であり，眼瞼内に一箇所かそれ以上の肉芽組織が感染に関連して，あるいは皮膚疾患や全身性疾患のひとつとして存在する．眼瞼炎や眼周辺に皮膚炎がみられる際には皮膚科学的検査も受けるべきであり，併発する皮膚疾患の分布を把握することが診断の補助に繋がる．

### 霰粒腫

霰粒腫はマイボーム腺内に大きさ2～5 mmに腫脹して存在し，堅くクリーミーで境界明瞭である．マイ

第9章 眼　瞼

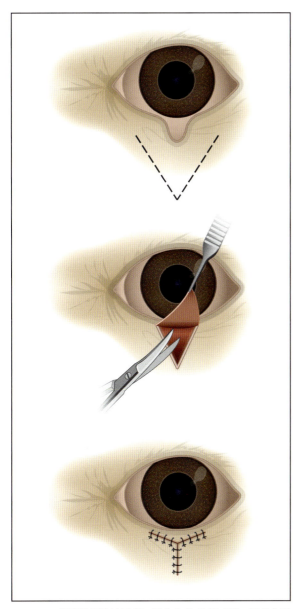

図9.50　瘢痕性眼瞼外反症に対するV-Y形成術．異常な眼瞼部分の皮膚において眼瞼縁から1〜2 mmの位置を起始部とした切開を開始する．A-V型の皮膚弁となるよう皮下組織を分離し，瘢痕組織を切除する．眼瞼の外反を修正するようにV字型のフラップを持ち上げY字型となるように6-0ポリグラチンで単純縫合にて傷口を閉鎖する．

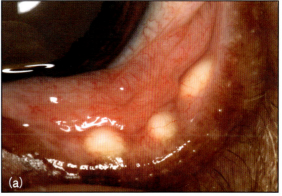
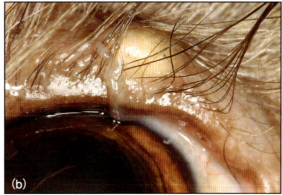

図9.51　(a)眼瞼結膜を通して複数の霰粒腫が観察できる．(b)上眼瞼皮膚を通して単独の霰粒腫が観察できる．

### 麦粒腫

麦粒腫は眼瞼縁にある一つあるいはそれ以上の腺の局所的な感染（通常は*Staphylococcus* spp.）である．外麦粒腫はモル腺あるいはツァイス腺（図9.52）の感染である．内麦粒腫はマイボーム腺の感染である．麦粒腫は通常発赤し痛みを伴う（図9.53）．麦粒腫の管理は膿瘍の排膿であるが，膿瘍が限局するまで待つ必要がある．温罨法により限局しやすくなる．麦粒腫は，周辺組織に感染が拡散するので，感染部位が限局する前の早いタイミングで，かつ手探りで穿刺排膿をすべきではない．広域スペクトラムの抗生物質を局所的・全身的に14〜21日は投与すべきである．

### マイボーム腺炎

複数のマイボーム腺が同時に炎症を起こし，全身性皮膚疾患の一つとして発症する．マイボーム腺炎は通常*Staphylococcus* spp.のような化膿性菌の感染を原因とする．病態発生はこれら菌の内毒素による感染性と免疫介在性反応が関連しているとされる（Pena and Leiva, 2008）．急性マイボーム腺炎症例では，マイボーム腺開口部のわずかな閉塞を伴う眼瞼の腫脹と疼痛がみられる（図9.54）．眼瞼縁を優しく圧迫すると色あせたマイバムが捻出される．マイボーム腺の炎症は涙液膜の脂質層の欠損となるため涙液膜の蒸発に繋がり，さらにTFBUTが減少し，涙液膜の浸透圧が増加

ボーム腺管閉塞と分泌物の凝固により発生する．眼瞼結膜を通して観察でき，時に眼瞼の皮膚から透けて見えることもある（図9.51）．霰粒腫は一般的に痛みがないが，腺の自壊がなくてもその内容が周辺の眼瞼に拡散し肉芽腫性炎症反応を引き起こす．マイボーム腺炎，外科的侵襲，腫瘍，特にマイボーム腺腫によりマイボーム腺閉塞を発症する．霰粒腫は眼球に摩擦刺激を生じるくらいしか問題とならないため，偶発的に見つかることが多い．結膜表面を通して観察される霰粒腫への治療は通常全身麻酔が必要となる．霰粒腫が腺腫を続発している場合は，腺腫と霰粒腫の両方を外科的に切除すべきである．

第9章 眼　瞼

図9.52　3歳齢，ジャーマン・ショートヘアード・ポインター，雌．上眼瞼外側の外麦粒腫

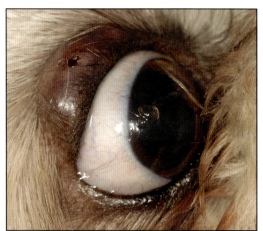

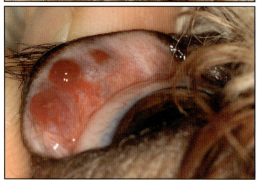

図9.53　6歳齢，シー・ズー，雌．眼瞼皮膚表面と眼瞼結膜表面の両方で自壊した麦粒腫が関連した肉芽腫性炎

する．炎症性疾患の結果として生じる脂質異常は角膜に対しても有害である．

　治療は温罨法と局所・全身性の抗生物質の投与である．培養と感受性試験を実施しないのであれば，抗生物質の選択は膿皮症の際に選択されるクラブラン酸アモキシシリンやセファロスポリンとなる．治療は長引くことがある．テトラサイクリンは抗菌作用と免疫調整作用をもつため効果的である．局所あるいは全身のコルチコステロイドは免疫調整作用を期待したいときや肉芽腫性炎症を発症している症例では抗生物質と併用することで使用可能となる．

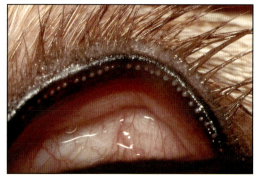

図9.54　マイボーム腺炎の犬にみられるマイボーム腺開口部の突出部（Willows Referral Service のご厚意による）

### 細菌性眼瞼炎

　眼周辺皮膚への細菌感染の続発は，アトピー，寄生虫性疾患，真菌感染，眼瞼内反症のような慢性眼瞼疾患に対する自傷に伴って発症する．眼周辺皮膚の細菌感染症は，特に長毛種における耳下腺管移植術後に悪化しやすい．これは唾液が眼から流出することで眼周辺の皮膚が持続的にべたつくため発症する．また結膜円蓋部での細菌叢は耳下腺管移植後に大きく変わり，細菌数も増加する．管理は，トリミングにより顔の毛を短く保つ，食後口の周りのタオルドライ，顔を拭く際に丁寧に行う，殺菌するなどの衛生面にも注意を払う．

　特発性皮膚粘膜化膿性炎は原因不明の細菌皮膚感染症である（図9.55）．皮膚粘膜移行部（通常は眼瞼や口）で発症し，細菌性，全身性に自己免疫疾患の様なびらん病変がみられる．ジャーマン・シェパード・ドッグには発症傾向がみられる．皮膚粘膜移行部の化膿性炎症は抗生物質の局所と全身投与によく反応する．

　細菌性眼瞼炎は，眼瞼表面の炎症に拡散する．初期には眼瞼皮膚と眼瞼炎の潰瘍を伴う充血，眼瞼腫脹，痂皮形成がみられ（図9.56），時間の経過とともに脱毛と線維症を発症する．慢性の眼瞼周囲の皮膚炎に関連した瘢痕や線維症は瘢痕性眼瞼内反症や眼瞼外反症の原因となる．眼瞼深層にまで達する細菌感染症では化膿性肉芽腫性炎として診断される（図9.57）．

### 寄生虫感染性眼瞼炎

　若齢犬の顔，特に眼瞼は毛包虫が感染しやすい部位である．臨床症状は局所的よりは全身的にみられることが多い．痒みはなく通常紅斑がみられ，面皰を伴う脱毛と毛包の腫脹もみられる（図9.58）．続発する感染症では瘙痒や痂皮形成がみられる．眼周辺にコルチコステロイド投与の可能性がある犬の眼瞼周囲の皮膚には毛包虫やツメダニの感染がみられることもある．ヒゼンダニ（*Sarcoptes scabiei*）感染症では激しい瘙痒とともに丘疹，痂皮形成，鱗屑を生じる．ヒゼンダニは一般的な寄生虫である．稀ではあるが，秋ダニ

**図9.55** 皮膚粘膜移行部での化膿性炎症

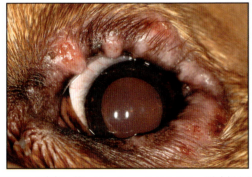

**図9.56** 4歳齢，雄，コッカー・スパニエル．眼瞼縁と眼瞼周辺の皮膚に広がる潰瘍を伴う腫脹．両側に発症し病変は眼瞼に限局している．眼瞼炎は全身性抗生物質単独で治癒した．

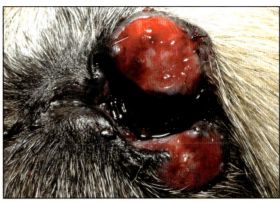

**図9.57** 5歳齢，ジャーマン・シェパード・ドッグ，雌．肉芽腫性眼瞼炎．バイオプシーにより診断が確定し，全身的なコルチコステロイドと抗生物質の投与により完治した（Willows Referral Service のご厚意による）．

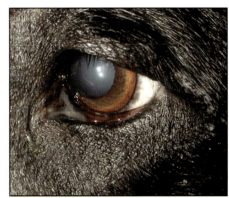

**図9.58** 毛包虫が感染した犬の眼瞼周囲の脱毛（Dr S Shaw のご厚意による）

（*Neotrombicula autumnalis*）感染症は眼周辺の症状に繋がる（夏や秋口のみ）．マダニやミミヒゼンダニ（*Otodectes cyanotis*）の感染症発症は眼周辺皮膚では稀である．犬疥癬症では鏡検，皮膚スクラッチ，血清学的検査により診断する．

### リーシュマニア感染症

全身的なリーシュマニア感染症は慢性経過するとともに致死的な疾患でもあり，インドや北米や南米と同様に地中海周辺国では風土病でもある．旅行先で現地の犬との接触があったことがわかっている犬も含めてすべての旅行した犬でみられているわけではないが，Pet Travel Schem（PETS）によると，英国では1000以上の報告がある．リーシュマニア感染症の臨床症状は様々であるが，眼瞼周囲にはよくみられる（Pena *et al*., 2000）．症状としては，脱毛，紅斑や潰瘍を伴う肥厚などがみられる．また局所的に結節性肉芽腫を伴うこともある．診断はリンパ節，骨髄，皮膚生検による無鞭毛虫体の検出かPCRである．このうち骨髄穿刺とリンパ節のFNAでの検出率が高い．

### 真菌性眼瞼炎

皮膚糸状菌症は顔，特に眼瞼背側領域で症状を示すことが一般的である．*Microsporum canis* や *Trichophyton mentagrophytes* による感染症が多い．*Microsporum* 感染症ではウッド灯での検出，また *Microsporum* を含む他の真菌症では抜いた毛の鏡検や真菌培養でも診断可能である．マラセチア感染症（*Malassezia pachydermatis*）は顔面の瘙痒と紅斑の原因となり，特にアトピー性皮膚炎などの皮膚疾患の多くのケースで二次感染を起こしている．この真菌感染症は流涙症や顔面に大きな皺をもつ犬種では一般的である．予防的にクロルヘキシジンやホウ酸水などで拭き取ることが効果的である．マラセチア感染症は突然発症する重度の顔面瘙痒性疾患でもある．全身的な真菌感染症（*Cryptococcus, Histoplasma, Blastomyces, Coccidioides*）は現在英国では発症が稀な疾患である．診断は細

## 第9章 眼瞼

胞診や組織学的検査による病原体の検出である．

### アレルギー，アトピー，過敏症

アトピー性皮膚炎，咬傷，薬剤反応により生じる肥満細胞の脱顆粒のため急性眼瞼炎を発症する．

**アトピー**：アトピーでは，眼瞼痙攣や，マイボーム腺炎を伴うこともあるが，眼瞼周囲皮膚の紅斑と脱毛が特徴である（図9.59）．アトピーは強い犬種特異性をもつ遺伝性疾患であり，若齢動物で明白に症状として出てくる．病歴，全身検査，皮内アレルギーテストにより診断する．治療はアトピー性皮膚炎の治療に準ずるが，アレルギー物質への感作を避ける，アレルゲン特異的免疫療法（ASIT：allergen-specific immunotherapy），臨床症状に合わせた薬理学的な調節なども挙げられる．

**食物過敏症**：犬の食物過敏症は季節非依存性瘙痒性皮膚疾患として眼瞼にもみられることがある．特徴的な皮膚症状はなく，瘙痒，斑，嚢胞，膨疹，紅斑，擦過，苔癬化，脱毛，痂皮，びらんなど様々である．診断は他の原因の除外，除去食試験，アレルギー誘発試験に基づく．治療はアレルギーの特定と除去であり，これらが実現するまではアレルギー症状の緩和である．

**接触性過敏症**：特定の局所眼科治療薬により眼瞼炎が

図9.59 眼瞼周囲皮膚にみられたアトピー性皮膚炎（Dr S Shawのご厚意による）

悪化する場合をいう．ゲンタマイシン，ネオマイシンを含む合剤，シクロスポリン，炭酸脱水酵素阻害剤（ドルゾラミドとブリンゾラミド）の関連が一般的である．ブリンゾラミドの液性はpH 7.5であり，ドルゾラミド（pH 5.6）より生理学的であるため，過敏症になりにくいが，両方とも眼瞼炎や角膜炎の原因となり，休薬すれば改善する．

### 免疫介在性眼瞼結膜炎

眼瞼は，血管，リンパ管，免疫細胞が豊富な免疫が活性しやすい部位である．免疫介在性眼瞼結膜炎は単独に，あるいは全身性疾患に関連して発症し，原発性自己免疫疾患として発症することもあれば，外的要因（感染や薬剤など）により二次的に発症することもある（表9.2）．

**表9.2** 犬の眼瞼にみられる免疫介在性疾患（つづく）

| 臨床症状 | 診断 | 治療 | 好発犬種 |
|---|---|---|---|
| **内眼角皮膚潰瘍性眼瞼炎** | | | |
| 内眼角側上下眼瞼皮膚にみられる糜爛 | 臨床症状とリンパ球や形質細胞の浸潤が明らかな皮膚生検 | 抗生物質とコルチコステロイドの点眼．他にタクロリムス点眼やシクロスポリンの点眼や全身投与もまた効果的 | ジャーマン・シェパード（慢性表在性角膜炎やパンヌス，形質細胞腫を発症している症例に多い）（図9.60），ロングヘアード・ダックスフンド（点状角膜炎を併発していることもある），ミニチュア・プードル，トイ・プードル |
| **ぶどう膜皮膚症候群（フォークト-小柳-原田氏様症候群）** | | | |
| 眼瞼が原発で，口唇，鼻梁の皮膚粘膜移行部にみられる皮膚疾患．被毛と皮膚の脱色素化（白毛と白斑），潰瘍，痂皮形成がみられる（図9.61）．汎ぶどう膜炎（前部ぶどう膜炎と脈絡網膜炎）が先行し，網膜剥離や続発緑内障に陥ることも多い | シグナルメントと臨床症状．臨床症状はメラノサイトに対する自己免疫疾患の結果みられる．両眼性の重度炎症性疾患と皮膚疾患を併発すれば診断に繋がる（眼疾患が皮膚疾患に先行する）．皮膚生検では，組織球，リンパ球，形質細胞，多核巨細胞の浸潤を伴う苔癬化様皮膚疾患が明らかとなる | 免疫抑制治療．アザチオプリンに免疫抑制量のプレドニゾロンを併用し，さらにぶどう膜炎や緑内障に対する適した点眼を使用する．長期的予後は非常に悪く両眼緑内障や失明に至ることが多い．プレドニゾロンと全身性のシクロスポリン治療は効果的だが通常発症のみられる大型犬種にはコストがかさむ．ケトコナゾールによりシクロスポリンの投与量を減らすことができる | チャウ・チャウ，秋田，サモエド，シベリアン・ハスキーなど多くの犬種に報告がある．成犬にみられる |

表9.2 (つづき)犬の眼瞼にみられる免疫介在性疾患

| 臨床症状 | 診断 | 治療 | 好発犬種 |
|---|---|---|---|
| **天疱瘡** | | | |
| 落葉状天疱瘡と紅斑性天疱瘡(一般的):病変は顔と耳に出現し、初期は斑の囊胞への進行から始まり、囊胞が自壊し、びらんと潰瘍、痂皮形成となり、脱色素症(図9.62)になる。様々な程度の搔痒がある<br>尋常性天疱瘡(稀):眼瞼皮膚内の小胞や水疱形成(尋常性天疱瘡でみられる囊胞というよりは) | 皮膚生検の組織学的所見、免疫染色が参考になる | 長期的なコルチコステロイドの点眼と全身投与、再発症例ではアザチオプリンやその他の免疫抑制剤を併用する。もし慢性眼瞼疾患のため瘢痕性眼瞼内反症となれば眼瞼手術が必要となる | |
| **犬紅斑性狼瘡(円盤状と全身性)** | | | |
| 痂皮、脱色素、糜爛と潰瘍などの顔面皮膚疾患。鼻梁、マズル、眼瞼と口唇周辺に多い。通常両側性で全身性。SLEを伴う場合は他の部位でも臨床症状がみられる | 皮膚生検±全身性エリテマトーデス(SLE)診断のための他の検査 | 免疫抑制剤点眼(初期)。再発性症例にはプレドニゾロンの免疫抑制量が選択される。光過敏性が発病に関与しているため日光への暴露を避ける | |
| **若年性蜂窩織炎(子犬致死性)** | | | |
| 下顎リンパ節腫脹を伴う両側の肉芽腫性囊胞性眼瞼炎。8カ月齢以下の子犬にみられるが老齢犬にも発症がある。口唇、マズルそして鼻梁の腫脹がみられる(図9.63)。細菌毒素に対する過敏症をもつ犬に起こりやすい | 臨床症状 | 永久的な瘢痕を避けるためにも、発病から積極的な免疫抑制量のプレドニゾロンによる全身投与が必要となる。治療は漸減していく。もし細胞診や臨床的に二次的な感染症が認められた場合のみ全身的な抗生物質の投与を行う | ダックスフンド、ゴールデン・レトリーバー、ゴードン・セター、ラブラドール・レトリーバー、ラサ・アプソ |

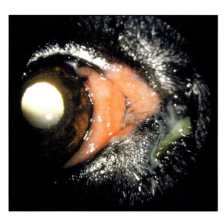

図9.60 ジャーマン・シェパード・ドッグにみられた内眼角眼瞼皮膚のびらんと第三眼瞼の形質細胞浸潤

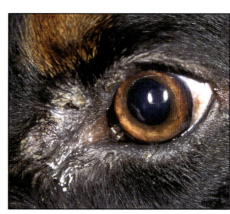

図9.62 落葉状天疱瘡(Dr S Shawのご厚意による)

図9.61 ぶどう膜皮膚症候群の秋田にみられた眼周辺皮膚とマズルと鼻梁の白毛と白斑(Willows Referral Serviceのご厚意による)

図9.63 若年性蜂窩織炎(Dr S Shawのご厚意による)

第9章 眼　瞼

図9.64　シベリアン・ハスキーにみられた亜鉛反応性皮膚症

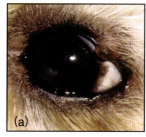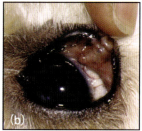

図9.65　(a)上眼瞼マイボーム腺腫．(b)眼瞼を外反させることで腫瘍切除範囲が明らかとなる(S Crispinのご厚意による)．

### 亜鉛反応性皮膚症

亜鉛欠乏のため眼周辺の脱毛，痂皮，紅斑がみられる(図9.64)．シベリアン・ハスキー，アラスカン・マラミュートそしてサモエドのような北部の犬種には，亜鉛の利用と吸収が不安定なため，発症しやすい．亜鉛反応性皮膚炎は食事中に亜鉛が減少した場合の多くの大型犬種に起こりやすい．皮膚生検と亜鉛添加治療への反応により診断する．

### 眼瞼腫瘍

眼瞼腫瘍は一般的に老齢犬にみられるが，犬眼瞼腫瘍のほとんど(約75％)が良性である．よくみられるのが，マイボーム腺腫，乳頭腫，良性黒色腫，マイボーム腺癌，肥満細胞腫を伴う組織球腫，基底細胞肉腫，扁平上皮癌，血管周皮腫や線維肉腫を含む様々な軟部組織肉腫もまた報告されている(Krehbiel and Langham, 1975；Roberts *et al*., 1986)．眼瞼腫瘍発症の平均年齢は8歳齢であるが，乳頭腫と組織球腫は決まって若齢で発症する．これらの腫瘍は腫瘍動態が全く異なる結膜腫瘍とは区別されなければならない．

### 腺腫と腺癌

マイボーム腺腫は眼瞼腫瘍の約40％を占める．マイボーム腺腫は通常，分葉構造，色素沈着，そして脆いため時に自壊・出血する．この腫瘍は眼瞼縁から突出していることで最初は気づかれる．腫瘍組織は通常マイボーム腺管を塞ぎ，霰粒腫が出現してくる．そしてもし腫瘍の膨張により眼瞼組織周辺に霰粒腫の内容が拡散すると肉芽腫性反応が起こる．切除した腫瘍の組織学的検査の結果，有糸分裂が多く腺癌と診断されることが時折あるが，この場所での腺癌の挙動は良性と考えてよい．もし重大な肉芽腫性炎症が疑わしい場合は切除手術の前に短期間の全身的な消炎剤と抗生物質による治療が必要とされる．眼瞼腫瘍を完全に切除するための治療計画を立てるために眼瞼縁をしっかりと外反させてマイボーム腺の状態を評価すべきである(図9.65)．この腫瘍は全層四辺楔状切除により完全に切除される．もし腫瘍が大きい場合は減容積と冷凍凝固術の併用を検討してもよい．炭酸ガスレーザーによる照射も選択肢に挙げられ，全身麻酔が困難な老齢動物では局所麻酔でも実施が可能である．

### 乳頭腫

若齢動物ではウイルス性乳頭腫がよくみられ，口腔内など一般的な乳頭腫症との関連がある．乳頭腫は，表層性で有茎状そしてイボ状構造である．老齢動物では孤立性眼瞼疾患として発生することもある．もし急速に拡大し角膜を刺激するのであれば切除されるべきである．治療は切除，冷凍凝固術あるいはこれら併用により実施されるが，若齢動物では自然に退化していくことがある．

### 黒色腫

犬眼瞼黒色腫は表層性で，眼瞼皮膚や眼瞼縁を巻き込み発生する．この黒色腫の場合，単発あるいは多発の色素を帯びた腫瘤として拡大してくる．眼瞼黒色腫は口腔内やその他の部位に発生する黒色腫に比べると良性の挙動を示す．外科的切除により治癒するが，冷凍凝固術による治療も選択される．

### 組織球腫

組織球腫は若齢動物に原発性に，急速に発生してくる腫瘍である．病変部は隆起し，ピンク色，脱毛がみられ，通常は1cm以下の潰瘍を併発している(図9.66a)．FNAにて診断される．組織球腫は自然に退縮する(図9.66b)が，6週間から10カ月を要する(多発性や老齢動物では)．皮膚組織球腫は外科的な切除や冷凍凝固術により治療する．特に3カ月以内に自然消失しない腫瘤に関しては外科的な切除が推奨される．外科治療の術式選択は眼瞼の位置と腫瘤の大きさにより決定する．

第9章 眼瞼

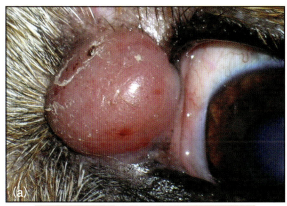

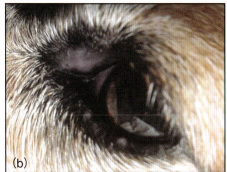

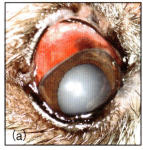

図9.67 両側の眼瞼縁にみられた潰瘍(a)右眼と(b)左眼で上皮親和性リンパ腫であった．腫瘍随伴症候群を示す右眼の結膜下出血に着目していただきたい．

図9.66 (a)10歳齢，ジャック・ラッセル・テリア，雄．FNAにて組織球腫と診断された．(b)病変部は自然に退縮した．

### 上皮親和性リンパ腫

上皮親和性リンパ腫は全身性疾患の一部として眼瞼にみられ，眼瞼の脱色素と潰瘍を特徴とする(図9.67)．

### 眼瞼腫瘍の治療

局所の犬眼瞼腫瘍の治療は外科的切除，冷凍凝固術あるいはこれらの併用である．腫瘍外科学的な基本理念はしっかりと観察することである(隣接する正常組織への最小限完全切除とするためにも)．外科治療が可能であれば，術式は大きさ，性質，位置により決定していく．前述のように，上眼瞼は下眼瞼に比べると角膜を大きく覆うため，上眼瞼はできるだけ正確に外科的修復することが重要となる．

上眼瞼：小さな腫瘤(上眼瞼長の1/3まで)であれば，眼瞼縁8の字縫合による修復とともに全層楔状切除術により切除する(図9.34参照)．上眼瞼長の1/3以上の切除が必要な腫瘤に対しては，眼科専門医の助言や眼科専門医への紹介が推奨される．切除する場合は，腫瘤に隣接する一つ以上のマイボーム腺開口部を含むように，あるいは腫瘤両サイド1 mmを確保して切除する．一般的に切除後の傷は可能な限りシンプルに閉鎖すべきである．切除後に複雑な閉鎖法が必要な場合は一般診療での対応は難しい．もし大きな腫瘤を切除

した場合は，切除した眼瞼の長さを補うため，縫合とスライディング外眼角形成術を併用することも可能である(図9.68)．新たに補われた眼瞼縁は被毛をもち，結果として外眼角側が睫毛乱生になることも多い．もし(下眼瞼腫瘍切除後等)下眼瞼長の延長が必要ならば，スライディングする外眼角形成術の外眼角切開と皮膚の三角形切開は上眼瞼のときとは逆方向(上方)に行う．

他の術式として，H型眼瞼形成術，Z型眼瞼形成術(Gelatt, 1994)，菱形フラップ術(Blanchard and Keller, 1976)と半円スライディング皮膚フラップ(Pellicane et al., 1994)が挙げられる．これらは部分的な厚みのあるグラフトを作成する術式で，対側の眼瞼や第三眼瞼からの回転式，口腔粘膜や結膜などを利用する．また再手術を計画する必要がなく一度の麻酔により終えられることも利点となる．欠点は特に上眼瞼で実施されたときにみられる睫毛乱生である．もし結膜や皮膚の張力を気にして不十分な処置となったり，再建した眼瞼に強度がなければ，拘縮や瘢痕がみられる．

スプリット眼瞼フラップ(Lewin, 2003)は眼瞼正常部にスムースに連続する眼瞼縁が形成でき，眼瞼長の50%までの欠損に対する修復が可能である．切開はマイボーム腺開口部レベルを眼瞼炎に沿って行い，切開の長さは，正常部異常部境界域から傷と同じ長さ分だけ切開する．切開の奥行きはマイボーム腺を越え瞼板に達するまで行う．この切開では初めはシャープに，次に鈍性剥離にて，すべての傷を塞ぐことができる動きのある皮膚フラップを作成する．この皮膚フラップは瞼板を含む眼瞼皮膚であり，移植される部位には眼瞼結膜が残っている状態にする．皮膚フラップは鱗屑の皮膚より回転させ傷を覆うように設置し縫合により固定する．この術式は睫毛乱生は回避でき，また一段階手術(一度の麻酔ですむ)ではあるが，正常マイボーム腺数が大きく減少する．

上眼瞼の大きな傷に対する修復として非常に高い技術を要するのがMustardé法(Munger and Gourley, 1981；Esson, 2001)である．この術式の利点は，スムー

183

第9章　眼　瞼

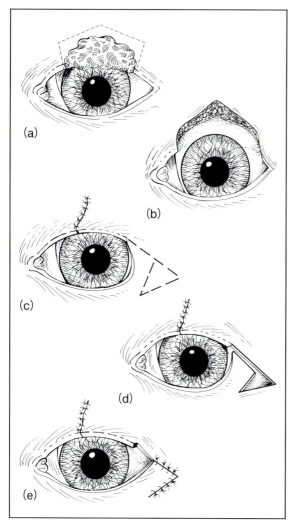

図9.68　スライディング外眼角形成術．(a, b)眼瞼長の1/3以上の切除が必要な大きな腫瘍を切除する．(c, d)外眼角を拡張させるため眼瞼に連続するように外眼角から切開を加える（この症例では上眼瞼に実施している）．この切開は眼瞼の全層切開であり，眼瞼に隣接する皮膚へ連続して行う．内側にスライドした上眼瞼の長さを延長させるために外眼角からの切開の終末に三角形の切開を加える．(e)外眼角と三角形に切開した皮膚は外眼角側から縫合を進める．もし（下眼瞼腫瘍切除後等）下眼瞼長の延長が必要ならば，スライディングする外眼角形成術の外眼角切開と皮膚の三角形切開は上眼瞼のときとは逆方向（上方）に行う．

修正する複雑な下眼瞼再構築手術も回避できる術式である（図9.69）．

**下眼瞼**：楔状切除術，スライディング外眼角形成術と楔状切除術の併用，菱形移植片フラップ，H型眼瞼形成術，Z型眼瞼形成術が下眼瞼の傷の閉鎖のために選択される（上記したように同様の合併症を伴う）．ただ下眼瞼は上眼瞼に比べると可動域が小さいため術後睫毛乱生や角膜炎を発症しにくい．下眼瞼の大きな傷に対する修復として，被毛がなくスムースな眼瞼縁の形成として，口唇からの皮膚粘膜皮下叢フラップが最良である（Pavletic et al., 1982）（図9.70）．

**浸潤性腫瘍**：眼瞼腫瘍の大半は良性が一般的だが，局所浸潤が強く，マージン確保のため大きな切除が必要な場合がある．腫瘍の摘出に加えて眼球摘出術あるいは眼窩内容摘出術を併用し閉鎖する．また側頭骨耳部を回転軸の中心とし頸部側方の皮膚を尾側方向から眼瞼へ横断フラップとして用いる（Stiles et al., 2003）術式等では手術計画が重要になる．表層性側頭動脈の皮膚の分枝を含む横断皮膚フラップは内眼角に浸潤する肥満細胞腫を摘出する際に用いられる．内眼角側の上下眼瞼の半分は切除されるが，眼瞼結膜表面が切除された後に眼球結膜と第三眼瞼の自由縁をかわりに用い，さらに皮膚フラップを併せて用いることで欠損部の修復が可能となる（Jacob et al., 2008）．これには複雑な外科的手技を必要とするため，眼科専門医のアドバイスや紹介が必要となる．

## 眼瞼の外傷

眼瞼の外傷の原因として多いのはけんか傷（図9.71）と交通事故である．外傷症例では，頭部や眼球および眼窩への損傷を除外するために全身検査と眼科検査を行う．外傷後の眼瞼形成手術は動物の状態ができる限り安定しているときに実施する．生理食塩水により洗浄し，傷口と結膜円蓋部を希釈したポビドン・ヨードにより消毒する（第6章を参照）が，決してごしごしとは擦らない．眼瞼は血流が豊富であり，感染を起こしている皮膚であっても，しっかりと治癒する．虚血は稀なので最初の閉鎖は最小限のデブライドメントで実施されるべきである．通常の皮膚の傷に対する治療のように，十分な鎮痛薬の投与に加え適した全身的な抗生物質と抗炎症剤が選択される．もし涙器にまで傷が達する場合は，開通性を維持するために眼瞼手術の前に涙点と涙小管をカニュレーションしておき，術後7〜10日間は留置を縫合しておくべきである．外傷後のすべての眼瞼手術の目標は，眼瞼縁と眼球と眼瞼の位置関係を正確に温存することである（これまで

スな眼瞼縁の作成を可能にすることであるが，二段階手術のため二回の全身麻酔が必要となる．術式は，第一段階で上眼瞼に有茎弁にて下眼瞼の一部を移植する．第二段階では，有茎弁を切断し上眼瞼を再構築すると同時にH型眼瞼形成術やlip-to-lipフラップにより下眼瞼も修復する．この術式は「有茎弁による上下眼瞼のシェア」ということになる．50〜60％長の上眼瞼の欠損に対して25〜33％長の下眼瞼を移植する．上下をつなぐ有茎弁が組み込まれた術式であるため，それを切断する第二段階が必要となるが，上下直接の縫合により上下眼瞼は同時に修復されていき，さらに上下とも66〜75％の眼瞼は温存され，術後の睫毛乱生を

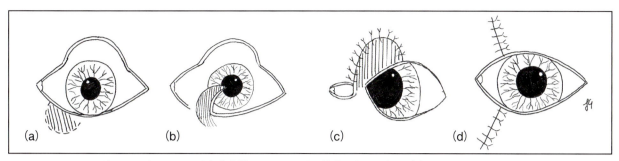

**図9.69** Mustardé法．下眼瞼からの眼瞼有茎移植による上眼瞼の修復を行う二段階手術である．この術式には，H型眼瞼形成術やlip-to-lipグラフトを用いた下眼瞼の傷を修復する方法等，様々なバリエーションがある．ただ，切除後にも十分な眼瞼の長さを温存されるように，対側眼にできた傷の大きさよりも小さい長さの有茎状の眼瞼を移植する方法が最も単純である．この術式では，結果的に上下眼瞼ともにわずかに短くなるが，睫毛乱生のためのH型眼瞼形成術やその他の複雑な眼瞼形成術の必要性がなくなる．(a)皮膚フラップと下眼瞼の切除，その一端を有茎にしておく．(b)上眼瞼の欠損部に皮膚フラップが移植される．(c)フラップを縫合し，上眼瞼を閉鎖する．(d)傷が治癒したら有茎部を切除し，眼瞼縁には小さな楔状切除術が施される(J Greenのご厚意による)．

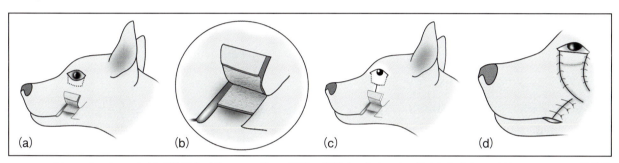

**図9.70** Lip-to-lipグラフト(皮膚粘膜皮下叢フラップ)．下眼瞼に置換するために上口唇から作成された回転グラフト．口腔粘膜の一部が下眼瞼結膜に置換されるフラップとなり，口腔の皮膚粘膜移行部を眼瞼縁に似せて形成する．(a)下眼瞼大きな欠損部を示す．切開は口唇の全層切除から開始する．(b)口唇フラップは眼瞼を形成するために十分な厚さのものとする．眼瞼の欠損部に回転しても届く十分な長さで，また皮膚と皮下織叢をより深い位置で分離したフラップ作成のための切開を続ける．口唇フラップの背側皮膚にはその後回転しても十分下眼瞼に届く長さの剥離をしておく．(c, d)口唇フラップの口腔粘膜部を結膜円蓋部に縫合する．口唇フラップの皮膚部を眼瞼欠損部の辺縁と欠損した眼瞼腹側に分離された皮膚切開に合うように縫合する．口腔粘膜と口唇皮膚を閉鎖する．

に記載した術式を選択する)．もし眼瞼腫脹により正確な瞬目ができないのであれば，一時的部分的眼瞼縫合(図9.30参照)や眼軟膏の投与が続発する露出性角膜炎の防止に繋がる．

### 眼瞼に影響を及ぼす神経学的疾患

　神経学的疾患では眼瞼の位置や機能に異常がみられることがある．顔面神経麻痺では眼輪筋の神経支配異常から，閉瞼異常がみられ，眼瞼裂が大きくなる．慢性経過では，眼輪筋の線維性牽引が起こり，時に眼瞼痙攣と混同される眼瞼裂の縮小がみられる．

　眼瞼下垂(上眼瞼の下垂)は動眼神経(第ⅢCN)支配異常による上眼瞼挙筋の神経支配異常によりみられる．動眼神経(第ⅢCN)支配を受けている外眼筋の神経支配異常も関連してみられる(外眼筋麻痺)．瞳孔を支配する動眼神経線維での異常も併発している場合は，散瞳もみられ，これを全眼筋麻痺という．ホルネル症候群は上眼瞼と下眼瞼の平滑筋の神経支配異常により発症する．この際には上眼瞼の眼瞼下垂と，眼瞼痙攣との鑑別が必要となる小眼瞼裂を併発する．眼瞼に影響を及ぼす神経学的疾患は第19章により詳細が記載されている．

## 猫の疾患

### 先天性疾患

#### 開瞼異常

　眼瞼は通常生後10～14日ほどで開いてくる．開瞼の遅れ(眼瞼癒着)がペルシャで報告されている．もし開瞼前に猫ヘルペスウイルスに感染すれば，結膜と角膜上皮は壊死を起こし，結膜円蓋部に多量の炎症産物の集積をきたす好中球応答を続発し，上下眼瞼が融合しまた全体的に膨張する(図9.72)．これは猫ヘルペスウイルス感染に続く二次感染により続発している．時折内眼角側から眼滲出物が排出される．治療は上下眼瞼融合部に沿って眼瞼を開くことである(犬の項目でも述べたように)．感染が原因の疾患には以下のような病態が挙げられる．

第9章 眼　瞼

図9.71　(a)犬同士のけんかによる眼瞼の裂傷．(b)第一次修復と一時的眼瞼縫合．(c)経過は良好な眼瞼の再構築を実施したが，乾性角結膜炎を発症した(R Grundonのご厚意による)．

図9.72　新生子眼炎(Willows Referral Service のご厚意による)

● 眼瞼癒着
● 角膜潰瘍および角膜穿孔
● 眼内炎および全眼球炎

**コロボーマ**

　コロボーマ(眼瞼欠損)は猫で最も多い先天性眼瞼疾患である．ドメスティックショートヘアー，ペルシャ，バーミーズにおいて報告があるが，あらゆる種に散発的にみられる．病態は，眼瞼炎の一部に小さな切れ込みしかみられない状態から2/3以上の上眼瞼と眼瞼結膜の完全な欠損まで様々である．病態は通常両側で，上眼瞼の外眼角側で最もよくみられる(図9.73)が，内眼角側の眼瞼欠損の報告もある．不完全閉瞼により角膜露出や被毛による乱生が起こる．眼瞼欠損は単独で起こるが，多発性眼奇形の一つとして起こることもある．多発性眼奇形には虹彩，毛様体そして視神経の欠損，瞳孔膜遺残，毛様体低形成，小眼球症，涙腺の欠損，白内障が含まれる．発症している子猫は，通常閉鎖している眼瞼裂が部分的あるいはすべてが開いた状態で産まれることが多い．

　治療は欠損の程度による．軽症例では眼軟膏のみでよい．もし眼瞼が角膜を保護する十分な機能をもち合わせていれば，角膜に向かって伸びる被毛の冷凍凝固術のみ実施でよい．もし眼瞼の機能不全，睫毛乱生による角膜露出や角膜刺激が起きていれば，外科的治療が必要となる．欠損範囲が小さい症例では，単純な楔状切除の後に閉鎖する．大きな欠損症例では，下眼瞼の皮膚-眼輪筋層と第三眼瞼の結膜部を使った外科的修復(Dziezyc and Millichamp, 1989)が必要となる．この治療は難しく，時に複数の術式が必要となるため，眼科専門医のアドバイスや紹介が必要となる．時に移植片の短縮が起こり移植片皮膚の被毛による角膜刺激や冷凍凝固術などさらなる治療が必要となることがある．Mustardé変法は，既報(Munger and Gourley, 1981；Esson, 2001)に因んで睫毛乱生を避けながら上眼瞼の再構築のために下眼瞼全層を用いる．下眼瞼の欠損を修復するためにはH型眼瞼形成術やlip-to-lip法が選択される．lip-to-lip変法は口唇の皮膚粘膜移行部を切除し，上眼瞼・外眼角に移植する術式であり(Whittaker et al., 2010)，睫毛乱生の回避，良好な外観，機能の温存を一度の手術により可能にする．

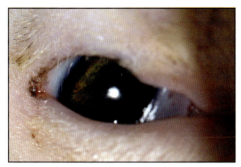

図9.73　猫上眼瞼外側の眼瞼欠損．外科手術の術前のため被毛がカットされている（R Grundon のご厚意による）．

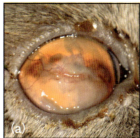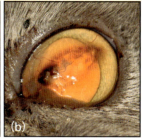

図9.74　(a)右眼(b)左眼．5歳齢，雌，ペルシャ．角膜黒色壊死症を伴った兎眼と露出性角膜炎．右眼角膜には実質に達する角膜潰瘍がみられる．眼瞼裂に一致する角膜病変の分布は露出性角膜炎，顔面神経麻痺による角膜炎，角膜知覚の欠損による角膜炎の関連を示唆する．

## 類皮腫

類皮腫は胎子眼球が発達する間に起こる組織の分化異常である．外眼角輪部付近の結膜と角膜が最も典型的な発生場所であるが，眼瞼縁に沿って，あるいは外眼角眼瞼結膜内に起こることもある．猫では稀であるが，バーマンに家族性の発症があり，バーミーズなど眼瞼欠損の遺伝的発症傾向をもつ猫にもみられることがある．治療は角膜表面に接触し刺激を与えている類皮腫からの発毛部位が対象となる．正確な眼瞼修復と類皮腫の外科的切除により通常は治癒する．

## 兎眼

猫の兎眼は犬の兎眼と同様の原因により発症する．大眼瞼裂のペルシャに最もよくみられる．露出性角膜炎は角膜黒色壊死症を誘発する可能性がある（図9.74）．

## 睫毛疾患

睫毛重生，異所性睫毛ともに猫では稀である．これらの異常が起きたときは流涙や時に角膜潰瘍，角膜黒色壊死症がみられる（図9.75）．バーミーズとシャムは発症の傾向をもつが，報告は少ない．診断には拡大鏡が必要である．治療は犬の治療と同様で，睫毛重生に対する電気分解，外科的切除，冷凍凝固術，冷凍凝固術と外科切除の併用が有効である．これら疾患は稀であるが，猫潰瘍性角膜炎では猫ヘルペスウイルス1型感染症を疑った検査や治療を実施する前に常に除外しておく必要はある．

## 眼瞼構造異常

### 眼瞼内反症

猫の眼瞼内反症は犬に比べると少ない．通常は初めに起きた疼痛性疾患に対する治療が上手くいっていない痙攣性眼瞼内反症であり，慢性疼痛性眼疾患に続発

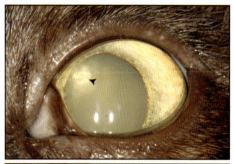
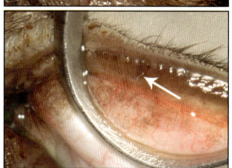

図9.75　3歳，バーミーズ，雌．異所性睫毛（白矢印）に続発した角膜内眼角背側にみられた角膜潰瘍（黒矢印）．

した後天性疾患が多い．老齢猫で体重減少などにより眼窩内容量が減少した場合の眼球陥凹に続発する眼瞼内反症がみられることがある．特にメインクーンなどの顔の皮膚が過剰な猫では下眼瞼縁が内反する．原発性眼瞼内反症は猫では稀であるが，ペルシャだけは唯一発症傾向があると報告された．治療は必要に応じて眼瞼短縮術を併用した Hotz-Celsus 法による外科整復である．猫で Hotz-Celsus 法を実施する場合，犬の場合と比べて，手術による皮膚の切除範囲をより広くすることが一般的である．

### 眼瞼外反症

眼瞼外反症は犬での発症よりもさらに発症が稀であるが，眼瞼周辺の外傷による瘢痕の結果みられることがある（膿瘍や火傷など）．外科的治療は，外反の位置と程度によって，楔状切除術，V-Y 眼瞼形成術，伸長

## 第 9 章 眼　瞼

眼瞼フラップを選択する.

## 眼瞼の炎症

### 細菌感染性眼瞼炎

　局所の膿瘍は猫同士のけんかによる外傷の結果みられる. 二次性細菌(あるいは真菌)感染症は, アレルギー性皮膚疾患や特発性顔面皮膚炎(特にペルシャ猫)に由来する自傷行為の合併症として発症する. マイコバクテリア感染症は稀であるが, 眼瞼やその他の部位において難治性の皮膚結節からの排膿などを症状とする疾患である. 診断は組織学的検査による好酸菌の確認と組織培養により確定される. サンプルはいつでも培養に利用できるように凍らせておくとよいが, 培養検査で診断が可能な症例は約50%である. マイコプラズマの感染症はその種によって全身性疾患となることやズーノーシスとなることがある(第20章を参照).

### 寄生虫感染性眼瞼炎

　毛包虫症は猫では稀である. *Demodex cati* は毛包に寄生するが臨床的に健康な猫での正常細菌叢のひとつとしてみられる. 一般的に眼瞼, 眼周辺, 頭部そして頸部に寄生している. 様々な瘙痒, 斑な紅斑, 痂皮, 脱毛がみられる. 糖尿病, 猫白血病, 紅斑性狼瘡, 副腎皮質機能亢進症, 猫免疫不全ウイルス症に関連してシャムやバーミーズではよくみられる. *Demodex gatoi* の感染も報告されている. これらは皮膚表層のケラチン層に初期寄生する. 毛包虫症の猫は *D. gatoi* 感染症を続発すると典型的な瘙痒がみられるが, アレルギーや心因性皮膚疾患を発症している猫の瘙痒とは臨床的に区別不可能である. *D. gatoi* による皮膚炎は基礎疾患との関連はないが, ダニは伝搬されやすく, 他の猫へ伝染する可能性がある. ネコショウヒゼンダニによる猫疥癬症もまた稀である. 瘙痒は, 軽症から重症まで様々である. 寄生虫性眼瞼炎の診断は深層に達する皮膚スクラッチの顕微鏡検査が必要になる.

### 真菌性眼瞼炎

　猫眼瞼に感染する皮膚糸状菌症は *Microsporum canis* の感染が最も多いとされている. 若齢猫(1歳未満)と長毛のペルシャとヒマラヤンは皮膚糸状菌症を発症しやすい. 症状は不規則に拡散する1箇所以上の脱毛である. 病変は頭部, 四肢末端にみられる. ウッド灯により黄緑色に光る菌体の検出, 抜去した被毛の顕微鏡検査, 真菌培養により診断される. 今現在英国において全身性真菌感染症(*Cryptococcus, Histoplasma, Blastomyces, Coccidioides*)は稀である. これらは, 細胞診や組織検査での菌体の検出により診断される.

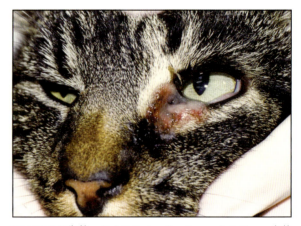

**図9.76** 2歳齢, ドメスティック・ショートヘアー, 去勢雄. ポックスウイルス感染症が原因の内眼角潰瘍性病変(P Sands のご厚意による)

### ウイルス性疾患

　猫ポックスウイルス感染症では眼瞼周囲皮膚の小結節, 丘疹, 痂皮形成, 潰瘍性プラークがみられる(図9.76). 発熱, 結膜炎と呼吸器疾患のような全身性症状がみられる. 血清学的検査, 痂皮からのウイルス培養, オルソポックスDNAの検出, 皮膚生検による組織学的検査により診断される. 特別な治療はなく, 免疫不全状態になければ, 最終的にはほとんどの動物が回復する. 顔面および鼻部の皮膚炎は, ヘルペスウイルス感染症の典型的な症状が約10日以上長引いている場合にみられる. ヘルペスウイルス性皮膚炎は組織学的検査や皮膚生検のPCR検査により診断される. ヘルペスウイルス性皮膚炎の治療は全身的な抗ウイルス薬の投与である(第11章を参照).

### 脂質肉芽腫性結膜炎

　脂質肉芽腫性結膜炎では, 多発性, 表面がスムース, 非潰瘍性, 結膜下のクリーム色から白色結節が, 眼瞼結膜と隣接する眼瞼縁でみられる病態である(図9.77). これは, マイボーム腺の排出障害や穿孔による脂質性分泌物の漏出や形成された霰粒腫に対する反応であると考えられる. 高齢猫(6~16歳)の疾患であり, 白猫やほぼ白色の猫の色素の乏しい眼瞼縁にみられることが多く, 発病には紫外線照射が関連している(Read and Lucas, 2001). 結節の大きさは様々で直径1 mmから重複した塊として直径5 mmまで様々である. 時に眼瞼の皮膚を通して透けて見えることがある(図9.78). 上下どちらの眼瞼にもみられ, また片側性・両側性のいずれもある. 腫瘍は偶発的所見であるが, 慢性的な不快感の原因ともなる.

　治療は臨床症状の有無による. 全身性と局所の抗生物質による治療は減じていくが眼の不快感は取り除かれないこともある. そのような場合, 病変部の外科的切除が検討される. 眼瞼結膜に2箇所切開を加える,

第9章　眼　瞼

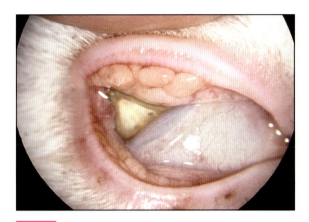

図9.77　脂質肉芽腫性結膜炎（A Read のご厚意による）

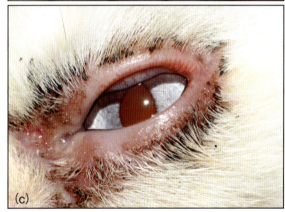

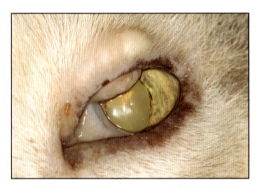

図9.78　老齢猫の両側にみられた脂質肉芽腫性結膜炎の所見．クリーム状のマイボーム腺分泌物の凝集塊が上眼瞼皮膚を通して観察できる．隣接する結膜は浮腫を呈し，脂質の小塊を含んでいるように見受けられる．

図9.79　2歳齢，ペルシャ，雌．特発性顔面皮膚炎．(a)フルオレセイン染色液の流れが重度流涙を示しており，顔面の皺が潰瘍の原因となっていることも示唆される．(b)Hotz-Celsus 変法による内眼角側の皮膚切除により内反症は改善し，涙湖が形成され流涙も減少した．また鼻皺皮膚の切除を併用したため，部分的に皮膚炎も改善された．(c)ただ眼瞼周辺には，特徴的な黒い蝋状物の沈着，滲出物，皮膚潰瘍が存続した．

一つは眼瞼縁に平行に，もう一つは病変部端とし，病変と同じ深さで切開する．睫毛重生を除去する際の結膜切除に準じた方法により病変部を含む結膜と結膜下組織を切除する(Long, 1991)．結膜の切開創は特別何もしなくても治癒する．術後は抗生物質の局所投与を行う．

## 免疫介在性眼瞼疾患

猫で最も多い免疫介在性眼瞼疾患は落葉状天疱瘡である．急速に膿胞に進行する紅斑性病巣が初期の所見として観察され，乾燥した茶色い痂皮になる．頭部や耳に始まり肉球へと波及し，6カ月以内に全身性となる．

## 特発性顔面皮膚炎

若齢のペルシャにみられる（図9.79）．病変は顎，口周辺，眼周辺の被毛と皮膚に付着する黒く蝋状の物質が全身へ拡散することを特徴とする．紅斑と滲出物が顔の皺と耳介前部にみられ，耳垢を伴う耳炎を続発する．発病初期に瘙痒はみられないが，炎症が進行し細菌やマラセチア菌が二次的に感染すると瘙痒がみられるようになる．原因不明であり，治療法は確立していない．抗菌治療では治癒せずステロイド治療の効果は様々であるが効かないことが多い．

## 眼瞼腫瘍

猫の眼瞼腫瘍は良性よりも悪性が多い(McLaughlin et al., 1993)．猫眼瞼腫瘍は一般的に10歳以上で発症する．

## 扁平上皮癌

扁平上皮癌は猫眼瞼腫瘍で最も多い（図9.80および9.81）．眼瞼縁か眼瞼縁周辺に境界不明瞭なわずかな

第9章 眼瞼

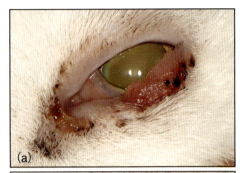

図9.80　(a)10歳齢，白色のドメスティック・ショートヘアー，去勢雄．下眼瞼外側に発生した扁平上皮癌．(b)外科的減容積と冷凍凝固術後3カ月

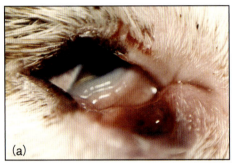

図9.81　(a)8歳齢，ドメスティック・ショートヘアー，去勢雄．下眼瞼中央の色素のない部分に発生した扁平上皮癌．(b)初めは冷凍凝固術を実施したが，残った眼瞼に対しては外科的に再構築が必要となり，lip-to-lip法が実施された．

隆起か圧平された潰瘍病変としてみられる．日光への暴露が促進要素であり白猫に発症傾向がある．遠隔転移は病期後半まで起こらないが，局所浸潤が強く，最終的に周辺のリンパ節転移がみられる．治療は外科的切除，冷凍凝固術，放射線治療(Hardman and Stanley, 2001)，光線力学的治療(Stell et al., 2001)が挙げられる．

### 肥満細胞腫

猫の皮膚に発生する肥満細胞腫は通常老猫にみられ，頭部と頸部に発症することが多い．頭部では側頭部や眼周辺と眼瞼が多い．猫の皮膚肥満細胞腫は，組織学的に多形性であっても良性の経過をたどる傾向にある．外科切除後の局所再発は，切除が不十分であっても稀(5％未満)である(Newkirk and Tohrbach, 2009；Montgomery et al., 2010)．ストロンチウム-90の照射では再発率(約3％)が低いため外科切除が不完全な場合は併用治療が検討される．

### 末梢神経鞘腫

これは末梢神経，脳神経，自律神経の神経鞘由来の紡錘形細胞の腫瘍である．神経腫，神経線維腫と呼ばれることもある．上眼瞼に発症することがあり，外科切除後の局所再発が強い．末梢神経鞘腫6症例の報告によると，外科切除後にすべての症例で局所再発し，平均して3回(2～6)の追加手術が必要であった(Hoffman et al., 2005)．よって発症初期の段階から眼球摘出術や眼窩内容摘出術を併用した大きな範囲での切除を検討する必要がある．

### 血管肉腫と血管腫

猫眼瞼由来の血管肉腫は組織学的には悪性であるが，完全切除後の予後はそれほど悪くはない．ほとんどが無色素性腫瘍であり，紫外線照射との関連が示唆されている．

### 腺癌

猫眼瞼に発症した腺癌は侵襲性の強い腫瘍であり不完全切除では死亡や安楽死を余儀なくされることが多い．

### リンパ腫

眼瞼のリンパ腫は一般的ではないが予後は悪い．

### アポクリン汗腺腫

眼瞼にあるアポクリン汗腺(モル腺)の腺腫様の増殖性腫瘍である．多発性，境界明瞭，腫脹性，可動性，スムースな腫瘤で，直径が2～10mmあり，上下眼瞼の皮膚に局在する(図9.82)．老齢猫にみられ，ペルシャに発症傾向がある(Cantaloube et al., 2004)．経過観察，内容排出のみ，内容排出と冷凍凝固術の併用による治療 Sivagurunathan et al., 2010)あるいは外科的切除により治療する．内容の排出，外科的切除のいずれも再発率は高い．ヒトでは近年組織デブライドメントと化学的照射治療が選択されている治療法である．

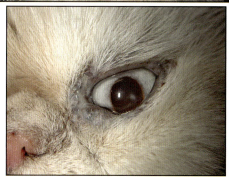

**図9.82** ペルシャにみられたアポクリン汗腺腫

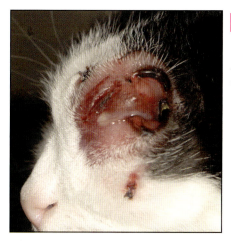

**図9.83** ドメスティック・ショートヘアーにみられた線維肉腫

囊胞の除去と周辺組織のデブライドメントの後に20％トリクロル酢酸が用いられる．この20％トリクロル酢酸は切除後病変部の縫合前に約5～10秒間浸漬させる（Yang et al., 2007）．

### その他の腫瘍

猫でみられる眼瞼腫瘍は，他に腺腫，基底細胞肉腫，線維肉腫（図9.83），毛包上皮腫が挙げられる．

### 治療

犬同様に眼瞼周囲の腫瘍に対しては，腫瘍の大きさ・性質・位置によっての外科的治療が選択される．犬のパートですでに述べている，スプリット眼瞼フラップ，第三眼瞼の眼球結膜に用いたlip-to-lipフラップ法（Hagard, 2005；Schmidt et al., 2005；Hunt, 2006）などの術式が猫でも選択される．

## 謝辞

病変写真を提供してくれた仲間と皮膚科学的知見を提供して下さったDr Stephen Shawに感謝申し上げる．

## 参考文献

Bedford PG (1973) Distichiasis and its treatment by the method of partial tarsal plate excision. *Journal of Small Animal Practice* **14**(1), 1–5

Bedford PGC (1990) Surgical correction of facial droop in the English Cocker Spaniel. *Journal of Small Animal Practice* **31**(5), 255–258

Bedford PGC (1998) Technique of lateral canthoplasty for the correction of macropalpebral fissure in the dog. *Journal of Small Animal Practice* **39**(3), 117–120

Bigelbach A (1996) A combined tarsorrhaphy–canthoplasty technique for repair of entropion and ectropion. *Veterinary and Comparative Ophthalmology* **6**(4), 220–224

Blanchard GL and Keller WF (1976) The rhomboid graft flap for the repair of extensive ocular adnexal defects. *Journal of the American Animal Hospital Association* **12**(5), 576–580

Cantaloube B, Raymond-Letron I and Regnier A (2004) Multiple eyelid apocrine hidrocystomas in two Persian cats. *Veterinary Ophthalmology* **7**(2), 121–125

Dziezyc J and Millichamp NJ (1989) Surgical correction of eyelid agenesis in a cat. *Journal of the American Animal Hospital Association* **25**(5), 513–516

Esson D (2001) A modification of the Mustardé technique for the surgical repair of a large feline eyelid coloboma. *Veterinary Ophthalmology* **4**(2), 159–160

Gelatt KNGJP (1994) *Handbook of Small Animal Ophthalmic Surgery*. Oxford, Elsevier Science Ltd

Hagard GM (2005) Eyelid reconstruction using a split eyelid flap after excision of a palpebral tumour in a Persian cat. *Journal of Small Animal Practice* **46**(8), 389–392

Hardman C and Stanley R (2001) Radioactive gold-198 seeds for the treatment of squamous cell carcinoma in the eyelid of a cat. *Australian Veterinary Journal* **79**(9), 604–608

Hoffman A, Blocker T, Dubielzig R et al. (2005) Feline periocular peripheral nerve sheath tumor: a case series. *Veterinary Ophthalmology* **8**(3), 153–158

Hunt GB (2006) Use of the lip-to-lid flap for replacement of the lower eyelid in five cats. *Veterinary Surgery* **35**(3), 284–286

Jacobi S, Stanley BJ, Petersen-Jones S et al. (2008) Use of an axial pattern flap and nictitans to reconstruct medial eyelids and canthus in a dog. *Veterinary Ophthalmology* **11**(6), 395–400

Krehbiel JD and Langham RF (1975) Eyelid neoplasms of dogs. *American Journal of Veterinary Research* **36**, 115–119

Lewin GA (2000) Temporary lateral tarsorrhaphy for the treatment of lower lateral eyelid entropion in juvenile dogs. *Veterinary Record* **146**(15), 439–440

Lewin GA (2003) Eyelid reconstruction in seven dogs using a split eyelid flap. *Journal of Small Animal Practice* **44**(8), 346–351

Long RD (1991) Treatment of distichiasis by conjunctival resection. *Journal of Small Animal Practice* **32**(3), 146–148

McCallum P and Welser J (2004) Coronal rhytidectomy in conjunction with deep plane walking sutures, modified Hotz–Celsus and lateral canthoplasty procedure in a dog with excessive brow droop. *Veterinary Ophthalmology* **7**(5), 376–379

McLaughlin SA, Whitley RD, Gilger BC et al. (1993) Eyelid neoplasms in cats: a review of demographic data (1979 to 1989). *Journal of the American Animal Hospital Association* **29**(1), 63–67

Montgomery KW, van der Woerdt A, Aquino SM et al. (2010) Periocular cutaneous mast cell tumors in cats: evaluation of surgical excision (33 cases). *Veterinary Ophthalmology* **13**(1), 26–30

Munger RJ and Carter JD (1984). A further modification of the Kuhnt–Szymanowski procedure for correction of atonic ectropion in dogs. *Journal of the American Animal Hospital Association* **20**(4), 651–656

Munger RJ and Gourley IM (1981) Cross lid flap for repair of large upper eyelid defects. *Journal of the American Veterinary Medical Association* **178**(1), 45–48

Newkirk KM and Rohrbach BW (2009) A retrospective study of eyelid tumors from 43 cats. *Veterinary Pathology* **46**(5), 916–927

Pavletic MM, Nafe LA and Confer AW (1982) Mucocutaneous subdermal plexus flap from the lip for lower eyelid restoration in the dog. *Journal of the American Veterinary Medical Association* **180**(8), 921–926

Pellicane CP, Meek LA, Brooks DE et al. (1994) Eyelid reconstruction in five dogs by the semicircular flap technique. *Veterinary and Comparative Ophthalmology* **4**(2), 93–103

Peña MA and Leiva M (2008) Canine conjunctivitis and blepharitis. *Veterinary Clinics of North America: Small Animal Practice* **38**(2), 233–249

Peña MT, Roura X and Davidson MG (2000) Ocular and periocular manifestations of leishmaniasis in dogs: 105 cases (1993–1998). *Veterinary Ophthalmology* **3**(1), 35–41

Peña TM and Garcia FA (1999) Reconstruction of the eyelids of a dog using grafts of oral mucosa. *Veterinary Record* **144**(15), 413–415

Read RA and Broun HC (2007) Entropion correction in dogs and cats using a combination Hotz–Celsus and lateral eyelid wedge resection: results in 311 eyes. *Veterinary Ophthalmology* **10**(1), 6–11

Read RA and Lucas J (2001) Lipogranulomatous conjunctivitis: clinical findings from 21 eyes in 13 cats. *Veterinary Ophthalmology* **4**(2), 93–98

Roberts SM, Severin GA and Lavach JD (1986) Prevalence and treatment of palpebral neoplasms in the dog: 200 cases (1975–1983). *Journal of the American Veterinary Medical Association* **189**, 1355–1359

Robertson BF and Roberts SM (1995a) Lateral canthus entropion in the dog, Part 1: Comparative anatomic studies. *Veterinary and Comparative Ophthalmology* **5**(3), 151–156

Robertson BF and Roberts SM (1995b) Lateral canthus entropion in the dog, Part 2: Surgical correction. Results and follow-up from 21 cases. *Veterinary and Comparative Ophthalmology* **5**(3), 162–169

Schmidt K, Bertani C, Martano M *et al.* (2005) Reconstruction of the lower eyelid by third eyelid lateral advancement and local transposition cutaneous flap after *en bloc* resection of squamous cell carcinoma in 5 cats. *Veterinary Surgery* **34**(1), 78–82

Sivagurunathan A, Goodhead AD and Du Plessis EC (2010) Multiple eyelid apocrine hidrocystoma in a Domestic Shorthaired Cat. *Journal of the South African Veterinary Association* **81**(1), 65–68

Stades FC (1987) A new method for surgical correction of upper eyelid trichiasis–entropion: operation method. *Journal of the American Animal Hospital Association* **23**(6), 603–606

Stades FC and Boeve MH (1987) Surgical correction of upper eyelid trichiasis–entropion: results and follow-up in 55 eyes. *Journal of the American Animal Hospital Association* **23**(6), 607–610

Stell AJ, Dobson JM and Langmack K (2001) Photodynamic therapy of feline superficial squamous cell carcinoma using topical 5-aminolaevulinic acid. *Journal of Small Animal Practice* **42**(4) 164–169

Stiles J, Townsend W, Willis M *et al.* (2003) Use of a caudal auricular axial pattern flap in three cats and one dog following orbital exenteration. *Veterinary Ophthalmology* **6**(2), 121–126

Stuhr CM, Stanz K, Murphy CJ *et al.* (1997) Stellate rhytidectomy: superior entropion repair in a dog with excessive facial skin. *Journal of the American Animal Hospital Association* **33**(4), 342–345

Whittaker CJ, Wilkie DA, Simpson DJ *et al.* (2010) Lip commissure to eyelid transposition for repair of feline eyelid agenesis. *Veterinary Ophthalmology* **13**(3), 173–178

Willis AM, Martin CL, Stiles J *et al.* (1999) Brow suspension for treatment of ptosis and entropion in dogs with redundant facial skin folds. *Journal of the American Veterinary Medical Association* **214**(5), 660–662

Yang SH, Liu CH, Hsu CD *et al.* (2007) Use of chemical ablation with trichloracetic acid to treat eyelid apocrine hidrocystomas in a cat. *Journal of the American Veterinary Medical Association* **230**(8), 1170–1173

# 10

# 涙器

## Claudia Hartley

　涙器は分泌系と排出系の2要素からなる．分泌系は，結膜のゴブレット細胞（第11章も参照），眼瞼のマイボーム腺（第9章も参照）とともに，眼窩部と第三眼瞼の涙腺からなる．これらにより眼表面涙液膜の構成成分が形成される．排出系は上下涙点と涙小管，涙嚢，鼻涙管，外鼻孔開口部からなる．これらは眼表面からの涙液の排出を担っている（図10.1）．

## 涙液分泌系

### 発生学，解剖学および生理学

　眼窩部涙腺，第三眼瞼腺，結膜ゴブレット細胞，そしてマイボーム腺は表皮外胚葉より発生する．涙腺は眼窩部背外側にあり，眼表面に涙液を分泌するために結膜背外側に通じる15～20の涙管をもつ．瞬膜腺は第三眼瞼の基部に位置し，第三眼瞼軟骨と結合組織により接着している．多数の瞬膜腺導管が第三眼瞼後面（の濾胞に）涙液を分泌している．

　涙腺腺房は，わずかな交感神経支配がある（腺の血管周辺に優位である）が，多くは副交感神経支配である．副交感神経線維は脳幹内の顔面神経の副交感神経核に発し，側頭骨岩様部，内側耳管内側と顔面神経管を通り顔面神経とともに走行する．この神経は，深層の岩様部神経（交感神経）に並走する．大きな岩様部神経と結合し岩様部神経管を形成する．そして翼口蓋窩から翼口蓋窩領域へ走行する．副交感神経節後線維は頬骨神経（三叉神経の分枝）に繋がり，ついには涙腺に達する涙腺神経として分枝する．

　皮脂腺の名残であるマイボーム腺は眼瞼縁に存在する（第9章も参照）．瞼板内にあり，一つの眼瞼に20～40存在する．マイボーム腺は全分泌型（分泌細胞が崩壊し腺内に供給される型）で脂質産生は眼瞼縁の開口部に導管を通じて輸送分泌される．開口部は，ときに「grey line」と表現される眼瞼縁に沿って配列している．マイボーム腺分泌液のコントロールははっきりとわかっていないが，マイボーム腺腺房周辺の副交感神経と神経伝達物質が脂質の合成と分泌に関わる．わずかな交感神経支配が存在し，血管系周辺に有意に見つけられている．アンドロゲンは脂質の産生と分泌の調節に関わるとされている．ヒトでは，マイボーム腺機能は，アゴニストとして働くアンドロゲンとアンタゴニストとして働くエストロゲンとともに性ホルモンによる調整が示されている．

　瞬目と第三眼瞼の動きにより角膜に分散される涙は，眼表面の正常性維持に重要である．涙は眼表面を潤すだけではなく，眼表面残渣の浄化，閉瞼による摩擦の軽減，無血管の角膜への栄養供給を担い，また保護作用のある抗菌タンパクも含んでいる．ただ涙液供給が乏しい犬種がある．短頭種は，個体差があるが兎眼であり，涙液による完全な保護が弱くなり，涙の産生は正常であるにもかかわらず，主に角膜中央が乾きやすくなる．

> **涙液膜**
> 　涙液膜は粘液，水そして脂質の三つの構成成分からなる．以前，これらは三層構造を形成しているとされていたが，最近はより複雑に混じり合った層構造とされている（図10.2）．

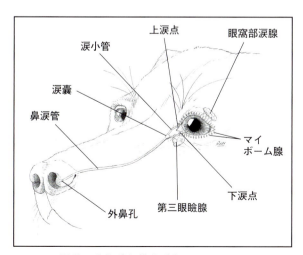

**図10.1** 涙器の分泌系と排出系（イラスト：Roser Tetas Pont）

# 第10章 涙 器

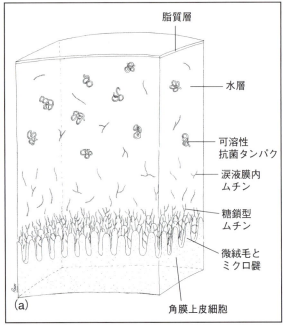

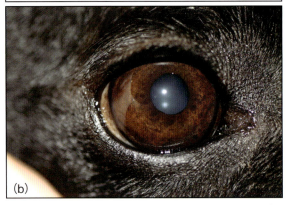

**図10.2** (a)正常涙液膜．角膜上皮細胞は微小襞と微絨毛により涙液との結合領域を増やしている．上皮細胞から発現しているグリコカリックスが涙液膜中のムチンとの接着を助け，角膜表面の涙液の保持（水和性）に役立っている．分泌型ムチンは涙液膜中に分散し可溶性抗菌タンパクは涙液膜中の水層内を浮遊している．涙液膜表面を覆う薄い脂質層により涙液の蒸発を予防する（イラスト：Roser Tetas Pont）（b）成犬スタッフォードシャー・ブル・テリアの涙液膜．涙液メニスカスと綺麗な角膜反射（プルキンエ像）に着目していただきたい．

副交感神経と交感神経を活性化する（すなわち反射作用）．

### 水層

涙腺と瞬膜腺により分泌され（それぞれ約70％，30％），涙液膜の大部分を占める．水分，電解質，糖質，尿素，界面活性剤ポリマー，糖タンパク，涙液タンパクを含む．涙液タンパクとはIgA，IgG，IgM，アルブミン，ライソゾーム，ラクトフェリン，リポカリン，上皮成長因子，形質転換成長因子そしてインターロイキンである．

### 脂質層

涙液膜を安定させ涙液の蒸発による損失を防ぐ脂質層（マイバム）はマイボーム腺から産生されている．マイバム内の脂質はワックスモノエステル，ステロールエステル，トリグリセライド，フリーステロール，遊離脂肪酸，極性脂質からなる．

## 疾患の検査

### 涙液量の評価

涙液産生量はシルマー涙試験（STT）により測定される．

**シルマー涙試験1（STT-1）**：STT-1は試験紙を60秒間下眼瞼結膜円蓋部内に設置した後（できれば外側1/3の位置），試験紙が涙で濡れている長さを測定する（図10.3）．試験紙の吸収性は様々であり，定められた時間における涙液産生量をモニタリングの際には，（同じ製造会社による）同じ試験紙の使用が賢明である．

STT-1は再現性に優れた試験ではないが，獣医学領域において，乾性角結膜炎（KCS）のスクリーニングに用いられる最良の診断ツールである．医学領域では試験とアンケートにより診断とKCSの分類のために用

### ムチン層

ムチンは特に腹側結膜嚢に存在する結膜のゴブレット細胞から分泌される．涙液膜と角膜表面とを接着させる作用があると考えられている．ムチンは膜型と分泌型に分類される．膜型ムチンは，角膜上皮細胞と涙液膜の境界面で豊富なグリコカリックスを形成している角膜上皮細胞最表層の微小襞に存在し，病原体の侵入を防ぎ，水層との接着を高める．分泌型ムチンは残渣を取り除き，水層を保持し，角膜を保護する分子と結合する．ゴブレット細胞からの分泌能は結膜内の知覚神経の刺激により起こり，その後ゴブレット細胞周辺の

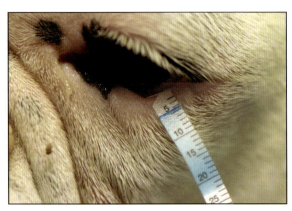

**図10.3** 成犬ボクサーのシルマー涙試験中（22 mmの目盛りまで涙で濡れていることを表す）

いられている．STT-1 は基礎分泌量と反射分泌量（試験紙設置の刺激をうけた角結膜の反射）の合計からなる涙湖を測定しているため，涙液量検査はあらゆる点眼投与や眼の検査の前に実施されるべきである．

- 犬：
    - 正常：15 mm/分以上
    - 初期/不顕性 KCS：10～15 mm/分．この検査結果の解釈はあいまいであり，後日再検査を実施すべきである．
    - 軽度/中等度 KCS：6～9 mm/分．10 mm 以下のスコアで臨床症状を伴う場合は KCS の診断がつく．
    - 重度 KCS：5 mm/分以下

- 猫：
    - 正常：3～32 mm/分（平均 17 mm/分）

眼球穿孔やデスメ膜瘤のような明らかに検査禁忌の状態でない限り（保定や試験紙の角膜への刺激による穿孔に注意），眼に不快感を訴えるすべてのケースで STT-1 を実施すべきである．ウエスト・ハイランド・ホワイト・テリア，イングリッシュ・コッカー・スパニエル，イングリッシュ・ブルドック，ラサ・アプソ，イングリッシュ・スプリンガー・スパニエルそしてトイ・プードルは免疫介在性 KCS になりやすい（Sanchez et al., 2007）ため，これらの犬種では定期的に STT-1 を測定すべきである．さらに甲状腺機能低下症，糖尿病，副腎皮質機能亢進症をもつすべての動物では，KCS との関連が報告されているため，涙液産生の評価がルーチンに実施されるべきである．

**シルマー涙試験 2（STT-2）**：STT-2 は眼に点眼麻酔をして 1 分後に優しく下眼瞼結膜を拭き取り STT-1 と同じように測定する検査である．STT-2 は基礎分泌量のみの測定となり（反射分泌は点眼麻酔により無効と考えてよい），通常 STT-1 のスコアの約半分である．

### 涙液質の評価

涙液質は涙液層破壊時間（TFBUT）とローズベンガル試験により評価される．

**涙液層破壊時間**：TFBUT はフルオレセイン染色液を 1 滴眼表面に滴下し，角膜全体に分布させるために瞬きを実施した後に測定を開始する．開瞼を保ったまま，角膜表面に観察されるフルオレセイン染色液内の暗いスポットが検出されるまでの時間を，コバルトブルーフィルターを設置したスリットランプを通して観察する．TFBUT の測定により涙液膜のムチン層（角膜の湿潤性を担う）と脂質層（涙液膜の安定性と蒸発抑制を担う）の評価をする．正常値は犬で 15～25 秒，猫で 12～21 秒である．

**ローズベンガル染色**：ローズベンガルは正常涙液膜で覆われる角膜を染めることはないが，ムチン層が欠損した涙液となった場合，角膜を染色するため，ローズベンガル染色検査は涙液の質的欠損を評価できる．ローズベンガルは刺激があるため，過剰の染色液は洗い流し動物への不快感を最小限とする．

### その他の試験

**マイボメトリー**：マイボーム腺から産生される脂質を測定する機器である．眼瞼縁に接触させた試験紙をマイボメーターに入れ，試験紙の脂質レベルを数値化するものである．マイボメトリーは獣医学領域では実験・研究レベルで用いられることが多いが，人医領域では涙液膜質異常の患者に臨床的に用いられている．

**涙液膜浸透性**：人医領域でドライアイ患者に用いられており，特殊な検査機器を用いて涙湖（角膜と下眼瞼の間に貯留している涙）の涙液を採取し 1 分で涙液膜浸透性が数値により測定される．進行性重症 KCS 患者の人は涙液膜浸透性が変化するため，その測定により疾患の重症度の評価が可能となる．結膜炎発症の猫と未発症の猫での涙液膜浸透性の比較をしたところ有意差が得られなかったという報告がある（Davis and Townsend, 2011）．

## 犬の疾患

### 乾性角結膜炎

涙液産生の減少は角膜炎を悪化させ，失明に至る永久的なダメージを続発することがある．代表的な KCS の症状は，頻繁に角膜表面に張りつく膿粘性の眼脂や難治性角膜潰瘍の併発，そして再発性結膜炎である．しかし多くのケースでは結膜炎か軽度の粘性眼脂のみである．典型的な症状ではないため，KCS は時に見落とされる恐れがある．KCS の原因を（表 10.1）に挙げた．涙腺の免疫介在性の障害が最も多いと考えられている．

**免疫介在性 KCS**：特発性 KCS 罹患犬の涙腺組織の組織学的検査では免疫介在性を示唆する腺房の線維症と萎縮に関連したリンパ球形質細胞性浸潤がみられている．この免疫介在性変化には傾向があり，明らかな犬種特異性をもつため遺伝的素因をもつと考えられる（上記参照）．

## 第10章　涙　器

**表10.1** 犬の乾性角結膜炎の原因

- 免疫介在性
- 神経原性（中耳疾患との関連があることも）
- 薬剤誘発性（例えば，全身的なサルファ剤の投与，全身あるいは局所のアトロピン投与，局所麻酔と全身麻酔，オピオイドとエトドラク）
- 先天性無涙症（例えば，ヨークシャー・テリアあるいは魚鱗癬性皮膚疾患のキャバリア・キング・チャールズ・スパニエル）
- 代謝性疾患（例えば，糖尿病と甲状腺機能低下症，自律神経失調との関与が推定される）
- 外傷/涙腺や眼窩の炎症または神経原性
- 犬ジステンパーウイルス
- 慢性眼瞼結膜炎
- 自律神経失調
- シェーグレン症候群

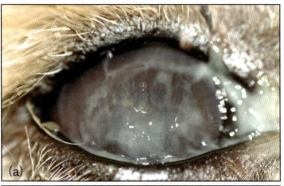
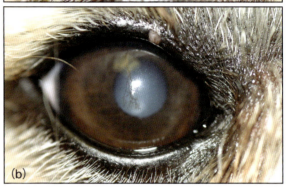

**図10.4**　(a) 重度 KCS（STT＝0 mm／分）のウエスト・ハイランド・ホワイト・テリア．典型的な膿粘性の眼脂が角膜表面に付着し角膜血管新生が見受けられる．
(b) シクロスポリン点眼治療の開始後4週間経過（STT＝18 mm／分）．1本の表層性角膜血管新生が残っている．

**治療**：免疫抑制剤である 0.2％シクロスポリンによる点眼治療が免疫介在性 KCS の治療の中心である．免疫介在性の障害を抑制し涙腺機能を回復させるためには生涯にわたる治療が必要となる．長期的な涙腺に対するダメージがまだほとんどない発病初期での治療は非常に効果的である．涙液産生の改善がみられるまではタイムラグ（通常2～4週間，ただ8週間まではその範囲内）がある（図10.4）（第7章を参照）．涙腺組織の機能が回復すれば眼軟膏は中止が可能となることもある．

0.2％シクロスポリンが効かない場合は，より高濃度のものにトライすることになる．しかし既製品ではないものを使用することを飼い主にしっかりと伝えるべきである．シクロスポリンはコーンオイルを用いて1％あるいは2％に調整し，投与は1日2回である．この調剤は刺激があり（特に静脈内投与用シクロスポリンから調整したものは），点眼を嫌う犬もいる．

近年はタクロリムス（0.03％で，オイル基剤）が難治性 KCS 治療に用いられており，大きな効果を得ている（Berdoulay et al., 2005）．ただシクロスポリンの調剤ほどではないが，点眼剤の刺激を訴える動物もいる．人医ではアトピー性皮膚炎の治療に用いられる外用薬として使用されており，タクロリムスの使用により皮膚癌の出現増加と関連があるとされている．実験的にはマウスにおいてリンパ腫出現の増加を示している（Bugelski et al., 2010）．使用する際にはヒトにおいてこのような副作用に遭遇する可能性があるということと獣医学領域での使用は認可されていないということを飼い主に伝える必要がある．

KCS 罹患動物は続発する感染性結膜炎発症のリスクが高いため涙液産生が正常範囲に回復するまで抗生物質の局所投与が必要となる．また治療の反応が乏しく長期間眼軟膏の投与が必要な動物でも断続的な抗生物質治療が必要となる．KCS を発症している犬の結膜嚢の細菌叢は健常動物のそれとは異なっており，より適した抗生物質選択のために細菌培養および感受性試験の実施が考慮されるべきである．もし内科的治療が功を奏さなければ耳下腺管移植術を検討する（以降の章を参照）．

**神経原性 KCS**：涙腺からの水分分泌は副交感神経優位である（上記参照）．これら神経は前庭周辺や中脳と隣接するため，中耳炎などの疾患が進行することで顔面神経機能や涙液産生に影響を与え得る（図10.5）．加えて，内耳や中耳付近を眼に向かって走行する交感神経にも障害があると同側のホルネル症候群や神経原性 KCS を併発する．神経原性 KCS は同側のドライノーズも併発する．それは外鼻腺の神経支配は翼突口蓋神経節の近位で涙腺神経と同じ副交感神経節前線維を共有しているからである（図10.6）．

**治療**：もし原因を特定できれば原因に応じた治療を行う．中耳炎，特に側頭骨錐体部付近の炎症により併発したのであれば，経口的に抗生物質の長期投与（6～8週間）を行う．全身的な消炎剤の投与は原疾患の治療として投与されるが，併発している顔面神経の炎症を

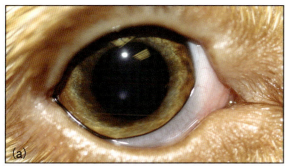
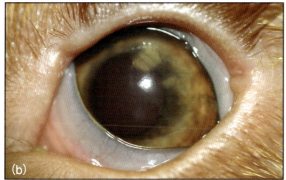

**図10.5** (a)片眼性KCSの正常右眼 (b)内耳炎に続発した神経原性KCSの左眼.角膜反射の消失,結膜浮腫,第三眼瞼突出に着目していただきたい.

**図10.6** 神経原性KCSを発症したトイ・プードルにみられる外鼻腺機能の欠損に関連したドライノーズ.このような症状は通常同側に出現し,乾燥したムコイド物質は同側の外鼻孔を塞いでいる.

なり得る.ピロカルピンの局所投与により涙液産生が有意に増えなかったとの報告があるが,その報告は除神経性過敏存在下での再現ではなかった(Smith et al., 1994).

**薬剤誘発性KCS**:術前投与薬と麻酔薬は投与後24時間までは涙液産生を減少させる(Herring et al., 2000).この報告では麻酔時間は涙液産生量に影響し,2時間以上の麻酔は涙液産生に影響を及ぼしていた.吸入麻酔薬単独(マスク導入など)ではほとんど涙液産生に影響せず,また麻酔後10時間でベースラインのスコアに戻る.このような症例では麻酔持続時間ともともとの涙液量まで戻るのに要する時間との間に関連はない(Shepard et al., 2011).術前あるいは麻酔中の抗コリン作動薬(アトロピンなど)の投与もまた麻酔後の涙液産生を減少させる.よってすべての麻酔中の動物には眼軟膏が投与されるべきであり(図10.7),麻酔の影響をより受けやすい犬種(兎眼の短頭種など)には麻酔後48時間までは眼軟膏投与を続けるべきである.

ぶどう膜炎で使用するアトロピン点眼でも重度かつ長期的な涙液産生障害がある.KCSの可能性がある症例へのアトロピン点眼は潰瘍性角膜炎を悪化させる可能性があるため,反射性ぶどう膜炎を続発している潰瘍性角膜炎症例にアトロピン点眼を投与した場合は投与後涙液量を測定していくことが重要である.

全身的なスルホンアミド治療(スルファサラジン,スルファジアジン,トリメトプリム/スルホンアミド合剤など)は急性のKCSの発症との関連がある.機序はよくわかっていないが,酸化スルホンアミド代謝物

**図10.7** 麻酔下のテリア種交雑種の犬.麻酔中あるいは覚醒待ち中のすべての動物には眼軟膏を投与すべきである.

減らす効果もある.顔面への外傷は顔面神経に障害を与えるが,時間とともに改善する.眼軟膏の頻回投与も行い,中にはシクロスポリンやタクロリムスの局所投与が反応することが稀にある.

除神経性過敏があると,経口あるいは局所のピロカルピン(副交感神経刺激薬)による治療がよい.神経原性KCSに対する経口投与量は体重10 kgに対して2%ピロカルピンを1滴投与から開始し,副作用(流涎,食欲不振,嘔吐,下痢,不整脈)が出現するまでは1滴ずつ増量していく.副作用が出現したら出現前の副作用が出なかった最高量まで減らす.神経原性KCS症例に生理食塩水で希釈した(0.1〜0.25%)ピロカルピンの局所投与により改善した逸話的な報告がある.ピロカルピンの局所投与は眼瞼痙攣,縮瞳,結膜充血の原因と

によるタンパク質ハプテンに対するT細胞介在性反応が示唆されている．スルホンアミドの長期投与は重度KCSを長引かせ，涙腺の完全な萎縮を生じる．この薬剤投与中の動物には定期的なSTT測定が必要となる．

　非ステロイド性抗炎症薬(NSAIDs)，エトドラクは犬にKCSを誘発する可能性があり，特に数カ月間の投与を受けている動物に対しては定期的に涙液量を測定すべきである．

**治療**：薬剤の毒性により涙腺炎が生じている際には原因となる薬剤の投与を中止することで涙腺機能は回復する．慢性的にこれらの薬剤が投与されている場合では涙液産生はほぼ回復しない．麻酔薬や抗コリン作動薬は，薬剤効果が消失すれば涙液産生は正常に回復する(アトロピン点眼では1週間以内)．永続的な涙腺の障害が起きている場合は眼軟膏を一定期間あるいは長期間投与すべきである．もし人工涙液が十分頻繁に(STTが0 mm/分の場合，起きている間は1～2時間毎)投与されない場合は，耳下腺管移植術を検討すべきである(下記参照)．

**先天性KCS**：先天性無涙症は多くの犬種で報告があるが，二つの報告でヨークシャー・テリアが大きな割合を占めており，このうち一つで雌がより多いと述べられている(Herrera et al., 2007；Westermeyer et al., 2009)．先天性無涙症の発病機序は完全にはわかっていないが，中枢あるいは末梢の神経症もまた先天性の涙液産生異常を生じ，先天性の涙腺無形成・低形成と考えられている．ある報告では，剖検で眼窩部涙腺が特定されたケースはなく，涙腺の無形成を意味していた．多くの犬では臨床症状は片眼でみられるが，病態は両眼で起こっている．先天性無涙症ではほとんどでSTT-1が0 mm/分である．

　魚鱗癬様皮膚炎に関連した先天性KCSはキャバリア・キング・チャールズ・スパニエルで発症することがある(Barnett, 2006；Hartley et al., 2012)．罹患犬は被毛粗剛で，カールした毛をもち，本来の滑らかな毛質とはかけ離れている．また生後眼瞼裂が開いた頃から続発する再発性細菌性結膜炎が明白であり，時に角膜潰瘍も続発している．生後数カ月齢の罹患子犬は，ふけのようなカサカサした，低密度の被毛をもち，パッドの角化亢進と爪の異常を伴っている．このKCSの発病機序はよくわかっていないが，涙液の量的質的異常がある可能性がある．ただ突然変異する遺伝子が特定されつつあるため繁殖犬は交配の前に検査が可能となっている．つまり，もし必要なら，子犬での診断が可能となってきている．

**治療**：先天性無涙症は人工涙液の頻回投与が必要になる．耳下腺管移植術も検討される．先天性KCSと魚鱗癬様皮膚炎を発症しているキャバリア・キング・チャールズ・スパニエルはシクロスポリンのような涙腺刺激剤に対する反応は様々で，ある長期試験では治療を受けた犬は，主観的ではあるが，重度の角膜疾患を発症することはなかったと報告している(Hartly et al., 2012)．罹患犬には眼軟膏の頻回投与も必要となる．

**他の原因のKCS**：放射線照射(鼻腔内腫瘍に対する放射線治療など眼と眼窩領域を含む)はKCSの原因となる．照射後の続発性KCSは涙腺刺激に対する反応が乏しいため治療目的は涙液置換となる．放射線照射は長期的に白内障や網膜変性を誘発することがあり，失明したときに，長期間にわたる侵襲の強い治療より眼球摘出を選択する飼い主もいる．

　量的なKCSは代謝性疾患(糖尿病や甲状腺機能低下症など)でも起こり得る．糖尿病では角膜の知覚低下による反射性涙液分泌の減少により起こると考えられている．また涙液の質的な不足も同様の原因により発症している．正常犬では性別や中性化は涙液産生に影響を及ぼしてはいないが，ヒトでは涙液産生はホルモンの影響を受けていることがわかっている．ただ免疫介在性KCSは雌の方でより発症しているようである．

　涙腺への外傷や炎症はKCSを生じる．眼窩への外傷(交通事故など)や蜂窩織炎は涙腺を巻き込む疾患であり，涙腺刺激薬に対する反応は乏しい．眼窩部涙腺は副交感神経支配を受けており外傷性ダメージは神経原性KCSを生じる(STT-1＝0 mm/分)．治療は人工涙液による支持治療とともに，原疾患に伴う炎症を減らすことを目的とする．時にダメージが強く永久的な場合は，予後が慎重なため，長期的涙液置換治療や眼表面に潤いを与えるため耳下腺管移植術が必要となることもある．涙腺の機能が回復することもある．また一時的に感染性結膜炎を続発することがあるが支持療法で十分である．

　犬ジステンパーウイルス感染に関与する臨床症状のひとつとして涙腺炎がある．犬ジステンパーウイルス感染症から回復しても長期間の涙腺障害があった場合は難治性のKCSを発症する．

　慢性眼瞼結膜炎は涙腺や第三眼瞼腺の涙管の障害の原因となりKCSを続発する．すべての涙管が障害を受けていなければ，治療により涙液産生が回復することがある．

　医原性KCSは第三眼瞼腺突出に対する第三眼瞼腺整復術に続発する．第三眼瞼腺の涙液産生能が失われても眼窩部涙腺が機能を代償する．不運なことに第三眼瞼腺脱出の好発犬種(イングリッシュ・ブルドックなど)は一般的に免疫介在性KCSも発症しやすく，涙腺疾患に対する注意が必要である．第三眼瞼腺脱出を

発症した犬に関するある研究では，第三眼瞼腺を外科的に切除した犬の48％が術後KCSになったのに対して，第三眼瞼腺を整復手術した犬では14％に留まったと報告している（Morgan et al., 1993）．

**耳下腺管移植術**：KCSが重症かつ永久的で人工涙液の点眼では動物の快適さが維持できない場合は耳下腺管移植術が検討される．この手術は口腔内に開口している耳下腺から伸びている唾液腺と乳頭を下眼瞼結膜嚢へ移転するものである．二つの術式があるがいずれも拡大鏡と専用の眼科器具が必要となり，優れた技術を要する眼科専門医への紹介が推奨される．

**オープンメソッド**：耳下腺の走行に沿うように顔面皮膚を耳下腺方向と耳下腺管開口部方向に向けて切開する．切開中，顔面神経と静脈を傷つけないように注意する．耳下腺管を識別しやすくするために，通常開口部乳頭から縫合糸（2-0ナイロン）を挿入し，耳下腺管をカニューレしておく．開口部乳頭は後に結膜嚢へ縫い付けるためマージンを十分確保し，管を傷つけないように，口腔粘膜から分離切開する．耳下腺管ははじめ吻側に分離し，次に下眼瞼結膜円蓋部に向かって鈍性に剥離後，開口部乳頭を無理なく結膜に縫合するため（糸は8-0サイズの吸収糸）結膜円蓋部を切開する．強いテンションの縫合や耳下腺管の誤切開は，手術の失敗へ繋がる繊維化や狭窄形成を引き起こす．

**クローズドメソッド**：口腔粘膜開口部乳頭の切開後耳下腺に戻るように耳下腺管の切開を勧める．この方法は視野が確保しづらいが顔面の皮膚を切開せずにすむ．開口部乳頭はオープンメソッドのときと同様に下眼瞼結膜嚢に縫合する．

**合併症**：耳下腺管移植術の術後合併症は以下の通りである．

- 過度の牽引，ねじれ，耳下腺管の切断や外科的侵襲による機能不全
- 外科的な摘出やマッサージが必要な耳下腺管内の唾石形成
- 唾液腺炎
- 唾液による二次的な眼瞼縁や皮膚炎
- 角膜炎や角膜カルシウム沈着（唾液による）

**予後**：適した治療を選択すれば免疫介在性KCSの予後はとてもよい（診断と迅速な治療が重要）．治療せず放置されれば，角膜血管新生，色素沈着，角化亢進のため視覚を脅かす（図10.8）．急性のケースでは進行性，難治性の角膜潰瘍となる．さらに角膜穿孔が起こ

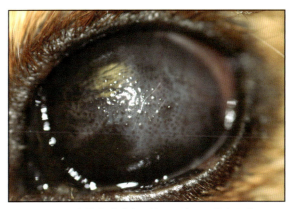

図10.8 両眼乾性角結膜炎に対して適した治療を受けていないキャバリア・キング・チャールズ・スパニエルにみられた重篤な角膜色素沈着，角化亢進，線維症．視覚を失っている．

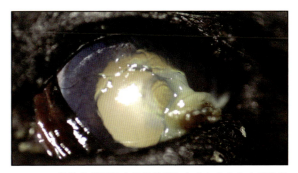

図10.9 乾性角結膜炎を急性発症した犬にみられた膿粘性眼脂を伴うデスメ膜に達する角膜潰瘍

ると，視覚喪失や眼球摘出の可能性もでてくる（図10.9）．神経原性や薬剤誘発性KCSでは適した治療でも改善しないこともあり慎重な経過観察が必要であり，その場合，飼い主に人工涙液の頻回投与を指示する必要がある．ただ人工涙液は免疫タンパクや上皮栄養因子を含まないという点では本来の涙とは異なる．耳下腺管移植は眼に潤いを与えるが，一般的に副作用がみられることが多い（上記参照）．

### マイボーム腺炎

マイボーム腺炎では眼瞼縁付近の眼瞼結膜下のマイボーム腺の膨張を引き起こす．濃縮したマイボーム腺液（マイバム）は鉗子による眼瞼縁の優しい圧迫により絞り出される．もしマイボーム腺導管が障害されていれば，マイバムは分泌されず，ついには腺が破れ眼瞼組織内へ放出される．漏れだした脂質は肉芽腫形成を誘発する（霰粒腫，脂肪肉芽腫性結膜炎など，図10.12）．マイボーム腺の導管は眼瞼腫瘍や腺開口部の上皮異形成（眼瞼縁に対する放射線障害など）により閉塞する．

### ゴブレット細胞機能不全症

涙液膜のムチンは結膜ゴブレット細胞（第11章を参

照)と涙腺により産生される．ムチン異常では涙液膜の安定性が乱れ，結膜炎や角膜炎が誘発されやすくなる．ムチンは涙液膜の構成と角膜保護機能を併せ持つ．膜貫通型ムチン（涙液膜の構成に関与）は，角膜の表層性グリココッカスと結膜上皮細胞に接着することにより，角膜の涙液膜保持を増す（角膜の潤いに繋がる）．可溶性ムチンは涙液膜内に散在し，涙液中の残渣を回収・除去し，涙液の質を高める．

### 涙腺腫瘍

涙腺腫瘍は犬では稀である．最も報告のある犬原発性涙腺腫瘍は腺癌であるが，原発の多形性涙腺腫も老齢の交雑種で報告されている（Hirayama et al., 2000）．

### 第三眼瞼腺腺癌

第三眼瞼腺の新生物についての詳細は第11章を参照のこと．

### 嚢胞

涙腺嚢腫は涙腺導管組織の嚢胞である．稀ではあるが，バセット・ハウンドとラブラドール・レトリーバーで報告がある．嚢胞を形成する異所性涙腺組織が内眼角側でよくみられる．明らかな腫瘤は内眼角側に触知できる．鼻涙管造影では嚢胞が涙器系とは区別され，鼻涙管洗浄では通常開通が確認できる．超音波検査（10 MHzプローブを使用）では薄いシスト壁をもつ円形構造が確認できる．シスト吸引をすると炎症細胞がみられるが，通常細菌はみられない．CTやMRIでは，涙器系と嚢胞の境界が確認できるため外科治療の立案に役立つ．

涙小管の二次的な閉塞により嚢胞が拡大すると流涙症となる．治療は外科的摘出であるが導管の近傍での操作になるため医原性の涙小管裂傷を起こしやすい．そのためには正確な涙小管走行の確認と狭窄が起きないよう涙小管のカテーテルが必要になる．

## 猫の疾患

### 乾性角結膜炎

免疫介在性KCSは猫にはみられない．猫で最も多いKCSの原因は猫ヘルペスウイルス1型（FHV-1）感染症からの続発である（図10.10）．FHV-1は結膜上皮細胞に親和性をもち，細胞を変性させることで結膜腫脹（眼窩涙腺と第三眼瞼腺からの導管の障害）と結膜潰瘍が起こる．結膜潰瘍により瞼球癒着として知られる結膜上皮同士あるいは角膜との癒着（角膜潰瘍が起きている場所との）を生じ（第11章を参照），永久に涙腺導管を閉塞する．

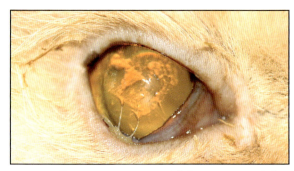

図10.10 猫ヘルペスウイルス1型感染のペルシャの成猫にみられた乾性角結膜炎．膿粘性眼脂に着目していただきたい．瞳孔は眼底検査のために散瞳させている．

治療：局所あるいは全身的な抗ウイルス治療と支持療法により（結膜腫脹が改善したときに）再び涙液産生が可能となる．急性FHV-1感染症発症期間中の若齢および子猫では，局所麻酔下で綿棒により腫脹した結膜を優しく分離することによる癒着の回避がKCSの長期的合併症発症のリスクを下げる．涙腺の永久的な閉塞が起きた場合は人工涙液の頻繁な投与が生涯必要となる．耳下腺管移植は猫でも検討される．

### 他の疾患

潰瘍性角膜炎を伴う涙液膜質の低下は猫においても報告がある．TFBUTは低下しているが涙液産生は正常の無痛性潰瘍や角膜分離症を発症している猫の報告がある（Grahn et al., 2005）．また結膜炎の猫ではTFBUTは低下し，FHV-1感染症において涙液膜質低下を誘発した実験が報告されている．よってマイボーム腺炎や脂質肉芽腫性結膜炎（図10.11）の猫では涙液膜質低下も生じている可能性がある．

図10.11 老齢の白色ドメスティック・ショートヘアーにみられた脂肪肉芽腫性結膜炎．耳介と鼻の扁平上皮癌に対する治療を受けていた．放射線治療によりマイボーム腺開口部が閉塞した（両側にみられる）．涙液層破壊時間は両眼ともに2秒未満であった．

## 涙液排泄系

### 発生学，解剖学および生理学

涙器は表皮外胚葉由来であり，鼻涙溝（外側鼻隆起と上顎突起の間の溝）内の外胚葉由来細胞は間葉組織に入り込み索を形成する．内眼角側付近で，最終的には上下の涙小管と涙点となる近位（眼）端に二つの芽体を形成しながら，索は眼と鼻に向かって伸びていく．索は，通常誕生時には存在する円柱多列上皮細胞の涙器系管になるように伸びていく．

上下涙点は内眼角から約3〜7mmの位置に，眼瞼縁と眼瞼結膜の間に開口部をもち，ほぼマイボーム腺終末に存在する．涙点の形状は円形からスリット状である．涙点から涙嚢（犬では正常でも非常に小さい）に結合する4〜7mmの涙小管に繋がる．涙嚢は涙骨の小さな凹み（涙骨窩）に収まる．涙嚢から鼻涙管はわずかに狭くなりながら（この構造のため鼻涙管内に異物がつまりやすくなる）涙骨を通る．鼻涙管は上顎（上顎内側の鼻粘膜下）内の管を抜けて外鼻孔（鼻前庭の腹外側で，外鼻孔の外側約1cmの位置）に終末する（図10.12）．さらに犬の約50％は上顎歯の歯肉硬粘膜に付属器開口部をもつ．

涙は蒸発と鼻涙管により眼表面から排泄される．涙は浅いメニスカス（涙湖）にあつまる．犬の涙湖の高さは犬種により異なる．短頭種は，眼窩が浅く眼瞼がタイトなため涙湖が浅くなる．涙液のほとんどは瞬目によりメニスカスから下眼瞼内眼角側にある涙点へ流れる．涙は涙点から毛細管現象とサイホン効果により涙小管へと送られる．瞬目はさらに涙嚢を圧縮し，鼻涙管へ涙液を移動させつつ，涙嚢が再び開口するかのような陰圧を誘発しながら，涙は涙小管や涙嚢へ涙を送り込まれる．さらに涙液は鼻涙管内の蠕動様運動により外鼻孔開口部へと送られている．

### 疾患の検査

涙器系閉塞を原因とする臨床症状は単純な流涙（涙液産生は正常），多量の膿粘性眼脂，充血を伴う結膜炎である．内眼角を圧迫することで下眼瞼の涙点から粘性物質の排出を確認することでも診断可能となる．

#### ジョーンズ試験

涙器系の開通はジョーンズ試験により評価可能である．フルオレセインを眼表面に滴下し涙液に含ませ，外鼻孔にフルオレセインが出現するかどうかを10分間ほど観察する（Binder and Herring, 2010）（図10.13）．短頭種の50％と猫の多くが涙器系は開通しているが，この試験では陰性という評価になる．フルオレセイン通過のサインとして鼻咽頭の観察でも可能となることがある．なおコバルトブルー光で観察することでフルオレセインを検出しやすくなる．

#### カテーテルとフラッシュ

涙器系の開通は生理食塩水によるカテーテルとフラッシュにより評価される．点眼麻酔を滴下後鼻涙管カテーテル（22〜24 G）や留置針外筒（22〜24 G）を上涙点から挿入し生理食塩水でフラッシュする（図10.14）．これにより下涙点からフラッシュ液があふれるはずである（涙嚢や涙小管を経由して）．下涙点を指先で塞ぐと外鼻孔よりフラッシュされるはずである．鼻腔を上側に向けるより下側に傾けた方が外鼻孔から流れ出やすい．涙器系が開通している場合，口腔内や鼻咽頭へ流出したフラッシュ液を飲み込む様子が観察されることがある．もし麻酔下でフラッシュを実施する場合は，生理食塩水を誤嚥しないように鼻咽頭を塞ぐ必要がある．

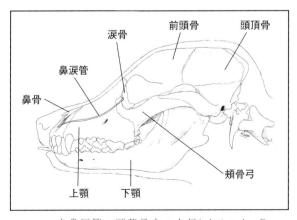

図10.12　犬鼻涙管の頭蓋骨内の走行（イラスト：Roser Tetas Pont）

図10.13　フルオレセインを結膜嚢に滴下後30秒以内に同側の鼻孔から排出されたため涙器系の開通が確認された．

第10章 涙器

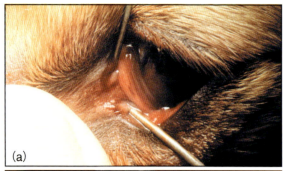

図10.14 (a)上涙点と下涙点の位置をプローブ設置により示した．(b)生理食塩水で満たされた10 mLシリンジを取り付けた22 Gのカニューレを上涙点から挿入した3歳齢のラブラドール・レトリーバー．初めは上涙点からフラッシュし下涙点を観察した後，次に指で下涙点を塞ぎ外鼻孔からのフラッシュを確認する．

### 細胞診

眼脂や涙器系のフラッシュにより回収された液による微生物培養と感受性試験は推奨される．簡易的に菌の分布を評価でき，より適した抗生物質を選択することができる．結果が出るまでは数日(好気的あるいは嫌気的細菌培養)から数週間(真菌培養)を要するが，耐性菌の存在を評価することができる．

### 造影

造影により涙器系の評価も可能となる．造影前には麻酔下にて頭部X線画像(側方，開口，背腹方向)を撮影し周辺組織(副鼻腔，上顎の歯列，鼻腔など)に異常がないかを評価する．次に誤嚥しないように鼻咽頭を塞ぎ，下涙点からカテーテルを挿入し鼻涙管造影用のヨード造影剤を鼻涙系に注入する(図10.15)．

鼻腔開口部には(鼻腔内に注入した物質の漏出防止やX線画像上の評価をしやすくするというよりは)注入した造影剤を回収するために栓をする．鼻涙管造影では口腔内や鼻咽頭に開口部をもつ犬や猫でそれらの評価が可能となる．鼻腔内や鼻咽頭への残留を避けるために涙器系全体を満たす最適量の造影剤を注入するのが理想的である．

フラッシュ液の逆流や造影剤の注入を外鼻孔の開口部からトライすることもできる．拡大鏡による観察と明るい光の下，翼状軟骨を把握することで外鼻孔の開

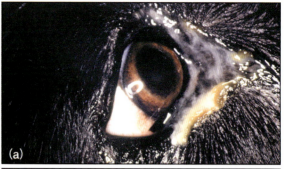
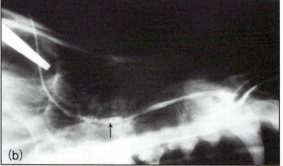
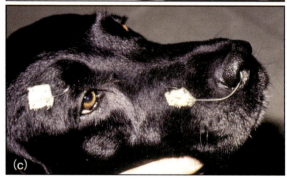

図10.15 (a)破砕した異物による慢性涙囊炎を発症したラブラドール・レトリーバー．異物はフラッシュにより誤って鼻涙管へ流れてしまった．鼻涙管の開通ができなかったため犬は眼科専門医に紹介された．(b)鼻涙管造影により鼻涙管の狭窄を確認した(矢印で示す)．(c)涙器系の開通が回復し，猫用尿道カテーテルを用いて開通を維持した．カテーテル留置により鼻涙管の開通を維持できた．カテーテル(6 G)は縫合により留置され2週間後に除去された．

口部を観察しやすくなる．造影剤注入用として，鼻涙管カニューレあるいは留置針外筒により実施するが，金属スタイレットは涙器系の管を傷つけるために避けるべきである．

涙器系に閉塞病変があると造影剤の通過が障害され，X線画像上で特定が可能となる．

- 涙器系内の囊胞は造影剤の貯留によりその輪郭がわかる．涙器系内に孤立する囊胞内腫瘤(涙小管囊腫や涙腺囊腫など)への造影剤の経皮的な注入では二次的な閉塞の可能性もあるが，造影剤の連続性が途切れることで病変を特定できる．
- 鼻涙管閉塞による二次的な涙囊腫脹は造影剤の貯留により輪郭が描出される．

- X線画像上での骨融解は上顎骨や涙骨（鼻腔原発が最も一般的で続発で涙器に影響を及ぼす）の骨髄炎や腫瘍性骨融解の可能性も示唆する．

### コンピューター断層撮影法

人医のように獣医学領域でも涙器系の評価にCTが使用されるケースが増えてきている（涙道造影CT）．ヨード造影剤は涙器系の輪郭をより明瞭に描出するため利用される．ヒトでは鼻涙管は軸上スキャン（犬では背側になる）により評価される．ただ犬での評価は連続的な造影剤の注射が必要となるが，連続三次元撮影により造影剤なしでの評価も可能となる．CTはMRIよりも骨融解を検出しやすい（MRIは軟部組織内の異常の検出に優れる）．ただ鼻腔への造影剤の混入・漏出や涙器系の過剰充填により画質が落ちることがこの観察による難点である．拡張した涙嚢や涙器系から派出している嚢胞には造影剤が貯留する．涙器系の（部分的あるいは全体的な）閉塞によりその部位の遠位側の造影剤の流れが滞る．涙器系と隣接する骨の骨融解は腫瘍や感染を示唆する．

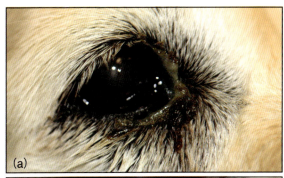
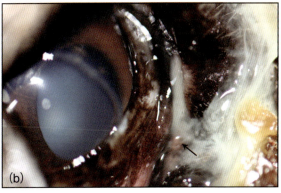

**図10.16** (a)涙嚢内の異物により涙嚢炎を続発した若齢のゴールデン・レトリーバー（その後外科的に摘出された）(b)下涙点（矢印）から溢れ出る膿粘性眼脂

## 犬の疾患

流涙症や涙嚢炎に繋がる病態を以下に示す．

- 先天性狭窄や涙器系全体あるいは部分的な形成不全
- 異物や炎症による閉塞
- 傍涙器系あるいは涙器系内の嚢胞性腫脹
- 外傷（交通事故，猫のけんか，手術による傷害など）
- 傍涙器系組織の腫瘍や炎症の波及（歯根膿瘍など）

### 涙嚢炎

涙嚢炎は涙器系排出路内での炎症である．下涙点から漏出する膿粘性眼脂が特徴的な症状である（図10.16）．眼脂は下涙点付近の皮膚を指で圧迫することで排出されることもある．涙嚢炎では下眼瞼結膜充血もみられる．眼瞼炎は涙嚢炎に続発し，眼瞼の腫脹や紅斑がみられる．慢性涙嚢炎では内眼角の下眼瞼に瘻管を生じることがある．

### 狭窄

涙器系の先天的な形成不全では生後数カ月以内に涙液排出障害と眼脂がみられる．犬で最も一般的な先天性疾患は涙点狭窄である．上涙点の欠損は通常無症候性であるが，下涙点欠損では流涙症となる．下涙点形成の方法は，上涙点から生理食塩水のフラッシュにより下涙小管上を覆う下眼瞼結膜を浮上させ，その部位の結膜を切開することで下涙点を開口させる（図10.17）．涙小管の結膜側は通常薄く血管も少ないため，切開に伴う出血は少なく，また外科的処置に伴う狭窄も起こりにくい．術後治療は1週間ほど抗生物質とコルチコステロイドの点眼である．

涙小管や鼻涙管の欠損は稀であるが，もしあった場合は治療がより難しくなり，涙器系と鼻腔間（結膜造瘻術），上顎洞（結膜上顎洞造瘻術），口腔（結膜口腔造瘻術）との開通手術を検討する．開通性の維持と術後狭窄を予防するために，3～6週間の内在性シリコンカテーテルの設置が推奨される．

### 小涙点症

先天性涙器形成不全のひとつであり，流涙症や膿粘性眼脂の原因となる．小涙点は1-2-3スニップテクニックにより容易に拡大できる．刃先の鋭利な鋏を下涙点から涙小管へと差し込み線状に切開する（スニップ「1」）．最初の切開を一辺とした三角形となるように切開を加える（スニップ「2」と「3」）．出血以外は，できれば涙小管へのカテーテルの設置は控える．術後2～3週間は1日3～4回抗生物質とコルチコステロイド点眼を続ける．

### 下涙点の位置異常

下涙点の位置異常によっても流涙症となる．上涙点の位置異常では通常無症候である．下涙点の位置異常は先天性疾患であるが，特に短頭種など構造の問題でみられることがある．つまり下眼瞼の内眼角側にある

第10章 涙 器

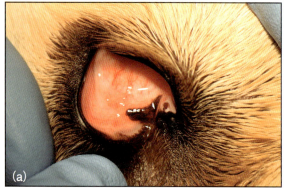

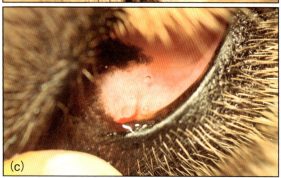

図10.17 両側下涙点欠損の9カ月齢ラブラドール・レトリーバー．(a)上涙点をカニュレーションし，生理食塩水によりフラッシュした後，浮上した涙小管を覆う結膜を切開して(スニップテクニック)涙器系を開通させる．(b)涙小管上の結膜を切開しているところ．(c)涙小管と下涙点が開通する．切開後に少量の出血を伴う．

下涙点は内反とともにねじれ，さらに結膜嚢内や眼球により涙点に閉塞が起こる．涙丘の睫毛乱生は短頭種によくみられ，内眼角からの流涙を誘発する．また短頭種のタイトな内眼角靱帯は涙点や涙小管を圧迫し涙液の排出を制限し，より流涙症を悪化させる．この場合，内眼角形成術(Hotz-Celsus法変法)や涙丘の睫毛乱生に対する外科的治療により流涙症は改善される．内眼角の内反症や涙丘の睫毛乱生に対する治療として内眼角形成術を実施する場合，涙小管の拡大を同時に実施するとよい(第9章を参照)．

### 嚢胞

**涙小管炎**：涙小管とは独立したあるいは繋がる嚢胞がある．いずれも二次的な涙液排出の障害となる．嚢胞は眼瞼の腫脹として検出される．治療は外科的切除と狭窄を避けるため3〜4週間，涙小管カテーテルが必要となる(抗生物質／ステロイド点眼治療を併用する)．涙腺分泌管組織由来の涙腺嚢腫は二次的に涙液排泄障害の原因となる(上記参照)．

**鼻涙管嚢胞**：発生は稀であるが，流涙や下涙点からの粘性から膿粘性眼脂の排出そして結膜充血を症状とし，炎症は再発する．画像診断が役立つ(図10.18)．外科的摘出では鼻涙管へアプローチするため通常上顎骨の切除が必要となるが，内視鏡手術では鼻腔や上顎洞経由の腫瘤が描出される．外科的治療で完全に腫瘤を摘出し，鼻腔内(涙嚢造瘻術)や上顎洞(涙嚢上顎洞造瘻術)へ造瘻術を実施する．

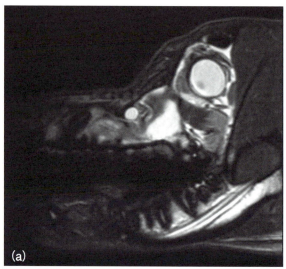
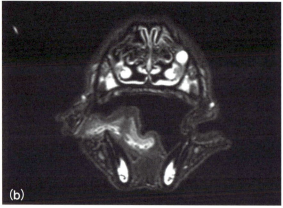

図10.18 鼻涙管嚢胞による慢性流涙症の2歳齢ラブラドール・レトリーバー．(a)矢状断T2強調MR画像で液体貯留を示す強信号が認められた嚢胞．(b)横断T2強調MR画像．右上顎第4後臼歯，上顎骨窩の吻側，鼻甲介の側方レベルの上顎骨内に嚢胞がある．鼻涙管は上顎と嚢胞の遠位端にある．鼻鏡検査が実施されたが嚢胞は特定できなかった．鼻涙管嚢胞を露出するため上顎骨フラップが作成され，内眼角側と吻側壁が切除された．鼻涙管はカテーテルにより留置され鼻腔内へ直接フラッシュされた．カテーテルとしてのナイロン糸は鼻腔内へ出ている形となっている．

上顎骨上皮嚢胞：上顎骨上皮嚢胞による鼻涙管の二次的な閉塞がラブラドール・レトリーバーで報告されている．稀であるが，鼻涙管が閉塞するため流涙症の原因となる．

## 閉塞

犬では鼻涙管内の異物による二次的な閉塞がみられることがある．原因として植物が最も多く，植物の種は涙点から涙嚢へ侵入し，中で引っかかることで涙点へ戻りにくくなる（図10.19）．所見として涙点から先端が突出して見えることもあるが，涙嚢や鼻涙管でも最も細い入り口で閉塞することが一般的である．

フラッシュにより異物を涙点へ移動させ摘出可能となることもあれば，涙嚢や鼻涙管の外科的処置が必要となることもある．異物が鼻涙管内へ達すると上顎骨を切除して摘出する必要がある．術後は鼻涙管や涙小管の狭窄を防ぐためステントの設置が必要となる．ステントが取り除かれるまでの3～4週間は抗生物質／ステロイド剤の点眼治療が必要となる．

鼻涙管や涙小管内に発生した肉芽腫も二次的な涙器系の閉塞の原因となる．肉芽形成（涙小管や涙嚢あるいは鼻涙管内で）に伴う鼻涙管裂傷後に正しい組織の閉鎖がなければ，裂傷の治癒とともに狭窄が起こる．鼻涙管損傷後の閉鎖処置（異物の外科的摘出後）には豚小腸粘膜材質などの吸収糸を用い上皮化を促進させる．

## 裂傷

涙器系への裂傷や外傷（交通事故など）では長期狭窄

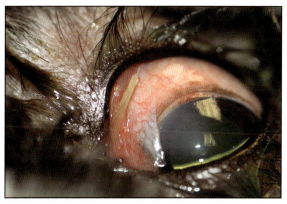

**図10.19** 上涙点に突き刺さっている植物の種がみられる若齢のチベタン・テリア．異物は点眼麻酔下で取り除かれ，併発していた表層性角膜潰瘍（角膜背鼻側のおよそ11時方向にあった）は抗生物質点眼により1週間で治癒した．

や流涙症とならないよう注意が必要である．上涙点や上眼瞼涙小管での裂傷では長期合併症なく治癒する一方，下涙点や下眼瞼涙小管では流涙症となることが多い．涙小管の裂傷では，術後狭窄を避けるため，涙小管自体を縫合せず周りの組織を注意深く縫合する（図10.20）．この手術は手術用拡大鏡を用いて十分な拡大のもと実施する．対側の涙点や涙小管のフラッシュが涙小管裂傷部の特定に役立つ．涙骨や上顎骨内の鼻涙管裂傷は破砕した骨組織の縫合や分離組織の除去が必要となる．鼻涙管上皮化促進と開通性維持のため4～6週間のカテーテル留置が推奨される．

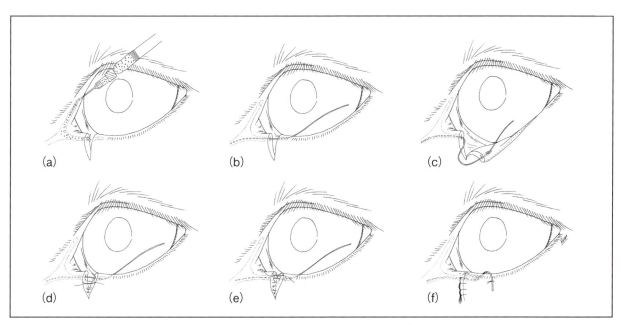

**図10.20** 下涙小管裂傷の治療．(a)上涙点からカニュレーションし，切断された涙小管とその周辺組織を識別しやすくするため空気を含む粘弾性物質を注入する．(b)下涙点からシリコン製チューブをカニュレーションする．(c)シリコン製チューブを裂けた涙小管内へと進めていく．(d)眼瞼縁に8の字縫合を施し，涙小管を正確に元の位置に戻す．(e)結膜下組織を縫合する．(f)裂傷した皮膚を縫合しシリコン製チューブの末端を下眼瞼に縫合しておく（イラスト：Roser Tetas Pont）．

## 猫の疾患

### 涙囊炎

猫では稀であるが鼻炎や歯牙疾患に伴って発症することがある．鼻炎や歯牙疾患そして腫瘍に伴う骨の破壊が涙器系障害による重度眼脂を生じる．

### 下涙点の位置異常

ある種の猫（ペルシャ，バーミーズなど）では，顔の構造上タイトな内眼角靱帯による涙小管の圧迫や涙丘の睫毛乱生により内眼角の流涙症の原因となる下涙点の位置異常を発症している動物と同様の症状がみられることがある（図10.21）．

### 閉塞

瞼球癒着（FHV-1感染症による）は涙点や涙小管の閉塞の原因となり流涙症を発症する（図10.22）．猫の涙器系閉塞による流涙症の原因として最も多い．

### 閉鎖

涙点欠損の猫が報告されているが猫では涙器系の閉鎖は稀である．ただあるとすれば猫では上涙点の方が欠損しやすい（対照的に犬では下涙点が欠損しやすい）．もし臨床症状があれば，治療は犬と同様である（上記参照）．

### 裂傷

内眼角の裂傷（猫同士のけんかなど）では，涙器系（涙囊，涙小管や涙点）に影響を及ぼすことがあり，その場合長期的流涙症を避けるため正確な修復が必要となる．

## 参考文献

Barnett KC (2006) Congenital keratoconjunctivitis sicca and ichyosiform dermatosis in the Cavalier King Charles Spaniel. *Journal of Small Animal Practice* **47**(9), 524–528

Berdoulay A, English RV and Nadelstein B (2005) Effect of topical 0.02% tacrolimus aqueous suspension on tear production in dogs with keratoconjunctivitis sicca. *Veterinary Ophthalmology* **8**, 225–232

Binder DR and Herring IP (2010) Evaluation of nasolacrimal fluorescein transit time in ophthalmically normal dogs and nonbrachycephalic cats. *American Journal of Veterinary Research* **71**, 570–574

Bugelski PJ, Volk A, Walker MR *et al.* (2010) Critical review of preclinical approaches to evaluate the potential of immunosuppressive drugs to influence human neoplasia. *International Journal of Toxicology* **29**, 435–466

Covitz D, Hunziker J and Koch SA (1977) Conjunctivorhinostomy: a surgical method for the control of epiphora in the dog and cat. *Journal of the American Veterinary Medical Association* **171**(3), 251–255

Davis K and Townsend W (2011) Tear-film osmolarity in normal cats and cats with conjunctivitis. *Veterinary Ophthalmology* **14**(Suppl. 1), 54–59

Featherstone H and Llabres Diaz F (2003) Maxillary bone epithelial cyst in a dog. *Journal of Small Animal Practice* **44**(12), 541–545

Gelatt KN, Guffy MM and Boggess TS 3rd (1970) Radiographic contrast techniques for detecting orbital and nasolacrimal tumors in dogs. *Journal of the American Veterinary Medical Association* **156**(6), 741–746

Giuliano EA and Moore CP (2007) Diseases and surgery of the lacrimal secretory system. In: *Veterinary Ophthalmology*, 4th edn, ed. Gelatt KN, pp. 633–661. Blackwell Publishing, Iowa

Giuliano EA, Pope ER, Champagne ES and Moore CP (2006) Dacryocystomaxillorhinostomy for chronic dacryocystitis in a dog. *Veterinary Ophthalmology* **9**(2), 89–94

Grahn BH and Mason RA (1995) Epiphora associated with dacryops in a dog. *Journal of the American Animal Hospital Association* **31**(1), 15–19

Grahn BH and Sandmeyer LS (2007) Diseases and surgery of the canine nasolacrimal system. In: *Veterinary Ophthalmology*, 4th edn, ed. Gelatt KN, pp. 618–632. Blackwell Publishing, Iowa

Grahn BH, Sisler S and Storey E (2005) Qualitative tear film and conjunctival goblet cell assessment of cats with corneal sequestra. *Veterinary Ophthalmology* **8**(3), 167–170

Hartley C, Donaldson D, Smith KC *et al.* (2012) Congenital keratoconjunctivitis sicca and ichthyosiform dermatosis in 25 Cavalier King Charles Spaniel dogs – part I: clinical signs, histopathology, and inheritance. *Veterinary Ophthalmology* **15**(5), 315–326

Hendrix DV, Adkins EA, Ward DA, Stuffle J and Skorobohach B (2011) An investigation comparing the efficacy of topical application of tacrolimus and cyclosporine in dogs. *Veterinary Medicine International* doi: 10.4061/2011/487592

Herrera HD, Weichsler N, Gomez JR and de Jalon JA (2007) Severe, unilateral unresponsive keratoconjunctivitis sicca in 16 juvenile Yorkshire Terriers. *Veterinary Ophthalmology* **10**(5), 285–288

Herring IP, Pickett JP, Champagne ES and Marini M (2000) Evaluation of aqueous tear production in dogs following general anesthesia. *Journal of the American Animal Hospital Association* **36**(5), 427–430

Hirayama K, Kagawa Y, Tsuzuki K *et al.* (2000) A pleomorphic adenoma of the lacrimal gland in a dog. *Veterinary Pathology* **37**(4), 353–356

図10.21　タイトな内眼角靱帯，内眼角眼瞼内反症及び流涙症を示すブリティッシュ・ショートヘアー

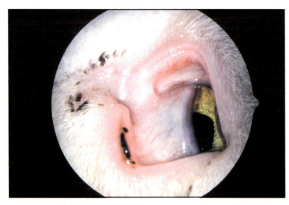

図10.22　重度の瞼球癒着（猫ヘルペスウイルス1型感染症による）により上下の涙点が後天的に閉塞した室内飼育のドメスティック・ショートヘアー．腹側結膜円蓋部は重度癒着により消失し，背側結膜円蓋部もまた同様である．

Izci C, Celik I, Alkan F *et al.* (2002) Histologic characteristics and local cellular immunity of the gland of the third eyelid after topical ophthalmic administration of 2% cyclosporine for treatment of dogs with keratoconjunctivitis sicca. *American Journal of Veterinary Research* **63**(5), 688–694

Kaswan RL, Martin CL and Chapman WL Jr. (1985) Keratoconjunctivitis sicca: histopathologic study of nictitating membrane and lacrimal glands from 28 dogs. *American Journal of Veterinary Research* **45**(1), 112–118

Kaswan RL, Martin CL and Dawe DL (1985) Keratoconjunctivitis sicca: immunological evaluation of 62 canine cases. *American Journal of Veterinary Research* **46**(2), 376–383

Lussier B and Carrier M (2004) Surgical treatment of recurrent dacryocystitis secondary to cystic dilatation of the nasolacrimal duct in a dog. *Journal of the American Animal Hospital Association* **40**(3), 216–219

Morgan RV and Abrams KL (1998) Topical administration of cyclosporine for treatment of keratoconjunctivitis sicca in dogs. *Journal of the American Veterinary Medical Association* **199**(8), 1043–1046

Morgan RV, Duddy JM and McClurg K (1993) Prolapse of the gland of the third eyelid in dogs: a retrospective study of 89 cases (1980 to 1990). *Journal of the American Animal Hospital Association* **29**, 56–60

Nell B, Walde I, Billich A, Vit P and Meingassner JG (2005) The effect of topical pimecrolimus on keratoconjunctivitis sicca and chronic superficial keratitis in dogs: results from an exploratory study. *Veterinary Ophthalmology* **8**(1), 39–46

Nykamp SG, Scrivani PV and Pease AP (2004) Computed tomography dacryocystography evaluation of the nasolacrimal apparatus. *Veterinary Radiology & Ultrasound* **45**(1), 23–28

Ofri R, Lambrou GN, Allgoewer I *et al.* (2009) Clinical evaluation of pimecrolimus eye drops for treatment of canine keratoconjunctivitis sicca: a comparison with cyclosporine A. *Veterinary Journal* **179**(1), 70–77

Ota J, Pearce JW, Finn MJ, Johnson GC and Giuliano EA (2009) Dacryops (lacrimal cyst) in three young Labrador Retrievers. *Journal of the American Animal Hospital Association* **45**(4), 191–196

Rhodes M, Heinrich C, Featherstone H *et al.* (2012) Parotid duct transposition in dogs: a retrospective review of 92 eyes from 1999 to 2009. *Veterinary Ophthalmology* **15**, 213–222

Sanchez RF, Innocent G, Mould J and Billson FM (2007) Canine keratoconjunctivitis sicca: disease trends in a review of 229 cases. *Journal of Small Animal Practice* **48**(4), 211–217

Sansom J, Barnett KC, Neumann W *et al.* (1995) Treatment of keratoconjunctivitis sicca in dogs with cyclosporine ophthalmic ointment: a European clinical field trial. *Veterinary Record* **137**(20), 504–507

Shepard MK, Accola PJ, Lopez LA, Shaughnessy MR and Hofmeister EH (2011) Effect of duration and type of anesthetic on tear production in dogs. *American Journal of Veterinary Research* **72**, 608–612

Smith EM, Buyukmihci NC and Farver TB (1994) Effect of topical pilocarpine treatment on tear production in dogs. *Journal of the American Veterinary Medicine Association* **205**, 1286–1289

van der Woerdt A, Wilkie DA, Gilger BC, Smeak DD and Kerpsack SJ (1997) Surgical treatment of dacryocystitis caused by cystic dilatation of the nasolacrimal system in three dogs. *Journal of the American Veterinary Medical Association* **211**(4), 445–447

Wang FI, Ting CT and Liu YS (2001) Orbital adenocarcinoma of lacrimal gland origin in a dog. *Journal of Veterinary Diagnostic Investigation* **13**(2), 159–161

Westermeyer HD, Ward DA and Abrams K (2009) Breed predisposition to congenital alacrima in dogs. *Veterinary Ophthalmology* **12**(1), 1–5

# 11

# 結膜と第三眼瞼

**Claudia Hartley**

## 結膜

### 発生学,解剖学および生理学

結膜の上皮(眼瞼も同様)は表皮外胚葉から発生している.結膜の実質は神経堤細胞からできる中胚葉から発生している.瞼結膜は,眼瞼縁の皮膚粘膜移行部から眼瞼を裏打ちし(犬では薄い瞼板と密接に接着して),眼球を覆う球結膜になるために腹側および背側円蓋部で反転する(図11.1).テノン嚢と密に接着している輪部を除いて,球結膜は下層の組織とゆるく接着している.結膜円蓋部と球結膜がゆるく接着しているために,眼球は眼瞼の下で自由に動くことができる.結膜嚢は,結膜で覆われている眼瞼と眼球の間のスペースをいう.

正常な結膜は,非角化重層扁平(瞼結膜,球結膜)または立方(円蓋部)上皮で,六層以上の厚さがあり,表面に微絨毛がある.この微細な突起は,涙液膜特に粘液成分が付着する部位である.涙液膜の粘液成分も糖タンパクの突起物(糖衣)があり,これは結膜表層および角膜上皮に発現している.上皮,および特に鼻腹側の円蓋部には杯細胞があり,涙液膜の重要な構成成分であるムチンを産生している.結膜上皮の下層の実質

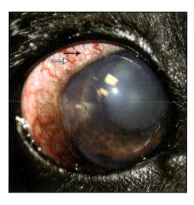

図11.2
結膜(白矢印)と上強膜(黒矢印)の血管.結膜の血管は,上強膜の血管よりも長く,分枝が多く,表層に存在する.

表層にはリンパ系組織(結膜関連リンパ装置:CALT〈conjunctival-associated lymphoid tissue〉)があり,これは層全体にわたり局所的に密に発現している.実質の表層および深層には,リンパ管,神経,および血管がある.結膜の知覚神経は三叉神経の眼枝である.

結膜の血管は,分枝していること,赤みが明るいこと,結膜の動きにより可動性があることから同定できる(図11.2).深く,通常は分枝がなく,赤みが暗い,上強膜および強膜の血管と鑑別ができる(第13章も参照).結膜の動脈は,前毛様体動脈(球結膜)または眼瞼動脈(瞼結膜)から分枝する.結膜の血管は,上強膜および強膜内にある角膜輪部の血管叢と連絡している.輪部において球結膜血管から内皮出芽し,角膜表層の血管新生が生じる.深層の角膜血管新生は,輪部深層(上強膜)の血管から生じる.

### 疾患の検査

細胞診は,診断の際に迅速に有用な情報が得られ,さらに多くの結膜疾患において,培養結果が出るまで,または培養検査をしていない場合に,適切な抗微生物治療法の決定について迅速に有用な情報が得られる.微生物培養検査の方が細胞診よりも感度は高いが,細胞診により迅速な治療を行うことができる.結膜のバイオプシーは,多くの症例において局所麻酔下で実施できる.細胞診,微生物培養検査,および結

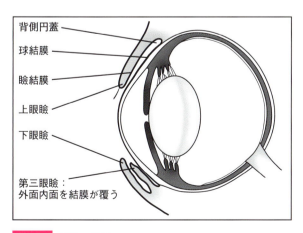

図11.1 結膜の解剖
- 背側円蓋
- 球結膜
- 瞼結膜
- 上眼瞼
- 下眼瞼
- 第三眼瞼:外面内面を結膜が覆う

第 11 章　結膜と第三眼瞼

のバイオプシーの詳細な手技については第 3 章で述べた．

## 犬の疾患

### 類皮腫

類皮腫は，発生途中に生じた，分化した腫瘍でない組織で構成される，異所生に発生した腫瘤（分離腫）である．通常，類皮腫は耳側輪部から発生し，角膜（第 12 章を参照）や眼瞼（図 11.3）を巻き込む．類皮腫の外観は毛の生えた皮膚であり，長い毛は涙液に覆われている．先天性ではあるが，幼齢期には気づき難く，成長するとともに明瞭になり，臨床症状（眼脂，流涙）を伴うようになる．遺伝性の類皮腫は，セント・バーナードでいわれているが，その他にもジャーマン・シェパード・ドッグ，バセット・ハウンド，ブルドック，ラブラドール・レトリーバー，およびシー・ズーでみられる．

治療は外科的切除であり，完全に切除できれば治癒的である．病変が角膜に及んでいるときは，表層結膜切除，角膜切除が必要であるが，隣接する正常組織の障害を最小限にするために，拡大鏡（サージカルルーペ，または手術用顕微鏡）下で行うべきである．角膜を切除した部位は，しばしば結膜化して治癒する．

### 結膜炎

結膜炎は，臨床の場で最も多く遭遇する眼疾患のひとつであり，原発性もあるが，より頻度が高いのは他の眼疾患，全身性疾患からの続発性である．眼窩疾患，強膜上強膜疾患，眼内疾患，または全身性疾患などで，類似した外観を呈すが（第 21 章を参照）より重篤な疾患に起因する結膜炎との鑑別が重要である．結膜炎の臨床所見は，結膜充血，結膜浮腫，結膜の腫脹または肥厚，眼瞼痙攣，流涙であり，眼脂（粘液性，粘液膿性，膿性，または血性）を伴ったり伴わなかったりする（図 11.4）．いくつかの結膜炎，特にアレルギー性結膜

図11.4　3 歳齢のセント・バーナードにみられた原因不明の結膜浮腫

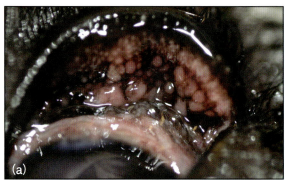

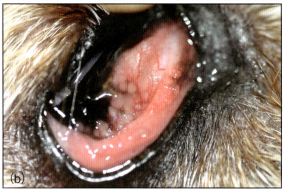

図11.5　5 歳齢のレオンベルガーにみられた濾胞性結膜炎（a），10 歳齢のジャック・ラッセル・テリア（b）

炎は，瘙痒を伴う．長頭種では，正常な所見として内眼角に粘液の蓄積がみられる．これは内眼角ポケット症候群と呼ばれ，眼球の位置（眼球が深くに位置する）と深い結膜円蓋のためである．

**結膜のリンパ組織の濾胞過形成**：これは慢性結膜炎でみられる非特異的な反応であり，結膜の毛細血管に沿って，または結膜表面にみられる結節状の構造物という外観から容易に診断できる．小水疱と類似しているが，内容は液体ではなく，リンパ組織で構成されている．これらは通常結膜円蓋部または第三眼瞼の後面にみられる（図 11.5）．濾胞性結膜炎は，臨床症状や基礎疾患がない若齢の犬でみられ，しばしば特異的な治療をせずとも自然に治癒する．

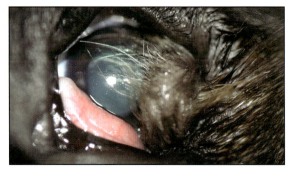

図11.3　4 カ月齢のジャーマン・シェパード・ドッグにみられた眼球上類皮腫．結膜と耳側下眼瞼が侵されている．

結膜の肥厚：これは上皮の扁平上皮化生の結果起こり，誘因（例えば，乾性角結膜炎〈KCS〉）が速やかに解決されなければ不可逆性となる．結膜の肥厚は細胞浸潤を伴ったり，腫瘍性疾患のような結膜の炎症（結膜炎）による細胞浸潤のために生じたりする（後述）．

感染性結膜炎：
ウイルス性結膜炎：犬において原発性の感染性結膜炎は稀であるが，犬ジステンパーウイルス（他の全身症状を伴う），犬ヘルペスウイルス1型，犬アデノウイルス2型（Ledbetter, et al., 2009）によるものが報告されている（第20章を参照）．新生子の結膜炎（新生子眼炎）は，眼瞼が開く前の幼齢動物でみられ，詳細は第9章に記載した．犬ヘルペスウイルス1型は母犬の生殖管からの感染が最もよくみられる原因で，細菌の二次感染を伴う．

細菌性結膜炎：犬では通常，結膜の外傷やKCSのような誘発する原因や基礎疾患によって，二次的に日和見的に感染が生じる（後述）．誘因を特定することが，治療成功のためには肝要である．結膜炎がみられる，または再発がみられるときには，眼瞼内反，眼瞼外反，眼瞼欠損，睫毛重生，睫毛乱生，またはKCSなどの示唆される誘因を診断，治療する．犬の結膜炎で最も頻繁にみられる細菌は，Staphylococcus および Streptococcus spp. のような常在菌であり，Escherichia coli, Bacillus spp., Proteus spp., および Pseudomonas spp. も稀にみられる．

真菌性結膜炎：英国では報告はないが，Blastomyces dermatitidis による結膜結節が米国で報告されている（Hendrix, 2007）．酵母（Malassezia および Candida spp.）の感染がみられることがあるが，通常は皮膚および耳の感染症と関連している．

寄生虫性結膜炎：
- Thelazia spp.：英国では報告がないが，欧州大陸では T. calipaeda は犬だけでなく，猫，キツネ，およびヒトでも結膜炎の原因となり得る．線虫の幼虫はハエにより媒介され，宿主の結膜嚢，鼻涙管系に侵入し，成体になる．線虫の表皮に刺激により，結膜の炎症と流涙が生じる．治療は，用手による線虫の除去，または洗浄であり，イベルメクチンやモキシデクチンのような駆虫薬を併用する．
- Leishmania spp.：原生動物であり，サシチョウバエが媒介する．英国ではサシチョウバエがいないため，この疾患は稀である．しかしペットのパスポートの出現により，外国からの旅行帰りの犬（ごく稀に猫）でリーシュマニア症の症状を示すことがある．

Leishmania spp. は，結膜炎，角膜炎，眼瞼炎，ぶどう膜炎，網膜炎，皮膚症状，悪液質や他の全身症状を引き起こす．血液を用いた寄生虫の定量的なポリメラーゼ連鎖反応（PCR），抗体価測定のための血清学的検査で診断できる．

非感染性結膜炎：
刺激物：ほこり，煙，小さな砂だけでなくいくつかの通常用いられている薬剤（ネオマイシン，テトラサイクリンなど）が結膜の炎症を引き起こす．刺激物の除去により臨床症状は改善する．ほこりっぽい環境に住む動物や，異物が結膜嚢内に蓄積しているとき（例えば，砂浜を歩いた後の砂）は，刺激を減らすために生理食塩水で結膜円蓋を洗浄するとよい．

アレルギー性結膜炎：即時型または遅発型過敏反応に関連している．多くの症例は両側性であり，アトピー性皮膚炎を併発している．これらの症例では，アトピー性皮膚炎に対する減感作予防接種によりアレルギー性結膜炎が改善する．一部の動物では臨床症状は季節性であり，一方，他の動物では療法食に反応する．

自己免疫疾患：類天疱瘡のような自己免疫疾患の結膜組織を含む皮膚粘膜移行部の炎症は，結膜炎の原因としては稀である．

木質性結膜炎：膜状または偽膜状の結膜炎に特徴づけられる本疾患は稀で，口腔，上部呼吸器，尿路上皮を含む全身性疾患の一症状である．犬では，木質性結膜炎はドーベルマンで報告されている（Ramsey et al., 1996）（図11.6）．ヒトの木質性結膜炎は，プラスミノーゲン遺伝子の変異の関与がいわれており，犬の木質性結膜炎は，プラスミノーゲンの欠乏が報告されている．治療の成功は，1例でしか報告されていないが（Torres et al., 2009），局所および全身投与の免疫抑制または免疫調節，抗炎症治療，局所のヘパリンを用いる．

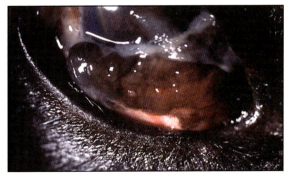

図11.6 4歳齢のドーベルマンにみられた木質性結膜炎．第三眼瞼の辺縁を覆う灰色の偽膜に注目

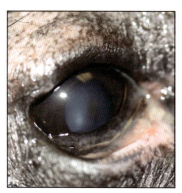

図11.7
10歳齢のラブラドール・レトリーバーにみられた放射線性結膜炎（洞の腫瘍への外部からの照射）

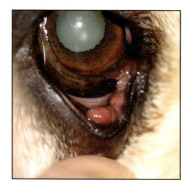

図11.8
結膜のバイオプシーにより診断した11歳のラブラドール・レトリーバーにみられた化膿性肉芽腫性眼瞼結膜炎

図11.9
11歳齢のジャーマン・シェパード・ドッグにみられた頬骨腺癌．結膜の露出が増加し，二次的な結膜充血がみられる．

**放射線起因性結膜炎**：眼が放射線に暴露されたとき（例えば，洞の腫瘍〈図11.7〉）に生じる．結膜上皮の基底幹細胞の層が放射線の影響を受けており，治療に対する反応は悪い．放射線治療による早期または晩期の合併症としてKCSがみられる．

**局所疾患からの波及**：眼瞼炎，副鼻腔炎，眼窩および鼻涙管の疾患は，二次的に結膜に影響を与える（図11.8および11.9）．隣接する構造物の疾患を診断するには，眼付属器を含む眼科検査，顔面の対称性，口腔内検査，眼窩および顔面の骨の触診が必要である．頭部のX線検査，眼の超音波検査は，副鼻腔や眼窩の疾患の鑑別に有用である．MRIやCTでは，より診断的な情報が得られ，適切なアプローチをすることができる（第2章を参照）．

**他の眼疾患からの続発性**：結膜充血のような結膜炎の臨床症状は，他の眼疾患の症状（例えば，上強膜の充血，角膜浮腫）と併せてみられることがある．眼の基礎疾患が正確に診断できれば，適切に管理でき，特別な治療がなくても結膜の充血は改善する．特に以下の検査は重要である．

- ぶどう膜炎
- 緑内障
- 上強膜炎/強膜炎

上記の疾患の詳細については，そこに関連した章を参照のこと．

**全身性疾患からの続発性**：多くの全身性疾患から続発する（表11.1および第20章も参照）．貧血では，結膜は蒼白であるが，一般的には貧血が中等度から重度の場合に明らかである．口腔や泌尿生殖器の粘膜と同様に，黄染（黄疸による）は結膜および強膜で確認できる．血液凝固不全は結膜出血（点状出血から斑状出血）を引き起こし，多血症や過粘稠血症では結膜血管はうっ血する．

表11.1 結膜の病態に関連する全身性疾患

- 貧血
- 黄疸
- 血小板減少症
- 血液凝固障害
- 多血症
- 過粘稠症候群
- 全身性高血圧症
- 血管炎
- 組織球増殖症
- 多中心型リンパ腫
- 特発性肉芽腫性疾患
- 自己免疫疾患（皮膚粘膜接合部）
- 木質性結膜炎

## 結膜の腫瘤

**非腫瘍性腫瘤**：結膜下の脂肪脱出は，結膜腫瘍と鑑別することが重要であり，柔らかい疼痛のない腫脹で，通常は急性に生じる（図11.10）．眼窩周囲の筋膜から脱出した眼窩の脂肪は切除できるが，脱出が広範囲に及ぶ場合には，眼球陥凹が残ることがある．結膜上皮封入体嚢胞は，結膜の手術や外傷により生じ，外科的切除で治癒する．

**結膜の腫瘍**：犬では原発性の結膜腫瘍は稀であるが，多くの種類の腫瘍が報告されている（表11.2，図

図11.10　結膜下への脂肪の脱出（G. McLellan 氏のご厚意による）

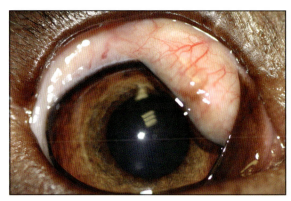

図11.11　9歳齢のラブラドール・レトリーバーにみられた結膜肥満細胞腫

表11.2　原発性，二次性の結膜腫瘍

| 原発性腫瘍 |
| --- |
| ・肥満細胞腫 |
| ・扁平上皮癌 |
| ・乳頭腫 |
| ・血管腫/血管肉腫 |
| ・黒色腫 |
| ・線維腫/線維肉腫 |
| ・腺腫/腺癌 |
| ・中心性節外リンパ腫 |
| ・小葉性眼窩腺腫 |
| **二次性腫瘍** |
| ・リンパ腫 |
| ・全身性組織球症 |
| ・血管腫/血管肉腫 |
| ・腺腫/腺癌 |
| ・肥満細胞腫 |
| ・可移植性性器腫瘍 |

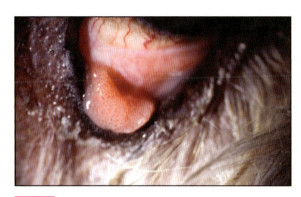

図11.12　8歳齢のラサ・アプソにみられた結膜乳頭腫

11.11 および 11.12）．結膜のバイオプシーは診断的価値がある．これらの腫瘍の挙動がタイプにより大きく異なるため，病理組織学的検査は不可欠である．局所浸潤と転移をしばしば起こす結膜のメラノーマは例外だが，犬の原発性の結膜腫瘍は，通常良性である．しかし，局所浸潤を起こす可能性があり（扁平上皮癌など），慎重な切除と補助療法が必要となる．

　多中心性リンパ腫では，細胞診浸潤により結膜の肥厚が生じることがある．結膜の悪性黒色腫は，第三眼瞼の結膜に好発し，犬で報告されている．結膜の肥満細胞腫は，皮膚に発生するものと対照的にほとんどが良性であり，マージンを完全にとれば外科的切除により治癒的である（Fife *et al.*, 2001）．結膜の血管腫および血管肉腫は犬で報告されており，紫外線（UV）の暴露の関与が疑われている（Pirie *et al.*, 2006）．背側の球結膜から第三眼瞼の自由縁が侵される傾向があると報告されている．外科的切除により治癒的であるが，再発もあり，再発は血管肉腫の方が多い．凍結療法，炭酸ガスレーザー，ストロンチウム-90 の照射による補助療法が報告されている．

### 結膜の外傷

　結膜は，最低限の治療（局所の広域スペクトルの抗生物質）で軽度の瘢痕形成で治癒するが，鋭的な外傷の場合は全身的な鎮痛薬（NSAID〈非ステロイド性抗炎症薬〉）を用いる．高速に貫通した異物（エアガンやショットガンの弾丸）の症例では，結膜の外傷は一見軽度だが，眼球，眼窩，眼周囲組織などの傷害，異物の残存などを注意深く検査することが必要である．

　広範囲に結膜が欠損した（または外科的に切除した）場合は，6-0〜8-0 の吸収糸（0.7〜0.4 metric）で縫合するが，角膜表面の刺激を最低限にし，摩擦を避けるために結び目は埋没するように気をつける．潰瘍化した，または切開された結膜は，隣接する結膜や角膜と癒着する．これは瞼球癒着として知られている．

**結膜下出血**：結膜，強膜，上強膜には血液供給が多いため，鈍的外傷により広範囲に結膜下出血がみられる（図 11.13）．鈍的外傷は，眼内構造を破壊することが

第11章　結膜と第三眼瞼

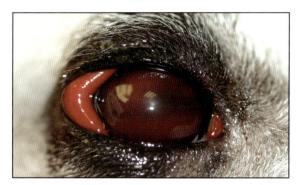

図11.13　12歳齢のウィペットにみられた頭部外傷に起因する結膜下出血と前房出血

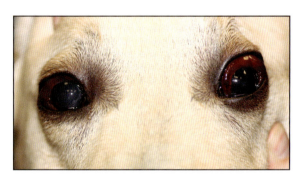

図11.14　5歳齢のラブラドール・レトリーバーにみられた血液凝固不全に伴う両眼性の結膜下出血

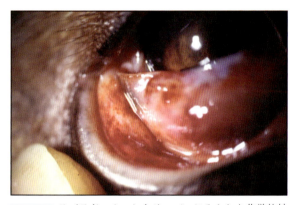

図11.15　ラブラドール・レトリーバーにみられた化学的外傷が疑われた結膜出血

害は，瞼球癒着を引き起こす．化学的外傷またはそれが疑われる場合には，少なくとも30分は大量の滅菌生理食塩水で水洗すべきである．

**異物による外傷**：異物は，結膜嚢や第三眼瞼の裏側に留まる．多くの症例では，結膜浮腫，結膜充血，および流涙を伴う急性の不快感を呈し，粘液膿性眼脂もみられる．有機物の異物（図11.18）が最も多く遭遇する．

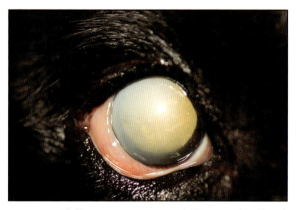

図11.16　6歳齢のロットワイラーの右眼で，24時間前に受けたアルカリ外傷

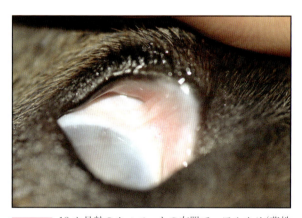

図11.17　18カ月齢のウィペットの右眼で，アルカリ（苛性ソーダ）外傷を受けた2カ月後．結膜の癒着と円蓋部の短縮に注目

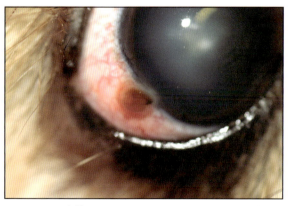

図11.18　10歳齢のヨークシャー・テリアにみられた結膜の異物（植物片）

あるため，結膜下出血の際には常に徹底した眼科検査を迅速に行うべきである．両眼性で外傷の証拠がない結膜下出血では，血液凝固障害（図11.14），全身性高血圧症，圧迫性外傷や窒息，血管による末梢静脈の圧上昇などを類症鑑別すべきである．

**化学的障害**：化学的障害はしばしば重篤であり，特にアルカリ性物質の飛沫の場合（対照的に酸性物質は接触した組織を変性させ，眼内への浸透は限られる）には眼内に浸透する（図11.15〜17）．酸性およびアルカリ性外傷はどちらも結膜および角膜幹細胞を破壊する傾向がある．幹細胞の減少や広範囲にわたる結膜の傷

攻撃的な犬を除いてすべての症例で，局所麻酔下で結膜円蓋，および第三眼瞼の裏側を注意深く検査し，原因異物を明らかにし，除去すべきである．異物は，無傷の結膜から侵入して，瘻管形成からの分泌を伴って球後組織に移動，または眼球を貫通する．画像診断は，多くの症例で有用である．これらの症例では，全身麻酔下での外科的な異物の探索，除去が必要である．

## 猫の疾患

### 類皮腫

類皮腫は，異所性に発生した表皮と皮膚組織（分離腫）である．猫で生じるのは稀であり，通常はバーミーズ（図11.19）とバーマンに限られるが，ドメスティック・ショートヘアーでも報告がある（Hendy-Ibbs, 1985）．類皮腫上の毛は細長く，角膜に接触して涙液膜上を漂う．

### 結膜炎

**原発性結膜炎**：猫では感染性結膜炎は多くみられ，病原体としては猫ヘルペスウイルス1型（FHV-1），クラミジア，猫カリシウイルス（FCV），*Mycoplasma* spp.などがある．*Staphylococcus epidermidis*，β-haemolytic *Streptococcus* spp.，non-haemolytic *Streptococcus* spp.なども猫の結膜炎から分離され，通常は他の病原体と混合感染し，日和見感染と考えられる（Hartmann *et al.* 2010）．

**猫ヘルペスウイルス1型**：DNAアルファヘルペスウイルスであり，世界中の猫の集団で広まっている．原発性の感染は子猫で多くみられるが，通常8〜12週齢で母体からの抗体が減少するためである．ウイルスは，結膜，鼻，咽頭上皮に向性があるため，通常は上部呼吸器症状と結膜炎を呈し，倦怠感と発熱も伴う．組織病理学的評価では，二次的な細菌感染がなくても好中球の浸潤が顕著である．したがって，このような症例では，膿性眼脂の存在から細菌感染と決めてかかることはできない．FHV-1は，幼猫の新生子眼炎の原因ともなる．密接な接触と，エアロゾル化された呼吸器の分泌物により伝播する．したがって濃厚感染していると感染の伝播を促進するが，FHV-1は環境中では長期間生存できず，たいていの消毒薬によって死滅する．

結膜および呼吸器の上皮内でのFHV-1の増殖は，上皮のびらんや炎症を引き起こす（図11.20）．結膜の潰瘍は，瞼球癒着（潰瘍化した結膜は，潰瘍化した角膜や結膜の他の部位と癒着する）を引き起こす．これらの結膜の癒着により，涙腺の導管や（二次的にKCSを引き起こす），結膜円蓋，涙点が消失し，慢性的な流涙を引き起こす（図11.21）．FHV-1結膜炎では，角膜潰瘍を伴うこともある．角膜潰瘍は，早期には樹状で，多くの症例は急速に進行し地図状の表層性潰瘍となる．しかし慢性化した症例では，角膜実質に炎症がみられる（詳しくは第12章を参照）．

FHV-1結膜炎は，細菌の日和見感染により複雑化している．原発性のFHV-1感染に対する治療は，二次的な細菌感染に対する抗生物質の局所投与と，眼脂を拭く，眼の保湿，結膜の癒着の防止など，主として補助的な治療である．局所投与（トリフルオロチミジ

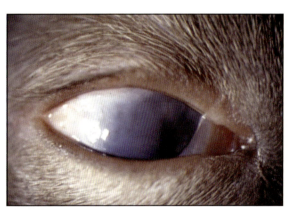

図11.20　シャムの子猫にみられたFHV-1感染による輪部の結膜化．第三眼瞼の充血と透明な眼脂にも注目

図11.19　8週齢のバーミーズにみられた眼球上類皮腫（眼瞼は侵されていない）

図11.21　ドメスティック・ショートヘアーの子猫にみられたFHV-1結膜炎

ン）や全身投与（ファンシクロビル）の抗ウイルス療法を利用できるが，下部気道感染を伴う重度の原発性感染（全身投与），重度な慢性化した，または再発する症例に対して行う．FHV-1結膜炎および角膜炎の治療については表11.3に表記した．

原発性感染の約80％で三叉神経節内での潜伏感染が起こっている．潜伏感染の猫の約半分は，その後，ウイルスの順行性の軸索の移動による，ウイルスの自発的な再活性化が起こる．ストレスやコルチコステロイドの投与は，潜伏したウイルスの再活性化に関与する．眼症状は，片眼性または両眼性であり，通常再活性化した症例では，症状は最初に感染した眼に限られ，対側眼は臨床的に正常である．再活性化したFHV-1結膜炎の治療は，補助的な治療であり，角膜への感染がなければ，抗ウイルス治療は必要ない．FHV-1感染の診断はPCRにより確定でき，PCRはウイルス分離に代わってゴールドスタンダードとなっており，非常に感受性が高い．しかしFHV-1の再活性化は三叉神経刺激で起こる．したがってFHV-1のDNAは，その眼疾患の原因として存在するのではなく，偶然に再活性化したFHV-1や二次的な他の眼疾患の結果として存在する可能性もある．そのため多くの眼科専門医は，FHV-1による疾患の診断は，病歴や眼所見で行う（Stiles, 2000；Gould, 2011）．

**表11.3** FHV-1結膜炎および角膜炎の治療

| 抗ウイルス療法 | 効果 | FHV-1に対するin vitroでの効果（$ED_{50}$ μM） | 投与量 | 備考 |
|---|---|---|---|---|
| インターフェロン(IFN)-ω/γ | 抗ウイルス機能を有する先天性免疫（非特異的）を媒介するサイトカイン | | In vitroの研究ではIFN-ωの高容量が推奨される(50,000 IU/ml)(Siebeck et al., 2006) | 実験的FHV-1感染の前処置を行ったin vivoの研究ではIFN-ωの経口投与，点眼は有用でないと報告されている |
| L-リジン | L-リジンはアルギニン（ウイルス複製に必要な必須アミノ酸）を競合的に阻害 | | 250 mg/猫24時間毎から500 mg/猫12時間毎経口投与 食事中：11 g/kgから51 g/kg | In vivoの研究ではL-リジンの経口投与は有用であるが，最近の研究では様々で，あるいは重症度を抑えるのみと報告されている(Drazenovich et al., 2009)．食事中に高濃度に混ぜると摂取量が減る |
| トリフルオロチミジン（トリフルリジン） | 非環状ヌクレオシド類似体（チミジン類似体） | 0.67 | 1%点眼液2～6時間毎 | In vivoの対照研究はない |
| イドクスウリジン | 非環状ヌクレオシド類似体（チミジン類似体） | 4.3～6.8 | 0.1%眼軟膏1～6時間毎 | In vivoの対照研究はない．刺激性のある場合もある．入手困難（調剤薬局のみ） |
| ガンシクロビル | 非環状ヌクレオシド類似体（グアノシン類似体） | 5.2 | 0.15%ゲル4～6時間毎21日間 | In vivoの対照研究はない．英国の薬局のみで入手可能 |
| シドフォビル | 非環状ヌクレオシド類似体（シトシン類似体） | 11.0 | 0.5%点眼液12時間毎21日間 | In vivoの研究において，実験的FHV-1感染に対して，1日2回でウイルス排出と臨床症状を有意に減らしている(Fontenelle et al., 2008). |
| ファンシクロビル（ペンシクロビルのプロドラック） | 非環状ヌクレオシド類似体 | 13.9 | 推奨容量は様々で，15 mg/kg 12～24時間毎から90 mg/kg 12時間毎経口投与 | In vivoで有効性が報告されている．あるIn vivoの研究では40 mg/kg未満では効果がない(Thormasy et al., 2012)．肝臓で代謝され腎臓から排泄されるため，肝疾患，および腎疾患では注意．In vivoで1%眼軟膏がヒトの単純ヘルペス性角膜炎に有効であると報告されている．まだ商品化されていない（調剤薬局のみ） |
| ビダラビン | 非環状ヌクレオシド類似体（アデノシン類似体） | 21.4 | 3%眼軟膏3～6時間毎21日間 | すでに商品は手に入らない．In vivoの対照研究はない． |
| アシクロビル | 非環状ヌクレオシド類似体 | 57.9～85.6 | 3%眼軟膏4～6時間毎21日間 | In vivoの対照研究はない．骨髄抑制（好中球減少症，貧血）のある猫では全身投与は推奨されない． |

$ED_{50}$＝50％有効濃度．対照と比較して50％のプラーク数を減少させるのに必要な薬物濃度

ワクチン接種ではFHV-1の感染は防ぐことはできないが，ワクチン接種された猫では，野生株に暴露されたときに，臨床症状が軽度である傾向がある．FHV-1の感染に対して，特に粘膜表面の細胞性免疫が働く．ワクチン接種では，潜伏感染成立のリスクは減少しない．猫において弱毒非経口ワクチンは口鼻経路を介して疾患を引き起こすことがあるため，ワクチンのエアロゾルを作らないように注意すべきであり，猫が注射部位を舐めないように注意すべきである．

*Chlamydophila felis*：偏性グラム陰性菌で，結膜に向性がある．ヒトでの病原体である *Chlamydophila pneumoniae* も結膜炎の猫から分離されたという報告がある(Sibits et al., 2011)．消化管，生殖器，呼吸器に感染する可能性もあるが，通常はこれらの組織の臨床症状は軽度からない．感染は一般的に1歳齢未満の猫で起こり，眼からの分泌物(エアロゾルまたは汚染された媒介物)との濃厚な接触により伝播する．クラミジアの基本小体は，室温で数日間生存することができるが，溶剤や中性洗剤により容易に不活化する(Ramsey, 2000；Gruffydd-Jones et al., 2009)．

ほとんどの感染猫では全身症状がみられ，一過性の発熱を伴う食欲不振，体重減少がみられる．一般的に，結膜の充血，浮腫，眼瞼痙攣，初期には漿液性で後に粘液膿性の眼脂が片側性にみられ，急速に両眼性に進行する(図11.22)．*C. felis*は角膜病変を引き起こさず，眼病変は結膜に限定される．慢性例は濾胞性結膜炎を呈すが，これは猫のクラミジア感染だけに特徴的なものではない．漿液性または粘液膿性の鼻汁がみられたりみられなかったりするくしゃみを伴う軽度の鼻炎が，眼症状に伴ってみられることもある．無症候性の保菌状態は起こる可能性があり，多頭飼育の環境下では制御は困難である．消化管や生殖器での病原体の存在も報告されている．猫免疫不全ウイルス(FIV)の混合感染により，臨床症状や，病原体の排出が長引く可能性がある．

クラミジア感染症は，結膜細胞のスメアにみられる細胞質内封入体の検出によって診断されると報告されているが，これらは見逃しやすく，感染から2週間後にはその数が減少する．慢性感染では，封入体を確認できる割合は低い．結膜の擦過スメアをギムザ染色または改良ライトギムザ染色(ディフ・クイック)し，好塩基性の封入体を検出する．眼軟膏により結膜上皮内にblue bodyとして知られる細胞質内封入体がみられることもあるが，クラミジアの封入体と鑑別しなければならない．

現在，PCRによる分子診断が，クラミジア感染症の確定の主軸となっており，慢性化した猫でも感受性は高い．クラミジアの培養はできるが，細胞内に存在する性質があるので，細胞培養が必要となる．*C. felis*感染の場合，偽陽性となることがあるのでサンプルを採取する前にフルオレセインを用いてはならない．血清からの抗体価によりクラミジアの感染を確認できるが(属レベルで)，野生株の感染や原発性の感染とワクチン接種による抗体との鑑別はできない．

クラミジアは，テトラサイクリン，エリスロマイシン，アジスロマイシ，フルオロキノロン，アモキシシリン/クラブラン酸に感受性である．局所投与のみでは消化管の病原体には効果がないので病原体の排除には推奨されない．アモキシシリン/クラブラン酸，アジスロマイシン，ドキシサイクリンの短期間投与よりも，ドキシサイクリン10 mg/kg，24時間毎，28日間の経口投与が最も病原体の排除に効果的である．食道炎や食道狭窄を避けるために，ドキシサイクリンは懸濁液や，錠剤を水や食事と一緒に投与すべきで，食道に長時間留まっていないことを確認する．幼猫ではテトラサイクリンの副作用を避けるために，アモキシシリン/クラブラン酸の28日間投与が最もよいと考えられる．接触するすべての猫も治療することが推奨される．

クラミジアワクチンは利用でき，感染歴のある家猫またはシェルターの猫と同居している暴露の可能性が高い猫では接種を考えるべきである．クラミジアはズーノーシスであるが，感染猫からヒトへの伝播が確認されることは稀である．感染猫の飼い主，特に免疫抑制状態の人では日常的な衛生指導が奨励される．ヒトの濾胞性結膜炎は，クラミジア感染を疑う重要な要素である．新たなクラミジアの病原体である*Neochlamydia hartmannellae*は，アメーバの*Hartmannella vermiformis*と内部共生しており，猫の結膜炎から分離されている(von Bomhard et al., 2003)．アメーバの混入した水からの伝播が疑われており，FHV-1や*C. felis*との混合感染が検出されている．*N. hartmannellae*は，好酸球性結膜炎，角結膜炎とも関連している．

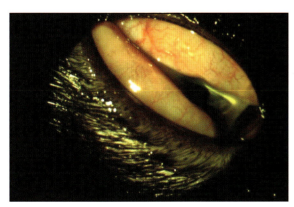

図11.22 ドメスティック・ショートヘアーの子猫にみられた急性クラミジア性結膜炎．重度の結膜浮腫と流涙に注目

猫カリシウイルス：1本鎖RNAウイルスで，猫において結膜炎を引き起こす．FCVの感染は，上部呼吸器疾患，口腔の潰瘍，多発性関節炎，結膜炎を引き起こす．ほとんどの猫では病原体は排除されるが，しつこく感染が残りウイルスを慢性的に排出するものもある．局所や全身投与の抗ウイルス薬は，DNA（RNAでなく）の複製を阻害するため，効果がない．眼脂を洗浄するなどの対症療法や，細菌の二次感染に対する治療などが推奨される．

高死亡率の全身性疾患を引き起こすFCVの強毒株が分離されている．皮下浮腫，口腔粘膜，鼻孔，耳介，パットの潰瘍形成など，広範囲に病変がみられる．ウイルス抗原による肝臓，脾臓，膵臓，肺の病変が検死の際にみられる．FCVのワクチン接種は，FHV-1と同様で，感染や保菌状態を防ぐことはできないが，臨床症状を軽くすることはできる．

*Mycoplasma* spp.：*Mycoplasma felis*，*M. gatae*，*M. arginini*は猫の結膜炎を引き起こすが，*Mycoplasma* spp.は正常猫の結膜嚢からも分離される．ある研究では，*Mycoplasma* spp.は，猫の結膜炎において最も多く分離される病原体であり，結膜炎の猫では健康猫に比べると明らかに多く分離される（Low *et al.* 2007）．しかし，実験的な感染の研究では，結膜炎の惹起については矛盾する結果となっている．

独国において，*M. canadense*，*M. cynos*，*M. lipophilum*，*M. hyopharyngis*という四つの新しいマイコプラズマの種が猫の結膜炎の臨床例から分離されたが，英国では報告がない．*Mycoplasma* spp.は，免疫不全の猫では下部呼吸器疾患を引き起こし，FHV-1や*C. felis*と同時感染し眼症状を引き起こす．*Mycoplasma* spp.は，猫で多発性関節炎や，潰瘍性角膜炎も引き起こす．

猫のマイコプラズマの感染症は，通常はPCRによって診断される．マイコプラズマの培養は可能であるが，特殊な媒質（サンプルを提出する前に診断する検査室に必要なものについて聞くことが望ましい）が必要であり，PCRよりも感度が悪い．

マイコプラズマ結膜炎は，ほとんどの抗生物質に感受性がある．治療は，*Chlamydophila* spp.にも効果を示すので局所のテトラサイクリンが推奨される．*M. felis*感染による全身性疾患（呼吸器疾患，多発性関節炎）に対して，ドキシサイクリンの経口投与の治療が報告されている．

*Bordetella bronchiseptica*：グラム陰性菌で，猫（犬も）の呼吸器に感染し，結膜炎を引き起こす．稀であるが人獣共通感染症であるので，感染猫の飼い主には衛生指導をすべきである．感染猫から伝播する．*B. bronchiseptica*については，自然感染の猫の結膜炎，他の呼吸器のウイルスと混合感染，実験的感染などが報告されている（Egberink *et al.*, 2009）．この細菌は，ほとんどの消毒薬で殺菌される．

*B. bronchiseptica*は，呼吸器上皮の絨毛でコロニーを形成し，慢性的な呼吸器感染を起こす．感染猫は，鼻や口からの分泌物がみられる．結膜，鼻，咽頭からのスワブや，気管洗浄液の培養やPCRで診断できる．抗生物質による治療が推奨され，抗生物質はドキシサイクリンを選択する（抗生物質感受性試験の結果がなくても）ことが報告されている．*B. bronchiseptica*に対するワクチン接種は現在は推奨されていないが，鼻腔内投与する改良型生ワクチンは欧州のいくつかの国で用いられており，感染のリスクが高い状況（呼吸器感染の流行リスクのある猫飼育所やシェルター）では有用かもしれない．

その他の細菌：*Salmonella enterica*の亜型の*typhimurinum*による結膜炎が報告されており，*S. typhimurinum*の結膜接種による結膜炎の実験的な報告がある（Fox *et al.*, 1984）．この研究では，糞便から感染するとしている．

二次的な結膜炎：FHV-1，*C. felis*，FCVに伴う二次的な細菌感染は稀である．正常猫と比較して涙液層破壊時間（TFBUT）が短縮する涙液の質的な欠乏による猫の結膜炎がある．猫で涙液膜の異常が感染性結膜炎の素因となるか，二次的な結膜炎を起こすか不明である．犬と同様に全身性疾患，眼内疾患，他部位からの波及も結膜炎を起こす可能性がある（上述）．

好酸球性結膜炎：免疫が関連する結膜への好酸球浸潤である．進行すると角膜へ浸潤し，血管新生を伴ったり伴わない潰瘍形成が生じる．好酸球性結膜炎は，クリーム色で粘性からチーズ様の滲出液（カッテージチーズ様）が結膜を覆い，眼瞼のびらんと脱色素，眼瞼痙攣，結膜の腫脹を伴う（図11.23）．浸潤病変のスワブによる細胞診で診断する．スメアに好酸球がみられると診断的であるが，遊離した好酸球の顆粒，形質細胞，好中球もみられる．

本疾患の病態生理は完全には判明していないが，FHV-1感染が関与していると考える人もいる．ある研究では，好酸球性結膜炎の症例の76％で，角結膜擦過によってFHV-1のDNAが分離されており（Nasisse *et al.*, 1998），別の研究では85.7％で分離されている（Volopich, *et al.*, 2005）．角膜の損傷後に三叉神経に潜伏感染しているFHV-1が再発することを考えると，因果関係は不明である．12頭の好酸球性結膜炎の回顧的研究では，電子顕微鏡によるウイルス粒子の確認

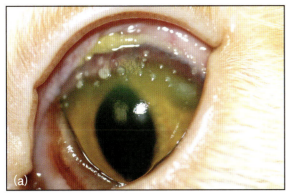

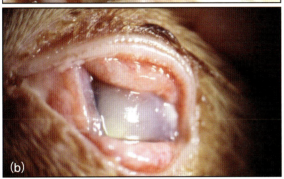

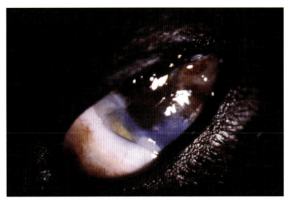

図11.23 好酸球性角結膜炎．(a)18カ月齢のメインクーン．角膜および瞼結膜上のクリーム色の細胞浸潤に注目．(b)3歳齢のドメスティック・ショートヘアーで重症例

図11.24 若い成猫にみられた瞼球癒着．耳背側角膜の結膜化と癒着による第三眼瞼の突出に注目

や，FHV-1のDNAをPCRで同定することはできなかったとしている(Allgoewer et al., 2001)．新たなクラミジア(Neochlamydia hartmannellae)が好酸球性結膜炎に関与するといわれているが，直接の因果関係は不明である．

　好酸球性結膜炎の治療は，局所のコルチコステロイドで，シクロスポリンを併用したりしなかったりする．ほとんどの症例では局所治療で改善するが，コントロールしにくい症例では，メゲストロールのような全身投与のステロイドが奏功するという報告がある．メゲストロールの副作用(乳腺の過形成，糖尿病，副腎抑制，子宮内膜過形成，子宮蓄膿症)を考えると，第一選択としては推奨されない．

**寄生虫性結膜炎**：*Thelazia callipaeda*は，猫や犬の結膜嚢に感染する寄生虫であり，刺激と結膜炎を引き起こす．涙液を餌にするハエが媒介する．この寄生虫は，英国では報告がないが，近年，イタリア，スイス，フランスで報告がある(本疾患の初めの報告はアジアである)．*Thelazia californiensis*は，欧州での報告はなく，米国の西部に限定される．

**瞼球癒着**

　幼猫や重度のFHV-1感染，化学的外傷により，結膜が眼瞼，結膜，角膜に癒着する．癒着は，視覚，眼球運動，涙液分泌，涙液排泄を障害する(図11.24).

ほとんどの症例では外科的切除により急速に癒着が再発するため，癒着が起きた後の治療は難しい．結膜円蓋部の再建，治療用コンタクトレンズ，結膜のコンフォーマーの使用などを外科的治療と併せて行い，再発を減らすことができるが，成功は限られる．近年ヒトの症例で用いられている羊膜移植は期待がもてるかもしれない．集中的な管理(FHV-1感染症例では眼洗浄，眼軟膏を併用した局所麻酔下での結膜組織の分離)により癒着を防ぐことが望ましい．

**結膜腫瘤**

**非腫瘍性腫瘤**：脂肪肉芽腫性結膜炎は猫で眼の不快感を引き起こし，眼瞼縁に隣接する瞼結膜に結節が形成される(Read, Lucas, 2001)(第9章を参照)．脂肪肉芽腫性結膜炎のほとんどは両眼性で，多くは上眼瞼が侵される．マイボーム腺の分離，破壊を伴うマイボーム腺管の光線性障害が疑われている．眼瞼の色素欠損がリスクファクターといわれている．結膜切開のより粘性物を掻爬することが推奨される．局所の抗生物質眼軟膏により沈静化することが報告されているが，潤滑により結節の物理的な刺激が緩和するためである．

**結膜の腫瘍**：猫において原発性の結膜の腫瘍は稀である(表11.4)．最も多くみられる原発性腫瘍は，扁平上皮癌である(図11.25)．結膜の病変は，眼瞼の扁平上皮癌が拡がったものであり，第三眼瞼の結膜も侵される．猫の結膜黒色腫は球結膜に発生することが多いが，瞼結膜や第三眼瞼の結膜での発生の報告もある．無色素性のこともあるが，ほとんどは色素性である．局所での再発，転移が報告されており，平均生存期間は11カ月である(Schobert et al., 2010)．他に，血管腫，血管肉腫が報告されている(Pirie and Dubielzig, 2006)．

　猫で末梢神経鞘腫も報告されており，切除後早期に再発することが知られている(Hoffman et al., 2005)．この腫瘍の転移は報告されていない．猫で両眼性のB

## 第11章 結膜と第三眼瞼

表11.4 原発性, 二次性の猫の結膜腫瘍

| 原発性腫瘍 |
|---|
| • 扁平上皮癌 |
| • 血管腫/血管肉腫 |
| • 黒色腫 |
| • 末梢神経鞘腫 |
| • ホジキン様リンパ腫 |
| • 腺腫/腺癌 |
| 二次性腫瘍 |
| • リンパ腫 |
| • 血管腫/血管肉腫 |
| • 腺腫/腺癌 |

図11.25 10歳齢のドメスティック・ショートヘアーにみられた眼瞼の扁平上皮癌. 結膜と第三眼瞼を侵していることに注目

図11.26 4カ月齢の猫にみられた猫白血病ウイルスに関連したリンパ腫の結膜への浸潤(D. Gouldのご厚意による)

細胞リンパ腫も報告されており(図11.26), 手術時に肉眼的には明らかな転移はみられなかったとしているが(Radi et al., 2004), その後の経過は不明である. 猫で, 結膜のホジキン様リンパ腫も報告されており, 放射線治療により寛解したと報告している(この腫瘍は化学療法には反応しない. Holt et al., 2006).

### 結膜の外傷

結膜の外傷は, 猫同士の喧嘩, エアガンの弾丸, 交通事故の多岐にわたる症状のひとつとして生じる. 猫において化学的外傷, 異物による外傷もみられるが, 犬よりは稀である. 結膜外傷の診断法と管理は, 犬のそれと同様である(前述).

## 第三眼瞼

### 発生学, 解剖学および生理学

第三眼瞼は外胚葉から発生する. 第三眼瞼(瞬膜)は, 中央にT字型硝子軟骨, 周囲に線維結合組織があり, 結膜の上皮で覆われる(図11.27). 第三眼瞼の後方の眼球面には, 結膜上皮下に多数のリンパ小節があり, 上皮内杯細胞もある. 第三眼瞼の前方の眼瞼面には, より多くの結膜杯細胞がある. 軟骨の腹側(近位)端には, 第三眼瞼腺(瞬膜腺)がある.

第三眼瞼腺は, 涙液膜に貢献している. 第三眼瞼の両面の結膜上皮, 第三眼瞼腺の結合組織には, 免疫グロブリン(Ig)Aを分泌する形質細胞が確認されている. 正常な動物では, 瞬膜腺は涙液の約1/3を分泌していると考えられているが, 60%を分泌しているとしている人もいる(Saito et al., 2001).

第三眼瞼の自由縁は約4〜5 mmの幅であり, 軟骨に支えられている. この膜様の辺縁は, 角膜全体に涙液膜を拡げ, デブリスを攫う. 通常, 辺縁は色素沈着している. 色素沈着していない犬もいるが, 片眼性であると色素沈着していない側の瞬膜が突出しているように錯覚する. 第三眼瞼の基部は, 眼窩筋の筋膜と繋がり, 軟骨の軸は鼻腹側の眼球周囲結合組織につながる. 犬の瞬膜は筋肉を欠いているので, 眼球が牽引さ

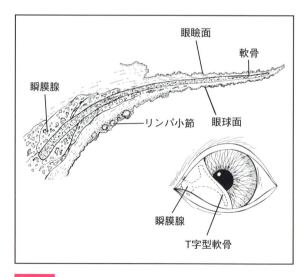

図11.27 第三眼瞼と瞬膜腺の解剖

れたとき，球後組織が第三眼瞼の基部を前方に押したときに，突出が受動的に生じる．犬と異なり，猫の第三眼瞼には平滑筋があり，第三眼瞼を牽引する（Nuyttens, Simoens, 1995）．眼窩組織が失われたり，眼球の大きさが小さくなったときにも第三眼瞼は突出する．

## 犬と猫の疾患
### 先天性疾患

**軟骨の湾曲**：第三眼瞼の軟骨の形成異常は，大型犬と超大型犬で多く報告されている．ブリティッシュ・ショートヘアでも報告されている．成長異常により軟骨が部分的に湾曲し（図11.28），第三眼瞼が外転または反転する．湾曲が軽度で臨床的に明らかでない症例もあるが，外転が中等度または重度の場合には，整復することが勧められる．ちりやほこり，異物が湾曲部に溜まり，眼を刺激する．軟骨の湾曲により第三眼瞼の運動を障害し，結果として涙液膜の形成も障害する．

治療は，拡大するためにサージカルルーペを用い，結膜を切開し第三眼瞼の湾曲部を慎重に切除する．加えて，第三眼瞼を眼球の輪郭に沿わせるために第三眼瞼フラップをすることもある．第三眼瞼の縮小が必要な場合もあり，第三眼瞼の耳側と鼻側を楔形に切開し6-0〜8-0（0.7〜0.4 metric）ポリグラチンで縫合する．軟骨の外科的切除をしない簡易な方法も報告されている．この方法は，軟骨が湾曲している部位の第三眼瞼の眼球面を直接熱焼灼し，軟骨を縮めて矯正する（Allbaugh, Stuhr, 2013）．過度な熱焼灼による組織障害を避けること，焦げた結膜により角膜が擦れていないか確認することを，眼科専門医は注意している．

**第三眼瞼腺の脱出**：第三眼瞼腺の脱出は，イングリッシュおよびフレンチ・ブルドック，ラサ・アプソ，シー・ズー，ペキニーズ，シャー・ペイ，ビーグル，アメリカン・コッカー・スパニエル，グレート・デーン，マスティフなど多くの犬種で報告されている（Mazzucchelli et al., 2012）．バーミーズ，ペルシャ，ドメスティック・ショートヘアーでも報告されている（Chahory et al., 2004）．腺は通常，瞬膜軟骨の基部に位置している．軟骨と眼窩組織との接着が緩いことに加え，短頭種では眼窩腹側からの圧迫により腺が脱出する（図11.29）．腺の脱出は通常は1歳齢よりも前に生じ，片側性または両側性である．

第三眼瞼腺からは涙液の約1/3が産生されているため，腺の切除は推奨されない．腺の脱出のリスクが高い犬種は，KCSのリスクも高い．猫において第三眼瞼の切除は，KCSと涙液タンパクの変化が生じる．腺整復は治療のゴールドスタンダードであり，粘膜による腺のポケット法（図11.30），第三眼瞼軟骨へのタッキング，上強膜または強膜へのタッキング，眼窩縁骨膜へのタッキング（図11.31）（Kaswan, Mertin, 1985; Stanley, Kaswan, 1994; Hendrix, 2007; Plummer et al., 2008）などがある．

**第三眼瞼の突出**：小眼球では，小さな眼球を覆うように受動的な第三眼瞼の突出が生じる．これは美観的な問題のみであるが，突出が重度であると瞳孔を覆い，視覚障害がみられる．このような症例では，第三眼瞼を短縮する．第三眼瞼の前表面の結膜を切開し，第三眼瞼軟骨の一部を切除する．

### 後天性疾患

**囊胞**：結膜囊胞，または第三眼瞼腺囊胞が起こり，外科的切除が最もよい治療である（図11.32）．第三眼瞼腺囊胞は，第三眼瞼腺のポケット法により腺からの分泌物が封入されることが最も多い原因である．

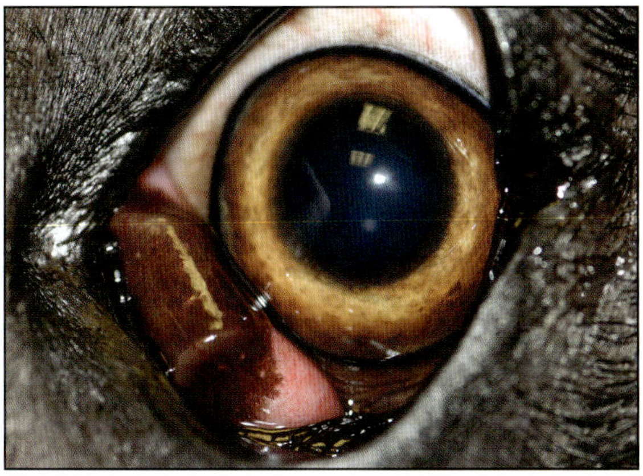

図11.28 16カ月齢のグレート・デーンにみられた左眼第三眼瞼の軟骨の湾曲

図11.29 9カ月齢のブルドックにみられた第三眼瞼腺の脱出

第 11 章　結膜と第三眼瞼

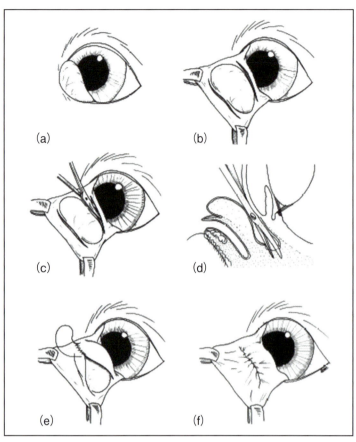

**図11.30**　第三眼瞼腺脱出整復のための粘膜ポケット法
(a)第三眼瞼腺脱出の外観．(b)結膜を通して腺を入れるためのポケットを眼球の腹側に作成する．第三眼瞼の裏面で，脱出した腺の背側と腹側の結膜を切開する．(c, d)腹側の結膜切開を通して，眼球の鼻腹側方向に結膜下のポケットを作成する．(e, f)腺を包みこんで二つの切開を吸収糸(6-0(0.7 metric)ポリグラチン)で部分的に埋没縫合する．囊胞の形成を防ぐために，腺からの分泌ができるよう切開の端は縫合しないようにする．潰瘍形成を起こすので，縫合糸は完全に埋没させ，角膜に接触しないようにする．この方法は，手術用拡大鏡を使用することを強く推奨する(Roser Tetas Pont のイラスト)．

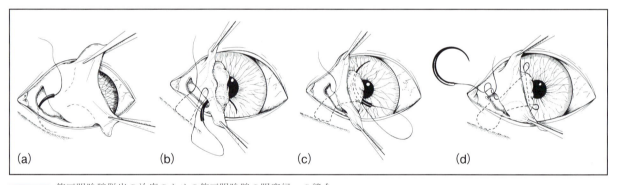

**図11.31**　第三眼瞼腺脱出の治療のための第三眼瞼腺の眼窩縁への縫合
(a)鑷子で第三眼瞼の自由縁を把持し，眼球を覆うように引っ張る(支持糸を使用してもよい)．鋏で鼻腹側の結膜円蓋部(第三眼瞼の基部)を切開する．鈍性剝離して内腹側の眼窩縁の骨膜にアプローチする．眼窩縁にそって骨膜に3-0(0.2 metric)ポリジオキサノンまたはモノフィラメントのナイロン糸をかけ，糸(針付き)を最初に作成した切開部に誘導する．アプローチする場所が狭いため，骨膜の一部を拾うことは少し困難だが，元の切開部を通して針を引き出す．(b)眼窩骨膜を拾ったら，最初の切開の背側，脱出した腺に針を進め，脱出した腺の頂点から針を出す．(c)第三眼瞼を裏返し，先ほど針を出した点に針を戻し，脱出した腺の頂点に水平に針を進める．(d)最後に，先ほど針を出した点に針を戻し，最初の結膜円蓋の切開部に針を出し，腺の大部分を取り囲む．縫合糸の断端を結紮する．これによって縫合糸によってループを作成し，腺を眼窩骨膜に固定し，再脱出を防ぐ．結膜の切開は，6-0(0.7 metric)ポリグラチンで縫合するか，縫合しない．術後は局所の抗生物質を使用する．

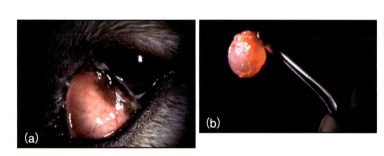

**図11.32**
(a)ゴールデンレトリーバーにみられた粘膜ポケット法後にみられた第三眼瞼腺からの囊胞形成．(b)摘出した囊胞

表11.5 第三眼瞼突出の原因

- 眼球陥凹(悪液質,脱水からの二次性)
- 小眼球症
- 球後腫瘍(図11.33〜34)
- ホルネル症候群(図11.35)
- 鎮静/麻酔
- 自律神経障害
- 大麻中毒
- 破傷風(瞬膜の突出の繰り返しによる)(図11.36)
- 狂犬病
- 猫のレトロウイルス(しばしば再発性の下痢を伴う)

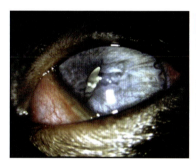

図11.33 6歳齢のドメスティック・ショートヘアーにみられた球後膿瘍によって生じた第三眼瞼の突出と結膜充血

図11.34 10歳齢のコリー系雑種にみられた眼窩腫瘍(粘液肉腫)によって生じた第三眼瞼の突出

図11.35 6歳齢のゴールデン・レトリーバーにみられた特発性ホルネル症候群で,第三眼瞼の突出,縮瞳,眼瞼下垂が左眼にみられる.

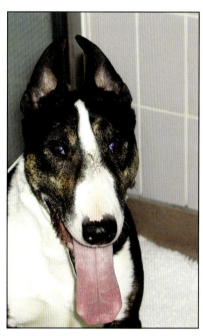

図11.36 4歳齢のイングリッシュ・ブル・テリアにみられた破傷風.立った耳と両眼性の第三眼瞼の突出に注目

**第三眼瞼の突出**:第三眼瞼突出の原因を表11.5に挙げた.

**第三眼瞼の腫瘍**:犬や猫では稀である.第三眼瞼の腫瘍では,第三眼瞼(第三眼瞼腺を含めて)を切除する.第三眼瞼の結膜や腺を侵す腫瘍のリストを表11.6に挙げた.

**第三眼瞼の炎症性疾患**:通常,結膜炎の症例では,第三眼瞼の結膜表面も侵される.慢性結膜炎の症例では,第三眼瞼の後部表面に濾胞性結膜炎がみられる.

**第三眼瞼結膜への形質細胞浸潤**:プラズモーマ,または形質細胞性結膜炎とも呼ばれ,免疫介在性疾患であり,原因は不明である.ジャーマン・シェパード・ドッグ,ベルジアン・シェパード・ドッグ,およびコリーで報告されており(図11.42),慢性表在性角膜炎(CSK:Chronic superficial keratitis)やパンヌスと関連している(第12章を参照).本疾患は,明らかな疼痛はなく,両側性の第三眼瞼の肥厚がみられ(通常は辺縁部で顕著である),通常は色素沈着している辺縁部の脱色素,結節状の茶色がかったピンク色の細胞浸潤(形質細胞が主体でリンパ球も)がみられる.臨床所見のみで診断できる.しかし,結膜擦過により得られた

第11章　結膜と第三眼瞼

表11.6　原発性，二次性の第三眼瞼の腫瘍

| 原発性腫瘍 |
| --- |
| ・腺癌 |
| ・扁平上皮癌（図11.37） |
| ・メラノーマ（図11.38） |
| ・組織球腫（図11.39） |
| ・肥満細胞腫 |
| ・乳頭腫 |
| ・血管腫／血管肉腫 |
| ・角化血管腫 |
| ・形質細胞腫 |
| ・粘膜関連リンパ組織（MALT：Mucosa-associated lymphoid tissue）リンパ腫（図11.40） |
| ・線維肉腫 |
| **二次性腫瘍** |
| ・リンパ肉腫（図11.41） |

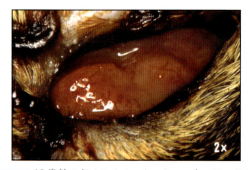
図11.37　12歳齢のドメスティック・ショートヘアーにみられた第三眼瞼に広がった扁平上皮癌

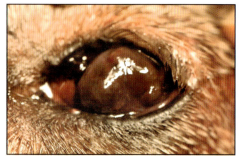
図11.38　8歳齢のグレート・デーン系雑種にみられた結膜黒色腫

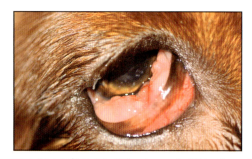
図11.39　13カ月齢のイングリッシュ・スプリンガー・スパニエルにみられた第三眼瞼の組織球腫

図11.40　5歳齢のイングリッシュ・コッカー・スパニエルにみられた多中心型リンパ腫による第三眼瞼の腫脹

図11.41　12歳齢のドメスティック・ショートヘアーにみられた多中心型リンパ腫による結膜と第三眼瞼のリンパ肉腫

図11.42　4歳齢のジャーマン・シェパード・ドッグにみられた第三眼瞼への形質細胞の浸潤．第三眼瞼縁と第三眼瞼の前面にみられる茶色がかったピンク色の結節に注目

スメアで細胞学的評価をすると，様々な炎症性細胞（主にリンパ球と形質細胞）がみられる．初期の治療は，シクロスポリン眼軟膏1日2回が推奨されるが，漸減しながらのコルチコステロイドの局所投与が必要となることもある（Read, 1995）．維持的な治療として，長期間にわたるシクロスポリン眼軟膏1日1回または2回で，ほとんどの症例で症状はコントロールされる．

**免疫介在性肉芽腫性疾患**：結節性肉芽腫性上強膜角膜炎（NGE：Nodular granulomatous episderokeratitis），特発性肉芽腫性疾患，肉芽腫性筋膜炎は，臨床的および病理組織学的特徴が同様の免疫介在性疾患の異なる型と考えられている．

NGEのような炎症性疾患は，通常，結膜は侵されないが(肉芽腫は結膜下にある)，第三眼瞼は侵されることがある．コリー種で報告されており，組織学的に慢性的な肉芽腫の浸潤が明らかとなっている．外科的切除のみであると通常は再発するが，凍結療法を併用するとよいとの報告がある．局所のコルチコステロイドを併用する，または併用しないアザチオプリンの投与が有用であると報告されている．

特発性肉芽腫性疾患は，結膜，第三眼瞼，眼瞼，皮膚，および鼻粘膜が侵されると報告されている．アメリカン・コッカー・スパニエル，コリー，シェットランド・シープドッグは好発犬種である．オーストラリアン・ケルピーでも報告されている．治療として，免疫抑制剤または免疫調節剤(アザチオプリン，L-アスパラギナーゼ，プレドニゾロン，テトラサイクリン，ナイアシナマイド)の投与が報告されている．内科的治療を併用した外科的切除または減量も報告されている．

眼肉芽腫性筋膜炎で，第三眼瞼が侵されることが報告されているが，強膜，上強膜，角膜が侵される方が一般的である(第12および13章を参照)．

**第三眼瞼の外傷**：通常は最低限の治療で治癒するが，外傷が自由縁に及ぶとき，広範囲に及ぶときには，外科的修復が必要となり，その際には縫合糸が角膜を擦らないように注意する．異物は，外から見えない第三眼瞼の裏側に留まっていることがある．すべての結膜炎の症例(房水の流出が起こりそうな眼や，穿孔している眼を除いて)で，点眼麻酔薬を投与して第三眼瞼の裏側を検査すべきである．涙液膜や角膜の恒常性に悪影響を及ぼすため，第三眼瞼の切除は悪性腫瘍を除いて禁忌である．

**第三眼瞼フラップ**：この方法は，(結膜移植とは異なり)角膜に栄養供給ができないこと，視覚を妨げることから，角膜潰瘍または角膜病変に対しては適応となることが非常に少ない．第三眼瞼フラップは，豚の小腸粘膜移植などの移植手術をした際に移植片を湿潤にする方法としては有用である．好中球やその他の白血球が角膜に留まり角膜軟化症(角膜融解)を引き起こす危険性とのバランスを図る必要がある．

もし施術するなら，第三眼瞼を球結膜に縫合する(縫合糸が角膜に接触しないように)のが望ましい．これによりフラップが眼球と一緒に動くことができ，繊細な角膜と第三眼瞼裏面との摩擦が減少する．この方法は，点眼麻酔を投与した意識下の動物で可能であると報告されているが，局所麻酔，耳介眼瞼神経ブロック，深い鎮静，全身麻酔が推奨される．上眼瞼にステントを設置して第三眼瞼を縫合する方法もあるが(背側結膜円蓋に通した縫合糸が角膜に接触しないようにする)，フラップが緩むことがあり，角膜が見えるようになったら縫合をしめなおす必要がある．この方法は，高齢の動物や弱っている動物，全身麻酔を繰り返している動物で有用である．

## 参考文献

Allbaugh RA and Stuhr CM (2013) Thermal cautery of the canine third eyelid for treatment of cartilage eversion. *Veterinary Ophthalmology* **16**, 392–395

Allgoewer I, Schäffer EH, Stockhaus C et al. (2001) Feline eosinophilic conjunctivitis. *Veterinary Ophthalmology* **4(1)**, 69–74

Chahory S, Crasta M, Trio S et al. (2004) Three cases of prolapse of the nictitans gland in cats. *Veterinary Ophthalmology* **7(6)**, 417–419

Drazenovich TL, Fascetti AJ, Westermeyer HD et al. (2009) Effects of dietary lysine supplementation on upper respiratory and ocular disease and detection of infectious organisms in cats within an animal shelter. *American Journal of Veterinary Research* **70**, 1391–1400

Dubielzig R, Ketring K, McLellan GJ et al. (2010) Diseases of the eyelids and conjunctiva. In: *Veterinary Ocular Pathology – A Comparative Review*, ed. RD Dubielzig et al., pp. 143–199. Saunders, Philadelphia

Egberink H, Addie D, Belák S et al. (2009) *Bordetella bronchiseptica* infection in cats ABCD guidelines on prevention and management. *Journal of Feline Medicine and Surgery* **11**, 610–614

Fife M, Blocker T, Fife T et al. (2011) Canine conjunctival mast cell tumors: a retrospective study. *Veterinary Ophthalmology* **14(3)**, 153–160

Fontenelle JP, Powell CC, Veir JK et al. (2008) Effect of topical ophthalmic application of cidofovir on experimentally induced primary ocular feline herpesvirus-1 infection in cats. *American Journal of Veterinary Research* **69**, 289–293

Fox JG, Beaucage CM, Murphy JC et al. (1984) Experimental *Salmonella*-associated conjunctivitis in cats. *Canadian Journal of Comparative Medicine* **48(1)**, 87–91

Gilger BC (2008) Immunology of the ocular surface. In: *Ophthalmic Immunology and Immune-mediated Disease. Veterinary Clinics of North America: Small Animal Practice*, ed. DL Williams, pp. 223–231. WB Saunders, Philadelphia

Gould DJ (2011) Feline herpesvirus-1: ocular manifestations, diagnosis and treatment options. *Journal of Feline Medicine and Surgery* **13**, 333–346

Gruffydd-Jones T, Addie D, Belák S et al. (2009) *Chlamydophila felis* infection ABCD guidelines on prevention and management. *Journal of Feline Medicine and Surgery* **11**, 605–609

Haid C, Kaps S, Gonczi E et al. (2007). Pretreatment with feline interferon omega and the course of subsequent infection with feline herpesvirus in cats. *Veterinary Ophthalmology* **10**, 278–284

Hartmann AD, Hawley J, Werckenthin C et al. (2010) Detection of bacterial and viral organisms from the conjunctiva of cats with conjunctivitis and upper respiratory tract disease. *Journal of Feline Medicine and Surgery* **12**, 775–782

Hendrix DVH (2007) Canine conjunctiva and nictating membrane. In: *Veterinary Ophthalmology*, 4th edn, ed. KN Gelatt, pp. 662–689. Blackwell Publishing, Oxford

Hendy-Ibbs PM (1985) Familial feline epibulbar dermoids. *Veterinary Record* **116(1)**, 13–14

Hoffman A, Blocker T, Dubielzig R et al. (2005) Feline periocular peripheral nerve sheath tumor: a case series. *Veterinary Ophthalmology* **8(3)**, 153–158

Holt E, Goldschmidt MH and Skorupski K (2006) Extranodal conjunctival Hodgkin's-like lymphoma in a cat. *Veterinary Ophthalmology* **9(3)**, 141–144

Ledbetter EC, Hornbuckle WE and Dubovi EJ (2009) Virologic survey of dogs with naturally acquired idiopathic conjunctivitis. *Journal of the American Veterinary Medicine Association* **235(8)**, 954–959

Low HC, Powell CC, Veir JK et al. (2007) Prevalence of feline herpesvirus 1, *Chlamydophila felis* and *Mycoplasma* spp. DNA in conjunctival cells collected from cats with and without conjunctivitis. *American Journal of Veterinary Research* **68(6)**, 643–648

Kaswan R and Martin C (1985) Surgical correction of third eyelid prolapse in dogs. *Journal of the American Veterinary Medical Association* **186**, 83

Maggs DJ (2008a) Conjunctiva. In: *Slatter's Fundamentals of Veterinary Ophthalmology*, 4th edn, ed. DJ Maggs et al., pp. 135–150. Saunders, Missouri

Maggs DJ (2008b) Third eyelid. In: *Slatter's Fundamentals of Veterinary Ophthalmology*, 4th edn, ed. DJ Maggs et al., pp. 151–156. Saunders, Missouri

Mazzucchelli S, Vaillant MD, Wéverberg F et al. (2012) Retrospective study of 155 cases of prolapse of the nictitating membrane gland in dogs. *Veterinary Record* **170(17)**, 443

Nasisse MP, Glover TL, Moore CP et al. (1998) Detection of feline herpesvirus 1 DNA in corneas of cats with eosinophilic keratitis or corneal sequestration. *American Journal of Veterinary Research* **59(7)**, 856–858

Nuyttens JJ and Simoens PJ (1995) Morphologic study of the musculature of the third eyelid in the cat (*Felis catus*). *Laboratory Animal Science* **45(5)**, 561–563

Peña MT and Leiva M (2008) Canine conjunctivitis and blepharitis. In: *Ophthalmic Immunology and Immune-mediated Disease. Veterinary Clinics of North America: Small Animal Practice*, ed. DL Williams, pp. 233–249. WB Saunders, Philadelphia

Petznick A, Evans MD, Madigan MC et al. (2012) A preliminary study of changes in tear film proteins in the feline eye following nictitating membrane removal. *Veterinary Ophthalmology* **15(3)**, 164–171

Pirie CG and Dubielzig RR (2006) Feline conjunctival hemangioma and hemangiosarcoma: a retrospective evaluation of eight cases (1993–2004). *Veterinary Ophthalmology* **9(4)**, 227–231

Pirie CG, Knollinger AM, Thomas CB et al. (2006) Canine conjunctival hemangioma and hemangiosarcoma: a retrospective evaluation of 108 cases (1989–2004). *Veterinary Ophthalmology* **9(4)**, 215–226

Plummer CE, Källberg ME, Gelatt KN et al. (2008) Intranictitans tacking for replacement of prolapsed gland of the third eyelid in dogs. *Veterinary Ophthalmology* **11(4)**, 228–233

Radi ZA, Miller DL and Hines ME (2004) B-cell conjunctival lymphoma in a cat. *Veterinary Ophthalmology* **7(6)**, 413–415

Ramsey DT (2000) Feline chlamydia and calicivirus infections. In: *Infectious Disease and the Eye. Veterinary Clinics of North America Small Animal Practice*, ed. J Stiles, pp. 1015–1028. WB Saunders, Philadelphia

Ramsey DT, Ketring KL, Glaze MB et al. (1996) Ligneous conjunctivitis in four Doberman Pinschers. *Journal of the American Animal Hospital Association* **32(5)**, 4339–4447

Read RA (1995) Treatment of canine nictitans plasmacytic conjunctivitis with 0.2% cyclosporin ointment. *Journal of Small Animal Practice* **36(2)**, 50–56

Read RA and Lucas J (2001) Lipogranulomatous conjunctivitis: clinical findings from 21 eyes in 13 cats. *Veterinary Ophthalmology* **4(2)**, 93–98

Saito A, Izumisawa Y, Yamashita K et al. (2001) The effect of third eyelid gland removal on the ocular surface of dogs. *Veterinary Ophthalmology* **4(10)**, 13–18

Saito A, Watanabe Y and Kotani T (2004) Morphological changes of the anterior corneal epithelium caused by third eyelid removal in dogs. *Veterinary Ophthalmology* **7(2)**, 113–119

Sansom J, Barnett KC, Blunden AS et al. (1996) Canine conjunctival papilloma: a review of five cases. *Journal of Small Animal Practice* **37(6)**, 84–86

Schlegel T, Brehm H and Amselgruber WM (2003) IgA and secretory component (SC) in the third eyelid of domestic animals: a comparative study. *Veterinary Ophthalmology* **6(2)**, 157–161

Schobert CS, Labelle P and Dubielzig RR (2010) Feline conjunctival melanoma: histopathological characteristics and clinical outcomes. *Veterinary Ophthalmology* **13(1)**, 43–46

Sibitz C, Rudnay EC, Wabnegger L et al. (2011) Detection of *Chlamydophila pneumoniae* in cats with conjunctivitis. *Veterinary Ophthalmology* **14**, 67–74

Siebeck N, Hurley DJ, Garcia M et al. (2006) Effects of human recombinant alpha-2b interferon and feline recombinant omega interferon on in vitro replication of feline herpesvirus-1. *American Journal of Veterinary Research* **67**, 1406–1411

Stanley RG and Kaswan RL (1994) Modification of the orbital rim anchorage method for surgical replacement of the gland of the third eyelid in dogs. *Journal of the American Veterinary Medicine Association* **205(10)**, 1412–1414

Stiles J (2000) Feline herpesvirus. In: *Infectious Disease and the Eye. Veterinary Clinics of North America: Small Animal Practice*, ed. J Stiles, pp. 1001–1014. WB Saunders, Philadelphia

Stiles J and Townsend WM (2007) Feline ophthalmology. In: *Veterinary Ophthalmology*, 4th edn, ed. KN Gelatt, pp. 1095–1164. Blackwell Publishing, Oxford

Thomasy SM, Whittem T, Bales JL et al. (2012). Pharmacokinetics of penciclovir in healthy cats following oral administration of famciclovir or intravenous infusion of penciclovir. *American Journal of Veterinary Research* **73**, 1092–1099

Torres MD, Leiva M, Tabar MD et al. (2009) Ligneous conjunctivitis in a plasminogen-deficient dog: clinical management and 2-year follow-up. *Veterinary Ophthalmology* **12(4)**, 248–253

Volopich S, Benetka V, Schwendenwein I et al. (2005) Cytologic findings, and feline herpesvirus DNA and *Chlamydophila felis* antigen detection rates in normal cats and cats with conjunctival and corneal lesions. *Veterinary Ophthalmology* **8(1)**, 25–32

von Bomhard W, Polkinghorne A, Lu ZH et al. (2003) Detection of novel chlamydiae in cats with ocular disease. *American Journal of Veterinary Research* **64(11)**, 1421–1428

Whitley RD (2000) Canine and feline primary ocular bacterial infections. In: *Infectious Disease and the Eye. Veterinary Clinics of North America: Small Animal Practice*, ed. J Stiles, pp. 1151–1167. WB Saunders, Philadelphia

# 12

# 角　膜

**Rick F. Sanchez**

## 発生学，解剖学および生理学

　角膜は眼球の最も前にある膜で，角膜の周辺部は強膜に続き，強膜への移行部を角膜輪部という．角膜の曲率は強膜より大きい．角膜は水平方向で若干楕円形の細長い形をしている（図 12.1）．角膜の厚みは動物種，品種，年齢，性別で若干異なる．犬の角膜中央部の厚さは約 0.6 mm，猫の角膜中央部の厚さは約 0.56 mmで，辺縁部より角膜中央部の厚さがわずかに薄い．大動物は小動物に比べて角膜の厚みがより増す傾向があり，同様に雄の方が雌より角膜の厚みがある．

　角膜は四層構造である（図 12.2）．表層から深層順に以下の通りである．

- 上皮
- 実質
- デスメ膜
- 内皮

　角膜の各層は全体的な角膜機能とその恒常性，損傷に影響を与える独自の物理的特性と生化学的特性をもつ．角膜病理に対する理解を深めるために以下に詳細を述べる．

## 角膜上皮

　表皮外胚葉は角膜上皮に分化し，発生起源は眼瞼や結膜上皮と共通である（Cook, 2007）．角膜上皮は角膜の約 1/9 の厚みで，最下層は基底膜を形成する単層の円柱状の基底細胞，中間層は多面形の翼細胞，最上層は扁平上皮細胞から構成されている（図 12.3）．深部層で新生された基底細胞は表層に移動して扁平上皮細胞となり，最終的には角膜表面から剥離脱落する．基底細胞から扁平上皮細胞が剥離脱落するターンオーバーは，約 7～10 日である．扁平上皮細胞は微ひだ（microplicae）と微絨毛（microvillae）をもち，グリコカリックスを分泌し，膜結合型ムチンの複合層は，涙膜から産生されるムチンと結膜の杯細胞から分泌される

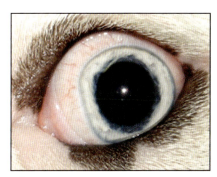

**図12.1**　若齢のイングリッシュ・ブルドッグの正常角膜．角膜の輪郭は多少楕円形で，内側と外側は四角い．

**図12.2**　正常猫の角膜組織．角膜層の相対的な厚みを示す．幅広く大部分を占める無細胞性角膜実質は，規則的に配列したコラーゲン層板で形成されていて，休止状態の角膜実質細胞（角膜線維芽細胞）がコラーゲン層板構造間に点在する．角膜の表面側に，角化していない扁平上皮細胞が層状になった上皮（最外層）が隣接し，実質深層にデスメ膜と角膜内皮（角膜最内層）が隣接する（©Karen Dunn, FOCUS-EYEPathLab）．

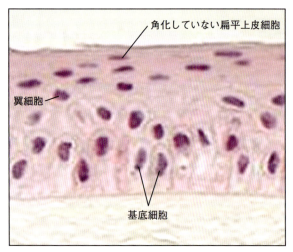

図12.3 正常猫の角膜表層上皮組織．正常成熟過程を示す．上皮の深層部に大型の基底上皮細胞，中間層に小型の翼細胞，表面近位部に表層扁平上皮細胞がある．基底細胞は最下層の基底膜に対して垂直方向に配列し，さらにその下には規則的に配列した角膜実質層板がある（©Karn Dunn, FOCUS-EYEPathLab）．

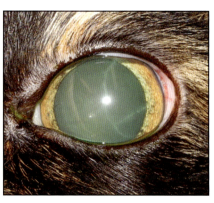

図12.4 緑内障を呈した猫のハーブ条痕

ムチンに相互作用する．この相互作用は角膜表面に涙膜の接着を保持し，微生物に対しての物理的バリアと角膜表面を潤滑にする機能を果たす（第10章を参照）．

角膜上皮は涙という天然バリアで外部汚染物質から保護されている．健康な上皮は基底膜のフィブロネクチンと定着フィブリン，ヘミデスモゾームによって下層の実質にしっかりと付着している．角膜輪部の幹細胞は，角膜上皮基底細胞の補充と上皮治癒の極めて重要な役割を果たしている（Secker and Daniels, 2009）．この角膜上皮細胞は2方向に移動し，一つは細胞が角膜表層の前方に運ばれ，もう一つは角膜周辺部から中央部に向かって移動する．角膜輪部には幅広い数のメラニン細胞がある．角膜治癒時に角膜細胞が中央部に向かって移動するが，時には周辺部から中央部に色素が一緒に少しずつ移動し，好ましくない結果となることがある．

## 角膜実質

神経堤細胞由来の間葉から発生しており，角膜内皮，前眼房，前部虹彩実質，毛様体筋と角膜虹彩隅角の大部分が同じ起源である（Cook, 2007）．実質は角膜の大部分を占める．コラーゲン線維と細胞外マトリックスが平行なシート状もしくは層板状に配列している．角膜実質内にはエラスチンだけでなく5種類のコラーゲンがあり，主なコラーゲンはコラーゲンタイプIである．細胞外マトリックスは数種のグリコサミノグリカンから構成されていて，その中でも主要なのはケラチン硫酸塩とデルマタン硫酸塩である．コラーゲンとグリコサミノグリカンタイプは光の透過性を変化させる直接影響因子のため，それらの均衡比率が微妙に変化しても光の透過性に影響する（例えば，コラーゲン線維配列と角膜実質の水の吸収能力）．角膜実質の過剰水和は角膜浮腫を生じ，角膜の厚みを増大し透明性を喪失させる．さらに，実質には角膜実質細胞という特殊な線維芽細胞がわずかに散在し，実質細胞外マトリックスを形成・維持している．

## デスメ膜

デスメ膜は硝子状の内皮基底膜である．生涯を通じて形成し続けるため，加齢とともに厚みが増す．臨床的にデスメ膜は弾性特性を有するが，実際はコラーゲン線維からなる．慢性緑内障や牛眼の症例では，デスメ膜が線状に破裂することがあり，臨床的にハーブ条痕が見える（図12.4）．

## 角膜内皮

角膜内皮は角膜実質や前眼房内の組織と胎生起源を同じとする．内皮は単層の六角形の細胞で，細胞密度は約3,000個/mm²，成熟動物では再生能力がないために細胞数が限られている．一度細胞が死滅すると代替の細胞がないために，内皮細胞の密度は動物の生涯にわたり減少する．

外界に対する上皮のバリア機能に比べて，角膜に浮腫が生じないように防ぐために内皮はより重要な役割を果たす．眼内からの静圧力により，眼房水が前眼房から角膜に向けて圧迫される力となる．内皮の働きは，内皮細胞の側面膜に存在するナトリウム（$Na^+$）/カリウム（$K^+$）アデノシン・トリホスファターゼ（ATPase）ポンプによって眼房水をくみ出している．このポンプは，Naと塩化物（$Cl^+$）を眼房水に戻し，イオン輸送体によって眼房水中を受動的に移動する．さらに，細胞間のタイトジャンクション（tight junction）が眼房水と角膜間のバリア機能を果たす．

内皮細胞の密度は生涯にわたり減少する．内皮細

が部分的に死滅するとポンプ機能が促進し，残存している細胞が面積を拡大し補うことで調整する．しかし，これらは永続的ではなく，ポンプ機能で眼房に水をくみ出す量より静圧力で角膜実質に水が進入する量が多くなると，角膜浮腫が進行し，これを内皮細胞代償不全という．内皮細胞密度が約500～800個/mm$^2$以下に減少すると内皮細胞代償不全が生じると考えられており，加齢や，原発性角膜内皮疾患，前部ぶどう膜炎や水晶体脱臼，緑内障などの続発性眼内疾患で進行する可能性がある．

## 透明性の維持

相対的に無細胞性構造であること，角化していない表層上皮，無髄の角膜神経，色素やリンパ管，血管を欠くなどの解剖学的適応と生理学的適応により，角膜の透明性が保たれている．さらには，均等な間隔で平行に配列し，角膜実質の膨化を防ぐコラーゲン線維が架橋結合することで，光を透過させることができる．角膜の透明性は，実質をある程度の脱水状態に保つこと(角膜脱水・透明化：corneal deturgescenceと呼ぶ)で維持しており，このメカニズムについては前述している．

## 角膜の屈折

犬と猫では，角膜と涙膜は眼の屈曲力のほぼ3/4を担っている．屈折は光線を調整し，網膜に結像するために焦点を合わせる．屈折は曲率と光線が通る媒体の屈折率変化の両方による．光は気体(空気のような)から涙膜に入るときに屈折が生じ，その後，角膜から前眼房，水晶体，硝子体へと透過するときにより屈折する．実際，角膜の曲率を考慮すると，角膜前面と涙膜で起こるプラスの屈折と，角膜後面で起こるマイナスの屈折の和が総合的な屈折となり約43ジオプトリー(D)となる．涙膜と角膜の接触面が眼の部位で最も屈折する．したがって，角膜特性や角膜曲率，屈曲特性に作用して角膜の透明性を喪失するような疾患経過は視覚に影響する．

## 角膜の神経支配

角膜には三叉神経より分枝する眼神経からの感覚神経幹が豊富に分布している．角膜神経幹は犬では約10個，猫では約13個あり，猫の角膜はより感度が高い．しかし，これは頭蓋骨の形状に依存している部分があるため，中頭種と長頭種の品種に比べて短頭種の犬と猫では角膜神経幹の数が少なく，したがって角膜感度も低い．上皮は特に豊富な神経に支配されており，上皮基底層に顕著な樹枝状分岐があり，実質前層にも同様に顕著なネットワークがあるが，角膜の最深部層に達すると目立たなくなるか消失する．この分布は，深部潰瘍では表層潰瘍ほどの疼痛を伴わないという臨床所見からある程度説明できる．

角膜の感覚は角膜の健康に不可欠である．角膜の感覚が低下した動物では，涙液産生と瞬目回数が低下し，角膜の乾燥が急激に進行する．角膜表面があばた状の外観を呈して上皮剥離に進行し，乾燥状態が持続すると角膜上皮の全層剥離にまでなることがある．さらに角膜の感覚神経支配は角膜上皮の恒常性と治癒に重要に役割を果たし，感覚神経が欠損していると角膜の治癒遅延になる．しかし，角膜の疼痛は，例えば痙攣性内反や反射性ぶどう膜炎を誘発するように，眼病変の悪化に繋がる変化をもたらすことがある．反射性ぶどう膜炎は，角膜神経が虹彩と毛様体の痙攣の原因となる炎症誘発性伝達物質を放出し，血液-眼関門が破綻して進行する．

## 角膜の免疫

角膜表面は免疫特権部位で，持続的な抗原刺激に暴露されているのにもかかわらず，相対的な免疫休止状態である．これは角膜の健康と視覚に極めて重要であり，免疫反応は角膜の完全性と透明性の消失に繋がるためである．免疫休止状態になるために，角膜は独特な一連の自然免疫と獲得免疫を活用する．この二つの免疫システムと環境が相互に作用することができる角膜免疫の複雑な性状は，角膜が可能な限り生涯の大半を無反応性として居続けることが他の文献で報告された(Gilger, 2008)．角膜の免疫はこの章で総括的に取り扱うには複雑すぎるが，以下の点に要約される．

- 眼瞼，第三眼瞼，涙液と角膜上皮の共同作用は眼表面の第一バリアである．瞬目反応，涙液の持続的補充，涙膜中に含まれる多数のサブスタンスと同様に粘液，リゾチーム，ラクトフェリンの効果，少数の微生物と環境アレルゲンの保持は比較的容易に補填される．この第一バリア効果は角膜の自然免疫を補い，抗原特異性でないにもかかわらず極めて効果的である．
- 一方，獲得免疫は抗原特異性で眼の関連リンパ組織によって介在される．これは結膜濾胞内のリンパ球からなり，リンパ球が放散され結膜と涙腺に形質細胞が出現する．これらの細胞は免疫グロブリンを生成し，他の細胞の挙動に影響を与えるサブスタンスを調整する．この過程はマクロファージとランゲルハンス細胞のような抗原提示細胞が必要であり，角膜には生まれつき少数のこれらの細胞が存在し，そ

の反応性は最小限で役立つ．これらの細胞がより多く必要な場合，角膜は涙膜と結膜を介してそれらを補充することができる．

さらに，TLRs(toll-like receptors)は獲得免疫反応で重要な役割を果たす．TLRsはいくつかのタイプがあり，それぞれが特定の微生物関連抗原の認識に役立つ．その後，抗原認識は特定の病原体に対して免疫応答を引き起こす．角膜表面からTLRsが有効的になくなり，上皮層内の内在性が微生物の存在する角膜表面に「免疫的無知」の状態を作ることにより，角膜の免疫特権を向上させる．しかし，微生物に対して一度免疫応答が増加すると，角膜の免疫寛容が喪失し，抗原提示細胞が獲得免疫反応で誘発される．これは炎症性細胞の誘引，コラーゲン分解抗原の遊離，角膜の血管新生，角膜透明性の喪失などの事象を引き起こし，角膜に変化をもたらす．

獲得免疫は，自己抗原として作用する可能性のある潜在的な角膜標的と，病原体関連抗原の交差反応によってさらに複雑になり，自己免疫性疾患を長引かせる状況を引き起こす．

## 角膜の恒常性

上述したように，角膜は保護と恒常性の維持するのに役立つ解剖学的要因と生理学的要因の数に依存している．角膜疾患の鑑別診断リストを作成するときに，眼周囲の環境と罹患動物の一般健康状態は対象とすべき追加要因である．**表12.1**に個々の要因がどのように角膜の健康に影響を与える可能性があるかの概説を提示する．全身性疾患の眼症状に関する情報は，第20章に記載している．

眼組織の再生は限られており年齢と組織による．一

**表12.1** 角膜疾患の鑑別診断リストを作成するときに考慮されるべき眼科要因と非眼科要因

| 眼科要因と非眼科要因 | 保護的役割 | 要因変化の結果 |
|---|---|---|
| 涙膜 | ・潤滑<br>・栄養<br>・免疫<br>・角膜表面の洗浄作用 | ・乾燥と涙液膜層破壊時間(TFBUT)の短縮<br>・免疫障害<br>・粘液の蓄積と眼表面の残屑<br>・全体的な結膜と角膜の刺激，色素沈着/血管新生の有無<br>・角膜の潰瘍性疾患 |
| 眼瞼（構造の完全性と瞬目も含む） | ・機械的保護<br>・涙膜の脂質層の寄与<br>・涙膜の拡散<br>・角膜表面の洗浄作用 | ・外傷に繋がる保護欠損<br>・蒸発による乾燥とより急激なTFBUTの短縮（眼瞼外反により悪化する）<br>・粘液の蓄積と眼表面の残屑<br>・全体的な結膜と角膜の刺激，色素沈着/血管新生の有無<br>・眼瞼外反症例の持続的外傷<br>・角膜の潰瘍性疾患 |
| 第三眼瞼（涙腺も含む） | ・機械的保護<br>・涙膜の水相部分の寄 | ・外傷に繋がる保護欠損<br>・蒸発とTFBUTの短縮<br>・涙液保護の低下<br>・全体的な結膜と角膜の刺激 |
| 上皮 | ・実質保護：環境と微生物に対する機械的保護と涙膜からの水分過剰に対する保護<br>・涙膜のグリコカリックスの寄与<br>・免疫の役割 | ・角膜実質の露出，浮腫への進行と疼痛の増加<br>・不均衡な実質修復過程によるコラーゲン溶解 |
| 内皮と眼内環境 | ・水分過剰に対する実質保護<br>・内皮細胞の恒常性 | ・内皮細胞障害からの角膜浮腫<br>　－広範性：眼圧の上昇，ぶどう膜炎または原発性変性<br>　－限局性：虹彩前癒着，瞳孔膜遺残，水晶体前方脱臼，限局性外傷に関連する<br>・上皮下の水疱形成<br>・視覚喪失 |
| 求心性感覚神経支配 | ・瞬目補助と涙腺の涙液応答<br>・治癒過程の補助 | ・瞬目の低下および，または流涙<br>・治癒遅延反応 |
| 眼周囲の環境 | | ・睫毛乱生や眼瞼周囲の皮膚疾患，一般的な結膜と角膜刺激，角膜色素沈着と血管新生が原因 |
| 全身の健康 | | ・涙膜と角膜知覚への糖尿病の影響<br>・角膜上皮下の脂質沈着と角膜周辺の神経機能への甲状腺機能低下症の影響<br>・角膜実質への特定の蓄積症の影響<br>・ぶどう膜±続発性緑内障に繋がる可能性がある全身性疾患の影響 |

非眼科要因は直接的な保護的役割は必要ない．

般的に角膜層深部は再生能力がない．一番再生能力が優れているのは角膜上皮である．実質は中程度の再生能力をもち，内皮の再生能力は限られているか，あるいはないかである（若齢の子犬では再生能力は優れているが，成犬では事実上ないと報告されている）．

以下は，損傷時の角膜反応の重要点である．

- 角膜上皮治癒
- 実質治癒
- デスメ膜瘤に進行
- 角膜血管新生
- 角膜色素沈着
- 上皮下の水疱形成

### 角膜上皮治癒

急速な表皮上皮治癒は創傷開口部の露出，創傷開口部の水分過剰，角膜実質細胞の活性化，炎症細胞を引き付けるケモタキシンの放出に限られている．これらの事象は角膜疼痛と角膜透明性の喪失に関連しており，さらに実質に損傷を引き起こす可能性もある．角膜上皮欠損の治癒は3段階ある．

- 第一段階：上皮細胞が伸長し移動する
- 第二段階：顕著な細胞増殖
- 第三段階：細胞分化

上皮細胞が足場としてフィブロネクチンを使用し，移動，付着，剥離開口部の上で増殖を行う．ひとたび細胞の連続層ができれば傷は塞がり，細胞の増殖と分化は上皮層を厚くし，通常，角膜上皮を構成する細胞のサブタイプを生じさせる．

上皮内の特定な細胞が治癒過程で極めて重要な役割を果たす．角膜輪部に存在する基底細胞は上皮の主要な前駆細胞（幹細胞）である．一過性に増殖する上皮細胞は基底細胞層の別の場所に存在する．治癒過程時は，幹細胞に依存し，細胞増殖の大部分を担うと考えられる．化学的損傷または疾患により角膜輪部の幹細胞が喪失した場合，「角膜上皮が結膜によって置換（Conjunctivalization）」し角膜の透明性の喪失が続発する．

正常環境下での上皮治癒はかなり早く行われ，線状の表在性擦傷なら24～48時間以内，もっと広範囲な表在性潰瘍は数日から約1週間と予想される．注目すべきは，上皮が欠損部の上で増殖した後も，基底膜上皮のフィブリンとヘミデスモゾームが接着し，形成するのに時間がかかることである．疾患や欠損によって基底膜が損傷を受けている症例では，この治癒過程はさらに時間がかかる（数週間から数カ月）．永続的に接着するまで，上皮は簡単に露出する．

哺乳類種では，上皮細胞の移動を調整・制御する因子が数多く存在し，それは上皮細胞増殖因子，形質転換因子であるgrowth-β，角膜実質細胞成長因子，サブスタンスPなどである（Haber et al., 2003；Yamada et al., 2005）．これらの因子は上皮成長の増進または抑制に作用し，涙腺，角膜実質細胞，角膜神経によって生成される．人間の角膜の感覚神経欠損は，角膜治癒の遅延と潰瘍性疾患の進行または持続に関連し，動物でも同様の角膜の感覚神経欠損は，治癒反応に重大な負の役割を果たしやすくなる．

### 実質の治癒

一般的に，実質治癒は上皮治癒より長くかかり，損傷の重症度により様々な瘢痕形成を引き起こす．実質治癒の早期段階では，創傷に近い角膜実質細胞はアポトーシスを受けるのに対して，これらの周辺では線維芽細胞が活性化し始め，グリコサミノグリカンとコラーゲンが角膜欠損部を補填するために並列する．新しく生じたマトリックスのグリコサミノグリカンとコラーゲン比率は健康な透明な角膜でみられる割合と異なる．これは眼に見える瘢痕と関連しており，通常，深部欠損と重篤な疾患から回復した角膜は悪い．しかし，角膜はマトリックス成分の再形成によって，時間をかけてこれらの比率を転換する能力をもっている．場合によっては，驚くほどの透明性を回復することもある．

注目すべきは，好中球などの他の細胞は，実質の修復に積極的な役割を果たしていることである．好中球は早期治療過程に涙膜，結膜または新しく伸展した角膜の血管によって供給され，セリンプロテアーゼやマトリックスメタロプロテアーゼ（MMPs: matrix metalloproteases）などのコラーゲン分解酵素を生成する．これらのプロテアーゼは角膜実質細胞や上皮細胞から生成されるMMPsと結合し，復元するために実質創傷部の小領域を破壊する．実質の破壊と復元はバランスが取れていることが重要であり，過剰破壊はコラーゲン溶解として知られる過程で角膜の破綻に繋がる（「角膜融解（corneal melting）」．図12.5）．

### デスメ膜瘤への進行

潰瘍の進行で，角膜上皮と実質の全層が侵食されるとデスメ膜は露出する．これはデスメ膜瘤として知られている．デスメ膜瘤は潰瘍底部の深部が平坦化，もしくは前方に隆起したりするが，フルオレセインは染まらない．深部潰瘍周囲に角膜の浮腫による「堤防（wall）」が出現し，通常フルオレセインは染まる．潰瘍底部は周囲の浮腫を生じた実質よりも暗色に見える（図12.6）．これがデスメ膜瘤で，広範囲に及ぶと前眼房，瞳孔と虹彩が可視できるようになる（図12.7）．デス

第12章 角　　膜

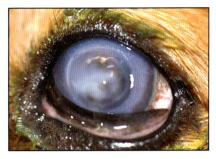

図12.5 実質が融解した大型で深い角膜中央部の潰瘍

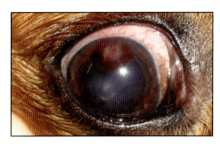

図12.8 表層角膜にみられた角膜内出血は，血管新生に関連する．

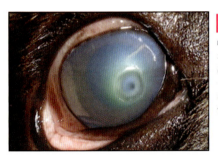

図12.6 中央部の小さなデスメ膜瘤は，周囲の浮腫を生じた実質に比べると暗色である．

図12.7 この猫の眼の透明なデスメ膜瘤は穿孔寸前であり，眼内構造物が可視できる．

る剛毛群が出現する．これらは肉芽組織の底部に侵入することもある．時折，血管新生は角膜内出血に関連する（図12.8）．角膜内出血は種々の角膜疾患に起因し，老犬に頻発する（Matas and Donaldson, 2011）．

　血管新生は，MMPsとセリンプロテアーゼに対して効果的な自然発生の抗コラーゲン溶解物質，酸素，栄養を損傷部位に運搬することで治癒過程の助けとなる．しかし，潰瘍性疾患と実質融解は血管反応よりもはるかに早く進行するため，この反応は進行性のコラーゲン溶解または角膜穿孔を防止することはできない．

　血管新生は角膜潰瘍性疾患における上皮バリアの喪失によって角膜浮腫を増大し，発生した血管から実質にわずかな量の水分が漏れる．水分過剰，角膜浮腫は角膜を不透明にするだけでなく，厚みが増して柔らかくなり，その結果脆弱になる．角膜が治癒すると，血管はもはや還流しなくなり，「ゴースト（ghost）」血管になって，血管反応は不明瞭になる．上皮バリアの再建と新しい血管の減衰によって，角膜内皮は実質から過剰な水分を除去し，角膜は正常な厚みと透明性が回復する（図12.9）．実質の喪失もしくは内皮損傷は当然この過程に影響する．

### 角膜色素沈着

　メラニンは上皮と前部実質に沈着し，角膜輪部と結膜から生じる．通常，眼表面刺激は表層の色素の増殖と沈着を引き起こし，刺激の原因を特定し除去しない場合は進行する（色素性角膜炎参照）．内皮の色素沈着は稀だが，前部ぶどう膜嚢胞の破裂，虹彩前癒着，前部ぶどう膜や角膜輪部のメラニン細胞性腫瘍の伸長など眼内疾患と関連することがあり，これらの疾患は前部ぶどう膜の色素の蓄積または沈着を引き起こす．

### 上皮下の水疱形成

　角膜浮腫に続発する上皮下と上皮内の水分の蓄積は水疱形成を引き起こし，一過性であったり，破裂して小型の潰瘍になったりする（図12.10）．これらの潰瘍は迅速に治癒する傾向があるが，浮腫が持続していると再形成する．角膜浮腫の治療が成功すれば，水疱は消失する．

メ膜瘤は容易に破裂し角膜穿孔を招くため，緊急外科手術をすべきであり，眼科専門医への紹介を強く推奨する．

### 角膜血管新生

　コンパニオンアニマルの健常角膜は，生来無血管である（前述参照）．血管は輪部から生じ，病的過程で同時起こる治癒反応の一部である．角膜血管新生は，角膜実質細胞と浸潤している白血球から放出された炎症性サイトカインと他の血管新生因子によって誘発される．一般的に血管は疾患経過で角膜輪部の接合部に最も近いところから生じる．血管の早期新生は4日かかることがある．その後，かなりばらつきが大きいが，通常は血管が角膜病変方向に向かって伸びるが，2日で1mm以下である．

　血管新生は表層にも深部にも生じる．表在性血管新生は眼表面疾患に関連しており，結膜の延長から血管が伸び，二つに分枝する．深部血管新生は実質深部疾患と眼内疾患に関連しており，角膜輪部からまっすぐに血管が伸びて非分岐パターンである．血管は融合し，時には「刷子縁（brush border）」パターンと呼ばれ

第12章 角　膜

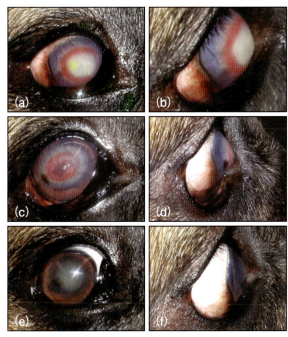

図12.9　角膜創傷の治癒段階．(a)角膜潰瘍がフルオレセイン染色で明らかになり、実質に炎症性細胞が取り囲むように浸潤し、リング状の血管新生と続発性の浮腫を呈している．(b)側面から見ると、角膜は明らかに厚みを増し、大きく湾曲している．(c〜f)治癒するにつれて、透明性と角膜の厚みはゆっくりと回復したが、色素沈着と血管新生を伴った瘢痕が残存した．

図12.10　潰瘍の経過時に生じた著しい実質浮腫に続発した上皮下の水疱．角膜表層に大きな1個の水疱と中央部に小型の水疱群が見える．

## 疾患の検査

　角膜と眼瞼、第三眼瞼、眼球表面の涙膜、眼房水、虹彩、水晶体、眼圧の相互関係は、角膜の健康と疾患の重要決定因子である．したがって、眼球の前部構造物、付属器と眼球表面の涙膜検査は、角膜疾患の病因を理解するためには必要不可欠である（第1章および第9〜11章を参照）．

### 機　器

　眼瞼、角膜と眼内構造物の検査に用いる基本的な診断機器は、シルマー涙試験（STT）の試験紙とフルオレセイン染色、明るい光源である（表12.2）．角膜のフルオレセイン染色試験のために、臨床医はコバルトブ

表12.2　角膜検査に必要な器材

- 明るい光源（可能ならばブルーフィルターと拡大機能）
- シルマー涙試験-1（STT-1）試験紙
- フルオレセイン染色液
- 1％プロキシメタカイン
- 眼圧計
- 細胞診用のブラシと細胞染色液
- フォングレーフェ鉗子（眼瞼と第三眼瞼の操作のため）

ルーフィルターの光源ももつべきである．詳細検査は暗い部屋で行う．手持ち細隙灯は、獣医眼科において角膜検査のゴールドスタンダードになっている（第1章を参照）．手持ちの検眼鏡は非常に鮮明で詳細な画像は得られないが、お金がかからず使用が容易である．明るい光源、眼底と他の眼内構造物の検査ができるレンズ一式、フルオレセイン染色時に使用するブルーフィルター、角膜の輪郭を評価するために比較的幅の広いスリット光源も必要である．拡大鏡は角膜を拡大して観察するのにも使用する．

### 検　査

　徹底した眼科検査プロトコールは、第1章に詳述している．角膜疾患に特に関連するポイントは以下の通りである．

1. 最初は非対称徴候、眼瞼または付属器の構造的欠陥、眼痛、眼漏などの「手を出さない（hands-off）」検査を行って評価する．
2. 瞬目の割合と眼瞼瞬目反応を評価する．
3. 点眼剤の使用前にSTT-1を行い、十分な眼瞼の触診や明るい光源を使用する．
4. 明るい光源と拡大鏡を用いて、眼瞼、被毛の有無、睫毛異常、眼瞼縁の欠損と疾患、マイボーム腺の疾患や異物の評価をするために、眼瞼の外側面と内側面を調べる（理想的には細隙灯）．
5. 眼球結膜、結膜円蓋、第三眼瞼の外側面を調べる．
6. 拡大鏡を用いて角膜表面と角膜全層を検査する（理想的には細隙灯）．
7. 眼内疾患をチェックするために眼球内の検査を行う．
8. フルオレセイン染色を行い、コバルトブルーライトを用いて評価試験をする（STT試験紙や接触式眼圧計〈シェッツ眼圧計やトノペンなど〉を使用すると、一般的に角膜の接触部分に染色液がわずかに滞留する原因になる．これを角膜潰瘍と混同すべきではない）．
9. 可能ならば眼圧を測定する．
10. 必要であれば、局所点眼麻酔薬を用いて第三眼瞼

の内側を検査する(綿棒またはフォングレーフェ鉗子を検査補助器具として用いる).
11. 必要であれば, 細胞診, 細菌培養やポリメラーゼ連鎖反応(PCR)試験のために, 綿棒で採取する(第3章を参照).

## 角膜疼痛

角膜疼痛の徴候は眼内疼痛と区別できない. 非常に重度な眼瞼痙攣と羞明を呈している罹患動物を除いて, 局所麻酔薬の使用により角膜の痛みに関連した症状が一時的に解消される. しかし, 局所麻酔薬の使用は眼表面の疼痛管理を目的に使用すべきではない. 持続的な眼瞼痙攣は著しい眼輪筋刺激が長期化しており, 管理するのが困難である. 羞明は虹彩と毛様体の痙攣に続発する反射性ぶどう膜炎により生じ, これらは疼痛を伴う角膜疾患によって引き起こされ, アトロピン点眼薬のような散瞳-毛様体筋麻痺製剤の使用で緩和される(第5章を参照).

## 病変認識

角膜は発育障害と後天性障害を生じる場合があり, 後者は構造的, 免疫介在性, 外傷性, 中毒性, 感染性, 変性, 神経性, 腫瘍性であり, 鑑別診断リストを作成する際に留意する. 適切な鑑別診断を行うために, 臨床医は角膜状態に関連する各疾患のパターンに合わせて, 小動物によくみられる経時的に進行する様々な角膜の病変過程を熟知していなければならない. 病変認識のいくつかの要素は, それらの特色に応じて特定の問題をグループ化することによって簡略化できる(表12.3).

**表12.3** 角膜病変のカラーガイド

| 原因 | 解説 |
|---|---|
| 白 | |
| 瘢痕 | 血管新生と色素も含む場合もある |
| 脂質 | 角膜実質ジストロフィー, 脂質角膜症, 弓状脂質性角膜など様々な状態に広がる |
| 角膜融解 | 実質の細胞浸潤により黄色を呈することもある |
| 細胞浸潤 | 実質膿瘍, 角膜融解, 角膜の炎症状態がみられることもある |
| 好酸球性角膜炎 | 角膜表面の表層表面の白色沈着で, 隆起することもある(血管新生によってピンク色の場合もある) |
| 角膜浮腫 | しばしば青色を呈する(前述参照) |
| 角膜後面沈着物(KPs)または前房蓄膿 | 前部ぶどう膜炎に続発. KPsは角膜内皮表面(内部)に位置する. 前房蓄膿は前眼房に位置する. KPsは暗色の場合もある. 前房蓄膿は黄色 |
| ハーブ条痕 | 緑内障によりデスメ膜が線状に破裂する |
| カルシウム | 局所性カルシウム変性, 全身性カルシウム異常と耳下腺管転位術に続発する角膜表面沈着などに起因 |
| 上皮封入体嚢胞 | 稀. 過去の角膜外傷によるものと推測される |
| リソソーム蓄積疾患 | 稀. 片眼性の角膜混濁は, 若齢動物の全身性徴候に関連する. 猫で好発する |
| 黄色 | |
| 角膜融解 | 実質の細胞浸潤により白色を呈することもある |
| 細胞浸潤 | 実質膿瘍, 角膜融解, 角膜の炎症状態がみられることもある |
| フルオレセイン染色 | すこし前に使用した残渣物. 潰瘍病変のある症例で, 眼の表面を洗い流さなければ, 粘液と実質を通して拡散した前眼房内の眼房水が染色することもある |
| 赤色/桃色 | |
| 血管新生 | 表層性(分岐する)または深層性(刷子縁効果) |
| 角膜上皮が結膜によって置換(conjunctivalization) | 瞼球癒着に関連. 重度の表層性炎症に続発(例えば, 子猫の猫ヘルペスウイルス1型性角膜炎, 酸やアルカリによる熱傷) |
| 溢血 | 角膜内出血(稀)または前房出血(眼内) |
| 細胞浸潤 | 慢性表層性角膜炎, パンヌス(リンパ球-形質細胞性浸潤), 好酸球性角膜炎, その他の角膜炎症性疾患または腫瘍性のプロセス(稀) |
| 青色 | |
| 角膜浮腫 | 青色だが, 観察者によっては白いモヤ状に見える. 角膜潰瘍, 前部ぶどう膜炎, 緑内障, 水晶体脱臼, 内皮疾患に起因. 前部実質浮腫は上皮病変(角膜潰瘍など)と考えられる. 後部実質浮腫は内皮病変または全体的な内皮代償不全と考えられる. 血管が生じることもある. 角膜血管新生に関連した未発達の血管から水が漏出 |
| 黒色 | |
| 色素沈着 | 色素性角膜炎, 角膜の瘢痕化, 黒色腫(特に輪部黒色腫), KPs関連に起因 |
| 猫の角膜黒色壊死症 | 進行するにつれて, 淡黄褐色, 琥珀〜茶色, 黒色 |

# 犬の疾患

## 発育異常

### 角膜の大きさと角膜欠損

犬では小角膜は稀である．健常な眼で偶発的に発見されたり，あるいは小眼球，瞳孔膜遺残，白内障，前眼部の発育不全のような，より重度な異常が伴うことで角膜分化が欠如する．他の発育異常に伴ってみられ角膜分化が欠損している．先天性あるいは後天性の巨大角膜は稀な疾患で，多くの場合，角膜直径の増大は続発性緑内障の眼球拡大時に生じる．

### 角膜混濁

一過性の初期の角膜混濁は子犬，特に早期に開眼した子犬にみられることがあり，生後数日は内皮機能が未成熟であるためである．眼瞼間裂の上皮下角膜混濁は乳子角膜ジストロフィーと呼ばれ，これも一過性である．永続的な先天性角膜混濁は，瞳孔膜遺残物が角膜内皮に接着している動物にみられる（図12.11）．猫の瞼球癒着や短頭種の色素性角膜炎のような非先天性疾患は，若齢動物に角膜混濁を引き起こすので，先天性疾患と間違えないように注意すべきである．

### 類皮腫

類皮腫は分離腫，または通常みられない部位に別の正常組織が発生したものである．類皮腫は様々な数の毛包がある皮膚斑が，典型的には外側の眼球結膜，角膜輪部や角膜に生じる．類皮腫から伸びた毛が眼表面から涙を吸い上げ，角膜と結膜の直接刺激の原因となって流涙症を引き起こす．症例によっては，類皮腫は先天性疾患や外眼角欠損も関連している．

発生学的観点からみると，類皮腫は角膜上皮と同じ表皮外胚葉由来である．しかし，なぜこの類皮腫の細胞が，角膜や結膜上皮に分化しないのかはよくわかっていない．角膜と結膜表面部位に発生する類皮腫は様々である．非常に小さな類皮腫は角膜輪部と輪部周辺の角膜に影響しないが，大きな類皮腫は角膜中心軸の周辺に様々な長さで広がる（図12.12）．類皮腫は深さも様々で，結膜と角膜輪部の表層に位置するものから角膜実質の前部～中央部の深さまで達するものもある．

**治療**：結膜切除術も併用した表層角膜切除術が治療選択肢である．一般的に角膜にみられる病変辺縁の薄い白輪も含めた全病変を切除する必要がある．全病変と病変にある全毛包を除去するために，適切な深さまで切除することが重要である．切除した深さにもよるが，表層角膜切除術後は，欠損部を補填するために結膜移植を推奨する．表層角膜切除術と結膜移植は特殊な手術器具と角膜の顕微鏡手術の訓練が必要なので，専門医に紹介することを強く勧める．術中と術後の角膜上皮が結膜によって置換しているときの不注意による角膜穿孔のリスクや，表層角膜切除部位に育毛が再発するリスクがある．

## 後天性疾患

角膜炎という用語は様々な角膜の炎症性疾患を総称する．これらはコンパニオンアニマルが患う眼の問題で最もよくみられる．角膜炎はさらに潰瘍性と非潰瘍性に分類される．

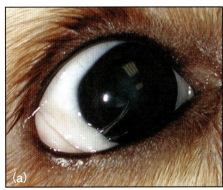
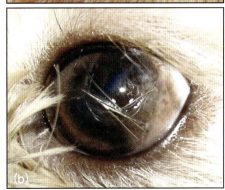

図12.12 （a）小さな結膜類皮腫 （b）眼球結膜，角膜輪部と角膜に広がった類皮腫

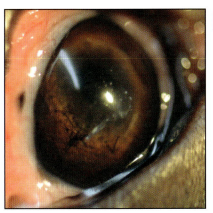

図12.11 角膜に接触した瞳孔膜遺残が，永続的に局所性の角膜混濁の原因となる．

### 潰瘍性角膜炎

角膜の潰瘍性疾患は視覚への深刻な脅威をもたらす可能性があるので，すぐに治療が必要である．角膜潰瘍の原因は幅広くある(表12.4)．したがって，徹底したヒストリーと詳細な眼科検査が原因解明のために必要だが，常にすぐに判明するわけではないので，臨床医と飼い主へのフラストレーションの原因になる．潰瘍は常に原因があることを覚えておく必要があり，潰瘍が急性か，外傷性か，単独性か，もしくはより複雑な慢性か，持続性であるかである．

外傷による表層上皮欠損は，他の悪化因子がなければ，数時間から数日以内に治癒する．**持続性表層性潰瘍や潰瘍が深くなっていたり，拡大しているときは，すぐに疑問視すべきである．** そのような場合に単に点眼回数を増やしたり，抗生物質点眼を変更しても改善することは稀である．一般的には，根本的な原因を見逃したか，または二次的な合併症が生じていたかである．このような過程を繰り返すなら詳細な眼科検査を行い，必要ならば専門医に助言を求めるべきである．

角膜潰瘍の一般的な治療は下記に詳述する．そのあとに，犬で多くみられるいくつかの潰瘍性角膜炎の診断と治療を解説する．角膜潰瘍の原因は以下の通りである．

- 眼瞼疾患と付属器疾患
- 涙膜の障害，原発性乾性角結膜炎(KCS)
- 特発性慢性角膜上皮欠損(SCCEDs)，表層性，治癒しない，下を走る「無痛性」角膜潰瘍
- 急性実質コラーゲン溶解(「融解性」角膜潰瘍)
- 角膜外傷(火傷，非貫通性，貫通性鋭的外傷)
- 角膜異物
- 化学火傷や熱傷
- 角膜変性
- 神経障害性疾患

加えて，点状角膜炎や角膜黒色壊死症，感染性角膜炎，瞼球癒着などの犬では，あまり一般的でない角膜疾患が角膜潰瘍に関連している．これらの疾患は後ほど簡潔に概要する．

**一般的な治療**：角膜潰瘍の治療は，基本的には原因の特定と対応，治癒過程の支持と罹患動物の快適性の向上である．これは内科療法単独もしくは外科療法との併用が必要な場合もある．罹患動物の自己外傷を防止することにより，さらに悪化しないように適切な保護処置をとることも非常に重要である．

**内科療法**：持続性の角膜炎症や外傷がない単純な表在性潰瘍はすぐに治癒するので，予防的な抗生物質点眼と疼痛緩和による支持的内科療法だけを行う．

- 二次感染を予防するために，広域抗生物質点眼剤が使用される(第7章を参照)．
    - クロラムフェニコール抗生物質点眼剤は，広域性で角膜上皮細胞に対して毒性が最小限であるため，第一選択である．
    - フシジン酸はグラム陰性菌にのみ有効であるが，第一選択に最適である．
    - ゲンタマイシン点眼剤は上皮治癒遅延に関連しているが，使用されることもある(Alfonso et al., 1988)．
    - シプロフロキサシンやオフロキサシンなどのフルオロキノロン系点眼剤は，上皮と実質の治癒遅延に関連し(Mallari et al., 1988)，連鎖球菌には有効性が低いので，角膜潰瘍の感染やコラーゲン溶解に対する二次選択治療に適していると思われる．
    - 角膜に使用する抗生物質を強化するために調合して点眼することもある．しかし，角膜創傷の治癒に悪影響を与える可能性があり，本当に必

**表12.4** 犬の潰瘍性角膜炎の原因

| 原発性角膜疾患 |
|---|
| • 突発性慢性角膜上皮欠損 |
| • 角膜変性 |
| • 点状角膜炎 |
| **外傷（貫通性もしくは非貫通性と刺激）** |
| • 剥離，裂傷 |
| • 異物（角膜，結膜，第三眼瞼の後部） |
| • 熱，たばこ，酸もしくはアルカリによる熱傷 |
| **涙膜欠損** |
| • 乾性角結膜炎 |
| • 質的涙膜疾患 |
| **眼瞼疾患もしくは眼窩周辺疾患** |
| • 眼瞼内反や睫毛乱生（鼻皺など） |
| • 眼瞼外反（露出性角膜炎） |
| • 異所性睫毛 |
| • 睫毛重生 |
| • 眼瞼炎 |
| • 眼瞼縁の腫瘤 |
| • 眼瞼縁の欠損や変形（外傷性裂傷，医原性など） |
| • 浅い眼窩による兎眼，不完全閉瞼素因の犬（パグ，ペキニーズなど） |
| **感染** |
| • 細菌性もしくは真菌性角膜炎（シュードモナス菌など．注意：おそらく細菌や真菌が定着するために，角膜外傷が必要である） |
| • 犬ヘルペスウイルス1型 |
| **神経学的疾患** |
| • 角膜の感覚低下（神経栄養性角膜症） |
| • 眼瞼不動（顔面神経麻痺/神経麻痺性角膜炎） |

要な場合にのみ選択すべきである(Lin and Boehnke, 2000).
- 眼疼痛の制御はなかなか難しい.角膜の潰瘍性疾患は前部ぶどう膜の痙攣と角膜感覚神経の刺激に関連しており,両方とも痛みの原因となる.経口の非ステロイド性抗炎症薬(NSAIDs)と散瞳剤-毛様体筋麻痺剤は,眼疼痛の局所的内科療法の中心である.
  ― 経口NSAIDsは潰瘍性角膜炎の症例に適切な鎮痛薬である.NSAIDsが角膜上皮治癒を著しく遅延するというエビデンスはない.
  ― アトロピン点眼(0.5～1%)は散瞳剤-毛様体筋麻痺剤で,毛様体と虹彩の痙攣を減少させる.
    - アトロピンは中程度に散瞳した瞳孔の大きさを維持することを目指し,効果的に使用すべきである.一般的にアトロピン点眼は1日に4回以上は行わず,超小型犬は潜在的な体内吸収により,重篤な副作用を及ぼさないかを注意して使用する.重篤な眼症状を呈した動物は頻回点眼が必要である.
    - 疼痛を伴う反射性ぶどう膜炎の制御に必要な場合があるが,アトロピンは一時的に涙液生成を低下するため,KCSを呈する動物への使用は注意する.
  ― 経口オピオイドが望ましい場合がある.オピオイド点眼は犬の角膜疼痛の鎮痛薬としては比較的効果がないと思われる(Cark et al., 2011)(第5章も参照).
  ― **点眼鎮痛薬は補助診断として使用することができるが,決して治療薬として使用してはならない**.これらは上皮毒性だけでなく神経栄養性角膜症(病理学的には角膜変性)の原因になる(Heigle and Pflugfelder, 1996).
  ― 防腐剤の入っていない涙液ジェルの使用は,角膜疼痛減少の補助になる.
  ― コンタクトレンズ装着または第三眼瞼フラップの実施が適切な場合は,罹患動物の快適性を向上させることができる.
  ― 必要であれば,自傷を防ぐためにエリザベスカラーを装着する.
- デブライドメントや格子状角膜切開術は,角膜潰瘍の一般的な治療に望ましくなく,表層性で治癒しない表層の下を走る「無痛性」潰瘍(SCCEDs;下記参照)にだけ行うべきである.日常の角膜潰瘍治療においてこれらの手技の使用は,一般診療でよくある間違いである.不適切な使用をした場合(特に深部性潰瘍または感染性潰瘍),眼球破裂など悲惨な結果を招くこともある.
- コルチコステロイド点眼は角膜潰瘍の治癒遅延と角膜融解に関連する.したがって,角膜潰瘍でのコルチコステロイド点眼の使用は通常禁忌である.
- 防腐剤を含有する点眼薬の頻回投与は,角膜刺激や,場合によっては治癒遅延に関連する.防腐剤の入っていない製剤は,これらの合併症が疑われるときには考慮すべきである.
- 角膜穿孔の罹患動物にも,眼の浸透性のよい広域抗生物質を経口投与する(第7章を参照).

もし潰瘍が持続したり深くなるようならば,一見適切な治療と思われても,悪化因子を見落としていることが多く,いかなる潜在的原因も特定し対処するために,繰り返し眼科検査を実施したり,専門医に助言を求めるべきである(**表12.4**を参照).

コンタクトレンズ装着と第三眼瞼フラップ:これらの選択は,表層性の非感染性角膜潰瘍の症例で検討される.両手技は,露出した角膜実質神経終末を眼瞼の動きから保護することにより,罹患動物の快適性を向上させる.これらはまた,治癒遅延を引き起こす睫毛乱生や眼瞼内反などの刺激の原因から付属器を保護する.とはいえ,そのような問題は直接対処することが望ましい.両手技は長所と短所をもち,**表12.5**に要約した.

外科治療:外科手術は重度の角膜実質欠損と進行性の角膜溶解の症例で考慮すべきである.内科療法を行っているのにもかかわらず,進行性のコラーゲン溶解により拡大化や深層化する角膜潰瘍は,早期の融解した実質の外科的デブライドメント,角膜支持と角膜再建術の両方もしくはいずれかで改善する可能性が高い.角膜溶解の存在と内科療法に対する反応に加えて,潰瘍の深さと直径も,手術の必要性を評価する際に考慮すべき非常に重要な要素である.潰瘍の直径が小さくても,周辺が健康な実質に取り囲まれていても,角膜の深さが50%に達した潰瘍は穿孔の重大な危険因子があるので,手術の際は考慮すべきである.

一般的に結膜有茎被弁術,角強膜転移術(CST: corneoscleral transposition),角結膜転移術(CCT: corneoconjunctival transposition)の再建術を利用する.これらの術式は罹患動物自身の組織を利用するため拒絶反応が生じない.これらはまた,様々な角膜再建状況時に十分な構造的サポートを提供する術式となる.

- 結膜有茎被弁術(図12.13)は,移植片の血管を介してコラーゲンを安定化させた血清を連続的に供給できるという利点があり,角膜実質の浮腫から水分を吸収することができる.しかし,この術式は角膜の透明性を阻害したり,視軸を遮断したりする.

# 第12章 角膜

表12.5 コンタクトレンズ装着と第三眼瞼フラップの長所と短所

| コンタクトレンズ装着 | 第三眼瞼フラップ |
| --- | --- |
| **長所** | |
| ・傷みを緩和する<br>・無麻酔で動物に装着できる(ただし部分的眼瞼縫合の併用時は除く)<br>・装着後，角膜を見ることが可能<br>・装着中，罹患動物の視覚は維持できる<br>・涙が第三眼瞼の後ろに溜まらずに，涙点に届く<br>・眼表面に点眼薬が届く | ・傷みを緩和する<br>・技術的に設置は容易<br>・正しく設置できたら外れない<br>・物理的な角膜保護と自傷のリスクを減少 |
| **短所** | |
| ・装着後に外れる可能性がある<br>・眼表面の感染，深部角膜潰瘍，乾性角結膜炎の症例では使用禁忌<br>・角膜への酸素の接触が限られているため，ソフトコンタクトレンズでは軟膏の使用は禁忌<br>・角膜浮腫を引き起こす可能性のある「tight lens症候群」のリスク | ・全身麻酔が必要<br>・設置後，角膜を見ることができない<br>・設置中は一時的に視覚消失<br>・縫合糸の結び目や縫合糸の刺激などの不適切な設置で，角膜の外傷を引き起こす可能性がある<br>・角膜表面の限られた場所にしか点眼薬が届かない<br>・眼表面の感染，進行性深部角膜潰瘍の症例では使用禁忌 |

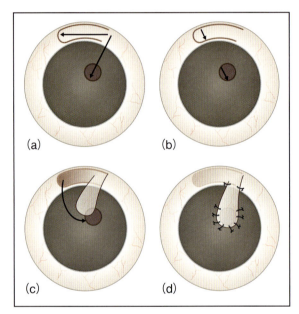

**図12.13** 結膜有茎被弁術．茎部はどの方向にも張力がかからず，角膜欠損部を覆うことができるように長くて幅が広くなければならない．角膜潰瘍の縁は縫合糸材料を保持するのに十分な強度が必要である．角膜実質に移植片が癒着するのを促進し，失活した角膜部位の除去が必要かどうかを判断するために，病変縁の角膜上皮を除去することは必要であり，常に欠損部はより大きくて深くなる．(a, b)外科医は潰瘍の幅と茎部根部(茎部の地点は角膜表面へ旋回する)から潰瘍の遠位端の距離を測定する必要がある．これらの測定は眼球結膜から茎部を作成するために使用される．第三眼瞼襞が茎部作成を複雑にするため，内側下部の眼球結膜から茎部を作成することは一般的に推奨されない．(c)作成ができたら，茎部は潰瘍の上に載せることができるはずであり，過度の張力により引き戻しがないよう完全に角膜潰瘍を覆う．(d)輪部の上で茎部基部を縫合し，潰瘍の縁の周囲に茎部を固定するために，さらに少なくとも単結節縫合(基本縫合)を4回行う．固定したら，間隙を埋めるために潰瘍の縁の周囲を縫合する．手術時における茎部移植片の過度の操作は，術後の茎部の血管新生障害や進行性のコラーゲン溶解により，移植片離解の一因になる可能性がある．

- CSTとCCT移植術(図12.14)では，移植片の角膜部分を病変の上に直接覆うように設置するので，欠損した角膜実質を置換するには自己結膜組織より自己角膜組織の方がよい．これは，比較的透明性のある角膜になるという長所をもち，したがって視覚に影響を及ぼす潰瘍にはより適切である．
- シアノアクリレート組織接着剤(Watté et al., 2004)，新鮮または凍結角膜層状角膜移植術，豚粘膜下組織など，その他様々な移植片材料を使用した多くの術式が報告されている．

角膜の再建術は，手術用顕微鏡，特殊な器具類，様々な顕微鏡手術に関する深い知識が必要になる．これらの手技の訓練を受けた経験豊富な外科医によって行われるべきである．

**眼瞼と付属器疾患**：一般的に潰瘍性角膜炎の原因となり，特に犬の特定犬種に多い．角膜に接触する被毛が上皮層を摩耗した場合，眼瞼内反は潰瘍性疾患を引き起こしやすい．通常，潰瘍の位置は眼瞼内反の位置に一致し(図12.15)，損傷の原因が持続し角膜疼痛によって眼瞼痙攣が悪化した場合，潰瘍が深くなることがある．早期診断ができたら，潰瘍が表層性に存在する傾向があるため，罹患動物は再建術が必要となる可能性は低く，眼瞼内反が矯正されれば，単純な内科療法で改善が見込める．しかし，深部潰瘍は角膜再建術が必要となる場合があり，同時に眼瞼内反の矯正も行う．

多くの場合，異所性睫毛も角膜の潰瘍性疾患に関連する．眼瞼内反と同様に潰瘍は被毛の位置と一致し，通常上眼瞼中央部の内側にあり，潰瘍は角膜中央周辺の表層部に生じる．短くて硬い被毛が角膜に接触する

第12章 角　膜

図12.15
外側下眼瞼に内反を呈したイングリッシュ・ブルドッグ．眼瞼縁を手で反転すると角膜潰瘍が露出し，フルオレセイン染色に染まる．

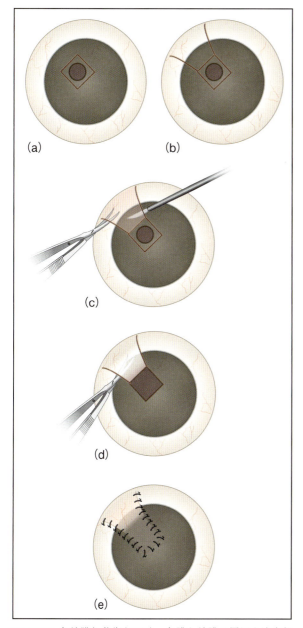

図12.14　角結膜転移術（CCT）．角膜と結膜の周辺を潰瘍部位の中央部に転位する．(a)潰瘍の縁は四角形に切りとる．(b)潰瘍縁の周囲の「切り出し」は外形から連続して，移植片の残りの部分は角膜表面に輪郭を描くように切開する．移植帯は潰瘍床より約1mm幅広くなるようにしなければならない．移植帯はわずかに放射状に広がり，輪部を越えて結膜に達する．ダイヤモンドナイフ，ビーバーブレード，深さが一定になるナイフ（restricted depth blade）を使用する．(c)移植片の角膜と結膜部分は，その後，角膜剥離刀（lamellar dissector）を用いて角膜層板を分離する．移植片の角膜部分の理想的な厚さは，角膜の深さの約50％である．細心の注意で，どの時点でも移植片を損傷したり，前眼房を突き破らないようにしなければならない．(d, e)一度，移植片の結膜基部以外の移植片を眼球から離し，潰瘍中心部の上に転位する．角膜潰瘍部分の組織の外郭をトリミングし，その部分に移植片を縫合する．結膜有茎皮弁を行った後，外科医は術中に移植片に張力がかからず，移植片が破損しないように確実に行わなければならない．浮腫を呈した角膜組織は操作が困難で損害を与えやすい．

とすぐに潰瘍が発症しやすい．被毛が成長する初期段階では，しばしば被毛は非常に小さく，細隙灯で拡大しないと可視が困難なこともある．もし被毛が容易に除去できて潰瘍が表層性なら，上皮治癒は比較的早く，補助的内科療法で改善しやすい．

　睫毛重生は，典型的には潰瘍よりむしろ軽度の角膜炎症を引き起こすが，症例によっては，特に短くて硬い余分な睫毛がある症例では潰瘍に進行しやすい．これは短い被毛をもった犬種に好発する．睫毛乱生は正常眼瞼や顔の被毛が角膜表面に接触する疾患である．睫毛乱生は眼瞼内反でみられるが，眼周囲の被毛が長い品種やカールしている品種（プードルなど），鼻襞が多い品種（パグなど）にも発症する．眼瞼と付属器の疾患は第9章でさらに詳細に解説している．

**涙膜障害**：犬においてKCSは角膜の潰瘍性疾患でよくみられる原因である．特に短頭種は，中央部から中央部周辺にかけて，急速に進行し穿孔するリスクのある深い潰瘍を発症する可能性がある（Sanchez et al., 2007）（図12.16）．早期に診断できたら，急速に進行した潰瘍は角膜移植が必要である．シクロスポリン点眼の使用は上皮や実質の創傷を治癒遅延することはなく，たとえ角膜の再建術を行っていたとしても，KCSの症例で用いられる．質的涙膜疾患はKCSに比べると診断されることはあまりないが，角膜摘出の一因にもなる可能性もある．これについては第10章でさらに詳細に解説している．

図12.16
角膜中央部に乾性角結膜炎に関連した深部角膜潰瘍を呈した1歳齢のイングリッシュ・ブルドッグ．外側下眼瞼に睫毛重生も生じている．

**特発性慢性角膜上皮欠損症（SCCEDs）**：SCCEDs（「無痛性」角膜潰瘍）は露出した角膜実質表層を接着不全の角膜上皮が縁どるように取り囲むのが特徴である．1～2週間以上持続し，通常，中年齢から老齢に罹患する．好発犬種にボクサーとコーギーが報告されているが，この疾患はどの犬種にも発症する可能性がある．多くの場合，接着不全の上皮は潰瘍の縁の周りに折り返し，瞬目するたびに容易に広がる．フルオレセイン染色による診断では，露出した実質がはっきり染まり，通常，接着不全の上皮の下に染色液が移動する（図12.17）．潰瘍は突発的に生じることが一般的であり，通常は片眼性だが，両眼に発症することもある．

　SCCEDsと診断する前に，角膜潰瘍の可能性のあるその他の全原因をルールアウトし，上記で概説した臨床基準を満たしている必要がある．Bentley et al.（2001）はSCCEDsに一貫性がある二つの変化があることを示した．潰瘍部の欠損または不連続になった基底膜：実質表層の薄く無細胞性の硝子状帯は，新しい上皮が形成し癒着することを阻害するという仮説が立てられてきた．SCCEDsが持続すると実質性の血管新生が進行するが，多くの場合，角膜潰瘍が修復された際に消失する．代わりに，上皮化をより複雑化させ，重度の瘢痕化と視覚障害を引き起こし得る肉芽組織反応がみられることもある．

**治療**：下層の基底膜と実質表層の異常は上皮接着を阻害するので，単独の内科療法でSCCEDsが治癒することはほとんどない．したがって，治療選択は上皮が実質に接着できるように，この層を除去することである．報告された治療法としては（Stanley et al., 1998）．

- デブライドメント（図12.18a）単独では，初回治療で成功率は63％
- デブライドメント後，格子状角膜切開術（図12.18b）では，初回治療で成功率は85％
- 表層角膜切除術の成功率は100％に近いが，適切な全身麻酔と手術用顕微鏡，顕微鏡手術の技術が必要になる．
- イソブチルシアノアクリレートを用いた組織接着，点状角膜切開術（実質前部に穴を開ける），ダイヤモンドバーを用いたデブライドメントなどのその他の治療法が報告されている．ダイヤモンドバーを用いたデブライドメントは初回治療で成功率は約90％（Gosling et al., 2013）．

　格子状角膜切開術は，周辺の健康な角膜側に1 mm延長して格子状の形に表層角膜にひっかき傷を作るが，治癒すると肉眼では容易に見えなくなる．角膜切開術は実質前部の表層に限定して行うために，針の先端は曲げるかモスキート止血鉗子で保持し，角膜表面に対してほんのわずかだけ垂直に突き当てる．格子状または点状角膜切開術を繰り返すと，重度の角膜瘢痕化を引き起こす可能性があり，誤って行うと医原性の角膜裂傷になることもある．初回治療でデブライドメントと角膜切開術がうまくいかなかった場合，2～3週間あけると再度実施できる．

　SCCEDsが治癒しない場合，さらに評価するために専門医に紹介し，表層角膜切除術が可能かどうかを考慮する．表層角膜切除術は顕微鏡手術と顕微鏡手術の知識が必要であり，罹患した角膜実質の表層を約100 μmの深さで切りとる．疾患初期段階に表層角膜切除術を行えば，急速に治癒し瘢痕も最小限にできる．しかし，実質に血管新生があれば，ダイヤモンドバーによるデブライドメント，角膜切開術や表層角膜切除術などいかなる外科介入後も，肉芽組織反応が生じる可能性はある．SCCEDsの外科療法後は，罹患動物の快適性のためにソフトコンタクトレンズの装着や，場合によっては瞼板縫合（図8.16参照）や第三眼瞼フラップ（図12.19）が必要になることがある．これらの手技は痛みを軽減し，初期の報告ではソフトコンタクトレンズ装着を推奨していたが，治癒効果とダイヤモンドバーによるデブライドメント，格子状角膜切開術や表層角膜切除術の成功率を評価することは難しい（Grinninger et al., 2012；Gosling et al., 2013）．

**急性実質性角膜融解**：急性実質性コラーゲン溶解（「融解性」角膜潰瘍，角膜軟化症）は原発性角膜疾患というより，むしろ既存する角膜潰瘍の合併症として生じる．潰瘍治癒過程のいかなるときにも生じ，数時間以内に角膜穿孔にまで進行する可能性がある．進行する原因の究明は必ずしもできるわけではないが，コラーゲン溶解を増強するいくつかの主要要因がある．

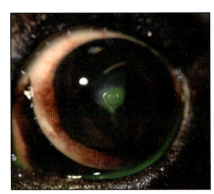

**図12.17** 特発性慢性角膜上皮欠損（SCCEDs）．潰瘍縁は容易に見え，フルオレセイン染色が実質を染めている．接着不全の上皮は潰瘍縁の周囲にめくれあがったように見える．

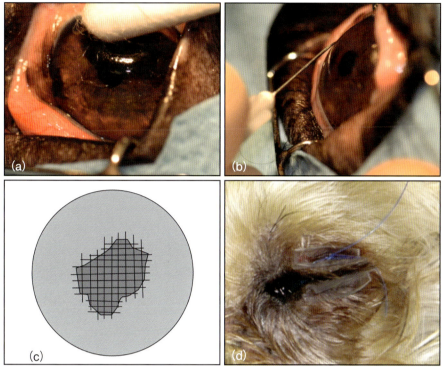

図12.18 (a)生理食塩水：ポビドン・ヨードを1：50の割合で調整した溶液で眼表面を洗浄した後，乾いた綿棒でデブライドメントする．(b, c)27 Gの注射針で格子状角膜切開術を行った後，ソフトコンタクトレンズを装着した．(d)部分的外側瞼板縫合を水平マットレス縫合で行い，コンタクトレンズが動かないようにした．

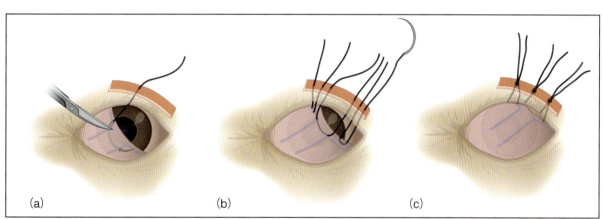

図12.19 直接的な外科処置が禁忌(例えば，全身状態への懸念)である場合，角膜潰瘍の緩和的管理のために第三眼瞼フラップを設置する(a)2 mの非吸収糸(3/0 UPS)の付いた針を適切なステント(厚みのあるゴムのチューブ，ペンローズドレイン，柔らかい静脈チューブ)に通し，上眼瞼の上結膜円蓋に挿入する．その後，針を第三眼瞼の前面に通し，第三眼瞼のT字軟膏の「幹」をすくい上げ，後ろの眼球表面側の結膜を貫通しないように注意する．貫通していると角膜の摩耗で炎症の原因となるため，縫合糸を通した後に結膜が後部表面に貫通していないかを第三眼瞼を裏返して確認する．その後，上結膜円蓋の方向に針の向きを変え，上眼瞼とステントに通す．(b)可能ならば，同じやり方で水平マットレス縫合を2糸行い，最初の縫合糸の両側に水平方向に少しかむように通す．(c)第三眼瞼が眼球を覆うように縫合糸を引っ張り，第三眼瞼の過度の張力や歪曲がないように上結膜円蓋に第三眼瞼を固定するように注意しなければならない．結紮後，縫合糸は長めに残すと，後の再チェックで見る時に一時的に結び目を緩め(縫合糸の結び目は注意深く「ほどき」，必要ならば皮下注射針を用いて緩める)，眼の観察ができるように第三眼瞼フラップを外す．必要ならば，外科手術を再度行うことなく，第三眼瞼フラップ縫合を結び直すことができる．

- 正常角膜実質の治癒は，コラーゲンの合成と融解のバランスである．この微妙なバランスが崩れたときに過度のコラーゲン溶解が生じる
- MMPsと血清プロテアーゼは，組織の損傷反応として角膜内の宿主細胞から放出されるコラーゲン分解酵素である．慢性の角膜炎症になると炎症細胞が集まり，このコラーゲン溶解性反応が増強する．
- 潰瘍部への微生物侵入(具体的にいうと*pseudomonas*と*Streptococcus*による感染だが，この二つとは限らない)は細胞性コラーゲン溶解酵素の放出も引き起こし，同時にコラーゲン溶解酵素の放出する原因でもある炎症細胞の補充も行う．実質欠損は(無菌であるとしても)他のコラーゲン溶解酵素の根源となる
- 既存の角膜潰瘍にコルチコステロイド点眼を使用すると，宿主細胞からのコラーゲン溶解酵素の放出を誘発するため，ほとんどの角膜潰瘍で使用禁忌である．コラーゲン溶解の病因論における全身性コルチコステロイドの関連性は議論の的になっているが，

これらの潜在的な危険因子を考慮することが賢明と思われる．

- 角膜融解におけるNSAIDs点眼の関連性は明確ではない．数多くの事例報告では因果関係が示唆されているが，大規模な報告では関係については実証されていない（Flach, 2001）．
- 短頭種犬種（パグなど）では実質性コラーゲン溶解に進行するリスクが増加するように思われる．したがって，これらの品種におけるいかなるタイプの角膜潰瘍も，頻回のモニタリングと，根本的な構造的要因に対処するよう注意しながら，特に慎重に気を配らなくてはいけない．潰瘍が数日以内に治癒しない，もしくは治療しているのにもかかわらず潰瘍が進行するようなら，専門医に助言を求めるべきである．

コラーゲン溶解は通常急速に進行し，罹患した角膜は不透明なゲル状物が付着した外観を呈する．初期では灰色や白色の点状で，急速に深くなったり拡大し角膜表面の大部分に占拠する．

治療：急性実質性コラーゲン溶解は，数時間以内に角膜破裂を引き起こす可能性があるため，眼科救急疾患として扱うべきである．治療目標は，

- コラーゲン溶解の進行を止めること
- 治癒に影響を与える眼表面の疾患を確定し，治療すること
- いかなる原因となる感染も治療すること
- 必要であれば，角膜形成術を実施すること（すなわち，潰瘍が角膜を破裂させる恐れがある場合）

もし潰瘍が早期にわかり適切な治療が行われたら，内科療法でコラーゲン溶解を止めるのに十分であり，正常な治癒過程が再び始まる．可能ならば，罹患動物は入院させ，特に治療初期はすぐに観察できるようにすべきである．内科療法は抗コラゲナーゼと抗生物質，鎮痛薬を併用する．

- 抗コラゲナーゼ
  — 血清は容易に手に入り，血清のプロテアーゼとMMPsの両方に対して効果を有するので，最適な抗コラゲナーゼ剤である．自己血清が最もよく使用されているが，他家血清も使用されている．血清点眼の調整と使用方法の手順は**表12.6**に述べる．
  — エチレンジアミン四酢酸（EDTA）点眼，N-アセチルシステイン，テトラサイクリンは選択肢のひとつだが，MMPsにしか効果がない．

**表12.6** 血清点眼の調整と使用手順

1. 5～10 mLの血液を採取する．
2. 1本または数本のチューブもしくはゲル添加チューブに入れる．
3. 血液を凝固させる．
4. チューブを回転させる．
5. 上澄みを数本のバイアルに静かに移して血清を分離する．各バイアルには1日に使用する血清量を入れる（6～8滴程度）．
6. チューブと使い捨てのプラスチック製ピペットに分注する．可能ならば，治療に1日1本使用する．取り扱いは清潔な状態で行う．
   - 使用日までチューブは冷凍保存する．
   - 使用中のチューブは，使用間は冷蔵保存する．
   - その日に使用して余った血清と使用済みのピペットは，24時間後に廃棄する．

- 抗生物質点眼
  — *Pseudomonas* spp.と*Streptococcus* spp.は実質性コラーゲン溶解に最も一般的な細菌である．これらは抗生物質感受性が著しく異なるので，院内で実施する細胞診は，臨床医が使用する最も適した抗生物質を調べる簡単で迅速な手段である．角膜融解部辺縁のスワブや掻爬から作製した塗抹標本はディフ・クイックで染色する（第3章を参照）．桿菌や球菌が存在したら，それぞれ*Pseudomonas*感染か*Streptococcus*感染の推定診断ができる．
    - *Pseudomonas*感染には，点眼剤のフルオロキノロン，ゲンタマイシン，トブラマイシン，ネオマイシンとポリミキシンBが最適な抗生物質である．
    - *Streptococcus*感染には，点眼剤のバシトラシン，グラミシジン，セファロスポリン，ペニシリンが最適な抗生物質である（第7章を参照）．
- 眼球破裂の危険性がある場合は，眼透過性のよい全身性抗生物質（セファレキシンなど）を投与すべきである．
- 鎮痛薬は全身性NSAIDs，アトロピン点眼と必要ならば経口オピオイドも使用する．

病初は罹患動物に30～60分毎に点眼し3時間毎に再評価をするが，フルオレセイン染色は繰り返し行わなくてよい．角膜組織のゼリー状物の付着や潰瘍の深部への進行が停止するなどのコラーゲン溶解に改善がみられたら，頻回点眼を4～6時間毎に減らす前に最初の12～24時間以内は注意すべきである．もし融解過程反応がよい方向に向かったら，点眼回数を4～6時間毎に減らす前に24時間監視下で罹患動物に集中内科療法

を続ける．

　以下の場合は，外科的介入が必要である

- コラーゲン溶解や融解した部分が深くて，眼球破裂の恐れがある場合
- 集中的な内科療法を行っているのにもかかわらず，数時間経っても状態が安定せずに角膜融解部分が拡大して深くなる場合

外科療法に適用するのは以下の通りである．

- 溶解部分が小さい場合は，結膜有茎被弁またはCCT移植術
- 角膜の大部分が罹患している場合は，結膜フード弁または360度被弁術

　**コラーゲン溶解の症例では，第三眼瞼フラップやコンタクトレンズ装着は禁忌である．**

**角膜外傷**：角膜外傷は鈍的，鋭的，化学的要因で引き起こされ，穿孔や角膜異物の封入の恐れがある．眼瞼や付属部に角膜潰瘍の原因があり，角膜外傷になる場合もある（上述参照）．

**鈍的外傷**：角膜潰瘍の原因に加えて，鈍的外傷は眼球の他の部位にも影響する可能性があり，重篤な結果になることもある．さらに，角膜浮腫，強膜破裂，水晶体脱臼，眼内出血，網膜剥離や眼窩骨折を呈することもある．眼の鈍的外傷が疑わしい動物は，眼瞼，角膜，眼内構造物，眼窩骨，眼周囲構造物を含めた眼科検査を行い，網膜剥離や眼球破裂などの後眼部構造物の損傷を確認するために，眼科超音波検査を実施すべきである．強膜破裂（第13章を参照）は特定が難しく，予後不良である（Rampazzo *et al*., 2006）

**非貫通性鋭的外傷**：これは通常眼科救急疾患で，猫の爪，棘，爪のような尖った物によって生じる．ほとんどの場合，一部の角膜層が穿刺し，比較的直線状に切れるか，90度の角度で切れて角膜フラップが形成される．さらに，輪部近くの角膜裂傷は強膜にも達していることがあり，強膜裂傷や強膜破裂の原因になるが，急速に結膜が治癒して覆ってしまうので確認が困難である．生じて間もない穿刺，裂傷，フラップの多くは直接縫合が適しているが，症例によっては角膜移植が必要である．非常に小さな非貫通性穿刺で実質の露出が皆無かそれに近いなら，縫合は必要ない．これらの病変は内科療法でよいが，頻繁に再検査をする必要がある．角膜浮腫や状態の悪化，創傷縁の分離がある場合，さらに創傷の悪化を防ぐために縫合が必要であ

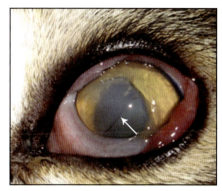

**図12.20** 角膜裂傷によりフラップが形成した．角膜実質内に被毛が閉じ込められ，瞳孔が覆っているのがわかる（矢印）．

る．傷に被毛や粒子状物質などの異物が入っていることがある．これは角膜フラップによる裂傷でよくみられる（図12.20）．縫合や移植をする前にすべての異物を取り除かねばならない．粒子状物質の識別や除去，縫合や移植術も，十分な光源の照明と拡大鏡を用いた検査と，顕微鏡手術の専門的な知識が必要である．補助的内科療法は角膜潰瘍での記載と同様である．

**貫通性外傷**：時には鋭的外傷によって生じた貫通性の角膜損傷かの判断は難しい．しかし，貫通性外傷の明らかな徴候は，臨床医が知っておく必要がある（図12.21と表12.7）．虹彩脱出を外科的に縮小することが必要になったり，水晶体破壊性ぶどう膜炎の発症を防ぐために，水晶体の外科手術が必要になるかもしれないので，角膜貫通性損傷は注意深く評価しなければならない（第14章と第16章を参照）．これらの技術的に難関な手技は，眼科専門医のスキルが必要で，そのような症例は可能なら早急に紹介すべきである．角膜潰瘍に記述した治療に加え，NSAIDsと抗生物質の経口投与などの補助内科療法も行う．

**角膜異物**：角膜異物で最も多いのは有機物であり，典型例は植物性物質である．しかし，ほとんどが小型で鋭利なので角膜上皮に穿通してその下に詰まるか，角膜実質内の様々な深さに到達して滞留する．異物は角膜内皮側まで達して前眼房に穿通したり，完全に前眼房に侵入し，フィブリンで覆われると異物が隠れる可能性がある．症例によっては，異物が虹彩角膜隅角に侵入し視野から隠れたまま重度のぶどう膜炎を誘発する．必ずほとんどの角膜異物で，特に有機物は重度の炎症性反応を引き起こす．

　貫通性角膜傷害や穿孔性角膜疾患は，微量の血液やフィブリン，虹彩の実質封入を引き起こす．この病態は炎症反応にも関連し，角膜異物反応と混同する．虹彩の絞扼部分は通常浅眼房になり，持続性の眼房水漏出で角膜に接触した虹彩部分が前方変位すると，局所的に虹彩に前癒着するか，あるいはもっと全体的に前

第12章 角　膜

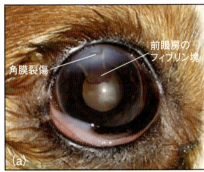
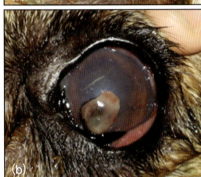

**図12.21**
(a) 角膜の猫のひっかき傷により水平の貫通性角膜裂傷と前眼房にフィブリン塊が認められる．(b) 角膜の穿孔性外傷により，顕著なフィブリン栓が形成

（図中ラベル：角膜裂傷、前眼房のフィブリン塊）

**表12.7** 角膜外傷に関連する臨床的特徴

| 臨床的特徴 | 解説 |
|---|---|
| **角膜** | |
| フィブリン栓 | 前眼房の急激な減圧は，虹彩や毛様体の血管系からのフィブリノーゲンなどのタンパク質の溢出を引き起こす（血漿様眼房水）．フィブリノーゲンから生成されたフィブリンは，角膜に到達すると凝固し，黄褐色から赤みを帯びた色の隆起状の栓を形成して角膜欠損部を覆う |
| 虹彩脱出 | 脱出した虹彩組織は，角膜欠損部の凝固したフィブリンで直に見えないかもしれない |
| **前眼房** | |
| 浅眼房 | 前眼房の急激な減圧は，眼房水の急速な喪失と浅眼房，著明な炎症性反応をも伴う．創傷部からの前眼房水の漏出がフィブリン栓や虹彩栓の形成によって止まっていなかったら，前眼房は浅眼房のままである．付随するぶどう膜炎は低眼圧の原因になる |
| 血液またはフィブリン | 前眼房に血液やフィブリンが蓄積して凝固し，塊を形成する |
| 色素 | 色素上皮の束や断片は後部虹彩から離れて前眼房に侵入したり，水晶体嚢や角膜内皮に沈着したりする |
| 水晶体物質 | 傷害時に前部水晶体嚢が破裂したら，水晶体物質は前眼房内に突出する |
| **虹彩** | |
| 瞳孔異常 | 瞳孔異常（瞳孔の形が異常）は直接的な虹彩の外傷もしくは癒着が原因 |
| 虹彩前癒着 | 虹彩前癒着は，虹彩が前方に偏位して角膜に付着したり，角膜の創傷部から突出することで局所的に前眼房が浅くなる．虹彩前癒着は側面から前眼房を見ると最もわかりやすい |
| 虹彩後癒着 | 虹彩後癒着は，炎症を起こした虹彩が前部水晶体嚢に付着して生じる |
| **水晶体** | |
| 水晶体破裂 | 前部水晶体嚢の破裂は，嚢の欠損部から水晶体物質の皮質や核が突出し，水晶体の輪郭を変える．水晶体破裂の特徴は第2章と第16章で述べる |

癒着する．焦点光源（できれば拡大鏡）を用いて側面から前眼部の構造を観察すると，このような合併症が識別できる．

治療：角膜異物の除去は，異物をさらに角膜に埋め込んだり今以上に損傷を引き起こさないように，非常に注意して行わなければならない．小さな針（23Gか25G）か異物スパッドは，異物が極めて表層にある，もしくは異物の一部分が角膜表面の外側に出ている場合に使用でき，異物が入ったと思われる反対方向から外向きの力を加えることで，緩徐に異物を回収できる．しかし，異物は摘出時に容易に砕けやすく，実質にある異物を針で摘出する方法を用いるのはむしろ難しい．異物周辺の角膜表面を外科切除する場合も，全層切除で前眼房切開する場合も慎重に計画し，針や鉗子を用いることによりさらに角膜や水晶体への損傷，眼房水の漏出，眼内出血，不注意による前眼房への異物の変位を引き起こさないようにする必要がある．角膜上皮下に容易に除去できる異物がある動物は，潰瘍性角膜炎と同様に補助的内科療法を行えば，再上皮化を抑制する他の要因が無ければ，病変は急速に治癒する．異物の摘出がより困難な場合は，角膜の深い知識と眼内の顕微鏡手術の技術が必要なので眼科専門医へ紹介する．

化学的火傷もしくは熱傷：化学的火傷はアルカリ性物質や酸性物質によって引き起こされる．酸性化学物質は，硫酸や塩酸を含有する漂白剤やトイレクリーナーなどの一般的な家庭用クリーニング製品の中で最もよくみられる．水酸化アンモニウムや水酸化ナトリウムなどのアルカリ性化学物質は腐食剤で，オーブンレンジ洗浄剤や排水管洗浄剤に含有する．水酸化カルシウムは建築資材で，一般的な腐食剤である．多くのアルカリ性化学物質は脂溶性のため，酸性化学物質よりも組織を穿通する．その一方で，軽度から中程度の酸性熱傷は角膜コラーゲンを凝固するため，幾分自然治癒性の傾向がある．凝固した組織は，酸が損傷した組織をそれ以上貫通しないようバリアとして働く．したがって通常，アルカリ性熱傷は酸性熱傷より重度な損傷を引き起こし，重度で視覚を脅かす角膜融解，輪部

虚血/壊死，重度のぶどう膜炎の原因になる．傷害初期は，すぐに利用できる尿検査紙のような pH 測定紙で，熱傷の種類を特定するために涙膜で判別する．

治療：罹患した角膜表面，結膜組織と眼瞼は，大量の生理食塩水でできるだけ徹底的に洗浄しなければならない．なぜなら，表面の上皮の破壊は急速に生じ，化学残留物は持続性損傷と重度の感染，激痛の危険性を上げるからである．長時間の洗浄（例えば，20～30 分）が必要なため，罹患動物は全身麻酔下での眼表面の洗浄が最もよく行われる．再度，pH 試験紙で洗浄の有効性を評価するのは有用である．結膜嚢の正常 pH である約 7.5 に戻るまで洗浄し続ける．重症例，特にアルカリ性熱傷では専門医の助言を聞くべきである．熱傷は，角膜潰瘍で述べた補助的内科療法と同様である．

**角膜変性**：角膜変性は全身性疾患または角膜内のその他の病的変化に続発し，脂質，カルシウム，あるいは両方に関与する．多くの場合，角膜血管新生がみられるのが特徴で，一般的に続発性角膜潰瘍を生じる．この疾患は老齢犬でみられ，脂質性角膜症やカルシウム性角膜炎などの根本的な角膜疾患が進行する（下記参照）．もし角膜変性が進行性または慢性潰瘍に関連しているなら，角膜切除術と場合によっては結膜移植や CCT 移植術が望ましい．

**神経学的疾患**：
**神経栄養性角膜症**：この疾患は，角膜の求心性感覚神経の出力が減少もしくは欠損して生じる．角膜の感覚低下の正確な原因を明らかにするのは難しいが，罹患した三叉神経の眼枝，角膜神経幹，三叉神経自体の問題に限局する．人間において，広く認められている神経栄養性角膜症の原因は，度重なる外傷，ヘルペスウイルスによる角膜感染，角膜手術，繰り返し行う過度の局所麻酔薬の点眼や，糖尿病など眼瞼周囲の神経変性の原因となる疾患などである（Heigle and Pflugfelder, 1996）．糖尿病罹患犬の角膜感覚神経も低下すると報告されている（Good et al., 2003）．しかし，そのような問題の影響は，犬では角膜の感覚が頭蓋骨のタイプによって大きく異なるという事実から，定量化することは難しい（Bockr and van der Woerdt, 2001）．

海綿状静脈洞症候群（中頭蓋窩疾患）は犬でも診断され，三叉神経機能に影響する（第 19 章を参照）．角膜感覚神経の低下は，通常涙液産生反射の低下と瞬目率の低下に関与する．これは涙膜を不安定にし，続発的に涙液の蒸発損失を増加，瞬目減少による洗浄効果の減少，眼表面全体の乾燥を次々と引き起こす．角膜表層が広範性にフルオレセイン染色で点状に染まり，病態は急激に悪化して潰瘍性疾患を引き起こす．典型的な

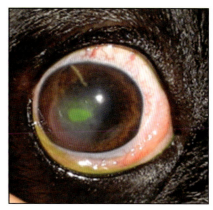

図 12.22 全耳道切除術後に神経麻痺性角膜症を呈した動物．眼瞼間裂の角膜軸に表在性潰瘍がある．

潰瘍は中央部の眼瞼間裂に沿った角膜軸全体に生じる．神経栄養性角膜症の動物では人間と同様に，上皮の治癒遅延が起こりやすい（Okada et al., 2010）．

治療は，可能であれば根本原因を特定し対処する．さらに，粘性代用涙液（理想的には保存剤無添加）の頻回点眼により眼を湿潤に保ち，角膜露出と涙の蒸発を減らす目的で一時的な眼瞼縫合（第 8 章と図 12.18 を参照）を考慮するのもよい．回復が見込めない症例では，永久的な眼瞼縫合が用いられる場合もある．

**神経麻痺性角膜症**：顔面神経麻痺は眼瞼不同を引き起こし，眼瞼間裂に沿った露出性角膜炎を生じやすくなる（図 12.22）．自発性の間欠的な眼窩への眼球陥凹，健常な涙膜反応と第三眼瞼の露出は角膜炎の進行を防ぐこともあるが，多くの場合，上皮性潰瘍に進行する．顔面神経麻痺の原因は，中耳炎や外傷，医原性（全耳道切開術後など），特発性顔面神経麻痺（第 19 章に詳細に記載）などである．補助的治療は神経栄養性角膜症に記載しているのと同様である（前述参照）．機能回復するまで数週間から永続的にないまで様々である．

**稀な原因による潰瘍性角膜炎**：
**シェットランド・シープドッグの表層性ジストロフィー**：この稀な問題はシェットランド・シープドッグ特有で，両眼性，表在性，多病巣性，直径 1～2 mm の円形の表層性病変で中央部がフルオレセイン染色に染まるという特徴をもつ（図 12.23）．そのような場合，涙液膜層破壊時間（〈TFBUT〉第 1 章と第 10 章を参照）が低下し，瞬目率の増加と涙液の増加により軽度の眼不快症状を示す．病因は不明である．急激な TFBUT 低下を正常化する粘性代用涙液点眼，シクロスポリン（0.2％）点眼，点眼療法で臨床徴候が消失しない場合の角膜デブライドメントとコンタクトレンズ装着の実施まで，様々な治療法が報告されている．

**表在性点状角膜炎**：これは稀な疾患で，両眼性で広範

第12章 角　膜

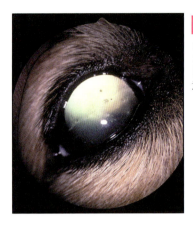

図12.23 表層性ジストロフィーを呈したシェットランド・シープドッグ（S Crispin氏のご厚意による）

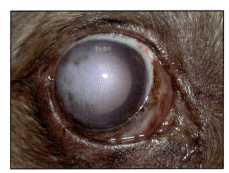

図12.24 角膜内皮ジストロフィー罹患動物のびまん性角膜浮腫

性の微細なフルオレセイン染色に染まる点状上皮性病変を呈する．好発品種にミニチュア・ロングヘアー・ダックスフンドが報告されている．罹患したすべての犬種が症状を示すわけではないが，軽度から中程度の不快症状を示す．涙膜の安定性が乏しく，免疫介在性病因が示唆されている．したがって，病態は多因性で免疫介在性疾患，涙膜不安定，巨大眼裂，角膜感覚の低下，瞬目率の低下などの要因を一つまたはそれ以上含む．重要なのは，睫毛重生などの眼瞼疾患の除外で，微小損傷の反復が原因となる可能性がある．瞬目反応の完全性と瞬目率の評価．涙液産生とTFBUTの測定による涙膜の検査．可能ならば角膜感覚の評価を行う．

明確な原因が特定できたら，適切な治療が選択できる．しかし多くの場合，特定は困難であり，臨床医は異なった治療を選択する．粘液性の脂質含有製剤のような涙液製剤は補助になる．ヒトの上皮症のように，保存剤を含有している薬剤の長期使用は，他の原因要因を相乗的に助長する可能性がある．このため，できるだけ保存剤の含有している製剤より保存剤の含有していない粘性製剤を選択すべきであり，特に長期使用や頻回点眼時には推奨する．免疫介在性原因が疑わしい場合，シクロスポリンを用いた点眼療法を行うと有益性が証明できる．

内皮ジストロフィーと変性症：様々な犬種の若齢（ボストン・テリアやチワワなど）で発症する真のジストロフィーは比較的稀だが，加齢に関連した内皮変性はよく遭遇する．通常，老齢犬に罹患し緩徐に進行する．原因は不明だが，病因は角膜内皮の緩やかな代償不全が関与しており，進行性角膜浮腫を引き起こす（図12.24）．多くの場合，角膜外側にみられ，やがて角膜中央から全体に進行する．通常は初期からやや進行期では無痛性で，視覚が低下していく．進行した症例では，上皮下の水疱（前部実質内に微細な液体の蓄積）が生じ，これらは自然に破裂し，小さな表在性潰瘍を形成して間欠的な疼痛発作を引き起こす．一般的には，

これらの小さな潰瘍は補助的内科療法で治癒するが，治癒するまでに時間がかかる．角膜の血管新生と色素沈着も進行症例でみられる．重症例での密度の濃いびまん性の浮腫は，機能的盲目になる可能性がある．

高張食塩眼軟膏（5％ NaCl）の使用は浮腫を軽減する手段として推奨する者もいるが，効果はそれほどよくない．進行症例では非常に薄い結膜進展皮弁（Gunderson flap）が有効であり，角膜実質から水を吸収することにより，疾患の進行を遅延することができる．

熱角膜形成術は，再発する潰瘍と疼痛を伴った進行症例での使用が報告されている．この技術は，角膜に制御されたマイクロ熱傷で角膜実質表層に瘢痕を形成し，熱で角膜のコラーゲン線維を損傷して萎縮することで，さらに水疱が形成するのを防止すると理論づけられている．この方法による治療症例は他の方法で治療した症例より治癒が早く，補助的療法の期間は短かったと報告されている（Michau et al., 2003）．しかし，この手技は重度の角膜不透性の原因にもなり視力に影響するため，末期まで進行した症例にのみ適応される．熱角膜形成術は，熟練した眼科外科医だけが手術用顕微鏡を用いて行うべきである．

人口角膜も研究されており，重度な角膜浮腫やその他の原因による重篤な角膜混濁で視覚を喪失した動物に使用され，程度は様々だが成功が報告されている（Allgoewer et al., 2010；Isard et al., 2010）．しかし，人口角膜は広くは採用されていない．最近，この疾患に有望な治療として，リボフラビンと紫外線（UV: ultraviolet）-Aを用いたリボフラビン紫外線治療法（クロスリンキング）が提案されている（Pot et al., 2013）．

角膜黒色壊死症：この疾患は猫では比較的一般的で，最も徹底的に研究されている（下記参照）．犬でも報告されているが（Bouhanna et al., 2008），角膜黒色壊死症は犬では極めて稀と考えられる．猫同様，犬の角膜黒色壊死症は，角膜潰瘍性疾患と眼表面の慢性刺激に関与していると思われる．

感染性角膜炎：犬における原発性の角膜病原体とみなされる感染性因子は非常に少なく，ほとんどが外傷を受けた角膜の日和見感染である．角膜の細胞診，細菌培養に加え，症例によっては特異検査（第3章を参照）が関与している病原体を特定するために必要である．細菌感染は真菌感染より多く，真菌感染は稀であるが，犬での報告例はある．リーシュマニア症は犬のKCSと同様に重度の角膜炎の原因と報告されており，角膜を含めた多くの眼組織に寄生虫が局在する．流行している国に在住または旅行に行く犬はリスクがある．さらに，犬ヘルペスウイルスの自然感染は，表在性潰瘍性疾患に関連している（Ledbetter *et al.*, 2006, 2009）．

### 非潰瘍性角膜炎

**慢性表在性角膜炎（CSK）**：よくみられる角膜疾患で，通常パンヌスもしくはCSKと呼ばれ，特徴的な病理組織学的所見は，前部実質のリンパ形質細胞浸潤である．細胞浸潤特性と点眼による免疫抑制剤療法に対する反応から免疫介在性の病因が示唆されるが，この疾患は特発性である．ジャーマン・シェパード・ドッグ，ベルジアン・シェパード・ドッグ，グレーハウンドが特に好発犬種である（Bedford and Longstaffe, 1979）．紫外線への暴露の増加（例えば，夏の時期や高地での飼育）は，CSK発症の別の危険因子である．

典型的な病変は，細胞浸潤辺縁に顕著な血管新生がみられるのが特徴で，時には色素沈着もある．外側の角膜輪部に出現する傾向があるが，角膜の他の場所でも生じる可能性があり，時間とともに角膜中央部に広がる（図12.25）．疾患後期は，細胞浸潤の続発性病変が原発病変の反対側にも生じ，中央部に伸びて繋がる．角膜中央の大部分に及ぶと，視覚も危うくなる．角膜病変に加えて，場合によっては内眼角側の角膜びらん（第9章を参照）や第三眼瞼のリンパ形質細胞浸潤（プラズマ細胞性結膜炎あるいは形質細胞腫としても知られる．第11章を参照）を患う．この疾患は無痛性だが，無治療だと視覚喪失まで進行することもある．診断は，一般的には特徴的な臨床症状，裏付けとなるヒストリー，治療に対する反応に基づいて行うが，曖昧な症例は細胞診が確定診断として使用できる場合もある．

治療：0.1％リン酸デキサメタゾン点眼剤などのコルチコステロイドや，シクロスポリンのような免疫抑制剤点眼が適用となる．シクロスポリン点眼は治療選択のひとつだが，初期治療はシクロスポリンとコルチコステロイドの併用を考慮する．シクロスポリン点眼は1日2回行う．コルチコステロイドの頻回点眼（例えば1日4～6回）が治療開始後7～10日は必要であり，そ

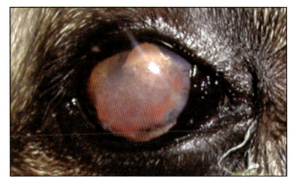

**図12.25** 慢性表在性角膜炎を呈したジャーマン・シェパード・ドッグ

の後の点眼回数は，1日1回か隔日点眼の維持用量まで6～8週間かけて徐々に漸減する．治療初期に両薬剤を併用した場合は，シクロスポリンで維持するためにコルチコステロイド点眼をゆっくりと漸減する．投与回数を低減したときに，臨床症状を悪化させない，もしくは再発させないことが重要である．

点眼療法は長期間行うことが必要であり，通常は生涯にわたって維持療法を行う．病変の再発は，多くの場合，点眼を急激に減らしたり，早期に中止したりすることで生じる．表層角膜切除術と軟X線を用いた放射線療法の併用も進行した症例で報告されているが，一般的に利用可能ではない（Allgoewer and Hoecht, 2010）．原発性角膜病変の退行後に瘢痕形成がみられることもある（図12.26）．これは慢性症例がしばしば悪化し，色素沈着を生じる．

紫外線によってこの疾患が引き起こされる，あるいは悪化する可能性があるので，飼い主に夏の時期は悪化する可能性を説明すべきである．紫外線の高暴露を防ぐ予防措置はとるべきだが，治療した罹患角膜に紫外線ブロックするコンタクトレンズを用いた研究では，紫外線ブロックをしてもこの疾患の進行は変化しなかった（Denk *et al.*, 2011）．

**図12.26** 治療後の図12.25の犬の角膜．治療は，リン酸デキサメサゾン点眼（1日4回を1週間，その後1日3回を1週間，1日2回を1週間，1日1回を1週間と漸減）とシクロスポリン点眼（0.2％）（1日2回を8週間，その後1日1回を長期）を行った．表在性瘢痕と残存した色素沈着を認める．

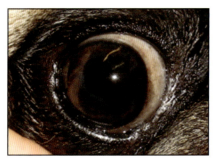

**図12.27** 視軸に色素性角膜炎を呈したパグ

**表12.8** 犬における色素性角膜炎の主な原因

- 内眼角側の眼瞼内反(短頭種でよくみられる)
- 内眼角の睫毛重生(鼻襞と涙丘の睫毛重生も含む)
- 長い眼瞼間裂のために眼球が突出することによる慢性露出(兎眼)
- 乾性角結膜炎
- 慢性炎症性疾患(慢性表在性角膜炎など)

**色素性角膜炎**：色素性角膜炎はよくみられる疾患で，角膜表面の慢性刺激が表層の色素沈着を引き起こし，刺激の原因を突き止めて除去しない限り進行する．パグのように角膜輪部や結膜周囲に色素の隆起帯がある動物は，微細な眼表面の刺激でさえも表層の色素増殖に影響を受けやすい．角膜色素沈着が視軸を覆うまで進行すると，視覚に影響を及ぼす(図12.27)．色素性角膜炎は長期間に渡り慢性表在性刺激を伴う罹患動物にみられるが，ある品種(パグのような)では，内眼角側への眼瞼内反，長い眼瞼裂のために眼球が突出することによる慢性露出やKCSと関連するか，あるいは重度の炎症性刺激がなくても広範囲に及ぶ色素沈着が，早ければ1～2年で生じることがある．ある断面調査では，重度な眼表面の炎症に対する臨床的証拠はなくても(Labelle et al., 2013)，著者は「色素性角膜炎」もしくは「角膜メラニン色素沈着症」という病名を提唱している．濃い被毛色と濃い虹彩色の動物では，多くの場合，飼い主が角膜の色素沈着に気づきにくいため，進行した段階で頻繁に見つかる．増殖性色素性角膜炎の主な原因を表12.8に示した．

**治療**：基礎疾患に対処しなければ，コルチコステロイドとシクロスポリン点眼は色素の減少にほとんど効果がない．色素斑を表層角膜切除術で切除することがあるが，特異的な原因や，原因が判明し治療がうまくいって早急に治癒した場合は行わない(Whitley and Gilger, 1999)．もし慢性刺激の原因を治療できれば，色素沈着の進行は緩徐もしくは抑えることができる．しかし，パグのような好発犬種の角膜の色素沈着を抑えるには，早期発見と色素沈着しやすい要因の治療をすることである．内科療法と外科療法は，

- 眼潤滑剤の長期使用
- 眼瞼裂短縮による内眼角形成術で瞬目を長くし，睫毛乱生を減らす
- 必要ならば，鼻襞の切除もしくは内眼角側の眼瞼内反の治療(第9章を参照)

**角膜の脂質代謝異常**：角膜の脂質代謝異常は，角膜の脂質沈着を特徴とするあらゆる疾患の「包括的な」用語である．

- 結晶性実質性ジストロフィー
- 脂質角膜症
- 角膜環(リポイド角膜環)

**結晶性実質性ジストロフィー**：キャバリア・キング・チャールズ・スパニエル，シベリアン・ハスキー，サモエド，ラフ・コリー，ビーグルとエアデール・テリアなど様々な犬種に罹患する一般的な遺伝性疾患である．病因は未だに不明だが，キャバリア・キング・チャールズ・スパニエルの多因子遺伝やエアデール・テリアの伴性劣性遺伝など，いくつかの疑わしい遺伝形式がある．微細なすりガラス様の結晶が角膜実質に浸潤し，屈折性があり光が照射したときに「閃光」する．通常は角膜中央部に星雲状もしくは円形～楕円形のリング状を呈し，ほとんどの場合は実質表層部に限局する(図12.28)．ハスキーのような犬種では，病変は実質深部に沈着することもあり(図12.29)，他で報告されているいくつかのパターンのひとつである(Gilger, 2007)．

　結晶性実質性ジストロフィーは若齢に最も多く発症し，ゆっくりと進行する傾向がある．雌犬では発情期に病変が初現もしくは進行することがある．全症例において角膜に疼痛はなく，フルオレセインに染色されない．全身性代謝性疾患との関連性はなく，罹患動物の血清中の脂質とコレステロールは正常である(Crispin, 2002)．それよりむしろ，角膜の線維芽細胞内の局所的な脂質の代謝機能障害が原因である可能性がある．主要な脂質であるコレステロールとリン脂質は実質内を遊離しており，角膜実質細胞に捕捉された脂質は，角膜実質細胞が死滅するとその部位に蓄積する．稀だが，角膜実質内の遊離脂質は徐々に角膜変性でみられる角膜血管新生を引き起こし，通常，角膜血管新生は続発性であり，脂質性角膜症との鑑別が難しくなる場合もある(下記参照)．

　結晶性実質性ジストロフィーの既存の治療法はない．この疾患は血清中の脂質上昇とは直接関係しないので，罹患犬に低脂肪食を推奨しても進行する．脂質

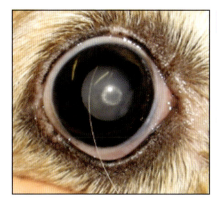

図12.28 キャバリア・キング・チャールズ・スパニエルにみられたリング状の屈折性脂質結晶沈着が特徴的な実質上皮下の脂質ジストロフィー．同眼は糖尿病性白内障との関連はない．

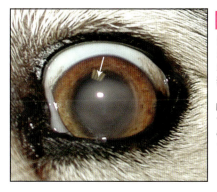

図12.29 シベリアン・ハスキーにみられた広範性の実質表在性脂質ジストロフィー．矢印は頭上の照明で反射する角膜のジストロフィーである．

浸潤は視覚障害を及ぼすほど進行することは稀なため，外科的切除はほとんど必要ない．脂質を切除した場合，再発しやすい．

脂質角膜症：この用語は動物の角膜内の脂質沈着を言い，他の疾患過程で続発する．通常角膜血管新生に関連し，角膜血管新生は脂質沈着に先行もしくは後発する（Crispin, 2002）．角膜外傷や輪部腫瘍，持続的な角膜異物，慢性角膜血管新生を引き起こすあらゆる疾患に続発する可能性がある．脂質角膜症は一般的に片眼性だが，両眼性の場合もあり，高リポタンパク血症の誘因によって生じることもある．確定症例では，石灰化と角膜変性が発症する可能性がある（下記参照）．

角膜環：犬においては稀な疾患で，両眼性の角膜周辺部の脂質浸潤である（Crispin, 2002）．両眼性の灰色混濁は角膜輪部周辺に弓状に出現する．これは角膜周辺部に輪部の曲率に沿って脂質が沈着したものである．通常弓状の混濁と角膜輪部の間に透明帯がある（フォークトが lucid interval と名づけた透明帯）．やがて角膜血管新生が生じ，脂質角膜症との鑑別が困難になる．一般的には角膜環は高リポタンパク血症と関連し，原発性高リポタンパク血症のような原発性全身代謝性疾患，続発性全身代謝性疾患，甲状腺機能低下症，糖尿病，副腎皮質機能亢進症，慢性膵炎，肝疾患の精密検査を行うべきである．

カルシウム変性：カルシウム変性は原発的にあるいは全身性疾患によって引き起こされる可能性があり，特に老齢動物に多い．カルシウム変性（カルシウム角膜症）の罹患動物の角膜浸潤は，通常角膜の血管新生と関連している．カルシウム沈着と脂質沈着を臨床的に鑑別するのは難しく，区別するのは推定的である．脂質浸潤はきらめきのある結晶で角膜表層部に欠損を生じないのに対して，カルシウム浸潤は無光沢の粉をふいたような外観を呈する．カルシウム沈着は小さな角膜表層部欠損を生じてフルオレセイン染色に染まり，その部位は角膜の不快症状の原因となる（図12.30および 12.31）．

カルシウム変性は全身に明らかな異常がなくても，カルシウム値が上昇する高リン血症やビタミンD欠乏症の罹患犬であっても，角膜炎やぶどう膜炎，緑内障，重度の低眼圧症など慢性炎症性疾患を呈した犬に自然発症する（Sansom and Blunden, 2010）．カルシウム沈着はKCSの治療で行った耳下腺管転位術の術後に報告されているが，この場合はより角膜表層部に沈着し，唾液由来のため，本質は全く異なる（第10章を参照）．

治療：可能ならば，いかなる基礎原因も特定し対処する．カルシウム沈着が視覚障害の原因になるほど進行すれば，表層角膜切除術で切除するが，病変が再発する可能性もある．EDTA はキレート剤で，理論的にはカルシウム沈着の除去を補助する．しかし，まず病変

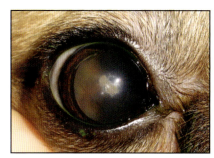

図12.30 疼痛を伴うカルシウム変性（カルシウム角膜症）．病変部はフルオレセインに染まる．

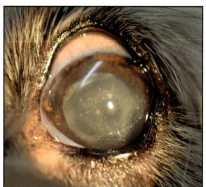

図12.31 網状模様のカルシウム変性（カルシウム角膜症）

部の表層部を切除し，キレート剤がカルシウム沈着部に接着させなければならない．この方法で完全に病変部を除去できることは稀で，多くの場合，結果を予測できないためにほとんどの症例においてこの治療法は推奨できない．角膜変性が有痛性潰瘍を伴うならば，角膜移植の有無を問わず表層角膜切除術が望ましい．

稀な疾患：
瞼球癒着：猫（後述参照）に比べて犬では稀だが，重度に欠損した角膜と結膜上皮に生じることがある．例えば，強酸や強アルカリによる熱傷後（上述参照）．瞼球癒着は露出した角膜と結膜実質が互いに接触しているとき（閉眼時など）に癒着する．しばしば角膜上皮が結膜によって置換され，多くの場合，不可逆的な角膜混濁になる．

後部多形性角膜ジストロフィー：アメリカン・コッカー・スパニエルの稀な遺伝性疾患で，角膜後部の多発性混濁である．角膜内皮障害と考えられている疾患だが，一般的には罹患動物は無症状である．

フロリダスポット：角膜病変は多発性で白〜灰色，様々な大きさの小円形の混濁が角膜表層から実質中間部に位置するが，それ以外の症状はない．熱帯地帯と亜熱帯地帯での報告例はあるが，欧州での報告はない．治療も，明らかな原因も不明である．

### 角膜腫瘍

上皮封入体嚢胞：表面がなだらかな円形〜楕円形の角膜表層病変で，白色〜ピンク色を呈し，痛みは伴わない（図12.32）．上皮封入体嚢胞は角膜の炎症反応に関連することはほとんどなく，角膜実質膿瘍と鑑別する．上皮封入体嚢胞の病因は完全には解明されていない．先天性か偶発的な外傷後，あるいは外科処置後に形成する可能性があり，健康な角膜上皮が表層実質に取り込まれて成長し，やがて嚢胞性の腫瘍となる（図12.33）．上皮封入体嚢胞は様々な大きさがあるが，ほとんどの症例で比較的小さいため，小型だと診断できる（例えば直径2〜4 mm）．

治療：治療選択は表層角膜切除術による完全外科切除である．角膜移植が必要な場合もある．術後は角膜潰瘍と同様の内科療法を行う．

腫瘍：角膜腫瘍は犬では比較的稀である．しかし，原発性の角膜扁平上皮癌は，角膜に慢性刺激の病歴がある犬での報告例が次第に増えてきている（Takiyama et al., 2010）．腫瘍と診断された26頭は片眼性で，KCSから続発した慢性角膜炎を伴い，点眼による免疫抑制

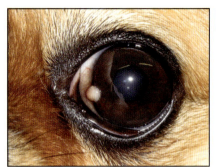

図12.32 チワワの角膜輪部付近にみられた原因不明の上皮封入体嚢胞

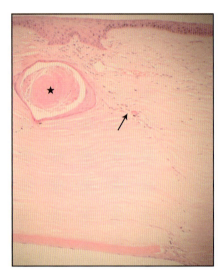

図12.33 外科処置後に続発したと推定される上皮封入体嚢胞（★）の組織．嚢胞の右側に線状に治癒した角膜切開部がある（矢印）（©Karen Dunn, FOCUS-EYEPathLab）．

療法を行っていた短頭種に素因があった（Dreyfus et al., 2011）．凍結療法のような補助的療法の有無を問わず，表層角膜切除術による完全切除は腫瘍の再発時に限って推奨し，同時に角膜炎の保存療法も継続して行う．角膜血管肉腫も犬で報告されている．他の角膜腫瘍として，乳頭腫や角膜に広がるメラニン細胞性腫瘍がある．角膜輪部付近に浸潤し角膜に波及する可能性のあるその他の腫瘍は，類皮腫，結節性上強膜炎，強膜炎，肉芽組織とぶどう腫である（第13章を参照）．

## 猫の疾患

### 発育異常

#### 角膜の大きさの変化と角膜欠損

これらの先天性疾患は犬と同様，猫でも稀である．加えて，若齢期に猫ヘルペスウイルス1型（FHV-1）感染すると，同腹の子猫たちも角膜だけでなく他の眼組織に重度の眼異常を生じることがある．

#### 角膜混濁

一過性の初期の角膜混濁は，子犬と同様に子猫でもみられ，開眼するとすぐに角膜混濁は消失する．永続

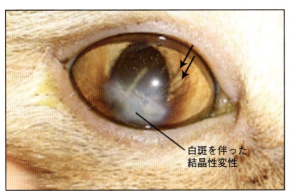

図12.34 瞳孔膜遺残が角膜後面に架橋(矢印)した猫で,その結果,永続的に局所性の角膜混濁を呈する.

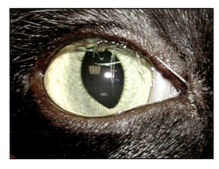

図12.35 猫の上眼瞼の下に隠れていた結膜類皮腫は,長い毛が角膜表面を刺激している.

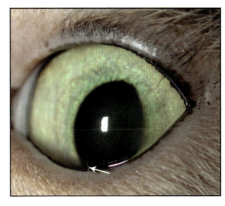

図12.36 下眼瞼にある1本の睫毛重生が角膜に当たり,この猫は表在性角膜炎になった.

的な先天性角膜混濁は,瞳孔膜遺残が角膜内皮に接着している症例でみられる(図12.34).犬と同様に実質浮腫と線維化が続発すると,これらの病変は時間とともにによりはっきりと出てくることもある.さらにマンノシドーシスやガングリオシドーシス,ムコ多糖症のようなリソソーム蓄積症の猫では,神経疾患だけでなく進行性の角膜混濁が生じる.

犬よりはるかに少ないが,進行性角膜混濁が原因で通常の発育ができないことも猫で報告されており,この病態の多くは瘢痕化による角膜混濁が原因である.これは好酸球性角膜炎,角膜黒色壊死症,ヘルペス性角膜炎の症例である.これらの疾患は下記でさらに詳しく述べる.

### 類皮腫

犬の類皮腫と形態学的に類似した点が多い(前記参照).筆者の経験では,類皮腫は犬に比べて猫では少なく,角膜に発生することはほとんどなく,角膜輪部周辺の眼球結膜から第三眼瞼の眼球側の範囲の様々な部位に見つかることがある(図12.35).類皮腫はバーミーズ種の猫で報告されており,遺伝性疾患だと考えられている(Christmas, 1992).犬と同様に,毛包を含めた全病変を表層角膜切除術と結膜切除術の両方もしくはいずれかが治療選択肢である.

### 後天性疾患

#### 潰瘍性角膜炎と非潰瘍性角膜炎

猫における潰瘍性角膜炎の原因は犬と同様である.しかし,付属器疾患,眼瞼疾患または涙器疾患に続発する角膜潰瘍は,猫では犬ほど頻繁ではない.犬ほど頻発しないが,睫毛重生のような疾患は猫においては角膜炎を生じやすく(図12.36),症例によっては潰瘍化することもある.原発性病原体(具体的にいうとFHV-1)は猫の角膜潰瘍の原因で多くみられる.角膜黒色壊死症も,猫の潰瘍性角膜炎の大きな原因である.さらに,潰瘍性角膜炎は上眼瞼の発育不全(第9章を参照)と,好酸球性角膜炎に付随してみられることがある.猫の潰瘍性角膜炎に関連する疾患を表12.9に示す.

治療:猫の角膜潰瘍の治療は犬と同様である.一般的に,治療は潰瘍の根本的な原因の確定と対応が基本で,可能であれば,治癒過程の補助と罹患猫の快適性を向上させる.しかし,治療のある一面においては特筆に値する.上眼瞼の発育不全,眼瞼内反,角膜黒色壊死症は潰瘍に関連しているため,外科療法が潰瘍治癒のために必要である.内科療法は,猫は多くの点眼薬の苦味を嫌うことを考慮する.したがって,例えばアトロピンはできれば眼軟膏を使用する.罹患猫が許すなら,点眼後数秒間,内眼角の下眼瞼を指で優しく圧迫すると,涙点を閉塞することにより,この過剰反応と薬物の全身吸収を抑えることができる.

眼瞼と付属器疾患:

上眼瞼の発育障害:これは猫の外側上眼瞼に罹患し,睫毛乱生の進行と角膜炎が続発しやすく,潰瘍性になることもある(第9章を参照).

外側下眼瞼の内反:これは若齢の猫に自然発生的に生じたり,体重減少とともに眼球後方の脂肪量が減少して,続発的に眼球陥入した老齢の猫でみられる.外側

## 第12章 角　膜

**表12.9** 猫の潰瘍性角膜炎に関連する一般的な疾患

| 疾患名 | 解説 |
|---|---|
| 外側下眼瞼の内反 | 角膜潰瘍を生じ，角膜黒色壊死症を形成 |
| 内側下眼瞼の内反 | 短頭種，特に角膜黒色壊死症の形成に関連する |
| 猫ヘルペスウイルス1型（FHV-1）感染 | 潰瘍性角膜炎，角膜黒色壊死症の形成と瞼球癒着がしやすくなる |
| 角膜黒色壊死症 | 潰瘍と種々の慢性角膜刺激が生じやすい素因となる |
| 好酸球性角結膜炎 | 原発性潰瘍ではないが，多くの場合，炎症性プラークはフルオレセインに染まる |
| 乾性角結膜炎 | 猫では稀．通常，鼻涙管のFHV-1誘発性瘢痕化が続発的に重度の結膜炎を起こすと推測されている（第10および11章を参照） |
| 外傷 | 裂傷と剥離（例えば猫のひっかき傷や異物）．貫通性損傷が持続しているかどうかを注意深く評価する必要がある |

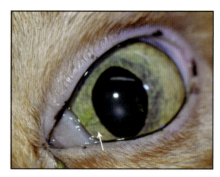

**図12.37** 活動性猫ヘルペスウイルス1型に感染した猫の角膜に，フルオレセイン染色で確認できた表層の細い線状潰瘍（矢印）

　下眼瞼の内反は角膜潰瘍に関与し，他の部位に生じる眼瞼内反と同様に，角膜疼痛に対する二次的な眼瞼痙攣によって悪化する．眼痛の根本的要因に対処することが重要である．

　単純 Hotz-Celsus 法による外科矯正は，猫における外側下眼瞼の内反の治療に十分であることが多い．しかし，病態が下眼瞼の過長に関連している場合，眼瞼の短縮を加えた術式が必要である（第9章にさらに詳しく解説しているので参照のこと）．手術前に眼瞼痙攣を呈している罹患猫は，術後も眼瞼痙攣を再発する可能性がある．これは一時的に2週間，外側眼瞼縫合を行い，同時に補助的内科療法で角膜を治癒する．Hotz-Celsus 切除術と併せて永続的な一部眼瞼縫合も猫の外側下眼瞼の内反の治療として報告されている（White et al., 2012）

**猫ヘルペスウイルス**：猫の上気道疾患の原因に加えて，FHV-1 は猫の結膜炎，潰瘍性角膜炎，非潰瘍性角膜炎の非常に一般的な原因である（第11章も参照）．このウイルスは角膜の上皮細胞内で複製し，その過程時に細胞を破壊し，結膜炎に付随して生じる線状に分岐した表層性角膜炎と眼痛徴候の原因になる（図12.37）．これらの線状の「樹枝状（dendritic）」潰瘍はヘルペスウイルス疾患の特徴だが，疾患の早期過程では，フルオレセイン染色やローズベンガル染色でしか見えない．染色は前者の方が上皮毒性がないので好ましい．潰瘍過程は，より大きな表在性の「地図状」潰瘍を生じ続ける．通常，FHV-1感染は自己制御し，ストレスの発現もしくは免疫抑制剤の使用でウイルスが再活性化するまで，健康な猫の体内で不活性化する傾向がある．免疫抑制剤を使用している罹患猫は臨床症状が悪化したり改善したりして，潰瘍性角膜炎の再発率が高い．

　罹患猫によっては深部角膜血管新生，白濁と疼痛を伴った実質性角膜炎に進行する．これは免疫介在性反応と考えられ，実証はできていないが活動性ウイルス感染と認識する．多くの場合，実質性角膜炎は著しい眼不快感の再発で，ストレスが募る疾患である．

診断：FHV-1性角膜炎の診断はなかなか難しい．単純結膜スワブ標本または角膜スワブ標本（眼表面にプロキシメタカイン点眼後）をPCR検査に出すことができる（第3章と第11章を参照）．しかし，偽陰性結果（不十分な検体採取や間欠的なウイルス排出による）も偽陽性結果（臨床的に健康な猫のウイルス排出またはワクチンウイルスの検出による）も出る可能性がある．FHV-1感染の診断する前に，潰瘍性疾患の別の原因は除外し，検査結果は臨床徴候と罹患猫の病歴に一致すべきである．

治療：FHV-1感染の内科療法はストレスが募る．抗ヘルペス薬は殺ウイルス剤というよりむしろウイルス静止剤で，頻回点眼が必要となる．抗ヘルペス経口薬の大半は，猫にとって負担が大きい．猫において安全で効果的と報告された抗ヘルペス経口薬は，ファムシクロビルだけであり（Thomasy et al., 2011, 2012）．ファムシクロビルは腎臓で排出される．広く様々な用量で成果をあげた事例報告があるが，公表された研究では40〜90 mg/kgを1日3回の用量が安全で有効であることが示された（Thomasy et al., 2011, 2012）．腎疾患の人間に対する推奨用量は，投与量に応じて調整されるが，腎疾患の猫に対する推奨用量はわかっていない．FHV-1感染した猫におけるファムビルの効果の予備試験成績は有望であったが，この薬剤は費用がかかり，執筆時点では，猫への使用は認可されておらず，猫での長期作用に関する研究は不足している．

FHV-1感染の内科療法については第11章により詳述している．

コルチコステロイド点眼の使用はウイルスを迅速に再活性化するため，FHV-1感染に関与した実質性角膜炎は治療が困難である．FHV-1性実質性角膜炎またはウイルスの再活性化に対するシクロスポリン点眼の効果は，現在まで報告されていない．その他のFHV-1性角膜炎の治療としてインターフェロン（IFNs）とL-リジンが報告されている．IFNsはウイルス感染時に白血球から生成されるウイルス静止性の免疫抑制剤である．経口投与され，胃の状態によっては破壊される可能性があり，口腔咽頭粘膜から吸収された場合のみ，その効果を発揮することができる．体外実験においてFHV-1感染の治療におけるヒトIFNsとネコIFNsの潜在的用途が示唆されたが，FHV-1を試験的に感染させる前にネコIFN-ωを点眼した猫の臨床研究では，処置群とコントロール群間に発症の違いは認められなかった（Haid et al., 2007）．

L-リジンはアルギニンの全身レベルを下げることによって，抗ウイルス効果を発揮すると報告されているアミノ酸で，ウイルス複製を阻害する．アルギニンは猫にとって必須アミノ酸で，生体内でL-リジンが潜在性抗ウイルス効果を発揮するために，どの程度低くなければならないのかは明らかになっていない．残念ながら，猫では食物中のリジンはリジン-アルギニン拮抗作用を引き起こさないことが実証されている（Fascetti et al., 2004）．さらに保護施設の猫群にL-リジンの経口投与したところ，上気道疾患または眼疾患の発生率に影響はなかった（Drazenovich et al., 2009）．今までところ，対照研究の結果はIFNsとL-リジンの使用を支持するには，臨床的または薬理学的データが不十分であることを示し，さらなる対照研究が必要である．

**瞼球癒着**：この疾患は犬より猫で多く報告されており，角膜と結膜の上皮が破壊され，互いの組織の実質と実質が接触する際に生じる．これは多くの場合，角膜の再上皮化障害を引き起こし，角膜上皮が結膜によって置換される．しかし，犬と猫での大きな違いは猫ではこの疾患は子猫のかなり若い時期に罹患し，罹患した部位はかなりの高頻度でFHV-1感染に関連している．もし，この感染が生後2週間までに生じ子猫の眼がまだ閉じている場合，新生子眼炎に進行するリスクが増大し，角膜表面のすべてではないにしてもほとんどが影響を受けるほど，より重度な瞼球癒着に繋がりやすくなる（図12.38）．幸いにも瞼球癒着は常に重症度は対称ではなく，猫によってはどちらかの眼の角膜が有用な視覚を得るには十分な角膜の透明性を保持できる．

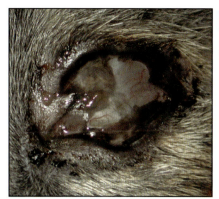

**図12.38** 広範囲な瞼球癒着

治療：若齢の子猫の新生子眼炎と角膜炎の早期診断と治療ができれば，瞼球癒着は予防できる．その他の方法としては外科療法である．しかし，瞼球癒着の外科療法はむしろ困難で，高率で再発と瘢痕が生じるため通常は成功しない．専門医への相談を強く推奨する．治療は表層角膜切除術と結膜切除術，補助的内科療法である．しかし，もし再生能をもつ角膜輪部上皮がほとんどない，もしくは欠損している場合は急速に再発する．さらに外科療法は第三眼瞼結膜と角膜，他の結膜表面との広範囲な癒着によって複雑になり，それらは涙点の閉塞と流涙症を引き起こす．鼻涙管流出の再建は，涙点の再開通と約2週間にわたる一時的な縫合糸の留置が必要となる．

**角膜黒色壊死症**：角膜実質が淡い琥珀色に変色することから始まり，ほとんどの場合，不快症状や血管新生，潰瘍性疾患を生じない．分離片（壊死片）が変性した角膜の深部で大型の暗色プラークに進行する期間は幅広く（数日から数カ月），血管新生を引き起こし，しばしば上皮を覆っていた分離片が剥がれ落ちて眼痛を呈する（図12.39〜12.41）．中高齢から老齢猫が罹患することが最も多いが，6カ月齢の若い動物での発症が実証されている．原因は不明だが，慢性角膜刺激に伴う角膜表面の露出（ペルシャやその他の短頭種の猫にみられる），眼瞼内反，表層潰瘍の格子状角膜切開術，好酸球性角膜炎などいくつかの素因が推測されており，一般的には過去の潰瘍性疾患や角膜黒色壊死症から進行する．猫のおいてはFHV-1感染も角膜黒色壊死症への進行の役割を果たすと考えられている．

角膜黒色壊死症は通常角膜中央部または中央部付近に発生するが，典型的には発生場所は刺激のある場所（短頭種の猫は中央部，内眼角の眼瞼内反を呈した罹患猫は内側角膜）と一致している．両眼に角膜黒色壊死症を発症する好発品種は注意する必要がある．変色の資質は不明のままだが，様々な著者が色素や鉄，ポルフィリンと推測している（Featherstone et al.,

第 12 章　角　　膜

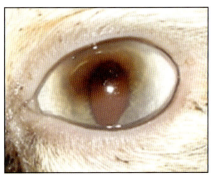

図 12.39
左の角膜が茶色に変色した角膜黒色壊死症

図 12.40
さらに数年後，(図 12.39)の猫の右眼にみられた密度の濃い角膜黒色壊死症．上皮の代わりに暗色のプラークが進行している．

図 12.41
小型の角膜黒色壊死症が進行して密度の濃い黒色プラークになり，顕著な血管新生を誘発している．

2004；Cullen et al., 2005；Newkirk et al., 2011)．典型的には明るい色調の分離片は，暗色の黒色壊死より表層部に発症しやすいが，深さはほぼ表面から角膜全層近くまで様々である．罹患した角膜深度の評価は，経験豊富な試験者でさえ細隙灯顕微鏡検査を用いて専門的判断を下すのは非常に難しい．

治療：角膜黒色壊死症の治療選択は表層角膜切除術(図 12.42)で，顕微鏡外科手術は専門医への紹介を強く推奨する．結膜有茎被弁または角結膜転移術を行う．理想的には，手術は病変が大型化，深部化，疼痛が悪化する前の疾病過程の早期に実施すべきである．補助的内科療法も他の角膜潰瘍性疾患の治療と同様に行い，短頭種においては，角膜中央部の過剰露出に対する潜在的影響を和らげるために，粘性人口涙液製剤を1日に2～3回で長期間用いる．

　術後の角膜黒色壊死症の再発率は 12～38％ と報告されており(38％の症例は表層角膜切除術が不完全であった)(Featherstone and Sansom, 2004)．飼い主に

はそのことを理解させるべきである．再発率を減少させるために，結膜有茎被弁は術後切断しないことが提案されており，結膜有茎被弁と角結膜転移術は表層角膜切除部に血管新生を増進させるため，他の移植術より望ましい．さらに，眼瞼内反などの潜在的な根本原因と要因を特定し治療することも重要である．

猫の乾性角結膜炎：この疾患は猫では犬ほど報告されておらず，おそらく猫という品種でははるかに有病率が低い，もしくは猫ではより微細な症状で疾患を見逃すためである．KCSも質的涙膜障害もFHV-1感染した猫の合併症として最も頻繁にみられる．角膜炎を呈した猫では，KCSは潜在的要因として考慮すべきである(Lim er al., 2009；Martin, 2010) (第10章を参照)．

治療：ドライアイは一般的に粘性の人口涙液製剤の使用による補助的内科療法が有効である(可能なら防腐剤の入っていない製剤) (第10章を参照)．原因になっているFHV-1感染は適切に対処すべきである(第11章を参照)．

表在性慢性角膜上皮欠損(SCCEDs)：片眼または両眼に発症する持続性表在性潰瘍で，犬に較べて猫では稀だが，犬のSCCEDsと同様の臨床所見を呈し，その病因はおそらくSCCEDsと同じである(前述参照)．潰瘍が露出した角膜実質表層を接着不全の角膜上皮が縁どるように取り囲む．フルオレセイン染色では露出した実質が目立ち，接着不全の上皮の下に移動し，診断の助けとなる(図 12.43)．

治療：犬と同様に，治療選択はこのタイプの潰瘍で記述した補助的内科療法と，接着不良の上皮組織のデブライドメントである．La Croix et al.(2001)の研究では，格子状角膜切開術を行った罹患猫は治癒率が遅い上に，角膜黒色壊死症がより進行することがわかった．これらの知見を基に一般的には，格子状角膜切開術や点状角膜切開術は猫では禁忌と考えられている．

感染性角膜炎：FHV-1を除いて，他のほとんどの感染性微生物(細菌と真菌)は，外傷を受けた角膜や脆弱化した角膜の二次的日和見病原菌である．原発性角膜病原体になる感染源は非常に少ない．猫における真菌による続発性角膜炎は稀だが報告はある(Tofflemire and Betbeze, 2010)．

好酸球性角膜炎：この疾患は細胞診と治療反応から免疫介在性由来と考えられている．FHV-1と好酸球性角膜炎の関連も示唆されている(Nasisse et al., 1998)．典型的な細胞浸潤は好酸球群はもちろんのこと好中

第12章　角　膜

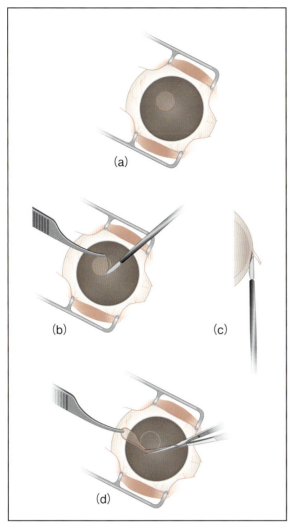

図12.42　表層角膜切除術は表層でも深部でも可能である．深部角膜切除術は角膜の構造的支持が必要なので，移植を推奨する．一般的に角膜切除術は病変の完全切除を試みるが同時にできるだけ表層を切除する．手術は手術用顕微鏡を用いて行う．(a, b)部分的な層状切開はダイヤモンドナイフ，ビーバーブレード，深さが一定になるナイフ(restricted depth blade)で分離片周囲を切開する．その後，病変の縁を角膜鉗子で保持し，角膜剥離刀(lamellar dissector)かビーバーブレード，ダイヤモンドナイフでカーブを描くように必要な深さまで角膜層板を分離する．(c)執刀医は角膜層板の切開中は角膜曲率を確認しつつ，計画していた深さより深くならないもしくは角膜穿孔しないように，徐々に病変部の下を分離しなければならない．(d)病変が完全に剥離したら，角膜攝子を用いて剥離したフラップを切除し完了とする．

図12.43　猫に自然発生した上皮縁が接着不全の表在性角膜潰瘍．

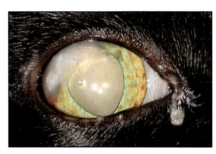

図12.44　猫の好酸球性角膜炎

図12.45　フルオレセイン染色が染まった(図12.44)の猫の好酸球性角膜炎

球，リンパ球，形質細胞からなる．好酸球が他の細胞よりはるかに数が上回り，細胞標本の徹底した体系的な評価が重要であることを強調する．角膜病変は通常多発性，白〜淡桃色，わずかに隆起した直径0.5〜2 mmほどの領域である．これらの小さな病変はフルオレセインに染まることもあり，合体してわずかに隆起したプラークを形成する(図12.44および12.45)．

病変は最初に外側上部の輪部周辺の角膜と結膜に出現する傾向があり，血管新生と様々な量の粘液様分泌物，不快症状も付随して生じる．病変が中央部に進行するにつれて血管新生，罹患猫の不快症状と眼脂も進行する．猫は片眼もしくは両眼に罹患し，両眼に罹患すると片眼に罹患した場合より疾病の進行が速い．片眼に罹患した場合は，健常眼を注意深く検査しなければならない．診断は病変の形態と細胞診での好酸球の存在に基づいて行う．後者は治療に対する反応で確認できる．角膜炎を伴わない好酸球性結膜炎が報告されているが(Allgoewer et al., 2001)，角結膜炎より遭遇するのは稀である．

**治療**：好酸球性結膜炎と増殖性角膜炎の治療は，好酸球性角膜炎の治療と同じである．1%酢酸デキサメタゾンなどのコルチコステロイドの点眼療法を行う．1日4〜6回の頻回点眼が最初の7〜10日間は必要である．その後，6〜8週間かけて徐々に点眼回数を維持用量まで減少し，臨床徴候が再発しないよう点眼を1日

1回または2日に1回にする．急速に点眼回数を漸減したり，早期に点眼中止してしばしば再発するため，生涯と言わなくても，長期間にわたり維持用量の点眼が必要となる．シクロスポリン点眼も好酸球性角結膜炎の治療に推奨されている（Spiess *et al.*, 2009）．しかし，猫によっては刺激性があり，頻回または長期間の使用に耐えられない場合がある．

　コルチコステロイド点眼の使用は潜在FHV-1感染の活性化を誘発する可能性がある．したがって過去に好酸球性角結膜炎と診断されたり，好酸球性角結膜炎の疑いがあるFHV-1キャリア猫は，両疾患の治療を受ける必要がある（第11章を参照）．代替方法として，そのような症例にはコルチコステロイド点眼よりシクロスポリン点眼を優先的に使用する．

　少数の事例では，コルチコステロイド点眼やシクロスポリン点眼を用いた治療に対して難治性であることがわかっている．その場合，全身性酢酸メゲステロールが効果的である．この薬剤は副作用の可能性が高いが（一過性糖尿病，乳腺過形成，副腎皮質抑制，性格の変化など），一般的に長期間使用される．そうはいうものの，この薬剤を使用する前に起こり得る可能性のある副作用について飼い主に警告すべきであり，酢酸メゲステロールの使用は点眼療法に反応しなかった罹患猫に使用すべきである．典型的な投与計画は，猫に対して5 mgを24時間毎に経口投与で5日間，その後5 mgを1日おきに1週間とし，維持量として毎週5 mgを投与する．

**色素性角膜炎**：一般的に猫は犬に比べて角膜輪部や結膜の色素はごくわずかなため，角膜に色素沈着することは稀で，沈着したとしても軽度である．色素沈着は，慢性的な瘢痕か手術または疾患（例えば結膜有茎被弁後や瞼球癒着形成後）の結果として，結膜が角膜の一部を覆うときに関連してみられる．角膜黒色壊死症と鑑別しなければならない（上記参照）．

**フロリダスポット**：犬と同様に稀な疾患だが（英国では確認されていない），猫も罹患する．この疾患の病因と既知の治療法は不明である．猫においては無治療で自然治癒し無痛性であると思われる．

**角膜外傷**：猫の角膜外傷は鈍的または鋭的，貫通性，非貫通性，化学的誘発性である．外傷性損傷のほとんどは犬の角膜外傷での解説と同様である．猫の角膜は傷害後，透明性を取り戻すのに並外れた能力を見せることがあるが，進行性の角膜疾患を抑制するために，迅速な適切な治療が必要である．さらに，猫の角膜外傷は角膜黒色壊死症の原因になると思われる．持続的な貫通性損傷，特に猫のひっかき傷を負った猫は水晶

図12.46 急性水疱性角膜症の猫（J Mould氏のご厚意による）

体外傷による重度の炎症を生じる．この場合，長期にわたって外傷後肉腫が発症しないかモニタリングすべきである（第13，14および16章を参照）．

**脂質とカルシウム性角膜症**：猫における角膜の脂質やカルシウムの続発性浸潤は稀で，通常，損傷または疾患に続発する．犬で記載されているようなジストロフィー（原発性）の浸潤は，猫では報告されていない．

**急性水疱性角膜症**：この疾患は猫の角膜で急速に進行する疾患で，どの年齢の猫にも発症し得る．突然実質に浮腫ができて液体が蓄積し，急速に角膜が急激に変形する（図12.46）．罹患した猫の数頭がコルチコステロイドの点眼薬あるいは全身薬を使用していたヒストリーはあるが，原因は不明である．人間では，この疾患はデスメ膜の涙液に関連しているが，猫では未だ確認されていない．この疾患は通常片眼性だが，症例によっては両眼性に生じる．

**治療**：急性水疱性角膜症の治療と罹患猫の追跡調査についての大規模研究がなかったが，猫での最も適した治療は未だ明らかではない．ヒトの角膜浮腫の患者には保存的治療が提唱されている一方，事例証拠では，早期の外科療法（第三眼瞼フラップまたは結膜有茎被弁）が有益と考えられている（Allgoewer, 2012）．

**神経麻痺性角膜症と神経異栄養性角膜症**：猫におけるこれらの疾患の病因，徴候，および治療は，犬で記載している内容と同様である（上記記載と第19章を参照）．

### 角膜腫瘍

**上皮封入体嚢胞**：猫は犬の病態と非常に似ている．原因病理組織学的にも同じと考えられ，治療も犬と同様に完全外科的切除が必要である．

**腫瘍**：角膜腫瘍は猫では稀である．猫では扁平上皮癌と併発した角膜の原発性血管肉腫が報告されている（Perlmann *et al.*, 2010；Cazalot *et al.*, 2011）．類皮腫，角膜輪部メラノサイト性腫瘍，肉芽組織反応，ぶどう

腫など角膜輪部周辺化から発達した腫瘍が角膜に影響する可能性がある(第13章を参照).

## 参考文献

Alfonso K, Kenyon KR, D'Amico DJ et al. (1988) Effects of gentamicin on healing of transdifferentiating conjunctival epithelium in rabbit eyes. American Journal of Ophthalmology 105(2), 98–202

Allgoewer I (2012) Feline bullous keratopathy – a case series. Proceedings of the European College of Veterinary Ophthalmologists, p. 37. Trieste, Italy

Allgoewer I and Hoecht S (2010) Radiotherapy for canine chronic superficial keratitis using soft X-rays (15 kV). Veterinary Ophthalmology 13(1), 20–25

Allgoewer I, McLellan GJ and Agarwal S (2010) A keratoprosthesis prototype for the dog. Veterinary Ophthalmology 13(1), 47–52

Allgoewer I, Schäffer EH, Stockhaus C et al. (2001) Feline eosinophilic conjunctivitis. Veterinary Ophthalmology 4(1), 69–74

Andrew SE, Tou S and Brooks DE (2001) Corneoconjunctival transposition for the treatment of feline corneal sequestra: a retrospective study of 17 cases (1990–1998). Veterinary Ophthalmology 4(2), 107–111

Barnett PM, Scagliotti RH, Merideth RE et al. (1991) Absolute corneal sensitivity and corneal trigeminal nerve anatomy in normal dogs. Progress in Veterinary and Comparative Ophthalmology 1, 245–254

Bedford PG and Longstaffe JA (1979) Corneal pannus (chronic superficial keratitis) in the German Shepherd Dog. Journal of Small Animal Practice 20, 41–56

Befanis P, Peiffer R and Brown D (1981) Endothelial repair of the canine cornea. American Journal of Veterinary Research 42, 590–595

Bentley E, Abrams GA, Covitz D et al. (2001) Morphology and immunohistochemistry of spontaneous chronic corneal epithelial defects (SCCED) in dogs. Investigative Ophthalmology and Visual Science 42, 2262–2269

Bentley E and Murphy CJ (2004) Thermal cautery of the cornea for treatment of spontaneous chronic corneal epithelial defects in dogs and horses. Journal of the American Veterinary Medical Association 224(2), 250–253

Binder DR, Sugrue JE and Herring IP (2011) Acremonium keratomycosis in a cat. Veterinary Ophthalmology 14(S1), 111–116

Blocker T and van der Woerdt A (2001) A comparison of corneal sensitivity between brachycephalic and domestic short-haired cats. Veterinary Ophthalmology 4(2), 127–130

Bouhanna L, Liscoët LB and Raymond-Letron I (2008) Corneal stromal sequestration in a dog. Veterinary Ophthalmology 11(4), 211–214

Bromberg NM (2002) Cyanoacrylate tissue adhesive for treatment of refractory corneal ulceration. Veterinary Ophthalmology 5(1), 55–60

Cazalot G, Regnier A, Deviers A et al. (2011) Corneal hemangiosarcoma in a cat. Veterinary Ophthalmology 14, 117–121

Chan-Ling T (1989) Sensitivity and neural organization of the cat cornea. Investigative Ophthalmology and Visual Science 30, 1075–1082

Christmas R (1992) Surgical correction of congenital ocular and nasal dermoids and third eyelid gland prolapse in related Burmese kittens. Canadian Veterinary Journal 33, 265–266

Ciaramella P, Oliva G, Luna RD et al. (1997) A retrospective clinical study of canine leishmaniasis in 150 dogs naturally infected by Leishmania infantum. Veterinary Record 141(21), 539–543

Clark JS, Bentley E and Smith LJ (2011) Evaluation of topical nalbuphine or oral tramadol as analgesics for corneal pain in dogs: a pilot study. Veterinary Ophthalmology 14(6), 358–364

Cook SC (2007) Ocular embryology and congenital malformations. In: Veterinary Ophthalmology, 4th edn, ed. KN Gelatt, pp. 3–36. Blackwell Publishing, Iowa

Cooley PL and Dice PF 2nd (1990) Corneal dystrophy in the dog and cat. Veterinary Clinics of North America: Small Animal Practice 20(3), 681–692

Crispin S (2002) Ocular lipid deposition and hyperlipoproteinaemia. Progress in Retinal and Eye Research 21, 169–224

Cullen CL, Wadowska DW, Singh A et al. (2005) Ultrastructural findings in feline corneal sequestra. Veterinary Ophthalmology 8, 295–303

Delgado E (2012) Symblepharon secondary to ophthalmomyiasis externa in a dog. Veterinary Ophthalmology 15, 200–205

Denk N, Fritsche J and Reese S (2011) The effect of UV-blocking contact lenses as a therapy for canine chronic superficial keratitis. Veterinary Ophthalmology 14, 186–194

Drazenovich TL, Fascetti AJ, Westermeyer HD et al. (2009) Effects of dietary lysine supplementation on upper respiratory and ocular disease and detection of infectious organisms in cats within an animal shelter. American Journal of Veterinary Research 70(11), 1391–1400

Dreyfus J, Schobert CS and Dubielzig RR (2011) Superficial corneal squamous cell carcinoma occurring in dogs with chronic keratitis. Veterinary Ophthalmology 14(3), 161–168

Fascetti AJ, Maggs DJ, Kanchuk ML et al. (2004) Excess dietary lysine does not cause lysine–arginine antagonism in adult cats. Journal of Nutrition 134(8), 2042S–2045S

Featherstone HJ, Franklin VJ and Sansom J (2004) Feline corneal sequestrum: laboratory analysis of ocular samples from 12 cats. Veterinary Ophthalmology 7, 229–238

Featherstone HJ and Sansom J (2004) Feline corneal sequestra: a review of 64 cases (80 eyes) from 1993 to 2000. Veterinary Ophthalmology 7(4), 213–227

Filipec M, Phan MT, Zhao TZ et al. (1992) Topical cyclosporin A and corneal wound healing. Cornea 11(6), 546–553

Flach AJ (2001) Corneal melts associated with topically applied non-steroidal anti-inflammatory drugs. Transactions of the American Ophthalmological Society 99, 205–210

Galle LE (2004) Antiviral therapy for ocular viral disease. Veterinary Clinics of North America: Small Animal Practice 34, 639–653

Garcia da Silva E, Powell CC, Gionfriddo JR et al. (2011) Histologic evaluation of the immediate effects of diamond burr debridement in experimental superficial corneal wounds in dogs. Veterinary Ophthalmology 14(5), 285–291

Gilger BC (2007) Diseases and surgery of the canine cornea and sclera. In: Veterinary Ophthalmology, 4th edn, ed. KN Gelatt, pp. 690–752. Blackwell Publishing, Iowa

Gilger BC (2008) Immunology of the ocular surface. Veterinary Clinics of North America: Small Animal Practice 38, 223–231

Gipson IK (2004) Distribution of mucins at the ocular surface. Experimental Eye Research 78(3), 379–388

Good KL, Maggs DJ, Hollingsworth SR et al. (2003) Corneal sensitivity in dogs with diabetes mellitus. American Journal of Veterinary Research 64(1), 7–11

Gosling AA, Labelle AL and Breaux CB (2013) Management of spontaneous chronic corneal epithelial defects (SCCEDs) in dogs with diamond burr debridement and placement of a bandage contact lens. Veterinary Ophthalmology 16(2), 83–88

Grinninger P, Verbruggen AMJ, Kraijer-Huver IMG et al. (2012) Use of bandage contact lenses (Acrivet Pat D) for treatment of spontaneous chronic corneal epithelial defects (SCCED) in dogs. Abstract No.7 ECVO Congress, Trieste, Italy

Grundon RA, O'Reilly A, Muhlnickel C et al. (2010) Keratomycosis in a dog treated with topical 1% voriconazole solution. Veterinary Ophthalmology 13(5), 331–335

Gum GG, Gelatt KN and Esson DW (2007) Physiology of the eye. In: Veterinary Ophthalmology, 4th edn, ed. KN Gelatt, pp. 149–182. Blackwell Publishing, Iowa

Haber M, Cao Z, Panjwani N et al. (2003) Effects of growth factors (EGF, PDGF-BB and TGF-β1) on cultured equine epithelial cells and keratocytes: implications for wound healing. Veterinary Ophthalmology 6(3), 211–219

Hacker D (1991) Frozen corneal grafts in dogs and cats a report of 19 cases. Journal of the American Animal Hospital Association 27, 387–398

Haeussler DJ, Munoz Rodriguez L, Wilkie DA et al. (2011) Primary central corneal hemangiosarcoma in a dog. Veterinary Ophthalmology 14, 133–136

Haid C, Kaps S, Gönczi E et al. (2007) Pre-treatment with feline interferon omega and the course of subsequent infection with feline herpesvirus in cats. Veterinary Ophthalmology 10(5), 278–284

Hakanson N and Merideth RE (1987) Conjunctival pedicle grafting in the treatment of corneal ulcers in the dog and cat. Journal of the American Animal Hospital Association 23, 641–648

Hansen A and Guandalini A (1999) A retrospective study of 30 cases of frozen lamellar corneal graft in dogs and cats. Veterinary Ophthalmology 2, 233–241

Heigle TJ and Pflugfelder SC (1996) Aqueous tear production in patients with neurotrophic keratitis. Cornea 15(2), 135–138

Hirst LW, Fogle JA, Kenyon KR et al. (1982) Corneal epithelial regeneration and adhesion following acid burns in the rhesus monkey. Investigative Ophthalmology and Visual Science 23(6), 764–773

Isard PF, Dulaurent T and Regnier A (2010) Keratoprosthesis with retrocorneal fixation: preliminary results in dogs with corneal blindness. Veterinary Ophthalmology 13(5), 279–288

Khodadoust AA, Silverstein AM, Kenyon DR et al. (1968) Adhesion of regenerating corneal epithelium: the role of basement membrane. American Journal of Ophthalmology 65(3), 339–348

La Croix NC, van der Woerdt A and Olivero DK (2001) Non-healing corneal ulcers in cats: 29 cases (1991–1999). Journal of the American Veterinary Medical Association 218(5), 733–735

Labelle AL, Dresser CB, Hamor RE, Allender MC and Disney JL (2013) Characteristics of, prevalence of, and risk factors for corneal pigmentation (pigmentary keratopathy) in Pugs. Journal of the American Veterinary Medical Association 243(5), 667–674

Landshamn N, Solomon A and Belkin M (1989) Cell division in the healing of the corneal endothelium in cats. Archives of Ophthalmology 107, 1804–1808

Ledbetter EC, Kim SG and Dubovi EJ (2009) Outbreak of ocular disease associated with naturally acquired canine herpesvirus-1 infection in a closed domestic dog colony. *Veterinary Ophthalmology* **12**(4), 242–247

Ledbetter EC, Riis RC, Kern TJ *et al.* (2006) Corneal ulceration associated with naturally occurring canine herpesvirus-1 infection in two adult dogs. *Journal of the American Veterinary Medical Association* **229**(3), 376–384

Lewin GA (1999) Repair of a full thickness corneoscleral defect in a German Shepherd Dog using porcine small intestinal submucosa. *Journal of Small Animal Practice* **40**, 340–342

Lim CC, Reilly CM, Thomasy SM *et al.* (2009) Effects of feline herpesvirus type 1 on tear film break-up time, Schirmer tear test results, and conjunctival goblet cell density in experimentally infected cats. *American Journal of Veterinary Research* **70**, 394–403

Lin CP and Boehnke M (2000) Effect of fortified antibiotic solutions on corneal epithelial wound healing. *Cornea* **19**(2), 204–206

Maggs DJ and Clarke HE (2005) Relative sensitivity of polymerase chain reaction assays used for detection of feline herpesvirus type 1 DNA in clinical samples and commercial vaccines. *American Journal of Veterinary Research* **66**(9), 1550–1555

Maggs DJ, Nasisse MP and Kass PH (2003) Efficacy of oral supplementation with L-lysine in cats latently infected with feline herpesvirus. *American Journal of Veterinary Research* **64**(1), 37–42

Mallari PTL, McCarty DJ, Daniell M and Taylor H (2001) Increased incidence of corneal perforation after topical fluoroquinolone treatment for microbial keratitis. *American Journal of Ophthalmology* **131**(1), 131–133

Marfurt C, Murphy C and Florczak J (2001) Morphology and neurochemistry of canine corneal innervation. *Investigative Ophthalmology and Visual Science* **42**, 2242–2251

Marlar A, Miller P, Canton D *et al.* (1994) Canine keratomycosis: a report of eight cases and literature review. *Journal of the American Animal Hospital Association* **30**, 331–340

Martin CL (2010) Lacrimal system. In: *Ophthalmic Diseases in Veterinary Medicine*, ed. CL Martin, pp. 219–240. Manson Publishing Ltd, London

Matas M, Donaldson D and Newton RJ (2012) Intracorneal hemorrhages in 19 dogs (22 eyes) from 2000–2010: a retrospective study. *Veterinary Ophthalmology* **15**(2), 86–91

Michau TM, Gilger BC, Maggio F *et al.* (2003) Use of thermokeratoplasty for treatment of ulcerative keratitis and bullous keratopathy secondary to corneal endothelial disease in dogs: 13 cases (1994–2001). *Journal of the American Veterinary Medical Association* **222**, 607–612

Montiani-Ferreira F, Petersen-Jones S, Cassotis N *et al.* (2003) Early postnatal development of central corneal thickness in dogs. *Veterinary Ophthalmology* **6**(1), 19–22

Moodie KL, Hashizume N, Houston DL *et al.* (2001) Postnatal development of corneal curvature and thickness in the cat. *Veterinary Ophthalmology* **4**(4), 267–272

Morgan RV (1994) Feline corneal sequestration: a retrospective study of 42 cases (1987–1991). *Journal of the American Animal Hospital Association* **30**, 24–28

Morgan RV and Abrams K (1994) A comparison of six different therapies for persistent corneal erosions in dogs and cats. *Veterinary and Comparative Ophthalmology* **4**, 38–43

Morishige N, Komatsubara T, Chikama T *et al.* (1999) Direct observation of corneal nerve fibres in neurotrophic keratopathy by confocal biomicroscopy. *Lancet* **354**, 1613–1614

Nagasaki T and Zhao J (2003) Centripetal movement of corneal epithelial cells in the normal adult mouse. *Investigative Ophthalmology and Visual Science* **44**(22), 558–566

Nasisse MP (1990) Feline herpesvirus ocular disease. *Veterinary Clinics of North America: Small Animal Practice* **20**, 667–680

Nasisse MP, Glover T, Moore C *et al.* (1998) Detection of feline herpesvirus-1 DNA in corneas of cats with eosinophilic keratitis or corneal sequestrum. *American Journal of Veterinary Research* **59**, 856–858

Nasisse MP, Halenda RM and Luo H (1996) Efficacy of low dose oral, natural human interferon alpha in acute feline herpesvirus-1 (FHV-1) infection: a preliminary dose determination. *Proceedings of the 1996 Annual Meeting of the American College of Veterinary Ophthalmologists*, p. 79. Newport, Rhode Island

Newkirk KM, Hendrix DVH and Keller RL (2011) Porphyrins are not present in feline ocular tissues or corneal sequestra. *Veterinary Ophthalmology* **14**(S1), 2–4

Ofri R (2007) Optics and physiology of vision. In: *Veterinary Ophthalmology, 4th edn*, ed. KN Gelatt, pp. 183–219. Blackwell Publishing, Iowa

Okada Y, Reinach PS, Kitano A *et al.* (2010) Neurotrophic keratopathy: its pathophysiology and treatment. *Histology and Histopathology* **25**, 771–780

Ollivier FJ, Brooks DE, Van Setten GB *et al.* (2004) Profiles of matrix metalloproteinase activity in equine tear fluid during corneal healing in 10 horses with ulcerative keratitis. *Veterinary Ophthalmology* **7**, 397–405

Parshal CJ (1973) Lamellar corneal–scleral transposition. *Journal of the American Animal Hospital Association* **9**, 270–277

Peña MT, Naranjo C, Klauss G *et al.* (2008) Histopathological features of ocular leishmaniosis in the dog. *Journal of Comparative Pathology* **138**(1), 32–39

Perlmann E, da Silva EG, Guedes PM *et al.* (2010) Co-existing squamous cell carcinoma and hemangioma on the ocular surface of a cat. *Veterinary Ophthalmology* **13**, 63–66

Pot SA, Gallhofer NS, Walser-Reinhardt L, Hafezi F and Spiess BM (2013) Treatment of bullous keratopathy with corneal collagen cross-linking in two dogs. *Veterinary Ophthalmology* doi: 10.1111/vop.12137

Prasse K and Winston SM (1996) Cytology and histopathology of feline eosinophilic keratitis. *Veterinary and Comparative Ophthalmology* **6**, 74–81

Rampazzo A, Euler C, Speier S *et al.* (2006) Scleral rupture in dogs, cats and horses. *Veterinary Ophthalmology* **9**(3), 149–155

Rodrigues GN, Laus JL, Santos JM *et al.* (2006) Corneal endothelial cell morphology of normal dogs of different ages. *Veterinary Ophthalmology* **9**(2), 101–107

Saito A and Kotani T (1999) Tear production in dogs with epiphora and corneal epitheliopathy. *Veterinary Ophthalmology* **2**, 173–178

Samuelson DA (2007) Ophthalmic anatomy. In: *Veterinary Ophthalmology, 4th edn*, ed. KN Gelatt, pp. 37–148. Blackwell Publishing, Iowa

Sanchez RF, Innocent G, Mould J *et al.* (2007) Canine keratoconjunctivitis sicca: disease trends in a review of 229 cases. *Journal of Small Animal Practice* **48**, 211–217

Sandmeyer LS, Keller CB and Bienzle D (2005) Effects of interferon-alpha on cytopathic changes and titers for feline herpesvirus-1 in primary cultures of feline corneal epithelial cells. *American Journal of Veterinary Research* **66**(2), 210–216

Sansom J and Blunden T (2010) Calcareous degeneration of the canine cornea. *Veterinary Ophthalmology* **13**(4), 238–243

Secker GA and Daniels JT (2009) Limbal epithelial stem cells of the cornea. In: *The Stem Cell Research Community*, StemBook, doi/10.3824/stembook.1.48.1, StemBook, ed. http://www.stembook.org.

Siebeck N, Hurley DJ, Garcia M *et al.* (2006) Effects of human recombinant alpha-2b interferon and feline recombinant omega interferon on *in vitro* replication of feline herpesvirus-1. *Journal of Veterinary Research* **67**(8), 1406–1411

Spiess AK, Sapienza JS and Mayordomo A (2009) Treatment of proliferative feline eosinophilic keratitis with topical 1.5% cyclosporine: 35 cases. *Veterinary Ophthalmology* **12**(2), 132–137

Stanley RG, Hardman C and Johnson BW (1998) Results of grid keratotomy, superficial keratectomy and debridement for the management of persistent corneal erosions in 92 dogs. *Veterinary Ophthalmology* **1**(4), 233–238

Stiles J, McDermott M, Bigsby D *et al.* (1997) Use of nested polymerase chain reaction to identify feline herpesvirus in ocular tissue from clinically normal cats and cats with corneal sequestra or conjunctivitis. *American Journal of Veterinary Research* **58**, 338–342

Stiles J and Pogranichniy R (2008) Detection of virulent feline herpesvirus-1 in the corneas of clinically normal cats. *Journal of Feline Medicine and Surgery* **10**(2), 154–159

Suzuki K, Saito J, Yanai R *et al.* (2003) Cell–matrix and cell–cell interactions during corneal epithelial wound healing. *Progress in Retinal and Eye Research* **22**, 113–133

Takiyama N, Terasaki E and Uechi M (2010) Corneal squamous cell carcinoma in two dogs. *Veterinary Ophthalmology* **13**(4), 266–269

Thomasy SM, Covert JC, Stanley SD and Maggs DJ (2012) Pharmacokinetics of famciclovir and penciclovir in tears following oral administration of famciclovir to cats: a pilot study. *Veterinary Ophthalmology* **15**(5), 299–306

Thomasy SM, Lim CC, Reilly CM *et al.* (2011) Evaluation of orally administered famciclovir in cats experimentally infected with feline herpesvirus type-1. *American Journal of Veterinary Research* **72**(1), 85–95

Tofflemire K and Betbeze C (2010) Three cases of feline ocular coccidioidomycosis: presentation, clinical features, diagnosis and treatment. *Veterinary Ophthalmology* **13**(3), 166–172

Tripathi RC, Raja SC and Tripathi BJ (1990) Prospects for epidermal growth factor in the management of corneal disorders. *Survey of Ophthalmology* **34**(6), 457–462

Van Horn D, Sendele D, Seideman S *et al.* (1997) Regenerative capacity of the corneal endothelium in rabbits and cats. *Investigative Ophthalmology and Visual Science* **16**, 597–613

Vanore M, Chahory S, Payen G and Clerc B (2007) Surgical repair of deep melting ulcers with porcine small intestinal submucosa (SIS) graft in dogs and cats. *Veterinary Ophthalmology* **10**(2), 93–99

Watté CM, Elks R, Moore DL and McLellan GJ (2014) Clinical experience with butyl-2-cyanoacrylate adhesive in the management of canine and feline corneal disease. *Veterinary Ophthalmology* **7**(5), 319–326

White JS, Grundon RA, Hardman C, O'Reilly A and Stanley RG (2012) Surgical management and outcome of lower eyelid entropion in 124 cats. *Veterinary Ophthalmology* **15**, 231–235

Whitley RD and Gilger BC (1999) Diseases of the canine cornea and sclera. In: *Veterinary Ophthalmology, 3rd edn*, ed. KN Gelatt, pp. 635–673. Lippincott Williams and Wilkins, Baltimore

Yamada N, Janai R, Inui M *et al.* (2005) Sensitizing effect of substance P on corneal epithelial migration induced by IGF-1, fibronectin or interleukin-6. *Investigative Ophthalmology and Visual Science* **46**(3), 833–839

# 13

# 強膜，上強膜および輪部

**Natasha Mitchell**

## 解剖学と生理学

　角膜と強膜は一緒に眼球の密集した線維層からなる．
　構造的に強膜は角膜と同様であるが透明ではない．なぜなら強膜コラーゲン線維が直径と形において異なるのと，それが規則正しく一定の距離を保っておらず，また組織の至るところに異なる方向で方向づけられているからだ．強膜は主に弾性の線維でなる最も深い層(強膜褐色板)，密集した中間層，白い線維組織(強膜固有層)と上強膜と呼ばれる緩い結合組織の表層からなり，それらは強膜の外側境界を形成する．上強膜は吻側に厚くなり，それは輪部に向かってテノン嚢と結膜下結合組織となって混在する．

　強膜は硬直で，眼圧への抵抗を与え，球体としての眼球を維持する．強膜は長短の毛様体神経，長後毛様体動脈，渦静脈，前部毛様体管に順応する小さなチャネルを含み，腫瘍性や感染性疾患の眼内入出の過程が，これらのチャネルを介して可能となっていると考えられている．強膜篩板と呼ばれる視神経の出口の領域の中でより大きな漏斗状開口部位が存在する．また強膜内静脈層は強膜基質の前部に位置し，それは隅角房水叢からの房水を受けとる静脈として重要な内部結合ネットワークとなる．犬や猫においてこの部位はよく発達していて前部領域では強膜の最も肥厚した領域にあたる．犬と猫では，強膜は赤道付近では最も薄く，特に外眼筋の挿入部分で，強膜篩板と輪部で最も厚い．

　上強膜は薄いコラーゲンと血管組織層で，前部で強膜にテノン嚢とを結び付けている．隣接する組織は脈絡膜，角膜，結膜を含み，これらは強膜や上強膜に関する炎症過程によって影響を受ける部位となる．上強膜の血管は表面の結膜血管より下にあり，その二つのシステムは連結している．結膜と上強膜の血管の充血を臨床的に区別することは重要なことである(表13.1と図13.1)．結膜充血は結膜炎や角膜炎に関与し，一方で上強膜充血はより重篤な眼内疾患を示唆する．上強膜血管のうっ血は，緑内障や眼窩領域に生じる病変の存在において生じるように，静脈流出が妨害される際に生じる．ぶどう膜炎も血管のうっ血の原因になり，結果として上強膜の血管の拡張を引き起こし，それは特徴的な「赤目」という症状に繋がる．結膜血管と上強膜血管の二つのシステムの間の連結のために，上強膜血管がうっ血した際には結膜血管は二次的にうっ血となるが，その逆は成立しない．

**表13.1** 結膜と上強膜血管間の違い

| 特徴 | 結膜血管 | 上強膜血管 |
|---|---|---|
| 位置 | 表面 | 深い |
| 幅 | 狭い；明瞭 | 広い |
| 分岐 | 頻回；二叉に分かれる | 時折 |
| 色 | ピンク/赤 | 暗赤色 |
| パターン | 円を形成；より曲がりくんだ；もし隣接した角膜内に拡大したら輪部と交叉したように見える | 強膜に入る，輪部よりすぐ前に視野から消滅する；真っすぐな血管 |
| 動き | 自由に動く | 眼球に固定 |
| 個々の血管 | 明確ではない | 明確 |
| 局所的2.5%フェニレフリンの反応 | より早く白くなる | よりゆっくり多くの分岐 |

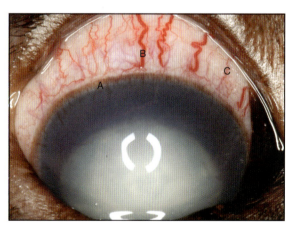

**図13.1** 慢性的な白内障性水晶体脱臼に続発した緑内障．血管の周囲角膜輪部の刷子縁がある(A)．うっ血した上強膜血管(B)が顕著である．結膜血管(C)はより細い．

第13章　強膜，上強膜および輪部

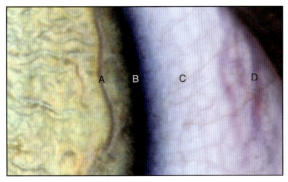

図13.2　猫の角強膜輪部．A＝虹彩の主な動脈輪，B＝色素層の輪部，C＝結膜血管，D＝深層強膜血管

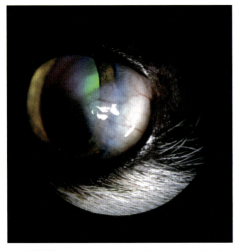

図13.3　3歳齢のドメスティック・ショートヘアーにおける角膜/輪部傷害に続発した角膜上（角膜の「結膜化」）の輪部を越えた結膜の拡大（D Gouldのご厚意による）

　角膜と強膜は角強膜輪部と呼ばれる移行部分で併合する．輪部は通常狭い色素のある領域として明確に定義される（図13.2）．輪部は多能性の輪部の上皮幹細胞を含み，それは眼球表面の健康には必須である．なぜならそれらは角膜上皮内で拡大し，急増し，そして変化するからである．これらの細胞は角膜を横切って結膜細胞の導入に生理学的バリアとしても働く．輪部でのこの幹細胞「バリア」の機能不全（例えば，多くの眼球欠損のいくつかの症例）や崩壊（化学的，熱性，炎症性の結果）は角膜の「結膜化」へと導くこととなる（図13.3）．

## 疾患の検査

　強膜，上強膜，輪部の疾患の検査は臨床的検査を通して，外傷の証拠，腫瘍性転移，全身性疾患の徴候を評価することから始まる．強膜と上強膜の最前面のみ，一般的な眼球検査上で視覚化され，これらの組織は半透明の球結膜の層の下にある．眼底検査の間，通常強膜は透視できず，それは網膜と脈絡膜の色素層が強膜の内側に存在するからである．しかしながら，サブアルビノ症の犬や猫では，透明な網膜の後ろ側で車輪状に広がる脈絡膜血管の間から，強膜の白く，最内側の篩板の褐色層を視覚化できることがある．

　小眼瞼裂，眼球突出，突出，斜視，小眼球，そして小角膜のような眼疾患が存在する場合には，こうした強膜の露出は増加するかもしれない．強膜の色はいくつかの疾患状態で変化する．もし結膜炎や上強膜炎があれば赤くなり，もし動物が黄疸であれば黄色くなる（図13.4）．また色素沈着の結果により暗色化することもある（特にメラニン細胞の腫瘍や眼黒色症がある場合）．上強膜の充血やうっ血は眼圧の上昇，ぶどう膜炎，上強膜炎，強膜炎，ホルネル症候群，そして眼窩疾患の結果により生じることがある．異常な肥厚は上強膜炎，強膜炎，腫瘍が存在することを示唆する．また強膜の非薄化は緑内障やぶどう膜腫が存在することがある（下記参照）．強膜が穿孔した場合には強膜の輪郭が変化することがある．眼底検査上で，もしコロボーマ（正常眼球組織の欠損，それは強膜，網膜，視神経を含む多くの組織に罹患し得る）や，強膜拡張があれば（非薄化．下記や図13.5および13.6参照），その領域は焦点が合わないことがある．

　緑内障，黒色症や腫瘍が疑われるなら眼圧の測定と隅角鏡を含む臨床的，また眼球所見に基づいたさらなる診断学的試験が必要とされる．眼球超音波検査は強膜穿孔の診断において役立つ．直接的に穿孔面を描写することは必ずしも可能ではないが，眼内出血に連続する強膜に，エコー源性が減少した局所的に不規則な輪郭が現れる場合は，穿孔が示唆される（第2章を参照）．磁気共鳴画像法（MRI）やコンピューター断層撮影法（CT）のような進んだ画像検査はいくつかの症例で役立つ（図13.7）．

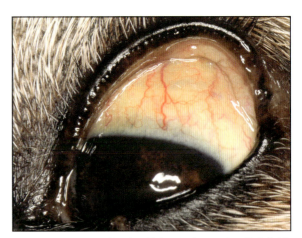

図13.4　レプトスピラ症に罹患した犬における黄疸化（黄疸）した強膜と結膜

第13章 強膜，上強膜および輪部

## 犬の疾患

### 先天性疾患

#### 類皮腫

眼球の類皮腫（第11章や第12章も参照）は先天的な欠損であり，それは毛の生えた皮膚の孤立が異常な位置に存在する（角膜，結膜，眼瞼上など）．最も一般的な位置は外側部の輪部で，角膜上に拡大する．疾患はダックスフンド，ダルメシアン，ドーベルマン，ジャーマン・シェパード・ドッグ，シー・ズー，セント・バーナードにおいて好発する．猫では，バーミーズにおいて大きな比率を占める．類皮腫は典型的な円状で，色素沈着を起こし，毛髪方面領域に生じる（図13.8）．類皮腫による眼球の刺激症状として，流涙症，粘液膿性の眼脂，そして眼瞼痙攣のような症状が含まれる．選択的治療は表面の層状構造の角膜切除術や結膜切除を介した外科的除去であり，角膜が0.5〜0.6mmの厚みしかもたないため，手術用顕微鏡の使用が勧められる．

#### ぶどう腫

ぶどう腫は，ぶどう膜が隣接してみられる，薄く膨張した強膜として定義づけられている．それらは最も一般的に後極に生じ，それは視神経乳頭が通常巻き込まれていて，または眼球の赤道部で生じる．それらはコリー眼異常やエーラス・ダンロス症候群の特徴で，またはマール眼球欠損でみられる多くの眼球欠損の一部として形成するかもしれない．（図13.5および13.6参照）先天的な前部強膜ぶどう腫は嚢胞出現を伴う前部に突き出た暗青色（ぶどう膜が基礎にあるため）の腫瘤として生じ，明らかになる．ぶどう膜腫は緩やかな

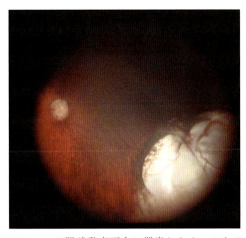

図13.5 マール眼球発育不全に罹患したオーストラリアン・シェパードにおける強膜拡張（赤道部のぶどう腫）の大きな周辺領域を示す，広拡大眼底像（NC Buyukmihci のご厚意による）

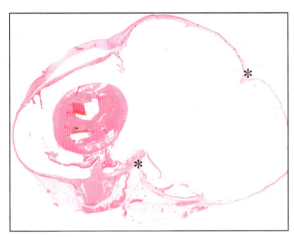

図13.6 マール眼球欠損に罹患した犬の強膜嚢（outpouching）（＊）の大きな領域を示す弱拡大像（発行者の許可を得て Dubielzig ら 2010 から複写）

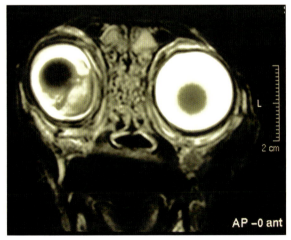

図13.7 鼻側強膜の鈍性の外傷を患った猫．水晶体の硝子体への脱臼を伴う T2 強調 MR 画像

図13.8 6カ月齢のコリー雑種における外側輪部から生じ，外側部角膜に罹患した眼球上の類皮腫

触診（腫瘍の軟らかさを決定する）と眼球の超音波検査によりぶどう膜黒色腫と区別できる．後部ぶどう腫は無治療でよいが，局所の前部ぶどう腫は強膜の自己移植，異種移植，他の適当な組織を用いて移植術の強化によって修復されるべきであり，これは専門医が行うべき手術である．拡張した前部ぶどう腫に罹患した眼は通常盲目で，これらの症例では，もし突出が正常の閉眼を妨げるなら眼球摘出術が示唆される．

## 強角膜症

強角膜症は先天性で，周辺角膜内への強膜の拡張があるために，角膜強膜輪部が不明瞭な部位がみられる非進行性疾患である（図13.9）．発生学上の眼杯縁での間葉と表面の外杯葉の成長の障害から生じると考えられている．他の先天性の眼球欠損との関連や，エーラス・ダンロス症候群の要因として報告されている犬では存在することがある．

## 後天性疾患

### 炎症性疾患

犬では上強膜や強膜に罹患する重篤な炎症性障害がある．特発性，非腫瘍性，非感染性疾患のグループがあり，それらは多様な疾患病理の範囲を表すが同様の臨床所見を現す．それらは組織学的所見と免疫抑制剤への反応に基づいて免疫介在性とみなされる．上強膜炎に最も一般的に罹患する種類はコリー種，アメリカン・コッカー・スパニエル，シェットランド・シープドッグを含むが，どの犬種も罹患し得る．続発性上強膜炎や強膜炎は深在性真菌や細菌の眼球感染，*Ehrlicia canis*，*Toxoplasma gondii*，*Leishmania* spp.，*Onchocerca* spp. の感染，全身性組織球症，慢性緑内障，眼球外傷の結果としても生じることがある．

上強膜炎：単純に広がった上強膜炎は，周囲の上強膜の肥厚を伴った，一般的に広い範囲（図13.10），または局所的（図13.11）な上強膜血管侵入の徴候によって認識される．通常，軽度の角膜浮腫と充血領域に隣接した新生血管形成がある．これらの臨床的徴候は緑内障と混乱され得る．それゆえ，注意深い眼科検査と眼圧の測定が必要とされる．

結節性肉芽腫性上強膜炎は，結節性筋膜炎，線維性組織球腫，増殖性結膜炎，偽腫瘍，輪部緑内障，コリー緑内障を含むいくつかの同様の疾患過程で最も一般的に描写される用語である．疾患は片側，両側性の炎症性疾患として現れ，それは一つか，それ以上のピンク色の「新鮮な」結節性腫瘤，または肥厚した領域で，上強膜の充血と連結する部位で，外側の角膜輪部に最も頻繁に局在してみられることが特徴である（図13.12）．隣接した組織に炎症が波及することは一般的であり，加えて存在する臨床的徴候としては結膜炎，角膜炎，強膜炎，眼瞼炎，網脈絡膜炎の併発が含まれる．角膜の脂肪浸潤は炎症の結果として起こる

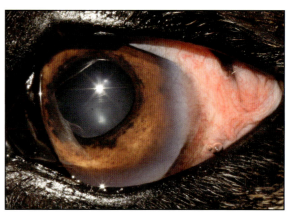

**図13.10** 広範囲の上強膜炎に罹患した5歳齢のコリー雑種における周辺の角膜混濁，角膜実質性脂質沈着，血管新生に関連した混濁性の上強膜充血

**図13.9** 小眼球症と持続性の瞳孔膜を含むマール眼球欠損に罹患した5歳齢のイングリッシュ・コッカー・スパニエルにおける強角膜症．強膜が腹外側の角膜に置換していることに注目

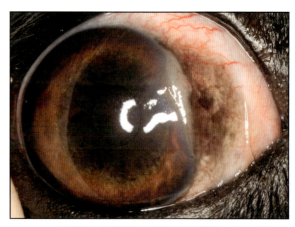

**図13.11** 局所的な上強膜炎に罹患した2歳齢のキャバリア・キング・チャールズ・スパニエルにおける隣接した角膜内に拡大した鼻側の上強膜の表面的な肥厚

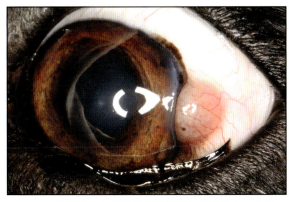

図13.12 結節性の肉芽腫性上強膜炎に罹患した4歳齢のボーダー・コリーにおける外側輪部に隣接した上強膜の肥厚した領域の限局性結節性充血性肥厚

(脂肪角膜症，第12章を参照)．主な鑑別診断は腫瘍性疾患で，リンパ腫，扁平上皮癌，ならびに無色素性輪部黒色腫である．それゆえ，いくつかの症例では，バイオプシーが示唆される．

治療：
- 1%プレドニゾロン酢酸や0.1%デキサメタゾンのような局所的コルチコステロイドが第一選択治療としてより好まれる．第一に推奨される適用頻度は1日3～4回である．これはいくつかの症例では，徐々に減少し終了する．しかしながら，より少ない頻度の管理が疾患の再発の制限に要求されるかもしれない．
- 内服のコルチコステロイドは局所的なコルチコステロイド単独に反応しなかった症例のために適用される．
- 結膜下または病変内へのコルチコステロイド投与が時折適用される．
- アザチオプリンは単独か，内服のコルチコステロイドとの併用で，1週間は2 mg/kg 24時間毎，その後2週間は1 mg/kg 24時間毎に漸減して使用されることがある．いったん臨床徴候が退いたら，濃度は1週間に1 mg/kg 1～2回の使用に漸減させることもできる．潜在的な毒性効果は骨髄抑制，肝毒性，胃腸障害を含む．それゆえ，一般的な生化学や血液学は治療前に示し，血球計算や肝機能は治療中定期的に管理されるべきである．
- 選択的全身性免疫抑制剤はシクロスポリンで，可能であれば局所的か内服のコルチコステロイドとの併用で，30日間5 mg/kg 24時間毎の濃度で投与し，その濃度はその後隔日2.5 mg/kg 24時間毎か5 mgにまで漸減させることもできる．
- ナイアシンアミド(ビタミンB3の形成)とともにテトラサイクリンは体重10 kg以下の動物には各薬剤とも250 mg，また体重10 kg以上の動物には各薬剤を500 mgの推奨された濃度で1日3回の経口投与を行う．
- 層状の角膜切開の外科的切除，デブライドメントや凍結外科，β放射線治療が使用されている．
- もし感染病原体が原因となる病原体として確立されるか，または疑われるなら(上記参照)，特別な病原学的な診断が探求され適切な薬物治療が開始されるべきである．

**強膜炎**：犬の強膜炎は一般的でなく，原発性，突発性疾患，免疫介在性疾患である．片側または両側状態として認められる．強膜生検上でコラーゲン壊死の存在か欠損に基づく壊死性か非壊死性かとして分類される．非壊死性強膜炎は穏やかな疾患である．結膜，上強膜を覆う充血を有する，強膜の局所的かまたは拡散した肥厚として定義づけられる．しばしば眼内組織への浸潤に合わせて眼疼痛，流涙，羞明が認められることがある．特に重篤もしくは慢性期には，隣接した脈絡膜への浸潤を引き起こすことがある．またこれは結果として硝子体の滲出液による網膜剥離や脈絡網膜変性を起こすことがある(図13.13)．スプリンガー・スパニエルとコッカー・スパニエルは好発犬種である．

壊死性強膜炎は脈絡膜，網膜，上強膜にも罹患する，進行的で，重篤な疼痛性疾患である．診断は強膜の全層の，もしくは部分的肥厚した部分のバイオプシーを行い，炎症性過程のタイプ，重症度，範囲を決定するのに役立つ．眼球穿孔のリスクのために，これは専門医が行うべき手術である．疾患の管理は挑戦的で，一定の免疫抑制剤が一般的に要求される．両炎症性疾患ともコルチコステロイドやアザチオプリンを使用した全身性免疫抑制剤を経て管理される．全体的予後は要注意で，視覚や眼球の維持のための予後は乏しい．全身性の免疫介在性疾患が存在することがある(Day et al., 2008)．

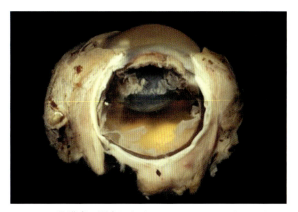

図13.13 強膜炎に罹患したイングリッシュ・スプリンガー・スパニエルの全体的病理像．輪部から視神経への伸びている上強膜と強膜の腫瘍様肥厚がある．ぶどう膜肥厚にも注意する(J Mouldのご厚意による)．

## 外傷

**鈍性外傷の結果の強膜穿孔**：強膜穿孔を引き起こすほどの外的圧力により，前房出血，硝子体出血，水晶体脱臼，水晶体嚢の破嚢，網膜剥離，外傷によるぶどう膜の突出のような，眼内損傷の併発が起こり得ることも予想されるべきである（図13.14）．角膜穿孔は容易に視認され，一方で強膜穿孔は，それが輪部に生じた場合か（図13.15），眼球が突出している場合にのみ臨床的に認識され得る．しかしながら，犬と猫における多くの強膜穿孔は赤道，後極か視神経に近い部位で生じる（Rampazzo et al., 2006；Dubielzig et al., 2010）．Rampazzo et al., (2006)によって最も頻回に報告されている臨床的徴候は結膜充血（80％），それに続いて結膜下出血（60％），眼瞼や結膜腫脹（53％）であった．

眼球の評価は局所麻酔薬の適用によって容易になる．威嚇瞬き反応の存在は陽性の徴候である．威嚇瞬き反応が認められない場合でも，陽性の眩惑反射は網膜と視神経にまだ機能があることを示す．正常な直接瞳孔対光反射（PLR）の存在は視覚を確証するものではないが，よい徴候である．PLRの欠損は盲目を暗に意味するものではない．間接（直接ではない）PLRを確認することは有用である．すなわち傷ついた眼が光に刺激される際に（反対眼の）正常な瞳孔の収縮は，（罹患眼の）網膜と視神経が機能的であることを示す．眼球の画像診断はもし眼内構造の直接的な可視が角膜損傷，眼内出血，水晶体の不透明によって阻止されている場合に提示される．これは，外科的修復が考慮される場合には特に重要である．X線検査は眼窩骨への損傷の程度を評価するために必要とされる．眼科の超音波検査は水晶体の位置，硝子体出血，網膜剥離についての情報を与え，強膜の中断は穿孔の側面を認識するかもしれない．いくつかの症例では，CT検査とMRI検査が傷害の存在に対して大変有用な像を与える．（第2章を参照）

輪部付近の単一の強膜受傷は外科的閉塞で維持される．拡大した傷害にとって，超音波乳化吸引術や強膜移植のようなより複雑な手術が要求されることがある．外傷が重度な場合，眼球摘出術が必要とされる．

**貫通性/穿孔性の傷害**：貫通性の傷害は傷の出口の存在なしに線維性の被膜を破ることがある．それらは，歯科手術中の歯科エレベーターの使用や口の上顎を通した棒状の傷害の結果として生じる．銃弾の傷のような貫通性の傷害は，傷の入口と出口の両方をもつ．傷害の両方のタイプとも，眼内感染（眼内炎）や眼内構造の損傷（例えば，水晶体嚢の破嚢や網膜剥離）を引き起こすことがある．治療は強膜の縫合を要求し，水晶体摘出や硝子体切除，強膜移植も関連して行われるかもしれない．拡大した穿孔や眼内炎，眼球癆，視覚喪失のような重度の合併症があれば，眼球摘出術が通常必要とされる．

## 緑内障

緑内障はいくつかの要因で強膜に影響する．

- 上強膜うっ血は毛様体を通して渦静脈への正常な血液の流出が上昇した眼圧によって妨げられたときに生じる．これは上昇した眼圧の最も一般的な徴候のひとつである．
- 牛眼は上昇した眼圧が延長することで生じ，強膜と角膜の伸張を引き起こし，結果として拡張した眼球となる．強膜の拡張は拡張のために組織の非薄化が要求され，強膜は下にあるぶどう膜が部分的に見えるためにわずかに青みがかる．眼球の大きさが増えることは若齢の動物では，強膜はより弾性であるから，より容易に激的に生じる（図13.16）．
- 視神経のカッピングは強膜篩板が上昇した眼圧によってねじれて，後方に圧縮することで生じる．これは軸索原形質流出に影響し，視神経乳頭へ供給する血液を減少させ，それは視神経軸索死や盲目を引き起こす．強膜篩板における結合組織の生理的伸展，圧縮，変化に沿ったこの軸索死は，臨床的に明らかな視神経カッピングを引き起こす（第15章を参照）．

**図13.14** 交通事故を受けたラブラドール・レトリーバーの(a)左眼と(b)右眼．(a)眼瞼浮腫，結膜炎，拡大した角膜浮腫，輪部での大きな下方の強膜穿孔を通して，ぶどう膜の突出に注意．(b)眼瞼浮腫，結膜浮腫，結膜炎，汎角膜浮腫に注目．超音波検査は後軸での眼球の穿孔を表した．

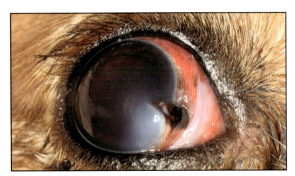

**図13.15** ぶどう膜の突出，結膜と角膜浮腫を生じた，隣接する強膜を伴う輪部を越えた鼻側の角膜裂傷

第13章　強膜，上強膜および輪部

図13.16　12歳齢における牛眼のための右眼の全体的な拡張．緑内障は眼への鈍性外傷の結果として生じ，これはそのような大きな眼球への閉眼不全のために露出性角膜炎を引き起こす．

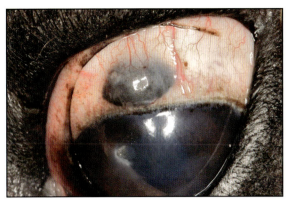

図13.17　眼球上黒色腫に伴う背側角膜輪部の隣接部に生じた局所の暗色領域

### 腫瘍

強膜の原発性腫瘍は一般的ではないが，眼内や眼窩腫瘍が視神経や強膜血管に浸潤することがある．輪部の腫瘍はより一般的で，おそらくこれは高い有糸分裂の活動性をもつ領域であり，輪部の超側頭部側面が典型的に紫外線へ暴露する．黒色腫，血管腫，血管肉腫，リンパ腫，扁平上皮癌を含む腫瘍がこの領域に罹患することがある．

**黒色腫**：輪部（眼球上の）黒色腫は犬で一般的である．典型的な出現は輪部において局所的に色素沈着し，隆起した腫瘍である（図13.17）．結膜充血と同時に，隣接した角膜への浸潤や角膜混濁がみられることがある．輪部黒色腫はいくつかの犬種で罹患し，ジャーマン・シェパード・ドッグ，ゴールデン・レトリーバー，ラブラドール・レトリーバーにおいて多く報告されている．遺伝性の傾向は後者の2種で報告されている（Donaldson et al., 2006）．これらの腫瘍は輪部での色素性細胞（メラノサイト）から生じる．それらは低い転移の可能性をもつ典型的な良性挙動で，しかしかなり大きく，また若齢犬ではより急速に成長するだろう．より若い動物は，通常凍結療法のような付属的な治療を用いて，全層外科的切除や減容積が有用となる（Featherstone et al., 2009）．欠損部は角強膜の自家移植，瞬膜軟骨，市販で入手できる豚の小腸粘膜シート，結膜増進フラップを必要とする．ダイオードやネオジム：イットリウム・アルミニウム・ガーネット（Nd:YAG）レーザー両方での光凝固も眼科専門医によってうまく使用されている．（Sullivan et al., 1996）予後は非常によい．輪部黒色腫と，時折強膜を貫通するかもしれない悪性眼内黒色腫を区別するために注意は払われるべきである．これらの症例では，眼窩内容除去術が拡大した腫瘍組織の切除を目的として適応される．二つの疾患を区別することは容易ではなく，病歴の聴取と注意深い臨床検査によって達成される．輪部黒色腫はゆっくり成長し，分離し，典型的には強膜を貫通せず，隣接した虹彩や毛様体を侵略しない．悪性の眼内黒色腫は急速に大きく成長し，ぶどう膜と強膜への浸潤のために不明瞭となる．それらがすでに転移を起こしている場合，緑内障と全身性徴候があるかもしれない．眼球の超音波検査と隅角鏡検査は診断が不透明なら必要となる．

**眼黒色症**：眼黒色症は（以前は色素性緑内障と呼ばれていた）進行的に緑内障を引き起こすぶどう膜の過度な色素沈着を起こす疾患である（第14章と第15章も参照）．この疾患は主にケアーン・テリアで罹患し，この犬種では遺伝性の常染色体の優性形態が血統分析の基になっていると提案されている（Petersen-Jone et al., 2007）．それは両側性だが，しかし対称性ではない．早期の段階では，虹彩の周囲は肥厚する（ドーナツ状に例えられる所見）．疾患の進行として，虹彩は暗色化し，前房内に色素浮遊が生じる．色素の多病巣性の暗色化した斑点は強膜と進行性拡大への証拠となる（図13.18）．

隅角鏡検査では，隅角は色素の存在のため暗く，毛様体裂は腫脹した虹彩周辺のために狭い．緑内障はメラノサイトとメラノファージにより排出隅角の閉塞の結果発症し，それは肥厚した虹彩根による排出隅角の狭窄が原因で前房水の流れを遮断する．薬物の反応に乏しい潜行性の疾患であるが，点眼薬の炭酸脱水素酵素阻害剤は緑内障の開始と進行を遅らせることがある．進行した段階では，眼球摘出は疼痛管理に提示さ

第13章　強膜，上強膜および輪部

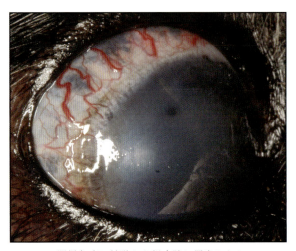

図13.18　眼黒色症に続発した緑内障に罹患したケアーン・テリアにおいて，上強膜のうっ血，角膜浮腫，散瞳に併発して，暗色色素の多数斑点が結膜下の強膜内に見える．

れる．ラブラドール・レトリーバーやボクサーのような他の犬種でも，異常な眼球色素沈着と緑内障を罹患したことが報告されている（van de Sandt *et al.*, 2003）．

## 猫の疾患

### 先天性疾患

眼球の類皮腫はいくつかの猫の種類で生じるが，それらはバーミヤンやバーミーズでより一般的であり，遺伝性であると考えられている．それらは典型的に外眼角か外側輪部で発生し，結膜や角膜を巻き込む．犬と同様，選択的治療は外科的切除である．

先天性ぶどう腫は猫で一般的に生じるものではない．虹彩欠損のような他の眼球欠損を同時に発症するかもしれない（Skorobohach Hendrix, 2003）．

### 後天性疾患

猫は犬も罹患する数多くの疾患に罹患し得る．しかしながら，犬と比較して，炎症性の上強膜炎や強膜炎は極めて稀である．

### 外傷

**鈍性な外傷の結果の強膜穿孔**：鈍性外傷は強膜穿孔の原因となる．交通事故は頭蓋骨折や強膜傷害の原因になり得る．眼は結膜浮腫，角膜浮腫，充血，前房フレアーが存在し，そして網膜や視神経のような眼内構造への取り返しのつかない損傷によって通常永久的に盲目となる．犬で述べたことと同様に，注意深い臨床的検査として適切な診断的画像を用いて，さらに進んだ評価を活用すべきである（上記参照）．より重篤な傷害

に対して取り組む一方で，眼に対する初期治療はより控えめとなる（疼痛除去や抗炎症剤による疼痛管理程度）．猫の外傷性後肉腫は一般的ではないが，特に水晶体に受けた眼球傷害後数年で高い悪性腫瘍は眼球内に生じるかもしれない．将来に猫の外傷後眼球肉腫に発達するリスクは小さいが，潜在的に致命的な結果をもつため，傷害を受けた眼球を摘出するか否かの意志決定を行なうことは一つの検討側面となる．重症な外傷を受けた，疼痛を予防するために，不可逆的に盲目な猫の眼球を摘出することは理にかなっており，肉腫の予防もそのもう一つの利点となる．

**貫通性の傷害**：貫通的な外傷は猫のひっかき傷が原因となり（図13.19），それは結果として強膜穿孔を起こす．輪部に隣接した虹彩脱出は眼球上黒色腫と区別されなければならない．輪部または強膜裂傷を通した虹彩組織の突出は黄褐色をした血餅状房水の薄い層によって通常覆われている．虹彩組織の嵌頓のために瞳孔の形は異常で（瞳孔異常），これはPLR試験時により明らかとなる．眼球上黒色腫は結膜層によって覆われ，瞳孔は正常な形をしている．

**医原性傷害**：強膜の医原性貫通は歯科手術中に生じる．尾側の上顎歯根は解剖学的に眼窩にとても近接している．それらは歯漕骨の薄い縁によってのみ分離されているだけである．この傷害のタイプは，その骨が犬に比べてより薄いため猫でより一般的であるが，しかし両方の動物種でも生じ得る．歯科エレベーターが滑りその力が眼球に向かってしまうときに眼球が傷害を受ける．器具は眼窩床を貫通し，典型的に6時方向で眼球に挿入することとなる（Mould and Billson, 2005）．後部水晶体嚢も通常貫通する（図13.20）．眼科徴候は歯科処置の数日以内に通常発展し，しかし時折数週間後に発展することもある．多くの症例は，続発

図13.19　上位輪部での猫のひっかき傷を通したぶどう膜組織の突出．前房内の線維と血液が見えることに注目

# 第13章 強膜，上強膜および輪部

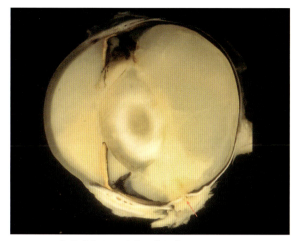

**図13.20** 歯科手術中に強膜と水晶体が貫通した猫の眼の眼球病理．貫通した外傷のこの形からなる特徴は明らかな強膜の入り口側面（矢印），炎症細胞の密集した浸透，前房と後房と硝子体に充填したタンパク質滲出物を含む．水晶体破裂は病理学的に確認されている（J Mould のご厚意による）．

性緑内障を引き起こすかもしれない．慢性ぶどう膜炎と眼内感染（眼内炎）のために眼球摘出術を必要とする．

### 瞼球癒着

瞼球癒着は眼球，眼瞼，瞬膜，結膜と他の眼球表面の癒着であり，ほとんどの場合で角膜との癒着である．犬では一般的ではないが，いくつかの小眼症眼では存在するかもしれない．または結膜や角膜上皮の損傷である化学的傷害の結果生じるかもしれない．瞼球癒着は猫でより一般的で，それは通常猫ヘルペスウイルス1型感染の結果である（第11章と第12章も参照）．輪部幹細胞の欠損はこの疾患の外科的管理をとても誘発的にし，紹介が勧められる．

### 腫瘍

猫では，輪部眼球上（強膜棚）黒色腫は生じ得る（図13.21）が犬よりはより一般的ではない．それらは通常よい限局性で，良性，緩やかな成長である．外科的切除に続く転移は報告されているが（Betton et al., 1999），通常一般的ではない．系統だった管理が勧められる．もし腫瘍が大きさの増加を続けるなら，β 線での治療，凍結療法やダイオードレーザー光凝固に続く切除生検が適応される．この領域における最も一般的な続発性腫瘍はリンパ肉腫である．

**図13.21** 輪部（強膜棚）黒色腫に罹患した猫の眼の眼球病理．色素性腫瘍の外側への拡大と虹彩面と隅角内での拡大に注目（J Mould のご厚意による）

## 参考文献および参考図書

Barnes LD, Pearce JW, Berent LM et al. (2010) Surgical management of orbital nodular granulomatous episcleritis in a dog. *Veterinary Ophthalmology* **13**, 251–258

Betton A, Healy LN, English RV et al. (1999) Atypical limbal melanoma in a cat. *Journal of Veterinary Internal Medicine* **13**, 379–381

Breaux CB, Sandmeyer LS and Grahn BH (2007) Immunohistochemical investigation of canine episcleritis. *Veterinary Ophthalmology* **10**, 168–172

Day MJ, Mould JRB and Carter WJ (2008) An immunohistochemical investigation of canine idiopathic granulomatous scleritis. *Veterinary Ophthalmology* **11**, 11–17

Donaldson D, Sansom J and Adams V (2006) Canine limbal melanoma: 30 cases (1992–2004). Part 2: Treatment with lamellar resection and adjunctive strontium-90 beta plesiotherapy – efficacy and morbidity. *Veterinary Ophthalmology* **9**, 179–185

Donaldson D, Sansom J, Murphy S et al. (2006) Multiple limbal haemangiosarcomas in a Border Collie dog: management by lamellar keratectomy/sclerectomy and strontium-90 beta plesiotherapy. *Journal of Small Animal Practice* **47**, 545–549

Donaldson D, Sansom J, Scase T et al. (2006) Canine limbal melanoma: 30 cases (1992–2004). Part 1: Signalment, clinical and histological features and pedigree analysis. *Veterinary Ophthalmology* **9**, 115–119

Dubielzig RR, Ketring KL, McLellan GJ and Albert DM (2010) *Veterinary Ocular Pathology: A Comparative Review.* Saunders Elsevier, Oxford

Featherstone HJ, Renwick P, Heinrich CL et al. (2009) Efficacy of lamellar resection, cryotherapy and adjunctive grafting for the treatment of canine limbal melanoma. *Veterinary Ophthalmology* **12** (Supplement 1), 65–72

Grahn BH and Sandmeyer LS (2008) Canine episcleritis, nodular episclerokeratitis, scleritis and necrotic scleritis. *Veterinary Clinics of North America: Small Animal Practice* **30**, 1135–1149

Kanai K, Kanemaki N, Matsuo S et al. (2006) Excision of a feline limbal melanoma and the use of nictitans cartilage to repair the resulting corneoscleral defect. *Veterinary Ophthalmology* **9**, 255–258

Komnenou AA, Mylonakis ME, Kouti V et al. (2007) Ocular manifestations of natural canine monocytic ehrlichiosis (*Ehrlichia canis*): a retrospective study of 90 cases. *Veterinary Ophthalmology* **10**, 137–142

Mould JM and Billson FM (2005) Ocular penetration associated with dental extraction in the cat: 6 eyes. *Proceedings of the Winter Meeting of the British Association of Veterinary Ophthalmologists*

Peña MT, Naranjo C, Klauss G et al. (2008) Histopathological features of ocular leishmaniosis in the dog. *Journal of Comparative Pathology* **138**, 32–39

Petersen-Jones SM, Forcier J and Mentzer AL (2007) Ocular melanosis in the Cairn Terrier: clinical description and investigation of mode of inheritance. *Veterinary Ophthalmology* **10** (Supplement 1), 63–69

Petersen-Jones SM, Mentzer AL, Dubielzig RR et al. (2008) Ocular melanosis in the Cairn Terrier: histopathological description of the condition, and immunohistological and ultrastructural characterization of the characteristic pigment-laden cells. *Veterinary Ophthalmology* **11**, 260–268

Plummer CE, Kallberg ME, Ollivier FJ et al. (2008) Use of a biosynthetic material to repair the surgical defect following excision of an epibulbar melanoma in a cat. *Veterinary Ophthalmology* **11**, 250–254

Rampazzo A, Eule C, Speier S *et al.* (2006) Scleral rupture in dogs, cats and horses. *Veterinary Ophthalmology* **9**, 149–155

Skorobohach BJ and Hendrix DVH (2003) Staphyloma in a cat. *Veterinary Ophthalmology* **6**, 93–97

Smith MM, Smith EM, La Croix N *et al.* (2003) Orbital penetration associated with tooth extraction. *Journal of Veterinary Dentistry* **20**, 8–17

Sullivan TC, Nasisse MP, Davidson MG *et al.* (1996) Photocoagulation of limbal melanomas on dogs and cat: 15 cases (1989–1993). *Journal of the American Veterinary Medical Association* **208**, 891–894

van de Sandt RR, Boeve MH, Stades FC *et al.* (2003) Abnormal ocular pigment deposition and glaucoma in the dog. *Veterinary Ophthalmology* **6**, 273–278

Ward DA, Latimer KS and Askren RM (1992) Squamous cell carcinoma of the corneoscleral limbus in a dog. *Journal of the American Veterinary Medical Association* **200**, 1503–1506

Zarfoss MK, Dubielzig RR, Eberhard ML *et al.* (2005) Canine ocular onchocerciasis in the United States: two new cases and a review of the literature. *Veterinary Ophthalmology* **8**, 51–57

# 14

# ぶどう膜

## Christine Watté and Simon Pot

ぶどう膜は解剖的に虹彩，毛様体，脈絡膜に細分される連続した組織からなる（図14.1）．ぶどう膜に影響する病理学的状態は眼科診療でよく遭遇する．この第14章では，正常変動から発育異常，年齢に関連した病態形成過程の異常まで幅広くぶどう膜疾患を取り扱う．解剖学，生理学，免疫機能は犬と猫の両方に当てはまる．その後，動物種の疾患を個別に記載している．この第14章では前部ぶどう膜（虹彩と毛様体）疾患に焦点を合わせる．脈絡膜疾患についても触れるが，より詳細な脈絡膜の異常については第18章で解説する．

## 解剖学と生理学

### 虹　彩

眼の正面から検査したとき，虹彩は周辺部の毛様体領域と中央部の瞳孔領域に分けられる．これらの両領域の接合部は虹彩捲縮輪（図14.2）と呼ばれ，瞳孔膜遺残（後述）があるときは虹彩捲縮輪から発生する．櫛状靱帯を構成する櫛状線維は，虹彩から生じ輪部近くの強膜に付着する（第15章に櫛状靱帯の解剖を詳細に解説しているので参照のこと）．横断面で見ると，虹彩の大部分を実質が占め，実質の前部表面で実質境界層になるが，むしろ上皮表面といってよい．瞳孔縁周囲の虹彩実質は括約筋を含み，括約筋をなしている平滑筋線維は円形（犬）や背側と腹側を交差するように縦形（猫）に配列して，種特異的な瞳孔形になる．実質後面は虹彩上皮が二層に配列し，二層の毛様体上皮に連続する．虹彩後面の上皮は色素が濃い．虹彩前面上皮は筋上皮であり，散大筋として働く．

虹彩への血管供給は，不完全な位置（3時と9時の方向）から虹彩に侵入する大虹彩動脈輪（図14.2参照）を形成する長後毛様体動脈と前毛様体動脈である．大虹彩動脈輪は瞳孔縁に向かって伸びる多数の放射線状の血管に分枝する．虹彩静脈は前方脈絡膜循環に流出する．虹彩の主要機能は，眼に入る光の量を調整することである．副交感神経支配の括約筋と交感神経支配の散大筋のバランスが，瞳孔の絞りを動的制御すること

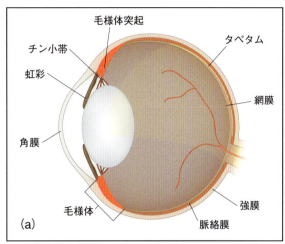

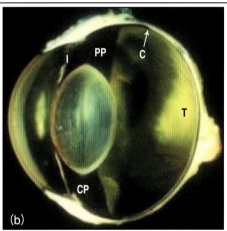

図14.1　（a）ぶどう膜を部位別に示したイラスト．（b）犬の眼のぶどう膜の位置と相対的比率を示す．
C＝脈絡膜，CP＝毛様体突起，I＝虹彩，PP＝毛様体扁平部，T＝タペタム（b，JR Mould氏のご厚意による）

によって行う．様々な病態と薬理化合物も瞳孔径と瞳孔の動きに影響を与える．第7章に瞳孔の薬理学的拡張に関する詳細な解説を行っている．瞳孔対光反射（PLR）の神経学的制御は第19章に記載している．

### 毛様体

虹彩は後方で毛様体に連続しており，毛様体は横断面で見るとほぼ三角形の構造をしている．毛様体の大

第14章　ぶどう膜

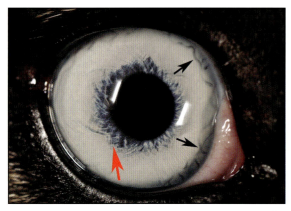

**図14.2** 正常な犬の青色虹彩の周辺部に大虹彩動脈輪（黒矢印）と，虹彩の瞳孔部分と毛様体部分の境界に虹彩捲縮輪（赤矢印）を認める．虹彩後面の色素上皮は，虹彩の薄い瞳孔部分を通して見えるため，毛様体部より暗く見える．

部分は平滑筋線維（副交感神経支配下），結合組織，血管と神経で構成されている．毛様体は櫛状靱帯の後方部に強膜と並列し，毛様体裂の中にあるぶどう膜小柱帯も含む．内側の硝子体面の毛様体は前方の多量のひだ状部分（毛様体突起）と，その後方の毛様体と網膜の接合部である毛様体網膜縁まで徐々に平坦化していく部分（毛様体扁平部）の二つに分けられる．線維小帯は毛様体突起の先端と窪み部分から生じ，近位の水晶体赤道に挿入して虹彩と瞳孔の裏側で水晶体を支持している．硝子体側の毛様体は内側が無色素上皮で，外側は色素上皮で覆われる．この2層は前方にある虹彩の2層から続き，後方の網膜と毛様体網膜縁の網膜色素上皮に連続する．

　毛様体の血管系は主に主幹動脈環から供給されており，前脈絡膜静脈を介して渦静脈に排出される．均衡のとれた眼房水の生成機能と排出機能により（第15章で詳細に解説している），毛様体は眼を成形する眼圧の維持と水晶体および角膜内側に栄養を与えている．毛様体は眼房水を生成する重要な役割を担っており，無色素上皮で拡散限外濾過，溶質の能動分泌を行っている．毛様体はぶどう膜小柱帯での眼房水の排出にも関与する．毛様体筋の収縮は，水晶体を前方に動かすことによって従来の眼房水排出の増加と調整を行い（犬と猫は限界がある），線維小帯と水晶体赤道部の張力の弛緩により水晶体曲率を増加する．

### 脈絡膜

　脈絡膜はぶどう膜の一部で，毛様体網膜縁から視神経乳頭まで伸長している．脈絡膜は豊富な血管組織で，強膜の外側に隣接し網膜色素上皮の内側に位置する．脈絡膜は五つの主要層から構成される（外側から内側）．すなわち脈絡上板，太い血管層と中程度の太さの血管層（タペタムに存在する血管層も含む），脈絡毛細血管板，そしてBruch膜である．脈絡膜の解剖については第8章で詳述する．脈絡膜は豊富な血管に富み，非常に急速な血流で外側網膜に最適な栄養と酸素を与える．短後毛様体動脈と長後毛様体動脈は前毛様体動脈と同様に毛様体に供給し，静脈排出路は渦静脈が行う．

### 血液-眼関門と眼の免疫特権

　血液-眼関門は網膜の栄養と眼内の水分組成を調整する働きをもつ．血液-眼関門は大まかに血液-房水関門と血液-網膜関門に分けられる．血液-房水関門（図14.3）は，毛様体無色素上皮と虹彩上皮からなるタイトジャンクションと虹彩の無有窓血管から構成される．このバリアは，眼の透明性を損ない，眼房水の浸透圧と生化学的均衡を乱す多くのサブスタンスが眼に侵入するのを制限する．毛様体の無色素上皮は毛様体突起を覆って広い表面積を有し，このバリアの主要な働きを担う．血液-網膜関門（図14.3）は，網膜色素上皮と網膜の血管に位置する．上皮内領域を閉鎖し網膜の微小環境を厳密に調整するタイトジャンクションである．血液-網膜関門の臨床的機能評価はフルオレセイン血管造影法だが，通常，コンパニオンアニマルの研究の際に用いられる（第1章を参照）．

　眼は免疫特権部位で重度の炎症と免疫から保護している．多数の局所的メカニズムと全身的メカニズムはこの状態に貢献している．要約すると，これらのメカニズムは免疫細胞の眼内への侵入を少なくし（血液-眼関門や直接的なリンパ排出機構の欠如など），局所的に免疫が抑制するように誘発し，眼内に侵入した抗原に対して全身性免疫反応を抑制する（Taylor, 2009）．これらの多数のメカニズムは眼の免疫特権部位によって引き起こされ，視覚維持と安定した眼内の微小環境の維持，眼内の制御できない炎症に続発する眼損傷を最小限にするのに役立つ．しかし，眼の免疫特権は絶対的なシステムではなく，個々のメカニズムは「機能停止」で破壊され，ぶどう膜炎の臨床徴候に繋がる炎症に移行することもある．

## 犬の疾患

　表14.1に犬のぶどう膜疾患の概要を述べる．

### 発育異常

#### 虹彩異色症

　虹彩の色はメラニンの含有量と分布によって決まる．虹彩異色症は記述用語で，必ずしも異常を示すわ

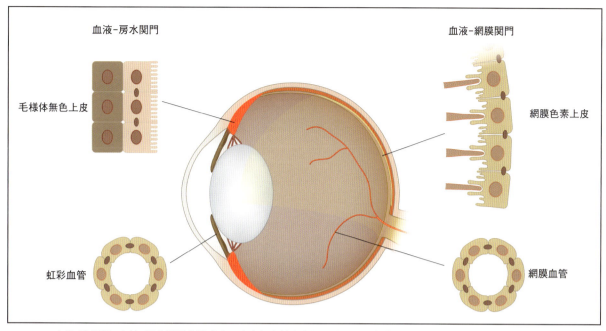

**図14.3** 血液-眼関門．血液-房水関門を構成する上皮と血管を左側に示し，血液-網膜関門の構成要素である上皮と血管を右側に示した．

**表14.1** 犬におけるぶどう膜疾患の鑑別診断

**発育異常**
- 虹彩異色症
- サブアルビノ症
- マール被毛種の眼発育不全
- 無虹彩，虹彩低形成もしくは欠損
- 瞳孔膜遺残／前眼部発育不全
- 虹彩毛様体囊胞

**後天性疾患**
- 虹彩萎縮
- 虹彩メラニン色素沈着症
- 虹彩毛様体囊胞
- ぶどう膜炎（表 14.5 および 14.6 を参照）
- 眼内出血
- 眼メラニン色素沈着症
- 腫瘍

**図14.4** 片眼が青色虹彩で反対眼が茶色虹彩のボストンテリア．青色の眼は脈絡膜と網膜色素上皮の色素が欠如しているため，眼底反射が赤い．さらに青色の眼はタペタムも欠損している．

けではない．眼の全体的な虹彩異色症は，片眼の虹彩の色が反対側眼の虹彩の色と異なる（図 14.4）．部分的または扇状の虹彩異色症は，虹彩の一部分だけが異なった色である．先天性虹彩異色症は犬では一般的にみられ，ぶどう膜炎や腫瘍など虹彩の色が変化する後天的原因と鑑別しなければならない（後述）．虹彩異色症は単に虹彩の色が薄い場合や，マール遺伝子やまだらな被毛色（piebard）（ダルメシアンなど）遺伝子のような色の希釈遺伝子に関連している場合もある．

### サブアルビノ症

サブアルビノ症は眼の色素沈着の希薄化をいい，色を薄める遺伝子に関連している正常変異として，多く

の犬種で一般的にみられる．虹彩実質のメラニンが欠如しているが後部の虹彩上皮に色素がある場合，青色虹彩が出現する．サブアルビノ症は虹彩低形成，虹彩欠損，瞳孔偏位（瞳孔が中央から位置がずれる），脈絡膜低形成，タペタムの低形成や欠損と関連している可能性もある．サブアルビノ症の眼底検査所見は第 18 章で詳述する．真の意味の白皮症は，虹彩実質も虹彩上皮も完全に色素が欠如し，虹彩の血管系が虹彩を赤みを帯びた色にする．白皮症は犬や猫では報告されていない．

### マール被毛種の眼発育不全

多発性の眼発育不全は，マール遺伝子を保有する品種（オーストラリアン・シェパード，シェットランド・シープドッグ，グレード・デーン，オールド・イング

第14章　ぶどう膜

リッシュ・シープドッグ，ラフ・コリー，スムース・コリーなど）に生じる可能性がある．優勢遺伝子の二つの複製を保有する動物は，白色被毛部分が多く，最も重篤な眼異常を生じる．オーストラリアン・シェパードで特に多く報告されている．ぶどう膜の異常は，虹彩異色症，虹彩低形成，瞳孔膜遺残，瞳孔偏位，瞳孔異常（瞳孔形の異常），虹彩上皮の隆起，虹彩欠損，脈絡膜の欠損や低形成，赤道部のぶどう腫（強膜の欠損部からぶどう膜組織の突出）などである．ぶどう膜異常以外の関連疾患は，小眼球症，白内障，強膜拡張症（強膜が薄くて外側に拡張する），網膜形成異常，網膜剥離などがある．眼異常はいずれかの色の眼に生じる．眼に異常がなくても，程度に差はあれ難聴などを呈することもある．

### 無虹彩と虹彩低形成または欠損

　これらの疾患は程度の差はあっても不完全な虹彩発達をもたらす．虹彩発達が完全に欠如した真の無虹彩は，犬において非常に稀な疾患である．多くの場合，未発達な虹彩基部が残存する．虹彩低形成は多く発生し，徹照法を行うと先天的に薄い虹彩が浮かび上がる．虹彩低形成は青色眼でより頻繁にみられる（青色眼限定ではない）．欠損は虹彩の扇状欠損である．欠損は虹彩に単独のＶ字型の切れこみ，実質発達の局所的欠損，全層部欠損によって生じる偽多瞳孔（瞳孔がさらにもう一つ（多数）存在するが，括約筋は存在しない）などがある（図14.5）．典型的な欠損は6時の位置に生じ，胎生期の眼胚裂の不完全閉鎖によるものである．非定型欠損は他の部位にも生じる．欠損は毛様体にも生じることがある．そのような症例では，毛様体の一部分が未発達になる為に毛様体突起と小帯線維が扇状に欠損し，隣接した水晶体周辺がいびつな形となって，しばしば間違って「水晶体欠損」と紹介されることがある（第16章を参照）．

### 前眼部異常

　瞳孔膜遺残（PPM：Persistent pupillary membranes），ピーターズ異常，前眼部発育不全は，重症度を増加させる発育上の前眼部異常である．

**瞳孔膜遺残**：瞳孔膜遺残は水晶体血管膜と瞳孔膜の遺残物で，これらは胎生期に水晶体と前眼部に栄養を供給している．これらの血管構造は子宮内で退行し始め，通常は生後6週齢で消退する．しかし，動物によってはこれらの血管遺残は6週齢以上経っても残り，数カ月後あるいは生涯にわたって退行し続ける．PPMはバセンジー種で劣性遺伝だが，他の多くの犬種でも発症し遺伝すると推定されている．軽症の罹患犬だとしても，子孫はもっと重度に罹患している可能性があるので，繁殖についてアドバイスすべきである．

　PPMは様々なタイプがある．軽度のPPMは，眼科検査時に水晶体前部の中央部に点状の色素沈着として比較的よく認められる．この色素沈着は罹患眼の正常な虹彩表面と同色である（図14.6）．典型的なPPMは虹彩表面から橋を架けたように伸びる紐状の遺残物で，虹彩捲縮筋から出ており，隣接した正常虹彩と同色である．この血管遺残は2本またはそれ以上の本数が虹彩の一部と繋がる（虹彩から虹彩PPM，図14.7）．虹彩から水晶体にかかる（虹彩から水晶体PPM），虹彩から角膜にかかる（虹彩から角膜PPM，図14.8）．

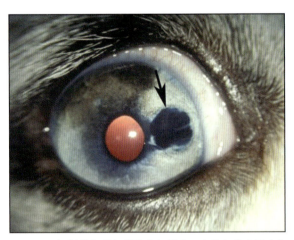

図14.5　虹彩異色症と部分的に厚みのある欠損を呈する（矢印）．虹彩実質は全体的に希薄化または一部欠損し，暗色の虹彩色素上皮が直接可視できる．赤い眼底反射が認められ，眼底の色素沈着とタペタムの発達の両方もしくはどちらかが欠如か不足していることがわかる（BM Spiess氏のご厚意による）．

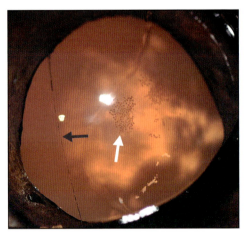

図14.6　犬の水晶体前部にある瞳孔膜遺残．中央部に淡茶色の点状色素が認められる（白矢印）．これらの点状色素は正常な犬の眼で比較的よく見つかる偶発所見だが，この眼で虹彩から虹彩のPPM遺残（黒矢印）と核および皮質白内障も認められた．

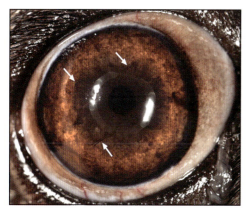

図14.7 犬の虹彩から虹彩の瞳孔膜遺残（矢印）．これらの紐状物は虹彩捲縮輪に由来しており，瞳孔縁由来ではない．細隙灯を用いた検査で由来組織と虹彩表面からPPMが隆起していることを確定する．

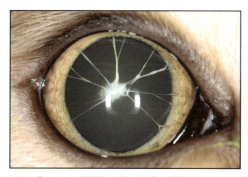

図14.8 ピーターズ異常の猫．虹彩の紐状物はすべて虹彩捲縮輪由来で，正常な虹彩表面は黄色から淡茶色である．虹彩の紐状物は角膜中央部に接着し，実質後部，デスメ膜，内皮が欠損している（the University of Wisconsin-Medison Comparative Ophthalmology Service のご厚意による）．

図14.9 虹彩捲縮輪由来の自由に浮遊しているPPM

から角膜のPPM，虹彩から水晶体のPPMは，局所的な角膜混濁（浮腫，線維症）や水晶体混濁（白内障）の原因になる．PPMの数や大きさ，角膜や水晶体接触部位によって視覚にも影響する．

　胎生期の瞳孔膜が最小限の萎縮もしくは希薄化しかされない場合，それは虹彩様組織の薄板として虹彩捲縮輪と結合し，瞳孔開口部を覆うこととなる．視覚への影響は瞳孔膜の密度と完全性によるが，多くの場合重篤である．角膜浮腫の内科療法と，完全な瞳孔膜や進行性白内障がある場合は，専門医による外科療法が望ましい．

ピーターズ異常：虹彩から角膜のPPMと角膜実質後部，デスメ膜と内皮の欠損が同時に存在したら，ピーターズ異常と診断できる（図14.8 参照）．角膜実質前部の大部分は角膜浮腫を呈するが，角膜内皮などそれ以外は正常である．虹彩発育不全と前部皮質白内障も観察されることがある．

前眼部発育不全：前眼部のより重篤な発生奇形をいうときに用いられ，多くの場合，小眼球に関連する．犬も猫も罹患する．様々な前眼部構造物の不完全分割は，角膜に付着した虹彩組織の大きな層板，扁平な前眼房，角膜と水晶体の接着，水晶体の先天性疾患，白内障と緑内障などであり，角膜異常，虹彩異常，水晶体異常，排水隅角異常の原因になる．

鑑別診断：虹彩から角膜のPPMやピーターズ異常，前眼部発育不全の重症例において，過去の外傷歴や眼球破裂のその他の原因を差異検討すべきである．もし，過去に眼球の穿孔や破裂があったことを裏づけるヒストリーや徴候があるなら，これらの病因を強く疑う．

　慢性的または以前に罹患したぶどう膜炎による虹彩後癒着は，虹彩から水晶体のPPMと鑑別する．虹彩後癒着に関連した水晶体前部の色素遺残（虹彩遺残物）は，水晶体前部の瞳孔膜遺残と最も重要な鑑別診断である．虹彩から角膜のPPMとピーターズ異常は，虹彩前癒着との鑑別が必要である．

　これらの病変を特定し，位置や色に基づいて鑑別することができる．

- 虹彩後癒着は最初，虹彩と水晶体間の線維素性癒着により形成されるので，瞳孔縁もしくは後部虹彩表面由来であり，虹彩の前部表面由来では決してない．
- 水晶体前部の虹彩後癒着と「虹彩遺残物」は黒色であり（虹彩前部実質の色ではない），虹彩後部の色素上皮由来によるものである．（図14.10）．原因と癒着形成時の瞳孔の大きさによるが，水晶体前部のいかなる部位にも生じる．

遺残した瞳孔膜の終末が前眼房で浮遊している（図14.9）．

　自由に浮遊しているタイプのPPMと虹彩から虹彩タイプのPPMは，いかなる問題の原因にならず治療は必要ない．角膜内皮が牽引されることに起因して，局所的な内皮欠損／形成不全，水晶体色素沈着，虹彩

第14章　ぶどう膜

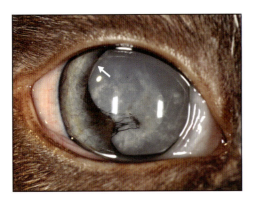

図14.10　慢性ぶどう膜炎の罹患犬に虹彩後癒着がみられた．虹彩後癒着は黒色で瞳孔縁由来であることがわかる．慢性ぶどう膜炎により成熟白内障と水晶体の亜脱臼も生じた．

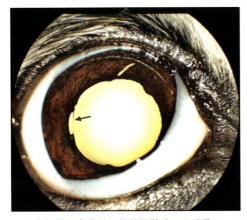

図14.11　老齢性虹彩萎縮．比較的散瞳した瞳孔，でこぼこした瞳孔縁と萎縮した虹彩の紐状物（矢印）が認められる．かすみがかった眼底反射は水晶体の核硬化症によるものである．

- 虹彩前癒着の典型的な原因は，穿孔性の角膜外傷と裂傷部の虹彩嵌頓で，そのため瞳孔縁が角膜全層の瘢痕に向かって癒着する．
- 虹彩前癒着周辺部の前眼房は浅くなり，周辺の虹彩表面とその上を覆う比較的正常な角膜が接着する．

### 後天性疾患

#### 虹彩萎縮

　虹彩萎縮は比較的頻繁に犬で生じ，加齢性変化が最も多い（老齢性虹彩萎縮，図14.11）．臨床的には，瞳孔はでこぼこの形で拡張しPLRは低下して，時折羞明を引き起こす．虹彩の薄い部分は徹照法を用いるとより観察しやすく，進行すると虹彩の全層に穴ができる．虹彩萎縮病変は虹彩低形成や欠損と鑑別しなければならず，これらは先天性である．虹彩萎縮は外傷，慢性ぶどう膜炎や慢性緑内障の後に生じることもある．

#### 虹彩メラニン色素沈着症

　虹彩メラニン色素沈着症は，虹彩色素異常に焦点を当てた記述用語であり（図14.12），メラニン含有量の増加によるものか，メラニン細胞数の増加によるものかどちらかである．過剰色素領域は平坦で隣接組織と比べても隆起しておらず，進行しない，あるいは進行しても非常に緩徐である．虹彩メラニン色素沈着症は臨床的に問題ない．しかし，虹彩メラニン色素沈着症と重篤な疾患であるぶどう膜黒色腫の鑑別を行い，眼メラニン色素沈着症が引き起こす緑内障に注意すべきである（後述参照）．

#### 虹彩毛様体囊胞

　虹彩毛様体囊胞は虹彩後部の上皮と毛様体上皮由来で，由来組織によって色素は様々である．ぶどう膜炎が発症していない眼では，瞳孔縁に内張りするような小さな暗色囊胞が観察されることもある．虹彩のびまん性色素過剰が慢性炎症によってしばしば併発する．

　より典型例では，様々な大きさと色素沈着の大型囊胞が観察される．これらの囊胞は後部虹彩表面や毛様体に付着するか，前眼房内を自由に浮遊しており（図14.13），稀に硝子体内に認められる．付着した囊胞が十分に大きい場合は，瞳孔周辺部から特に散瞳したと

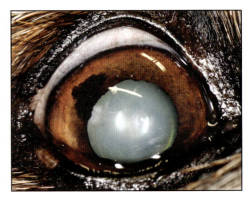

図14.12　中齢犬の虹彩メラニン色素沈着症．でこぼこした瞳孔縁は虹彩萎縮が併発していることがわかる．水晶体の核硬化症と前部皮質初発白内障は関連していない．

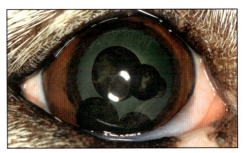

図14.13　犬の前眼房内を自由に浮遊し，不均一に色素沈着した虹彩毛様体囊胞．これらの囊胞は強い光線を当てると透け，囊胞を通してタペタムの反射が観察できる．

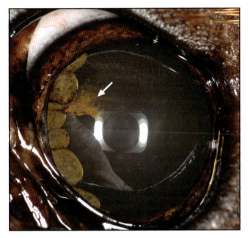

図14.14 3歳齢のゴールデン・レトリーバー避妊雌の瞳孔を散瞳すると，強い光線に透ける多発性の虹彩毛様体嚢胞が観察できた．一つあるいは数個のしぼんだ嚢胞残部が水晶体前部の色素物遺残物として見える（矢印）（the University of Wisconsin-Medison Comparative Ophthalmology Service のご厚意による）．

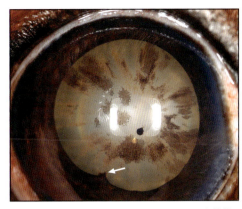

図14.15 11歳齢のゴールデン・レトリーバー去勢雄の水晶体前部に放射状方向の色素沈着がみられた．外側下方に虹彩後癒着が認められる（矢印）．この外観はゴールデン・レトリーバーの「色素性ぶどう膜炎」と一致した（the University of Wisconsin-Medison Comparative Ophthalmology Service のご厚意による）．

きに観察される（図14.14）．小型もしくはより辺縁部に付着した嚢胞は，不可能ではないにしても，特に散瞳していない瞳孔で直接観察するのは難しい．大型もしくは多数の嚢胞が瞳孔や虹彩角膜隅角で観察されると問題になることがある．付着したままの大型嚢胞は虹彩を前方に押して虹彩角膜隅角が狭くなることで，後眼房に影響を与える．この嚢胞の存在は超音波で確認できる．理想的には高周波（20 MHz 以上）プローブがこの検査に適している（第2章を参照）．

しぼんだ嚢胞は水晶体や角膜，隅角の排水構造物に付着し，混濁や房水排出障害の原因になる．タンパク性嚢胞や出血性嚢胞の内容物も房水排出障害の一因となり，特にすでに隅角障害を呈している動物は障害を受けやすい．

**緑内障との関連性**：ゴールデン・レトリーバーとグレート・デーンにおいて，緑内障を併発した多発性で壁の薄い虹彩毛様体嚢胞が報告されており，遺伝性疾患と推測されている．罹患したゴールデン・レトリーバーの多くが中年齢から老齢であった．グレート・デーンでこの疾患が慢性化することは比較的稀である．しかし，特に米国では，ゴールデン・レトリーバーに壁の薄い虹彩毛様体嚢胞が頻発している（図14.14参照）．通常，嚢胞の大きさと数はゆっくりと増え，犬の生存中に緑内障が引き起こされる可能性がある．この品種における続発性緑内障の実際の発生率は未確定のままである．

前眼房中の色素細胞の拡散と水晶体前部への放射状色素沈着（図14.15）は，おそらく瞳孔が動くときに水晶体前部に虹彩嚢胞の後面が摩擦されることが原因と考えられ，この疾患の典型的な臨床所見である．嚢胞の自然破裂は前眼房内にタンパク性内容物を放出し，臨床的に前房フレアとして認められる．疾患後期では，ぶどう膜炎，虹彩後癒着，膨隆虹彩や緑内障などを示唆する臨床症状もみられ，それに応じて治療する必要がある．罹患したゴールデン・レトリーバーの色素性ぶどう膜炎と緑内障の発症リスクを予測することは難しい．

**鑑別診断**：虹彩毛様体腫瘍が虹彩毛様体嚢胞の主な鑑別診断である．黒色腫は特に嚢胞と類似している．しかし，嚢胞はほとんどの場合強い光源を当てると透け，タペタムからの光の反射を用いた反輝光線法が診断の助けとなる（図14.14参照）．さらに，嚢胞は綺麗な円形または楕円形である．超音波検査は，内部が空洞の嚢胞と内容物が充実した軟部組織腫瘍とを鑑別する助けとなる．

**治療**：選択肢はレーザー治療，穿刺吸引細胞診または前眼房から嚢胞と嚢胞内容物の洗浄または吸引がある．これらの手順は，水晶体損傷や眼内出血などの重篤な副作用を回避するために，適切な顕微鏡手術の専門知識が要求される．該当する罹患動物は専門医に紹介するのが最善である．

## ぶどう膜炎

ぶどう膜炎はぶどう膜のあらゆる部分の炎症である．理論上は，炎症は虹彩（虹彩炎），毛様体（毛様体炎），毛様体扁平部（毛様体扁平部炎）や脈絡膜（脈絡膜炎）に限局する．しかし，他の眼内構造物と解剖学的に連続しているため，前部ぶどう膜炎（または虹彩毛様体炎）と後部ぶどう膜炎（または脈絡網膜炎）の用語が

## 第14章　ぶどう膜

より一般的に使用されている．この細分は実用目的も果たし，潜在的な病因のリストを絞り込むことができ，治療に関して重要な意味合いをもつ．

前眼房と後眼房，硝子体腔と網膜が同時に炎症に関与する場合は，眼内炎という用語が使用される．しかし，重篤な前部ぶどう膜炎や後部ぶどう膜炎の動物において，これ以外の他の部位がある程度関与するのは避けられないことである．実際には眼内炎という用語は，制御できずに激しい疼痛を伴う眼内炎症を有する動物に用いられ，しばしば感染由来が推測される．全眼球炎という用語は，炎症が全眼内構造物と強膜に及ぶときに使用される．全眼球炎が眼窩蜂窩織炎と関与していることもよくある．次の項では前部ぶどう膜炎を重点的に解説するが，第18章と第20章も併せて読むべきである．

**臨床徴候**：炎症の特徴をもつ多種多様な臨床徴候（発赤，腫脹，疼痛，発熱と機能障害）は，ぶどう膜炎を呈した眼でみられる．これらの徴候は，血流量の増加，血管透過性の亢進，炎症部への炎症細胞の流入の基礎的病理生理学的事象が原因となる．ぶどう膜炎に伴う徴候は，炎症の範囲と程度，誘因，品種，慢性化により様々である．臨床徴候は特異性と非特異性（表14.2），続発性（表14.3）に分類される．

- ぶどう膜炎の急性期では，炎症部位の血管拡張と血流量の増加により，結膜，上強膜，輪部周辺（毛様体充血）と虹彩の血管がうっ血および充血する．
- 血管透過性の亢進は血液-房水関門を破綻させ，滲出液の溢出，結膜腫脹（結膜浮腫），角膜輪部の浮腫，虹彩腫脹（図14.16），肉芽腫性虹彩変化や虹彩結節（図14.17）を生じる．滲出液は漿液性（タンパク

**表14.2　犬のぶどう膜炎の臨床徴候**

| 臨床徴候 | 反応のタイプ |
| --- | --- |
| 眼瞼痙攣 | 一般的 |
| 流涙症 | 一般的 |
| 羞明 | 特異的 |
| 結膜充血と上強膜充血 | 一般的 |
| 毛様充血（輪部周辺の発赤） | 一般的 |
| 結膜浮腫 | 一般的 |
| 房水フレア | 特異的 |
| 前房内細胞 | 特異的 |
| 角膜後面沈着物 | 特異的 |
| 角膜浮腫 | 一般的 |
| 前房出血[a] | 特異的 |
| 前房内フィブリン | 特異的 |
| 前房蓄膿 | 特異的 |
| 虹彩腫脹 | 特異的 |
| 虹彩ルベオーシス（虹彩血管新生） | 特異的 |
| 虹彩結節[b] | 特異的 |
| びまん性色素沈着過剰 | 特異的 |
| 縮瞳[c] | 特異的 |
| 眼圧低下 | 特異的 |
| 硝子体混濁（細胞，タンパク質，血液） | 特異的 |
| 疼痛 | 一般的 |
| 視覚の低下 | 一般的 |

[a] 前房出血は通常ぶどう膜炎に付随して生じる．しかし，血液凝固異常/血小板疾患と全身性高血圧症も鑑別診断リストに含まれる．[b] 虹彩の厚みのある結節は様々な腫瘍性疾患に生じる．しかし，リンパ球形質細胞性結節と肉芽腫性結節は一般的には腫瘍性腫瘍と鑑別される．[c] 縮瞳はホルネル症候群でもみられる（第19章を参照）．

**表14.3　犬のぶどう膜炎の続発症**

- 持続性角膜浮腫
- 水疱性角膜症
- 虹彩後癒着
- 瞳孔異常
- 瞳孔の制限された動き
- 周辺虹彩前癒着
- 水晶体前部の色素沈着
- 前虹彩線維性血管膜
- ぶどう膜外反
- 膨隆虹彩
- 瞳孔閉鎖
- 緑内障
- 虹彩萎縮
- 虹彩嚢胞形成
- 白内障形成
- 水晶体脱臼
- 硝子体変性
- 網膜剥離
- 眼球癆
- 失明

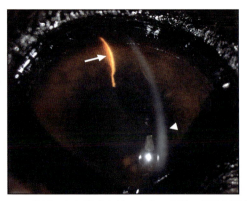

**図14.16**　前部ぶどう膜炎を呈した犬の左眼の細隙灯画像．この画像はスリット光が右側から左側に向かって投影しており，フォーカスは虹彩の上にある．虹彩の毛様体領域の腫脹はスリット光が隆起しているため，明瞭に観察できる（矢印）．角膜には焦点が合っていない（矢頭）（the University of Wisconsin-Medison Comparative Ophthalmology Service のご厚意による）．

第 14 章　ぶどう膜

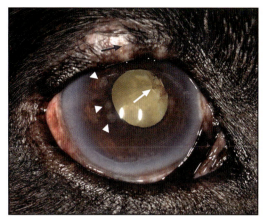

図14.17　4歳齢の雑種犬雄にみられた肉芽腫性ぶどう膜炎．炎症性結節が虹彩に存在する（矢頭）．上眼瞼の肉芽腫性病変（黒矢印），結膜充血，輪部周辺の角膜浮腫，角膜の血管新生，内側上部の虹彩後癒着と水晶体前部の色素沈着（白矢印）を認める．この犬はリーシュマニア症と診断された．

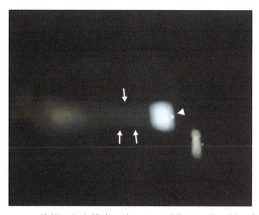

図14.18　前部ぶどう膜炎の犬．この画像は，狭い幅に光を凝集させて右側から左側に向かって投影し，前眼房内の房水フレアに焦点を当てている．前眼房内にびまん性に光が散乱し，光線の末端部が最もよく観察できる（矢印）．この光が連続して見える光の帯は霧の中の車のヘッドライトの外観と似ている．角膜には焦点が合っていない（矢頭）．この画像は完全な暗室で撮影した（the University of Wisconsin-Madison Comparative Ophthalmology Service のご厚意による）．

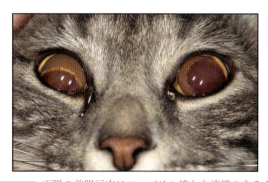

図14.19　両眼の前眼房内にフィブリン塊と血液塊のある10カ月齢のヨーロピアン・ショートヘア．特定の病因は特定されず，この猫は特発性ぶどう膜炎と診断された．

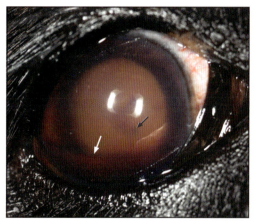

図14.20　12歳齢のラブラドール雑種犬去勢雄の前房出血．腹側前眼房内の赤血球の沈殿は水平境界線としてはっきりと現れる（白矢印）．水平境界線以外の前眼房の残りの部分は，細胞とタンパク質含有物が強い光の散乱や反射を引き起こし，虹彩と水晶体の詳細な観察と眼底検査は不可能である．水晶体前部や角膜内皮への血液沈着もよく見える（黒矢印）．この犬は両眼とも罹患し，リンパ腫と診断された（the University of Wisconsin-Medison Comparative Ophthalmology Service のご厚意による）．

性），線維素性，血液性，膿性の四つのタイプがある．これらの滲出液は眼内で房水フレアや硝子体フレア（図14.18），線維塊（図14.19），前房出血（図14.20），眼房水や硝子体内の血液塊や細胞（図14.21），前房蓄膿（図14.22）として直接観察できる．眼房水のタンパク質は前眼房に光を当てると散乱し，びまん性混濁または「フレア」として観察される．フレアの強度は眼房水中のタンパク濃度と直接相関し，多くの眼科専門医は0～4までのスコアで等級分類する（0＝フレア無し，4＝フレアは濃厚で接近しないと水晶体は観察できない）．眼科専門医によっては，前眼房内の細胞数を0～4までのスコアで等級分類する（0＝細胞なし，4＝細隙灯の十分なスリット光で100個以上）（図14.21a；Hogan et al., 1959）．細胞が前眼房の下方に沈殿するため，水平境界線として見える．赤血球が眼内で水平境界線を形成すれば前房出血となる．白血球が原因の場合はこれを前房蓄膿と呼ぶ．角膜後面沈着物（KPs：Keratic precipitates）は角膜の内皮に炎症細胞が沈着する．これらは主に角膜の下側に白色から黄色の点状物微粒子として認められる．角膜内皮の沈着物を確認するために，細隙灯を用いた検査は必要である（図14.23a）．反輝光線法では，KPsは暗色で灰褐色である（図14.23b；第1章を参照）．

- 疼痛は，炎症からの直接的なものか，毛様体筋痙攣によるものかのいずれかである．痛みの徴候は眼瞼痙攣，流涙，羞明などである．
- 縮瞳は，プロスタグランジンやその他の炎症メディエーターによって虹彩括約筋が刺激されて生じる．片眼性のぶどう膜炎の縮瞳は，瞳孔が左右で不均衡な大きさである（瞳孔不同）．これは薄暗い明かりが

279

第14章 ぶどう膜

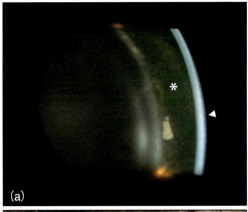

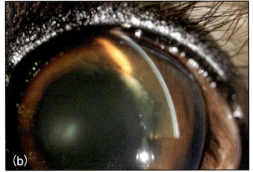

図14.21 (a)ぶどう膜炎を呈した7歳齢のアイリッシュ・ソフトコーテッド・ウィートン・テリア去勢雄の細隙灯画像．この画像はスリット光を右側から左側に向かって投影し，焦点は前眼房の細胞とフレアに当てている（★）．前眼房内に血球物（細胞）が認められ，光線の中を浮遊するダスト粒子に似ている．びまん性の光の散乱もみられる（フレア）．角膜には焦点が合っていない（矢頭）．この画像は完全な暗室で撮影した．(b)室内灯下でわずかに拡大した画像．グレード分類はいうまでもなく，前眼房のフレアと細胞を確認することがどれほど難しいかがわかる．

図14.22 6歳齢のラット・テリア避妊雌の両眼性前房蓄膿．水平境界線を認める．両眼の虹彩細部が見えないことからわかるように，細胞とタンパク質含有物のせいで前眼房の他の部分にも混濁が生じている．わずかな量の血液も前眼房の内側下側に見える．この犬はリンパ腫と診断された（the University of Wisconsin-Medison Comparative Ophthalmology Service のご厚意による）．

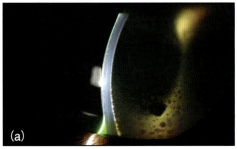

図14.23 (a)前部ぶどう膜炎を呈した室内猫の細隙灯画像．この画像はスリット光を左側から右側に向かって投影し，焦点は角膜に当てている．直接照明下のスリット光で，角膜後面沈着物（KPs）が白色沈着物として角膜内皮の下側に見える．反輝光線法を用いると（スリット光の右側に），KPs は灰褐色である．この猫は猫免疫不全ウイルス（FIV）陽性であった．(b)拡散照明を用いた角膜下部のKPs．直接照明を用いると（瞳孔を背景）KPsは黄色-黄褐色である．反輝光線法を用いると（虹彩を背景）KPsは灰褐色である（the University of Wisconsin-Medison Comparative Ophthalmology Service のご厚意による）．

灯っている部屋で，遠隔直接検眼法を用いればより容易に観察することができる（第1章を参照）．薬剤を用いての散瞳（1%トロピカミドなど）は，ぶどう膜炎の眼では遅い．

- 眼圧の低下は，毛様体上皮の機能障害とぶどう膜強膜路（プロスタグランジン介在性）の増加によって起こる．慢性的な低眼圧症は眼球の縮小を引き起こす（眼球癆）．
- 慢性ぶどう膜炎は，虹彩のびまん性色素過剰，虹彩萎縮や虹彩囊胞の原因になり得る．
- 線維形成成長因子と血管新生促進成長因子の放出は，線維症と血管新生を引き起こし，いくつかの結果が生じる．
    - 虹彩後癒着は，虹彩の線維素が線維性癒着に変わって水晶体に癒着して生じる．線維素は瞳孔縁や虹彩後部表面由来である（図14.10参照）．瞳孔の動きでちぎれると，水晶体前部に色素沈着が残る．虹彩後癒着は水晶体前部のどの部位にも生じ，瞳孔異常や瞳孔不同の原因になる．瞳孔の動きも抑制される．広範囲の虹彩後癒着は瞳孔を塞ぎ（瞳孔隔離），罹患動物は失明する．瞳孔を通る眼房水の流れも塞がれて眼房水が後眼房に溜まるので，虹彩が前方に膨らみ（膨隆虹彩，図14.24），続発性緑内障を引き起こす（第15章を参照）．
    - 前虹彩線維血管膜（PIFVM；Pre-iridal fibrovascular membrane）は，虹彩前部表面を覆う新生血管膜である（図14.25）．前虹彩線維血管

第14章 ぶどう膜

**図14.24** 瞳孔閉鎖と膨隆虹彩を呈した慢性ぶどう膜炎の8歳齢のドメスティック・ショートヘアー去勢雄．(a)正面画像(b)側面画像

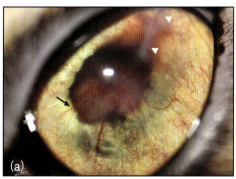
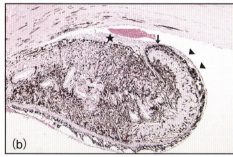

**図14.25** (a)前虹彩線維血管膜(PIFVM)が虹彩前部表面(虹彩ルベオーシス)と水晶体前部表面を覆った慢性ぶどう膜炎の4歳齢のヨーロピアン・ショートヘア避妊猫．過去の角膜穿孔が原因だった．不規則で部分的な円周に走行する血管と，虹彩表面から水晶体前部に横断する血管を認める(矢印)．穿孔傷は治癒し角膜は瘢痕化した(矢頭)．(b)犬の虹彩と角膜の病理組織横断面で，最も密集したPIFVM(★と矢頭)は虹彩の前部表面を覆い，ぶどう膜外反(矢印)の原因になっている．眼の外傷歴があった(Dr. RR Dubielzig, Comparative Ophthalmic Pathdogy Laboratory of Wisconsinのご厚意による)．

膜と放射状に伸びた虹彩血管の充血を混合してはならない．PIFVMの典型的な血管走行は非常に不規則な走行で水晶体前部も覆い，視力障害や，多くは虹彩角膜隅角を覆って眼房水流出の閉塞を引き起こし続発性緑内障となる．PIFVMは臨床的には「虹彩ルベオーシス」といわれ，自然経過の慢性ぶどう膜炎で実証されており，予後不良の指標となる．PIFVMの縮小は瞳孔縁が広がった外観(ぶどう膜外反)になる可能性があり，PIFVMの存在を指し示すので注意する．
— 角膜の血管新生は，慢性ぶどう膜炎のよるものといわれている．
● 角膜内皮代償不全と持続性角膜浮腫は前眼房内の滲出液によって生じ，特に密度の濃いKPsと前房蓄膿は内皮機能を妨害する．極端な症例では水疱性角膜症がみられる．読者にはさらに詳述している第12章を勧める．
● 白内障は眼房水の生成率と排出率の変化に起因する．慢性炎症による水晶体小帯の脆弱化は，水晶体の脱臼や亜脱臼を引き起こす．読者にはさらに詳述している第16章を勧める．
● 脈絡網膜の炎症は，眼底の眼科検査で見ることができる異常をもたらす．ぶどう膜炎の眼における脈絡網膜炎，硝子体変性，網膜剥離の発見方法，診断，治療や予後についてさらに詳述している第18章を読者に勧める．
● 上記に述べたすべての徴候と後遺症により，視覚が一時的に低下したり不可逆的になったりする．

**疾患の検査**：ぶどう膜炎の診断は比較的正攻法である．ぶどう膜炎の誘発原因を見極めるのは難しく，なぜならぶどう膜炎の原因となり得る疾患(**表14.5**および**14.6**)が多いのも理由のひとつだが，特発性ぶどう膜炎の発生が多いためである(Massa et al., 2002)．
**表14.4**にぶどう膜炎の診断方法を提示する．
多くの鑑別診断があり，起こり得るもしくは可能性のある疾患リストを絞り込むことが不可欠である．飼育地域，旅行歴，動物種，品種，性別，年齢，日常生活や行動，疾病の有無，病気の進行状態，治療に対する反応，合併症(これらのヒストリーは，この家族の他の動物も含む)など，詳細なヒストリーの聞き取りにより達成できる．さらに，ぶどう膜炎の罹患動物すべてにおいて眼科検査と全身検査の両方を行う必要がある．眼底検査を含め可能な限り両眼の評価を徹底的に行う(読者には眼科検査方法に関して解説している第1章を勧める)．
前眼房フレアと細胞の評価について簡潔に述べる．前眼房フレアの検出は，幅の狭い集点光が必要である

第 14 章　ぶどう膜

表14.4　ぶどう膜炎の診断方法

- 幅広いヒストリー(飼育地域,疾病の有無,病気の進行性,治療に対する反応,旅行歴,合併症)
- 両眼における完全な眼科検査
- 徹底的な全身検査
- 血液検査
  - 血清学的検査(*Toxoplasma*, *Neospora* ± その他はワクチン状況とワクチン歴により)
  - 血液検査
  - 生化学パネル(タンパク質量)
- 穿刺吸引細胞診(リンパ節,腫瘤,皮膚結節)
- 尿検査
- 画像診断
  - 胸部 X 線検査
  - 腹部超音波検査
  - 眼科超音波検査
  - 高度断面画像(CT, MRI)
- 房水穿刺
- 硝子体穿刺
- 診断的眼球摘出と病理組織学的検査(失明した眼)

(図 14.18 および 14.21a 参照).細隙灯を用いて,幅の狭い凝集した光で投射するのが最良の方法である(図 14.26).もし細隙灯が使用できない場合は,最高級の直接検眼鏡を使用すれば(眼に非常に近い距離で保持する),中程度から重度の房水フレアを識別することが可能である.検眼鏡を介して直接観察するより,直接検眼鏡の光源を異なった角度から当てて観察する方がよい.検査は完全に暗くできる部屋で行うのが最良である.これは前眼房内のわずかなフレアのグラデーションの判定に重要である(図 14.21 参照).最も微妙なフレアを除いて,ほとんどのフレアはこの方法で検出できる.細隙灯生体顕微鏡の倍率は,通常,前眼房内の細胞の検出と等級分けするのに必要である(図 14.21a および 14.27 を参照).

診断するためにより念入りな精密検査を追求するかどうかは,病歴や疾患症状だけでなく飼い主の財政的制約によって決める.以下の症状を呈する動物はさらに検査が必要である.

- 両眼性のぶどう膜炎,特に罹患動物が急性で左右対称に発病した場合.ぶどう膜炎の原因が全身性疾患でないと証明するまでは,その可能性が最も高い.
- 全身検査の異常は,基礎疾患の可能性がある.
- 後部ぶどう膜炎は,潜在的な全身的な感染性疾患や腫瘍性疾患が存在している可能性が高く,特に,全身性真菌症,リケッチア症や原虫症は風土病である.英国においては,流行地からの輸入歴は重要である.
- 重度のぶどう膜炎,特に全身性免疫抑制療法は炎症の制御が必要である.

図14.26　(a)ある程度経験のある検査者に使用されており,小型で手にもって操作ができる細隙灯生体顕微鏡.眼科専門医は大型の携帯用スリットランプの方が好むが,優れた前眼房検査を行うために開業医に使用されている(K Sherman 氏のご厚意による).(b)細隙灯生体顕微鏡は,双眼鏡と優れた倍率をもつ.この機器を最大限に活用するためには高度な診断訓練が必要である.

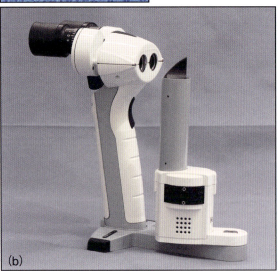

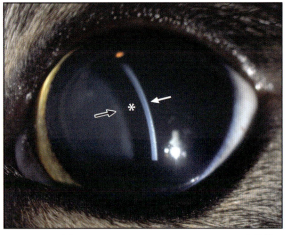

図14.27　9 歳齢のドメスティック・ショートヘアー去勢雄の正常な左眼の細隙灯画像で,前眼房の外観を示す.凸状,明るい角膜反射(白矢印),完全に暗色の前眼房(★),少し照明調節を行い,凸状の水晶体前部の反射(黒矢印).この画像はスリット光を右側から左側に投影している(the University of Wisconsin-Medison Comparative Ophthalmology Service のご厚意による).

- 前房出血の併発，特に潜在的に生命を脅かす凝固障害や血小板障害(免疫介在性，感染性)の可能性が疑われる場合．

さらに診断ステップとして，鑑別診断の最終候補を基に行う．リンパ節腫脹症や触診可能な腫瘤，腹部臓器の腫大などの臨床徴候は診断過程をさらに進めることができる．通常の血液検査，血清生化学検査，尿検査，風土病を考慮した血清学的検査，胸部X線検査，腹部超音波検査は疑いのある病因がない場合に合理的である．眼科超音波検査は，通常は透明の構造物が混濁していて眼科検査を妨げる場合に必要である．

臨床所見によって細胞標本と組織学標本を採取する．検体は細菌培養検査と感受性試験にも提出できる．眼房水と硝子体の吸引物は，血清学的検査とポリメラーゼ連鎖反応(PCR)試験が実施できる(第3章にさらに詳しく手技を解説)．しかし，房水穿刺と硝子体穿刺は眼内出血や水晶体外傷，網膜外傷などの合併症のリスクがあるので，もし手技を検討する場合は，専門医への紹介を強く推奨する．一般的にリンパ腫は細胞診で容易に診断できる．しかし，時にはリンパ球の良性反応性増殖により，リンパ腫との鑑別が困難な場合がある．診断的な眼球摘出とその後の病理組織学的検査は，通常，視覚を喪失した眼が対象である．

**鑑別診断**：表14.5および14.6に犬におけるぶどう膜炎の既知の原因を記載した．ぶどう膜炎の原因となる根本的疾患の特定は，多くの場合，効果的な治療とぶどう膜炎の長期コントロールのために不可欠である．最初に，ぶどう膜炎の原因が感染性または非感染性疾患かどうかという最も重要な疑問に対処する必要があり，全身性対症療法で即時効果をもたらすことがある．ぶどう膜炎の犬102頭の回顧的研究において，58%の犬が免疫介在性または特発性ぶどう膜炎，24%の犬が腫瘍性病因，残り18%の犬が感染性ぶどう膜炎と診断された(Massa *et al.*, 2002)．原発性眼内疾患もしくは全身性疾患に関連していないぶどう膜炎の原因は，感染性角膜炎と薬物などの外因性と考えられる．

**感染性角膜炎**：続発性ぶどう膜炎を引き起こす角膜の感染性変化(第12章を参照)は，血管拡張や透過性，白血球の遊走に影響を及ぼす軸索反射によってもたらされる．この軸索反射は，非感染性の角膜疾患に関連したぶどう膜炎の原因にもなる．さらに，微量のエンドトキシン(すなわち細菌の細胞膜の分解産物)が前眼房に侵入すると，激しいぶどう膜炎を引き起こす．臨床的には，*Pseudomonas* spp.のような特定のグラム陰性菌によって引き起こされる感染性潰瘍に思われる(図14.28)．感染と角膜分解，ぶどう膜炎の制御を目的と

**表14.5** 犬のぶどう膜炎の鑑別診断

| 外因性 |
|---|
| ・感染性角膜炎 |
| ・外傷(鈍性もしくは穿孔性) |
| ・薬物誘発性(縮瞳剤，プロスタグランジン類縁体) |
| ・電離放射線 |
| ・化学損傷 |
| **内因性** |
| **感染性** |
| ・表14.6参照 |
| **免疫介在性** |
| ・水晶体原性： |
| 　―白内障(水晶体融解性ぶどう膜炎) |
| 　―水晶体囊破裂(水晶体破砕性ぶどう膜炎) |
| ・免疫介在性血管炎 |
| ・免疫介在性血小板減少症 |
| ・ぶどう膜皮膚症候群(フォークト・小柳・原田様症候群(VKH: Vogt-Koyanagi-Harada)様症候群としても知られている) |
| ・全身性エリテマトーデス(SLE: Systemic lupus erythematosus) |
| ・肉芽腫性髄膜脳脊髄炎(GME: Granulomatous meningoencephalitis) |
| **腫瘍性** |
| ・原発性眼球内： |
| 　―黒色腫 |
| 　―虹彩毛様体腺腫(腺癌) |
| 　―髄上皮腫 |
| ・多中心性： |
| 　―リンパ腫 |
| 　―組織球性腫瘍 |
| ・転移性 |
| ・腫瘍随伴性(過粘稠度症候群) |
| **代謝性** |
| ・高脂血症(ミニチュア・シュナウザーなど) |
| **中毒性** |
| ・子宮蓄膿症 |
| ・膿瘍 |
| **混合型** |
| ・特発性 |
| ・色素性ぶどう膜炎 |
| ・強膜炎 |

した積極的な治療は，感染性角膜炎を呈した眼を安定化させるために必須である．もし眼の入り口の微生物が増加すると，感染性眼内炎が続発する．眼内炎の眼を救えることは稀である．

**薬物誘発性ぶどう膜炎**：直接作用型の副交感神経作動薬(ピロカルピン)と間接作用型の副交感神経作動薬(臭化デメカリウム)の点眼は，血液-房水関門の透過性を一時的に増加させる．ラタノプロストやトラボプロストのようなプロスタグランジン類縁体は，犬の原発性緑内障の治療で幅広く使用されているが，顕著な縮瞳を引き起こし，虹彩色素沈着過剰と虹彩炎になる

## 第14章 ぶどう膜

**表14.6** 犬のぶどう膜炎の感染性原因

| ウイルス性 |
|---|
| ・犬伝染性肝炎(犬アデノウイルス-1型〈CAV-1〉) |
| **リケッチア性** |
| ・エールリヒア症 |
| ・ロッキー山紅斑熱 |
| **細菌性** |
| ・敗血症/菌血症(子宮蓄膿症，膿瘍，歯周疾患) |
| ・レプトスピラ症 |
| ・ライム病 |
| ・ブルセラ症 |
| ・バルトネラ症 |
| ・マイコバクテリウム感染症 |
| **原虫性** |
| ・リーシュマニア症 |
| ・トキソプラズマ症 |
| ・ネオスポラ症 |
| ・トリパノソーマ症 |
| **真菌性** |
| ・ブラストミセス症 |
| ・クリプトコッカス症 |
| ・コクシジオイデス症 |
| ・ヒストプラズマ症 |
| ・アスペルギルス症 |
| ・カンジダ症 |
| **藻類性** |
| ・プロトテコーシス |
| **寄生虫性** |
| ・眼線虫症 |
| 　―眼幼虫移行症(*Toxocara*) |
| 　―眼糸状虫症(*Dirofilaria, Angiostronglus*) |
| ・眼ウジ病(双翅目) |
| ・オンコセルカ症 |

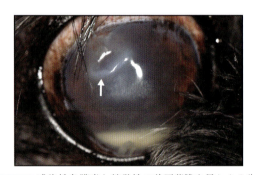

**図14.28** 感染性角膜炎と続発性の前房蓄膿を呈した9歳齢のシー・ズー去勢雄．前眼房の下方に白い細胞の沈殿物がはっきりと見える．角膜潰瘍辺縁は融解徴候を示す(矢印)．臨床微生物検査で*Pseudomonas*感染が確認された．

こともある．これらの薬剤効果は直接プロスタグランジンF(FP)受容体に直接活性化することによる可能性が最も高い．

ウイルス感染：ウイルスが原因のぶどう膜炎は感染性犬ヘルペスウイルスである．犬アデノウイルス1型(CAV-1: Canine adenovirus-1)はぶどう膜炎と内皮炎を誘発するため，代わりにCAV-2ワクチンを用いたワクチン接種が功を奏す稀な現象となっている．若齢のワクチン未接種犬の角膜内皮部分に明らかなぶどう膜炎がみられる場合，感染性犬ヘルペスウイルス誘発性角膜ぶどう膜炎が疑われる(内皮の代償不全と密度の濃い角膜浮腫によると実証されている「blue eye」)．対症療法が望ましい．

リケッチア感染：

- 犬の単球エールリヒア症(CME: Canine monocytic ehrlichiosis)は*Ehrlichia canis*に起因し，(亜)熱帯地域に比較的蔓延しているダニ媒介疾患として広く分布する．ジャーマン・シェパード・ドッグに好発する．*E. canis*は白血球と血小板に特異的に感染する偏性細胞内微生物である．眼徴候は，通常両眼性で滲出性の前部ぶどう膜炎や後部ぶどう膜炎，全ぶどう膜炎，眼内出血，網膜剥離，視神経炎などである．CMEの25％以下の動物が，眼にのみ発症する(すなわち，全身性疾患は発症しない)．

　酵素結合免疫吸着検査法(ELISA: enzyme-linked immunosorbobent assay)を用いて，*E. canis*特異抗体の血清学的検査により診断する．また，診断は全血のPCR検査により抗原の存在を確認することで確定される．検査を行う罹患動物の地域によっては，同時に他のダニ媒介疾患や媒介動物疾患に関連している可能性がある．治療選択は，ドキシサイクリンを5 mg/kg 12時間毎に経口投与を少なくとも2～3週間続ける．しかし，症例によってはドキシサイクリンの長期投与，もしくはジプロピオン酸イミドカルブ療法が必要な場合もある．さらに，全身性コルチコステロイドの抗炎症用量での使用が提唱されており，ある研究では治療後の結果に悪影響はみられなかった．ほとんどの犬，特に前部ぶどう膜炎の徴候のみを示した犬で，良好な治療反応とその後の視覚維持が期待できる．最近の二つの大規模な研究において，治療に対する反応が悪かった罹患動物のほとんどは全ぶどう膜炎，全眼球炎，後部ぶどう膜炎，壊死性強膜炎，緑内障の徴候を示した(Leiva et al., 2005；Komnenou et al., 2007)

- ロッキー山紅斑熱(RMSF: Rocky Mountain Spotted Fever)は*Rickettsia rickettsia*に起因し，米国に蔓延しているダニ媒介性病原体である(第20章も参照)．眼症状は，通常CMEと比較すると緩徐である．診断は，ペア力価によるセロコンバージョンを基に行う．様々な抗生物質の使用が有効である(例えば，ドキシサイクリンを5 mg/kg 12時間毎の経口投与を少なくとも2週間)(Davidson et al., 1989)．紅斑熱はズーノーシスで，人間も犬と同様の臨床徴

候を示す．犬はこの疾患の保有宿主であるため，注意しなければならない．

細菌感染：敗血症と菌血症は，ぶどう膜組織内に細菌が播種することでぶどう膜炎を引き起こす．子宮蓄膿症，限局性の膿瘍や歯周疾患は可能性のある感染源である．エンドトキシンの循環もぶどう膜炎の原因にもなり，貫通や穿孔の眼球損傷は細菌感染を生じる．犬のぶどう膜炎の原因として知られている特定の細菌感染は，レプトスピラ症，ライム病，ブルセラ症，バルトネラ症である．

- レプトスピラ症．レプトスピラ症の臨床徴候は血管炎で，通常，腎臓障害と肝臓障害を引き起こす．ぶどう膜炎が複雑な疾患の一部としてみられることは比較的稀である．房水フレア，前房出血，硝子体フレア，網膜剥離など明らかな前部ぶどう膜炎が報告されている．ワクチン接種により発生率が減少している．通常，ワクチン接種は犬の発症誘引にはならず，ネズミによって汚染された水路に接近したかどうかの聞き取り評価を行う．

  診断は顕微鏡下凝集テスト（MAT: microscopic agglutination test）を基に行われるが，MAT 結果は検査機関間でかなりのばらつきがある．その上，感染血清学的グループは MAT では正確に調べることはできない．PCR 分析も診断に使用されている．犬のレプトスピラ症の治療は，腎細管から病原体を消失させるために，ドキシサイクリン（5 mg/kg 経口または静脈内投与 12 時間毎に 2 週間）を推奨する．ドキシサイクリンの副作用で投与できないときは，別法としてアンピシリン（20 mg/kg i.v 6 時間毎）か，ペニシリン G（25,000〜40,000 IU/kg i.v 12 時間毎）を使用する．初期に積極的治療を行うと予後良好である．レプトスピラ症はズーノーシスのため，飼い主と病院スタッフには仮診断時に説明し，予防措置をとる．2010 年の米国獣医内科学会 Small Animal Consensus Statement においてレプトスピラ症（Sykes et al., 2011）に対する非常に徹底した再検査による診断，疫学，治療と予防が述べられているので，読者に勧める．

- ライム病は犬のぶどう膜炎に関与する可能性がある．しかし英国は病原体の風土病であるにもかかわらず，眼症状も全身症状のいずれも発症することは稀である．典型的な全身徴候は，跛行やリンパ節腫脹などである．特定の抗菌薬治療としてドキシサイクリンを勧める．

- ブルセラ症．Brucella canis は，片眼性の前部ぶどう膜炎，眼内炎，脈絡網膜炎，角結膜炎，前房出血などの片眼性の眼症状を呈する．様々な B. canis の血清検査が有効である．個々の検査と病期によって感受性と特異性が変わりやすいため，細菌分離か PCR 検査を確定診断として勧める．ブルセラ症はズーノーシスであり，罹患動物の飼い主にはこのことを説明すべきである．微生物が細胞内寄生のために病原体の除去するのは難しく，治療が困難になって長期化し費用もかかる（Ledbetter et al., 2009）．犬のブルセラ症は英国では報告されていない．

- バルトネラ症．Bartonella spp. は世界中で新たに発生した病原体と考えられている．しかし，バルトネラ症が犬の眼の異常を引き起こすことは稀であり，欧州では臨床症例は報告されていない．

原虫性疾患：（読者に第 20 章の追加情報も勧める）

- リーシュマニア症は流行地の犬や猫，人間など様々な動物種に罹患する原虫症である．リーシュマニア症は Leishmania spp. に起因し，動物の血を吸うサシチョウバエが媒介する．この疾患は地中海沿岸地方，アフリカの一部，インド，米国の北部，中央部，南部で報告されている．潜伏期間は数カ月から 3〜4 年持続する．したがって，旅行歴の聴取が最も重要である．眼徴候は感染した犬でよくみられ（図 14.17 参照），通常，全身性疾患の徴候と連携する．

  診断は血清学的検査，血液の PCR 検査，吸引や組織診標本，皮膚擦過標本の Leishmania 無鞭毛型の細胞学的同定や組織学的同定/塗抹標本所見，リンパ節節と骨髄の吸引，皮膚やその他臓器の組織診標本を基に行う．全身性抗原虫薬と抗炎症性点眼による治療に対して，眼と全身の良好な反応が期待できるが，多くの場合，ぶどう膜炎を抑制するために長期間に及ぶ点眼が必要になる．アンチモン酸塩メグルミン（80 mg/kg s.c. 24 時間毎で 30 日間）とアロプリノール（10 mg/kg P.O 12 時間毎で 6〜12 カ月）の併用が最も広く使用されている治療法である．ミルテホシンとアロプリノールは最近報告されている併用療法である．全身性コルチコステロイドの抗炎症用量での短期使用も提唱されている．再発は珍しくなく，治療を中止してから数年後に生じる（Pena et al., 2000；Torres et al., 2011）．

- トキソプラズマ症．Toxoplasma gondii は偏性細胞内原虫で，犬が猫の糞便中の胞子形成オーシストを口から摂取，または他の中間宿主のシストが潜む組織や感染した肉を摂食することで感染する．経胎盤感染もある．犬では感染してもほとんど無症状で，眼型トキソプラズマ症は稀である．しかし，T. gondii 誘発性による角結膜炎，（上）強膜炎，前部ぶどう膜炎，（脈絡）網膜炎，視神経炎，多発性肺炎が報告されている．

  血清学的検査で免疫グロブリン（Ig: immunoglobulin）M抗体とIgG抗体の出現の確認，ペア血清で回復期の抗体価の陽転の確認でT. gondii感染の活性化がわかる．抗菌薬の選択は，クリンダマイシンで，12.5 mg/kg 1日2回経口で4週間投与する．犬と猫におけるT. gondii保有率，臨床徴候，診断と治療についてはDubey et al.(2009)の幅広い報告を読むことを読者に勧める．

- **ネオスポラ症**．Neospora caninumが原因で眼症状を呈した犬の報告が1例ある．このことからもN. caninumは犬のぶどう膜炎では稀のようである．

真菌感染症：（読者に第20章の追加情報を勧める）

- **ブラストミセス症**はBlastomyces dermatitidisによって起因し，地球規模に分布している．しかし，ブラストミセス症はほとんどが北米の疾患である．環境から胞子を吸入した初期感染後は，原発的に肺に感染する．その後，微生物は肺から血行性経路とリンパ経路の両方から広がっていくと考えられる．播種後の典型部位は皮膚，リンパ節，骨，眼(図14.29参照)，中枢神経系(CNS)や精巣である．

　流行地域では，全身性真菌症が疑わしい前部ぶどう膜炎の犬はすべて眼底検査を行うべきである．診断はヒストリー，臨床徴候，胸部X線，血清学的検査や酵母菌の直接顕微鏡下同定に基づいて行う．陽性尿中抗原検査は診断に非常に有益である．診断は，組織生検標本の組織学的評価と，リンパ節，皮膚病変，尿，気管洗浄液，眼房水，硝子体液のスメアや組織診標本の細胞学的評価により確定する．真菌培養は，検査機関職員の感染リスクから勧めない．

　治療は対症療法と全身性真菌薬療法を行う．様々なプロトコールがあるが，イトラコナゾールとフルコナゾールが一般的な第一選択薬である(Foy and Trepanier, 2010)．ぶどう膜炎はコルチコステロイド点眼で積極的に治療する．全身性コルチコステロイド剤の抗炎症用量での使用も提唱されている．再感染する恐れのある潜在的な病巣を摘出するために，視覚を失った眼球を摘出することは論争になっている．ぶどう膜炎や緑内障が制御できない不可逆的な視覚を失った眼球は摘出を勧める．予後は好転するものから極めて不良まで幅広い．視覚の予後は，規模と後眼部病変の治療反応による．緑内障に進行した眼は，極めて予後不良である．全身性真菌症はズーノーシスだが，犬から犬と犬からヒトへの伝播は起こらない．読者にはBromel and Sykes (2005a)の広範な概説を勧める．

- **クリプトコッカス症**はCryptococcus neoformansとC. gattiiによって起因する(Trivedi et al., 2011b)．鼻腔が最初の感染部位だと考えられており，鼻腔から全身に広がっていく．臨床徴候，診断，治療，予後は概してブラストミセス症と同様である．クリプトコッカス抗原の血清学的検査は感受性と特異性が高く，偽陽性が生じる場合もある．クリプトコッカス症は比較的稀だが，至る所にある疾患である．

- **コクシジオイデス症**はCoccidioides immitisとC. posadasiiによって生じ，米国南部，メキシコ，中米，南米で最も流行している．臨床徴候，診断，治療，予後は概してブラストミセス症と同様である(Graupmann-Kuzma et al., 2008)．

- **ヒストプラズマ症**は犬で比較的稀な疾患で，様々なHistoplsma spp.によって生じる．この疾患は世界中に分布している．米国においては，オハイオ州とミシシッピー川流域で最も流行している．眼と全身の臨床徴候はブラストミセス症と同様である．ヒストプラズマに罹患した犬では，消化管疾患(腹痛を伴う血便やメレナ)が一般的である．診断，治療，予後は概してブラストミセス症と同様である(Bromel and Sykes, 2005b)．

- **アスペルギルス症**．播種性アスペルギルス症に罹患した犬は，眼徴候を発症しやすい．後眼部が原発的に罹患する．全眼球炎が続発し，硝子体液の組織学的検査で有隔菌糸が集中している．播種性アスペルギルス症に罹患した犬は予後不良である．好発品種はジャーマン・シェパード・ドッグである．Aspergillus spp.は至る所に存在するため，免疫抑制の役割を果たしていると考えられている．この疾患は非常に稀だが，英国で報告されている．

藻類感染症：

- **プロトテコーシス症**は稀な疾患で，藻類のPrototheca zopfiiとP. wickerhamiiによって生じる．最初，罹患動物に出血と下痢が現れる．真菌の播種後，臨床徴候は主に眼と神経系に現れる．眼病変は全身性真菌症に似ている．診断は，培養と顕微鏡下での細胞学的同定と組織学的同定に基づいて行う．生存

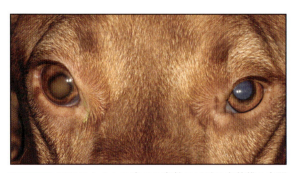

**図14.29** ブラストミセス症の6歳齢のビズラ去勢雄の右眼に眼内炎，虹彩後癒着，膨隆虹彩，続発性緑内障を呈した．脈絡網膜性肉芽腫と完全網膜剥離により瞳孔が黄色になっている．眼球を摘出するとすぐにこの犬の全身症状は安定した．

に関する予後は不良であり、長期間にわたる治療を行っても成功しない．

寄生虫性疾患：（読者に第20章の追加情報も勧める）
- **眼線虫症と眼ウジ病**．寄生虫性ぶどう膜炎は，線虫の幼虫（*Dirofilaria immitis*, *Angiostronglus vasorum*, *Toxocara* spp.）や双翅類のハエ幼虫の迷入によって生じる．Vasorum 誘発性ぶどう膜炎は，流行地の英国（ウェールズや英国南西）とアイルランドでよくみられる．*D. immitis* は輸入犬からのみ発見されている．ハエ幼虫誘発性ぶどう膜炎は稀である．通常，炎症反応は寄生虫の存在と老廃物の産生によって増加する．ぶどう膜炎は寄生虫が死滅することで悪化する場合もある．症例によっては，臨床医が寄生虫（*D. immitis*, *A. vasorum*, *Diptera*）のモニタリングを行い，寄生虫が自然に眼から離脱するのを待つ場合もある．しかし，幼虫が眼球内に到達した場合は，寄生虫に過失による損傷を与えないように外科的に摘出する．寄生虫の外科的摘出は専門医への紹介を強く推奨する．*Toxocara* spp. の眼球内移動は硝子体の炎症性変化と脈絡網膜炎が特徴的であり，手術に伴う疾患で生じたものではない．
- **オンコセルカ症**は地中海沿岸と米国南西部で報告されている．寄生虫を含有した肉芽腫性の上強膜病変がみられ，罹患動物は一般的に前部ぶどう膜炎，後部ぶどう膜炎を呈する．外科的摘出と駆虫薬による治療が推奨される（Komnenou et al., 2002）．

水晶体原性ぶどう膜炎：水晶体の病的状態はぶどう膜炎に高頻度で関連している．正常水晶体タンパクは弱い抗原で，分画したタンパク質と可溶性タンパクから不溶性タンパクへの変換（白内障の進行に伴って）は免疫機構を活性化させる．免疫反応は水晶体タンパクの耐性が変わるというよりむしろ，隔離したタンパク質の拒絶反応による可能性が最も高い（van der Woerdt, 2000）．この反応の強度は，露出した免疫系のタンパク質の量と種類にある程度依存する．

成熟白内障や吸収された白内障では，分解した水晶体皮質のタンパク質が無損傷の水晶体嚢から漏れ出し，前眼部や後眼部の炎症の原因になる．この状況で水晶体融解性ぶどう膜炎が生じる．急速に進行する白内障（糖尿病性白内障など）や水晶体膨張は，水晶体嚢に多孔性もしくは微細な多裂孔を増加させる原因になり，無損傷の水晶体タンパクが眼環境に出て免疫システムに関与する．

- **水晶体融解性ぶどう膜炎**：水晶体原性ぶどう膜炎は白内障の眼では非常に多い疾患で，白内障の眼が充血や炎症徴候を示したら疑うべきである．これらの眼では典型的には前部ぶどう膜炎の徴候を示す．眼圧の減少，縮瞳，前房のフレアと細胞，膨隆虹彩，虹彩血管のうっ血，虹彩後癒着（図14.30），前房出血，前房蓄膿，フィブリンが高頻度に観察される．続発性緑内障により眼圧の上昇があれば瞳孔は散大している．水晶体原性ぶどう膜炎の検知と治療ができなかった場合は，白内障手術の成功率が低下するか，白内障手術対象の眼であることが全くわからなくなるかである（第16章を参照）．

積極的な抗炎症療法が最初に必要である．コルチコステロイド点眼と全身性非ステロイド性抗炎症薬（NSAIDs）の併用もしくはコルチコステロイド剤はよく使用される．水晶体原性ぶどう膜炎の罹患動物のほとんどは，生涯にわたり何らかの形で抗炎症療法が必要になる．ぶどう膜炎が制御下になれば，維持療法はNSAIDsかコルチコステロイド剤の点眼を1日2回から隔日で行う．全身性コルチコステロイドの使用とコルチコステロイド剤の頻回点眼は，糖尿病性白内障を呈した小型動物では，血糖コントロールの調整異常が生じないように慎重に使用しなければならない．NSAIDs点眼は，白内障初期に水晶体原性ぶどう膜炎のリスクを減らすために，糖尿病の動物でもよく使用される．

- **水晶体破砕性ぶどう膜炎**：持続性の鋭性外傷もしくは鈍性外傷の眼では，水晶体嚢が裂けたり破裂したりする．これらの症例では，大量の水晶体タンパクが免疫構造を破壊し，重度のぶどう膜炎を引き起こす．これを水晶体破砕性ぶどう膜炎という．ぶどう膜炎の起こり得るあらゆる徴候が観察される．角膜浮腫と前眼房内のフィブリンや前房蓄膿は，水晶体を徹底的に検査することができなくなる．このような状況では必ずしも確定的ではないが，眼科超音波

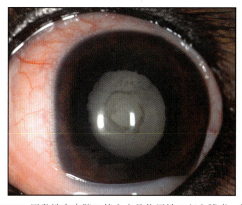

図14.30 原発性白内障に伴う水晶体原性ぶどう膜炎．結膜充血と角膜周辺部の血管新生（赤目），輪部周辺の軽度な角膜浮腫，過去の虹彩と水晶体の付着により水晶体前部の色素沈着が認められる（the University of Wisconsin-Medison Comparative Ophthalmology Service のご厚意による）．

検査は有益である．多くの水晶体嚢破裂は猫のひっかき傷か噛み傷が原因なので，細菌や真菌が水晶体内に入り感染性眼内炎が生じる可能性がある．積極的な抗細菌性療法と抗炎症性療法を行っても，炎症を制御できないことも多い．早期の水晶体摘出術は炎症を制御できる可能性がある（第16章を参照）．外傷後間もない場合や眼内炎徴候のない場合は，眼を守るという点では予後良好である．重度の慢性ぶどう膜炎や眼内炎は予後不良である．したがって，水晶体嚢破裂が疑われる症例は早期に専門医への紹介を推奨する．

ぶどう膜皮膚症候群：フォークト・小柳・原田（VKH：Vogt-Koyanagi-Harada）様症候群としてもよく知られている（第20章も参照）．この疾患はメラニン細胞の免疫介在性破壊が原因で，主に皮膚と眼に罹患する．両眼に発症し，頻発する眼徴候は前部ぶどう膜炎，全ぶどう膜炎，虹彩と網膜色素上皮および脈絡膜の脱色素，網膜剥離，網膜変性，視神経変性などである．白内障，虹彩後癒着，膨隆虹彩と緑内障は一般的な合併症である．皮膚と被毛の脱色素（それぞれ白斑と白毛症）は，通常，疾患後期に発症し，顔（眼瞼，鼻表面，口唇）に限局する．しかし，全身性の脱色素が生じる場合もある（図14.31）．この疾患は当初秋田犬で報告されていたが，他の多くの犬種でも報告されている．秋田犬では，遺伝性因子がVKH様症候群の発症の役割を果たしている可能性がある．

診断は臨床徴候と皮膚生検（例えば，鼻平面部の周辺から）の病理組織検査に基づいて行う．脈絡膜も含めた全ぶどう膜が関与しているため，免疫抑制剤の点眼と全身投与が必要である．コルチコステロイド剤点眼，特に重度のぶどう膜炎がある場合は少なくとも連日6週間から開始する．全身性コルチコステロイド剤は，最初は免疫抑制用量の2 mg/kgで使用する．ぶどう膜炎が制御できたら，この用量から徐々に漸減していく．アザチオプリン，シクロホスファミド，シクロスポリンの全身投与はコルチコステロイド療法と併用可能である．眼に合併症が生じる可能性と治療に対する副作用のリスクがあるので定期健診を勧める．読者にはぶどう膜炎治療の項に記載されている推奨用量と血液検査モニタリングを読むことを勧める．視覚の予後はよいが，治療を中止すると通常再発する．したがって，生涯に渡り治療を継続する．

腫瘍：犬の腫瘍性疾患は，血液-房水関門が破綻する原因として比較的よくみられる．多発性腫瘍はぶどう膜に頻繁に浸潤し，潜在的に眼内腫瘍だとしても眼内出血，前眼房内の細胞とフレア，前房蓄膿を引き起こす．二番目に多いリンパ腫や眼に影響する多中心性腫瘍は，通常両眼同時に発症する（図14.20および14.22参照）．リンパ腫は驚くほど軽度の不快症状しか呈さないため，重篤な眼の変化がある場合はリンパ腫を考慮する（図14.22参照）．組織球性腫瘍は，好発犬種が突然片眼性（稀）もしくは両眼性の眼内出血やぶどう膜炎を発症したときは，鑑別診断リストに入れるべきである．中年齢のバーニーズ・マウンテン・ドッグ，ロットワイラー，ゴールデン・レトリーバー，ラブラドール・レトリーバー，フラット・コーテッド・レトリーバーは組織球性腫瘍になりやすい傾向がある．後述の腫瘍性疾患の項でさらに解説する．

高脂血症：血液-房水関門が破綻して全身循環の脂質

**図14.31** （a）ぶどう膜皮膚症候群が発症する前のラブラドール・レトリーバー．（b）数年後，被毛と眼瞼縁の脱色素が明らかである．（c）最初の発症から約6年後，ほぼ完全に色素が喪失しているのがわかる．（b）と（c）を比較すると鼻の表面周辺の脱色素が進行している．この時点でこの犬は，ぶどう膜誘発性白内障によって視覚を喪失していた．ぶどう膜炎は全身性コルチコステロイド療法によってかなり良好に制御されていた．

レベルが上昇すると，前眼房内に突然脂質が流入して脂質を多く含む眼房水となる．この眼房水は非常に高密度で牛乳のようなフレアである(図14.32)．ぶどう膜炎と高脂血症が同時に起こるのかどうかは不明である．高脂血症誘発性血管炎とそれに続く血液-房水関門の破綻は，自然に脂質性フレアが生じた動物では起こり得る状況である．近日中の高脂質食や残飯の食餌歴は，繰り返しみられる話題である．全身性疾患の精密検査は，血中の脂質レベル上昇の潜在的な原因になっている可能性があるので，診断のために望ましい．あらゆる基礎疾患の治療と前部ぶどう膜炎の対症療法は必要である．特発性高脂血症を呈したミニチュア・シュナウザー，特に同時にぶどう膜炎を発症している場合はリスクが増加する．

色素性ぶどう膜炎：読者には虹彩毛様体嚢胞の項にこの疾患のさらに詳しい情報があるので勧める．この疾患はゴールデン・レトリーバーに遺伝する傾向がある．

強膜炎：壊死性肉芽腫性強膜炎と非壊死性肉芽腫性強膜炎は，眼窩や外眼筋，ぶどう膜などの隣接組織に炎症を引き起こす．通常，前眼部では非肉芽腫性前部ぶどう膜炎が原因になる．治療は抗炎症療法による緩和が必要になる．コルチコステロイドの病巣内注射と全身性免疫抑制剤投与が強膜炎制御に必要な場合もある．症例によっては感染性病因がある可能性がある．読者には第13章に強膜炎の診断と管理について，さらに詳述しているので勧める．

特発性ぶどう膜炎：診断するために様々な精密検査を行っても，犬のぶどう膜炎の原因が診断未確定の場合が多い．このように確定診断ができないときに特発性ぶどう膜炎として診断する．特発性ぶどう膜炎には対症療法を勧める．臨床医は特発性ぶどう膜炎は真の診断でないことを理解しなければならない．単に根本原因の特定ができなかったという事実の反映である．検査結果が偽陰性であったり，原因疾患の検査が抜け落ちていたり，ぶどう膜炎の原因が「新しく」犬では報告されていない疾患原因であったりする．よって臨床医は治療反応が期待していたのとは違う場合は，診断手順や診断，治療の再考を躊躇せずに行わなければならない．

治療：すべてのぶどう膜炎症例において，病因にかかわらず即時に抗炎症療法を行うことが必要である．抗炎症療法のゴールは，炎症の抑制，疼痛の制御，有害な続発症の発症を最小限にすることである．抗炎症剤の選択と使用時の投与経路は，疑わしい基礎疾患に基づいて決める．一度開始したら，投薬はゆっくりと漸

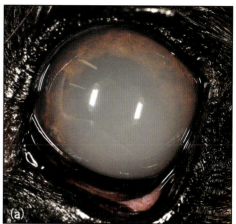
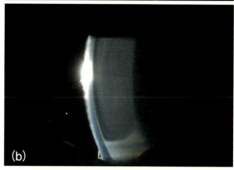

**図14.32** (a)甲状腺機能低下症の5歳齢の雑種犬去勢雄の脂質を多量に含んだ眼房水．(b)5歳齢のキャバリア・キング・チャールズ・スパニエル去勢雄の脂質を含んだ眼房水の細隙灯画像．この画像はスリット光を左側から右側に投影していて，前眼房に濃厚な牛乳様の脂質性フレアに焦点を合わせている．前眼房内に対流を認め，水晶体近くの温かい眼房水が上方移動し，角膜側の冷たい眼房水が下方移動することにより生じる．

減していく．数週間から数カ月の抗炎症療法は必要である．NSAIDsとコルチコステロイドは点眼と投薬で用いられる．前眼部構造物の治療には点眼療法が適している．全身投与は後眼部に治療濃度を達成するために必要である(第7章を参照)．

コルチコステロイドの点眼療法は，角膜がフルオレセイン染色に染まらなければただちに投与する．しかし，コルチコステロイドの点眼は角膜欠損がある場合は使用してはならない．最もよく処方されているコルチコステロイド点眼は，有効性と入手のしやすさから1％酢酸プレドニゾロンと0.1％酢酸デキサメタゾンである．貫通した角膜では，脂質の豊富な上皮が局所薬剤の眼内浸透に対して最も重要なバリアであるという事実から，脂溶性酢酸製剤は極性の高いリン酸製剤よりもよりよい．点眼回数はぶどう膜炎の重症度によって決める．臨床徴候が軽度の場合は，コルチコステロイド点眼は1日2～3回使用する．重篤な場合は点眼を2～4時間毎に行うが，体の小さな動物に使用する場合，コルチコステロイドの頻回点眼は全身的な副作用を誘発するので注意する．NSAIDs点眼とコルチコス

テロイド点眼は併用できる．多くの他の製剤も有効で，点眼は通常1日2～4回行う．NSAIDs点眼単独なら角膜潰瘍の動物に安全に使用できる．

ぶどう膜炎へのコルチコステロイドの全身投与は，その根本原因となるあらゆる感染が除外された場合のみ実施されるべきである．もし，視覚保護や回復のために差し迫ったコルチコステロイドの全身投与が必要ならば，罹患動物から血液を採取し，後の診断検査のために保管しておき，罹患動物の疾患の進行徴候を注意深くモニタリングする．

免疫介在性疾患では，コルチコステロイド療法は免疫抑制用量（2～4mg/kg/日を分割量）で開始し，ぶどう膜炎が制御下になるまで続ける．その後，用量は漸減し，継時的にコルチコステロイドを減量しながらぶどう膜炎が制御された状態かを確認するために，罹患動物を正確に再評価する．全身性コルチコステロイド療法は，ぶどう膜炎の制御が必要でない場合，つまり基礎疾患が治癒してぶどう膜炎が制御できていたり，ぶどう膜炎が点眼単独で制御可能，または他の免疫抑制剤の使用で制御できる場合は，できるだけ早く中止する．ぶどう膜皮膚症候群（前述参照）などのある種の免疫介在性疾患は，長期に及ぶ全身性コルチコステロイド療法が必要で，追加の免疫抑制薬の有無にかかわらず，疾患の寛解を維持するためにできるだけ低用量で投与する．非免疫介在性，特発性病因のぶどう膜炎は，全身性コルチコステロイドを抗炎症用量（最初は0.5～1mg/kg/日を分割量）で用い，特に全身性感染性疾患が判明している，もしくは疑わしい症例では慎重に使用する．

全身性NSAIDsは，通常，全身性コルチコステロイドの安全な代替手段である．しかし，全身性NSAIDsの使用は血小板機能抑制の原因になり，胃腸機能の低下と腎臓への副作用は考慮すべきである．

免疫抑制薬の長期使用はぶどう膜炎の制御に必要で，特に免疫介在性疾患は必須である．これらの薬剤は全身性コルチコステロイドの使用と比べると副作用が少ないために使用される．典型的には，これらの薬剤は全身性コルチコステロイドと併用し，推奨用量で開始する．その後，全身性コルチコステロイドは漸減し免疫調整薬は維持する．全身性コルチコステロイドを中止した後，免疫調整薬は有効な最小用量までゆっくりと漸減する．

- アザチオプリンは，最初2mg/kg 24時間毎で経口投与し，可能性のある副作用は嘔吐，下痢，骨髄抑制，肝毒性などである．血液検査と血清生化学検査のベースラインを観察し，最初の数カ月は血液検査と肝機能検査は2週間毎，治療後は少なくとも4カ月毎にモニタリングする．

- シクロホスファミド，シクロスポリン，メソトレキサートはアザチオプリンの代替手段になる．

散瞳薬もしくは毛様体筋麻痺薬は，虹彩後癒着のリスクの減少，毛様体筋肉組織（毛様体筋）を弛緩することで毛様体筋痙攣による痛みの軽減，血液-房水関門の安定化のために使用される．1%アトロピン点眼は散瞳効果と毛様体筋麻痺効果をもつ強力な副交感神経遮断薬で，効果的に利用できる．中程度から重度のぶどう膜炎では，最初の点眼回数は1日に2～3回で行う．トロピカミド溶液（0.5～1%）は，強力な散瞳効果はあるが毛様体筋麻痺効果は弱い，短時間作用型の副交感神経遮断薬である．痛みは皆無かそれに近い動物の瞳孔運動を保ち，虹彩後癒着形成のリスクを減らすために，トロピカミドは1日に2～3回で使用する．交感神経作動薬の点眼（フェニレフリンなど）は同時に散瞳を増大するために使用する．しかし，これらの毛様体筋麻痺効果は最小である．散瞳は眼圧の上昇を引き起こす．

急性ぶどう膜炎の症状発現時に眼圧が正常もしくは上昇が最初に観察された場合は，緑内障を適切に治療できる施設と継続的な眼圧の測定が必要である．読者には第15章のぶどう膜炎誘発性続発性緑内障の治療に関するガイドラインを勧める．基礎疾患のための特殊な治療は関連する項目で解説しており，必要に応じて前述に述べた対症療法を加えるべきである．

> 再検査の取り決めは，ぶどう膜炎と眼圧の制御ができているかを確認するために絶対不可欠である．再検査の頻度はぶどう膜炎の重症度と治療反応による．通常，重篤なぶどう膜炎の罹患動物は最初の治療から1～2日以内，中程度から軽症のぶどう膜炎の動物は1～2週間以内に再検査をする．飼い主には，治療しているのにもかかわらず臨床徴候が悪化した場合は，即時病院に連絡する必要があると助言すべきである．長期間全身性免疫抑制治療を受けている動物は，治療過程全体を通して適切な間隔でモニタリングする必要がある．

## 外傷

眼球外傷は疼痛，眼球の完全性の障害や視覚喪失を引き起こす．眼球と眼窩の外傷性疾患は第8章，角膜と強膜損傷は第12章と第13章にそれぞれ解説している．重度の眼球外傷は罹患動物の全身状態と眼科状態を迅速に評価して，緊急事態として対処すべきである．眼の永久的な損傷と視覚喪失を避けるために早急に治療を行う．疼痛状態であるとき，また眼球の完全性の傷害時は，強い鎮静や麻酔下で安全に眼科検査を実施し，それにより罹患犬を拘束することで生じる眼

球損傷の可能性をさらに低くする．滲出液と血液は温めた生理食塩水で丁寧に洗い流す．眼窩周辺病変は打撲と傷がないかを調べる．眼科検査は裂傷や眼球破裂がないかどうかを調べる．ただし，強膜裂傷は容易に見えないため診断がより難しい．角膜裂傷は輪部を越えて伸長し結膜下出血を生じる．鈍的外傷と穿孔性外傷に関連した臨床徴候を表 14.7 に示した．異物が疑われる場合は結膜円蓋と第三眼瞼の両端を調べる．眼が穿孔している場合は，外科治療が可能かどうかや眼球摘出が最善かどうかを眼科専門医に相談すべきである（図 14.33）．

診断するために追加で行う精密検査として，頭部のコンピューター断層撮影法（CT）検査や磁気共鳴映像法（MRI）検査がある．骨折や異物が疑われる場合，外傷の規模を評価するために CT 検査が望ましい．骨折はより容易に可視化され，ほとんどの異物は直接的にはっきりと見えるか，造影剤投与後に画像に空隙ができるかである．MRI は非金属性の眼球内異物の診断には最高の解像度を提供するが，金属性の眼球内異物は画像収集時に動いて損傷をもたらす原因となるため禁忌である．眼球内構造物が直接見えない場合は，眼科超音波検査が必要である．第 2 章に眼科画像診断法を詳述している．

**貫通性外傷**：眼の貫通性損傷は感染があるとみなし，それに応じた点眼療法と全身性療法を行う．眼科専門医への相談は，専門医の介入が必要かどうかを見極めるために必要である．化膿性眼内炎への進行が最もよくみられ，貫通性外傷後の眼球摘出の原因となる．

- **小さくて合併症のない穿刺**は眼球が急速に傷を塞ぐが，必ずぶどう膜炎を生じる．サイデル試験（第 1 章を参照）は眼房水が穿刺部位から漏れ出ているかが判る．角膜がフルオレセイン染色に染まっている間は，コルチコステロイド点眼の代わりに NSAIDs 点眼を使用する．徹底した眼科検査を実施し，特に水晶体の完全性に問題がないかを注意する．
- **貫性外傷による水晶体損傷**．通常，水晶体破裂は激しい水晶体破砕性ぶどう膜炎を引き起こし，即時に積極的な治療介入が必要である（第 16 章と前述にこの疾患の詳細を解説している）．早期のぶどう膜炎の治療は，水晶体囊の裂傷が小さければ自然にフィブリンで塞がれ，局所的な白内障になるだけである．大きな水晶体囊の裂傷（2 mm 以上）や前眼房に大量の水晶体タンパクがある場合は，専門医に紹介し，超音波乳化吸引術で早期に水晶体を摘出することを強く推奨する．
- **虹彩脱出を伴う穿孔性外傷**．大きく穿孔した虹彩は，眼房水の流出により損傷部の前方に突出するこ

| 表14.7 | 鈍的外傷と穿孔性外傷に関連した臨床徴候 |
|---|---|

**鈍的外傷**
- 角膜浮腫
- フレア，フィブリン
- 前房出血
- 虹彩裂傷と排水隅角の後退
- 水晶体脱臼
- 水晶体囊の破裂
- 網膜剥離
- 脈絡膜剥離
- 強膜破裂と眼球破裂

**穿孔性外傷**
- サイデル試験陽性
- 角膜にぶどう膜が隆起して着色
- フレア，フィブリン
- 前房出血
- 眼球内異物
- 浅眼房
- 前眼房の不均衡な深さ
- 瞳孔偏位と瞳孔異常
- 水晶体囊破裂
- 眼球内容物の突出と眼球破裂

**図14.33** 外傷性眼球破裂（内眼角の黒色物）により眼球内容物の突出を呈した．その後，眼球摘出を行った（the University of Wisconsin-Medison Comparative Ophthalmology Service のご厚意による）．

とがある．外観はぶどう膜と同色のゼラチン様粘液物が角膜に付着している（図 14.34）．前眼房の深度は浅いか不均衡で，前眼房は血液やフィブリンで充満したり，瞳孔は偏位や不整になる．持続性で広範囲の虹彩脱出の場合，虹彩を外科的に正常な位置に戻して眼球を修復することもある（第 6 章と第 12 章を参照）．

- **眼球内異物**．眼球内異物の外科的摘出は，関連組織の損傷程度はもちろん異物が自然物か，異物の大きさや位置による．有機物または反応性のある無機物（鉄や銅など）は除去すべきである．除去する際の注意は，除去時に眼をさらに損傷しないように回避しつつ異物を完全に除去する．現実的といえないまでも，小さな不活性の無機質異物（例えば，リード，ガラス，多くの種類のプラスチック）は，外科スキルや

第14章　ぶどう膜

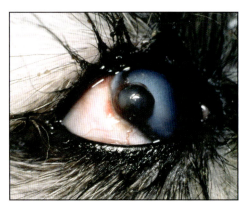

図14.34　外側角膜が穿孔し，角膜欠損部から虹彩が突出した若齢のシー・ズー

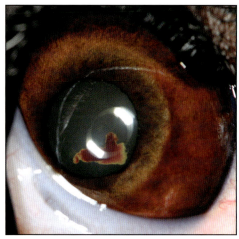

図14.35　免疫介在性血小板減少症に続発した虹彩実質出血のグレート・デーン

表14.8　犬と猫における眼内出血の鑑別診断

| 局所性（眼関連性）疾患 |
| --- |
| ・外傷（鈍性または穿孔性） |
| ・ぶどう膜炎または脈絡膜炎 |
| ・前虹彩線維血管膜 |
| ・緑内障（原発性または続発性） |
| ・網膜剥離（先天性または後天性） |
| ・持続性硝子体血管 |
| ・腫瘍 |

| 全身性疾患 |
| --- |
| ・血小板減少症または血小板障害 |
| ・血液凝固障害 |
| ・過粘稠または免疫グロブリン血症（腫瘍随伴性） |
| ・全身性高血圧症 |
| ・血管炎 |
| ・多血症 |
| ・腫瘍 |
| ・薬物誘発性／中毒 |
| ・（重度貧血） |

紹介するのに限界があってすぐに外科的に除去できない場合は，そのまま置いておいてもよい．ぶどう膜炎は即時に積極的に治療する．眼内炎は有機異物の重篤な結果としてよく生じる．

● **口腔疾患による眼球穿孔**．眼球穿孔は，眼窩を貫通し眼球を穿孔する口腔からの損傷に関連していることがある．これは異物でもみられる．尾側上顎骨の歯根除去による歯科処置後でも生じ，不適切な尾側上顎神経ブロックが行われたり，偶発的に歯科器具が滑ったりしたときに，眼球が穿孔することがある（第13章を参照）．

**鈍的外傷**：鈍的外傷は頭部や眼球に重篤な損傷をもたらすことがある（表14.7 および第8章を参照）．通常の全身検査の後に，眼科検査と眼窩周辺骨の触診を行う．鈍的外傷による眼球破裂は赤道部と後極部に多いため，直接的な視覚に影響しない．疑わしい臨床徴候は，前房出血，結膜下出血，結膜浮腫，眼球破裂，眼圧の極度の低下などである．眼科超音波検査では，不明瞭な強膜境界線，網膜剥離，硝子体部の反響性不透明部（血液），水晶体脱臼や毛様体解離（強膜から虹彩と毛様体が分離）を示す（読者にはこれらの異常に関連した特異的特徴を記載した第2章および13章を勧める）．水晶体嚢の破裂は鈍的外傷から生じることがある．通常，重度なぶどう膜外傷は眼球萎縮を生じ，続発性眼瞼内反が頻発する．重症を負って視覚を失った眼は眼球摘出が最良の維持方法である．視覚は失っているがQOLが維持できる中等度の病状で安定している眼球は，美観的な理由で残存してもよい．

**眼内出血**

眼内出血は眼球にびまん性に血液が充満したり，前眼房（前房出血）や硝子体やぶどう膜組織（虹彩実質など，図14.35）により限局している．後眼部に原発的に生じた眼内出血はさらに詳細に第17章と第18章で解説している．眼内出血を呈した罹患犬の検査は，出血が局所的な原因なのか，それとも全身的な原因なのかを検討する必要がある（表14.8）．老齢犬における片眼の眼内出血の再発は，精密検査を行ったが特に異常が認められなかった場合，臨床医は眼内腫瘍の可能性に注意する必要がある．眼科超音波検査は必要だが，血液塊が腫瘍組織に似ているために常に確定できるわけではない．これらの症例ではドップラー超音波検査や超音波検査を繰り返し，腫瘤の大きさをモニタリングすることが有益である．程度の差はあるが，おそらく全身性の原因は両眼に発症する（図14.36）．第20章に全身性疾患が原因の眼内出血についてさらに詳述している．

合併症がない場合，少量から中程度の出血は問題なく迅速に再吸収される．併発したぶどう膜炎は，コルチコステロイド点眼と散瞳剤で対症療法を行う．全身

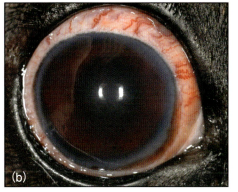

**図14.36** (a)多中心性リンパ腫に関連した両眼性の前房出血を呈した11歳齢のアメリカン・スタッフォードシャー・テリア．(b)右眼の拡大画像(the University of Wisconsin-Medison Comparative Ophthalmology Service のご厚意による)

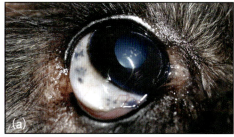

**図14.37** ケアーン・テリアの眼黒色症．(a)虹彩はびまん性に色素沈着過剰で厚みがある．色素が強膜内に集積し特徴的な黒色斑点ができている．(b)脈絡膜にも色素が集積しタペタムへの浸潤が生じている．眼底画像は核硬化症のせいで多少ぼやけている．

性NSAIDsは血液凝固時間が延長するために使用は避け，禁忌でなければ全身性コルチコステロイドを代用する．症例によっては，組織プラスミノーゲン活性剤の眼球内注射(第7章を参照)は，眼球内構造物に絡みつき癒着形成を引き起こすフィブリンの溶解に有益である．この治療に頼る前に，根本的原因を特定し出血を止めるためにあらゆる努力をすべきである．

　広範囲でびまん性の出血の再発は，房水排出路を妨げ(排出隅角に細胞蓄積とフィブリン変化をもたらす)，その後緑内障を引き起こす．フィブリン沈着は広範囲な虹彩後癒着も生じ(特に同時に起こったぶどう膜炎が重篤な場合)，瞳孔からの眼房水の前方への流れが制限されると膨隆虹彩の原因となり，さらに虹彩角膜隅角に障害を来す(第15章を参照)．

## 眼黒色症

　眼黒色症は眼の機能を妨げるほど広範囲なぶどう膜の色素沈着異常である(Petersen-Jones et al., 2007)．ケアーン・テリアはこの疾患が両眼性に罹患しやすい傾向がある．他の犬種，特にボクサーとラブラドール・レトリーバーもこの疾患に罹患するが，これらの犬種は片眼だけに浸潤し緩徐に進行する．前眼房内の色素細胞と剥離した色素顆粒が水晶体表面と角膜内皮に沈着し，排水隅角に詰まって眼房水の排出を妨げることで緑内障を引き起こす．この段階でこの疾患は「色素性緑内障」とも呼ばれる(第15章を参照)．房水排出路の色素細胞の蓄積は輪部周辺の強膜に黒色斑点を生じる(図14.37a)．最初，この斑点が最も目立つのは強膜下である．その後，脈絡膜にもびまん性に浸潤し始め，進行性のタペタム領域の縮小を引き起こす(図14.37b)．典型的には疾患の進行は緩徐で，ぶどう膜炎や緑内障の治療にも反応しない．時として，罹患眼にメラニン細胞性腫瘍も発症する．

## ぶどう膜腫瘍

　ぶどう膜炎，眼内出血，緑内障，網膜剥離，眼球内腫瘤を呈した眼では，常に腫瘍の可能性を考慮する．

**原発性腫瘍**：主要な原発性腫瘍は脈絡膜よりも虹彩や毛様体から発生し，犬においては通常良性である．メラニン細胞性腫瘍は老齢犬の前部ぶどう膜に最も多く発症するが，時折若齢犬も発症する．稀にこれらの腫瘍が脈絡膜から発生する．これらの腫瘍の大部分は良性のメラニン細胞性腫瘍で，転移傾向はごくわずかである．しかし，ぶどう膜炎や緑内障が原因で局所的に破壊することもある．

　悪性黒色腫は悪性の病理組織学的所見を示すが，犬では全身性転移疾患に関連することは稀である．悪性黒色腫の発生はそれほど多くなく，実質的にはメラニン細胞が悪性に転換して生じる．無色素性変異は眼科検査で他の腫瘍と間違えやすいが，病理組織学的検査で鑑別する．黒色腫は鼻腔や口腔，皮膚，肢端などの遠隔部位から眼に転移することがある．時として，メ

第14章　ぶどう膜

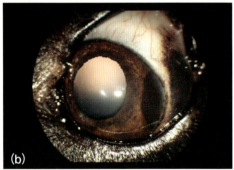

図14.38　(a)メラノサイト性腫瘍が虹彩の大部分に浸潤し，瞳孔を変形させている(BM Spiess 氏のご厚意による)．(b)毛様体メラノサイト性腫瘍が強膜と外側虹彩まで広がっている．

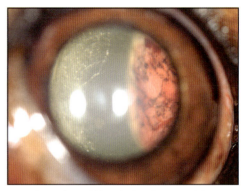

図14.39　ピンク色の毛様体腺腫が瞳孔から隆起して見えている．

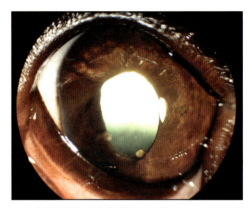

図14.40　内側下方1/4に浸潤した虹彩メラノサイト性腫瘍の疑いで，ダイオードレーザー光凝固術の治療を2回受けた若齢のラブラドール・レトリーバーの虹彩外観．それ以外は眼に異常は認められず視覚はある．軽度の瞳孔異常と3時方向に虹彩萎縮を認める．二つの小型の虹彩囊胞もある．

ラニン細胞性腫瘍の眼球外浸潤は角膜輪部上の黒色腫に似ている(図14.38b)．角膜輪部上または角膜輪部の黒色腫と眼球内メラニン細胞性腫瘍の臨床的鑑別は第13章に述べている．

　虹彩毛様体腺腫と虹彩毛様体腺癌は犬の原発性眼内腫瘍で二番目に多いが，比較的稀である．これらは色素性もしくは無色素性腫瘤が，瞳孔からはみ出すか瞳孔を変形させる(図14.39)．髄上皮腫は原始細胞外胚葉起源で，犬では極めて稀であり，虹彩毛様体腺腫と似ている．青色眼の犬の紡錘細胞腫瘍，血管腫または血管肉腫，平滑筋肉腫などのその他の原発性腫瘍は稀である．

**治療**：原発性ぶどう膜腫瘍の治療選択は，腫瘍動態，大きさ，位置，色素含有量と視覚の可能性による．腫瘍によっては専門医が行うダイオードレーザーかNd：YAGレーザー光凝固術で効果がある(図14.40)．頻度は少ないものの，小さくて境界明瞭な腫瘍は局所切除によって維持できる．しかし，高度な眼科顕微鏡手術の技術が求められるので専門医への紹介が必要である．大きな腫瘍やぶどう膜炎や緑内障などの眼球内合併症を生じている場合は，眼球摘出を勧める．強膜外浸潤が認められた場合は眼窩内容除去術が必要である．摘出したすべての眼球と浸潤組織は病理組織学的検査に提出すべきである．

**続発性腫瘍**：リンパ腫は犬の原発性腫瘍で3番目に多い．少なくとも多中心性リンパ腫の犬の1/3は眼に浸潤する(Krohne et al., 1994)．全身性リンパ節腫脹は身体検査でわかる．眼の徴候は頻繁に前部ぶどう膜に生じ，腫瘍性細胞の虹彩実質浸潤，前房出血，前眼房内の腫瘍性細胞の蓄積，前房蓄膿と似た症状を呈する．筆者の経験では，罹患犬は重篤な眼病変に対して中程度の炎症徴候(疼痛と上強膜の鬱血の観点から)を示して一致しないことがある(図14.22および14.36参照)．血管内リンパ腫は全身性病変の徴候より眼徴候が先行することが報告されている．診断は末梢血管標本の腫瘍性細胞，リンパ節の穿刺吸引細胞診，組織や前眼房，骨髄の吸引，組織生検標本の細胞学的鑑別や組織学的鑑別を基に行う．リンパ腫は様々な化学療法プロトコールに反応性がよく，関連して生じたぶどう膜炎や緑内障は対症療法を行う．

　組織球性肉腫は全身性腫瘍で，最初は片眼に浸潤する．胸部X線などの精密検査で，その他の腫瘍や全身徴候が明らかになる(前述参照)．

　転移性腫瘍は血管腫または血管肉腫，腺癌，線維肉

腫，横紋筋肉腫，骨肉腫，軟骨肉腫，神経肉腫，褐色細胞腫，悪性組織球腫，精上皮腫，可移植性性器腫瘍，口腔黒色腫，皮膚黒色腫などである．

## 猫の疾患

### 発育異常

猫において，いくつかのぶどう膜の発育性疾患がみられる．

- 猫にも犬と同様にぶどう膜の発育性疾患がある．マール遺伝子は猫ではみられない形質である．チェディアック・東症候群と上眼瞼(外側部分)の形成不全は，猫の特異的疾患である．
- 眼瞼形成不全の猫は，欠損症候群(colobomatous syndrome)のひとつとして虹彩欠損を呈する．
- 白色被毛，青色の虹彩と難聴の組み合わせは，犬より猫で頻繁にみられ，ヒトのワーデンブルグ症候群と似ている．
- これらは比較的稀な疾患で，他の文献に記載されている．

### 虹彩毛様体嚢胞

猫における先天性虹彩毛様体嚢胞は時折みられる(図14.41)．嚢胞は滑らかな表面で通常非常に色素が濃いため，光を透過させることが難しい場合がある．このような症例では，眼科超音波検査が嚢胞の特性を確認するのに有益である．多くの嚢胞は虹彩か毛様体に付着する傾向がある．嚢胞によっては散瞳したときだけ見えるものもある．嚢胞は，猫では通常非進行性で視覚への脅威にはならない．

### 白色被毛，青色眼と難聴

青色眼の白色被毛の猫に先天性難聴がみられることがある．この疾患は，被毛色の完全浸透と，眼の色と難聴の不完全浸透をもった優性遺伝子を介して伝播する．したがって，すべての青色眼の白色被毛の猫が難聴ではない．

### 欠損症候群

猫の欠損症候群(Colobomatous syndrome)の最も一貫性のある異常は，上眼瞼形成不全である(第9章を参照)．同時に生じる眼内異常は一般的にPPMで，時折ぶどう膜欠損や視神経欠損が生じる．網膜異形成は滅多に見ない．

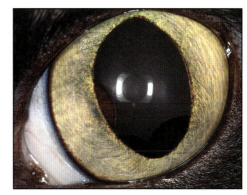

図14.41 この猫は多発性の平滑な表面の虹彩毛様体嚢胞が瞳孔の後ろに見えている．

### チェディアック・東症候群

この稀な症候群は，淡色の虹彩，眼底のノンタペタムの色素沈着減少，タペタム変性を呈したペルシャ猫に罹患する(第20章も参照)．罹患した猫は出血傾向も示し，感染に対する脆弱性が増す．眼特徴はプレメラノソームとリソソームの異常融合に起因する可能性がある．診断は臨床徴候と毛幹のメラニン顆粒増大所見を基に行う．

## 後天性疾患

### 虹彩メラニン色素沈着症

虹彩メラニン色素沈着症は，虹彩表面に限局して自然発生する良性の局所性過剰色素沈着で，中年齢から老齢の猫にみられる．過剰色素沈着斑は隆起せず虹彩の表面構造も正常のままで，瞳孔異常やぶどう膜外反を引き起こす．通常，非進行性か進行しても緩徐である(図14.42)．猫では，虹彩メラニン色素沈着症と初期のびまん性虹彩黒色腫(FDIM：feline diffuse iris melanoma)の鑑別は非常に重要である(FDIM，この章の後述を参照)．しかし，この二つの疾患の鑑別が常に容易というわけではない．したがって，猫の虹彩病変が外見から判断して良性の色素沈着過剰に思われても，腫瘍の拡大や進行の徴候がないかをモニタリングし続けるべきである．

### ぶどう膜炎

臨床徴候：猫におけるぶどう膜炎の臨床所見は，犬のぶどう膜炎で述べた症状と大部分が同じである(上述参照)．しかし，猫のぶどう膜炎は犬より慢性的で潜行する傾向があり，症状も軽度である．KPs，虹彩色素沈着過剰，前房出血は猫のぶどう膜炎では非常に多くみられる．虹彩ルベオーシス(もしくは虹彩血管新生)は慢性ぶどう膜炎の猫では珍しくなく，茶色虹彩の犬はより容易に見つけられる．

# 第14章　ぶどう膜

図14.42　多発性の虹彩メラニン細胞性腫瘍を呈した中年齢の猫(the University of Wisconsin-Medison Comparative Ophthalmology Service のご厚意による)

- 一般的に，犬のぶどう膜炎で述べたのと同様に，猫も同じ臨床徴候を示す．しかし，ぶどう膜炎の猫の眼は，通常赤眼や疼痛を示さない．したがって，猫のぶどう膜炎は比較的長期間にわたって気づかれないまま進行する．
- KPs，虹彩結節，進行性の虹彩色素沈着過剰，前部硝子体の炎症(扁平部炎や「雪の塊〈snow banking〉」)は，猫のぶどう膜炎の典型的な徴候として特徴的所見である．

**鑑別診断**：表14.9に猫におけるぶどう膜炎で知られている原因を記載した．病理組織学研究において，リンパ形質細胞性ぶどう膜炎，猫伝染性腹膜炎(FIP: feline infectious peritonitis)，リンパ腫，外傷および水晶体原性ぶどう膜炎が原因として最も多かった(Peiffer and Wilcock, 1991)．他の著者は，感染性と腫瘍性の原因が全ぶどう膜炎の約40〜70％と報告している．

**ウイルス感染**：重篤なぶどう膜炎を呈する猫は，猫白血病ウイルス(FeLV: feline leukaemia virus)と猫免疫不全ウイルス(FIV)，FIPの検査をすべきである．この三つのウイルスに感染している猫は世界中にいる．European Advisory Board の Cat Diseases guidelines に FeLV, FIV, FIP のより詳細な解説があるので，読者にお勧めする(Addie *et al.*, 2009；Hosie *et al.*, 2009；Lutz *et al.*, 2009；第20章も参照)

- FeLVはレトロウイルスで，垂直感染と体液と排泄物からの水平感染である．多頭飼育で衛生状態の悪い環境で生活している若齢の猫はリスクが増大する．ウイルス血症の猫は，感染して数年後に様々な非感染性の臨床徴候を生じることがある．臨床徴候は，免疫抑制，腫瘍形成(リンパ腫を発症)，貧血である．眼所見は，ぶどう膜，眼窩や付属器のリンパ

| 表14.9　猫のぶどう膜炎の鑑別診断 |
|---|
| **外因性** |
| ・感染性角膜炎 |
| ・外傷(鈍的もしくは穿孔性) |
| ・電離放射線 |
| ・化学損傷 |
| **内因性** |
| **感染性** |
| ・猫免疫不全ウイルス(FIV) |
| ・猫白血病ウイルス(FeLV) |
| ・猫伝染性腹膜炎ウイルス(FIP) |
| ・トキソプラズマ症 |
| ・リーシュマニア症 |
| ・バルトネラ症 |
| ・クリプトコッカス症 |
| ・ヒストプラズマ症 |
| ・コクシジオイデス症 |
| ・ブラストミセス症 |
| ・カンジダ症 |
| ・敗血症または菌血症または毒血症(子宮蓄膿症，膿瘍，歯周疾患) |
| ・眼ウジ病(双翅目) |
| **免疫介在性** |
| ・水晶体原性<br>　—白内障(水晶体融解性ぶどう膜炎)<br>　—水晶体嚢破裂(水晶体分解性ぶどう膜炎)<br>・免疫介在性血管炎または結節性動脈周囲炎 |
| **腫瘍性** |
| ・原発性眼球内：<br>　—黒色腫<br>　—虹彩毛様体腺腫(腺癌)<br>・創傷後肉腫<br>・リンパ肉腫(FIVまたはFeLV状態？)<br>・転移性 |
| **代謝性** |
| ・高脂血症 |
| **混合型** |
| ・リンパ形質細胞性ぶどう膜炎<br>・特発性 |

腫，KPsを伴った前部ぶどう膜炎，脈絡網膜炎，脈絡網膜の腫瘍，網膜剥離，視神経炎，痙攣性瞳孔症候群(spastic pupil syndrome)(神経炎誘発性)，CNS関連性神経眼科徴候などである．FeLV抗原を用いたELISA検査で陽性の場合は，暴露と持続性感染を示す．確定診断はプロウイルスDNAを用いたPCR検査を実施する．しかし，陽性検査結果は眼疾患がウイルスによって直接的に誘発された立証にはならない．

緩和療法を行い，付随する医学的問題と併発する感染の治療を行うと，猫の生活の質が向上する．効果的な全身性抗ウイルス療法は限られており，複合で行う療法は猫に重篤な副作用を誘発することがある．一般的には，コルチコステロイドや他の免疫抑

制剤，骨髄抑制剤の使用は避けるべきである．FeLV 関連性リンパ腫は化学療法を用いる．しかし，これらの罹患猫は予後不良である．FeLV 感染の臨床徴候を呈したすべての猫の長期予後は不良である．

- FIV はヒト免疫不全ウイルス（HIV: human immunodeficiency virus）に関連した猫に種特異性のレトロウイルスである．ウイルスは主に噛み傷から唾液を介して伝播する．室外を自由に歩き回っている老齢の雄猫はリスクが増大する．ほとんどの臨床徴候はウイルス自体が直接的な原因とならないが，慢性的な免疫抑制からの日和見感染によって間接的に関係する．疾患の後期段階において，腫瘍形成と免疫刺激の役割を果たす．眼病変は日和見感染（トキソプラズマ症など）によって引き起こされ，腫瘍形成は直接的にウイルス誘発性の組織損傷を生じる．FIV に罹患した猫は前部ぶどう膜炎（図 14.23 参照），毛様体扁平部炎，脈絡網膜炎，眼球内リンパ腫，CNS 関連性神経眼科徴候を呈する．FIV 抗原を用いた ELISA 検査で陽性の場合は，暴露と持続性感染を示すが，臨床疾患と相関している必要はない．血清学的検査はウエスタンブロット法で確定する．治療は緩和療法だが，予後不良である．
- FIP は突然変異型の猫コロナウイルス（FCoV: feline coronavirus）で，多重突然変異が可能である．FCoV 感染は非常によくみられ，特に多頭飼育での血清陽性率は 100％ 近い．FCoV に感染した猫の最大で 12％ は，発症して FIP で死亡する．FCoV 感染猫のほとんどは 1 歳齢未満である．

 FIP の臨床徴候は，免疫複合体疾患と膿性肉芽腫性脈絡炎を引き起こす．全身性臨床徴候は，食欲不振，昏睡，間欠熱，体重減少，複数器官の肉芽腫性病変（非滲出性，「ドライタイプ」），腹水，胸水（滲出性，「ウェットタイプ」）である．眼所見は典型的には両眼性で，前部ぶどう膜炎，フィブリンの滲出，前房出血，顕著な KPs（特に大型の肉芽腫性「豚脂様角膜後面沈着物〈mutton fat〉」），膨隆虹彩と結節の両方またはいずれか一方，脈絡網膜炎，炎症細胞の血管周囲に蓄積した（細胞浸潤）網膜脈管炎，滲出性網膜剥離，視神経炎，CNS 関連性神経眼科徴候などである．全ぶどう膜炎や全眼球炎への進行は重度の角膜浮腫を伴い，珍しいことではない．

 診断は単一の検査だけでは確実でない．あらゆる滲出物の分析が有益で，比較的非侵襲的である．滲出物のマクロファージ内の FCoV 抗原の免疫蛍光染色法は診断に有効である．滲出物がない場合は，確定診断のために罹患組織の組織診検査を行う必要がある．仮診断は，動物のヒストリー，典型的な臨床徴候，リンパ球減少や高グロブリン血症，アルブミン/グロブリン比の低下，FCoV 力価の上昇（160 以上），急性相タンパクの上昇などの裏付けとなる血液検査と血清検査に基づいて行う．

 FIP の猫に推奨する治療法は，FeLV と同様である．しかし，FIP に罹患した猫で予想される余命は，特に滲出液を呈している場合，FeLV や FIV の猫より短い．コルチコステロイドの使用は，免疫介在性疾患を制御するために使用される．

細菌感染：

- バルトネラ症．*Bartonella henselae* と *B. clarridgeiae* は猫で確認されることが多い種である．犬と同様に，血清学的検査は最適な診断方法で，病原体の存在を臨床疾患に関連づけることは難しい．American Association of Feline Practitioners 2006 Panel Consensus Statement の猫のバルトネラ症の診断基準（Brunt et al., 2006）を勧める．
  — バルトネラ症との関連が報告された疾患症候群
  — 他の原因を除外
  — 有益なバルトネラ検査：血清学的検査，PCR，培養検査
  — 治療に対する反応

 ぶどう膜炎を呈した *Bartonella* 陽性猫に推奨の治療法は，ドキシサイクリンを 10 mg/kg の用量で 12〜24 時間毎で 2〜6 週間経口投与する．食道への刺激を避けるために，水を飲んだ後に錠剤を投与することを勧める．*Bartonella* spp. はノミによって伝播するので，ノミの制御は再感染のリスクを最小限にするために必須である．バルトネラ症はズーノーシスで，*B. henselae* は人間の猫ひっかき病の原因になる．免疫障害をもつ個体は特にリスクがある．猫のぶどう膜炎のバルトネラ症の役割に関するさらに詳細な情報は，Stiles の報告を読むことを読者に勧める（2011）．

原虫性疾患：

- トキソプラズマ症．猫は *Toxoplasma gondii* の唯一の終宿主である．主な感染経路は，感染した中間宿主の組織に潜入したシスト内のブラディゾイドを摂食することによる．しかし，猫が胞子形成オーシストの混入した糞便を口から摂取しても感染する．タキゾイドの経胎盤感染もある．感染経路は人間と同様である．

 猫では，全身性トキソプラズマ症は生命にかかわる疾患で，症状も多様である．肺疾患，CNS，肝疾患，心疾患，眼症状が最もよくみられる．大抵は眼疾患が生じるが，眼疾患に限らず全身性疾患も伴う．眼疾患徴候は，前部および後部ぶどう膜炎，網膜剥離，外眼筋炎である．胎内感染は成齢になって

から感染したのに比べて，通常，より重篤な疾患症状を引き起こす．混合感染がトキソプラズマ症の臨床経過を悪化させるという決定的証拠はない．

様々な組織，体液，糞便物の組織学的検査と細胞検査による診断は見逃しやすい．世界中の猫の血清抗体陽性率は高いため，血清学的検査も思わぬ落とし穴である．血清学的検査を行う際は，ペア血清で T. gondii に対するIgM抗体とIgG抗体の出現を確認することをお勧めする．活動性トキソプラズマ症の仮診断を行うには，

— IgM力価が高い場合，最近活動性感染があったことが示唆される．IgM力価が上昇する場合，疾患は早期で，その後比較的早く減少する．しかし，数カ月はIgM力価の有意な上昇はみられず，また，トキソプラズマ症に感染したすべての猫のIgMが高くなるわけではない．

— IgGまたはその他の抗体価のセロコンバージョンが4倍であることを確認する．IgGの力価は，T. gondii 感染後の数年（IgMは数カ月）は上昇したままなので，回復期の抗体価の有効性はあいまいである．さらに，感染からIgGの力価が最大になるまでの期間は短くても4週間で，もし罹患動物が疾患の後期に発見された場合には，力価の上昇を見逃すことになる．

— 臨床疾患のその他の原因を除外する．

— 適切な抗原虫治療に対して，有益な臨床反応が観察された場合

血清学的検査は，持続的な力価上昇により偽陽性を生じる可能性がある．健康状態の悪い猫では抗体価が低いので，同様に偽陰性が生じる可能性もある．PCR検査は検体から T. gondii のDNAを検出するのに有益である．

治療選択はクリンダマイシンで，12.5 mg/kg経口投与12時間毎で4週間を投与する．体内から感染を排除することは難しく，したがって，疾患が再発する可能性もある．全身性コルチコステロイドの使用が再活性化を誘発するかどうかは正確にはわかっていない．オーシストの脱落は全身性ステロイド剤の使用では誘発しないようである．

トキソプラズマ症は妊婦にとって重篤な健康リスクをもつズーノーシスである．読者には，第20章と T. gondii 保有率，眼疾患と全身性疾患の臨床徴候，診断，治療と公衆衛生事項についてのDubey et al.（2009）の詳細な報告を読むことを勧める．

● リーシュマニア症：犬は Leishmania spp. の典型的な保有宿主であるが，猫もまた保有宿主に関係している．しかし，猫においてリーシュマニア症の症例報告は散発的にあっただけである．一般的に眼と皮膚が罹患部位で，罹患組織内の原虫を組織学的に同定するには非常に困難である（Navarro et al., 2010）．犬と同様にこの疾患は地理的流行があり，一般的に（亜）熱帯気候，例えば地中海沿岸地方，米国南部，南米である．Leishmania infantum が関係していることが最も多いが，その他のLeishmania spp. も疾患を引き起こす．

真菌感染症：全身性真菌症の流行は地理的要因が多い．クリプトコッカス症は Cryptococcus neoformans と C. gattii によって生じ，世界中の猫の全身性真菌症の中で最も多い．主な感染経路は鼻腔からの吸入である．その後，皮膚，肺，リンパ節，CNS，眼に広がっていく．真菌性疾患の眼徴候は限定されており，肉芽腫性脈絡網膜炎と視神経炎である．

クリプトコッカス抗原の血清学的検査は感受性と特異性が高く，罹患動物が偽陽性になる場合もある．組織生検標本の組織学的評価と，リンパ節，皮膚結節，鼻の分泌物，眼房水，硝子体液の吸引標本やスメアの細胞学的評価で確定診断する．抗真菌薬による全身療法が必要で，効果的であるが，長期投与が必要な場合もある．予後は様々で，再発することもある．猫のクリプトコッカス保有率，臨床徴候，診断，治療に関する幅広い情報（Trivedi et al. 2011ab）を読むことを勧める．

ブラストミセス症，ヒストプラズマ症，コクシジオイデス症，カンジダ症が猫で報告されている．これらの疾患は地域に限定しており，稀である．

水晶体原性ぶどう膜炎：猫における水晶体融解性ぶどう膜炎と水晶体破砕性ぶどう膜炎の検査，臨床的診断や治療は犬と同様の原理である．最近の報告では，Encephalitozoon cuniculi が白内障の原因で，続発性緑内障を引き起こすことがわかった（Benz et al., 2011）．ぶどう膜炎の臨床徴候は，前房フレア，KPs，虹彩ルベオーシスなどである．白内障は，水晶体の中央部に向かって指状に進行している水晶体嚢（下）と皮質の未熟もしくは成熟白内障であった．全頭の猫のE. cuniculi 抗体価が上昇しており，これは眼房水もしくは水晶体前嚢標本をPCR検査で確認した．著者はぶどう膜炎の保守的な対症療法が，この疾患の進行に必ず関連していたと報告している．全眼におけるぶどう膜炎のコントロールは成功し，ほとんどの眼で，特に水晶体超音波乳化吸引法で水晶体を除去しフェンダゾールとNSAIDsの全身投与，コルチコステロイド点眼にて積極的に治療した眼の視覚は温存された．

リンパ形質細胞性ぶどう膜炎：様々な精密検査を行っても，猫のぶどう膜炎の多くは原因を特定できない．臨床的に明らかな炎症性虹彩結節は，病理組織学的に

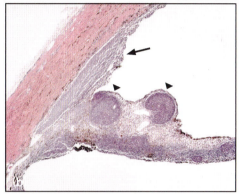

図14.43　(a)慢性リンパ形質細胞性ぶどう膜炎の15歳齢の猫．中央から遠位に不規則な方向に分岐した血管周辺(矢頭)は，前部虹彩の全面を覆った前虹彩線維血管膜の一部である(虹彩ルベオーシス)．虹彩に炎症性結節も認められる(矢印)．フィブリン塊と血液塊が前眼房腹側にある．(b)リンパ形質細胞性ぶどう膜炎と続発性緑内障を呈した猫の虹彩の病理組織横断面．臨床的に明らかなリンパ形質細胞性炎症性虹彩結節が明確に見える(矢頭)．炎症細胞浸潤で排水隅角構造を塞いでいる(矢印)(ヘマトキシリン染色とエオジン染色，40倍率)(Dr. RR Dubielzig, Comparative Ophthalmology Pathology Laboratory of Wisconsinのご厚意による)．

リンパ濾胞に似ており，多くの猫で慢性ぶどう膜炎がみられる(図14.43)．これらの罹患猫は，リンパ形質細胞性ぶどう膜炎の診断は他の原因を排除してから行う．猫のリンパ形質細胞性ぶどう膜炎は，潰瘍病因を伴った非感染性炎症反応が最も多い．KPs，水晶体上と硝子体内のPIFVMs，炎症産物による虹彩ルベオーシスがよくみられる．全身性抗炎症性療法が推奨される．この疾患は比較的治療に抵抗性があるが，長期予後はよい．続発性緑内障は，猫のリンパ形質細胞性ぶどう膜炎に比較的みられる合併症で，PIFVMsや炎症性浸潤物による排水隅角の閉塞が原因である．水晶体脱臼もまた続発性合併症としてよくみられる．

治療：特定の抗菌剤療法(前述参照)に加えて，ぶどう膜炎の対症療法が犬と同様に望ましい．アトロピン(1%)は毛様体筋麻痺薬として有用であるが，猫の場合，アトロピンの苦味に対する反応で激しい流涎が生じるため，できるだけ軟膏での使用が望ましい．猫では潜在的な感染性疾患の発生率が比較的高いため，全

図14.44　全身性高血圧症の猫の硝子体出血

身性コルチコステロイドの使用は，猫のぶどう膜炎の治療には通常推奨されない．

### 眼内出血

眼内出血の原因を，表14.8に記載した．老齢猫においては，全身性高血圧症が眼内出血の主要な原因となる．全身の血圧測定は，眼内出血(前房出血，硝子体，虹彩実質，前網膜，網膜内，網膜下かどうか，図14.44)を呈する老齢猫の診断的精密検査を含め，常に行うべきである．全身性高血圧症については，第18および20章により詳細に述べている．

### 外傷

多くの外傷性疾患は，犬で述べられているのと同様に猫にも当てはまるが，この動物種に関連するいくつかの重要な特異性を考慮する必要がある．

- 猫は犬よりも，貫通性外傷や穿孔性外傷によるぶどう膜炎に重度の徴候が出ない傾向がある(図14.45)．
- 貫通性外傷は，猫のひっかき傷によるものが多い．潜伏期間の後に，眼球摘出が必要な「感染性移植症候群(septic implantation syndrome)」(化膿性および組織球性炎症によって特徴づけられる)に進行する可能性がある．
- 悪質な銃弾による損傷も犬より頻発する．
- 猫損傷後眼球肉腫は悪性度の高い腫瘍で，外傷を受けた数年後に発症し，外傷を受けた視覚のない猫の眼を摘出するかの決定が，重要な検討事項である．

### ぶどう膜腫瘍

猫のびまん性虹彩黒色腫：猫のびまん性虹彩黒色腫(FDIM: Feline diffuse iris melanoma)は，猫におい

第14章 ぶどう膜

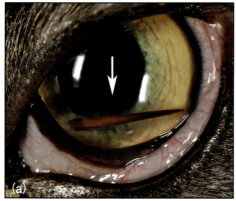

図14.45 (a)前眼房に刺さった棘．驚くべきことに不快症状と炎症はほとんどなかった．棘の眼内部分にフィブリン塊が付着しているのが認められる（矢印）．(b)摘出された棘

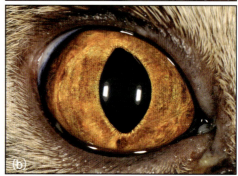

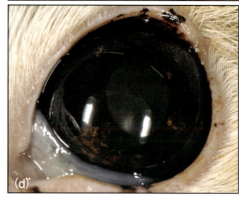

図14.46 異なった出現形態の猫のびまん性虹彩黒色腫．(a)右眼の虹彩はわずかに暗色の影を呈している．(b)(a)の眼を近接撮影すると，虹彩表面に「ビロードのような」外観が明示される．(c)この猫の左眼の虹彩は暗色に色素沈着している．(d)(c)の眼を近接撮影すると，水晶体前部に色素細胞が沈着している（図14.47も参照）．

て最も多く遭遇する原発性眼内腫瘍である．病変は局所性もしくは多発性虹彩色素過剰斑から始まり，徐々に拡大して広がっていく．これらは正常な虹彩表面の構造を局所的に変化させるか，表面をビロード状にわずかに隆起させて，瞳孔異常を引き起こす（図14.46）．非定型変化は毛様体や脈絡膜から発生がみられる場合があり，固体の腫瘤というより，むしろびまん性浸潤としてみられる．無色素性変異は炎症と混同される．FDIMの進行は大きなばらつきがあり，これらの症例に対して最良の管理方法を明確に助言することは困難である．これらの腫瘍は，多くの場合，眼の合併症や明らかな転移性疾患を起こすことなく，長期間に渡ってゆっくりと拡大していく．しかし，急速に進行する腫瘍もあり，続発性のぶどう膜炎，緑内障，転移性疾患を引き起こす．一般的に，転移は肺よりも腹部臓器に発生する．

FDIMを示す可能性のある眼徴候は，

- 構造表面が色素（極めて稀だが無色素性もある）斑に変化する．もしくは表面が隆起する．
- 瞳孔の異常（瞳孔不動，瞳孔異常）とぶどう膜外反
- 前眼房内に剥離した細胞
- 色素過剰領域の進行
- 続発性ぶどう膜炎と続発性緑内障の関連徴候

これらの眼徴候に直面した際には，特にFDIMの生死にかかわる可能性を考慮し，専門医に助言を求めるべきである．詳細な眼科検査を実施後，眼科専門医は適切な治療方法を選択する前に腫瘍病期分類を行う．進行が緩徐な局所性もしくは多発性黒色腫の治療はジ

第 14 章　ぶどう膜

図14.47　猫の前眼房内のメラニン腫瘍性細胞の細隙灯画像（BM Spiess 氏のご厚意による）

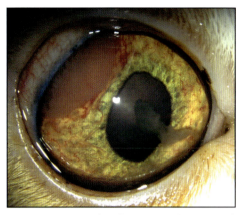

図14.48　猫の眼リンパ腫．ピンク色の結節腫瘤，虹彩の血管新生（虹彩ルベオーシス），フィブリンと角膜下側の角膜後面沈着物を認める（BM Spiess 氏のご厚意による）．

レンマをもたらし，眼科専門医によっては通常のモニタリング，レーザー切除，早期の眼球摘出を推奨している．眼科専門医の多くは，腫瘍が急速に成長する，腫瘍細胞が前眼房内に分散する（図14.47），一つまたは複数の腫瘍が排出隅角に浸潤する，続発性緑内障がある場合は眼球摘出を推奨する．摘出した眼球はすべて，平均余命までの有益な予後指針を得るために病理組織分析に送るべきである．虹彩と櫛状靭帯を超えて広がる黒色腫は，寿命短縮に関連している（Kalishman et al., 1998）

**リンパ腫**：ぶどう膜リンパ腫は，猫で2番目に多い眼内腫瘍である．臨床徴候は難治性ぶどう膜炎から前部ぶどう膜の結節腫瘤やびまん性浸潤まで幅広い（図14.48）．眼徴候が全身徴候より先行する場合もある．診断のための精密検査は犬と同様である．猫では罹患組織の PCR 分析による FeLV 陽性検査も実施する．さらに，猫における眼内リンパ腫は，外傷を受けてから数年後に進行する場合がある．この腫瘍のタイプは，円形細胞変異の猫創傷後眼球肉腫（FPTOS: Feline post-traumatic ocular sarcoma）としても知られており，眼球内に広範囲に広がる傾向があり，水晶体の破裂に付随して生じる．

**猫外傷性眼球肉腫**：猫の眼における悪性形質転換病変は，眼球に重度の損傷を受けてから数カ月後から数年後に生じる．多くの場合，水晶体は外傷時に破裂している．他のリスク要因として，慢性ぶどう膜炎，場合によっては眼内手術と緑内障のコントロールとしての硝子体内ゲンタマイシン注入などである．臨床的には，罹患した眼は難治性ぶどう膜炎，緑内障，過去に眼球癆であった眼球の拡大などを示す．通常，眼内構造物に幅広く関与する．強膜と視神経に広範囲に浸潤し，眼窩の軟部組織に罹患して脳に関与する場合もある．

FPTOS の主要な変異は病理組織学的に認められている．

- 紡錘細胞変異が最も多い．水晶体損傷に関連することが多く，ほとんどが浸潤挙動を示す．
- FPTOS の円形細胞変異は，実質的にはリンパ腫の異形形態を示す．
- 骨肉腫と軟骨肉腫に遭遇することは極めて稀である．

FPTOS の強膜浸潤を呈した猫の予後は悪く，たとえ眼球を摘出したとしても，罹患した猫の多くは局所浸潤と転移性疾患の両方またはいずれかが原因で死亡するため，摘出したとしても一般的には予後不良である．FPTOS の非常に攻撃的動態を考慮すると，外傷を受けた盲目眼を予防のために摘出することが猫では推奨され，特に水晶体損傷では実証されている．摘出した眼球はすべて，価値ある予後指針を得るために病理組織分析に送るべきである．外傷は受けたが視覚のある眼に対しては，モニタリングを続けるべきである．

**虹彩毛様体腫瘍**：これは4番目に多い猫の眼内腫瘍である．これらの腫瘍は通常毛様体から発生し，虹彩に浸潤し（図14.49），ほとんどの場合が無色素性である．

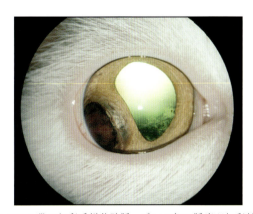

図14.49　猫の虹彩毛様体腺腫．ピンク色の腫瘤が虹彩外側に位置し，虹彩が歪んで見える．

混合型腫瘍：猫の眼神経膠腫瘍と髄上皮腫は稀な原発性ぶどう膜腫瘍である．報告されている他の転移性ぶどう膜腫瘍（リンパ腫は除く）は，転移性癌，扁平上皮癌，血管肉腫，線維肉腫などがある．これらの腫瘍は，潜在的に片眼もしくは両眼に罹患する．両眼への関与は血管侵入性腫瘍ではよくみられる．一般的に，これらは後眼部に限局する傾向があり，特徴的な虚血性脈絡網膜炎を誘発することがある（第18章を参照）．

## 参考文献

Addie D, Belak S, Boucraut-Baralon C et al. (2009) Feline infectious peritonitis. ABCD guidelines on prevention and management. *Journal of Feline Medicine and Surgery* **11**(7), 594–604

Benz P, Maass G, Csokai J et al. (2011) Detection of *Encephalitozoon cuniculi* in the feline cataractous lens. *Veterinary Ophthalmology* **14**(Suppl. 1), 37–47

Bromel C and Sykes JE (2005a) Epidemiology, diagnosis and treatment of blastomycosis in dogs and cats. *Clinical Techniques in Small Animal Practice* **20**(4), 233–239

Bromel C and Sykes JE (2005b) Histoplasmosis in dogs and cats. *Clinical Techniques in Small Animal Practice* **20**(4), 227–232

Brunt J, Guptill L, Kordick DL et al. (2006) American Association of Feline Practitioners 2006 Panel report on diagnosis, treatment, and prevention of *Bartonella* spp. infections. *Journal of Feline Medicine and Surgery* **8**(4), 213–226

Davidson MG, Breitschwerdt EB, Nasisse MP et al. (1989) Ocular manifestations of Rocky Mountain Spotted Fever in dogs. *Journal of the American Veterinary Medical Association* **194**(6), 777–781

Dubey JP, Lindsay DS and Lappin MR (2009) Toxoplasmosis and other intestinal coccidial infections in cats and dogs. *Veterinary Clinics of North America: Small Animal Practice* **39**(6), 1009–1034

Foy DS and Trepanier LA (2010) Antifungal treatment of small animal veterinary patients. *Veterinary Clinics of North America: Small Animal Practice* **40**(6), 1171–1188

Gelatt KN, Gilger BC and Kern TJ (2013) *Veterinary Ophthalmology, 5th edn.* Wiley-Blackwell, Iowa

Graupmann-Kuzma A, Valentine BA, Shubitz LF et al. (2008) Coccidioidomycosis in dogs and cats: a review. *Journal of the American Animal Hospital Association* **44**(5), 226–235

Hogan MJ, Kimura SJ and Thygeson P (1959) Signs and symptoms of uveitis. I. Anterior uveitis. *American Journal of Ophthalmology* **47**(5, Part 2), 155–170

Hosie MJ, Addie D, Belak S et al. (2009) Feline immunodeficiency. ABCD guidelines on prevention and management. *Journal of Feline Medicine and Surgery* **11**(7), 575–584

Kalishman JB, Chappell R, Flood LA et al. (1998) A matched observational study of survival in cats with enucleation due to diffuse iris melanoma. *Veterinary Ophthalmology* **1**(1), 25–29

Komnenou A, Eberhard ML, Kaldrymidou E et al. (2002) Subconjunctival filariasis due to *Onchocerca* sp. in dogs: report of 23 cases in Greece. *Veterinary Ophthalmology* **5**(2), 119–126

Komnenou A, Mylonakis ME, Kouti V et al. (2007) Ocular manifestations of natural canine monocytic ehrlichiosis (*Ehrlichia canis*): a retrospective study of 90 cases. *Veterinary Ophthalmology* **10**(3), 137–142

Krohne SG, Henderson NM and Richardson RC (1994) Prevalence of ocular involvement in dogs with multicentric lymphoma: prospective evaluation of 94 cases. *Veterinary and Comparative Ophthalmology* **4**, 127–135

Ledbetter EC, Landry MP, Stokol T et al. (2009) *Brucella canis* endophthalmitis in 3 dogs: clinical features, diagnosis and treatment. *Veterinary Ophthalmology* **12**(3), 183–191

Leiva M, Naranjo C and Pena MT (2005) Ocular signs of canine monocytic ehrlichiosis: a retrospective study in dogs from Barcelona, Spain. *Veterinary Ophthalmology* **8**(6), 387–393

Lutz H, Addie D, Belak S et al. (2009) Feline leukaemia. ABCD guidelines on prevention and management. *Journal of Feline Medicine and Surgery* **11**(7), 565–574

Massa KL, Gilger BC, Miller TL et al. (2002) Causes of uveitis in dogs: 102 cases (1989–2000). *Journal of the American Veterinary Medical Association* **5**(2), 93–98

Navarro JA, Sanchez J, Penafiel-Verdu C et al. (2010) Histopathological lesions in 15 cats with leishmaniosis. *Journal of Comparative Pathology* **143**(4), 297–302

Peiffer RL, Jr and Wilcock BP (1991) Histopathologic study of uveitis in cats: 139 cases (1978–1988). *Journal of the American Veterinary Medical Association* **198**(1), 135–138

Peña MT, Roura X and Davidson MG (2000) Ocular and periocular manifestations of leishmaniasis in dogs: 105 cases (1993–1998). *Veterinary Ophthalmology* **3**(1), 35–41

Petersen-Jones SM, Forcier J and Mentzer AL (2007) Ocular melanosis in the Cairn Terrier: clinical description and investigation of mode of inheritance. *Veterinary Ophthalmology* **10**(Suppl. 1), 63–69

Stiles J (2011) Bartonellosis in cats: a role in uveitis? *Veterinary Ophthalmology* **14**(Suppl. 1), 9–14

Sykes JE, Hartmann K, Lunn KF et al. (2011) 2010 ACVIM small animal consensus statement on leptospirosis: diagnosis, epidemiology, treatment and prevention. *Journal of Veterinary Internal Medicine* **25**(1), 1–13

Taylor AW (2009) Ocular immune privilege. *Eye (London)* **23**(10), 1885–1889

Torres M, Bardagi M, Roura X et al. (2011) Long term follow-up of dogs diagnosed with leishmaniosis (clinical stage II) and treated with meglumine antimoniate and allopurinol. *Veterinary Journal* **188**(3), 346–351

Trivedi SR, Malik R, Meyer W et al. (2011a) Feline cryptococcosis: impact of current research on clinical management. *Journal of Feline Medicine and Surgery* **13**(3), 163–172

Trivedi SR, Sykes JE, Cannon MS et al. (2011b) Clinical features and epidemiology of cryptococcosis in cats and dogs in California: 93 cases (1988–2010). *Journal of the American Veterinary Medical Association* **239**(3), 357–369

van der Woerdt A (2000) Lens-induced uveitis. *Veterinary Ophthalmology* **3**(4), 227–234

# 15

# 緑内障

**Peter Renwick**

家畜の緑内障は，眼球でよくみられる病理学的変化のグループとして扱われる．緑内障は一つ，あるいは複数の眼球疾患の結果，正常値を超えた眼圧の上昇によって視覚の障害，消失を引き起こす．

視神経乳頭の微細循環および網膜神経節細胞軸索の軸索流が早期に障害され，重大な影響を受ける．犬において，これらの変化は脈絡膜血管灌流の減少によって外網膜壊死と付随して起こり，それはノンタペタム領域で最初に強くみられる．罹患眼においてそれが制御できなかった場合，不可逆的盲目に進行することがある．

緑内障における視覚の予後は，発展し続ける緑内障治療にもかかわらず常に警戒が必要で，臨床医にとって最も能力が試され，失望させられる可能性のある疾患の一つである．視覚を維持させるためには，早期診断と迅速で適切な治療が最も重要である．

## 眼圧の生理的制御

眼圧は，眼の前部で，眼球硬性と房水の量を含む多くの因子に依存している．一定の房水産生と排出は，眼球の形状と安定した生理的眼圧の維持に必要である．正常な房水は光学的に透明で，視覚にとって重要な特性をもっている．房水の継続的灌流は無血管構造である水晶体，角膜，線維柱帯（眼における排水装置の主な部位）への栄養供給とそこからの老廃物除去に不可欠である．

房水は毛様体の突起部から産生されるが（図15.1），能動分泌が主で，程度は落ちるが限外濾過によっても産生される．毛様体突起は血管に富み，内側の細胞間タイトジャンクション，毛様体から血液-房水関門への非色素細胞層という二重の上皮層を有する．これらの上皮細胞は房水産生の調節に重要で，毛様体突起は分泌機能を促進するために大きな表面積を有している．ナトリウムイオンはNa-K-ATPaseポンプ機能によって房水へ能動輸送される．炭酸脱水酵素による触媒反応によって水と二酸化炭素が反応した結果，重炭酸イオンが房水に排出される．これら溶質の房水への流入

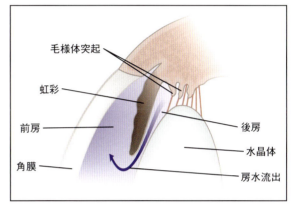

図15.1　房水は毛様体で産生され，瞳孔を通って前房内へ流出する．

は，水が後房へ進入するのに伴って起こる．

産生された房水は後房を抜け，瞳孔を通って前房に入る（図15.1）．安定した眼圧を維持するために，房水は産生されるのと同じだけ眼から排出される．犬と猫での房水流出の大部分は虹彩根部，毛様体基部，角強膜組織の接合部における排出構造を通して起こる（図15.2および15.3）．この領域は排出角（虹彩角膜角，濾過角）と呼ばれる．

排水装置の主要な組織は，櫛状靱帯（図15.4）および毛様体裂であり，これは線維柱帯のスポンジ様組織を有する．房水の大部分はこれらの組織を横切って無血管性の房水叢へ排出され，強膜静脈循環に流れ出る（主流出路）．加えて，副流出路として，ぶどう膜強膜流出路もあり，これは房水が毛様体裂に入り，房水叢を迂回して脈絡膜および脈絡膜外腔を通り，強膜静脈循環へ流れる．この経路は正常な犬の総房水流出の約15％，正常な猫の約3％を占める．

## 正常変化

正常な犬の眼圧は圧平眼圧計で測定すると通常10～25 mmHgである．様々な因子が測定に影響を及ぼす（表15.1）．緑内障の疑われた症例を評価する際，眼圧に影響し得る生理的要因を認識しておくことが重

# 第15章 緑内障

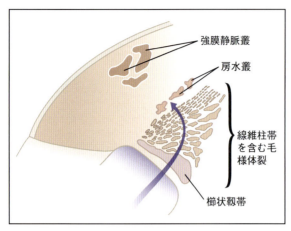

**図15.2** 房水の流出は主に櫛状靱帯および線維柱帯を通って房水叢に入り、そこから強膜静脈循環に入る。

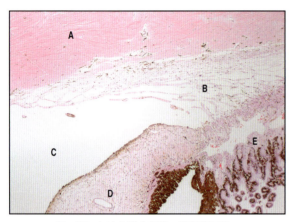

**図15.3** 猫の眼における排水組織の顕微鏡写真
A＝強膜、B＝毛様体裂内の線維柱帯、C＝前房、D＝虹彩、E＝毛様体

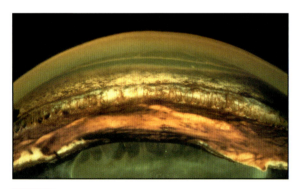

**図15.4** 前房内から見える櫛状靱帯の線維

要である。例えば、頸部を圧迫すれば眼圧は約30 mmHgに上昇し、圧迫を緩めれば、すぐに20 mmHg以下に下降し得る。同様に眼圧測定時に眼瞼を手で開くと（片側、あるいは両側）眼圧は著しく上昇する（Klein *et al*, 2011）。

**表15.1** 正常犬の眼圧に影響している因子

- 眼圧測定に使用する機器
- 犬の年齢：加齢とともに眼圧は下がると報告されている
- 動物のポジショニング：シェッツ眼圧計を使用するために、首を後ろに引くと眼圧が上がる
- 保定の度合い：強い保定、頸静脈の圧迫によって眼圧は上がる
- 強制的な開眼と眼球圧迫によって眼圧は上がる：目が突出した犬種、短頭種は眼圧測定時の保定中に起こりやすい
- 犬種：例えばテリア種では眼圧は変動している
- 肥満や動脈血圧など、可能性のあるその他の要因

## 疾患の検査

### 眼圧測定

緑内障罹患動物は、受診時に眼圧の上昇がみられることがほとんどで、それゆえに眼圧測定は診断の基本となる。治療の反応をモニタリングするために眼圧測定は不可欠であり、緑内障治療中の動物に対して、毎回眼圧測定すべきである。前部ぶどう膜炎によって眼圧はしばしば低下し、ぶどう膜炎をもつ罹患動物は続発性緑内障へと移行する危険もあるため、ぶどう膜炎をもつ症例の診断および管理においても眼圧測定は非常に有益である。眼圧を評価することが有効な方法は様々あり、それらの詳細は第1章で述べられている。

### 隅角鏡検査

隅角鏡検査は、毛様体裂の開口部を目視検査する技術である。猫では、斜めから角膜を通して観察することにより、限られた範囲、かつ、やや歪んだ櫛状靱帯の像を得ることができるが、猫以外では、ルーチンな眼科検査法では、房水の排出構造を確認することは通常不可能である。

隅角鏡検査法は、数種類の接触性レンズを用いて行われる。角膜への自着性があり、検査者が罹患動物の保定と器具を保持するために両手を自由に使えることから、バルカンおよびケッペ隅角鏡が獣医療では最も一般的である（図15.5〜15.7）。隅角鏡がない場合は、集光レンズを角膜に押し当てることで代替となるが、その評価精度は明らかに低下する。

拡大鏡（直像鏡、スリットランプ、生体顕微鏡、眼底カメラ）が、虹彩角膜角の構造を観察するために用いられる（図15.8）。隅角鏡検査は、櫛状靱帯の異形成や、毛様体裂と櫛状靱帯の閉塞・虚脱などの異常を明らかにさせるかもしれない。また、この領域の他の変化も確認されるかもしれない。例えば、新生物組織の

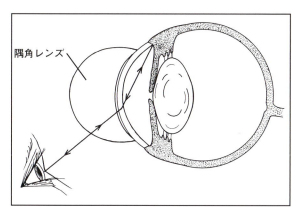

図15.5 隅角レンズは角膜表面での屈折を変化させ，排出角から反射された内部の光を観察できるようにする．

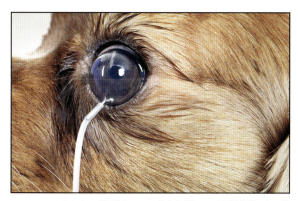

図15.6 バルカン型隅角レンズは角膜への局所麻酔下で使用する．このレンズは，内部に生理食塩水が入ったシリコンチューブが付いており，陰圧を作ってレンズを眼球に保持する．角膜に保持されたレンズ内に人工涙液を満たすことにより，拡大像が得られる．

図15.7 ケッペ型隅角レンズ装着．このレンズは角膜表面の表面張力と，レンズの縁にある輪縁を眼瞼下に，はめ込むことによって保持される．

浸潤，炎症性腫脹や沈着，線維血管組織の成長などである．

隅角鏡検査は，眼圧上昇の原因が明らかでないいずれの緑内障の症例においても適応される．原発性の遺伝性緑内障が疑われる場合，特に外見上，正常な反対眼においても虹彩角膜角の異常を検査する場合も必要

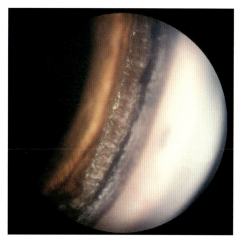

図15.8 ラブラドール・レトリーバーにおける櫛状靱帯と毛様体裂開口部の正常な隅角鏡所見

とされる．反対眼の隅角鏡検査は，緑内障診断に役立つ（緑内障眼は角膜の混濁や，以前から存在していた毛様体裂開口部の続発的虚脱が不明瞭となっているため，隅角鏡検査ができない場合がある）．そして，正常眼圧の眼に対する緑内障への素因について有用な情報が得られる．

この手技は容易ではない．隅角レンズは，眼上で維持するのが困難である．また，マイボーム腺の分泌，または他の組織片によってレンズが汚れているときは明瞭な観察が困難である．レンズの位置は重要で，この位置や視野角のわずかな変化が毛様体裂入口の観察においてアーチファクトを招く．隅角鏡検査を実施し，所見を正確に解釈するためには熟練が要求される．

隅角鏡検査は緑内障の診断と管理のためには非常に重要な手技である．もし，臨床医が緑内障の疑い，あるいは緑内障を確認した場合に，隅角鏡検査の実施する検査器機や，隅角所見の解釈を行う熟練経験がない場合には，すぐに眼科専門医への紹介を考慮すべきである．

## 臨床症状

緑内障の発症症状は様々で，それはいくつかの要因に依存する．

- 発症の速さ
- 眼圧上昇の程度
- 異常の期間
- 原因
- 動物の年齢（若齢動物の眼球は，より膨張性がある）

猫の緑内障については本章の終わりに詳しく記述する．緑内障の臨床徴候の多くは，多数の他の眼疾患と

共通しており，緑内障を診断するにあたって，総合的な注意深い臨床検査（シグナルメントと経過の完全な評価を含む）を評価することが非常に重要である．便宜上，臨床症状は，「急性」と「慢性」という項目毎に検討しているが，この区分は少々任意的で，臨床的状況において，常に明確なわけではない．例えば，いくつかの慢性例では，急激に悪化するまで飼い主は気づかないかもしれない．

## 急性緑内障

眼圧の急性上昇でよくみられる主要な症状を表15.2に要約した．

### 疼痛

重度で急性例の場合（特に眼圧が40〜50 mmHg以上），叫び声を上げ，頭をかく仕草，顕著な抑うつ，時に食欲不振を引き起こす程の不快症状を示す．眼瞼痙攣，第三眼瞼突出による眼球後退，涙液分泌の増加および流涙は不快症状による（図15.9）．症状は，眼圧上昇がそれほど劇的でないときは，それほど明らかではないかもしれない．緑内障に関連する疼痛はNSAIDsにあまり反応しない．また，眼圧のコントロールは疼痛軽減が主な目標である．

### 角膜浮腫

特に，40〜50 mmHg以上の眼圧の急性上昇では，角膜全体が「曇った」青みがかったように見える．角膜の正常な光学的透明度は，多くの因子に依存する．最も重要な一つとして，角膜の透明性を維持する，適度な角膜の脱水状態が挙げられる．これは，主に角膜内

### 表15.2 急性緑内障の臨床徴候

| 臨床徴候 | 解説 |
|---|---|
| 疼痛 | 流涙増加，眼瞼痙攣，眼球陥凹，第三眼瞼突出，前肢で頭をかく仕草 |
| 角膜浮腫 | 特に急激な眼圧上昇 40〜50 mmHg以上 |
| 角膜の血管新生 | 急性例における深部の「刷子縁」徴候 1日1 mmの割合で角膜中央へ向かって伸びる |
| 散瞳 | 中等度に拡大した無反応な瞳孔（他眼における間接瞳孔対光反射によって視覚機能の可能性に対する有無を評価する） |
| 上強膜うっ血 | しばしば結膜うっ血を伴う |
| 眼底 | 視神経乳頭の腫脹・出血がみられることがある |
| 視覚喪失 | 異常が片側性の場合，飼い主が気づかないかもしれない |

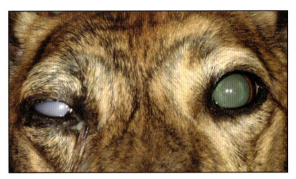

図15.9 グレーハウンドにおいて，眼内炎に続発して急性発症した緑内障．右眼において，重度の眼の不快症状に伴い，顕著な角膜浮腫がみられる．

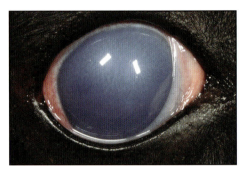

図15.10 2歳齢イングリッシュ・スプリンガー・スパニエルにおいて，高眼圧によって角膜浮腫が発生．眼内出血の後に続発性緑内障に進行

皮細胞におけるポンプ機能の働きによる．角膜から房水への能動輸送が，角膜実質からの水の動きによって生じる拡散勾配を引き起こす．急激な眼圧上昇は，この現象を妨害し，浮腫を引き起こす（図15.10）．この所見は，常にみられるわけではない．例えば，眼圧上昇の程度が低いときや慢性例では顕著ではない．

### 角膜血管新生

急性症例において，周辺部血管が，通常360度にわたって輪部から深層角膜へ侵入する．血管は，周囲の実質コラーゲン層によって制限され，前縁で密集した「刷子縁」を呈する（図15.11）．そのような血管新生は，顕著な角膜浮腫および，ぶどう膜炎に続発した緑内障に関連してよくみられる．

### 散瞳

散瞳，あるいは中等度に散瞳し，十分に反応しない瞳孔は，圧力によって誘発された瞳孔括約筋の不全麻痺や麻痺による（図15.12）．そのような状況下での直接瞳孔対光反射の欠如を視覚消失と推定してはいけない．その代わりに，他の徴候を視覚の可能性を評価するのに用いるべきである．例えば，罹患眼における威嚇瞬き反応，眩目反射の有無，あるいは，罹患眼のみに光を当てたときの対側眼における間接瞳孔対光反射

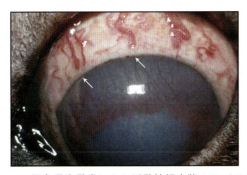

図15.11 隅角発生異常による原発性緑内障のラブラドール・レトリーバーにおける深層性血管新生．血管は360度にわたって角膜に侵入し，前縁にて「刷子縁」を示す．犬の深層性血管（矢印）は，輪部を横切らない（図15.15の表層性血管と比較）．

図15.12 隅角発生異常による急性原発性緑内障のバセット・ハウンドにおける散瞳およびわずかな角膜浮腫

| 表15.3 | 上強膜うっ血または充血の鑑別診断 |
| --- | --- |

- 緑内障
- ぶどう膜炎，眼内炎，汎ぶどう膜炎
- 上強膜炎（犬ではしばしば局所性）
- 後眼部を占拠する病変（膿瘍，新生物など）
- ホルネル症候群
- 過粘稠度症候群
- 興奮

の有無である．散瞳は緑内障眼の特異的所見ではなく，ぶどう膜炎誘発性緑内障のいくつかの症例では，瞳孔が収縮することさえある．

### 上強膜のうっ血

上強膜のうっ血（図15.13）は，緑内障症例で一般的にみられ，有用な診断の指標である．角膜輪部に直角に走行するうっ血した上強膜血管は，強膜の白い背景に対して多くみられ，眼瞼および結膜の動きに合わせて移動しない．上強膜血管の間の組織が充血している場合は，結膜の血管も拡張することがある．結膜血管は，局所の10％フェニレフリン点眼によって速やかに白くなり，直ちに白くならない上強膜血管を正確に評価できる．上強膜うっ血を起こしたすべての症例が緑内障ではなく，その逆の場合も同じことが言えるため，それらを認識することが重要である（表15.3）．

### 視覚喪失

視覚の喪失は，視神経乳頭の領域における神経節細胞軸索への損傷によって引き起こされ，それは，眼圧上昇によって引き起こされる視神経乳頭への血液供給と視神経軸索内の軸索流に対する有害作用による．これらの視神経乳頭の変化はいくつかの急性発症症例における網膜壊死に伴って起こる．加えて，犬の緑内障における硝子体と網膜内のグルタミン酸塩量が増加すると，少なくともある程度の細胞内へのカルシウム流入によって媒介される「興奮毒性」に起因して網膜神経節細胞壊死が引き起こされると考えられている（Brooks et al, 1999）．他の物質，例えばエンドセリン-1や一酸化窒素が，原発性緑内障の犬で増加していることが示されており，これらは神経節細胞壊死を引き起こす要因となる（Kallberg et al, 2007）．急性症例では，緑内障発症数時間以内に盲目となることがあり，この変化は急速に不可逆性となる．

注意深い飼い主の場合は片眼のみの視覚喪失に気づくことがあるが，多くの場合，片眼だけの部分的な視野消失に気づけない．このことから，片眼だけが緑内障に罹患している場合，疾病の進行の発見に気づくことが比較的遅い傾向にあり，受診時には視覚の変化よりも眼の外観の変化を主訴とすることが一般的である．特に飼い主が視覚喪失の経緯を報告していない場合，臨床医は，異常なのかどうか，緑内障の可能性，視覚の有無についての非常に重要な質問を見逃しやすい．積極的に問診を行い，視覚有無の確認するための検査を実施しなければならない（表15.4）．これは診断をする際の手助けになるだけでなく，症例の予後管理にとって大きな影響も与える．片眼がすでに視覚喪失した動物では，対側眼が臨床的に影響されるとすぐに，より明らかな視覚行動の影響を示す傾向がある．

視覚喪失の初期段階では，視神経乳頭損傷および網膜神経節細胞機能障害は，少なくともある程度，潜在

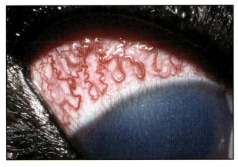

図15.13 上強膜うっ血．結膜と一緒に移動しない大きな血管が強膜を背景にしてみられる．

# 第15章 緑内障

**表15.4** 緑内障における片側性視覚喪失によって示される臨床徴候

- 罹患眼の威嚇瞬き反応の消失
- 明るい光を罹患眼に照射した際の眩惑反射の消失
- 間接瞳孔対光反射の消失．薄暗い部屋で罹患眼に光を当てた際に対側眼の瞳孔が収縮しない
- 交互点滅対光反射試験において，罹患眼瞳孔の再拡大
- 対側眼を覆った際の，綿球に対する追従反応の欠如
- 対側眼を覆った際に，迷路をうまく通り抜けることができない

**表15.5** 慢性緑内障の臨床徴候

- 急性緑内障と比較すると，顕著な疼痛症状・不快症状は少ない．
- 眼球拡大
  - 角膜を含む眼球膜の伸展により，以下に挙げるような他の変化を引き起こす．
  - いったん眼球が拡大すると，予後が非常に悪く，眼球摘出がよく示唆される（若齢動物と非常に緩慢な進行症例を除く．本文を参照）．
  - この段階に進行する前に，あらゆる努力をして緑内障を診断すべきである．
- 角膜血管新生
  - しばしば認められる表層性分岐血管（急性症例でみられる「刷子縁」とは異なる）
  - 血管は，表層角膜へ色素を送ることがある．
- 露出や不十分な瞬目（兎眼）による角膜潰瘍そして角膜の伸展と浮腫
- デスメ条痕（ハーブ条痕）
  - 伸展によるデスメ膜の破綻によって生じる角膜の灰色線
- 赤道部ぶどう腫
  - 輪部の後方で，青みがかった透過性の膨隆としてみられる強膜の菲薄化
- 虹彩萎縮
  - 菲薄化による透過性の亢進と孔形成
  - 加齢や，ぶどう膜炎によるのが，より一般的
- 無水晶体半月を伴う水晶体亜脱臼・脱臼
  - 原発性水晶体脱臼と鑑別しなければならない．
- 白内障
- 眼内出血
  - 他の疾患過程でみられるのが一般的（本文参照）
- 視神経乳頭陥凹
  - この部位（強膜篩板）での強膜の脆弱化による視神経乳頭の後方への湾曲
- 網膜と視神経乳頭の萎縮
- 眼球癆

的で可逆性である．非常に高い眼圧を呈した症例，あるいは一度数日（いくつかの例では数時間でさえ）のうちに視覚障害を示した眼は，眼圧が正常に戻ったとしても，視覚回復の可能性はわずかである．急性発症の緑内障症例は，正確な診断と，疾病の経過のできるだけ早い段階での説明が必要である．

急性緑内障の動物は，視神経乳頭の腫脹がみられることがあり，それは小出血を伴うかもしれない．しかしながら，角膜浮腫の存在，および他の潜在的な眼内の変化は眼底検査の妨げになり得る．真性急性発症緑内障は，視覚維持あるいは回復する可能性のある症例において緊急性がある．診断および治療に精通していない臨床医は，専門医に早急に紹介することが望ましい．

## 慢性緑内障

慢性緑内障は，管理がうまくできなかった場合，または急性発症時の誤診によって発生する．あるいは，知らない間に進行していたり，すでに肉眼的に異常な所見がみられて初めて進行していたりする．

急性緑内障でみられた多くの臨床徴候は，慢性症例ではより重度であったり，軽度であったりするが，疼痛および角膜浮腫などは，慢性化すると顕著でなくなる傾向がある．急性緑内障の徴候に加えて，慢性症例では，表15.5に要約されているような様々な徴候を示す．

### 眼球拡大

眼球の拡大（水眼，牛眼）は，内圧による眼球膜の伸展によって引き起こされる．これは，成体よりも眼球が弱い若齢動物において，しばしば顕著で比較的急速である．慢性緑内障の臨床徴候の多くは，眼球伸展の結果である．眼球拡大が明らかになる前に，ほとんどの動物は，罹患眼がすでに失明している．しかしながら，若齢動物と疾患が非常に緩慢に進行する症例（原発性開放隅角緑内障など）は，眼球サイズが非常に顕著に増加しているときでさえ，いくらかの視覚を維持している可能性がある．正常な眼球サイズの眼球突出は，膿瘍や新生物などの眼球後方の占拠性病変によって前方に押し出されたもので，牛眼と鑑別しなければならない（表15.6および図15.14）．

### 角膜の変化

眼球拡大に伴って角膜経は増加する．しばしば表在性の樹枝状に形成した血管が輪部から角膜に侵入することがある（図15.15）．侵入血管を通って角膜へ侵入することにより，色素が頻繁に沈着する．眼球が拡大するにつれ，瞬目と涙液膜を広げる能力が損なわれる．これは次に角膜の健康状態に影響し，最終的に上皮の不整領域および明らかな潰瘍（特に角膜中央部）がみられるようになる．

多くの要因によって角膜内の灰色混濁が進行する．それらの要因は以下である．

- コラーゲン薄板の正常な規則正しい配列の乱れ（伸展，浮腫，血管による）
- 瘢痕組織形成（角膜潰瘍後など）

## 第15章 緑内障

表15.6 眼球突出と牛眼の鑑別

| 機能 | 牛眼 | 眼球突出 |
|---|---|---|
| 第三眼瞼の位置 | 内眼角へ押し戻される | しばしば（いつもではない）眼球上に突出 |
| 角膜経 | 増加 | 正常 |
| 瞳孔の外観 | しばしば中等度で無反応 | 様々（正常かもしれない） |
| 水晶体の位置 | しばしば亜脱臼．無水晶体半月と伸展したチン小帯線維が見える | 正常 |
| 視神経乳頭の外観 | 陥凹 | 乳頭は腫脹あるいは，うっ血していることがある（陥凹していない） |
| 口腔検査 | 正常 | 腫脹が最後臼歯の尾側にみられることがある |
| 眼圧 | 上昇 | ほとんどの症例で正常（上昇はわずか） |

図15.14 先天性緑内障の子猫における牛眼

図15.15 慢性緑内障における表在性血管新生．血管（矢印）は分岐し，輪部を横切っているのを見ることができる（図15.11と比較）．

- 露出に続発した角膜上皮の肥大，角化
- デスメ膜の破綻は角膜の伸展によって引き起こされる（その灰色条痕はハーブ条痕としても知られている）（図15.16）．

### 赤道部ぶどう腫

強膜の菲薄化および伸展は，眼球赤道部で顕著とな

図15.16 前部ぶどう膜炎に続発した慢性緑内障を起こしたチャウ・チャウ．デスメ条痕（ハーブ条痕）が角膜を横切る青灰色線としてみられる．眼球膜の伸展によって引き起こされたデスメ膜の破裂である．

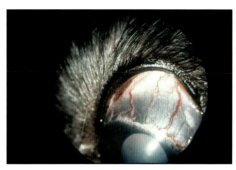

図15.17 赤道部ぶどう腫．内圧によって誘発された強膜の菲薄化は，輪部の後方で青っぽい腫脹を引き起こす．腫瘍性の腫瘤と比較すると，ぶどう腫は組織の菲薄化のために光を通す（PGC Bedford氏のご厚意による）．

り，強膜とその下にあるぶどう膜の，外部への突出を引き起こす．これは，輪部の後方に離れた部位にて，青みがかった膨隆としてみられる．そして，しばしば眼瞼によってわかりにくい（図15.17）．その腫脹は硬い腫瘤と鑑別しなければならない．これは徹照によって認識でき，ぶどう腫に光を当てると，組織の菲薄化が確認できる．

### 水晶体の変化

**脱臼または亜脱臼**：眼球の拡大は，水晶体を支持するチン小帯線維の伸展と破綻を引き起こす．その結果，時には水晶体の亜脱臼，最終的に脱臼を引き起こす（図15.18）．その水晶体は眼の前部あるいは後部に位置するようになり，その赤道周辺に付着するチン小帯の遺残部がよくみられる（図15.19）．無水晶体半月は，水晶体が視軸から離れた位置に変位した水晶体亜脱臼の症例でみられる．その半月は，一方で瞳孔縁によって，もう一方は水晶体赤道部によって境界される．いくつかの罹患動物では，無水晶体領域を通して眼底を見ることができるが，それは，約+12ジオプトリーにセットした検眼鏡のレンズを用いた直像鏡，または，焦点光源，肉眼検査を用いる．それは，しばし

第15章　緑内障

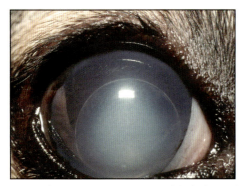

図15.18　雑種犬における原発性開放隅角緑内障．眼球は拡大し，二次的に水晶体脱臼を引き起こした．水晶体は前房内に位置しているのが見える．

ば網膜血管の限られた像である．顕著な眼球拡大したいくつかの症例では水晶体は視軸内に残り，完全な無水晶体環や半影が水晶体赤道部と瞳孔縁の間にみられる．水晶体の脱臼や亜脱臼は，房水の動態に影響し，緑内障の程度をさらに悪化させる．水晶体脱臼は原発的にも発生し，水晶体脱臼が原因なのか，緑内障の影響なのかを確定するのは非常に重要である（下記参照）．

**白内障**：慢性緑内障症例，特に脱臼が発生した症例では，水晶体の混濁がしばしば進行する（図15.20）．これらはおそらく水晶体の栄養の変化および眼内の毒性産物の増加による．房水動体の変化によって，水晶体への栄養供給および，水晶体からの老廃物の除去が妨げられる．加えて，緑内障眼後部において，グルタミン酸塩のような毒素の産生が増大することが知られている．白内障を起こした水晶体は様々なメカニズムによって緑内障を引き起こしたりもする（下記参照）．

### 眼内出血

眼内の重度出血が緑内障によって発現することがあるが，それは高眼圧の原因とも関連しているかもしれない．その存在は，緑内障の原因についての正確な臨床診断を困難にしたり，症例の初回評価時における診断を不可能にするかもしれない．眼内出血に対する考慮すべき鑑別診断のいくつかを表15.7に示した．

### 視神経乳頭の陥凹

視神経乳頭の陥凹は，視神経乳頭が後方に湾曲する現象である（図15.21～15.23）．これは比較的弱い強膜篩板（視神経軸索線維を眼外へ誘導するために強膜に穴があいた領域）に高眼圧が影響し，視神経線維が欠損した結果である．視神経乳頭の陥凹は，強膜篩板内における穴の不均衡を引き起こす．これは，順に，その領域を通る視神経軸索への，剪断力と物理的ダメージがかかり，視覚を悪化させる．

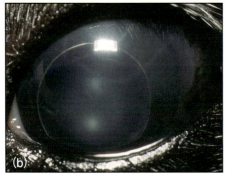

図15.19　両側性の眼球拡大を引き起こした雑種コリーの原発性開放隅角緑内障．(a)両眼の水晶体は，残ったチン小帯線維によって，視軸付近にぶら下がっている．(b)屈折した水晶体赤道部が見える．そして，無水晶体半月に隣接している．角膜はデスメ膜の破壊徴候を示し，角膜色素沈着が重度の牛眼によって進行する．

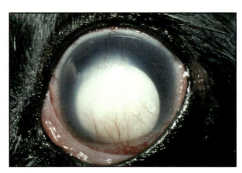

図15.20　慢性緑内障症例における眼球拡大は，二次的に水晶体脱臼および白内障進行を引き起こす．慢性表在性角膜血管新生もみられる．

表15.7　眼内出血の原因

- 外傷，外科
- 眼内新生物
- ぶどう膜炎
- 出血性素因（多くの原因）
- 全身性高血圧症
- 網膜剥離（多くの原因）
- 先天性疾患
  - コリー眼異常
  - 網膜異形成
  - 硝子体動脈遺残
  - 第一次硝子体過形成遺残
- 慢性緑内障

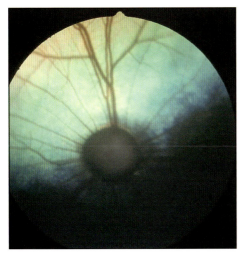

図15.21 雑種犬の原発性開放隅角緑内障．視神経乳頭が重度に陥凹している．焦点が網膜面に合っているとき，網膜血管は陥凹縁を越えて落ち込んでいるため，観察できない．

図15.22 重度に陥凹した視神経乳頭（E Scurrell のご厚意による）

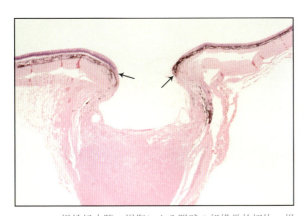

図15.23 慢性緑内障の損傷による眼球の組織学的切片．視神経乳頭は，陥凹している．乳頭縁を矢印で示す（JRB Mould のご厚意による）．

視神経乳頭の陥凹は，眼底を立体的に見ることができる倒像鏡を用いることによって，最も容易で正確に評価される．しかしながら眼の中間体が十分に透明性を維持していれば，直像鏡を用いて陥凹の程度を確認

することも可能である．網膜は検眼鏡のレンズを合わせることによって，最初に焦点を調整する（眼球が拡大しているため，負レンズを用いる）．そして，視神経乳頭中央は，より高いジオプトリーの負レンズで焦点が合う．レンズ設定を変えて視神経乳頭の陥凹の程度を評価する（それぞれの追加ジオプトリーは，陥凹の 0.3 mm にほぼ等しい）．

### 網膜および視神経の萎縮

慢性例では，視神経乳頭は陥凹に加えて検眼鏡所見上，他の変化もみられる．典型例では，血管系の喪失により蒼白化する．そして，有髄神経線維の喪失によって暗くなってくることもある．

タペタムの反射亢進は，他に起こり得る検眼鏡所見である．それは網膜の菲薄化によって起こり，タペタム（脈絡膜内に位置する）からの光反射が増加したためである．緑内障の動物において，初めは視神経乳頭から広がる明るい扇状の帯としてしばしばみられる（図15.24）．扇形の網膜壊死帯および網膜萎縮は，「分水界」と呼ばれる病変を示し，脈絡膜血管層（網膜の外層に供給）における圧力の影響の結果である．疾病が進行すると，タペタム反射亢進が広がり，網膜血管（内網膜層に供給）は細くなる（図15.25）．

### 眼球癆

検査時の眼圧が正常にもかかわらず，慢性緑内障の徴候を示す症例があることは重要である．これは，以前の眼圧上昇が，圧力による毛様体突起の萎縮と房水産生減少を引き起こすことによる．極端な症例では，眼球の大きさを減少させたり，眼球癆を引き起こすかもしれない．

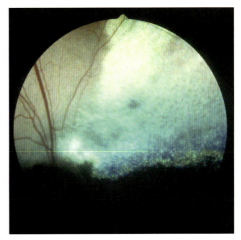

図15.24 原発性緑内障のバセット・ハウンドにおける扇形網膜壊死．反射亢進部（網膜菲薄化を示す）および隣接したより正常な反射領域との間における明瞭な境界は，「分水界」病変として知られている．

# 第15章 緑内障

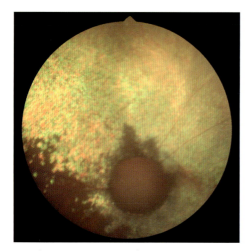

図15.25 イングリッシュ・スプリンガー・スパニエルの隅角発生異常による緑内障の慢性眼底変化．タペタムは全体的に反射亢進し，網膜血管は重度に細くなっている．視神経乳頭は重度に陥凹している．

表15.8 原発性緑内障の好発犬種

**隅角発生異常**
- イングリッシュ・コッカー・スパニエル
- アメリカン・コッカー・スパニエル
- イングリッシュ・スプリンガー・スパニエル
- ウェルシュ・スプリンガー・スパニエル
- バセット・ハウンド
- ブービエ・デ・フランダース
- ラブラドールおよびゴールデン・レトリーバー
- フラットコーテッド・レトリーバー
- グレート・デーン
- ウェルシュ・テリア
- ダンディ・ディモント・テリア
- 柴
- シベリアン・ハスキー
- サモエド
- チャウ・チャウ
- シャー・ペイ
- ボストン・テリア

**開放隅角緑内障**
- ノルウェジアン・エルクハウンド
- ビーグル
- プチ・バセット・グリフォン・バンデーン

## 緑内障の分類および原因

緑内障は多くの方法で分類することができる．症状が急性か慢性かどうかに加えて，先天性（獣医例では稀）か後天性かを検討し，後天性の症例ではその基礎疾患に基づいてさらに分類される．緑内障の原因は，広義のカテゴリーで二つに分けることができる．

- 原発性緑内障：二つの主要なタイプがある
  ― 隅角発生異常（閉塞隅角緑内障）
  ― 原発性開放隅角緑内障
- 続発性緑内障：多くは房水流出の減少による

### 原発性緑内障

原発性緑内障の場合，他に確認される既往眼疾患がなく，ほぼ，眼圧上昇の可能性が両側性にある．多くの品種で原発性緑内障の発現傾向が証明されている．これらのいくつかにおいて，その疾患が遺伝的根拠をもつことが証明されている．国によってその品種は変わるが，より一般的に認識されたものを表15.8に示す．

### 隅角発生異常

隅角発生異常（急性原発性閉塞隅角緑内障）は英国における犬の原発性緑内障の最も一般的な原因である．それが頻繁にみられる品種を表15.8に示す．これらの症例では，櫛状靱帯異形成と呼ばれる櫛状靱帯の両側性発生異常がある（Martin, 1975；Bedford, 1980）．正常構造（図15.8参照）と異なり，形成異常の靱帯は，広範囲が部分的な流出孔によってのみ穴があいている組織からなる（図15.26）．隅角発生異常の症例では，櫛状靱帯によって形成されている毛様体裂の開口部も

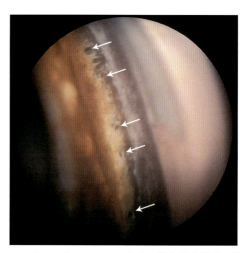

図15.26 グレート・デーンにおける隅角発生異常の隅角鏡所見．櫛状靱帯は，断続的な流出孔（矢印）のみがみられる一面の組織からなる（図15.8と比較）．

狭くなっている（Ekesten, 1993）（図15.27）．若年期はこれらの制限された隅角においてでも，十分な房水流出が許容範囲にあり正常眼圧で眼球が維持されるかもしれない．様々な時期，通常は中年齢で，ウェルシュ・スプリンガー・スパニエルでは成年期の早い段階で，流出がさらに損なわれ，緑内障が発現する（Cottrell and Barnett, 1998）．それらの症例では，正常な排水構造は確認できない（図15.28）．最終的に房水流出が破綻する正確なメカニズムは，十分に理解されていない．当然のことながら，櫛状靱帯異形成の程度が重度な個体は，緑内障の臨床徴候が発現しやすいことが示されている（Read et al, 1998）．

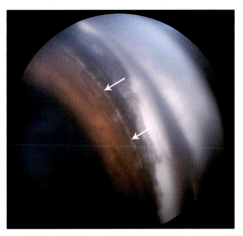

図15.27 極端に狭くなった毛様体裂(矢印)の開口部を示す隅角鏡所見

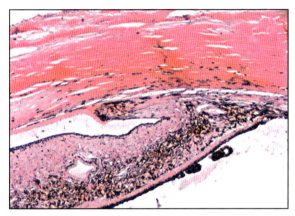

図15.28 隅角発生異常を示す組織学的切片．線維柱帯および毛様体裂の正常構造(図15.3参照)は虚脱，あるいは明らかではない(E Scurrellのご厚意による)．

表15.8に挙げられた多くの犬種で突然発症した赤目や疼痛を呈する場合は，緑内障でないと証明されるまでは閉塞隅角緑内障を疑うべきである．そのような動物に対しての眼圧測定と隅角鏡検査は必須である．加えて，隅角発生異常は両側性にみられるため，対側眼は将来的に緑内障を発症しやすい．これは症例の管理に大きく影響し，飼い主の教育に関する非常に重要な情報である．

### 慢性原発性開放隅角緑内障

原発性開放隅角緑内障は，英国ではノルウェジアン・エルクハウンドとプチ・バセット・グリフォン・バンデーン(そして時折，他の品種および異種交配した犬)，米国ではビーグルでみられる．特に，ヒトでよくみられる疾患との関連のために多くの研究がビーグルで実施された．しかし，獣医学的な臨床環境においては，それほど重要ではない．ビーグルにおける緑内障の原因である遺伝子変異が確認されている(Kuchtey *et al*, 2011)．それは，両側性で，発症が緩慢である．罹患眼における水晶体脱臼および亜脱臼は珍しくなく，緑内障発現の一因となるかもしれない．疾患の進行は比較的遅く，両眼は眼球拡大し，視覚低下する．しかしながら，視神経乳頭は，緑内障の急性発症型よりも，長期にわたり，しばしば著しい眼圧上昇に耐える．いくつかの症例では，明らかな牛眼であるにもかかわらず，疾患の後期まで視覚が維持されている．

### 続発性緑内障

続発性緑内障は，犬と猫において最も一般的に遭遇する緑内障である．それは，先行する眼病変によって房水の循環と排出が減少し，眼圧上昇を引き起こす．続発性緑内障における房水の流れは，瞳孔あるいは濾過角(櫛状靱帯および毛様体裂組織)で妨げられる可能性がある．房水循環への主な障害が起こる部位は，症例によって様々である．続発性緑内障の原因は多数みられる(表15.9)．

### 原発性水晶体脱臼

英国における原発性水晶体脱臼(第16章を参照)は，テリア種およびランカシャー・ヒーラーでは一般的に，また，シャー・ペイおよびボーダー・コリーで時々みられる．水晶体は硝子体とともに前房内に脱臼するかもしれない．その際，房水の流れは瞳孔内の硝子体あるいは水晶体によって障害され，瞳孔ブロックを引き起こす．眼圧の上昇は，毛様体裂への開口部を覆う脱出硝子体，および前房の大部分を占める水晶体に関連することもある．脱臼水晶体が後眼部にある症例，および水晶体が亜脱臼しているだけの症例でさえ緑内障がみられることがある．短時間でも眼圧がいったん上昇すると，毛様体裂は虚脱し，この変化は虹彩周辺部前癒着の進行のため，急速に不可逆的となる．角強

**表15.9** 続発性緑内障の原因

- 原発性水晶体脱臼(テリア種で最も一般的)
- 過熟白内障に続発する水晶体脱臼
- ぶどう膜炎：水晶体破裂や過熟白内障による水晶体原性ぶどう膜炎を含む
- 新生物
- 眼内出血(表15.7参照)
- 眼黒色症(ケアーン・テリア)：以前は色素性緑内障と表現されていた
- 多発性虹彩嚢胞およびぶどう膜炎(ゴールデン・レトリーバー)
- 白内障水晶体の膨張(腫脹)：特に糖尿病性白内障
- 排出角における線維血管膜形成：網膜剥離，ぶどう膜炎，新生物に続発
- 外科的水晶体摘出後の硝子体脱出

# 第15章　緑内障

膜組織への虹彩基部癒着は，完全に毛様体裂を破壊する．

いくつかの症例では，水晶体脱臼が主原因なのか，あるいは緑内障による影響なのかを見極めるのは困難である．この区別は症例の管理に大きく影響し，予後に影響する可能性がある．この順序の立証は，シグナルメント，病歴，臨床所見の注意深い評価によって決まる．特に対側眼の隅角鏡検査が有益な情報となり得る．

## ぶどう膜炎

ぶどう膜の炎症は，様々なメカニズムによって続発性緑内障を引き起こす可能性がある．

- 濾過角の構造内への炎症産物の蓄積
- 線維柱帯組織への障害，そしてその腫脹は，炎症過程（毛様体裂はぶどう膜組織からなる）における直接的関与によって起こる．
- 虹彩後癒着（虹彩と水晶体の癒着）の発現．この癒着が広範囲になると，房水は後房から前房に循環できなくなる．これは虹彩裏の房水を増大させ，前に隆起する（「膨隆虹彩」と呼ばれる）（図15.29および15.30）．最初は，房水循環の障害は瞳孔に制限される．しかし，時間とともに虹彩が前方へ変位し，毛様体裂の虚脱を引き起こす．この段階では，虹彩後癒着が破壊，あるいは，虹彩を通る別の排水経路が外科的に形成されたとしても，眼圧は上昇したままである．
- 前房におけるフィブリン塊は，瞳孔，あるいは排水角における房水流出を妨げる（図15.31）．
- 櫛状靱帯および毛様体裂開口部を覆う線維血管膜形成（図15.32および15.33）：線維血管膜は新生物および網膜剥離に反応して発現する（以下を参照）．
- 周辺虹彩前癒着：これらは炎症に関連する疾患において発現する．

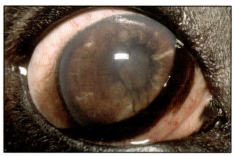

図15.30　ラブラドール・レトリーバーは，2週間前にゴルフボールによって右眼を打撲した．緑内障はぶどう膜炎によって発現し，かなりの膨隆虹彩が形成された．白内障もみられ，瞳孔に少量の出血がみられる．横からの所見は，前方へ膨隆している虹彩を示す．

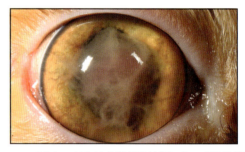

図15.31　ペルシャにおける鈍的眼外傷によって引き起こされた，瞳孔および前房内の大きなフィブリン堆積

— 膨隆虹彩，膨張性白内障あるいは，虹彩基部を前方へ押し出す後房内の脱臼水晶体
— 散瞳を伴う前部ぶどう膜炎（過度なアトロピン使用など）
— 眼球破裂による前房消失による．

いかなるぶどう膜炎の症例に対処する際にも，最初に緑内障が存在するかどうかに関係なく，眼圧をモニタリングすることが重要となる．ぶどう膜炎および緑内障は濁った外観を伴って赤目，疼痛を呈する．眼圧測定は二つの状態を区別するために重要である．加えて，ルーチンな眼圧測定がぶどう膜炎罹患動物の管理において実施されない場合，最初は合併症のないぶどう膜炎が後に緑内障を合併したり，それが不可逆性になるまで見落とす可能性がある．

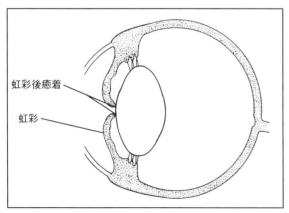

図15.29　膨隆虹彩は，瞳孔への房水循環を抑制する360度の虹彩後癒着によって引き起こされる．

第15章 緑内障

図15.32 ぶどう膜炎の雑種犬における櫛状靱帯を覆う線維血管膜，および毛様体裂開口部が閉塞している隅角鏡所見

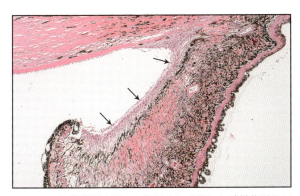

図15.33 虹彩前面を覆い，続発的に虚脱した毛様体裂入口に広がる前虹彩線維血管膜（矢印）を示す組織学的切片．虹彩は特徴として縮んでおり，膜によってゆがんでいる（E Scurrellのご厚意による）．

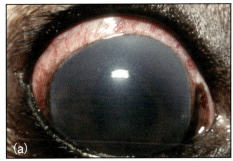

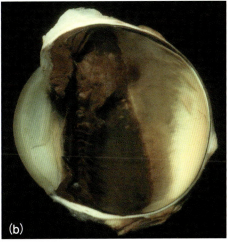

図15.34 右眼の疼痛および変色の罹歴をもった8歳齢のスタッフォードシャー・ブル・テリア．(a)虹彩は暗く，背内側が腫脹しており，瞳孔が変形している．角膜浮腫が存在している．診断は，前ぶどう膜黒色腫に続発する緑内障のひとつであった．(b)背側虹彩および毛様体に存在する黒色腫の腫瘤を示す眼球の横断面であるが，前ぶどう膜全体を取り囲むように，環状に広がっている（JRB Mouldのご厚意による）．

### 新生物

眼内新生物は様々な要因によって緑内障を誘発することがある．

- 新生物の経過における，濾過角への直接的関与
- 線維柱帯内における房水からの新生物細胞の増大
- 続発的な血液-房水関門の破壊により，線維柱帯内の崩壊堆積物蓄積
- 血管形成物質の放出による線維血管膜形成刺激（Peiffer et al, 1990）

最も一般的な眼内新生物は，原発性ぶどう膜黒色腫（図15.34），原発性毛様体腺腫/腺癌およびリンパ腫（通常は全身性に関与）である．続発性眼内新生物は，時に緑内障の原因にもなり，乳腺癌が最も一般的である（図15.35）．特に緑内障によって悪化している場合，眼内新生物の診断は容易ではない．角膜は顕著な浮腫，血管新生，色素沈着を呈し，眼内構造の観察を不明瞭にさせる．眼内新生物の疑いがある場合は，さらなる調査が必要である（表15.10と第1章，2章および14章も参照）．

### 眼内出血

これは多くの原因によって引き起こされる（表15.7参照）．重大な出血でさえ緑内障を引き起こさない場合がある．しかし，いくつかの例では，血液およびフィブリン塊の存在が房水流出を重度に障害し，眼圧上昇の原因となる（図15.10参照）．外傷の症例は，重度の眼内出血にもかかわらず，しばしば低い眼圧を維持している．これは，房水産生の顕著な減少を引き起こす毛様体の損傷，あるいは予想外の強膜破裂によるものである．眼圧上昇の潜在的な原因に加えて，眼内出血はいくつかの慢性症例における緑内障の結果によって引き起こされる．

### 眼黒色症

この疾患（メラノサイトーシス，色素性緑内障および異常な色素沈着としても知られている）は，虹彩および毛様体を含む前眼部構造における色素含有細胞

315

第15章　緑内障

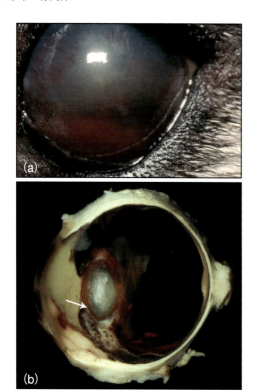

図15.35　転移癌に続発した両側性緑内障に罹患したカンガール・ドッグの雌の左眼．最近，乳腺癌切除した罹歴をもつ．胸部X線検査によって多発性肺転移が明らかになった．(a)左眼は軽度の眼球拡大，角膜浮腫，角膜血管新生，眼内出血を示す．類似する変化が右眼において明らかになった．(b)左眼の断面は転移癌(矢印)によってぶどう膜浸潤の形跡を示す．生前に破綻した血液-房水関門の結果生じた高タンパクレベルの存在におけるグルタルアルデヒド固定剤の影響のため，前房は黄白色を呈している．

表15.10　新生物が疑われる緑内障の検査

- 十分な身体検査
- 眼球および眼窩の超音波検査
- 胸部および腹部のX線検査
- 腹部超音波検査
- リンパ腫の疑い，あるいはリンパ節腫脹が明らかな場合のリンパ節吸引あるいはバイオプシー
- 血液学，生化学のための血液検体
- 細胞診のための房水または硝子体穿刺（おそらく視覚がある症例において最適である）
- 眼球摘出および病理組織

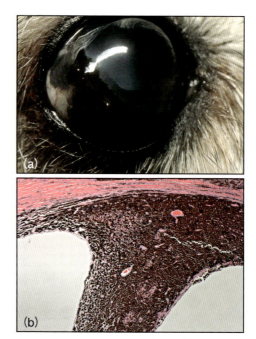

図15.36　ケアーン・テリアの眼黒色症．(a)強膜内および角膜輪部にて重度の色素沈着がみられる．虹彩は黒く，肥厚している．(b)組織学的に，虹彩，濾過角および強膜領域は，色素細胞，多数のメラニン細胞の重度な浸潤がみられる．

（主にメラニン細胞であるがメラノファージも）の段階的な蓄積に関与する．それは遺伝的欠損(Petersen-Jones et al, 2007, 2008)によるケアーン・テリアでみられるが，ゴールデン・レトリーバー，ラブラドール・レトリーバー，ボクサーなどの他の品種が罹患する可能性がある．

一般的眼科検査によって，びまん性に黒く，肥厚した虹彩，および強膜，特に腹側における斑状の色素がみられる(図15.36a)．色素蓄積は，タペタム眼底および稀に視神経乳頭領域を覆うようにみられる．進行するに従い，潜行性の緑内障発症を引き起こすのが一般的である．それは毛様体裂における色素細胞沈着，組織構造の破壊によって引き起こされる(図15.36b)．

### 虹彩毛様体嚢胞

緑内障に関連する多発性虹彩毛様体嚢胞の形成(第14章を参照)および色素の分散を引き起こす症候群が，ゴールデン・レトリーバー(Deehr and Dubielzig, 1998; Esson et al, 2009)およびグレート・デーン(Spiess et al, 1998)で述べられている．ぶどう膜炎がこの疾患に付随していると述べられてきた一方で，Essonらの報告では，ぶどう膜炎の病理組織学的証拠は，ほとんどあるいは全くみられなかった．この疾患で発現する緑内障の正確なメカニズムは明らかではなく，それを管理することは挑戦的である．

### 水晶体の病変

原発性水晶体脱臼(前記を参照)に加えて，水晶体の種々の病理学的変化により緑内障が発現することがある．

- 水晶体原性ぶどう膜炎は，房水への抗原性水晶体タンパクの漏出による．
  - 成熟または過熟白内障に続発
  - 外傷あるいは白内障形成に関連する水晶体破裂による

第 15 章　緑内障

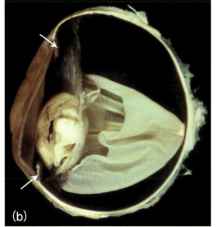

図15.37　白内障のグレート・デーン．水晶体原性ぶどう膜炎，網膜剥離および前虹彩線維血管膜形成は，次に緑内障を引き起こした．(a)角膜浮腫および角膜血管新生が存在する．白内障の所見がわかりにくいことにも注目．(b)眼球摘出後の標本は眼球拡大および完全網膜剥離の形跡を示している．虹彩(矢印)は，前虹彩線維血管膜によって縮んでいる(b，JRB Mould のご厚意による)．

- 過熟白内障による水晶体の脱臼
- 水晶体の腫脹(膨張)．これは緑内障の比較的稀な原因である．
- 白内障に続発した網膜剥離は，濾過角内に，線維血管膜形成を引き起こす(図 15.37)．

### 硝子体脱出

　眼内手術の結果(通常，水晶体嚢内摘出術)あるいは水晶体脱臼に続いて，大量の硝子体が前房に入ることがある．瞳孔または濾過角内で，房水循環の障害が起こる．水晶体手術の間，前房内に硝子体が存在する場合，硝子体切除が必要であり，それは後に緑内障が発現する可能性を減少させる．

## 治　療

　緑内障管理の主要な目的は，視力が悪化しないレベルまで眼圧を低下させることである．20 mmHg 以下に目標眼圧を設定することは，神経破壊が持続するメカニズムを減少させるのに役立つ．一方，顕著な眼圧上昇が補正された後でさえ，視覚喪失を引き起こし続ける可能性がある．

　緑内障治療は，内科と外科に分けられる．しかし，多くの場合，両方の組み合わせが必要である．一般論として，眼圧低下は，房水産生の減少，あるいは房水流出の増加によって達成させることができ，様々な内科的および外科的アプローチがある．個々の症例の管理方法は，以下の事項を含む多くの要因に依存する．

- 存在する視覚の程度およびその回復の可能性．これは，その持続時間にある程度依存している．数時間または数日で発症した急性症例について，明らかな視覚喪失は，眼圧が早急に正常化することによって視覚回復が得られる．長期にわたっている症例について，失明している動物が，積極的な治療によって再び視覚回復する可能性はない．慢性徴候(牛眼およびデスメ条痕など)が，有益な視覚の存在を必ずしも除外するわけではない．幼若動物および原発性開放隅角緑内障の動物は，視神経損傷が失明を引き起こす前に，しばしば眼球拡大の徴候が発現する．治療計画を立てる際，緑内障に罹患している動物における注意深い視覚の評価が不可欠である．
- 問題となる基礎疾患．例えば，続発性緑内障を引き起こすぶどう膜炎に罹患した動物と，新生物が基礎原因である症例に対するアプローチは，全く異なる．罹患動物によっては，対側眼の管理が，眼圧の上昇した眼球の管理と同じように重要である(隅角発生異常の症例など)．
- 隅角鏡による観察．濾過組織の外観が十分な房水流出を維持すると考えられる場合，ぶどう膜炎，あるいは開放隅角の症例に対する内科治療は有効と考えられる．隅角鏡検査で，隅角発生異常あるいは毛様体裂開口部の閉塞による顕著な櫛状靭帯形成異常を示す場合は，内科治療単独では，眼圧の短期間の管理ですら不十分である．多くの症例，特に慢性疾患において，眼圧上昇は，一般的に虹彩基部が前方へ変位した結果であり，周辺部虹彩前癒着を発現させる．周辺虹彩前癒着および毛様体裂虚脱は，罹患動物の初診時においてであってもしばしばみられる．これらは房水流出の重度な減少を引き起こす．そして，そのような状況では，眼圧の制御を持続させるために，外科治療が必要となる．
- 治療に対する最初の反応．内科治療によって最初の反応が極めてよかった場合，緊急の外科的治療は必要ではない．
- 対側眼が失明または存在しない場合，多くの飼い主にとって，緑内障の眼の視覚を保護するためにより積極的となる．
- 動物の年齢と一般状態．高齢や易感染性罹患動物に対する主要な緑内障手術は適当ではない．
- 飼い主における財政上の考慮と願望，そして専門医へのアクセスの容易さ

## 内科的療法

### 浸透圧性利尿薬

ごく最近発症した高眼圧（40～50 mmHg 以上）の急性緑内障，特に失明している場合，急速に眼圧を減少させるために浸透圧性利尿薬の即時使用を必要とされる．常用されている薬剤は，マンニトール点滴である（表15.11）．経口グリセロール（望ましくない副作用として嘔吐を引き起こすことがある）は，原発性緑内障の素因があると知られている犬に対して，緊急時の自宅投与用として処方することがある．

浸透圧性利尿薬は，原発性緑内障あるいは水晶体脱臼に続発する緑内障の動物を管理するのに最も有効である．これらは，白内障手術後の著しい術後高眼圧症例に対しても使用される．しかしながら，ぶどう膜炎や眼内出血による緑内障の動物には，有益ではない．循環血液量を急速に減少させるため，これらの薬剤を使用する場合は注意しなければならない．症例によっては，腎前性急性高窒素血症および腎不全を引き起こす可能性がある．動物の腎臓あるいは心血管系に不安がある場合は，治療開始前にこれらを慎重に評価すべきである．マンニトール使用によって急速な反応がみられるが，その効果は長続きしないため，眼圧の長期的なコントロールのためには，さらなる内科および，または外科治療が必要となる．

### 炭酸脱水酵素阻害薬

炭酸脱水酵素阻害薬は，房水の産生を減少させる．第一にこれらの効果は，眼圧を最大50％減少させるほど劇的である．これらは全身および局所投与によって使用される．全身性に使用される場合，これらの治療作用は利尿効果に依存しない．従来から，これらは犬の緑内障に対する長期の内科管理の中心である．

英国で現在使用できるこの種の薬剤は，アセタゾラミド（全身投与），ドルゾラミドおよびブリンゾラミド（局所薬）である（表15.11）．これらのうち，局所薬は犬で利用可能な薬剤であり，全身性炭酸脱水酵素阻害薬の使用で遭遇するような副作用なしに，アセタゾラミドと同等の効果を示す（表15.12）．ブリンゾラミドは，罹患動物によってはドルゾラミドよりも容認される．それは，おそらくドルゾラミドの比較的低いpHのためである．ドルゾラミドとブリンゾラミドは，現在，チモロール（β-遮断薬：後述参照）と併用して使用される．しかし，チモロールの全身性副作用（徐脈および低血圧）の可能性のため，これらの併用治療は難治性症例に対して，注意深く，限定して使用されるべきである．アセタドラミドは，緊急時に静脈内投与で使用することができるが，これらの状況ではマンニトールがよく使用される．ジクロルフェナミドおよびメタゾラミドは，犬の眼圧減少に使用できる全身性炭酸脱水酵素阻害薬であり，アセタゾラミドよりも副作用の発生率が低い．しかし，これらは英国では現在利用できない．

### プロスタグランジン類縁体

ラタノプロストおよびトラボプロストは眼圧減少のために局所で使用できるプロスタグランジンのプロドラッグである．犬における作用機序は完全には明らか

**表15.11** 緑内障治療に使用される薬剤

| 治療薬 | 薬剤の種類 | 用法 |
|---|---|---|
| マンニトール（10%または20%溶液） | 浸透圧性利尿薬 | 1～2 g/kg 20～30分以上かけて i.m. |
| グリセロール（50%） | 浸透圧性利尿薬 | 1～2 mL/kg 経口投与 |
| 塩酸ドルゾラミド（2%点眼剤） | 炭酸脱水酵素阻害薬 | 1日3～4回 |
| ブリンゾラミド（1%点眼剤） | 炭酸脱水酵素阻害薬 | 1日2～3回 |
| アセタゾラミド（錠剤/溶液） | 炭酸脱水酵素阻害薬 | 10～25 mg/kg 経口投与，12時間毎に i.m., i.v. |
| ジクロルフェナミド | 炭酸脱水酵素阻害薬 | 5～10 mg/kg p.o. 1日2～3回 |
| メタゾラミド | 炭酸脱水酵素阻害薬 | 5～10 mg/kg p.o. 1日2～3回 |
| ラタノプロスト（点眼剤） | プロスタグランジン類縁体 | 1日2～3回 |
| トラボプロスト（点眼剤） | プロスタグランジン類縁体 | 1日2～3回 |
| ピロカルピン（1%点眼剤） | 縮瞳薬 | 1日2～3回 |
| 臭化デメカリウム（0.125%点眼剤） | 縮瞳薬 | 1日1～2回 |
| チモロール（0.5%点眼剤） | β-アドレナリン遮断薬 | 1日1～2回 |
| メチプラノロール（0.3%点眼剤） | β-アドレナリン遮断薬 | 1日2回 |
| レボブノロール（0.5%点眼剤） | β-アドレナリン遮断薬 | 1日1～2回 |
| ベタキソロール（0.25%点眼剤） | β-アドレナリン遮断薬 | 1日2回 |

リストアップされた薬剤は，すべてが市販されているわけではない．

**表15.12** 全身性炭酸脱水酵素阻害薬の副作用

- カリウム喪失
- 代謝性アシドーシス
- 利尿
- 食欲不振
- 胃腸障害（嘔吐および下痢）

になっていないが，おそらく，房水産生減少およびぶどう膜強膜流出の増加の組み合わせによるものである．隅角鏡検査によって毛様体裂の開口部が重度に障害されている場合でさえ，これらの薬剤は，犬の眼圧に対して強力で急速な効果（少なくとも初期は）をもっている．

プロスタグランジン類縁体は，通常は局所性炭酸脱水酵素阻害薬に加えて，1日2回適用される．これらは，猫の眼圧減少効果は示さないが，犬および猫に対して縮瞳を引き起こし，その重度な瞳孔の収縮によって不快症状と視力に影響を与える．プロスタグランジン類縁体は，上強膜血管拡張も引き起こすため，治療眼は充血する．これらの類似体はいくつかの動物種において虹彩の色素沈着の増加を引き起こす可能性があるが，犬では報告されていない．特に縮瞳効果がみられるような（虹彩後癒着のリスク，および虹彩痙攣による不快症状の悪化が増加する）ぶどう膜炎を伴う緑内障の動物に対するプロスタグランジン類縁体の使用は，推奨されない．縮瞳によって瞳孔ブロックおよび眼圧上昇の悪化を引き起こすため，水晶体前方脱臼および，あるいは前房に硝子体が存在する動物においても禁忌である．

### 縮瞳薬

主に縮瞳薬（ピロカルピンなど）の使用が必要とされるのは，原発性開放隅角緑内障である．それらの薬剤は毛様筋に作用し線維柱帯を広げることによって房水流出を増加させる．毛様体裂が不可逆性に崩壊した動物，あるいは隅角発生異常の動物では，これらの薬剤の効果はほとんどみられない．犬の緑内障において，これらの変化が顕著な場合，縮瞳薬は常用されない．縮瞳薬は濾過角が開放されている動物には有効であるが，ドルゾラミドおよびラタノプロストのような薬剤の出現によって，これらの使用は減多に必要とされなくなった．縮瞳薬の使用は，ぶどう膜炎の症例では禁忌である．

ピロカルピンは副交感神経の直接作用薬で，一般的に1％溶液を1日2回あるいは3回で使用される．これは局所性の刺激を引き起こす可能性がある．臭化デメカリウムは，一般的に縮瞳薬として使用されるが，英国において，局所眼科用としては現在利用できない．これは，抗コリンエステラーゼおよび強力な副交感神経の間接作用である．これは，長期使用によって虹彩嚢胞の形成を引き起こす可能性がある．

### $\beta$-アドレナリン遮断薬

$\beta$-アドレナリン遮断薬は，房水産生を減少させる（流出増加もある）ために局所的に使用される．市販されている濃度での効果は限度がある（Gum et al, 1991）

ため，普通はドルゾラミドのような炭酸脱水酵素阻害薬と併用して使用される．マレイン酸チモロールはこれらの薬剤で最も一般的に使用される．メチプラノロール，レボブノロールおよびベタキソロールは，他に利用できる$\beta$-遮断薬である．可能性のある全身性の副作用は，徐脈および気管支痙攣がある．ベタキソロールは，より特異的な$\beta_1$遮断作用により，チモロールより全身性の副作用は顕著ではない．

### $\alpha$-アドレナリン作用薬

1％アドレナリン（エピネフリン）およびプロドラッグのジピベフリンのような交感神経作用薬は，犬と猫の緑内障治療において最も避けられている．これらは不必要な散瞳を引き起こし，開放隅角緑内障を除いて房水流出を障害する可能性がある．ピロカルピンのような縮瞳薬と併用したこれらの薬剤の使用によって，瞳孔の影響を減少させることが可能である．

アプラクロニジンは，ヒトの原発性開放隅角緑内障の短期管理で使用される$\alpha_2$-アドレナリン作動薬である．これは，罹患犬によっては有効であるが，その効果は一貫性がなく，徐脈を引き起こすことがある．その心臓血管系の副作用のために，アプロクロニジンの最初の適用後，約1時間は注意深く罹患動物をモニターすべきである．

### アトロピン

アトロピンの使用は，早期の膨隆虹彩によって引き起こされた場合を除き，緑内障のすべての動物において禁忌である．緑内障の衝撃的な原因になる可能性がある膨隆虹彩は，理想的には発症後数時間以内に，非常に積極的に対処されなければならない．この状況下では，瞳孔を拡張させることにより，虹彩後癒着が解消され，後房からの房水移動が可能になる．局所フェニレフリン（2.5％あるいは10％）は，散瞳効果を最大にするために，アトロピンに加えて使用される．

### 組織プラスミノーゲンアクチベーター（TPA）

TPA（Tissue plasminogen activator）は，プラスミノーゲンからプラスミンの産生を引き起こし，フィブリンを溶解させる．その使用が適応となるのは，著しい量のフィブリンが眼圧上昇の一因となっている場合に，TPAが眼内（前房内）に注入される．適切な鎮静状態あるいは全身麻酔下にて，眼を消毒して前処置し，穿刺によって少量（0.1～0.2 mL）の房水を取り除き，25～50 μgのTPAを含む同量を前房に注入する．通常，注入後数時間で血餅溶解は完了する．その他のパラメーター（眼圧を含む）評価に加え，フィブリン塊形成の再発や眼内出血を確認するために，数日～数週間は罹患動物をモニタリングすべきである．適切に実施

されなかった場合，眼内注入が重大な眼球損傷を引き起こし得るため，主に専門医が行うべき処置である．

## 予防療法

隅角発生異常の犬における予防的内科療法はある程度有効である．これらの症例では，片眼に緑内障を発症しており，反対側眼では外見上，正常であることが多い．しかしながら隅角鏡検査は，隅角発生異常の両側の特質を明らかにすることができ，これらの動物では，局所薬の長期使用によって対側眼における緑内障発症を遅らせる可能性がある．局所性ステロイドと併用しての局所性β-遮断薬あるいは，縮瞳薬である臭化デメカリウムの使用が報告されている．(Miller et al, 2000) が，緑内障予防に関してのエビデンスは限られている．しかし，重度な隅角発生異常の正常眼圧の眼における局所性炭酸脱水酵素阻害薬あるいはプロスタグランジン類縁体による予防療法は，緑内障の発症を遅らせる可能性がある．

## 神経保護

視神経乳頭および網膜組織を緑内障の影響から保護できる主な手段は，眼圧を低下させることである．しかしながら，神経保護に対するその他の治療的戦略は，特に網膜神経節細胞およびそれらの軸索の生存を改善させることであるということが研究されている．犬の緑内障眼の網膜内におけるグルタミン酸塩の細胞毒性濃度が，網膜神経節細胞への過剰なカルシウム流入を引き起こし，アポトーシスを引き起こす(Gelatt et al, 2007) ということが，以前に示唆されているのもかかわらず，臨床的に証明された神経保護戦略は未だに見つかっていない．薬剤に関する継続的な研究は，緑内障の動物の網膜における細胞死の割合を減少させたり，すでに損傷を受けた神経成分の再生を促進させるのに役立つ可能性がある．

## 外科的療法

多くの症例，特に原発性緑内障においては，内科治療単独で眼圧を正常値まで減少させるには不十分である．いつ手術を実施するか，どのような術式が示されるのかを決定するのは必ずしも容易ではない．罹患動物が手術適応の可能性があるならば，早期(および緊急時)に専門医への紹介を考慮すべきである．緑内障に対する外科的アプローチは，房水産生を減少させるか，房水排出のための別の流出路を作成することが目的である．緑内障治療として現在有効である主な術式を表 15.13 に要約する．

**表15.13** 緑内障管理のための術式

- 水晶体摘出：
  - 原発性水晶体脱臼の症例
  - 緑内障に続発する水晶体脱臼の場合，稀に実施される
- 房水産生を減少させる方法
  - レーザー毛様体光凝固術(経強膜あるいは内視鏡的)
  - 毛様体冷凍術
- 房水流出を増加させる方法：
  - 排水インプラント術
  - 強膜管錐術および周辺虹彩切除術
- 眼球摘出術
- 眼球内容除去および強膜内義眼：原発性緑内障が確定診断されている場合のみ．眼球摘出術は，より推奨される選択である．
- 毛様体の薬理学的焼灼(硝子体内ゲンタマイシン注入)：眼球摘出術あるいは眼球内容除去および強膜内義眼が実施できない盲目眼でのみ

### 水晶体摘出

原発性水晶体脱臼の場合，水晶体除去により十分に，正常眼圧に回復する．その状態が早期に発見され，適切に治療された場合，水晶体摘出術は最も有効だと思われる．水晶体が超音波乳化によって摘出された水晶体亜脱臼の動物における予後は，おそらく最善である．水晶体摘出術時に，瞳孔を通って脱出した硝子体物質を注意深く除去(できれば機器による前部硝子体切除)することも非常に重要である．その処置が不十分であれば，瞳孔ブロックの持続および緑内障を引き起こす可能性がある．より長期間持続した原発性水晶体脱臼の動物では，周辺部虹彩前癒着の形態によって，排水組織の不可逆的な損傷が生じる可能性がある．これらの動物では，水晶体摘出術および前部硝子体切除術単独では，要求される正常眼圧を実現できない可能性がある．したがって，眼圧を正常値まで減少させるために，追加の外科処置(レーザー毛様体光凝固術など，後述参照)が要求される可能性が高い．

水晶体脱臼が緑内障に続発した場合，水晶体除去が実施されるのは稀である．なぜなら，このときまでに多くの場合，失明しているからである．この状態では，眼球摘出術がより望ましい方法である．しかしながら，まだ視覚があるならば，他の緑内障手術と併用した水晶体除去および内科管理の継続は，眼圧のコントロールおよび視覚維持するのに役立つ可能性がある．

### 房水産生減少

房水産生を減少させる処置は，眼圧を正常範囲内まで減少させるのに十分な割合の毛様体破壊による．外科的な毛様体破壊は，レーザー毛様体光凝固術および(昔からの方法として)冷凍療法，ジアテルミーによっ

## 第15章 緑内障

て実現できる．これらの処置は，失明眼の摘出術に代わるものとして最初に使用されたが，レーザー毛様体光凝固術は，視覚がある眼において頻繁に実施されるようになった．毛様体破壊の潜在的欠点は，眼内組織の多くが正常な機能を維持するための房水循環に依存しており，房水産生を著しく減少させることは望ましくない連鎖反応を引き起こす可能性がある．しかしながら，コントロールできなかった激しく痛みを伴う影響および盲目に陥った緑内障眼に対する選択肢の方が，この理論上のデメリットよりも，たいていは重要である．

**レーザー毛様体光凝固術**：緑内障治療で獣医師が使用する一般的なレーザーは，ダイオードレーザーである（図15.38）．このレーザーエネルギーは，毛様体の色素性組織を標的とし，吸収される．これは毛様体突起および周囲組織の凝固壊死を引き起こし，房水の産生を減少させる．

このレーザーエネルギーは，強膜を通して（経強膜レーザー毛様体光凝固術，図15.39），あるいは眼内（内視鏡的レーザー毛様体光凝固術）から照射される．内視鏡的レーザー毛様体光凝固術は，発展途中であり，その有効性と安全性を評価したデータは，現在発表されていない．その方法は，光源を備えた内視鏡カメラとレーザー照射装置を，2箇所の輪部切開部から瞳孔を通って虹彩下に挿入する．毛様体突起を可視化させ，組織を光凝固することができる（図15.40）．通常，毛様体突起に十分接近するためには，事前に超音波乳化によって水晶体摘出が必要となる．この手技の潜在的利点は，経強膜アプローチによる手技よりも，毛様体突起への損傷が制御される．潜在的欠点は，この手技は侵襲的で，かなりのトレーニングと専門知識を必要とし，実施するにはコストがかかる．また，重度の術後ぶどう膜炎を引き起こし，厳しい術後管理体制が不可欠である．そして，成功率は未だ確認されていない．

経強膜毛様体光凝固術の手順は異なるが，一般的に

**図15.39** 経強膜レーザー毛様体光凝固術．9時方向をレーザービームから避けるために眼球を回転させている．

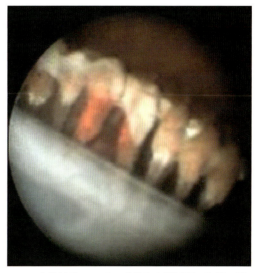

**図15.40** 内視鏡的レーザー毛様体光凝固術．処置の間，毛様体突起を可視化することができる．光凝固された部位では，毛様体突起が白く変化していることに注目（D Wilkieのご厚意による）

は3時および9時方向を避けて（長後毛様体動脈の損傷を防ぐために）角膜輪部から3〜4mm後方の並列した部位にて，経強膜的におよそ30〜40発照射される．照射される総エネルギーは，多くの場合約80〜120ジュールである．緑内障犬症例における多数の統計では，ダイオードレーザー経強膜毛様体光凝固術を実施した約1年後の約50％の動物は眼圧が30mmHg以下に減少したが，視覚を維持したのは20％だけだった（Cook et al, 1997）．もう一つの小規模な調査では，より少ない回数（1眼あたり25発）で，より高い総エネルギー量（125ジュール）にて長めに処置された．8〜21カ月の間追跡調査された14眼中，50％は視覚が回復または維持したが，6例は白内障を発症した（Hardman and Stanley, 2001）．経強膜レーザー毛様体光凝固術は，非侵襲的で，実施するのが比較的迅速であるという利点がある．しかしながら，術後期間の管理が厄介であり，装置が高価である．レーザー毛様体光凝固術の合併症を表15.14に挙げる．

**図15.38** 経強膜毛様体光凝固術に適したダイオードレーザー装置

表15.14 レーザー毛様体光凝固術の合併症

- 術後直後の眼圧急上昇
  - 房水穿刺が必要かもしれない
  - 眼科専門医によっては，眼圧急上昇を見越してレーザー毛様体光凝固術と同時に排水インプラント術を実施する
- 眼内フィブリン形成またはぶどう膜炎
- 眼内出血
- 角膜潰瘍
- 乾性角結膜炎
- 白内障形成
- コントロール不十分な眼圧
  - 処置が繰り返し必要かもしれない
  - 色素の少ない眼ではエネルギー吸収が少なく，反応がよくない
- 眼圧の過剰な減少は眼球癆を引き起こす

**毛様体冷凍術**：強膜を通した毛様体の凍結は，眼圧を減少させることができる．凍結プローブは眼球周囲の数箇所にて，角膜輪部後方の毛様体部に置く，そして，その領域をアイスボールが角膜輪部に広がるまで凍結させる．しかしながら，術後の腫脹および重度の不快症状を引き起こす可能性に加えて，処置後の数日間は眼圧がしばしば上昇する．そして網膜剥離に関連する危険性がある．この手技は稀に実施されるのだが，失明眼に対し，眼球摘出術に代わるものとして使用されるかもしれない．末期の緑内障眼に対処する場合，将来的な継続管理の必要性および全身麻酔と外科手術を繰り返す可能性を取り除く方法として，眼球摘出のような最終手段を実施することが好ましいというのが著者の見解である．

**毛様体の薬理学的焼灼**：失明眼においてはゲンタマイシンの硝子体内注射がこの目的を達成することができ得る(Moller *et al*, 1986)．この手技は，以下に挙げられる場合でのみ使用される．

- 症例は犬である．
- 緑内障が確定診断されている．
- 新生物，感染，ぶどう膜炎の徴候がない．
- 不可逆的に失明しており，動物側の要因のために眼球摘出が不適である．

　全身麻酔下にて，角膜輪部後方約8 mmの部位から20 G皮下注射針をおよそ1 cm硝子体の中に挿入する．水晶体を避けるために，針は視神経乳頭の方に向ける．およそ0.5 mLの硝子体を吸引する（硝子体はしばしばシネレシス〈液化〉となっており，引き出すのは容易である）．そして，0.5 mLのデキサメタゾンと共に，あるいは単独で，20 mgのゲンタマイシンを注射する．

ゲンタマイシンは毛様体にかなりの損傷を与える．その結果，房水産生力を減少させる．この手技の合併症を以下に挙げる．

- 重度のぶどう膜炎
- 疼痛
- 角膜混濁
- 白内障
- 眼球癆

　しかしながら，重度のぶどう膜炎と疼痛が主因である場合，治療を受けた多くの動物は最終的に眼球摘出を必要とする．よって，この手技は通常は推奨されない．そして，慢性炎症および外傷に反応して眼肉腫を発現する可能性がある(Dubielzig *et al*, 1990)ため，猫では使用してはならない．眼球摘出術は，末期緑内障，特に緑内障に潜在する原因が明白でない動物に対しては，より適切な外科的手段である．

### 房水流出の増加

　少なくとも理論上，視覚を維持するために最もよい方法は，緑内障眼において妨げられている房水流出を改善させる手技によるべきである．犬における手技は，排水装置によるバイパス作成によって流出させることを目的に実施される．

**強膜管錐術および周辺虹彩切除術**：これは旧式の手技で，前眼房から強膜を通る排水孔を作成する(Bedford, 1977)．これにより，房水は前眼房から結膜下濾過胞に流入し，そこから吸収される．強膜切開部と隣接した周辺虹彩切除術は，虹彩組織による閉塞から防ぐために実施され，後眼房から前眼房への房水の通路を維持させる（膨隆虹彩などの症例で役立つ）．しかしながら，ぶどう膜炎および，強膜切開と結膜下濾過胞の瘢痕化などの合併症により，この手技は最初の数日，数週間，あるいは数カ月以内で頻繁に失敗する．

**排水インプラント術**：犬の緑内障の治療として選択される排水インプラントの使用が，近年普及されている．この装置は，強膜管錐術などの手技で頻繁にみられる術後早期の失敗の可能性を減少させるからである(Gelatt *et al*., 1987, 1992; Bedford, 1989)．各種インプラントの使用が報告されている(Garcia *et al*., 1998)．英国で最も一般的に使用されているのは，Josephインプラントである．直筋の下に保持され，結膜によって保護された大きなシリコンストラップは，角膜輪部にて前眼房に挿入されたシリコンチューブとつながっている（図15.41）．他に利用できるインプラントとして，Molteno，AhmedおよびKrupin-Denver装置があり，

**図15.41** (a)隅角発生異常による原発性緑内障のフラットコーテット・レトリーバーの左眼に設置されたJosephインプラント．ストラップは直筋の下に通され，強膜に縫合される．(b)手術終了時に，Josephインプラントチューブが前房内に見える．

より小さく配置されたストラップ，および眼圧が過剰に低下する可能性を減少させるための様々なバルブが内蔵されている．

排水インプラントの設置が主な手技であり，これはこの手術に精通した専門医によってのみ実施されるべきである．この術式の合併症を以下に挙げる．

- 手術中の眼内出血
- 術後ぶどう膜炎
- 術後早期の，フィブリンによるチューブの閉塞．これは，TPAの眼房注射をしばしば必要とする．
- インプラントの緩み，または脱出
- 濾過胞の瘢痕化，房水吸収の減少．この変化は，手術中に抗線維化薬（マイトマイシンCや5-フルオロウラシルなど）を使用することによって減らすことができる．瘢痕化により，6〜12カ月の段階でしばしば障害が起こる．

現在，インプラント手術およびレーザー毛様体光凝固術は，特に原発性緑内障の犬における眼圧の中〜長期コントロールに最も有効性が示されている．必要であれば両方の術式を繰り返すことができるが，最終的にはうまくいかない可能性がある．両方ともに合併症の危険性を伴い，術後早期の管理は能力が試される．緑内障管理の過程で，レーザー毛様体光凝固術および排水インプラント術の両方が実施されることは珍しくない．また，どちらかの手技が単独で実施されるのと比較し，併用療法が，長期の眼圧コントロールに有効であることが示唆されている（Bentley *et al*, 1999；Sapienza and van der Woerdt, 2005）．ほとんどの場合，生涯にわたる内科療法の継続および眼科専門医によるモニタリングにより，術後の優れた眼圧コントロールが得られる．

### 眼球摘出術

治療への試みにもかかわらず，緑内障症例では最終的に末期となり，眼球摘出術（第8章を参照）が提示されることがある．罹患動物によっては，両側で必要となることがある．眼球摘出術の適応を挙げる．

- 眼圧をコントロールするための薬物療法および外科を容認できない失明眼
- 難治性疼痛
- 露出による持続性合併症のある牛眼
- 原発性新生物

眼球内容除去および強膜内義眼挿入術（第8章を参照）は，眼球摘出術に代わる手段かもしれないが，これは原発性緑内障の診断がなされた施設，可能であれば眼科専門医により実施されるべきである．この術式は，続発性緑内障が除外されていない動物では避けるべきである．著者の見解では，眼圧が40 mmHg以下に維持するのが困難な不可逆性の失明眼は，飼い主と獣医外科医が気づいていないような不快症状を引き起こしている可能性があるため，眼球摘出すべきである．多くの飼い主は，そういう状況下では，動物の行動が術後に改善することを報告しているため，動物が手術前には気づかれないような疼痛に耐えている可能性があることを示唆している．

## 猫の緑内障

前述した多くが犬と猫の両方に当てはまるが，猫の緑内障にはいくつかの注目すべき特徴がある．猫緑内障の詳細な総括についてはMcLellan and Millerから参照を得た（2011）．

### 病因

原発性緑内障は猫ではほとんどみられないが，どんな品種でも散発的にみられる（Ridgway and Brightman, 1989；Wilcock *et al*, 1990；Trost *et al*, 2007）．シャムは罹患しやすいことが示唆されている（Dubielzig *et al*, 2010）．遺伝的に先天性の構造がシャムで確認されており（McLellan and Miller, 2011），オーストラリアでは，櫛状靱帯形成異常に関連した原発性緑内

障がバーミーズ6頭で報告されている（Hampson et al, 2002）．

続発性緑内障は猫では珍しくなく，ぶどう膜炎や新生物によって最も頻繁に発生する（Wilcock et al, 1990；Blocker and van der Woerdt, 2001；Dubielzig et al, 2010）．虹彩黒色腫（図15.42）および眼内リンパ腫（図15.43）は，猫で緑内障を引き起こす最も一般的な腫瘍である．ぶどう膜炎に続発する緑内障（図15.44）では，基礎疾患の徴候が猫では極めて捉えにくく，緑内障が実際に炎症に続発していることを確認するためにはスリットランプを用いた両眼の注意深い検査が必要である．ぶどう膜炎の症例では，潜在性の全身性疾患について検査すべきである（第14章を参照）．猫における続発性緑内障の他の原因としては，外傷および眼内出血が挙げられる（眼内出血は，全身性高血圧症にしばしば続発する）．

猫と犬の緑内障の主な違いは，猫の原発性水晶体脱臼の発生率が低いことである（Olivero et al, 1991）．猫の緑内障に関連する水晶体脱臼は，原因となっているぶどう膜炎（時に，白内障形成による）や眼球拡大，あるいは両方の組み合わせに続発するのが通常である．猫における緑内障は，房水過誤症候群（ヒトでは悪性緑内障としても知られている）の結果として発生する可能性がある．これは通常，老齢猫でみられ，房水が硝子体に流れることによって硝子体面，水晶体，虹彩

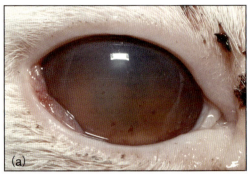
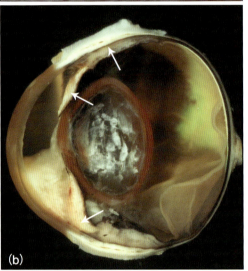

**図15.43** 猫白血病ウイルスに罹患した雑種の猫におけるリンパ腫に続発した緑内障．(a)結膜の腫脹と充血，角膜の浮腫と血管新生の徴候がみられる．前房内のフィブリン，細胞滲出および出血のために，虹彩は大部分が不明瞭である．(b)眼球の横断面は，リンパ腫組織が虹彩および毛様体へ重度に浸潤している（矢印）ことを示している．高タンパクレベルの存在により，固定剤の影響によって房水は混濁しているように見える（b：JRB Mouldのご厚意による）．

が前に押される（Czederpiltz et al, 2005）．前房は，排水角も含めて浅くなり，房水流出の減少によって緑内障が発現する．

**臨床徴候**

猫の緑内障は通常，潜行性の発病である．疼痛，角膜浮腫および上強膜充血の徴候は，犬に比べて著明ではない．正常な猫の無髄性視神経乳頭は小さくて暗いため（第18章を参照），慢性緑内障の猫における検眼鏡検査所見での視神経乳頭の変化は，犬と比較して著明ではない．最初に現れる徴候は，失明の疑い（猫は盲目に対して非常によく適応するのだが）や，たいていは，散瞳，牛眼，ぶどう膜炎，新生物による眼の外観の変化である（図15.45）．長期的なぶどう膜炎の症例は，緑内障進行の可能性を慎重にモニターしなければならないが，これは定期的な眼圧測定によってのみ実現することができる．局所性ステロイドが正常猫の眼圧上

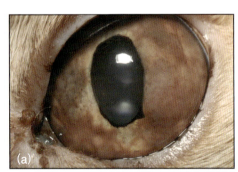
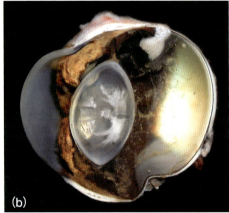

**図15.42** 続発性緑内障のペルシャにおいて，広がった虹彩黒色腫．(a)虹彩は肥厚，変色，変形している．(b)罹患眼の断面（b：E Scurrellのご厚意による）

図15.45 猫伝染性腹膜炎によって引き起こされたぶどう膜炎に続発した両側性緑内障の1歳齢ドメスティック・ショートヘアー．左眼は重度に拡大し，角膜内皮に出血性の炎症性沈着物の徴候がみられる．

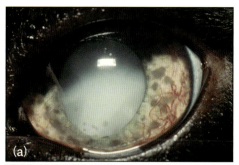
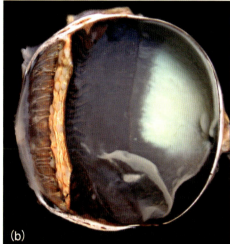

図15.44 猫のリンパ球-形質細胞性ぶどう膜炎および続発性緑内障．(a)炎症細胞の限局した蓄積(虹彩結節)，虹彩の血管新生，角膜後面沈着物および続発性白内障がみられる．(b)眼球の総断面は，虹彩内の細胞浸潤および排水角の閉塞を示す．水晶体は除去されている．(c)顕微鏡写真は，炎症細胞による虹彩および毛様体裂への重度の浸潤を示す(b, c：E Scurrellのご厚意による)．

昇を引き起こすことは特に注目すべきである(Zhan et al, 1992；Bhattacherjee et al, 1999)．

## 治療

猫の緑内障の治療は犬と同様であるが，遅発性の症状，高い続発性症例発生率のため，結果はしばしば期待はずれとなる．第一の目的は，緑内障を引き起こしている原因を治療することであり，ぶどう膜炎を伴う症例では，正常範囲内に眼圧を減少させるためには十分なことである．しかしながら，いくつかの症例では，

原因となっているぶどう膜炎が軽度で，内科治療に対して反応が乏しい．これらの症例では，容赦なく続発性緑内障が進行し，盲目や末期状態を引き起こす可能性がある．

猫に対して局所的に緑内障治療を実施した際には，有害反応および体内吸収の危険性がある．これらの影響を最小限に抑えるためには，投薬後すぐに優しく指で抑えることにより，一時的に涙点を塞ぐことが役立つかもしれない．局所性炭酸脱水酵素阻害薬であるドルゾラミドは，正常猫(Rainbow and Dziezyc, 2003；Dietrich et al, 2007)および緑内障猫(Sigle et al, 2011)の眼圧を減少させることが示されている．緑内障猫の治療として1日3～4回使用される．一方，ブリンゾラミドは，1日2回の適用で，正常猫の眼圧には影響しないことが示されており(Gray et al, 2003)，緑内障猫の眼圧低下においてドルゾラミドよりも効果が弱いようである．猫は，全身性炭酸脱水酵素阻害薬に十分な耐用性を示さず，この種の薬剤であるアセタゾラミドの使用は推奨されない．

局所性β遮断薬であるチモロールは，正常眼において眼圧の減少がみられ(Wilkie and Latimer, 1991)，緑内障猫の研究において眼圧を減少させるのに有効であるとの報告もあるが(Blocker and Van der Woerdt, 2001)，そのような効果はないとの報告もある(Hampson et al, 2002, G McLellanらとの個人的なやり取りによる)．ラタノプロストは，正常猫における眼圧に対して効果がないことが示されているが，顕著な縮瞳を引き起こす(Studer et al, 2000)．緑内障における効果は，一貫性がないことが報告されており，緑内障猫での使用は推奨されない．

たいていは，猫の緑内障管理において，内科治療は最終的には効果がないことがわかっている．いくつかの症例では，特に全身治療で副作用がみられるため，特に視覚を既に失っている場合は不要である．不可逆的な失明および眼圧を40 mmHg以下に維持できない場合は，眼球摘出術が最もよい方法である．慢性的に

損傷している猫の眼は，眼内肉腫を発現する危険性があり，摘出された末期緑内障眼において病理組織学的検査が実施されるまで潜在する新生物が確認できないため，ゲンタマイシンの硝子体内注射は使用すべきではない．

犬において記述された外科的治療は，猫に適用することができるが，猫の症例の多くが遅い発症および続発的な性質のため，めったに実施されない．症例の多くが内科的に管理できるが，房水過誤症候群に続発した難治性の緑内障の猫に対して，広範囲の硝子体切除術を併用した水晶体乳化による水晶体切除術が実施されることがある．

## 参考文献

Barnett KC and Crispin SM (1998) Aqueous and glaucoma. In: *Feline Ophthalmology*, ed. KC Barnett and SM Crispin, pp. 104–111. WB Saunders, London

Barnett KC, Sansom J and Heinrich C (2002) Glaucoma. In: *Canine Ophthalmology*, pp. 99–107. WB Saunders, London

Bedford PGC (1977) The surgical treatment of canine glaucoma. *Journal of Small Animal Practice* 18, 713–730

Bedford PGC (1980) The aetiology of canine glaucoma. *Veterinary Record* 107, 76–82

Bedford PGC (1989) A clinical evaluation of a one-piece drainage system in the treatment of canine glaucoma. *Journal of Small Animal Practice* 30, 68–75

Bentley E, Miller PE, Murphy CJ and Schoster JV (1999) Combined cycloablation and gonioimplantation for treatment of glaucoma in dogs: 18 cases (1992–1998). *Journal of the American Veterinary Medical Association* 215, 1469–1472

Bhattacherjee P, Paterson CA, Spellman JM et al. (1999) Pharmacological validation of a feline model of steroid-induced ocular hypertension. *Archives of Ophthalmology* 117, 361–364

Blocker T and van der Woerdt A (2001) The feline glaucomas (1995–1999). *Veterinary Ophthalmology* 4, 81–85

Brooks DE (1990) Glaucoma in the dog and cat. *Veterinary Clinics of North America: Small Animal Practice* 20, 775–797

Brooks DE, Komaromy AM and Kallberg ME (1999) Comparative optic nerve physiology: implications for glaucoma, neuroprotection and neuroregeneration. *Veterinary Ophthalmology* 2, 13–25

Cook CS (1997) Surgery for glaucoma. *Veterinary Clinics of North America: Small Animal Practice* 27, 1109–1129

Cook CS, Davidson M, Brinkmann M et al. (1997) Diode laser trans-scleral cyclophotocoagulation for the treatment of glaucoma in dogs: results of six and twelve month follow-up. *Veterinary and Comparative Ophthalmology* 7, 148–154

Cottrell BD and Barnett KC (1988) Primary glaucoma in the Welsh Springer Spaniel. *Journal of Small Animal Practice* 29, 185–199

Czederpiltz JMC, Croix NCl, van der Woerdt A et al. (2005) Putative aqueous humor misdirection syndrome as a cause of glaucoma in cats: 32 cases (1997–2003). *Journal of the American Veterinary Medical Association* 227, 1434–1441

Deehr AJ and Dubielzig RR (1998) A histopathological study of iridociliary cysts and glaucoma in Golden Retrievers. *Veterinary Ophthalmology* 1, 153–158

Dietrich UM, Chandler MJ, Cooper T et al. (2007) Effects of topical 2% dorzolamide hydrochloride alone and in combination with 0.5% timolol maleate on intraocular pressure in normal feline eyes. *Veterinary Ophthalmology* 10, 95–100

Dubielzig RR, Everitt J and Shadduck JA (1990) Clinical and morphological features of post-traumatic ocular sarcomas in cats. *Veterinary Pathology* 27, 62–65

Dubielzig RR, Ketring KL, McLellan GJ et al. (2010) The glaucomas. In: *Veterinary Ocular Pathology: A Comparative Review*, pp. 419–448. Saunders Elsevier, Oxford

Ekesten B (1993) Correlation of intraocular distances to the iridocorneal angle in Samoyeds with special reference to angle-closure glaucoma. *Progress in Veterinary and Comparative Ophthalmology* 3, 67–73

Esson D, Armour M, Mundy P et al. (2009) The histopathological and immunohistochemical characteristics of pigmentary and cystic glaucoma in the Golden Retriever. *Veterinary Ophthalmology* 12, 361–368

Garcia GA, Brooks DE, Gelatt KN et al. (1998) Evaluation of valved and non-valved implants in 83 eyes of 65 dogs with glaucoma. *Animal Eye Research* 17, 9–16

Gelatt KN, Brooks DE and Källberg ME (2007) The canine glaucomas. In: *Veterinary Ophthalmology*, 4th edn, ed. KN Gelatt, pp. 753–811. Blackwell Publishing, Oxford

Gelatt KN, Brooks DE, Miller TR et al. (1992). Issues in ophthalmic therapy: the development of anterior chamber shunts for the clinical management of canine glaucomas. *Progress in Veterinary Ophthalmology* 2, 59–64

Gelatt KN, Gum GG, Samuelson DA et al. (1987) Evaluation of the Krupin–Denver valve implant in normotensive and glaucomatous Beagles. *Journal of the American Veterinary Medical Association* 191, 1404–1409

Gelatt KN, Peiffer RL, Gum GG et al. (1977) Evaluation of applanation tonometers for the dog eye. *Investigative Ophthalmology and Visual Science* 16, 963–968

Gray HE, Willis AM and Morgan RV (2003) Effects of topical administration of 1% brinzolamide on normal cat eyes. *Veterinary Ophthalmology* 6, 285–290

Gum GG, Larocca RD, Gelatt KN et al. (1991) The effect of topical timolol maleate on IOP in normal Beagles and Beagles with inherited glaucoma. *Progress in Veterinary and Comparative Ophthalmology* 1, 141–149

Hampson ECGM, Smith RIE and Bernays ME (2002) Primary glaucoma in Burmese cats. *Australian Veterinary Journal* 80, 672–680

Hardman C and Stanley RG (2001) Diode laser trans-scleral cyclophotocoagulation for the treatment of primary glaucoma in 18 dogs: a retrospective study. *Veterinary Ophthalmology* 4, 209–215

Kallberg ME, Brooks DE, Gelatt KN et al. (2007) Endothelin-1, nitric oxide and glutamate in the normal and glaucomatous dog eye. *Veterinary Ophthalmology* 10, 46–52

Klein HE, Krohne SG, Moore GE et al. (2011) Effect of eyelid manipulation and manual jugular compression on intraocular pressure measurement in dogs. *Journal of the American Veterinary Medical Association* 238, 1292–1295

Kuchtey J, Olson LM, Rinkoski T et al. (2011) Mapping of the disease locus and identification of ADAMTS10 as a candidate gene in a canine model of primary open angle glaucoma. *PLoS Genetics* 7(2), e1001306

Lazarus JA, Pickett JP and Champagne ES (1998) Primary lens luxation in the Chinese Shar Pei: clinical and hereditary characteristics. *Veterinary Ophthalmology* 1, 101–107

McLellan GJ, Kemmerling JP and Kiland JA (2012) Validation of the TonoVet® rebound tonometer in normal and glaucomatous cats. *Veterinary Ophthalmology* 16(2), 111–118

McLellan GJ and Miller PE (2011) Feline glaucoma – a comprehensive review. *Veterinary Ophthalmology* 14(Suppl. 1), 15–29

Martin CL (1975) Scanning electron microscopic examination of selected canine iridocorneal angle abnormalities. *Journal of the American Animal Hospital Association* 11, 300–306

Miller P, Schmidt G, Vainisi S et al. (2000) The efficacy of topical prophylactic anti-glaucoma therapy in primary closed angle glaucoma in dogs: a multicenter clinical trial. *Journal of the American Animal Hospital Association* 36, 431–438

Moller I, Cook CS, Peiffer RL et al. (1986) Indications for and complications of pharmacological ablation of the ciliary body for the treatment of chronic glaucoma in the dog. *Journal of the American Veterinary Medical Association* 22, 319–326

Olivero DK, Riis RC, Dutton AG et al. (1991) Feline lens displacement: a retrospective analysis of 345 cases. *Progress in Veterinary and Comparative Ophthalmology* 1, 239–244

Park Y, Jeong M, Kim T et al. (2011) Effect of central corneal thickness on intraocular pressure with the rebound tonometer and the applanation tonometer in normal dogs. *Veterinary Ophthalmology* 14, 169–173

Peiffer RL, Wilcock BP and Yin H (1990) The pathogenesis and significance of pre-iridal fibrovascular membrane in domestic animals. *Veterinary Pathology* 27, 41–45

Petersen-Jones SM, Forcier J and Mentzer AL (2007) Ocular melanosis in the Cairn Terrier: clinical description and investigation of mode of inheritance. *Veterinary Ophthalmology* 10, 63–69

Petersen-Jones SM, Mentzer AL, Dubielzig RR et al. (2008) Ocular melanosis in the Cairn Terrier: histopathological description of the condition, and immunohistological and ultrastructural characterization of the characteristic pigment laden cells. *Veterinary Ophthalmology* 11, 260–268

Rainbow ME and Dziezyc J (2003) Effects of twice daily application of 2% dorzolamide on intraocular pressure in normal cats. *Veterinary Ophthalmology* 6, 147–150

Read RA, Wood JLN and Lakhani KH (1998) Pectinate ligament dysplasia in Flat Coated Retrievers. I. Objectives, techniques and results of a PLD survey. *Veterinary Ophthalmology* 1, 85–90

Regnier A (1999) Ocular pharmacology and therapeutics. Part 2. Antimicrobial, anti-inflammatory agents and anti-glaucoma drugs. In: *Veterinary Ophthalmology*, 3rd edn, ed. KN Gelatt, p. 336. Lippincott, Williams & Wilkins, Philadelphia

Ridgway MD and Brightman AH (1989) Feline glaucoma: a retrospective study of 29 clinical cases. *Journal of the American*

Animal Hospital Association **25**, 485–490

Rusanen E, Florin M, Hassig M et al. (2010) Evaluation of a rebound tonometer (Tonovet) in clinically normal cat eyes. *Veterinary Ophthalmology* **13**, 31–36

Sapienza JS, Simo FJ and Prades-Sapienza A (2000) Golden Retriever uveitis: 75 cases (1994–1999). *Veterinary Ophthalmology* **3**, 241–246

Sapienza JS and van der Woerdt A (2005) Combined trans-scleral diode laser cyclophotocoagulation and Ahmed gonioimplantation in dogs with primary glaucoma: 51 cases (1996–2004). *Veterinary Ophthalmology* **8**, 121–127

Sigle KJ, Camaño-Garcia G, Carriquiry AL et al. (2011) The effect of dorzolamide 2% on circadian intraocular pressure in cats with primary congenital glaucoma. *Veterinary Ophthalmology* **14**(Suppl. 1), 48–53

Spiess BM, Bolliger JO, Guscetti F et al. (1998) Multiple ciliary body cysts and secondary glaucoma in the Great Dane: a report of nine cases. *Veterinary Ophthalmology* **1**, 41–45

Studer ME, Martin CL and Stiles J (2000) Effects of 0.005% latanoprost solution on intraocular pressure in healthy dogs and cats. *American Journal of Veterinary Research* **61**, 1220–1224

Trost K, Peiffer RL and Nell B (2007) Goniodysgenesis associated with primary glaucoma in an adult European Shorthaired cat. *Veterinary Ophthalmology* **10**, 3–7

Wilcock B, Peiffer RL and Davidson MG (1990) The causes of glaucoma in cats. *Veterinary Pathology* **27**, 35–40

Wilkie DA and Latimer CA (1991) Effects of topical administration of timolol maleate on intraocular pressure and pupil size in cats. *American Journal of Veterinary Research* **52**, 436–440

Zhan GL, Miranda OC and Bito LZ (1992) Steroid glaucoma: corticosteroid-induced ocular hypertension in cats. *Experimental Eye Research* **54**. 211–218

# 16 水晶体

**Robert Lowe**

## 発生学，解剖学および生理学

　水晶体は前脳が表層外胚葉に接触し，表層外胚葉の肥厚を誘導することで眼胞が形成され，その発達の結果として形成される．表層外胚葉は水晶体プラコードに発達し，陥凹が起こる．この陥凹した外胚葉は表層外胚葉から分離され，単層の細胞により囲まれる輪状の水晶体胞となる．水晶体胞前方の細胞は前方の水晶体上皮として残るが，一方で水晶体胞後方の細胞は伸展して一次水晶体線維となる（図16.1）．前方上皮細胞は動物の生涯を通じて二次水晶体線維を産生する．水晶体線維は水晶体赤道部で分けられ，前方と後方に伸展して水晶体皮質となる．

## 血液供給

　発達中の水晶体は後方の硝子体動脈から，前方は瞳孔膜動脈から派生する水晶体血管膜により血液供給を受けている．この血管膜は犬では生後14日で退行する．しかしながら，不完全な退行は瞳孔膜遺残（PPM：persistent pupillary membrane），硝子体動脈遺残，水晶体血管膜遺残，水晶体血管膜過形成遺残／第一次硝子体過形成遺残（PHTVL/PHPV：Persistent hyperplastic tunica vasculosa lentis/persistent hyperplastic primary vitreous）として認められる場合がある（第17章を参照）．

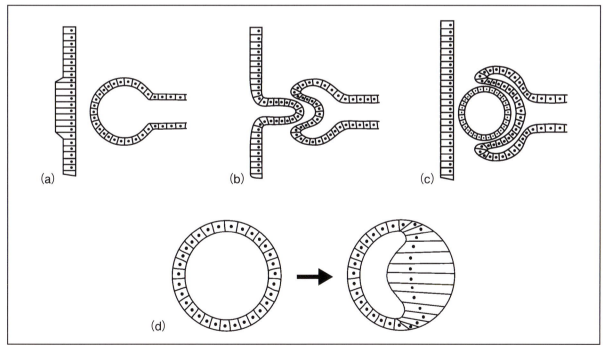

**図16.1** 水晶体の発生．(a)眼胞は発達中の前脳領域で神経外胚葉の迫り出し部として形成される．眼胞は覆っている表層外胚葉の肥厚を誘導し，水晶体板となる．(b)眼胞が眼杯を形成し陥凹するのに伴って水晶体板は表層外胚葉から陥凹する．(c)水晶体胞は輪状，球状の単層細胞層より構成される．(d)水晶体胞の後方細胞は伸展し，水晶体胞の空隙を埋めて一次水晶体線維となる．

## 成熟水晶体の構造

水晶体は毛様体から起こり水晶体赤道部で前方，後方に水晶体嚢上で十字に交差して入る毛様小帯の接着により眼内に支持されている（図16.2）．さらに硝子体水晶体嚢靱帯を通して前部硝子体にも接着し支持されている（第17章を参照）．前方では水晶体は虹彩を支持しており，虹彩は水晶体を覆い凸状の外形を呈する．水晶体は隣接線維との平行配列，最小限の細胞核の存在，各細胞の細胞膜の嵌合により優れた透明性を有する．水晶体線維は前方と後方に伸展・配列し，高レベルの水溶性タンパク（クリスタリン）で構成されている．水晶体線維は前極，後極で縫線に沿って接する．犬猫では縫線は前方でY字型，後方では逆Y字型を呈する（図16.3）．

水晶体は前方上皮細胞，後方上皮細胞由来の基底膜である水晶体嚢に内包している．この非細胞性構造は透明であり，栄養物の拡散と老廃物の移動が可能であるが，細胞の遊走はできない．水晶体嚢は様々な厚みがあり，前方で最も厚く（誕生時に20 μm），赤道部では8〜12 μmと薄くなり，後方ではわずか2〜4 μmである．前嚢の厚みは生涯を通して年に5〜8 μmずつ増加する（Bernays et al., 2000）．一方で後方の水晶体上皮細胞は水晶体形成の早期のみしか存在していないため，後嚢は加齢により肥厚はしない．

水晶体は高い屈折率を有し，毛様体筋の収縮と弛緩（それぞれ毛様小帯の緊張の低下と増加）に伴い水晶体の曲率はいくらか変化が起こり，焦点距離を変えることで網膜上に焦像することができる．この過程は調節として知られている．

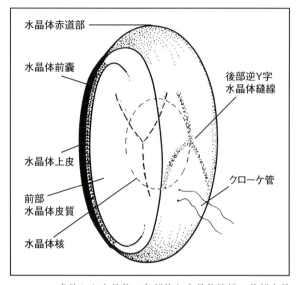

**図16.3** 成熟した水晶体の各部位と水晶体縫線．前部水晶体縫線はY字型，一方で後部水晶体縫線は逆Y字型を呈する．クローケ管は水晶体後面から生じ硝子体内において光学的に透明な腔としてしばしば認められる．

## 生理学

成熟した水晶体は血液供給を欠いており，栄養物や酸素の供給や老廃物の除去は主に眼房水を介して，また，より少ない範囲で硝子体により行われている．正常な眼房水ならびに硝子体の組成の乱れは水晶体上皮細胞の健常性の変化を生じる．水晶体の水分量，タンパク質量，構造や細胞膜の透過性，細胞代謝の変化はクリスタリンの沈殿や相互の水晶体線維の乱れを生じる．これは水晶体内の混濁，つまり白内障の形成を起こす．水晶体線維は実際に細胞核と細胞小器官を欠いており，組織修復能力が限られている．これに対するメカニズムとして高レベルの抗酸化物，紫外線（UV）防御などいくつかのメカニズムが存在しているが，損傷は一度，白内障形成を生じると不可逆性となる．

## 疾患の検査

水晶体は光学的に透明で両凸の楕円体であり，虹彩よりも深部に存在し，毛様小帯と前部硝子体面との靱帯性接着によって位置固定されている．水晶体の検査を行う場合には最初に水晶体位置と光学透明性の評価を行うべきである．光学的に透明な水晶体においては拡大鏡を用いて前嚢と後嚢における液体-固体の境界面の確認のみ可能である．水晶体の検査は散瞳処置（図16.4および第1章を参照）の前後で行うべきで，検査者はこの検査の前に瞳孔対光反射（PLR）を忘れずに確認すべきである．通常は1%トロピカミドの投与後30分以内で散瞳が得られるが，薬理学的散瞳は緑内

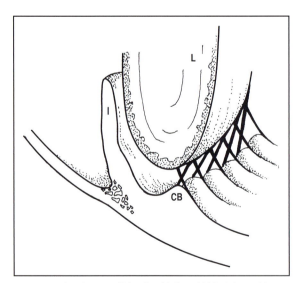

**図16.2** 水晶体への毛様小帯の接着．毛様体突起の頂点から生じた毛様小帯線維は水晶体赤道部の後方に入る．一方で毛様体突起の間の丘陵部から起こった毛様小帯線維は水晶体赤道部の前方に入る．CB＝毛様体，I＝虹彩，L＝水晶体

**図16.4** 後部縫線に軽度な白内障を伴った水晶体赤道部における早期未熟期の皮質白内障．この水晶体における主体となる白内障変化は散瞳しなければ観察ができない．

障が疑われるまたは緑内障と確認されている眼や水晶体の不安定性を疑う症例では禁忌である．これらの場合では少し暗い光で少し離れた位置からの直像鏡検査による生理的な散瞳に頼った方がよいかもしれない．

### 遠隔直像鏡検査

光学透明性の評価は遠隔直像鏡検査で容易に実施できる．眼球後部からのタペタム反射により，検査者に対しての反射が遮断されることで視軸に含まれる混濁を検出することが可能である．混濁はタペタム反射の背景に対して暗い陰として現れる．さらに視差の手技を用いることでこれらの混濁の位置特定が可能である（図16.5）．動物の前方から直接，混濁を観察すること

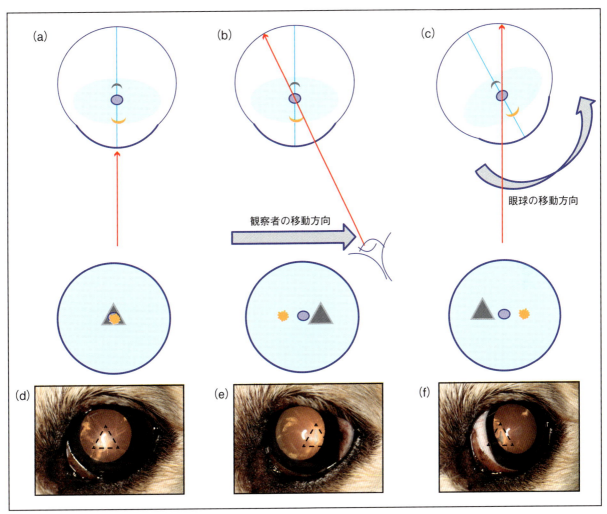

**図16.5** 視差を用いた水晶体混濁位置の検出テクニック．（a〜c）イラストでは水晶体内に3箇所の異なる深度の視軸上の混濁を示しており，（a）検査者が視軸（青線）に沿って動物の正面から観察した場合にはこれらは重なって見える．（b）もし動物の眼球が正面を固視して動かず，観察者が横に移動した場合は水晶体核に対して後方の混濁は観察者の同じ方向に移動したように見え，水晶体核の混濁は移動せず，さらに前方の混濁は観察者の移動方向とは逆方向に移動したように見える．（c）観察者が動かずに動物が横方向を固視した場合は後方の混濁は眼球の動きとは逆方向に移動したように見え，前方の混濁は同方向に移動したように見える．（d〜f）水晶体後部に観察された濃い白濁を用いたこの現象のイラストで（d）は視軸の中央部に見え，（e）は観察者が右側に移動した際に混濁も右側に移動して見え，また，（f）は観察者は動かずに動物が観察者の右側に眼を向けた際に左側に移動して見える様子が示されている．この動物では他の水晶体赤道部の混濁も後部水晶体内に存在している（a〜cはG McLellan先生から提供）．

で視軸との位置関係からその混濁の位置を特定することができる．眼後部のタペタム反射を保ちながら検査者が右に移動した場合には水晶体中央部よりも前方にある混濁は左側に移動するように見える．一方，水晶体中央部よりも後方にある混濁は右側に移動するように見える．もし眼球が動き，検査者が移動しない場合にはこれらの所見は逆となる．水晶体中央部（核）の混濁がある場合には検査者や眼球の移動があっても混濁は移動しない．この手技により水晶体の前部から中央部または後部から中央部にある混濁を確認し，鑑別することが可能となる．なお，混濁が角膜や前房，硝子体内に存在して移動するように見える場合もあることから，この手技で検出される混濁が必ずしも水晶体内にある訳ではない．遠隔直像鏡のより詳細な記述は第1章に記載されている．

### 直像鏡検査

直像鏡検査は直像鏡ヘッド部分に付属されている様々なレンズによって肉眼的観察よりも拡大して水晶体を観察するために使用することができる．検査者の視力（屈折異常）に調整した後に約＋12ジオプトリー（D）にセッティングすると焦点深度は水晶体前囊に合い，＋8ジオプトリーでは水晶体後囊に焦点が合う．直像鏡検査のより詳細な記述は第1章に記載されている．

### スリットランプ検査

細隙灯顕微鏡によって検査者は水晶体の拡大像を双眼で見ることができる．斜めの角度から細隙灯を当てることで，眼内における水晶体位置の評価が可能であり，眼科専門医が使用できる検査法のなかで最も的確に病変の位置を同定することができる．細隙灯顕微鏡検査についてのより詳細な記述は第1章に記載されている．

### 検影法

検影法では屈折異常の評価が可能であり，より詳細な記述は第1章に記載されている．

### 超音波検査法

超音波検査法は水晶体よりも前部の混濁や構造異常，または水晶体自体の混濁が存在する場合に特に有用である．健常な眼球の正常な水晶体は超音波検査法では確認が困難であり，超音波線に対して音響境界面が垂直に位置するために水晶体前囊と後囊の中央部が

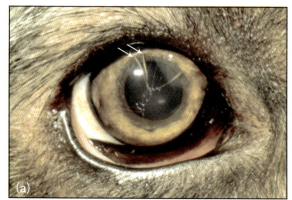
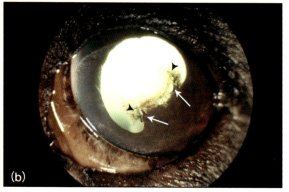

**図16.6** (a) 犬の瞳孔膜遺残（PPM）．線維構造が虹彩巻縮輪（虹彩の中間部分；矢印）より生じている様子を示す．この症例では線維構造が水晶体前囊に入っている．(b) 犬の外傷性の角膜穿孔に続発した虹彩後癒着（虹彩後面と水晶体前囊との癒着；矢印）と虹彩残余物（虹彩後面から水晶体前囊に付着した色素；矢頭）．(D Gould氏のご厚意による)

高エコーの線として容易に描出される．白内障や水晶体囊の破囊，水晶体亜脱臼または脱臼，水晶体血管膜遺残または硝子体動脈遺残（超音波の平面像では後者は明瞭であったり，不明瞭であったりするが），球状円錐水晶体または円錐水晶体，虹彩後癒着といった水晶体の異常を確認することができる．

## 犬の疾患

### 先天性疾患

#### 瞳孔膜遺残ならびに他の間葉系遺残物

PPMのいくらかのケースでは膜状物は水晶体に接着し，水晶体囊や囊下領域に巣状の混濁を形成する．膜状物は瞳孔縁よりも虹彩巻縮輪の部分で虹彩に接着していることから，虹彩後癒着とは区別することができる（図16.7）．イングリッシュ・コッカー・スパニエルではこの病変の好発傾向があるが，白内障形成との関連性はない．炎症により虹彩後面と水晶体前方の癒着の結果生じる水晶体囊への付着物である暗く黒色の虹彩残余物と同様に見える黒点が生じることがあるが，一般的にこの場合は虹彩残余物よりも明るい褐色

第 16 章　水晶体

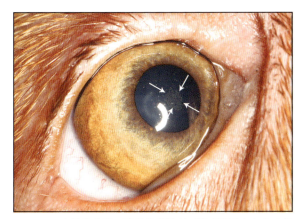

図16.7　水晶体前嚢の間葉遺残物（矢印）が認められた2歳齢のショートヘアード・ハンガリアン・ビズラ．（図16.6）の虹彩残余物と比較してより淡い色調であり，視軸上に存在している．

図16.9　羽状を呈するイングリッシュ・スプリンガー・スパニエルの核白内障．水晶体核に位置することから進行することはあまりない．

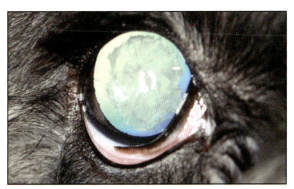

図16.8　ミニチュア・シュナウザーにおける核白内障（D Gould 氏のご厚意による）

図16.10　4歳齢のコッカー・スパニエルにおける塵埃状の核白内障

で平坦であり，通常は視軸に存在する．片眼または両眼に生じることがある．これらの異常については第14章により詳細な記載がある．

### 白内障

先天性白内障はミニチュア・シュナウザーにおいて常染色体劣性遺伝の様式をとる遺伝性疾患である（第4章を参照）．この白内障は両眼性で通常，左右対称性であり，また，しばしば水晶体皮質に拡大することがあるが，最初に水晶体核に形成される（図16.8）．この白内障は後部円錐水晶体や小水晶体とも関連する．先天性で遺伝性ではない白内障が散発性に観察され，子宮体内での損傷によるものと考えられている（図16.9，16.10）．

先天性白内障は PPM や水晶体血管膜過形成遺残／第一次硝子体過形成遺残（PHTVL／PHPV），網膜異形成，小眼球ならびに振子型から回転型の眼球振盪のような他の眼異常に関連している．これらの異常はすべて遺伝性で複合して生じた多発性眼異常（MOD：Multiple Ocular Defect）に含まれると推測される．キャバリア・キング・チャールズ・スパニエル，イングリッ

シュ・コッカー・スパニエル，ゴールデン・レトリーバー，オールド・イングリッシュ・シープドック，ウエスト・ハイランド・ホワイト・テリアでは MOD 複合体の一部として先天性白内障に罹患する．

### 水晶体血管膜過形成遺残／第一次硝子体過形成遺残（PHTVL／PHPV）

発達中の水晶体を支持している血管膜は完全に退縮するはずであるが，場合によっては不完全に消失する前に過形成を生じ，様々な程度の病変が残る．主な所見として後嚢の線維血管性混濁である（図16.11）．また，球状水晶体やさらに拡大した白内障といった水晶体変化も認められる．水晶体内に出血が起こる場合もある（水晶体内出血）．この状態はドーベルマン，ミニチュア・シュナウザー，スタッフォード・ブル・テリアで遺伝性が記述されているが，他犬種でも認められる（さらなる詳細は第17章を参照）．

第16章 水晶体

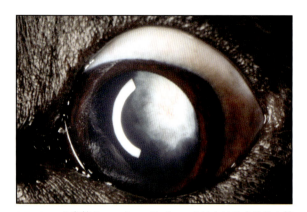

図16.11 2歳齢のコッカー・スパニエルにおける水晶体血管膜過形成遺残/第一次硝子体過形成遺残.側方から病変を撮影していることから,中央部よりもむしろ側方に水晶体後嚢の混濁が認められる.血管網の存在が単純な白内障ではないことを表している.

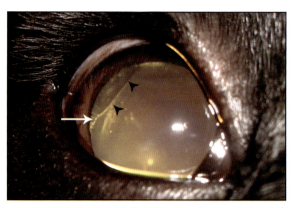

図16.13 水晶体または毛様小帯のコロボーマ.水晶体赤道部に対して扁平な縁を伴った水晶体欠損と毛様小帯の欠損(矢頭).伸展した毛様小帯が側方に観察される(矢印)(K Wendlandt氏のご厚意による).

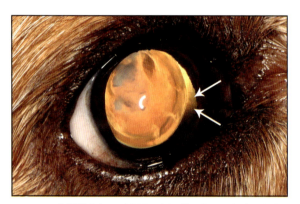

図16.12 9歳齢のキャバリア・キング・チャールズ・スパニエルにおける小水晶体と未熟白内障.内側に伸展した毛様小帯の存在を認める(矢印).

### 無水晶体,小水晶体

奇形眼であっても多くはいくらかの水晶体組織が存在しており,本当の水晶体欠損(無水晶体)は極めて稀である.異常に小さな水晶体(小水晶体)は多発性先天性眼異常の特徴として,また,PHTVL/PHPV疾患複合体の一部として認められる(第17章を参照).本疾患は白内障形成に関連する可能性もあるが,一方で見た目には正常である場合もある.水晶体は瞳孔内に小さく見えたり,水晶体亜脱臼と同様に無水晶体半月が観察される.しかしながら水晶体不安定性の証拠がなく,毛様小帯は広がった水晶体と毛様体間で引き延ばされているが,数は正常である(図16.12).

### 球状水晶体,コロボーマ

球状水晶体は毛様小帯の部分的または完全欠損を伴う,小さい,さらに球状に水晶体が発達する発達欠損として定義されている.水晶体欠損は本当のコロボーマではなく,むしろ適切には毛様小帯の欠損に伴う水晶体の発育異常に至る毛様小帯の巣状の欠損または減少として記載されている.水晶体赤道部の毛様小帯欠損部ではしばしば正常なカーブよりも平坦な扇形を呈する(図16.13).

### ピーターズ異常,前眼部形成不全

表層性外胚葉からの水晶体板の不完全分離により水晶体は角膜に融合したままとなる.角膜と水晶体は通常,融合部で混濁する.これは極めて稀な状態であり(Swanson *et al.*, 2001),より詳しい内容は第14章に記載されている.

### 後天性疾患

#### 白内障

「白内障」とは水晶体や水晶体嚢におけるあらゆる混濁と示されている.白内障は現在,以下の四つの基準に従って分類されている.

- 発症年齢
- 病因
- 程度
- 位置

**発症年齢**:白内障は先天性,若年性または老齢性として示される.若年性と成犬発症性または老齢性白内障では明らかな定義や確立された区別はないが,老齢性白内障は中齢から老齢動物において初めて認められる白内障と考えられている.

**病因**:後天性白内障は遺伝性や老齢性白内障のような原発のもの,または代謝性や栄養性疾患,外傷,他の眼内疾患,感電や放射線に続発する二次性のものがある.

**遺伝性白内障**:遺伝性白内障に伴う臨床的特徴や形態学的変化は品種により,または品種内で異なる.(表

16.1)に罹患犬種，認められる変化，遺伝様式の詳細を示す．Heat shock factor 4（*HSF4*）をコードする遺伝子における変異はボストン・テリア，フレンチ・ブルドック，スタッフォードシャー・ブル・テリアで早期発症型または進行性白内障を生じる．これは常染色体劣性疾患として遺伝する（Mellersh et al., 2006）．また，ボストン・テリアでは遺伝性白内障の二つ目の形態に罹患することに注意すべきである．*HSF4* 遺伝子の1塩基対の欠損は不完全浸透の優性遺伝が報告されているオーストラリアン・シェパードの様々な遺伝性白内障に関連している（Mellersh et al., 2009）．ベルジアン・シェパード・ドッグ，ゴールデン・レトリーバーならびにラブラドール・レトリーバーを含む使役犬種において一般的に遭遇する遺伝性白内障のもう一つの形態として縫線の合流部分の特徴的な後極部嚢下白内障が挙げられる（図16.14参照）．この形態の白内障は視覚に影響を与えるまで拡大，進行することは稀である．しかしながらシベリアン・ハスキーでは他の多くの犬種によりも白内障の進行はより一般的である．この型の白内障についての基礎的な分子遺伝的原因はわかっていない．

**表16.1** BVA/KC/ISDSの眼分類表の一覧表Aによる遺伝性白内障に罹患すると知られている品種

| 品種 | 年齢範囲 | 位置 | 遺伝様式 |
| --- | --- | --- | --- |
| アラスカン・マラミュート | 6カ月齢から8歳齢以上 | 後極嚢下 | 不明 |
| アメリカン・コッカー・スパニエル | 2カ月齢から6歳齢以上 | 非常にさまざま | おそらく常染色体劣性 |
| オーストラリアン・シェパード | 様々 | 後部皮質と嚢下 | おそらく優性；*HSF4* 遺伝子 |
| ベルジアン・シェパード・ドッグ（すべての亜種） | 6カ月齢から8歳齢以上 | 後皮質や嚢下，時により拡大し全体的な皮質白内障への進行を伴う三角形またはプロペラ状の後極嚢下 | 不明 |
| ボストン・テリア（早発性） | 8〜12週齢 | 縫線に顕著，核 | 劣性：*HSF4* 遺伝子 |
| ボストン・テリア（遅発性） | 4〜8歳齢 | 赤道部から中心部へ車軸状または楔状，通常は前嚢下 | 不明 |
| キャバリア・キング・チャールズ・スパニエル | 2歳齢と考えられている | 全体へ進行 | 常染色体劣性の可能性 |
| チェサピーク・ベイ・レトリーバー | 6カ月齢から8歳齢以上 | ベルジアン・シープドッグと同様 | 不明 |
| ジャーマン・シェパード・ドッグ | 8週齢から4カ月齢 | 後部縫線白内障 | 常染色体劣性 |
| ジャイアント・シュナウザー | 6カ月齢から8歳齢以上 | ベルジアン・シープドッグと同様 | 不明 |
| ゴールデン・レトリーバー | 6カ月齢から8歳齢以上 | ベルジアン・シープドッグと同様 | 不明 |
| アイリッシュ・レッド・アンド・ホワイト・セター | 6カ月齢から8歳齢以上 | ベルジアン・シープドッグと同様 | 不明 |
| ラブラドール・レトリーバー | 6カ月齢から8歳齢以上 | ベルジアン・シープドッグと同様 | 不明 |
| ラージ・マンチェスター | 2歳齢と考えられている | ベルジアン・シープドッグと同様 | 不明 |
| レオンベルガー | 6カ月齢から8歳齢以上 | ベルジアン・シープドッグと同様 | 不明 |
| ミニチュア・シュナウザー（先天遺伝性） | 先天性 | 核，後部円錐水晶体や小水晶体の関連性 | 劣性 |
| ミニチュア・シュナウザー（遺伝性） | 6カ月齢から2歳齢までと考えられている | 後皮質から全体へ進行 | 劣性 |
| ノルウェジアン・ブーフント | 3カ月齢から2歳齢と考えられている | 大型後極部 | 不明 |
| オールド・イングリッシュ・シープドック | 7カ月齢から2歳齢 | 皮質，全体へ進行 | 不明 |
| シベリアン・ハスキー | 6カ月齢から8歳齢以上 | ベルジアン・シープドッグと同様，ハスキーでは疾患の進行がより起こりやすい | 不明 |
| スタッフォードシャー・ブル・テリア | 18カ月齢未満 | 後部縫線とわずかに核の全体へ進行 | 劣性：*HSF4* 遺伝子 |
| スタンダード・プードル | 10週齢から3歳齢 | 赤道部に初発して後皮質や前皮質へ | 不明 |
| ウェルシュ・スプリンガー・スパニエル | 2〜4カ月齢 | 辺縁部の後皮質に水疱状を呈し全体へ進行 | 不明 |

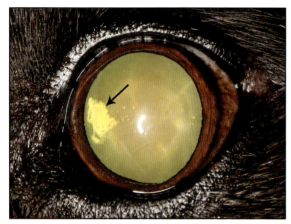

図16.14 8歳齢のミニチュア・プードルにおける初期の核硬化を伴った鼻側の初発老齢性皮質白内障(矢印)

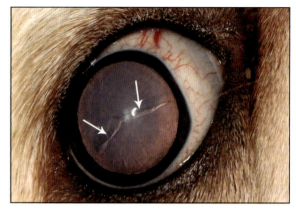

図16.15 4歳齢の交雑種犬における未熟期の糖尿病白内障の初期の水隙

**老齢性白内障**：老齢性白内障の発症年齢ははっきりとは定義づけられていないが，いくつかの典型的な所見が認められる．核硬化症や病初期では楔型またはびまん性の皮質白内障を伴った水晶体核の混濁が認められる(図16.15)．これらの白内障はゆっくりと進行し，結果として生じる視覚障害は発症後，月単位から年単位で検出される程度である．英国における研究では9.4歳の犬はその50%に何らかの形状の白内障を有し，13.5歳では100%に増加すると報告されている(Williams et al., 2004)．

**代謝性白内障**：犬の代謝性白内障の圧倒的多数は糖尿病に関連する．水晶体内のグルコース代謝の主体となる経路は嫌気性解糖であり，解糖率は酵素であるヘキソキナーゼによる．一度，ヘキソキナーゼのレベルに対してグルコースのレベルが非常に高くなると，グルコース代謝の副経路が援用され，酵素であるアルドースリダクターゼにより触媒される．グルコースがアルドースリダクターゼ経路により代謝されることで，ソルビトールが産出される．これが水晶体の浸透ポテンシャルを増加させ，水晶体内に水分を引き寄せ，水晶体タンパクの凝固を生じる．典型的に糖尿病の動物の水晶体では水晶体嚢を通じて液体が流入して生じる水晶体容積の増加(膨隆)によって，水分による割れ目が形成される．水晶体の割れ目はその構造において最も弱い部分である縫線に沿って生じる傾向がある(図16.15)．アルドースリダクターゼ抑制薬の点眼投与により糖尿病の動物における白内障形成を減らし，発症時期を遅延することが示されている．しかしながら，一度，白内障が形成されると投薬による白内障の減少はできない(Kador et al., 2010)．代謝性白内障は犬において低カルシウム血症によっても起こる(第20章を参照)．

**栄養性白内障**：特定の人工乳を与えられていた子犬における核周囲性の白内障が報告されている(Martin and Chambeau, 1982)．この白内障は部分的に可逆性かもしれない．タンパク質やビタミンが不足した食事が白内障形成を誘導する可能性についても報告がある．

**外傷性白内障**：外傷は水晶体に対して鈍性または鋭性に起こる．眼球に対する鈍性または圧迫性外傷は水晶体基質への振動性損傷の結果として白内障形成を生じたり，毛様小帯への損傷により水晶体の不安定を招く．眼球への圧迫性外傷において最も重度なケースは水晶体がまるごと脱出するような眼球破裂である．鋭性または貫通性の損傷で最も一般的であるのは棘(とげ)，爪，歯である．咬傷による眼球への貫通性損傷は同様に圧迫性要因も有するため，水晶体に生じた損傷はいかなるものであってもさらに重度な眼球損傷と視覚喪失の危険性がある．棘と爪では外眼部に深刻ではない外面の損傷を生じるが，水晶体には深刻な影響となる．角膜損傷によって受診したすべての動物では水晶体嚢が損傷した可能性を考慮して，検査の一環として水晶体の評価を行うべきである．非常に小さな角膜損傷であってもさらに大変な眼内の損傷を有する場合がある．これらのような場合では角膜中心部の損傷であっても，損傷が水晶体の辺縁部に生じている可能性もあるため，散瞳検査は必須である(図16.16)．

貫通性の角膜損傷は貫通性または非貫通性の水晶体損傷を生じる．水晶体嚢が正常であっても，水晶体嚢よりも深層の水晶体上皮の破壊により限局性または完全な白内障に至る．水晶体嚢が破けた場合にはより深刻な疾患が生じる．もし水晶体嚢が破けた場合には水晶体を完全に摘出する必要があるかどうか，または水晶体嚢が再度接着しタンパク質漏出が予防されるかどうかを判断する必要がある．通常は水晶体嚢の亀裂は最初に損傷した部位よりも明らかに広がっており，水晶体嚢は再接着しない．破嚢は水晶体成分を嚢外へ放

**図 16.16** 6歳齢のジャーマン・シェパード・ドッグの右眼における2時間前に生じた角膜と水晶体の貫通性損傷．耳側角膜の貫通性損傷（矢印），水晶体の裂傷と下方の虹彩残余物（矢頭）ならびに鼻側に遊離したフィブリン塊（＊）を認める．房水は細胞性細片を含む．

**図 16.17** ミニチュア・プードルにおける広汎性進行性網膜萎縮（PRA）に続発した成熟白内障．瞳孔対光反射は緩慢で瞳孔は散瞳し，根本的な網膜疾患が暗示される（同時の眼内疾患がない場合の白内障では正常な瞳孔径とPLRを示す）（D Gould氏のご厚意による）

**図 16.18** ベアデット・コリーにおける以前のぶどう膜炎に続発した虹彩残余物ならびに成熟白内障．以前の縮瞳と色素沈着が存在したことを示す，虹彩残余物の環状分布．この眼は続発緑内障も生じている．

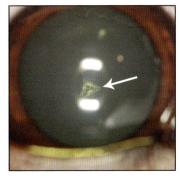

**図 16.19** 4歳齢のラブラドール・レトリーバーの後部縫線の合流部における遺伝性後極部囊下白内障（矢印）の典型的外観（G McLellan氏のご厚意による）

出または押し出す．この状態から大量に放出された水晶体タンパクに対する免疫寛容の欠如により，または細菌汚染の結果によるかもしれないが，非常に重度な水晶体破壊性ぶどう膜炎を生じる（第14章を参照）．

　水晶体内容を除去するために早期の超音波水晶体乳化吸引術が白内障手術と同様に実施され（後述），薬物のみによる管理よりも良好な成功率が得られると考えられている．よって，水晶体囊の破囊が疑われる動物は早期に二次診療施設への紹介が強く勧められる．本手術はいくつかの症例で水晶体手術を妨害する要因となる角膜損傷の存在による水晶体の視認性の低下，硝子体腔への水晶体核落下のリスク増加により，通常の白内障手術よりもより高度な手技が要求される．もし，薬物療法で破囊の管理を行う場合には角膜損傷と眼内の細菌汚染それぞれに対して適切な点眼ならびに全身投与による薬物療法に加えて，抗炎症薬の全身投与ならびに点眼投与による積極的な治療が必要となる（第12および14章を参照）．

**他の眼内疾患に伴う続発白内障**：眼内の栄養状態のデリケートな生理学的バランスを変化させたり，毒性代謝物を産生したり，または炎症性メディエーターを増加する疾患は白内障形成を誘導する．白内障は明確なメカニズムについてはあまり記載されていないが，一般に全般的な進行性網膜萎縮（PRA，図16.17），緑内障，水晶体脱臼ならびにぶどう膜炎（図16.18）に関連して生じる．

**感電や放射線**：これらは比較的稀な白内障形成原因である．放射線は治療範囲が眼球を含むあるいは近接する部位への放射線治療を受ける犬において白内障形成を誘導する．

**範囲**：

**初発白内障**：初発白内障は白内障が水晶体容積の15％未満であるものと定義されている（図16.14および16.19参照）．これによって，視覚障害を生じることは稀である．水晶体の空胞形成が認められる場合があり，この所見はしばしば白内障の進行性の指標として挙げられるが，何年間も検出可能な混濁を生じずに存在することもある．

第16章　水晶体

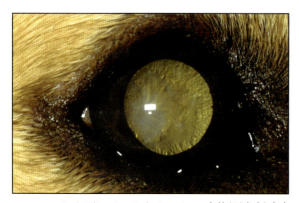

図16.20　ラブラドール・レトリーバーの未熟(不完全)白内障．白内障は水晶体の大部分となっているが，タペタム反射はまだ観察可能である（D Gould氏のご厚意による）．

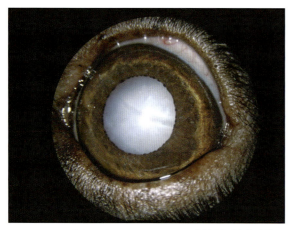

図16.21　スプリンガー・スパニエルの成熟(完全)白内障．タペタム反射がみられない．最小限の水晶体原性ぶどう膜炎を示唆する比較的正常な虹彩の表面構造と色調を呈する（図16.22と比較）（D Gould氏のご厚意による）．

**未熟(不完全)白内障**：この用語は水晶体容積の15%を越える範囲からまた透明性がいくらか維持されているがほぼ完全な白内障に至る範囲を示す．離れた位置からの直像鏡検査でタペタム反射がまだ観察可能である．より進行していない症例では散瞳処置により倒像鏡検査で眼底の観察がまだ可能である．このグループはさらに早期または後期未熟白内障に細分される．

**成熟(完全)白内障**：このステージではタペタム反射と威嚇瞬き反応の喪失を伴い，視軸は不透明である（図16.21）．視軸に沿って観察した場合に水晶体が完全に混濁しているように見えても，すべて水晶体容積が白内障化していない場合もある．眼底への光の透過が遮断されずに障害されている状態でも他の異常がないのであれば，正常な眩目反射とPLRは残る．

**過熟白内障**：成熟白内障が液化または吸収し始めると様々な変化が生じる．水晶体の容積は減少し，縫線に沿っての割れ目が形成され，水晶体囊を通して水晶体タンパクの漏出が起こり，水晶体囊内部に付着する反射性プラークの形成，水晶体囊の皺壁形成が始まる．タペタム反射の回復がみられることがあるが，これによって未熟白内障と早期過熟白内障の区別が困難になることがある．水晶体の吸収は視軸がクリアになり，視覚が回復するほどになることがある．しかしながら，この現象はぶどう膜炎や緑内障または網膜剥離のような視覚を脅かす二次性の問題がない状態で生じることは滅多になく，視覚の回復をこのプロセスに頼るということは，白内障手術の適切な候補となる動物であれば一般的な管理方法として勧められない．

> **水晶体原性ぶどう膜炎**
> 　白内障の進行に関連した水晶体タンパクの漏出と吸収は水晶体融解性，水晶体原性ぶどう膜炎を誘発する（van der Woerdt, 2000）．軽度の上強膜の充血，虹彩の過剰な色素沈着（図16.22），眼圧の低下ならびに虹彩残余物の形成が関連する変化として含まれる．もし，治療を受けていない場合にはさらに明瞭なぶどう膜炎を誘起したり，緑内障のような問題に関連する．しばしば急速な白内障形成（例えば，糖尿病の場合）（Wilkie et al., 2006）で認められるが，水晶体の腫脹（膨隆）に続発する水晶体囊の破囊のリスクもある．破囊がない急性の白内障形成もまた同様なことが生じる．水晶体原性ぶどう膜炎とその治療についてのさらなる情報は第14章を参照のこと．

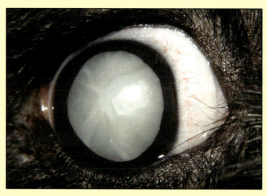

図16.22　4歳齢のチベタン・テリアにおける過熟(吸収性)白内障．水晶体原性ぶどう膜炎を示唆する虹彩の過剰な色素沈着と水晶体囊の初期の線維化と皺壁形成が存在する．

**モルガーニ白内障**：過熟白内障のうち，このサブセットでは水晶体成分の明らかな融解があるが，濃く混濁した水晶体核が最終的には水晶体囊内で下方に落下して残っている（図16.23）．

第16章　水晶体

図16.23　シー・ズーのモルガーニ白内障．この症例では過熟白内障である液状化した皮質の吸収により，辺縁部の視軸の部分的な透明化が起こっているが，濃い核白内障が残存する．この症例では水晶体の吸収に関連するぶどう膜炎が部分的な網膜剥離を引き起こしていた（D Gould氏のご厚意による）．

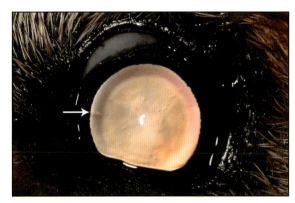

図16.25　12歳齢のチャウ・チャウにおける老齢性の赤道部皮質白内障（矢印）を伴った核硬化．環状の輪郭をもつ水晶体核を通してタペタム反射の透見がまだ可能である．

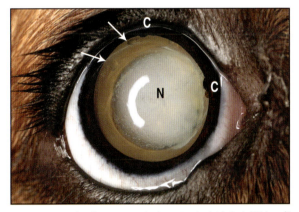

図16.24　ラブラドール・レトリーバーにおける小領域の赤道部皮質白内障形成（矢印）を伴った濃い核白内障（N）．瞳孔縁における小さな虹彩嚢胞（C）は付随所見である．

位置：視差を用いた離れた位置からの直像鏡検査（図16.5）や細隙灯顕微鏡（第1章を参照）により初発白内障または未熟白内障では水晶体の三次元構造内の位置によって分類することができる．白内障は水晶体内の層によって分離ができる（水晶体嚢，嚢下，皮質，核など）（図16.3および16.24を参照）．水晶体軸に対しての白内障の位置特定（前皮質または後皮質など），視軸に対しての局在（中心性，近軸性または赤道部）もまた特定が可能である．さらに縫線など他の水晶体の特徴との関連性が使用される．この例としては白内障の局在が縫線の合流部における後極部嚢下と記述されるラブラドールやゴールデン・レトリーバーにおける典型的な遺伝性白内障が挙げられる（図16.19参照）．

核硬化

核硬化は加齢とともに水晶体上皮細胞の継続的な産生が水晶体核を圧迫することで生じる．より新たに形成された皮質と比較すると屈折率の変化を生じ，肉眼所見では核が青またはグレーを呈しているように見え

る（図16.25）．しばしば飼い主によって白内障と間違われるが，離れた位置からの直像鏡検査を用いることで本当は水晶体混濁が認められないことから容易に鑑別が可能である．いくつかの症例では核硬化が視覚に影響するほど非常に重度になる場合がある．

水晶体脱臼／亜脱臼

原発性水晶体脱臼は多くのテリア種（Gould et al., 2011），ボーダー・コリーやシャー・ペイにおいて記述されている．現在，一定の品種で遺伝子検査があり，劣性遺伝である（第4章を参照）．罹患品種は3〜7歳齢で典型的な疾患を呈すが，水晶体亜脱臼の臨床所見はこれよりも早期に検出可能である．より高齢での発症であるがスプリンガー・スパニエルやジャーマン・シェパード・ドッグといった他の犬種においても起こる．通常は進行性で，しばしば急性緑内障を生じて失明に至る．続発性水晶体脱臼は眼球の拡張に伴う毛様小帯の伸展に起因して慢性緑内障の結果として起こる．慢性緑内障の動物では水晶体を摘出する必要はなく，また水晶体摘出術を単独で行うことはこれらの症例の治療としては適切ではない．水晶体脱臼は老齢犬で毛様小帯の老齢性変性の結果として，または外傷や慢性ぶどう膜炎，過熟白内障に続発して起こる．続発性の水晶体脱臼を伴う原発緑内障と続発緑内障を伴う原発性の水晶体脱臼を鑑別することは困難であり，このような場合では専門家のアドバイスが求められる（第15章も参照）．

原発性の水晶体不安定性は両側性疾患であるが，しばしば片方の眼がもう片方よりも早期に発症する．常に対側眼の水晶体不安定性の所見について評価する配慮を行う．散瞳処置を行う前に虹彩の外形を観察することで，正常な凸面の虹彩外形をしており水晶体が虹彩を支持しているか，水晶体後方亜脱臼によるが水晶体前面による虹彩の支持が得られずに，虹彩の外形は

第16章　水晶体

平坦または凹状を呈していないかといった徴候を検出できる．

毛様小帯断裂のその他の所見としては以下が挙げられる．

- 虹彩振盪（眼球が動いたときの微細な虹彩の振盪）
- 水晶体振盪（眼球が動いたときの微細な水晶体の振盪）
- 瞳孔からの色素を伴った硝子体の前房内逸脱（図16.26）．（いくつかの品種や老犬において水晶体不安定性の根拠がない場合でも認められることから，前房内への硝子体脱出は常に水晶体不安定性の特異的所見ではない（第17章を参照）．しかし，本所見は検査者にしっかりとした水晶体の評価を行うことを意識づけるものである．
- 前房深度の増加
- 瞳孔から水晶体前面の反射の欠如（プルキンエ像）
- 瞳孔縁と水晶体赤道部間の無水晶体半月（図16.27）

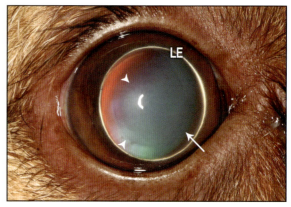

図16.28　4歳齢のテリア交雑種における水晶体前方脱臼．水晶体の後ろに位置する瞳孔縁，目に見える水晶体赤道部（LE）の屈折縁と水蒸気のように見えるかすかな角膜浮腫を認める（矢頭）．

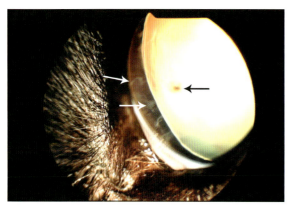

図16.26　水晶体亜脱臼に関連する硝子体の脱出．束状の硝子体紐（白矢印）が瞳孔縁と水晶体赤道部の間の無水晶体半月の部位で逸脱しているのが見える．虹彩後部から前房内への色素の散乱もまた存在する（黒矢印）（D Gould氏のご厚意による）．

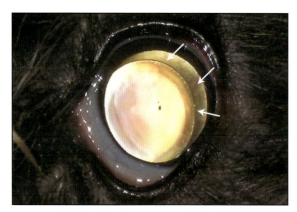

図16.27　5歳齢のチベタン・テリアにおける水晶体亜脱臼．無水晶体半月と毛様小帯の欠損を認める（矢印）．

完全な水晶体脱臼は前方か後方かである．前方脱臼は水晶体が前房内へ変位した結果であり，続発する徴候や白内障化がない場合には肉眼所見では検出が困難な場合がある．水晶体前方脱臼の臨床徴候としては緑内障（強膜充血，眼圧上昇，失明，びまん性角膜浮腫），ぶどう膜炎，水晶体が角膜内皮に接触することで生じる巣状の角膜浮腫が挙げられる．水晶体前方脱臼の症例（図16.28）では視覚が維持されているかについて即座に注目する必要がある．水晶体後方脱臼は前方脱臼と同等の臨床徴候が認められることはあまりないため，検出するのはより困難である．最も明らかな変化は前房深度の増加と虹彩振盪である．

治療：
外科的管理：水晶体不安定性の外科治療は水晶体前方脱臼の場合に必要となり，専門家への紹介が勧められる．もし水晶体が完全に脱臼している場合は通常は嚢内法により水晶体は除去されるが，亜脱臼状態の水晶体のいくらかの症例では超音波水晶体乳化吸引術（後述）により除去することができる．手術がより容易であり，水晶体前方脱臼を予防することで急性緑内障のリスクと角膜損傷のリスクを減少することから，外科医によっては完全脱臼に発展する前に対側眼から水晶体を除去することを好むこともある．

薬物療法の管理：いくつかの症例では薬物療法で水晶体亜脱臼や水晶体後方脱臼を管理することができる（しかし，前方脱臼は除く）．プロスタグランジン類縁体点眼液（ラタノプロストなど）は縮瞳を誘導するために通常は1日2回で投与される（第7章を参照）．理論的にこれは水晶体の前方への変位を予防する．しかしながら，この薬物療法は明らかなリスクが存在する．

- 永久的な縮瞳を確保する注意を行わなくてはならない．プロスタグランジン類縁体点眼薬は動物によって様々な効果期間を示し，犬によっては投与回数の増加が必要となる．
- 治療が失敗し，水晶体が前方に移動した場合は瞳孔ブロックによる緑内障のリスクが増加するためにさらなる縮瞳剤の投与は禁忌である．
- 高齢の動物においては虹彩萎縮が縮瞳治療の効果を限定してしまう．
- 瞳孔から硝子体が脱出する動物における(図16.26参照)縮瞳剤の使用は瞳孔内での硝子体絞扼を生じるリスクとなる．これは瞳孔ブロックと急性緑内障を招く．

以上の理由から水晶体後方脱臼や水晶体亜脱臼への薬物療法を開始する前に専門家のアドバイスを請うことを考慮すべきである．水晶体前方脱臼のための薬物療法は効果的ではない．

### 遠視と近視

犬の眼のほとんど大半は正視(つまり正常な焦点)であるが，遠視(遠目，遠眼)や近視(近目，近眼)もある．正常な屈折状態からの逸脱は水晶体の屈折力や角膜の曲率や眼球のサイズ(眼軸長)の変化による．屈折率は検影法を用いて評価することができる(第1章を参照)．検影法は合成眼内レンズの矯正力の評価のためにも用いられる．無水晶体の犬は＋14.4ジオプトリー(著しく遠視)の屈折状態であり，視力は20/60スネレン視力から20/850スネレン視力へ減少する．犬の水晶体摘出に続けて水晶体嚢内への眼内レンズが移植され，1ジオプトリーの近視以内に矯正するために眼内レンズは41.5ジオプトリーの屈折力が必要である(Davidson et al., 1993)．

## 猫の疾患

猫は犬よりも水晶体疾患に罹患することは少なく，多くの病因は他の眼疾患や外傷の結果としてみられる．

### 先天性疾患

#### 瞳孔膜遺残

PPMは犬よりもより一般的ではない(図16.29)．

#### ピーターズ異常

犬の先天性疾患の項(前述)ならびに第14章を参照されたい．

図16.29 猫の瞳孔膜遺残(PPM)．虹彩捲縮輪(黒矢印)から生じる膜状遺残物．水晶体前嚢への付着部の巣状白内障(白矢印)を認める．

#### 水晶体血管膜過形成遺残/第一次硝子体過形成遺残

PHTVL/PHPVは猫では非常に散発的に報告されているが，臨床的な管理方法は犬と同様である(Allgoewer and Pfefferkorn, 2001)．

#### 無水晶体または小水晶体

猫では両方とも報告があるが，非常に稀と考えられている(Peiffer, 1982；Molleda et al., 1995)．

#### 大水晶体

大水晶体は水晶体後極がほとんど網膜に接触するような状態であったと3頭の猫において記載されている．本状態は先天性とは証明されていないが，報告上ではすべての罹患動物は若齢期から視覚障害を有していた．網膜皺壁のような他の眼異常もまた記載されているが，初診時には白内障は認められなかった．

### 後天性疾患

#### 白内障

犬よりもかなり一般的ではないが，原発白内障(遺伝性と推測される)が猫で認められる(図16.30)．しかしながら猫において臨床的に明瞭な白内障形成の大半は他の眼内疾患に続発して生じる(以下参照)．糖尿病性白内障は猫で時折みられるが，水晶体変化の拡大は犬に比べて少ない．これは4歳齢より高齢の猫の水晶体におけるアルドースリダクターゼ活性の欠落によって説明されている(Richter et al., 2002)．

慢性ぶどう膜炎は猫において最も一般的な白内障原因である(第14章に詳細が記載)が，これらの症例は緑内障や水晶体亜脱臼もわかっており(図16.31)，したがって，白内障形成の正確な病理メカニズムの特定は常には可能とはならない．

第16章 水晶体

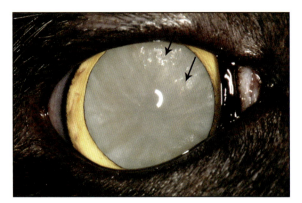

図16.30 4歳齢のドメスティック・ショートヘアーにおける過熟原発白内障．嚢下プラークに関連したクリスタル状物を認める（矢印）．

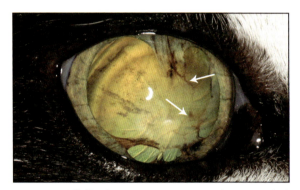

図16.31 12歳齢のドメスティック・ショートヘアーにおけるぶどう膜炎に続発した未熟白内障，水晶体亜脱臼ならびに広範な後癒着．水晶体前嚢の大半を覆う線維血管膜を認める（矢印）．

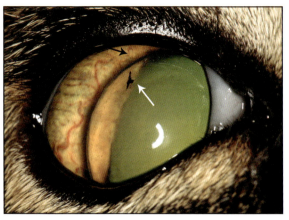

図16.32 11歳齢のドメスティック・ショートヘアーにおける慢性ぶどう膜炎に続発した水晶体前方脱臼．虹彩ルベオーシス／血管新生（黒矢印）ならびに水晶体上の色素沈着（白矢印）を認める．

水晶体の貫通性損傷は犬と同様な程度の水晶体破砕性ぶどう膜炎を常に招くことはないが，短期間または長期間での水晶体損傷と水晶体肉腫との関連性が存在する（Dubielzig et al., 1990）．ゆえにこれらの症例において早期の水晶体摘出術を実施の有無にかかわらず，長期間，非常に注意して観察すべきである．近年，猫における Encephalitozoon cuniculi と白内障の関連性が記述された（Benz et al., 2011a）．

### 水晶体脱臼／亜脱臼

　大半の症例では水晶体脱臼または亜脱臼は他の眼疾患に続発して生じる．水晶体脱臼はしばしば慢性ぶどう膜炎に関連して生じる（図16.32）が，ぶどう膜炎徴候は非常に微妙である（第14章を参照）．緑内障もまた眼球拡張や毛様小帯の伸展（第15章を参照）に起因する水晶体亜脱臼を生じるが，猫における水晶体脱臼は犬と比較して緑内障に続発して生じることは少ない．前方脱臼した水晶体は濃い，巣状の角膜浮腫が生じたり，白内障化したり，進行中の眼内の炎症に寄与したりすることから，もし水晶体前方脱臼が存在したら水晶体摘出のみが勧められる．手術の失敗は進行中のぶどう膜炎，緑内障または網膜剥離の結果として生じる．近交系集団の猫において優性遺伝が推測される原発性水晶体不安定性が報告されている．しかしながら，犬の原発性水晶体不安定性の多くで関連する *ADAMTS17* 遺伝子との関連性は存在しなかった（Payen et al., 2011）．

## 水晶体手術

　水晶体手術では常に水晶体の除去を行う（一般的なアプローチ方法は2種類あり，以下に詳しく述べる）．水晶体手術では手術用顕微鏡ならびに専門家のマイクロサージェリーのトレーニングが必要であり，マイクロサージェリーの経験がある眼科専門医にのみ実施されるべきである．

### 適応

　水晶体除去の主な適応は白内障と水晶体不安定性であるが，適応されることがある他の疾患としては貫通性損傷，異物除去，また網膜復位術，緑内障に対する眼内毛様体光凝固術，腫瘍除去における眼内への外科アプローチの一部分としての実施が挙げられる．

### 方法

　外科アプローチは嚢内法と嚢外法に分類される．嚢内摘出術は水晶体嚢を含めて水晶体を除去する．嚢外摘出法は水晶体内容を除去するために水晶体嚢を切開する方法で超音波水晶体乳化吸引術と水晶体嚢外摘出術（ECLE：extracapsular lens extraction）がある．近年の獣医眼科学ではECLEは極度に硬い水晶体で超音波水晶体乳化吸引術が実施不可能な場合の予備の白内障手技となっている．

## 超音波水晶体乳化吸引術

白内障は超音波水晶体乳化吸引術を実施する最も一般的な理由である．通常は選択的治療と位置づけられていることから，眼球（以下参照）と罹患動物の全身状態についての十分な評価を行うための，また，手術実施による利点，欠点とともに，考慮される手術の合併症や術後の薬物療法，以降の定期的な再診予定について飼い主に説明するための時間が必要である．

**選択基準**：白内障早期に評価を行うと十分な網膜の検査を行うことができる．これによってPRAのような他の視覚障害の原因の評価を網膜電図検査のみに依存するよりもより適切に行うことができる．また白内障手術に進むことを決断する前に進行状況を観察するための大きな時間的余裕をとることができる．術前の水晶体原性ぶどう膜炎が少なく，水晶体が柔らかく手術時間を短縮でき，超音波の使用を減らすことができることから，白内障は未熟期に手術を行うことでよりよい長期間の成功が得られるという考え方が一般に受け入れられ得ている．糖尿病性白内障では進行が急速であり，水晶体融解性または水晶体の膨張が水晶体嚢の破嚢を生じて水晶体破砕性ぶどう膜炎に発展する可能性が明らかにあるため，早期の専門家への紹介が特に重要である．糖尿病の状態が完全に安定していなくとも評価が遅れないことが重要である．

望ましい手術候補とは，他の眼疾患がないまたは発生傾向がなく全身状態が良好な動物であること，進行中の未熟白内障があることが挙げられる．しかしながら，現段階では手術の成功率は低下してしまうものの，部分的または完全な網膜剥離や緑内障を有する眼であっても，これらの疾患に対する処置を同時に行うことで手術を実施することは可能である．他に明瞭な健康上の問題が無ければ老齢はであることは必ずしも手術の禁忌ではない．したがって非常に多く存在する進行性の後期未熟期や成熟（完全）期の白内障の動物の大半は可能性ある手術候補として考えることができる．

> 糖尿病の動物は糖尿病がある程度に管理されていれば一般に超音波水晶体乳化吸引術による白内障手術の良好な手術候補であるが，糖尿病性白内障は非常に急速に進行すること，進行した白内障は術後の合併症の高率発生に関連することは留意すべきである．このことから糖尿病性白内障の動物をできるだけ早期に専門家へ紹介することが一般に勧められる．

**術前評価**：すべての臨床的な眼の検査（涙液産生量の計測や隅角鏡検査も含めて）に加えて，水晶体嚢の破嚢，後部球状円錐水晶体または円錐水晶体，硝子体動脈の存在と開存，硝子体変性ならびに硝子体または網膜剥離（第2章を参照）についての評価のために超音波検査を実施する必要性がある．これらの要因は手術を不可能にするものではないが，明らかに手術アプローチの変更や手術結果にマイナスの影響を与える．検眼鏡により網膜の評価が可能であるかどうか，または網膜機能についての懸念が存在するかどうかにかかわらず，網膜機能評価のために網膜電図検査が用いられるべきである（第18章を参照）．白内障はラブラドール・レトリーバー，プードルならびにコッカー・スパニエルのような品種ではPRAの一般的な合併症であり，もし夜盲症状の経歴やPLRの反応遅延や不完全性，通常の光量環境における不適切な程度の散瞳が疑われる場合には網膜機能の評価を行うべきである．もしPRAのような疾患が診断された場合には，罹患動物によっては短期間から中期間でいくらかの視機能回復の利益がまだあることから，手術の正当性についての決断（飼い主との相談）が必要である．

**手順**：術者の好みによって一手法または二手法が通常，用いられる．ここでは他の問題がない白内障に対しての二手法について記述する（広い意味では一手法と同様である）．以下の記述は手技の一般的な解説であり，手術実施にあたっての手引きと考えるべきではない．白内障手術は成功を収めるためにはきめ細かく監督された訓練や考慮された手術器具への投資を要し，多数の段階が関連する．一つの段階の小さな失敗が続く段階における困難として大きく増幅され，手術の失敗率を劇的に増加させる．

1. 角膜輪部に最初の切開（通常は2.5～3 mmの広さ）を作成する（図16.33a）．
2. 前房深度を維持するための前房への粘弾性物質（ヒアルロン酸）の注入は二つ目の挿入口と前部裂嚢を作るためには必須であり，かつ，損傷から角膜内皮を防御するために必要である（図16.33b）．
3. 二つ目の切開を最初の切開と同様に作成するが，通常はより小さい切開である．
4. 前嚢切開は通常，連続環状テクニックを用いて実施され，水晶体前嚢内の合成レンズの光学部と同等か少し小さく滑らかな辺縁の環状孔の作成が目的となる（図16.33c）．この段階はとても手技的要素を強く要求され，この手順を正確に完了できないと不満足な手術結果となる．トリパンブルーによる前嚢染色は水晶体嚢を可視化する助けとなる．
5. 超音波水晶体乳化吸引術：多くの操作法や物理的な水晶体の破砕について記述されているが，

## 第16章 水晶体

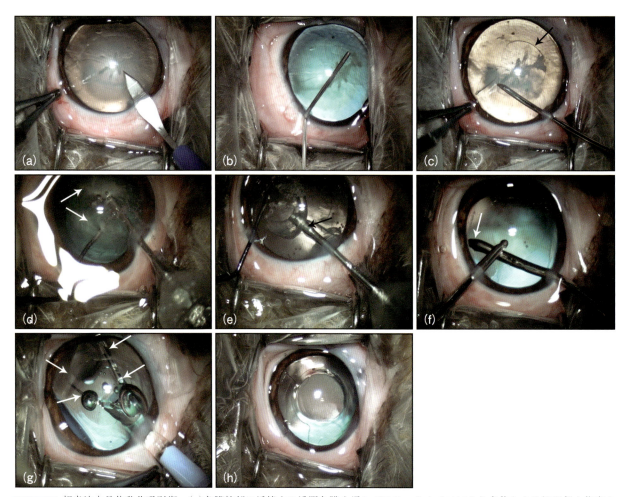

**図16.33** 超音波水晶体乳化吸引術．(a)角膜輪部に近接する透明角膜を通してスリットナイフにより主体となる切開創を作成する．(b)前房の維持と角膜内皮の保護のために角膜切開創から粘弾性物質を注入する．(c)前囊切開(矢印)を行い，水晶体囊に環状の孔を作成する．(d)水晶体核は処理しやすい断片に分割される．この症例ではチョップテクニックを用いて半分ずつの二つの断片に分割された．(e)水晶体物質は超音波水晶体乳化吸引針(矢印)を用いて破砕され，眼内から吸引される．(f)残存皮質は眼内から吸引される．この症例では灌流/吸引ハンドピースを用いている．右手の器具は水晶体囊内で赤道部からの皮質を吸引している(矢印)．(g)眼内レンズ(矢印)は折り畳まれて主体となる切開創を介して水晶体囊内に挿入される．(h)手術終了時の水晶体囊内の眼内レンズ．両切開創は縫合された．

詳細については本書の範疇を越えるので簡易に述べる．広義に超音波水晶体乳化吸引針は吸引針を主体となる切開創より水晶体内に挿入し，灌流，超音波振動ならびに吸引を複合して用いて水晶体物質を破砕して吸引する(図16.33d, e)．二つ目の切開創によりこの作業を補佐するための様々な操作子やチョッパーの使用が可能である．

6. 灌流と吸引：残存する水晶体皮質はしばしば水晶体囊，特に赤道部に付着している．丸いチップで超音波は出ない灌流/吸引(I/A：Irrigation/aspiration)ハンドピースが水晶体囊の破囊のリスクを下げるために使用される．皮質物質は囊から吸引され，可能な限り多く残存している水晶体上皮細胞を除去するために囊を「研磨」する(図16.33f)．
7. 合成眼内レンズ移植-粘弾性物質により水晶体囊を再度，膨らませ，水晶体操作子を用いて水晶体囊内に完全に位置調整する前に，折りたたまれた眼内レンズを大きい方の切開創より挿入する(図16.33g)．
8. 残存する粘弾性物質を眼内より吸引する．
9. 切開創を縫合し，平衡塩類溶液によって眼球を再度膨らませる(図16.33h)．

図16.34ならびに16.35に猫と犬のそれぞれの術後の状態が示されている．

**術後管理**：術直後に治療眼では眼圧上昇に遭遇することがある(術後高眼圧)．したがって，すべての水晶体を摘出した動物はこの時期は慎重に眼圧をモニタリングするべきである．すべての眼内手術はある程度のぶどう膜炎を生じ，この管理が良好な長期成功率への鍵となる．点眼や全身性のコルチコステロイドや非ス

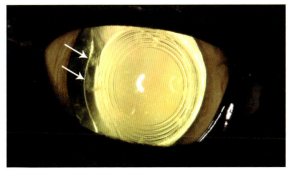

図16.34 白内障手術後1週間後の猫の眼内レンズの外観。水晶体前嚢の辺縁に混濁を認める（矢印）。

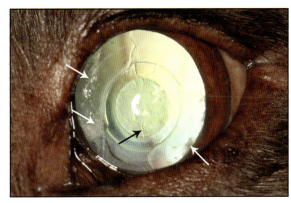

図16.35 9歳齢のラブラドール・レトリーバーの術後3年後の眼内レンズの外観。水晶体嚢の辺縁部の混濁（矢印）ならびに軽度なレンズ光学部への水晶体後嚢の皺襞形成を認める。

## 水晶体嚢内摘出法

**手順**：超音波水晶体乳化吸引術に関して，以下の記述は手技の一般的な解説であり，手術実施にあたっての手引きと考えるべきではない．

1. 最初の切開-角膜輪部近傍に170度の角膜半層切開を作成する．
2. 水晶体前方脱臼では水晶体を穿刺しないように気をつけながら，この初期の切開溝の一端で完全に切開する．
3. 角膜内皮の保護のために水晶体の前方に，また，硝子体水晶体嚢靱帯を離断するために後方に粘弾性物質を注入する．
4. 初期の切開の長さで曲の角膜剪刀を用いて角膜切開を拡大する．
5. 水晶体輪匙または水晶体核娩出挺を用いて水晶体を摘出し，残存する硝子体への接着を切除する．その他のアプローチとして眼球から切除する前に水晶体を固定する凍結プローブを用いた水晶体冷凍固定が挙げられる．
6. 前房内へ変位した硝子体はできれば自動的硝子体切除機器を用いて切除されるが，剪刀とセルローススポンジを用いた手動的硝子体切除もまた効果的である．
7. 角膜切開は連続パターンにより閉創され，平衡塩類溶液により眼球を再度膨らませる．

テロイド性抗消炎薬（NSAIDs）は術後ぶどう膜炎を減少するために必要であり，生涯的に継続が必要となることもある．

失敗率（完全な失明）は最近の二つの研究では7.6%（術後1～2年）から10%（術後の経過観察期間の中央値=302日）の間であるといわれている（Sigle and Nassisse, 2006；Klein et al., 2011）．術後に認められる合併症としては緑内障，網膜剥離，遷延性ぶどう膜炎，後嚢混濁，角膜浮腫，角膜潰瘍，虹彩と水晶体嚢または合成水晶体の間の後癒着ならびに眼内炎が挙げられる．これらのうち，緑内障，網膜剥離ならびに眼内炎は視覚障害の恐れがあり，また，継続する不快感や完全な失明の結果，眼球摘出術の必要が生じるかもしれないことから，最も深刻な合併症である（Moore et al., 2003）．いくつかの品種は他品種よりもより感受性を有する．例えば一つの研究では術後104週における術後緑内障の発生率は他品種の9%と比較して，ラブラドール・レトリーバーでは35%であった（Moore et al., 2011）．術前における飼い主との注意深い相談がこれらのリスクを理解してもらうためには必須である．

眼内レンズの移植ならびに縫合固定を行った嚢内法実施後の視覚維持成功率は70%までの間（術後の平均経過観察期間=29カ月）であると報告されている（Stuhr et al., 2009）．

## その他の処置

**後嚢混濁**：これは白内障手術後に水晶体嚢の収縮や上皮細胞の後方への遊走の結果として生じる．犬では重度な症例であっても臨床的に検出可能な視覚低下を生じることはほとんどない．水晶体嚢の混濁が重度な動物では混濁した嚢を切除したり，レーザー切嚢術により破砕することができる．イットリウム・アルミニウム・ガーネット（YAG）レーザー切嚢術が記述されているが，経費的にも専門家が使用する機材であり，後嚢が光学部に近接することから光学部が損傷するリスクが生じる．

**縫合固定レンズ**：嚢内水晶体摘出術においてまたは場合によっては超音波水晶体乳化吸引術において，合成水晶体移植を維持するために水晶体嚢の使用が不可能な場合がある．このような場合，合成水晶体を虹彩と毛様体の間の毛様溝を通してハプティクス（腕部）を縫

# 第16章　水晶体

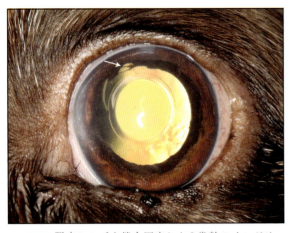

**図16.36** 眼内レンズを縫合固定した9歳齢のイングリッシュ・コッカー・スパニエル．水晶体嚢が欠如していることに注目．小さな虹彩萎縮は本法に無関係である（矢印）．

合することにより設置することが可能である（図16.36）．

## 参考文献

Allgoewer I and Pfefferkorn B (2001) Persistent hyperplastic tunica vasculosa lentis and persistent hyperplastic primary vitreous (PHTVL/PHPV) in two cats. *Veterinary Ophthalmology* **4**, 161–164

Benz P, Maaß G, Csokai J *et al.* (2011a) Detection of *Encephalitozoon cuniculi* in the feline cataractous lens. *Veterinary Ophthalmology* **14**, 37–47

Benz P, Walde I, Gumpenberger M *et al.* (2011b) Macrophakia in three cats. *Veterinary Ophthalmology* **14**(Supplement 1), 99–104

Bernays ME, Peiffer, RL Bernays ME *et al.* (2000) Morphologic alterations in the anterior lens capsule of canine eyes with cataracts. *American Journal of Veterinary Research* **61**, 1517–1519

Davidson MG, Murphy CJ, Nasisse MP *et al.* (1993) Refractive state of aphakic and pseudophakic eyes of dogs. *American Journal of Veterinary Research* **54**, 174–177

Dubielzig RR, Everitt J, Shadduck JA *et al.* (1990) Clinical and morphologic features of post-traumatic ocular sarcomas in cats. *Veterinary Pathology* **27**, 62–65

Gould D, Pettitt L, McLaughlin B *et al.* (2011) *ADAMTS17* mutation associated with primary lens luxation is widespread among breeds. *Veterinary Ophthalmology* **14**, 378–384

Kador PF, Webb TR, Bras D *et al.* (2010) Topical KINOSTAT™ ameliorates the clinical development and progression of cataracts in dogs with diabetes mellitus. *Veterinary Ophthalmology* **13**, 363–368

Klein HE, Krohne SG, Moore GE *et al.* (2011) Postoperative complications and visual outcomes of phacoemulsification in 103 dogs (179 eyes): 2006–2008. *Veterinary Ophthalmology* **14**, 114–120

Martin CL and Chambreau T (1982) Cataract production in experimentally orphaned puppies fed a commercial replacement for bitch's milk. *Journal of the American Animal Hospital Association* **18**, 115–119

Mellersh CS, McLaughlin B, Ahonen S *et al.* (2009) Mutation in *HSF4* is associated with hereditary cataract in the Australian Shepherd. *Veterinary Ophthalmology* **12**, 372–378

Mellersh CS, Pettitt L, Forman OP *et al.* (2006) Identification of mutations in *HSF4* in dogs of three different breeds with hereditary cataracts. *Veterinary Ophthalmology* **9**, 369–378

Moeller E, Blocker T, Esson D *et al.* (2011) Postoperative glaucoma in the Labrador Retriever: incidence, risk factors and visual outcome following routine phacoemulsification. *Veterinary Ophthalmology* **14**, 385–394

Molleda JM, Martin E, Ginel PJ *et al.* (1995) Microphakia associated with lens luxation in the cat. *Journal of the American Animal Hospital Association* **31**, 209–212

Moore DL, McLellan GJ and Dubielzig RR (2003) A study of the morphology of canine eyes enucleated or eviscerated due to complications following phacoemulsification. *Veterinary Ophthalmology* **6**, 219–226

Payen G, Hänninen RL, Mazzucchelli S *et al.* (2011) Primary lens instability in ten related cats: clinical and genetic considerations. *Journal of Small Animal Practice* **52**, 402–410

Peiffer RL (1982) Bilateral congenital aphakia and retinal detachment in a cat. *Journal of the American Animal Hospital Association* **18**, 128–130

Richter M, Guscetti F and Spiess B (2002) Aldose reductase activity and glucose-related opacities in incubated lenses from dogs and cats. *American Journal of Veterinary Research* **63**, 1591–1597

Sigle KJ and Nasisse MP (2006) Long-term complications after phacoemulsification for cataract removal in dogs: 172 cases (1995–2002). *Journal of the American Veterinary Medical Association* **228**, 74–79

Stuhr CM, Schilke HK and Forte C (2009) Intracapsular lensectomy and sulcus intraocular lens fixation in dogs with primary lens luxation or subluxation. *Veterinary Ophthalmology* **12**, 357–360

Swanson HL, Dubielzig RR, Bentley E *et al.* (2001) A case of Peters' anomaly in a Springer Spaniel. *Journal of Comparative Pathology* **125**, 326–330

van der Woerdt A (2000) Lens-induced uveitis. *Veterinary Ophthalmology* **3**, 227–234

Wilkie DA, Gemensky-Metzler AJ, Colitz CMH *et al.* (2006) Canine cataracts, diabetes mellitus and spontaneous lens capsule rupture: a retrospective study of 18 dogs. *Veterinary Ophthalmology* **9**, 328–334

Williams DL, Heath MF and Wallis C (2004) Prevalence of canine cataract: preliminary results of a cross-sectional study. *Veterinary Ophthalmology* **7**, 29–35

# 17

# 硝子体

## Christine Heinrich

硝子体は眼球後部に存在する透明な親水性高分子体である．レンズと網膜の間を結ぶ透明な媒体であり，その粘性により，眼の動きや歪みに対し内側からの機械的な支持や保護を行う．硝子体は眼内代謝に貢献し，網膜や周辺組織に対し栄養代謝産物の貯蔵の場でもある．

## 発生学，解剖学および生理学

### 発生学

硝子体の発生には三つのステージに分けられる．

- 最初のステージ：水晶体後方の比較的小さな部分は第一次硝子体により満たされる．第一次硝子体には，硝子体動脈とその分枝があり，水晶体血管膜を通じて，水晶体が成長するための栄養を供給する．第一次硝子体は外胚葉と間葉の混合体と考えられている．そして，初期の眼内動脈の血管間葉は，水晶体が貫入するときに包む表皮外胚葉とは区別される．Vitrosin（下記参照）はおそらく神経外胚葉起源といわれている．虹彩や毛様体が成長するにつれ，直接的な血管供給の必要がなくなり，硝子体内血管は退行する．これは犬において妊娠第45日目から起こり，出産後2～4週以内に完成する．
- 第二のステージ：第二次もしくは成熟硝子体は眼球後部の広くなったスペースを満たす．第一次硝子体が萎縮するにつれ，クローケ管を形成し，それは視神経とレンズの間を結ぶ．硝子体動脈と水晶体後囊に接続していた部分は，ミッテンドルフ斑として成犬でみることができる．この斑は腹側正中から後部縫合線の合流部にかけてみられる．前部硝子体内に萎縮した血管の遺残物がスリットランプ検査で見ることができる．硝子体動脈の後部遺残物（バーグマイスター乳頭）は，成犬では検査中に通常見ることはないが，その部分は視神経乳頭表面の生理的陥凹として眼科検査中に眼球後極部に簡単に見ることができる．第二次もしくは成熟硝子体の起源は，未だ不鮮明であるが，ハイアロサイト，毛様体上皮，眼杯の縁にある間葉細胞，発生期の硝子体血管や網膜グリア細胞（ミュラー細胞）が第二次硝子体の発達に貢献すると考えられている（Forrester, et al., 1996）
- 第三のステージ：硝子体基底部とチン小帯のコラーゲン結合が起こる．第二次硝子体同様に，第三次硝子体の正確な起源は不明であるが，毛様体無色素上皮がその形成に関わっているのではないかと推察されている．

第一次硝子体の発生と退行は正常な目の発生にとても重要である．正常に退行しなかった場合，いくつかの先天性眼疾患を引き起こす．

### 解剖学と生理学

硝子体は，前部では水晶体，チン小帯，毛様体と，後部では網膜と接続している（図17.1）．眼球内のほとんどを占めており，硝子体は，水晶体からの圧迫を受けている硝子体窩と呼ばれているところを除き，ほ

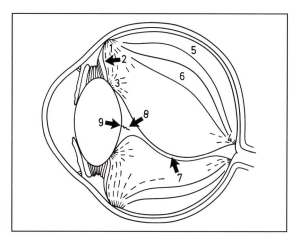

図17.1 眼球と硝子体．1＝硝子体基底部，2＝硝子体前面，3＝囊硝子体靫帯，4＝視神経乳頭の接合面，5＝皮質硝子体，6＝層盤と路，7＝クローケ管，8＝硝子体血管遺残，9＝ミッテンドルフ斑

とんど球体の形をしている．硝子体は皮質と中心部に分けられる．そして，さらに部位的分類では，前部，中間部，後部と区別されている．

硝子体は約99％が水で，残りの1％はコラーゲン，硝子体細胞，水溶性タンパクとヒアルロン酸である．硝子体ゲルは水よりも約2〜4倍の粘性をもち，その粘性の大部分はヒアルロン酸ナトリウムに依存している．加齢や病的変化に伴い，この構造は失われ，硝子体は液状化するが，このプロセスはシネレシス(離漿)として知られている．ヒアルロン酸分子は分解され，コラーゲン線維が互いに凝集した状態で硝子体の「浮遊物」を形成する(下記参照)．

硝子体皮質は，周辺網膜，毛様体扁平部(硝子体基底部)，水晶体後嚢(硝子体水晶体嚢靱帯)，硝子体管基底部付近の視神経乳頭および網膜の内境界膜と微細なコラーゲン線維により結合している．硝子体基底部の崩壊は原発性水晶体脱臼の状態でみられ，また，硝子体と内境界膜の結合が最も弱いのが一般的である．後部硝子体剥離という状態は，超音波検査により確認することができ，網膜剥離の危険性すらある．

### 細胞構成

硝子体は，一般的には無細胞で無血管組織ではあるが，ごく少数の硝子体細胞という呼ばれるマクロファージ由来の細胞が存在する．硝子体細胞は一般的には硝子体皮質部に多く存在する．この細胞の働きは明らかではないが，多くの食胞融解小体をもつことより，食細胞ではないかと示唆されている．そして，さらに硝子体細胞は in vitro の環境でヒアルロン酸を産生することがわかっており，硝子体産生にかかわっているのではないかと推察されている．

### マトリックス

硝子体は2型コラーゲン線維に似た特徴的な線維性タンパクである vitrosin を含む．この線維性タンパクは複合多糖類と密接に結合しており，通常のコラーゲンとは区別されている．少量のムコ多糖タンパク質で小さな線維を形成する1型コラーゲンと違い，2型コラーゲン線維である vitrosin はムコ多糖タンパク質を細胞外成分として豊富にもち，コラーゲン-ムコ多糖タンパク質結合が強固である．Vitrosin 線維はらせん状をしたヒアルロン酸分子を包括することで，硝子体ゲルの骨格を構成している．そうすることで次々とコラーゲン線維が伸びていく．ヒアルロン酸三重螺旋体の陰性電荷により親水性という特徴をもつ．ある種グリコサミノグリカンであるヒアルロン酸は，硝子体ゲルの中に存在し，硝子体内の水の流れに関与している．硝子体内物質の流れはいくつかのメカニズムにより制御されている．例えば，拡散，制水圧と浸透圧，受動と能動輸送である．ゲル内の強い帯電もまた硝子体内の電解質輸送の役割を担う．

糖とその他の糖質もまた存在し，硝子体は一時的に網膜に栄養を供給していると推察されている．網膜や水晶体からの老廃物は硝子体内に蓄積され，硝子体内のグルタミン濃度の上昇は緑内障時における網膜障害の指標となっているのかもしれない．

### 光の透過

硝子体内の光の透過は角膜と同じ原理(すなわち，硝子体コラーゲン線維は光の波長の半分よりも短い)であり，硝子体内線維間のグリコサミノグリカンにより回折が減少される．

## 犬の疾患

### 先天性疾患と発生異常

#### 第一次硝子体遺残

**硝子体動脈遺残**：硝子体血管系の正常な退化異常は，比較的稀であり，犬では散発的な眼の奇形として捉えられている．臨床症状は硝子体動脈のどの部分が残っているかにより様々である．最も一般的な型は，小さな血管遺残物が水晶体後嚢から前部硝子体へと突出しているものである(図17.2)．その部分は，局所的に水晶体嚢の不透過部として確認されるが，その不透過部は滅多に悪化しない．遺残物にはたいてい血流はないが，稀なケースとして硝子体動脈が遺残していることがあるかもしれない．そのときは，水晶体もしくは硝子体への出血が起こっていることがある．広範囲にわたる白内障が確認された場合，水晶体血管膜過形成遺残(PHTVL)もしくは第一次硝子体過形成遺残症

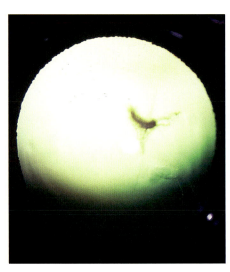

**図17.2**
水晶体後嚢部の小さな硝子体血管遺残

（PHPV）を鑑別診断として考慮すべきである（下記参照）．

硝子体動脈後部の遺残はコリー眼異常を患ったコリーでみられることがある．初期硝子体動脈のグリア鞘での遺残で，バーグマイスター乳頭と呼ばれ，このような症例では，開存した血管により硝子体出血がみられることもある．

**水晶体血管膜過形成遺残（PHTVL）**：水晶体後部血管膜過形成遺残が孤立して区別することは稀であるが，しばしば明瞭なフィラメント製の蜘蛛の巣状もしくは点状あるいは色素沈着した不透過性のものとして水晶体後囊に観察されることがある．臨床的特徴は滅多に有せず，片側もしくは両側性にみられ，PHTVL/PHPVの軽症の所見と似ていることがある．

**水晶体血管膜過形成遺残/第一次硝子体過形成遺残症（PHTVL/PHPV）**：胎子発育期早期に硝子体と水晶体血管膜が過形成を起こすことで知られ，出生後もその増殖は続く．病変部の拡大には個体差がある．視覚障害の程度は硝子体増殖の程度，白内障や出血といった併発症の有無に依存する．

臨床的に明らかな病変は，水晶体後囊部の明らかな色素斑（図17.3）から水晶体後囊部の大きな線維血管プラークまで重症度により様々である．これらの異常は，異常な水晶体（円錐水晶体，球形円錐水晶体，コロボーマ），白内障，水晶体内出血（図17.4および17.5），チン小帯の進展，硝子体動脈遺残，瞳孔膜遺残やcapsulopupillary血管といった別の異常と一緒にみられるかもしれない．これら最後の血管は，色素性線維を形成したり，水晶体後方のプラーク，水晶体赤道部，そして最も多いのが虹彩の表面に起源をもつ開存血管だったりする．

PHTVL/PHPVは両側の遺伝形式がスタッフォードシャー・ブル・テリア（Leon, et al., 1986），ドーベルマン（Stades, 1980）そして，ミニチュア・シュナウザー（Grahn, et al., 2004）で報告されている．ドーベルマン

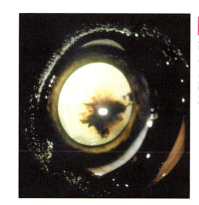

図17.4　PHTVL/PHPV例にみられた水晶体内出血と初期の白内障形成（S Cripsin氏の厚意による）

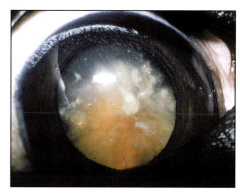

図17.5　PHTVL/PHPV例にみられた水晶体内出血後の進行した白内障形成（P Renwick氏の厚意による）

ではさらなる研究がなされ，不完全優性遺伝が推察されている（Stades, 1983a）．ドーベルマンにおいては，グレード分けが提唱されており，臨床分類として

- グレード1：小さな水晶体後囊白内障と水晶体後方の色素斑
- グレード2：より濃い水晶体後囊中心部の白内障で黄色または茶色の後囊線維組織と赤道部付近の後囊色素斑を伴う．瞳孔膜遺残も一般的に認められる．
- グレード3：水晶体血管膜遺残が認められる．硝子体は水晶体後方の網目構造として認められ，グレード2で認められた異常がある．
- グレード4：円錐水晶体とグレード2で認められた異常
- グレード5：グレード3とグレード4の組み合わせ
- グレード6：上記のグレードの組み合わせに加え，水晶体欠損，小水晶体，色素斑と出血

予防策として，選択的交配（すなわち，グレード2から6に分類される重症例は交配プログラムから外す）があり，オランダにおいてはドーベルマンのPHTVL/PHPVの発生を減らすことに成功している（Stades, et al., 1991）．ドーベルマンと異なり，スタッフォードシャー・ブル・テリアでは，グレード2～6の異常をもつ犬は進行性の白内障と失明へと発展し，水

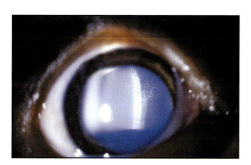

図17.3　水晶体後囊の不透明性（PHTVL/PHPVのグレード1）

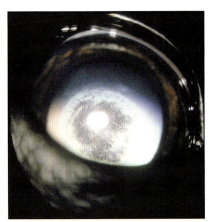

図17.6 PHTVL/PHPVをもつスタッフォードシャー・ブル・テリア．後嚢の線維血管プラーク形成

晶体後嚢上の典型的な線維血管プラークに関連した広範囲な白内障はみられない（図17.6）．

　PHTVL/PHPVはどの犬種にも起こり，また片側であることもある．視覚が重度に障害されている場合，後嚢切除を伴う超音波乳化吸引術と前部硝子体切除は考慮すべきである．このような状態の犬における成功率は合併症のない白内障に比べると低い傾向にある．それは硝子体切除のリスクと硝子体開存動脈からの出血による（Stades, 1983b）．ウェットフィールド焼灼機は開存硝子体血管からの出血を止めるのに有用であるが，危害がないわけではない．

### 硝子体網膜異形成

　硝子体網膜異形成は硝子体と神経網膜の異常発生と定義づけられる．罹患子犬は網膜非接触（硝子体腔内の朝顔同形した異常な網膜としてみられる）もしくは異常発生した網膜の早期剥離のどちらかがみられる．硝子体の非発育は，ベドリントン・テリア，シーリハム・テリアのおける硝子体網膜異形成の疫学において重要な要因として考えられている．非対立遺伝子による硝子体網膜異形成はラブラドール・レトリーバーとサモエドにおいて報告されている（第4および18章を参照）．遺伝子欠損のためホモ結合動物では硝子体網膜異形成に加え，骨格異常も伴う．ヘテロ結合動物は多病巣性網膜異形成症をもつ（第18章を参照）．先天性網膜異形成症とPHPVの組み合わせは，ミニチュア・シュナウザーで報告されている（Grahn, et al., 2004）．この疾患は常染色体遺伝であり，臨床所見として，片側もしくは両側のPHPVに加え，網膜全剥離がいくつかの症例で観察されている．

## 後天性疾患

### 変性

**シネレシス（離漿）**：加齢もしくは併発した眼疾患（すなわちぶどう膜炎，硝子体出血，緑内障）に伴い硝子体コラーゲン骨格が壊れ，硝子体が液状化する．相互に結合したコラーゲン線維は，液状化した硝子体内で「浮遊物」として簡単に眼科検査で観察できる．この過程は不可逆的であり，網膜剥離へと発展する可能性がある．原発硝子体変性はボストン・テリア，ビション・フリーゼ，ウィペット，イタリアン・グレーハウンドといった犬種に関連性がある．硝子体変性はこれらの犬種に対し網膜剥離の危険性を及ぼしているが，それを示唆する公的な情報はない．

**星状硝子体症**：この症状は内因性の硝子体変性であり，閃輝性硝子体融解症（下記参照）とは対照的であり，硝子体は液状化していない．星状硝子体症の疾病原因は明らかにはなっていないが，脂質やカルシウム複合体が散ったものと考えられている．臨床診断は簡単で，小さな反射性粒子が硝子体内に浮遊しているのが観察される（図17.7および17.8）．ほとんどの症例でペンライトによる診断が可能で，視覚に影響がなく，他の眼疾患も引き起こさないとされている．

**閃輝性硝子体融解症**：閃輝性硝子体融解症（別名cholesterolosis bulbi）とはコレステロールを含むキラキラとした粒子が液状化した硝子体内にみられる．この粒子は，眼球が静置した状態だと腹側に落ち着いているが，素早い眼球運動があると硝子体内を拡散する（図17.9）．この状態は視覚には影響しないと考えら

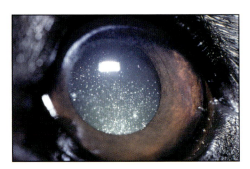

図17.7 3歳齢のジャーマン・シェパード・ドッグにみられた星状硝子体症（P Renwick氏の厚意による）

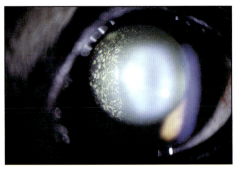

図17.8 11歳齢の雑種犬にみられた星状硝子体症のスリットランプ検査所見

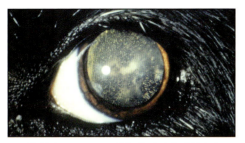

図17.9 雑種犬にみられた閃輝性硝子体融解症（S Cripsin氏の厚意による）

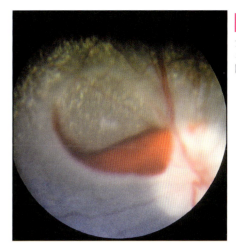

図17.10 犬のキールボート型網膜前出血

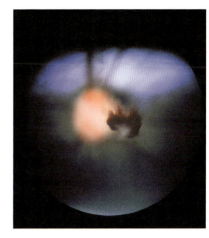

図17.11 6週齢のボーダー・コリーにみられた少量の硝子体出血（P Renwick氏の厚意による）

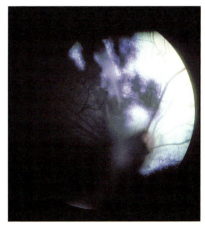

図17.12 硝子体動脈遺残をもつ1歳齢のウェルシュ・テリアにみられた硝子体出血と硝子体網膜牽引束形成

れているが，一般的に眼疾患を併発した結果であるため，他の異常が見つかるかもしれない．医学領域では，閃輝性硝子体融解症はたいてい，以前の硝子体出血の結果とされ，粒子はやや黒ずんで見える．

### 硝子体出血

硝子体は原則的に無血管組織であるため，硝子体出血はたいてい眼内隣接組織もしくは開存血管異常を含む発生異常（上記参照）の結果起こる．外傷や高血圧性網膜症に関連して起こるのが一般的である．他の原因として，網膜剥離，腫瘍，凝固異常，重度のぶどう膜炎，緑内障，視神経炎が挙げられる．硝子体出血が重度であると眼球後部観察が阻害される．全身的な基礎疾患の結果として起こる硝子体出血のほとんどは，反対目の注意深い観察により，疫学がわかることもある．

硝子体出血は網膜前（後部硝子体面と内境界膜の間）と硝子体内に分類される．網膜前出血はキールボート型（図17.10）をしており吸収が早いのに対し，硝子体出血は拡散型（図17.11）であり，数週間から数カ月かけて吸収される．出血後に起こる硝子体の液状化は一般的であり，血餅周囲の硝子体コラーゲンの凝集，偽膜や硝子体膜形成が起こり得る．重度の硝子体出血は血餅融解産物の毒性，網膜前線維膜もしくは硝子体網膜牽引束の形成といった点において網膜に対し有害である（図17.12）．この現象は，裂孔性網膜剥離を引き起こすことがある（網膜の裂け目から網膜剥離が発生する）．

硝子体出血の治療は基礎疾患の是正にある．医学領域において，硝子体出血は糖尿病性網膜症に関連してみられ，硝子体切除が行われている．獣医領域では硝子体出血に対する治療としての硝子体切除はまだ一般的ではない．

### 硝子体炎

硝子体はほぼ無細胞組織であるため，炎症反応は起こりにくい組織である．しかし，周辺組織からの炎症反応の影響を受けるのが一般的であり，それを硝子体炎と呼ぶ．眼内の炎症に伴い，血管-眼関門の破綻が起こり，血液とともに炎症細胞やタンパク質が硝子体へと漏れ出し，硝子体のゲル構造の破壊が起こる．硝子体炎は臨床的には，眼底が「ぼやけた」ように観察され，重症であれば，眼底観察が困難となる．硝子体炎の最も重症な例は，穿孔性外傷，眼内手術もしくは全身性疾患から波及する眼内炎もしくは汎眼球炎である．細菌や真菌の影響も考慮すべきである．英国では稀であるが，他の地域ではブラストミセス症，クリプトコッカス症，ヒストプラズマ症による肉芽腫性眼内炎は一般的に観察される．

## 異物

硝子体内異物は一般的に重度眼球外傷に伴ってみられる．犬と猫における最も一般的な異物は，エアガン弾もしくは鉛製の散弾である．よって突発性眼痛の場合，銃弾による外傷を考慮しなくてはならない．角膜もしくは強膜への眼球穿孔のサインがあれば，硝子体内の異物の存在を疑うべきである．硝子体内出血や前房混濁例の場合は，眼の超音波検査が役に立つ．

鉛製の散弾や小弾丸はX線検査により確認可能であるが，X線検査単独でその異物が硝子体内なのか眼窩内なのかはわからない．眼の超音波検査は異物の正確な場所の特定に有用である．眼球被膜を貫通してきた植物性異物はたいてい微生物混入を伴う．よって，硝子体内に植物性異物が残っているときは全眼球炎を引き起こす傾向にある．

眼球救護の予後は外傷の程度と異物の施入部位（特に水晶体を巻き込んでいるかどうか）による．硝子体異物の摘出は外科的にアプローチ可能かどうかに関わっており，同時に，異物のタイプと眼内組織をどれだけ巻き込んでいるかによる．純度の高いガラス，石，プラスチック，ステンレス，その他の合金は影響が少ないのに対し，その他の物質，例えば植物，鉄，銅，質の低い合金やガラス，そしてプラスチックは眼球への影響が大きい（Belin, 1992）．眼球穿孔や貫通に伴い異物が硝子体内にある場合は，専門医の評価を仰ぐべきである．

## 腫瘍

原発性硝子体腫瘍は報告がないが，隣接組織の腫瘍に伴って硝子体が侵されることはあり，結果として腫瘍細胞の浸潤もしくは固形腫瘍の硝子体内置換がみられる．最も多いのがリンパ腫で，ぶどう膜からの浸潤が多い．眼内腫瘍に伴って発生した新生血管からの滲出液や出血により硝子体変性が引き起こされる．

臨床的に，硝子体炎，網膜剥離，硝子体内腫瘤がみられるかもしれない．確定診断には，眼の超音波検査（第2章を参照）や硝子体穿刺（第3章を参照）を考慮すべきである．硝子体吸引による細胞診は特に原発巣が確認できないときには，全身性転移の診断に役立つかもしれない．ただし硝子体穿刺はリスクを伴うため，見えている目に対しては習熟者以外は実施すべきではない．治療は発生した腫瘍によるが，硝子体内に発生した固形腫瘍の多くの例では，眼球摘出が必要となる．

## 嚢胞

ぶどう膜嚢胞がしばしば硝子体内でみられることがある．色素沈着の程度は様々であり，半透明で，硝子体内で球体構造を呈し，浮遊している．サイズはバラバラであり，たいていは視覚に影響を及ぼさない（図17.13）．

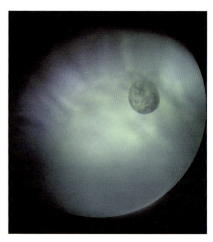

図17.13 硝子体内の色素をもつ小さな嚢胞（Animal Health Trustの厚意による）

図17.14 5歳齢の雌のスタッフォードシャー・ブル・テリアにみられた眼内幼虫移行症（2007年Manningの発表．Veterinary Recordの承諾済み）

## 寄生体

時として硝子体内の寄生体の迷入がみられる（図17.14）．報告のある寄生体として，*Toxocara canis*，*Dirofilaria immitis*，*Angiostrongylus vasorum*（Manning, 2007），*Echinococcus* sppがある．ハエ目もハエの幼虫の体内侵入に関連してみられる．いくつかの種の寄生体は全身投与により駆除可能であるが，大きな寄生体の場合，死んだ寄生体による有害な炎症反応を避けるために外科的除去が求められる．

## 硝子体突出とヘルニア

硝子体の眼球外突出は角膜もしくは強膜裂傷や，ある種の眼内手術といった眼外傷によってみられる．瞳孔縁から前房内への変性硝子体のヘルニア（図17.15）は原発性水晶体脱臼を伴う犬において最初のサインとして現れる．毛様小帯の断裂の結果，嚢硝子体靱帯部にある基部となるコラーゲン線維配列が弱くなり，前部硝子体がシネレシスを起こす．重症例では，ヘルニアを起こした硝子体が瞳孔ブロックや隅角を詰まらせ，眼圧上昇を引き起こしたりする．水晶体脱臼の症例では，最初の切開を行ったとき，ヘルニアを起こした硝子体が前房内に存在する．突出した硝子体を除去するまでは，切開した角膜を縫合すべきではない．

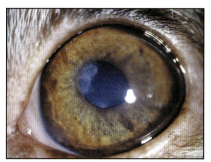

図17.15 水晶体毛様小体断裂をもつ5歳齢のジャック・ラッセル・テリアにみられた瞳孔縁の変性硝子体

図17.16 FIV感染猫にみられた毛様体炎（S Cripsin氏の厚意による）

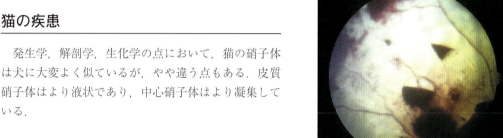

図17.17 全身性高血圧症をもつ猫の網膜及び硝子体出血（S Cripsin氏の厚意による）

## 猫の疾患

　発生学，解剖学，生化学の点において，猫の硝子体は犬に大変よく似ているが，やや違う点もある．皮質硝子体はより液状であり，中心硝子体はより凝集している．

### 先天性疾患

　猫の硝子体の先天性疾患はかなり稀であり，硝子体動脈遺残の報告がある（Ketring and Glaze, 1994；Barnett and Crispin, 1998）．PHTVL/PHPVは猫ではかなり稀である．

### 後天性疾患

#### 猫の慢性ぶどう膜炎

　猫の慢性ぶどう膜炎の症例では硝子体にも影響を及ぼすものが一般的である．また，硝子体まで影響を及ぼす場合は，ぶどう膜炎の場所（前部，中間部，後部）に依存している．興味深い現象として，毛様体炎を伴う場合，炎症細胞は前部硝子体へと集まる（図17.16）．この現象は臨床的に見ると「雪の吹き溜まり」のように見える．猫免疫不全ウイルス感染症に伴ってみられると考えられている．「雪の吹き溜まり」はトキソプラズマ症といった他のぶどう膜炎の原因でもみられることがある（第14章を参照）．

#### 硝子体出血

　硝子体出血（図17.17）は犬よりも猫で一般的にみられ，臨床獣医師は高血圧性脈絡網膜炎を疑うべきである（Barnett and Crispin, 1998，第18章を参照）．硝子体出血は頭部外傷の結果としてもみられる．猫は深い眼窩により眼球が保護されていることを考えると外傷の重症度を判定することも可能かもしれない．

## 硝子体処置

### 硝子体切除術

　前述した通り，前房内の硝子体ヘルニアは水晶体脱臼例に多い．硝子体脱出が後嚢破嚢部位より起こるのが，超音波水晶体乳化吸引術の最も多い合併症である．水晶体外科中に後嚢破嚢もしくはチン小帯断裂が原因で起こった前房内に突出した水晶体は除去すべきである．脱出硝子体は，房水排泄を阻害する可能性があり，緑内障の引き金となり得る．前房内に脱出した硝子体が角膜創口内に巻き込まれた場合，角膜上皮細胞が前房内へと下方増殖することに繋がり，それはさらなる合併症へと繋がる．もし硝子体が角膜内皮に接触した状態であれば，角膜内皮機能不全や角膜浮腫へと発展してしまうかもしれない．

　外科的に突出した硝子体を切除する（硝子体切除）は用手法ではセルローススポンジやハサミを使い，機械的には硝子体切除装置を用いる．硝子体切除装置は，たいてい超音波乳化吸引装置に組み込まれており，角膜の小切開部（約2〜3mm）から使用可能である．用手法にて切除するときは，網膜剥離を引き起こすのを防ぐために，隣接硝子体ゲルを過剰に牽引しないよう注意すべきである．

　硝子体切除は，眼内炎の例において診断目的で行われることもある．切除した硝子体は顕微鏡での観察や細菌ならびに真菌培養を行う．硝子体切除は，重度の

合併症を引き起こし得る負荷的な手法であるため，経験を積んだ眼科専門医のみによってなされるべきである．

## 治療的硝子体注射

抗生物質や抗炎症剤の治療は硝子体炎や眼内炎の例においては最も重要である．特に細菌性眼内炎に対し，局所療法では，どんな薬剤も硝子体へは治療レベルに到達しない．硝子体は無血管組織であるため，全身投与は血液-眼関門により制限され，脂溶性薬剤（クロラムフェニコールなど）のみ全身投与で十分な濃度で到達する．ぶどう膜炎で血液-眼関門の破綻が起こっていれば，全身投与後に十分な濃度の薬剤が硝子体に届くかもしれない．

硝子体に効率のよい薬剤到達法は硝子体注射である．硝子体に注射する薬剤としては，抗生物質やコルチコステロイドがあり，その推奨量はウサギ，霊長類やヒトからの量を外挿している．硝子体注射は水晶体外傷，出血，感染，網膜剥離といった危険を伴い，薬剤そのものが硝子体ゲル構造や網膜などに影響を及ぼす．こういった理由より，硝子体注射は，経験の積んだ眼科専門医によってのみなされるべきである．

## 参考文献

Barnett KC (1990) *A Colour Atlas of Veterinary Ophthalmology*. Wolfe, London

Barnett KC and Crispin SM (1998) Vitreous. In: *Feline Ophthalmology: An Atlas and Text*, ed. KC Barnett and SM Crispin, pp. 144–145. WB Saunders, Philadelphia

Belin NW (1992) Foreign bodies and penetrating injuries to the eye. In: *Ocular Emergencies*, ed. RA Catalano, pp. 197–213. WB Saunders, Philadelphia

Forrester JV, Dick AD, McMenamin P and Lee WR (1996) *The Eye – Basic Sciences in Practice*. WB Saunders, Philadelphia

Grahn BH, Storey ES and McMillan C (2004) Inherited retinal dysplasia and persistent hyperplastic primary vitreous in Miniature Schnauzer dogs. *Veterinary Ophthalmology* **7**(3), 151–158

Ketring KL and Glaze MB (1994) Vitreous. In: *Atlas of Feline Ophthalmology*, ed. KL Ketring and MB Glaze, pp. 201–207. Veterinary Learning Systems, New Jersey

Leon A, Curtis R and Barnett KC (1986) Hereditary persistent hyperplastic primary vitreous in the Staffordshire Bull Terrier. *Journal of the American Animal Hospital Association* **22**, 765–774

Manning SP (2007) Ocular examination in the diagnosis of angiostrongylosis in dogs. *Veterinary Record* **160**, 625–627

Stades FC (1980) Persistent hyperplastic tunica vasculosa lentis and persistent hyperplastic primary vitreous (PHTVL/PHPV) in 90 closely related Doberman Pinschers: clinical aspects. *Journal of the American Animal Hospital Association* **16**, 739–751

Stades FC (1983a) Persistent hyperplastic tunica vasculosa lentis and persistent hyperplastic primary vitreous in Doberman Pinschers: genetic aspects. *Journal of the American Animal Hospital Association* **19**, 957–964

Stades FC (1983b) Persistent hyperplastic tunica vasculosa lentis and persistent hyperplastic primary vitreous in Doberman Pinschers: techniques and results of surgery. *Journal of the American Animal Hospital Association* **19**, 393–402

Stades FC, Boeve MH, van der Brom WE and van der Linde-Sipman JS (1991) The incidence of PHTVL/PHPV in the Doberman and the results of breeding rules. *Veterinary Quarterly* **13**, 24–29

# 18

# 眼　底

Gillian J McLellan and Kristina Narfström

「眼底」は眼底鏡を用いてみることのできる後眼部の一部である．眼底鏡により見える構造は視神経乳頭（ONH：optic nerve head），網膜，網膜血管，脈絡膜，いくつかの動物種では強膜が挙げられる（図18.1）．これらの構造間の密接な関係により，病態が独立して眼底の一つの部位にみられることはほとんどない．例えば，脈絡膜の炎症では一般的に網膜および網膜血管が含まれ，さらに視神経にまで炎症が及ぶ場合もある．基本となる解剖を理解することで正常眼底と異常眼底を見分ける助けになる．これらの特徴は犬と猫において非常に似ているため，犬および猫ではこの章では正常な解剖学および疾患の状態をともに説明する．

## 発生学，解剖学および生理学

網膜は眼杯を構成する神経外胚葉由来の二つの層から発達する．眼杯は眼胞として知られる前脳の膨出から発達する．網膜と視神経はともに前脳の拡張として考えられ，その結果，中枢神経系（CNS）の一部となる．網膜の神経感覚層は眼胞内層の無色素層から，網膜色素上皮（RPE：retinal pigment epithelium）は眼胞外層の色素層からなる（図18.2）．犬と猫では，光受容細胞の発達は生後1〜16日で起こり，網膜組織の形成は生後40日目まで完了しないこともある．

神経感覚網膜は毛様体部の無色素上皮の網膜鋸状縁前方で連続しており，網膜色素上皮は毛様体部の色素上皮まで連続している．犬では，視神経乳頭は網膜神経節細胞軸索の髄鞘形成の開始を表しており，視神経乳頭は視神経交叉を通して脳に続く前に強膜の篩状板を通して眼球から出ていく．

組織学的に網膜は高度に組織化された10層で構成されている（図18.3）．脈絡膜に最も近い外層は網膜色素上皮であり，それに続く層は神経感覚網膜である．神経感覚網膜の最外層は杆体細胞および錐体細胞の外側部を含む光受容体層である．犬と猫において光受容体層は主に杆体細胞から構成されている．両種において，錐体細胞率の多い領域は視神経乳頭から腹外側に水平に拡大した場所（中心野として知られる場所）

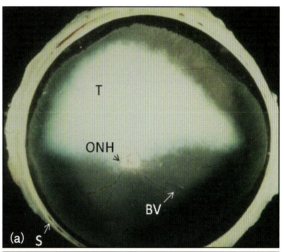

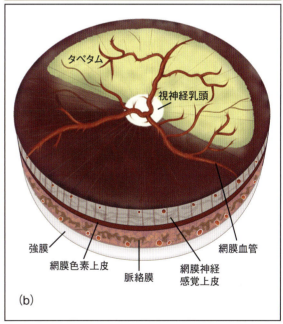

図18.1　(a)眼球後部の全体写真．(b)検眼鏡検査で観察される犬，猫の典型的な眼底の解剖学的構造．これらの構造には視神経乳頭（ONH），網膜血管（BV）を含む神経感覚網膜を含む．網膜色素上皮（RPE），脈絡膜，強膜（S）もまた脈絡膜内側のタペタム（T）の存在の有無や色素沈着の程度により眼底所見で観察できることもある．

にある．杆体細胞は細長く円柱状を呈し，錐体細胞よりもかすかな明かりを敏感に感じとることができるた

第18章 眼　底

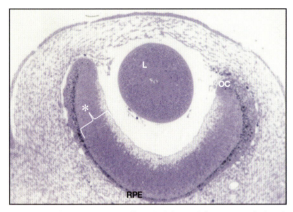

**図18.2** 犬の胚における前脳膨出部に形成された眼杯(OC)の内側と外側（網膜色素上皮〈RPE〉）および神経感覚網膜(＊)を描出した顕微鏡写真．発達した水晶体(L)も確認できる．

細胞，アマクリン細胞，神経節細胞のシナプスが存在している．機能上，網膜像のコントラストを強調し，動きの検出を高めている．

　神経節細胞層は神経節細胞体，神経線維層へと集まる軸索を含む．これらの軸索は枝分かれすることなく，視神経を形成するため求心性に進む．網膜の透明性を維持し光受容体に光を通すため，神経線維は基本的に視神経に到達するまで有髄化しない．神経線維層もまた神経膠細胞およびミューラー細胞の最内側端を含む．網膜血管は神経線維，神経節細胞，内顆粒層内に存在する．内境界膜はミューラー細胞の接合終着部で構成されている．

　網膜の最外層に位置する網膜色素上皮は細胞の1層構造であり，その上にある神経感覚網膜の調節を行う極めて重要な役割を担っている．網膜色素上皮は網膜外層との代謝活性物質の移動の調節を担っており，光受容体層から出たデブリスの貪食も行っている．また，正常な光受容体の機能に必要不可欠なビタミンAの代謝にかかわっている．網膜色素上皮細胞は通常ほとんどの場所で密集して色素化しているが，タペタム部の網膜色素上皮細胞はタペタムの発達に伴いメラニン顆粒が失われている（犬においては生後数週間でみられる）．網膜色素上皮細胞の内側面および光受容体層外側面からは多数の微絨毛が伸びている．これらの微絨毛は代謝物質交換と輸送にかかわる領域を増加させ，光受容体物質の貪食作用を助け，網膜色素上皮と神経感覚網膜の接着を補填する．獣医領域においてみられる網膜剥離の典型が網膜色素上皮微絨毛と光受容体層の分離である．

　網膜色素上皮の外側には眼球血管膜として眼球後部

め，夜間視覚に適している．しかし，物を識別する感覚は劣る．光受容体外節は脱落と再生を繰り返す円盤状の層構造を有している．光受容体内節は膨大なミトコンドリアおよびその他の細胞小器官を含み，高い代謝活性をもっている．光受容体内節はとても薄い外境界膜により，核と隔されており，核は外顆粒層に含まれる．

　次に硝子体方向に向かって，外網状層は光受容体細胞軸索枝の末端および水平細胞，双極細胞のシナプスを含んでいる．水平細胞および双極性細胞の細胞体，アマクリン細胞は神経感覚網膜を通して広がる細胞を支持するミューラー細胞とともに内顆粒層に位置している．光受容体と神経節細胞間の接着を支持している水平細胞，双極細胞，アマクリン細胞は刺激の調節を行っている．内網状層は，外顆粒層よりも厚く，双極

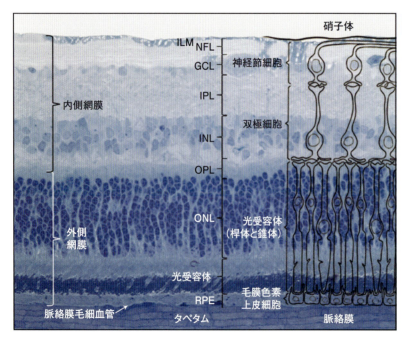

**図18.3** 正常な犬の網膜及び脈絡膜の組織図．脈絡膜内のタペタムと脈絡毛細管板，網膜色素上皮(RPE)と神経感覚網膜の細胞が確認できる．神経感覚網膜は光受容体層，外顆粒層(ONL)，外網状層(OPL)，内顆粒層(INL)，内網状層(IPL)，神経節細胞層(GCL)，神経線維層(NFL)，内境界膜(ILM)から構成される．網膜外層が存在すると考えられている構造は網膜色素上皮の近くであり，内側網膜は硝子体の近くである（原図はW Beltran氏の厚意による）．

に広がる血管色素性組織である脈絡膜が位置している．したがって，眼球血管膜に影響を及ぼす可能性のある障害（第14章を参照）は脈絡膜に現れることがあり，次第に，網膜機能影響を及ぼす可能性がある．脈絡膜もまた異なる層構造を有している．網膜色素上皮直下に位置するのは脈絡毛細管板と呼ばれる薄い毛細血管の層であり，網膜上部では下に高い反射板を有するタペタムがある．タペタムの存在は薄暗い光に対する視感度を増加させる．犬と猫においてタペタムは膜結合型小体配列内に反射性体をもつ多面体細胞層から構成されている．タペタムの下には中から大型の血管層があり，次に脈絡膜と強膜の間にある弾力に富んだ色素性の脈絡上板がある（Samuelson, 2007）．細血管はタペタムを貫通し，中型血管と脈絡毛細管板を繋ぐ．

## 疾患の検査

犬と猫において眼底の異常の初期検査として基本的な三つがある．

- 視覚姿勢反応
- 眩目反射と瞳孔対光反射および威嚇瞬き反応
- 検眼鏡検査

これらの検査の実際の様子は第1章に詳しく記載している．眼底の構造および機能の評価に適切なさらなる追加の診断に役立つ検査を以下に取り上げる．

### 行動検査

動いている物（綿花球など）を追う能力と障害物と段差を処理する能力は明るい場所と薄暗い場所両方で試験すべきである．しかしながら，これらの試験の主観的な評価は不確実であり，焦点障害を伴う視覚の障害の場合は認識することはできないことがある．

### 反射

瞳孔対光反射（PLR），威嚇瞬き反応と眩目反射は自然な視覚能力の評価を行うことができる．しかしながら，瞳孔対光反射，眩目反射は視覚刺激の意識的な認識を必要としない大脳皮質反射である．したがって，これらの神経眼試験は網膜の機能および視覚両方の評価には制限がある（第1および19章に詳細を記載する）．

### 検眼鏡検査

直接，間接検眼鏡検査（第1章を参照）は網膜および脈絡膜に関係する疾患に対し，中心の役割を担う．両方の技術は網膜全体の評価を容易にする．間接検眼鏡検査は全体像を評価し，直接検眼鏡検査は特定の病変部を拡大し，より細部の評価を行える．

### 犬および猫の眼底の正常像

検眼鏡検査における眼底の様子の多様性は動物種間および動物種内両方で存在する．動物種内で個々により様々な正常像を示す眼底の外観の程度は印象的であるかもしれない．基礎となる解剖学的な「青写真」があるにはあるが，特に犬では，その多様さは著しい（表18.1）．猫では犬に比べ，多様性はない．臨床獣医師はその多様性に慣れ親しみ，誤診を避けなくてはならない．眼底検査に対する組織学的な理解もまた助けになる．

**表18.1** 眼底観察の解剖学的特徴のまとめ

| 解剖学的特徴 | 検眼鏡での様子 |
|---|---|
| 内境界膜 | 網膜の内側表面の光沢 |
| 神経感覚網膜 | 半透明（「塵」様の薄い膜） |
| 網膜血管（神経感覚網膜内） | 細静脈は赤黒く，一般的に細動脈に比べ太い |
| 網膜色素上皮 | 色素沈着に多様性があり，たいてい虹彩の色に依存する．タペタムを覆う部分は透明 |
| タペタム（脈絡膜内） | 眼底上方に明るく輝いて広がりをみせる．タペタム内に島状の色素沈着やノンタペタム領域内に島状のタペタムがみられたりすることもある |
| 脈絡膜（色素沈着領域における中から太めの血管） | 色素の程度は様々であり，たいてい虹彩の色に依存する．血管は太く放射状（スポーク状）に伸び，その上を走る網膜内血管に比べると明るい（よりオレンジ色から赤色）．タペタムの存在の有無や脈絡膜またはRPE色素沈着が密であれば，脈絡膜内血管はぼんやりと見える |
| 強膜（コラーゲン性，眼の外層） | 強膜上に存在する脈絡膜やRPEの色素が欠損したアルビノ動物のタペタムがない部分において脈絡膜血管の背景に白もしくは薄いピンク色で観察されるかもしれない |

内側（硝子体側）から外側（強膜側）に向けてリストを並べた．（図18.1，18.3，18.4，18.6および18.12も参照）

タペタム眼底：多くの犬，猫において，明るく，輝きを放つ，おおよそ三角形の形をしたものが眼底上部を占めている．この部位では，網膜色素上皮は色素を欠き，脈絡毛細管板の下の脈絡膜内にタペタム細胞が存在する（図 18.4）．網膜の通常の厚さは下に存在するタペタムから反射された光を減じるが，検眼鏡検査でのその効果は，薄い「塵の層」に似ていると考えられる．神経感覚網膜は透明だが，検眼鏡検査ではタペタムを背景にして網膜血管が認められる．中型血管と脈絡毛細管板をつないでいる脈絡膜内の細血管はタペタムを貫通する部分で血管終末端として観察される（図 18.5 および 18.6）．これらはウィンスローの星として知られる多数の黒い点として存在する．この特徴は犬よりも猫や多くの草食動物で観察されやすい．

タペタムの色は個体によって非常に異なり，基本的には黄，オレンジ，緑，青のいずれかである．タペタムの色はタペタムの辺縁では異なることがある．例えば，黄色のタペタムは青または緑の境界を有することがある．タペタム辺縁は明瞭であったり，不整かつ不明瞭であることがある（後者は犬の長毛種で特に認められやすい）．色素斑はタペタム領域にみられることがあり，またタペタム斑もノンタペタム領域にみられることがある．中心野に灰色の顆粒状の存在が一時的な現象として検眼鏡検査の初めに猫でみられることがある．しかし，この現象は数秒以上続く場合を除き臨床学的意味はない．

一般的に，タペタムは犬において視神経乳頭部，猫では視神経乳頭のわずかに下方まで広がる．タペタムの大きさは犬では非常に多様であり，小型犬では小さい傾向がある（図 18.7）．アルビノの犬や猫では特に，視機能に関係なく，タペタムが存在しないことがある（図 18.8）．タペタムは徐々に発達し，12〜14 週齢まで未熟である．タペタムとなる領域は初め濃いグレーであり，それから紫に変化し（図 18.9），最終的な色になる前に明るい青色を呈する．

ノンタペタム眼底：ノンタペタム領域は視神経乳頭の腹側，タペタム領域の周辺に存在し，通常濃い灰色，茶もしくは黒である（図 18.10）．この色は濃い脈絡膜色素，網膜色素上皮の背景に対して走行する網膜血管と神経感覚網膜下の網膜色素上皮内のメラニン色素に依存する（図 18.5 参照）．網膜色素上皮と脈絡膜の色素希釈の程度は赤みがかった黄褐色（チョコレート色もしくは茶褐色の毛色をもつ薄黄色の虹彩をもつ犬．図 18.11）から縞模様（青い虹彩をもつアルビノ動物に特徴的．図 18.8 および 18.12 を参照）まで様々である．脈絡膜血管は網膜血管に比べ，よりオレンジがかっており，放射状に伸びている．縞模様は網膜色素上皮の色素欠損が原因であり，下を走る脈絡膜血管が露出したもの

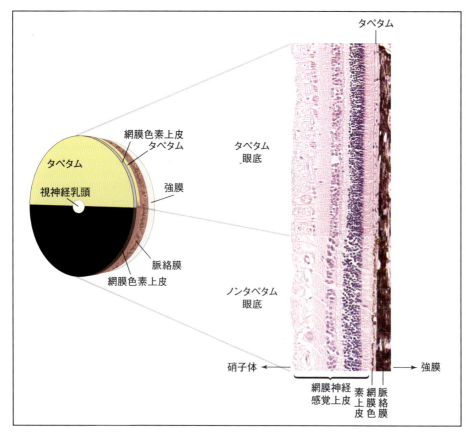

図18.4 眼底のイラスト図とその下にある組織図を示した．神経感覚網膜内の網膜血管は図では省いている．タペタムは眼底上方に明るく輝いて広がり，組織図上では，網膜色素上皮（RPE）は脈絡膜内に存在するタペタム部（T）において色素沈着がない．矢印は硝子体および強膜との場所の関係を示す．

第18章 眼　底

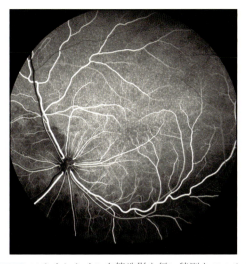

図18.5　フルオレセイン血管造影を行い特別なフィルターを用いて撮影した正常な成猫の眼底．フルオレセイン注射後，動脈は最も明るい部分として観察される．横断面で End-on 像がみられたとき，タペタムを横切る小さい血管は小さく黒い点として現れ，眼底を通して観察される．これらはフルオレセイン染色では白い点として観察される．

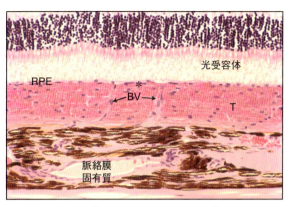

図18.6　タペタム（T：整然と整列された細胞集団）とタペタムを横切る小血管（BV）との解剖図．脈絡膜基質からのこれら小血管は網膜外層（RPE と光受容細胞）を成長させる脈絡毛細管板（＊）に供給する（J Mould 氏のご厚意による）．

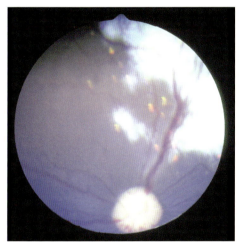

図18.7　チワワの成犬における正常な眼底所見．狭いタペタムはトイ種において時折みられる．

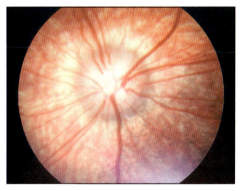

図18.8　オールド・イングリッシュ・シープドッグ（青い虹彩をもつ右眼）の成犬の正常な眼底．アルビノにおいて特徴的であるタペタムの欠損がみられ，脈絡膜色素がまだらである．

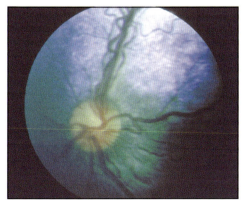

図18.9　7週齢の犬の正常眼底．眼底上部のタペタムはまだ完全には発達していない．

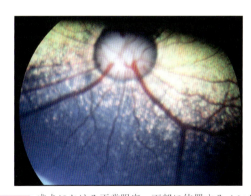

図18.10　成犬における正常眼底．下部に位置するノンタペタム領域は通常暗く見える．

で，限られた脈絡膜色素を背景にして観察される．虎斑の縞模様は脈絡膜色素をもたない動物で認められ，脈絡膜血管は白い強膜を背景に観察される（図18.13，図18.14）．これは青みがかった灰色もしくは白色の毛や，青や両目異なる色の虹彩をもつ動物にみられる．

視神経乳頭：正常な犬の視神経乳頭は視神経を形成するために収束し神経線維の髄鞘形成により，白もしく

359

第 18 章 眼　底

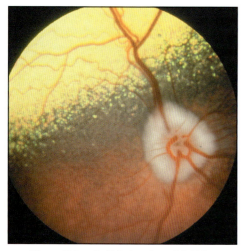

図18.11　明るい茶色の虹彩をもつ犬の正常眼底．ノンタペタム領域においてRPEの色素希釈および脈絡膜の赤茶色の所見がみられる．

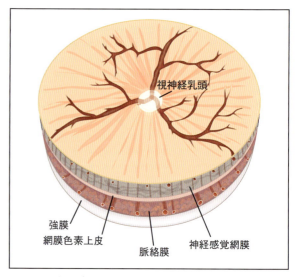

図18.12　色素希釈の極端な例．脈絡膜およびRPEの色素欠損は強膜を背景にして脈絡膜血管を描出する．

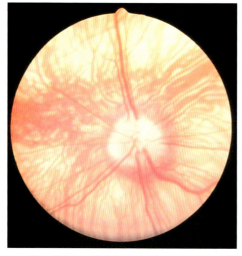

図18.13　青い目をもつ正常なシェットランド・シープドッグ（マール）の眼底における広範囲にわたる色素希釈

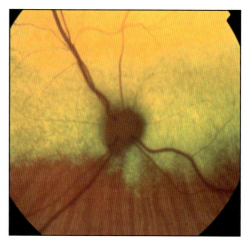

図18.14　アルビノのシャムの正常な眼底．網膜色素上皮および脈絡膜における色素の欠損は白い強膜を背景に脈絡膜血管が見えるためノンタペタム領域の縞状もしくは虎斑状が特徴となる．

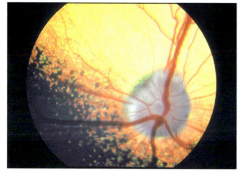

図18.15　正常なコッカー・スパニエルの成犬の眼底．視神経乳頭（ONH）は眼球から出ていく前に、収束した神経線維の髄鞘形成の結果、青みがったピンクもしくは白に見える．主な網膜血管は犬では視神経乳頭の表面でほとんど完璧な円を形作る．

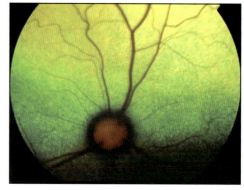

図18.16　髄鞘化していない猫の視神経乳頭の典型的な眼底所見．視神経乳頭表面において網膜血管の吻合は認められない．

は薄いピンク色である（図18.15）．それに対し，猫の視神経は眼球後部まで髄鞘化していないため，小さく丸く，濃い灰色もしくは暗いピンク色である（図18.16）．犬の視神経もまた横断面では円形を呈するが，犬の視

神経乳頭は視神経乳頭を越えて網膜神経線維層へ伸びた髄鞘形成の結果，形は様々である．犬で長円形，三角形，不規則な輪郭を描く視神経乳頭は珍しくない．この極端な髄鞘形成はゴールデン・レトリーバーやジャーマン・シェパード・ドッグでより多く認められ，「偽乳頭浮腫」とよばれる(図18.17)．これは網膜血管の走行および視神経乳頭中心部にある灰色の生理的な陥凹(視神経乳頭の真ん中に一箇所灰色をした部分がある．図18.15および18.17を参照)を確認することにより，視神経乳頭の病的な浮腫とは区別される．時折，硝子血管系の小さな遺残物(「ベルグマイスター乳頭」として知られている)が視神経乳頭中央部にみられることがある．また，「コーヌス」として知られる視神経乳頭周囲に反射性亢進像をもつ犬がいる(唯一の「正常な」反射亢進像．図18.18)．一方，視神経乳頭周囲にリング状の色素沈着を呈する犬もいる．コーヌスは猫ではあまりみられない．しかし，猫の広いタペタム内に存在する視神経乳頭周囲にわずかな反射性亢進像

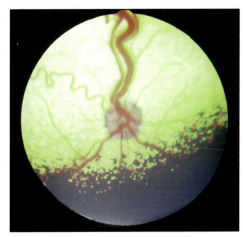

図18.19　蛇行した網膜血管および小さい視神経乳頭を伴う正常な成犬の眼底(小乳頭)

がみられたり，リング状の狭い色素沈着がみられることは珍しくない．

**網膜血管**：犬と猫は神経感覚網膜内側が直接血管供給をうけとるホランギオティック型網膜をもつ．網膜主要血管の数は様々である．基本的に視神経乳頭に収束する3〜5本の静脈がみられる．犬ではこれらの血管は様々な程度で視神経乳頭表面で吻合する．細い直径と多くの本数をもつ網膜の細動脈(犬では10〜20本，猫では犬に比べ少ない)が視神経乳頭の端から現れ，主要な細動脈は静脈の流れに沿う．これらの主要な毛細血管は，眼底の至る所へとより細い細静脈と細動脈として分岐する．この血管系は視神経乳頭の背外側，中心部周囲で湾曲している．網膜血管のねじれはいくつかの個体では正常所見である(図18.19)．

### 眼底の一般異常所見

眼底病変の記録は眼疾患罹患動物にとって医療記録の重要な一部となり，図を描いて記録しておくことで進行する病変の評価に役立つ．以下に記載したことと，(表18.2)に要約した異常な検眼鏡検査所見は，潜在的する病態と注意すべき眼底評価を示唆するものである．これらの病変の場所は中心部，周辺部，上部，鼻側，耳側，下部，「乳頭周囲(視神経乳頭付近)」のような用語を用いて表現する．病変部の大きさは局所，多病巣性，広範性もしくは浸潤性として表す．病変部の大きさは視神経乳頭の大きさと比較したり，視神経乳頭からの距離を「乳頭直径」で示したりする．

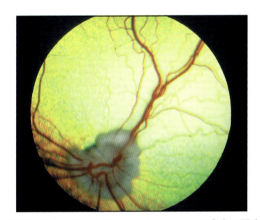

図18.17　正常なゴールデン・レトリーバーの成犬の眼底．視神経乳頭髄鞘化の拡大が認められる．

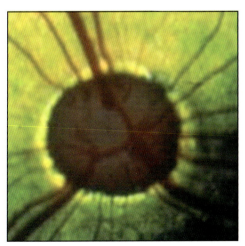

図18.18　正常な成犬の視神経乳頭．視神経乳頭の縁に高反射性を伴う狭い外輪を有する．これはコーヌスとして知られる正常な高反射性を示す例である(C Heinrich氏のご厚意による)．

**タペタムの反射性の変化**：タペタムの反射性は神経感覚網膜の厚さにより変化する(図18.20)．タペタムの反射性亢進は神経感覚網膜が薄くなった状態(萎縮，変性)を意味する．タペタムは正常よりも薄い網膜組

## 第18章 眼底

**表18.2** 疾患を示唆する検眼鏡検査での異常

| 検眼鏡検査での異常 | 考える病状 | 図表 |
|---|---|---|
| タペタムの反射性亢進 | 神経感覚網膜の薄化（鏡の上の塵が少なくなるように見える）（進行性網膜萎縮でみられる） | 図18.30, 18.34〜36, 18.46, 18.48, 18.54〜56 |
| タペタムの反射性低下 | 浮腫もしくは水腫により厚くなった神経感覚網膜 | 図18.26, 18.29, 18.37, 18.40, 18.41〜45, 18.49〜51 |
| タペタムの色の変化 | タペタム構造の破壊を伴う脈絡膜の炎症や網膜色素上皮の疾患 | 図18.58, 18.60 |
| 色素変化 | 網膜色素上皮細胞の移動，減少，凝集，浮腫もしくは水腫により厚くなった神経感覚網膜は網膜色素上皮や脈絡膜を背景に青白く観察される | 図18.27, 18.31, 18.38, 18.46〜47 |
| 血管異常 | 網膜血管の直径（拡張や狭細化），方向（浮腫や剥離による変位），蛇行の変化 | 図18.29〜38, 18.45, 18.49〜52, 表18.5 |
| 明〜暗赤色の病変<br>• キール型<br>• 炎や毛筆様<br>• ドットやシミ<br>• 暗く拡散した | 出血病変<br>• 網膜前部（網膜表面と硝子体後部の間の出血塊）<br>• 神経線維層<br>• 網膜内<br>• 網膜下<br>が疑われる | 図18.21, 18.49〜52, 18.63 |

PRA＝進行性網膜萎縮，RPE＝網膜色素上皮

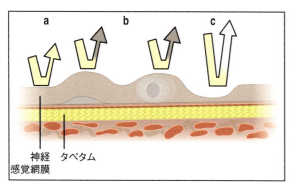

**図18.20** 網膜の厚さの増加，減少を示した病変の検眼鏡検査でタペタムにより反射された光の影響．(a)正常．(b)神経感覚網膜の厚みの増加および混濁を示す領域（例えば，網膜下滲出液，組織配列の乱れ）はタペタムから反射された光を量を減衰する（低反射性病変）．(c)神経感覚網膜の薄化を伴う領域（つまり，網膜変性や網膜裂孔）は反射光の量を増加させる（高反射性病変）．

織を通して観察され（「塵の少ない状態」），その結果，より光沢をもった輝きを放つ．タペタムは「曲線を描く鏡」状であるため，タペタムから反射された光は見る角度に依存し，鎮静下でない犬や猫では眼球運動により一貫した様子を観察できないことがある．タペタムの反射性は網膜が厚くなる疾患（浮腫，細胞浸潤，網膜の折り重ねや剥離）により低下する．さらに，神経感覚網膜内の沈着物や脈絡膜内の浸潤によってもタペタムの反射性は低下する．

**色素変化**：網膜の色素沈着部内の病変は網膜色素上皮を背景として薄化した色あせた部分として観察される．その病変部は，感覚網膜内の肥厚や浮腫，滲出液の結果としてみられる．網膜色素上皮の色素およびタペタムやノンタペタム部の脈絡膜内メラノサイトの増殖や移動そして凝集は，炎症，外傷，変性といった不特定の損傷の結果を意味する．濃い茶色のメラニン色素は，網膜色素上皮ジストロフィーの動物の網膜色素上皮に蓄積した明るい茶褐色の脂肪色素と区別すべきである．

**血管変化**：網膜血管の狭細化は網膜変性に続いて起こり，眼底周辺部において最も観察され，視神経乳頭周辺のより細い細動脈に影響を及ぼす．主な細静脈の直径は変性過程早期に縮小していき，網膜変性末期においては「観察できなくなる」．炎症細胞浸潤を伴う血管周囲の袖口様白血球集合は網膜脈絡膜炎において観察される．貧血，過粘稠症候群，全身性高血圧症，高リポタンパク血症のような全身性疾患においても網膜血管の変化がみられることがある．

**出血**：網膜出血の存在は網膜内の場所や深さによって決まる（図18.21）．

- 網膜前出血は網膜の内境界膜と硝子体後部間で，赤血球が重力に従い沈澱するのを捉えるような形（キールボート：竜骨船型）に見える．
- 網膜表面の出血は神経線維層内の軸索突起に沿って，放射状やしま状に観察される．
- 網膜内の出血は小さい黒い点として観察される．

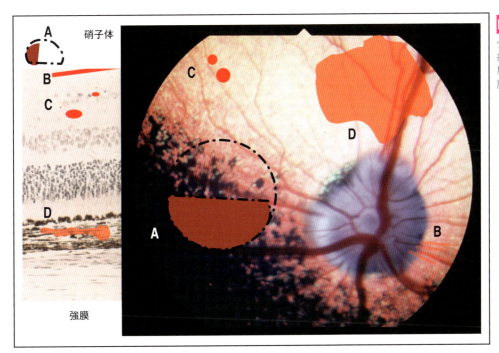

図18.21 特徴的な検眼鏡検査での異常．出血の深さは，(A)網膜前，(B)神経線維層，(C)網膜内，(D)網膜下

- 網膜下出血は非常に赤黒く，広範囲で輪郭がはっきりしない．

時間が経つにつれ，網膜出血は黒ずむため，メラニン色素に似ることがある．出血は直接検眼鏡検査でレッドフリーフィルター(すなわちグリーン光源)を用いることで区別できる．レッドフリー光源を用いたとき，メラニン色素は暗い茶色に見えるのに対し，出血や血管は黒く見える．

## 追加検査

### 超音波検査

超音波検査は眼球の混濁により検眼鏡検査で眼底観察が困難な場合非常に役立つ(第2章を参照)．局所的もしくは全体的な網膜剥離や硝子体出血，硝子体変性の診断に役立ち，網膜下の滲出物の検出に用いることもある．

### フルオレセイン血管造影

フルオレセイン血管造影は犬や猫の眼底疾患の臨床検査には，連続撮影できる特別な道具を必要とするため，あまり用いられない．網膜血管の評価には役立つが，タペタム内で網膜色素上皮のメラニン色素と混ざり合うタペタムの蛍光発光はこの範囲の毛細血管をみえなくしてしまう(図18.5)．

### 最新の高解像度画像診断

光干渉断層撮影(OCT)を含むこれらの技術は医学領域において網膜疾患の臨床診断評価に影響を与えている．しかし，犬や猫におけるこれらの機器の使用は設定に大きな制約を受けている．これらについては第2章で詳しく述べた．

### 電気診断検査

眼底の臨床検査に対して，電気診断検査は眼の疾患に関連する構造変化よりも生理的機能の変化を評価するための客観的かつ非侵襲的な方法である．網膜電位図検査(ERG：electro retinography)は，かつては学術的研究に使用するのみであったが，機械の重さが軽く，使い勝手がよくなったため，比較的安価な機器になり，今では臨床獣医師に広く用いられるようになった．ERG検査はフラッシュライトもしくは一定間隔の光刺激に対する網膜の電気反応を測定し，光受容体の活動性を調べる．視覚誘発電位(VEPs：visually evoked potentials)の測定は一定の光に対する反応で後頭部皮質から誘発された視覚路全体の電位活動の評価を行うため，より正確な視覚の評価になる．しかし，この技術は麻酔もしくは深い鎮静を必要とし，犬や猫の眼底異常の臨床的検査にはあまり用いられていない．

**網膜電位図検査の評価**：獣医臨床において，ERG検査は成熟白内障をもつ動物の術前検査として最も行われている．ERGは突発の失明の原因が網膜(突発性後天性網膜変性症候群〈SARDS：sudden accuured retinal degeneration Syndrome〉，後述する)か中枢神経系であるかの鑑別に非常に有用となる．簡便で短時間の暗順応時間で行うERGプロトコール(暗順応後に眩しい白色光を当てる)は意識下または軽い鎮静下で白内障

手術前の光受容体機能を調べるのにしばしば用いられる．この短時間のプロトコルは光受容体反応が消えてしまうSARDSの診断にも用いられ，ERGでは平坦なラインが描かれる．

網膜ジストロフィーや変性が疑われる動物において，異常な視覚行動や検眼検査がわずかな異常があったとしても，ERGは網膜疾患の病初期においてその診断が可能となる．ERGは網膜で起こる病期のより正確な判定を行え，そしてさらにどの細胞が影響を受けているのか（杆体細胞もしくは錐体細胞）も把握でき，先天性網膜症を理解するのに重要な役割を果たす．網膜疾患の詳細を理解するためには，より煩雑で長い時間を必要とするため，たいていは鎮静もしくは麻酔が必要になることがある．結果，これら長時間プロトコールは臨床検査に用いられない．

**反応の組成**：網膜電位図は一定の光刺激に対して得られた網膜内の様々な細胞から動員された電気反応の総和が波形として示される．これらの反応は連続的であり同時進行され，網膜内の個々の細胞タイプや層を単一の設定での評価するのは難しい．様々な刺激に対して得られた正常な犬の典型的な波形を図18.22に示した．簡単に説明すると，

- a波は「暗電流」を妨げる眩しいフラッシュライトに対する光受容細胞の電気活性を主に反映している．
  - 杆体および錐体細胞に対する暗順応および明順応の程度と光刺激の強度と頻度を評価している．明順応の前の早い点滅刺激（30 Hz）により錐体細胞を検出できる．暗順応した動物に薄暗い低回数の光刺激を与えると杆体細胞を検出できる．
- b波は双極細胞活性を反映し，グリア細胞の電気活性能に関連する．
  - b波上の律動様小波とb波後の陰性波は網膜内層の電気活性を示している．
- c波は網膜色素上皮活性を反映している．しかし，この波は，より明るい光をより長い時間感作させなくてはならず，また，通常の記録装置を変えなくてはならないため，通常のERGプロトコールでは検出されてこない（Aguirre and Acland, 1998）．

**網膜電位図の記録**：トロピカミドで散瞳後に，三つの電極を用いて記録を行う．活性（もしくは陽性の）電極はたいてい単極の角膜接着型レンズ電極（ERGジェット）であり，場合により，DTL（Dawson Trick Litzkow）ファイバー電極や双極電極（Burian-Allen）だったりする．参照側（もしくは陰性の）電極は，皮下（双極電極〈Burian-Allen〉は活性電極および参照電極と結合して使う）に設置する．参照電極の設置場所は，外眼角の後方（約3〜4 cm）である．アース電極はたいてい後頭の皮下に設置する．三つの電極のインピーダンス（電荷を移動するための抵抗）は低くしておかねばならず，それぞれの電極のバランスも似通っておかなくてはならない．

活性と参照電極によって記録される反応の違いは刺激に対する眼の反応であり，一方，それぞれの電極から得られる「ノイズ」は除くべきである（共通モードで除去する）．増幅された電気信号は機器のスクリーンにフィルターがかかって映し出される．暗順応記録では，それぞれの波形が記録され，ERGのソフトウェアにより平均化される．光刺激はとても重要で，「ガンツフェルド」（全周を拡散した光刺激を網膜に行う）はすべての光受容細胞を同時に刺激するため最適である．「ガンツフェルド」や「ミニガンツフェルド」を使うとき，明順応記録では背景電飾光の使用も考慮する．発光ダイオード（LED）は接触型レンズ電極に組み込まれている．

重要な臨床的要素は，瞳孔散瞳，眼の位置，鎮静や麻酔による振幅や潜時振幅/時間への影響，そして，動物種と年齢である．暗順応の程度，言い換えれば光暴露の程度（検眼時に受けるもの）もまた，閾値や振幅に影響を与える．

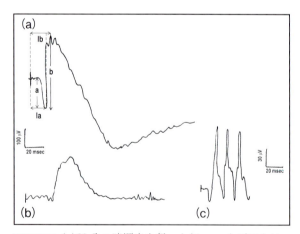

**図18.22** (a) 20分の暗順応を行った（ショートプロトコール）非鎮静の犬に対し1 Hzのフラッシュ光に対する典型的な杆体-錐体反応波形．a波とb波があり，それぞれの波形の潜時（ⅠaとⅠb）と振幅（aとb）がトレースされている．(b) 杆体反応（暗順応した動物に鈍い光を当てる）は比較的長い時間潜時と，a波のわずかもしくは消失が特徴的である．(c) 錐体反応（明順応に対し眩しい光を当てる）は比較的大きなa波であり，b波（明順応の否定応答）に続く短い時間潜時と陰性反応およびすべての錐体要素を除去すべく30 Hzにおける杆体フリッカー（図示）を特徴とする．

**反応の評価**：反応に対する最初の臨床評価を下す最もよい時間は，データの集積を行ったそのときである．そうすることで予想され改善すべきアーチファクトや異常の実証に対応できる．検査者はその動物および刺

激の程度に対して適した波形が出ているかどうか，aやb波が適した振幅（μV）や潜時振幅／時間（ミリ秒）かどうかを確認すべきである．そして次に，波形が同様の種，年齢，性別で得られた正常波と見比べる．臨床症状や臨床所見と波形の結果について考察を立てる（つまり，臨床的推察と波形の結果が同じかそれとも違うのか）．もし波形が異常であれば，異常波形が予期する疾患と同じか予期せぬものかを確認する（表18.3）．もし後者であれば，考えられるアーチファクトを注意深く再考すべきである．

## 網膜および脈絡膜

### 先天性および発達性疾患

網膜の先天的な異常は犬では比較的一般的にみられるが，猫では少ない．しかし，いくつかの疾患は特定種の猫においてみられることがある．ここ数年で，DNA検査の発達により，これらの疾患の遺伝子型に関する理解がなされてきている（第4章を参照）．これらの検査は失明する先天性眼疾患を根絶する有効な方法になってきている．しかし，新たな疾患は以前問題のなかった品種において報告され始めているため，これらの検査は臨床検査の補助検査として考えるべきである．

眼底の特定の先天性疾患（先天性および発達性と後天性）は下記に示す項で取り扱う．最も一般的な品種はこの項で述べるが，罹患する品種の列挙およびそれぞれの種における疾患の分子遺伝学的な情報はこの項では述べない．眼底の先天性や発達性疾患の診断を容易にするために，（表18.4）に要点となる臨床上の特徴をまとめた．特定の種における疾患についてのさらなる詳細な情報，遺伝子検査，追加の情報については第4章に記載した．

### コリー眼異常

この先天性疾患はコリー種，特にラフとスムース・コリー，シェットランド・シープドッグで一般的である．コリー種でのこの疾患の発生率は地域や群間年齢，疾患状況の解釈指針により異なるが，40％や75％以上という報告がある（Roberts, 1969；Bedford, 1982b；Bjerkas, 1991；Wallin-Håkanson et al.,; 2000ab）．ボーダー・コリーでの発生はやや低い（Bedford, 1982a）．コリー眼異常はオーストラリアン・シェパード（Rubin et al., 1991），ランカシャー・ヒーラー（Bedford 1998），ノヴァ・スコシア・ダック・トーリング・レトリーバーなどの犬種でもみられる．

**臨床的および病理学的特徴**：コリー眼異常の特徴的な病変は視神経乳頭耳側寄りの脈絡膜低形成である．脈

**表18.3** 一般的な網膜電位異常の出処と記録時のアーチファクト

### 平坦なトレース
- 突発性後天性網膜変性症候群（SARDS）
- 光刺激の失敗，あまりにも鈍い光もしくは，不十分な暗順応
- 電極と増幅器がちゃんと接続されていない（例えば，不注意に未刺激の眼の記録をとってしまった）
- 機械の不備（他の正常動物での反応はどうか？）
- かなり高い眼圧例（70 mmHg以上）ではトレースが消える（短い期間であれば，この効果は束の間である）

### ノイズやトレースの不安定
- 電極が正しい位置にあり，角膜とちゃんと接触しているか（泡の有無）確認する．基準電極の再設置
- 電極を清潔にする．腐食を避け，長くしすぎない．三つの電極のインピーダンスが低いこと（5 kΩ以下）とバランスがとれていることをチェックする
- 部屋の電気設備の電源を切る．もし可能なら，動物を電気的に絶縁する（Faradayのカゴに入れるなど）
- 十分な鎮静を施す（非鎮静の動物では動揺や筋肉の動きが予期せぬ波形を作る．ただし眼瞼運動を止めるだけの最小限にしておく）．角膜に局所麻酔を施す
- 動物の動きや瞬きを引き起こすような外来の音を避ける
- 50（60）Hzのノッチフィルターを用いる

### 異常な波形や低い振幅
- 光受容細胞性疾患や眼内炎の可能性はないか？
- 十分な散瞳により網膜全体に光が届いているか，また，眼球および瞬膜が正常位にあるかを確認する
- 不十分な暗順応により信号振幅が減少しているかもしれない（暗順応状態は眩しい光を当てた後では暗順応状態が得られにくい．例えば，非観血的な眼科検査や眼底観察など）
- 基準電極設置（目に近すぎないようにする）と記録用電極（電極と角膜の接触具合，空気泡や粘性物質のつけすぎ）の確認
- 過度な加算平均（5回未満）
- 可能なら50（60）Hzノッチフィルターを使わない
- すべての波形を確認し，典型的な波形ではないものや筋肉活動による過度な波形やその他アーチファクトによる波形を除去する
- 可能なら十分な鎮静を施す（不安定性や筋肉の運動の可能性がある．ただし眼瞼運動を止めるだけの最小限にしておく）
- ほとんどの麻酔薬，低酸素症，低体温症は振幅と潜時に影響を与える
- 心臓性アーチファクト（基準電極の再設置）

## 第18章 眼　底

**表18.4** 先天性眼底病変の臨床的特徴

| 異常所見 | 疾患 | 影響を受けやすい犬種 | 図 |
|---|---|---|---|
| 異常な脈絡膜血管を伴う視神経乳頭付近の青白い区域．眼内出血や網膜剥離は合併しない | コリー眼異常または脈絡膜低形成 | ボーダー・コリー，ランカシャー・ヒーラー，ラフおよびスムース・コリー，シェットランド・シープドッグ | 図18.23〜25 |
| 明瞭な灰色の曲線もしくは小さな円形病変 | 多病巣性網膜異形成 | アメリカン・コッカー・スパニエル，キャバリア・キング・チャールズ・スパニエル，イングリッシュ・スプリンガー・スパニエル，プーリー，ラブラドールとゴールデン・レトリーバー，ロットワイラー | 図18.26〜27 |
| タペタム色素変化，反射性を伴う大きく，円形から馬蹄形病変 | 網膜地図状異形成 | キャバリア・キング・チャールズ・スパニエル，イングリッシュ・スプリンガー・スパニエル，ゴールデン・レトリーバー | 図18.28 |
| 網膜剥離±軟骨形成異常 | 網膜全域にわたる異形性，眼骨格異形成 | ベドリントンとシーリハム・テリア，ラブラドール・レトリーバー，サモエド | 図18.29 |
| 拡散したタペタム反射亢進，網膜血管の狭細化，小動脈の数の減少 | 一般的な進行性網膜萎縮 | イングリッシュとアメリカン・コッカー・スパニエル，ラブラドール・レトリーバー，ミニチュアとトイ・プードル，ミニチュア・シュナウザー | 図18.30〜31，18.33〜35 |
| | | アビシニアン，ベンガル，ペルシャ，シャム，ソマリ | |
| 網膜全域にわたる複数の灰色から黄褐色の病変 | 犬の多病巣性網膜症 | コトン・デ・チュレアール，グレート・ピレネーズ，マスティフ種 | |
| タペタム部の黄褐色/茶色の島状病変 | 網膜色素上皮ジストロフィー，ビタミンE欠乏症 | イングリッシュ・コッカー・スパニエル | 図18.58 |

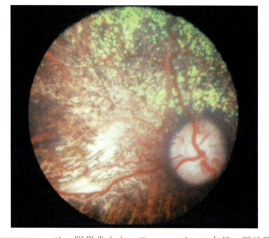

**図18.23** コリー眼異常をもつラフ・コリーの右目の脈絡膜形成不全．視神経乳頭横に青い斑点がみられる（SR Hollingsworth氏のご厚意による）．

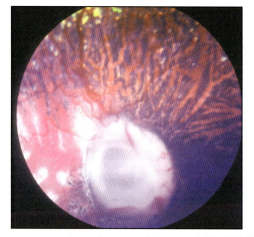

**図18.24** シェットランド・シープドッグの右眼の脈絡膜形成不全および視神経乳頭コロボーマ（PGC Bedford氏のご厚意による）

絡膜低形成は視神経乳頭耳側寄りに白い強膜を背景とした異常脈絡膜血管の部分に青白い斑点として検眼鏡検査で認められる（図18.23および18.24）．異常脈絡膜血管は，正常な脈絡膜血管とは異なる直径や不整な分布として認められる．この領域では脈絡膜は正常より薄く，未発達な血管層をもち，色素を欠く（Roberts, 1969）．発生学では，間葉組織（脈絡膜と強膜）の発達阻害による眼胞の不完全な消失と網膜色素上皮の異常な分化であると解釈されている（Latshaw et al., 1969）．

脈絡膜低形成は視神経や乳頭周囲のコロボーマのよ

うな他の眼異常と同時に起こることがある（図18.24，図18.25，この章の後半部）．網膜剥離や眼内出血も二次的な合併症として認められる．英国におけるコリー種のコリー眼異常の発生に関する研究では脈絡膜低形成の34％が同時にコロボーマを，6％が網膜剥離を，1％が眼内出血を伴っていた（Bedford, 1982b）．網膜剥離および眼内出血は通常生後数年以内に認められる．コリー眼異常は通常両眼に起こるが，病変の重症度は両眼で大きく異なることがある．脈絡膜低形成が小さな病変の場合は視覚にほとんど影響しないが，非常に

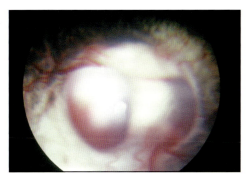

**図18.25** コリー眼異常をもつボーダー・コリーの視神経乳頭を含んだ非常に大きなコロボーマ（R Elks氏の厚意による）

大きいコロボーマ病変，広い範囲の網膜剥離や眼内出血は視覚喪失になる可能性がある．幸いなことにコリー眼異常における両眼視覚喪失は少ない．

**遺伝と疾患管理**：コリー眼異常は脈絡膜低形成の常染色体劣性遺伝を伴う複雑な多形態性特徴をもつ（Yakely et al., 1968；Bedford, 1982b）．脈絡膜低形成の遺伝的変異は明らかにされており，発症したすべての犬種は検査されている（Parker et al., 2007）．しかし，乳頭周囲のコロボーマ（遺伝性は明らかになっていない）は脈絡膜低形成に直接的に受け継がれたのではなく，脈絡膜形成不全とコロボーマの組み合わせは多遺伝子性であると示唆する証拠がある（Wallin-Håkanson et al., 2000ab）．

歴史的にみると，選択的な繁殖によるコリー眼異常の管理が困難な理由は多数ある．成犬における検眼鏡検査での診断は脈絡膜低形成の領域が出生後のタペタム成長によりわからなくなるため「正常化」現象と混同されるため不正確になる．これらの動物は遺伝子型も表現型も正常ではなく，脈絡膜低形成は存在するが，検眼鏡検査で異常な表現型を決定することは不可能である．これらの理由によりタペタムが発達する前の6～7週齢の子犬のスクリーニング検査が勧められている．しかし，アルビノ網膜，特にマールの犬種において小さい脈絡膜低形成を検眼鏡検査で診断するのは困難である．そうではあるが，程度に関係なくコリー眼異常をもつ犬は繁殖に供すべきではない．ラフ・コリー，スムース・コリー，シェットランド・シープドッグでのコリー眼異常の高い発生率は繁殖犬の多くがコリー眼異常をもつということを意味する．しかし遺伝子検査はキャリアーの犬をコリー眼異常をもたない犬と掛け合わせるために行われている（第4章を参照）．

**網膜異形成**

網膜異形成は網膜層の無秩序な分裂増生を伴う異常な網膜の分化として定義される．犬では網膜異形成は遺伝子異常を原発として最もよくみられる．しかし，網膜異形成は自然に発生したり，発達する網膜に対して全身性の感染症（犬のヘルペスウイルス感染症），X線照射，ビタミンA欠乏，子宮疾患など外部からの損傷の結果として起こることがある（Percy et al., 1971；Narfström and Petersen-jones, 2007）．病態は神経感覚網膜内の折り重なった形態やロゼッタ形成により病理組織学的に特徴づけられる（O'Toole et al., 1983）．網膜異形成の病変は単一で起こったり，小眼球症や第一次硝子体過形成遺残症のような他の先天的な眼の異常とともに起こったりする（Grahn et al., 2004）．これらはまた，四肢の短い小人症を罹患したラブラドール・レトリーバーやサモエドで報告のある眼骨格異形成（Meyers et al., 1983；Carrig et al., 1988）や難聴，ホモ接合したマール動物における眼発育不全といった全身的な異常にも関係してみられる（第14章を参照）．

網膜異形成は猫では珍しいが，周産期における猫白血病ウイルス（FeLV）や汎白血球減少症，コロボーマ症候群（最も一般的なものは眼瞼形成不全である．第9章を参照）の猫では認めることがある．

**症状**：先天性網膜異形成好発犬種における罹患犬は，軽症から重症までの病変がみられる．網膜異形成は両眼，片眼どちらでも起こる．主に三つの病態が網膜異形成でみられる．

- 局所性または多病巣性網膜異形成
- 地図状網膜異形成
- 全体的網膜異形成

**局所性または多病巣性網膜異形成**：最も程度の軽い病態であり，異形成部分である灰色がかった線状や小さい円形の病変が，視神経乳頭背側にあるタペタム内に反射低下領域として最も頻繁に確認される（図18.26）．網膜異形成の病変は通常網膜血管上部に観察されるが，時にノンタペタム領域にみられることがある（図18.27）．通常病変は変化しないが，時折時間が経つにつれて徐々に見えなくなってきたり，もしくは反射性が亢進したり色素沈着が起こることによって，よりはっきりと明らかになることがある．

**地図状網膜異形成**：地図状網膜異形成では大きな馬蹄形もしくは円形を呈し，背中側の網膜血管に近い場所でタペタム領域に通常観察される（図18.29）．異形成を呈す部分では網膜剥離，反射性亢進，色素沈着の亢進を伴うことがある（図18.28）．広範囲にわたる地図状網膜異形成を呈す犬種はイングリッシュ・スプリンガー・スパニエル，ラブラドールおよびゴールデン・レトリーバー，キャバリア・キング・チャールズ・ス

第18章　眼　底

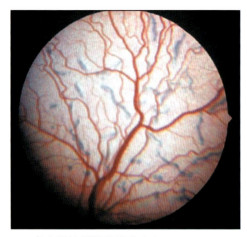

図18.26　多病巣性網膜異形成をもつアメリカン・コッカー・スパニエルのタペタム内にみられる多発性網膜襞（NC Buyukmihci 氏の厚意による）

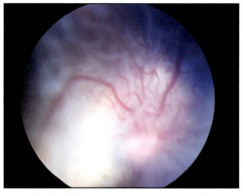

図18.29　眼骨格異形成をもつラブラドールの子犬にみられた先天性網膜剥離を伴う全網膜異形成．神経感覚網膜は水晶体のすぐ後ろに位置し，散瞳した瞳孔を通して灰色の襞として観察される．（NC Buyukmihci 氏のご厚意による）

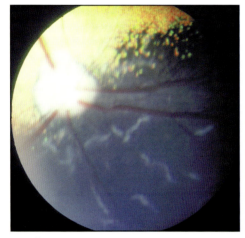

図18.27　多病巣性網膜異形成をもつイングリッシュ・コッカー・スパニエルのノンタペタム内にみられる多発性網膜襞

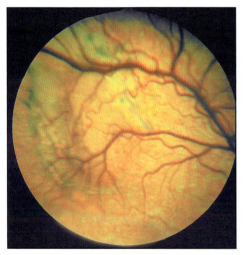

図18.28　成犬のイングリッシュ・スプリンガー・スパニエルのタペタム内にみられた地図状網膜異形成

パニエルである．多病巣性網膜異形成症と同じく，病変は年を重ねるにつれ変化することがある．一般的に，異形成組織病変部の退行性変化と隣接する正常な網膜組織間で鮮明となるため，地図状病変は時が経つにつれてより明確になる．さらに稀な合併症として局所的もしくは全体的な網膜剥離もしくは硝子体内の出血が生後数年でみられることがある（Lavach et al., 1978）．脈絡網膜瘢痕（以下参照）は地図状網膜異形成の病変と似ている一方で，その病変が炎症性変化なのか，脈絡膜もしくは網膜の局所梗塞病変または壊死なのか，実際に異形成なのかについて意見が分かれる．

**全体的網膜異形成**：全体的網膜異形成は最も重篤な病態であり，先天的な漏斗型の網膜剥離もしくは網膜未接着がみられ，それら網膜は水晶体後方に灰色がかった浮遊物として観察される（図18.29）．

**視覚への影響**：明らかな視覚への影響は，病変の重篤さと症状が片眼か両眼かに依存する．軽度な網膜異形成では視覚に影響することはない．しかし，進行した多病巣性もしくは地図状網膜異形成は重篤な視覚障害を起こすことがあり，さらに全体的網膜異形成は「探すような仕草をする眼球振盪」を伴う視覚喪失を生じる．網膜異形成に伴う二次的な合併症として眼内出血，白内障，続発緑内障が挙げられる．

**疾患管理**：原発性網膜異形成はあらゆる犬種で散発的に発生する．発生率の高い犬種はラブラドール・レトリーバー，アメリカン・コッカー・スパニエル，イングリッシュ・スプリンガー・スパニエル，キャバリア・キング・チャールズ・スパニエルが挙げられる（表18.5）．網膜形成不全を起こしやすい犬種での研究では，劣性遺伝が関与するとの報告がある（Rubin,

表18.5 BVA/KC/ISDSの報告を基にした先天性網膜異形成の影響を犬種

| 網膜形成不全の型 | 犬種 |
|---|---|
| 巣状/多病巣性 | アメリカン・コッカー・スパニエル，キャバリア・キング・チャールズ・スパニエル，イングリッシュ・スプリンガー・スパニエル，ゴールデン・レトリーバー，プーリー，ラブラドール・レトリーバー，ロットワイラー |
| 全体的 | ベドリントン・テリア，シーリハム・テリア，ラブラドール・レトリーバー，サモエド |

太字で示した犬種は網膜形成異常を示しやすい．英国においては，ラブラドール・レトリーバーは多病巣性網膜異形成を起こしやすいが，眼骨格異形成（OSD）への遺伝子変異の関連性は明らかにされていない．眼骨格異形成に対しその他の国ではより一般的であり，ヘテロ接合を示す動物では多病巣性もしくは巣状網膜異形成しか示さないこともある．

1968；MacMillan and Lipton, 1978；Schmidt et al., 1979；Meyers et al., 1983；Carrig et al., 1988；Long and Crispin, 1999）．しかし，地図状網膜異形成をもつゴールデン・レトリーバーにおける未発表の研究では劣性遺伝されず，地図状網膜異形成の遺伝根拠については議論の余地がある．

ラブラドール・レトリーバーやサモエドでみられる眼骨格異形成の原因である遺伝子変異は認識されており，商業的に利用可能となっている（第4章を参照）．これらの犬種において，ヘテロ接合体は硝子体索や局所型または多病巣性網膜剥離に始まり，異形成部の重度の地図状病変といった眼疾患を示すが，骨格異常は示さない（Goldstein et al., 2010）．しかしこの遺伝子変異は英国国内の犬では発生が明らかになっておらず，多病巣性網膜異形成症は英国国内にいるラブラドール・レトリーバーでは存在しない疾患である．

網膜疾患の多くの病態において，問題は検眼鏡検査での解釈に存在する．特に，タペタムの反射性亢進像，色素沈着を伴う局所性または多病巣性ないし地図状網膜異形成症では，炎症後病変との区別が難しい．先天的な網膜異形成をもつことで知られている犬種（イングリッシュ・スプリンガー・スパニエルなど）においては，両眼に病変が存在したり（一般的には片眼の発症が多いにもかかわらず），病変が網膜血管上部である場合は特に，このタイプの病変部に対しては疑うべきである．一時的な網膜の折りたたみは神経感覚網膜と眼杯外層組織の発達速度の不一致の結果として若齢犬で観察され，成長とともに消える．米国で網膜異形成をもつ罹患犬種の大規模調査，特に地図状病変のタイプでは，6〜18カ月齢までは検眼鏡検査で発見できないと示唆している（Holle et al., 1999）．しかし，上述した通り，多病巣性型は動物の成熟により観察しづらくなる．それゆえ，真の異形成と成長過程での様子を区別することで，網膜形成不全の病変が見過ごされないように，子犬のスクリーニング検査が4〜6週齢と10〜12週齢で勧められる（Crispin et al., 1999）．

### 犬の全般性進行性網膜萎縮

本症は純血種において遺伝が関係する重要な失明性要因である．全般性進行性網膜萎縮（GPRA：generalized progressive retinal atorophy）は，錐体や杆体における光受容体の発達不全（光受容体異形成）や生後に光受容体細胞は成熟したものの変性したもの（光受容体ジストロフィーや光受容体変性）といった異なる疾患を包括した広く一般的な用語である．遺伝子型や表現型は異なっても，神経感覚網膜の両側性変性を特徴とするこれらの病気の大多数は徐々に進行し最終的に完全な失明に至る．

症状：基本的に，GPRAは病初は夜盲として認識され，徐々に光のある場所でも見えなくなり，失明に至る．暗い光では視機能は温存されているが，光恐怖症を起こし生後間もなくして昼盲がみられるような錐体変性のみ影響を受けている遺伝性の昼盲の型も稀であるが存在する．臨床症状の初発年齢と視覚喪失の早さは犬種や固体により異なる．特定の品種に関係した臨床症状の違いは多く報告されており（Curtis, 1988；Millichamp, 1990；Clements et al., 1996；Narfström and Petersen-jones, 2007），その詳細についてこの章では割愛する．GPRAの型にかかわらず，検眼鏡検査での特徴的な所見は網膜血管の狭細化と広範囲にわたるタペタム領域の反射性亢進像である（図18.30）．表面の網膜血管の狭細化は，初めは網膜細動脈の数の減少と細狭化を認め，疾患の後期では網膜細静脈の喪失へと至る．変性性過程の早期では，タペタム領域の粒状性や色の変化がみられ，しばしば放射状やしま状を呈し，タペタム周辺部で認められることがある．徐々に，神経感覚網膜が薄くなった結果，タペタム領域の反射亢進が増す．GPRAの主な欠損は光受容体であるが，網膜色素上皮萎縮や網膜色素上皮細胞の網膜内への移動を伴う網膜色素上皮肥大は，本疾患の後期で観察される．これはノンタペタム領域の斑状の外観所見として認められる（図18.31）．最終的に視神経乳頭萎縮が観察される（図18.30）．

瞳孔対光反射は減弱し，罹患犬は通常の光の明るさの下で散瞳している様子がしばしば観察される．しかし，瞳孔対光反射は，機能的視覚が失われた後でもしばらく残るということを忘れてはならない．二次性白内障はGPRAの進行例において一般的であり，GPRA後発犬種のうちいくつかは，遺伝的白内障の型を示す（第4および16章を参照）．したがって，ERG検査は，

第18章 眼底

図18.30 網膜血管のねじれを伴うミニチュアプードルの進行した全般性進行性網膜萎縮

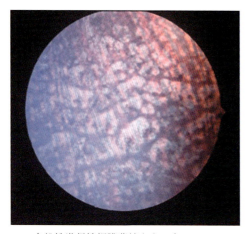

図18.31 全般性進行性網膜萎縮をもつ犬のノンタペタム領域の斑点状色素（NC Buyukmihci氏のご厚意による）

特にGPRA後発犬種において，白内障術前の網膜機能評価に必要不可欠である．

**発生率と疾患管理**：英国でGPRAはトイおよびミニチュア・プードル，ラブラドール・レトリーバー，イングリッシュ・コッカー・スパニエルに多い．しかし，英国や世界中で，コッカプーやラブラドゥードルといった異種交配犬もGPRAがみられることが知られている．PRAの優性遺伝子やX染色体が確認されているが，臨床の現場で遭遇するGPRAのほとんどは常染色体劣性遺伝である．近年，犬のGPRAの遺伝子検査が発展し，多くの突然変異が発見され，分子遺伝子検査はGPRAの管理に役立っている．

### 猫の進行性網膜萎縮

ある特定の猫種における早期表現型網膜変性の常染色体優性遺伝の存在は示唆されていたが，明確に確認されたのはアビシニアンである（Barnett and Curtis, 1985）．罹患猫は生後22日で異常な光受容体の発達を示し，4～6週齢で散瞳および間欠的な旋回性眼球振盪がみられることがある．約8週齢で検眼鏡検査での変化が主に眼底中心部に現れ，さらに数週間以内に周辺部に広がっていく．一般的に生後3～4カ月齢以内に完全な網膜変性へと進行する．さらなる特徴として，光受容体が全く発達せず，その結果，錐体・杆体両方の早期の変性を伴う錐体杆体異形成（*Rdy*）を呈する．*Rdy*の分子遺伝情報が解明されている（Menotti-Raymond et al., 2010b, 第4章を参照）．世界中における猫種の検査ではこの疾患の対立遺伝子をもつ他の品種は発見されなかった．

他の猫の先天性網膜疾患はペルシャで認められている（Rah et al., 2005）．この疾患もまた錐体杆体異形成であるが，これは常染色体劣性遺伝である．症状は生後2～3週齢で現れ，16週齢で盲目となる．光受容体が十分に成長することは決してない．この疾患における遺伝子欠陥はまだ解明されていない．

*rdAc*遺伝子記号をもつ常染色体劣性遺伝性疾患は主にスカンジナビアで30年以上かけて完全に研究されたが，世界中でアビシニアンとソマリでのみ認められた（Narfström et al., 2009）．*rdAc*の分子遺伝情報はすでに確認されている（Menotti-Raymond et al., 2007）．さらに遺伝子変異が多くの他の猫の品種において存在することが示唆されており（Menotti-Raymond et al., 2010a），特にシャムでは対立遺伝子がしばしば高い確率（約33％）でみられる．よって，アビシニアンとシャムの交配が過去に行われたことが示唆される．

出生時，*rdAc*変異をもつ猫は，正常な視覚および眼底（図18.32）を呈するが，1.5～2歳までに検眼鏡検査での変化が認められる（図18.33, Narfström, 1985）．7カ月齢までにERG検査ではっきりとした網膜機能の低下を認め（Kang-Derwent et al., 2006；Padnick-Silver et al., 2006），杆体受容体外側部の損傷が同時期に最初の徴候として認められる（Narfström and Nilsson, 1989）．3～5歳までに完全な盲目に導く光受容体の破壊と網膜萎縮（図18.34および18.35）を伴う最終的な状態に達するまで疾患の進行は杆体の変性に続いて起こる錐体の破壊の結果である．

846頭の猫における大規模な遺伝子調査では，*rdAc*変異は調査した41種の猫の34％で認められ，米国と欧州で顕著に認められた（Menotti-Raymond et al., 2010a）．

遺伝性の網膜変性もまた，ベンガルに対しカリフォルニア大学デービス校で，臨床的，形態学的調査を通して見つけられている．この疾患はさらなる研究中であるが，生後1年で盲目に導く早期に始まる光受容体の異常として現れる．遺伝子マッピングとさらなる遺伝子異常の特徴が研究中である．

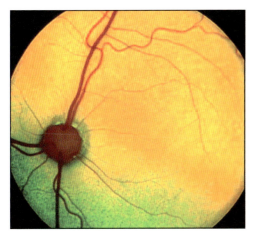

図18.32 *rdAc* 進行性網膜萎縮のホモ接合変異をもつ6カ月齢のアビシニアンの眼底．眼底はまだ正常

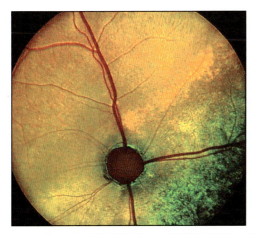

図18.33 *rdAc* のホモ接合変異をもつ2歳齢のアビシニアンの眼底．タペタムの全体的な変色と血管狭細化を伴う中程度進行例(Narfström et al. 2011 Veterinary Ophthalmology 14(Supple. 1)30-36 から許可を得て掲載)

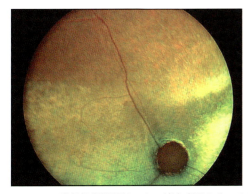

図18.34 *rdAc* 進行性網膜萎縮のホモ接合変異をもつ6歳齢のアビシニアンの眼底．疾患は進行した状態である．タペタムの反射性亢進と変色および重度の血管狭細化が認められる．

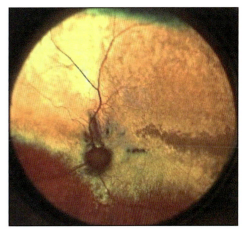

図18.35 *rdAc* 進行性網膜萎縮のホモ接合変異をもつ8歳齢のシャムの眼底．疾患は進行した状態である．タペタムの反射性亢進と変色および重度の血管狭細化が認められる(Narfström et al. 2009 Veterinary Ophthalmology 12(5)288-291 から許可を得て掲載).

を超えて進行せず，神経感覚網膜の変性の程度は様々であるが，視覚に影響するような激しい症状を呈することは滅多にない．犬の多病巣性網膜症(cmr：canine multifocal retinopathy)は臨床症状が似ている網膜脈絡膜瘢痕や網膜異形成とは区別すべきである．常染色体劣性遺伝であると考えられている．ベストロフィン遺伝子(*cmr1*，*cmr2* と呼ばれる)の変異がグレート・ピレニーズ，マスティフ，コトン・ド・テュレアールを含む多くの犬種において確認されている．

### ブリアードにおける網膜ジストロフィー

夜盲や様々な程度の昼盲を特徴とする先天性の遺伝性網膜ジストロフィーは，米国および仏国でブリアードに対する散発的な論文においてスカンジナビアン・ブリアードにおいて報告されている(Narfström et al., 1994)．ERG検査での低い振幅および消失が5週齢の子犬で認められる(Narfström et al., 1994)．しかし，2～3歳齢になるまで検眼鏡検査での変化は認められない．しばしば黄色から白の局所的な点がみられ，タペタムの色や輝きにわずかな変化が認められることがある(Narfström, 1999)．一般的に視覚に影響を及ぼすことはほとんどないが(先天性の静的夜盲症とも呼ばれる)，組織学的変化は進行性である．この疾患は常染色体劣性遺伝であるが，異なる発現をもつ．網膜色素上皮のレチノイド代謝に関わるタンパク質をコードする *RPE65* 遺伝子の変異が原因と考えられえている(Veske et al., 1999).

獣医の臨床現場ではあまりみられないが似た変異を有するヒトの疾患モデルとして研究されてきた．ヒトの眼の大きさと比較した目において視覚を復活させる方法として網膜遺伝子治療の成功例を作るため，このモデルは非常に重要である．

### 犬の多病巣性網膜症

これは珍しい網膜症であり，子犬もしくは若齢犬の眼底に円形の灰色から茶褐色を呈する領域が多数確認されることが特徴である．この領域はわずかに挙上し，水疱を呈していることがある．この病変は1歳齢

## 後天性疾患

### 突発性後天性網膜変性症候群

突発性後天性網膜変性症候群（SARDS）は，急性の視覚喪失がERG上での光受容体活性の完全な消失と一致する，中〜高齢の犬にみられる犬の症候群である．SARDSの犬では飼い主が犬の視覚障害に気づいてから数日から数週間で完全な失明に進行する．多くの罹患犬では通常の光では中等度に散瞳し，青色光にはゆっくりもしくは不完全な瞳孔対光反射，赤や白色光では瞳孔対光反射を示さない（Grozdanic et al., 2007）．早期では検眼鏡検査で眼底は正常であるが，数カ月後にはタペタム領域の反射性変化と血管の狭細化が現れる．最終的にSARDS罹患犬での神経感覚網膜の変性はGPRAのような他の網膜異常に関係する進行した網膜変性と検眼鏡検査では区別できない状態になる．検眼鏡検査での変化が現れる前では，SARDSはERG検査を用いて検眼鏡検査で異常の出ない急性視覚喪失を起こす他の原因（すなわち球後視神経炎や中枢神経疾患）と区別できるかもしれない（Montgomery et al., 2008）．SARDSでは光受容体は機能していないため，電位図は消失する．

SARDSは通常中〜高齢の犬で起こる（van der Woerdt et al., 1991）．犬種，性別に関係なく発生するが，罹患犬ではしばしば肥満であったり体重増加の病歴をもつ．さらに，多くが多飲多尿を呈する．好中球増加，リンパ球現象，肝酵素値の上昇といった血液検査や生化学検査で異常がみられることは珍しくない．また，副腎皮質ホルモン刺激やデキサメタゾン刺激試験に対して異常な反応を示すことがあり，SARDSと副腎皮質機能亢進症との関連も示唆されている（Holt et al., 1999）．最近の研究において，コルチゾルと性ホルモンの血清濃度がSARDSをもつ犬で上昇することが報告されている（Carter et al., 2009）．

SARDSにおける最初の網膜形態学的異常は光受容体層のみであり，他の神経感覚網膜の層の異常は疾患が進行してから現れる（Miller et al., 1998）．しかし，SARDSの診断は網膜症も包括する．光受容体における自己免疫反応がいくつかの症例で示唆されており，静脈内もしくは硝子体内免疫グロブリン治療（非常に重篤な合併症がないわけではない）が提案されているが，SARDSでの光受容体喪失の原因は大多数の症例で不明である．結果として一貫して安全で効果的な治療はなく，罹患した動物の大多数は生涯盲目となる（Spurlock and Prittie, 2011）．幸運にも，最終的に時間とともにほとんどの動物は突然の失明に対して適応し，生活の質を維持できる．

### 網膜剥離

**臨床的または病理学的特徴**：神経感覚網膜は視神経乳頭と網膜鋸状縁でのみしっかりと付着しており，これらの場所の間では付着は比較的弱く，光受容体と網膜色素上皮下の微絨毛の突起間の親密な並置，および硝子体からのサポートに頼っている．したがって剥離は眼球後部から網膜全体が剥がれるよりも，網膜色素上皮から神経感覚網膜が剥がれることを指す．巨大裂孔があり，全剥離を伴う場合，網膜は網膜鋸状縁から剥がれ，視神経乳頭のみ付着する（図18.36）．

検眼鏡検査では剥離した部分はタペタム（タペタム反射の局所的減少，図18.37）またはノンタペタム領域（周辺部より青白く見える）に灰色の領域として観察される．より大きな網膜剥離では網膜の正常な面は観察されず，観察者の方へ膨れ上がるように，ピンボケした血管とともに灰色の波のようにうねって折り重なった様子が観察される（図18.38）．裂孔，穿孔，離断の結果として神経感覚網膜が損なわれた場合，タペタム領域では反射性亢進像がみられることがある．

網膜剥離は病変の程度により，局所性，多病巣性，完全網膜剥離に分類される．局所的な剥離領域は視覚に影響することはほとんどないが，全体的な網膜剥離は失明や瞳孔対光反射の減弱や消失を引き起こす．網膜剥離の合併症として，網膜前部や硝子体内の出血，前房出血，白内障，緑内障が挙げられる．網膜剥離（もしくは網膜剥離整復術）に続発する緑内障は様々な理由により起こる．出血，炎症細胞もしくは光受容体（Smith et al., 1997）は，網膜低酸素症に起因してみられる前虹彩線維血管膜（Dubielzig et al., 2010a）とともに，眼房水の流出路を遮る原因となる．

**原因**：網膜剥離の原因を表18.6に示した．先天性の網膜剥離（網膜未接着）は網膜異形成やコリー眼異常

**図18.36** 硝子体変性をもつ9歳齢のシー・ズーの網膜鋸状縁からの離解を伴う完全網膜剥離．剥離した神経感覚網膜は視神経乳頭へと垂れ下がる．神経感覚網膜の欠損はタペタムの反射性亢進を起こす．

**図18.37** 犬の視神経乳頭上位の局所性滲出性網膜剥離

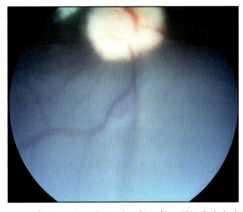

**図18.38** ジャーマン・シェパード・ドッグにみられた網膜下方に発生した特発性の広範囲にわたる漿液性網膜剥離．網膜鋸状縁と視神経乳頭の領域は残存している．感染性所見は認められず，また，免疫抑制量のコルチコステロイドの投与により剥離は解消した．

| 表18.6 | 網膜剥離の原因 |
|---|---|
| **危険因子** | **例** |
| 先天性形成異常 | コリー眼異常，コロボーマ，ぶどう膜腫，網膜形成不全 |
| 脈絡膜，網膜間浸潤物，滲出物 | 脈絡網膜炎，腫瘍 |
| 脈管障害 | 高血圧，過粘稠，血管炎 |
| 外傷 | 鈍傷もしくは穿孔性外傷 |
| 硝子体網膜の牽引 | 眼球後部炎症，硝子体形成異常や変性，硝子体出血 |
| 水晶体疾患 | 脱臼，過熟白内障 |
| 網膜の薄化 | 周辺部のシスト状変性，全般性進行性網膜萎縮 |
| 眼球/網膜の拡張 | 慢性緑内障 |
| 特発性 | 漿液性網膜剥離 |

(上述)のような疾患と関連してみられるかもしれない．後天性網膜剥離は剥離の病態生理学により分類される．

**滲出性または漿液性網膜剥離**：神経感覚網膜と網膜色素上皮の間に存在する網膜下腔に液体や細胞浸潤が蓄積することにより神経感覚網膜と網膜色素上皮が分離する．これは脈絡膜炎や血管疾患の結果として起こり，小動物における網膜剥離の最も一般的な型である．原因として，

- 網膜脈絡膜炎
- 高血圧，過粘稠症候群，糖尿病，凝固異常に関連する血管疾患
- 腫瘍
- 特発性

が挙げられる．

特発性漿液性網膜剥離は通常両眼に起こり，ジャーマン・シェパード・ドッグの純血種やその交雑種で他の犬種より多く認められる．漿液性網膜剥離はしばしば免疫抑制療法に良好に反応する(Andrew et al., 1997)．場合によって肉芽腫性炎症の濃い滲出物または脈絡膜もしくは眼球後部からの腫瘍細胞が網膜を圧迫することによってより強固な剥離が起こることもある(図18.45)．

**裂孔性網膜剥離**：神経感覚網膜の裂孔部より網膜下腔に入り込んだ液体(液状化した硝子体)が原因となる．網膜下腔の液体は網膜色素上皮と神経感覚網膜を切り離す原因となる．裂孔性網膜剥離は犬で比較的多く，外傷や進行した網膜変性により薄くなった神経感覚網膜の裂孔が原因で起こる．硝子体の置換，移動，線維性変化が裂孔性網膜剥離の形成に関わることがある．裂孔性網膜剥離は過熟白内障や水晶体脱臼をもつ犬でもみられ，また，白内障術後の合併症として起こることある(第16章を参照)．神経感覚網膜の裂孔は，コロボーマをもつ犬で起こることがあり，これらの裂孔はコリー眼異常の症例では網膜剥離の進行を示唆している(Vainishi et al., 1989)．

巨大網膜裂孔(鋸状縁全周の25％以上)はしばしばシー・ズーにみられる．この犬種では，硝子体変性や硝子体の液化，周辺部もしくは広範囲の網膜変性，白内障などはすべて本疾患の好発原因となる(Vainishi and Packo, 1995；Itoh et al., 2010)．網膜周辺部における囊胞状の変性は老齢犬の鋸状縁で一般的にみられ(図18.39)，網膜層の分離を伴う神経感覚網膜内の分割形成にかかわる．これは周辺部網膜の裂孔の原因となる．

**牽引性網膜剥離**：これは炎症や線維組織からなる索が硝子体内に形成され，後に神経感覚網膜に前方へ牽引する力を引き起こす(図18.40)．牽引性網膜剥離は，硝子体内へと炎症性物質浸潤により引き起こす外傷，眼内出血，後眼部の炎症に伴うが，小動物での発生は稀である．不幸にも牽引性網膜剥離は犬や猫で内科的もしくは外科的治療にほとんど反応しない．

**治療および視覚への影響**：剥離の原因がわかり(例えば，感染性脈絡網膜炎や全身性高血圧症といった特定の治療)，網膜裂孔がなければ，漿液剥離した病変は再び付着することがある．局所的もしくは全身的な疾患がみつからなかった場合，免疫抑制量(2 mg/kgを1日1回)のプレドニゾロンの経口投与を行うことがある．神経感覚網膜の再付着までの時間が延長しても，視覚の程度は後に起こる多中心性もしくはびまん性網膜変性が検眼鏡検査でみられるにもかかわらず，犬ではある程度回復するかもしれない．しかし，多様な神経感覚網膜の変性の程度は，光受容体が数日以上，網膜色素上皮から離れたとき予想される．視覚の回復は，細胞浸潤物や出血が剥離した神経感覚網膜下もしくは硝子体内にある場合は難しい(眼の超音波検査にて確認できる．図2.14参照)．

裂孔性網膜剥離の外科的修復は可能であるが，顕微手術技術と高価な機械を必要とするため，現在獣医療においてはほとんど行われていない(Vainishi et al., 2007)．しかしながら網膜硝子体手術を行う施設を有する眼科専門医の数も増加してきている．しかしその領域での発展にもかかわらず，罹患動物の手術結果は様々であり，しばしば高い費用，角膜潰瘍や眼内炎，眼内出血，緑内障，失明を伴う永続的な網膜剥離の合併症の発生率の高さにより飼い主を失望させることもある．裂孔縁に行う予防的レーザー網膜固定術の施術は，強膜を通してでも間接検眼鏡の使用でもどちらにもかかわらず利用できるため，獣医眼科専門医療においてより広く用いられており，網膜剥離の進行防止に役立つ．予防的網膜固定術は水晶体脱臼を伴う犬で水晶体摘出術の補助として用いられている．予防的網膜固定術は，術後の網膜剥離を起こしやすいビション・フリーゼの白内障手術前の処置として，米国では推奨されている(Schmidt and Vainisi, 2004)．しかし，英国での最近の研究では，ビション・フリーゼにおける白内障手術後の網膜剥離は大きな懸念材料ではないと示唆されている(Braus et al., 2012)．

### 脈絡網膜炎

網膜と下に位置する脈絡膜との密接な解剖学的関係により，炎症性疾患がどちらか一つに限局することはほとんどない．通常，炎症は脈絡膜と網膜両方に影響し，しばしば炎症進行は脈絡膜が優勢であるため，それを反映して脈絡網膜炎と呼んでいる．脈絡膜はまた前部ぶどう膜の構成成分であるため，脈絡網膜炎はしばしば前部ぶどう膜炎と関係し，同じ原因をもつ(第14章を参照)．犬と猫における脈絡網膜炎の原因は，

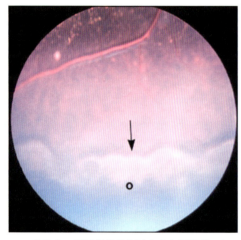

図18.39　老齢犬の網膜鋸状縁(○)を含む周辺部のシスト状網膜変性(矢印)

- 多くの全身感染症(表18.7および18.8)
- 外傷
- 異物
- 免疫介在性疾患(ぶどう膜皮膚症候群など)
- 腫瘍

が挙げられる．

犬や猫における脈絡網膜炎に関係する特異的な疾患は第14章および20章ならびに様々な文献に詳しく記載されている(Cullen and Webb, 2007ab；Narfström and petersen-Jones, 2007；Stiles and Townsend 2007)．

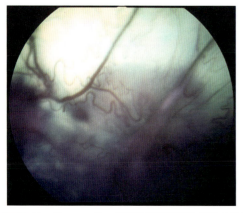

図18.40　ボーダー・コリーの硝子体網膜異物(芒)の迷入による牽引性網膜剥離

**臨床および病理学的特徴**：脈絡網膜炎は片眼でも両眼

表18.7 犬における網膜脈絡膜炎の原因となる感染症

〈ウイルス性〉
ジステンパーウイルス
ヘルペスウイルス
鼻扁桃腺炎感染症

〈細菌性〉
一般的な菌血症，敗血症
レプトスピラ症
ブルセラ症
ライム病

〈原虫性〉
トキソプラズマ症
ネオスポラ症
リーシュマニア症

〈寄生虫性〉
トキソカラ症
住血線虫症
前房内部の目ウジ病

〈リケッチア性〉
エールリヒア症
ロッキー山紅斑熱

〈真菌性〉
クリプトコッカス症
ブラストミセス症
コクシジオイデス症
ヒストプラズマ症
アスペルギルス症
ゲオトリクム症

〈藻類性〉
プロトテコーシス

表18.8 猫における網膜脈絡膜炎の原因となる感染症

〈ウイルス性〉
猫伝染性腹膜炎（猫コロナウイルス感染による）
猫汎白血球減少症ウイルス
猫白血病ウイルス
猫免疫不全ウイルス

〈細菌性〉
一般的な菌血症，敗血症
抗酸菌症
バルトネラ症

〈原虫性〉
トキソプラズマ症

〈寄生虫性〉
前房内部の目ウジ病

〈真菌性〉
クリプトコッカス症
ブラストミセス症
コクシジオイデス症
ヒストプラズマ症
カンジダ病

（たいていは全身疾患に関連する）でも起こり得る．しかし脈絡網膜炎の病変は左右対称性であることはほとんどない．急性期では検眼鏡検査で不規則な灰色がかったものとして認められ，炎症性細胞浸潤の病変が明らかとなる．これらの病変は局所的，多病巣性，血管周囲に認められる（図18.41～18.44）．細胞浸潤および広範囲にわたる網膜浮腫は，タペタム領域では反射性低下の場所として，ノンタペタム領域では青く，灰色がかった領域として認められる（図18.44）．神経感覚網膜の剥離の程度により，視覚の低下を導く炎症や滲出物が重度な場所（前述）でみられることがある．重度の炎症は網膜や硝子体出血を起こし（図18.63），二次的に硝子体内容物が硝子体のかすみや炎症性物質の蓄積，それに続いて起こる硝子体変性や液状化をひき起こす．脈絡網膜炎は視神経の炎症に関係することもある（後述）．特に，真菌性疾患では，網膜血管にかぶさるように変性した明らかに盛り上がった網膜下肉芽腫が観察される（図18.45）．しかし，クリプトコッ

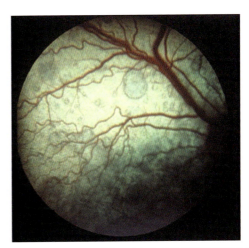

図18.41 ジステンパー感染の犬における活動性網膜脈絡膜炎（NC Buyukmihci氏のご厚意による）

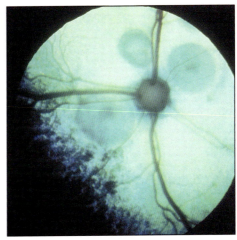

図18.42 *Cryptococcus neoformans* 感染による猫の急性網膜脈絡膜炎の多病巣性円形病変

# 第18章 眼　底

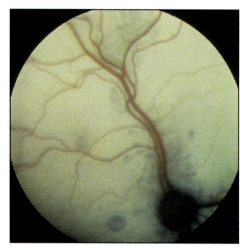

**図18.43** トキソプラズマ症による雑種猫の網膜下滲出物を伴う多病巣性網膜脈絡膜炎(S Crispin氏のご厚意による)

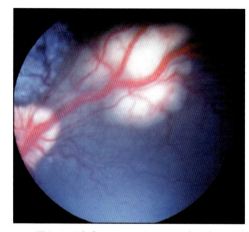

**図18.45** 眼および全身のブラストミセス症の犬における視神経乳頭上位の大きな白い網膜下肉芽腫(NC Buyukmihci氏の厚意による)

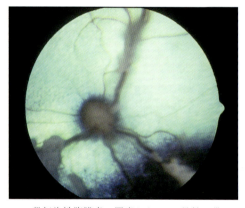

**図18.44** 猫伝染性腹膜炎に罹患した14カ月齢の猫における炎症性滲出物を伴う血管周囲性細胞浸潤(S Crispin氏のご厚意による)

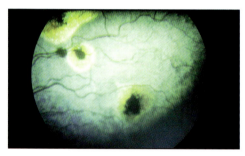

**図18.46** ジャック・ラッセル・テリアのタペタム周辺部における炎症後の脈絡膜網膜症．周囲の反射性亢進を伴うこれらの病変は進行せず，発症原因はわかっていない．これらの病変は進行しないが視覚に若干の影響を及ぼす．

カス症を除き(図18.42)，真菌の全身感染症は英国の犬や猫においてほとんどみられない．

慢性期では，神経感覚網膜の変性によりタペタム領域の反射性亢進がみられ，しばしば網膜色素上皮細胞の肥大と移動により境界明瞭な濃い色素性の斑点がみられる(図18.46)．

ノンタペタム領域では，色素消失した領域が観察される．網膜および脈絡膜のより大きな色素欠損領域はぶどう膜皮膚症候群を伴う動物で認められる(図18.47)．小さく，限局した，炎症後病変は視覚に影響を与えることはほとんどなく，眼や全身性疾患の病歴のない犬や猫で偶然発見されることがある(図18.48)．しかし，より重症な広範囲にわたる神経感覚網膜の変性をもつ動物は永続的な視覚障害もしくは全盲に繋がる．

**治療および視覚への影響**：脈絡網膜炎が全身症状の徴候として現れている場合，全身的な臨床検査を行うべきである．眼，神経，もしくは全身的な症状の存在は，

**図18.47** ぶどう膜皮膚症候群をもつジャック・ラッセル・テリアにおける網膜色素上皮および脈絡膜の広範囲な色素欠損．この領域は以前は色素が濃く存在したが，今は脈絡膜血管を観察することができる．タペタムの反射性も喪失している．

特定な疾患を示唆するかもしれない(犬ジステンパーウイルス感染症など)．できる限り潜在的な全身性疾患を調査し，突き止め，治療するためにあらゆる検査をすべきである(第3，14および20章を参照)．眼球後部疾患の重症例における原因に真菌性疾患が疑われる珍しい症例では，硝子体もしくは網膜下穿刺により感染源の同定に有効であることがある．全身的な抗炎症療法が通常用いられるが，全身的なコルチコステロイ

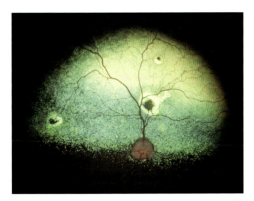

図18.48 正常な雑種犬で偶然見つかった小さな局所性の網膜脈絡膜瘢痕．視覚に影響は及ぼしていない．病変部での網膜血管径や走行に変化はみられないため，網膜内のみでの影響が疑われる（カリフォルニア大学デービス校眼科診療科のご厚意による）．

ド療法は感染症疾患を伴う脈絡網膜炎の治療においては禁忌になるため注意が必要である．非ステロイド性抗炎症薬（NSAIDs）は有効であるが，局所的な投与では脈絡膜や網膜において有効濃度に達しない．付随して起こる前部ぶどう膜炎は検査し，適切に治療すべきである（第14章を参照）．

### 網膜血管の疾患

眼の透明性により，臨床医は直接的かつ非侵襲的に血管の異常を観察することができる．網膜血管の拡大，ねじれ，出血は検眼鏡検査で発見される比較的一般的な異常であり，重篤な潜在性全身的血管疾患を意味する．

**凝固障害**：先天的，免疫介在性凝固異常や中毒に代表される，血小板機能や内因系および外因系凝固能異常は，網膜出血を引き起こすことがある．検眼鏡検査における特徴はこれまで述べてきた通りである．眼内出血例の中には，命を脅かすほどの全身遺伝性疾患が隠れていることがある．

### 猫の高血圧性脈絡網膜症：

**臨床および病理学的特徴**：高血圧は高齢の猫で一般的にみられる．この疾患は，

- 高血圧の基礎的原因が見つからない特発性高血圧症（症例の約20％）
- 他の全身性疾患の合併症としての二次性高血圧症

に分類される．

二次性高血圧は腎障害や甲状腺機能亢進症の合併症としてみられ，中〜高齢の猫においてしばしばみられる（たいてい9〜12歳齢，Jepson, 2011；Stepien, 2011）．高血圧を伴う猫では，眼の症状は頭蓋内の神経症状（鈍麻，局所性顔面神経痙攣，羞明）や聴診における心臓異常（収縮期雑音やギャロップ音）のような全身性疾患の徴候と同様に認められる．しばしば急な失明は飼い主によって発見される全身性高血圧症の最初の症状である．

長期の全身高血圧は，自己調節を通して，網膜細動脈の血管収縮を持続させる．ある一定の血圧を超えると，この自己調節は弱まり，血管構造は重度に損なわれる．血管が障害を受けると，血漿と赤血球の漏出が起こり，それにより網膜浮腫と液体貯留が起こる．網膜剥離は異常な脈絡膜血管系から滲出した血漿に由来する．さらに，網膜色素細胞は，網膜剥離に伴って，虚血性障害を受ける（Crispin and Mould, 2001）．

高血圧性脈絡網膜症は，全身性高血圧症を伴う猫の40〜65％で認められる（Stepien, 2011）．脈絡膜および網膜の異常は，

- 動脈の蛇行
- 浮腫
- 網膜内，網膜前部，網膜間にみられる点状もしくは大きな出血領域
- 部分的もしくは完全な漿液性網膜剥離

が挙げられる（図18.49）．

乳頭浮腫は実際には起こっているのかもしれないが，併発する網膜剥離や前房出血のため，確認は困難である．虹彩と毛様体もまた，硝子体腔や前房および後房への出血により，影響を受けているかもしれない．眼球後部出血は，瞳孔を通して前房へと移動し，それに関連して前房出血がみられる．それに続いて，前房や後房癒着や続発性緑内障がみられる．視覚喪失は，特に前房出血を伴う網膜剥離がある場合，全身性疾患の最初の徴候として飼い主により気づかれる（Sansom et al., 1994；Stiles et al., 1994；Maggio et al., 2000）．

猫の高血圧の診断は，ドップラーないしオシロメトリック法を用いた収縮期血圧（SBP：systolic blood pressure）の注意深い測定，眼底観察，胸部聴診，可能なら心電図検査や心臓超音波図検査が必要である．腎臓および甲状腺機能の評価は潜在性疾患の存在を確認するため必要となる．猫の高血圧が強く疑われるのは，ドップラー法において前肢でSBPが160 mmHg以上もしくはオシロメトリック法において尾部でSBPが140〜160 mmHg以上である（Stepien, 2011）．

**治療および視覚への影響**：治療は根本的な原因の治療も含む（Brown et al., 2007；Stepien, 2011）．血圧が正常値を超えている限り臓器の損傷の危険は高まるため，抗高血圧治療が行われるべきであり，できる限りすぐにSBPを160 mmHg以下にし，140 mmHg前後

第18章 眼　底

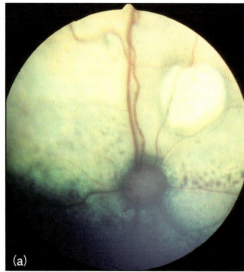
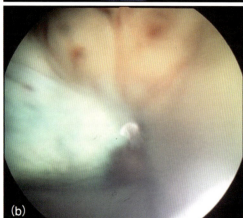
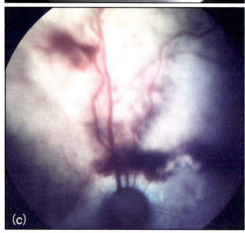

図18.49　高血圧性網膜脈絡膜症を伴う3頭の猫の眼底所見．(a)タペタム全体の多発性灰白色病変部は網膜下浮腫および局所性水疱性網膜剥離である．局所的な網膜内出血および網膜血管径の不規則性がみられる．(b)神経感覚網膜の出血および浮腫を伴う広範囲な浮腫性網膜剥離．(c)過去の大きな網膜剥離は再付着しているが，網膜下，網膜前部，網膜間出血は残ったままである．

ルブミン尿が存在する場合，ベナゼプリルを追加する．アムロジピンは安全かつ効果的であり，SBPを約30～50 mmHg下げる．

　猫の生活の質，つまり食欲および体重の維持は，効果的な治療により改善する．しかし，血圧の規則的な検査が必要不可欠である．SBPの低下とともに，眼症状も長期にわたり改善する．神経感覚網膜の部分的または完全な剥離から続発する脈絡網膜瘢痕は，一般的な後遺症である．網膜が剥離した時間の長さに依存して，視覚は回復することがあるが，いくらかの変性はみられる．網膜剥離した最初の1週間以内に変性が起こり始めるという報告があるため，全身的高血圧への素早い診断および治療は重要である．

**犬の高血圧性脈絡網膜症**：犬の全身性高血圧症もまた，網膜および脈絡膜血管の疾患を引き起こす．犬では，高血圧は他の疾患（腎もしくは内分泌疾患）に続発して起こるが，原発性もしくは特発性のこともある．関連した眼異常（視機能障害や眼球内出血）はたいてい初期にみられる（Sansom and Bodey, 1997）．眼底病変もまた潜在的であり，高血圧もしくはその他の基礎疾患を診断された動物の詳細な検眼鏡検査でのみ確認される（LeBlanc et al., 2011）．高血圧を伴う犬で観察される眼底病変は，

- 網膜細動脈の狭細化
- 網膜，網膜下，硝子体出血（図18.50）
- 網膜浮腫および漿液性剥離
- 乳頭浮腫

が挙げられる．

　高血圧症に罹患した犬にみられるこれらの病変は，フルオレセイン血管造影を用い，脈絡膜（特に脈絡毛細管）梗塞，細動脈血管収縮，網膜浮腫が診断される．適切な抗高血圧治療に対する眼病変の反応は様々で，高血圧の疾病原因の罹病期間に依存する（Villagrasa and Cascales, 2000）．

**糖尿病性網膜症**：網膜血管疾患が失明の主な原因となるヒトの糖尿病患者と比較して，糖尿病の犬の最も一般的な眼の合併症は白内障である．網膜血管の変化は長く糖尿病を患っている犬で認められているが，生存期間の違いを反映した種と糖尿病の期間の間で糖尿病性網膜症の発生の報告に違いがある．糖尿病診断後の生存期間が延びているため，視覚改善のため白内障手術は一般的であり，糖尿病性網膜症は今や認識されたものとなっている．特発性糖尿病性網膜症は犬において視覚の喪失にはほとんど関係しない．しかし，二次性高血圧性血管障害はいくつかの動物種で臨床症状を

で推移することが望ましい．一般的に，猫の高血圧はACE阻害薬とともにCaチャネル阻害薬，アムロジピンが用いられる．アムロジピンは初め0.125 mg/kgで開始し，0.25 mg/kgを1日1回まで増量できる．高血圧がコントロールできない場合，特にタンパク尿やア

第18章　眼　底

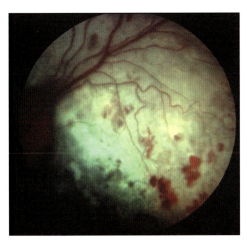

図18.50　全身性高血圧症を伴う9歳齢のラブラドール・レトリーバーにおける網膜出血，網膜下浮腫，多発性の網膜剥離および網膜変性（NC Buyukmihci氏のご厚意による）

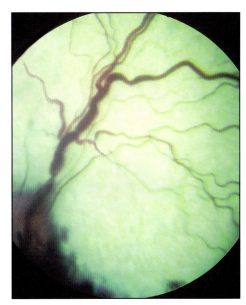

図18.51　多発性骨髄腫をもつ犬の過粘稠症候群に関係した網膜血管変化，網膜出血，網膜剥離，網膜前細静脈の拡張に注目

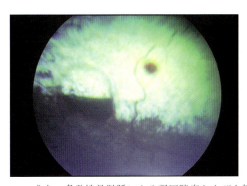

図18.52　成犬の多発性骨髄腫による凝固障害および血管疾患に関係した網膜内および網膜前部の出血

図18.53　原発性の高カイロミクロン血症をもつ子猫の高脂血症性網膜症

悪化させる（上述参照）．糖尿病をもつ犬でみられる網膜病変は，網膜血管の直径の不整を伴う小動脈瘤や多病巣性網膜出血が挙げられる．最終的には，タペタムの反射性亢進を伴う網膜変性の病変が現れる（Barnett, 1981；Munana, 1955, Landry et al., 2004）．高血圧症を併発していない糖尿病の猫における網膜症の存在は，報告されていない．

**過粘稠症候群**：血球もしくは血清の過粘稠症候群は赤血球増多症や高タンパク血症の結果として起こる（多発性骨髄腫に関連したモノクローナルガンモパシーなど）．このとき，網膜血管は蛇行，膨張し，血球の凝血および動脈瘤の形成により多発性小嚢を伴う「ソーセージ状」もしくは「有蓋貨車様」の特徴的な所見を示す．網膜出血および剥離，硝子体出血もまた認められる（図18.51，図18.52）．

**高脂血症性網膜症**：高カイロミクロン血症に伴う血清トリグリセリド濃度の上昇は，網膜血管を白から青白いピンクに写し，ノンタペタム領域の血管周囲で顕著であり（Wyman and McKissick, 1973, Crispin, 1993），貧血の動物にも起こる（Gunn-Moore et al., 1997, 図18.53）．本症は，視覚には関係しないが，犬と猫において眼底の異常は全身性高脂血症に影響する疾患の検査と評価を行うべきである．

### 猫におけるフルオロキノロン中毒

　フルオロキノロンは獣医療において広く使われている殺菌性の抗生物質である．キノロンカルボン酸誘導体はグラム陽性菌，陰性菌，*Mycoplasma* spp. に対して広域なスペクトラムをもつ．フルオロキノロンは腎および肝臓を通して排泄される．

**エンロフロキサシン**：広く使用されているフルオロキノロンは猫では5 mg/kg/日での経口投与が認められている．1990年代には，気軽に，高用量の処方が行われており，エンロフロキサシンの連日経口投与により，失明，部分的な失明，散瞳を含む視覚に関係した

## 第18章 眼　底

問題が臨床獣医師より数多く報告された(Gelatt et al., 2001). その報告により，猫特有の安全性の研究が若齢の猫における高用量のエンロフロキサシンの経口投与の臨床的および実験的効果を評価するため行われた(Ford et al., 2007).

　神経学的および検眼鏡検査，ERG検査の異常を伴う劇的な変化がエンロフロキサシンを実験的に投与した猫で認められた．検眼鏡検査での変化はエンロフロキサシンで治療を受けたすべての猫で最初に気づく変化であり，投薬3日目までに粒状増加および中心部の灰色化がみられ，その後同様の変化が視線条に広がる．この所見は通常血管の狭細化を伴い(投薬2～4日目)，それからタペタムの反射性亢進が起こる(投薬5～7日目)(図18.54)．ERG検査は調査前および調査中に用いられ，b波の振幅の低下が検眼鏡での変化が起こる前にみられた．光受容体層における形態学的変化は，エンロフロキサシン投与期間により関連してみられ，網膜変性はエンロフロキサシンの3倍量の投与で現れた．杆体の喪失が錐体の変性より先立って起こった．この研究ではエンロフロキサシンの高用量投与(50 mg/kg/日)が正常猫の網膜外層に急性毒性を示すことを結論づけた．

　エンロフロキサシンは猫の網膜変性に関係した化合物であるが，最近になって猫は，血液-網膜関門を通って網膜に光毒性をもつフルオロキノロンを含む化合物の通過を制限する役割をもつ膜貫通型輸送体であるABCG2の機能的な欠損をもつことが示された(Ramirez et al., 2011). したがって，すべてのフルオロキノロンは猫の網膜に毒性をもつと考えなければならない．プラドフロキサシンのような最近開発されたフルオロキノロン(Messias et al., 2008)では安全性が示されているのに対し，網膜毒性は，高用量のオルビフロキサシンを経口投与した際にみられる．高齢の猫や腎または肝障害をもつ猫では，若く健康な猫に比べ，フルオロキノロンの排泄能が低下し，血漿濃度が上昇するため，これらの薬に対する副作用の起こる危険が増加する．他の危険因子として用量，投薬期間，投与方法が挙げられる．フルオロキノロンの静脈注射では網膜毒性を起こしやすいことが知られている(Wiebe and Hamilton, 2002). フルオロキノロン，特にエンロフロキサシンは他に有効な薬がない場合のみ，猫に使用することが推奨される．用量はできる限り低くし，推奨用量を超えないことを確実に守らなければならない．

### 栄養性網膜変性

**タウリン欠乏性網膜症**：タウリンは，猫ではシステイン(多くの動物にとってアミノ酸の前駆体)から合成する能力に限りがあるため，猫にとっては必須アミノ酸

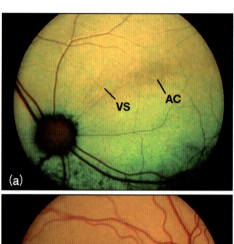
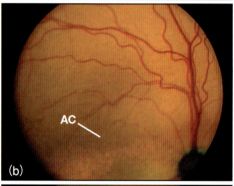
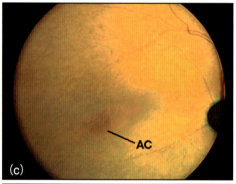
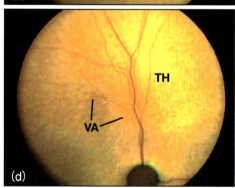

**図18.54**　フルオロキノロン性網膜毒性. (a)正常な眼底(1日目). (b〜d)エンロフロキサシンで治療した猫の3, 5, 7日目の写真. 中心部(AC)と視線条(VS)の粒子度と灰白色変化の緩徐な進行が3日目から観察され, 血管狭細化(VA)は5日目から, タペタムの顕著な反射性亢進(TH)は7日目までにみられる.

である．タウリンの機能は完全には解明されていないが，正常な網膜機能のために，摂取量は500～750 ppmが勧められている(Sturman, 1978). 通常，タウリンは乳製品，肝，甲殻類，そして魚製品から摂取されるため，野生の猫では十分な量が得られる．しかし室内飼

いの猫は毎日摂取を必要とする．タウリンの食事含有量は，近年市販のキャットフードにおいて増加しており，タウリン欠乏症は珍しくなっているが，依然として，野菜ばかりの食事や手作り食を与えられている猫ではタウリン欠乏による栄養性網膜萎縮が現れることがある．また，食事中のタウリンの吸収能力が低い猫がいるとも考えられている．

タウリン欠乏性網膜症（猫の中心性網膜症〈FCRD：Feline central retinal degeneration〉とも言われる）は特徴的な変化を表す（Leon et al., 1995）．早期では灰白色の変色を示す中心部の変化が最も観察される（図18.55a）．進行するに従い，色の変化はよりはっきりし，高反射性の長円形の領域に変化する（図18.55b）．タウリン欠乏が数カ月続くと，変化は視神経乳頭の鼻側にも起こる．これら二つの領域が進行とともに高反射性を伴い合体すると灰白色の線に繋がる．後にこれらの変化は眼底全体が高反射性または萎縮するまで上下に広がっていく．末期には遺伝性網膜変性の末期と区別が難しくなる（図18.57）．

検眼鏡検査での変化は，欠乏状態が3～7カ月経つまで現れないのに対し，ERG検査では潜時時間の増加とa, b波の振幅の減少を伴う変化が欠乏状態で5週間以内に観察される．錐体，杆体両方の機能不全は，欠乏がおよそ10週間以上続くと低下する．これらの障害は最初に網膜外層でより重篤であるという組織学的変化に関係している．タウリン欠乏の網膜への影響は部分的に可逆性である．光受容体外層における変化は，特に杆体において，可逆性であるが，高反射性を伴う萎縮領域が光受容体で広範囲に起こるのは，不可逆性である．したがって，猫において網膜変性の疑いがみられたら食事の評価と血中タウリン濃度の評価をすべきである．タウリン欠乏症は猫の心筋症に関係しており重要であるため，タウリン欠乏性網膜症をもつ猫には，心筋機能もまた評価すべきである．

**ビタミンE欠乏症**：ビタミンEの長期的な欠乏は，犬において，臨床的および組織学的に，網膜色素上皮ジストロフィー（RPED：Retinal pigment epithelial dystrophy）と区別がつかない色素性網膜症へと発展する（Riis et al., 1981）．ビタミンE欠乏は膵外分泌不全に関係した重度の脂肪吸収不良症候群，肝胆管もしくは胃腸疾患，低品質高脂肪食（Davidson et al., 1998），不飽和脂肪酸の多い食事を与えられた犬においてみられることがある．

### 網膜色素上皮ジストロフィー

RPEDは，以前に中心性網膜萎縮（CPRA）として知られていた，進行する網膜変性であり，英国ではいくつかの犬種で報告されている．報告されている犬種と

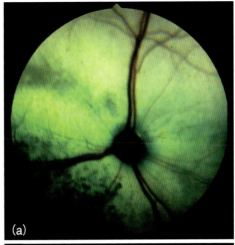
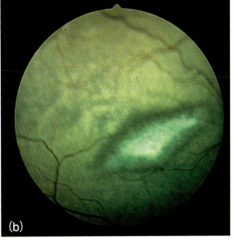

図18.55　(a)2歳齢の猫のタウリン欠乏性網膜症．視線条に沿って灰白色変化がみられる．(b)3歳齢の猫のタウリン欠乏性網膜症．中心部の病変は反射亢進しており，灰白色に縁取られている．

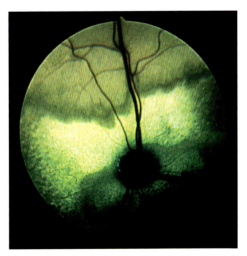

図18.56　5歳齢の猫のタウリン欠乏性網膜症．視線条に反射性亢進，萎縮の帯が観察される．

して，コッカー・スパニエル，ボーダー・コリー，ゴールデンそしてラブラドール・レトリーバー，スムースそしてラフ・コリー，ブリアード（Barnett, 1969,

第18章 眼　底

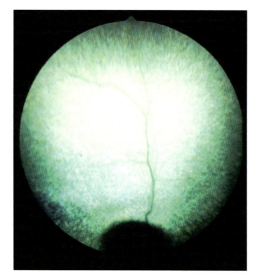

図18.57　10歳齢のヨーロピアン・ショートヘアーにおける網膜変性の末期

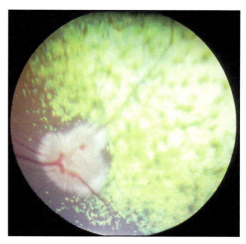

図18.58　低ビタミンE血症を伴うイングリッシュ・コッカー・スパニエルにおける網膜色素上皮ジストロフィー．多発性の明るい茶色の色素斑がタペタム全体に観察され，網膜変性に関係している（網膜血管の狭細化およびまだら状のタペタム高反射性に関連している）．

1976；Bedford, 1984），ポリッシュ・ローランド・シープドッグ（Watson et al., 1993）が挙げられる．遺伝的関与が示唆されるが，まだ解明されていない．

**臨床および病理学的特徴**：通常，RPEDを伴う動物は中心視野の喪失が徐々に進行する．発症年齢と進行の速さは様々であり，完全な失明は起こることもあれば起こらないこともある．臨床症状は2～6歳齢まではっきりしないことが多い．しかしRPEDの早期は視覚に影響を与えないため，進行するまで気づかれないようである（Parry, 1954）．病中期から何年間も進行しない，もしくはゆっくりとした進行である症例がいる一方，1年以内に失明することもある．

RPEDは，タペタム中心部に明るい茶色の色素斑が検眼鏡検査で確認される（図18.58）．これらは徐々に数が増加し，合体し，その部分はタペタムの反射性亢進を伴い，血管の狭細化がみられる．病初期は，病変はタペタム中心部や耳側部でより重篤に観察され，進行するに従いタペタム全体に広がっていく．視神経萎縮，ノンタペタム領域の色素障害，続発性皮質白内障は網膜上皮ジストロフィーにおいて一貫性はなく発見され，これらがみられた場合，病気が進行していることが示唆される．

特徴的な組織学的所見は，網膜色素上皮細胞内の自家蛍光観察での脂肪色素の蓄積である（Lightfoot et al., 1996）．自己酸化過程が脂肪色素の沈着に関わっていると考えられている．犬のRPEDと抗酸化に関係するビタミンEの欠乏に伴う網膜症と臨床的および病理学的類似点が，この仮説に一致する．RPEDをもつコッカー・スパニエルはビタミンEの血漿濃度が極端に低く，運動失調や後肢の固有位置感覚の欠損を含む神経症状が，これらの犬で確認されることがある（McLellan et al., 2002, 2003）．

**治療および視覚への影響**：RPEDの検眼鏡検査での診断は，絶食時血漿ビタミンE濃度の測定である．ビタミンEの欠乏を認めた場合，1日2回600～900 IUの高用量ビタミンE（アルファトコフェロール）を食事と一緒に投与することが勧められる（McLellan and Bedford, 2012）．ビタミンE添加数週間後に，血漿濃度を再測定する．ビタミンE添加により，網膜や神経学的病変の進行を止めるかもしれないが，視覚の改善にはならない．

### 神経セロイドリポフスチン症（NCL）

NCL（neuronal ceroid lipofuscinoses）は，飼育動物やヒトで認識されている遺伝性蓄積病の一種である．ヒトでは，NCLはバッテン病として認識されている（Jolly et al., 1992）．これらの疾患は全身，特に神経組織や網膜の組織における，自家蛍光脂肪色素の細胞内蓄積を特徴とする．ヘテロ接合のグループでは，発症年齢や進行速度の違いといった様々な臨床症状が観察される．

NCLの臨床症状は，振戦や発作（脳萎縮による），失明（中枢神経系内の変性性疾患と同様の網膜変化による）といった多病巣性神経症状が挙げられる．網膜変性の検眼鏡検査では，イングリッシュ・セター，ボーダー・コリー，ダルメシアンのような犬種では，NCLの一貫した特徴はない．犬のNCLに関係した網膜変性はミニチュア・シュナウザーにおいて認められる（Smith et al., 1996）．ミニチュア・ロングヘアード・ダックスフンドにおける早期に進行したNCLでは，10～11カ月齢までに，発作や失明を伴う末期まで進行

した(Whiting et al., 2013). NCL に関係した神経症状はチベタン・テリアでは夜盲くらいしか起こさず，比較的軽いため，この犬種では NCL と GPRA を区別することが重要である(Cummings et al., 1990；Riis et al., 1992). ポリッシュ・ローランド・シープドッグでは臨床症状はビタミン E 欠乏症（上述参照）と類似する(Narfström et al., 2007). しかし，ポリッシュ・ローランド・シープドッグにおいて NCL とビタミン E との関係は明らかにされていない.

### 光網膜症

強い光の暴露による網膜の損傷はいくつかの種で認められており，長い時間検眼鏡検査もしくは手術時の顕微鏡の光に暴露された動物において考慮すべきである．網膜外側の検眼鏡検査および病理組織学的な変化は，1 時間にわたり検眼鏡検査の光の照射を受けた犬のタペタム領域に観察された(Buyukmihci, 1981). 透明よりも黄色に着色された集光レンズを使用することで，網膜に集められた光による網膜障害を防げる．

### 腫瘍

眼底，特に脈絡膜に対する二次的な腫瘍組織の浸潤は，前部ぶどう膜に比べ発生は少ないが，前部および後部ぶどう膜炎の併発に関与する．一方，検眼鏡検査で異常がある場合を除いて，視覚に影響しない眼底病変は気づかれない．リンパ腫（図 18.59），癌腫，黒色腫，血管肉腫のような腫瘍が報告されている．特に猫の癌腫の転移は，脈絡膜内の扇形梗塞に関係した特徴的な症状を示す（図 18.60）.

犬の眼球後部を侵す原発腫瘍は少なく，脈絡膜黒色腫（図 18.61）がよく報告されている．ヒトと比べて，犬の脈絡膜黒色腫は比較的良性で，最も多い報告はメラノサイトーマとされている(Collinson and Peiffer, 1993). 原発網膜腫瘍は，グリア細胞腫や神経外胚葉性腫瘍の散発的な報告があるのみで，犬や猫ではほとんどない(Dubielzig et al., 2010a).

## 視神経および視神経乳頭

### 先天性疾患

#### 視神経低形成

視神経低形成は，網膜神経節細胞の数の減少の結果として起こる視神経軸索突起の数の著しい減少を指す．特徴的なこととして，比較的正常な眼底内に，異常に小さく黒い視神経乳頭が観察される（図 18.62）.視神経低形成は罹患した眼の視覚に影響を与え，瞳孔対光反射を低下させる(Kern and Riis, 1981). 両眼の視神経低形成を伴う動物では全盲となる．

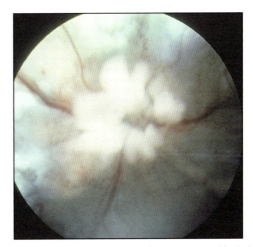

図 18.59　7 歳齢の雑種猫における多中心型リンパ腫．視神経乳頭への腫瘍性浸潤，乳頭周囲部の剥離が観察される(S Crispin 氏のご厚意による).

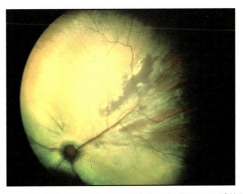

図 18.60　13 歳齢の猫における肺腺癌の転移による脈絡膜の梗塞の結果起こった V 字状のタペタムの変色

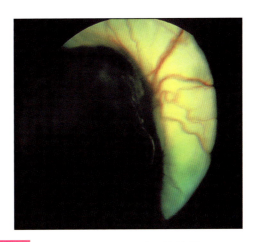

図 18.61　成犬における浸潤した脈絡膜黒色腫

いくつかの犬種で報告があり，ミニチュア・ロングヘアード・ダックスフンド，ミニチュアおよびトイプードルにおいて遺伝することがある．視神経低形成は，正常な瞳孔対光反射と正常な視覚をもつ小視神経乳頭（表 18.2）と区別しなければならない．

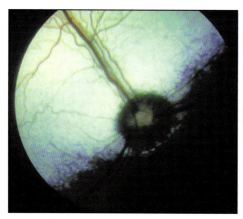

図18.62 雑種の成犬における視神経低形成（SR Hollingsworth 氏のご厚意による）

## 視神経欠損

視神経欠損は，発達過程において腹側眼裂の閉鎖の不完全もしくは失敗に関係した視神経領域での眼組織の局所的な欠損を表す．コロボーマは散発的にあらゆる犬種で先天的な病変として観察されるが，脈絡膜低形成の同時発生がみられるコリー眼異常をもつ犬で最も一般的である．視神経欠損はまた，バセンジーにおいて遺伝すると考えられている(Rubin, 1989)．

視神経欠損は，検眼鏡検査では，病変の縁に押し込まれて見える血管をもつ視神経乳頭内の小さい灰白色の点から深い穴であったりする（図 18.24 および 18.25）．「典型的な」コロボーマは腹側中心に位置し（すなわち眼裂の位置），「典型的な」コロボーマは乳頭の近くの耳側もしくは鼻側に位置する．コロボーマは，視覚にわずかにまたは影響しないが，大きな欠損は視覚に悪影響を及ぼすことがある．視神経欠損の存在は，コリー眼異常の合併症として網膜剥離の存在を示唆している(Vainishi et al., 1989)．

## 後天性疾患

### 乳頭浮腫

乳頭浮腫は頭蓋内もしくは脳脊髄液(CSF)圧の上昇の結果，視神経乳頭の浮腫を表す用語である．視神経乳頭の浮腫はまた，原発性視神経腫瘍を反映したり（後述），眼窩の占拠性病変による眼球後方からの視神経の圧迫の結果として生じたり，全身性高血圧症，急性緑内障（犬），ぶどう膜炎と同時に生じることがある．視神経乳頭は，視神経乳頭の縁で接続している網膜血管の逸脱および「ふわふわと」腫れ上がったように観察される．検眼鏡検査で観察される乳頭腫浮腫は，瞳孔対光反射の消失もしくは視覚喪失に関係し，それは基礎疾患やその罹病期間に依存する．

### 視神経炎

視神経炎は多くの原因をもち（表 18.9），

- ウイルス，細菌，寄生虫，真菌感染症
- 眼窩蜂巣炎のような局所疾患の拡大
- 肉芽腫性もしくは腫瘍性浸潤（肉芽腫性髄膜脳炎やリンパ腫など）

が挙げられる．

視神経炎を伴うほとんどの犬において，炎症は特発性と考えられ，免疫抑制療法に反応することから免疫介在性が示唆されている．

**臨床所見**：視神経の炎症は，視覚の低下もしくは喪失に関係した，突然の求心性の瞳孔対光反射喪失が起こる．視神経乳頭を含む視神経炎は，視神経乳頭のうっ血や浮腫がみられる．後者は，検眼鏡検査で，視神経の生理的陥凹の消失により判断可能である．大きくなったもしくは膨れた視神経乳頭表面は，直接検眼鏡検査において，他の網膜部と焦点が合わない．さらに後部硝子体内の細胞浸潤，視神経乳頭内または周囲の出血，乳頭周囲網膜の浮腫，剥離もみられることがある（図 18.63 および 18.64）．

後眼球部の視神経の炎症は，眼底の異常を伴わない瞳孔対光反射の消失および視覚障害を引き起こす．ゆえに，両眼の後眼球部の視神経炎は，急性の失明，瞳孔散大および正常な眼底を呈する SARDS（上述参照）や CNS 疾患（第 19 章を参照）との鑑別は重要である．眼球後部の視神経炎では ERG 検査は正常であり，これは SARDS を区別できる特徴である．神経学的検査は CNS 疾患の症状と考えられる他の神経学的異常を発見するために必要である（第 19 章を参照）．断層像検査（CT や MRI）が推奨され（第 2 章を参照），視神経の

表18.9 視神経炎の主な原因

| 基礎疾患 | 例 |
|---|---|
| 感染性 | ジステンパーウイルス<br>猫伝染性腹膜炎（猫コロナウイルス感染症による）<br>トキソプラズマ症<br>ネオスポラ症<br>局所的，全身的な細菌感染症<br>クリプトコッカス症 |
| 免疫介在性 | 肉芽腫性髄膜脳炎<br>網膜脈絡膜炎 |
| 腫瘍性浸潤 | リンパ腫<br>猫の外傷後眼部肉腫 |
| 外傷 | 穿孔もしくは鈍傷<br>眼球突出 |

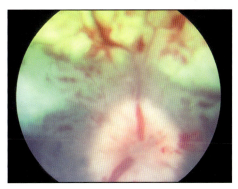

図18.63 成犬における原因不明の視神経炎および網膜脈絡膜炎.網膜神経節線維層内の放射状に炎のような出血が観察される.

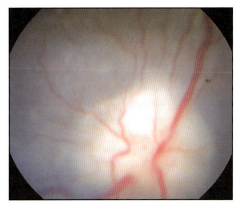

図18.64 肉芽腫性髄膜脳炎をもつキャバリア・キング・チャールズ・スパニエルの視神経炎

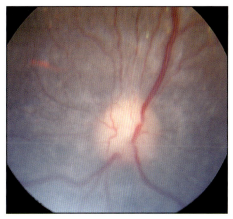

図18.65 図18.64の症例における免疫抑制量の経口コルチコステロイドで治療後の様子

浮腫や造影効果で明らかになることがある.感度は落ちるが,眼の超音波検査やバイオプシーは,視神経の腫瘍や視神経を巻き込む他の疾患の発見に役立つ.CSF検査は,GME(CSFの単球増加およびタンパク濃度の上昇がみられる),リンパ腫といった腫瘍のような広範囲にわたるCNS炎症性疾患が疑われる際,特に有用な検査である(Thomas and Eger, 1989).CSFの検査は犬ジステンパー,トキソプラズマ症,クリプトコッカス症のような感染性疾患の血清学的検査にも用いられる.

**治療**および視覚への影響:感染性疾患や腫瘍性疾患を特定し,適切な治療を取り組むべきである.特発性視神経炎やGMEが疑われる場合,全身への免疫抑制量のコルチコステロイドが視覚の回復を促進する.しかし,活動性炎症の再発は一般的であり,その都度起こる視神経炎のため視神経萎縮がみられるため,長期間にわたる視覚の維持は難しい.プレドニゾロンは2mg/kg/日(1日2回に分ける)で10~14日間経口投与し,隔日投与に維持できるまで2週間毎に減らしていく.治療中は,視神経乳頭の浮腫,視覚や瞳孔対光反射の回復といった症状の改善を観察し,維持に努める

(図18.65, Nafe and Carter, 1981).GMEに関係した視神経炎では特に注意すべきであり,最終的に他のCNS疾患がみられるようになる.寛解は免疫抑制量のコルチコステロイド(Thomas and Eger, 1989),シクロスポリンやシトシンアラビノシド(Nell, 2008)のような免疫抑制剤でなされる.

### 腫瘍

視神経の腫瘍は犬では髄膜腫が,猫ではリンパ腫の報告があるが,犬では珍しく,猫では極めて稀である(図18.59).視神経は局所浸潤もしくは他の部位からの転移により二次的に影響を受ける(第8章を参照).髄膜腫は,頭蓋内腫瘍の二次的な浸潤もしくは視神経鞘内の原発腫瘍の細胞性変化により,視神経を巻き込む(Mauldin et al., 2000).視神経もしくは眼窩の髄膜腫を伴う犬では,視覚喪失および瞳孔対光反射の消失を伴うゆっくりとした進行性の眼球突出を示す.原発性視神経髄膜腫の頭蓋内および視交叉の浸潤や肺転移が報告されているが,眼窩内容摘出術が根治的治療である(Barnett and singleton, 1967;Paulsen et al., 1989;Dugan et al., 1993;Mauldin et al., 2000).

### 視神経萎縮

視神経萎縮は視神経の炎症や外傷(眼球突出の後遺症),過去の視神経の圧迫(眼窩や頭蓋内占拠病変),緑内障に伴う眼圧の上昇(視神経乳頭「カッピング」を引き起こす.第15章を参照)の結果として起こる.萎縮した視神経乳頭は,視神経の形の変化を伴うミエリンの喪失,血管の喪失が起こり,灰白色もしくは黒色に見える(図18.66).視神経萎縮の診断は,猫の視神経乳頭は正常でミエリンの欠損を見ることから,犬よりも猫の方が検眼鏡検査での診断が難しい.

第18章 眼　底

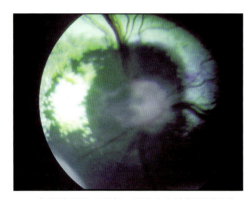

図18.66　生後数週間で眼窩に到達する外傷（咬傷）後の成犬の進行した視神経萎縮およびグリア性瘢痕

## 参考文献

Acland GM, Aguirre GD, Bennett J et al. (2005) Long-term restoration of rod and cone vision by single dose rAAV-mediated gene transfer to the retina in a canine model of childhood blindness. *Molecular Therapy* **12**, 1072–1082

Aguirre GD and Acland GM (1988) Variation in retinal degeneration phenotype inherited at the prcd locus. *Experimental Eye Research* **46**, 663–687

Andrew SE, Abrams KL, Brooks DE and Kubilis PS (1997) Clinical features of steroid-responsive retinal detachments in twenty-two dogs. *Veterinary and Comparative Ophthalmology* **7**, 82–87

Barnett KC (1965a) Canine retinopathies – II. The Miniature and Toy Poodle. *Journal of Small Animal Practice* **6**, 93–109

Barnett KC (1965b) Canine retinopathies – III. The other breeds. *Journal of Small Animal Practice* **6**, 185–196

Barnett KC (1969) Primary retinal dystrophies in the dog. *Journal of the American Veterinary Medical Association* **154**, 804–808

Barnett KC (1976) Central progressive retinal atrophy in the Labrador Retriever. *Veterinary Annual* **17**, 142–144

Barnett KC (1981) Diabetic retinopathy in the dog. *British Journal of Ophthalmology* **65**, 312–314

Barnett KC and Curtis R (1985) Autosomal dominant progressive retinal atrophy in Abyssinian cats. *Journal of Heredity* **76**, 168–170

Barnett KC and Singleton WB (1967) Retrobulbar and chiasmal meningioma in a dog. *Journal of Small Animal Practice* **8**, 391–394

Bedford PGC (1982a) Collie eye anomaly in the Border Collie. *Veterinary Record* **111**, 34–35

Bedford PGC (1982b) Collie eye anomaly in the United Kingdom. *Veterinary Record* **111**, 263–270

Bedford PGC (1984) Retinal pigment epithelial dystrophy (CPRA): a study of the disease in the Briard. *Journal of Small Animal Practice* **25**, 129–138

Bedford PGC (1998) Collie eye anomaly in the Lancashire Heeler. *Veterinary Record* **143**, 354–356

Bjerkås E (1991) Collie eye anomaly in the Rough Collie in Norway. *Journal of Small Animal Practice* **32**, 89–92

Bjerkås E and Narfström K (1994) Progressive retinal atrophy in the Tibetan Spaniel in Norway and Sweden. *Veterinary Record* **134**, 377–379

Braus BK, Hauck SM, Amann B et al. (2008) Neuron-specific enolase antibodies in patients with sudden acquired retinal degeneration syndrome. *Veterinary Immunology and Immunopathology* **124**, 177–183

Braus BK, Rhodes M, Featherstone HJ, Renwick PW and Heinrich CL (2012) Cataracts are not associated with retinal detachment in the Bichon Frise in the UK – a retrospective study of preoperative findings and outcomes in 40 eyes. *Veterinary Ophthalmology* **15**, 98–101

Brown S, Atkins C, Bagley R et al. (2007) Guidelines for the identification, evaluation and management of systemic hypertension in dogs and cats. *Journal of Veterinary Internal Medicine* **21**, 542–558

Buyukmihci N (1981) Photic retinopathy in the dog. *Experimental Eye Research* **33**, 95–109

Carrig CB, MacMillan A, Brundage S, Pool RR and Morgan JP (1977) Retinal dysplasia associated with skeletal abnormalities in Labrador Retrievers. *Journal of the American Veterinary Medical Association* **170**, 49–57

Carrig CB, Sponenberg DP, Schmidt GM and Tvedten HW (1988) Inheritance of associated ocular and skeletal dysplasia in Labrador Retrievers. *Journal of the American Veterinary Medical Association* **193**, 1269–1272

Carter RT, Oliver JW, Stepien RL and Bentley E (2009) Elevations in sex hormones in dogs with sudden acquired retinal degeneration syndrome (SARDS). *Journal of the American Animal Hospital Association* **45**, 207–214

Clements PJM, Sargan DR, Gould DJ and Petersen-Jones SM (1996) Recent advances in understanding the spectrum of canine generalized progressive retinal atrophy. *Journal of Small Animal Practice* **37**, 155–162

Collinson PN and Peiffer RL (1993) Clinical presentation, morphology and behavior of primary choroidal melanomas in eight dogs. *Progress in Veterinary and Comparative Ophthalmology* **3**, 158–164

Crispin C and Mould JR (2001) Systemic hypertensive disease and the feline fundus. *Veterinary Ophthalmology* **4**, 131–140

Crispin SM (1993) Ocular manifestations of hyperlipoproteinaemia. *Journal of Small Animal Practice* **34**, 500–506

Crispin SM, Long SE and Wheeler CA (1999) Incidence and ocular manifestations of multifocal retinal dysplasia in the Golden Retriever in the UK. *Veterinary Record* **145**, 669–672

Cullen CL and Webb AA (2007a) Ocular manifestations of systemic diseases. Part 1: the dog. In: *Veterinary Ophthalmology, vol. II, 4th edn*, ed. KN Gelatt, pp.1470–1537. Blackwell Publishing, Oxford

Cullen CL and Webb AA (2007b) Ocular manifestations of systemic diseases. Part 2: the cat. In: *Veterinary Ophthalmology, vol. II, 4th edn*, ed. KN Gelatt, pp.1538–1587. Blackwell Publishing, Oxford

Cummings JF, De Lahunta A, Riis RC and Loew ER (1990) Neuropathologic changes in a young adult Tibetan Terrier with subclinical neuronal ceroid lipofuscinosis. *Progress in Veterinary Neurology* **1**, 301–309

Curtis R (1988) Retinal diseases in the dog and cat: an overview and update. *Journal of Small Animal Practice* **29**, 397–415

Davidson MG, Geoly FJ, McLellan GJ, Gilger BC and Whitley W (1998) Retinal degeneration associated with vitamin E deficiency in a group of hunting dogs. *Journal of the American Veterinary Medical Association* **213**, 645–651

Dubielzig RR, Ketring KL, McLellan GJ and Albert DM (2010a) The retina. In: *Veterinary Ocular Pathology: a Comparative Review*, ed. RR Dubielzig et al., pp.349–397. Saunders Elsevier Ltd, Oxford

Dubielzig RR, Ketring KL, McLellan GJ and Albert DM (2010b) The optic nerve. In: *Veterinary Ocular Pathology: a Comparative Review*, ed. RR Dubielzig et al., pp.399–417. Saunders Elsevier Ltd, Oxford

Dugan SJ, Schwarz PD, Roberts SM and Ching SV (1993) Primary optic nerve meningioma and pulmonary metastasis in a dog. *Journal of the American Animal Hospital Association* **29**, 11–16

Ekesten B (2007) Ophthalmic examination and diagnostics. Part 4: The electrodiagnostic evaluation of vision. In: *Veterinary Ophthalmology, vol. 1, 4th edn*, ed. KN Gelatt, pp.520–535. Blackwell Publishing, Oxford

Ekesten B, Komáromy AM, Ofri R, Petersen-Jones SM and Narfström K (2013) Guidelines for clinical electroretinography in the dog: 2012 update. *Documenta Ophthalmologica* **127**, 79–87

Ford MM, Dubielzig RR, Giuliano EA, Moore CP and Narfström K (2007) Ocular and systemic manifestations after oral administration of a high dose of enrofloxacin in cats. *American Journal of Veterinary Research* **68**, 190–202

Gelatt KN, van der Woerdt A, Ketring KL et al. (2001) Enrofloxacin associated retinal degeneration in cats. *Veterinary Ophthalmology* **4**, 99–106

Gilmour MA, Cardenas MR, Blaik MA, Bahr RJ and McGinnis JF (2006) Evaluation of a comparative pathogenesis between cancer-associated retinopathy in humans and sudden acquired retinal degeneration syndrome in dogs via diagnostic imaging and western blot analysis. *American Journal of Veterinary Research* **67**, 877–881

Goldstein O, Guyon R, Kukekova A et al. (2010) COL9A2 and COL9A3 mutations in canine autosomal recessive oculoskeletal dysplasia. *Mammalian Genome* **21**(7–8), 398–408

Grahn BH and Cullen CL (2001) Retinopathy of Great Pyrenees dogs: fluorescein angiography, light microscopy and transmitting and scanning electron microscopy. *Veterinary Ophthalmology* **4**, 191–199

Grahn BH, Sandmeyer LL and Breaux C (2008) Retinopathy of Coton de Tulear dogs: clinical manifestations, electroretinographic, ultrasonographic, fluorescein and indocyanine green angiographic, and optical coherence tomographic findings. *Veterinary Ophthalmology* **11**, 242–249

Grahn BH, Storey ES and McMillan C (2004) Inherited retinal dysplasia and persistent hyperplastic primary vitreous in Miniature Schnauzer dogs. *Veterinary Ophthalmology* **7**, 151–158

Grozdanic SD, Matic M, Sakaguchi DS et al. (2007) Evaluation of retinal status using chromatic pupil light reflex activity in healthy and diseased canine eyes. *Investigative Ophthalmology and Visual Science* **48**, 5178–5183

Gunn-Moore DA, Watson TD, Dodkin SJ et al. (1997) Transient hyperlipidaemia and anaemia in kittens. *Veterinary Record* **140**(14), 355–359

Hayes KC and Trautwein EA (1989) Taurine deficiency syndrome in cats. *Veterinary Clinics of North America: Small Animal Practice* **19**, 403–413

Hendrix DV, Nasisse MP, Cowen P and Davidson MG (1993) Clinical signs, concurrent diseases and risk factors associated with retinal detachment in dogs. *Progress in Veterinary and Comparative Ophthalmology* **3**, 87–91

Holle DM, Stankovics ME, Sarna CS and Aguirre GD (1999). The geographic form of retinal dysplasia in dogs is not always a congenital abnormality. *Veterinary Ophthalmology* **2**, 61–66

Holt E, Feldman EC and Buyukmihci N (1999) The prevalence of hyperadrenocorticism (Cushing's syndrome) in dogs with sudden acquired retinal degeneration (SARD). *Proceedings of the 30th Annual Meeting of the American College of Veterinary Ophthalmologists*, Chicago, Illinois, p. 35.

Itoh Y, Maehara S, Yamasaki A, Tsuzuki K and Izumisawa Y (2010) Investigation of fellow eye of unilateral retinal detachment in the Shih-Tzu. *Veterinary Ophthalmology* **13**, 289–293

Jepson RE (2011) Feline systemic hypertension: classification and pathogenesis. *Journal of Feline Medicine and Surgery* **13**(1), 25–34

Jolly RD, Martinus RD and Palmer DN (1992) Sheep and other animals with ceroid lipofuscinoses: their relevance to Batten disease. *American Journal of Medical Genetics* **42**, 609–614

Kang-Derwent JJ, Padnick-Silver L, McRipley M et al. (2006) The electroretinogram components in Abyssinian cats with hereditary retinal degeneration. *Investigative Ophthalmology and Visual Science* **47**, 3673–3682

Keller RL, Kania SA, Hendrix DV, Ward DA and Abrams K (2006) Evaluation of canine serum for the presence of antiretinal autoantibodies in sudden acquired retinal degeneration syndrome. *Veterinary Ophthalmology* **9**, 195–200

Kern TJ and Riis RC (1981) Optic nerve hypoplasia in three Miniature Poodles. *Journal of the American Veterinary Medical Association* **178**, 49–54

Komaromy AM, Books DE, Dawson WW et al. (2002) Technical issues in electrodiagnostic recording. *Veterinary Ophthalmology* **5**, 85–91

Landry MP, Herring IP and Panciera DL (2004) Funduscopic findings following cataract extraction by means of phacoemulsification in diabetic dogs: 52 cases (1993–2003). *Journal of the American Veterinary Medical Association* **225**, 709–716

Lane IF, Roberts SM and Lappin MR (1993) Ocular manifestations of vascular disease: hypertension, hyperviscosity and hyperlipidemia. *Journal of the American Animal Hospital Association* **29**, 28–36

Latshaw WK, Wyman M and Venzke WG (1969) Embryologic development of an anomaly of ocular fundus in the collie dog. *American Journal of Veterinary Research* **30**, 211–217

Lavach JD, Murphy JJ and Severin GA (1978) Retinal dysplasia in the English Springer Spaniel. *Journal of the American Animal Hospital Association* **14**, 192–199

Leblanc NL, Stepien RL and Bentley E (2011) Ocular lesions associated with systemic hypertension in dogs: 65 cases (2005–2007). *Journal of the American Veterinary Medical Association* **238**, 915–921

Leon A and Curtis R (1990) Autosomal dominant rod–cone dysplasia in the *RDY* cat: 1. Light and electron microscopic findings. *Experimental Eye Research* **51**, 361–381

Leon A, Levick WR and Sarossy MG (1995) Lesion topography and new histological features in feline taurine deficiency retinopathy. *Experimental Eye Research* **61**, 731–741

Lightfoot RM, Cabral L, Gooch L, Bedford PGC and Boulton ME (1996) Retinal pigment epithelial dystrophy in Briard dogs. *Research in Veterinary Science* **60**, 17–23

Long SE and Crispin SM (1999) Inheritance of multifocal retinal dysplasia in the Golden Retriever in the UK. *Veterinary Record* **145**, 702–704

MacMillan AD and Lipton DE (1978) Heritability of multifocal retinal dysplasia in American Cocker Spaniels. *Journal of the American Veterinary Medical Association* **172**, 568–572

Maggio F, DeFrancesco TC, Atkins CE et al. (2000) Ocular lesions associated with systemic hypertension in cats: 69 cases (1985–1998). *Journal of the American Veterinary Medical Association* **217**(5), 695–702

Mauldin EA, Deehr AJ, Hertzke D and Dubielzig RR (2000) Canine orbital meningiomas: a review of 22 cases. *Veterinary Ophthalmology* **3**, 11–16

McLellan GJ and Bedford PGC (2012) Oral vitamin E absorption in English Cocker Spaniels with familial vitamin E deficiency and retinal pigment epithelial dystrophy. *Veterinary Ophthalmology* **15**(Suppl. 2), 48–56

McLellan GJ, Cappello R, Mayhew IG et al. (2003) Clinical and pathological observations in English Cocker Spaniels with primary metabolic vitamin E deficiency and retinal pigment epithelial dystrophy. *Veterinary Record* **153**, 287–292

McLellan GJ, Elks R, Lybaert P et al. (2002) Vitamin E deficiency in dogs with retinal pigment epithelial dystrophy. *Veterinary Record* **151**, 663–667

Menotti-Raymond M, David VA, Pflueger S et al. (2010a) Widespread retina degenerative disease mutation (*rdAc*) discovered among a large number of popular cat breeds. *The Veterinary Journal* **186**, 32–38

Menotti-Raymond M, David VA, Schäffer A et al. (2007) Mutation in *CEP290* discovered for cat model of human retinal degeneration. *Journal of Heredity* **98**(3), 211–220

Menotti-Raymond M, Holland Deckman K, David V et al. (2010b) Mutation discovered in a feline model of human congenital retina blinding disease. *Investigative Ophthalmology and Visual Science* **51**, 2852–2859

Messias A, Gekeler F, Wegener A et al. (2008) Retinal safety of a new fluoroquinolone, pradofloxacin, in cats: assessment with electroretinography. *Documenta Ophthalmologica* **116**, 177–191

Meyers VN, Jezyk PF, Aguirre GD and Patterson DF (1983) Short-limbed dwarfism and ocular defects in the Samoyed dog. *Journal of the American Veterinary Medical Association* **183**, 975–979

Miller PE, Galbreath EJ, Kehren JC, Steinberg H and Dubielzig RR (1998) Photoreceptor cell death by apoptosis in dogs with sudden acquired retinal degeneration syndrome. *American Journal of Veterinary Research* **59**,149–152

Millichamp NJ (1990) Retinal degeneration in the dog and cat. *Veterinary Clinics of North America: Small Animal Practice* **20**, 799–835

Millichamp NJ, Curtis R and Barnett KC (1988) Progressive retinal atrophy in Tibetan Terriers. *Journal of the American Veterinary Medical Association* **192**, 769–776

Montgomery KW, van der Woerdt A and Cottrill NB (2008) Acute blindness in dogs: sudden acquired retinal degeneration syndrome *versus* neurological disease (140 cases: 2000–2006). *Veterinary Ophthalmology* **11**(5), 314–320

Muñana KR (1995) Long-term complications of diabetes mellitus, part 1: retinopathy, nephropathy, neuropathy. *Veterinary Clinics of North America: Small Animal Practice* **25**, 715–730

Nafe LA and Carter JD (1981) Canine optic neuritis. *Compendium on Continuing Education for the Practicing Veterinarian* **3**, 978–981

Narfström K (1985) Progressive retinal atrophy in the Abyssinian cat: clinical characteristics. *Investigative Ophthalmology and Visual Science* **26**, 193–200

Narfström K (1999) Retinal dystrophy or 'congenital stationary night blindness' in the Briard dog. *Veterinary Ophthalmology* **2**, 75–76

Narfström K, David V, Jarrete O et al. (2009) Retinal degeneration in the Abyssinian and Somali cat (*rdAc*): correlation between genotype and phenotype and the *rdAc* allele frequency in two continents. *Veterinary Ophthalmology* **12**(5), 285–291

Narfström K, Katz ML, Ford M et al. (2003) In vivo gene therapy in young and adult RPE65-/- dogs produces long-term visual improvement. *Journal of Heredity* **94**, 31–37

Narfström K, Maggs DJ, Garland J et al. (2010) A novel retinal degenerative disease of Bengal cats. *Conference Proceedings: European College of Veterinary Ophthalmologists 2010 Annual Scientific Meeting*, Berlin, Germany, p. 62

Narfström K, Menotti-Raymond M and Seeliger M (2011) Characterization of feline hereditary retinal dystrophies using clinical, functional, structural and molecular genetic studies. *Veterinary Ophthalmology* **14** (Suppl 1), 30–36

Narfström K and Nilsson SEG (1989) Morphological findings during retinal development and maturation in hereditary rod–cone degeneration of Abyssinian cats. *Experimental Eye Research* **49**, 611–628

Narfström K and Petersen-Jones S (2007) Diseases of the canine ocular fundus. In: *Veterinary Ophthalmology*, vol. II 4th edn, ed. KN Gelatt, pp. 944–1025. Blackwell Publishing, Oxford

Narfström K, Wrigstad A, Ekesten B and Berg AL (2007) Neuronal ceroid lipofuscinosis: clinical and morphologic findings in nine affected Polish Owczarek Nizinny (PON) dogs. *Veterinary Ophthalmology* **10**(2), 111–120

Narfström K, Wrigstad A, Ekesten B and Nilsson SEG (1994) Hereditary retinal dystrophy in the Briard dog: clinical and hereditary characteristics. *Veterinary and Comparative Ophthalmology* **4**, 85–92

Nell B (2008) Optic neuritis in dogs and cats. *Veterinary Clinics of North America: Small Animal Practice* **38**, 403–415

Nelson DL and MacMillan AD (1983) Multifocal retinal dysplasia in field trial Labrador Retrievers. *Journal of the American Animal Hospital Association* **19**, 388–392

O'Toole D, Young S, Severin GA and Neuman S (1983) Retinal dysplasia of English Springer Spaniel dogs: light microscopy of the postnatal lesions. *Veterinary Pathology* **20**, 298–311

Padnick-Silver L, Kang-Derwent JJ, Guiliano E et al. (2006) Retinal oxygenation and oxygen metabolism in Abyssinian cats with a hereditary retinal degeneration. *Investigative Ophthalmology and Visual Science* **47**, 3683–3689

Palmer AC, Malinowski W and Barnett KC (1974) Clinical signs including papilloedema associated with brain tumours in twenty-one dogs. *Journal of Small Animal Practice* **15**, 359–386

Parker HG, Kukekova AV, Akey DT et al. (2007) Breed relationships facilitate fine-mapping studies: a 7.8-kb deletion cosegregates with Collie eye anomaly across multiple dog breeds. *Genome Research* **17**, 1562–1571

Parry HB (1953) Degenerations of the dog retina. II. Generalized progressive retinal atrophy of hereditary origin. *British Journal of*

**387**

Ophthalmology 37, 487–502
Parry HB (1954) Degenerations of the dog retina VI. Central progressive atrophy with pigment epithelial dystrophy. British Journal of Ophthalmology 38, 653–668
Paulsen ME, Severin GA, Lecouteur RA and Young S (1989) Primary optic nerve meningioma in a dog. Journal of the American Animal Hospital Association 25, 147–152
Percy DH, Carmichael LE, Albert DM, King JM and Jonas AM (1971) Lesions in puppies surviving infection with canine herpesvirus. Veterinary Pathology 8, 37–53
Petersen-Jones SM (1998) A review of research to elucidate the causes of the generalized progressive retinal atrophies. The Veterinary Journal 155, 5–18
Rah H, Maggs DJ, Blankenship TN, Narfström K and Lyons LA (2005) Early-onset, autosomal recessive, progressive retinal atrophy in Persian cats. Investigative Ophthalmology and Visual Science 46, 1742–1747
Ramirez CJ, Minch JD, Gay JM et al. (2011) Molecular genetic basis for fluoroquinolone-induced retinal degeneration in cats. Pharmacogenetic Genomics 21, 66–75
Riis RC, Cummings JF, Loew ER and De Lahunta A (1992) A Tibetan Terrier model of canine ceroid lipofuscinosis. American Journal of Medical Genetics 42, 615–621
Riis RC, Sheffy BE, Loew E, Kern TJ and Smith JS (1981) Vitamin E deficiency retinopathy in dogs. American Journal of Veterinary Research 42, 74–86
Roberts SM (1969) The collie eye anomaly. Journal of the American Veterinary Medical Association 155, 859–878
Ropstad EO and Narfström K (2007) The obvious and the more hidden components of the electroretinogram European Journal of Companion Animal Practice 17, 290–296
Rubin LF (1968) Heredity of retinal dysplasia in Bedlington Terriers. Journal of the American Veterinary Medical Association 152, 260–262
Rubin LF (1989) Inherited Eye Diseases in Purebred Dogs. Williams and Wilkins, Baltimore
Rubin LF, Nelson EJ and Sharp CA (1991) Collie eye anomaly in Australian Shepherd dogs. Progress in Veterinary and Comparative Ophthalmology 1, 105–108
Samuelson DA (2007) Ophthalmic anatomy. In: Veterinary Ophthalmology, vol. I, 4th edition, ed. KN Gelatt, pp.37–148. Blackwell Publishing, Oxford
Sansom J, Barnett KC, Dunn KA, Smith KC and Dennis R (1994) Ocular disease associated with hypertension in 16 cats. Journal of Small Animal Practice 35, 604–611
Sansom J and Bodey A (1997) Ocular signs in four dogs with hypertension. Veterinary Record 140, 593–598
Schmidt GM, Ellersieck MR, Wheeler CA, Blanchard GL and Keller WF (1979) Inheritance of retinal dysplasia in the English Springer Spaniel. Journal of the American Veterinary Medical Association 174, 1089–1090
Schmidt GM and Vainisi SJ (2004) Retrospective study of prophylactic random transscleral retinopexy in the Bichon Frise with cataract. Veterinary Ophthalmology 7, 307–310
Smith PJ, Mames RN, Samuelson DA et al. (1997) Photoreceptor outer segments in aqueous humor from dogs with rhegmatogenous retinal detachments. Journal of the American Veterinary Medical Association 21, 1254–1256
Smith RIE, Sutton RH, Jolly RD and Smith KR (1996) A retinal degeneration associated with ceroid lipofuscinosis in adult Miniature Schnauzers. Veterinary and Comparative Ophthalmology 6, 187–191
Spurlock NK and Prittie JE (2011) A review of current indications, adverse effects, and administration recommendations for intravenous immunoglobulin. Veterinary Emergency and Critical Care 21(5), 471–483
Stepien RL (2011) Feline systemic hypertension: diagnosis and management. Journal of Feline Medicine and Surgery 13(1), 35–43
Stiles J, Polzin DJ and Bistner SI (1994) The prevalence of retinopathy in cats with systemic hypertension and chronic renal failure or hyperthyroidism. Journal of the American Animal Hospital Association 30, 564–572
Stiles J and Townsend WM (2007) Feline ophthalmology. In: Veterinary Ophthalmology, vol. II, 4th edn ed. KN Gelatt, p. 1140. Blackwell Publishing, Oxford
Sturman JA (1978) Taurine deficiency in the kitten: exchange and turnover of [35S] taurine in brain, retina and other tissues. Journal of Nutrition 108, 1462–1476
Sullivan TC (1997) Surgery for retinal detachment. Veterinary Clinics of North America: Small Animal Practice 27, 1193–1214
Thomas JB and Eger C (1989) Granulomatous meningoencephalomyelitis in 21 dogs. Journal of Small Animal Practice 30, 287–293
Tofflemire K and Betbeze C (2010) Three cases of feline ocular coccidioidomycosis: presentation, clinical features, diagnosis and treatment. Veterinary Ophthalmology 13(3), 166–172
Vainisi SJ and Packo KH (1995) Management of giant retinal tears in dogs. Journal of the American Veterinary Medical Association 206, 491–495
Vainisi SJ, Peyman GA, Wolf ED and West CS (1989) Treatment of serous retinal detachments associated with optic disk pits in dogs. Journal of the American Veterinary Medical Association 195, 1233–1236
Vainisi SJ, Wolfer JC and Smith PJ (2007) Surgery of the canine posterior segment. In: Veterinary Ophthalmology, vol. II, 4th edn, ed. KN Gelatt, pp.1026–1058. Blackwell, Oxford
van der Woerdt A, Nasisse MP and Davidson MG (1991) Sudden acquired retinal degeneration in the dog: clinical and laboratory findings in 36 cases. Progress in Veterinary and Comparative Ophthalmology 1, 11–18
Veske A, Nilsson SE, Narfström K and Gal A (1999) Retinal dystrophy of Swedish Briard/Briard-beagle dogs is due to a 4-bp deletion in RPE65. Genomics 57, 57–61
Villagrasa M and Cascales MJ (2000) Arterial hypertension: angiographic aspects of the ocular fundus in dogs. A study of 24 cases. European Journal of Companion Animal Practice 10, 177–190
Wallin-Håkanson B, Wallin-Håkanson N and Hedhammar Å (2000a) Collie eye anomaly in the rough collie in Sweden: genetic transmission and influence on offspring vitality. Journal of Small Animal Practice 41, 254–258
Wallin-Håkanson B, Wallin-Håkanson N and Hedhammar Å (2000b) Influence of selective breeding on the prevalence of chorioretinal dysplasia and coloboma in the rough collie in Sweden. Journal of Small Animal Practice 41, 56–59
Watson P, Narfström K and Bedford PGC (1993) Retinal pigment epithelial dystrophy (RPED) in Polish Lowland Sheepdogs. Proceedings of the British Small Animal Veterinary Association Congress, Birmingham, p. 231
Wiebe V and Hamilton P (2002) Fluoroquinolone-induced retinal degeneration in cats. Journal of the American Veterinary Medical Association 221, 1568–1571
Whiting REH, Narfström K, Yao G et al. (2013) Pupillary light reflex deficits in a canine model of late infantile neuronal ceroid lipofuscinosis. Experimental Eye Research 116, 402–410
Wolf ED, Vainisi SJ and Santos-Anderson R (1978) Rod–cone dysplasia in the collie. Journal of the American Veterinary Medical Association 173, 1331–1333
Wyman M and McKissick GE (1973) Lipemia retinalis in a dog and cat: case reports. Journal of the American Animal Hospital Association 9, 288–291
Yakely WL, Wyman M, Donovan EF and Fechheimer NS (1968) Genetic transmission of an ocular fundus anomaly in Collies. Journal of the American Veterinary Medical Association 152, 457–461
Zangerl B, Wickström K, Slavik J et al. (2010) Assessment of canine BEST1 variations identifies new mutations and establishes an independent bestrophinopathy model (cmr3). Molecular Vision 16, 2791–2804

# 19

# 神経眼科

## Laurent Garosi, Mark Lowrie

　本章では，視覚障害，瞳孔径異常，眼瞼や眼球の位置や動きの異常，そして涙液分泌障害について記す．また，臨床検査の原理と方法の説明には，これらの部位の解剖学的そして生理学的な知識が不可欠である．本章ではこれらの臨床症状がみられる疾患や症候群についてもあわせて記す．

## 視　覚

　視覚喪失が疑われる動物の臨床的評価では，迷路試験，威嚇瞬き反応，視覚追跡，視覚性踏み直り反応が行われる（第1章を参照）．一方，瞳孔対光反射（PLR）や眩惑反射では，視覚の有無について特別な評価はできない．これらの検査は視覚に関する部分的な情報を得ることができるという点で有用である．

### 関連する神経解剖学

　視覚の認識（意識的知覚）の経路を図19.1に示した．それぞれの大脳半球が対側の視野から情報を受け取っている．視路における一次ニューロンは網膜の双極細胞であり，網膜の視細胞（杆体細胞や錐体細胞など）から入力信号を受け取っている．双極細胞は二次ニューロンである網膜神経節細胞とシナプスを形成している．髄鞘化がみられないこれらの神経線維は，求心性に網膜内側から網膜表面を経て視神経乳頭の強膜篩板より眼外へ向かう．視神経乳頭では髄鞘化と髄膜による被覆がみられ，視神経が形成される．眼窩において視神経は外眼筋と眼窩周囲構造に囲まれ，尾側へ走行して視神経孔から頭蓋内に入っていく．視交叉ではそれぞれの視神経の軸索の大半（犬で75％，猫で66％）が交差し，対側の視索を形成する．

　視交叉に次いで，軸索は尾外側方向に走行し二つの主経路のうちの一つを通るように間脳の横を通過していく（また，わずかな領域ではあるが概日リズムに関連する視交叉上核にも刺激を伝えている）．

- 視覚の認識：視索線維の80％が視床にある外側膝状

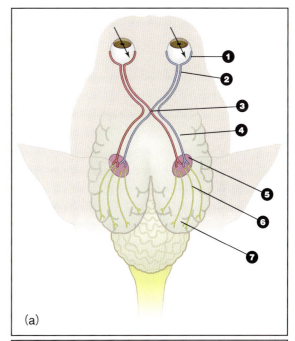

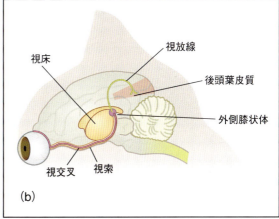

図19.1　視覚の神経解剖学的経路（視路）：(a) 背面像，(b) 矢状断像．視覚刺激（ここでは左側視野が矢印で示されている）は両眼の①網膜より始まり，②視神経と③視交叉を通り，④視索へ向かう．視交叉では神経線維の多く（65～75％）が交差している．その後，刺激は視索から視床にある⑤外側膝状体核で中継され，⑥視放線を通り⑦後頭葉皮質でシナプスを形成する．病変が視路のいかなる部分でみられても，視覚に影響する（Platt and Garosi の報告（2012）より許可を得て転載）．

体核に終止する．線維の束は視放線と呼ばれ，大脳皮質の視覚野(後頭葉)に刺激を伝える．
- 反射運動：視索線維の残り20％は下記の二つの経路に作用すると考えられている．
  — 副交感神経経路：これらの線維はPLRの遠心路として作用している(下記参照)．
  — 網膜活動に対する体性運動反応：これらの線維は中脳の前丘(吻側丘)でシナプスを形成する．視覚刺激に対する頭部や眼球の反射運動において重要である．

## 臨床評価

### 迷路試験

慣れない環境で障害物を避ける能力を評価することで視覚欠損が明らかになる．本試験は明順応下と暗順応下で実施すべきであり，同様に，片眼と両眼で検査すべきである．しかしながら，暗順応下での迷路試験は小動物で臨床的に実施することは非常に困難である．本試験は感受性に乏しく，他覚的であり，微細な障害や片眼の視覚障害を確定することは難しい．

### 威嚇瞬き反応

威嚇瞬き反応は手の動きで対象を怖がらせることで誘発する反応で，それぞれの眼に対して順番に実施する．刺激に対して眼瞼を急速に閉じるという動作がみられる．各々の眼を評価するためには，対側眼を手で覆っておく必要がある．対象に触れることや風を起こして顔面を刺激しないように注意して行う．顔面の三叉神経(第Ⅴ脳神経〈CN〉)に対する刺激は眼瞼反射や角膜反射を引き起こすためである．威嚇瞬き反応の経路を図19.2に示した．

威嚇瞬き反応は真の反応ではないと考えられている．それは，威嚇瞬き反応が獲得反応であり，犬や猫では生後10〜12週齢までみられないことがあるためである．威嚇瞬き反応の求心路は，透光体(角膜，前房，水晶体，硝子体)の透明性の程度と視路(網膜，視神経，視交叉，視索，外側膝状体核，視放線，視覚皮質)に損傷がないことで刺激が正常に伝導される．一方，遠心路については十分にわかってはいない．(刺激を受けた眼とは反対側の)後頭葉皮質で発生した視覚情報は，連合線維を通じて運動皮質に送られる．次いで，運動皮質から顔面神経(第Ⅶ CN)核と外転神経(第Ⅵ CN)核に情報が送られる．これらの神経を介した運動反応によって，眼瞼閉鎖(第Ⅶ CN)と眼球後引(第Ⅵ CN)がみられる．結果として，眼球後引は第三眼瞼の突出を受動的に引き起こす．この反応には顔面神経の損傷がないことが不可欠であるため，眼瞼反射(下記参照)が正常であることを別に確認することが重

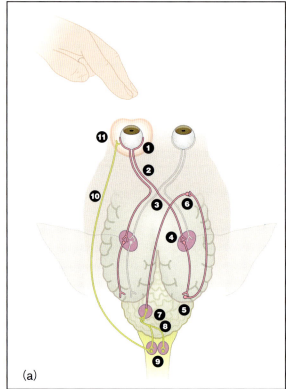

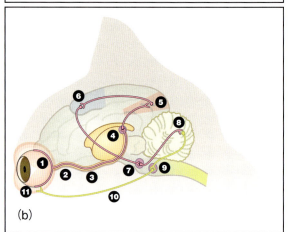

**図19.2** 威嚇瞬き反応の神経解剖学的経路：(a)背面像，(b)矢状断像．威嚇刺激は①網膜で認識され，②視神経と③視交叉を通って対側の視索に向かう．その後，刺激は視床の④外側膝状体で中継され，視放線を通り⑤後頭葉皮質でシナプスを形成する．刺激信号は吻側に向かい，介在神経と関して⑥運動皮質でシナプスを形成する．投射線維は内包，大脳脚，橋の縦走線維を通り⑦橋核でシナプスを形成する．信号は橋の横行線維内に入り，中小脳脚を経て⑧小脳皮質でシナプス形成をする．その後，小脳遠心路を通り両側の⑨顔面神経核でシナプスを形成する．最終的に信号は左右の⑩顔面神経(ここでは片側のみを記す)を経由し，⑪顔面筋(眼輪筋)とシナプス形成することで筋収縮が生じ，閉瞼がみられる．病変が本経路のいかなる部分でみられても，反応が阻害される(Platt and Garosiの報告〈2012〉より許可を得て転載)．

要である．顔面神経麻痺の動物では，威嚇瞬き反応検査によって眼球後引による瞬膜突出が受動的にみられれば正常であると評価できる．威嚇瞬き反応の遠心路に関する小脳障害の実験的または臨床的エビデンスが

**図19.3** 猫の視覚性踏み直り反応．テーブル表面に接近することで，猫は手がテーブルに触れる前から体を支えるために手を延ばす．

ある．片側の小脳障害では，正常な視覚が維持されていても同側の威嚇瞬き反応の消失がみられることがある．小脳を通るニューロン経路については明らかになっていない．

### 視覚追跡

視覚追跡は（落下する綿球やレーザーポインターの光のような）対象物を視認し続ける様子で評価され，犬と猫の両方で視覚を検査するには有用である．

### 視覚性踏み直り反応

視覚性踏み直り反応はよりサイズの小さい症例でのみ検査が可能である．動物を持ち上げ，テーブルのような水平面に進めていく．その表面に届く距離になると体を支えようと手をテーブルに伸ばす様子が観察される（図19.3）．評価する眼の対側眼を覆うことで，それぞれの眼を検査する．この反応を誘発するには視路，意識，および上肢の姿勢制御に障害がないことが必要である．威嚇瞬き反応が曖昧な動物における視機能の評価に用いられている．

## 瞳 孔

### 関連する神経解剖学

以下の二つの相反する力によって，安静時の瞳孔径が決定する．

- 副交感神経成分は，瞳孔を収縮させること（縮瞳）で網膜を刺激する光量を調整している．
- 交感神経成分は，瞳孔の散大（散瞳）を引き起こし，恐怖，怒り，興奮といった環境因子（ストレス）に対する瞳孔の反応を制御している．

そのため，これらの作用が複合して安静時の瞳孔径を決定している．瞳孔径は交感神経系と副交感神経系の力学的な平衡によって一定の状態を保っている．眼の副交感神経経路には動眼神経（第Ⅲ CN）が介在する二つのニューロン経路がある．その経路は縮瞳の調節に関与している．動眼神経の体性遠心性成分は，上眼瞼挙筋の運動（上眼瞼の挙上），同側の外眼筋のうち背側直筋，腹側直筋，内側直筋，さらには腹側斜筋の運動（眼球運動）を支配している．

眼の交感神経経路には三つのニューロン経路がある（図19.4）．一次ニューロン（上位運動ニューロン〈UMN: upper motor neuron〉）の細胞体は視床下部と中脳吻側に位置している．これらの神経線維は視蓋脊髄路側面にある頚髄を下降し，胸髄の最初の三領域（T1-T3）に到る．その後，一次ニューロンは下位運動ニューロン（LMN: lower motor neuron）の細胞体とシナプスを形成する．LMNは節前ニューロン（二次ニューロン）と節後ニューロン（三次ニューロン）に分類される．節前ニューロンの軸索は脊柱管を離れ，分節交通枝の脊髄神経として胸部交感神経幹に接合する．胸部交感神経幹は胸部腹外側より脊柱を横切り，頚動脈鞘にて頚部交感神経幹と迷走神経幹として頭側に向かう．これらの神経線維は鼓室胞の尾側に位置する節後ニューロンの細胞体とシナプスを形成する．節後ニューロンの軸索は中耳に入り，中頭蓋窩で眼窩に走行する三叉神経の眼神経枝と接合する．交感神経系（SNS: sympathetic nervous system）は眼と眼瞼の平滑筋に分布し，緊張させている．この緊張が眼球突出と上下眼瞼と瞬膜を牽引させている．その結果，眼瞼裂が広がり，瞬膜は腹側に引き込まれている．瞳孔散大筋の緊張もSNSによって維持され，通常はある程度瞳孔が広がっている．暗闇やストレス，恐怖，疼痛といった刺激によってさらに瞳孔が広がる（散瞳する）．

### 臨床評価

威嚇瞬き反応の検査後には，光がある場合とない場合での瞳孔のサイズと対称性を評価すべきである．通常は，左右対称の瞳孔形状を示し，瞳孔径も等しい．瞳孔径が等しくない（瞳孔不同），または形状の異常（瞳孔偏位）がみられる動物では，神経機能障害を考える前に虹彩の原発性や続発性の解剖学的または物理的な異常（虹彩萎縮，虹彩低形成，新生物，ぶどう膜炎，緑内障など）を除外する必要がある．左右どちらの瞳孔に異常があるかは瞳孔対光反射を評価することで決定できる．非常に強い輝度の光を用いることや完全な暗室での検査は，瞳孔径の非対称性程度の評価に優れている．

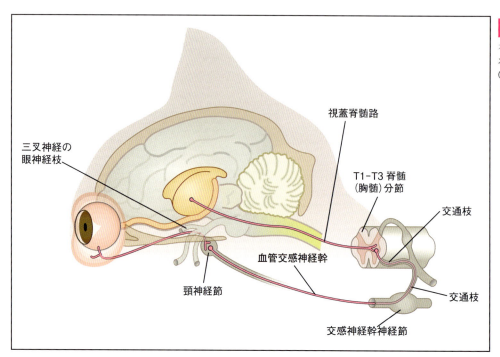

図19.4 眼への交感神経支配の神経解剖学的経路（矢状断像）（Platt and Garosi の報告（2012）より許可を得て転載）

## 瞳孔対光反射

瞳孔対光反射は瞳孔内に強い光を照射する検査であり，縮瞳を評価している（直接反射）．その際に対側眼の瞳孔も収縮する（共感性反射または間接反射）．光受容体の明順応によって，一般に初期の縮瞳後にわずかに散瞳する（pupillary escape）．求心性活動電位を産みだす光受容体によって介在される急速な反応と内因性光感受性網膜神経節細胞によって介在されるより遅い反応がみられる．

瞳孔対光反射は求心路と遠心路に関与している．瞳孔対光反射の遠心路と求心路に関する神経解剖学的経路を図19.5 に示した．瞳孔対光反射の求心路は，威嚇瞬き反応や視覚性踏み直り反応の求心路の一部としても共通している一般的な経路（同側の網膜，視神経，視交叉，対側の近位視索）である．これらの検査では脳内の異なる統合中枢が用いられ，遠心路も異なっている．瞳孔対光反射の遠心路には動眼神経の副交感神経部が関与する．瞳孔対光反射経路には大脳が含まれないため，瞳孔対光反射は視覚を評価していない．視覚に関与している軸索は外側膝状体核でシナプスを形成して意識（視覚）が認識される．しかし，瞳孔対光反射に関与する軸索は視蓋前核で三次ニューロンとシナプスを形成している．視蓋前核から生じる軸索のほとんどが再びX字形に交叉し，中脳で（刺激した眼と同側の）動眼神経核の副交感神経成分とシナプスを形成する．また，交叉しないニューロンもあり，それらは刺激眼とは対側の動眼神経核に繋がる．交叉するニューロンの方が交叉しないニューロンよりも多いということが，直接反射（刺激された眼の収縮）が共感性反射（刺激されていない方の眼の収縮）よりも強いということからわかる．視覚検査，眩惑反射，瞳孔対光反射の結果を組み合わせることで，病変部がこれらの検査における伝導経路の共通部位か独立した部位に存在するかを判定できる．

## 暗順応試験

暗所で瞳孔径と対称性を判定し，交感神経機能を評価する．暗順応試験では完全な暗闇の中で数分経過した後に（瞳孔散大筋が完全に弛緩した状態で）瞳孔の評価を行う．

## 揺動電灯（スイングフラッシュライトテスト）試験

揺動電灯試験は瞳孔対光反射経路全体の統合性を評価する．瞳孔の収縮の程度をより明確かつ簡便に観察するために，暗室の中で実施するのが望ましい．強い刺激光を対側眼からもう片方の眼へと振るように照射することで実施する．対側眼から対象眼を直接刺激する間に瞳孔が収縮するのではなく，散瞳が観察された場合には，散瞳した方の眼が揺動電灯試験陽性と評価される．これは直接刺激がすでに誘発された瞳孔の収縮を維持するには不十分であることを意味している．そのため，相対的に瞳孔不同がみられ，両眼ともに瞳孔が散大して観察される．揺動電灯試験が陽性であるということは，視交叉よりも前の領域の同側かつ片側性視神経病変，または片側性の網膜疾患が存在することを意味する（両方が存在することもある）．

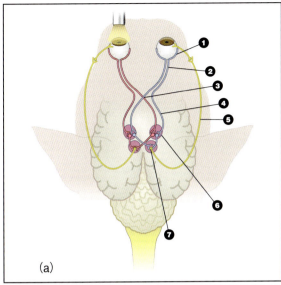

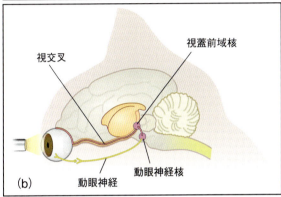

| 図19.5 | 瞳孔対光反射（PLR）の神経解剖学的経路：(a)背面像，(b)矢状断像．強い光刺激が①網膜に投射され活動電位が発生する．活動電位は②視神経，③視交叉，④視索を通り，視蓋前丘の⑥視蓋前域核に中継される．動眼神経の⑦副交感神経核が刺激され，⑤副交感神経枝を通って信号が送られることで虹彩括約筋が収縮し縮瞳が生じる．病変が本経路のいかなる部分でみられても，PLRが阻害される（Platt and Garosi の報告（2012）より許可を得て転載）． |

## 眼瞼

### 関連する神経解剖学

上眼瞼挙筋は上眼瞼の挙上と後引を主に担う筋肉であり，動眼神経の運動系によって神経支配されている．上眼瞼および下眼瞼の平滑筋は眼に分布する交感神経によって支配されており，開瞼や瞬膜の牽引も担っている．閉瞼は耳介眼瞼神経の眼瞼枝（顔面神経の神経枝）によって支配されている眼輪筋によって生じる．瞬膜の突出は一般的に受動的であり，非神経系の作用によって生じる（猫は外転神経と動眼神経に介在されて瞬膜突出が生じるため異なる）．瞬膜の牽引は，眼に対する交感神経系の刺激による平滑筋の緊張性収縮に関連して不随意に生じる．

### 臨床評価

以下の検査によって閉瞼を評価することができる．

- 威嚇瞬き反応（上記参照）
- 眩惑反射
- 角膜および眼瞼反射

### 眩惑反射

瞳孔対光反射を誘発できない場合には，眩惑反射が病変の特定に有用なことがある（図19.6）．眩惑反射は皮質下の反射であり，非常に強い光を片眼に照射することで両眼の不完全瞬目がみられる．皮質下の反射であるため，視覚を喪失している動物においても確認されることがあり，視路の皮質成分は評価していない．この反射の求心路は瞳孔対光反射の求心路と同様で視神経から中脳（視路における皮質下領域）である．一方，眩惑反射の遠心路は顔面神経によって介在される．

### 角膜反射および眼瞼反射

角膜反射および眼瞼反射の運動反応によって閉瞼が生じる．三叉神経は顔面（顔面の皮膚，角膜，鼻中隔粘膜，口腔粘膜）の知覚神経支配，咀嚼筋（側頭筋，咬筋，内側および外側翼突筋，顎二頭筋の吻側部）の運動神経支配を担っている．三叉神経の運動機能は咀嚼筋の大きさと対称性，および開口時の顎の抵抗性によって評価される．三叉神経の知覚機能（眼表面と顔面の知覚）は角膜反射（眼神経枝）および眼瞼反射（内眼角は眼神経枝，外眼角は顎神経枝）によって検査される．角膜反射は皮質下反射であり，無麻酔下の角膜への接触刺激や疼痛刺激に対する応答で，閉瞼がみられる．

それぞれの眼の外眼角と内眼角は別々に評価すべきである．眼球の後引と瞬膜の受動的突出を伴う完全に瞼裂が閉じる瞬目反応がみられる．角膜反射と眼瞼反射における 閉瞼と眼球後引の最終的な神経径路は共通であり，閉瞼は顔面神経，眼球後引は外転神経によって介在される．威嚇瞬き反応，眼瞼反射，眩惑反射には顔面神経と外転神経に障害がないことが必須である．これらの神経は眼輪筋の収縮，眼瞼裂の閉鎖，眼球後引を担っているためである．

## 眼球

### 関連する神経解剖学

動眼神経（第ⅢCN）は，同側の腹側直筋，背側直筋，内側直筋，腹側斜筋を神経支配している．また，動眼神経は縮瞳も介在し，副交感神経成分（上記参照）に

# 第19章 神経眼科

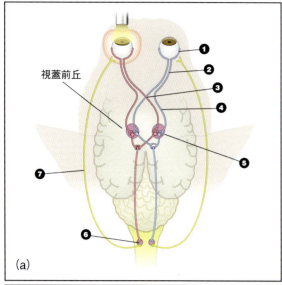

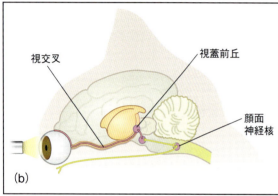

**図19.6** 提唱されている眩惑反射の神経解剖学的経路：(a) 背面像，(b) 矢状断像．

この反射は瞳孔対光反射（PLR）に似ている．PLR経路では動眼神経によって遠心路が介在されているが，眩惑反射では顔面神経が遠心性刺激を伝導している．非常に強い光刺激が①網膜に投射され，②視神経，③視交叉，④視索を通っていく．刺激は視蓋前丘の⑤視蓋前域核に中継される．ここから信号は脳幹にある同側の⑥顔面神経核に伝導される．その後，⑦顔面神経が遠心性刺激を眼瞼の眼輪筋に伝えることで反射性瞬目が生じる．

よって上眼瞼（上眼瞼挙筋）の後引を生じる．そのため，動眼神経は瞳孔対光反射の遠心路と眼瞼の位置に置いて重要な役割を担っている．動眼神経核は中脳吻側に存在している．その軸索は脳幹を出て，眼窩裂より頭蓋をでる前に，外側海綿静脈洞を横断して下垂体へ向かう．

滑車神経（第Ⅳ CN）は対側の背側斜筋を神経支配している．背側斜筋は眼球を内側に回転させる役割を担っている．滑車神経核は中脳尾側に存在している．脳幹を出た後，その軸索は脳幹背側表面でX字形に交差し，眼窩裂より頭蓋をでる前に，海綿静脈洞を通って吻側に向かう．外転神経（第Ⅵ CN）は同側の外側直筋と眼球後引筋を神経支配している．外転神経核は延髄吻側に存在し，その軸索は動眼神経や滑車神経と同様の経路を通っている．

## 臨床評価

眼の検査をする際には，眼球が正常に眼窩で位置しているかを評価すべきである．正常な眼位は，動眼神経，滑車神経，外転神経による外眼筋の神経分布によって決定される（図19.7）．前庭性眼球運動（下記参照）や外転（第Ⅵ CN）および内転（第Ⅲ CN）の程度を判定することで，これらの脳神経の機能を評価できる．

## 眼球振盪

眼球振盪は不随意の周期的な眼球運動のことである．前庭眼球振盪は緩徐相と急速相をもつ（律動眼球振盪）が，振子眼球振盪では連続的で急速相や緩徐相のない両眼球の往復運動が特徴となる．前庭眼球振盪は主に二つのカテゴリーに分けられる．

- 生理的眼球振盪：
生理的眼球振盪は正常な動物に生じる．頭を左右に振った際に生じ，前庭性眼球運動の評価に用いられることがある．生理的眼球振盪によって頭部が動いている際に網膜に映っている像が安定化される．生理的眼球振盪は常に頭部の回転面で起こり，緩徐相は頭部の回転方向と逆方向で，急速相は回転方向と同方向でみられる．正常な動物では，頭部の運動がない場合に眼球振盪がみられることは絶対にない．この反射によって脳幹の内側縦束や外眼筋を支配している脳神経（第Ⅲ，Ⅳおよび第Ⅵ CN）といった前庭器官（この反射の感覚路）を評価できる．眼球振盪の急速相は常に頭部運動と同じ方向でみられる．慣例的に律動眼球振盪の生じている方向は，急速相がみられる方向に確定される．猫や小型犬では，検査

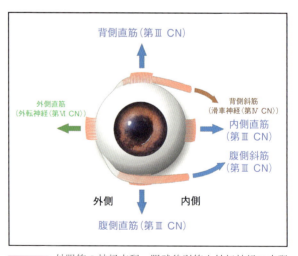

**図19.7** 外眼筋の神経支配．眼球後引筋も外転神経に支配されていることに注目（©Jacques Penderis および『BSAVA Manual of Canine and Feline Neurology 4th ed』より転載）

者の腕の長さの距離で動物の頭を支え，頭を左右に回転するのが最良の検査法である．前庭性眼球運動の減弱や消失は異常である．

- 病理的眼球振盪：
病理的眼球振盪は一般的に潜在する前庭疾患を反映してみられ，常に病的過程を示している．病理的眼球振盪が生じる眼では突発的に病変の方向に横滑りをする傾向がある（緩徐相）．その後，（内側縦束が関与する）脳幹機構によってその眼は急速に元の位置に戻ってくる（急速相）．このような異常な眼球振盪は安静時（自発眼球振盪）や異常な頭部位置をとっている際（頭位眼球振盪）に観察される．水平眼球振盪，垂直眼球振盪回旋眼球振盪がみられることもある（図19.8）．眼球振盪は臨床的に視覚を喪失している動物にもみられることがある．

## 涙　腺

### 関連する神経解剖学

涙腺は顔面神経（第Ⅶ CN）の副交感神経成分によって支配されている．また，外側鼻腺，下顎腺，舌下腺も顔面神経副交感神経成分によって支配されている．流涙は基礎涙液分泌，反射性涙液産生，または様々な薬物による涙液誘発の結果としてみられる．反射性涙液産生（三叉神経流涙反射）の求心路は三叉神経（第Ⅴ CN）の眼神経枝である．求心路は顔面神経の副交感神経成分である．涙腺への副交感神経刺激機能障害によって神経原性乾性角結膜炎（KCS）が生じる．これは延髄と中耳の間の顔面神経の病変によって主にみられる．側頭骨内の顔面神経管の末梢病変は顔面神経の副交感神経領域には関与しない．反射性涙液産生の増大は直接的な角膜刺激，および寒気や刺激物などによる角膜刺激のような知覚刺激に対する反応としてみられる．

### 臨床評価

#### シルマー涙試験

シルマー涙試験は基礎涙液分泌と反射性涙液産生を測定している．意識のある症例のそれぞれの眼に対し，試験紙を乗せて角膜を刺激する．その結果，反射性涙液産生が生じる．この方法はシルマー涙試験一法（STT-1）と呼ばれている．この方法を評価眼に点眼麻酔を用いた後で実施する場合は，麻酔によって涙液反射の求心路が作動しないために基礎涙液分泌のみを評価することになる．この方法はシルマー涙試験二法（STT-2）と呼ばれている．シルマー涙試験については

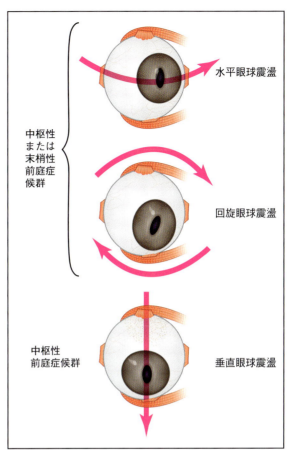

**図19.8** 病的眼球震盪の方向（Platt and Garosi の報告（2012）より許可を得て転載）

第1章と第10章でより詳細に記載している．

## 疾患の検査

### 眼底検査

網膜と視神経乳頭は中枢神経系（CNS）において独特の存在である．正常な動物において，これらの部位は臨床検査で直接的に観察が可能である．この特徴は神経眼疾患が疑われる症例や中枢神経系疾患の臨床徴候がみられる症例に対し特に有用である（第1章と第18章に眼底検査，網膜および視神経の正常および病変像の詳細を記述している）．

### 網膜電図検査

網膜電図検査は網膜機能を評価する．特に光受容体（杆体および錐体），双極細胞を評価可能であるが，視機能については評価できない．臨床検査では，主に光受容体に関する疾患（進行性網膜萎縮〈PRA〉や突発性後天性網膜変性症〈SARDS〉），またはより中枢性の失明の鑑別に用いられている（第1および18章を参照）．

### 視覚誘発電位

視覚誘発電位(VEPs)は網膜への光刺激に対する脳活動の固定刺激記録である．後頭葉皮質を覆う皮膚に電極を設置することで記録可能となる．視覚誘発電位によって中心視路(視神経，視索，および視覚皮質)の機能評価ができるが，信号の発生には正常な網膜機能が必要である．視覚誘発電位は研究用検査法として多く用いられているが，電位のばらつきや全身麻酔が必要なことから獣医臨床現場で広く用いられてはいない．

## 一般症状

### 盲目(失明)

盲目には半盲目や全盲，片眼失明や両眼失明がある．どのような盲目であるかは原因によって決められ，身体検査，眼科検査，神経学的検査のような検査が潜在する病変を推測する重要な手掛かりになる．検査の目的は，視覚喪失が眼疾患によって生じているのか，神経疾患によって生じているのかを確定し，神経症状が疑われた場合には正確に視路内の病変部を見つけ出すことである．神経病変部を特定した場合には，可能性のある疾患リストを考案する．その後は，全身の評価，診断に適切な検査の選択，潜在病変に対する治療を実施することが重要である．

伝統的に盲目は中枢性と末梢性の二つに分類されるが，この用語によって混乱が生じることがある．本テキストにおいては，以下のように定義する．

- 末梢盲は，瞳孔対光反射経路と共通している視路病変(視床の吻側でみられる病変：視神経，視交叉，または視索近位)によって生じる(図19.9a)．
- 中枢盲は，瞳孔対光反射経路とは共通しない視路病変(視床の尾側でみられる病変：視神経，視交叉，または 視索末梢，外側膝状体核，視放線，または後頭葉皮質)によって生じる(図19.9b)．

### 盲目に対する段階的アプローチ

盲目に対するアプローチは以下のとおりである．

- ステップ1：動物の盲目は片眼性，または両眼性？
この質問については，それぞれの眼に対して別々に威嚇瞬き反応をすることで答えが明らかとなる．威嚇瞬き反応の消失や遅れがみられる場合は，眼瞼反射を誘発して閉瞼が可能であるかを評価しなければならない．顔面神経麻痺が生じている場合には，眼球後引，瞬膜突出，顔や顔を背ける動作が視覚の評価に役立つだろう．顔面神経麻痺がある場合や威嚇

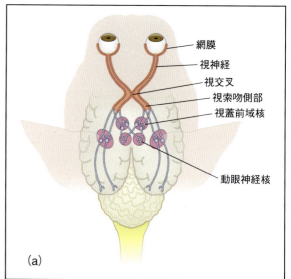

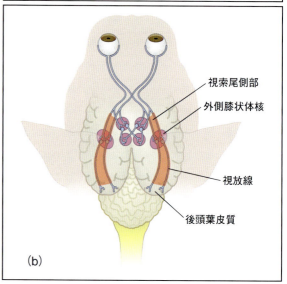

図19.9 (a)末梢性視路(赤く塗られている)．この経路には網膜，視神経，視交叉，視索の吻側部が含まれる．末梢性視路に病変がみられる場合は，PLRに影響することが一般的である．(b)中枢性視路(赤く塗られている)．この経路には視索の尾側部，外側膝状体核，後頭葉皮質が含まれる．中枢性視路に病変がみられる場合は，PLRが維持されるのが一般的である(Platt and Garosiの報告(2012)より許可を得て転載)．

瞬き反応の結果が疑わしい場合には，症例に迷路試験，視覚追跡(visual tracking)，(罹患動物を持ち上げることが可能であれば)視覚性踏み直り反応を評価すべきである．

- ステップ2：盲目は末梢性か中枢性か？
威嚇瞬き反応に続いて，瞳孔サイズと瞳孔対光反射を評価して病変が視路の末梢にあるか視路の中枢にあるかを評価すべきである．視路の末梢に病変がある場合には瞳孔対光反射は消失すると推測されるが，視路の中枢に病変がある場合には瞳孔対光反射に影響はみられない．視覚の有無にかかわらず，わずかでも障害のない軸索が存在していれば瞳孔対光

反射は生じることに注意しなければならない．そのため，視路の末梢の限局性病変，によって視覚喪失が引き起こされるが，瞳孔対光反射は保たれていることがある．その結果，視路の中枢に影響する病変であると勘違いしてしまうことがある．瞳孔対光反射は網膜内層が維持される網膜疾患（SARDSやPRAなど）に罹患している動物においても保たれていることがあることに注意する．これらの疾患では網膜内層の光感受性神経節細胞に介在されたゆっくりとした瞳孔対光反射がみられる．

中枢盲では異常な行動，発作，感覚障害（顔や鼻の痛覚鈍麻），姿勢反応の消失といった前脳症状を伴うことがある．視覚障害と同様に，感覚や姿勢反応の消失は前脳病変が存在している逆側でみられる．そのため，脳神経機能，意識レベル，姿勢反応の評価（固有位置置き直し反応，跳び直り反応）に注意を払うべきである．

● ステップ3：病変は限局性か，多病巣性か，びまん性か？

片眼または両眼失明に関連する病変部の詳細を表19.1に，それぞれの例を図19.10および19.11に示した．

次のステップは失明が疑われるのが片眼か両眼かによって異なる．確定することが困難な場合には，すべての検査項目を実施すべきであるが，非侵襲的な項目から実施する下記の検査項目が行うべき検査であるが，詳細な眼科検査と一般身体検査がすでに行われていることが前提である．

● 末梢盲
— 網膜電図検査：光に対する網膜の反応を評価する（第1および18章を参照）．無反応であれば光受容体の機能が消失していることを示す．眼底検査で網膜像が正常であっても，SARDSの診断が可能となる．
— 高次画像検査：MRI検査は球後隙，視神経，視交叉の描出に優れている．
— 脳脊髄液（CSF）採取および解析：視神経は髄膜とCSFに覆われている．したがって，MRI画像が正常像であってもCSF解析で炎症性疾患（視神経炎など）が明らかになることがある（CSF採取および解析のより詳細な情報については『BSAVA Manual of Canine and Feline Neurology』を参照）．
— 病歴，臨床症状，全身状態に基づく地域に関連した感染症に対する血清または脳脊髄液の血清学検査およびPCR検査

● 中枢盲
— 血液像：血液検査，血液生化学検査，電解質，アンモニア，（特に両眼失明の場合）胆汁酸刺激試験
— 高次画像検査
— 脳脊髄液採取
— 地域に関連した感染症に対する血清または脳脊髄液の血清学およびPCR検査

鑑別診断

片眼性および両眼性の盲目の症例に対する鑑別診断リストを図19.2および19.3にそれぞれ示している．

盲目に関連した疾患

**進行した網膜変性**：PRAや網膜変性のその他の原因の詳細については，第18章を参照．

**網膜剥離**：突発性の視覚喪失の原因として重要であり，眼底検査によって診断可能である（図19.12）．詳細については第18章を参照．

**突発性後天性網膜変性症候群（SARDS）**：典型的なSARDSでは，散瞳を伴う急性の視覚喪失がみられる．罹患動物の多くが中齢で，合併する全身性臨床症状として多飲多尿，嗜眠傾向，体重減少がみられる．一般

**表19.1** 片眼または両眼の失明における病変部の特定

| 失明しているのは片眼か両眼か | 直接瞳孔対光反射は残存か | 失明の原因は末梢性か中枢性か | 視路における病変部の分布 |
| --- | --- | --- | --- |
| 片眼 | 消失 | 末梢性 | （同側の）網膜や視神経病変 |
| 片眼 | 残存 | 中枢性 | 対側の視索の遠位部，外側膝状体，視放線，または視皮質における限局性病変（対側の前脳病変など） |
| 両眼 | 消失 | 末梢性 | 両眼の網膜や視神経の障害，または視交叉の限局性病変 |
| 両眼 | 残存 | 中枢性 | 視索の遠位部，外側膝状体，視放線，または視皮質における多病巣性やびまん性病変（両側の前脳病変など） |

第 19 章　神経眼科

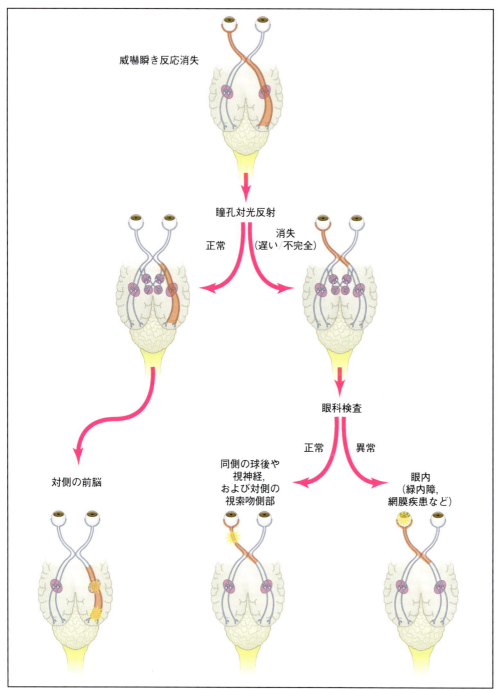

図19.10　片眼（左眼）が失明している症例に対するアプローチ．瞳孔対光反射と検眼鏡を用いて病変部を確定する．視路に沿った赤く塗られている領域に病変が存在する可能性がある（Platt and Garosi の報告（2012）より許可を得て転載）．

的に眼科検査では両眼の散瞳と瞳孔対光反射の減弱や消失が確認される．発症初期の瞳孔対光反射は比較的正常であるが，縮瞳が遅い．そのため，より中枢の病変であると想定させられてしまうことに注意する必要がある．発症後数カ月が経過すると進行した網膜変性所見が眼底検査でみられるが，発症初期の眼底像は正常である．SARDS と他の急性視覚喪失が生じる疾患の鑑別には網膜電図検査が必要である．治療法はなく，永続的な視覚喪失に到る．併発する臨床症状として，副腎皮質機能亢進症様症状がみられるが，通常は数カ月で消失する．SARDS のさらなる情報については第 18 章を参照．

**視神経炎**：視神経には原則的に髄膜で取り囲まれた白質路が存在しているため，中枢神経系でみられる疾患によく似た疾患が生じる．視神経炎は急性，進行性の視神経の炎症で，原因不明の髄膜脳炎（MUA: meningoencephalitis of unknown aetiology）や感染（例えば，ウイルス，リケッチア，真菌）などの多くの疾患に続発してみられる．眼底検査では視神経乳頭辺縁の不明瞭化，網膜静脈の拡張，視神経乳頭の隆起や出血，またはタペータムの反射性の変化が明らかになる

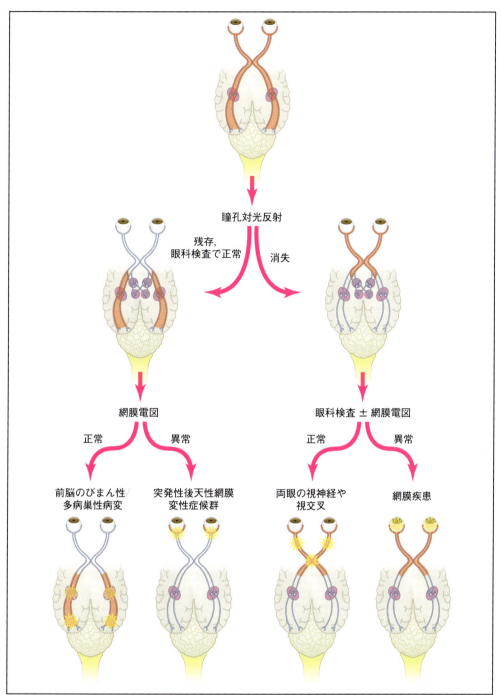

図19.11 突発性の両眼の失明がみられた症例に対するアプローチ．瞳孔対光反射と検眼鏡，必要があれば網膜電図検査によって病変部を特定する．視路に沿った赤く塗られている領域に病変が存在する可能性がある．網膜疾患は原発性だけでなく，続発性に発症することにも注意する（ぶどう膜炎や緑内障）．

（図19.13）．診断は推定的なだけであり，眼窩および脳の高次画像検査，CSF解析，感染症に対する血清学検査によって確定診断に到る．治療法は潜在している原因によって異なり，多くの症例が免疫抑制量のコルチコステロイドに反応するMUAと診断される．再発がみられることが一般的な特徴であり，予後は慎重に観察する必要がある．視神経炎のより詳細な情報については第18章を参照．

**全脳虚血**：心肺停止や麻酔合併症（低血圧，低酸素など）に続発した心不全や肺機能不全によって生じることが最も多い．麻酔中に全脳虚血を生じさせる疑いがあるリスクファクターには，短頭種やケタミンによる麻酔導入および麻酔維持が挙げられる．近年では猫における開口器の使用が脳虚血や失明の潜在的なリスクファクターとして認識されている（Stiles *et al.*, 2012）．いくつかの脳の領域はその他の部位（海馬，大脳皮質，小脳皮質，大脳基底核）に比べて虚血に到りやすい．臨床的に全虚血では，多数の神経障害（失明，強迫性歩行，運動失調，発作）がみられるのが特徴である．これらの障害は甚急性に発症し，発症後24時間で進行がみられる（Palmer and Walker, 1970; Jurk *et al.*, 2001;

### 表19.2 片眼の盲目の原因

| 疾患 | 末梢性盲目 | 中枢性盲目 |
|---|---|---|
| 血管性 | ・前房出血<br>・硝子体出血<br>・高血圧性脈絡網膜症 | ・脳梗塞<br>・脳出血 |
| 炎症性 | ・角膜炎<br>・前部ぶどう膜炎<br>・脈絡網膜炎<br>・視神経炎<br>・球後膿瘍/蜂巣炎 | ・感染性脳炎(ウイルス性,原虫性,神経性,細菌性)<br>・原因不明の髄膜脳炎(肉芽腫性,壊死性,特発性) |
| 外傷性 | ・眼球および眼窩の外傷 | ・頭部外傷 |
| 腫瘍性 | ・視神経腫瘍(または圧迫)<br>・原発性または転移性眼内腫瘍 | ・原発性または転移性脳腫瘍 |
| その他 | ・角膜浮腫<br>・緑内障<br>・水晶体脱臼<br>・白内障<br>・網膜剥離<br>・網膜変性<br>・視神経低形成 | ・頭蓋内くも膜嚢胞<br>・脳空洞症/水無脳症 |

### 表19.3 両眼の盲目の原因（第21章も参照）

| 疾患 | 末梢性盲目 | 中枢性盲目 |
|---|---|---|
| 血管性 | ・前房出血<br>・硝子体出血<br>・高血圧性脈絡網膜症 | ・脳出血<br>・全脳虚血(麻酔後失明) |
| 炎症性 | ・角膜炎<br>・前部ぶどう膜炎<br>・脈絡網膜炎<br>・視神経炎 | ・感染性脳炎(ウイルス性,原虫性,神経性,細菌性)<br>・原因不明の髄膜脳炎(肉芽腫性,壊死性,特発性) |
| 外傷性 | ・眼球および眼窩の外傷 | ・頭部外傷 |
| 中毒性 | ・イベルメクチン毒性(犬)<br>・フルオロキノロン毒性(猫) | ・鉛中毒 |
| 特異性/その他 | ・角膜浮腫<br>・緑内障<br>・水晶体脱臼<br>・白内障<br>・網膜剥離<br>・網膜変性(特に進行性網膜萎縮)<br>・視神経低形成 | ・頭蓋内くも膜嚢胞<br>・脳空洞症/水無脳症/興奮毒性<br>・水頭症 |
| 代謝性 | ・糖尿病性白内障 | ・低酸素症/虚血/興奮毒性(麻酔後,発作後など)<br>・肝性脳症<br>・浸透圧異常(ナトリウム平衡異常)<br>・低血糖<br>・ケトアシドーシス |
| 腫瘍性 | ・視交叉腫瘍または視交叉付近の腫瘍(髄膜腫,下垂体巨大腺腫) | ・原発性または転移性脳腫瘍 |
| 変性性 | ・突発性後天性網膜変性症<br>・角膜浮腫<br>・白内障<br>・網膜変性<br>・網膜剥離 | |

Panarello *et al.*, 2004; Timm *et al.*, 2008)．MRI検査は潜在している虚血性脳障害の同定に用いられ，病変が反映している領域の分布，特に低酸素症が疑われる領域が明らかになる．一般的に症例の治療には対症療法，組織の適切な酸素化，神経性および非神経性の合併症への対応が行われる．猫における麻酔後の皮質盲についての研究では，6週間以内に70%の対象の視覚が回復したと記されている．犬においてはこのような情報はないが，視覚回復に関する予後は慎重に経過を観察する必要があるだろう．

## 瞳孔不同

瞳孔のサイズは副交感神経系(PNS: parasympathetic nervous system)と交感神経系(SNS)の力学的平衡を示している．PNSは眼内への光量に反応し，SNSは動物の情動状態に反応している．

## 臨床症状

神経障害による瞳孔不同がみられた場合には，下記の神経病変によって生じている可能性がある．

- 動眼神経の副交感神経成分に関する片眼病変
- 交感神経刺激に関する片眼病変(ホルネル症候群)
- 片眼性の網膜または視神経病変
- 小脳病変
- (重度の中脳障害による)急性脳疾患

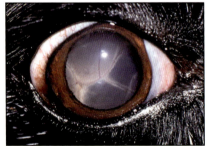

図19.12 直接照明法で瞳孔より観察できた犬の網膜剥離 (D Gould先生のご厚意による)

**副交感神経支配除去**：瞳孔の遠心性副交感神経支配除去(内眼筋麻痺)は，動眼神経による外眼筋の運動神経支配除去(外眼筋麻痺)を伴うことがある．

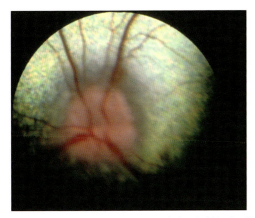

**図19.13** 視神経炎がみられた犬の眼底像．視神経乳頭周囲浮腫による視神経乳頭の境界不明瞭，炎症による視神経乳頭のピンクへの変色，および視神経乳頭隆起による表層の網膜血管走行の変化に注目（D Gould先生のご厚意による）．

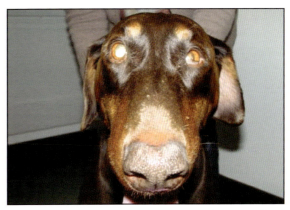

**図19.14** 左側の特発性ホルネル症候群．縮瞳，眼瞼下垂，瞬膜突出に注目（D Gould先生のご厚意による）

- 内眼筋麻痺：特徴的な臨床症状は，光による直接および間接刺激に反応しない明らかな散瞳である．瞳孔不同は薄暗い場所で特に判定しやすく，暗順応検査では両眼に完全散瞳や同程度の散瞳が生じることがある．
- 外眼筋麻痺：眼瞼下垂（上眼瞼の垂れ下がり），外斜視，眼球の背側，腹側，内側への運動不全を特徴とし，これらに加えて内眼筋麻痺の症状がみられることもある．

検査中に明らかになる内眼筋麻痺に対する鑑別診断には，アトロピンやアトロピン様化合物による薬物障害が含まれる．前もってこれらの点眼薬を使用している場合には神経眼科学検査の結果を混乱させてしまうことがある．

**交感神経支配除去**：眼への交感神経支配除去によって複合的な臨床症状が生じる．これらの症状をまとめてホルネル症候群という（図19.14）．この症候群では下記の臨床症状が複合的に生じる．

- 縮瞳
- 罹患した平滑筋（ミュラー筋）の緊張が失われることによる上眼瞼の垂れ下がり（眼瞼下垂）
- 下記の理由でみられる眼球陥凹
  — 眼窩骨膜にある眼窩平滑筋の神経支配除去と緊張の消失
  — 眼球を後退させる外眼筋（特に眼球後引筋）に対する拮抗作用が存在しない
- 瞬膜突出：瞬膜の平滑筋における神経支配除去および併発する眼球陥凹による受動的な瞬膜突出

交感神経経路に沿った病変であれば，どこの部位であってもホルネル症候群を引き起こすことがある．ホルネル症候群は交感神経経路に沿った病変部位のレベルによって分類される（一次：UMN，二次：節前ニューロン，三次：節後ニューロン）．そのため，ホルネル症候群を生じる病変は特定の神経核や神経ではなく，領域性の病変である傾向にある．したがって，併発している神経症状やその他の臨床症状は交感神経経路にある病変を詳細に特定するのに役立つ．ホルネル症候群を生じる一般的な部位は二次および三次病変である．二次病変はT1-3脊髄分節の中間灰白質から鼓室胞に位置する節前ニューロンを障害し，三次病変は鼓室胞と眼の間に位置する節後ニューロンを障害する．

**片眼の網膜および視神経障害**：重度の片眼性網膜および視神経病変では同側の散瞳がみられ，光を正常である対側眼に直接照射したときのみに反応する（異常な直接瞳孔対光反射，正常な対側眼からの間接瞳孔対光反射）．このような病変がみられる眼は失明しており，威嚇瞬き反応も消失し，揺動電灯試験は陽性を示す（片眼の盲目の原因については**表19.2**を参照）．

**小脳障害**：室頂核や中位核を巻き込む片側性小脳病変において，光に対しゆっくりと反応する片眼性散瞳がみられることがあると報告されている．瞬膜は突出し，眼瞼裂の拡大がみられることがある．これらの症状は中位核病変と同側の眼，室頂核病変の対側の眼でみられることが多い．瞬膜の不完全な突出や軽度の眼瞼裂拡大がみられることもある（deLahunta and Glass, 2008）．

**急性外傷性脳障害**：瞳孔異常は頭蓋内圧（ICP）の上昇によって生じることがよくある．頭蓋内圧の上昇は頭部の腫瘤病変や外傷によってもみられる．瞳孔サイズ，対称性，反応性は頭部の損傷程度の評価に有用な情報となり，予後にも関連する．頭部の外傷がみられ

た場合には，これらのパラメーターは神経状態のモニターに重要な指標となる．

外傷のある症例に対しては，神経疾患について最初に考慮する前に瞳孔不同の原因から眼疾患の除外を除外することが重要である．例えば，急性の眼外傷では毛様体筋と虹彩の瞳孔括約筋の痙攣を伴うぶどう膜炎を引き起こし，片眼性の縮瞳がみられる．一方，虹彩の外傷や網膜および眼窩構造の外傷性損傷が長期経過した場合には片眼性の散瞳がみられる．

多様な瞳孔異常が頭部外傷後には起こり得る．縮瞳がみられた場合には，眼への交感神経支配を妨害する病変があることを意味する．間脳や脳幹の中の病変（例えば，一次病変），または，腕神経叢，頭蓋縦隔，頚部軟部組織，および鼓室胞を通る経路の傷害によって生じる．眼を神経支配する交感神経の病変はホルネル症候群でみられる瞬膜突出，眼球陥凹，眼瞼下垂に関連している．散瞳がみられた場合には，脳ヘルニアや進行性脳幹病変が存在する可能性があり，迅速かつ積極的な治療が必要になる．光に反応しない両眼性の散瞳がみられる場合には，中脳の動眼神経核の不可逆性傷害が生じている可能性があり，その場合は予後不良である．中程度の散瞳で光に無反応の固定された瞳孔は小脳ヘルニアでみられることが多い（deLahunta and Glass, 2008）．伝統的に脳ヘルニアと重度の中脳病変では縮瞳がみられ，光に反応はしない状態からゆっくりと散瞳していくといわれている．実際には，この進行は非常に急速であることがあり，縮瞳も散瞳に移行する病態も観察できないことがある．

### 瞳孔不同に対する段階的アプローチ

瞳孔不同に対するアプローチは以下の手順を踏んでいく．

- ステップ1：非神経学的な瞳孔不同の原因（原発または続発，解剖学的または物理的な虹彩または瞳孔の異常）を除外するために眼科検査を実施する．
- ステップ2：瞳孔対光反射および明室または暗室で瞳孔経の非対称性を評価し，左右どちらの瞳孔が異常であるかを決定する（図19.15）．
- ステップ3：瞳孔対光反射が異常で散瞳傾向がみられるのであれば，副交感神経の病変が存在すると考える．病変が節前性または節後性であるかを決定するために，薬理学的検査を実施する（図19.16参照）．
- ステップ4：瞳孔対光反射が正常で縮瞳傾向がみられる場合は，交感神経や小脳の病変が存在すると考える．神経学検査において小脳症状がみられなければ，薬理学的検査によって病変が節前性または節後性であるかを決定し，その他の神経症状がないかを評価する（図19.17および表19.4参照）．

**薬理学的限局化**：薬理学的検査は正常眼をコントロールとして両眼に対して実施する．

眼の副交感神経支配除去（副交感神経遮断）：直接型コリン作動性副交感神経興奮薬（0.1%ピロカルピンなど）を点眼し，健常眼と罹患眼の縮瞳を評価する（図19.16）．

- 異常がみられている瞳孔が散大したままで正常な瞳孔が収縮した場合には，片眼または非対称性の虹彩疾患（虹彩萎縮など）や先に散瞳剤（アトロピン，アトロピン様薬剤など）が点眼されていることを疑う．
- 異常がみられている瞳孔が正常な瞳孔よりも先に収

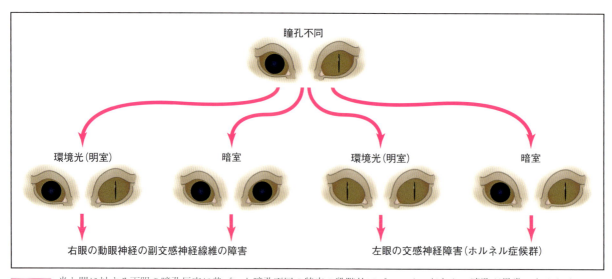

**図19.15** 光と闇に対する両眼の瞳孔反応に基づいた瞳孔不同の特定の段階的アプローチ．どちらの瞳孔が異常であるかは，PLRおよび明室と暗室での瞳孔の非対称性の増加の評価によって判定可能である．明室では散大した瞳孔における副交感神経機能不全が，暗室では収縮した瞳孔における交感神経機能不全が示唆される．

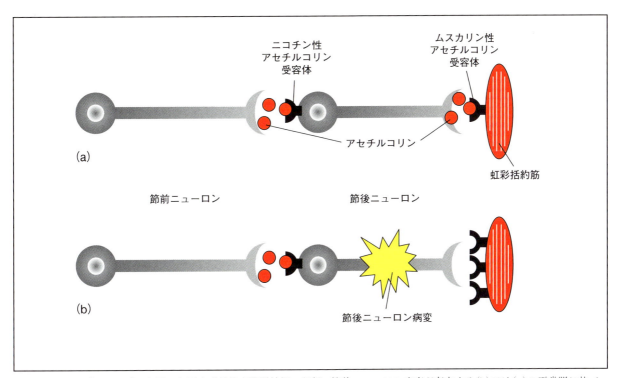

**図19.16** 0.1％ピロカルピンを用いた副交感神経支配脱神経の評価．節後ニューロン病変が存在する(b)では(a)の正常眼に比べ，脱神経による感受性の増加のために急激な縮瞳がみられる．節前ニューロンの病変がある眼では，正常眼と同様に縮瞳がより遅くに生じる(20～30分)．0.1％ピロカルピンを罹患眼に点眼しても瞳孔反応が全くみられない場合には，非神経学的原因が疑われる(虹彩萎縮など)．

縮した場合には，動眼神経の節後ニューロン病変（例えば，毛様体神経節や短毛様体神経の病変）を疑う．この病変は神経支配除去性過敏によって生じる．脱神経されたエフェクター細胞は受容体アップレギュレーションによって正常眼に比べピロカルピンへの反応性がよくなる．

- 節前ニューロン病変（動眼神経の副交感神経核や動眼神経）は両眼に0.5％フィゾスチグミン（間接型副交感神経興奮薬）を点眼することで評価できる．異常がみられている瞳孔が正常な瞳孔よりも先に収縮した場合には，節前ニューロン病変が存在している．節後ニューロン病変が存在している場合には，異常がみられている眼の縮瞳はみられない．

眼の交感神経支配除去（交感神経遮断）：フェニレフリン点眼を用いた薬理学的検査はホルネル症候群の病変部位（一次，二次，三次）を特定するのに用いられる（図19.17）．この検査では1％フェニレフリン（直接型交感神経興奮薬）を両眼に点眼し，散瞳までに要した時間を評価する．この検査は，神経支配されているエフェクター細胞（瞳孔散大筋など）の直接型交感神経興奮薬への感受性は脱神経後に増大するという神経支配除去性過敏の原理に基づいている．この現象が生じるのに通常は2週間を要する．検査をする際には，病変が虹彩に近い程散瞳がみられるまでの時間は短くなるというルールを覚えておくべきである．この薬理学的検査におけるよくある間違いは，散瞳までの時間を評価せず，瞬膜が牽引されたことをフェニレフリン点眼に対する陽性反応所見であると誤って解釈することである．

- 節後ニューロン病変（三次ホルネル症候群）の場合，交感神経から脱神経されたエフェクター細胞は直接型交感神経興奮薬に高感受性になり，通常では弱い反応または無反応である低濃度のフェニレフリンに対して反応する．このことに基づき1％フェニレフリン点眼1滴を用いた場合には，罹患眼では20min以内に散瞳するが，コントロールである正常眼では反応がみられない．
- この薬理学的検査で一次（UMN）と二次（節前ニューロン）の病変鑑別が可能であるかは，賛否両論である．そのため，神経学検査や画像診断を薬理学検査にあわせて実施することが推奨されている．
- 薬理学的検査を実施する場合には，同じ濃度で同じ量の薬物が対側眼にも使用され，両眼の角膜上皮が正常であることが結果の信頼性を高めるのに重要である．そのため，麻酔薬が点眼される前や眼圧が測定される前に薬理学的検査を実施すべきである．

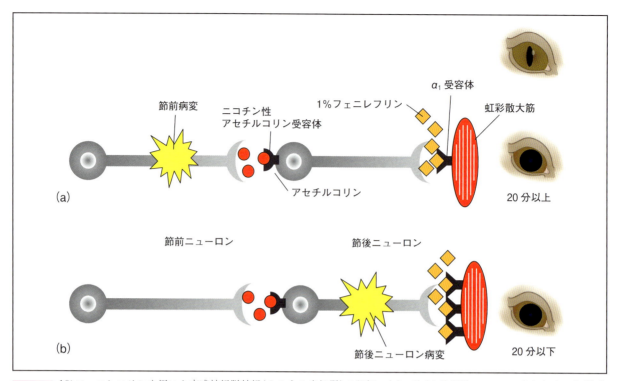

**図19.17** 1％フェニレフリンを用いた交感神経脱神経（ホルネル症候群）の評価．(a)一次（上位運動ニューロン）または二次（節前ニューロン）の病変がある場合には，散瞳はゆっくりと生じるか全く生じない．(b)三次（節後ニューロン）病変がある場合には，脱神経による感受性増加によって急速な散瞳（20分以内）がみられる．

## 瞳孔不同に関連した疾患

瞳孔不同の様々な原因と鑑別診断の基準は表19.4にまとめた．縮瞳は主に頭部外傷のような急性脳疾患や頭蓋内圧の急速な変化（頭蓋内出血，脳腫瘍や脳炎による代償不全，感染性脳疾患）によって生じる．眼外傷が併発していない場合，縮瞳がみられれば皮質領域への刺激伝導の消失や間脳の交感神経中枢の直接傷害を示している．これらの原因によって，動眼神経による縮瞳が生じている．初期に縮瞳し，その後に散瞳および光に無反応になっている場合は，進行性かつ重度の脳幹病変（ほとんどが頭蓋内圧の上昇とテント切痕ヘルニア）を表している（図19.18および19.19）．交感神経支配領域および動眼神経への広範な病変では，中等度に散大固定した瞳孔がみられる．

**ホルネル症候群**：ホルネル症候群は交感神経経路に沿った病変によって生じる．（神経症状や薬理学的検査より）病変部が推定され，鑑別診断が可能である（表19.5）．多くは，腕神経叢病変（外傷性，新生物など），大脳縦裂腫瘍，頸部傷害（例えば，医原性静脈穿刺〈頸静脈採血〉）のような二次ホルネル症候群である．また，中耳炎，中耳新生物，眼窩疾患，医原性要因によって三次ホルネル症候群が生じる．一次ホルネル症候群は非常にめずらしく，中脳，脳幹，脊髄病変に起因する重度の神経異常（意識障害，姿勢反応消失など）が必ず生じる．

**海綿静脈洞症候群**：海綿静脈洞は一対の静脈洞で中頭蓋窩の底を走行しており，眼窩裂から錐体後頭裂の下錐体洞孔に伸びている．海綿静脈洞症候群（CSS: cavernous sinus syndrome）や中頭蓋窩症候群は，動眼神経（第Ⅲ CN），滑車神経（第Ⅳ CN），外転神経（第Ⅵ CN），三叉神経（第Ⅴ CN）の顎神経や眼神経といった多くの脳神経および眼球への交感神経系も関与するという特徴がある．内眼筋麻痺はCSSで最もよくみられる症状である．しかしながら，角膜知覚の低下（第Ⅴ CNの眼神経枝），眼瞼下垂（第Ⅲ CN），眼球後引反射の消失（第Ⅵ CN），眼筋麻痺および不全麻痺といった症状もみられることがある．ホルネル症候群が生じることはそれほど多くない．原因となる病変が吻側に広がり，視交叉が障害されるまで視覚障害はみられない．海綿静脈洞周囲の原発腫瘍（髄膜腫，下垂体腫瘍，胚細胞腫瘍，乏突起膠腫など）がある場合には，中枢神経系の悪性転移性新生物が（血行性拡散や血管内増殖による）CSSを生じることがある（Lewis *et al.*, 1984; Theisen *et al.*, 1996; Rossmeisl *et al.*, 2005）．これらの原発または転移性腫瘍が成長することで海綿静脈洞やその周囲の構造が閉塞する．その他にも，肉芽腫性髄膜脳炎，血管奇形，原発性頭蓋内感染症や全身性感染症がCSSを生じると報告されている．診断には脳のCT検査やMRI検査が必要である（図19.20）．

**猫痙攣瞳孔症候群**：瞳孔対光反射の遠心路である動眼

## 第 19 章　神経眼科

**表19.4**　瞳孔不同がみられる症例に対する病変部，鑑別診断，および実施すべき検査

| 瞳孔異常 | 病変部 | 関連する症状 | 鑑別診断 | 実施すべき検査 |
|---|---|---|---|---|
| 片眼の散瞳，直接瞳孔対光反射(PLR)の欠如，間接 PLR の残存　または外斜視 | 動眼神経(第Ⅲ CN)の副交感神経成分や虹彩の異常(虹彩萎縮や薬物性散瞳，アトロピン点眼)(下の図は内眼筋麻痺と外眼筋麻痺を示す) | 光を照射しても瞳孔は散大し，非罹患眼は縮瞳する．視覚はある．動眼神経(第Ⅲ CN)の運動神経成分に病変が及ぶ場合には，上眼瞼下垂によって眼瞼裂の短縮がみられ，腹外側斜視や眼球運動の減弱がみられることがある | 同側の動眼神経核や遠心路の炎症性または新生物疾患，虹彩異常 | ピロカルピンやフィゾスチグミンによる薬理学的検査：脳の CT 検査/MRI 検査 |
| 片眼の縮瞳，直接および間接 PLR の欠如 | 片眼の網膜または視神経 | 暗室で両眼の瞳孔は同程度に散大し，視覚障害がみられる．眼底検査でも異常がみられる．罹患眼では揺動電灯試験が陽性になる | 罹患眼の網膜や視神経における炎症性，外傷性，変性性，または新生物疾患，先天性疾患(視神経低形成など)，球後 mass 病変(膿瘍や腫瘍など) | 眼底検査，網膜電図検査，眼球および眼窩の超音波検査，眼窩および脳の CT 検査/MRI 検査，脳脊髄液(CSF)解析 |
| 片眼の縮瞳，直接および間接 PLR の残存 | 対側の小脳障害(室頂核) | 正常な視覚と PLR はあるが，威嚇瞬き反応は消失している．他の小脳症状(測定過大，前庭症状，頭部や体の粗大振戦など)が対側の散瞳した眼でみられる | 脳血管障害，炎症性疾患，奇形，腫瘍性疾患 | 脳の CT/MRI，CSF 解析 |
| | 同側の小脳障害(中位核) | 正常な視覚と PLR はあるが，威嚇瞬き反応は消失している．他の小脳症状(測定過大，前庭症状，伸筋緊張など)がみられる | 脳血管障害，炎症性疾患，奇形，腫瘍性疾患 | 脳の CT 検査/MRI 検査，CSF 解析 |
| 片眼の縮瞳　または | 眼への交感神経刺激(ホルネル症候群) | 瞳孔不同が暗室では明瞭となる．視覚は障害されない．瞬膜突出，眼球陥凹，上眼瞼下垂といった症状がみられる．三叉神経(第Ⅴ CN)の下顎枝の麻痺があれば顎の垂れ下がりが観察できる | 一次ニューロン障害：新生物疾患，炎症性疾患，脳や脊髄の血管障害　二次ニューロン障害：胸髄前方(吻側)の病変，腕神経叢病変，頸部の軟部組織損傷，胸腔病変　三次ニューロン障害：中耳疾患，特発性，頭蓋骨折，球後病変 | フェニレフリンを用いた薬理学的検査　一次ニューロン障害：脳と頸髄の CT/MRI　二次ニューロン障害：頸髄と腕神経叢の CT/MRI，胸部 X 線検査　三次ニューロン障害：耳鏡検査，鼓室胞の X 線検査，(理想的には)CT/MRI |
| | 反射性ぶどう膜炎/前部ぶどう膜炎 | 反射性ぶどう膜炎(三叉神経〈第Ⅴ CN〉への疼痛刺激に夜軸索反射)と前部ぶどう膜炎による縮瞳 | 潰瘍性角膜炎，鈍的外傷を含むすべての原因による前部ぶどう膜炎 | 全身検査と眼科検査，病歴や臨床症状に基づく詳細な全身検査 |
| 縮瞳と散瞳がそれぞれの眼でみられる | 急性脳障害 | 中脳の圧迫は縮瞳を生じるが，動眼神経や動眼神経核の圧迫では瞳孔の散大固定と無反応が生じる．注意：この部位での病変では，症例は昏睡または昏迷していると推測される | 腫瘤病変や腫瘍による頭蓋内圧上昇(頭部外傷，新生物，炎症性疾患など) | 症例が安定した後に脳の CT/MRI |

第 19 章　神経眼科

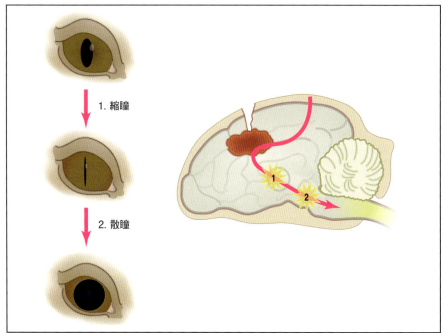

図 19.18　頭部の外傷後に瞳孔径が病的に変化することがある．正常な瞳孔は光に反応して縮瞳してくる（上段）．次にさらに縮瞳が進行してピンホール状になる（中段）．その後は，散瞳がみられ光に対して無反応になってしまう（下段）．縮瞳は脳障害によって散瞳を担う交感神経系が障害されたことと関連している．障害の進行やテント切痕ヘルニアが発生することで，動眼神経核が障害され，散瞳がみられる．

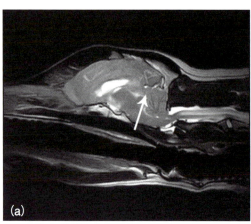 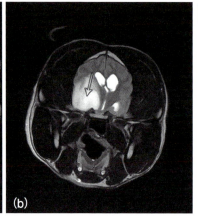

図 19.19　テント切痕ヘルニアと脳腫瘍がみられた犬の MRI 画像．縮瞳していた瞳孔は，散瞳していった．(a) テント切痕ヘルニア（矢印），(b) 脳腫瘍（矢印）

表 19.5　ホルネル症候群の症例に対する病変部，鑑別診断，実施すべき検査

| 病変部 | 関連する症状 | 鑑別診断 | 実施すべき検査 |
| --- | --- | --- | --- |
| 一次ニューロン性ホルネル症候群 | | | |
| 脳幹 | 意識障害，他の脳神経症状，四肢不全麻痺と運動失調，および四肢麻痺 | 脳血管障害，新生物疾患，炎症性疾患，外傷 | 頭部（脳）CT 検査/MRI 検査，脳脊髄液（CSF）解析 |
| 頸髄 | 正常な四肢または緊張増加と正常な分節脊髄反射を伴う四肢不全麻痺と運動失調，および四肢麻痺 | 椎間板疾患，線維軟骨塞栓，新生物，椎間板脊椎炎，外傷，炎症性疾患 | 頸部 CT 検査/MRI 検査，CSF 解析 |
| 二次ニューロン性ホルネル症候群 | | | |
| T1-T3 胸髄 | 前肢の筋萎縮によると考えられる緊張低下および反射の減少から消失を伴う四肢不全麻痺と運動失調，および四肢麻痺 | 椎間板疾患，新生物，線維軟骨塞栓，椎間板脊椎炎，脊髄軟化症，外傷 | X 線検査，頸部 CT 検査/MRI 検査 |
| T1-T3 前根（腹側路）および近位神経 | ホルネル症候群が生じている側と同側の前肢の緊張低下を伴う跛行や単不全麻痺，筋萎縮と体幹皮膚筋反射の消失または減少 | 腕神経叢腫瘍や腫瘍による腕神経叢の圧迫，腕神経叢神経炎や腕神経叢捻除 | 神経伝導検査，筋電図検査，X 線検査，頸部 CT 検査/MRI 検査 |
| 頭部および胸部交感神経幹 | なし | 外傷，新生物，感染 | X 線検査，頸部 CT 検査/MRI 検査 |
| 頸部交感神経幹 | 両側が障害された場合には，喉頭と食道の症状が生じる | 外傷，新生物，感染，医原性（静脈穿刺） | X 線検査，頸部 CT 検査/MRI 検査 |

## 表19.5 (続き)ホルネル症候群の症例に対する病変部，鑑別診断，実施すべき検査

| 病変部 | 関連する症状 | 鑑別診断 | 実施すべき検査 |
|---|---|---|---|
| 三次ニューロン性ホルネル症候群 | | | |
| 頭頸部神経節 | 嚥下困難，喉頭麻痺(第X CN)，顔面神経不全麻痺/顔面神経麻痺(第Ⅶ CN) | 医原性(静脈穿刺)，外傷，新生物，感染 | X線検査，頸部CT検査/MRI検査 |
| 中耳腔 | 顔面神経(第Ⅶ CN)と前庭の症状が生じることがある | 耳炎，新生物，外傷 | 耳のCT検査/MRI検査 |
| 球後 | 瞳孔障害と視覚障害(第Ⅱおよび第Ⅲ CN) | 外傷，外傷，感染/膿瘍，新生物 | 眼窩のCT検査/MRI検査 |

神経の節後ニューロンは短毛様体神経と呼ばれる．犬では5〜8本の短毛様体神経が存在する．しかしながら，猫では2本(頬側および鼻側)の短毛様体神経のみが存在する．この解剖学的相違によって，短毛様体神経の片側に病変がある猫では瞳孔が特徴的なD型(図19.21)または逆D型になることがある．両側の短毛様体神経が障害された場合には，無反応で固定した散大傾向の瞳孔になる．原因となるウイルス(猫白血病ウイルスや猫免疫不全ウイルスなど)性神経炎やリンパ肉腫浸潤による臨床症状がみられる(Brightman et al., 1977, 1991).

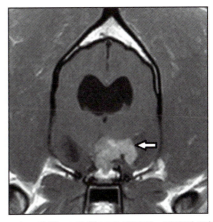

図19.20 犬の造影T1強調MRI横断像．髄膜腫が左側中頭蓋窩に描出され(矢印)，海綿静脈洞症候群(中頭蓋窩症候群)がみられている．

**原発性自律神経障害**：本疾患は特発性変性性神経疾患であり，自律神経節の神経染色質の融解変性を特徴とする．その結果，交感神経系および副交感神経系の失調に起因した臨床症状がみられる(O'Brien and Johnson, 2002)．瞳孔対光反射が消失した散瞳(図19.22)が通常みられ，(膀胱の膨張がみられる)排尿障害，口腔内乾燥，涙液産生減少といった自律神経失調が生じる．加えて，体性運動ニューロン障害の症状(例えば，肛門の緊張低下，嘔吐や吐出)もみられる．節後ニューロンの変性によって脱神経された筋肉のコリン作動性薬物に高感受性になる．自律神経障害の犬や猫では，通常0.1%ピロカルピンの点眼によって急速に縮瞳がみられる．極めて予後不良である．

図19.21 鼻側毛様体神経の障害によってD型瞳孔がみられている猫(Animal Health Trustのご厚意による)

## 眼位と眼球運動異常

### 斜視

症例自身が調節できない眼窩内での眼球偏位を斜視という．斜視は休息時(安静位での斜視)や，誘発時のみ(例えば，異常な位置への頭部の移動，頭位異常による斜視)で明らかになることがある．安静位での斜視は神経核や外眼筋を支配している神経(第Ⅲ，ⅣおよびⅥ CN)，外眼筋自体の病変によって生じる．眼窩の圧迫所見による非神経性病変(球後腫瘍および球後膿瘍)によって生じることもある．頭位異常による斜視は，眼窩内での正常眼位を保っている前庭のコントロールが失われているために生じる．前庭での情報は内側縦束を通って動眼神経，滑車神経，外転神経に投影される．この情報の入力が異常であれば，頭位が異常なときに斜視が生じる．腹側または腹外側の斜視が最も多くみられる．

**臨床症状**：

動眼神経障害：動眼神経麻痺では休息時の腹外側への斜視が生じ，前庭眼球運動検査で上方，下方，内側へ

図19.22 自律神経障害の犬. 左眼の散瞳, 軽度な両眼の瞬膜突出, 鼻粘膜乾燥症(ドライノーズ)がみられる.

図19.23 左眼の内斜視がみられる外転神経麻痺の犬

の眼球の旋回が抑制される(外眼筋麻痺). この型の斜視は, 頭位が移動したときのみ生じる前庭性斜視と鑑別しなければならない. 臨床症状として散大して無反応で固定された瞳孔(内眼筋麻痺)がみられ, (上眼瞼の閉瞼により)眼瞼裂が狭くなることがある(上記参照).

滑車神経障害：滑車神経の病変によって病変と同側の眼で背外側への斜視(外方回旋：眼の背外側への回転)が生じる. 犬は, 眼底検査で背側の網膜血管が外側に逸れていく様子が観察されるため, 最も診断されやすい. 猫は, 瞳孔の向きが異なることで見つけられる. 滑車神経の病変は単独でみられることは非常にめずらしく, 動眼神経や外転神経の病変と併発して生じることが主であるため, 結果として完全眼筋麻痺が生じる(内外眼筋麻痺).

外転神経障害：外転神経の病変では病変と同側眼で内斜視がみられ(図19.23), 眼球後引および前庭眼球運動による生理的水平眼球震盪を評価する際に外側への運動抑制がみられる. 滑車神経障害と同様に外転神経単独の病変がみられることは稀である.

前庭障害：頭位異常による斜視は前庭系や内側縦束の障害によって生じる. この型の斜視は異常な位置に頭を動かした際に生じる(背側に伸ばす, 仰向けにする). 前庭機能不全では, 腹側や腹外側の斜視が前庭病変と同側の眼で生じる.

その他の原因：線維性内斜視, 先天性内斜視, さらには水頭症で斜視を生じることがある(下記参照).

**斜視に対する段階的アプローチ**：斜視に対しては以下の手順を踏んでいく.

- ステップ1：眼球運動(前庭性眼球運動, 下記参照)を評価し, 外眼筋麻痺があるかを確定する.
- ステップ2：安静位での斜視か頭位異常による斜視かを確定する.
  - 安静位での斜視：障害は動眼神経, 滑車神経, 外転神経またはそれぞれの神経核の病変, または外眼筋
  - 頭位異常による斜視：前庭系または内側縦束の障害が疑われる. そのため, その他の前庭機能不全(頭位斜傾, 平衡感覚障害, 運動失調)の評価, および前庭疾患が中枢性(脳幹や小脳)であるか末梢性(内耳神経〈第Ⅷ CN〉や耳の構造)であるかを確定することが重要である(表19.6).
- ステップ3：臨床検査の一部として動眼神経, 滑車神経, 外転神経を注意深く評価する. 動眼神経の副交感神経機能(瞳孔の収縮能力)を瞳孔対光反射によって評価する.
- ステップ4：角膜反射を評価し, 三叉神経と外転神経の完全性を評価する. 湿った綿棒や細い脱脂綿のような先端が鈍いもので, 眼瞼に触らないように角膜中央部を触って実施する. 開瞼しておくことで, 瞬膜突出を伴う眼球後引反射が通常みられる. 角膜知覚は三叉神経の眼神経枝によって, 眼球後引は外転神経によって介在される.
- ステップ5：球後腫瘤の存在を評価するために瞬間的な眼球圧迫を行う.

一度これらの検査を実施すれば, より正確に病変部位の特定が可能となり, 追加検査を決定する.

**斜視に関連した疾患：**
海綿静脈洞症候群：本疾患では眼球運動が完全に抑制される(外眼筋麻痺, 上記参照).

線維性外眼筋炎：重度の線維性筋炎で, 主に内側直筋

表19.6 中枢性および末梢性前庭疾患の臨床症状

| 臨床症状 | 末梢性前庭疾患 | 中枢性前庭疾患 |
|---|---|---|
| 斜頸 | 病変の方向 | 病変の方向(極端な斜頸を伴っている場合には,病変とは逆方向) |
| 病的眼球震盪 | 水平または回旋 | 水平,垂直,回旋 |
| 姿勢反応の消失 | 正常 | 病変と同側での消失 |
| ホルネル症候群 | 可能性あり(病変側) | めったにない |
| 意識 | 正常(見当識障害が起こり得る) | 意識障害 |
| 他の脳神経障害 | (病変側の)顔面神経(第Ⅶ CN) | 舌下神経への三叉神経は障害される可能性あり |
| 小脳症状 | なし | 病変と同側 |

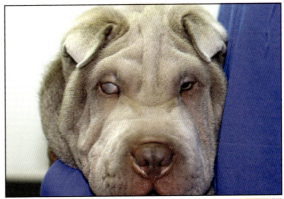
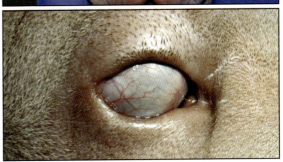

図19.24 線維性外眼筋炎によって斜視がみられるシャー・ペイ.本症例では,右眼のみの片眼性斜視であり,重度の内斜視と機能盲がみられていた(C Heinrich 先生のご厚意による).

で生じる．若いシャー・ペイで最も多く報告されているが,他の犬種でもみられる．本疾患は片眼性または両眼性に生じ,進行すると罹患した外眼筋の永続的な線維症を引き起こす．最もよくみられる臨床症状は,内側直筋障害による内斜視(図19.24)である．慢性化によって生じる眼球陥凹に注意すること．本疾患は免疫抑制量のプレドニゾロンによる治療が行われているが,重度の症例では罹患している外眼筋の外科切除が必要なことがある．軸性眼球突出を伴う外眼筋炎については,後述の眼球突出を参照のこと．

先天性水頭症：先天性水頭症は視覚障害,意識障害および歩行異常に関連して最もよくみられる疾患である．水頭症の症例では安静位または頭位異常による外側や腹外側の斜視がみられる(図19.25)．これらの症例の斜視は水頭症による続発性の動眼神経や動眼神経核の圧迫のために生じると信じられている．罹患動物の多くは,検査において泉門が開いていることが明らかなドーム型の頭をしている．しかしながら,泉門が空いていることと症例が無症状であることに関連はない．

前庭障害：前庭疾患については,後述の眼球振盪を参照のこと．

先天性斜視：先天性斜視(主に内斜視)は色素欠乏症(アルビノ)との関連(主に視路の発育異常がみられるシャム,ヒマラヤン,バーマンといった猫種,Cucchiaro, 1985; Bacon et al., 1999)や短頭種における正常な様相であると報告されている．これらの病変は非進行性で,通常は問題を生じない．短頭種の犬や猫では明らかな外斜視がみられることがある．

眼窩病変：眼窩のいかなる腫瘍であっても正常な眼球運動は障害される(図19.26)．眼球突出が最も多くみられる症状であるが,眼位異常がみられることもある(斜視を引き起こす眼窩疾患については第8章を参照)．

## 眼球突出

眼球突出は下記の病変を伴った動物でみられる.

- 咀嚼筋炎(通常は両眼性)
- 外眼筋炎(通常は両眼性)
- 膿瘍や腫瘍といった眼窩腔の占有病変(通常は片眼性)
- 眼窩蜂巣炎(片眼性または両眼性)

これらの病変は物理的な斜視を生じ,正常な眼球運動を妨げる．これらの病変については第8章を参照．

咀嚼筋炎(MMM)：咀嚼筋炎(MMM: masticatory muscle myositis)は若齢犬にみられる自己免疫性,限局性,炎症性の筋疾患である．臨床症状は咀嚼筋(咬筋,側頭筋,翼突筋,吻側二腹筋)に限局しており,これらの筋肉は三叉神経の下顎神経枝に支配されている．このような選択的な炎症が生じる理由は咀嚼筋が2M型という単一の筋線維をもつためである．この筋線維は四肢筋から発見された典型的な1A型および2A

第19章 神経眼科

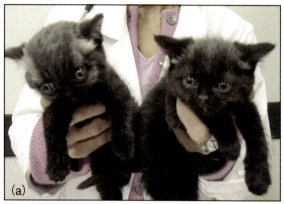

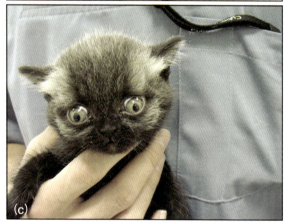

図19.25 先天性水頭症の子猫にみられた両眼性の外斜視．(a)症状がみられている子猫と（比較対象である）同腹の正常猫．(b)側方像では，水頭症のためにドーム状の頭蓋がみられる．(c)両眼性の外斜視がみられている．両眼ともに強膜が露出していることに注目（P Oliveira先生のご厚意による）

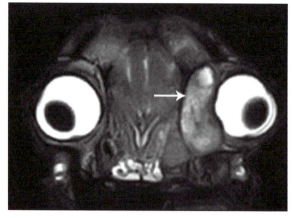

図19.26 球後腫瘤（矢印）が描出されているT2強調横断MRI画像．左眼窩の腫瘤のために左眼の外斜視と眼球突出がみられている．

化を伴う筋萎縮と開口不全であり（図19.28），眼球陥凹がみられることもある．重症例では顎運動によって疼痛が生じることがある．

80％以上のMMMの犬において抗2M型の自己抗体が血中で認められる．このことは本疾患に対する診断の基礎となっている（Shelton et al., 1987）．偽陰性はコルチコステロイドの投与や疾患の末期において生じることがある．線維化や瘢痕化によって正常な2M型線維が置き換わってしまうため，抗2M型抗体の産生は減少する．犬によってはMMMの急性期に血清クレアチンキナーゼ値はわずかに上昇する．筋電図検査は選択的障害されている咀嚼筋の確定，および多発性筋炎の鑑別に有用である．しかしながら，疾患末期の犬では重度の線維化と筋原線維の減少がみられるため，筋電図検査から得られることがないかも知れない．咀嚼筋のバイオプシーによる筋サンプルの評価によって確定診断が可能であり，疾患のステージ確定から予後についての情報も得ることができる（Taylor, 2000）．

免疫抑制量のコルチコステロイド（プレドニゾロン1～2 mg/kgの経口投与，12時間毎）がMMMの治療には不可欠である（Gilmour et al., 1992）．この治療法を顎機能と（初期に上昇していれば）血清クレアチンキナーゼ値の両方が正常化するまで継続する．その後，プレドニゾロンの用量はゆっくりと数カ月をかけて漸減し，臨床症状の寛解と維持ができる最低用量で隔日投与していく．アザチオプリンのような他の免疫抑制剤（1～2 mg/kgの経口投与，24時間毎）は，コルチコステロイド療法に反応が乏しい場合や漸減によって再発がみられる犬に対して用いられる．

**外眼筋炎（EOM）**：外眼筋炎（EOM: extraocular muscle myositis）は臨床症状が外眼筋に限局した炎症性筋疾

型線維とは異なる．2M型線維は犬の免疫系の標的となっており，2M型抗体の産生によって炎症性筋炎が生じる．本疾患には2種類の型が知られている．

- 急性咀嚼筋炎：一般的な臨床症状は，両側の咀嚼筋の腫脹，発熱，下顎リンパ節腫脹，（通常は疼痛による）開口不全，翼突筋の腫脹による眼球突出である（図19.27）．
- 慢性咀嚼筋炎：一般的な臨床症状は，両側性の線維

第19章　神経眼科

測されている．視神経の圧迫により視覚が障害されることがある．臨床症状として外眼筋の腫脹による両眼性で軸性の眼球突出が炎症性筋疾患の病態と一致して生じる．しかしながら，本疾患の慢性期では，外眼筋の線維化，片眼性や両眼性の運動制限性による斜視（Allgower et al., 2000），罹患眼の眼球陥凹がみられる．通常，血清クレアチンキナーゼ値は正常，またはわずかに上昇する．咀嚼筋の腫脹や2M型線維に対する血中の抗体がみられないことは，急性MMMとEOMの鑑別診断に役立つ（Taylor, 2000）．眼窩超音波検査やMRI検査において外眼筋の拡張が描出された際にEOMを強く疑う．外眼筋のバイオプシーは困難だが，確定診断に使われる．潜在的な免疫介在性病因が疑われるため，プレドニゾロンによる免疫抑制療法がMMMに対して行われる．しかし，線維化が進んだ慢性期においては，コルチコステロイドへの反応はよくない．より詳細な病態については第8章を参照のこと．

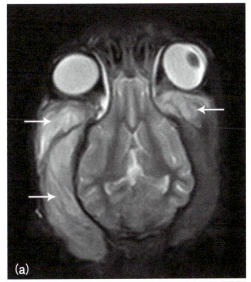

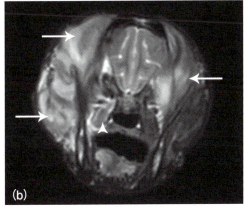

図19.27　咀嚼筋炎がみられる犬のSTIR法によるMRI画像．（a）冠状断像，（b）横断像．側頭筋，咬筋（矢印），翼突筋（矢頭）でみられるびまん性の高信号領域に注目．

### 眼球陥凹

眼球陥凹は，眼への交感神経刺激の断絶に続発するホルネル症候群や咀嚼筋萎縮によって生じる．片側性咀嚼筋萎縮は三叉神経鞘腫瘍や三叉神経炎によって生じる（図19.29および19.30）．両側性咀嚼筋萎縮は以下の原因によって生じる．

- 三叉神経運動枝の両側性病変（特発性三叉神経障害，慢性多発性神経根炎，特発性肥厚性慢性髄膜炎，三叉神経への新生物細胞浸潤）
- 全身性疾患（悪液質，副腎皮質機能亢進症，コルチコステロイドの外因性慢性投与）
- 慢性咀嚼筋炎

### 眼球振盪

眼球振盪は特徴的な眼球運動を示す．眼球振盪には二つの型が存在する．

- 律動眼球振盪：急速相と緩徐相を特徴とする．
- 振子眼球振盪：緩徐相や急速相のない連続的な眼球の揺れを特徴とする．

**律動眼球振盪**：二種類の病的な律動眼球振盪が確認されており，両方とも前庭疾患によって生じる．病的眼球振盪には自発性眼球振盪（安静時に頭部が正常な位置にある際に生じる）や頭部を異なる位置に保持させている時に生じる頭位眼球振盪がある．内耳にある前庭系の末梢成分の障害によって，病変の逆側に向かう際に急速相が常にみられる水平または回旋眼球振盪が生じる．前庭系の中枢成分（脳幹や小脳など）の障害で

図19.28　慢性の咀嚼筋炎

患で，咀嚼筋や四肢筋に影響はない（Carpenter et al., 1989）．MMMに似た潜在的な免疫介在性疾患で，特に外眼筋の筋線維に対する免疫介在性疾患であると推

第19章 神経眼科

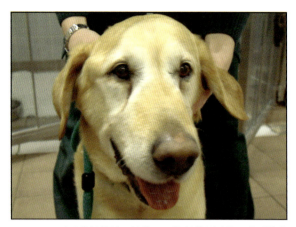

図19.29 三叉神経鞘腫に続発した片側性(右側)の咀嚼筋萎縮

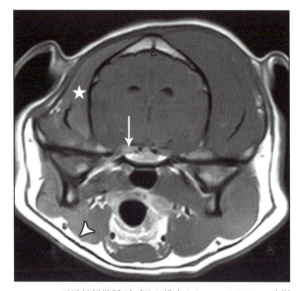

図19.30 三叉神経鞘腫(矢印)が描出されているMRIの造影T1強調横断画像.罹患側において側頭筋(☆)と咬筋(矢頭)の萎縮がみられている.

は,すべての方向への病的眼球振盪が生じ,頭位によって眼球振盪の方向が変化することもある(解離眼球振盪).一般的に中枢病変では垂直眼球振盪が生じることが多い.

律動眼球振盪がみられる症例の検査をする際の臨床家の主要目的は,症例に末梢性または中枢性前庭疾患が発症しているかを確定することである.鑑別診断,診断と治療の検討,そして予後は,病変部位によって異なる.末梢性および中枢性前庭疾患では,眼球振盪や斜頸,頭位斜視,落下や運動失調といった神経症状が生じる.前庭疾患によって生じるほとんどの病変は,特定の神経や神経核ではなく広範な領域に影響するため,併発している神経学的異常より末梢性や中枢性前庭系の病変部の特定をすることが多い(表19.6参照).

耳の疾患,顔面神経麻痺,ホルネル症候群を見つけた場合には末梢性前庭疾患を連想すべきである.中枢性前庭疾患を見つけた場合には,末梢性前庭疾患に関連しない臨床症状の確認が必要である.これらの特別な中枢性症状がないことが中枢性前庭障害を除外するわけではないが,これらの病変がある場合には中枢性前庭疾患が生じている可能性が非常に高い.中枢性前庭系障害があれば,脳幹や小脳病変を疑う臨床症状が生じているのが典型的である.網様体は完全に脳幹へ結合しており,四肢への上行性および下行性の運動および知覚経路(長索路)を形成している.(顔面神経と内耳神経を除いた)舌下神経(第XIICN)への三叉神経経路の消失も中枢性前庭疾患に関連していることがある.

**振子眼球震盪**:このタイプの眼球振盪は前庭機能障害とは関係がなく,シャム,バーマン,ヒマラヤンといった猫やベルジアン・シープドッグにみられる先天性視路異常に続発して生じる(Cucchiaro, 1985; Hogan and Williams, 1995; Bacon et al., 1999).明らかな視覚障害がないことに注意する.本疾患は非進行性であり,飼い主が気づかないような軽度の臨床症状であることがほとんどである.

**眼球震盪に関連する疾患**:犬と猫に共通する末梢性と中枢性前庭疾患の原因を表19.7に記した.このリストはすべてを網羅しているわけではないので詳細は『BSAVA Manual of Canine and Feline Neurology』を参照のこと.

## 瞬目障害と開瞼異常

### 瞬目不全

瞬目反射障害がみられる疾患は,眼瞼反射の求心路と遠心路の病変によって生じる.

### 臨床症状と関連する疾患:

**三叉神経障害**:三叉神経の知覚線維は瞬目や眼瞼反射の求心路を担っている.三叉神経障害によって眼瞼反射を喪失した動物であっても突発性の瞬目,正常な威嚇瞬き反応および眩惑反射を示すことがある.三叉神経の眼神経枝を含む障害がある場合,角膜の神経支配の消失によって神経栄養性角膜炎が生じることがある.角膜の神経支配は,角膜の健常性,完全性,および反射性涙液産生をするには不可欠である(第10および12章を参照).

三叉神経の純粋な感覚神経障害が生じるのは稀であるが,多発性感覚神経節神経根炎(Chrisman et al., 1999)や若齢のボーダー・コリーにみられた限局性感覚神経障害(Carmichael and Grifiths, 1981)が報告されている.三叉神経の感覚神経領域が消失した場合に

表19.7 犬と猫の前庭症状がみられる疾患（よくみられる疾患はゴシック体で示している）

| 疾患の種類 | 末梢性前庭疾患 | 中枢性前庭疾患 |
|---|---|---|
| 血管性 | | 脳梗塞<br>脳出血<br>猫虚血性脳症 |
| 医原性 | 急性医原性末梢性前庭疾患 | |
| 外傷性 | 頭部外傷 | 頭部外傷 |
| 中毒性 | 全身性アミノグリコシド投与<br>クロルヘキシジン点眼 | メトロニダゾール<br>鉛 |
| 変則性 | 先天性前庭疾患 | 嚢胞形成<br>水頭症 |
| 代謝性 | 甲状腺機能低下症（犬） | |
| 炎症性／感染性 | **中耳炎／内耳炎**<br>鼻咽頭ポリープ（猫） | 原因不明の髄膜脳炎（例えば，犬の肉芽腫性髄膜脳炎）<br>感染性脳炎（犬ジステンパーウイルス，トキソプラズマ症，ネオスポラ症，細菌感染，猫コロナウイルスによる猫伝染性腹膜炎） |
| 腫瘍性 | 中耳および内耳腫瘍<br>末梢神経腫瘍 | 尾側頭蓋窩腫瘍（原発性や転移性） |
| 栄養性 | | チアミン欠乏 |
| 変性性 | | リソソーム蓄積症<br>アビオトロフィー |

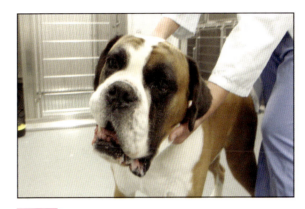

図19.31 左側の顔面神経麻痺がみられる犬

耳神経も障害する．このことを念頭に置くと，症例が顔面神経麻痺と斜頚を示していても異常なことではない．そして，この症状は特有の病態を示す特徴的なものではない．中耳疾患（感染，ポリープ，腫瘍など）（図19.32），頭部および末梢神経への外傷，鼓室胞骨切術による医原性ダメージ，甲状腺機能低下症，強化サルファ剤の使用（過敏症）に顔面神経麻痺は関連しており，神経症の一部や特発性症状として生じることがある．後者の「特発性」は顔面神経麻痺の犬や猫の最も一般的な原因である（犬75%，猫25%）（Braund et al., 1979）．顔面神経麻痺は片側性または両側性に生じる．コッカー・スパニエルとボクサーは発症素因をもつが，その原因は不明である．

特発性疾患の診断にはその他の可能性のある原因を除外する必要があり，特異的な治療法も存在しない．特発性顔面神経不全麻痺および麻痺では，涙液産生は

は，三叉神経の運動機能障害（例えば，特発性三叉神経障害，慢性多発性神経根炎，三叉神経への新生物浸潤，悪性末梢性神経鞘腫瘍，三叉神経炎）も通常は生じる．

顔面神経障害：顔面神経の主要機能は表情筋への栄養供給である．したがって，運動機能が主要な役割であるが，舌の吻側2/3と硬口蓋において味覚に関する感覚機能も担っている．また，顔面神経は涙腺，外側鼻腺，下顎腺，舌下腺を神経支配する副交感神経線維ももっている．

顔面神経機能不全に関連する最も一般的な臨床症状は，顔面の不全麻痺や顔面麻痺である．この症状では明らかな顔の下垂が片側性または両側性にみられる（図19.31）．より判定が困難な症例では，耳や口唇の下垂，流涎，食べ物の咀嚼困難，瞬目反射の減少，鼻平面の健常側への偏位がみられることがある．涙腺と鼻腺への副交感神経線維の病変が同時に生じ，ドライアイ（KCS）とドライノーズ（鼻粘膜乾燥症）が引き起こされることがある．ドライアイが生じているかを確定するためにSTTを実施すべきである．

解剖学的に顔面神経は内耳神経と密接に関連している．したがって，顔面神経を障害する多くの疾患は内

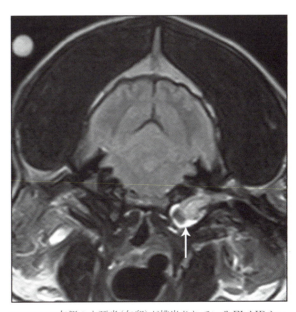

図19.32 左側の中耳炎（矢印）が描出されているFLAIRシーケンスによるMRI断面像．中耳炎によって顔面神経麻痺が生じている．

正常であると推測されても，閉瞼の減少による角膜露出のために角膜障害が生じることがある．このような場合には眼科用潤滑剤を用いて対応し，必要であれば一時的な瞼板縫合を行うべきである．完全な回復に対する予後は注意が必要である．回復には数週～数カ月を要するが，全く治らないこともある．慢性化によって筋の拘縮や永続的な顔面の変形が生じることがある（図19.33）．

### 片側顔面痙攣

顔面神経核への一次刺激，下位運動ニューロンの刺激，または上位運動ニューロン機能不全による顔面神経核の興奮性増加は，同側の顔面筋の持続的な収縮を引き起こすため片側顔面痙攣という（図19.34）．慢性中耳炎の犬（Roberts and Vainisi, 1967; Parker et al., 1973）や頭蓋内腫瘍病変がみられた2頭の犬（Van Meervenne et al., 2008）でこのような痙攣が報告されている．

### 眼瞼下垂

眼瞼下垂は上眼瞼の垂れ下がりのことである．動眼神経障害や眼への交感神経の脱神経によって生じる．

**動眼神経性眼瞼下垂**：上眼瞼挙筋の脱神経によって生じ，動眼神経機能不全による症状もみられる（上記参照）．

**交感神経性眼瞼下垂**：眼への交感神経経路の遠心路に沿った眼瞼の平滑筋の脱神経によって生じる（上記のホルネル症候群の部位を参照）．

### 瞬目障害と開瞼異常に対する段階的アプローチ

- **瞬目障害**：耳鏡検査および総チロキシン（T4）と内因性甲状腺刺激ホルモン（TSH: thyroid stimulating hormone）からなる甲状腺パネル検査を行う．この検査は顔面神経疾患のあるすべての症例で実施されるべきである．耳の疾患が疑われた場合には，鼓室胞のX線，CTまたはMRIを用いた画像検査を実施する．耳の疾患がある場合には，（全身麻酔下での鼓膜切開術，および鼓膜が破れている場合には化膿物質の採取を行い）培養用のサンプルを提出すべきである．
- **開瞼異常**：神経学的検査を実施し，動眼神経障害（散瞳を伴う瞳孔不同や眼球運動障害の併発）や眼への交感神経の脱神経（縮瞳）が生じているかを確定する．動眼神経機能（例えば，瞳孔対光反射，安静時や頭位による斜視や前庭性眼球運動）と交感神経障害（ホルネル症候群や薬理学的検査など）の評価が必要である（上記参照）．

### 第三眼瞼（瞬膜）障害

瞬膜の突出は眼への交感神経の脱神経（上記のホルネル症候群および自律神経障害を参照）や咀嚼筋萎縮（上記の眼球陥凹を参照）に続発して生じる．破傷風へ感染している動物では外眼筋のテタニーに続発して眼球の後引が生じるため，断続的に瞬膜突出がみられる．顔面神経麻痺の症例においても，下眼瞼の下垂が瞬膜の露出を増大させるために明らかな部分的または完全な瞬膜突出が生じる．

### ハウ症候群

若齢の猫で両眼性の瞬膜突出がみられる症候群が報告されている（図19.35）．下痢の後にみられることが多く，トロウイルスが原因であると提唱されている（Muir et al., 1990）．時間の経過と共に回復することが多く，治療は不要である．

### 流涙障害

#### 涙液産生の減少

**神経原性乾性角結膜炎（KCS）**：神経原性KCSは，顔

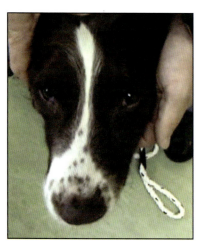

**図19.33** 左側の慢性顔面神経麻痺がみられているスプリンガー・スパニエル．鼻が左側へ偏位している．慢性化により筋肉が拘縮し，罹患側へ鼻が牽引されている．

**図19.34** 左側の中耳炎によって同側の片側顔面痙攣が生じている犬

図19.35 ハウ症候群
（C Heinrich 先生のご厚意による）

面神経の副交感神経核，翼口蓋神経節，または遠心路に沿った副交感神経の節前ニューロンおよび節後ニューロンの障害によって生じる．これらの障害は（錐体炎や頭部外傷による）側頭骨錐体部自体，または（中耳炎や内耳炎による）側頭骨錐体部内の病変によって生じる（詳細は第10章を参照）．

**シェーグレン様症候群**：シェーグレン様症候群は，リンパ球介在性の外分泌腺の破壊による眼球乾燥症と口腔乾燥症を特徴とした人でみられる疾患である．本症候群は原発性自己免疫疾患，または他の免疫介在性結合組織疾患である．猫（Canapp et al., 2001）と犬（Quimby et al., 1979）でよく似た症候群が報告されている．治療の目的は診療症状の軽減である．薬理学的な免疫抑制療法による眼球乾燥症と口腔乾燥症の軽減ついては報告されていない．

**その他の疾患**：自律神経障害（上記参照）では，涙腺への副交感神経刺激が障害されるため涙液産生が減少する．

### 涙液産生の増加

直接的な角膜刺激，低温刺激への暴露，または刺激物による三叉神経の流涙反射の亢進のために涙液産生は増加する．

## 参考文献と推奨書籍

Allgoewer I, Blair M, Basher T et al. (2000) Extraocular muscle myositis and restrictive strabismus in 10 dogs. *Veterinary Ophthalmology* **3**, 21–26

Bacon BA, Lepore F and Guillemot JP (1999) Binocular interactions and spatial disparity sensitivity in the superior colliculus of the Siamese cat. *Experimental Brain Research* **124**, 181–192

Braund KG, Luttgen PJ, Sorjonen DC and Redding RW (1979) Idiopathic facial paralysis in the dog. *Veterinary Record* **105**, 297–299

Brightman AH, Macy DW and Gosselin Y (1977) Pupillary abnormalities associated with the feline leukaemia complex. *Feline Practice* **7**, 23–27

Brightman AH, Ogilvie GK and Tompkins M (1991) Ocular disease in FeLV positive cats: 11 cases (1981–1986). *Journal of the American Veterinary Medical Association* **198**, 1049–1051

Canapp SO, Cohn LA, Maggs DJ et al. (2001) Xerostomia, xerophthalmia, and plasmacytic infiltrates of the salivary glands (Sjögren's-like syndrome) in a cat. *Journal of the American Veterinary Medical Association* **218**, 59–65

Carmichael S and Griffiths IR (1981) Case of isolated sensory trigeminal neuropathy in a dog. *Veterinary Record* **107**, 280

Carpenter JL, Schmidt GM, Moore FM et al. (1989) Canine bilateral extraocular polymyositis. *Veterinary Pathology* **26**, 510–512

Chrisman CL, Platt SR, Chandra AM et al. (1999) Sensory polyganglioradiculoneuritis in a dog. *Journal of the American Animal Hospital Association* **35**, 232–235

Cucchiaro J (1985) Visual abnormalities in albino mammals. In: *Hereditary and Visual Development*, ed. JB Sheffield and SR Hilfer, pp. 63–83. Springer-Verlag, New York

deLahunta A and Glass E (2008) *Veterinary Neuroanatomy and Clinical Neurology*, 3rd edn. WB Saunders, Missouri

Gilmour MA, Morgan RV and Moore FM (1992) Masticatory myopathy in the dog: a retrospective study of 18 cases. *Journal of the American Animal Hospital Association* **28**, 300–306

Hogan D and Williams RW (1995) Analysis of the retinas and optic nerves of achiasmatic Belgian Sheepdogs. *Journal of Comparative Neurology* **352**, 367–380

Jurk IR, Thibodeau MS, Whitney K et al. (2001) Acute vision loss after general anesthesia in a cat. *Veterinary Ophthalmology* **2**, 155–158

Lewis GT, Blanchard GL, Trapp AL et al. (1984) Ophthalmoplegia caused by thyroid adenocarcinoma invasion of the cavernous sinuses in the dog. *Journal of the American Animal Hospital Association* **20**, 805–812

Muir P, Harbour DA, Gruffydd-Jones TJ et al. (1990) A clinical and microbiological study of cats with protruding nictitating membranes and diarrhoea: isolation of a novel virus. *Veterinary Record* **127**, 324–330

O'Brien DP and Johnson GC (2002) Dysautonomia and autonomic neuropathies. *Veterinary Clinics of North America: Small Animal Practice* **32**, 251–265

Palmer AC and Walker RG (1970) The neuropathological effects of cardiac arrest in animals: a study of five cases. *Journal of Small Animal Practice* **11**, 779–790

Panarello GL, Dewey CW, Barone G et al. (2004) Magnetic resonance imaging of two suspected cases of global brain ischemia. *Journal of Veterinary Emergency and Critical Care* **14**, 269–277

Parker AJ, Cusick PK, Park RD et al. (1973) Hemifacial spasms in a dog. *Veterinary Record* **93**, 514–516

Platt S and Garosi L (2012) *Small Animal Neurological Emergencies*. Manson Publishing, London

Platt S and Olby N (2013) *BSAVA Manual of Canine and Feline Neurology*, 4th edn. BSAVA Publications, Gloucester

Quimby FW, Schwartz RS, Poskitt T et al. (1979) A disorder of dogs resembling Sjögren's syndrome. *Clinical Immunology and Immunopathology* **12**, 471–476

Roberts SR and Vainisi SJ (1967) Hemifacial spasm in dogs. *Journal of the American Veterinary Medical Association* **150**, 381–385

Rossmeisl JH Jr, Higgins MA, Inzana KD et al. (2005) Bilateral cavernous sinus syndrome in dogs: 6 cases (1999–2004). *Journal of the American Veterinary Medical Association* **226**, 1105–1111

Shelton GD, Cardinet GH 3rd and Bandman E (1987) Canine masticatory muscle disorders: a study of 29 cases. *Muscle Nerve* **10**, 753–766

Stiles J, Weil AB, Packer RA and Lantz GC (2012) Post-anesthetic cortical blindness in cats: twenty cases. *The Veterinary Journal* **193**, 367–373

Taylor SM (2000) Selected disorders of muscle and the neuromuscular junction. *Veterinary Clinics of North America: Small Animal Practice* **30**, 59–75

Theisen SK, Podell M, Schneider T et al. (1996) A retrospective study of cavernous sinus syndrome in 4 dogs and 8 cats. *Journal of Veterinary Internal Medicine* **10**, 65–71

Timm K, Flegel T and Oechtering G (2008) Sequential magnetic resonance imaging changes after suspected global brain ischaemia in a dog. *Journal of Small Animal Practice* **49**, 408–412

Troxel MT, Drobatz KJ and Vite CH (2005) Signs of neurological dysfunction in dogs with central versus peripheral vestibular disease. *Journal of the American Veterinary Medical Association* **227**, 570–574

Van Meervenne SAE, Bhatti SFM and Martlé V (2008) Hemifacial spasm associated with an intracranial mass in two dogs. *Journal of Small Animal Practice* **49**, 472–475

# 20

# 全身性疾患に伴う眼症状

## David Gould and Jim Carter

眼科検査は全身性疾患の性質や程度に関する有用な情報が得られる．例えば，全身性高血圧症では，検眼鏡検査により最初に検出され，治療への反応は血圧測定と同時に眼科検査によって評価される．ジステンパーや猫コロナウイルスなどの全身性感染症では，通常特徴的な所見がみられ，診断の助けとなる．リンパ腫や他の腫瘍性疾患では，腫瘍細胞の眼内への浸潤が，最初の徴候であったり，転移を示唆したりする．加えて代謝性，栄養性など他の全身性疾患でも眼の徴候が現れる．全身性疾患の徴候を示す場合には，眼科検査は常に行われるべきであり，一般身体検査の一部として含めるべきである．

この章では，眼症状を示す全身性疾患の概要について解説する．これらの疾患の診断や治療のより詳細な情報は，他の章やテキストを読んでいただきたい．

## 感染性疾患

### ウイルス感染

#### 犬ジステンパーウイルス(CDV)

犬ジステンパーウイルス(CDV: Canine distemper virus)は，急性の結膜炎，乾性角結膜炎(KCS)，脈絡網膜炎，視神経炎を起こす(Willis, 2000a)．実験感染例では無症候性の前部ぶどう膜炎が報告されているが，自然感染例では明らかな問題はない．

- ウイルスは粘膜をターゲットにするため，急性結膜炎はジステンパー感染の初期にみられる．眼脂は，初めは漿液性だが，7〜10日経過すると細菌の二次感染の為に粘液膿性となる．
- ウイルスが涙腺組織をターゲットにするため，涙腺炎が生じKCSを起こす(Sansom, Barnett, 1985; Willis, 2000a)．ほとんどの犬では，4〜8週間で涙液産生は自然回復するが，慢性的な角結膜炎に至ることがあり，感染時の涙腺の障害程度に依存する(第10章を参照)．
- 脈絡網膜炎は，タペタム領域およびノンタペタム領域にわたる多局所性の炎症が特徴である．通常，病変は視覚喪失を引き起こすほど重度でない．脈絡網膜炎が治まった跡が，反射亢進領域として生涯残存する(第18章を参照)．
- 視神経炎では，突然の視覚喪失が生じ，片眼性または両眼性に起こる．視神経乳頭が侵されている場合は，腫脹と時々出血がみられる．視神経炎が，CDVの唯一の臨床症状との報告があるが，脳脊髄炎の方がより一般的である(Richards et al., 2001；18章も参照)．

#### 犬アデノウイルス

犬伝染性肝炎の原因である犬アデノウイルス1型(CAV-1)は，角膜浮腫(ブルーアイ)を伴う急性のぶどう膜炎を起こし，通常は数週間で改善する．片眼性のことが多いが，両眼性のこともある(Willims, 2000a)．角膜浮腫は，角膜内皮への免疫複合体の沈着に起因し，角膜の透明性を維持し実質から水分を排泄する内皮の$N^+/K^+$ATPaseポンプの機能が炎症により障害される．この所見は，ワクチン接種により現在は稀である(第14章を参照)．

CDV-2は，犬の喉頭気管気管支炎(ケンネルコフ)のひとつの原因とされている．特発性の結膜炎の症例から分離され，病原体として示唆されている(Ledbetter et al., 2009b；第11章を参照)．CAV-2の生ワクチン(CAV-1とCAV-2の混合)は，急性の片眼性または両眼性のブルーアイが起こることがある(図20.1)．通常は2〜3週間で，対症療法により前部ぶどう膜炎は改善する．

#### 犬ヘルペスウイルス

犬ヘルペスウイルス1型(CHV-1: canine herpesvirus-1)の感染は，子宮内の子犬や新生子期であると致死的であるが，成犬では一過性の呼吸器疾患と膣炎が生じる程度である．新生子のCHV-1感染症の症状は角膜炎，汎ぶどう膜炎，網膜壊死，および視神経炎である(Ledbetter et al., 2009a)．樹枝状，地図状の角膜潰瘍が，CHV-1の自然感染で報告されている(Ledbetter et al., 2006, 2009c；第11章を参照)．

第20章　全身性疾患に伴う眼症状

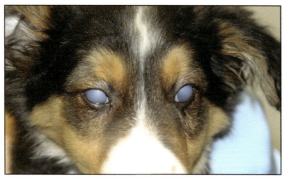

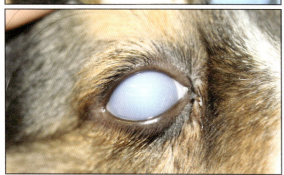

図20.1　12週齢の子犬にみられた両眼性の角膜浮腫で、犬ヘルペスウイルス2型ワクチン接種3週間後にみられた。コルチコステロイドの局所投与により2週間後に改善した。

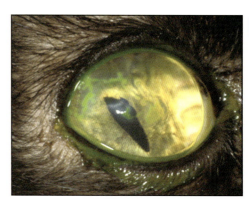

図20.2　猫ヘルペスウイルス1型感染による樹枝状角膜潰瘍

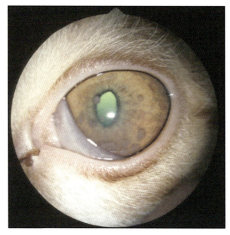

図20.3　猫伝染性腹膜炎による前部ぶどう膜炎。眼症状として、粘性眼脂、縮瞳、虹彩腫脹、びまん性角膜浮腫、内皮への羊脂様沈着（角膜後面沈着と呼ばれる）がみられる（McLellan氏のご厚意による）。

## 猫ヘルペスウイルス

　猫ヘルペスウイルス1型（FHV-1）は、世界に広く広まっている。上部気道感染症の主要な病原体である（第11および12章を参照）。原発性のFHV-1感染症では、上部気道疾患を伴った結膜炎がみられ、通常は若い猫でみられる（Thiry et al., 2009）。FHV-1は、角膜潰瘍の原因として一般的であり、原発性感染と再発性のものがある。樹状の角膜潰瘍は、原因としてFHV-1感染症を考える（図20.2）。

　慢性角膜実質炎は、猫で再発性の疾患としてみられる。これは、角膜内のウイルス抗原に対する免疫反応と考えられている。結膜炎や角膜炎に加えて、FHV-1は、新生子眼炎、瞼球癒着、乾性角結膜炎（KCS）、涙液膜の不安定、好酸球性角膜炎、角膜黒色壊死症、石灰性帯状角膜症、眼周囲皮膚炎、および前部ぶどう膜炎とも関連している（Gould, 2011）。

## 猫伝染性腹膜炎

　猫伝染性腹膜炎（FIP）は、猫コロナウイルスにより引き起こされる。滲出性（ウェットFIP、多発性漿膜炎が特徴的で、腹水および胸水がみられる）と非滲出性（ドライFIP、多臓器に及ぶ化膿性肉芽腫性病変が特徴的）に分類される。しかし、実際には臨床症状は広範囲にみられたり、複合してみられるのが一般的である。本疾患はほとんど致死的であるが、非滲出性FIPは、滲出性FIPよりも慢性経過を辿る。眼症状は、滲出性よりも非滲出性FIPでより一般的で、非滲出性は36％、滲出性は5％未満といわれている（Andrew, 2000）。本疾患は通常は両眼性であるが、対称的でない。

　前部ぶどう膜炎がFIPの眼症状として最も一般的である。虹彩の血管壁への免疫複合体の沈着により生じる血管炎により、血液-眼関門が破綻し、ぶどう膜炎が生じる（Addie et al., 2009）（図20.3）。FIPは後眼部も侵し、脈絡網膜炎を引き起こす（Doherty, 1971; Slauson, Finn, 1972; Gelatt, 1973; Peiffer and Wilcock, 1991）（図20.4）。FIPでは網膜血管、特に細静脈の変化が顕著である。免疫複合体による血管炎が生じ、慢性的な抗原刺激により高グロブリン血症、過粘稠症候群を引き起こす（図20.5）。

## 猫白血病ウイルス

　致死的で新生子に感染する猫白血病ウイルス（FeLV）は、びまん性眼内炎により網膜異形成が生じ、進行性の網膜組織の崩壊と壊死を引き起こす（Albert et al., 1977）。成猫では、FeLVによる直接的な眼症状は瞳孔の異常であり、短毛様体神経の頬骨枝または鼻骨枝へのウイルスの浸潤により瞳孔は半分散瞳する

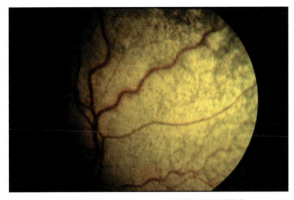

図20.4　猫感染性腹膜炎による活動性脈絡網膜炎．この病変は両眼性であった．網膜静脈の軽度の怒張と蛇行，炎症による多局所性の反射低下がみられる．

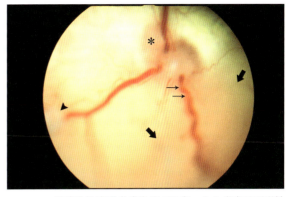

図20.5　猫感染性腹膜炎感染猫の眼底．この病変は両眼性であった．過粘稠血による網膜血管の分節と有蓋貨車現象を伴う重度の怒張と蛇行がみられる(細矢印)．腹側の網膜血管は網膜剥離のために焦点が合っていない(太矢印)．大きな白い血管周囲の漏出が網膜血管上にみられる(矢頭)．視神経乳頭付近に網膜下の漏出領域がみられる(＊)．

図20.6　猫白血病ウイルス陽性猫にみられた虹彩と前房へのリンパ腫の浸潤．重度の瞳孔不同に注目

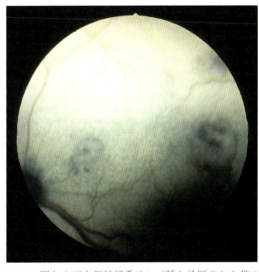

図20.7　眼および中枢神経系リンパ腫と診断された猫の眼底へのリンパ腫の浸潤

(Willis, 2000b)．FeLV感染による他の眼症状は，混合感染，新生物，造血系の異常に起因する．

　FeLVに起因するリンパ腫では，眼のどの部位も侵されるが，最も一般的には前眼部であり，局所的な前ぶどう膜の腫瘤，または虹彩へのびまん性の浸潤病変がみられ，前部ぶどう膜炎を伴う(Corcoran and Koch, 1995；図20.6)．房水の流出障害により，続発緑内障が生じることもある．リンパ腫では，眼底への腫瘍の浸潤により，後眼部が侵されることもある(図20.7)．FeLVに起因する貧血と血液凝固障害により，表層網膜血管の蒼白化，前房出血，後眼部の出血がみられることがある(Brightman et al., 1991)．

#### 猫免疫不全ウイルス

　猫免疫不全ウイルス(FIV)の感染による多くの眼症状が報告されている．実験的なFIV感染では，自然に改善する急性結膜炎が生じる(Callanan et al., 1992)．FIVウイルスは慢性結膜炎とも関連しているといわれているが，ウイルスの直接的な障害か，二次的な感染によるものかは不明である．

　前部ぶどう膜炎は，実験的感染猫の15％でみられている．機序は，免疫複合体の前ぶどう膜への沈着である．さらにFIV感染では，*Toxoplasma gondii*のような二次感染を起こしやすく，FIV感染猫にみられる前部ぶどう膜炎の多くは日和見感染によるものである(English et al., 1990；Davidson et al., 1993a)．FIVは，毛様体後部に炎症を起こす中間部ぶどう膜炎とも関連している．この所見は，水晶体直下の前部硝子体の白濁である(Willis, 2000b；Hosie et al., 2009；第17章を参照)．FIV感染猫での緑内障も報告されているが，FIVの原発的な症状ではなく，慢性ぶどう膜炎に続発するものである(Willis, 2000b)．

　FIVによる網膜症は，広範な地図状の網膜変性としてみられ，実験的，および自然感染例の両方でみられる．網膜血管周囲炎，出血が報告されている．これらはFIVが直接の原因であると考えられており，ヒト免疫不全ウイルス(HIV)感染と同様の所見である．瞳孔

不同や眼球振盪のような眼神経異常がFIV感染猫で報告されており，中枢神経系(CNS)異常の眼所見である(English et al., 1994)．

FIV感染猫では，非感染猫と比べてリンパ腫を発症するリスクが高い．FIVのプロウイルスが腫瘍細胞に認められることは稀であり，FIVによる免疫不全や免疫力の低下によって間接的に生じる(English et al., 1994；Sellon and Hartman, 2006)．FIVの最終段階では，日和見感染のリスクが増加する．FIVの実験感染猫では，Toxoplasma gondiiやChlamidophila felisの感染があると臨床症状が延長し重篤化する(Davidson et al., 1993a；O'Dair et al., 1994)．

### 猫汎白血球減少症

猫パルボウイルスが子宮内，または新生子に感染すると網膜壊死，網膜異形成，視神経形成不全と，小脳形成不全や免疫抑制などの眼以外の症状がみられる(Percy et al., 1975；Truyen et al., 2009)．

### 猫ポックスウイルス

猫ポックスウイルスは，全身の皮膚症状と眼瞼の病変を起こす(Martland et al., 1985；第9章を参照)．

## 細菌性感染症

### クラミジア

Chlamidophila felisは，猫の急性および慢性結膜炎の原因として重要である(第11章を参照)．局所の病原体であり，ほとんどの感染猫は全身症状を示さない．しかし，一部の猫では上部気道症状を示す．さらに，泌尿生殖器または消化管から病原体を排泄し，他の猫に感染する要因となる(Grufyydd-Jones et al., 2009)．

### ダニ媒介性の細菌

ダニのRhipicephalus sanguineusにより媒介されるEhrlichia canishaは，犬でエールリヒア症を引き起こす．英国では風土病ではないが，この病態は輸入動物でみられる．急性，無症状，慢性の病期が存在する．

- 急性のエールリヒア症では，全身性の症状として発熱，活力低下，食欲不振，リンパ節症がみられ，眼症状として結膜充血，前部ぶどう膜炎，脈絡網膜炎，網膜出血，視神経炎がみられる(Levia et al., 2005b)．
- 慢性のエールリヒア症では，血小板減少症，モノクローナルガンモパシーのような血液学的異常による過粘稠症候群に起因する眼症状がみられる．上強膜の充血，前部ぶどう膜炎，硝子体および網膜出血，網膜血管の怒張，網膜剥離がみられる(Leiva et al., 2005b；Komnenou et al., 2007)．

ロッキー山紅斑熱(Rickettsia rickettsiiによる生じる)，感染性血小板減少症(Anaplasma platysにより生じる)のような他のEhrlichia spp.とダニ媒介性疾患は，異なるダニが媒介するが，英国では稀である．流行地域では，二つ以上のダニ媒介性細菌の混合感染がみられることがある．

Borrelia burgdorferiはダニ媒介性のスピロヘータで，ヒト，犬，馬，および猫でライム病を引き起こす．犬ではしばしば無症状であるが，発熱，多発性関節障害，タンパク質漏出性腎症，心疾患，神経学的異常などの多くの症状が報告されている．犬での眼症状は，前部ぶどう膜炎，脈絡網膜炎，眼窩筋炎がある(Raya et al., 2010)．

### Brucella canis

Brucella canisは，主に犬で精巣上体炎，雌犬で流産，死産を起こすグラム陰性菌である．しかし，眼を含む他の組織にも感染し，慢性，再発性の前部ぶどう膜炎を起こす．現在，英国ではみられない．

### レプトスピラ

Leptospira inetrrogansは多くの動物種で疾患を引き起こすスピロヘータである．多くの血清型が存在し，L. icterohaemorrhagiae，L. canicolaは最も重要な犬の病原体である(Andre-Fontaine, 2006)．これらの血清型は，病原巣となった野生および飼育された動物に無症状に感染し維持され，感染した尿を介して偶発的に他の宿主に感染する．臨床症状は，慢性的なものから，甚急性の致死的な腎，肝疾患を引き起こすようになる．ワクチン接種では，慢性感染に対して完全には抑えることができない．ぶどう膜炎が，眼症状で最も一般的である．

### Bartonella henselae

ヒトの猫ひっかき病の原因として，米国で前部ぶどう膜炎の猫の前房から分離されている(Lappin and Black, 1999；Powell et al., 2010)．しかし最近のより大規模な研究では，健常猫とぶどう膜炎罹患猫とでは，バルトネラの血清陽性率は差がなく，自然発症のぶどう膜炎の猫104例の研究では，房水からB. henselaeのDNAは検出されなかったとしている(Fontenelle et al., 2008；Powell et al., 2010)．B. henselaeが猫のぶどう膜炎の原因となるかは論争中である(Stiles, 2011)．

### マイコバクテリア

猫において，非結核マイコバクテリアであるM. malmoense(図20.8)，M. simiae，M. simiaeと近縁の新種が，角膜，結膜，および眼内疾患の症例から分離されている．M. tuberculosis，M. bovisなどの他のマ

第20章 全身性疾患に伴う眼症状

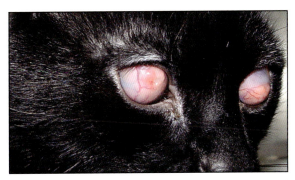

図20.8 *Mycobacterium malmoense*感染の猫にみられた両眼性の角膜と前房の病変

マイコバクテリアは，猫の眼病変の病原体としては稀であるが，ズーノーシスであり，公衆衛生的な意義はある（Dietrich *et al*., 2003；Fyfe *et al*., 2008；Gunn-Moore *et al*., 2010）。

## 原生動物疾患

### *Toxoplasma gondii*

経胎盤，または新生子に感染し，脈絡網膜炎が最もよくみられる眼所見であり，重篤で致死的な全身性疾患をしばしば引き起こす。成猫では，急性感染の後に続くタキゾイドの拡散に起因したり，免疫抑制による潜在的な組織嚢胞の再活性化により症状が現れる。前部ぶどう膜炎と脈絡網膜炎が眼所見として重要である（Davidson *et al*., 1993b）。犬では，脈絡網膜炎，前部ぶどう膜炎，視神経炎が生じる（Davidson, 2000；Dubey *et al*., 2009）。

### *Neospora canium*

犬のネオスポラ症は，神経疾患と，盲，瞳孔不同，視神経炎，脈絡網膜炎，前部ぶどう膜炎，外眼筋炎などを引き起こす（Dubey *et al*., 1990；. 2007；Dubey and Lappin, 2006）。

### リーシュマニア

リーシュマニアの感染は英国ではないが，輸入動物で生じる可能性がある。リーシュマニア感染の犬の25％で，眼または眼周囲の症状がみられ，最も一般的なものは前部ぶどう膜炎，眼周囲皮膚炎，角結膜炎である（Pena *et al*., 2000）。病理組織学的検査では，結膜，角膜，強膜，輪部，毛様体，虹彩角膜角，虹彩，脈絡膜，および視神経に肉芽腫性病変がみられる（Pena *et al*., 2008）。慢性リーシュマニア症では，高グロブリン血症による過粘稠症候群が生じるが，全身性高血圧症は稀である。網膜血管の蛇行と怒張，網膜出血，網膜剥離がみられる。猫の眼リーシュマニア症は稀であるが，前部ぶどう膜炎，汎ぶどう膜炎，潰瘍性角膜炎が報告されている（Hervas *et al*., 2001；Leiva *et al*., 2005a）。

## 真菌性，藻類性疾患

英国では，輸入動物でみられるクリプトコッカス症，播種性アスペルギルス症を除いて眼の真菌性疾患は稀である。ブラストミセス症，コクシジオイデス症，ヒストプラズマ症とプロトセカ症は眼疾患の原因として報告されており，症候群としてみられる（Gionfriddo 2000；Krohne, 2000）。全身性真菌症は，化膿性肉芽腫性ぶどう膜炎を生じ，前部ぶどう膜炎よりも脈絡網膜炎のことが多く，視神経炎がみられることもある。

- *Cryptococcus* spp.は，世界中の環境に生息しているが，英国では眼感染症は稀である（図20.9）。
- ジャーマン・シェパード・ドッグは，播種性アスペルギルス症の好発犬種である。眼症状は，通常は非常に重篤な全身症状を伴う。猫においてアスペルギ

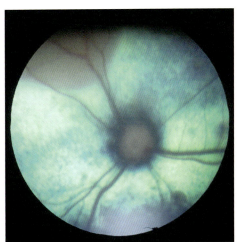

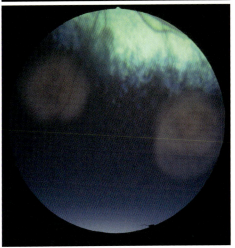

図20.9 猫のクリプトコッカス症。両眼にみられた眼底の変化で，多局所性の網膜下への化膿性肉芽腫の浸潤と局所的な網膜剥離がみられる。

ルス症は稀であるが，球後に肉芽腫を形成する眼窩疾患が報告されている(Barrs et al., 2012)．

### 寄生虫性疾患

寄生虫の幼虫の迷入は，前眼部および後眼部で生じ，前および後部ぶどう膜炎を起こす．英国において *Angiostrongylus vasorum* による犬の臨床症状の報告が増えている(Chapman et al., 2004；Manning, 2007)．結膜下出血が最初に現れる症状で，寄生虫による血液凝固不全が生じる(図20.10)．前眼部または後眼部への第3期幼虫の迷入は，重篤な肉芽腫性ぶどう膜炎を引き起こす(図20.11；第17章を参照)．

*Toxocara canis* の第2期幼虫の迷入は，眼底の局所的な肉芽腫性病変を引き起こし，より広範な網膜変性を引き起こすことも報告されている(Rubin and Saunders, 1965；Hughes et al., 1987；Johnson et al., 1989)．*Dirofilaria immitis* は英国では地域的流行はないが，輸入動物で遭遇し，前部ぶどう膜炎を引き起こす(Dantas-Torres et al., 2009)．*Onchocerca* spp. が犬で，最近は猫でも眼疾患を引き起こすことが報告されているが，英国では報告はない(Sreter et al., 2002；Labelle et al., 2011)．*Cuterebra* spp. のような双翅類の幼虫の迷入は眼組織を侵すことは稀であり，英国ではまだ報告がない．

## 非感染性疾患

### リソソーム蓄積病

劣性遺伝性疾患である本疾患は稀であり，特定の分解酵素が欠乏し，基質が蓄積する疾患である．αマンノシドーシス，GM1ガングリオシドーシス，ムコ多糖症(MPS：mucopolysaccharidosis)Ⅰ，MPSⅡ，MPSⅥ，MPSⅦで，瀰漫性の角膜混濁がみられる．網膜病変は，セロイドリポフスチノーシス，GM1ガングリオシドーシス，ならびにムコリピドーシスでみられる．フコース蓄積症，グロボイド白質ジストロフィー(クラッベ病)，GM2ガングリオシドーシス，ナイマンピック病では，進行性の視覚障害，眼球振盪を起こすことがあり，二次的に神経疾患を引き起こす(Cullen, Webb, 2007ab)．

### チェディアック・東症候群

猫で常染色体劣性遺伝である本疾患は，血小板，好中球，メラニン含有細胞の細胞質顆粒が侵され，出血傾向，易感染性，部分的な白化が生じる．眼症状として，淡い虹彩，網膜の脱色素，変性，タペタムの欠損，白内障，眼球振盪がみられる(Collier et al., 1979)．

### エーラス・ダンロス症候群

常染色体優性遺伝の結合組織の疾患であり，犬で皮膚の脆弱，関節の弛緩を引き起こす．眼症状は，輪部の異常，角膜混濁，水晶体脱臼，白内障がみられる(Gething, 1971)．

### 眼骨格異形成

眼骨格異形成は常染色体優性遺伝の疾患であり，犬で肢が短い矮小症と，網膜異形成がみられる．本疾患は，ラブラドール・レトリーバーとサモエドで報告されている(Meyers et al., 1983；第17章，18章を参照)．

## 栄養性疾患

### タウリン欠乏症

食事中のタウリン欠乏は，猫中心性網膜変性(FCRD：feline central retinal degeneration，第18章を参照)を

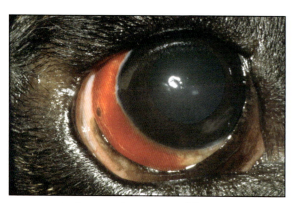

図20.10 *Angiostrongylus vasorum* 感染のスタッフォードシャー・ブル・テリアにみられた広範囲の結膜下出血

図20.11 コッカー・スパニエルにみられた前房内の *Angiostrongylus vasorum* の幼虫(矢印)で，重度の前部ぶどう膜炎を伴う．隅角鏡を角膜上に設置し隅角を観察すると，寄生虫が確認された．虹彩(*)と瞳孔(矢頭)

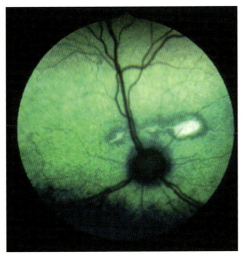

図20.12 タウリン欠乏による猫中心性網膜変性（S Crispin 氏のご厚意による）

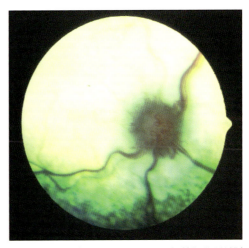

図20.13 チアミン欠乏の猫にみられた視神経乳頭浮腫，視神経乳頭の血管新生，血管の蛇行（S Crispin 氏のご厚意による）

起こし，さらに拡張型心筋症を起こす．FCRDは，初期には網膜中心野に局所的な網膜変性を起こす．進行すると網膜変性は広範囲に及び，不可逆的な盲目に至る（Bellhorn et al., 1974；Cullen and Webb, 2007b）（図20.12）．

### チアミン欠乏症

チアミナーゼが豊富な食事（生魚など），チアミンが不足している食事を長期間摂取していると生じるが，稀である．進行性の神経異常がみられ，固定散瞳または瞳孔散大が生じる（Loew et al., 1970）．猫における他の眼所見は，周辺部網膜の出血，乳頭浮腫，視神経乳頭の血管新生である（Barnett and Crispin, 1998）（図20.13）．

### 亜鉛欠乏症

犬の亜鉛反応性皮膚症は稀であり，絶対的または相対的亜鉛の欠乏により生じる．アラスカン・マラミュートとシベリアン・ハスキーが好発犬種である．眼周囲の脱毛，瘢痕，痂皮が生じる（Colombini 1999；第9章を参照）．

### ビタミンE欠乏症

この脂溶性ビタミンの欠乏は，犬で特徴的な網膜変性を引き起こし，神経学的異常を示すこともある．イングリッシュ・コッカー・スパニエルにおいて，家族性の代謝異常によるビタミンE欠乏が報告されているが，脂肪吸収不良（膵外分泌不全による）や栄養失調もみられることがある（第18章を参照）．

### 低カルシウム血症

全身症状に加え，カルシウムとビタミンDの代謝異常により白内障が生じる．若く成長期の動物では，栄養的な原因を疑う．授乳している雌犬で子癇がみられたり，腎疾患や原発性甲状腺機能低下のある老齢の犬で全身症状に加えて白内障がみられる．水晶体の前・後皮質に点状にみられるのが特徴である（図20.14）．

## 血管疾患

### 出血

全身性の出血性疾患により，結膜下出血，眼内出血がみられる．原因として全身性高血圧症，血小板減少症，凝固因子障害，血管炎，過粘稠血症などがある．

### 貧血

貧血性の網膜血管は蒼白し，狭細化する．慢性貧血により血管が脆弱化し，網膜出血を引き起こす．

図20.14 副甲状腺機能低下の犬にみられた低カルシウム性点状白内障

## 過粘稠血症

血漿タンパク濃度が高くなると，血漿の粘稠性が増し，網膜血管の蛇行，網膜出血がみられ，重症例では網膜剥離，眼内出血，緑内障を引き起こす（第18章を参照）．過粘稠血症の原因には，高グロブリン血症（多発性骨髄腫，慢性感染症，炎症性疾患による），赤血球増多症がある（図20.15）．眼異常は，過粘稠症候群として現れる．

## 高脂血症

血中のトリグリセリド濃度の上昇，とくに高カイロミクロン血症では，網膜血管が乳白色に見える（網膜脂血症）．前部ぶどう膜炎が生じていると，トリグリセリドは虹彩の血管から漏出し脂質房水を起こし，前房が乳白色に見える（図20.16）．ミニチュア・シュナウザーでは，原発性高脂血症は遺伝性である（Whitney et al., 1993）．高脂肪の食事や，糖尿病，膵炎，甲状腺機能低下症，肝疾患のようなトリグセリド濃度を上昇させる疾患からの続発性がある．高カイロミクロン血症は，角膜への脂質の沈着を引き起こす（第12章を参照）．

## 全身性高血圧症

眼は全身性高血圧症のときに障害を受ける主な組織である（Crispin and Mould, 2001）．犬と猫で最もよくみられる眼症状は，網膜血管の蛇行，局所的な網膜浮腫，漿液性網膜剥離，ならびに網膜出血である（図20.17）．進行すると，全域に及ぶ網膜剥離，硝子体出血がみられる．前眼部は後眼部よりも侵されることは少ないが，前房出血は稀ではない．臨床症状，診断，高血圧性脈絡網膜症の臨床症状，診断，治療については第18章を参照されたい．

## 代謝性疾患

### 糖尿病

犬において白内障は糖尿病の代表的な合併症であり，ある報告では糖尿病と診断されて16カ月以内に80％に白内障がみられたとしている（Beam et al., 1999）．白内障は，水晶体内のグルコースが飽和し浸透圧が変化することで生じる．グルコースはソルビトールになり，これが水晶体内に水分を引き込み，浸透圧が変化して白内障を形成する（第16章を参照）．酸化ストレスも重要な要因である．猫では糖尿病による白内障は稀であり，これは老猫ではグルコースをソルビトールに変換する能力が少ないためである（Richer et al., 2002）．慢性的な高血糖は網膜血管を障害し，犬で糖尿病性網膜症を起こすこともある（第18章を参照）．

### 副腎皮質機能亢進症と甲状腺機能低下症

副腎皮質機能亢進症と甲状腺機能低下症が眼疾患の原因となる明らかなエビデンスはないが，犬ではKCS，脂質性角膜症，角膜潰瘍，白内障，網膜脂血症，

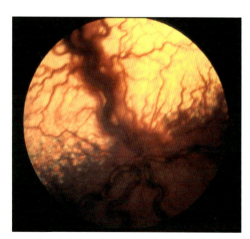

図20.15 多血症を伴う過粘稠症候群の犬．網膜血管の怒張，蛇行，暗色化に注目（S Crispin 氏のご厚意による）

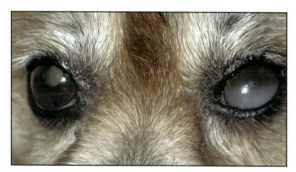

図20.16 白内障と水晶体起因性ぶどう膜炎を伴う高脂血症の雑種犬．左眼は，前房内の脂質が腹側に沈澱している．

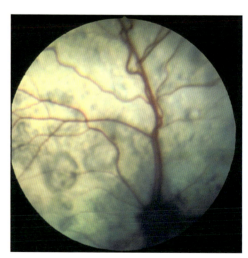

図20.17 猫の高血圧性脈絡網膜症．多局所性の漿液性網膜剥離と表層動脈の軽度の蛇行に注目

高血圧網膜症のような眼疾患が同時にみられる（Cullen and Webb, 2007a）．

### 甲状腺機能亢進症

甲状腺機能亢進症の猫で高血圧性網膜症が頻繁にみられるが，甲状腺機能亢進症と高血圧が直接関連しているか，腎障害によるものかは不明である．

### 副甲状腺機能低下症

原発性および二次性副甲状腺機能低下症では，低カルシウム血症による白内障が生じる（前述）．

## 全身性の腫瘍

全身性の腫瘍，特にリンパ腫でぶどう膜炎がみられる．ほとんどの場合，腫瘍の眼内への浸潤により生じる（図20.18，第14章を参照）．脳腫瘍では，視覚喪失，視覚障害，その部位に応じた脳神経の異常がみられる．脳腫瘍では，脳圧の上昇による視神経乳頭浮腫がみられる．視神経乳頭浮腫は，眼窩腫瘍でも視神経が圧迫されるためにみられる（第18および19章を参照）．原発性の肺癌の猫で，眼への転移が報告されており，網膜血管の狭細化を伴う楔形のタペタムの色調変化を特徴とする脈絡網膜症がみられる（Cassotis et al., 1999；第18章を参照）．

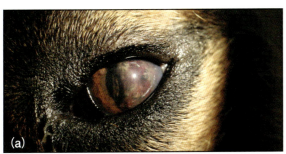

図20.18　続発性ぶどう膜炎と前房出血を伴ったリンパ腫の虹彩と前房への浸潤がみられた犬の(a)左眼と(b)右眼

## 皮膚科疾患

### アトピー

ある研究では，アトピーの犬の60%で眼周囲または眼に症状がみられるとしている．眼症状は，アレルギー性結膜炎による結膜充血，浮腫，過度の流涙，粘性眼脂，瘙痒がみられ，極端な場合は角膜炎，角膜潰瘍がみられる（Lourenco-Martis et al., 2011）．

### 感染および寄生虫性疾患

眼瞼を侵すダニの疾患で多いのは *Demodex* spp. であるが，*Sarcoptes scabiei* も眼瞼を侵すことがある（詳細は第9章を参照）．*Demodex* は毛包，皮脂腺，汗腺に常在していると考えられており，量が増えたときや免疫状態が低下しているときのみ症状が現れる．*Sarcoptes* は，眼瞼と身体の他の部位に強い瘙痒を引き起こす．

皮膚糸状菌症（最も一般的なものは *Microsporum canis* であるが，*Trichopyton mentagrophytes* や *M. gypseum* もある）では眼瞼が侵されるが，全身症状のひとつとしてみられる．特徴的な所見は，脱毛，瘢痕，紅斑である．若年性膿皮症，蜂巣炎は *Staphylococcus* spp. により起こり，マイボーム腺に膿瘍を形成し，眼表面の障害や自傷が起こり得る．

## 免疫介在性疾患

### ぶどう膜皮膚症候群

ぶどう膜皮膚症候群（UVD；フォークト・小柳・原田様症候群）は，メラノサイトを標的とする自己免疫疾患である．アラスカン・マラミュート，シベリアン・ハスキー，秋田が好発犬種である．前および後部ぶどう膜炎が早期に現れる症状であり，続発緑内障，網膜剥離が一般的な続発症である．皮膚症状（白毛，白斑，皮膚粘膜移行部の潰瘍）は，眼症状より先にまたは後にみられる（図20.19，第9および14章を参照）．天疱瘡や紅斑性狼瘡などの自己免疫性皮膚疾患では，眼周囲のびらん性病変を起こす（第9章を参照）．

### 肉芽腫性髄膜脳脊髄炎

肉芽腫性髄膜脳脊髄炎（GME）は，原因不明の非化膿性炎症疾患であり，犬では中枢神経系が侵される．眼症状として，視神経炎，脈絡網膜炎，前部ぶどう膜炎，網膜剥離がみられる（Adamo et al., 2007；Kidder et al., 2008；第14章を参照）．

# 第20章 全身性疾患に伴う眼症状

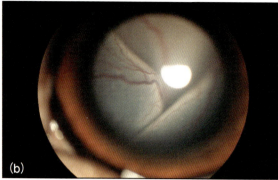

**図20.19** フォークト・小柳・原田様症候群の2歳齢の秋田犬．(a) 鼻稜と眼瞼縁の脱色素とびらん病変．(b) 両眼性の網膜剥離

## その他の疾患

### 組織球症

バーニーズ・マウンテン・ドッグの全身性組織球症は，非腫瘍性に組織球の浸潤がみられる疾患であり，眼症状として眼瞼の腫瘤，上強膜の結節，前および後部ぶどう膜炎がみられる．全身の病変として，頭部，顔面，体幹，四肢に結節やプラークがみられ，鼻陵や鼻腔に紅斑，腫脹，脱色素がみられる．予後のよくない悪性組織球症と鑑別が必要である．

### 自律神経障害

自律神経障害は犬と猫でみられ，自律神経節内の神経の変性が特徴で，交感神経および副交感神経障害が現れる．症状として，嘔吐，食欲不振，体重減少，沈うつ，胃腸障害，ならびに排尿障害がみられる．眼症状として，瞳孔対光反射の減弱または消失，瞬膜の突出がみられる．涙腺を支配する副交感神経の除神経により涙液の減少がみられることがある（Harkin et al., 2002；Kindder et al., 2008）．

## 参考文献

Adamo PF, Adams WM and Steinberg H (2007) Granulomatous meningoencephalomyelitis in dogs. *Compendium (Yardley, PA)* **29**, 678–690

Addie D, Belak S, Boucraut-Baralon C et al. (2009) Feline infectious peritonitis. ABCD guidelines on prevention and management. *Journal of Feline Medicine and Surgery* **11**, 594–604

Albert DM, Lahav M, Carmichael LE et al. (1976) Canine herpes-induced retinal dysplasia and associated ocular anomalies. *Investigative Ophthalmology and Visual Sciences* **15**, 267–278

Albert DM, Lahav M, Colby ED et al. (1977) Retinal neoplasia and dysplasia. I. Induction by feline leukemia virus. *Investigative Ophthalmology and Visual Sciences* **16**, 325–337

Andre-Fontaine G (2006) Canine leptospirosis – do we have a problem? *Veterinary Microbiology* **117**, 19–24

Andrew SE (2000) Feline infectious peritonitis. *Veterinary Clinics of North America: Small Animal Practice* **30**, 987–1000

Barnett KC and Crispin SM (1998) Fundus. In: *Feline Ophthalmology: An Atlas & Text*, pp.146–168. WB Saunders Co. Ltd, London

Barrs VR, Halliday C, Martin P et al. (2012) Sinonasal and sino-orbital aspergillosis in 23 cats: aetiology, clinicopathological features and treatment outcomes. *Veterinary Journal* **191**, 58–64

Beam S, Correa MT and Davidson MG (1999) A retrospective-cohort study on the development of cataracts in dogs with diabetes mellitus: 200 cases. *Veterinary Ophthalmology* **2**, 169–172

Bellhorn RW, Aguirre GD and Bellhorn MB (1974) Feline central retinal degeneration. *Investigative Ophthalmology* **13**, 608–616

Brightman AH, Ogilvie GK and Tompkins M (1991) Ocular disease in FeLV-positive cats: 11 cases (1981–1986). *Journal of the American Veterinary Medical Association* **198**, 1049–1051

Callanan JJ, Thompson H, Toth SR et al. (1992) Clinical and pathological findings in feline immunodeficiency virus experimental infection. *Veterinary Immunology and Immunopathology* **35**, 3–13

Cassotis NJ, Dubielzig RR, Gilger BC et al. (1999) Angioinvasive pulmonary carcinoma with posterior segment metastasis in four cats. *Veterinary Ophthalmology* **2**, 125–131

Chapman PS, Boag AK, Guitian J et al. (2004) *Angiostrongylus vasorum* infection in 23 dogs (1999–2002). *Journal of Small Animal Practice* **45**, 435–440

Collier LL, Bryan GM and Prieur DJ (1979) Ocular manifestations of the Chédiak–Higashi syndrome in four species of animals. *Journal of the American Veterinary Medical Association* **175**(6), 587–590

Colombini S (1999) Canine zinc-responsive dermatosis. *Veterinary Clinics of North America: Small Animal Practice* **29**, 1373–1383

Corcoran KPR and Koch S (1995) Histopathology of feline ocular lymphosarcoma: 49 cases. *Veterinary Comparative Ophthalmology* **5**, 35–41

Crispin SM and Mould JR (2001) Systemic hypertensive disease and the feline fundus. *Veterinary Ophthalmology* **4**, 131–140

Cullen CL and Webb AA (2007a) Ocular manifestations of systemic diseases. Part 1: The Dog. In: *Veterinary Ophthalmology, 4th edn*, ed. KN Gelatt, pp.1470–1537. Blackwell Publishing, Iowa

Cullen CL and Webb AA (2007b) Ocular manifestations of systemic diseases. Part 2: The Cat. In: *Veterinary Ophthalmology, 4th edn*, ed. KN Gelatt, pp.1538–1587. Blackwell Publishing, Iowa

Curtis R and Barnett KC (1983) The 'blue eye' phenomenon. *Veterinary Record* **112**, 347–353

Dantas-Torres F, Lia RP, Barbuto M et al. (2009) Ocular dirofilariosis caused by *Dirofilaria immitis* in a dog: first case report from Europe. *Journal of Small Animal Practice* **50**, 667–669

Davidson MG (2000) Toxoplasmosis. *Veterinary Clinics of North America: Small Animal Practice* **30**, 1051–1062

Davidson MG, Lappin MR, English RV et al. (1993b) A feline model of ocular toxoplasmosis. *Investigative Ophthalmology and Visual Sciences* **34**, 3653–3660

Davidson MG, Rottman JB, English RV et al. (1993a) Feline immunodeficiency virus predisposes cats to acute generalized toxoplasmosis. *American Journal of Pathology* **143**, 1486–1497

Day MJ (2006) Canine disseminated aspergillosis. In: *Infectious Diseases of the Dog and Cat, 3rd edn*, ed. CE Greene, pp. 610–627. Saunders Elsevier, Missouri

Dietrich U, Arnold P, Guscetti F et al. (2003) Ocular manifestation of disseminated *Mycobacterium simiae* infection in a cat. *Journal of Small Animal Practice* **44**, 121–125

Doherty MJ (1971) Ocular manifestations of feline infectious peritonitis. *Journal of the American Veterinary Medical Association* **159**, 417–424

Dubey JP, Koestner A and Piper RC (1990) Repeated transplacental transmission of *Neospora caninum* in dogs. *Journal of the American Veterinary Medical Association* **197**, 857–860

Dubey JP and Lappin MR (2006) Toxoplasmosis and neosporosis. In: *Infectious Diseases of the Dog and Cat, 3rd edn*, ed. CE Greene, pp. 754–775. Saunders Elsevier, Missouri

Dubey JP, Lindsay DS and Lappin MR (2009) Toxoplasmosis and other intestinal coccidial infections in cats and dogs. *Veterinary Clinics of North America: Small Animal Practice* **39**, 1009–1034

Dubey JP, Schares G and Ortega-Mora LM (2007) Epidemiology and control of neosporosis and *Neospora caninum*. *Clinical Microbiology Reviews* **20**, 323–367

English RV, Davidson MG, Nasisse MP et al. (1990) Intraocular disease associated with feline immunodeficiency virus infection in cats. *Journal of the American Veterinary Medical Association* **196**, 1116–1119

English RV, Nelson P, Johnson CM et al. (1994) Development of clinical disease in cats experimentally infected with feline immunodeficiency virus infection. *Journal of Infectious Diseases* **170**, 543–552

Fontenelle JP, Powell CC, Hill AE et al. (2008) Prevalence of serum antibodies against Bartonella species in the serum of cats with or without uveitis. Journal of Feline Medicine and Surgery 10, 41–46

Fyfe JA, McCowan C, O'Brien CR et al. (2008) Molecular characterization of a novel fastidious Mycobacterium causing lepromatous lesions of the skin, subcutis, cornea and conjunctiva of cats living in Victoria, Australia. Journal of Clinical Microbiology 46, 618–626

Gelatt KN (1973) Iridocyclitis-panophthalmitis associated with feline infectious peritonitis. Veterinary Medicine, Small Animal Clinician 68, 56–57

Gething MA (1971) Suspected Ehlers–Danlos syndrome in the dog. Veterinary Record 89, 638–641

Gionfriddo JR (2000) Feline systemic fungal infections. Veterinary Clinics of North America: Small Animal Practice 30, 1029–1050

Gould D (2011) Feline herpesvirus-1: ocular manifestations, diagnosis and treatment options. Journal of Feline Medicine and Surgery 13, 333–346

Gruffydd-Jones T, Addie D, Belak S et al. (2009) Chlamydophila felis infection. ABCD guidelines on prevention and management. Journal of Feline Medicine and Surgery 11, 605–609

Gunn-Moore D, Dean R and Shaw S (2010) Mycobacterial infections in cats and dogs. In Practice 32, 444–452

Harkin KR, Andrews GA and Nietfeld JC (2002) Dysautonomia in dogs: 65 cases (1993–2000). Journal of the American Veterinary Medical Association 220, 633–639

Hervás J, Chacón-Manrique de Lara F, López J et al. (2001) Granulomatous (pseudotumoral) iridociclitis associated with leishmaniasis in a cat. Veterinary Record 149, 624–625

Hosie MJ, Addie D, Belak S et al. (2009) Feline immunodeficiency. ABCD guidelines on prevention and management. Journal of Feline Medicine and Surgery 11, 575–584

Hughes PL, Dubielzig RR and Kazacos KR (1987) Multifocal retinitis in New Zealand sheepdogs. Veterinary Pathology 24, 22–27

Johnson BW, Kirkpatrick CE, Whiteley HE et al. (1989) Retinitis and intraocular larval migration in a group of Border Collies. Journal of the American Animal Hospital Association 25, 623–629

Kidder AC, Johannes C, O'Brien DP et al. (2008) Feline dysautonomia in the Midwestern United States: a retrospective study of nine cases. Journal of Feline Medicine and Surgery 10, 130–136

Komnenou AA, Mylonakis ME, Kouti V et al. (2007). Ocular manifestations of natural canine monocytic ehrlichiosis (Ehrlichia canis): a retrospective study of 90 cases. Veterinary Ophthalmology 10, 137–142

Krohne SG (2000) Canine systemic fungal infections. Veterinary Clinics of North America: Small Animal Practice 30, 1063–1090

Krupka I and Straubinger RK (2010) Lyme borreliosis in dogs and cats: background, diagnosis, treatment and prevention of infections with Borrelia burgdorferi sensu stricto. Veterinary Clinics of North America: Small Animal Practice 40, 1103–1119

Labelle AL, Daniels JB, Dix M et al. (2011) Onchocerca lupi causing ocular disease in two cats. Veterinary Ophthalmology 14(Suppl.), 105–110

Lappin MR and Black JC (1999) Bartonella spp. infection as a possible cause of uveitis in a cat. Journal of the American Veterinary Medical Association 214, 1205–1207

Ledbetter EC, Dubovi EJ, Kim SG et al. (2009a) Experimental primary ocular canine herpesvirus-1 infection in adult dogs. American Journal of Veterinary Research 70, 513–521

Ledbetter EC, Hornbuckle WE and Dubovi EJ (2009b) Virological survey of dogs with naturally acquired idiopathic conjunctivitis. Journal of the American Veterinary Medical Association 235, 954–959

Ledbetter EC, Kim SG and Dubovi EJ (2009c) Outbreak of ocular disease associated with naturally-acquired canine herpesvirus-1 infection in a closed domestic dog colony. Veterinary Ophthalmology 12, 242–247

Ledbetter EC, Riis RC, Kern TJ et al. (2006) Corneal ulceration associated with naturally occurring canine herpesvirus-1 infection in two adult dogs. Journal of the American Veterinary Medical Association 229, 376–384

Leiva M, Lloret A, Peña T et al. (2005a) Therapy of ocular and visceral leishmaniasis in a cat. Veterinary Ophthalmology 8, 71–75

Leiva M, Naranjo C and Pena MT (2005b) Ocular signs of canine monocytic ehrlichiosis: a retrospective study in dogs from Barcelona, Spain. Veterinary Ophthalmology 8, 387–393

Littman MP (2003) Canine borreliosis. Veterinary Clinics of North America: Small Animal Practice 33, 827–862

Loew FM, Martin CL, Dunlop RH et al. (1970) Naturally-occurring and experimental thiamine deficiency in cats receiving commercial cat food. Canadian Veterinary Journal 11, 109–113

Lourenco-Martins AM, Delgado E, Neto I et al. (2011) Allergic conjunctivitis and conjunctival provocation tests in atopic dogs. Veterinary Ophthalmology 14, 248–256

Manning SP (2007) Ocular examination in the diagnosis of angiostrongylosis in dogs. Veterinary Record 160, 625–627

Martland MF, Poulton GJ and Done RA (1985) Three cases of cowpox infection of domestic cats. Veterinary Record 117, 231–233

Meyers VN, Jezyk PF, Aguirre GD and Patterson DF (1983) Short-limbed dwarfism and ocular defects in the Samoyed dog. Journal of the American Veterinary Medical Association 183, 975–979

O'Dair HA, Hopper CD, Gruffydd-Jones TJ et al. (1994) Clinical aspects of Chlaymydia psittaci infection in cats infected with feline immunodeficiency virus. Veterinary Record 134, 365–368

Palmeiro BS, Morris DO, Goldschmidt MH et al. (2007) Cutaneous reactive histiocytosis in dogs: a retrospective evaluation of 32 cases. Veterinary Dermatology 18, 332–340

Peiffer RL, Jr. and Wilcock BP (1991) Histopathologic study of uveitis in cats: 139 cases (1978–1988). Journal of the American Veterinary Medical Association 198, 135–138

Peña MT, Naranjo C, Klauss G et al. (2008) Histopathological features of ocular leishmaniosis in the dog. Journal of Comparative Pathology 138, 32–39

Peña MT, Roura X and Davidson MG (2000) Ocular and periocular manifestations of leishmaniasis in dogs: 105 cases (1993–1998). Veterinary Ophthalmology 3, 35–41

Percy DH, Scott FW and Albert DM (1975) Retinal dysplasia due to feline panleukopenia virus infection. Journal of the American Veterinary Medical Association 167, 935–937

Powell CC, Mcinnis CL, Fontenelle JP et al. (2010) Bartonella species, feline herpesvirus-1, and Toxoplasma gondii PCR assay results from blood and aqueous humor samples from 104 cats with naturally occurring endogenous uveitis. Journal of Feline Medicine and Surgery 12, 923–928

Raya AI, Afonso JC, Perez-Ecija RA et al. (2010) Orbital myositis associated with Lyme disease in a dog. Veterinary Record 167, 663–664

Richards TR, Whelan NC, Pinard CL et al. (2011). Optic neuritis caused by canine distemper virus in a Jack Russell terrier. The Canadian Veterinary Journal 52, 398–402

Richter M, Guscetti F and Spiess B (2002) Aldose reductase activity and glucose-related opacities in incubated lenses from dogs and cats. American Journal of Veterinary Research 63, 1591–1197

Rosin A, Moore P and Dubielzig R (1986) Malignant histiocytosis in Bernese Mountain Dogs. Journal of the American Veterinary Medical Association 188, 1041–1045

Rubin LF and Saunders LZ (1965) Intraocular larva migrans in dogs. Pathologia Veterinaria 2, 566–573

Sansom J and Barnett KC (1985) Keratoconjunctivitis sicca in the dog: a review of two hundred cases. Journal of Small Animal Practice 26, 121–131

Schultz RM, Johnson EG, Wisner ER et al. (2008) Clinicopathologic and diagnostic imaging characteristics of systemic aspergillosis in 30 dogs. Journal of Veterinary Internal Medicine 22, 851–859

Sellon RK and Hartmann K (2006) Feline immunodeficiency virus. In: Infectious Diseases of the Dog and Cat, 3rd edn, ed. CE Greene, pp.131–143. Saunders Elsevier, Missouri

Slauson DO and Finn JP (1972) Meningoencephalitis and panophthalmitis in feline infectious peritonitis. Journal of the American Veterinary Medical Association 160, 729–734

Sréter T, Széll Z, Egyed Z and Varga I (2002) Ocular onchocercosis in dogs: a review. Veterinary Record 151, 176–180

Stiles J (1995) Treatment of cats with ocular disease attributable to herpesvirus infection: 17 cases (1983–1993). Journal of the American Veterinary Medical Association 207, 599–603

Stiles J (2000) Infectious disease and the eye. Veterinary Clinics of North America: Small Animal Practice 30(5)

Stiles J (2011) Bartonellosis in cats: a role in uveitis? Veterinary Ophthalmology 14(suppl. 1), 9–14

Thiry E, Addie D, Belak S et al. (2009) Feline herpesvirus infection. ABCD guidelines on prevention and management. Journal of Feline Medicine and Surgery 11, 547–555

Truyen U, Addie D, Belak S et al. (2009) Feline panleukopenia. ABCD guidelines on prevention and management. Journal of Feline Medicine and Surgery 11, 538–546

White SD, Rosychuk RA, Stewart LJ et al. (1989) Juvenile cellulitis in dogs: 15 cases (1979–1988). Journal of the American Veterinary Medical Association 195, 1609–1611

Whitney MS, Boon GD, Rebar AH et al. (1993) Ultracentrifugal and electrophoretic characteristics of the plasma lipoproteins of Miniature Schnauzer dogs with idiopathic hyperlipoproteinemia. Journal of Veterinary Internal Medicine 7, 253–260

Williams DL (2008) Ophthalmic immunology and immune-mediated disease. Veterinary Clinics of North America: Small Animal Practice 38(2)

Willis AM (2000a) Canine viral infections. Veterinary Clinics of North America: Small Animal Practice 30, 1119–1133

Willis AM (2000b) Feline leukemia virus and feline immunodeficiency virus. Veterinary Clinics of North America: Small Animal Practice 30, 971–986

# 21

# 一般的な眼症状に対する問題指向型アプローチ法

**Natasha Mitchell**

　この章ではよく遭遇する眼症状に対して，構造的なアプローチを行うためのアルゴリズムを示したいと思う．このアルゴリズムでは，非常に多くの来院時症状と多くの考え得る診断リストを記載しているが，読者には定められたプロトコールで進めるというものではなく，あくまでガイドとして示されているものであること，症状によって徴候，病歴，眼科検査から得られた追加所見をもとに違ったアプローチを要する場合もあることに留意をお願いしたい．

このアプローチには以下の眼症状が含まれる．

- 眼球突出（表21.1）
- 瞬目異常
- 瞳孔不同
- 失明
- 前房出血
- 混濁した眼（角膜，前房，水晶体，硝子体）
- 赤く痛そうな眼
- 濡れた眼

**表21.1** 拡張した眼球（牛眼）は前方にせり出た眼球（眼球突出）と臨床徴候によって鑑別を行う必要がある．

| 臨床徴候 | 牛眼 | 眼球突出 |
| --- | --- | --- |
| 可視結膜 | 最小限の変化 | 赤くうっ血した結膜 |
| 瞬膜 | 突出なし | 外眼筋炎のような中心軸上の眼球後部占拠性病変がない限り，通常は突出する |
| 角膜径（STT試験紙により計測） | 対眼より2 mm以上大きい | 対眼と差はない |
| 眼球後部への圧迫 | 抵抗なし | 抵抗±痛み |
| 頭上からの外貌 | 不定に突出 | 著しく突出 |
| 開口時疼痛 | なし | 眼球後部に膿瘍や腫瘤，唾液腺腫瘤がある場合は疼痛あり |
| 眼症状 | 角膜浮腫，ハーブ条痕，散瞳 | 瞬膜突出や結膜浮腫で眼科検査が困難．露出性角膜炎があるかもしれない |
| 顎下リンパ節 | 正常 | 膿瘍や新生物により腫脹する場合がある |
| 眼圧 | 高い，25 mmHg以上 | 強膜の圧迫によって正常値の上限かわずかな高値を示すことがある |
| 主な鑑別診断 | 慢性緑内障，眼内腫瘍 | 眼球後部の膿瘍または蜂窩織炎，眼球後部の腫瘍，唾液腺腫瘤，頭蓋骨折，眼瞼が眼球後部に引っかかり眼球突出 |
| 計画 | 対眼の検査，原発緑内障か続発緑内障かの鑑別 | 眼科超音波検査，MRI検査やCT検査などの画像診断により有益な情報が得られる（例えば，隣接する構造への拡大状況），眼球後部の膿瘍（痛みがあり，超音波検査で確認された場合）では全身麻酔下で最後臼歯後方の切開が適切．超音波ガイド下FNAやTru-cut生検 |

CT＝コンピューター断層撮影法，FNA＝穿刺吸引，MRI＝磁気共鳴映像法，STT＝シルマー涙試験

第21章　一般的な眼症状に対する問題指向型アプローチ法

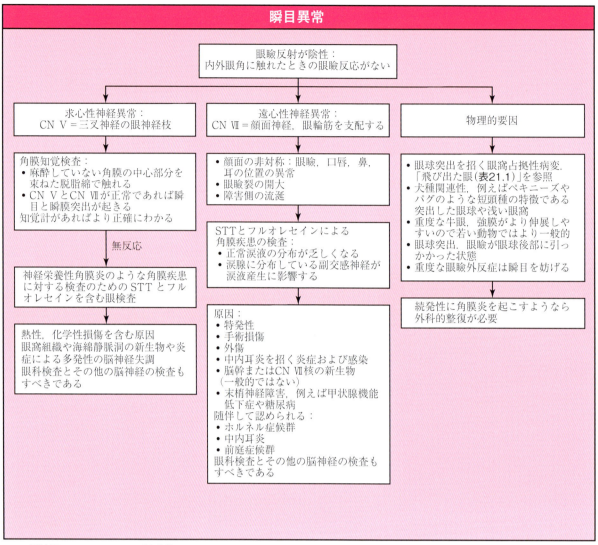

CN＝脳神経，STT＝シルマー涙試験

第21章 一般的な眼症状に対する問題指向型アプローチ法

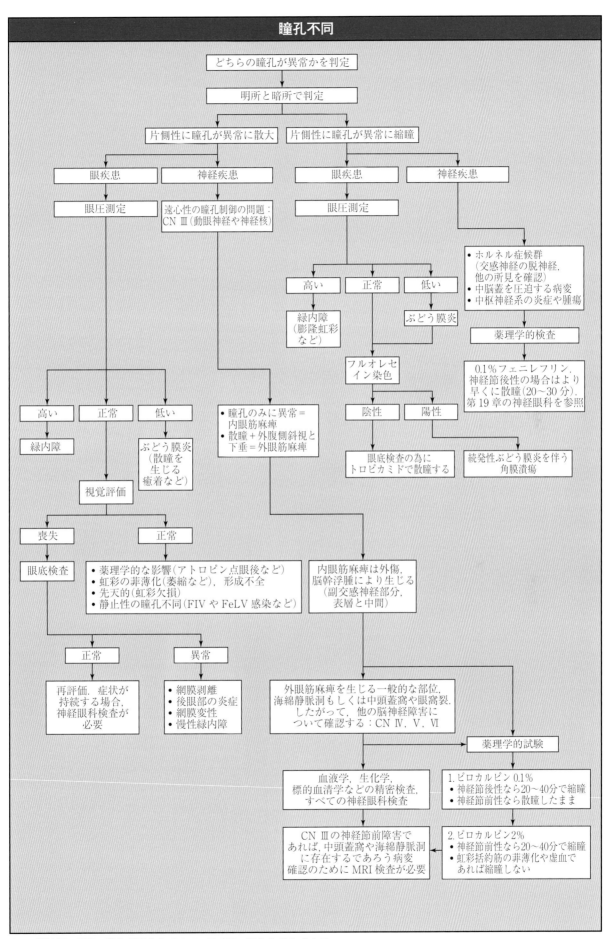

CN＝脳神経，FIV＝猫免疫不全ウイルス，FeLV＝猫白血病ウイルス

### 第21章 一般的な眼症状に対する問題指向型アプローチ法

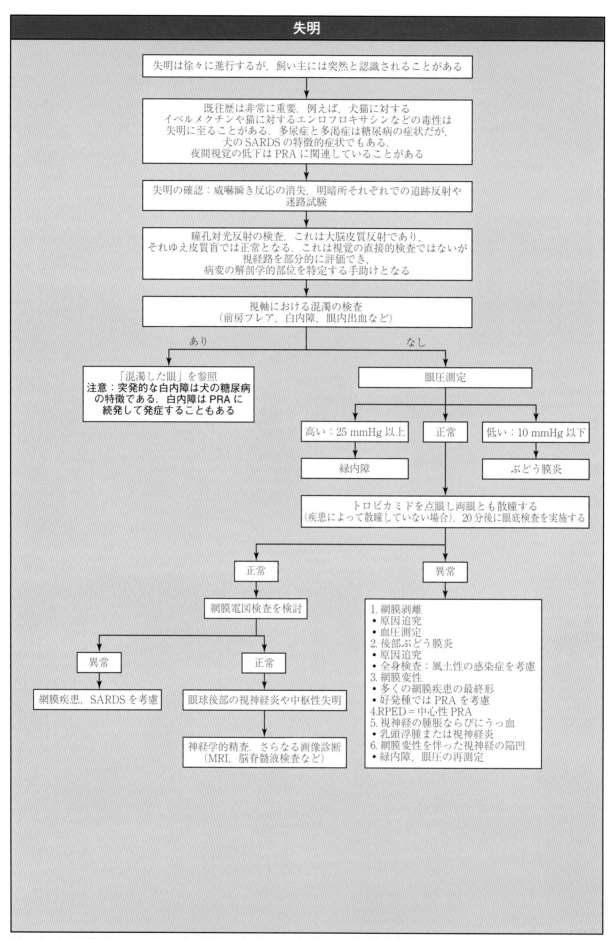

SARDS＝突発性後天性網膜変性症候群，PRA＝進行性網膜萎縮，RPED＝網膜色素上皮ジストロフィー

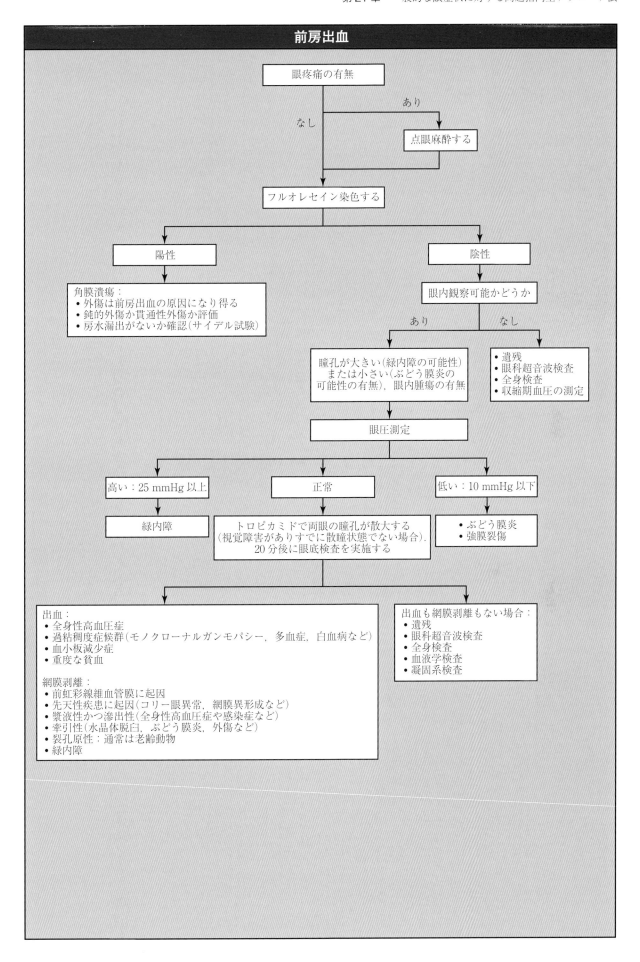

# 第21章　一般的な眼症状に対する問題指向型アプローチ法

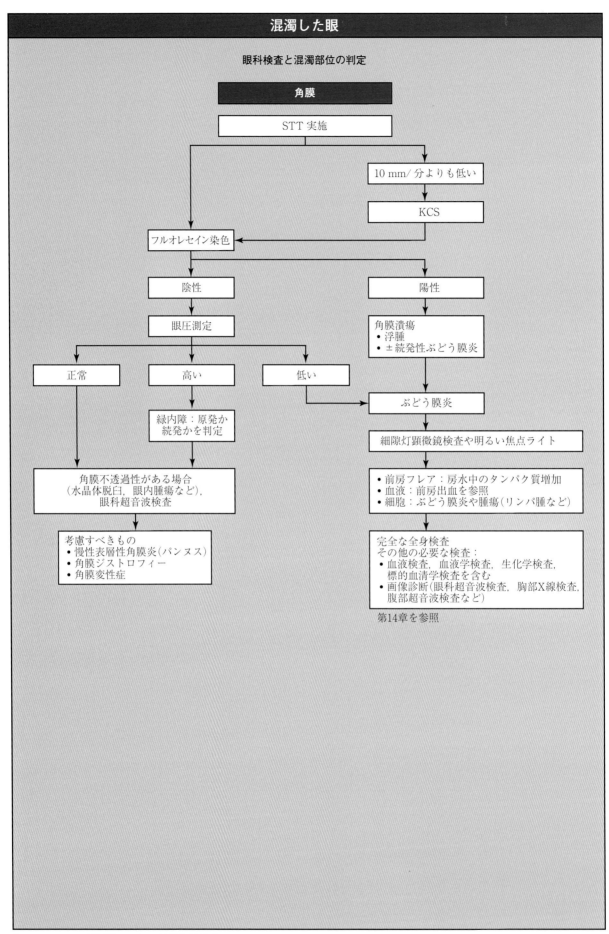

STT＝シルマー涙試験，KCS＝転性角結膜炎

第21章 一般的な眼症状に対する問題指向型アプローチ法

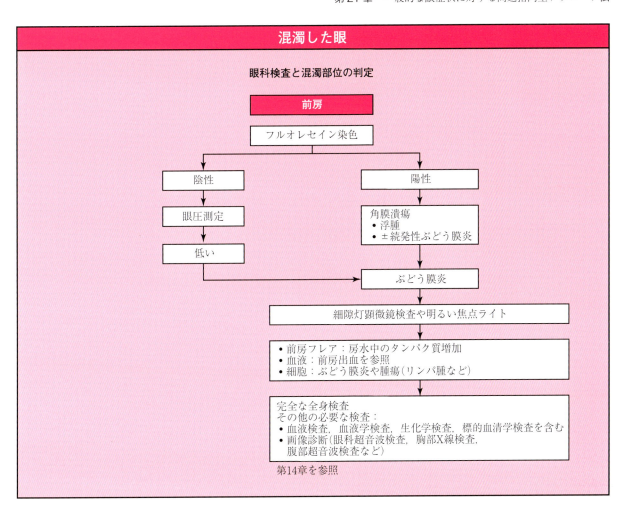

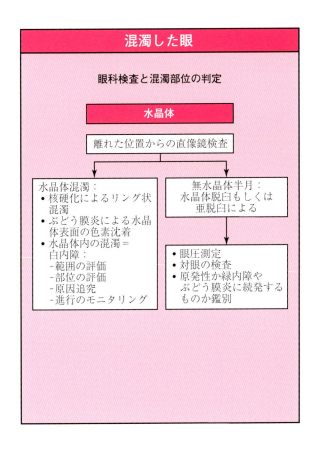

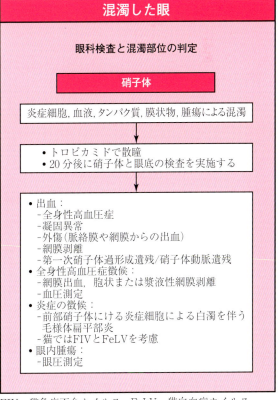

FIV＝猫免疫不全ウイルス，FeLV＝猫白血病ウイルス

第21章 一般的な眼症状に対する問題指向型アプローチ法

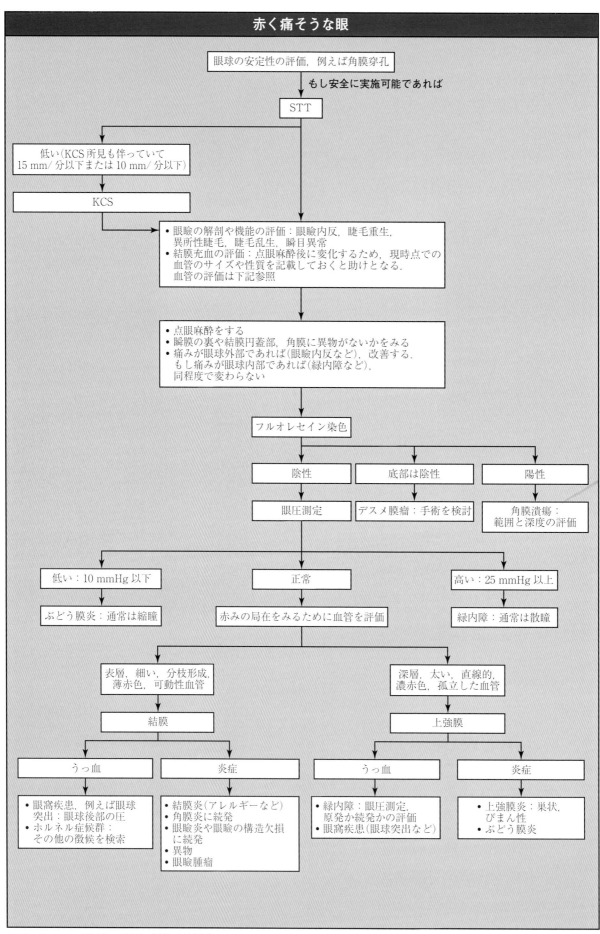

STT＝シルマー涙試験，KCS＝乾性角結膜炎

第21章　一般的な眼症状に対する問題指向型アプローチ法

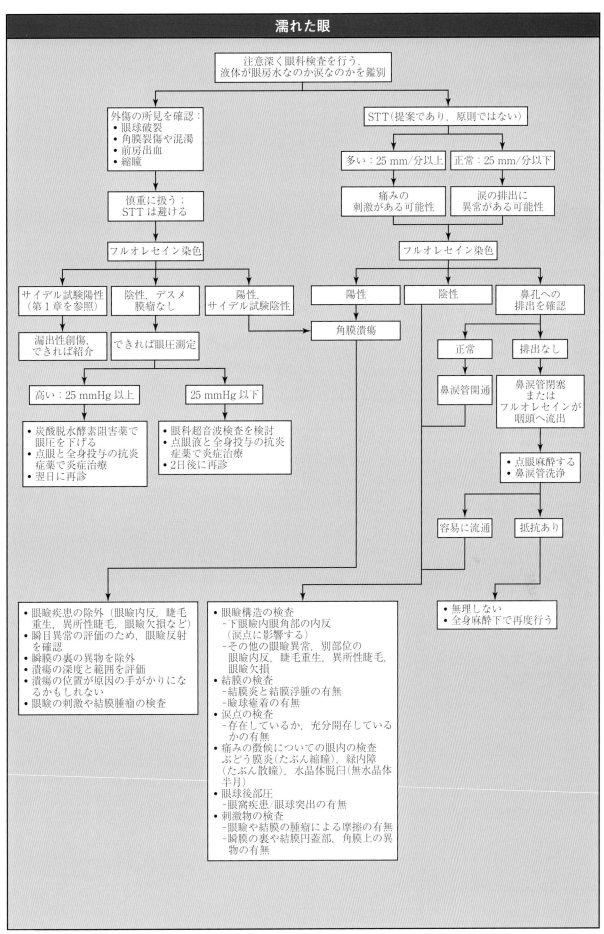

STT＝シルマー涙試験

# 索　引

## 【あ】

アイリッシュ・セター
　遺伝子検査　83
　　進行性網膜萎縮　81
アイリッシュ・レッド・アンド・ホワイト・セター
　遺伝子検査　83
　白内障　335
亜鉛欠乏症　423
亜鉛反応性皮膚症　182
赤く痛そうな眼
　診断的アプローチ法　436
秋田
　ぶどう膜皮膚症候群　180
アザチオプリン　125, 148, 265
アシクロビル　120, 216
アジスロマイシン　122, 217
アスペルギルス（症）　286
アセタゾラミド　93, 318
アセチルコリン　93
アセチルシステイン　131
圧平眼圧測定法　33～34
アトピー　180, 425
アドレナリン　93, 127, 128
アドレナリン作動薬　128, 319
アトロピン　92, 93, 128, 237, 290, 299, 319
アビシニアン
　遺伝子検査　82
アプラクロニジン　127
アポクリン汗腺腫　190
アミカシン　122
アミトラズ　123
アミノグリコシド系　122
アムフォテリシン　123
アムロジピン　378
アメソカイン　130
アメリカン・エスキモー・ドッグ
　遺伝子検査　82
アメリカン・コッカー・スパニエル
　遺伝子検査　82
　眼瞼内反症　170
　原発性緑内障　312
　後部多形性角膜ジストロフィー　250
　睫毛重生　164
　白内障　335

アメリカン・ピット・ブル
　遺伝子検査　82
アモキシシリン/クラブラン酸　121, 217
アラスカン・マラミュート
　亜鉛反応性皮膚症　182
　遺伝子検査　82
　白内障　335
　ぶどう膜皮膚症候群　425
α2-アドレナリン受容体作動薬　90
アルベンダゾール　123
アレルギー性結膜炎　211
アロプリノール　123, 285
暗順応試験　392
アンピシリン　121, 285

## 【い】

イェガー角板　111～112
威嚇瞬き反応
　視覚検査　20～21, 390
　神経解剖学　389
異形成
　眼骨格　422
　硝子体網膜　350
　網膜　367～369
萎縮
　虹彩　276
　視神経　386
　側頭筋　154
　咀嚼筋　412
　網膜　311, 369～370
異色症　272～273
異所性睫毛
　犬　165～166
　猫　187
痛み
　作用　87
イタリアン・スピノーネ
　眼瞼内反症　170
一時的部分眼瞼縫合　169
遺伝性眼疾患
　CERF　78
　ECVO HED　78
　遺伝子検査　79～86
　英国獣医連合/ケンネルクラブ/国際シープドッグ学会　77～78, 335, 369

遺伝性眼疾患の遺伝子検査
　眼科検査　79
　選択的繁殖　81
　特異性　80
　利用可能な検査　82～86
イドクスウリジン　216
イトラコナゾール　123, 286
犬アデノウイルス　417
犬アデノウイルス1型　284, 417
犬アデノウイルス2型
　結膜炎　211
犬ジステンパーウイルス　417
　乾性角結膜炎　198
　結膜炎　211
犬伝染性肝炎　284
犬の単球エールリヒア症(CME)　284
犬ヘルペスウイルス　417
　結膜炎　211
異物
　角膜　95, 243
　眼窩　45, 53
　眼球内　291
　結膜　214～215
　硝子体　352
　除去　111
イングリッシュ・コッカー・スパニエル
　遺伝子検査　83
　眼瞼内反症　170
　原発性緑内障　312
　睫毛重生　164
　免疫介在性乾性角結膜炎　195
イングリッシュ・スプリンガー・スパニエル
　遺伝子検査　82
　原発性緑内障　312
　免疫介在性乾性角結膜炎　195
　網膜異形成　368
イングリッシュ・ブルドッグ
　異所性睫毛　165
　免疫介在性乾性角結膜炎　195
イングリッシュ・マスティフ
　遺伝子検査　82
インスリン　94
インターフェロン　120, 216

## 【う】

ウィペット
　結膜下出血と前房出血　214

# 索　引

ウイルス感染
　　全身性　417〜420
ウイルス性結膜炎　211
ウイルス分離　68
ウエストコット腱剪刀　109
ウエスト・ハイランド・ホワイト・テリア
　　乾性角結膜炎　195
ウェルシュ・コーギー・カーディガン
　　遺伝子検査　82
ウェルシュ・スプリンガー・スパニエル
　　原発性緑内障　312
　　睫毛重生　164
　　白内障　335
ウェルシュ・テリア
　　遺伝子検査　85
　　原発性緑内障　312
ヴォルピーノ・イタリアーノ
　　遺伝子検査　85

## 【え】

エアデール・テリア
　　結晶性実質性ジストロフィー
　　　　248〜249
英国獣医連合/ケンネルクラブ/国際
　　シープドッグ学会における計画
　　77〜78
栄養性疾患　422〜424
エーラス・ダンロス症候群　422
X線画像
　　解釈
　　　　炎症性疾患　58〜62
　　　　外傷　63
　　　　眼窩　62, 141
　　　　虹彩と毛様体　53〜54
　　　　視神経　57〜58
　　　　硝子体　54〜56
　　　　新生物　61
　　　　水晶体　54〜56
　　　　脈絡膜　57
　　　　網膜　56〜57
X線検査
　　解釈　41
　　　　眼球　52〜53
　　　　鼻涙管　41〜42
　　　　画像　41
　　　　造影検査　41〜42
　　　　利点/欠点　39〜40
エリスロマイシン　122, 217
遠視　341
炎症
　　外眼筋　46, 140, 148, 410
　　炎症薬の経路　125
エントレブッハー・キャトル・ドッグ
　　遺伝子検査　83
エンロフロキサシン　122, 380

## 【お】

オーストラリアン・キャトル・ドッグ
　　遺伝子検査　82

オーストラリアン・シェパード
　　遺伝子検査　82
　　小眼球症　142
　　白内障　335
　　マール被毛腫の眼発育不全　273
オーストラリアン・スタンピーテイル・
　　キャトル・ドッグ
　　遺伝子検査　82
オールド・イングリッシュ・シープドッグ
　　白内障　335
　　マール被毛腫の眼発育不全　273
オールド・イングリッシュ・マスティフ
　　遺伝子検査　84
オシキャット
　　遺伝子検査　82
オピオイド　88
オフロキサシン　121

## 【か】

外眼角形成術
　　スライディング　184
外眼筋炎　46, 140, 149, 410
開瞼器　108
外傷
　　角膜　243
　　眼窩　63, 151
　　眼球　144〜145
　　　　突出　151〜152
　　強膜
　　　　上強膜および輪部　266
　　結膜　213〜215, 220
　　白内障形成　336〜337
　　鼻涙管　205, 206
　　ぶどう膜　290〜292, 299〜300
海綿静脈洞症候群　404
潰瘍
　　角膜　29, 31, 95, 113, 164, 232
　　化学的火傷　214, 244
　　角強膜転移術　237, 238
　　核硬化症　25, 339
　　拡大鏡　104
角膜
　　犬の疾患
　　　　潰瘍性角膜炎　236〜247
　　　　角膜腫瘤　250
　　　　角膜の大きさと角膜欠損　235
　　　　混濁　235
　　　　腫瘍　250
　　　　非潰瘍性角膜炎　247〜250
　　　　類皮腫　235
　　異物　95, 243
　　外傷　243, 256
　　潰瘍　29, 31, 95, 113, 164, 232
　　画像　43, 44, 53
　　外科的処置
　　　　角結膜転移術　238
　　　　結膜有茎被弁術　237
　　　　原則　95〜97, 102, 103, 114, 117
　　　　格子状角膜切除術　240
　　　　第三眼瞼フラップ　241
　　　　表層角膜切除術　255

血管新生　232, 306
恒常性　230〜233
黒色壊死症　46
混濁した眼
　　診断的アプローチ法　434
疾患の検査　233〜235
水疱の形成　232
穿孔　32
組織　227, 228
治癒　231
猫の疾患
　　潰瘍性角膜炎と非潰瘍性角膜炎
　　　　251〜256
　　角膜腫瘤　256
　　角膜の大きさと角膜欠損　250
　　混濁　250
　　腫瘍　256
　　類皮腫　251
発生学
　　解剖学および生理学　227〜233
反射　21, 390, 393
浮腫　278, 287, 306, 418
角膜炎
　犬
　　潰瘍性
　　　　外傷　243
　　　　化学的火傷もしくは熱傷
　　　　　　244〜245
　　　　角膜異物　243〜244
　　　　眼瞼と付属器疾患　238〜239
　　　　急性実質性角膜融解　240〜243
　　　　原因　236
　　　　神経学的疾患　245
　　　　治療　236
　　　　特発性慢性角膜上皮欠損症
　　　　　　240
　　　　変性　245
　　　　涙膜障害　239〜240
　　非潰瘍性
　　　　角膜の脂質代謝異常　248
　　　　カルシウム変性　249〜250
　　　　色素性　248
　　　　慢性表在性　247〜248
　　感染性　283
　　好酸球性　72, 234, 254
　猫
　　非潰瘍性角膜炎
　　　　外傷　256
　　　　角膜黒色壊死症　253〜255
　　　　眼球癒着　253
　　　　眼瞼と付属器疾患　251
　　　　乾性角結膜炎　254
　　　　感染性　254
　　　　急性水疱性角膜症　256
　　　　好酸球性　254
　　　　色素性　256
　　　　脂質とカルシウム性角膜症
　　　　　　256
　　　　神経麻痺性角膜症と神経異栄養
　　　　　　性角膜炎　256
　　　　猫ヘルペスウイルス　252
　　　　表在性慢性角膜上皮欠損　254

# 索　引

フロリダスポット　256
角膜炎
　慢性表在性　69, 234, 247
角膜環
　角膜　248
角膜症
　カルシウム性　249〜251, 256
　急性水疱性　256
　脂質　248, 256
　神経栄養性　245
　神経麻痺性　245
角膜真菌症　123
角膜切除術　235, 240, 255
角膜融解
　急性実質性　240〜244
カストロビエホ開瞼器　108
カストロビエホ角膜剪刀　109
カストロビエホ持針器　110
画像診断
　X線検査　39, 41〜42
　眼窩疾患における特徴　140〜142
　　炎症性疾患　58〜62
　　外傷　63
　　空洞病変　64
　　血管奇形　64
　　新生物　61
　眼疾患における特徴
　　角膜　53
　　眼球　52〜53
　　虹彩と毛様体　53〜54
　　視神経　57〜58
　　硝子体　56
　　水晶体　54〜56
　　脈絡膜　57
　　網膜　56〜57
　コンピューター断層撮影　40, 50〜51
　磁気共鳴画像　40, 47〜50
　超音波検査
　　Aモード　45
　　カラーフロードップラー　47
　　高周波　46〜47
　　造影　47
　　Bモード　43〜45
　　利点／欠点　40
　光干渉断層計　65
滑車神経
　障害　408
カネ・コルソ
　遺伝子検査　82
過粘稠血症　379
化膿性炎症
　若年性　425
　皮膚粘膜移行部　179
下涙小管裂傷の治療　205
カルシウム変性　249〜250
カルバコール　93, 127
カルプロフェン　89
カレリアン・ベア・ドッグ
　遺伝子検査　83
眼圧
　検査　33〜35, 304

　生理的制御　303〜304
　測定　33〜35
　麻酔による影響　90〜91
　眼の痛み　87
眼ウジ病　284, 287
眼窩
　解剖学と生理学　135〜136
　画像　45, 51, 58〜64, 140
　義眼　154
　外科手技の原則　101
　後天性疾患
　　異物　45〜46, 59〜60
　　外傷　63, 151
　　眼窩脂肪パッド　154
　　筋炎　60, 148
　　新生物　45〜46, 61, 62, 138, 149
　　嚢胞　152〜154
　　膿瘍／蜂巣炎　58〜59, 145
　疾患の検査　137〜142
　先天性疾患
　　眼窩静脈瘤　143〜144
　　眼窩動静脈瘻　143
　　眼球陥凹　143〜144, 411
　　眼球突出　143, 409〜411
　　頭蓋骨下顎骨骨症　144
　　類皮腫　144
　臨床徴候　136〜137
眼角形施術
　Wyman変法　176
　外眼角形成術
　　スライディング　184
　　内眼角眼瞼短縮術　173〜174
眼科検査
　眼圧検査　33〜35
　眼科検査表　27
　眼窩と眼球　139
　眼瞼　161〜162
　眼表面の染色　30〜32
　機器　16〜17
　隅角検査　35
　蛍光眼底血管造影法　32〜33
　検影法　35
　検眼鏡
　　直像鏡　23〜26
　　倒像鏡　26〜28
　サンプルの採材　19〜20, 36
　視覚検査　20〜21
　シグナルメントと病歴　17
　周辺照明光　17〜18
　照射法　21〜23
　シルマー涙試験　18〜19
　神経眼科学的反射　20〜21
　スリットランプ検査　28〜30
　房水穿刺／硝子体穿刺　36〜37, 70〜71
　網膜電図検査　35〜36, 363
　罹患動物の保定　15〜16
眼窩中隔　136
眼球
　異物　52〜53
　拡大　308
　画像　44, 49, 52〜53

　後天性疾患
　　外傷　144〜145
　　眼球癆　144
　　短頭種または長頭種　144
　疾患の検査　137〜142
　神経解剖学　393〜395
　新生物　53
　先天性疾患
　　牛眼／水眼　142〜143
　　小眼球症　142
　　無眼球症　142
　破裂　45, 52, 291
　病理組織学　73〜75
　臨床徴候　136〜137
　臨床評価　394
眼球陥凹　143, 154, 441
　鑑別診断　137
　筋炎　148, 411
　臨床徴候　136
眼球振盪
　振り子眼球振盪　412
　律動　411〜412
　臨床評価　394〜395
眼球摘出術
　経眼瞼　154
　経結膜　154
　剪刀　109〜110
　緑内障　323
眼球突出　141, 143, 147
　画像　62
　鑑別診断　137
　偽眼球突出　138
　筋炎　148, 409
　臨床徴候　136
眼球癆　144, 152, 311
眼瞼
　犬の疾患
　　炎症性疾患　176〜181
　　外傷　184〜185
　　眼瞼の異常　167〜176
　　腫瘍　182〜184
　　睫毛疾患　164〜167
　　神経学的疾患　185
　　先天性疾患　162〜164
　　角膜の潰瘍性疾患　239, 251
　眼瞼下垂　185, 414
　外科的処置
　　Hotz-Celsus法　168, 169
　　lip-to-lidグラフト　185
　　Mustardé法　185
　　Stades法　175
　　Wyman眼角形成術変法　176
　　眼瞼矯正　168, 169
　　眼瞼切除　172
　　眼瞼短縮　171
　　原則　101〜102, 114, 116, 117
　　スライディング外眼角形成術　184
　　内眼角眼瞼短縮術　173〜174
　　部分眼瞼縫合　168, 169
　疾患の検査　161〜162
　瞬目不全　412〜414

索　引

神経解剖学　393
猫の疾患
　　眼瞼構造異常　187
　　眼瞼の炎症　188～189
　　腫瘍　189～191
　　睫毛疾患　187
　　先天性疾患　185～187
　発生学
　　解剖学および生理学　159～161
片側顔面麻痺　414
臨床評価　393
眼瞼炎
　犬　178
　猫　188
眼瞼外反症
　犬　176
　猫　187
眼瞼下垂　185, 414
眼瞼痙攣　306
眼瞼結膜炎　198, 212
眼瞼腫瘍　182～184
眼瞼内反症
　犬　167～176, 238
　猫　187
眼瞼反射　21, 393, 412
眼瞼縫合
　一時的　151, 186
眼瞼癒着
　犬　162
　猫　185
眼黒色症　267～268, 293, 316
ガンシクロビル　120, 216
眼心臓反射　92
乾性角結膜炎（KCS）
　犬
　　外傷性突出　152
　　耳下腺管移植術　199
　　神経原生 KCS　196～197, 414
　　先天性 KCS　198
　　トリメトプリム／スルフォンアミド　123
　　免疫介在性 KCS　195～196
　　薬剤誘発性 KCS　197～199
　犬ジステンパーウイルス　417
　猫　200, 254
眼底
　視神経および視神経乳頭
　　後天性疾患
　　　視神経萎縮　385
　　　視神経炎　384～385
　　　腫瘍　385～386
　　　乳頭浮腫　384
　　先天性疾患
　　　視神経欠損　384
　　　視神経低形成　383～384
　　疾患の検査
　　　画像　363
　　　検眼鏡検査　357～363
　　　行動検査　357
　　　反射　357
　　　網膜電位図検査　363

発生学
　　解剖学および生理学　355～357
網膜および脈絡膜
　後天性疾患
　　栄養性網膜変性　380～382
　　血管の疾患　377
　　腫瘍　385
　　神経セロイドリポフスチン症　382～383
　　突発性後天性網膜変性症候群　372
　　光網膜症　383
　　フルオロキノロン中毒　379～381
　　脈絡網膜炎　374～377
　　網膜色素上皮ジストロフィー　381
　　網膜剥離　372～374
　発達性疾患
　　犬の多病巣性網膜症　371～372
　　コリー眼異常　365～367
　　進行性網膜萎縮症　369～371
　　ブリアードにおける網膜ジストロフィー　371～372
　　網膜異形成　367～369
　リンパ腫の浸潤　419
眼内炎　71
眼杯　355
顔面下垂　17, 170, 174

【き】

義眼　154, 156
偽眼球突出　138
機器の滅菌　107～108
寄生虫感染性眼瞼炎
　犬　178～179
　猫　188
寄生虫性結膜炎　211
寄生虫性疾患　287, 352, 422, 425
偽乳頭浮腫　361
キャバリア・キング・チャールズ・スパニエル
　遺伝子検査　82
　乾性角結膜炎　198
　結晶性実質性ジストロフィー　248
　小眼球症　142
　睫毛重生　164
　白内障　335
牛眼　142, 308～309, 429
球後膿瘍　46, 59
球状円錐水晶体　55
球状水晶体　334
急性実質性角膜融解　240～243
急性水疱性角膜症
　猫　256
強角膜症　264
狭瞼器　112, 165
頬骨腺
　画像　42
　唾液腺炎　60

粘液嚢腫　64, 153
頬骨唾液腺　136
狭窄　203, 206
強膜
　犬の疾患
　　外傷　266
　　強角膜症　264
　　強膜炎　265～266, 289
　　腫瘍　267～268
　　上強膜炎　264～265
　　ぶどう腫　263～264
　　緑内障　266～267
　　類皮腫　263
　解剖学と生理学　261～262
　疾患の検査　262～263
　超音波検査　44
　猫の疾患
　　外傷　268～269
　　瞼球癒着　269
　　腫瘍　269
　　類皮腫　268
　緑内障　307
　輪部の結膜化　215
　露出　262
強膜炎　265～266, 289
局所麻酔　89～90
虚血
　盲目（失明）　389
筋炎
　線維性　149, 408～409
　咀嚼筋　148, 409
近視　341

【く】

隅角　54
隅角検査　35, 304～305
隅角発生異常　312～313
　予防療法　320
隅角レンズ　305
クーパース
　遺伝子検査　83
駆虫薬　123
グラフト
　lip-to-lid　185
　結膜フラップ　173
　部分的な厚みのある　183
　クラミジア性　121, 122
クランバー・スパニエル
　眼瞼内反症　170
　大眼瞼裂　163
グリア性瘢痕　386
グリセロール　93, 126, 318
クリプトコッカス（症）
　診断　71
クリンダマイシン　122, 286, 298
グレート・デーン
　眼瞼内反症　170
　原発性緑内障　312
　虹彩毛様体嚢胞　277, 316
　軟骨の湾曲　221
マール被毛腫の眼発育不全　273

441

# 索引

グレート・ピレニーズ
　遺伝子検査　83
　多病巣性網膜症　371
グレーハウンド
　慢性表在性角膜炎　247
グレン・オブ・イマール・テリア
　遺伝子検査　83
クローケ管　347
クロラムフェニコール　121, 123
クロルフェニラミン　125
クロルヘキシジン　104, 123, 131

## 【け】

ケアーン・テリア
　異所性睫毛　165
　眼黒色症　293, 316
蛍光眼底血管造影法　32～33, 359, 363
形成不全
　脈絡膜　80
外科手技の原則
　解剖学と生理学　101～102
　拡大鏡　104～106
　器具
　　開瞼器　108
　　持針器　110
　　剪刀　109～110
　　組織鑷子　108～109
　　ナイフ　109
　　針　110～111
　　滅菌と手入れ　107
　術後管理　117
　切開技術　114～115
　組織操作　114～115
　縫合糸の素材と手技　111, 115～118
　滅菌準備　103～105
　罹患動物と術者のポジショニング　102～103
ケタミン　90
血液-眼関門　272
血管腫　190, 294
血管肉腫　190, 302
血管の疾患
　過粘稠血症　379, 424
　凝固障害　377
　高血圧性脈絡網膜症
　　犬　378
　　猫　377～379
　高脂血症　424
　高脂血症性網膜症　379
　出血　423
　全身性高血圧症　424
　糖尿病性網膜症　378～379
　貧血　423
結晶性実質性ジストロフィー　248～249
血清学　68
結節性肉芽腫性上強角膜炎　224
結節性肉芽腫性上強膜炎　264
欠損　274, 334

欠損症候群　295
結膜
　犬の疾患
　　外傷　213～215
　　結膜炎　210～222
　　結膜腫瘤　212～213
　　腫瘍　212～213
　　類皮腫　210
　　外科的処置
　　　結膜フラップ　173, 238
　　　原則　102, 117
　黒色腫　74
　疾患の検査　209～210
　猫の疾患
　　外傷　220
　　結膜炎　215～219
　　結膜腫瘤　219～220
　　瞼球癒着　219
　　腫瘍　219～220
　　類皮腫　215
　発生学
　　解剖学および生理学　209
結膜炎
　犬
　　感染性結膜炎　211
　　局所疾患からの波及　212
　　結膜の肥厚　211
　　全身性疾患　212
　　非感染性結膜炎　211～212
　　濾胞性結膜炎　210
　感染性　67, 210, 215, 247
　急性　417
　形質細胞性　223
　脂質肉芽腫性　189
　猫
　　感染性結膜炎　215
　　好酸球性結膜炎　218～219
結膜下注射　119
結膜ポケット法　222
ケトコナゾール　123
検影法　35
検眼鏡　16, 28
　直像鏡　23～26
　倒像鏡　26～28
検眼鏡検査
　眼底　357～363
　水晶体　331～332
瞼球癒着　206, 214, 219, 250
限局した眼窩筋線維肉腫　149
検査
　細胞学　69～72
　サンプル採取　67
　微生物学的検査　67～69
　病理組織学　72～76
原生動物疾患
　全身性　421
ゲンタマイシン　121, 122
原虫性疾患　284, 285～286
原発性水晶体脱臼（PLL）　81～86
眩惑反射
　視覚検査　20, 357

神経解剖学　393

## 【こ】

抗アレルギー薬　125
抗ウイルス薬　120～121
抗炎症薬　124～125
交感神経作動薬　128, 290
抗菌薬
　麻酔薬および鎮痛薬に影響　92
口腔検査　139
抗コラゲナーゼ薬　131～132, 242
抗コリン薬　128
虹彩
　萎縮　276
　異色症　272～273
　外傷　291
　解剖学と生理学　271
　サブアルビノ症　273
　残余物　332
　腫瘍　29, 53, 293, 300, 301
　前部ぶどう膜炎　53, 277, 295
　低形成または欠損　274
　嚢胞　46, 53, 276, 295, 316
　膨隆　281, 286
　マール被毛種の眼発育不全　273～274
　無虹彩　274
　メラニン色素沈着症　276, 295
虹彩振盪　340
虹彩毛様体腫瘍　301
虹彩毛様体嚢胞　46, 53, 276, 295, 316
虹彩ルベオーシス　295
好酸球性角膜炎　72, 254
高脂血症　288, 424
高脂血症性網膜症　379
高周波シーケンス　48
咬傷　63
甲状腺機能亢進症　425
甲状腺機能低下症　424
抗真菌薬　123
抗浸透圧剤　126
抗生物質　121～123
抗線維素化薬　132
後嚢
　混濁　345
紅斑性狼瘡　181
後部円錐水晶体　56
後部ぶどう膜炎　57, 277
抗緑内障薬　126～127
ゴードン・セター
　遺伝子検査　83
　若年性蜂窩織炎　181
コーヌス　361
ゴールデン・レトリーバー
　遺伝子検査　83
　原発性緑内障　312
　虹彩毛様体嚢胞　277, 316
　若年性蜂窩織炎　181
　白内障　335
ホルネル症候群　223

索　引

黒色腫
　　眼瞼　182〜183
　　結膜　74
　　虹彩　29, 299〜301
　　脈絡膜　383
　　輪部　267, 269
骨症
　　頭蓋骨下顎骨　144
骨髄炎
　　前頭骨　64
　　蝶形骨　61
骨折
　　眼窩　152
骨軟骨肉腫
　　眼窩　140
コトン・ド・テュレアール
　　遺伝子検査　82
　　多病巣性網膜症　371
ゴブレット細胞機能不全症　199〜200
コメットテールアーチファクト　60
コラーゲンシールド　113
コリー眼異常　79, 366
コリブリ鑷子　108
コルチコステロイド　92, 124, 125,
　　219, 224, 265, 287, 288
コロボーマ
　　犬　162
　　猫　186〜187
混濁した眼
　　診断的アプローチ法　434〜435
コンタクトレンズ　113, 237〜238,
　　243
コンピューター断層撮影（CT）
　　50〜51, 61〜62, 203

【さ】

細菌性眼瞼炎
　　犬　178
　　猫　188
細菌性結膜炎　211
細菌性疾患　420〜421
　　全身性　420〜421
細菌培養　67〜68
サイデル試験　31
細胞学　69〜72
酢酸メゲストロール　256
サブアルビノ症　273
サモエド
　　亜鉛反応性皮膚症　182
　　遺伝子検査　84
　　結晶性実質性ジストロフィー
　　　248
　　原発性緑内障　312
　　硝子体網膜異形成　350
　　ぶどう膜皮膚症候群　180
散瞳　306〜307
散瞳薬　127, 237
サンプル採取
　　取り扱い　19〜20, 67〜72
　　ラベリング
　　　検査依頼および染色　71〜72

霰粒腫　176
霰粒腫用鉗子　111

【し】

シー・ズー
　　異所性睫毛　166
　　眼瞼内反症　170
　　大眼瞼裂　163
　　類皮腫　263
シーリハム・テリア
　　遺伝子検査　84
シェーグレン症候群　196, 415
シェッツ眼圧測定法　33
シェットランド・シープドッグ
　　異所性睫毛　166
　　遺伝子検査　84
　　小眼瞼裂　163
　　睫毛重生　164
　　表層性ジストロフィー　245〜246
　　マール被毛腫の眼発育不全　273
歯科X線検査　141
視覚
　　視覚検査　20〜21, 390
　　神経解剖学　369〜391
　　喪失　307〜308
視覚性踏み直り反応　21, 391
視覚追跡試験　21, 391
耳下腺管移植術　199
磁化率アーチファクト　50
磁気共鳴画像（MRI）　47〜50, 61〜62
色素希釈　358
シクロスポリン　125, 128, 219
ジクロルフェナミド　318
視差　22, 331
脂質代謝異常
　　角膜　248
脂質肉芽腫性結膜炎　188, 200, 219
持針器　110
視神経
　　視覚検査　20
視神経炎
　　犬ジステンパーウイルス　417
視神経炎
　　画像　58
　　原因　384
　　治療　385
視神経炎
　　盲目（失明）　398
　　臨床所見　384
視神経乳頭
　　萎縮　386
　　画像　44, 46, 58
　　陥凹　310〜311
　　欠損　384
　　新生物　58, 385
　　低形成　383
　　乳頭浮腫　384
ジストロフィー
　　結晶性実質性ジストロフィー
　　　248〜249
　　後部多形性角膜ジストロフィー　250

　　シェットランド・シープドッグの表
　　　層性　245〜246
　　内皮ジストロフィーと変性症　246
　　ブリアードにおける網膜ジストロ
　　　フィー　371〜372
　　網膜色素上皮ジストロフィー　381
シドフォビル　120, 216
シネレシス　56, 350
柴
　　原発性緑内障　312
シプロフロキサシン　121
シベリアン・ハスキー
　　亜鉛反応性皮膚症　182
　　遺伝子検査　84
　　結晶性実質性ジストロフィー　248
　　原発性緑内障　312
　　白内障　335
　　ぶどう膜皮膚症候群　180
脂肪腫
　　眼窩　62
シミコキシブ　89
シャー・ペイ
　　眼瞼内反症　170
　　原発性緑内障　312
　　水晶体脱臼／亜脱臼　339
ジャーマン・シェパード・ドッグ
　　アスペルギルス（症）　286
　　犬の単球エールリヒア症（CME）
　　　284
　　潰瘍性眼瞼炎　180
腺癌
　　頬骨腺　212
肉芽腫性眼瞼炎　179
白内障　335
プラズマモーマ　223
慢性表在性角膜炎　247
類皮腫　210
ジャーマン・ショートヘアード・ポイ
　　ンター
　　遺伝子検査　83
ジャーマン・ハンティング・テリア
　　遺伝子検査　83
ジャイアント・シュナウザー
　　白内障　335
若年性蜂窩織炎　181
斜視　64, 136, 139, 149
　　関連した疾患　408〜409
　　段階的アプローチ　408
　　臨床症状　407〜408
ジャック・ラッセル・テリア
　　遺伝子検査　83
　　濾胞性結膜炎　210
シャム
　　遺伝子検査　82
　　睫毛重生　187
臭化デメカリウム　318
銃創　63, 145, 266
縮瞳薬　319
手術用顕微鏡　105〜106
出血
　　眼内　243, 244, 292〜293, 299, 310,
　　　315

443

索　引

血管疾患　423〜424
結膜　214
結膜下　213〜214
硝子体　56, 351, 353
超音波検査　45
表層角膜　232
網膜　362
腫瘍
　角膜　250, 256
　眼底　383, 385
　強膜
　　上強膜および輪部　267〜268
　結膜　212〜213, 219〜220
　虹彩毛様体嚢胞　277, 294, 301
　種類　62
　硝子体　352
　全身性　425
　第三眼瞼腺　223
　ぶどう膜　293〜295, 300〜302
　緑内障　419
　涙腺　200
瞬膜
　外科手技の原則　102
　外科的処置
　　第三眼瞼フラップ　225
　　脱出　212
　後天性疾患
　　外傷　225
　　腫瘍　223
　　第三眼瞼の炎症性疾患　223
　　第三眼瞼の突出　223
　　嚢胞　221
　先天性疾患
　　第三眼瞼腺の脱出　221
　　第三眼瞼の突出　221
　　軟骨の湾曲　221
　発生学
　　解剖学および生理学　220〜221
瞬目障害
　眼瞼下垂　414
　瞬目不全　412〜414
　診断的アプローチ法　430
　段階的アプローチ　414
　片側顔面麻痺　414
上顎骨
　上皮嚢胞　205
小眼球症　56, 142, 223
小眼瞼裂
　犬　163
上強膜炎　264〜265
硝子体
　犬の疾患
　　異形成　350
　　異物　352
　　寄生体　352
　　腫瘍　352
　　硝子体炎　351〜352
　　硝子体出血　351
　　硝子体突出とヘルニア　352〜353
　　第一次硝子体遺残　348〜350
　　嚢胞　352

　　変性　350〜351
　　硝子体炎　56
　混濁した眼
　　診断的アプローチ法　435
　出血　56, 351, 353
　硝子体注射　354
　硝子体切除術　353〜354
　脱出　317, 340
　猫の疾患
　　硝子体出血　353
　　先天性疾患　353
　　ぶどう膜炎　353
　発生学
　　解剖学および生理学　347〜348
　浮遊物　56
　変性　45, 56, 350
　膜　56
硝子体炎　351〜352
硝子体切除術　353〜354
硝子体穿刺　36, 71
硝子体注射　119, 354
硝子体動脈遺残　348〜349
硝子体網膜異形成　350
小水晶体　334, 341
小脳
　障害　401
上皮親和性リンパ腫　183
上皮封入体嚢胞　250, 256
静脈瘤
　眼窩静脈　143
睫毛
　疾患
　　犬　164〜167
　　猫　187
睫毛重生　164〜165
　犬　162, 164〜165, 166, 239
　猫　187
睫毛鑷子　108
睫毛乱生　166〜167, 171, 173, 186
小涙点症　203
ジョーンズ試験　32, 201
自律神経作用薬　127
自律神経障害　407
シルキー・テリア
　遺伝子検査　84
シルケン・ウインド・スプライト
　遺伝子検査　83
シルケン・ウインドハウンド
　遺伝子検査　84
シルマー涙試験　18〜19, 128, 194〜195
真菌感染症　286
真菌性眼瞼炎
　犬　179〜180
　猫　188
真菌性結膜炎　211
真菌性疾患
　全身性　420〜421
真菌の菌糸
　染色　75
真菌培養　68
神経栄養性角膜症　245

神経眼科
　開瞼異常
　　神経障害　412〜414
　解剖学
　　眼球　393
　　眼瞼　393
　　視覚　369〜391
　　瞳孔　391
　　涙腺　395
　眼位と眼球運動異常
　　眼球陥凹　411
　　眼球振盪　411〜412
　　眼球突出　409〜410
　　眼瞼下垂　414
　　斜視　407〜409
　　片側顔面麻痺　414
　疾患の検査　395〜396
　第三眼瞼障害　414
　瞳孔不同
　　関連した疾患　403
　　段階的アプローチ　402〜403
　　臨床症状　400〜402
　盲目（失明）
　　関連した疾患　397
　　原因　400
　　段階的アプローチ　396
　　病変部の特定　397
　流涙障害　415
　臨床診断　20〜21
　臨床評価
　　眼球　394〜395
　　眼瞼　393
　　視覚　390〜391
　　瞳孔　391〜392
　　涙腺　395
神経筋遮断　95, 97〜99
神経刺激装置　98
神経セロイドリポフスチン症　382〜383
神経麻痺性角膜症　245
進行性網膜萎縮症（PRA）
　遺伝子検査　79, 80
　犬　369〜370
　猫　370〜378
新生子眼炎
　犬　162
　猫　186
新生物
　画像　61
　眼窩　46, 62, 138, 139
　眼内　46
　視神経　58, 385
　脈絡膜　58
　毛様体　53
浸透圧性利尿薬　318

【す】

水眼　138, 142, 144
水晶体
　犬の疾患
　　PHP／PHTVL　333

索　引

遠視と近視　341
核硬化　339
球状水晶体　334
欠損　334
小水晶体　334
水晶体原生ぶどう膜炎　338～339
水晶体脱臼/亜脱臼　339～341
前眼部形成不全　334
瞳孔膜遺残　332～333
白内障　334～339
ピーターズ異常　334
無水晶体　334
外科的療法
　水晶体摘出　320, 345
混濁した眼
　診断的アプローチ法　435
混濁の位置　331
疾患の検査　330～332
水晶体手術
　後嚢混濁　345
　超音波水晶体乳化吸引術
　　343～345
　適応　342
　縫合固定レンズ　345～346
脱臼/亜脱臼　45, 55～56, 309, 313,
　339, 342
超音波検査　44
猫の疾患
　水晶体脱臼/亜脱臼　342
　瞳孔膜遺残　341
　白内障　341～342
　白内障　54, 310, 333, 334, 341
発生学
　解剖学および生理学　329～330
破裂　45, 54～55
緑内障　316～317
水晶体血管膜過形成遺残（PHTVL）
　333, 349
水晶体振盪　340
水晶体嚢内摘出術　345
水晶体破砕性ぶどう膜炎　287, 298
水晶体融解性ぶどう膜炎　287, 298
髄上皮腫　294, 302
水頭症　409
水疱　232
髄膜腫
　眼窩　74
ズーノーシス　284, 297
スウェーディッシュ・ラップフンド
　遺伝子検査　84
スキッパーキ
　小眼瞼裂　163
スタッフォードシャー・ブル・テリア
　PHTVL／PHPV　333
　異所性睫毛　165
　遺伝子検査　84
　睫毛重生　162, 164
　白内障　335
スタンダード・プードル
　白内障　335
スティーヴンズ腱剪刀　109

スパニッシュ・ウォーター・ドッグ
　遺伝子検査　84
スハペンドゥス
　遺伝子検査　84
スムース・コリー
　遺伝子検査　84
　マール被毛種の眼発育不全　274
スリットランプ検査　28～30
スルーギ
　遺伝子検査　84
スルホンアミド系　123

【せ】

星状硝子体症　45, 56, 350
生体顕微鏡　282, 332
鑷子　108
セファゾリン　122
セファロスポリン系　121～122
セボフルラン　95
セラメクチン　123
線維性外眼筋炎　149, 408～409
線維素溶解薬　132
腺癌　190
　眼瞼　182, 191
　頬骨腺　212
　虹彩毛様体　294
　第三眼瞼腺　74
全眼球炎　278
　超音波検査　45
前眼部
　形成不全　334
　疾患　274～276
閃輝性融解　56, 350～351
前虹彩線維血管膜（PIFVM）　280, 281
腺腫
　眼瞼　182
　虹彩毛様体　294
全身性高血圧症　377～378, 424
全身性疾患
　ウイルス感染　417～420
　栄養性疾患　422～424
　エーラス・ダンロス症候群　422
　眼骨格異形成　422～423
　寄生虫性疾患　422
　血管疾患　423～424
　原生動物疾患　421
　細菌性疾患　420～421
　腫瘍　425
　自律神経障害　426
　真菌性と藻類性疾患　421～422
　組織球症　426
　代謝性疾患　424～425
　チェディアック・東症候群　422
　皮膚科疾患　425
　免疫介在性疾患　425
　リソソーム蓄積病　422
腺造影
　頬骨　42
線虫症　287
前庭障害　409

前頭骨
　良性病変　64
セント・バーナード
　眼瞼内反症　170
　結膜浮腫　210
　大眼瞼裂　163
　類皮腫　263
前部強膜炎　74
前部ぶどう膜炎　53, 277, 279, 418
　リンパ腫　419
前房
　混濁した眼
　　診断的アプローチ法　435
前房出血　279, 293, 294, 299
　診断的アプローチ法　433
前房蓄膿　278, 280
前房内経路　119

【そ】

藻類性疾患　421～422
側頭筋萎縮　154
組織球腫
　眼瞼　182
　第三眼瞼腺　224
組織球症　426
組織プラスミノーゲン活性化因子
　132
組織用接着剤　113
咀嚼筋炎　147, 409
ソマリ
　遺伝子検査　82

【た】

第一次硝子体過形成遺残（PHPV）
　47, 55, 333, 341, 349～350
大眼瞼裂
　犬　163
代謝性疾患
　乾性角結膜炎　198
　全身性　424～425
ダイヤモンドアイ　163, 170, 176
タウリン欠乏性　381
唾液腺炎
　画像の特徴　60～61
タクロリムス　125, 130
ダックスフンド
　異所性睫毛　165
　若年性蜂窩織炎　181
　類皮腫　263
脱出
　結膜下の脂肪　212
　硝子体　317, 352～353
　第三眼瞼腺　221
ダブルバースト刺激（DBS）　98
タペタム　311, 358～359, 361
ダルメシアン
　類皮腫　263
炭酸脱水素酵素阻害薬　126, 127, 318
ダンディ・ディモント・テリア
　原発性緑内障　312

445

索　引

【ち】

チアミン欠乏症　423
チェサピーク・ベイ・レトリーバー
　遺伝子検査　82
　白内障　335
チェディアック・東症候群　295, 422
チベタン・スパニエル
　遺伝子検査　84
チベタン・テリア
　遺伝子検査　85
チモロール　93, 126, 127, 318
チャイニーズ・クレステッド
　遺伝子検査　82
チャイニーズ・シャー・ペイ
　眼瞼内反症　170
チャウ・チャウ
　眼瞼内反症　170
　原発性緑内障　312
　ぶどう膜皮膚症候群　180
超音波検査
　Aモード　45
　解釈　45
　　新生物　61
　カラーフロードップラー　47, 54
　眼窩疾患　141〜142
　高周波生体顕微鏡検査　46〜47
　水晶体　363
　造影　47
　Bモード　43〜45
超音波乳化吸引術　71
蝶形骨
　骨髄炎　61
　腫瘍　62
チンダル現象　29
鎮痛
　影響のある薬　92〜93
　先取り鎮痛およびマルチモーダル鎮痛　87〜88
　鎮痛薬　88〜90

【て】

低カルシウム血症　423
低形成
　虹彩　274
　視神経　383〜384
　ぶどう膜　274
デキサメタゾン　124, 125, 247
デクスメデトミジン　90, 97
デスフルランおよび笑気　95
デスメ膜　31, 46, 227
デスメ膜瘤　31, 167, 199, 231
テトラサイクリン　121, 122, 217
テポキサリン　125
デマル氏狭瞼器　111〜112
点眼薬　120, 237
電気分解療法
　睫毛重生　165
点状角膜炎　246
テンターフィールド・テリア
　遺伝子検査　84

天疱瘡
　犬　181
　猫　189

【と】

トイ・プードル
　遺伝子検査　84
　潰瘍性眼瞼炎　180
　免疫介在性乾性角結膜炎　195
トイ・フォックス・テリア
　遺伝子検査　85
頭蓋骨下顎骨骨症　144
動眼神経
　障害　407
凍結療法
　免疫介在性肉芽腫性疾患　225
瞳孔
　神経解剖学　391
　瞳孔不同
　　関連した疾患　403
　　段階的アプローチ　402〜403
　　臨床症状　400〜403
　臨床評価　391〜392
瞳孔対光反射（PLR）
　視覚検査　20, 357
　神経解剖学　392
瞳孔不同　279
　海綿静脈洞症候群　404
　症例に対する病変部　405
　自律神経障害　407
　診断的アプローチ法　431
　段階的アプローチ　402
　猫痙攣瞳孔症候群　404
　ホルネル症候群　404, 405, 406
　臨床症状　400
瞳孔膜遺残（PPM）　274〜275, 333, 341
動静脈瘻
　眼窩　143
糖尿病　424
　白内障　54, 336, 343
　麻酔の立案　94
ドーグ・ド・ボルドー
　遺伝子検査　82
ドーベルマン
　PHTVL／PHPV　333
　小眼球症　142
　木質性結膜炎　211
　類皮腫　263
兎眼
　犬　149, 163〜164
　猫　187
ドキシサイクリン　122, 217
特発性顔面皮膚炎
　猫　189
特発性ぶどう膜炎　289
特発性慢性角膜上皮欠損（SCCED）　122, 240
突出
　外傷性　151〜152

突発性後天性網膜変性症候群（SARDS）　365
ドップラー超音波検査　47, 54
トブラマイシン　121, 122
トラボプロスト　126, 318
トラマドール　88
トリフルオロチミジン　120, 216
トリメトプリム／スルホンアミド　123
ドルゾラミド　126
トルフェナミン酸　89
ドレープ　112〜113
トロウイルス　414
トロピカミド　17, 128, 290

【な】

ナイアシンアミド　265
内眼角眼瞼短縮術　173〜174
ナポリタン・マスティフ
　眼瞼内反症　170
　大眼瞼裂　163
軟骨の湾曲　221

【に】

肉芽腫性筋膜炎　224
肉芽腫性疾患
　免疫介在性　224〜225
肉腫
　眼窩　62, 149
　組織球性　294
　猫外傷性眼球　301
肉芽腫性髄膜脳炎　58
肉芽腫性髄膜脳脊髄炎（GME）　425
乳頭腫
　眼瞼　182
乳頭浮腫　377
ニューファンドランド
　眼瞼内反症　170

【ぬ】

濡れた眼
　診断的アプローチ法　437

【ね】

ネオマイシン　121, 122
猫カリシウイルス　215, 218
猫痙攣瞳孔症候群　404
猫拘束性眼窩筋線維芽細胞性肉腫　62
猫コロナウイルス　297, 418
猫伝染性腹膜炎（FIP）　76, 296, 418
猫白血病ウイルス（FeLV）　296〜297, 418〜419
猫汎白血球減少症　420
猫ヘルペスウイルス1型（FHV-1）　69, 120, 418
　角膜炎　252
　乾性角結膜炎　200
　結膜炎　215〜217

瞼球癒着　269
猫ポックスウイルス　188, 420
猫免疫不全ウイルス（FIV）　296, 297, 419〜420
熱角膜形成術　246
ネトゥルシップ涙管拡張器　111
粘液性物質
　涙液代替薬　129
粘液肉腫　62, 141, 223

## 【の】

脳
　急性外傷性障害　401
ノヴァ・スコシア・ダック・トーリング・レトリーバー
　遺伝子検査　84
囊胞
　眼窩　152〜154
　眼窩周辺　64
　結膜　221
　虹彩毛様体　46, 53, 276, 295, 316
　上皮　205, 234, 250, 256
　第三眼瞼腺　221
　鼻涙管　204
　ぶどう膜　295〜299, 352
　涙液排泄系　204〜205
　涙液分泌系　200
膿瘍
　眼窩　59, 145〜147
　球後　46, 49, 223
ノルウェジアン・エルクハウンド
　遺伝子検査　84
　原発性緑内障　312
ノルウェジアン・ブーフント
　白内障　335

## 【は】

パーソン・ラッセル・テリア
　遺伝子検査　84
バーニーズ・マウンテン・ドッグ
　組織球性腫瘍　288
ハーブ条痕　228, 234, 309
バーミーズ
　睫毛重生　187
　類皮腫　187, 215
バイオプシー　72〜73
排水インプラント術
　緑内障治療　322〜323
ハウ症候群　414
パグ
　眼瞼内反症　170, 173
　色素性角膜炎　248
　兎眼　164
白内障　25
　位置　339
　画像　45, 54〜55
　種類
　　核白内障　333
　　過熟白内障　338
　　初発白内障　337

成熟（完全）白内障　338
先天性白内障　333
未熟（不完全）白内障　331, 338, 342
モルガーニ白内障　338
水晶体原生ぶどう膜炎　338〜339
発症年齢　334
病因
　遺伝性白内障　334〜335
　栄養性白内障　336
　外傷性白内障　336〜337
　感電や放射線　337
　代謝性疾患　54, 334
　老齢性白内障　336
麻酔の計画　95
緑内障　310
麦粒腫
　犬　177
バシトラシン　121
バセット・ハウンド
　眼瞼内反症　170
　原発性緑内障　312
バセンジー
　遺伝子検査　82
　視神経欠損　384
パタデール・テリア
　遺伝子検査　84
パピヨン
　遺伝子検査　84
バラッケ開瞼器　108
バルトネラ（症）　285
反帰光線法　29〜30
反跳式眼圧測定法　34〜35
パンヌス　69, 234, 247

## 【ひ】

ビーグル
　遺伝子検査　82
　結晶性実質性ジストロフィー　248
　原発性緑内障　312
ピーターズ異常　275
光干渉断層計　65
光網膜症　383
微細針吸引　69〜70
鼻皺の切除　172
非ステロイド性抗炎症薬　89, 124, 237, 289
ヒストプラズマ（症）　284, 286, 296, 298
ビタミンE欠乏症　381
ビダラビン　216
皮膚科疾患　425
皮膚糸状菌症　425
　犬　179
　猫　188
ヒマラヤン
　皮膚糸状菌症　188
肥満細胞腫　190〜191, 213
ピメクロリムス　130
表在性慢性角膜上皮欠損　254
表層角膜切除術　240

病理組織学
　眼球　73〜75
　バイオプシー　72〜73
病歴　17
鼻涙管
　外傷　205, 206
　開通性
　　検査　30, 32
　　画像　41〜42
　外科手技の原則　102
　囊胞　204
ピロカルピン　93, 127, 130, 318, 403
貧血　423

## 【ふ】

ファムシクロビル　120, 216, 253
フィゾスチミン　403
フィニッシュ・ラップフンド
　遺伝子検査　83
フィロコキシブ　89
ブービエ・デ・フランダース
　原発性緑内障　312
フェニレフリン　93, 128, 307, 403
フェンタニル　88, 91
フェンベンダゾール　123
フォングレーフェ固定鑷子　108
副甲状腺機能低下症　425
フシジン酸　121, 123
プチ・バセット・グリフォン・バンデーン
　原発性緑内障　312
ぶどう腫
　赤道部　309
　先天性　263〜264, 268
ぶどう膜
　犬の疾患
　　外傷　290〜292
　　眼黒色症　293
　　眼内出血　292〜293
　　虹彩萎縮　276
　　虹彩異色症　272〜273
　　虹彩低形成または欠損　274
　　虹彩メラニン色素沈着症　276
　　虹彩毛様体囊胞　276〜277
　　サブアルビノ症　273
　　腫瘍　293〜295
　　前眼部異常　274〜276
　　ぶどう膜炎　277〜290
　　マール被毛種の眼発育不全　273〜274
　　無虹彩　274
　解剖学と生理学　271〜272
　猫の疾患
　　外傷　299〜300
　　眼内出血　299
　　欠損症候群　295
　　虹彩メラニン色素沈着症　295
　　虹彩毛様体囊胞　295
　　腫瘍　299〜302
　　チェディアック・東症候群　295
　　超音波画像　44
　　ぶどう膜炎　295〜299

# 索　引

ぶどう膜炎
　犬
　　ウイルス感染　284
　　感染性角膜炎　283
　　鑑別診断　283〜289
　　寄生虫性疾患　287
　　強膜炎　289
　　原虫性疾患　285〜286
　　高脂血症　289
　　細菌感染　285
　　疾患の検査　281〜283
　　腫瘍　288〜289
　　真菌感染症　286
　　水晶体原性ぶどう膜炎
　　　287〜288, 338
　　藻類感染症　286
　　治療　289〜90
　　特発性ぶどう膜炎　289
　　ぶどう膜皮膚症候群　288
　　薬物誘発性ぶどう膜炎　283〜284
　　リケッチア感染　284〜285
　　臨床徴候　278〜281
　超音波検査　45
　猫
　　ウイルス感染　296〜297
　　鑑別診断　296〜299
　　原虫性疾患　297〜298
　　細菌感染　297
　　真菌感染症　298
　　水晶体原性ぶどう膜炎　298〜299
　　治療　299
　　臨床徴候　295〜296
　　リンパ形質細胞性ぶどう膜炎
　　　298
　緑内障　314〜315
ぶどう膜皮膚症候群　181, 288, 425
ブトルファノール　88
ブピバカイン　89
ブプレノルフィン　88
部分眼瞼縫合
　一時的　169
ブラストミセス（症）
　診断　71
プラズマモーマ　223
フラットコーテッド・レトリーバー
　異所性睫毛　165
　原発性緑内障　312
　睫毛重生　164
　組織球性腫瘍　289
ブラッドハウンド
　眼瞼内反症　170
　大眼瞼裂　163
ブリアード
　遺伝子検査　82
ブリンゾラミド　126, 127, 318
フルオレセイン　30〜31, 162, 190
フルオロキノロン系　122, 217, 236
フルオロキノロン中毒
　猫　380〜381
プルキンエ像　22
フルコナゾール　123

ブルドッグ
　眼瞼内反症　170
　睫毛重生　164
　第三眼瞼腺の脱出　221
ブル・マスティフ
　遺伝子検査　82
プレドニゾロン　124, 125, 265
フレンチ・ブルドッグ
　遺伝子検査　83
プロキシメタカイン　17, 130
プロスタグランジン類縁体　126, 318
フロリダスポット　250, 256

## 【ヘ】

ペキニーズ
　異所性睫毛　166
　眼瞼内反症　170
　睫毛重生　164
ベクロニウム　99
ベタキソロール　93, 318
ペニシリンG　121, 285
ベルジアン・シェパード・ドッグ
　白内障　335
　慢性表在性角膜炎　247
ペルシャ
　アポクリン汗腺腫　190, 191
　眼瞼内反症　170
　兎眼　187
　皮膚糸状菌症　188
ヘルニア
　硝子体　352〜353
ペロ・デ・プレサ・カナリオ
　遺伝子検査　84
ペニシリン系　121
ペンシクロビル　120
扁平上皮癌
　眼瞼　189
　結膜　213, 220, 224

## 【ほ】

ボイキン・スパニエル
　遺伝子検査　82
蜂窩織炎
　若年性　181
縫合固定レンズ　345〜346
縫合糸の素材　111, 115
縫合手技　115〜118
房水　303
　産生減少　320
　流出の増加　322
房水過誤症候群　324
房水穿刺　36, 70〜71
蜂巣炎
　眼窩　46, 58, 145〜147
ボーダー・コリー
　遺伝子検査　82
　水晶体脱臼／亜脱臼　339
ポーチュギーズ・ウォーター・ドッグ
　遺伝子検査　84

ボクサー
　睫毛重生　164
　特発性慢性角膜上皮欠損症　240
　保護用コンタクトレンズ　113,
　　237〜238, 243
　ホジキン様リンパ腫　220
ボストン・テリア
　遺伝子検査　82
　原発性緑内障　312
　白内障　335
ポピドン・ヨード　123, 131
ポリペプチド系抗生物質　123
ポリミキシンB　121
ポリメラーゼ連鎖反応（PCR）　68〜69
ホルネル症候群
　症例に対する病変部　404
　瞳孔不同　401

## 【ま】

マール眼球発育不全　142, 263, 273
マイコバクテリア　420〜421
マイボーム腺　161
マイボーム腺炎
　犬　177〜178, 199
　猫　200
マイボメトリー　195
マクロライド系　122
麻酔
　局所　89, 130〜131
　術後管理　97
　術中のモニタリング　95〜97
　特殊な技術　97〜99
　麻酔前の評価　92〜93
　麻酔薬　130
　　眼に及ぼす影響　95
　眼の生理学　90〜92
　立案　93〜95
麻酔前の評価　92〜93
マスティフ
　多病巣性網膜症　371
末梢神経鞘腫　190, 220
マルキースィエ
　遺伝子検査　83
マルチーズ
　異所性睫毛　166
マンニトール　93, 126, 318

## 【み】

ミッテンドルフ斑　347
ミニチュア・シュナウザー
　PHTVL／PHPV　333
　遺伝子検査　84
　高脂血症　424
　小眼球症　142
　硝子体網膜異形成　350
　白内障　333
ミニチュア・スムースヘアード・ダックスフンド
　遺伝子検査　83

ミニチュア・プードル
　異所性睫毛　166
　遺伝子検査　84
　潰瘍性眼瞼炎　180
　睫毛重生　164
ミニチュア・ブル・テリア
　遺伝子検査　83
　原発性水晶体脱臼　81
ミニチュア・ロングヘアード・ダックスフンド
　遺伝子検査　83
　睫毛重生　164
　表在性点状角膜炎　246
脈絡膜
　解剖学と生理学　272, 355, 356
　形成不全　79, 366
　梗塞　383
　後部ぶどう膜炎　57
　新生物　57, 383
　脈絡網膜炎　375, 417, 419
　脈絡網膜症　377～378, 424
脈絡網膜炎
　犬ジステンパーウイルス　417
　原因　375
　治療　376
　猫伝染性腹膜炎　418
　臨床徴候　374～376
脈絡網膜症
　犬　378
　猫　377～378, 424
ミルベマイシン　123

【む】

無眼球症　142
無虹彩　274
無水晶体　334
無水晶体半月　309, 340
ムチン様薬
　涙液代替薬　129

【め】

迷路試験　21
メサドン　88
メタゾラミド　318
メチプラノロール　318
メデトミジン　90, 91, 97
メロキシカム　89
免疫蛍光測定　68
免疫組織化学　76
免疫調整剤　125

【も】

網膜
　異形成　367～369
　萎縮　79, 311
　　犬　369～370
　　猫　370～378
　犬の多病巣性網膜症　371～372
　血管の疾患　377

　疾患の検査　357～365
　腫瘍　383
　神経セロイドリポフスチン症　382～383
　突発性後天性網膜変性症候群　365
　剥離　45, 52, 379
　　画像　56～57
　　原因　372
　　治療　374
　　臨床的または病理学的特徴　372～373
　発生学
　　解剖学および生理学　355～357
　光網膜症　383
　ブリアードにおけるジストロフィー　371～372
　フルオロキノロン中毒
　　猫　379
　変性　381～382
　脈絡網膜炎　374～377
　網膜色素上皮ジストロフィー　381
網膜色素上皮ジストロフィー　381
網膜症
　高血圧性
　　犬　379
　　犬の多病巣性　371～372
　　猫　377～379
　タウリン欠乏性　380
　糖尿病性
　　犬　378～379
　光　383
　ビタミンE欠乏症　381
網膜電図検査　35～36, 363～365
盲目（失明）
　鑑別診断　397
　虚血　399
　視神経炎　398～399
　診断的アプローチ法　432
　段階的アプローチ　396
　突発性後天性網膜変性症候群　397～398
　病変部の特定　397
　網膜剥離　397
　網膜変性　397
毛様体
　解剖学と生理学　271～272
　虹彩毛様体嚢胞　46, 53, 276, 295, 316
　新生物　53
　前部ぶどう膜炎　53
　薬理学的焼灼　322
　緑内障　53
毛様体筋麻痺薬　127
毛様体冷凍術
　緑内障治療　322
毛様体　46, 54
モキシデクチン　123
木質性結膜炎　211
モルヒネ　88

【や】

薬物
　影響　92～93
　灌流液　131
　局所投与　120
　局所麻酔薬　130～131
　経路　119～121
　抗アレルギー　125
　抗ウイルス薬　120～121
　抗炎症薬　124～125
　抗寄生虫薬　123
　抗コラゲナーゼ薬　131～132
　抗真菌薬　123
　抗生物質　121～123
　抗線維化　132
　抗緑内障　125
　散瞳薬および毛様体筋麻酔薬　127
　線維素溶解　132
　免疫調整　125
　涙液の代替薬および分泌刺激薬　128～130
火傷
　化学的　214, 244

【ゆ】

癒着　275, 280, 332

【よ】

揺動電灯試験　20, 392
ヨークシャー・テリア
　遺伝子検査　85
4連刺激　98

【ら】

ラージ・マンチェスター
　白内障　335
ライム病　285, 420
ラサ・アプソ
　異所性睫毛　166
　若年性蜂窩織炎　181
　乳頭腫　213
　免疫介在性乾性角結膜炎　195
ラタノプラスト　126
ラット・テリア
　遺伝子検査　84
ラフ・コリー
　遺伝子検査　84
　結晶性実質性ジストロフィー　248
　小眼瞼裂　163
　睫毛重生　164
　マール被毛種の眼発育不全　274
ラブラドール・レトリーバー
　遺伝子検査　83
　化膿性肉芽腫性眼瞼結膜炎　212
　眼瞼内反症　170
　結膜炎
　　放射線起因性結膜炎　212
　結膜出血　214

449

# 索　引

原発性緑内障　312
若年性蜂窩織炎　181
硝子体網膜異形成　350
組織球性腫瘍　289
白内障　335
肥満細胞腫　213
ぶどう膜皮膚症候群　288
類皮腫　163
ラポニアン・ハーダー
　遺伝子検査　83
ランカシャー・ヒーラー
　遺伝子検査　83

## 【り】

リーシュマニア症　123, 179, 211
リケッチア　122
リソソーム蓄積病　422
リドカイン　89, 91, 130
緑内障
　画像　46, 53〜54
　眼圧　303〜304
　眼球突出　138
　牛眼／水眼　144
　強膜
　　上強膜および輪部　266〜267
　原発性
　　開放隅角　313
　　隅角発生異常　312〜313
　疾患の検査　304〜305
　続発性
　　眼黒色症　315
　　眼内出血　315〜316
　　虹彩毛様体嚢胞　277, 316
　　硝子体脱出　317
　　新生物　315
　　水晶体原性ぶどう膜炎　317
　　水晶体脱臼　313〜314
　　ぶどう膜炎　314〜315
　治療
　　外科的療法　320〜323
　　内科的療法　318〜320
　猫
　　治療　325〜326
　　病因　323〜324
　　臨床徴候　324〜325
　臨床症状
　　急性緑内障　306〜308
　　慢性緑内障　308〜312
リンゲル液　113
リンコサミド系　122
リンパ腫　76, 324
　上皮親和性　183
　多中心型　224, 383
　猫白血病ウイルス起因　419
　ぶどう膜　294, 301

## 【る】

涙液
　産生
　　試験　18〜19

麻酔の影響　91〜92
分泌刺激薬　129
涙液層
　障害　239〜240
　シルマー涙試験　18〜19, 194〜195
　浸透性　195
　フルオレセイン　30〜31, 162
　マイボメトリー　195
　涙液層破壊時間　30, 32, 195
　ローズベンガル　32, 195
涙液排泄系
　犬の疾患
　　下涙点の位置異常　203〜204
　　狭窄　203
　　小涙点症　203
　　嚢胞　204〜205
　　閉塞　205
　　涙嚢炎　203
　　裂傷　205
　猫の疾患
　　下涙点の位置異常　206
　　疾患の検査　201〜203
　　閉鎖　206
　　閉塞　206
　　涙嚢炎　206
　　裂傷　206
　発生学
　　解剖学および生理学　201
涙液分泌刺激薬　129〜130
涙液分泌系
　犬の疾患
　　乾性角結膜炎　195〜199
　　ゴブレット細胞機能不全症
　　　199〜200
　　腫瘍　200
　　嚢胞　200
　　マイボーム腺炎　199
　疾患の検査　194〜195
　猫の疾患
　　乾性角結膜炎　200
　発生学
　　解剖学および生理学　193〜194
涙小管炎　204
涙小管拡張器　111
涙腺
　神経解剖学　395
　臨床評価　395
　涙液産生の減少　415
涙腺嚢腫　154, 200, 204
涙嚢炎
　犬　202, 203
　猫　206
涙嚢造影　41〜42, 51, 64
類皮腫　144
　犬　162〜163, 210, 235, 263
　猫　187, 215, 251

## 【れ】

冷凍凝固術
　睫毛重生　165

レオンベルガー
　白内障　335
　濾胞性結膜炎　210
レプトスピラ（症）　285, 420
レボブノロール　318

## 【ろ】

ローズベンガル　32, 195
ロッキー山紅斑熱（RMSF）　284〜285
ロットワイラー
　眼瞼内反症　170
　組織球性腫瘍　289
ロベナコキシブ　89
濾胞性過形成　210
ロングヘアード・ダックスフンド
　潰瘍性眼瞼炎　180

## 【わ】

ワイアー・フォックス・テリア
　遺伝子検査　85
ワイアーヘアード・ダックスフンド
　遺伝子検査　83
ワイマラナー
　睫毛重生　164

## 【欧文】

*Angiostrongylus vasorum*　123, 287, 352
*Bacillus* spp.　211
*Bartonella*
　*clarridgeiae*　297
　*henselae*　297, 420
*Blastomyces dermatitidis*　211
*Bordetella bronchiseptica*　218
*Brucella canis*　285, 420
*Candida* spp.　211
CERF における計画　78
*Chlamydophila*
　*felis*　215, 217, 420
*Coccidioides*
　*immitis*　286
　*posadasii*　286
*Cryptococcus*
　*gattii*　286, 298
　*neoformans*　286, 298
CT　50〜51, 61〜62, 203
DBS　98
*Demodex* spp.　162, 188, 425
*Diptera*　287
*Dirofilaria immitis*　123, 287, 352
*Echinococcus* spp.　352
ECVO HED における計画　78
*Ehrlichia canis*　264, 284
ELISA 法　68
*Encephalitozoon cuniculi*　298
*Escherichia coli*　211
FeLV　296
FHV-1　69
finoff 徹照器　15

FIP 296
FIV 217
GME 283
*Hartmannella vermiformis* 217
Hotz-Celsus 法 116, 168, 170, 173, 174, 189
IFA 68
Joseph インプラント 322
KCS 17
Kühnt-Szymanowski 法（変法） 171
L-リシン 120, 216
lip-to-lid グラフト 185
*Malassezia* 211
*Mallassezia pachydermatis* 179
*Microsporum*
　*canis* 179, 188, 425
　*gypseum* 425
MRI 47〜50, 61〜62
Mustardé 法 185
*Mycoplasma* spp. 215, 218
*Neochlamydia hartmannellae* 217

*Neospora caninum* 286, 421
*Neotrombicula autumnalis* 179
*Notoedres cati* 188
*Onchocerca* 264, 422
*Otodectes cyanotis* 179
PCR 19
PHPV 329
PHTVL 329
PIFVM 280
PLL 81
PLR 20
PPM 142
PRA 79
*Proteus* spp. 211
*Prototheca wickerhamii* 287
*Prototheca zopfii* 287
*Pseudomonas* spp. 211, 242
*Pseudomonas*
　*aeruginosa* 121, 123
*Rickettsia rickettsia* 284
RMSF 284
*Salmonella enterica* の亜型の

　*typhimurium* 218
*Sarcoptes scabiei* 123, 179, 425
SARDS 363
SCCED 31
Stades 法 175
*Staphylococcus* spp. 121
*Staphylococcus*
　*epidermidis* 215
*Streptococcus* spp. 211, 215, 242
*Thelazia*
　*californiensis* 219
　*callipaeda* 211, 219
*Toxocara* spp. 287
*Toxocara canis* 352, 422
*Toxoplasma gondii* 68, 122, 264, 285, 297, 420
*Trichophyton mentagrophytes* 179, 425
V-Y 形成術 177
Wyman 眼角形成術変法 176

## 小動物の眼科学マニュアル《第三版》

2015年11月20日　第1刷発行

| | |
|---|---|
| 編　者 | David Gould, Gillian J. McLellan |
| 監修者 | 古川敏紀　辻田裕規 |
| 発行者 | 山口啓子 |
| 発行所 | 株式会社学窓社 |
| | 〒113-0024　東京都文京区西片2-16-28 |
| | 電　話　03（3818）8701 |
| | FAX　03（3818）8704 |
| | http://www.gakusosha.com |
| 印　刷 | 三報社印刷株式会社 |

定価は裏表紙に記載してあります．
本誌掲載の写真，図表，イラスト，記事の無断転載・複写（コピー）を禁じます．
乱丁・落丁は，送料弊社負担にてお取替えいたします．

JCOPY〈（社）出版者著作権管理機構　委託出版物〉

本書の無断複写は著作権法上での例外を除き禁じられています．複写される場合は，そのつど事前に，（社）出版者著作権管理機構（電話 03-3513-6969，FAX 03-3513-6979，e-mail：info@jcopy.or.jp）の許諾を得てください．また，本書を代行業者等の第三者に依頼してスキャンやデジタル化することは，たとえ個人や家庭内の利用であっても一切認められておりません．

©2015 Toshinori Furukawa, Hiroki Tsujita

Printed in Japan
ISBN 978-4-87362-750-2